ERNST HAENCHEN

DER WEG JESU

Die wissenschaftliche Leitung der Sammlung Töpelmann liegt in den Händen des ord. Prof. der Theologie D. Kurt Aland, D. D.

Die Sammlung Töpelmann erscheint in zwei Reihen. Reihe I enthält Gesamtdarstellungen der theologischen Hauptdisziplinen, Reihe II Darstellungen von Nebendisziplinen wie einzelner theologischer Fächer, aber auch von Nachbardisziplinen. Die Bände beider Reihen richten sich an Studierende der Theologie und der benachbarten Fächer, an Pfarrer, Religionslehrer und Mitarbeiter im kirchlichen Dienst, aber auch an interessierte Laien. Sie behandeln ihr Thema unparteiisch, allein unter den sich aus dem Stoff selbst ergebenden Gesichtspunkten und mit streng wissenschaftlicher Methode, aber in allgemeinverständlicher Sprache und so, daß jeweils nicht nur der vollständige Stoff mit Angabe der dazu gehörigen Literatur, sondern auch die moderne Problemstellung dargeboten wird.

SAMMLUNG TÖPELMANN

Zweite Reihe, Band 6

ERNST HAENCHEN

DER WEG JESU

Eine Erklärung des Markus-Evangeliums und der kanonischen Parallelen

ALFRED TÖPELMANN / BERLIN 30

1966

Archiv-Nr. 3904661

Satz und Druck: Paul Funk, Berlin 30

Dem Andenken meiner Lehrer

Martin Dibelius und Karl Heim

VORWORT

Vor 20 Jahren begannen die ersten Vorbereitungen für dieses Buch während einer Kur in Davos. Infolgedessen fehlten zunächst alle wissenschaftlichen Hilfsmittel — abgesehen vom griechischen Text des Neuen Testaments in der Ausgabe von Nestle. Dieser scheinbare Nachteil erwies sich als eine große Hilfe. Denn nun begann der Text selbst ganz anders als vorher zu sprechen: immer wieder und wieder gehört und befragt, fing er an, oft unerwartete Fragen zu stellen und bisweilen unerwartete Antworten anzubieten. Später trat dann die Auseinandersetzung mit der gelehrten Literatur wieder in ihre Rechte: nun ebenfalls hilfreich und anregend, aber nicht dominierend.

Daß das Buch auf solche Weise entstand, hatte seine Folgen. Jetzt verschafften sich Fragen stärker Gehör, die sich dem modernen Menschen aufdrängen, wenn er die Evangelien liest, und zu ihrer Beantwortung halfen wiederum dann mit die wissenschaftlichen Methoden. Freilich erwies es sich auf die Dauer als unmöglich, dabei die gesamte wissenschaftliche Literatur zu Wort kommen zu lassen. Das hätte zu einem Riesenwälzer geführt, der wahrscheinlich die Kraft eines einzelnen Verfassers überstiegen und durch seinen hohen Preis vielen den Erwerb verboten hätte. Darum wurde es nötig auszuwählen, was wichtig schien. Man mußte besonders lehrreiche Beispiele geben und auf Vollständigkeit verzichten. Damit kam ein subjektives Moment hinein, unvermeidlich. Aber der Leser macht selbst mit den wissenschaftlichen Methoden Bekanntschaft. Das sollte ihn davor bewahren, das Opfer einer vielleicht einseitigen Auslegung zu werden. Er steht nicht hilflos der Entscheidung des Verfassers gegenüber.

Bei den Lesern ist nicht nur an solche gedacht, die mit den alten Sprachen (vor allem Griechisch und Hebräisch) vertraut sind. Diese Rücksicht geht soweit, daß die fremdsprachlichen Wörter nicht nur erklärt, sondern auch von der Umschrift in unser Alphabeth begleitet werden. Wer die alten Sprachen beherrscht, kann darüber hinweglesen. Wer wiederum die Auseinandersetzung mit den (meist in den Anmerkungen) zitierten Kommentaren (es ist eine Reihe ausländischer dabei) scheut, braucht sich nicht in die Anmerkungen zu versenken. Wenn er sie aber liest, wird es für ihn von Vorteil sein.

Man kann die üblichen Erklärungen neutestamentlicher Schriften grob in zwei Gruppen einteilen: die wissenschaftliche Exegese im eigentlichen Sinne und die sog. erbauliche Auslegung. Das vorliegende Buch hat versucht, sich nicht auf dieses Entweder/Oder festzulegen. Die „wissenschaftliche" Erklärung ist in großer Breite vorausgesetzt, aber sie kommt nur jeweils bald in diesem, bald in jenem Vertreter zu Wort. Wer sie näher kennen zu lernen wünscht, den beraten die Literaturangaben. Unwissenschaftlich ist also die Auslegung nicht. Ist sie erbaulich? Ja, wenn man darunter nicht einfach die Wiederholung traditioneller Formulierungen und Auslegungen versteht, sondern auch die Versuche darin einschließt, einen selbständigen Zugang zur Welt der Evangelien zu gewinnen.

Man kann das Anliegen des Buches auch anders ausdrücken: es möchte einmal nach Möglichkeit die Evangelisten selbst zu Wort kammen lassen mit allen Mitteln, die uns dafür heute zu Gebote stehen, aber nicht abgelenkt durch alte oder neue Hypothesen über die Entstehungszeit, Quellenverhältnisse usw.; zum andern möchte es nach Möglichkeit die Fragen klären und beantworten helfen, vor welche die ntl. Texte den Leser von heute stellen.

Dabei läßt sich das Buch auf zwei verschiedene Arten benutzen. Man kann es als Nachschlagewerk verwenden — der Pfarrer bei der Predigt über einen bestimmten Text, der Religionslehrer bei der Vorbereitung auf einen bestimmten Abschnitt, der Student als Hilfe bei einem Referat oder einer Seminararbeit — und sich Auskunft holen über eine bestimmte Stelle in den Evangelien oder gewisse Begriffe und Probleme. Dabei wollen die Register helfen: die Übersicht über die 80 Abschnitte, in welche der Stoff aufgeteilt ist, das Verzeichnis der behandelten Bibelstellen (sie beschränken sich nicht nur auf die vier Evangelien und das 1945 in koptischem Text gefundene gnostische Thomasevangelium), und das Sach- und Namensverzeichnis, aus dem man Verweise z. B. auf Ausführungen über Themen wie Abendmahl, Eschatologie, Wunder entnehmen kann.

Das Buch wäre freilich glücklich, wenn es darüber hinaus auch Leser fände, die es ganz durchzuarbeiten Lust bekämen. Dabei würde es sich meist empfehlen, zunächst die Anmerkungen beiseitezulassen und den Text selbst — nachdenklich und nicht ohne Kritik — zu erwägen. Es wird dann wahrscheinlich von selbst dazu kommen, daß man diese oder jene Anmerkung mit hinzunimmt. Vielleicht wird man auch Stücke der angeführten Literatur und eventuell sogar in dieser angeführte Schriften — Bücher und Aufsätze — befragen.

Diese Buch ist vielen verpflichtet: neben dem großen Werk R. Bultmanns besonders den alten Freunden J. Jeremias und E. Käsemann, Ph. Vielhauer und H. Conzelmann. Die Kieler Professoren F. Hahn und G. Klein mit ihren Assistenten Frl. Helga Nielsen und Herrn Martin Rese haben die große Mühe der Registerarbeit übernommen; dafür sei ihnen herzlich gedankt! Gewidmet ist das Buch dem Andenken meiner alten Lehrer in Heidelberg und Tübingen:

Martin Dibelius und Karl Heim.

Münster/Westf. Ernst Haenchen

INHALTSVERZEICHNIS

ABKÜRZUNGEN

1. Altes und Neues Testament

Gen.	= Genesis	Micha	= Micha
Exod.	= Exodus	Nah.	= Nahum
Lev.	= Leviticus	Hab.	= Habakuk
Num.	= Numeri	Zeph.	= Zephanja
Deut.	= Deuteronomium	Hagg.	= Haggai
Jos.	= Josua	Sach.	= Sacharja
Ri.	= Richter	Mal.	= Maleachi
Ruth	= Ruth	Mt.	= Matthäus
1. (2.) Sam.	= 1. (2.) Samuelis	Mk.	= Markus
1. (2.) Kön.	= 1. (2.) Könige	Lk.	= Lukas
1. (2.) Chron.	= 1. (2.) Chronik	Joh.	= Johannes
Esra	= Esra	Apg.	= Apostelgeschichte
Neh.	= Nehemia	Röm.	= Römer
Esth.	= Esther	1. (2.) Kor.	= 1. (2.) Korinther
Hiob	= Hiob	Gal.	= Galater
Ps.	= Psalmen	Eph.	= Epheser
Spr.	= Sprüche	Phil.	= Philipper
Pred.	= Prediger	Kol.	= Kolosser
Hohesl.	= Hoheslied	1. (2.) Thess.	= 1. (2.)Thessalonicher
Jes.	= Jesaja	1. (2.) Tim.	= 1. (2.) Timotheus
Jerem.	= Jeremia	Tit.	= Titus
Klagel.	= Klagelieder	Philem.	= Philemon
Ez.	= Ezechiel	Hebr.	= Hebräer
Dan.	= Daniel	Jak.	= Jakobus
Hos.	= Hosea	1. (2.) Petr.	= 1. (2.) Petrus
Joel	= Joel	1. (2. 3.) Joh.	= 1. (2. 3.) Johannes
Amos	= Amos	Judas	= Judas
Obad.	= Obadja	Offb.	= Offenbarung
Jona	= Jona		

2. Sonstige Abkürzungen

A	Codex Alexandrinus, s. S. 26
a	ntl. Handschrift mit altlatein. Text, s. S. 26
A (oder: Anm.) mit folgender Zahl:	Anmerkung
a. a. O.	am angegebenen Ort
Abrahams, J.	s. S. 54, A. 9
al	alii (andere Textzeugen)
A. T.	Altes Testament
atl.	alttestamentlich
Aufl.	Auflage
B	Codex Vaticanus, s. S. 26
b	altlateinische Handschrift, 5. Jh., s. S. 27
Bartlet	s. S. 79, A. 2.
Bd	Band

Bellum	s. Josephus
Billerb.	Strack-Billerbeck, Kommentar zum Neuen Testament aus Talmud und Midrasch, München 1922–1928 (das Werk ist die alleinige Arbeit Billerbecks). 2 Ergänzungsbände 1956, hrsg. von Joachim Jeremias
bo	bohairisch (koptischer Dialekt Nordägyptens); boh. Übersetzung des Neuen Testaments, 3./4. Jh.
Branscomb	s. S. 79, A. 2.
bs.	besonders
Bultmann, GdsTr	s. S. 22
Bußmann, syn. Studien:	Bd. II 1929; Bd. III 1931
BZ	Biblische Zeitschrift, N.F. 1957 ff.
BZNW	Beihefte zur ZNW, Berlin 1923 ff.
bezw.	beziehungsweise
C	Codex Ephraemi rescriptus, 12. Jh. s. S. 26
c	ntl. Handschrift mit altlateinischem Text, s. S. 27
Carrington	s. S. 34
Cl (Al)	Clemens von Alexandrien
Clem. Rec.	s. S. 44, A. 13.
Conzelmann	s. S. 24 f., 78.
Cranfield	s. S. 34
D	griechischer Teil des Codex Bezae, s. S. 26 f.
d	lateinischer Teil des Codex Bezae, s. S. 26 f., 6. Jh.
Dalman	Orte und Wege Jesu ^{3}1924 Die Worte Jesu, Bd. I ^{2}1930
d. h.	d. h.
Dibelius	S. 21 f.
Dodd	S. 14, A. 11
e	ntl. Handschrift mit lateinischem Text, s. S. 27, 12. Jh.
H. J. Ebeling	s. S. 311, A. 3.
Eus., h. e.	Euseb, historia ecclesiastica = KG.
Evst	Evangelist
Evg	Evangelium
Ev. Th.	Evangelische Theologie, Monatsschrift, München 1940 ff.
f.	folgend(e Seite)
f	ntl. Handschrift mit altlateinischem Text, 6. Jh., s. S. 27
fam 1	Familie 1 (= λ) s. S. 27; Minuskelgruppe 1, 118, 131 usw.
fam 13	Familie 13 (= φ) s. S. 27; Minuskelgruppe 13, 69. 124 usw.
ff.	folgende (Seiten)
ff^{1}	ntl. Handschrift mit altlatein. Text; 5. Jh.
ff^{2}	ntl. Handschrift mit altlatein. Text, 5. Jh.
G	Unzialhandschrift des 10. Jh.; Evg. u. Apg.
gig	ntl. Handschrift mit altlatein. Text i. Apg. u. Apk.
Grundmann Mk	W. Grundmann, D. Evangelium nach Markus (Theol. Handkommentar zum Neuen Testament, 2) ^{2}1959
Grundmann Lk	W. Grundmann, D. Evangelium nach Lukas (Theol. Handkommentar zum Neuen Testament, 3) ^{2}1961
Goguel	s. S. 310, A. 7.
ℌ	s. S. 28 (P 1. 22. 52. 75. B C L T u. a.; Min. 33 579 892 u. a.)
h	ntl. Handschrift mit altlatein. Text; 5. Jh. s. S. 27
H	Unzialhandschrift des 9./10. Jh.

HThR	Harvard Theological Review, 1908 ff.
Hennecke-Schneemelcher:	Neutestamentliche Apokryphen. Bd. I Evangelien ^{3}1959; Bd. II Apostolisches, Apokalypsen u. Verwandtes ^{3}1964
H. J. Holtzmann	s. S. 18, 4. 1.
hrsg.	herausgegeben (von)
i	ntl. Handschrift mit altlatein. Text; 5. Jh.
i.	in, im
it.	Itala; s. S. 29
Iren.	Irenäus, s. S. 11 f.
j	ntl. Handschrift mit altlatein. Text; 5./6. Jh.
Jh.	Jahrhundert
Josephus	jüdischer Schriftsteller des 1. Jh. n. Chr.: Ant(iquitates Judaicae = die jüdischen Altertümer); Bell(um Judaicum = der jüdische Krieg)
JThSt	The Journal of Theological Studies; 1900 ff.
$\mathfrak{K}$	Koine-Text; s. S. 28.
Klostermann Mt	Erich Klostermann, Das Matthäusevangelium, ^{2}1927.
Klostermann Mk	Erich Klostermann, Das Markusevangelium, ^{4}1950
Klostermann Lk	Erich Klostermann, Das Lukasevangelium, ^{2}1929
Kümmel Einl.	s. S. 19, A. 23.
L	Unzialhandschrift der Evg.n u. Apg.; 8. Jh.
l	ntl. Handschrift mit altlatein. Text; 8. Jh.
Lagrange Mk	M.-J. Lagrange: L'Evangile selon St. Mark ^{5}1929
Linnemann	s. S. 182, A. 36
Lohmeyer Mk	E. Lohmeyer, Das Evg. des Markus, ^{10}1937
Lohmeyer Mt	E. Lohmeyer, Das Evg. des Matthäus, hrsg. von W. Schmauch 1956
Loisy	A. Loisy, Les Evangiles synoptiques, Bd. I/II. 1907 A. Loisy, Evangile selon Mark, 1912
LXX	Septuaginta, griechische Übersetzung des A. T.
m	ntl. Handschrift mit altlatein. Text; 8./9. Jh.
Marchal	L. Marchal, Evangile selon Luc, 1905
McGregor	G. H. C. McGregor, The Gospel of John (The Moffat New Testament Commentaries), 1931
McNeile	s. S. 79, A. 2.
mm	ntl. Handschrift mit altlatein. Text; 8./9. Jh.
N.F.	Neue Folge
N.T.	Neues Testament
ntl.	neutestamentlich
NTSt	New Testament Studies, 1955 ff.
Nov.Test.	Novum Testamentum, Leiden, 1957 ff.
P	Unzialhandschrift der Evg.n u. Apg.
P (vor einer Zahl)	Papyrus
P (vor dem Namen eines Traktats)	palästinisch
P 52	s. S. 25
P 45	s. S. 28
P 66	s. S. 25, A. 1.
P 75	s. S. 25 f., A. 2.
P Oxy	in der altägyptischen Stadt Oxyrhynchus gefundene Papyri; s. S. 216, A. 4.

par.	Parallelen
Pauly-Wissowa	A. Pauly, Realenzyklopädie der klassischen Altertumswissenschaften. Neue Bearbeitung, begonnen von G. Wissowa, hrsg. von W. Kroll u. K. Mittelhaus, 1892 ff.
pf	Perfektum
Plummer	A. Plummer, The Gospel according to St. Mark (Cambridge Greek Testament), 1914.
plur.	Mehrzahl
Q	„Quelle“, s. S. 18 ff.
q	ntl. Handschrift mit altlatein. Text; 7. Jh.
r (r^1)	ntl. Handschrift mit altlatein. Text; 7. Jh.
r^2	ntl. Handschrift mit altlatein. Text; 9. Jh.
RAC	Reallexikon für Antike und Christentum
Rawlinson	A. E. J. Rawlinson, The Gospel according to St. Mark (Westminster Commentaries), ^{7}1949
Rengstorf	s. S. 79, A. 2.
R.G.G.	Religion in Geschichte u. Gegenwart, ^{3}1957–1962; 6. Bde.
Rhein. Mus.	Rheinisches Museum für Philologie, N.F. 1842 ff.
RHPhR	Revue d'Histoire et de Philosophie religieuses, 1921 ff.
s.	siehe
S.	Seite
sa	sahidisch (koptischer Dialekt Oberägyptens); sahidische Übersetzung des N.T., 2./3. Jh.
Schlatter Mt	Adolf Schlatter, Der Evangelist Matthäus, 1929
Schlatter Mk	Adolf Schlatter, Markus, der Evangelist für die Griechen, 1935
Schlatter Lk	Adolf Schlatter, Das Evangelium des Lukas, aus seinen Quellen erklärt, 1935
Schlatter Joh	Der Evangelist Johannes. Wie er spricht, denkt u. glaubt. Ein Kommentar zum vierten Evangelium. 1930
Schmid Mt	Josef Schmid, Das Evangelium nach Markus, ^{3}1954
Schmid Mk	Josef Schmid, Das Evangelium nach Matthäus, ^{4}1959
Schmid Lk	Josef Schmid, Das Evangelium nach Lukas, ^{3}1955
K.L. Schmidt	s. S. 20, A. 24.
Schniewind Mk	Julius Schniewind, Das Evangelium nach Markus (N.T. deutsch), ^{1}1937; ^{6}1952
Schniewind Mt	Julius Schniewind, Das Evangelium nach Matthäus (N.T. deutsch) ^{1}1937
A. Schweitzer	s. S. 231 ff., 306 f.
s. o.	siehe oben
sog.	sogenannt
Streeter	B. H. Streeter, The Four Gospels. A Study of Origins, 1927
s. u.	siehe unten
sy^c	s. S. 27
sy^s	s. S. 27
sy^{hmg}	s. S. 27
syn.	synoptisch
s. Z.	seiner Zeit
Tat.	Tatian, s. S. 27
Taylor	Vincent Taylor, The Gospel according to St. Mark, ^{4}1959
T.B.T.	The Biblical Translator
Th.Exist.h.	Theologische Existenz heute, N.F. München
ThLZ	Theologische Literaturzeitung; 1876 ff.
ThSt	Theologische Studien; 1940 ff.

ThWb	Theologisches Wörterbuch zum N.T., hrsg. von G. Kittel u. a. 1933 ff.
ThEv	Thomasevangelium; s. S. 115, A. 1; 348, A. 1.
u.	und
u. a.	und andere, unter anderem
u. E.	unseres Erachtens
V.	Vers.
vgl.	vergleiche
Vetus latina	s. S. 29
Vulgata	s. S. 29
W	Codex Washingtonianus, s. S. 26
Wb	Walter Bauer, Wörterbuch zu den Schriften des Neuen Testaments und der übrigen urchristlichen Literatur. [5]1958
B. Weiß Mt	Bernhard Weiß, Das Evangelium des Matthäus, 1890
B. Weiß Mk	Bernhard Weiß, Die Evangelien des Markus und Lukas, 1901
J. Weiß Mk	Johannes Weiß, Das Markusevangelium (in: Die Schriften des Neuen Testaments [3]1917
Wellhausen Mt	Julius Wellhausen, Das Evangelium Matthäei, 1904
Wellhausen Mk	Julius Wellhausen, Das Evangelium Marci, 1903
Wellhausen Lk	Julius Wellhausen, Das Evangelium Lucae, 1904
Wellhausen Einl.	Julius Wellhausen, Einleitung in die 3 ersten Evangelen, [2]1911
Wernle	s. S. 18, A. 2.
Wrede	William Wrede, Das Messiasgeheimnis in den Evangelien. Zugleich ein Beitrag zum Verständnis des Markusevangeliums. 2. A. 1913

EINLEITUNG

Kap. 1: Die Entstehung der kirchlichen Tradition über die kanonischen Evangelien

§ 1: Die älteste Evangelientradition: Lk 1,1—4

Die ältesten Nachrichten über Evangelien enthält der sog. lukanische Prolog: Lk 1,1-4[1]. Er dürfte etwa um das Jahr 80 niedergeschrieben sein, vielleicht auch ein wenig später. Wir wollen zunächst dieses so wichtige kunstvolle Satzgebilde übersetzen:

(1) Da es viele versucht haben, eine Erzählung abzufassen über die Dinge, die sich unter uns ereignet haben, (2) wie sie uns überliefert haben die, welche von Anfang an Augenzeugen und Diener des Wortes gewesen sind, (3) schien es auch mir gut, nachdem ich allem von Anfang an genau nachgegangen war, es dir der Reihe nach zu schreiben, werter Theophilus, (4) damit du die Sicherheit der Überlieferungen (wörtlich: der Worte) erkennst, über die du unterrichtet wurdest.

Wollen wir diesen vier Versen gerecht werden, dann müssen wir bedenken: sie sind nicht in jenem Griechisch abgefaßt, das die kanonischen Evangelien — trotz aller Unterschiede — sonst zeigen; sie gehören nicht in die (nichtliterarische) Koine (Κοινή, ergänze: διάλεκτος = dialektos), die in den Diadochenreichen entstandene „allgemeine," die Durchschnittssprache des Alltags. Vielmehr bemüht sich Lukas hier darum, ein gewähltes Griechisch zu schreiben, bei dem er sorgfältig klangvolle und gewichtige Wörter sucht. Hätte er den ersten Vers einfacher schreiben wollen, dann hätte es etwa geheißen: „viele haben die Dinge erzählt, die bei uns" (nämlich den Christen) „geschehen sind". Aber wir lassen besser diesen Satz vorläufig noch einen Augenblick

[1] Literatur: Epochemachend: Henry J. Cadbury: Commentary on the Preface of Acts (Beginnings of Christianity, II London 1922, 489—510); neuere Literatur: Josef Schmid, Das Evangelium nach Lukas (Regensburger Neues Testament 3), 3. Aufl., 1955, 28—32; Étienne Trocmé, Le Livre des Actes et l'Histoire, Paris 1957, 41—49.79.125—127; Walter Grundmann, Das Evangelium nach Lukas, Berlin (1961), 43—45; Ernst Haenchen, Das „Wir" in der Apostelgeschichte und das Itinerar (ZThK 58, 1961, 329—366), 362—365; Karl Heinrich Rengstorf, Das Evangelium nach Lukas (Das Neue Testament deutsch 3), 9. Aufl., Göttingen 1962, 13—16; 101—110; Jacques Dupont, The Sources of Acts. The Present Position. London 1964, Heinz Schürmann, Evangelienschrift und kirchliche Unterweisung. Die repräsentative Funktion der Schrift nach Lukas 1,1—4 (Miscellanea Erfordiana), Leipzig 1962, 48—73; Günter Klein, Lukas 1,1—4 als theologisches Programm (Zeit und Geschichte, Dankesgabe an Rudolf Bultmann zum 80. Geburtstag, Tübingen 1964, 193—216).

stehen und gehen zu V. 2 über. Er enthält eine erstaunliche Überraschung: Die Männer, welche die Taten und Worte Jesu miterlebt und dann verkündet haben, werden hier unterschieden von den Späteren. Erst diese haben — auf Grund dessen, was die Augenzeugen erzählt haben — Schriften jener Art verfaßt, die man — in der Zeit nach Lukas — „Evangelien" genannt hat. Lukas wußte also nichts von Evangelien, welche Apostel zu ihren Verfassern hatten, nichts von Evangelien, die von Augenzeugen und ursprünglichen Predigern der Jesusbotschaft geschrieben waren! Die Augenzeugen des Lebens Jesu, seine vertrauten Jünger, haben noch nicht geschrieben, sondern „nur" gepredigt — „Diener des Wortes" meint ja nichts anderes als Missionare, welche die Botschaft verbreiten. Hätte man diesen Satz in seiner Bedeutung bedacht und ernst genommen, dann wäre die ganze kirchliche Tradition über die kanonischen Evangelien überhaupt nicht entstanden. Aber so merkwürdig es ist: auch als diese Tradition entstanden war, hat durch Jahrhunderte niemand gemerkt, daß sie in Widerspruch zu Lk 1,2 steht. Dagegen hat die sog. „Formgeschichte" (s. u. S. 20 ff.) in der Gestalt, die ihr Martin Dibelius gegeben hat, dadurch eine wertvolle Bestätigung erfahren für ihren Grundsatz: „Im Anfang war die Predigt" (das Wort natürlich im weitesten Sinne genommen). Da die erste christliche Generation das Weltende in unmittelbarer Nähe glaubte, hatte sie gar keinen Anlaß, die mündlich weitergegebenen Überlieferungen schriftlich zu fixieren.

Diese schriftliche Festlegung scheint erst in der nächsten Generation erfolgt zu sein, und zwar nach V. 1 in einer Weise, die wieder unser Erstaunen wecken sollte: viele haben es unternommen, eine dem Lk ähnliche Schrift zu verfassen[2]. Nun muß man allerdings berücksichtigen, daß man damals den Gebrauch des Wortes „viele" im Anfang einer Rede oder Schrift besonders hochgeschätzt hat[3]. Ein

---

[2] Von diesen Schriften besitzen wir nur eine einzige: die von den Späteren dem (Johannes, genannt) Markus zugeschriebene; vgl. Apg 12,12.25; 13,5.13; 15, 37—39; Philemon 24 wird als Paulusgefährte ein Markus genannt, aber der Name war damals sehr häufig. In Kol 4,10 (einem deuteropaulinischen Brief; Eduard Schweizer hat ZNW 47, 1956, 287 darauf hingewiesen, daß die in allen Paulusbriefen vorkommende Anrede „Brüder" in den Kolosser-, Epheser- und Pastoralbriefen fehlt) wird Markus offensichtlich ineinsgesetzt mit dem „Johannes, genannt Markus" der Apg. Dieselbe Identifikation wird vorausgesetzt sein in 1 Petr 5,13. Der Verfasser dieses Briefes hat den Namen aus dem paulinischen Schrifttum ebenso übernommen wie 5,12 den des Silvanus. Die Apg spricht von diesem (15,22.27.40; 16,19.25; 17,4.10.14 f.; 18,5 als „Silas", während Paulus ihn 1. Thess 1,1, 2. Thess 1,1,; 2. Kor 1,19 „Silvanus" nennt. — Die Verschiedenheit des von Paulus gebrauchten Namens Markus und des von Lukas verwendeten Namens „Johannes (genannt Markus)" spricht nicht für die Identität der beiden.

[3] Johann Baptist Bauer, ΠΟΛΛΟΙ Luk 1,1 (Novum Testamentum 4, 1960, 263 ff.).

Musterbeispiel bietet der Eingang des Hebräerbriefes: „Vielfach und vielfältig“ hat Gott einst in den Propheten gesprochen. Aber auch in den Gerichtsreden der Apg beginnt 24,2 der Rhetor Tertullus mit den Worten: „Viel Frieden haben wir erlangt...“ und Paulus erwidert 24,10: „Seit vielen Jahren...“ Diese damalige Vorliebe für das Wort „viel“ im Anfang einer Rede oder Schrift müssen wir in Rechnung stellen, wenn es Lk 1,1 heißt: „Da viele es unternommen haben...“ Es ist also nicht erlaubt, aus den „vielen“ von Lukas erwähnten Schriften sogleich auf ein Dutzend vorlukanischer Evangelien zu schließen. Immerhin, das eine steht fest: Lk blickt schon auf Vorgänger zurück, auf vorlukanische Verfasser von „Evangelien“. Daß deren Namen nicht genannt werden, erklärt sich sehr einfach dadurch, daß diese erste Evangelienliteratur anonym erschien. Lukas sagt nicht, daß er alle diese Schriften selber gelesen und womöglich alle benutzt habe. Er sagt nicht einmal ausdrücklich, daß er eine einzige davon benutzt hat[4]. Er erwähnt jene Vorgänger nur, um sein eigenes Unternehmen zu rechtfertigen: da so viele es unternommen haben, habe auch er... Kein Wort davon, daß ihn der Geist treibt, kein Wort auch darüber, wer er selbst ist. Er tadelt seine Vorgänger nicht; höchstens darin, daß er nach ihnen den Versuch abermals unternimmt, könnte man den Ausdruck einer gewissen Geringschätzung seiner Vorgänger finden. Aber worin sich Lukas ihnen überlegen wußte, dürfte zweierlei sein: einmal die Fülle des Materials, das er gesammelt hatte, als er allem von Anfang an nachgegangen war; zum anderen die sorgfältige Wiedergabe, die sich in Übereinstimmung mit der Tradition weiß. Lukas — und in ähnlicher Weise wohl auch Matthäus[5] — hat sich anscheinend bemüht, das ganze damals noch greifbare Evangeliengut, Sprüche und Erzählungen, zu sammeln und in geschlossenem Zusammenhang darzubieten.

Einen seiner Vorgänger und dessen Werk kennen wir genau: es ist das „Evangelium nach Markus“ (das damals noch nicht diesen Namen trug), das er so gut wie vollständig (s. aber zu Mk 6,47, S. 162) und mit nur wenigen Umstellungen in sein Werk aufgenommen hat. Wenn wir aber Mk nicht besäßen, würde es uns nicht möglich sein, diese Quelle auszusondern. Denn Lukas hat sie stilistisch überarbeitet. Er fühlte sich also nicht verpflichtet, das (später ebenfalls „kanonisch“ gewordene = zur Verlesung in den Gemeinden zugelassene) Buch des Mk in der Form zu belassen, in der er es vorfand. Es war für ihn wohl

[4] Es ist nicht unwahrscheinlich, daß uns im lukanischen Sondergut Stücke aus der einen oder anderen erhalten sind; aber wir haben keine Mittel, sie zu identifizieren. Rekonstruktionen wie die von E. Hirsch (Frühgeschichte des Evangeliums, Band 2) werden gerade dort phantastisch, wo sie ins historische Detail vorzustoßen versuchen.

[5] Wir bezeichnen mit diesem Namen den Verfasser der die kanonische Evangelienreihe eröffnenden Schrift, ohne eine Hypothese über ihn uns zu eigen zu machen.

nützlich und brauchbar (vor allem indem es eine Art Leitfaden der Jesusgeschichte darbot), aber es war noch nicht „kanonisch". Zur Bildung des Kanons ist es erst gekommen, als die gnostische Bewegung ihre eigenen Schriften als Evangelien darbot und damit die Lehre der Großkirche zu verfälschen drohte.

Davon, daß er selbst mit Aposteln oder Apostelschülern verkehrt habe, sagt Lukas kein Wort. Die Form des „Wir"-Berichts, die wir in manchen Partien der Apg finden, ist eine literarische Form, die hier andeuten soll, daß Lukas für jene Teile der Paulusreisen Erinnerungen von Reiseteilnehmern verwerten konnte[6].

Das Bild von der Entstehung der Evangelien, das wir aus dem lukanischen Prolog entnehmen können, sieht also in Kürze so aus: Am Anfang der Jesustradition steht die mündliche Überlieferung der „Augenzeugen und Diener des Wortes". Von ihnen hat keiner sein Wissen um Jesus schriftlich niedergelegt. Zu schriftlichen Darstellungen kam es vielmehr erst später, und zwar waren es nicht bloß ein oder zwei Evangelien, die so entstanden, sondern eine etwas größere Anzahl. Maßgebendes Ansehen genossen sie noch nicht. Lukas hat mit seinem eigenen Werk diese Linie fortgesetzt.

§ 2: Papias von Hierapolis

Der erste, der uns nach Lk über die Evangelien berichtet hat, dürfte der Bischof von Hierapolis namens Papias[7] gewesen sein. Ungefähr um 130 n. Chr. hat er wahrscheinlich sein Werk Λογίων κυριακῶν ἐξηγήσεως συγγράμματα πέντε (Logiōn kyriakōn exēgēseōs syngrammata pente; „Fünf Bücher der Auslegung der Herrenworte" übersetzt man gewöhnlich) verfaßt; also mehr als eine ganze Generation nach dem Erscheinen des lukanischen Doppelwerkes.

Wir wollen zunächst jenes berühmte Stück aus dem Vorwort des papianischen Werkes betrachten, das Euseb in seiner Kirchengeschichte (III 39,3 f.) wörtlich zitiert und uns damit erhalten hat. Um später leichter die einzelnen Sätze dieses wichtigen Zitats deutlich machen zu können, bezeichnen wir sie mit a), b), c) und d). Die Stelle lautet:

a) „Ich aber werde (will) nicht zögern, für dich auch das, was ich einst von den Presbytern gut gelernt und gut im Gedächtnis behalten habe, mit den Auslegungen"

---

[6] s. dazu E. Haenchen, Das „Wir" in der Apostelgeschichte und das Itinerar, ZThK 58, 1961, 329—366; „Gott und Mensch", Tübingen 1965, 227—264.

[7] Literatur: Walter Bauer, Rechtgläubigkeit und Ketzerei im ältesten Christentum, Tübingen 1933, 187—191; E. Gutwenger, Papias. Eine chronologische Studie (ZkTh 69, 1947, 385—416; Pauly-Wissowa XVIII 2,1, 1949, 966 ff.: J. F. Bligh, The Prologue of Papias (Theological Studies 13, 1952, 234—240); Johannes Munck, Presbyters and Disciples of the Lord in Papias (Harvard Theological Review 52,1959, 223—243; J. Kürzinger, Das Papiaszeugnis und die Erstgestalt des Matthäusevangeliums, Bibl. Zeitschrift N. F. 4, 1960, 19—38.

(der logia kyriaka nämlich) „zusammenzustellen, indem ich mich für seine Wahrheit verbürge.

b) Denn nicht an denen, die vieles sagen, hatte ich meine Freude, wie die vielen, sondern an denen, welche die Wahrheit lehren, und nicht an denen, die sich der fremden Gebote erinnern, sondern an die vom Herrn dem Glauben gegebenen und von der Wahrheit selbst herkommenden.

c) Wenn aber irgendwo einer kam, der den Presbytern nachgefolgt war, dann fragte ich ihn nach den Worten der Presbyter: was Andreas oder was Petrus *gesagt hat* oder was Philippus oder was Thomas oder Jakobus oder was Johannes oder Matthäus oder irgend ein anderer von den Jüngern des Herrn, und was Aristion und der Presbyter Johannes, die Jünger des Herrn, *sagen*.

d) „Denn ich nahm an, daß nicht der Inhalt von Büchern mir so viel Nutzen bringe wie die lebende und bleibende Stimme."

Um was es Papias eigentlich ging, das sagt der Absatz d: Von den Büchern — es handelt sich hier nicht um beliebige Bücher, sondern um solche, welche die Jesusüberlieferung enthalten! — hatte er nicht soviel wie von der „lebenden und bleibenden Stimme". Die Bücher gaben ihm nicht genug authentische Information. Er erhoffte sich mehr von der mündlichen Tradition, die vom eigenen Mund Jesu über das Ohr und den Mund der (zwölf) Jünger und ihrer Schüler, der „Presbyter" (= „Ältesten"), und deren Schüler zu ihm gekommen war. Er hatte noch die Zuversicht, daß es die eine bleibende und lebende Stimme war, die er so zu hören bekam.

Was in Abschnitt a nur kurz anklingt (sein einstiges Lernen von den Presbytern), führt der Abschnitt c genauer aus. Papias hat mit jenen Presbytern einst nicht unmittelbar verkehrt. Vielmehr war es so: wenn einer, der wirklich oder angeblich deren Schüler gewesen war, durch Hierapolis kam, dann fragte ihn Papias aus: Was hat Andreas gesagt oder was Petrus usw. — es handelt sich deutlich um die Gruppe der (zwölf) Apostel, von denen Papias sieben mit Namen nennt, und ebenso deutlich ist, daß diese Gruppe schon tot war, als Papias seine Besucher befragte („gesagt hat"). Neben dieser ersten Gruppe aber nennt Papias noch eine zweite, die im Unterschied von der ersten damals noch am Leben war („sagen"). Sie bestand nur aus zwei Personen: aus einem gewissen Aristion und dem — im Unterschied zum Zebedaiden Johannes als „Presbyter" bezeichneten — Johannes. Euseb teilt uns in seiner Kirchengeschichte (III 39,9) mit, daß Papias „Berichte" (διηγήσεις, dihegeseis) des Aristion und „Überlieferungen" (παραδόσεις, paradoseis) des Presbyters Johannes in seinem fünfbändigen Werk gebracht hat.

Welcher Art war nun der Stoff, den Papias auf diese Weise bekam? Euseb sagt uns darüber (III 39,9 ff.), daß Papias in Hierapolis von den Töchtern des Philippus eine wunderbare Erzählung bekommen habe. Dabei hat es sich um eine Totenerweckung gehandelt und um ein Erlebnis des Justus mit Beinamen Barsabas (Euseb verweist selbst anläßlich seiner auf Apg 1,23 f.): man habe ihm Gift zu trinken gegeben, und durch die Gnade des Herrn habe es ihm nicht geschadet (vgl. dazu Mk 16,18 im unechten späteren Mk-Schluß). Weiter gedenkt Euseb in diesem Zusammenhang der chiliastischen Lehre des Papias, daß nach der Totenauferstehung auf Erden das tausendjährige Reich anheben werde. Nicht von Euseb erzählt, aber wichtig ist der Bericht des Papias über das Ende des Judas (im vierten Buch):

„Als ein großes Beispiel der Gottlosigkeit wandelte Judas in dieser Welt, dessen Leib so anschwoll, daß er da nicht mehr hindurchgehen konnte, wo ein Wagen leicht hindurchfährt, sondern nicht einmal die Masse seines Kopfes. Denn seine Augenlider sollen derart angeschwollen sein, daß er das Licht überhaupt nicht mehr sah, und daß man seine Augen selbst mit dem ärztlichen Augenspiegel nicht mehr sehen konnte. So tief lagen sie für den äußeren Anblick ... Von seinem ganzen Körper floß das Blut herab usw. usw."

In einem Einzelfall können wir die Überlieferung, die Papias — ebenfalls im vierten Buch — weitergegeben hat, nachprüfen, und es fällt dabei kein gutes Licht auf die Überlieferungen, welche jene Männer dem Papias mitgeteilt haben. Irenäus berichtet nämlich in seinem Werke „Adversus haereses" (= Gegen die Irrlehren) in V. 33,3 f. folgendes:

„Wie sich auch die Presbyter erinnern, die den Johannes, den Schüler des Herrn, gesehen haben, von ihm gehört zu haben, wie der Herr über jene Zeiten" (nach der Auferstehung) „lehrte und sprach: ‚Es werden Tage kommen, in denen Weinstöcke wachsen werden, ein jeder mit 10 000 Ranken, und an einer Ranke 10 000 Zweige und an einem Zweig 10 000 Triebe und an jedem Trieb 10 000 Trauben und an jeder Traube 10 000 Beeren, und jede Beere wird ausgepreßt 1000 Liter Wein geben. Und wenn einer von den Heiligen eine Traube ergreift, wird ihm die andere zurufen: ‚Ich bin eine bessere Traube; nimm mich und preise durch mich den Herrn!' ... (4) Dies bezeugt auch Papias, ein Hörer des Johannes und enger Freund des Polykarp, ein Mann der alten Zeit" (ἀρχαῖος ἀνήρ, archaios anēr)" ausdrücklich im vierten Buch seiner Schrift. Er hat nämlich fünf Bücher geschrieben. Und er fügt noch hinzu: „Dies ist nur für die Glaubenden glaubhaft. Und als Judas der Verräter es nicht glaubte und fragte: Wie sollen nun solche Hervorbringungen vom Herrn vollbracht werden?, habe der Herr gesagt: ‚Sehen werden es, die in jenes' (das Gottesreich) ‚hineinkommen werden.' "

Diese von Papias auf den Herrenjünger Johannes zurückgeführte Geschichte ist in Wirklichkeit eine spätjüdische Legende über die Fruchtbarkeit im neuen Äon. Das zeigt die (auf eine griechische Fassung zurückgehende) syrische Baruch-Apokalypse[8], welche diese Legende in noch einfacherer Form bietet:

„Auch wird die Erde ihre Frucht zehntausendfältig geben, und an einem Weinstock werden 1000 Ranken sein, und eine Ranke wird 1000 Trauben bringen, und eine Traube wird 1000 Beeren tragen, und eine Beere wird ein Kor (= 360 Liter) Wein bringen."

Diese jüdische Legende ist, wie man sieht, gesteigert Jesus in den Mund gelegt worden, und dann hat man, wie aus dem Papiastext

[8] S. E. Kautzsch, Die Apokryphen und Pseudepigraphen des Alten Testaments, Band II, Neudruck 1921 Tübingen, 423 (= Baruchapokalypse 29,5).

deutlich ist, noch ein Zwiegespräch zwischen Jesus und dem Verräter Judas hinzugefügt. Wenn diese auf die Presbyter zurückgehende Überlieferung beispielhaft ist für die von Papias aufgenommene und weitergegebene Tradition, dann wäre sehr deutlich, daß sein Zutrauen zu der „bleibenden und lebenden Stimme" nicht gerechtfertigt war. Mündliche Überlieferung entartet rascher als schriftliche, und die von ihm geringer geschätzten Bücher waren es, welche die Kirche davor bewahrten, in wilder Phantastik zu versinken.

Allerdings hat sich auch Papias zu zwei Evangelien geäußert, oder richtiger: er hat eine von dem Presbyter Johannes[9] kommende Tradition uns erhalten, die in mancher Hinsicht sehr interessant ist. Euseb hat III 39,15 f. diese Stellen zitiert:

„Und dieses hat der Presbyter gesagt: ‚Markus, Dolmetscher des Petrus geworden, schrieb sorgfältig nieder, soweit er sich erinnerte, nicht jedoch in der ordentlichen Reihenfolge, was der Herr gesagt oder getan hatte. Denn er hatte den Herrn weder gehört noch war er ihm nachgefolgt, später aber, wie ich sagte, dem Petrus, der seine Lehren je nach Bedarf gestaltete, aber nicht, als wollte er die Jesusgeschichten (τοὺς κυριακοὺς λόγους; tous kyriakous logous) (richtig) zusammenstellen. Darum hat sich Markus nicht verfehlt, als er einiges so schrieb, wie er sich erinnerte. Denn ihm lag nur an einem: nichts von dem auszulassen, was er gehört hatte, oder etwas darin falsch darzustellen.'"

Kümmel meint (Einleitung 24 f.), die Tradition des Presbyters gehe nur bis zu den Worten „was der Herr gesagt oder getan habe"; der Rest sei eine Interpretation des Papias. Das ist möglich (die Tradition über Mt ist jedenfalls ganz kurz), aber nicht sicher. Auf alle Fälle hat schon der Presbyter dem Mk Mangel an τάξις (taxis; Ordnung) vorgeworfen. Wie kam der Presbyter (nicht erst Papias!) dazu? J. Munck (Nov.Test. Suppl. 6, 1962, 250) vermutet, er habe sich an Lk orientiert, während Kümmel (a. a. O. 25) in Mt die vom Presbyter anerkannte Norm sieht. Aber Mt wie Lk haben die Reihenfolge des Mk so weitgehend übernommen, daß der Presbyter schwerlich eines dieser Evangelien gegen Mk ausspielen konnte. Vielleicht ist es aber gar nicht nötig, ein Evangelium (man hat sogar an das Johannesevangelium gedacht) als die vom Presbyter vorausgesetzte Norm anzunehmen[10]. Was an Tradition — und zwar schon vom Presbyter — mitgeteilt wird, schließt es nämlich aus, daß Mk eine chronologische Reihenfolge der Geschichten und Sprüche bietet. Denn wenn Markus nur die Lehransprachen des Petrus kannte, die je nach Lage diese oder jene Einzelheit aus dem Leben Jesu mitteilten, dann war es ausge-

[9] Der von Euseb hist. eccles. III 39,15 genannte Presbyter kann nach III 39,14 nur der „Presbyter Johannes" sein.

[10] Walter Bauer, a. a. O., 188: das Johannesevangelium kann nicht das Normevangelium gewesen sein, an dem Papias die Evangelien des Mk und Mt maß. Bauer hat auch schon den sog. antimarcionitischen Johannesprolog verworfen, nach dem der Zebedaide Johannes sein Evangelium dem Papias diktiert haben soll, s. dazu E. Haenchen, Die Apg[15] 1965, 8 A 2. Jürgen Regul, D. antimarc. Prologe (Diss. Bonn 1964).

schlossen, daß ihm die wirkliche Ereignisfolge des Lebens Jesu bekannt war.

Wie aber war es eigentlich zu dieser Tradition über Markus und sein Verhältnis zu Petrus gekommen? Wir meinen, daß 1. Petr 5,13 mit der Erwähnung von Markus (vgl. Kol 4,10) dazu den Anlaß gegeben hat. Wir sehen freilich keinen Grund, diese Erwähnung in dem pseudonymen 1. Petr ernster zu nehmen als die des Silvanus — der von paulinischer Theologie beeinflußte 1. Petr hat aus den Paulusbriefen bekannte Personen in seinem Brief auftreten lassen, um die rechte apostolische Atmosphäre zu schaffen. Tatsächlich kann man jenen „Johannes mit dem Beinamen Markus" (vgl. Apg 12,25; 13,5.13; 15.37 ff.) nicht, wie Kümmel a. a. O. 54, als möglichen Verfasser des zweiten Evangeliums ansehen — daß dieser Johannes, genannt Markus, die zwei Varianten der Speisungsgeschichte als Berichte über zwei verschiedene Ereignisse betrachtet hätte, ist doch ganz unwahrscheinlich.

Wichtiger als diese Probleme aber ist, daß in der vom Presbyter weitergegebenen Überlieferung nun doch versucht wird, das zweite Evangelium — wenn auch indirekt — auf einen Apostel zurückzuführen. Offensichtlich hat man damals schon gewünscht, die anerkannten Evangelien auf apostolische Verfasser zurückzuführen, und nicht gemerkt, daß der lukanische Prolog — falls man ihn überhaupt kannte! — diesem Wunsch nach apostolischer Verfasserschaft entgegenstand. Daß man den Petrus nicht unmittelbar zum Autor des zweiten Evangeliums gemacht hat, besagt durchaus noch nicht, daß die Tradition über Markus zutrifft. Man wußte sehr wohl, daß Petrus kein Evangelium verfaßt hatte; erst später hat man in dem nichtkanonischen „Petrusevangelium" gewagt, ihm ein Evangelium (in der Ich-Form des Berichts) zuzuschreiben.

Papias hat sich über diese Fragen nicht den Kopf zerbrochen. Er hat sich mit der Tradition begnügt, die ihm auf dem Weg über den oder die Presbyter zukam. Aber gerade sie wies auf einen ernsten Mangel des Mk hin: zwar ist alles, was darin steht, echte Erinnerung, aber die Ordnung dieser Ereignisse bei Mk beruhte nicht auf echter Überlieferung. Ob freilich Papias vom Presbyter eine Andeutung über die wirkliche Ereignisfolge im Leben Jesu bekommen hatte oder nicht, oder ob er sich überhaupt dafür sonderlich interessiert hat, ist eine andere Frage.

Aber nicht nur Mk enthält in den Augen des Papias eine Schwäche, sondern auch Mt. Denn nachdem Euseb in III 39,15 den soeben besprochenen Text über Mk gebracht hat, fährt er in III 39,16 folgendermaßen fort:

„Das ist nun von Papias über Markus berichtet worden. Über Matthäus aber ist" (von Papias oder wohl schon vom Presbyter) „folgendes gesagt worden: Matthäus nun hat in hebräischer Sprache die Jesusgeschichten" (τὰ λόγια; ta logia) „zusammengestellt; es übersetzte sie aber jeder, wie er konnte."

Zunächst ist aus dem Zusammenhang deutlich: Papias will hier nicht von einer „Redenquelle“ sprechen, wie man im 19. Jh. manchmal gemeint hat (s. u. S. 16*), sondern vom Evangelium des Matthäus. Von ihm behauptet er, es sei in „hebräischer“ — vermutlich ist gemeint: aramäischer — Sprache abgefaßt und dann von jedermann nach Vermögen ins Griechische übertragen worden. Unter solchen Umständen wären die umlaufenden griechischen Exemplare natürlich von vornherein diskreditiert gewesen; denn sie waren dann nur Übersetzungen unbestimmten Wertes von einem nicht verfügbaren Original. Mt gerät also durch diese Angabe in ein ungünstiges Licht. Wir wissen freilich heute: das Matthäusevangelium ist eine griechische Originalschrift, der das Evangelium des Markus als Quelle gedient hat. Wie es zu der von Papias mitgeteilten Tradition über den „hebräischen“ Mt gekommen ist, können wir nicht mit Bestimmtheit sagen. Immerhin haben wir einige Nachrichten, die vielleicht dieses Dunkel erhellen (vgl. zum folgenden: Vielhauer bei Hennecke-Schneemelcher I 76—87). Irenäus bezeugt Adv.haereses I, 26,2; III 11,7, daß die judenchristliche Sekte der Ebionäer das Matthäusevangelium benutzt. Da dort aber die Geschichte von der Jungfrauengeburt nicht stand, kann es nicht gut unser Mt gewesen sein. Clemens von Alexandrien (Strom. II 9,45), Origenes und Euseb sprechen von einem „Evangelium nach den Hebräern“, an dem sich nach Euseb III 25,5 „besonders die zu Christus bekehrten Hebräer erfreuen“. Epiphanius sagt von den Nazoräern (Haer. 29,9.4):

„Sie haben aber das Evangelium nach Matthäus, vollständig und auf Hebräisch. Denn dieses ist offenbar bei ihnen, wie es ursprünglich geschrieben wurde, in hebräischer Schrift noch erhalten.“

Haer. 30 heißt es von den Ebionäern:

„Auch sie akzeptieren zwar das Evangelium nach Matthäus. Denn auch sie gebrauchen ... dieses allein. Sie nennen es aber ‚(Evangelium) nach den Hebräern‘, weil, um es wahrheitsgemäß zu sagen, Matthäus allein im Neuen Testament auf Hebräisch und mit hebräischer Schrift das Evangelium dargestellt und verkündigt hat.“ (Haer. 30,3.7)

Am meisten, aber auch am unklarsten, äußert sich dazu der Kirchenvater Hieronymus. Die wichtigste Stelle ist wohl De viris inlustribus 3, wo es heißt:

„Matthäus hat als erster in Judäa wegen der aus dem Judentum zum Glauben Gekommenen das Evangelium von Christus in hebräischer Schrift und Sprache abgefaßt; wer es später ins Griechische übersetzt hat, ist nicht mehr sicher. Weiter befindet sich der hebräische Text selbst noch heute in der Bibliothek zu Cäsarea, die der Märtyrer Pamphilus mit großer Sorgfalt zusammengestellt hat. Auch haben mir die Nazaräer in Beröa, einer syrischen Stadt, die dies Buch benutzen, es abzuschreiben erlaubt. Darin ist zu bemerken, daß der Evangelist überall, wo er Zeugnisse aus dem Alten Testament — sei es von sich aus, sei es vom Herrn und Heiland — anführt, nicht der Septuagintaübersetzung folgt, sondern dem hebräischen Urtext.“

Im Matthäuskommentar, der fünf Jahre später (kurz vor 398) geschrieben ist, drückt sich Hieronymus vorsichtiger aus; er schreibt hier:

„In dem Evangelium, das die Nazarener und Ebioniten benutzen, das wir neulich aus der hebräischen Sprache in die griechische übersetzt haben und das von den meisten das authentische Evangelium des Matthäus genannt wird ..."

17 Jahre später, im Dial. adv. Pelag. III 2, schreibt Hieronymus:

„Im Evangelium nach den Hebräern, das in chaldäischer und syrischer Sprache, aber mit hebräischen Buchstaben geschrieben ist, das bis heute die Nazarener benutzen als ‚(Evangelium) nach den Aposteln' oder, wie die meisten vermuten, nach Matthäus, das auch in der Bibliothek zu Cäsarea vorhanden ist ..."

Aus all diesen Stellen dürfte hervorgehen: es hat frühzeitig eine Rückübersetzung des kanonischen, griechisch geschriebenen Mt ins Aramäische gegeben, die von Judenchristen benutzt wurde. Sie haben sie aber als das Original des Mt ausgegeben. Dieses Evangelium scheint dann später von judenchristlichen Sekten, z. T. unter anderen Namen, benutzt worden zu sein, nicht ohne daß es von ihnen zuvor bearbeitet worden ist.

Zurück zu Papias selbst. Man kann nicht sagen, daß er die Angaben des Mt für falsch erklärt, wohl aber deutet er, wie bei Mk, eine Schwäche dieses Buches an.

Wenn man den Charakter der uns erhaltenen Papiasstücke ins Auge faßt, sieht man einen gemeinsamen Grundzug: alle diese Geschichten sind in einer ungleich gröberen Weise „erbaulich" als die kanonischen Evangelien. Wahrscheinlich hat aber gerade diese gröbere Art (man denke an die grauenhafte Schilderung des Judas, von der nur der verhältnismäßig harmlose Anfang zitiert wurde!) dem Papias und wohl auch manchen seiner Zeitgenossen mehr zugesagt. Dazu kam die vermeintliche Gewißheit, in dieser Überlieferung die „bleibende und lebende Stimme" zu hören.

Ob Papias im Abschnitt b an gnostische Evangelien denkt, ist nicht sicher. Dagegen setzt er selbst, ebenso wie die Gnostiker, voraus, daß die einzelnen Apostel jeweils bestimmte Traditionen hinterlassen haben; sogar den 44 n. Chr. hingerichteten Zebedaiden Jakobus nennt er in diesem Zusammenhang in c. Das macht seine Angaben noch verdächtiger, wenn er sie sicherlich auch in gutem Glauben wiedergegeben hat.

In der Folgezeit hat man von Papias nicht mehr Genaues gewußt — abgesehen von Euseb, der das fünfbändige Werk des Papias noch gelesen hat[11]. Irenäus hat von Papias schon behauptet, er sei ein Schüler des Johannes und ein enger Freund des Polykarp gewesen. Schon Euseb hat erkannt, daß diese Behauptung dem Selbstzeugnis

---

[11] Daß Euseb die von ihm selbst zitierte Stelle III 39,4 (nach der sich Papias nach den Lehren des Aristion und des Presbyters Johannes bei deren Schülern erkundigt hat) falsch verstanden hat, wird III 39,7 deutlich, wo er behauptet, Papias sei ein unmittelbarer Hörer des Aristion und Johannes gewesen.

des Papias widerspricht (Kirchengeschichte III 39,2). Im sog. antimarcionitischen Prolog zum Johannesevangelium aber wird sogar erzählt, der Zebedaide Johannes habe dem Papias sein Evangelium diktiert! So undeutlich sind die chronologischen Verhältnisse zwischen dem ersten und zweiten Jh. in wenigen Jahrzehnten geworden — Irenäus dürfte ums Jahr 180 geschrieben haben. Ohne Eusebs Exzerpte wäre Papias für uns noch viel rätselhafter, als er es ohnedies schon ist. Wir wissen z. B. nicht, in welchem Zusammenhang und in welcher Absicht Papias die Angaben über die Evangelisten Markus und Matthäus gemacht hat. Wir können nur sagen: nach diesen Angaben ist es sehr unwahrscheinlich, daß er je das Matthäusevangelium benutzt hat.

§ 3: Irenäus

50 Jahre später war die kirchliche Tradition über die vier kanonischen Evangelien voll ausgebildet. An die „vielen", die vor Lukas geschrieben hatten, dachte niemand mehr. Was nun als kirchliche Evangelientradition galt, hat ums Jahr 180 der Kirchenvater Irenäus in seinem Werk „Gegen die Irrlehren" („Adversus haereses") mitgeteilt, das zum größten Teil freilich nur noch in einer lateinischen Übersetzung erhalten ist. Dort heißt es im dritten Buch (III 1,1):

„Matthäus verfaßte sein Evangelium bei den Hebräern in hebräischer Sprache, als Petrus und Paulus in Rom das Evangelium verkündeten und die Gemeinde gründeten." (Daß die römische Gemeinde schon bestand, bevor Paulus und Petrus nach Rom kamen, hat damals schon niemand mehr aus dem Römerbrief erschlossen.) „Nach deren Tod schrieb Markus, der Schüler und Dolmetscher des Petrus, dessen Predigten für uns auf. Ähnlich hat Lukas, der Begleiter des Paulus, das von diesem verkündete Evangelium in einem Buch niedergelegt. Zuletzt gab Johannes, der Schüler des Herrn, der an dessen Brust ruhte, das Evangelium heraus, als er zu Ephesus in Kleinasien weilte[12]."

So führte Irenäus — im Kampf gegen die gnostische Irrlehre — die Evangelien des Matthäus und Johannes unmittelbar auf Apostel

[12] Martin Widman hat in seinem Aufsatz „Irenäus und seine theologischen Väter" (ZThK 54, 1957, 156—173) besonders auf die Bedeutung des Begriffs οἰκονομία (oikonomia) bei Irenäus hingewiesen. Er kann die einzelne Heilsveranstaltung Gottes meinen, aber auch den großen Heilsplan Gottes: er „ist der selig machende Heilsinhalt der Schrift Alten und Neuen Testaments" (159). Als Beleg führt Widman die unserer Stelle vorangehende Einleitung des ersten Kapitels im dritten Buch an: „Von keinem anderen als von denen, durch welche das Evangelium zu uns gelangt ist" (man beachte: hier wird von „dem Evangelium" = der ntl. Heilsbotschaft von Christus gesprochen!)", haben wir Gottes *Heilsplan* gelernt. Was sie zuerst gepredigt und dann nach dem Willen Gottes uns schriftlich überliefert haben, das sollte das Fundament und die Grundsäule unseres Glaubens werden." Diese beiden Begriffe, Fundament und Grundsäule, begegnen uns in der oben an zweiter Stelle zitierten Ausführung III 11,8 wieder, wo Irenäus zum Begriff des viergestaltigen Evangeliums (εὐαγγέλιον τετράμορφον; euangelion tetramorphon) gelangt.

zurück, dagegen Mk indirekt auf Petrus und Lk indirekt auf Paulus. Die letzte Angabe kam aus einem Mißverständnis von 2. Kor 8,18. Hier spricht Paulus von einem Christen, dessen Verdienste um die Mission in allen Gemeinden bekannt waren. Diesen Sinn drückte Paulus mit den Worten aus: „dessen Lob im Evangelium durch alle Gemeinden" (verbreitet ist). Irenäus wußte nicht mehr, daß Paulus seine eigene Heilsbotschaft als Evangelium bezeichnete, sondern er dachte bei dem Wort „Evangelium" an ein Buch wie etwa Mk. Erst recht ahnte er nichts von den Problemen, die sich mit der Anerkennung von vier kirchlich maßgebenden, kanonischen Evangelien ergeben. Das wird sehr deutlich in Buch III 11,8, wo er schreibt:

„Es versteht sich, daß es weder mehr noch weniger als diese Evangelien geben kann. Da es nämlich in der Welt, in der wir leben, vier Himmelsrichtungen und vier Winde gibt und da die Kirche über die ganze Erde ausgesät ist, das Evangelium aber die Säule und Grundfeste der Kirche ... ist, so muß es naturgemäß auch vier Säulen haben. ... Daraus ergibt sich, daß das Wort, ..., als es sich den Menschen offenbarte, uns ein viergestaltiges Evangelium gab, das aber von einem Geiste zusammengehalten wird."

Schon bei Irenäus erscheinen die vier Evangelien und Evangelisten in Verbindung mit den vier Lebewesen, die in der Apokalypse (4,6 ff.) den Gottesthron tragen: „Viergestaltig die Tiere, viergestaltig das Evangelium[13]."

Von dieser nun selbstverständlichen Voraussetzung des „evangelium tetramorphum" aus hat sich Irenäus III 11,9 über die gnostische Sekte der Valentinianer entrüstet, weil sie „sich rühmen, mehr Evangelien zu haben, als es in Wirklichkeit gibt". Er hatte von der (1945 bei Nag Hamadi in koptischer Sprache gefundenen) Schrift gehört, die mit den Worten beginnt: „Das Evangelium der Wahrheit" und sah darin einen Angriff auf den Vier-Evangelien-Kanon der Großkirche.

Obwohl Irenäus die Evangelien und die Apostelgeschichte zu apologetischen Zwecken sehr genau gelesen hat, ist er auf die Unterschiede und Widersprüche in den kanonischen Evangelien nicht aufmerksam geworden. Durch viele Jahrhunderte sind der Kirche die Augen gehalten gewesen.

Kap. 2: Das synoptische Problem

§ 1: Die Synoptiker und das Johannesevangelium

Die drei Evangelien des Matthäus, Markus und Lukas stellen die Geschichte Jesu so übereinstimmend dar, daß man ihre Berichte zum Vergleich nebeneinanderstellen kann, daß man sie in einer „Zusam-

[13] Es ist deutlich, daß wir es hier mit kleinasiatischer Theologie zu tun haben, freilich nur als einer dann allegorisch umgedeuteten Grundlage, die mühelos die vier Lebewesen der Apokalypse mit den Evangelien zusammenschauen kann. Wie wichtig das für die kirchliche Kunst wurde, ist deutlich.

menschau" (σύνοψις, gr.: synopsis) anordnen kann[1]. Darum werden sie oder ihre Verfasser „Synoptiker" genannt. Ihnen gegenüber ist das Johannesevangelium eine Größe eigener Ordnung.

a) In den Synoptikern spielt sich Jesu Wirken von der Jordantaufe bis zur Pilgerreise zum Todespassah nach Jerusalem fast ausschließlich in Galiläa ab. Es gibt freilich einige Ausnahmen: gelegentliche Fahrten über das „galiläische Meer", den See von Tiberias, ins Ostjordanland[2] und eine Wanderung Jesu nach Norden bis zu den schon zu Cäsarea Philippi gehörenden Dörfern[3]. Ganz anders steht es bei Johannes. Dort wird mehrfach von einer Wanderung Jesu nach Jerusalem erzählt[4], wo sein Lehren alsbald zu heftigen Streitgesprächen mit den Juden führt. So wird Jerusalem zum Schauplatz des Geschehens für den größten Teil des vierten Evangeliums.

b) Beim Lesen der Synoptiker bekommt man den Eindruck, daß Jesu Tätigkeit nur ungefähr ein Jahr gedauert hat; vor allem, weil nur von einer einzigen Passahreise nach Jerusalem die Rede ist. Nach Johannes, der von mehreren solchen Reisen erzählt, müßte man auf eine Wirksamkeit schließen, die mehrere Jahre gedauert hat (falls diese Angaben über die Passahreisen nicht bloß Kompositionsmittel sind).

c) Sehr früh ist man auf einen chronologischen Unterschied aufmerksam geworden, der wegen der liturgischen Konsequenzen zum sog. Passahstreit zwischen der kleinasiatischen und der römischen Kirche geführt hat: nach den Synoptikern ist Jesus am Freitag, dem 15. Nisan, dem ersten Tag des Passahfestes, um 9 Uhr vormittags gekreuzigt worden, nach Joh 19,14 dagegen am Freitag, dem 14. Nisan, dem „Rüsttag" zum Passah, um 12 Uhr mittags[5].

d) Aber nicht nur die Topographie und Chronologie, Ort und Dauer des Wirkens Jesu werden bei den Synoptikern und Johannes verschieden dargestellt, sondern auch dessen Art. Jene Gleichnisse[6],

---

[1] Griechische Synopsen: Albert Huck, Synopse der drei ersten Evangelien, 9. Aufl., unter Mitwirkung von H. G. Opitz völlig neu bearbeitet von H. Lietzmann, Tübingen 1936. — Kurt Aland, Synopsis quattuor evangeliorum, Stuttgart 1964. — Deutsche Synopsen: Johann Perk, Synopse der vier Evangelien (ohne Jahr, erschienen 1945). — Josef Schmid, Synopse der drei ersten Evangelien, 3. Aufl., Regensburg 1959. Den Namen „Synopse" hat zuerst Johann Jakob Griesbach 1776 verwendet in seiner zu Halle erschienen Schrift: Synopsis Evangeliorum Matthaei Marci et Lucae.

[2] Mk 5,1; 6,45.

[3] Mk 8,27 ff.

[4] Joh 2,13; 5,1; 7,10; 10,22; 11,55.

[5] s. dazu bes.: Joachim Jeremias, Die Abendmahlsworte Jesu, 3. Aufl. Göttingen 1960.

[6] s. dazu Wilhelm Michaelis, Die Gleichnisse Jesu. Hamburg 1956, Eta Linnemann, Gleichnisse Jesu, Göttingen 1961, und besonders Joachim Jeremias, Die Gleichnisse Jesu. 6., neubearbeitete Auflage, Göttingen 1962.

welche die Synoptiker bieten, suchen wir bei Joh vergeblich. Wiederum kennen die Synoptiker nicht das, was bei Joh als „Bildrede" (παροιμία, paroimia) bezeichnet wird.

e) Allein auch der Inhalt der Verkündigung Jesu ist nicht derselbe. Nach den Synoptikern spricht Jesus im wesentlichen von der kommenden Gottesherrschaft; bei Johannes dagegen bewegen sich seine Reden im Grunde um ein einziges Thema: seine Bedeutung als der vom unsichtbaren Vater Gesandte[7].

f) Stärker berühren sich dagegen die Synoptiker und Joh in den Wundergeschichten. Allerdings bleiben auch hier große Unterschiede. Das unüberbietbare Wunder der Auferweckung des schon verwesenden Lazarus (Joh 11,39) ist den Synoptikern unbekannt, und die in Joh 9 dramatisch erzählte Geschichte von der Blindenheilung hat bei den Synoptikern keine Entsprechung.

Selbst da jedoch, wo alle vier Evangelien offensichtlich dieselbe Tradition wiedergeben, wie bei der Speisung der 5000 und der Überfahrt über den See[8], zeigt eine genauere Untersuchung, daß die Tradition bei Joh weiter entwickelt ist. Ja, es gibt sogar Wundergeschichten wie Joh 4,46-54, wo man sich fragen kann, ob sie noch eine Parallele zu einer synoptischen Geschichte ist; derart groß sind die Unterschiede[9].

Im ganzen läßt sich feststellen: wo sich die von Joh benutzte Überlieferung mit der synoptischen berührt, zeigt dies ein weiter fortgeschrittenes Stadium und nicht etwa Anzeichen einer Bearbeitung des synoptischen Stoffes durch den vierten Evangelisten. Früher galt es als ausgemacht, daß Joh die Synoptiker oder wenigstens das eine oder andere der synoptischen Evangelien gekannt hat. Dem entsprechend mußte man dann fragen: Wollte Joh die Synoptiker ergänzen, verbessern oder verdrängen[10]? Inzwischen aber hat die Überzeugung an Boden gewonnen, daß Joh die Synoptiker gar nicht gekannt hat[11]. Dagegen hat er gelegentlich Überlieferungen benutzt, die

---

[7] s. dazu Ernst Haenchen, „Der Vater, der mich gesandt hat", NTSt 9, 1963, 208—216; „Gott und Mensch", 68—77.

[8] s. dazu Ernst Haenchen, Johanneische Probleme, ZThK 56, 1959 (19—54), 31—34; „Gott und Mensch", 78—113.

[9] s. dazu a. a. O., 23—21.

[10] Hans Windisch, Johannes und die Synoptiker. Wollte der vierte Evangelist die älteren Evangelien ergänzen oder ersetzen? Untersuchungen zum NT 12, 1926.

[11] P. Gardner-Smith, Saint John and the Synoptic Gospels, Cambridge 1938. — Joachim Jeremias, Johanneische Literarkritik. Theologische Blätter 20, 1941, 33 ff. — Charles Harold Dodd, The Interpretation of the Fourth Gospel, Cambridge² 1954, 449. In seinem 1963 erschienen Buch „Historical Tradition in the Fourth Gospel" sagt Dodd zur Geschichte vom Einzug in Jerusalem bei den Synoptikern und Joh, daß sie abgesehen von den atl. Zitaten wenig Ähnlichkeit haben; tatsächlich unterscheiden sie sich überall, wo es bei der Erzählung desselben Vorfalls möglich ist. Für die Geschichte der Salbung in Bethanien stellt Dodd (163) fest, es sei möglich, aber nicht sicher, daß Joh und Mk beide dasselbe

sich mit den synoptischen berühren. Die Vermutung, er habe unmittelbar aus der mündlichen Überlieferung geschöpft und sie zum ersten Mal schriftlich festgehalten, dürfte jedoch irrig sein. Der vierte Evangelist hat (mindestens) ein Evangelium benutzt — woher er es kannte, macht hier wenig aus —, das mit seiner Auffassung der Wunder als Beweise seiner eigenen Theologie widersprach und darum von ihm mehrfach[12] nach seinem Sinn zurechtgerückt werden mußte; dieses Evangelium enthielt Erzählungen von hoher Darstellungskunst[13].

So bleibt es dabei: Die Evangelien nach Matthäus, Markus und Lukas bilden Joh gegenüber eine Einheit; andererseits ist Joh eine selbständige Größe. Jene Einheit der Synoptiker aber stellt die Forschung vor neue Fragen.

§ 2: Das synoptische Problem und die Zwei-Quellen-Theorie

Zunächst galt die kirchliche Tradition über das „viergestaltige Evangelium" (s. o. S. 12) als selbstverständlich. Darum erkannte man das Nebeneinander von Übereinstimmung und Unterschied in den Synoptikern noch nicht als Problem. Ansätze zu einer historischen Betrachtung finden sich u. a. bei Augustin; er vermutete freilich, Mk haben den Mt verkürzt. Erst der Rationalismus durchbrach die absolute Geltung der kirchlichen Tradition und suchte die ntl. Schriften als Glieder einer historischen Entwicklung zu verstehen. Dabei hat — neben einer Auswertung von Nachrichten der Kirchenväter — die bloße Vermutung noch eine große Rolle gespielt. Zu einem Gesamtbild vom Werden der ntl. Schriften kam es erst allmählich. Zunächst benutzte man den einen oder anderen Gesichtspunkt isoliert zur Erklärung. Ob mündliche oder schriftliche, einheitliche oder vielfältige Überlieferung am Anfang stand, diese Fragen sah man zunächst noch nicht in ihrem Zusammenhang[14].

seltene Wort πιστικῆς benutzt haben. Ähnlich verhält es sich bei den anderen verglichenen Stellen. Bent Noack, Zur Johanneischen Tradition. Beiträge zur Kritik an der literarkritischen Analyse des vierten Evangeliums. København 1954, hat — nach Bultmanns Urteil, ThLZ 1955, 521 — überzeugend gezeigt, „daß keines der synoptischen Evangelien im Joh.-Evg. als Quelle benutzt ist", wenn ihm auch der Nachweis nicht gelungen ist, daß Joh unmittelbar die mündliche Tradition benutzt hat und „als Quellenschrift mit den drei ältesten Evangelien auf einer Linie stehe". (162).

12 Z. B. 4,48 f. und 20,29.

13 Z. B. 9,1—3.6—38. Ein Aufsatz wie der von H. Windisch, Der johanneische Erzählungsstil, in: *Eucharisterion,* Festschrift für H. Gunkel, FRLANT, N. F. 19, 1923, 174 ff., bleibt insoweit nützlich, als man ihn auf die johanneische Vorlage bezieht.

14 Man muß bedenken, daß der nachreformatorische Protestantismus eine Inspirationslehre von einer früher unbekannten Strenge entwickelt hatte. Wenn man die Entstehung der biblischen Schriften „menschlich" betrachtete, so wurde das

Für ein *schriftliches Urevangelium* ist zuerst *Lessing* eingetreten („Theses aus der Kirchengeschichte" 1776; „Neue Hypothese über die Evangelisten als bloß menschliche Geschichtsschreiber betrachtet, 1778). Der Kirchenvater Hieronymus wollte im 4. Jh. bei häretischen Judenchristen („Nazarener" = Nazaräer) ein aramäisches Evangelium gesehen und sogar übersetzt haben (s. o. S. 9 f.). Diese Nachricht ließ Lessing vermuten: Es gab ein sehr altes aramäisches Evangelium. Unsere Evangelien sind Übersetzungen davon (auch Mt; so interpretierte Lessing die Papiasnotiz über Mt) oder/und Auszüge daraus. 1794 behandelte *Eichhorn*[15] ausführlich die Hypothese eines hebräischen oder aramäischen Urevangeliums: sie sei notwendig, da keines der synoptischen Evangelien stets den besten Text und Zusammenhang hat. Das Urevangelium zeige, was den ersten Christen wesentlich war; die Kindheitsgeschichten bei Mt und Lk z. B. seien erst spätere Zusätze. Die dem Mt und Lk gemeinsamen Stoffe hielt Eichhorn für Entlehnungen aus anderen „apokryphen" Schriften. Damit bahnte sich die Erkenntnis an, daß die kanonischen Evangelien nicht sofort als fertige Größen auf den Plan getreten sind, sondern erst den Abschluß eines langwierigen historisch-literarischen Prozesses bilden.

Eine *Vielheit* von kleinen Einzelschriften („Dihegesen") stellte *Schleiermacher*[16] an den Anfang: der eine schrieb sich Gleichnisse auf, der andere Wundergeschichten, ein dritter Nachrichten über die Passion usw. Damit wird erkannt, daß die Synoptiker Sammelgut enthalten und daß es sich in verschiedenen Gattungen niederschlug. Damit war weitgehend die „Formgeschichte" (s. u. S. 20) vorbereitet. In der Schrift „Über die Zeugnisse des Papias von unsern ersten beiden Evangelien" (1832) deutete Schleiermacher die Papiasnotiz über Mt dahin, daß Mt Jesussprüche gesammelt habe und daß so eine „Redenquelle" entstand.

Herder[17] hat die *mündliche* Überlieferung als die ursprüngliche dargestellt. „Evangelium" ist eine frohe Nachricht, „daß der Längsterwünschte da ist". „Mit Evangelienschreiben fing also das Christentum nicht an, sondern mit Verkündigung vergangener und zukünftiger

---

als Sakrileg empfunden. Noch in der Diskussion, die man um die Jahrhundertwende darüber führte, ob „Einleitung in das Neue Testament" oder „Urchristliche Literaturgeschichte", „Theologie des Neuen Testaments" oder „Urchristliche Religionsgeschichte" die rechten Titel für die betreffenden Vorlesungen und Bücher seien, wirkte jener Konflikt nach.

[15] Johann Gottfried Eichhorn, Über die drey ersten Evangelien, 1794, 1820².

[16] Friedrich Schleiermacher, Über die Schriften des Lukas, ein kritischer Versuch, 1817. Sämtliche Werke I 2, 1836, 1 ff.

[17] Johann Gottfried Herder, Christliche Schriften, 2. Sammlung: Vom Erlöser der Menschen. Nach unsern drei ersten Evangelien, 1796; 3. Sammlung: Von Gottes Sohn, der Welt Heiland. Nach Johannes Evangelium. Nebst einer Regel der Zusammenstellung unserer Evangelien aus ihrer Entstehung und Ordnung, 1797.

Dinge (Kerygma, Offenbarung), mit Auslegung, Lehre, Trost, Ermahnung, Predigt." „Eh' also Eins unsrer Evangelien geschrieben war, war das Evangelium da, in Ankündigungen Christi und der Apostel." Ein schriftliches „Ur-Evangelium kennt weder die Apostel- noch Kirchengeschichte; kein Kirchenvater ... beruft sich je darauf..." Allerdings hat sich bei der mündlichen Verkündigung ein gewisses (wenn auch nicht überall bindendes) Schema entwickelt. „Das gemeinsame Evangelium bestand aus einzelnen Stücken, Erzählungen, Parabeln, Sprüchen, Perikopen. ... Leute, wie die meisten Apostel waren, erinnerten sich leichter eines Spruches, einer Parabel, eines Apophthegma, das ihnen auffallend gewesen war, als zusammenhängender Reden." Das Markusevangelium „ist nicht verkürzt... Was andere mehr und anders haben, ist in ihnen dazu gekommen, nicht aber in Markus ausgelassen worden".

Die bisher genannten Versuche, die von einem schriftlichen Urevangelium, kleineren schriftlichen Sammlungen oder der mündlichen Überlieferung aus den Befund der synoptischen Evangelien zu erklären, haben erstaunlicherweise einen Zug gemeinsam: sie rechnen nicht damit, daß die synoptischen Evangelien irgendwie voneinander abhängig sind. Allerdings hatte Griesbach 1789 Augustins Vermutung, Mk sei nur ein Auszug aus Mt, dahin erweitert, daß auch Lk dem Mk vorgelegen hat. Dabei hatte G. Chr. Storr schon 1786 gegen eine solche Behauptung eingewendet, sie mache es unbegreiflich, warum Mk soviel wichtigen Stoff aus Mt und Lk ausgelassen habe. Storr hatte darum mit Recht angenommen, daß es sich umgekehrt verhalte: Mt und Lk haben Mk benutzt.

Diese Anschauung hatte es so schwer, sich durchzusetzen, weil ihr der Kirchenvater Augustinus (De consensu evangelistarum I 2) widersprach: „Marcus eum" (Mt) „subsecutus tamquam pedisequus et breviator eius videtur". Erst der Philologe K. Lachmann hat in seinem Aufsatz „De ordine narrationum in evangeliis synopticis" (ThStKr 8, 1835, 570 ff.) ein durchschlagendes Argument dafür entdeckt, daß Mt und Lk schon Mk benutzt haben: die Erzählungen folgen sich bei Mt und Lk nur dann in derselben Reihenfolge, wenn sie mit der Reihenfolge des Mk übereinstimmen. 1838 stellten Chr. G. Wilke[18] und Chr. H. Weiße[19] unabhängig voneinander und von Lachmann dasselbe Argument ausführlich dar; Weiße erkannte überdies, daß sowohl Mt wie Lk eine Sammlung von Jesusworten benutzt und mit dem Mk-Gut verbunden haben. Damit war die sog. Zwei-Quellen-Theorie (Mk und Q [= die Redenquelle]) auf den Plan getreten.

---

[18] Christian Gottlob Wilke, Der Urevangelist oder exegetisch kritische Untersuchung über das Verwandtschaftsverhältniß der drei ersten Evangelien, Dresden und Leipzig 1838.

[19] Christian Hermann Weiße, Die evangelische Geschichte kritisch und philosophisch bearbeitet, I II, Leipzig 1838.

Ihren endgültigen Sieg errang sie 1863 durch das Werk von H. J. Holtzmann: „Die synoptischen Evangelien, ihr Ursprung und ihr geschichtlicher Charakter[20]."

Besonders deutlich wird die Stellung von Mt und Lk in Wernles Werk: „Die synoptische Frage[21]." Zunächst bespricht Wernle das Verhältnis von Lk zu Mk mit dem Ergebnis: „Fast sämtlicher Erzählungsstoff des Mk ist in Lk" (3,1—6,19; 8,4—9,50; 18,15—24,10) „enthalten" (S. 4); die Ausnahmen lassen sich erklären (4 ff.). Lk gibt fast durchweg die Anordnung des Mk wieder (6); die sieben Ausnahmen lassen sich erklären (7 ff.). Der Text des Mk ist primär (10 ff.). Sodann untersucht Wernle das Verhältnis von Lk zu Mt und kommt zu dem Schluß: „Lk hat von dem Plus des Mt in Mk-Geschichten nichts aufgenommen, eine Reihe sekundärer Redestücke des Mt nicht gelesen, die Vorgeschichte ohne Rücksicht auf ihn erzählt" (43). Lk hat in 6,20—8,3 und 9,51—18,14 eine Redenquelle in Mk eingeschoben, während Mt diese Rede mit Mk verschmolzen hat (45). „Überall, wo Mt und Lk wörtlich zusammentreffen, liegt der Text der Spruchsammlung vor" (80 ff.). Das Verhältnis des Mt zu Mk hat Wernle (127) in einer Liste veranschaulicht; einfacher und durchsichtiger sind die graphischen Darstellungen in W. G. Kümmels „Einleitung in das Neue Testament", 1963, S. 28 f. Wernles Ergebnis lautet: „Der Disposition des Mt liegt diejenige des Mk durchweg zugrunde, wofür die Umstellungen so beweisend sind wie die Befolgungen" (130).

Über die „Redenquelle" hat Wernle keine solche Klarheit erreicht. Das ist nicht verwunderlich; denn man streitet bis heute darüber, ob „Q" eine Spruchsammlung war oder eine Traditionsschicht[22] oder ein Evangelium. Immerhin steht einiges fest:

1. Q enthielt nicht nur Reden *Jesu*. Das beweisen Mt 3,7b-10// Lk 3,7b-9 (Bußpredigt des Täufers) und Mt 3,11f.//Lk 3,16b-17 (messianische Verkündigung des Täufers).

---

[20] Heinrich Julius Holtzmann, Die synoptischen Evangelien, ihr Ursprung und ihr geschichtlicher Charakter, Leipzig 1863.

[21] Paul Wernle, Die synoptische Frage. Freiburg, Leipzig und Tübingen 1899.

[22] Die Bezeichnung von Q als Traditions*schicht* ist unglücklich. Der Begriff „Schicht" stammt aus der Geologie und setzt voraus, daß unter und/oder über ihr eine oder mehrere andere Schichten liegen. Wäre mit Q die mündliche Überlieferung gemeint, über der die jüngere Schicht der schriftlichen Überlieferung sich abgelagert hat, so wäre nichts dagegen einzuwenden. Aber der Begriff Q meint einen engeren Bereich, nämlich den Redestoff, nicht den Erzählungsstoff, der doch auch zunächst mündlich überliefert worden ist. Die Geschichten von der Versuchung Jesu, vom Hauptmann von Kapernaum und von der Anfrage des Täufers und der Antwort Jesu gehen aber über diese zweite Grenze ziemlich weit hinaus. — Das Thomasevangelium enthält vor allem Sprüche Jesu, gelegentlich kleine Dialoge Jesu mit den Jüngern. Diese zweite Art bringt Jüngerfragen, auf die Jesus antwortet. Seine Antwort ist das Entscheidende.

2. Q enthielt nicht nur *Reden* Jesu. Das beweisen die Versuchungsgeschichte (Mt 4,2—10 // Lk 4,2b—12), die Geschichte vom Hauptmann von Kapernaum (Mt 8, 5—13 // Lk 7,1—10) und der große Abschnitt Mt 11,2—19 // Lk 7,18—28 mit der Anfrage des Täufers und Jesu Antwort darauf.

3. Die nicht aus Mk stammenden Redestücke in Mt und Lk stimmen teils bis in die Einzelheiten des Wortlauts hinein überein (z. B. beim „Jubelruf", Mt 11,25—27 // Lk 20,21 f.), teils weichen sie erheblich voneinander ab (z. B. im Gleichnis von den Talenten [Mt 25,14—30] oder Minen [Lk 19,16—27]); bisweilen sind die Unterschiede so bedeutend, daß man die Benutzung einer gemeinsamen Quelle bezweifelt hat (z. B. beim Gleichnis vom großen Mahl, Mt 22,1—14 // Lk 14,16—24).

4. Diese Unterschiede können zwei verschiedene Ursachen haben: a) sie können während der mündlichen Überlieferung eines Traditionsstückes entstanden sein, b) sie können aber auch auf einen schriftstellerischen Eingriff zurückgehen. Der Fall b) dürfte bei der lukanischen Form der Versuchungsgeschichte vorliegen (s. u. S. 72 f.). Dagegen dürfte in Mt 22,1—14 der Fall a) eingetreten sein. Hier ist nicht nur ein dem Gleichnis fremder Zug — die „Stadt der Mörder", und deren (= Jerusalems) Zerstörung — eingedrungen, sondern auch die Schilderung der Einladung ist in V. 4 f. gegenüber Lk 14,17—20 charakteristisch verändert. Bei Mt werden nämlich die Vorbereitungen, die der einladende „König" getroffen hat, ausführlich geschildert, dagegen wird die (ablehnende) Reaktion der Eingeladenen in V. 5 sehr verkürzt und in V. 6 stark vergröbert. Aber wie unten S. 404 gezeigt ist, berührt sich in V. 5 das Wort „emporia" (Handel) mit „emporos" (Händler) in Spruch 63 der Thomasevangeliums. D. h. aber: der eindringende fremde Zug hat eine im lukanischen Stil, aber nicht im lukanischen Wortlaut gehaltene Darstellung gestört. Wenn die Erwähnung der Zerstörung Jerusalems auf den ersten Evangelisten zurückgehen sollte, so würde ihm eine der Fassung des Thomasevangeliums ähnliche Gleichnisgeschichte vorgelegen haben, die bereits im Stadium der mündlichen Überlieferung sich von der bei Lk erhaltenen Form getrennt hat.

5. Manche Bestandteile von Q, die bis in den Wortlaut hinein übereinstimmen (z. B. die Versuchungsgeschichte und der Jubelruf), sind junges Gut. Das zeigt der absolute Gebrauch von „der Vater" und „der Sohn" beim Jubelruf; die Lehrdichtung von der Versuchung Jesu (s. u. S. 64—73), indem sie Jesus vom Teufel auf einen sehr hohen Berg entrückt werden läßt. Das erinnert an einen Zug im apokryphen Hebräerevangelium: „Soeben nahm mich meine Mutter,

[23] Die vorzüglichen Darlegungen Kümmels über die mit „Q" verbundenen Probleme (Feine-Behm, Einleitung in das Neue Testament, 14. Auflage von W. G. Kümmel, Heidelberg 1965, 35—41) seien besonders empfohlen.

der heilige Geist, an einem meiner Haare und trug mich auf den großen Berg Thabor." Wenn junges, ins Legendarische übergehendes Traditionsgut in Q vorhanden ist, dann weist das darauf hin, daß Mt und Lk Q erst in dessem späten Stadium aufgenommen haben. Welche Form das Ganze von Q zu dieser Zeit besaß, läßt sich nicht mehr genau ausmachen (s. Kümmel, Einleitung 36 ff.)[23].

Nimmt man aus Mt und Lk alles heraus, was diese beiden Evangelien Mk und Q verdanken, dann bleibt bei beiden Evangelien noch weiterer Stoff übrig; man nennt ihn das Sondergut des Mt und des Lk. So ergibt sich für die Quellenverhältnisse der synoptischen Evangelien das folgende (vereinfachte) Schema:

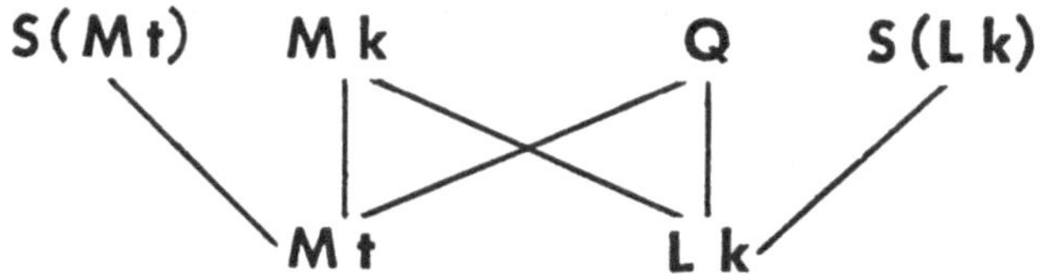

Die Versuche, die Quellen von Mt und Lk darüber hinaus genauer festzustellen (z. B. in der „Frühgeschichte des Evangeliums" von E. Hirsch 1941), haben ebensowenig allgemeine Zustimmung gefunden wie die Bemühungen, hinter Mk so etwas wie einen Ur-Mk zu finden (z. B. in B. H. Streeters Werk: The Four Gospels, 1924, durch die Vermutung, Lk habe Mk in einen schon vorhandenen „Protolukas" eingebaut): „Die quellenkritische Arbeit an den Synoptikern hat mit der Zweiquellentheorie tatsächlich ihr Ende erreicht" (Ph. Vielhauer, ThLZ 80, 1955, 652). „Das Mk-Evangelium hat so, wie es uns vorliegt, schon Mt und Lk als Quelle gedient" (Kümmel, Einleitung 32). Das wird sich bei der Auslegung des Mk und der Parallelen dazu immer neu bewähren.

§ 3: Die Formgeschichte (1. und 2. Stadium)

Nach der Jahrhundertwende war die Quellenforschung mit der Zweiquellentheorie im Grunde ins Stocken geraten. Gerade das aber förderte das Heraufkommen einer neuen Betrachtungsweise des synoptischen Stoffes: der Formgeschichte. In seiner Schrift „Die urchristliche Überlieferung von Johannes dem Täufer" (1911) hatte Martin Dibelius schon die Grundlinien der formgeschichtlichen Methode skizziert (2—6). Aber die Durchführung brachten erst drei Werke nach dem ersten Weltkrieg.

1. 1919 veröffentlichte Karl Ludwig Schmidt sein Buch: „Der Rahmen der Geschichte Jesu"[24]. Sein Ergebnis: „Die älteste Jesusüberlieferung ist... Überlieferung einzelner Szenen und einzelner Aus-

[24] Karl Ludwig Schmidt, Der Rahmen der Geschichte Jesu. Literarkritische Untersuchungen zur ältesten Jesusgeschichte. Berlin 1919.

sprüche, die zum größten Teil ohne feste chronologische Markierung innerhalb der Gemeinde überliefert worden sind" (Einleitung S. V). Was sich in den Evangelien an Zeit- und Ortsangaben findet, ist — abgesehen von der Leidensgeschichte, die eine „lectio continua" (fortlaufende Lesung) im Gottesdienst war (303) — nur ein „Rahmen", der fortfallen kann. Ihn zerschlägt Schmidt in seinem Buch, so daß nur noch die einzelnen Perikopen und Sprüche übrigbleiben. Er sieht in dem Rahmen eine beliebige Zutat der Evangelisten und ahnt noch nicht, daß die „Rahmung" für die Evangelisten eines der Mittel war, um ihre theologische Botschaft auszusprechen.

2. Hatte Schmidt die Verbindungsglieder zwischen den einzelnen Überlieferungsstücken beseitigt, ohne auf die Traditionseinheiten selbst einzugehen, so befaßte sich Martin Dibelius in seiner relativ kurzen, aber epochemachenden Schrift „Die Formgeschichte des Evangeliums" (ebenfalls 1919, kurz nach dem Buch von Schmidt erschienen; 2. Auflage 1933) gerade mit diesen kleinen Einheiten und deren Gestaltung und Wachstum, das von den formbildenden Gesetzen der volkstümlichen Überlieferung geregelt wird. „Diesen Gesetzen nachspüren, die Entstehung jener kleinen Einheiten begreiflich machen, ihre Typik herausarbeiten und begründen und solcherart zum Verständnis der Überlieferung gelangen — das heißt Formgeschichte des Evangeliums treiben" (4).

Die einzelnen Formen erschließt Dibelius „konstruktiv" aus ihrem „Sitz im Leben" der Gemeinde. Aus den Predigten der Apg an Juden entnahm Dibelius ein dreigliedriges Schema: Kerygma (= Verkündigung von Jesus Christus), Schriftbeweis, Bußmahnung (15 f.). Nur die Leidensgeschichte habe man in der urchristlichen Missionspredigt als geschlossene Einheit überliefert. Die Taten Jesu hatten „für die Darstellung des Heils nicht tragende, sondern nur begleitende Bedeutung". Man brauchte sie „nur gelegentlich, zur Illustration, als Beispiele" (22). So deutete Dibelius eine Gruppe von kurzen Geschichten, bei denen sich alles Interesse auf das zugespitzte Wort Jesu konzentrierte, als „Paradigmen" („Beispiele für die Predigt"; z. B. Geschichte vom Ährenraufen Mk 2,23—28). Weiter ausgeführte Geschichten, die von Wunderheilungen und Dämonenbeschwörungen handeln (z. B. Seesturm Mk 4,37—41), nannte Dibelius „Novellen" und schrieb sie einem vermuteten Stand urchristlicher Erzähler zu. Von Paradigmen und Novellen unterschied Dibelius die „Legenden", bei denen sich das Interesse nicht auf eine Wundertat, sondern auf die Erbaulichkeit des Ganzen richtet: Frömmigkeit und Heiligkeit des Helden und Gottes Schutz für ihn (105; Beispiel: der 12jährige Jesus im Tempel Lk 2,41—52). Die eigentliche Legendenbildung setzt aber erst am Rand des N. T. ein, vor allem bei der „Ortslegende" vom Tod des Judas Mt 27,3—8 (113). Von „Mythus" (= Handeln von Göttern) ist nur beim Taufwunder, der Versuchung und Verklärung Jesu zu sprechen (270). Allerdings „ist das Markus-Evangelium seinem letzten

Gepräge nach gewiß ein mythisches Buch" (279); besonders sichtbar wird das Mythische in dem Offenbarungswort Mt 11,25—30 (282): „diese Verbindung von Selbstempfehlung und Predigtaufruf ist das typische Kennzeichen des göttlichen oder halbgöttlichen Offenbarers in der hellenistischen Frömmigkeit, also einer mythischen Person."

Letztlich zielt die Formgeschichte des Evangeliums auf ein theologisches Ergebnis: sie weist nach, „welche Bedeutung die Überlieferung von Jesu Wort und Tat damals gehabt hat", und „meint damit zu der ersten und normgebenden Verbindung von Geschichte und Christusglaube vordringen zu können" (295).

3. Mit einer anderen (nicht konstruktiven, sondern analytischen) Methode suchte Rudolf Bultmann 1921 in seiner „Geschichte der synoptischen Tradition" (hier nach der 2. Auflage 1931 zitiert) auf Grund einer Untersuchung des Stoffes „ein Bild von der Geschichte der Einzelstücke der Tradition" bis hin zu den Synoptikern zu geben (4). Auch er übernahm, wie Dibelius, von Hermann Gunkel die These: „Jede literarische Gattung hat ihren ‚Sitz im Leben'", d. h. in einer typischen Situation im Leben der Gemeinschaft.

Diese Methode kann einen gewissen Zirkel nicht vermeiden: sie schließt aus der Überlieferungsform auf Motive im Gemeinschaftsleben, und will zugleich aus dem Gemeinschaftsleben die Formen verständlich machen (5). Die Gesetzlichkeit, die sich beim Wandel des Erzählungsstoffes von Mk zu Mt und Lk zeigt, wird aber schon vorher gewirkt haben. Darum kann sich die formgeschichtliche Betrachtung zum Ziel setzen, „die ursprüngliche Form eines Erzählungsstückes, eines Herrenwortes, eines Gleichnisses zu erkennen"(7).

Bultmann unterscheidet nicht Paradigmen, Novellen usw., sondern in einem Herrenwort gipfelnde Szenen (Apophthegmata) und rahmenlose Herrenworte; weiter den Erzählungsstoff: Wundergeschichten und Legenden (diese in der Tauf- und Passionsgeschichte).

Schon die palästinensische Urgemeinde sammelte den Überlieferungsstoff. Apologetik, Polemik, Erbauung, Paränese und Gemeindedisziplin gaben dazu Anlaß. Aber so kam es nur zu Überlieferungen von Einzelstücken und Sammlungen wie denen der rabbinischen Tradition. Der Gedanke, das Leben Jesu einheitlich darzustellen, hat erst die hellenistische Gemeinde (Markus) gefaßt. Auch die synoptische Passionsgeschichte hat sich aus Einzelstücken gebildet; jedoch lag schon dem Markus ein einheitlicher Passionsbericht vor, zu dem in erster Linie die Formeln des Kerygmas geführt haben. Das Evangelium ergänzt und veranschaulicht dieses Kerygma. „Der Christus, der verkündigt wird, ist nicht der historische Jesus, sondern der Christus des Glaubens und des Kultus." „Das Christuskerygma ist also Kultlegende, und die Evangelien sind erweiterte Kultuslegenden." Die Tradition wird unter diesem Gesichtspunkt dargestellt, daß sie von dem erzählt, „der als Gottessohn auf Erden gelebt hat, gelitten hat, gestorben und auferstanden und zur himmlischen Herrlichkeit erhöht ist", mit dem Schwerpunkt auf Passion und Auferstehung (393).

„Mt und Lk haben den von Mk entwickelten Typ nicht weiter entwickelt", sondern das historische Moment verstärkt, „indem sie an geschichtlicher Tradition aufnahmen, was dem Mk fehlte und ihnen noch erreichbar war. Eine wirkliche Weiterentwicklung des von Mk gewonnenen Typus stellt erst das Johannes-Evangelium dar..."(397).

Die von Dibelius und Bultmann entwickelte Formgeschichte stieß auf heftigen Widerstand in konservativen Kreisen Deutschlands, vor allem aber im Ausland. Das ist schließlich nicht verwunderlich. Denn man verstand die Formgeschichte nicht bloß dahin, daß nach ihr alle Jesustradition durch den Filter der glaubenden Gemeinde hindurchgegangen war, sondern daß sie sogar von den Bedürfnissen dieser Gemeinde erst erzeugt worden war. Davon kann freilich keine Rede sein: die Hörer Jesu haben seine Taten und Worte schon vor Karfreitag und Ostern erzählt, und die „Paradigmen" oder „Apophthegmata" brauchten nicht erst auf die Missionspredigt der frühen Gemeinde zu warten. Daß die nachösterliche Gemeinde jene Taten und Worte nun dem Osterglauben entsprechend verstanden hat, besagt nicht, daß dieser Osterglaube all jene Traditionen erst erzeugt hat!

Aber in diesem ersten Stadium hatte die Formgeschichte tatsächlich eine Schwäche, die sie ergänzungsbedürftig macht: sie drohte — indem sie den einzelnen Traditionsstücken nachging — das Evangelium als Ganzes aus den Augen zu verlieren. Dibelius hat, als er Mk das „Evangelium der geheimen Epiphanien" nannte, schon dieses Ganze in den Blick bekommen. Aber als eine neue Losung für die synoptische Forschung ist diese Betrachtungsweise, die sich dem Evangelisten und seinem Werk als einem Ganzen zuwendet, erst in den 50er Jahren zur Geltung gekommen.

Für die Mk-Forschung ist die Schrift von Willi Marxsen wichtig: „Der Evangelist Markus. Studien zur Redaktionsgeschichte der Evangelien", 1956. Marxsen meint, man müsse in einem dreifachen Sinne vom „Sitz im Leben" eines Traditionsstückes reden: a) von seinem „Sitz im Leben" Jesu, b) von seinem „Sitz im Leben" der Urkirche, c) von seinem „Sitz im Leben" des Evangelisten selber[25]. Hier fragt sich allerdings: war der Evangelist so eigenständig, daß er die in seiner Gemeinde herrschende Tradition umschmolz, um seine eigene theologische Anschauung zur Geltung zu bringen, oder war er vorwiegend der Sprecher seiner Zeit und Gemeinde? Man wird diese Frage nicht für alle Evangelisten in gleicher Weise beantworten können. Allerdings wird (wenn wir von Joh absehen) der Unterschied von Evangelist und Gemeinde nie so groß gewesen sein wie der zwischen dem Verständnis der Tradition vor und nach Ostern.

---

[25] Willi Marxsen, Einleitung in das Neue Testament, Eine Einführung in ihre Probleme. Gütersloh 1963, 12.

Marxsen will also die bisherige Formgeschichte ergänzen durch eine „Formgeschichte der Evangelien", die jeweils an dem Gesamtwerk orientiert ist. Dieses zweite Stadium der Formgeschichte nennt er „Redaktionsgeschichte"[26].

Marxsens Anliegen stimmen wir durchaus zu. Aber ist der Begriff „Redaktion" glücklich? Die Quellenforschung sah in dem Redaktor einen Mann, der mit Leimtopf und Schere die Quellen mehr schlecht als recht zu einem Evangelium zusammenbrachte. An eine solche Überarbeitung der Tradition durch den Evangelisten denkt ja Marxsen gerade nicht, wenn er in den Evangelisten Schriftsteller mit der Fähigkeit zur Komposition und mit eigenen theologischen Konzeptionen sieht. Wir möchten darum dieses zweite Stadium der Formgeschichte (das dem ersten nicht feind ist!) lieber Kompositionsgeschichte nennen.

Eine Neuentzifferung des Mt haben verschiedene Forscher unternommen. 1954 versuchte Krister Stendahl in seinem vielbeachteten Buch, „The School of St. Matthew and its use of the Old Testament", nachzuweisen, daß hinter Matthäus eine gelehrte „Schule" stand, und daß das erste Evangelium eigentlich eine Art Handbuch für Lehre und Verwaltung der Kirche sein sollte (35). Dagegen hat sich, u. E. zu Recht, Günter Bornkamm gewandt, der mit seinen Schülern Gerhart Barth und Heinz Joachim Held den Sammelband „Überlieferung und Auslegung im Matthäusevangelium" 1960 herausgegeben hat: Stendahl unterschätze das Individuelle in der Verarbeitung der Tradition dieses Evangeliums. „Matthäus erscheint in seinem Evangelium sicherlich allererst als Repräsentant einer Gemeinde." Aber: „Die Sorgfalt und Planmäßigkeit seiner Arbeit weist nachdrücklich auf eine individuelle Gestalt der urchristlichen Literaturgeschichte" (46). Wir werden in der eigenen Auslegung die Untersuchungen dieser drei Forscher jeweils berücksichtigen.

Ein neues Bild von Lukas als Schriftsteller und Theologe verdanken wir Hans Conzelmanns Werk: „Die Mitte der Zeit. Studien zur Theo-

---

[26] Marxsen zeigt durch die Anmerkung 1 Seite 11, daß er die mit dem Begriff „Redaktion" verbundenen Schwierigkeiten kennt. Aber während er S. 11 von der Redaktionsgeschichte sagt: „Sie ist nicht etwa die Fortsetzung der Formgeschichte" (obwohl sie Dibelius in seinen Aufsätzen zur Apg begonnen hat), macht er S. 12, wo er vom dritten „Sitz im Leben" (nämlich dem des Evangelisten) spricht, „die große Nähe der Redaktionsgeschichte zur Formgeschichte" sichtbar.

Fraglich bleibt uns die durch Marxsens Deutung von Mk 13 entstehende Behauptung (143): „Die Naherwartung des Markus und seiner Gemeinde läßt sich nicht konservieren. Das bedeutet, daß das Markusevangelium seine Aufgabe überhaupt nur in der Zeit seiner Entstehung erfüllen konnte. Einige Jahre darauf war es schon überholt." Derart glühend ist die Naherwartung des Mk keineswegs; das wird aus Mk 9,1 deutlich: nur einige Mitglieder dieser Generation werden die Wiederkunft Jesu erleben. Siehe dazu unten S. 435—460 die Auslegung von Mk 13.

logie des Lukas" (1954, seitdem immer wieder aufgelegt). Die wohl wichtigste These läßt sich etwa dahin zusammenfassen: Lukas hat die Naherwartung des Endes aufgegeben und die „Heilsgeschichte" (mit der die Geschichte in einer ganz neuen Weise zur Geltung kommt) in drei Epochen gegliedert: 1. Moses und die Propheten, zu denen auch noch Johannes der Täufer gehört, 2. „Die Mitte der Zeit", Jesu Wirksamkeit auf Erden, 3. die Epoche der Kirche und ihrer Mission. — Für die Apg haben die in den Dienst dieser theologischen Sicht gestellte Kompositionskunst des Lukas Conzelmann[27] und Haenchen[28] in ihren Actakommentaren (Handbuch z. NT; Meyer) dargestellt.

Kapitel 3: Markus (und die Großevangelien)

§ 1: Der Text des Mk und der Großevangelien

Die Evangelien waren mit Rohrfeder auf Papyrus geschrieben, und zwar nicht auf Papyrusrollen (wie jüdische und heidnische Texte), sondern auf Papyruskodizes, Papyrus*bücher*. Die Originale sind nicht erhalten, aber es existiert ein Fragment einer Handschrift des Joh, die am Anfang des 2. Jh. geschrieben ist. Dieser „P 52" (mit „P" und Zahl werden die Papyri in der von Aland weitergeführten Liste bezeichnet, die über alle ntl. Handschriften Auskunft gibt) ist also keine 50 Jahre von dem Original entfernt. Mk ist in den Papyri nur in dem Chester Beatty Papyrus I (abgekürzt: P 45) vertreten. Dieser enthält von Mk auf 6 Blättern folgende Abschnitte: Mk 4,36—40; 5,15—26.38—43; 6,1—3. 16—25.36—50; 7,3—15.25—37; 8,1.10—26. 34—38; 9,1—8.18—31; 11,27—33; 12,1.5—8. 13—19, 24—28. Dieser Kodex dürfte aus dem Anfang des 3. Jh. stammen; wir kommen später auf ihn zurück.

Älter als er sind die jüngst veröffentlichten P 66[1] und P 75[2]. Der erstere ist etwa um 200 geschrieben und enthält nur Joh. Er besteht aus 5 Heften, zählt 154 numerierte Textseiten (zum Vergleich: bei Nestle beansprucht Joh 67 Seiten), denen zwei unnumerierte Seiten

[27] Die Apostelgeschichte erklärt von Hans Conzelmann, Handbuch zum Neuen Testament 7, Tübingen 1963.

[28] Die Apostelgeschichte. Neu übersetzt und erklärt von Ernst Haenchen. Kritisch-exegetischer Kommentar über das Neue Testament, 14. Auflage, Göttingen, 1965.

[1] Papyrus Bodmer II. Evangile de Jean chap. 1—14. Publiée par Victor Martin. Bibliotheca Bodmeriana V. Cologny-Genève 1956. — Papyrus Bodmer II Supplement. Evangile de Jean chap. 14—21. Nouvelle édition augmentée et corrigée avec reproduction photographique complète du manuscrit (Chap. 1—21). 1962.

[2] Papyrus Bodmer XIV—XV. Evangiles de Luc et Jean. Tome I. XIV: Luc chap. 3—24. Tome II. XV: Jean chap. 1—15. Bibliotheca Bodmeriana 1961.

vorangehen[3]. Alle diese Seiten bildeten eine Anzahl von Heften („Lagen"), die aus einer verschiedenen Anzahl von Blättern bestanden; bei P 45 dagegen hatte die Lagen stets 4 Blätter. P 75 wiederum war eine einzige riesige Lage von 144 Seiten, auf denen Lk und Joh standen. Alle Bogen dieses Kodex waren in der Mitte gefaltet und ineinander gelegt. Als später der Heftfaden in der Mitte riß, gingen die beiden innersten Bogen (also 8 Seiten) verloren. Aber auch Anfang und Ende des Kodex haben schwer gelitten und sind zum Teil verloren, zum Teil nur in Fragmenten erhalten.

Auf jeder Seite stand bei P 54, 66 und 75 je eine Kolumne, eine Spalte. Die Formate betrugen bei P 52: 21×20 cm. bei P 45: 25,5×20,5 cm, bei P 66: 16,2×14,2 und bei P 75: 26×13 cm. Soviel von den wichtigsten Papyri[4].

Im 4. Jh. änderte sich die Gesamtlage des Christentums von Grund auf. Aus einer verfolgten Sekte, deren heilige Bücher man fortnahm und vernichtete, wurde es eine anerkannte und sogar bald privilegierte Religion. Für seine neue Hauptstadt ließ Kaiser Konstantin durch Kalligraphen 50 gut lesbare und leicht tragbare Bibeln auf Pergamentkodizes schreiben[5]. Obwohl der berühmte Kodex Sinaiticus (gewöhnlich mit dem hebräischen Buchstaben Aleph (א) abgekürzt) aus dem 4. Jh. stammt, kann er schon wegen seines Riesenformats (43×37,8 cm) nicht zu jenen 50 Bibeln gehört haben. Von seinen 720 Blättern sind noch 393 — vierspaltig beschrieben — erhalten. — Mindestens ebenso wichtig ist der Kodex Vaticanus (= B) aus dem frühen 4. Jh., im Quartformat 27×27, dreispaltig beschrieben; auch er eine Vollbibel. Von ca 820 Blättern sind noch 759 erhalten; der ntl. Teil (142 von ursprünglich 162 Blättern) bricht in Hebr 9,14 ab. — Um 400 dürfte der Kodex Washingtonianus I (= W) geschrieben sein. Er enthält die vier Evangelien in der Reihenfolge Mt, Joh, Lk, Mk. Joh 1,1—5,12 wurde im 7. Jh. hinzugefügt, um eine beschädigte Lage zu ersetzen. — Aus dem 5. Jh. sind an berühmten Handschriften erhalten einmal der in Ägypten geschriebene Kodex Alexandrinus (= A), eine Vollbibel, von deren 820 Blättern 773 überlebt haben. Das Format ist 32×27,2; zweispaltig beschrieben. — Eine weitere Vollbibel aus dem 5. Jh. war der Kodex Ephraemi rescriptus. Von den 238 Blättern des N. T. sind 145 erhalten; das Format ist 33×26,6, einspaltig beschrieben. Im 12. Jh. wusch man die Schrift ab und beschrieb die am besten erhaltenen Pergamentblätter mit Übersetzungen von Schriften des syrischen Kirchenvaters Ephraem, jeweils zwei Spalten pro Seite. — Noch bekannter und umstrittener ist der Kodex Bezae mit den

---

[3] Pap. Bodmer II, S. 10 f.

[4] s. zu der Frage der Papyri die Abhandlung von C. H. Roberts: The Codex. In: Proceedings of the British Academy 1954, 169—204.

[5] Eusebius Werke. Erster Band. Über das Leben Konstantins ... Hrsg. von Dr. Ivar A. Heinkel, Leipzig 1912, 131 f.: Buch IV, XXXVI.

Evangelien Mt, Joh, Lk, Mk; 3. Joh 11—15 (als Rest der katholischen Briefe, lateinisch) und der Apg. Jeweils auf der linken Seite (der Ehrenseite) steht der griechische Text (= D), rechts der lateinische (= d). Von 510 Blättern existieren noch 406, Format 26×21 cm. — Endlich sei, obwohl erst im 9. Jh. im Kloster Koridethi im Kaukasus geschrieben, der mit dem griechischen Buchstaben Theta Θ abgekürzte, Koridethi-Kodex erwähnt, der auf seinen 249 Blättern (im Format 29×24, zweispaltig beschrieben) besonders im Mk eine alte Textform zeigt.

Die großen alten Pergament-Kodizes waren in Majuskelschrift (Großbuchstaben, die sich aus denen der Inschriften auf Stein, Marmor, der „Lapidarschrift" entwickelt haben) abgefaßt, ohne Worttrennung, ohne Akzente und Spiritus. Neben dieser „Buchschrift" existierte eine mehrere Buchstaben verbindende Majuskelkursive (Kümmel, Einleitung 378 vermutet, daß auch die ntl. Originale so geschrieben waren); aus beiden Schriftarten entstand dann die Minuskelschrift. Die Minuskelhandschriften beginnen im 9. Jh. und setzen sich im 11. völlig durch. Minuskelhandschriften sind also spät. Trotzdem können sie wichtige Lesarten enthalten und für die Textgeschichte und Textkritik wichtig sein. Sie werden mit arabischen Zahlen bezeichnet.

Zuerst sei 33 genannt, die „Königin der Minuskeln" (9. Jh); Text weithin = B, aber auch späte, byzantinische Lesarten. Auch 579 (13. Jh) stimmt in Mk, Lk, Joh oft mit B überein. Die Prunkhandschrift 565 geht in Mk mit Θ zusammen. — Manche Minuskeln bilden „Familien": so 1, 118.131, 209 die (nach ihrem Entdecker, Lake, mit dem griechischen Buchstaben L[ambda] = λ bei Nestle-Aland bezeichnete) „Familie^{1}"; 13, 69, 124, 346 und andere die „Familie 13", bei Nestle-Aland nach ihrem Entdecker, Ferrar, mit dem griechischen Buchstaben „Phi" = φ bezeichnet. Die „Familie 1242" zählt außer Minuskel 1242 noch 28 weitere Mitglieder.

Neben den griechischen Handschriften des NT kommen für die Wiedergewinnung des ältesten Textes auch in Betracht die Übersetzungen. Besonders wichtig sind die Altsyrer, nämlich der Sinaisyrer und der Curetonianus, abgekürzt bezeichnet als sy^{s} und sy^{c}. Genannt seien hier ferner die nach einer alten Handschrift des „westlichen" Typs (s. u.) gemachten Randlesarten der von Thomas von Charkel veranlaßten syrischen Ausgabe des NT, sy^{hmg}. — Neben den Altsyrern haben die — mit kleinen lateinischen Buchstaben wie z. B. „b" abgekürzten — Altlateiner Bedeutung, bei denen man eine afrikanische und eine europäische Gruppe unterscheiden kann. — Endlich sei hier die von dem Syrer Tatian im 2. Jh. angefertigte Evangelienharmonie genannt, von der wir nur ein kleines griechisches Fragment besitzen; sie liegt aber vielen Übersetzungen zugrunde (der persischen, arabischen, toskanischen, holländischen u. a.).

Nach den wichtigsten Textzeugen (zu denen freilich noch die Lektionarien und Kirchenväterzitate hinzukommen) soll nun noch kurz von den Textgruppen die Rede sein, in die sich die Handschriften aufgliedern lassen. Man hat sie früher auf Rezensionen zurückgeführt, die um 300 Hesychius in Ägypten, Pamphilus in Palästina und Lucian in Syrien durchgeführt hätten. Ob sich die Äußerung des Hieronymus, der die drei nennt, so deuten läßt (er spricht immerhin von ketzerischen Zusätzen), scheint uns fraglich. Auf jeden Fall hat sich erwiesen, daß drei Textgruppen schon um 200 und früher vorhanden waren. Die eine wird weithin von B repräsentiert, meist auch von א. Westcott-Hort nannten diesen Texttyp „neutral", und sahen in ihm den alten, unveränderten Text. In England ist man aber heute mehr geneigt, den schon im 2. Jh. verbreiteten sog. „westlichen" Text — er wurde zuerst an westlichen Textzeugen, Altlateinern und D (der aber einen Mischtext zeigt) beobachtet; später begegnete er auch in der Vetus Syra — als ein früheres Textstadium zu werten, ohne daß man einen festen „westlichen" Einheitstext rekonstruieren könnte. Aber Alter und Verbreitung entscheiden noch nicht. Es ist durchaus möglich, daß sich dieser Text im 2. Jh. gebildet hat, wo man mit dem Bibeltext noch freier umging, vor allem im 3. Ev und der Apg, die anscheinend länger als private Schriften galten. Andererseits hat jetzt der Fund des P 75 (der fast mit dem Nestle-Text übereinstimmt) gezeigt, daß auch der von Westcott-Hort „neutral" genannte Text sehr alt ist. Entscheidend ist neben Alter und Verbreitung aber der innere Wert einer Lesart. Ein Kodex kann — wie z. B. W — Mk in einer anderen Textform bringen als Mt; aber es kann auch vorkommen, daß in einem und demselben Evangelium verschiedene Texttypen sich ein Rendezvous geben.

Neben dem „westlichen" und dem „neutralen" (auch „ägyptischen" genannten) Text scheint es einen dritten sehr alten Text gegeben zu haben, der den Forschern viele Mühe gemacht hat. Ihn bezeugen so verschiedene Größen wie P 45, W, Θ, fam 1 und 13. Streeter meinte einst zeigen zu können, daß Origenes ihn in Cäsarea benutzt habe, und meinte, dieser „Cäsarea-Text" sei ein „Lokaltext" von Cäsarea gewesen. Aber er läßt sich auch in Ägypten und in der Zeit vor Origenes nachweisen; man spricht heute von präcäsareensischem und cäsareensischem Text. Gerade im wenig benutzten Mk-Text hat ihn Lake in der fam. 1 zuerst gefunden. Dieser Text hat wenig Eigenlesarten; er könnte fast als ein Mischtext charakterisiert werden, und ein Forscher wie Boismard hält von ihm überhaupt nichts. Origenes scheint neben ihm jedenfalls auch den „neutralen" Text benutzt zu haben.

In späterer Zeit hat sich unter dem Einfluß von Byzanz der sog. „Koine"-Text (der allgemeine) verbreitet, den die Masse unserer Handschriften bietet. Trotzdem ist es möglich, daß auch eine Koine-Handschrift altes und echtes Gut überliefert.

Die Versuche, die Fülle der Handschriften genealogisch zu ordnen, in der Art eines Stammbaums (oder „Stemma", στέμμα) scheitern an den Querverbindungen der Tausende und Abertausende von Handschriften. Schon im Altertum waren der Text des Ostens und der des

Westens keine einheitlichen Größen. Aller Einfluß der großen Metropolen konnte den Text nie ganz zur Einheit zwingen. Die im 13. Jh. in einem böhmischen Kloster angefertigte Riesenhandschrift des „gigas“ (sie sollte ein Weltwunder werden) bietet für die Apg einen altlateinischen Text, der sich mit dem des Lucifer von Calaris berührt; auch sein Text der Apk ist vorhieronymianisch, während in den übrigen Büchern der Text der „Vulgata“ steht, der vom 5. Jh. an verbreitet wurde. — Die Altlateiner faßt man auch unter der Bezeichnung „Itala“ (= it) oder „Vetus latina“ zusammen.

Der Mk-Text ist viel seltener abgeschrieben worden als die Großevangelien Mt und Lk. Darum kann man hoffen, daß sich dieser Text im Lauf der Überlieferung nicht so stark verändert hat. Freilich hat man ihn nicht selten an Mt oder Lk angeglichen; aber das läßt sich meist nachweisen. F. C. Burkitt suchte 1911 (The Gospel History and its Transmission) zu zeigen, daß die „westlichen“ Lesarten in manchen Mk-Handschriften sekundär sind. Z. B. lesen in 3,21 W D a b (c) f ff i q r²: „Und als von ihm die Schriftgelehrten und die übrigen hörten, zogen sie aus, um ihn zu ergreifen.“ Damit wird der Anstoß beseitigt, daß Jesu eigene Familie meinte, er sei von Sinnen, und ihn heimholen wollte. Im Gegensatz zu Burkitts Absicht hat V. Taylor (41 f.) eine Reihe „westlicher“ und „cäsareensischer“ Lesarten, die durch P 45 gestützt werden, zusammengestellt und von ihnen behauptet, sie seien besser als der „neutrale“ Text. Wir werden bei der Auslegung auf diese Stellen eingehen. Im allgemeinen scheinen uns die von Taylor hier empfohlenen Lesarten jedoch sekundär zu sein. Das ist sehr deutlich z. B. bei Mk 9,19, wo die Worte „und verkehrtes (Geschlecht)“ bei W fam. 13 543 P 45 ein Zusatz entsprechend Mt und Lk sind, oder bei 9,2, wo die Worte „bei ihrem (seinem) Beten“ bei W, (Θ), P 45 fam. 13 (28) (472) 543 (565) von Lk beeinflußt sind, oder in 9, 29, wo die überwältigende Menge der Handschriften die Worte „und Fasten“ in den Text von B ℵ* k Cl eingeschoben hat. Wenn man weiter die Liste der 87 Stellen im Mk-Text nachprüft, bei denen Taylor den „neutralen“ Text verwirft, verstärkt sich der Eindruck: weder der „Cäsarea“-Text noch der „westliche Text“ verdienen es, bei Mk dem „neutralen“ Text vorgezogen zu werden, zu dessen Zeugen bei Mk freilich nicht unbedingt B zu gehören braucht.

§ 2: Sprache und Stil bei Mk

Mk schreibt nicht kunstvoll, wie ein Literat, sondern einfach, wie das Volk erzählt. Wir hören bei ihm „gesprochene Koine“, also eine Alltagssprache, die sich von der geschriebenen (schon stärker literarischen) Koine unterscheidet. Er scheut sich nicht vor „ungebildeten“ Wörtern wie κράβαττος (krabattos; Liegestatt, Bett); Mt und Lk vermeiden dieses Wort. Er benutzt Wendungen, die deutlich zeigen, wie die Alltagssprache abgenützte Wörter zu verstärken sucht. So schreibt er z. B. für „von ferne“: ἀπὸ μακρόθεν (apo makrothen). An sich heißt μακρόθεν schon „von ferne“. Aber Mk verstärkt das durch das Wörtchen ἀπό = „von“. Jede Kunstsprache ist ihm fremd. Er baut keine großen Perioden mit Über- und Unterordnung von Sätzen, sondern begnügt sich mit Nebenordnung („Parataxe“) sei es unverbundener, sei es durch „und“ verknüpfter Sätze. Im „normalen“ Griechisch begann kein Satz mit „und“; man benützte als einfachste Satzverknüpfung das Wörtchen „aber“ (δέ = „de“). Aber Mk macht es nichts aus, Sätze mit „und“ zu beginnen, wie es in der Alltagssprache ein einfacher Erzähler eben tut: „und er sagte ...“ Mit Einfluß des Aramäischen, mit „Aramaismen“ hat all das nichts zu tun.

Es gibt noch andere Belege dafür, daß wir bei Mk die nicht-literarische Koine finden. „Irgend jemand“ hieß im Griechischen üblicherweise τις (tis); Mk aber verwendet dafür das Zahlwort εἷς „einer“ (heis). Genauso steht in der lateinischen nicht-literarischen Koine (für die wir freilich nicht viele Belege haben) das Zahlwort „unus“ für das unbestimmte Pronomen. Auch das ist kein Aramaismus, obwohl das aramäische Wort (= chad) auch in diesem Sinne gebraucht wird. Ein weiterer Fall, den man gewöhnlich als Aramaismus deutet, ist der häufige Gebrauch des Hilfszeitwortes „anfangen“ vor dem Hauptverb bei Mk: „er fing an zu lehren“. (z. B. Mk 6,2). Die lateinische Koine sagt dafür „incipit“, benutzt also dieselbe Wendung.

Sehr häufig begegnet uns bei Mk das praesens historicum (151-mal!), d. h. er wählt das Tempus der Gegenwart, nicht das der Vergangenheit, von der er doch eigentlich spricht (Joh bietet 162 Beispiele dafür). Etwa in der Hälfte der Fälle kommt das vor bei „er sagt“ oder „sie sagen“. Bei dem Literaten Lukas treffen wir im 3. Evangelium nur 6, in der Apg 13 derartige Fälle an. Auch hier muß man nicht an aramäische Einflüsse denken. Wie wenig sich Mk um die „gebildete“ Grammatik kümmert, zeigt die Tatsache, daß er das Wörtchen ἄν mit dem Indikativ verbindet, statt mit dem Konjunktiv, der hier stehen sollte, wo es sich um eine bloße Möglichkeit, nicht um die Wirklichkeit handelt. Um den Begriff „man“ auszudrücken, nimmt Mk die 3. plur. (was Mt und Lk vermeiden); auch dabei dürfte die Umgangssprache im Spiel sein. Übrigens geht bei Mk in diesen Fällen stets aus dem Zusammenhang hervor, welche Personen mit einem solchen „sie“ gemeint sind; in Mk 1,22 z. B. sind es Jesu Hörer. In anderen Fällen (z. B. Mk 1,21 oder 5,1) beginnt Mk mit „sie“, das die Jünger meint, und spricht dann weiter von Jesus allein. Die Vermutung Turners (JTS 26, 228ff.), hier habe der Evangelist das „wir“ der Augenzeugen in das Pronomen der dritten Person der Mehrzahl verwandelt, scheitert (wie Taylor 47 schon sah) an dem Gebrauch des „sie“ in der Legende von der Verfluchung des Feigenbaums in Mk 11,12.19—21.

Neben dem verbum finitum verwendet Mk gern Partizipien. In Mk 5,25 ff. folgen sogar sieben Partizipien aufeinander, bevor das Hauptverb kommt. Man kann sich fragen, ob hier eine Vorlage dem Evangelisten die Mühe abgenommen hat, das Schicksal der blutflüssigen Frau in einem einzigen Satzgefüge zusammenzufassen. Immerhin bringt Mk öfter zwei Partizipien vor dem verbum finitum. Sehr merkwürdig (und als Aramaismus angesprochen) ist 2,1: „Und hineingehend nach Kapernaum... wurde gehört: er ist zu Hause". Hier hat Mk das logische Subjekt, Jesus, wie das grammatische Subjekt behandelt.

Damit soll nicht bestritten werden, daß Mk — wie die Evangelisten überhaupt — aramäische Traditionen voraussetzt und bisweilen noch erkennen läßt. Wenn Jesus in Mk 8,12 sagt: „Wahrlich, wahrlich ich sage euch: wenn diesem Geschlecht ein Zeichen gegeben wird!", so ist das nur als ein negativer semitischer Schwursatz verständlich, bei dem eine Wendung wie „dann soll mir dies oder das geschehen!" vorausgesetzt wird. Daß man eine solche — bedingte — Selbstverfluchung — Ausdruck der unbedingten Gewißheit — fortgelassen hat, ist nur zu verständlich. Der (für einen Griechen unverständliche) Satz meint also: „Diesem Geschlecht wird auf keinen Fall ein Zeichen gegeben werden!" (Wellhausen, Einleitung[2] 26).

Auch der semitische „parallelismus membrorum", das paarweise Auftreten sinngleicher Sätze, findet sich bei Mk; z. B. heißt es 2,25 von David: „er war in Not und hungerte", oder in 3,26 von einem in sich gespaltenen Satan: „er kann nicht bestehen, sondern hat ein Ende".

Mk erzählt, indem er einzelne Geschichten und Sprüche aufeinanderfolgen läßt, oft durch das primitive εὐθύς (euthys; „alsdann") verbunden, das hier nur die zeitliche Verbundenheit anzeigt, ohne über die Dauer dieser Zeit etwas auszusagen. Dabei benutzt Mk frühere Sammlungen, so z. B. in dem Gleichniskapitel 4. Hier hat der Evangelist (die Situation zerbrechend) V. 10—12 eingeschoben und V. 34 hinzugefügt; beides im Interesse seiner Geheimnistheorie (s. u. in § 3). In Mk 9,49 f. werden Sprüche, wie früher wohl schon in der mündlichen Überlieferung, durch Stichworte verbunden[6], durch die Worte „Feuer" und „Salz". Mk beginnt auch schon Redekompositionen. In 6,7—11 sammelt er Worte über die Mission; 13,5—37, die eschatologische Rede, ist die einzige umfangreiche Redekomposition bei Mk. Mt und Lk haben dann diese Entwicklung weit fortgeführt. Aber die Großevangelien zeigen in gewissem Sinn auch Rückschritte gegenüber Mk. Denn Mk hat für die Einzelgeschichte mehr Zeit und

[6] Joachim Jeremias hat bei der Besprechung des Problem von Q im Stichwortanschluß ein Zeichen mündlicher Überlieferung gesehen. Das ist freilich richtig. Aber es kann auch eine durch Stichwortanschluß verbundene und dadurch einprägsam gemachte Spruchreihe in ein Evangelium oder in eine Redenquelle übernommen werden; ja, der Evangelist kann sich selbst dieses Mittels bedienen, um Zusammenhänge herzustellen.

Raum und für den einzelnen mehr Interesse. Wenn er z. B. die Geschichte vom besessenen Knaben erzählt, dann wird sie spannend und farbig: der Vater berichtet die ganze „Krankengeschichte" oder vielmehr das, was der Dämon seinem unglücklichen Opfer schon alles angetan hat oder anzutun pflegt. Von der blutflüssigen Frau, die schon alles Mögliche und Unmögliche versucht hat, um geheilt zu werden, haben wir bereits gesprochen. Aber ebenso erfahren wir die Details über die Pharisäer, die sich gar nicht genug waschen können (Mk 7,1 ff.). Was sehr wichtig für den Leser ist, wie Jesu Weissagung seines Leidens und seiner Auferstehung, bekommt der Leser dreimal zu hören, damit er es nicht vergißt. Lukas hat diese Technik der Wiederholung bei der Geschichte von der Berufung des Paulus in der Apg nachgeahmt.

Wenn wir Mt aufschlagen und seine Erzählungen mit denen des Mk vergleichen, sehen wir sofort den Unterschied: was Mt von den Erzählungen stehen läßt, ist nur das nach seiner Meinung Unentbehrliche; alles andere wird rücksichtslos fortgelassen. Daß Mt mehrfach die Anzahl der Geheilten verdoppelt (zwei Blinde statt eines usw.), ist ein etwas grobes Mittel, um die Wundermacht Jesu stärker herauszustellen. Aber Mt mußte kürzen, um die Fülle des Redegutes unterbringen zu können. Daß er (aber auch Lk) die malerischen Einzelheiten des Mk streicht, läßt nicht auf die Benutzung eines anderen Mk-Textes schließen: man verzichtet auf das, was man für entbehrlich hält. Aber auch auf das, was dogmatisch gefährlich ist, wie Mk 2,27.

Mt und Lk entschädigen freilich, vor allem durch den Reichtum des Redestoffes, der bei Mt noch stärker zu großen Redekompositionen zusammengefaßt ist. Lk hat sich bemüht, den Aufbau der einzelnen Erzählungen zu straffen, ohne daß er auf soviel Stoff verzichtet wie Mt. Die neu aufgenommene Tradition hat Lk vor allem in zwei größeren Einschüben untergebracht (Lk 6,20—7,50; 9,51—18,14). Beide Evangelisten haben sich bemüht, das volkstümliche Griechisch des Mk zu „verbessern". Über den Aufbau und die „Theologie" der Evangelien wird der nächste Paragraph sprechen.

§ 3: Die Evangelisten als Schriftsteller und Theologen

Als Mk daranging, sein Buch zu verfassen, legte sich eine bestimmte Anordnung von vornherein nahe: mit der Jordantaufe hatte Jesu irdisches Wirken begonnen, mit der Kreuzigung geendet — die Auferstehung gehörte einem neuen Stadium an. Innerhalb des so gebildeten Rahmens war der übrige Stoff — Taten und Worte Jesu — unterzubringen. An eine innere Entwicklung Jesu hat der Evangelist ebensowenig gedacht wie an eine allmähliche Zuspitzung des Konflikts. Daß Jesus der Gottessohn ist (und nicht erst wird), gibt Mk schon 1,11 zu erkennen[7]. Mag die Tauferzählung einmal im Sinne einer Adoption verstanden worden sein; Mk hat sie nicht mehr so aufgefaßt. Der Konflikt Jesu mit Pharisäern und Herodianern wird bereits in 3,6 berichtet; Ziel dieser Gegner ist dabei offensichtlich, Jesus zu vernichten, umzubringen. Daß die Leidensweissagungen erst in Kap. 8 einsetzen, ist freilich richtig. Aber schon in 2,20 redet Mk von den Tagen, da der Bräutigam den Seinen genommen wird. Die Leser des Mk kannten die Passionsgeschichte und verstanden sicherlich diesen Hinweis. Im übrigen darf man nicht vergessen, daß die Leidensweissagungen auch von der Auferstehung sprechen: sie ist im Credo des Mk von vornherein mit enthalten.

Die Einteilung des Mk in große zusammenhängende Partien entspricht dem Inhalt nur teilweise. Kap. 4 ist wirklich ein „Gleichniskapitel", das Mk als solche Sammlung schon übernommen haben dürfte. Ebenso ist die eschatologische Rede von Kap. 13[8] eine große Einheit — wenn man diesen Begriff nicht überfordert. Aber sonst läßt sich von einer chronologischen oder sachlichen Ordnung des Mk wenig spüren. Höchstens die große Reise oder besser Wanderung Jesu nach Norden — bis an die Grenze des Gebietes von Tyrus — unterbricht als eine befremdliche Eigengröße den Durchschnitt der Erzählungen.

Nicht erst Lk, sondern schon Mk stellt Jesus als einen Wanderprediger dar, der nur gelegentlich nach Kapernaum — wo Petrus ein Haus besitzt — zurückkehrt. Diese Darstellung wählt Mk nicht, weil damals Reisegeschichten beliebt waren — der zweite Evangelist dürfte von der romanhaften Reiseliteratur nichts gekannt haben, mit der sich die Gebildeten Unterhaltung verschafften. Jesus wird wirklich umhergewandert sein, predigend (wenn dieses Wort erlaubt ist), d. h. ganz unkonventionelle Ansprachen haltend. Auch was den Wundergeschich-

[7] Anders Philipp Vielhauer, Erwägungen zur Christologie des Markusevangeliums. In: Zeit und Geschichte. Dankesgabe an Rudolf Bultmann zum 80. Geburtstag. Tübingen 1964, 155—170.

[8] In seinem Werk „La formation de l'Evangile selon Marc" (Etudes d'histoire et de philosophie religieuses, publiées sous les auspices de la Faculté de Théologie Protestante de l'Université de Strasbourg, No. 57; Paris 1963) hat Etienne Trocmé die These aufgestellt, Mk habe zunächst mit 13,37 geschlossen. Vom Verfasser dieses „Urmarcus" (den wir nicht identifizieren können) meint Trocmé 198: „Er war von einer heftigen Feindschaft gegen die Schriftgelehrten und den Tempel von Jerusalem bewegt, ebenso wie gegen die Autoritäten, die diesen kontrollierten. Er verabscheute Jakobus, den Bruder des Herrn, und empfand reservierte Gefühle gegen Petrus und die Zwölf, denen er aber eine gewisse Autorität zusprach. Er hatte keine besonderen Verbindungen mit Paulus, und sein Horizont erstreckte sich nicht über Palästina hinaus. Er repräsentierte also ein Milieu, das am Rand der großen Strömungen geblieben war." Jene These vom Schluß des Urmarkus mit Kap. 13 und diese Charakteristik seines Verfassers hat uns nicht überzeugt.

ten zugrunde liegt, sind Ereignisse, die sich während dieser Wanderungen zugetragen haben.

Die Anordnung des Geschichts- und Spruchgutes bei Mk ist also in Wirklichkeit sehr locker[9]. Trotzdem haben sich die Kommentatoren der letzten Jahrzehnte in erstaunlicher Einigkeit über den Aufbau des Mk ausgesprochen. Der berühmte Mk-Kommentar Ernst Lohmeyers gab 1936 als Gliederung des Evangeliums an: 1,1—3,6; 3,7—6,16; 6,17—29; 6,30—8,26; 8,27—10,52; 11,1—13,37; 14,1—16,8. Wenn wir die Mk-Kommentare von Josef Schmid (1954), C. E. B. Cranfield, Walter Grundmann, Vincent Taylor — sämtlich 1959 erschienen — und Philip Carrington (1960) befragen, so geben sie — mit geringen Änderungen, besonders in ihren Überschriften über die einzelnen Abschnitte — dieselbe Einteilung des Mk an. Aber Schmid weist mit Recht darauf hin (8), daß kein bestimmter leitender Gesichtspunkt den Abschnitt 3,7—6,6 zusammenhält und daß man auch für 6,7 bis 8,26 keinen beherrschenden Gesichtspunkt erkennen kann. Mk 3,7 mag insofern als ein Einschnitt gelten, als hier die Erzählung von der Wahl der Apostel beginnt. Aber so wichtig diese Geschichte auch für die Gemeinde des Mk war als Vorbote und Vorbild ihrer Missionstätigkeit, im Lebensbilde Jesu, wie es Markus darstellt, bleibt sie ohne Folgen: die Jünger sind nachher ebenso verständnislos wie zuvor, und nicht einmal das Petrusbekenntnis und die Verklärung ändern etwas daran. Im Grunde sind nur 11,1 — hier beginnt die Geschichte des Wirkens Jesu in Jerusalem — und 14,1 — als Anfang der Passionsgeschichte — sichtbare Einschnitte in der marcinischen Folge von Erzählungen und Sprüchen. Die von älteren Kommentaren her überkommene Gliederung ist ein Notbehelf. Schon W. Wrede erkannte 1901: „Markus hat keine wirkliche Anschauung mehr vom geschichtlichen Leben Jesu" (129). Wrede erkannte aber nicht, daß es Markus gar nicht auf die historia Jesu im Sinne eines historischen Berichts ankam.

Mt und Lk haben (s. o. S. 18*) den Aufriß des Mk übernommen — Lukas noch treuer als Matthäus. Das hängt damit zusammen, daß Lukas den über Mk überschießenden Stoff im wesentlichen in zwei Einschüben untergebracht hat: dem kleinen (der sog. Feldrede) in 6,20—7,50, dem großen in 9,51—18,14. Matthäus dagegen hat mehrere große Redekompositionen geschaffen und in den Mk-Text eingeschoben: (1) 5,1—7,29 (die sog. Bergpredigt), (2) 10,5—42 (die Aussendungsrede), (3) 18,1—20 (Jüngerpflichten), (4) 23,1—39 (gegen die Pharisäer und Schriftgelehrten), (5) 24,4—25,46 (eschatologische Rede). Im Anschluß an die Bergpredigt erzählt Mt 10 Wunderheilungen Jesu; dazu mußte er Wundergeschichten aus Mk 1,29—34; 4,35—5,20; 5,21—43 aus ihrem marcinischen Zusammenhang herausnehmen.

[9] Aus diesem Grunde haben wir für die Erklärung des Textes seine kleinen Einheiten zugrunde gelegt.

In dem Mk 4 entsprechenden Gleichniskapitel Mt 13, 1—52 hat Mt zwar die Reihenfolge des Mk beibehalten, aber durch Einschieben von Mt 13,24—30.33 und durch Hinzufügen von 13,36—52 den Aufriß des Mk gestört. Die Geschichte des Lebens Jesu, die so bei Mt entsteht, sieht so aus: Vorgeschichte 1,1—4,11, (2) 4,12—13,58 schildert Jesu Wirken in Galiläa, (3) 14,1—20,34 Jesus auf der in Jerusalem endenden Wanderung, (4) 21,1—27,66: Jesu Wirken und Leiden in Jerusalem, (5) 28,1—20: Auferstehungsgeschichten. — Da Lukas das meiste außermarcinische Material vor allem in 9,51—18,14 untergebracht hat, war seine Bemühung, diesen Abschnitt als Reise Jesu nach Jerusalem darzustellen, zum Scheitern verurteilt; es bleibt im wesentlichen bei dem programmatischen V. 9,51. Dagegen hat Lukas sehr geschickt in 21,12 mit einer nur leichten Änderung den marcinischen Aufriß seinem eigenen eschatologischen Entwurf dienstbar gemacht (s. u. S. 456).

Zurück zu Markus; was hat er an theologischen Anschauungen vorgetragen? Als das Wichtigste läßt sich die — freilich von Mk selbst nicht so formulierte — kurze These angeben: Jesus war schon während seines Erdenlebens derselbe, der er nach seiner Auferstehung war: der Gottessohn. Weil Markus das immer wieder andeutet, läßt sich sein Evangelium tatsächlich, wie es M. Dibelius genannt hat, als das „Evangelium der geheimen Epiphanien“ bezeichnen. Daß Markus erst der Tradition diesen Zug eingeprägt hat, ergibt sich aus den in der Situation jeweils undurchführbaren Verboten Jesu, ihn bekannt zu machen, in 1,25.34.44; 3.12; 4,10—12.34; 5.43; 7,36; 8,26, (9,25); s. die Auslegung dieser Stellen. W. Wrede hat schon 1901 diese Zusammenhänge erkannt, aber zu Unrecht immer nur vom „Messiasgeheimnis“ gesprochen. In Wirklichkeit ist der Messiastitel nur eine von den zahlreichen Bezeichnungen Jesu bei Mk, die Jesus wahre, himmlische Würde ausdrücken. Auch das Unverständnis der Jünger (4,40 f.; 9,10.32) ist ein Zug in Mk, der in diesem Zusammenhang verstanden werden muß.

Mk steht also in dieser Hinsicht Paulus und Johannes nahe. Aber während Paulus in Phil. 2,7 das Erdenleben Jesu als eine κένωσις, eine „Entleerung“ von der himmlischen Herrlichkeit und Macht ansieht, ist das bei Joh (oder besser: dessen Vorlage) und Mk nicht der Fall. Mk und Joh berichten die vielen und großen Wundertaten Jesu, weil darin sichtbar wird, wer er eigentlich ist. Mk und Joh geben freilich zu, daß Jesus während seines Erdenlebens von seinen Landsleuten einschließlich der Jünger (das Petrusbekenntnis ist eine Ausnahme ohne Folgen!) nicht erkannt worden ist[10]. Aber nicht dieses Negative ist das eigentlich Wichtige, sondern die positive Aussage, daß der irdische Jesus und der erhöhte Christus im Wesen identisch sind. Ostern bringt keine Wesensveränderung; Karfreitag und Ostern zerreißen nicht die

[10] Nur die Dämonen haben Jesus nach Mk sofort erkannt. Diese Erkenntnis „illegitim“ zu nennen, besteht u. E. kein Anlaß; für Mk sind es immer neue Beweise für die Würde Jesu, wenn die Dämonen sie erkennen und bekennen.

Kontinuität. Der Auferstandene ist kein neues und anderes Wesen, sondern eben der, mit dem die Jünger durch Galiläa gewandert sind. Oder — anders formuliert —: Er, mit dem die Jünger durch Galiläa gewandert sind, war und ist der Gottessohn. So interpretieren Mk und seine Gemeinde im Lichte des Osterglaubens die Überlieferungen aus dem Erdenleben Jesu. Dabei verschwindet die Spannung zwischen der Tradition von der Verkündigung Jesu vom Gottesreich und der Christuspredigt der Gemeinde. Mk hat freilich die von Karfreitag und Ostern gestellte Frage christologisch nicht so tief durchdacht wie der vierte Evangelist. Aber man wird nicht übersehen dürfen, daß schon Markus die uns heute noch bedrängende Frage erkannt und mit den ihm zur Verfügung stehenden Mitteln beantwortet hat. Diese Identität des irdischen Jesus und des himmlischen Christus macht erst den marcinischen Sinn von Mk 8,38 deutlich: Wer an Jesus als den Gottes- oder Menschensohn (beides ist für Mk gleichsinnig) glaubt und diesen Glauben in der Verfolgung bewährt, den wird der Menschensohn als der Weltenrichter als einen von den Seinen anerkennen. Aber Mk unterschlägt deshalb das Leiden Jesu nicht, das er vielmehr am stärksten von allen Evangelisten in der grauenvollen Tiefe der Passion Jesu darstellt: schlimmer als das Sterben in der Kreuzesqual ist das völlige Verlassensein Jesu, das sich bis zur Gottverlassenheit steigert und dennoch Jesu Vertrauen zu Gott nicht zerbrechen läßt. Diese Passion Jesu bekommt ihre vorbildhafte Bedeutung für das Leben der verfolgten Christen. Aber sie ist noch mehr als bloßes Vorbild: Jesus ist als der am Kreuz Sterbende jenes Opfer, durch das der neue Bund zwischen Gott und den (glaubenden) Menschen zustande kommt. Damit wird — wenn wir es mit den Begriffen der späteren Dogmatik ausdrücken — vermieden, daß Jesus Christus nur als das Vorbild und nicht zugleich als der Erlöser geglaubt wird und daß alles Schwergewicht auf die menschliche Entscheidung gelegt wird.

Diese Christologie haben Mt und Lk auf ihre Weise aufgenommen. Aber Mt hat — wenn er auch die Christusbotschaft nicht einfach als das „neue Gesetz", die nova lex proklamiert hat — doch das Gebot und die Forderung, die an den Christen ergeht, in den Vordergrund gestellt. „Machet alle Völker zu Jüngern und lehrt sie halten alles, was ich euch geboten habe" — das ist das letzte Wort Jesu an die Seinen (Mt 28,20). Die Bergpredigt läßt sich nur ganz verstehen, wenn man sie als das überbietende Gegenstück der Gesetzgebung am Sinai sieht. Mt 23 stellt die christliche Lebensführung der rabbinischen gegenüber und macht die Radikalität der christlichen Forderung deutlich. In seiner vielschichtigen Tradition hat Mt aber trotzdem auch judenchristliche Überlieferungen mit übernommen.

Dasselbe gilt von Lk. Zwar erscheinen auch hier die Pharisäer und Schriftgelehrten als Feinde Jesu und der Christen; Lk erinnert daran, daß man nicht einen neuen Lappen auf ein alten Kleid nähen darf.

Aber trotzdem beeinflußt ihn der jüdische Vergeltungsglaube stark; ihm entnimmt Lk die Begründung für die angestrebte asketische christliche Lebensführung. Andererseits hat aber Lk die Geschichten vom verlorenen Sohn, Schaf und Groschen überliefert, welche die göttliche Liebe zum verlorenen Menschen verdeutlichen. Wenn sich der jüdische Vergeltungsglaube bei Mt und Lk derart geltend machen kann, dann hängt das damit zusammen, daß diese Vergeltungslehre der Vernunft so einleuchtet, daß der Gnadenlohn an die später gekommenen Arbeiter in Mt 20,1—16 den Schein der Willkür Gottes nicht verliert. Das große Gleichnis vom Weltgericht in Mt 25,31—46 legt den Schwerpunkt auf die menschliche Lebensführung: wer die Armen, Kranken, Gefangenen besucht, hat all dieses Gute Jesus selbst erwiesen, der es beim Gericht vergelten wird. Daß sich die wahre Liebe gerade der Armen usw. annimmt, ohne an sich selbst zu denken (Lk 10,29—37), kommt dabei nicht so deutlich zum Ausdruck wie in Mk 2,17 = Mt 9,12 = Lk 5,31.

So zeigen gerade die synoptischen Großevangelien das lebendige Ringen zwischen der sittlichen Forderung, deren die Gemeinde bedarf, und der Gnadenverkündigung, die den Menschen einzig auf Gott blicken läßt (Lk 18,9—14).

DAS EVANGELIUM NACH MARKUS

1 *Das Wirken des Täufers*

Mk 1,1—8; Mt 3,1—6; Lk 3,1—6; Joh 1,19—28

(1) Anfang der frohen Botschaft von Jesus Christus. (2) Wie geschrieben ist im Propheten Jesaja: „Siehe, ich sende meinen Boten vor dir her, der deinen Weg bereiten wird, (3) die Stimme eines Rufers in der Wüste: „Bereitet den Weg des Herrn, macht gerade seine Pfade!", (4) so trat auf Johannes der Täufer in der Wüste, predigend eine Taufe der Buße zur Vergebung der Sünden. (5) Und hinauszog zu ihm das ganze Land Judäa und alle Jerusalemer, und sie wurden von ihm getauft im Jordanfluß, bekennend ihre Sünden. (6) Und Johannes war bekleidet mit Kamelhaaren und einem ledernen Gürtel um seine Hüften, und essend Heuschrecken und wilden Honig. (7) Und er predigte, sagend: „Es kommt ein Stärkerer als ich hinter mir, dessen Sandalenriemen gebückt zu lösen ich nicht wert bin. (8) Ich habe euch getauft mit Wasser; er aber wird euch taufen mit heiligem Geist!"

Dieser Abschnitt erweckt leicht den Eindruck: hier erzählt jemand kunstlos und ohne viel Besinnen. In Wirklichkeit aber hat der Verfasser — wir wollen ihn „Markus" nennen — jeden Satz im Verhältnis zu den anderen genau überlegt. Seine Erzählung ist nicht sorglos-locker, sondern streng geschlossen. Er weiß, was er will, und erreicht sein Ziel mit einfachen Mitteln.

V. 1 sagt dem Leser, was hier beginnt[1]: die frohe Botschaft von Jesus

[1] Wir fassen also V. 1 auf wie das lateinische „incipit": er gibt den Inhalt des Buches an, nicht nur der Johannesgeschichte oder des Mk als Beginn der kirchlichen Mission (s. Cranfield 32 f. über die 10 Möglichkeiten, V. 1 zu verstehen). Der letztere Gedanke wurde erst möglich, als der Ausblick auf die Missionsaufgabe der Kirche die Naherwartung des Endes ersetzte (Lk/Apg). Auch Mt und Lk werden von ihren Verfassern noch nicht als „Evangelien" bezeichnet; Mt 1,1 bezieht sich auf V. 2—16, zu Lk 1,1—4 s. o. S. 1*—3*. — Carrington (1), nach dem Mt und Mk angeblich so eingerichtet sind, daß sie der Gemeinde abschnittsweise jeden Sonntag in Übereinstimmung mit dem jüdischen Kalender vorgelesen werden konnten, sagt (32) zu Mk 1,1: „Der Lektor stand vor der Gemeinde und entfaltete die Rolle. Er las laut diese Worte, die zugleich ein Titel und eine liturgische Einführung waren." Diese Auffassung der Evangelien als Lektionare trägt den Gebrauch späterer Generationen in die Frühzeit zurück; die Lektionsangaben in Handschriften wie B haben Carrington zu diesem

Christus[2]. Markus hat — wohl zuerst — die bisher mündliche Überlieferung von Jesu Worten und Taten in einer Schrift festgehalten. Trotzdem nannte er nicht das Buch selbst „Evangelium", sondern nur dessen Inhalt. Erst später hieß eine bestimmte Literaturgattung „Evangelien".

Zwischen dieser Inhaltsangabe für das Ganze und V. 2 besteht naturgemäß kein näherer Zusammenhang. Das „Wie" in V. 2 bezieht sich auf das alttestamentliche (abgekürzt: atl.) Zitat, das sich in V. 3 fortsetzt; der Nachsatz folgt erst in V. 4. „Wie" (καθώς, „kathōs") als Anfang eines neuen Satzes begegnet auch in Lk 11,30; 17,26; Joh 3,14; 1. Kor 2,9. Die Formel „wie geschrieben steht" verwendet Mk nur hier; vgl. aber 9,13 und 14,21.

Die Bezeichnung „atl. Zitat" ist nicht glücklich. Für Mk und dessen Leser war Gott der eigentliche Sprecher in der heiligen Schrift (die damals nur aus dem Alten Testament [= A. T.] bestand). Atl. Stellen zeigten also: Gott hat schon vor langer Zeit kundgetan und demnach längst beschlossen, was sich jetzt ereignet. Eine solche geschichtliche Tatsache wie die Johannestaufe war für die frühen Christen, anders als für Lessing[3], kein Zufall, sondern eine heilsgeschichtliche Fügung Gottes. Darum war es für die Gemeinde höchst wichtig, das Jesusgeschehen (und auch ihre eigene Geschichte) als Glied des göttlichen Heilsplans zu wissen. Damit war sie aller bloß menschlichen Tradition unendlich überlegen.

Anachronismus geführt. Übrigens vermutet man heute, daß Mk nicht eine Rolle war, sondern ein Kodex, ein Papyrusbuch.
Die Formel „anfangend von Galiläa" in Lk 23,5 und Apg 10,37 war wohl ein terminus technicus in der Verkündigung der Gemeinde (Kerygma) vom irdischen Wirken Jesu (J. M. Robinson, Geschichtsverständnis des Markusevang. 12 f.), hat aber nichts mit Joh 1,1 zu tun, das vom Anfang der Schöpfung spricht. Daß die Apostel nach Lk 1,2 und Apg 1,22 schon vom Beginn des irdischen Wirkens Jesu an Zeugen sind, ist spätere Anschauung; Mk 1,16—20 eine ältere.

[2] BCDLW it sa bo u. andere Handschriften fügen zu „Jesus Christus" noch hinzu: „dem Sohn Gottes". Bei ℵ Θ28 Iren (z. T.) Orig fehlen diese Worte. Sie sind vielleicht nur eine liturgische Erweiterung, obwohl Jesus für Mk wirklich der Gottessohn ist. Aber nur 3,11 (im Bekenntnis der Dämonen) und 15,39 (als Bekenntnis des Centurio) wird Jesus so genannt.

[3] J. M. Robinson (16) weist darauf hin; in seinem Werk „Kerygma und historischer Jesus" 1960, 43 f. geht er weiter auf den bekannten Satz Lessings ein, daß „zufällige Geschichtswahrheiten" „der Beweis von notwendigen Vernunftswahrheiten nie werden können" (Lessing, Über den Beweis des Geistes und der Kraft 1777 = Sämtl. Werke VI, Berlin/Leipzig, Knaur Nachf., 191). Hier macht R. darauf aufmerksam, daß nach der modernen Kritik auch unsere Rekonstruktion der Geschichtswahrheiten selbst geschichtlich bedingt ist und damit relativ. Aber alle Überlieferung über Jesus „ist uns nur dann erhalten geblieben, wenn sie im Leben und in der Frömmigkeit der Urgemeinde irgendeine Funktion hatte: Historie wird nur als Kerygma überliefert!" (a. a. O. 51.)

Markus hat die atl. Stellen meist gar nicht als solche gekennzeichnet, sondern einfach das Geschehen ihnen entsprechend dargestellt. Von dieser Regel weicht er nur an besonders wichtigen Punkten ab. So hier, wo er Johannes und dessen Taufe als mit zur christlichen Heilsgeschichte gehörend erweist. Man sollte also nicht, wie Wellhausen, Hirsch und andere, V. 2 (und 3) als angeblich spätere Zutaten entfernen. Das gilt auch dann, wenn man erkennt, daß V. 2 (von „Siehe“ an) nicht aus dem Buch Jesaja stammt, sondern aus Ex 23,20 a und Mal 3,1[4]. Das „Zitat“ von V. 2 besagt also: Es war prophezeit, daß ein Bote vor dem Herren (= Jesus) einhergehen, ein Vorläufer ihm den Weg bereiten werde. Damit wird indirekt schon der hinter diesem Vorläufer Kommende (V. 7!) angekündigt.

V. 3[5] enthält nun Näheres über diesen Vorläufer, wenn auch immer noch im Ton einer geheimnisvollen Prophezeiung: Er wird in der Wüste auftreten und die Menschen auffordern, „Buße“ zu tun,

---

[4] V. 2 steht nicht im Buch Jesaja (dies ist mit „in dem Propheten Jesaja“ gemeint), sondern setzt sich zusammen aus Ex 23,20a (einer Verheißung an das Volk Israel für seine Wanderung durch die Wüste: „Siehe, ich sende einen Engel vor dir her, dich zu behüten auf dem Wege ...“) und Mal 3,1: „Siehe, ich sende meinen Boten, daß er den Weg vor mir bereite, und plötzlich kommt zu seinem Tempel der Herr“; damit ist das Endgericht gemeint. Weil diese beiden Teile des „Mischzitats“ nicht im Buch Jesaja stehen, hat D für „in dem Propheten Jesaja“ eingesetzt „in den Propheten“ und gerade damit den schwierigen Text „in dem Propheten Jesaja“ bezeugt! — Mt 3,3 und Lk 3,4 haben aus demselben Grund wie D korrigiert, aber anders: sie bringen nur den Teil des Zitats, der wirklich im Buch Jesaja steht (ebenso ist Mt 12,4 und Lk 6,4 die irrige Angabe Mk 2,26 „unter dem Hohenpriester Abjathar“ ausgelassen). Daß aber auch sie (Mt 11,10 und Lk 7,27, also „Q“) Ex 23,20a mit Mal 3,1 verbinden, läßt vermuten, daß Mk schon eine frühchristliche Verbindung von atl. „Zeugnissen“ (eine mündliche Überlieferung oder ein „Testimonien“-Buch) verwertet hat, ohne daß er die einzelnen Stellen in der griechischen Übersetzung des A. T., der sog. „Septuaginta“ = LXX (weil angeblich von 70 Übersetzern übereinstimmend angefertigt) nachgeschlagen hätte. Man hat in jener Zeit (vgl. die atl. Zitate bei Paulus) ruhig Verse aus verschiedenen atl. Büchern kombiniert und als Belege angeführt, weil in all diesen Büchern ja Gott der eigentliche und einheitliche Sprecher ist. Der menschliche Verfasser war nebensächlich; man konnte ihn angeben, mußte es aber nicht.

[5] V. 3 stammt aus Jes 40,3, besagt dort aber: „Stimme eines Rufenden (= „Horch, es ruft!“)“: „In der Wüste bahnt den Weg des Herrn, in der Steppe macht eine Straße unserem Gott!“ Diese — unerfüllt gebliebene — Prophezeiung drückte die Hoffnung auf die wunderbare Rückkehr ganz Israels aus der babylonischen Gefangenschaft aus. Bei diesem Zitat hat die christliche Gemeinde stärker in den Wortlaut des Textes eingegriffen, da sie hier eine Voraussage des „Predigers in der Wüste“ zu erkennen meinte. Wie dem zeitgenössischen Judentum, so war auch der urchristlichen Gemeinde der historische Sinn der atl. Schriften nicht mehr überall zugänglich; man legte darum die einzelnen Stellen aus ihrem Zusammenhang herausgenommen allegorisch aus.

d. h. das fortzuräumen, was dem Herrn im Weg ist: die Verschlossenheit gegen Gottes Willen.

V. 4[6] sagt nun, daß es wirklich so gekommen ist: der Täufer Johannes ist in der „Wüste“ (der jüdische Schriftsteller Josephus hat Bell. III 515 das untere Jordantal so genannt) aufgetreten und hat zu Buße und Taufe aufgerufen.

Seine Predigt war — V. 5 — nicht vergeblich: ganz Judäa wanderte zu ihm hinaus an den Jordan und alle Jerusalemer: sie bekannten ihre Sünden und ließen sich taufen. So wurde der Weg des Herrn bereitet.

V. 6 schildert den Täufer selbst näher und deutet damit an (ohne es jedoch ausdrücklich zu sagen), daß er der wiedergekehrte Elias (Mt 17,2/Mk 9,11—13) war[7]; er war wie dieser gekleidet. „Ein lederner Gürtel um die Hüften“ hielt das härene Gewand zusammen. Seine

---

[6] V. 4 hat mehrere Varianten. Sie gehen alle auf dieselbe Schwierigkeit zurück: Später hat man (Johannes) „den Täufer“ mit dem griechischen Substantiv βαπτιστής (gr.: baptistēs) bezeichnet. Unser Text gebraucht dafür aber einen einfacheren Ausdruck, nämlich das Partizipium „der Taufende“, ὁ βαπτίζων (also: ho baptizōn). Mit dieser ungewohnten Form kam man später nicht mehr zurecht. Darum ließ der spätere sog. Koine-Text den Artikel ὁ (= ho) fort und verband das Partizip „taufend“ mit ἐγένετο (= ĕgĕnĕtŏ). Dabei ergab sich der neue Sinn: „Es trat auf Johannes taufend in der Wüste und“ (dieses Wort schob man ein) „predigend“. In Wirklichkeit war das freilich sinnlos, denn in der wasserlosen Wüste kann man nicht taufen. Daran scheitert auch der Text von D und 𝔖 (der sog. Hesychtext). Außerdem übersieht dieser Korrekturversuch, daß er die Anordnung des Mk sprengt: dieser spricht zunächst von der Predigt des Johannes, läßt dann, als deren Erfolg, die Massen zu ihm hinausströmen und darauf erst das Taufen beginnen. Das ist genau überlegt, wenn auch der so entstehende Schematismus unwahrscheinlich ist. Daran war freilich nicht Mk schuld, dem der Wüstenprediger und der Jordantäufer schon als zwei zusammengehörende Größen vorgegeben waren.

[7] In 2. Kön 1,8 wird Elias als „ba'al se'ar“ dargestellt, was wohl „Träger eines zottigen Fells“ bedeutet (gegen Wellhausen Mk 4, der es wie „isch se'ar“ Gen 27,11 faßt und dahin versteht, daß Elias langes Haar trug wie Pythagoras; aber in Gen 27,11 besagt es, daß Esau am ganzen Körper dicht behaart ist), „mit einem ledernen Gürtel um die Hüfte“. Sach 13,4 sagt von den falschen Propheten voraus: „nicht werden sie sich bekleiden 'adäret se'ar' “, was die LXX mit δέρριν τριχίνην (derrin trichinēn, „härenes Fell“) wiedergibt. Gemeint ist: mit einem häreren Mantel, der als Prophetentracht galt. Sach 13,4 und 2. Kön 1,8 können beide auf die in V. 6 dargebotene Tradition eingewirkt haben. D und a lesen für den schwierigen Ausdruck „Kamelshaare“ das Wort „Fell“ (δέρριν, „derrin“), was aus Sach 13,4 stammen könnte, und lassen die Worte „und einen ledernen Gürtel um seine Hüfte“ fort; vielleicht ist das Auge eines frühen Abschreibers von (καμηλ)ου zu (αυτ)ου abgeirrt. Solche Fehler sind in D nicht ganz selten, und a könnte hier einen Text wie D vor sich gehabt haben.

Nahrung — Heuschrecken und wilder Honig[8] — kennzeichneten ihn als Asketen (vgl. Mt 11,18/Lk 7,33; Mk 2,18 par.).

Aber nun, da er getauft hat, macht er den Hörern seine eigene Grenze und die seiner Taufe klar — V. 7f. — : nach ihm[9] kommt ein Stärkerer, der unvergleichlich erhabener ist als er. Denn während er, Johannes, nur mit Wasser taufen kann, wird jener mit heiligem Geist taufen, also Urheber einer Taufe sein, bei welcher der heilige Geist gespendet wird.

So klingt die Erzählung von Johannes aus in die Ankündigung Jesu, dessen Name aber noch nicht fällt. Im Grunde sind es zwei Dinge, die hier — durch die Beschreibung von Kleidung und Nahrung des Täufers getrennt — dem Leser nahegebracht werden: die Wassertaufe des Johannes und seine Verkündigung des Größeren, der nach ihm kommen wird. Nur als der, welcher Jesus als seinen erhabenen Herrn verkündet, geht Johannes in die frohe Botschaft ein.

In diesem Bild ist freilich die historische Wirklichkeit umgezeichnet. Das können wir nur noch erkennen, weil uns Mt und Lk mehr an alten Nachrichten über die Predigt des Täufers erhalten haben — Mt 3,7—10 und Lk 3,7—9. Nur eins deutet auch in unserem Text noch auf dieses „mehr" hin: Johannes verkündet eine Bußtaufe „zur Vergebung der Sünden". Ausgerechnet das haben freilich Forscher wie B. Weiß (15) für eine christliche Zutat erklärt: „Diese Auffassung der johanneischen Taufe überträgt auf sie ein spezifisches Merkmal der christlichen". Allein die Taufe des Johannes war nicht (wie B. Weiß noch in aller Unschuld meinte) nur „eine sinnbildliche Darstellung einer Sinnesänderung". Nein, sie war wirklich das, was (der deshalb verlachte) Albert Schweitzer behauptet hat: ein „eschatologisches Sakrament". Der Täufer war — das wird sogar noch aus Mk, deutlicher freilich aus „Q" klar — ein „eschatologischer" Prediger. Er war erfüllt von der Naherwartung des Weltendes. „Schon liegt die Axt an der Wurzel des Baumes" (Mt 3,10; Lk 3,9): das beschreibt den Augenblick, wo der Holzfäller den Hieb bemißt, indem er die Axt an jene Stelle hält, die er treffen will. So nahe ist das Gericht!

Aber wer wird es durchführen? Der Täufer beschreibt den kommenden Richter nur in geheimnisvollen Worten. Sie ergeben aber soviel: Nicht Jahwe selbst ist es, der das Strafgericht vollziehen wird. Aber es ist auch kein Mensch, dem diese Aufgabe zufallen wird. Denn

[8] Da die griechischen Kirchenväter auf Grund von Lk 1,15 und Mt 11,18 den Täufer für einen Vegetarier hielten, haben sie — was an sich möglich war — das griechische Wort für „Heuschrecken", ἀκρίδες (akridĕs) mit „Blattspitzen" übersetzt. Mit dem „wilden Honig" wird Honig wilder Bienen gemeint sein: Bill. I 100 f., nicht „Honig" von Datteln oder Feigenbäumen.

[9] Das griechische Wort ὀπίσω (ŏpisō) kann räumlich „hinten", „hinter ... her" bedeuten; der Rabbinenschüler geht hinter seinen Rabbi her = er folgt ihm nach. Hier aber hat es zeitlichen Sinn.

auf beide würden die Worte nicht passen, die auch Mk erhalten hat, jene Worte von dem Stärkeren, der nach Johannes kommen wird. Dieser „Stärkere“ ist so hoch erhaben, daß Johannes nicht würdig ist, gebückt seinen Sandalenriemen zu lösen — das ist das Bild des niedrigsten Knechtsdienstes, den es gab. Daß Jahwe unendlich erhaben ist über jeden Menschen, auch über jeden Propheten, war für einen Juden selbstverständlich. Diese Hervorhebung der Überlegenheit Gottes über Johannes wäre fast schon eine Blasphemie gewesen. Also Gott selbst wird nicht der kommende Richter sein. Aber auch nicht ein Mensch: „In seiner Hand liegt die Worfschaufel, und er wird seine Tenne reinigen und seinen Weizen in die Scheune sammeln, die Spreu aber verbrennen mit unauslöschlichem Feuer!“ (Mt 3,12; Lk 3,17). Das ist nicht bloß ein Sinnbild. Dieses Gerichtsfeuer, das die Sünder verzehren wird, ist eine schreckliche Wirklichkeit: Jener, der nach Johannes kommen wird, er wird mit Feuer taufen! (Mt 3,11; Lk 3,16). Der kommende Richter ist ein überirdisches Wesen.

Erst aus dieser Sicht bekommt die Johannestaufe ihre ursprüngliche und volle Bedeutung: Wer seine Sünden bekennt und sich entschließt, ein neues Leben zu beginnen (das griechische Wort μετανοεῖν, „metanoein“, und das entssprechende hebräische Wort שׁוּב, „schub“, meinen diese Umkehr der ganzen Lebensrichtung, die etwas anderes ist als ein reuiges Beklagen der Vergangenheit), den darf Johannes vor der Feuertaufe mit der Wassertaufe retten — dazu hat ihn Gott in Gnaden gesandt! So verstanden ist Johannes selbst eine „eschatologische“ Gestalt und nicht nur Wegbereiter, sondern auch — in gewissem Sinn — Gegenspieler des „Kommenden“, des „ἐρχόμενος“ (erchomenos), d. h. des transzendenten Richters. Nur dieser kann der nach Johannes Kommende sein, und seine Aufgabe wird es allein sein, das Gericht zu vollziehen, nicht aber vorher noch Gelegenheit zu Umkehr und Rettung zu geben. Wer jedoch, von der Predigt des Johannes gepackt, dessen Taufe begehrt und erhält, der ist geborgen: er gehört mit zu dem Weizen, den der „Kommende“ in die himmlische Scheuer bringen wird. Darum darf diese Taufe auch keinem Unwürdigen zuteil werden und ihn vor dem göttlichen Zorn retten (Mt 3,7; Lk 3,7).

Aber gerade wenn wir diese — gegenüber der christlichen selbständige — Gerichts- und Gnadenpredigt des Johannes wieder verstehen und dieses unter der christlichen Übermalung fast verborgene Bild wieder vor Augen bekommen, gerade dann wird es begreiflich, daß die Christen den Johannes als den Vorläufer Jesu in Anspruch nahmen, und es wird andererseits verständlich, daß Johannes zugleich das Haupt einer eigenen Sekte geworden ist (vgl. Apg 19,1—7). Er selbst wollte keineswegs der „Kommende“ sein, sondern nur dessen Vorläufer — darin hatte die christliche Deutung recht. Aber für die Christen war Jesus selbstverständlich der „Kommende“. So mußte sie in Johannes dessen Vorboten und Wegbereiter erblicken. Und das traf — historisch geurteilt — nicht zu: Johannes hat in keinem Menschen, und mochte der auch Wunder tun, den „Kommenden" gesehen. Er hat auch in Jesus von Nazareth nicht jenen vermutet, den er in seinen großen apokalyptischen Bildern malte.

Die christliche Überlieferung hat sich bemüht, diesen vermeintlichen Mangel zu beseitigen. Man konnte sich nicht vorstellen, daß Johannes nicht wenigstens ahnte, wer Jesus war. So kam es zu jener von „Q"[10] überlieferten Geschichte: als der Täufer im Kerker von Machärus von den Wundern Jesu hörte, habe er ihn fragen lassen, ob er am Ende der „Kommende" sei.

Später begnügte sich die Tradition damit nicht und ließ[11] den Täufer von Anfang an wissen, wer ihm in Jesus gegenüberstand, indem sie beide zugleich schon als Ungeborene sich begegnen ließ.

Als sich aber diese jüngere Überlieferung mit der älteren von der Anfrage aus dem Gefängnis traf, da mußte man auf das Mißverständnis kommen, Johannes sei im Gefängnis in seinem Glauben an Jesus unsicher geworden[12]. Nun warf jene Geschichte, die eigentlich sein Bild erhellen sollte, einen Schatten auf das Bild des Täufers.

Als der, dessen Taufe vor dem Gericht rettet, ist Johannes[13] — und zwar nicht nur postum als Haupt einer eigenen Sekte — zu einem Konkurrenten Jesu geworden. Das wird schon im Neuen Testament selbst spürbar. In den kanonischen Evangelien wird Johannes immer mehr herabgesetzt — so als sollte sich das Wort, das er im Johannesevangelium spricht[14], bereits innerhalb des Evangelienkanons als wahr erweisen: „Er muß wachsen, ich aber abnehmen." Ja selbst in dem ersten Mk-Abschnitt, den wir hier betrachten, läßt sich diese Tendenz unschwer erkennen. Zunächst nämlich wird, in V. 4, von der Taufe des Johannes gesagt, daß sie eine Taufe der Umkehr zur Vergebung der Sünden war. Am Schluß dieses Abschnitts aber, in V. 8, muß der Täufer von sich sagen[15]: „Ich habe (nur) mit Wasser getauft, Er aber wird euch mit dem heiligen Geist taufen!" Jesus als Geisttäufer ist dem Jesusbild des Mk ganz

[10] Mt 11,2—6; Lk 7,18—23.

[11] Lk 1,41; Vorstufen dazu sind inhaltlich Mt 3,14 und Joh 1,29—34.

[12] Mt 11,2 f.

[13] Eine solche Wertung steckt schon in der von Lk übernommenen Geschichte von der wunderbaren Geburt des Täufers und dem Lobgesang des Zacharias (s. u. A 24). In den sog. Clementinischen Recognitionen (einem christlich überarbeiteten antiken Wiedererkennungsroman) wird I 54.60 erzählt, daß ihn seine Jünger als den Messias verehrten; vgl. Vielhauer RGG³ III 807.

[14] Joh 3,30.

[15] Das Tempus der Vergangenheit (im Griechischen steht der Aorist) kann so erklärt werden, daß der Täufer im Rückblick auf seine ganze Wirksamkeit redet.

fremd — Mk erzählt nirgends, daß Jesus getauft hat[16], aber auch nirgends, daß er den heiligen Geist verliehen hat. Die Aussage Mk 1,8 läßt sich also nur aus einem Zusammenhang verstehen, den Mk zwar kennt, aber nicht erwähnt. Die Urgemeinde hat nämlich, auch wenn sie die Johannestaufe zu einer bloßen Wassertaufe abwertete[17], sie in ihrem eigentlichen Wesen, als eschatologisches Sakrament, dennoch übernommen — nun freilich auf den Namen Jesu vollzogen. Da nach Joh 1,35 ff. viele alte Jünger aus der Johannesbewegung kamen — und vielleicht auch Jesus selber; davon wird noch zu sprechen sein —, haben sie die Taufe, die ihnen selbst zuteil geworden war, aufgenommen und fortgesetzt — nicht als etwas, das Jesus während seines Erdenlebens befohlen hatte, sondern als ein vom erhöhten Herrn eingesetztes Sakrament[18] mit Heilsbedeutung[19].

Eigentlich ist Johannes im Spätjudentum eine erstaunlich fremde Gestalt gewesen. Man hat zwar seit der Entdeckung von Qumran versucht, Johannes von dort her zu begreifen[20]. Man hat z. B., weil die Eltern des Johannes bei seiner Geburt schon alt waren und weil über Qumran gelegentlich berichtet wird, daß man dort Knaben als Nachwuchs für die eigene ehelose Mönchsgemeinde aufzog, vermutet, Zacharias und Elisabeth hätten ihren Sohn jenen Frommen von Qumran zur Erziehung anvertraut, und dort, wo eine eschatologische Naherwartung bezeugt ist, habe er die Taufe als Initiationsritus kennengelernt! Mit Recht haben sich Ph. Vielhauer[21] und H. Braun[22] gegen diese Phantasien gewandt. Wenn auch die Gemeinde von Qumran zu manchen Zeiten von der eschatologischen Naherwartung erfaßt war, so haben wir doch keinen Beweis dafür, daß dort zur Zeit Jesu und des Johannes eine solche Naherwartung des Endes herrschte. Zugleich läßt sich sehr deutlich zeigen, daß die immer aufs neue wiederholten Waschungen vom Qumran etwas ganz anderes waren als jene einmalige Taufe, die nur im Zusammenhang mit

---

16 Joh 4,2 heißt es zu der von den Synoptikern abweichenden Darstellung 4,1, nach der Jesus mehr Jünger gewann und taufte als Johannes: „obwohl Jesus selbst nicht taufte, sondern seine Jünger".

17 Neben Mk 1,8 par. kommt Apg 19,1—6 und auch Joh 1,26.31.33 als Beleg in Betracht.

18 Mt 28,19.

19 Mk 16,16.

20 Von den modernen Kommentatoren hat sich H. Grundmann dieser These verschrieben, wenn auch mit einer gewissen Zurückhaltung: „Wenn es richtig ist, daß der Täufer in der Niederlassung von Qumran herangewachsen ist..." (Lk 101).

21 s. Vielhauer in RGG³ III 806 ff. und die dort angeführte Literatur.

22 Herbert Braun: Die Täufertaufe und die qumranischen Waschungen, Theologia Viatorum IX 1963, 1—4.

der Predigt des Johannes ihren eigentlichen Sinn hatte und ihn in der Frühzeit der Gemeinde wiederbekam, wo die Enderwartung ebenso lebendig war wie in der Predigt des Täufers — waren doch jetzt mit der Auferstehung Jesu schon die Endereignisse in Bewegung gekommen und mußte dem Erstling der Entschlafenen bald die allgemeine Totenauferstehung folgen!

Matthäus und Lukas haben ihre Schriften nicht mit der Erzählung von der Johannestaufe begonnen, wie Markus, sondern jeweils noch eine Vorgeschichte vorangeschickt. Matthäus eröffnet sein Evangelium mit einem Stammbaum Jesu, einer Ahnentafel, die bei Abraham einsetzt und in einer Dreizahl von 2mal 7 Generationen über David und die babylonische Gefangenschaft auf Jesus zuläuft (Mt 1,1—17). Dieses kunstvolle Schema ist nur durch „willkürliche Auslassungen in der 2. und 3. Reihe" (Klostermann, Mt 2) möglich geworden. Es führt von David über Salomo schließlich zu Jakob, den Vater Josephs, (in Lk 3,23 heißt Jesu Großvater Eli) und zu Joseph selbst, „den Mann der Maria, aus der Jesus geboren wurde, der Christus heißt". Dann folgt die Geburtsgeschichte Jesu (Mt 1,18—25): noch vor dem Vollzug der ehelichen Gemeinschaft Marias und Josephs zeigt sich, daß sie schwanger ist — vom heiligen Geist, wie ein Engel dem Joseph in einem Traumgesicht mitteilt; der zu erwartende Sohn solle Jesus genannt werden (Mt 1,23 wird dazu auf Jes 7,14 verwiesen). Joseph gehorchte der Weisung, nahm Maria zu sich, erkannte sie aber nicht, bis sie den Sohn geboren hatte, der den Namen Jesus bekam. Wie in der folgenden Geschichte von den Weisen aus dem Morgenland (Mt 2,1—12) deutlich wird, ist vorausgesetzt, daß Joseph und Maria in Bethlehem wohnen. Die nächste Geschichte (Mt 2,13 bis 23) handelt von der Flucht nach Ägypten, durch die Jesus dem bethlehemitischen Kindermord entgeht, und der Rückkehr nach dem Tod des bösen Herodes. Da aber dessen Sohn Archelaus nun über Juda herrscht, zieht Joseph mit seiner Familie nach dem galiläischen Ort Nazareth. Es ist deutlich: auf diese Weise versucht die hier benutzte Tradition die Davidsstadt Bethlehem, in welcher der Davidide Jesus geboren sein muß, mit dem bekannten Wohnort der Familie Jesu, Nazareth, in eine plausible, wenn auch unhistorische Verbindung zu bringen.

Erst in 3,1—6 kommt Matthäus auf das Erscheinen des Täufers in der Wüste zu sprechen, die hier als „Wüste Judäas" bezeichnet wird (obwohl „diese Gebirgswüste westlich des Toten Meeres ... nicht bis an den Jordan" reicht: (Klostermann Mt 21). Seine Predigt wird zunächst mit den Worten beschrieben: „Tut Buße, denn die Herrschaft der Himmel hat sich genaht!". Er selbst wird (Mt 3,3) als die Erfüllung von Jes 40,3 angesehen. Damit lenkt Mt in den Mktext ein, dem er bis V. 6 folgt. Allerdings stellt er die Beschreibung des

Täufers vor die seines Erfolges[23], um einen besseren Anschluß für ein aus Q (Mt 3,7—10 // Lk 3,7—9) stammendes Stück zu finden, das wir oben (S. 2f.) bereits besprochen haben. Diese Bußpredigt ergeht bei Mt nicht (wie in Lk 3,7) an die zur Taufe geströmte Masse, sondern an viele zur Taufe gekommene Pharisäer und Sadduzäer — im Widerspruch zu Mk 11,31 // Mt 21,26; nur so schien Mt die Anrede „Ihr Otterngezücht!" gerechtfertigt (J. Schmid Mt 56 f.). Mit V. 11 kehrt Mt wieder zum Mktext zurück (Mk 1,7f.), an den aber das von uns S. 2 besprochene Wort vom Kommenden mit der Worfschaufel usw. angeschlossen wird. Die Art des Mt, Material aus Mk und aus Q miteinander zu verflechten, wird hier schon sehr deutlich. Die aus Q entnommene Tradition über den Täufer ist älter als die des Mk, bei dem die christliche Abwertung des Johannes bereits stärker fühlbar ist. Ohne dieses alte Zeugnis aus Q könnten wir die Gestalt des Johannes in ihrer Selbständigkeit nicht mehr so sicher erkennen, wie es mit Hilfe dieser Überlieferung möglich ist.

Mt hat also den traditionellen (Apg 10,37) Einsatzpunkt der ersten Evangelien, die Johannestaufe, durch den Stammbaum, die Geburts- und Kindheitsgeschichte Jesu überschritten. Daß so die Täufergeschichte an Gewicht verloren hatte, wird durch das gegenüber Mk neue Material über Johannes gutgemacht.

Lukas bietet eine sogar noch längere Vorgeschichte als Mt, die der des Mt gegenüber völlig selbständig ist. Zum Prolog 1,1—4 s. oben S. 1 ff.

In 1,5—25 erzählt Lukas — aus judenchristlicher Quelle? — die Verheißung von der Geburt des Täufers, dessen Vater Zacharias ein Priester war und dessen Mutter Elisabeth „von den Töchtern Aarons" abstammte. Den beiden wurde im vorgerückten Alter noch ein Sohn verheißen, von dem der ihn verkündigende Engel zu Zacharias sagt: „Er wird für dich Freude und Jubel sein, und viele werden sich über seine Geburt freuen." Dabei dürfte an die zukünftigen Anhänger des Täufers gedacht sein (Klostermann Lk 368), der im folgenden als Nasiräer geschildert wird (1,15) und „viele von den Kindern Israels zu dem Herrn, ihrem Gott, bekehren wird". Er wird vor diesem herziehen in dem Geist und der Kraft des Elia, „dem Herrn ein reines Volk zu bereiten".

Nun erst wendet sich Lukas (1,26—38) der Verheißung der Geburt Jesu zu; die Geschichte Jesu und die seines Vorläufers werden kunstvoll ineinander gefügt. Der Engel Gabriel kommt mit der Botschaft von der Geburt eines Sohnes zu der jungfräulichen Maria, die mit

---

[23] Von den drei genannten Größen (Jerusalem, Judäa, die ganze Umgebung des Jordan) kommt in Lk 3,3 allein die dritte wieder vor. Es ist durchaus möglich, daß Mt und Lk eine Tradition benutzen, in der allein dieser Begriff eine Rolle spielte. Dann wären „Jerusalem" und „Judäa" jüngere Erweiterungen, die den Erfolg des Täufers vergrößern.

dem Davididen Joseph verlobt im galiläischen Nazareth lebt. Maria begibt sich (Lk 1,39—56) ins Bergland zu einer (viel umrätselten) ungenannten Stadt, wo Zacharias und Elisabeth wohnen. Als Maria die Elisabeth begrüßte, hüpfte das Kind in deren Leib, und Elisabeth erkannte, vom heiligen Geist ergriffen, daß hier „die Mutter meines Herrn zu mir kommt". Ob sie es ist, die das sog. Magnificat spricht (Lk 1,46—55) — so a b l Iren IV 7,1 Nicetas von Remesiana — oder Maria (so alle griechischen Handschriften), ist umstritten. Wie stark dieses Magnificat atl. Klänge aufnimmt, zeigt die Übersicht Klostermanns S. 378f. Kurz vor der Niederkunft Elisabeths kehrt Maria in ihr Haus (in Nazareth) zurück. In 1,57—80 berichtet Lk von der Geburt des Täufers (bei der die wegen seines Unglaubens gelähmte Zunge seines Vaters wieder gelöst wird) und der im heiligen Geist erfolgenden Prophezeiung des Zacharias[24]. Dabei fällt besonders V. 76ff. auf, wo dem Kind verheißen wird: es wird ein Prophet des Höchsten genannt werden: „denn du sollst vor dem Herrn einhergehen, seine Wege zu bereiten, seinem Volk Erkenntnis des Heils zu geben durch die Vergebung ihrer Sünden" — gemeint dürfte sein, daß das Heil in der Vergebung der Sünden besteht. Der ganze Psalm mag, wie Bultmann Gesch. d. syn. Tradition 322 nach Gunkel vermutet, ursprünglich ein jüdischer eschatologischer Hymnus sein, in den christliche, vielleicht aber auch täuferische Zusätze eingefügt sind. Zu der Auffassung des Täufers im eigentlichen Lk paßt die Bedeutung schlecht, die ihm hier zugeschrieben wird (vgl. H. Conzelmann, Die Mitte der Zeit).

Die überaus kunstvolle Vorgeschichte geht nun weiter zu der Erzählung der Geburt Jesu (Lk 2,1—20), die wie bei Mt in Bethlehem erfolgt, aber in ganz anderem Zusammenhang: der angebliche Erlaß eines Reichszensus durch Augustus nötigt Joseph, mit Maria zur Davidsstadt zu reisen (auch das ist, trotz E. Stauffer, unhistorisch), wo Maria ihren erstgeborenen Sohn gebiert und, in Windeln gewickelt, in eine Krippe legt, weil in der Herberge sonst kein Raum ist. Aber Engel melden den Hirten auf dem Felde die Geburt des Heilandes (σωτήρ, sōtēr), die nun Eltern und Kind aufsuchen und die Engelbotschaft überbringen. Am 8. Tag wird das Kind beschnitten und bekommt den Namen Jesus. Darauf wird in Jerusalem das vorgeschriebene Opfer dargebracht. Das gibt einem frommen Greis namens Symeon die Gelegenheit, das Kind zu sehen, und so die Erfüllung der ihm

[24] s. dazu bs. Philipp Vielhauer, Das Benedictus des Zacharias (Lk 1,68—79), ZThK 49, Tübingen 1952, 255—272. Vielhauer, der auch auf die ganze luk. Vorgeschichte unter reicher Anführung der Literatur (vor allem natürlich der Schrift von M. Dibelius, Jungfrauensohn und Krippenkind, 1932) eingeht, meint nun, daß dieses Benedictus des Zacharias ursprünglich ein täuferischer Hymnus war, in dem Johannes als Vorläufer Gottes gefeiert wurde, entsprechend dem ursprünglichen Sinn von Mal 3,1 als der Bote (mal'ak) Jahwes, als ein „prophetischer Messias".

gewordenen Verheißung zu erleben, er werde nicht sterben, bevor er den Gesalbten (χριστός, christos) des Herrn, gesehen habe. An den Lobgesang des Symeon schließt sich eine Prophezeiung der 84-jährigen Prophetin Hanna, der Tochter Phanuels, die über das Jesuskind zu allen spricht, welche die Erlösung Israels erwarteten. So kehren die Eltern mit dem Kind nach Nazareth zurück: von den Weisen aus dem Morgenland, dem bethlehemitischen Kindermord, der Flucht nach Ägypten weiß diese Tradition nichts.

Lukas knüpft an sie eine weitere Erzählung davon, wie die Eltern den zwölfjährigen, also schon halb erwachsenen Sohn zur Passahfeier nach Jerusalem mitnehmen und er dort im Tempel bleibt und den Lehrern lauscht und ihnen antwortet. Von Maria befragt, warum er den Eltern solche Sorge machte, indem er nicht mit ihrer Karawane zurückwanderte, antwortete er: „Warum suchtet ihr mich? Wußtet ihr nicht, daß ich im Haus meines Vaters sein muß?" Diese Kindheitsgeschichte bildet schon den Übergang zu jenen nun freilich von Mirakeln erfüllten Legenden des Protevangeliums Jacobi.

Den traditionellen Anfang des Evangeliums, die Täufergeschichte, hat Lukas vom Vorangehenden deutlich abgehoben durch den synchronistischen V. 3,1[25]. Mit ihm deutet er die Machtverhältnisse je-

[25] Woher Lukas das Datum des 15. Jahres der Regierung des Tiberius hatte, wissen wir nicht. Man wird als Anfangspunkt dieser Frist nicht den Augenblick ansehen dürfen, da Tiberius als Mitverwalter für die Provinzen neben Augustus trat (Sueton, Tib. XXI; Vell. Paterc. II 121), sondern erst den Tod des Augustus (so auch Plummer 82), also das Jahr 28/29. Von dieser das ganze Imperium betreffenden Angabe geht Lukas zu Palästina weiter. Zuerst wird Pontius Pilatus (25—36) als ἡγεμονεύων (hēgĕmŏneuōn) von Judäa genannt (ἐπίτροπος [epitropos] = lat. procurator — so D al — wäre der genaue Titel gewesen; vielleicht hat Lukas hier nach seiner Gewohnheit, ein soeben benutztes Wort sogleich wieder zu gebrauchen, diese Bezeichnung gewählt). Er verwaltete aber zugleich — was Lukas nicht angibt — auch Samaria. Als Tetrarch (= Kleinfürst) von Galiläa (aber er hatte auch Peräa östlich des Jordans unter sich) regierte des großen Herodes Sohn Antipas (4—39). Als er den Titel „König", den ihm die Synoptiker freigebig spenden, von Caligula erbat, verbannte ihn dieser nach Gallien. Sein Bruder Philippus (4—33; Gemahl der Mk 6 erwähnten Salome, seiner Nichte) war nach Jos. Ant 18, § 137 Herr der kargen Trachonitis (nordöstlich von Galiläa, nach Damaskus zu), nach Jos. Ant 17,319 aber auch der reichen Batanaia-Ebene und der Auranitis (Hauran) und eines Teiles des sog. „Haus des Zenodorus". Ituräa scheint kein Verwaltungsbezirk gewesen zu sein; nach Bauer Wb 759 ein „Gebiet am Libanon und Antilibanus mit der Hauptstadt Chalcis". Lysanias von Abilene (25—30?) mit dem Gebiet um Abila, am Südende des Antilibanus (Bauer Wb 2), nördlich von Cäsarea Philippi, hat für die evangelische Geschichte keine Bedeutung. „Während Hannas und Kajaphas Hohepriester waren" erklärt man gewöhnlich so, daß zwar „Kaiphas" (18—36) Hoherpriester war, aber sein im Jahre 14 abgesetzter Schwiegervater Hannas nach wie vor maßgebenden Einfluß besaß. Es fragt sich jedoch, ob Lukas das wußte und meinte. Die Angaben von V. 1 hat er vermutlich aus irgendeinem (jüdischen?) Historiker — nicht Josephus! — entnommen.

ner Welt an, in welcher der Täufer und wenig später Jesus selbst auftraten. Zugleich gibt dieser Vers der nun anhebenden Erzählung das Gepräge eines historischen Berichts. Aber man darf auch nicht übersehen, daß Lukas diesen „weltgeschichtlichen" Satz mit V. 2 in eine ausgesprochen atl. Wendung ausklingen läßt: in der so genau angegebenen Zeit „erging das Wort Gottes an Johannes, den Sohn des Zacharias, in der Wüste" (vgl. Hos. 1,1)[26]. Mit dieser Wendung kann Lukas — ein Beweis seiner Kompositionskunst — zum Mktext zurücklenken, den er freilich stilistisch bearbeitet: nicht das ganze Land Judäa kam hinaus zu Johannes, sondern Johannes kam — nun natürlich nicht zu ganz Judäa und Jerusalem, sondern — zu der ganzen Umgebung des Jordan mit seiner Predigt von der Bußtaufe zur Vergebung der Sünden. Für „im Propheten Jesaja" schreibt Lk deutlicher: „im Buch der Worte des Propheten Jesaja". Dazu paßte das „Mischzitat" aus Ex 23,20a und Mal 3,1 nicht mehr; Lk läßt es darum (ebenso wie der schriftkundige Mt) fort. Dafür zitiert er nicht bloß Jes 40,3, sondern 40, 3—5, mit dem Abschluß: „und sehen wird alles Fleisch das Heil Gottes". Die Worte „alles Fleisch" (= alle Menschen) deuten schon den universalen Charakter dieses kommenden Heils an. Auf den Mk 1,3 entsprechenden Text folgen in V. 7—9 die Worte der Täuferpredigt aus Q. Mt 3,7—10 faßte sie als an die Pharisäer und Sadduzäer gerichtet; hier aber ergehen sie an die herausgezogenen Massen. Damit wird Johannes als ein scharfer Bußprediger dargestellt, der seinen jüdischen Hörern klarmacht: Gott ist nicht auf sie — also auf das Volk Israel — angewiesen: er kann „aus diesen Steinen dem Abraham Kinder erwecken" (Lk 3,8 = Mt 3,9). „Jeder Baum, der nicht gute Frucht bringt, wird abgehauen und ins Feuer geworfen." Auf die Frage der Massen, was sie denn tun sollen, läßt Lk in einem Abschnitt aus seinem Sondergut (3, 10—14) den Täufer konkrete Anweisungen geben, die mehr und mehr in eine gehobene Alltagsmoral abgleiten: die Zöllner sollen keine höheren Abgaben eintreiben und die Soldaten mit ihrem Sold zufrieden sein. Um von dieser Mahnung zu Mk 1,7—9 zurückzukommen, läßt Lukas bei dem Volk die Vermutung erwachen, Johannes könnte der Christus sein (vgl. Joh 1,20). Nun antwortet der Täufer mit der Rede von seiner bloßen Wassertaufe und dem kommenden Stärkeren, der mit hl Geist „und Feuer" taufen wird — die Worte „mit Feuer" dürften aus dem Text von Q stammen, der hier — wie bei Mt — mit dem verkirchlichten Wortlaut des Mk zusammengeschmolzen ist. Lk 3,17 = Mt 3,12 beendet diese Rede.

Daß er sie nicht in ihrem ganzen Wortlaut wiedergegeben hat, deutet Lk 3,18 an: „Mit vielen anderen Ermahnungen evangelisierte" —

---

[26] „Das Wort des Herrn, das erging an Hosea, den Sohn des Be'eri, in den Tagen des Usia, Jotham, Ahas, Hiskia, der Könige von Juda, und in den Tagen des Jerobeam, Sohnes des Joas, Königs von Israel." Vgl. auch Jer 1,1—3.

so wird man hier wie Apg 8,25 das Wort εὐαγγελίζεσθαι (euangelizesthai) verstehen dürfen — „er das Volk". Daran schließt Lukas vorgreifend in V. 19f. den Bericht über die Gefangennahme des Täufers durch den Tetrarchen Herodes an, der von ihm „wegen der Frau seines Bruders" (Lk läßt sich nicht auf Einzelheiten ein) „und wegen all des vielen Bösen, das er getan hatte", getadelt worden war. Damit erspart sich Lk die große Szene Mk 6,17—29, die Johannes als Märtyrer ungebührlich in den Vordergrund gestellt hätte. Er kommt bei ihm nur noch 7,18 f. vor, wo Lukas von seiner Anfrage aus dem Gefängnis berichtet, ob Jesus der „Kommende" sei.

Um des Vergleichs mit Mt willen sei hier schon erwähnt, daß Lk im Anschluß an Jesu Taufe (3,21f.) den Stammbaum Jesu bringt (3,23—38), aber anfangend bei dem „etwa 30jährigen" Jesus, „wie man meinte, Josephs Sohn, des Sohnes des Eli" — schon die Großväter unterscheiden sich bei beiden Ahnenlisten — und endend bei Adam, „der war Gottes". Wieder zeigt das die Universalität des Lk. Die luk. Liste verläuft nicht über Salomo, sondern über eine Nebenlinie des Königshauses. Diese Differenzen haben Julius Afrikanus nicht einen wirklichen Ausgleich beider Listen erlaubt trotz reichlicher Verwendung von Leviratsehen und Adoptionen. Beide Listen setzen voraus, daß Joseph der Vater Jesu war, und werden mit der Lehre von der Jungfrauengeburt nicht in Einklang gebracht. Daß die luk. Ahnentafel den Stammbaum der Maria bringe, widerspricht ebenso dem Text wie dem Grundsatz, die väterlichen Verwandten anzugeben. Vielmehr handelt es sich um zwei voneinander völlig unabhängige Versuche, Jesus als Davidssohn und Nachkommen Abrahams zu erweisen.

2 *Die Taufe Jesu*

Mk 1,9—11; Mt 3,13—17; Lk 3,21 f.

(9) Und es geschah in jenen Tagen: Jesus kam von Nazareth in Galiläa und wurde in den Jordan getaucht von Johannes. (10) Und sofort, als er aus dem Wasser stieg, sah er die Himmel aufgerissen und den Geist wie eine Taube auf sich herabkommen. (11) Und eine Stimme aus dem Himmel: „Du bist mein geliebter Sohn; an dir habe ich Wohlgefallen gefunden".

Das Erste, was Mk von Jesus selbst erzählt, ist: Jesus kam von Nazareth an den Jordan und wurde dort von Johannes getauft. Warum sich Jesus taufen ließ, danach hat die Gemeinde lange nicht gefragt. Lk 3,21 deutet einen ganz einfachen Grund an: „Als alles Volk sich taufen ließ und Jesus getauft wurde". Erst apokryphe Evangelien haben, wie wir sehen werden, gemerkt, daß hier eine Schwierigkeit lag. Für Mk war Jesu Taufe selbst gar nicht das Wichtige; darum konnte er die Erzählung davon so kurz abtun. Wichtig war dem Evangelisten, was anläßlich der Taufe geschah und was er dem Leser nun mitteilt: die Himmel öffneten sich, der Geist kam auf Jesus herab und Gottes eigene Stimme verkündete, wer Jesus eigentlich ist. So erfährt der Leser die wahre Würde Jesu — er ist der geliebte, der einzige Sohn Gottes —, bevor noch Taten oder Worte Jesu berichtet werden. Die Gottesstimme beschreibt einen schon bestehenden Zustand und nicht ein Ereignis, das durch sie jetzt eintritt: „Du bist mein lieber Sohn". Gott hat also bei der Taufe das wahre Wesen Jesu proklamiert. Das gibt dieser kleinen Perikope — sie umfaßt ganze drei Verse — ihre außerordentliche Bedeutung für den Leser: er weiß nun, in welchem Licht all das gesehen werden muß, was im folgenden über Jesus gesagt wird. Allerdings besteht für den heutigen nachdenklichen Leser eine gewisse Spannung zwischen dem, was sich bei der Taufe ereignete, dem Herabkommen des Geistes usw., und dem was schon als bestehend vorausgesetzt werden muß: der Gottessohnschaft Jesu. Das zeigt uns, daß wir diese Geschichte näher im einzelnen betrachten müssen.

Wie immer bei der Auslegung des NT, so haben wir auch hier zunächst nach dem zu fragen, was der ntl. Text selbst besagt, oder — anders gefaßt — was der ntl. Verfasser seinen Lesern tatsächlich sagt. Die Vorordnung dieser Frage vor alle historischen und systematischen Probleme („Was ist wirklich geschehen?" „Was folgt daraus für die christliche Lehre?") ist eigentlich selbstverständlich; sie soll aber hier ausdrücklich hervorgehoben werden. Denn dieses grundlegende methodische Gebot wird nicht immer beachtet.

Unser Abschnitt ist mit dem vorigen — so will es dem heutigen Leser scheinen — nur locker verbunden, äußerlich und innerlich. Äußerlich durch die Ortsbezeichnung „in den Jordan" und durch die unbestimmte zeitliche Angabe: „Und es geschah in jenen Tagen"[1]. Ein Gegenstück zu der synchronistischen Feststellung, mit der Lukas als Historiker in 3,1f. zugleich das politische Kräftespiel jener Zeit andeutet, gibt Mk nicht. Eine innere Verbindung mit Mk 1,1—8 bringt die Person des Johannes und seine Taufe[2]. Das Neue wird angedeutet

[1] Sie findet sich als Einleitung einer Perikope auch in Mk 8,1; in Mk 13,17.24 bezieht sie sich auf die endzeitliche Zukunft. Das ist, trotz gleichen Wortlauts, etwas innerlich ganz Verschiedenes von der Weiterführung des historischen Berichts in 1,9 und 8,1.

[2] Wir werden sie uns nach V. 9 f. nicht als eine bloße Besprengung mit Wasser vorzustellen haben; sondern der Täufling steigt — nach abgelegtem Sündenbekenntnis (1,5) — angesichts des Täufers in den Fluß. Ob an ein völliges Untertauchen gedacht ist, läßt sich nicht sagen. Von einer Handauflegung des Täufers ist keine Rede. Bei einer Massentaufe ließe sie sich auch nicht durchführen.

durch die Erwähnung Nazareths[3] und Jesu[4] und seiner Taufe. Diese wird freilich sehr kurz abgetan; auf ihr liegt kein Ton, wenn sie auch das Erste gewesen sein dürfte, was Markus vom irdischen Wirken Jesu wußte. Jene Geburts- und Kindheitsgeschichten Jesu, die Mt 1,18—2,23 und Lk 2,1—52 berichten, wird Markus nicht gekannt haben. Das Bedürfnis, etwas von der „Vorgeschichte" Jesu zu erfahren, ist erst allmählich erwacht und zu einer Zeit befriedigt worden, als von den Brüdern Jesu keiner mehr am Leben war — sonst hätte es nicht zu den Widersprüchen in der Geburts- und Kindheitsgeschichte bei Mt und Lk kommen können.

V. 10 Das Wort „alsbald" (εὐθύς, „euthys")[5] verwendet Mk mit Vorliebe (42mal) zur Verknüpfung. „Heraufsteigend aus dem Wasser" (s. A. 2): also nach der eigentlichen Taufe geschieht das Außerordentliche. Markus läßt Jesus das Subjekt des Satzes sein, weil er im Mittelpunkt der Szene steht. Mit den Worten „und er sah" will er nicht eine Vision im modernen Sinn des Wortes andeuten, also ein rein innerseelisches, subjektives Ereignis. Vielmehr wird Jesus hier der Einblick in die himmlische Welt gewährt, die sonst jedermann verschlossen ist. „Die Himmel"[6] reißen auf und erlauben so dem Geist[7] herabzukommen „wie eine Taube". Das dürfte nicht nur ein Bild sein für das Herabschweben des Geistes „gleich dem sanften Flug einer Taube", sondern es beschreibt die Gestalt[8], in welcher der Geist herabkam. Eine Gestalt muß der Geist ja besitzen, wenn sein Kommen sichtbar sein soll, und er kann nicht gut anders vom Him-

---

[3] Weder das Alte Testament, noch Josephus, noch der Talmud sprechen davon; nur eine späte Schrift (s. Billerb. I 92) von ca. 800 n. Chr. Es war ein so unbedeutender Ort, daß sich die Frage von Joh 1,46 verstehen läßt: „Was kann aus Nazareth Gutes kommen?" Da Mk 6,4 Nazareth die Vaterstadt Jesu heißt, wird Nazareth auch bei Mk, wie in Joh 1,45, als Geburtsort Jesu gelten und nicht bloß als Wohnort.

[4] Mk 1,1 geht mit der Nennung Jesu Christi über die bloße Erzählung vom „historischen Jesus" hinaus. „Jesus" ist die griechische Wiedergabe des hebr. Namens Jehoschua' (abgekürzt: Joschua') = „Jahwe ist Rettung". Dieser Name ist uns in der Form „Josua" aus der deutschen Übersetzung des 6. Buches im AT bekannt; die griechische Übersetzung, die sog. Septuaginta (= LXX), sagt dafür Ἰησοῦς, also: Jēsus. Dieser Name war im 1. Jh. nicht ungewöhnlich.

[5] Diese Form ist ein adverbial gebrauchtes Adjektiv. Mt und Lk vermeiden es und gebrauchen dafür das auch bei Mk bisweilen auftauchende (veraltete) Adverb εὐθέως (gr.: eutheōs). Die von Mk meist gebrauchte Form verrät, daß sich dieses Evangelium der nicht-literarischen Koine bedient. Mt hat dieses vulgäre Wort nur sechsmal übernommen, Lk sogar nur einmal.

[6] Aus der LXX übernommene Pluralform, die das hebr. שָׁמַיִם (= schamajim) nachbildet.

[7] Das absolut gebrauchte „der Geist" ist eine christliche Redeweise; das AT spricht vom Geist Jahwes oder Gottes oder dergleichen.

[8] So versteht es offensichtlich Lk 3,22 mit seiner Umschreibung „in leiblicher Gestalt".

mel herabkommen als im Flug — er fällt doch nicht wie ein Stein herunter! Damit ist die Vorstellung eines Vogels gegeben[9]. Ein Raubvogel, etwa ein Geier, als Gestalt des heiligen Geistes wäre unmöglich; die Taube galt als „ohne Falsch" (Mt 10,16), weil man irrigerweise annahm, sie habe keine Galle. An alte, mythische Vorstellungen hat Markus bei dieser Schilderung des Geistes nicht gedacht. Ob man mit ℵ Θ ἐπ' αὐτόν (ĕp' autōn) oder mit B D φ al εἰς αὐτόν (eis autōn) liest, auf keinen Fall ist damit gemeint, was J. Weiß 71 als eine „innere Erfahrung" interpretiert hat.

„Der Vorgang bezeichnet nichts anderes als die ebenso verhüllte wie offenbare Gegenwärtigkeit des Geistes Gottes" (Lohmeyer 23).

Die „Stimme aus den Himmeln", von der V. 11 steigernd spricht, ist nicht eine „bath qol", wie sie das Spätjudentum kennt[10], sondern hier redet Gott selber: „Du bist mein geliebter Sohn". Ebenso lauten die Worte der Stimme aus der Wolke bei der Verklärung (Mk 9,7). Auch das ist ein Zeichen, daß Markus bei diesen Worten nicht an eine Adoption des Menschen Jesus durch Gott gedacht hat (die Adoptionstheologie ist im Christentum, wie Lohmeyer 23 mit Recht hervorhebt, erst später aufgekommen). Von den atl. Stellen, die man mit diesem Wort in Verbindung gebracht hat[11], kommt Ps. 2,7 unserm Vers am nächsten, wo es — nur mit dem Ton auf dem „du" — ebenfalls heißt: „mein Sohn bist du". Aber die Fortsetzung dieses Psalmwortes, „heute habe ich dich gezeugt", (statt: „an dem ich Wohlgefallen gefunden habe") bietet nur die Parallele Lk 3,22 im Text von D it Just Clem Orig. Dieser Wortlaut gleicht den Text genau an das Psalmwort an. Wer ihn eingeführt hat, verstand die Szene offensichtlich als eine Adoption des Menschen Jesus durch Gott. Aber damit wäre Lukas in Widerspruch zu der von ihm erzählten Geschichte von der wunderbaren Geburt Jesu gekommen.

---

[9] Da es Gen 1,2 vom Geist Gottes heißt „schwebend über den Wassern", hat man (s. Billerb. I 124 f.) gelegentlich dieses Schweben mit dem eines Adlers oder einer Taube über ihren Jungen verglichen. Wenn I. Abrahams, Studies in Pharisaism and the Gospels, First Series 1917, 49, daraufhin behauptet, man könne kaum bezweifeln, daß die Synoptiker Gen 1,2 im Sinn gehabt haben, so übersieht er, daß die Synoptiker aller Wahrscheinlichkeit nichts davon gewußt haben, wie der Schriftgelehrte Ben Zoma (um 90 n. Chr.) über den Zwischenraum zwischen den oberen und den unteren Wassern spekuliert hat und dabei Gen 1,2 in der genannten Weise benutzt hat. — Das Targum zum Hohenlied II 12 hat die Stimme der Turteltaube nicht auf den heiligen Geist, sondern auf Moses gedeutet.

[10] Vgl. dazu Billerb. I 125—132. Die „bath qol" (wörtlich: Tochter einer Stimme), ist nur ein Echo jener Stimme, welche die Propheten vernahmen — das Spätjudentum glaubt nicht mehr an eine göttliche Inspiration als eine Erscheinung seiner Gegenwart. Darum konnte auch eine bath qol eine Lehrentscheidung nicht bekräftigen: Billerb. I 127 f.

Das Wort „geliebt" (ἀγαπητός, agapētos) entspricht fast genau dem Begriff „einzig" (Lagrange 10). Die LXX übersetzt in 7 von 15 Fällen das hebr. Wort für „einzig" (יָחִיד ; „jachid") mit ἀγαπητός. Der einzige Sohn ist der geliebte Sohn. „Ich habe an dir Wohlgefallen gefunden" bezieht sich nicht etwa auf das bisherige Erdenleben Jesu; er ist für Mk der ewige Gottessohn.

Mt[12] und Lk[13] haben das himmlische Ereignis bei der Taufe etwas anders geschildert und — entsprechend den Vorstellungen und Wünschen ihrer Zeit — dessen Objektivität stärker hervorgehoben. So stellt Mt das sich Öffnen des Himmels als ein „objektives" Ereignis dar („und siehe, die Himmel öffneten sich") und läßt auch die Himmelsstimme sich mit den Worten „dieser ist" an die menschlichen Zeugen des Vorgangs (vor allem wird an den Täufer gedacht sein) sich wenden. Dagegen hat Mt das „er sah" des Mk — stilistisch nicht geschickt — ungeändert aufgenommen: das Schauen des Geistes bleibt Jesus vorbehalten. Lk 3,21f. dagegen schildern das sich Öffnen des Himmels und das Herabkommen des „taubengestaltigen" Geistes als „objektive Ereignisse"; aber das himmlische Wort berichtet er wie Mk als Anrede an Jesus: „Du bist ..."

Bei Mt und Lk ist der Text aber auch in anderer Weise geändert worden. Mt war offensichtlich von der Frage beunruhigt: Wie konnte der Gottessohn Jesus sich von dem sündigen Menschen Johannes taufen lassen? (Dabei wird vorausgesetzt, daß der die Taufe Spendende höher steht als der sie Empfangende.) Das zeigt jenes Gespräch des Johannes mit Jesus vor dessen Taufe (Mt 3,14), das — literarisch betrachtet — ein Einschub in den Mk-Text ist: als sich Jesus taufen lassen wollte, suchte ihn Johannes zu hindern[14], indem er sagte: „*Ich* hätte es nötig, von dir getauft zu werden, und du kommst zu mir?" (Hiernach kennt oder erkennt also Johannes das wahre Wesen Jesu schon vor dessen Taufe.) Nicht daß sich Jesus taufen ließ, machte dem Evangelisten Mühe, sondern daß der (unendlich) Geringere den Höheren taufen soll. Jesu Antwort (Mt 3,15): „Laß jetzt; denn so ziemt es sich für uns, alle Gerechtigkeit zu erfüllen", deutet auf eine göttliche Weisung hin. Da man aber für diese keinen atl. Beleg ausfindig machen konnte, wählte man den unbestimmten Ausdruck „alle Gerechtigkeit erfüllen".

Lk scheint von den Bedenken des Mt nicht geplagt zu sein. Aber auch er hat den Mk-Text geändert. Die Taufe Jesu wird nur noch in einem Partizipialsatz neben der Taufe des ganzen Volkes erwähnt:

---

11 Gen 22,2: „deinen einzigen Sohn, den du liebhast"; Jes 44,2: „Jeschurun, den ich erwählt habe"; Jes 62,4: „Jahwe hat an dir Wohlgefallen"; bes. aber Jes 42,1: „mein Erwählter, an dem meine Seele Wohlgefallen hat".

12 Mt 3,13—17.

13 Lk 3,21 f.

14 Das Imperfekt ἐκώλυεν (gr.: ĕkōlyĕn) ist ein sog. imperfectum de conatu.

„Als alles Volk sich taufen ließ und auch Jesus getauft wurde und betete“: die himmlischen Vorgänge werden nicht eigentlich mit der Taufe verbunden, sondern sind die Antwort auf ein Gebet Jesu.

Der vierte Evangelist erwähnt überhaupt nicht mehr, daß Jesus getauft wurde[15]. Nach Joh 1,29 sieht es vielmehr so aus, als käme Jesus nur zum Jordan, damit Johannes am Herabfahren des Geistes erkennt, daß Jesus der ihm verheißene Geisttäufer ist.

Die im 2. Jh. entstandenen nichtkanonischen Evangelien zeigen uns, wie man sich hier mit der Tradition der kanonischen Evangelien, die alle dem 1. Jh. entstammen, auseinandergesetzt und ihre Spannungen zu überwinden versucht hat. Das von dem Kirchenvater Epiphanius (ca 315—403) Haer. 30,13 erwähnte Ebionitenevangelium hat anscheinend alle drei synoptischen Evangelien benutzt. Dabei hat es die von Mt 3,14 allein berichtete Szene und das Mt 3,17 wiedergegebene Gotteswort mit dem Mk-Bericht auszugleichen gesucht. Zunächst folgt es im wesentlichen bei der Darstellung der Ereignisse dem Mk-Bericht; dann aber fährt es fort: „Und sofort umstrahlte ein großes Licht den Ort“. Das macht den Täufer aufmerksam, so daß er Jesus fragt: „Wer bist du, Herr?“. (Demnach kennt hier Johannes bei der Taufe Jesus noch nicht!) Darauf antwortet die Himmelsstimme in der Mt-Form, und nun bittet Johannes, sich Jesus zu Füßen werfend, selbst getauft zu werden. Jesus aber, der ja nach dieser Darstellung schon getauft ist, hindert ihn und sagt: „Laß; denn so ziemt es sich für uns, alles zu erfüllen!“. Besonders glücklich ist dieser Versuch, alle Texte auszugleichen, gewiß nicht; aber gab es eine bessere Lösung? Auch im Ebionitenevangelium ist nicht etwa als Anstoß empfunden, daß sich Jesus überhaupt taufen ließ, sondern daß ihn Johannes tauft, der so tief unter ihm steht. Und zugleich hat der Verfasser versucht, alle Varianten der Tradition auszugleichen und diese Spannungen zu beseitigen.

Etwas ganz Neues kommt erst im Nazaräerevangelium zu Wort, wie es Hieronymus in seiner Schrift „Contra Pelagium“ (III 2) zitiert. Hier teilen die Mutter und die Brüder Jesus mit, daß Johannes zur Vergebung der Sünden tauft, und fordern ihn auf, sich zusammen mit ihnen taufen zu lassen. Jesus aber entgegnet: „Was habe ich gesündigt, daß ich gehen und mich von ihm taufen lassen soll? Wenn nicht vielleicht das, was ich (soeben) gesagt habe, eine Unwissenheit(ssünde) ist“. Daß diese Frage auch sonst in der Gnosis laut wurde, beweist der Spruch 104 des Thomasevangeliums (p. 98,10—13): „Man sagte (zu ihm): Komm, laß uns heute beten und fasten! Jesus sagte: Welches ist denn die Sünde, die ich begangen habe?“ Das Thomas-

[15] Joh 1,29 heißt es vom Täufer: „Am folgenden Tage sieht er Jesus auf sich zukommen.“ Allerdings kann man aus 1,30—34 noch erschließen, daß Jesus zur Taufe zu Johannes gekommen ist, der den Geist wie eine Taube aus dem Himmel herabkommen und auf ihm bleiben sah.

evangelium setzt für die (längst antiquierte) Bußtaufe des Johannes ein auch zur Zeit des gnostischen Verfassers (um 140?) noch aktuelles Bußwerk ein: Fasten und Beten. Gegen solche Bußwerke hatte „Thomas" schon in Spruch 14 (p. 83,14—19) heftig Einspruch erhoben, da nur das Offenbarungswort Jesu Erlösung bringt; so darf auch Jesus selbst nicht sich solcher Bußwerke bedient haben.

Das Nazaräerevangelium hat eine Frage wachgerufen, die wir nicht überhören sollten: Weshalb ist Jesus — wenn diese Tradition über seine Taufe durch Johannes wirklich zutrifft — eigentlich zu Johannes gegangen? Um die hier liegende Schwierigkeit richtig zu erkennen, müssen wir uns zunächst die tiefen Unterschiede zwischen der Verkündigung Jesu und des Täufers klarmachen, die ihrerseits auf ebenso tiefe Differenzen im Gottesglauben beider beruhen.

Johannes hat in seiner Predigt mit großem Nachdruck auf den „Kommenden" hingewiesen, der Gottes Gericht vollziehen wird. Soweit Johannes von Rettung aus dem Gericht sprach, führte er sie ausschließlich auf die Buße und das damit verbundene Taufsakrament zurück. Darin allein liegt die Möglichkeit der Gnade. Nicht daß Johannes beansprucht hätte, irgendwie selbst diese Gnade zu erwirken; er selbst, seine eigene Person hat mit dem Heil nur insofern zu tun, als er mit der Verkündigung dieses rettenden Bußsakraments von Gott beauftragt war.

Die ganze Predigt des Johannes bekam ihre Gewicht dadurch, daß für den Täufer Gott unheimlich nahegerückt war: in ihm war die Glut der eschatologischen Erwartung hell aufgeflammt. Für ihn sind das Ende dieser Welt und das Gericht nicht ferne Ereignisse, die irgendwann einmal eintreten werden, sondern sie stehen unmittelbar bevor[16]. Gottes Gericht ist kein entferntes Wetterleuchten, sondern eine unheimliche Gewitterwand, die sich drohend aufgetürmt hat: jeden Augenblick kann das Unwetter mit vernichtender Gewalt losbrechen. Darum redete Johannes nicht von Gott wie die Rabbinen, die ihr Wissen allein aus der von ihren Lehrern übernommenen Auslegung des Alten Testaments schöpften, sondern mit der zugleich schreckenden und packenden Gewalt eines Savonarola, der aus den eigenen Gesichten von Gott weiß. Gott war für Johannes — wenn wir es einmal so ausdrücken dürfen — vom Gott der Schriftgelehrten nicht dogmatisch unterschieden (darum hat das Judentum den Johannes ertragen), sondern er war „wirklicher". Freilich haben auch die Schriftgelehrten an die Wirklichkeit Gottes geglaubt; bemühten sie sich doch, ihr eigenes Leben und das ihrer Schüler nach dessen Weisungen einzurichten. Trotzdem wirkte ihr Lehren neben dem des Johannes mager und blutarm: mehr erlernt als erlebt. Die Wirk-

[16] Johannes der Täufer war also wirklich ein Prediger der Naherwartung des Endes im Sinne Albert Schweitzers. Aber damit ist noch nicht gegeben, daß Jesus es ebenfalls war; s. u. im Text S. 77.

lichkeit des lebendigen Gottes begegnete den Hörern in den Schriftgelehrten nicht unmittelbar; von Johannes aber ging sie aus wie ein verzehrender Hauch. Er hatte sein Wissen nicht aus zweiter und dritter Hand; er verdankte es nicht einer gelehrten Tradition, sondern der eigenen Berührung mit einer Flamme, die ihn entzündet hatte. Wenn Gott einen erwählt, seine furchtbare und heilige Nähe zu fühlen, und ihn wissen läßt, daß ER bald — vielleicht schon morgen — aus der Ferne und Verborgenheit heraustreten wird, die ihn unseren Augen verbirgt, den ganzen Weltlauf beendend durch sein ewiges Reich, dann gewinnt ER auch in seinem Boten eine Lebensmächtigkeit und Wirklichkeitsfülle, die wie eine lodernde Flamme aus ihm herausbricht. Wir ahnen heute kaum noch jene Gewalt, die in der Naherwartung des Gerichts entbunden wurde.

Aber all das hindert doch nicht, daß dieser Gott, der sich dem Johannes kundgetan hatte, eben jene Züge und Gestalt zeigte, die Gott in den Augen frommer Juden eigen waren. Gott war der eifernde Gott, der vergeltende Gott, der sich nicht mit Stückwerk zufrieden gibt, sondern den ganzen Gehorsam fordert und darum, weil die Juden diesen nicht leisteten, die totale Buße fordert, die Umkehr der Lebensrichtung um 180°. Dann, aber auch nur dann, konnte der Mensch vor Gott Gnade finden. Daß diese Möglichkeit an die Taufe gebunden wurde[17], war freilich neu. Aber daß sie dem zuteil wurde, der in ernster Umkehr sich Gottes Forderungen unterwarf[18], das war nicht neu, sondern entsprach durchaus dem Gottesbild der Rabbinen.

Wie das Gottesbild des Johannes aussah, können wir indirekt seiner eigenen Lebensweise entnehmen: er war ein Asket. „Er aß nicht und trank nicht" — so wird Mt 11,18 sein Verhalten umschrieben. Und wie er selbst fastete (denn das wird mit dem „nicht essen" vorzugsweise gemeint sein), so verlangte er auch von seinen Schülern, daß sie fasteten (Mk 2,18). Noch im Verhalten der Johannes-Sekte spiegelt sich das strenge Gottesbild des Täufers wider. Scheinbar so verschiedene Dinge wie das Taufen des Johannes und sein Fasten haben ein und dieselbe Wurzel: den Willen, ein Leben der Buße zu führen. Nur wer so lebt, kann getrost dem großen Tag Gottes entgegenblicken.

---

[17] Sie war auch nicht ohne Problematik: wie immer, wenn ein Ritus zum Ausdruck einer göttlichen Gnade wird, drohte auch hier die Möglichkeit, daß man der Taufe eine magische Wirklichkeit zuschrieb. Mt 3,7 läßt den Täufer fast so argumentieren, als wäre er selbst von einer solchen Wirkung seiner Taufe überzeugt: „Ihr Schlangengezücht, wer hat euch gezeigt, wie man dem kommenden Zorn entflieht?" Mt 3,8 ff. sprechen freilich von der würdigen Frucht der Buße, welche die so hart angeredeten Pharisäer und Sadduzäer bringen sollen (daß Lk 3,8 für sie „die Massen" einsetzt, zeigt, daß er die Situation nicht mehr durchschaut).

[18] Man braucht diese Forderungen des Johannes nicht so flach auszulegen, wie sie Lk 3,13 f. erscheinen.

Markus läßt 14,36 (s. dazu unten S. XXX, Anm. XX) Jesus in Gethsemane Gott mit dem aramäischen Wort Abba, gefolgt von dessen griechischer Übersetzung, (= „Vater!") anreden. Man[19] hat in dem aramäischen Wort Abba die vertrauliche Anrede des kleinen Kindes an seinen Vater finden wollen. Aber Abba wurde damals nicht nur von Kindern, sondern auch von Erwachsenen gebraucht. Es hatte also nicht den besonderen Sinn von „Papa", wenn Erwachsene es verwendeten, sondern entsprach unserem Wort „Vater". Das ist wichtig. Denn dadurch wird eine Verzeichnung des Gottesbildes Jesu vermieden. Der Gott Jesu ist nicht „der liebe Gott", der immer nur freundlich lächelt und liebevoll über die Vergehen der Menschen wegsieht. Im Gegenteil: die Worte Mt 5,21f.27f., 33f.38ff. 43f. zeigen, daß Jesus Gottes Forderungen, wie sie das Judentum verstand, radikal verschärft hat. Gott, wie ihn Jesus sieht, fordert vielmehr mit einer Härte, welcher kein menschlicher guter Wille gewachsen ist. Nur wenn man das bedenkt, hört man die Gnadenpredigt Jesu richtig. Gott ist dem Menschen, der keine Leistung mehr für sich geltend machen kann, unbegreiflich gnädig. Wenn der Mensch — wie der Pharisäer im Gleichnis Lk 18,10ff. — Gott gegenübertritt, vergißt er, daß er vor Gott gar nichts geltend machen kann. Weil sich der Zöllner im genannten Gleichnis als Sünder bekennt und um Gnade bittet, sind er und der „verlorene Sohn" (Lk 15,1 ff.) Vorbild für das Verhalten des Menschen zu Gott — nicht weil sie gesühnt haben, sondern weil sie nicht mehr in dem Wahn befangen sind, ein Verdienst in die Waagschale legen zu können. Gottes Liebe ist also nicht eine Selbstverständlichkeit („C'est son métier"), sondern ein Erbarmen, das alles Denken übersteigt.

Wenn aber die Lage des Menschen vor Gott derart ist, dann war der Täufer in einem doppelten Irrtum befangen. Einmal darin, daß er voraussetzte, der Mensch könne sich dazu entschließen, die fehlende Leistung von jetzt ab zu erbringen, indem er sich nun zu einem anderen Menschen macht, einem von Grund auf gehorsamen, und zweitens darin, daß er Gottes Vergebung außer mit dieser moralischen Radikalisierung (die doch innerhalb der menschlichen Möglichkeit gesucht wird) mit einem Sakrament verband, das dauernd in Gefahr blieb, aus einem Zeichen der göttlichen Gnade zu einem magisch wirkenden Mittel zu werden, das ein Mensch erfolgreich gebrauchen kann, um seine eigenen Ansprüche durchzusetzen.

---

[19] So hat schon G. Kittel i. ThWb I 5 von Jesus behauptet: „Er überträgt damit die, weil dem Alltagssprachgebrauch der Familie angehörig, seinen Zeitgenossen unfeierlich und respektlos klingende Vokabel auf Gott: die schlichte ‚Rede des Kindes zum Vater'" (nach Dalman 157). Kittel mußte dann den paulinischen Sprachgebrauch in Rö 8,15 und Gal 4,6 als liturgische Erinnerung erklären. Hier wird nicht beachtet, daß wir keine nichtliterarischen Zeugnisse aus jener Zeit besitzen, die ein Reden von Juden über Gott in der Alltagssprache enthalten. Daß Jesu Ausdruckweise seinen Zeitgenossen anstößig war, ist reine Vermutung. S. u. zu Mk 14,36.

Von da aus verstehen wir es, daß Jesus weder selbst gefastet hat noch seine Jünger fasten ließ[20]. Wie das Verhalten des Täufers dessen Gottesbild entsprach, so auch das Verhalten Jesu. Aus diesem Gottesbild Jesu läßt es sich nun auch verstehen, daß er sich der „Zöllner und Sünder" annahm und die Dirnen nicht als „unmöglich" beiseiteließ (Mt 21,31f.). Denn diese Menschen, die zu Jesus kamen, wußten um ihre Nichtigkeit, wußten, daß sie sich auf nichts berufen konnten als auf das — menschlich gesprochen unbegründete — Erbarmen Gottes.

Endlich fehlen bei Jesus die großen apokalyptischen Bilder des Täufers und der Ton der Angst vor dem Kommen Gottes, die in seiner bei Jesus nicht zu belegenden Naherwartung mitschwang. Nicht ohne Grund hat sich der Begriff der „frohen Botschaft" an die Predigt Jesu geknüpft und nicht an die des Johannes. Wenn Lukas (3,18) von den sittlichen Ermahnungen des Täufers als einem „euangelizesthai" spricht, so ist hier dieser Begriff schon entleert und im Sinne einer späteren Zeit für jede (kirchliche) Verkündigung gebraucht.

Was besagt das nun für die Tradition von der Taufe Jesu? Nach Ernst Käsemann[21] gehört „die Taufe Jesu durch Johannes zu den unbezweifelbaren Ereignissen des historischen Lebens Jesu". Ist Käsemann mit dieser Behauptung im Recht, dann würde zwischen dem Gottesbild Jesu, das ihn zum Täufer gehen ließ, und dem, das seinem eigenen Wirken zugrundelag, ein Wandel von außerordentlicher Tiefe liegen. Käsemanns weiterer Satz: „Es fällt schwer, Jesu Weg in Tat und Wort nicht als Widerspruch zu diesem Anfang zu empfinden" sagt noch zu wenig aus. Jesus müßte unmittelbar bei oder nach der Taufe einen inneren Umbruch erlebt haben, der bis ins Innerste ging und ihn überhaupt erst zu dem werden ließ, als den ihn dann die Evangelien auf ihre Weise geschildert haben.

Wir bestreiten also nicht, daß sich Jesu eigene Verkündigung von der des Täufers radikal unterschied, wie es Käsemann andeutet; im

---

[20] Mk 2, 18 ff. Siehe dazu S. 116 ff.

[21] Ernst Käsemann, Zum Thema der urchristlichen Apokalyptik, ZThK 59, 1962, 260: „Wir haben Grund, nicht zu vergessen, daß die Taufe Jesu durch Johannes zu den unbezweifelbaren Ereignissen des historischen Lebens Jesu gehört. Denn das heißt doch, daß Jesus mit der glühenden Naherwartung des Täufers begann, sich deshalb vor dem drohenden Zorngericht 'versiegeln' und dem heiligen Rest des Gottesvolkes eingliedern ließ." Aber was die Synoptiker von Johannes und dessen Taufe berichten, enthält nicht den Gedanken eines „heiligen Restes", dem man sich eingliedern kann, und spricht auch nicht von der Taufe als einer „Versiegelung". Käsemann hat beide Begriffe aus anderen Zusammenhängen in den synoptischen Taufbericht eingetragen und dadurch unbemerkt die Begriffe des Sündenbekenntnisses und der Sündenvergebung daraus verdrängt. Dadurch wird das Bild der johanneischen Verkündigung nicht unwesentlich verändert; der Widerspruch zur Lehre und zum Handeln Jesu, den Käsemann richtig gespürt hat, kommt nicht mit voller Schärfe heraus.

Gegenteil, dieser Unterschied geht noch erheblich tiefer, als man es nach Käsemanns Darstellung annehmen muß. Unter diesen Umständen scheint es nahe zu liegen, eine einst vom theologischen Liberalismus vertretene These wieder hervorzuholen, die These von einer Berufungsvision Jesu, wie sie s. Z. Johannes Weiß (71) aufgestellt hat: „Daß ein solcher Vorgang im Leben Jesu stattgefunden hat, müßte man vermuten, auch wenn es nicht überliefert wäre". „Wenn nun aber Jesus seinen Jüngern von dieser Schicksalsstunde, an die sich die große Wendung seines Lebens knüpft, erzählt hat, so wird ... (er) das, was er erlebt hat, in einem knappen und anschaulichen Wort zusammengedrängt haben, mit dem er das Wesen des Augenblicks verdeutlichte." Aber die Evangelien vermitteln nicht den Eindruck, daß Jesus seinen Jüngern vertrauliche Konfessionen gemacht hat: „und als ich da aus dem Wasser stieg ...". Dann rückt aber die Taufgeschichte mit ihren Einzelheiten zu andern synoptischen Erzählungen, die auch nicht auf einen menschlichen Zeugen zurückgehen können, wie die Versuchungsgeschichte und die Geschichte von Jesu Gebet in Gethsemane, das auch nicht Jesus selbst seinen Jüngern erzählt haben kann, weil er unmittelbar danach gefangengenommen wurde. Diese Geschichten sind vielmehr Versuche der Gemeinde, ihren Eindruck vom Verhalten Jesu anschaulich wiederzugeben, unterstützt freilich von den Hinweisen, die das Alte Testament selbst zu bieten schien.

Von einer „Berufungsvision" Jesu zu reden haben wir auch darum kein Recht, weil die Taufgeschichte (Lohmeyer 24 hat darauf aufmerksam gemacht) nicht, wie die Berufungen von Propheten, mit einem Sendungsauftrag abschließt. Gewiß wird sie als ein Jesus betreffendes Erlebnis dargestellt. Aber sie will dennoch nicht eine innere Erfahrung Jesu beschreiben (etwas, was dem Evangelisten sehr fern lag), sondern dem Leser sagen, wer dieser Jesus eigentlich ist, von dem nun die ganze Schrift des Markus handeln wird. Wird also hier ein „unbezweifelbares Ereignis des historischen Lebens Jesu" überliefert, so kann der historische Kern dieser Geschichte nur in der Erinnerung bestehen, daß auch Jesus von Johannes getauft worden ist[22]. Aber wer das als historische Gegebenheit annimmt, der muß mit jenem inneren Umbruch bei Jesus rechnen, den wir oben angedeutet haben und den doch seine Lehre in Wort und Tat nicht verrät. Denn Jesus macht überall, wo er von Gottes Erbarmen spricht, nicht den Eindruck, daß er selbst als ein „verlorener Sohn" zu dieser Gewißheit um Gott gekommen ist.

---

[22] Was E. Stauffer in „Jesus, Gestalt und Geschichte", Dalp Taschenbuch 332, 1957, 56 ff. von Jesu Wirksamkeit als Täuferjünger zu erzählen weiß, gehört in den Bereich einer besonders fruchtbaren historischen Phantasie, die ein „noch gar nicht in die Geschichte der persönlichen Wirksamkeit Jesu hinein"-gehörendes Kapitel zu sehen meint.

Nun hat man freilich andere Auswege aus diesem Dilemma gesucht. Man hat sich z. B. mit der Auskunft begnügt, Jesus sei aus tiefer Demut zum Täufer gegangen, weil er nicht den Schein erwecken wollte, er sei besser als die anderen. Aber dieser scheinbare Ausweg ist eine Sackgasse. Denn wer so argumentiert, der übersieht den tiefen Unterschied im Gottesbild beim Täufer und bei Jesus, von dem wir gesprochen haben. Hier würde alle Demut nichts daran geändert haben, daß Jesus sich zu einem falschen Gottesbild bekannt hätte. Dasselbe gilt von dem anderen Hilfsgedanken, den man hier z. T. eingeführt hat: Jesus habe mit dem Gang zum Täufer seine Solidarität mit den anderen Menschen bekunden wollen. Beide Versuche sind zu einer Zeit unternommen worden, als man sich von dem Inhalt und den inneren Voraussetzungen der Täuferpredigt noch nicht hinreichend Rechenschaft gegeben hatte.

Ungleich tiefer als die beiden genannten Versuche, das Problem zu lösen, ist der kühne Gedanke Martin Luthers: Jesus, der als das Lamm Gottes ja die Sünde der Welt trug, hat diese Sündenlast tatsächlich als seine eigene empfunden und ist deshalb mit den andern Sündern zur Taufe gegangen. Luther hat also bei Jesus ein wirkliches Sündenbewußtsein vorausgesetzt; er hat es aber so erklärt, daß diesem Sündenbewußtsein keine eigene Sünde Jesu entsprach. Diese Erklärung hat aus der kirchlichen Stellvertretungslehre in eigenartiger Weise psychologische Folgerungen für das Selbstbewußtsein Jesu gezogen. Außerdem hat Luther bei der Art, wie er die verschiedenen ntl. Berichte zu einer Einheit zu verbinden suchte, nur die Schwierigkeit zu überwinden versucht, daß der Sündlose zusammen mit den Sündern bei der Johannestaufe seine Sünde bekannt habe. Was wir oben über den Unterschied zwischen der Gotteslehre des Täufers und der Jesu ausgeführt haben, lag noch jenseits des Horizonts lutherischer Exegese. Darum kann auch dieser Versuch, mit dem Text fertig zu werden, nicht als heute noch befriedigend gelten.

Dem gegenüber aber kann man freilich fragen, wie die Gemeinde überhaupt zu der Überzeugung gekommen sein soll, daß auch Jesus von Johannes getauft worden ist, wenn nicht durch die Erinnerung an ein Faktum. Dieser Einwand wäre vielleicht nicht so unüberwindlich, wie er scheint. Die Urgemeinde hat, dem Handeln Jesu zuwider, die Taufe zur Bedingung für den Eintritt in die christliche Gemeinde gemacht. Sie hat weiter, auf Grund ihrer eigenen Erfahrungen, die Taufe mit dem Geistempfang zur Einheit verbunden. Dann lag die Voraussetzung nahe, daß auch Jesus bei der Taufe den Geist erhielt. Nicht alte historische Tradition, sondern Rückspiegelung der urchristlichen Erfahrung ins Leben Jesu wäre es dann, was zur Entstehung dieser Erzählung geführt hat. Wem diese Erklärung zu spekulativ ist, der muß sich mit jener Wandlung im Gottesglauben Jesu abfinden, die sich aus dem Unterschied zwischen seiner eigenen Predigt und der des Johannes ergibt[23].

3 *Die Versuchung Jesu*

Mk 1,12 f.; Mt 4,1—11; Lk 4,1—13

(12) Und alsbald führt ihn der Geist hinaus in die Wüste. (13) Und er war in der Wüste 40 Tage, versucht vom Satan, und war bei den Tieren, und die Engel bedienten ihn.

Solange man wie Augustin im Mk nur einen Auszug aus Mt sah, legte man diesen knappen Bericht nach den detaillierten und farbenkräftigen Bildern des Mt und Lk aus. Aber auch wer Markus für einen selbständigen Erzähler hält, steht noch in Gefahr, Züge aus jener anschaulichen Version einzutragen. Damit würden wir jedoch das Eigenleben unseres Textes verhüllen. In Wirklichkeit sind die Versuchungsgeschichten in Q und Mk so verschieden, daß ihre Ähnlichkeit sich auf ein Minimum beschränkt. Beginnen wir mit der Einzelbesprechung.

Das in V. 12 verwendete Wort „sofort", „alsbald" verbindet wieder wie oft bei Mk zwei Abschnitte[1]. Das Wort „der Geist" wird wie in 1,10 (s. dort) absolut gebraucht. Das von Mk bevorzugte „praesens historicum" ἐκβάλλει haben wir mit „führt hinaus" übersetzt. Im klassischen Griechisch bedeutete es aber: „wirft hinaus". Früher[2] meinte man, es male die stürmische Gewalt, mit welcher der Geist Jesus geradezu in die Wüste hinausjagt. Aber Mk gibt kein Seelengemälde. Er will Jesus nicht als einen Ekstatiker darstellen, den eine moderne Psychologie in ihm gesehen hat. Vielmehr war βάλλειν (ballein), wie viele Worte der Umgangssprache, schon abgeschliffen und hatte seine ursprüngliche Gewalt verloren. In Mk 7,33 meint es: „er legte seine Finger" auf die Ohren des Kranken, in Joh 18,11: „Stecke dein Schwert in die Scheide." Wenn das Wort auch im NT noch gelegentlich „werfen" bedeuten und eine gewaltsame Bewegung bezeichnen kann[3], so ist doch diese Bedeutung keineswegs überall am

---

[23] Aus dem Verhalten des Herrenbruders Jakobus könnte man den — freilich unsicheren — Schluß ziehen, daß Jesus in einer pharisäisch gesonnenen (das Wort nicht im tadelnden Sinne genommen) Familie aufgewachsen ist.

[1] G. D. Kilpatrick, Notes on Marcan Usage, T. B. T. 1956, 7, 3—5: Wir haben es nicht mit einem Adverb der Zeit zu tun, sondern mit einem Verbindungspartikel.

[2] So noch Lohmeyer 26: „Und gleich stößt ihn der Geist hinaus in die Wüste", und Grundmann 34: „Und sofort warf ihn der Geist in die Wüste hinaus."

[3] So in der festen Wendung „Dämonen austreiben": Mk 1,34.39; 3,15.22; 9,18; 9,28.38; 16,9.17 (im unechten Mk-Schluß). Aber Jesus ist doch kein Dämon, der vertrieben wird!

Platz; an unserer Stelle könnte, wie Mt 4,1 und Lk 4,2 zeigen, dafür ἄγειν (agein = „führen") stehen.

Mit der „Wüste" kann hier nicht mehr die Jordanaue gemeint sein, in der Johannes taufte, sondern die eigentliche Wüste, die sich östlich davon ausdehnt: Keine Sandebene, sondern ein wildzerklüftetes, sehr wasserarmes Gebiet. Wie 1934 Johannes Pedersen in seinem berühmten Werk „Israel" zeigte, empfand das in Kanaan seßhaft gewordene Israel die Wüste sehr bald als unheimlich-bedrohend — nicht nur wegen ihrer Unwirtlichkeit und der Gefährdung durch wilde Tiere, sondern auch als den Herrschaftsbereich böser Geister. So sah auch der Erzähler, von dem unsere Geschichte stammt, die Wüste. Darum ist es kein Zufall, daß die Versuchungsgeschichte gerade hier spielt.

Der Aufenthalt[4] Jesu in der Wüste dauert 40 Tage. 40 ist eine „heilige Zahl" im AT: 40 Jahre dauerte die Wüstenwanderung Israels, 40 Tage und Nächte die Wüstenwanderung des Elia (1 Kön 19,8), um nur zwei Beispiele zu nennen. Das zweite erinnert auch darin an unsere Erzählung, daß auch Elias von Engelshand mit Speise und Trank versorgt wird. Aber der Unterschied ist doch sehr groß: Elias wandert, von einem Engel durch ein Brot und einen Trank gestärkt, ohne Unterbrechung 40 Tage und Nächte durch die Wüste zum Berg Horeb. Nicht auf Mk 1,12 kann das eingewirkt haben, wohl aber auf die lukanische Parallele 4,1, wo Jesus vom Geist 40 Tage in der Wüste umhergeführt wird. Von solchem Umherwandern sagt Mk nichts. In der wirklichen Wüste findet der Mensch nichts zu essen und zu trinken. Darum versorgen die Engel in diesen Tagen Jesus mit Speise und Trank[5], das ist mit dem Wort διακονεῖν, diakonein, „bedienen", gemeint.

Daß Mk keine einzelnen Versuchungsszenen bringt, liegt keineswegs daran, daß er den langen Bericht der Q-Tradition verkürzt hätte. Mk denkt sich die Versuchung nicht auf eine kurze Frist am Ende der 40 Tage beschränkt; sie erstreckt sich vielmehr über die ganzen 40 Tage hin. Das läßt sich natürlich nicht in einzelnen Szenen darstellen. Bei Mk fastet Jesus auch gar nicht, sondern er lebt von der Nahrung, die ihm die Engel bringen. Darum spielt das Hungergefühl bei ihm keine Rolle wie bei Mt (übrigens empfindet man den Hunger nach 40 Tagen Fasten nicht so stark wie nach zwei oder drei Tagen). Dadurch daß

---

[4] Kilpatrick T. B. T. 1956, 7, 8—9 und andere haben „er war" und „versucht" zusammengezogen zu einem sog. periphrastischen Imperfekt. Dagegen wendet Taylor 163 mit Recht ein: „Aber der Parallelismus mit ‚und die Engel dienten ihm' legt nahe, daß das Partizip" (scil. „versucht") „unabhängig gebraucht ist."

[5] Grundmann sieht in Jesu Sieg die Erfüllung der Aufgabe des messianischen Hohenpriesters, den Satan zu überwinden. Grundmann Mk 35: „Durch Jesu Sieg beginnt die Erfüllung der Aufgabe des messianischen Hohenpriesters nach Test. Levi 18, Beliar zu binden und den Seinen Gewalt zu geben, auf die bösen Geister zu treten." Aber weder von dem einen noch von dem anderen spricht unser Text. Außerdem spielt der Gedanke des Hohenpriestertums Jesu bei Mk keine Rolle.

Mt — sehr geschickt und wirkungsvoll — seine Darstellung mit der Speisung Jesu durch die Engel abgeschlossen hat, entsteht leicht der Irrtum, als stellten sich auch bei Mk die Engel erst zu guter Letzt mit himmlischer Erquickung ein. Aber bei Mk kommen sie während dieser ganzen 40 Tage, und das sind immerhin fast 6 Wochen. Damit ist klar: Mk hat die erste der drei Szenen von Q gar nicht im Auge gehabt. Aber auch nicht die zweite und dritte: die Versuchungen, von denen Mk erfahren hat, finden alle in der Wüste statt und nicht auch in Jerusalem oder auf einem hohen Berge. Lk 4,2 läßt Jesus (nach Mk) während der ganzen Zeit vom Teufel versucht werden; das paßt aber nicht zu den drei Szenen der Q-Tradition. Vielleicht haben Mt und Lk die 40 Tage aus Mk übernommen.

Wenn aber Jesus nach Mk während der 40 Tage versucht wird, dann ist es unmöglich, die Worte „und er war bei den Tieren" auf eine Erneuerung des Paradieszustandes auszulegen, wie das schon Usteri 1834 getan hatte. Nicht eine paradiesische Zeit sind diese 40 Tage, sondern die Wochen der Versuchung! Die Tiere haben wir uns dann als jene unreinen Wüstentiere zu denken, die in diesem von bösen Geistern beherrschten Gebiet ihr Wesen treiben, innerlich selbst den bösen Mächten verwandt[6].

B. Weiß wollte zwar das Wort „dienen" nicht auf eine Hilfeleistung gegen den Satan und die Bestien deuten. Aber zu Unrecht verneinte er, daß es bei Mk Versorgung mit Speise bedeutet. Er will es als „Dienstleistung" verstehen — aber welche andere bleibt denn noch übrig?

Der Evangelist zeigte mit dieser kleinen Geschichte seinen Lesern, wie sich Jesus alsbald nach der Taufe als der Gottessohn bewährt hat: in einer unvergleichlich harten Versuchung — sie dauert 40 Tage lang — blieb er siegreich, und Engel versorgten ihn mit Speise und Trank. So erweist Jesus bei diesem ersten Zusammenstoß mit seinem höllischen Gegner seine Überlegenheit und verheißt damit den endgültigen Sieg.

In einer Art Vorspiel wird Jesus als der Überwinder gezeigt, noch bevor wir seine einzelnen Taten und Worte erfahren. Nur dadurch, meint Mk, bekommen sie ihren rechten Sinn.

Worin die Versuchungen während dieser 40 Tage bestanden haben, darüber sagt Mk nichts und hat wohl auch der Erzähler noch nicht nachgedacht, dem er folgte. Die drei konkreten Szenen, die Q mitteilt, sind tatsächlich nicht älter, sondern jünger als der so kurze und — im Ver-

[6] Die „wilden Tier" in Ps. 22,11 21 und Ez. 34,5.8.25 haben mit der Wüste nichts zu tun. Im „Testament der 12 Patriarchen" (Test. Naphthali 8,4) heißt es von den Frommen, daß der Teufel vor ihnen fliehen wird, die wilden Tiere sie fürchten und die Engel sich ihrer annehmen werden. Es könnte in Mk 1,12 f. eine traditionelle Vorstellung mitwirken, welche die drei Größen des Teufels, der wilden Tiere und der Engel verband. Dafür könnte Ps. 91,13 sprechen, zumal dieser Psalm in den Versuchungsgeschichten des Mt (4,6) und Lk (4,9) zitiert wird.

gleich mit Q — blaß erscheinende Bericht des Mk. Man darf Grundsätze nicht sinnlos anwenden, auch nicht den, daß das Konkrete ursprünglicher sei als das Abstrakte. Mk ist, auch wenn er keine Einzelheiten über die Versuchungen mitteilt, nicht abstrakt. Ihn hat die Frage, worin nun eigentlich jene drei Versuchungen bestanden haben, noch nicht interessiert. Die drei Versuchungsszenen bei Mt und Lk verraten sich nicht bloß durch ihre ‚novellistische' Breite als jünger, sondern auch durch ihr Interesse an einer Frage, die für Mk noch nebensächlich war.

Aber gehen wir näher auf diese drei Szenen ein! Sie führen uns in eine völlig andere Welt. Mt hat die Speisung durch die Engel aus Mk hinübergenommen (Lk hat sie nicht!) und als versöhnenden Abschluß sehr wirkungsvoll hinter die ganze Versuchungsgeschichte gerückt. Wenn wir das bedenken, wird der Unterschied der Mk-Form von der Q-Form noch größer. Als neu gegenüber Mk tritt bei Mt sogleich dreierlei hervor: 1. Die 40 Tage sind frei von Versuchungen. 2. Während dieser Zeit fastet Jesus. 3. Am Ende dieser Zeit tritt der Versucher mit drei bestimmten lockenden Vorschlägen an Jesus heran. Das Fasten, sonst (vgl. Mk 9,29) als eine geistliche Übung betrachtet, welche die Macht über die bösen Geister verleiht, liefert hier den Anlaß für die erste Versuchung.

Dieser erste Waffengang des Teufels gegen den Gottessohn ist nun keineswegs so leicht verständlich, wie es zunächst scheint. Die Schwierigkeit liegt nicht am Anfang; der ist vielmehr durchsichtig. Jesus muß nach dem langen Fasten — so meint der Erzähler — einen großen Hunger empfunden haben. Diesen nutzt der Teufel aus, indem er Jesus auffordert, aus den Steinen der Wüste durch sein Wort Brote zu machen — als Gottessohn ist er ja dazu imstande! Allein Jesus lehnt die teuflische Aufforderung mit Berufung auf Dt 8,3 ab[7].

Dort handelt es sich aber um etwas ganz anderes und gar nicht um die Frage, ob ein Mensch durch ein Wunder Brot schaffen darf. Auf diese Frage ist der deuteronomistische Erzähler verständlicherweise nicht gekommen. Er wollte vielmehr seinem Leser einschärfen: Auch da, wo die natürliche Nahrung, nämlich das Brot fehlt, auch da kann Gott dem Menschen das Leben erhalten — durch ein Wunder, wie beim Manna. Daß der Mensch „nicht allein" vom Brot lebt, heißt für den alten Erzähler also, daß Gott den Menschen auch durch eine übernatürliche Speise erhalten kann. Wollen wir es scharf formulieren, müssen wir sagen: Die Dt-Stelle polemisiert nicht gegen die Ansicht,

[7] Dt 8,2 f.: „Du sollst des ganzen Weges gedenken, den der Herr ... dich nun 40 Jahre lang in der Wüste hat wandern lassen, ... um dich zu erproben ... So demütigte er dich denn und ließ dich Hunger leiden; dann aber speiste er dich wieder mit dem Manna ..., um dich erkennen zu lassen, daß der Mensch nicht allein vom Brot lebt, sondern ... von allem, was aus dem Mund Gottes hervorgeht."

daß Brot zum Leben nötig ist, sondern daß natürliche Speise zum Leben nötig ist. Gott kann den Menschen auch durch eine Wunderspeise erhalten!

In unserer Stelle bei Mt ist die Lage ganz anders, und trotzdem wird auf sie das Wort aus Dt 8,3 angewendet. Wohl fehlt auch hier die natürliche Speise, aber dafür wird eine Wunderspeise — die zu Brot verwandelten Steine — als Ersatz vorgeschlagen. Weil aber der Teufel ein Brot als solche Wunderspeise vorschlägt, kann unser Erzähler scheinbar das Dt-Wort als Polemik gegen das vorgeschlagene Brotwunder ins Feld führen. In Wirklichkeit ist es dafür freilich nicht geeignet. Dt 8,3 sagt: Gott kann den Menschen auch durch eine Wunderspeise am Leben erhalten, ohne die natürliche Speise; Mt verwendet Dt 8,3, um zu sagen: Die wunderbare Verwandlung von Steinen in Brot ist verboten, weil Gott den Menschen auch anders erhalten kann.

Es handelt sich hier offensichtlich um eine in der christlichen Gemeinde geübte rabbinische Schriftbenutzung, die gar nicht den Wortsinn, sondern nur den Wortlaut eines biblischen Spruches verwendet und einen neuen Sinn hineinlegt. Diese Verschiedenheit des Sinnes hat sich der Erzähler damals nicht klar gemacht. Dabei spielt allerdings wohl noch etwas anderes mit.

Sozusagen unterirdisch ist nämlich noch ein anderer Gegensatz wirksam, der freilich nie ganz deutlich ausgesprochen wird: nämlich der Gegensatz von göttlicher und menschlicher Tat. Und zwar wird die menschliche Wundertat nicht einfach als Eingriff in Gottes Recht empfunden, sondern als Mangel an Vertrauen auf Gottes Wundermacht. Dieser zweite Gegensatz besteht freilich eigentlich nur dann, wenn man sich Jesus als einen Menschen wie alle anderen denkt. Aber Jesus ist ja — und gewiß nicht allein nach der (hypothetischen?) Voraussetzung des Teufels, sondern auch nach der festen Überzeugung der christlichen Gemeinde — nicht ein gewöhnlicher Mensch, sondern der Gottessohn. Kann man es auch dem Gottessohn als Mangel an Vertrauen auslegen, wenn er, wo die natürlichen Mittel fehlen, die ihm von Gott verliehenen Wunderkräfte gebraucht? Offenbar nicht. Denn sonst dürfte Jesus ja überhaupt keine Wunder getan haben, und daß er Wunder getan hat, weiß der Erzähler genau. Darum kommt dieser Gegensatz von menschlicher Wundertat und göttlicher Wundermacht hier nicht zum Tragen.

Bei diesem Stand der Dinge kann man unsere Erzählung dadurch zu entlasten versuchen, daß man einen dritten Gegensatz geltend macht und sagt: Jesus durfte seine Wunderkraft anwenden, um andern Menschen zu helfen, aber nicht um sich selbst zu helfen. Aber von diesem Gegensatz läßt unsere Geschichte keine Spur erkennen. Ebensowenig handelt es sich hier um ein „Schauwunder“: Jesus und der Teufel sind ja in der Wüste ganz allein.

So scheint unsere Geschichte eine — nicht bis ins Letzte durchreflektierte — Lehrdichtung zu sein, die aus dem Märchenmotiv der Verwandlung von Steinen in Brot und aus dem vom Erzähler herangezogenen Wort Dt 8,3 hervorgegangen ist. Wer meint, Jesus habe hier in einer für seine Jünger verständlichen Form seine innere Auseinandersetzung mit dem herrschenden Messiasideal wiedergegeben, sieht dabei Jesus selbst als den Lehrdichter an. Dann muß er ihm natürlich auch das Mißverständnis der Dt-Stelle zuschieben.

Wenn wir so hellhörig geworden sind, lauschen wir umso aufmerksamer auf die Erzählung der zweiten Versuchung. Der Teufel stellt Jesus auf das „Pterygion" des Tempels in der heiligen Stadt, in Jerusalem. Was dies Pterygion ist, darüber sind sich die Gelehrten nicht ganz einig. Jedenfalls muß es eine hochragende Stelle sein, von wo es jäh hinab in die Tiefe geht. Und nun fordert der Teufel Jesus auf, sich hinabfallen zu lassen: Wenn er Gottes Sohn sei, könne er sich ja auf die Verheißung von Ps 91,11f.[8] verlassen, daß ihn die Engel auf den Händen tragen werden, damit sein Fuß nicht etwa auf einen Stein stößt (Mt 4,6). Bei dieser Versuchung fehlt — für unser Empfinden — jene „natürliche" Voraussetzung, die Jesu Hunger nach dem langen Fasten in der ersten Geschichte bildete. Man kann eine solche Voraussetzung nämlich nicht darin finden, daß Jesus durch solch wunderhafte Bewahrung als durch ein Schauwunder den Glauben der Menge erwecken würde. Denn von einer solchen Menge und dem Eindruck auf sie ist gar nicht die Rede. Der Teufel sagt nicht: Tu dieses Wunder, damit man an dich glaubt!, und Jesus nimmt auf diese Seite der Sache auch nicht Rücksicht. Das Problem des „Schauwunders" liegt unserer Stelle ganz fern, und wir dürfen es nicht hineintragen. Das zeitgenössische Judentum hat auch nicht behauptet, der Messias werde sich durch einen Sprung von der Tempelzinne legitimieren. Übrigens spricht unsere Erzählung nicht vom Messias, sondern vom Gottessohn. Von einem solchen sprach die jüdische Erwartung aber nicht.

Nun sind die Theologen darauf aufmerksam geworden, daß Ps 91,11f. gar nicht von Bewahrung bei einem Sprung in die Tiefe handelt, sondern von Gottes Schutz für den Wanderer auf einem steinigen Wege. Der Teufel läßt jenen Zitatteil aus, der deutlich davon spricht: (Denn seine Engel wird er für dich entbieten,) „dich zu behüten auf allen deinen Wegen". Daraus hat man geschlossen: der Teufel verdreht die hl. Schrift! Damit hat man eine richtige Beobachtung falsch gedeutet. Denn jene angebliche „Verdrehung" der Schrift wird von Jesus (oder dem Erzähler) gar nicht berücksichtigt! Das zeigt: auch hier ist

[8] Ps. 91,10 ff. lauten: „Kein Übel wird dir begegnen, kein Unheil deinem Zelte nahen; denn seine Engel wird er für dich entbieten, dich zu hüten auf all deinen Wegen. Auf den Armen werden sie dich tragen, daß dein Fuß nicht an einen Stein stoße."

wieder nicht der Wortsinn der Bibelstelle, sondern der — passend ausgewählte — Wortlaut benutzt worden. Die ganze Versuchung wäre ja in sich zusammengefallen, wenn gezeigt worden wäre: diese verlockende Verheißung steht gar nicht in der hl. Schrift!

Der Erzähler läßt Jesus den Teufel mit Dt 6,16[9] abweisen. Diese Stelle meint im hebräischen Urtext jenes Ereignis in Massa, von dem Exodus 17,7 erzählt: Hier verlangt das in der Wüste dürstende Volk von Moses Wasser: „Warum hast du uns aus Ägypten herausgeführt, um uns ... vor Durst umkommen zu lassen?" Das Volk versucht damit Gott, weil es nicht glaubt, daß er es bewahren wird. Wird diese Stelle gegen den Vorschlag des Teufels angeführt, dann zeigt sich erneut: nicht der Wortsinn, sondern der Wortlaut des A.T. wird benutzt. In Wirklichkeit läßt der Erzähler hier Jesus und den Teufel miteinander disputieren wie zwei (christliche) Rabbinen und dabei all jene Schwächen zeigen, die solche Argumentation für unser historisches Denken hat.

Die Ausleger sind hier auf eine tiefere Problematik aufmerksam geworden: Wo hört das Gottvertrauen auf und wo fängt das Gottversuchen an, wenn man auf ein Wunder hofft? Aber darauf hat unsere Geschichte keine Antwort, weil ihr diese Frage hier nicht kam. Ihr war einzig daran gelegen, daß Jesus von der hl. Schrift aus das Ansinnen des Teufels abwies.

Auch die Erzählung von der dritten Versuchung enthält ein solches Mißverhältnis, wie wir es in der ersten und zweiten fanden. Der Teufel nimmt Jesus auf einen hohen Berg und zeigt ihm alle Reiche der Welt und ihre Herrlichkeit. Ein solcher Berg existiert freilich nur im Märchen. Aber darum kümmert sich der Erzähler nicht. Allein das ist noch nicht jenes Mißverhältnis, von dem wir gesprochen haben. Das tritt vielmehr erst im Folgenden auf. Der Teufel bietet Jesus alle Reiche der Welt an, wenn er niederfällt und ihn anbetet. Jesus weist ihn mit Dt 6,13 ab: „Den Herrn, deinen Gott, sollst du anbeten und ihm allein dienen!" Bei dieser Stelle handelte es sich um das Verbot für Israel, fremde Götter anzubeten. Den neutestamentlichen Begriff „Teufel" kannte der Deuteronomist noch nicht. Unser Erzähler hat sich weder in die Denkweise des Deuteronomisten hineinversetzt noch in die Jesu selber. Denn wie sinnlos wäre die Zumutung gewesen, ausgerechnet dem, der zum Herrscher des kommenden Gottesreiches auserkoren ist, die Herrschaft über eine schon im Vergehen begriffene Welt anzubieten! Diese Sinnlosigkeit fällt nur deshalb nicht auf, weil der Erzähler hier das „Wenn du Gottes Sohn bist" fortgelassen hat. Ihm genügte es, daß Jesus trotz des hohen Preises die Versuchung von sich wies — im Gehorsam gegen Gottes Gebot in Dt 6,13.

---

[9] Dt 6,16: „Ihr sollt den Herrn ... nicht versuchen, wie ihr ihn in Massa versucht habt."

Sonderbarerweise haben auch kritische Theologen versucht, unsere Geschichte als eine Erzählung Jesu an seine Jünger zu verstehen. Dafür gab es zwei Möglichkeiten. Beide setzten freilich voraus, daß sich Jesus hier mit dem politischen Messiasideal auseinandersetzt, nach dem der Messias ein mächtiger Herrscher auf Erden ist. Nun konnte man entweder annehmen, Jesus habe dieses Messiasideal als eine innere Versuchung empfunden und die Auseinandersetzung damit selbst in dieser „mythischen" Form erlebt[10]. Dann hätte er den Jüngern sein eigenes Erlebnis „in einer heiligen Stunde" anvertraut. Aber ein solcher Jesus, der seinen Jüngern gelegentlich von seinem Innenleben berichtet, ist das Produkt einer überlebten Psychologisierung. Oder aber — das ist die zweite Möglichkeit — die Versuchungsgeschichte geht auf den Evangelisten bzw. dessen Quelle zurück[11]. Gegeben waren sicher die atl. Stellen und die — auch durch Mk bezeugte — Überlieferung, daß der Teufel Jesus in der Wüste versucht hatte. Bousset hat, indem er einen Gedanken von G. P. Wetter aufnahm, vermutet, in der zweiten Szene setze sich die Gemeinde mit Anhängern des Simon Magus auseinander, der ein großes Flugwunder vollbracht haben soll[12]. Aber Jesus soll ja hier nicht fliegen, sondern sich fallen lassen. Möglich wäre freilich eine Polemik der Gemeinde mit Gegnern, die gegen Jesus einwandten: er habe ja Hunger und Durst leiden müssen (vgl. auch Joh 4,6f.!) und sich nicht helfen können. Darauf lautete nun die christliche Antwort, daß Jesus gerade im Vertrauen auf Gottes Allmacht darauf verzichtet hat, Steine in Brot zu verwandeln. Auch die zweite Szene ließe sich so verstehen: Jesus hat seine Macht nicht ausgenützt, um Gott nicht zu versuchen. Und die dritte Szene? Jesus hätte

---

[10] Nach Theodor Zahn (Mt 148) hat Jesus diese Versuchung „als ein eigenes sehr ernsthaftes Erlebnis und nicht etwa als Parabel oder als Traum oder Vision erzählt". „Wenn Jesus 40 Tage lang, ohne Hunger zu empfinden, der Speise entbehren konnte, so muß eine ungewöhnliche und ebenso lange anhaltende Erregung des geistigen Lebens ihn über dieses leibliche Bedürfnis emporgehoben haben ... ; und nur aus einem Nachlaß dieser geistigen Anspannung ist es zu erklären, daß der Hunger sich einstellte. Eben hieran knüpft der Versucher mit seinem ersten Angriff an" (151). Man sieht, wie sich Zahn bemühte, den Mt-Bericht psychologisch verständlich zu machen. — Auch Oscar Holtzmann hat in seinem „Leben Jesu" (36) die Versuchungsgeschichte auf Jesus selbst zurückgeführt. Nach Albertz, Die synoptischen Streitgespräche 41—48, hat Jesus nach einer Zeit der Meditation und gelegentlicher Visionen deren Ertrag in einer Problemdichtung wiedergegeben.

[11] Diesen Standpunkt vertritt E. Hirsch, Frühgeschichte II 73—77. Er findet hier die Geschichte so erzählt, daß der zum Christus bestimmte Jesus die Erwartungen des jüdischen Messiastums als teuflische Versuchungen zurückweist.

[12] Grundmann Lk 117 meint, Jesus werde hier als das recht Gegenbild des bösen Simon Magus dargestellt, der nach den Clem. Recognitionen III 47 von sich gesagt haben soll: Ego per aerem volavi, lapides panem feci, de monte in montem volavi. Näher liegt die umgekehrte Annahme: die Pseudoclementinen haben hier die kanonische Versuchungsgeschichte auf ihre Weise benutzt.

die ganze Welt beherrschen können, aber er wollte nicht den Teufel anbeten, sondern Gott gehorsam sein.

Eigentlich variieren alle drei Versuchungen nur ein einziges Thema: Der machtlose Jesus. Dieser Vorwurf wird hier widerlegt: Jesus wäre einer teuflischen Versuchung zum Opfer gefallen, hätte er seine göttliche Macht in Anspruch genommen. Damit haben wir das Wahrheitsmoment der üblichen Erklärung aufgenommen. Aber es geht nicht um den Machtgedanken Jesu, sondern der Gemeinde. Das zeigt sich daran, daß alle drei Geschichten zusammenbrechen, wenn man ihnen die falsch gedeuteten, rabbinisch disputierenden Zitate nimmt. Von ihnen aus scheinen die Geschichten entworfen zu sein. Der Gedanke des Schauwunders ist unseren Geschichten ganz fremd, obwohl die Exegeten nicht wenig davon Gebrauch gemacht haben.

Sind diese drei Erzählungen früher schon einzeln umgelaufen? Für die erste könnte man sich darauf berufen, daß sie allein in der Situation — 40 Tage Fasten — begründet scheint. Aber dieser Zug dürfte aus Mk übernommen sein. Für die dritte kann man sich auf ein von Origenes überliefertes Bruchstück des Hebräerevangeliums berufen (Johannes-Kommentar II 12; Homil. z. Jer XV 4; vgl. Ph. Vielhauer bei Hennecke-Schneemelcher[3] 1959 1. Bd. 108): „Soeben ergriff mich meine Mutter, der hl. Geist, an einem meiner Haare und trug mich weg auf den großen Berg Tabor." Aber dieses späte, judenchristlich-gnostische Evangelium gibt keine Auskunft über die Gestalt unserer Geschichte, bevor sie Mt aufnahm. Es wird wohl Mt selbst benutzt und dabei Anstoß genommen haben an der Art, wie der Teufel mit Jesus umgeht und über ihn verfügt. So ersetzte man den bösen durch den hl. Geist, der in semitischer Sprache ein Femininum war. Für die Großkirche war diese Fassung unerträglich.

Allein zeigt nicht Lk, daß die Reihenfolge der drei Geschichten nicht fest war und sie darum keine ursprüngliche Einheit bildeten?

Lk hat die zweite und dritte Versuchung miteinander den Platz wechseln lassen[13]. Nach der üblichen Erklärung: weil das Wort „Du sollst den Herrn, deinen Gott, nicht versuchen" den Teufel verjagte. Aber wenn auch ein solcher Gebrauch des Wortes „Herr" — auf Jesus

[13] Nach Hirsch a. a. O. 75 ist die lukanische Reihenfolge ursprünglich, weil die Versuchung mit dem Sturz von der Tempelzinne die Hauptversuchung sei. Inwiefern? Nach jüdischer Erwartung werde sich der Messias auf der Tempelzinne offenbaren. Aber Josef Schmid (Mt 64) erinnert daran, daß erst ein sehr später Midrasch, Pesiqta Rabba 36 (162a) überliefert: „Wenn sich der König, der Messias, offenbart, dann kommt er und steht auf dem Dach des Tempelhauses." Aber was hat das mit der Aufforderung des Teufels zu tun, Jesus solle sich im Vertrauen auf Gott hinabfallen lassen? Hirsch antwortet: „Wenn Jesus sich vom Tempeldach herunterstürzt und so Gott zwingt, gemäß seinem Wort, ihm als dem Verheißenen die Engelscharen zu Hilfe zu schicken, zwingt er die Stunde der Messiasoffenbarung herbei." Aber das ist eine moderne Kombination, von welcher der Midrasch nichts weiß.

bezogen! — an sich nicht unmöglich wäre, so ist er doch hier nicht wahrscheinlich: Lk bezeichnet Jesus sonst nicht als Gott. Wahrscheinlich liegt ein anderer Grund vor: Lk überlegte sich: in Palästina gab es keinen so hohen Berg, wie er hier vorausgesetzt wird. Deshalb läßt er den Teufel mit Jesus einfach in die Höhe fahren, in die Luft. Dort aber kann Jesus beim Fortgehen des Teufels nicht bleiben. Also mußte diese Versuchung an die zweite Stelle kommen. Dann aber befindet sich Jesus zum Schluß der Versuchung auf dem Pterygion in Jerusalem. Dorthin aber konnten die Engel nicht Speise und Trank bringen. So war ein Mt-Schluß (selbst wenn ihn Lk gekannt hätte) hier unmöglich. Man kann freilich fragen: Ist Lk bei seinen Änderungen wirklich so rationalen Überlegungen gefolgt? Wahrscheinlich ist das der Fall. So erklärt sich am einfachsten der Singular in Lk 3,3: Der hungernde Jesus braucht ja nur ein einziges Brot! Das Zitat aus Dt 8,3 ist gekürzt: der negative Teil schien zur Abwehr des Teufels zu genügen; so ließ Lk den undurchsichtigen positiven Teil fort. Vor allem aber: aller Reiche Herrlichkeit läßt sich auch von einem noch so hohen Standpunkt aus nicht sehen. Darum hat Lk die Erwähnung dieser Herrlichkeit in 4,6 innerhalb der Rede des Teufels gebracht. Allerdings hat er übersehen, daß das mitübernommene Wort „autōn" (αὐτῶν; gen. plur. des Personalpronomens: „ihrer", das eigentlich auf „Reiche" bezogen war) nun in der Luft hängt. Lk läßt den Teufel weiter sagen (4,6 Ende): „denn mir ist sie" (die Macht über die Welt) „übergeben worden und ich gebe sie, wem ich will". Dieser Zug — seiner Vorlage? — zeigt, wie manche Christen zur Zeit des Lk über die Welt und ihre Macht dachten: sie ist vom Teufel.

Die lukanische Bearbeitung spricht also nicht dagegen, daß unsere Perikope in Q ursprünglich das Lehrgedicht eines christlichen Schriftgelehrten war. Daß das Wort „Lehr*dichtung*" nicht zu hoch gegriffen ist, zeigt die außerordentliche Wirkung, welche diese Erzählung auf die Künstler ausgeübt hat, auf Maler und Dichter. Die bekannteste der dichterischen Darstellungen der Versuchung Jesu steht in Dostojewskis Legende vom Großinquisitor (in den „Brüdern Karamasow"). Aber diese modernen Darstellungen tragen neue Gedanken in die alte Geschichte hinein. Der Ausleger aber soll die Gedanken finden, die der alte Erzähler aussprechen wollte, als er den Teufel dreimal vergebens den Gottessohn versuchen ließ.

4 Jesu Auftreten in Galiläa

Mk 1,14—15; Mt 4,12—17; Lk 4,14—15

(14) Nachdem aber Johannes dahingegeben war, kam Jesus nach Galiläa, predigend die Heilsbotschaft Gottes: (15) „Erfüllt ist die Zeit und genaht das Reich Gottes! Tut Buße und glaubt an die Heilsbotschaft!"

Die Erzählungen von Taufe und Versuchung enthalten trotz ihrer Kürze wichtige alte Überlieferungen. Unser Abschnitt dagegen ist wohl ein Verbindungsstück aus der Hand des Evangelisten. Das schließt jedoch nicht aus, daß auch in V. 14 eine Erinnerung der Gemeinde steckt: Jesus ist als Prediger erst aufgetreten, als Herodes Antipas den Täufer schon ins Gefängnis geworfen hatte. Nach Joh 3,22 ff. haben zwar Jesus und Johannes noch gleichzeitig gewirkt und getauft. Nun gibt freilich der Mk-Rahmen nicht, wie die Generation H. J. Holtzmanns meinte, „im allgemeinen den Gang der Ereignisse treu wieder", sondern stammt im wesentlichen wahrscheinlich von Markus[1a]. Aber wir haben dennoch keinen Anlaß, das synop-

[1a] Wir stoßen hier auf die große Schwierigkeit, die wir bereits angedeutet haben: auch V. 15 läßt uns zunächst die Stimme des Evangelisten hören. Die Exegeten haben in einer Fülle von Veröffentlichungen erbittert darüber gestritten, was das griechische Wort ἤγγικεν (engiken, 3. sg. m. pf. von ἐγγίζω, ĕngizō „ich nähere mich") besagt: entweder: „es ist ganz nahe gekommen" — es wartet gleichsam an der nächsten Ecke — oder „es hat sich genaht" = es ist da. Man hofft an dieser Stelle entscheiden zu können, ob Jesus bei seinem Auftreten die brennende Naherwartung der frühen christlichen Gemeinde geteilt hat, oder ob er sich über die Nähe des Endes vorsichtiger geäußert hat. Daß Jesusworte überliefert sind, die kein unmittelbares Kommen der Gottesherrschaft voraussetzen, läßt sich zwar nicht leugnen. Aber diese Tatsache kann sich so erklären, daß diese Worte, etwa das Gleichnis von den zehn Jungfrauen Mt 25,1—13, aus einer späteren Zeit stammen, die schon aus eigener und bewußt gewordener Erfahrung wußte, daß das Ende nicht unmittelbar mit Jesu Erscheinen gekommen war. Sobald wir aber davon ausgehen, daß wir in V. 15 zunächst einmal die Interpretation, das Verständnis der Botschaft Jesu durch Mk hören, ist die Lage anders. Jetzt fragt es sich nämlich: Was kann der gesamte V. 15 (und nicht nur seine zweite Hälfte) besagen, wenn darin der Evangelist zu Worte kommt, der nicht im Jahre 30 schrieb, sondern vielleicht ein gutes Menschenalter später? Er wußte sicherlich, daß die Gottesherrschaft das imperium Romanum nicht vor drei Dezennien abgelöst hatte, daß kein neuer Himmel und keine neue Erde die alten ersetzt hatten. Es wäre töricht anzunehmen, Markus habe, unbekümmert um solche Erfahrung, ein Jesuswort gebracht, daß eine „Nächsterwartung" aussprach, nur weil er meinte, Jesus habe nun einmal dieses Wort gesprochen und es müsse darum überliefert werden, gleichgültig, ob die Wirklichkeit es widerlegt hatte. Was immer dieses Wort in einem früheren Zusammenhang (falls es in einem solchen gestanden hatte) besagt haben mag, wir müssen es zunächst so auslegen, daß es einen im Munde des Markus erträglichen Sinn ergibt. Nun ist es deutlich, daß die erste Hälfte des V. 15, „die Zeit ist voll geworden", nicht heißt: „die Zeit ist beinahe voll", sie „ist dem Augenblick nah, wo das Stundenglas gefüllt ist". Dieses „fast" und „nahe" widersprechen dem Text unerträglich. Wir dürfen sie darum nicht in ihn einschieben. Dann aber kann Markus das Wort, das — nach ihm — Jesus bei seinem Auftreten gesprochen hat, nur so verstanden haben, daß jetzt, im Augenblick dieses Auftretens, die Zeit „erfüllt" ist und die Gottesherrschaft nicht bloß nahe, sondern wirklich da ist. Allein wie konnte Mk etwas Derartiges berichten, wenn doch jedermann wußte, daß am Ende des irdischen Wirkens Jesu das Kreuz auf Golgatha gestanden hatte? Offensichtlich wurde für ihn durch dieses Kreuz und durch die dreißig Jahre, die man seitdem

tische Bild[1b] von der galiläischen Tätigkeit Jesu zugunsten der johanneischen Darstellung zu ändern. Denn diese ist von der Polemik gegen die Täufersekte bestimmt. Darum schildert sie, daß Jesus und Johannes zugleich wirken, aber der Erfolg Jesu den des Johannes weit übertrifft und — was den christlichen Lesern noch wichtiger war — daß Johannes selbst neidlos das Vorrecht Jesu und darum auch dessen größeren Erfolg bejaht habe. Warum Johannes dann seine in christlicher Sicht doch wertlose Wassertaufe noch neben der Taufe Jesu

---

erlebt hatte, der entscheidende Einschnitt nicht beeinflußt, von dem V. 15 spricht: die Gottesherrschaft begann vielmehr mit dem Augenblick, da Jesus zum ersten Male seine Botschaft aussprach. Sie hatte also zu der Zeit, da Mk sein Evangelium schrieb, längst angefangen, aber nicht in dem Sinn einer kosmischen Apokalyptik mit herabstoßenden Engelscharen und himmlischer Posaune und geöffneten Gräbern. Vielmehr hatte sie mit einem Geschehen eingesetzt, daß sich für den Augenschein gar nicht von dem Gestern unterscheidet, sondern wo alles so weiterzulaufen scheint wie bisher. Ein verborgener Anfang also, den nicht jedes Auge sah, den zu bejahen vielmehr einen Glauben erforderte, der Berge versetzte. Genau das aber würde alles auch für Jesus gelten, sollte V. 15 wirklich seine Botschaft historisch getreu wiedergeben.

Aber es wäre methodisch verfehlt, wollten wir von Mk sofort auf Jesus zurückgehen. Zwischen beiden liegt eine schwer abschätzbare Tradition, liegt die Überlieferung der nachösterlichen Gemeinde, für die — zum mindesten an ihrem Anfang — die Naherwartung so lebendig gewesen war, wie wir das noch aus den Briefen des Paulus ablesen können. Freilich läßt sich auch hier schon erkennen, daß nicht unbeachtet gute zwanzig Jahre ins Land gegangen sind; „wir, die Lebenden, die Übriggebliebenen“ werden hier schon unterschieden von der Schar der in Christus Entschlafenen (1. Thess. 4,17).

[1b] Mt (4,12—17) und Lk (4,14—30) haben beide die kurze Nachricht des Mk erweitert; jeder freilich auf seine Weise. Mt hat zunächst die Gefangennahme des Täufers (von der er dann in 14,3 aufs neue sprechen wird) mit dem Beginn des Wirkens Jesu verknüpft: Als Jesus hörte, daß Johannes „ausgeliefert war“ (das ist dasselbe Verb, das in den Leidensweissagungen Jesu Mk 9,31 und 10,33 seine Auslieferung an seine Feinde beschreibt), ging er nach Galiläa zurück, scil. aus der Wüste, in der er sich bis dahin aufgehalten hatte. Die Vorgeschichte bei Mt würde es nun nahelegen, daß sich Jesus nach seinem Heimatort Nazareth begibt, und Mt deutet dergleichen auch an, freilich nur in dem viel zu knappen Satz V. 13a: „Und Nazara (sic) verlassend“ (auch Lk spricht 4,16 von „Nazara“) „ging er und wohnte in Kapernaum, dem am Meer gelegenen in dem Gebiet von Sebulon und Naphthali“. Warum wählt Mt eine so eigenartige Beschreibung? Aus 4,14—16 wird es ersichtlich: „auf daß sich erfülle das durch den Propheten Jesaja“ (8,23—9,1) „Gesagte: ‚Land Sebulon und Land Naphtali, nach dem Meer zu, (Land) jenseits des Jordans, Galiläa der Heiden: das Volk, das im Finstern saß, sah ein großes Licht, und denen, die im Land und Schatten des Todes saßen, ist ein Licht aufgegangen.“ So wird — wenn die Auslegung auf Jesus sich auch nur mit Mühe durchführen läßt — Jesu Fortgehen von Nazareth nach Kapernaum als Erfüllung uralter Weissagung verstanden. Dann bringt Mt in V. 17 die Summe der Jesuspredigt (nach Mk 1,14 f.) auf eine kurze Formel: Jesus begann zu predigen und zu sagen: „Tut Buße, denn die Himmelsherrschaft

fortgesetzt habe[1c], bleibt freilich im 4. Evangelium unverständlich. Weder Mk noch Q liefern irgendwelchen Stoff, der für die johanneische Darstellung spricht. Wenn wir auch nicht wissen, wieviel Zeit zwischen der Gefangennahme des Täufers und dem ersten Auftreten Jesu verflossen ist[2], so kann man doch für die synoptische Version der Geschichte geltend machen, daß zwischen der Taufe Jesu und seiner ersten Verkündigung jener tiefe Wandel eingetreten sein muß, von dem wir oben (S. 58 ff.) gesprochen haben. Grundmann (Mk 36) vermutet, Mk wolle mit seiner Darstellung nicht einen Hergang in seinen Einzelheiten erzählen, sondern ein theologisches Urteil veranschaulichen: weil Jesus das erfüllt, was der Täufer vorbereitet hat, muß sein Auftreten nach Zeit und Ort anders sein. Aber Mk läßt nichts davon verlauten, daß Jesus in eben jenem Augenblick sein Wirken begonnen hat, als das des Täufers beendet war, und Jesus hat — auch für Mk — keineswegs nur fortgesetzt und zum Ziel geführt, was Johannes angefangen hatte.

Johannes hatte seine Bußtaufe in einem eng begrenzten und nicht nur für uns entlegenen Stückchen Erde verkündet. Darum wirkt er für uns, die wir die modernen Landkarten vor Augen haben, leicht wie ein Winkelprophet, und das um so mehr, als er ja eine Weltkatastrophe verkündete. Wer nicht an den Jordan kam, der mochte zusehen, wie er im Gericht bestehen würde. Auch die Mönchsgemeinde von Qumran hat mit der ganzen Starrsinnigkeit einer Sekte darauf bestanden,

---

hat sich genaht." Daß die Zeit erfüllt ist und man an die frohe Botschaft glauben soll, bleibt bei dieser Kurzfassung fort.

Lk hat offensichtlich empfunden, daß der Beginn der Lehrtätigkeit Jesu konkret und inhaltsvoll dargestellt werden muß. Darum hat er — nach dem Überleitungsvers 14 und der Andeutung des wachsenden Rufes Jesu dessen Wirken zuerst kurz als Wanderpredigt in den Synagogen beschrieben, dann aber in der großen Szene 4,16—30 gipfeln lassen, die Jesu Verkündigung in Nazara und seine Ablehnung, ja Verfolgung durch die Einwohner seines früheren Wohnortes schildert. Wir werden davon im Zusammenhang mit Mk 6,1—6 (s. u. S. 213—222) sprechen.

[1c] Daß die Joh 4,1 genannte Taufe Jesu den Geist verleiht, konnte der Evangelist nicht behaupten; er wäre sonst mit seiner eigenen Theologie in Konflikt gekommen. Denn nach dieser hat erst der Auferstandene den Seinen den Geist gebracht: Joh 7,39; 20,22.

[2] Markus bemüht sich durchgehend, die erzählten Ereignisse als aufeinander folgend darzustellen; man denke nur an das immer wieder vorkommende „und alsbald". Diese Bemühung hängt damit zusammen, daß er ein Erzähler ist, der seine Hörer und Leser nicht aus der Spannung entlassen und in das Leere einer belanglosen Zwischenzeit hineinfallen lassen darf. Darum rücken die erzählten Dinge so nahe aneinander. Das ist auch bei einem Historiker — wie es Lukas in der Apg sein will — nicht anders. Wenn er aber dann einmal, wie in Apg 18,11 und 19,10, den Leser wissen läßt, daß ein längerer Zeitraum verstrichen ist, dann wirkt dieser — für uns jedenfalls — erschreckend leer und läßt uns merken, wie wenig im Grunde selbst in einem so umfangreichen Werk wie der Apg an konkreten Ereignissen noch erinnert und enthalten ist.

daß man zu ihr gehören müsse, um dereinst errrettet zu werden. Beide haben vorausgesetzt, daß das Heil auf das (wahre) Israel beschränkt war und nicht den Heiden zugute kommen konnte. Der Horizont Qumrans glich darin dem des Täufers, daß sie nur eine Heilsgeschichte Israels kannten — soweit es die Bedingungen dafür erfüllte.

Auch Jesus hat anscheinend das baldige Kommen der Gottesherrschaft erwartet, wenn auch nicht in der apokalyptischen Form des Johannes und in der bedrängenden zeitlichen Nähe (obwohl in gewissem Sinne noch näher als sie, da es in ihm selbst schon zur Stelle war). Aber auch so bleibt es erstaunlich, daß er mit seiner Botschaft nicht nach Jerusalem gegangen ist, sondern zunächst in seiner galiläischen Heimat blieb und in den kleinen Städten und Dörfern als Wanderprediger Ansprachen hielt. Man könnte diese Selbstbeschränkung bei seinem Wirken damit zu erklären versuchen, daß nicht nur die Welt des Johannes, sondern auch die seine sehr viel kleiner war als die unsere: das galiläisch-jüdische Land, mit dem riesigen römischen Reich als einem sich im Unbestimmten verlierenden Hintergrund. Nun will freilich auch dieses andere Bild der Mittelmeerwelt[3] bedacht sein. Aber Paulus und andere frühchristliche Missionare haben die Heilsbotschaft so schnell wie möglich über die damals bekannte Welt[4] zu verbreiten gesucht, während Jesus nur gelegentlich den Umkreis Galiläas überschritten zu haben scheint[5].

Jesus hat aber — darum reicht der Hinweis auf sein vermutetes Weltbild als Erklärung für die Begrenzung seines Wirkens nicht aus — auch nicht eine fliegende Missionstruppe organisiert, die in der Art der urchristlichen Mission eine weltweite Verkündigung beginnen sollte[6]. Jesus hat nicht in der aufgeregten Hast eines modernen Men-

---

[3] An sie ist gedacht, wenn in Mt 24,14; Lk 2,1; 21,16; Apg 11,28; 17,6; 19,27; 24,5; Röm 10,18; Hebr 1,6; Offb 3,10; 12,9; 16,14 von der οἰκουμένη (oikumene) gesprochen wird (was eigentlich „die bewohnte Erde" bedeutet). Bisweilen bekommt dieses Wort sogar den Sinn von κόσμος (kosmos), wie es bei Hebr 2,5 und Lk 4,5 (wo D τοῦ κόσμου liest) deutlich wird.

[4] Paulus hat freilich zunächst im Osten, bei den Nabatäern, also außerhalb des römischen Reiches, zu missionieren versucht (Gal 1,17). Spengler hat gelegentlich die Frage aufgeworfen, wie sich das Christentum entwickelt hätte, wenn diese Mission erfolgreich gewesen wäre und Paulus weiter nach Osten geführt hätte. Aber Gemeinden wie die von Ephesus und Rom sind nicht von Paulus gegründet worden; die Christusbotschaft wäre auch im Westen bald verbreitet gewesen. Nur das Fehlen der paulinischen Theologie hätte sich tief auf das abendländische Christentum ausgewirkt. Später scheint Paulus nicht mehr an den Osten gedacht zu haben; s. Röm 11,11—15. Nur Lukas hat Apg 2,9—11 auch der östlichen nichtrömischen Völkerwelt gedacht.

[5] Mk 5,1—22; 6, 31—45; (8,1—10?); 8,27—9,27.

[6] Die Aussendung der „Apostel" Mk 6,7—13 hat freilich Albert Schweitzer als eine solche fliegende Mission (wenn auch nicht in weltweitem Ausmaß) gedeutet. Siehe dazu unten S. 222 ff.

schen gelebt, der ein Knecht seines Terminkalenders ist, aber auch nicht in der unerträglichen Spannung, die einer weltweiten Katastrophe vorhergeht; sondern mit einer für uns unfaßbaren Gelassenheit begnügte er sich im Vertrauen auf Gottes allmächtige Wundermacht mit dem Wenigen, das er durch sein Wort bei den Bauern und Fischern am galiläischen See ausrichten konnte[7].

Die nachösterliche Gemeinde befand sich — mindestens zunächst — in einer anderen Lage als Jesus selbst. Die Erscheinungen des Auferstandenen schienen zu besagen, daß die allgemeine Totenauferstehung am Ende dieses Äons begonnen habe. Damit wären dann die Endereignisse in Gang gekommen: ein riesiger Mechanismus hat angefangen, sich in Bewegung zu setzen, und es kann nicht mehr lange dauern, bis diese ganze Welt in die von Gott gesteuerte Umwandlung hineingerissen ist. Damit ist die Urgemeinde zwar nicht, wie es E. Stauffer ausdrückt[8], „re-qumranisiert" worden; wohl aber mag es bei ihr ähnlich ausgesehen haben wie bei der Judenschaft unter der Verfolgung des Antiochus Epiphanes (gest. 163 v. Chr.),

---

[7] Hat sich Jesus diese Wundermacht „magisch", „zauberhaft" vorgestellt? Diese Vermutung würde naheliegen, wenn Jesus auf Grund einer Kombination atl. Stellen „die Eingliederung der Völker in das Gottesvolk als Gottes eschatologische Machttat erwartet" hätte (so Joachim Jeremias, Jesu Verheißung für die Völker, Göttingen 1956, 60). Wir finden aber in den synoptischen Evangelien keinen Anlaß anzunehmen, daß Jesus das Alte Testament studiert hat, um daraus die Richtlinien seines Handelns zu entnehmen. Einige der in Frage kommenden Stellen werden im folgenden besprochen werden.

[8] Ethelbert Stauffer, Die Botschaft Jesu damals und heute (Dalp Taschenbücher 333 D, Bern und München, 1959, 16): „Die Frequenz der philoqumranischen Elemente in der Jesusüberlieferung steigt im Lauf der Jahrzehnte. Markus enthält am wenigsten qumranisches Gedankengut. Bei Matthäus schnellt der Prozentsatz sprungartig hoch. Bei Lukas treten wieder andere Qumranmotive in den Vordergrund. Das Johannesevangelium aber enthält mehr qumranische Elemente als die drei anderen Evangelien zusammen. Mit anderen Worten: Die Qumranisierung der Jesustradition wächst mit dem zeitlichen Abstand der Traditionsträger von Jesus. Aus diesem statistischen Tatbestand ziehen wir den historischen Schluß: Die antiquaranischen Elemente der Evangelien gehen auf Jesus zurück, die philoqumranischen stammen aus der Urgemeinde. ... Das Christusbild der Urgemeinde ... wird von Markus bis zu Johannes immer philoqumranischer." Was Stauffer „qumranisch" nennt, behält besser seine alte Bezeichnung: „judenchristlich"; mit Qumran hat es nichts zu tun. Die Beobachtung, daß sich ausgesprochen judenchristliche Gedanken in Mt und Lk finden, habe ich in meinen Aufsatz „Gott und Mensch" (in dem gleichnamigen Aufsatzband, S. 3—11) ausgiebig belegt. Aber daß all dieses Judenchristliche, zu dem Talmud und Midrasch hinreichend Parallelen bieten, ausgerechnet aus Qumran stammen soll, dafür ist uns Stauffer den Beweis schuldig geblieben. Qumran ist ein Zeuge dafür, wie ein radikalisiertes Judentum ausgesehen hat. Aber es war keine Quelle für die ntl. Schriften. Wie Stauffer zu dem Urteil über Joh gekommen ist, habe ich nicht verstanden. Für den vierten Evangelisten ist doch gerade ein solches Judentum der Repräsentant der gottfernen „Welt"!

wo die Hoffnung auf das nahe Ende vielleicht zuerst aufgeflammt ist, die auch zur Gründung der Gemeinde von Qumran geführt hat. Freilich hält eine solche fieberhafte Enderwartung (von der uns 1. Thess 5,1—12 und dann, weit ausführlicher, die Offb. Joh eine Vorstellung geben) nicht auf die Dauer an. „Eschatologie als aktuelle Naherwartung läßt sich wesensmäßig nicht tradieren", sagt. H. Conzelmann (Die Mitte der Zeit, 3. A. 1960, 89) mit Recht, und fährt fort: „Tradieren lassen sich lediglich die Vorstellungen des Erwarteten, nicht Erwartung selber." Und wie es a. a. O. kurz zuvor heißt: „Die zu Beginn aktualisierte urchristliche Erwartung erlebte ein analoges Schicksal wie die jüdische Vorgängerin: Das Heil verzögert sich. Damit ist die Voraussetzung für die Aufnahme der alten apokalyptischen Vorstellungen gegeben."

Das ergibt die große Schwierigkeit für den Forscher, der die synoptischen Texte auslegen will — jeder solche Text kann verschiedene „Sitze im Leben" haben, kann im Lauf der Zeit einen verschiedenen Sinn ausgesprochen haben, ohne daß sich deswegen seine Form stark geändert zu haben braucht. Vorchristliche jüdische Traditionen, Worte Jesu, Bekenntnisse und Zeugnisse der nachösterlichen Gemeinde — und diese wiederum nicht identisch in der ersten, zweiten und dritten Generation — lassen sich nicht leicht voneinander scheiden und können uns doch in einem und demselben Vers vorliegen. Es ist freilich nicht gesagt, daß Jesus alles selbst gesprochen hat, was ihm zugeschrieben wird. Was man im Alten Testament an Worten fand, die als Vorwegnahme der Worte Jesu gedeutet wurden, kann zu einem Jesuswort werden, wie es in Mk 14,18 mit Ps. 41,10 geschehen ist (genau entsprechend ist die Entwicklung von Jes 40,3 zum Wort Johannes des Täufers in Joh 1,23), aber auch urchristliche Prophetensprüche, die „in Namen Jesu Christi" verkündet wurden, haben die Gültigkeit von „ipsissima verba" Jesu erhalten können, wie wiederum die Offenbg. Joh zeigt.

Es ist nicht verwunderlich, daß unter diesen Umständen zwischen manchen Worten Spannungen bestehen, die ein und dasselbe Evangelium enthält. Mk selbst glaubt noch, daß in seiner Generation — freilich ist dieser Begriff sehr unbestimmt und dehnbar— das Ende dieses Äons eintreten und die Gottesherrschaft anbrechen wird. In diesem Glauben konnte er ältere Worte übernehmen, die sich schwer in seine eigene Zeit fügten, wenn man sie nicht „richtig', d. h. eben dieser seiner Gegenwart entsprechend verstand. Das gilt auch für V. 15. Andererseits hatte die enge Verbindung von Bußruf und Heilsverkündigung auch für Mk und seine Gemeinde ihren guten Sinn, gerade wenn man μετανοεῖν (metanoein) nicht bloß als „das Vergangene bereuen", „mit der Vergangenheit fertig werden" faßte, sondern als eine Umkehr zu Gott, die sich in einem neuen Leben vollzog. Wo solches geschah, da konnte man auch dessen gewiß werden, daß die

Kräfte des neuen Äons schon wirksam waren und die Gottesherrschaft in diesem Sinne bereits gekommen war.

Wieweit damit Jesus selbst zu Worte gekommen war, das wird sich erst deutlicher und zuverlässiger sagen lassen, wenn wir seine Gleichnisse besprochen haben[9].

5 Erste Jüngerberufung

Mk 1,16–20; Mt 4,18–22; Lk 5,1–11

(16) Und am Meer von Galiläa entlang gehend sah er den Simon und den Andreas, den Bruder des Simon, (Netze) auswerfen im Meer; denn sie waren Fischer. (17) Und Jesus sagte zu ihnen: „Folgt mir nach, und ich werde machen, daß ihr Menschenfischer werdet!" (18) Und sofort ließen sie die Netze und folgten ihm. (19) Und etwas weiter gehend sah er den Jakobus, den Sohn des Zebedäus, und Johannes, dessen Bruder, und sie besserten im Schiff die Netze aus. (19) Und sofort rief er sie. Und sie ließen ihren Vater Zebedäus im Schiff mit den Tagelöhnern und gingen hinter ihm fort.

Diese beiden Geschichten hat man sich auf sehr verschiedene Weise zurechtgelegt. Vincent Taylor 169 sagt seinen Lesern, viele Erklärer wiesen darauf hin, daß die Erzählung verständlicher wird, wenn Simon[1] und Andreas zuvor mit Jesus Berührung gehabt haben, wie Joh 1,35—42 anzeigt[2]. Aber schon Theodor Zahn (Mt 170) war auf diesem Weg vorausgegangen: „Nur Leute, welche mit den Absichten Jesu wohlbekannt und von seinem Beruf für das Werk, zu dessen Mitarbeitern er sie machen wollte, fest überzeugt waren, konnten seinen kurzen Zuruf auch nur mit dem Verstand begreifen und mit

---

9 Siehe dazu unten S. 160 zu Mk 4.

1 Simon ist ein echt griechischer, seit Aristophanes nachgewiesener Personenname (W. Bauer, Wb 1488). Der hebr. Personenname שִׁמְעוֹן wird in der LXX mit Συμεών (Symeōn) wiedergegeben. Juden trugen damals gern neben ihren hebr. Namen möglichst ähnlich klingende griechische. So hier auch der später als Kephas-Petros bekannte erste Jünger Jesu. Apg 15,14 wird er in der Rede des Jakobus als „Symeon" bezeichnet; Lukas deutet damit an, daß Jakobus ihn mit seinem hebr. Namen nennt. — Taylor 168 behauptet, Simon sei eine spätere Form von Symeon; das trifft nicht zu.

2 So A. H. McNeile, The Gospel according to St. Matthew, London 1915, 46; J. V. Bartlet, St. Mark, Edinburgh 1922, 103; B. N. Branscomb, The Gospel of Mark, London 1937, 28. Auch K. H. Rengstorf, Das Evangelium nach Lukas (N. T. deutsch 3, 9 A., Göttingen 1962, 73) meint, „nur scheinbar neu ist, daß bei Lukas dem Anschluß des Petrus an Jesus eine kräftige Berührung zwischen beiden vorausgeht...; denn auch seine Berufung bei Matthäus und Markus ist ohne etwas Derartiges nicht möglich."

willigem Herzen befolgen[3].“ Eine andere psychologische Erklärung bot Johannes Weiß 77 an[4]: „In der Erinnerung treten die vermittelnden Übergänge zurück, und alles drängt sich in diesen Augenblick zusammen.“ Aber ‚die Jünger‘ sind, wie manche Spuren zeigen, doch wohl noch nicht dauernd von Haus und Gewerbe geschieden; die Ablösung wird sich allmählicher vollzogen haben. Wieder anders hat E. Hirsch[5] die Szene psychologisch zu verstehen gesucht: der wortkarge Fischer Petrus hat nur das ihm Wesentliche wiedergegeben. All diese Erklärungen stimmen darin überein, daß sie die Erzählung des Mk so, wie sie dasteht, zwar als Beschreibung des wirklichen Vorgangs fassen möchten, aber nicht können, weil sie ihnen psychologisch unbegreiflich scheint. Jesus kann doch nicht einfach kommen und wildfremde Leute anrufen, die daraufhin alles stehen- und liegenlassen und hinter ihm dreingehen, wie die Schüler hinter ihrem Rabbi.

Aber so sonderbar das scheinen mag: der eigentliche Anstoß, den der moderne (und, wie sich bald zeigen wird, auch schon der antike) Leser an dieser Geschichte nimmt, liegt an einer anderen Stelle. Er hat darin seinen Grund, daß wir nur selten etwas erleben, was jener frühen Gemeinde so vertraut war: uns ergreift nur in Ausnahmefällen ein — sagen wir: Unbedingtes, angesichts dessen es sich von selbst versteht, daß wir seinem Rufe folgen, was es uns auch kosten mag. Genau das aber war die Erfahrung, durch welche die erste christliche Jüngerschar entstand. Unsere Geschichte spricht — im Unterschied von Lk 5,1—11 — nicht von einem beglaubigenden Wunder, das Jesus als göttliches Wesen ausweist. Sie handelt „nur“ von dem Wunder des zwingenden Wortes, angesichts dessen es sinnlos wird zu fragen, ob hier die freie Entscheidung des Menschen erfolgt oder Gottes Wille allein majestätisch regiert. Denn das Besondere dieser Erfahrung ist, daß sich hier beides zugleich ereignet: die göttliche Stimme gebietet und der Mensch ist — gerade indem er ihr folgt! — ganz frei, d. h. er kommt endlich dazu, das zu tun, was er eigentlich möchte. Wir finden — modern gesprochen — unsere eigentliche, eigenste Möglichkeit, die wir schon immer gesucht haben und doch von

[3] Dementsprechend schreibt G. Wohlenberg (Mk 1910, 55): „Daß diese vier Männer nicht auf Grund einer nur flüchtigen Bekanntschaft mit der Predigt und Person Jesu den Ruf zu seiner Nachfolge erhalten und befolgt haben können, liegt auf der Hand. Das Jo-Ev füllt die hier vorhandenen Lücken zum Teil aus . . ., und was wir Lk 5,1 ff. lesen, dient weiter zur Beleuchtung des von Markus erzählten, zeitlich, örtlich und sachlich engst zusammengehörenden Doppelvorgangs.“

[4] Die Schriften des Neuen Testaments übers. u. f. d. Gegenwart erklärt, 2. A. Göttingen 1907; J. Weiß fährt fort: „der ‚Ruf‘ Jesu erschien ihnen später und erscheint vor allem dem Evangelisten als ihre Berufung.“

[5] E. Hirsch, Frühgeschichte I 190 f. „Man möchte beinahe sagen: wüßten wir nicht, daß Petrus ein Fischer war, so könnten wir es aus seiner Art, zu erzählen, erraten.“

uns aus niemals getroffen hätten. So ist dieser Gehorsam keine Knechtschaft unter ein fremdes Gesetz, sondern die Befreiung (religiös gesprochen: die Erlösung), die andere Menschen aus uns macht.

Die Forscher haben nun versucht, hinter unseren heutigen Mk-Text zurückzugelangen. Lohmeyer 32 f. spricht von einer Epiphanie-Geschichte, in der sich die gläubige Anschauung von dem göttlichen Meister mit dem geschichtlichen Wissen von den Ereignissen des Lebens Jesu zu einem untrennbaren Ganzen verwebt. Wir meinen: Lohmeyer hat zwar recht mit der Überzeugung, daß die Mk-Erzählung eine Einheit ist. Aber das besagt noch nicht, daß Mk die älteste Tradition wiedergibt.

Er beginnt mit einem Bild, das uns wieder und wieder[6] begegnen wird: dem Bilde des wandernden Jesus. Er geht entlang am[7] „Meer von Galiläa" — wir sprechen ja auch vom Steinhuder Meer, obwohl es lediglich ein See ist; Lk 5,1 redet, für die nicht palästinensischen Leser verständlicher, denn auch von einem „See" —, und Jesus sieht dabei zwei Fischer im seichten Uferwasser ihre runden Wurfnetze auswerfen (s. Bill. I 185 f.), den Simon[8] und Andreas. Sie sind also ärmere Fischer, verglichen mit den begüterten Zebedaiden, deren Vater einen „Kutter" (Lohmeyer 33) besaß und außer seinen beiden Söhnen noch gemietete Hilfskräfte zur Verfügung hatte. Sie fischten vom Boot aus mit einem Schleppnetz. Aber von ihnen ist zunächst nicht die Rede, sondern erst in einer zweiten Szene. Zunächst sieht und ruft Jesus das erste Brüderpaar und fügt hinzu: „und ich will euch zu Menschenfischern machen". Dieses Wort ist eine Verheißung und, wenn man so will, zugleich eine Begründung für den Gehorsam der Aufgerufenen: Menschenfischer zu sein ist unvergleichlich mehr als ein paar armselige Gründlinge zu fangen[9]. Im Semitischen hat das Wort von den Menschenfischern kein Gegenstück[10]. Hier dürfte also eine

---

6 Mk 1,16; 2,14; Mt 9,27; 20,30; Joh 9,1; vgl. E. Lohmeyer: „Und Jesus ging vorüber" (in: Nieuw Theol. Tijd. 1934, 206—224).

7 Eigentlich müßte nach παράγω (paragō, „vorüber-" oder „entlanggehen") der Akkusativ stehen. Darum hält Lohmeyer die Worte παρὰ τὴν θάλασσαν usw. für eine „Einfügung in einen Bericht, den Markus ohne eine Ortsangabe übernahm"; Ihm folgt Taylor 168. Mk 7,31 nennt ebenfalls „das Meer von Galiläa"; Mk 2,13; 3,7; 4,1; 5,1.13.21 sprechen lediglich von „dem Meer".

8 Mk will aber keineswegs den sozialen Abstand zwischen den beiden Brüderpaaren andeuten, den die gemeinsame Nachfolge Jesu überbrückt habe.

9 Aristipp, erhalten bei Diogenes Laertius II 67; s. dazu Rhein. Museum N. F. 35, 413: „die Fischer nehmen es auf sich, naß zu werden, um einen Gründling zu fangen, und ich sollte es nicht ruhig geschehen lassen, um einen Menschen zu fischen?"

10 Jer 16,16 bringt zwar als Gottesspruch, daß Jahwe Fischer und Jäger senden werde, welche die götzendienerischen Sünder aufspüren werden. Aber dieses Gerichtswort, mit dem Lohmeyer 32 V. 17 zusammenbringt, muß man so gründlich umdeuten wie er, um es als Verheißung zu hören. Davon, daß die berufenen

hellenistische Tradition vorliegen. Dafür, daß hier das palästinische Milieu nicht mehr ganz deutlich gesehen wird, könnte man den Umstand anführen, daß Mk sowohl bei Simon und Andreas wie bei den Zebedaiden die benutzten Netze mit demselben Wort τὰ δίκτυα (ta diktya) bezeichnet, obwohl es sich um ganz verschiedene Netze und Fischerei handelt. Aber dagegen spricht, daß ἀμφιβάλλω (amphiballo) V. 16 ein terminus technicus für das Auswerfen von Wurfnetzen gewesen zu sein scheint (s. Bauer Wb 93).

Mit den Worten „ein wenig weitergehend" folgt in V. 19 f. die Berufung der Zebedaiden, für die kein Gegenstück zum Wort von den „Menschenfischern" zur Verfügung stand. Da diese zweite Gruppe bei Nacht fischt, ist sie nun am Tag dabei, die Netze auszubessern. Während Wohlenberg (Mk 55) die Szene dahin versteht, daß Jakobus und Johannes nicht nur ihre „Lohnarbeiter", sondern sogar ihren Vater zum Opfer bringen, „um nur Jesu ständige Schüler zu werden", sieht Schlatter (Mk 55), gefolgt von Grundmann (Mk 40), die Lage von einer anderen Seite: „Da sie Tagelöhner hatten, ist ihr Entschluß ‚frei von Härte gegen den Vater' ". Der Evangelist selbst hat keine moralischen Bedenken gehabt; für ihn war das „alles um Jesu willen verlassen" etwas, das zum Apostel gehörte (Mk 10,28).

Die lukanische Variante, gewöhnlich „Vom Fischzug des Petrus" überschrieben (Lk 5,1—11), unterscheidet sich von der des Mk und der nur unwesentlich davon abweichenden des Mt[11] vor allem durch dreierlei: 1. Sie zieht die beiden Jüngerberufungen zu einer einzigen Szene zusammen. 2. Sie läßt der Berufung der Jünger zunächst eine Predigt Jesu vorangehen, welche die beiden Brüderpaare hören. Damit sind sie innerlich schon ganz anders auf den Ruf Jesu vorbereitet als bei Mk und Mt. 3. Sie berichtet darüber hinaus von einem großen Wunder — eben dem bekannten Fischzug des Petrus —, das sich zwischen der Predigt und der Berufung ereignet. Dieses Wunder ist es eigentlich, das den Petrus erkennen läßt: er hat es mit einem himmlischen Wesen zu tun, vor dem er als sündiger Mensch nicht bestehen kann (V. 8). Die Predigt am Strand und die Ausfahrt zum Fischfang sind durch das aus Mk 3,7.9 und 4,1 entlehnte Motiv der Predigt von Bord des Schiffes gut verbunden. Dagegen kommt die Erkenntnis des Petrus und sein Erschrecken vor dem Göttlichen (V. 8) eigentlich zu spät. Denn zuvor hat er den Jakobus und Johannes mit deren Schiff zur Bergung der reichen Beute herbeigerufen und den

---

Jünger nicht mehr „Menschen" sind, kann ebenfalls keine Rede sein. — Eigenartig ist, daß Mk hier auf die christliche Mission anspielt, von der sein Evangelium in dieser Weise („Menschen fangen") niemals mehr spricht.

[11] Mt (4, 18—22) spricht zwar in V. 18 davon, daß Petrus und Andreas mit dem Wurfnetz fischen, läßt aber die Tagelöhner des Zebedäus als unwesentlich aus, so daß am Ende das Schiff und Zebedäus allein bleiben.

Fang an Bord der beiden Schiffe gebracht (V. 7)[12]. Es braucht uns hier nicht zu beschäftigen, wieweit an dieser Änderung der Geschichte schon Wandlungen innerhalb der mündlichen Überlieferung, Einfluß einer anderen Tradition oder schriftstellerische Reflexion beteiligt sind[13]. Daß bei der lukanischen Erzählung die Gemeinschaft Jesu mit dem Sünder das eigentliche Wunder sei (so K. H. Rengstorf, Lk[9] 74), überhöht diese Geschichte, bei welcher allzu deutlich der wunderbare Machterweis Jesu im Mittelpunkt steht (s. auch V. 9!). Hirsch (Frühgeschichte II 42) hält es für „etwas seltsam, daß Simon und die anderen V. 11 alles verlassen und Jesus folgen. Man sieht die mit Fischen überfüllten Boote einsam und verlassen am Strande trauern. So erzählt keine Legende, die das Göttliche naiv in solcher Segnung mit reichem Fange sucht." Aber es handelt sich gar nicht um eine naive Legende, sondern um eine sehr bewußt die Geschichten verdichtende Komposition. An einen *Segen* durch reichen Fischfang

[12] Vgl. Hirsch II 41 f.; er meint hier eine weitere von ihm postulierte Quelle des Lukas (neben Mk und Q (= Lu I) zum ersten Male anzutreffen, die er Lu II nennt. Die Handschrift D läßt in Lk 5,9 die Worte „und alle mit ihm" fort und fügt statt V. 10 ein: „Es waren aber seine Genossen Jakobus und Johannes die Söhne des Zebedäus. Er aber sagte zu ihnen: „Kommt und werdet nicht Fischer von Fischen, denn ich will euch zu Fischern von Menschen machen. Als sie aber gehört hatten, ließen sie alles am Lande und ...". Hier sieht man, wie sich der marcinische Wortlaut wieder geltend macht. Hirsch übernimmt die Auslassung in V. 9, die nur D bezeugt; aber D als Einzelgänger ist meist zur Gewinnung des ursprünglichen Textes wertlose Korrektur. — Verschiedene Forscher haben vermutet, die Geschichte vom Fischfang des Petrus sei eine ins Leben Jesu zurückgebrachte nachösterliche Erzählung. Veranlassung zu solcher Vermutung ist Joh 21,1—11. Aber die lukanische Fassung dürfte älter sein. Die Rekonstruktion der ersten Erscheinung des Auferstandenen durch Hirsch (aus Mk 1,17; Mt 14, 18—31, Joh 21,1—11) setzt voraus, daß drei Ausgaben des Mk aufeinander gefolgt seien: Mk I habe dieses Gesicht erzählt, Mk II es in ein Ereignis des Lebens Jesu umgewandelt, der Redaktor es wiederhergestellt und eine kirchliche Schere das auf Mk 16,8 folgende als anstößig weggeschnitten. K. Aland hat in seinem Aufsatz „Glosse, Interpolation, Redaktion und Komposition" (in: Apophoreta, Beiheft 30 z. ZNW, Berlin 1964,7—31) deutlich gemacht, wie unwahrscheinlich es ist, daß eine solche Folge von Ausgaben des Mk existiert hat, ohne Spuren in der Handschriftengeschichte des Mk zu hinterlassen (ganz abgesehen davon, daß es am Ende des 1. Jh. noch keine kirchliche Instanz gab, die eine „kirchliche Schere" hätte handhaben können).

[13] Die Verbindung der beiden marcinischen Berufungsszenen zu einer Einheit, wie sie bei Lk vorliegt, macht es nötig, die Verschiedenheit in der Art des Fischens bei Petrus/Andreas und bei den Zebedaiden zu beseitigen. Nach dem Mk-Bericht (Fang mit Wurfnetz) ist nicht anzunehmen, daß Petrus überhaupt ein Schiff besaß, mit dem er nachts auf dem See gefischt haben könnte. Aber das Fischen mit dem Wurfnetz erlaubte nicht die Darstellung eines solchen Wunders, wie es Lk 5,6—9 vorausgesetzt wird. Darum wird das Boot der Zebedaiden zum Vorbild für die Neufassung der Geschichte. So kommt Petrus zu seinem Boot, das erst sein Wort Lk 5,8 ermöglicht. Die Mk-Geschichte ist viel älter.

denkt der Erzähler gar nicht, sondern an ein Wunder, das sich dort ereignet, wo in der Nacht — der eigentlichen Zeit für den Fischfang — nichts gefangen war.

6 In der Synagoge von Kapernaum

Mk 1,21–28; (Mt 7,29) Lk 4,31–37

(21) Und sie gehen hinein nach Kapernaum. Und sogleich am Sabbat ging er in die Synagoge hinein und lehrte. (22) Und sie waren betroffen über seine Lehre, denn er lehrte sie wie einer, der Vollmacht hat, und nicht wie die Schriftgelehrten. (23) Und sogleich war in der Synagoge ein Mann mit einem unreinen Geist, und er rief und sprach: (24) „Was haben wir mit einander zu schaffen, Jesus von Nazareth? Du bist gekommen, uns zu verderben! Ich weiß, wer du bist: der Heilige Gottes!" (25) Und Jesus bedrohte ihn: „Verstumme und fahre von ihm aus!" (26) Und der unreine Geist riß ihn und fuhr mit lautem Geschrei aus ihm aus. (27) Und alle staunten, sodaß sie sich fragten und sagten: „Was ist das? Eine neue Lehre in Vollmacht! Und den unreinen Geistern gebietet er, und sie gehorchen ihm!" (28) Und sein Ruf verbreitete sich sofort in der ganzen Umgebung von Galiläa.

Mit V. 21 a leitet der Evangelist zur folgenden Geschichte über. In ihr ist Jesus allein, ohne die Begleitung der Jünger, gedacht. Was Jesus lehrt, erzählt Mk nicht[1]; wir erfahren nur aus V. 27, daß der Inhalt der Lehre neu war.

Lk hat sich bemüht, diesen Mangel auszufüllen, indem er eine Predigt Jesu in Nazareth beschrieb. Dabei legt er — oder eine Quelle? — beachtliche Kenntnisse über den jüdischen Synagogengottesdient an den Tag[2]. Die zunächst erfolgende Lektion aus der Tora (Parascha)

---

[1] Vgl. Anm. 1 zu Abschnitt 12 (Mk 2,13—17).

[2] Zum jüdischen Synagogengottesdienst siehe Billerbeck IV 1, 153—188. — Es könnte sein, daß es Lukas gar nicht auf historische Treue ankam und er vor allem vereinfachen wollte. Es konnte nämlich nicht einfach ein Mitglied der Synagogengemeinde aufstehen, den Text vorlesen und dann darüber sprechen. Die Prophetenlektion folgte auf die aus der Thora. Sie umfaßte gewöhnlich 21 Verse, wenn niemand da war, der den hebräischen Text in das der Gemeinde verständliche Aramäisch übersetzte. Fand sich ein solcher Übersetzer („Mĕthurgemān"), so war man schon mit 3 bis 10 Versen zufrieden. Man durfte zwar bei der Prophetenlektion Verse oder sogar Kapitel überspringen, aber nicht von einer späteren zu einer früheren Stelle zurückkehren. Der von Lukas angeführte Prophetentext beginnt mit Jes 61,1: „Der Geist des Herrn ist auf mir; deswegen hat er mich gesalbt; die frohe Kunde zu bringen den Armen hat er mich gesandt." Die nun folgenden Worte aus Jes 61 „zu heilen die im Herzen Zerbrochenen" werden

war festgelegt, dagegen die folgende Lesung aus den Propheten konnte frei gewählt werden. Jeder männliche Israelit konnte von dem Synagogenvorsteher zur Lesung und Auslegung bzw. Ansprache aufgefordert werden; das wird hier (im Unterschied zu Apg 13,15) nicht erwähnt, damit Jesus als frei handelnd erscheint. Die verlesene Stelle stammt aus Jes 61,1 und Jes 58,6; 58,2 wird bei „Gnadenjahr des Herrn" abgebrochen, denn das Folgende spricht von der „Rache unseres Gottes"[3]. Während der Text stehend vorgelesen wurde, erfolgte die Ansprache im Sitzen. Ihr Inhalt besteht in der kurzen Ankündigung, daß sich dieser soeben gehörte Text jetzt erfüllt. Jesus ist mit dem Geist des Herrn erfüllt, und die Worte „er hat mich gesalbt" deuten an, daß er der Christus ist und als solcher die frohe Botschaft verkündet. Die Predigt Jesu und die der Gemeinde sind insofern identisch: mit ihm ist ein Heilsjahr angebrochen! Im folgenden hat Lukas die verschiedenen Überlieferungen, die er benutzte, nicht bruchlos vereinen können. Zunächst kommt in V. 22 die Feststellung, daß die Hörer staunend die Gnadenbotschaft vernehmen, anscheinend mit An-

---

übersprungen. Der Text wird vielmehr fortgesetzt mit den Worten: „zu verkünden den Gefangenen Freiheit und den Blinden das Sehen". Daran schließt sich ein Stück Jes 58,6: „Zerbrochene in Freiheit zu entlassen". Freilich steht in Jes 58 ein Imperativ da: „entlasse Zerbrochene in Freiheit!"; das gehört zur Beschreibung eines rechten Fastens, das der Prophet verlangt. Hier ist der atl. Text also ganz frei behandelt. Der Abschnitt schließt mit Jes 61,1 Ende: „zu rufen" (LXX: zu verkünden) „ein angenehmes Jahr des Herrn". Die Worte „und einen Tag der Vergeltung" werden nicht mehr genannt, die weiter bei Jes 61 folgen. An die Prophetenlesung schloß sich im Synagogengottesdienst sogleich eine Benediktion an, die der Vorleser zu sprechen hatte. Von der (nötigen) Übersetzung ins Aramäische redet Lukas überhaupt nicht. Vermutlich hat er davon nichts gewußt. Aber auch davon abgesehen ist deutlich: hier wird ein christlich gedeuteter Mischtext dargeboten, nicht eine originale Prophetenlesung. Weiter bleibt zu beachten: der Vorleser hatte nicht von vornherein die auf die Verlesung anschließende Ansprache zu halten. Die Synagogenvorsteher erkundigten sich vielmehr zuvor, ob jemand zugegen sein werde, der die Fähigkeit besaß, als solcher „Darschān" zu dienen, und riefen ihn dann auf. Daß die Synagogenvorsteher ausgerechnet Jesus zur Ansprache aufgefordert hätten, ist bei der in Nazareth herrschenden Stimmung sehr unwahrscheinlich. Wir haben es bei dieser Szene vielmehr mit einer lukanischen Komposition zu tun. Lukas läßt Jesus in seinem Heimatort beim Synagogengottesdienst einen Text „finden", vorlesen und darüber sprechen, und zwar so, daß es zunächst zwar zum Staunen, dann aber zum Konflikt kommt — bei Jesu erstem Auftreten! Daß diese Komposition nicht ganz geglückt ist, zeigt am deutlichsten der Rückgriff auf Jesu Wunder in Kapernaum (V. 23), wo Jesus nicht bei Lukas, wohl aber nach der Tradition seine Wirksamkeit begonnen hat.

[3] S. dazu Joachim Jeremias: „Jesu Verheißung an die Völker" (Stuttgart 1956, 3—39). Jeremias meint, Jesus habe mit dem Fortlassen des Rachegedankens den Zorn der Leute aus Nazareth heraufbeschworen. Aber der Text (dessen Brüchigkeit Jeremias nicht zu beseitigen vermochte; s. u. S. 86 f.) zeigt, daß Lukas anders komponiert hat: Erst die Ankündigung der Heidenmission in den Worten Jesu über Elias und Elisa bringt die Leute zum Versuch der Steinigung!

erkennung und Freude („sie gaben Zeugnis und staunten über die Worte der Gnade ...“). Aber dann erfolgt im lukanischen Text ein Bruch. Jesus selbst wird ein Einwand gegen ihn in den Mund gelegt, so als ob er ihn in den Herzen der Hörer gelesen hätte; und zwar sind es zwei verschiedene Argumente. Das erste ist anscheinend ein Sprichwort: Arzt, heile dich selber! Das Thomasevangelium bietet in Spruch 31 (p. 87,4—7) eine Parallele: „Kein Prophet ist genehm in seinem Dorfe; kein Arzt heilt die, welche ihn kennen“. (Der von Grundmann auch zitierte Pap. Oxyr. 1(5) enthält ein Stück vom griechischen Text des Thomasevangeliums!) Als zweiten Einwand nennt Jesus die Forderung, er solle hier ebensolche Wunder tun, wie er sie bereits in Kapernaum vollbracht habe. Da aber Lk von diesen Taten in Kapernaum noch nichts berichtet hat, kommt diese Erwähnung hier an der falschen Stelle. Aber Lk brauchte sie zur Anknüpfung des Folgenden: zweier Beispiele dafür, daß Israel übergangen wurde — zugunsten von Heiden, der Witwe aus Zarpat und des Syrers Naeman. Damit wird schon hier, am Anfang des Wirkens Jesu, sichtbar, daß Israel ihn ablehnen wird und daß dafür den Heiden das Heil widerfahren wird[4]. So wird die christliche Heidenmission schon im Beginn der Tätigkeit Jesu von Lukas angekündigt. Die Reaktion der Hörer aus Nazareth ist dieser Ankündigung entsprechend: sie stürzen sich auf ihn, treiben ihn aus der Stadt bis zum Abhang des Berges, auf dem die Stadt erbaut war, um ihn dort hinabzuwerfen. Er aber geht einfach mitten durch sie davon. Da Nazareth gar nicht auf einem solchen Berg mit jähem Absturz liegt, zeigt schon die Topographie, daß es sich hier um eine an Stellen wie Joh 8,59 erinnernde Legende handelt. Lk hat neben altem auch sehr junges Überlieferungsgut benutzt. — Aber zurück zu Mk!

Er schweigt zwar vom Inhalt der Predigt Jesu. Dagegen wird hier hervorgehoben, daß Jesus nicht wie die Schriftgelehrten lehrte, sondern wie jemand, der Vollmacht hat. Der Schriftgelehrte trägt meist eine Tradition vor, die er von seinem Rabbi übernommen hat. Er spricht nicht im eigenen Namen, sondern sagt: „Rabbi X hat gesagt, daß Rabbi Y gesagt hat: ...“ Jesus beruft sich nicht auf eine solche Autoritätskette. Er deckt sich nicht mit der Autorität eines alten Lehrers, sondern sagt: So und so ist es! Alles was uns Mk und Q über Jesu Lehren mitteilen, bestätigt diese Angaben. Jesus hat aus seiner eigenen Gewißheit heraus gesprochen, aus seinem eigenen Verstehen Gottes und des göttlichen Willens. Das war damals durchaus ungewöhnlich

---

[4] Dom Jaques Dupont hat darauf 1960 hingewiesen in seinem Aufsatz: Le salut des Gentils et la signification théologique du Livre des Actes (NTSt VI, 132—155), 142—144, mit reichen Literaturangaben. „In dem allgemeinen Zusammenhang des lukanischen Werkes bekommt das von Jesus angerufene Argument offensichtlich eine tiefere Bedeutung; die Antithese, die Israel einem Syrer (V. 27) und einer Phönizierin gegenüberstellt, ist natürlich zu verstehen im Sinne der Alternative: Israel — die Heiden.“

und einzigartig. Die ganze religiöse Unterweisung durch die Rabbinen ruhte auf der Tradition, nicht auf der eigenen Gotteserfahrung: Es war ein Wissen um Gott aus zweiter oder dritter Hand, das vorgetragen wurde. Darum ist es nicht verwunderlich, daß man Jesus für einen Propheten gehalten hat. Die Propheten waren tatsächlich die letzten gewesen, welche auf Grund der eigenen Begegnung mit Gott gesprochen hatten.

In V. 23 beginnt eine selbständige Geschichte, wie gewöhnlich mit „sogleich!" angeknüpft. Es paßt hier freilich nicht gut. Mt hat diese Geschichte fortgelassen, dagegen den V. 21 f. sehr wirkungsvoll und mit innerem Recht an den Schluß seiner Bergpredigt gestellt. Für unseren Erzähler steht es außer Zweifel, daß der böse Geist das wahre Wesen Jesu erkannt hat; es wird hier mit dem Würdenamen „der Heilige Gottes" ausgedrückt[5]. Unsere Stelle berührt sich besonders eng mit 1 Kön 17,18, wo die Witwe von Zarpat den Elias fragt: „Was habe ich mit dir zu schaffen, du Gottesmann?" — Jesus ist (wie dieser einzelne böse Geist erkennt) gekommen, um „uns", d. h. die gottesfeindlichen Geistermächte überhaupt, zu vernichten. Darin sieht der Erzähler das eine der Ziele, um derentwillen Jesus zur Erde gekommen ist. Jesus heißt den unreinen Geist schweigen und befiehlt ihm auszufahren. Er heilt nach dieser Darstellung den Besessenen nicht aus Mitleid[6], sondern um nicht in seinem wahren Wesen bekanntgemacht zu werden. Damit berühren wir zum ersten Mal das, was man seit W. Wrede das „Messiasgeheimnis in den Evangelien" genannt hat. Jesus will nach dieser Auffassung von den Menschen noch nicht in seinem eigentlichen Wesen, in seiner wahren Würde erkannt werden. Wir wollen hier, wo dieses Problem sich zum ersten Mal uns zeigt, nicht ausführlich darauf eingehen, sondern bloß bemerken, daß die Hörer anscheinend das Wort des Dämons nicht beachten, sondern nur die Heilungstat Jesu.

Von einem Konflikt wegen dieser Heilung am Sabbat ist hier noch keine Rede. Daß der Dämon den Besessenen zerrt und laut schreit, zeigt, daß er wider seinen Willen ausfahren muß. In V. 27 wird der Inhalt von V. 21 f. und 23—26 miteinander verbunden: „eine neue Lehre mit Vollmacht" geht auf V. 21 f., „und den Geistern"

---

[5] Vgl. Lk 4,34; Joh 6,69. Ferd. Hahn handelt davon in seinem lehrreichen Buch: „Christliche Hoheitstitel" (Göttingen 1962, 235—238) mit dem Ergebnis, daß dieser Titel als Entsprechung zu der charismatischen Bezeichnung im A. T. angesehen werden darf. Elisa wird 2. Kön 4,9 ein „heiliger Gottesmann" genannt und Simson Ri 16,1 B ein heiliger Gottes von Mutterleibe an. So würde Jesus hier wie ein charismatischer Gottesmann im A. T. angesehen.

[6] Die Lesart σπλαγχνισθείς (splanchnistheis), „sich erbarmend" in Mk 1,41 dürfte der einzige Beleg bei Mk (1,41) dafür sein, daß Jesu Mitleid als Motiv einer Heilung von Markus angegeben wird. In Lk 13,16 dürfte der Versuch vorliegen, eine Krankenheilung zugleich als Überwindung des Satans und als Mitleidstat an der unter dem Satan leidenden Frau zu verstehen.

(der verallgemeinernde Plural deutet dem Leser an, daß das hier nicht der einzige Fall dieser Art war) „gebietet er, und sie gehorchen ihm" bezieht sich auf V. 23—26[7]. In der lukanischen Wiedergabe Lk 4,36 ist dieser Unterschied verwischt. Man sieht an dieser Stelle bei Mk noch genau, wie zwei verschiedene Einzelstücke zu einer Einheit verschmolzen werden. V. 21 f. ist freilich eigentlich keine selbständige Szene, sondern eine (richtige) Charakterisierung der gesamten Lehrtätigkeit Jesu, eine Bemerkung, die erst in Verbindung mit der folgenden Heilungsgeschichte zu einer konkreten Einzelschilderung geworden ist. Der abschließende V. 28 greift schon über das Folgende hinaus, gleichgültig, ob man „die ganze Umgebung Galiläas" auf die Gegend um Galiläa oder, was das Rechte treffen wird, auf das Gebiet rings um Kapernaum in Galiläa bezieht.

Die Schwierigkeit, die darin besteht, daß die Jünger am Sabbat doch nicht fischen und Netze flicken dürfen und Jesus mit ihnen „sofort am Sabbat" in die Synagoge geht, hat die Erklärer umsonst beunruhigt. Sie ist dadurch entstanden, daß der Evangelist hier, wie auch sonst, verschiedene Einzelszenen zu einer großen Einheit verbunden hat, ohne sich dabei über die nun entstehenden zeitlichen Verhältnisse den Kopf zu zerbrechen.

Mit dieser Geschichte beginnt die Reihe der Wundertaten Jesu, die im Mk einen so großen Raum einnehmen, weil in ihnen Jesu Gottessohnschaft dem Leser deutlich werden soll. Es ist die erste große der „geheimen Epiphanien", von denen M. Dibelius mit Recht gesprochen hat[8]. Bei ihnen zeigt sich die göttliche Macht Jesu und erweckt damit das Vertrauen des Lesers und Hörers dieser Geschichten.

Daß Jesus „Dämonische" geheilt hat, werden wir nicht in Abrede stellen. Aber ob damit nun gerade unsere Geschichte als historisch erwiesen wird, das ist eine andere Frage. Das Problem, wie Jesus eine solche Besessenheit verstanden hat, ob in Übereinstimmung mit der Gemeinde oder anders, wollen wir vorerst aufschieben.

---

[7] Bultmann (Gesch. d. syn. Tradition 223 Anm.) erklärt sich von Otto Bauernfeind, Die Worte der Dämonen im Markus-Evangelium, 1927, S. 3—18 (vgl. auch S. 29—34 und 68 f.) überzeugt, daß die Worte „ich weiß, wer du bist: der Heilige Gottes" als „Abwehrwort" zu verstehen sei, wie es sonst ein vom Dämon Bedrohter an diesen richtet. Aber daß der Dämon auf diese Weise den Exorzisten abzuwehren sucht, ist doch sinnlos, selbst wenn auch Lohmeyer Mk 36 f. den Grundsatz „Wer seinen Gegner nennt, der vermag ihn auch zu zwingen" als allgemeingültig anerkennen will. Denn wenn der Dämon Jesus als den Heiligen Gottes erkennt und nennt, so erkennt er ihn damit zugleich als den Dämonenbezwinger an. Das Wort läßt sich hier wie in den entsprechenden Fällen der Dämonenbekenntnisse nur als ein solches Eingeständnis und nicht als ein „Abwehrwort" verstehen — Jesus ist doch für den Dämon kein „Rumpelstilzchen"! — Damit ist nicht gesagt, daß nicht auch schon die von Mk benutzte Tradition solche Dämonenbekenntnisse erzählte.

[8] Martin Dibelius, Die Formgeschichte des Evangeliums, 2. A. 1933, 297 ff.

7 *Heilung der Schwiegermutter des Petrus*

Mk 1,29–31; Mt 8,14 f.; Lk 4,38 f.

(29) Und sofort, wie sie aus der Synagoge herauskamen, gingen sie in das Haus des Simon und Andreas, mit Jakobus und Johannes. (30) Die Schwiegermutter des Simon aber lag fiebernd zu Bett, und sofort erzählen sie ihm von ihr. (31) Und er trat heran, gab ihr die Hand und richtete sie auf. Und das Fieber verließ sie, und sie bediente sie.

Diese kleine Geschichte, unscheinbar neben all den anderen großen Wundererzählungen, ist vielleicht älter und ursprünglicher als sie alle. Wir werden sie mit hoher Wahrscheinlichkeit auf Petrus selbst zurückführen können. Man hätte sie angesichts des geringen Wunders kaum überliefert, wenn sie nicht aus der ältesten Tradition gestammt hätte, und das kann in diesem Fall wohl nur heißen: Petrus selbst hat sie erzählt. Bereits die Generation des Lk (Lk 4,38—41) hat aus dem einfachen „fiebernd" ein „großes Fieber"[1] gemacht und dahinter einen Dämon gesehen, den der Herr durch ein Drohwort vertreiben mußte. Vielleicht ist dies die erste Heilung gewesen, die Jesus vollbracht hat, und vielleicht hat gerade sie ihn erst gewahr werden lassen, welche Heilungskräfte Gott ihm geschenkt hatte.

Die Worte „mit Jakobus und Johannes" wirken wie angehängt. Man hat das aus dem Wortlaut des petrinischen Berichtes erklären wollen: „Und sofort, wie wir aus der Synagoge herauskamen, gingen wir in mein und des Andreas Haus, mit Jakobus und Johannes. Und meine Schwiegermutter ..." Aber es ist unwahrscheinlich, daß wir hier den Bericht des Petrus sozusagen im Wortlaut, nur in die dritte Person umgesetzt, vor uns haben. Vielleicht hat die Geschichte einst einfach so gelautet: „Jesus kam in das Haus des Simon; dessen Schwiegermutter aber ..." Der Evangelist, der den Zusammenhang mit der vorhergehenden Erzählung herstellen wollte, fügte zunächst noch den Namen des Andreas ein, um ihn gleich mit zu nennen. Die Zebedaiden aber konnte er nicht auf dieselbe Art unterbringen. So wurde sie durch das Wort „mit" angefügt. Bei diesem Text — „herausgehend ging er" (im Aramäischen sind das zwei ganz verschiedene Verben!) vorausgesetzt — wären aber Simon und Andreas gar nicht als mitgekommen genannt: so wurde das Verb in den Plural gesetzt. Dabei

---

[1] Lk 4,39 meint mit dem „großen Fieber", μέγας πυρετός (megas pyretos) einen Fieberdämon, den Jesus bedroht. Die modernen Unterscheidungen von „Naturwundern" und „Exorzismen von Dämonen" gehen an der Sicht des Evangelisten vorbei. Die Antike sah auch dort Dämonen am Werk, wo wir nur entfesselte „Naturgewalten" sehen; vgl. z. B. Mk 4,39, wo es von Jesus heißt: „Er bedrohte den Wind und sagte zum Meer: Schweige, verstumme!"

wurde freilich das „mit Jakobus und Johannes" eigentlich überflüssig[2].

Darauf, daß Lk den Singular liest, kann man leider hier nichts geben. Er bringt ja die Berufung der beiden Brüderpaare erst später, in Kap. 5, kann sie hier also noch nicht mit Jesus ankommen lassen. Mt hat die Geschichte — sie nach seiner Art verkürzend; er mußte ja eine ungeheure Stoffmenge bewältigen — in Kap. 8 mit anderen Wundergeschichten eingereiht, in denen Jesus allein genannt ist. Mk hat nicht mit unserer Geschichte, sondern mit der vom Besessenen begonnen, weil er die folgende Massenszene anschließen wollte und danach kein Raum mehr für die Synagogengeschichte zur Verfügung war[3].

8 Heilungen am Abend

Mk 1,32—34; Mt 8,16 f.; Lk 4,40—44

(32) In der Dämmerung, als die Sonne untergegangen war, brachten sie zu ihm alle Kranken und Besessenen. (33) Und die ganze Stadt war an der Tür versammelt. (34) Und er heilte viele, die an verschiedenen Krankheiten litten, und trieb viele Dämonen aus, und er ließ die Dämonen nicht reden, weil sie ihn kannten.

Diese Geschichte hängt mit der vorhergehenden zusammen: Die Heilung hat sich herumgesprochen, und die Leute kommen schleunigst mit ihren Kranken zu dem neuen Wundermann. Aber dabei ist die Synagogenszene vorausgesetzt: man kommt erst, als der Sabbat zu Ende ist[1], und die Erwähnung der Besessenen weist ebenfalls auf den Exorzismus in der Synagoge zurück. Ob es in einem kleinen Ort wie Kapernaum — vielleicht bedeutet der Name: Dorf des Trostes, vielleicht auch nur: Dorf des Nahum — eine solche Menge „Besessener" gab, ist freilich fraglich. Vielleicht schloß der alte Bericht schon mit den Worten „und er heilte viele"[2], die deshalb Vertrauen verdienen, weil ein späterer Erzähler geschrieben hätte: „er heilte

[2] Vgl. Bultmann, Gesch. d. syn. Tradition 227.

[3] Auch Mk stellt die einzelnen Erzählungen nicht beliebig zusammen, sondern in überlegter Komposition.

[1] Hirsch hat (S. 6) den Doppelausdruck „in der Dämmerung, als die Sonne untergegangen war" auf zwei Hände verteilt, u. E. ohne zureichenden Grund: Mk hat öfter solche Doppelbezeichnungen, die nicht so tautologisch sind, wie sie zuerst aussehen (so richtig V. Taylor 182). An unserer Stelle zeigt die zweite Angabe, daß der Sabbat zu Ende ist. Wer einmal in einem jüdischen Dorf das Ende eines Sabbats erlebt hat, weiß, wie lebensecht dieser Zug ist.

[2] Lohmeyer 41 und Joachim Jeremias 91 f. erklären freilich das Wort „viele" als Semitismus mit der Bedeutung „alle".

alle". Der Schlußsatz zeigt deutlich die Hand des Evangelisten: die Dämonischen kannten ihn — und er wollte nicht erkannt sein (nämlich: als Gottessohn); deshalb ließ er sie nicht reden. Das ist die zweite Stelle, wo wir dieser Anschauung begegnen: die bösen Geister haben kraft ihres überirdischen Wissens die wahre Würde Jesu erkannt; aber Jesu will diese gerade geheimhalten. Man hat lange genug versucht, das alles aus der hypothetischen Psychologie Jesu zu verstehen. So schrieb z. B. B. Weiß 1892: „Wie aber Jesus selbst in dieser Zeit mit dem direkten Bekenntnis seiner Messianität noch zurückhielt, so wollte er am wenigsten aus so unreinem Munde zuerst bekannt werden" (S. 27). Erst Wrede kam 1901 auf den Gedanken, daß nicht die Psychologie Jesu, sondern die des Erzählers den Schlüssel zu diesen angeblichen Redeverboten liefert. Nach dessen Anschauung ist Jesus von Anfang an der Messias. Aber er wollte nicht, so meint der Erzähler, daß das bekannt wurde[3]. Wer es gegen Wrede mit der älteren Auffassung halten will, muß sich aber darüber klar sein, daß er dann auch das überirdische Wissen der Dämonen und das ganze in den Synoptikern herrschende Verständnis der Besessenheit mit in Kauf nehmen muß. Zudem muß er sich daran erinnern lassen, daß Jesus nach dem Zeugnis des Paulus 1 Kor 2,8 (das ja noch ein wenig älter ist als die synoptischen Evangelien!) von den Geistermächten nicht in seinem wahren Wesen erkannt worden ist, „sonst hätten sie den Herrn der Herrlichkeit nicht gekreuzigt"[4].

---

[3] Als Markus sein Evangelium schrieb, waren die 1. Kor 15,3 ff. genannten Zeugen des Auferstandenen wohl fast alle gestorben; außerdem aber hatten solche „Erscheinungen" damals an Zeugniskraft verloren — konnten sie nicht Erscheinungen eines „Geistes" (Lk 24,37) oder ein φάντασμα (phantasma) sein (so die Lesart von D und Marcion an dieser Stelle), also eine bloße „Vision"? Da boten sich die Wundergeschichten als besserer Ersatz für die ins Vergessen absinkende alte Tradition von 1. Kor 15 an: in diesen Wundern hatte sich ja Jesus offensichtlich schon in seinem Erdenleben als der Gottessohn ausgewiesen, als den ihn die nachösterliche Gemeinde verehrte. Darum nennt Apg 2,22 Jesus „von Gott ausgewiesen (legitimiert) durch Taten, Wunder und Zeichen, die Gott durch ihn getan hat". Besonders wichtig aber waren die Dämonenbekenntnisse, weil dem überirdischen Wissen der Dämonen die wahre Würde Jesu nicht verborgen sein konnte. So verwendete Markus den synoptischen Stoff an Wundergeschichten aus dem Erdenleben Jesu, um damit zu erweisen, daß schon der „irdische" Jesus der göttliche Herr war, als der er nach der Auferstehung verkündet wurde. Freilich blieb dann die Frage zu beantworten: Warum ist Jesus nicht auf Grund seiner Wunder und der Dämonenbekenntnisse schon damals als der Gottessohn erkannt und anerkannt worden? Markus antwortet: Weil Jesus die Dämonen schweigen hieß und die Heilung möglichst geheim hielt. Daß diese Schweigegebote nicht zur alten Überlieferung gehörten, wird an Stellen wie Mk 5,43 sehr deutlich (s. unten S. 208 zu diesem Vers).

[4] Paulus hat also von einer Überlieferung, nach der die Dämonen Jesu Würde erkannt und bekannt haben, noch nichts gewußt.

9 Jesu Fortgang von Kapernaum

Mk 1,35–39; Lk 4,42 f.

(35) Und früh, als es noch ganz dunkel war, stand er auf, ging hinaus und wanderte fort zu einer einsamen Stelle, und dort betete er. (36) Und Simon und die Seinen setzten ihm nach. (37) Und sie fanden ihn und sagten zu ihm: „Alle suchen dich!" (38) Und er sagte zu ihnen: „Wir wollen anderswohin gehen in die umliegenden Marktflecken, damit ich auch dort predige. Denn dazu bin ich ausgegangen." (39) Und er kam predigend in ihren Synagogen nach ganz Galiläa und die Dämonen austreibend.

Dieser kleine Text hat seine Schwierigkeiten[1]. Die beiden Worte „er ging hinaus und wanderte fort" sind im Griechischen sehr ähnlich: ἐξῆλθεν καὶ ἀπῆλθεν (ĕxēlthĕn kai apēlthĕn); sie könnten aber zwei verschiedene aramäische Verben wiedergeben. B hat nur das erste Verb, W nur das zweite. So könnte der oben vorausgesetzte Wortlaut einen Mischtext bieten. Aber Lk hat ihn bereits gelesen und nur stilistisch verbessert (4,42): „herausgehend wanderte er fort". Dann dürfte die scheinbare Verdopplung des Verbs bei Mk ein Zeichen dafür sein, daß einmal ein aramäischer Text zugrunde lag.

Damit, daß „alle" Jesus suchen[2], wird dem Leser noch einmal vor Augen geführt, wie große Taten Jesus in Kapernaum vollbracht hat. Die synoptische Überlieferung (vgl. aber auch Joh 2,12) spricht auch sonst davon, am deutlichsten der aus Q stammende Abschnitt Mt 11,20—24 // Lk 10,13—15. Hier werden zuerst das sonst im NT nicht genannte Chorazin — es liegt 3 km im Norden von Kapernaum —, sodann Bethsaida, östlich von der Jordanmündung ins „galiläische Meer", und schließlich Kapernaum verwünscht, weil die dort geschehenen Machttaten Jesu nicht zur Buße veranlaßt haben. Offensichtlich hat sich in diesen Orten, wo Jesus viele Heilungen vollbracht hatte, keine christliche Gemeinde gebildet oder gehalten.

Die Worte „dazu bin ich nämlich ausgegangen" in V. 38 können zweifach verstanden werden: 1. Dazu bin ich von Simons Haus oder

---

[1] Hirsch schließt aus der doppelten Zeitbestimmung (deren zweite genauer ist) wieder auf eine Bearbeitung. Aber weil es völlig dunkel war, konnte Jesus — so stellt sich Markus die Szene vor — unbemerkt in die Einsamkeit fortgehen.

[2] Lukas hat für „Petrus und die Seinen" (= die vier Jünger) eingesetzt „die Massen". Das besagt — gegen Hirsch — nicht, daß der Markustext des Lukas den Namen „Simon" nicht enthielt. Die Nichterwähnung hat einen anderen Grund: Lk bringt ja die Berufung des Petrus zum Jünger erst später (in 5,1—11). Darum durfte Petrus hier noch keine große Rolle spielen. Andererseits konnte Jesus die Menge nicht gut zum Mitgehen auffordern. Darum mußte eine Entsprechung zu Mk 1,38 a bei Lukas fehlen.

von Kapernaum weggegangen; 2. Dazu bin ich ausgezogen — so daß Jesus hier allgemein von seiner Sendung spräche[3]. Die Worte „und die Dämonen austreibend" wirken wie angeklebt.

Eine Reihe von Handschriften[4] hat das Wort „anderswohin" ausgelassen. Aber eher verdiente „in die angrenzenden Marktflecken" als eine erklärende Glosse betrachtet zu werden. D it vg haben das Wort „kōmopoleis", das wir mit „Marktflecken" wiedergaben, nicht mehr recht verstanden und zerlegt: in die angrenzenden Dörfer und die Städte (kōmas-poleis). — Da diese Szene, abgesehen von „alle suchen dich" keine besonders erbauliche Bedeutung hat, meinte man, sie noch auf die Erinnerung des Petrus zurückführen zu können. Aber es dürfte ein Versuch des Erzählers sein, Jesu Wanderpredigt an dieser Stelle verständlich zu machen. Die Vorstellung, Jesus habe nur in den Synagogen gepredigt, müssen wir als falsch aufgeben. Jesus hat keineswegs immer eine Woche gewartet, bis er wieder zu Wort kam, sondern er hat zu den Menschen gesprochen da, wo er sie fand: am Strand, in einem Haus, auf einem Hügel, gelegentlich auch in einer Synagoge, kurz: überall, wo sich eine Gelegenheit dazu bot. V. 39 wird ganz auf die Rechnung des Evst gehen. Mt hat ihn 4,23 noch erheblich gesteigert: „Und er zog umher in ganz Galiläa, lehrend in ihren Synagogen und predigend die frohe Botschaft vom Reich und heilend alle Krankheit und jedes Gebrechen im Volke". Aber damit nicht genug; Mt fährt vielmehr fort: „Und sein Ruf verbreitete sich in ganz Syrien; und sie brachten ihm alle Leidenden, die mit mannigfachen Krankheiten und Qualen behaftet waren, Besessene und Mondsüchtige und Gelähmte, und er heilte sie. Und es folgten ihm große Scharen von Galiläa und der Dekapolis und Jerusalem und von jenseits des Jordan." Damit hat Mt das Auditorium geschaffen, an das nun die Bergpredigt gerichtet ist. Hier wird die Freiheit des Schriftstellers sichtbar, der eben nicht bloß ein Sammler ist.

[3] Der ersten Lösung aber widerspricht V. 35: Jesus ist fortgegangen, um in der Einsamkeit (nicht: Wüste) zu beten! Außerdem besteht eine weitere Spannung: Wenn Jesus mit den Jüngern weiterziehen will, warum ist er dann allein mit unbekanntem Ziel fortgegangen? Denn daß der Ort seines Betens dem Simon bekannt war — das ist Lohmeyers Lösung — und man deswegen Jesus fand, paßt nicht zu der Voraussetzung (1,21.29.32.35), daß Jesus gerade zum erstenmal nach Kapernaum gekommen ist. Lohmeyer 42 nimmt darum auch an, hier stehe eine — auch durch singuläre Worte auffallende — Tradition an falscher Stelle. Vermutlich ist aber der Anteil der marcinischen Komposition größer, als Lohmeyer zugeben will: Mk will zeigen, wie Jesus nach dem Anfangserfolg in Kapernaum eine größere Wirksamkeit beginnt. Das Gebet in der Einsamkeit soll ihn dafür stärken. — Lk 4,43 hat das Wort „dazu bin ich ausgegangen" wiedergegeben mit „dazu wurde ich gesandt". Das erinnert deutlicher an die Worte Jesu bei Joh über seine Sendung durch Gott.

[4] Es sind die Handschriften A D W Θλ φ it vg sy[s].

10 Heilung eines Aussätzigen

Mk 1,40–45; Mt 8,1–4; Lk 5,12–16

(40) Und es kommt zu ihm ein Aussätziger, ihn bittend und vor ihm niederkniend, zu ihm sagend: „Wenn du willst, kannst du mich reinigen!" (41) Und er hatte Mitleid, streckte seine Hand aus, berührte ihn und sagte zu ihm: „Ich will es. Sei rein!" (42) Und sogleich ging von ihm der Aussatz weg, und er wurde rein. (43) Und ihn anherrschend trieb er ihn sogleich weg und sagte zu ihm: (44) „Paß auf, sag keinem ein Wort, sondern geh, zeige dich dem Priester und bringe für die Reinigung dar, was Moses geboten hat, ihnen zum Zeugnis." (45) Der aber ging fort und begann, es vielfach zu verkünden und die Kunde auszubreiten, sodaß er nicht mehr offen in eine Stadt hineingehen konnte, sondern er war draußen in einsamen Gegenden. Und sie kamen von allen Seiten her zu ihm.

Dies ist eine der für den Erklärer schwierigsten Perikopen, zumal wenn man V. 41 die Lesart von D it „zornig" (ὀργισθείς, „orgistheis"), statt „mitleidig" (σπλαγχνισθείς, „splanchnistheis"), als die schwierige Lesart ansieht, die den Vorzug verdient. Hirsch hat die von Keim stammende, aber von H. J. Holtzmann erneuerte Erklärung des Wortes καθαρίζειν („katharizein") als „für rein erklären" aufgenommen und folgende Lösung vorgeschlagen: Im „Urmarkus" (bei Hirsch mit Mk I bezeichnet und als Erlebnisbericht des Petrus angesehen) bat ein Aussätziger Jesus, er möge ihn für „rein erklären", obwohl er noch krank war. Über diese Zumutung sei Jesus in Zorn geraten und habe den Kerl hinausgeworfen. Der Bearbeiter von Mk I habe sich — im Geist einer späteren Zeit — nicht denken können, daß hier etwas anderes als eine der üblichen Heilungsgeschichten stehen könne, habe darum „voll Zorn" in „voll Mitleid" abgeändert und die Heilung nachgetragen. Außerdem wurde noch, Lev 13,49 und 14,2—32 entsprechend, die Anweisung an den Geheilten hinzugefügt, sich dem Priester vorzustellen und die nötigen Opfer darzubringen (Frühgeschichte des Evangeliums, I, 8).

Es ist richtig: wir müssen uns mit der Lesart „orgistheis" „voll Zorn", auseinandersetzen[1]. Es sieht weiter so aus, als wäre „sage niemand etwas" und das unmittelbar darauffolgende „sondern zeige dich dem Priester" ein schreiender Widerspruch. Aber damit wird Hirschs Lösung noch nicht gut: keine christliche Gemeinde hätte je eine Geschichte des Inhalts überliefert, den Hirsch rekonstruiert. Es bleibt jedoch noch ein zweiter, durchschlagender Grund gegen Hirschs Deutung bestehen: Es hätte dem Kranken keinen Deut geholfen, wenn

[1] Auch V. Taylor tritt noch für die Lesart von D ein, weil er sie für die schwierigere hält.

ihn Jesus wirklich für „rein“ erklärt hätte. Denn nicht das Zeugnis Jesu, sondern das des dafür zuständigen Priesters gab dem Geheilten die Möglichkeit, wieder in die Gesellschaft der Gesunden zurückzukehren. Aber noch einen dritten Grund müssen wir bedenken: Angenommen, ein Kranker hört, der große Wundertäter von Nazareth ist da! Was wird er da tun? In diesem Fall doch nur eins: ihn um die Heilung bitten, nicht um die Erklärung, er sei rein! Denn sonst würde er ja doch an seiner Krankheit elend zugrunde gehen!

Hirschs Lösung reicht also in keiner Hinsicht aus. Aber mit diesem Negativen ist es nicht getan. Es gilt mit der Schwierigkeit fertig zu werden, die Hirsch auf seine Weise überwinden wollte.

Der angebliche Widerspruch in V. 44 besteht gar nicht. Selbst wenn Jesus den Kranken geheilt hat, hilft dem das noch gar nichts: Die Heilung muß erst „amtlich‘ bestätigt sein; eher lassen ihn die Gesunden nicht wieder ins Dorf und in ihre Gemeinschaft. Erst muß wirklich das geschehen, was Lev 13 vorgeschrieben hat: Ein Sachverständiger muß festgestellt haben, daß der Kranke nicht aussätzig ist.

Weiter: die Worte „Paß auf, sag keinem etwas!“ besagen nicht, daß der Kranke niemandem verraten darf, daß er gesund geworden ist; sonst wäre ja die Heilung umsonst, weil der Mann dann nicht in sein Dorf und zu seiner Familie zurückkehren dürfte. Sondern diese Worte meinen nur: Der Kranke solle nicht verraten, wie es zu dieser Heilung gekommen ist. Wenn er nichts davon sagt, kommt keiner auf den Gedanken, daß Jesus ihn geheilt hat. Solange der Kranke vom „Wie“ der Heilung schwieg (und das war durchaus möglich, denn das Gesetz sah selbst Fälle vor, in denen der Aussatz von allein heilte oder kein echter Aussatz war), wurde Jesu Wunder nicht bekannt. Das „Daß“ der Heilung, das durch den Priester bestätigt wurde, brauchte also keineswegs ein Geheimnis zu bleiben.

Unsere Perikope gehört dann also zu den Geschichten, in denen erzählt wird, daß Jesus das Bekanntwerden seiner Wunder möglichst verhindern wollte. Wenn wir nach dem Grund dieses — angeblichen — Verhaltens fragen, werden wir kaum einen anderen finden als bei den Schweigegeboten an die Dämonen (jedenfalls hat der Evangelist die Sache so angesehen): man soll nicht an Jesu Wundern erkennen, wer er ist.

Nun zur nächsten Schwierigkeit. Wir setzen am besten ein bei dem ebenfalls schwer zu verstehenden „ihn anherrschend“, „anfahrend“. Warum fährt Jesus den Mann an? Die Erklärung liegt nahe, wenn wir die ähnliche Stelle Mt 9,30 berücksichtigen. Dort erzählt der Evangelist, Jesus habe zwei Blinden das Augenlicht wiedergegeben. Danach aber heißt es: „Und Jesus fuhr sie an, sagend „Paßt auf, daß es keiner erfährt!“ — nämlich, daß *er* es war, der sie geheilt hat! Die schroffe Härte, mit der hier ebenso wie in unserer Mk-Stelle der Schweigebefehl gegeben wird, hat also — nach der Darstellung des Evangelisten — den Grund, daß Jesus unbedingt das Bekanntwerden seiner Wundertat verhindern will. Auch das „sofort trieb er ihn fort" in V. 43 erklärt sich auf diese Weise: Jesus will nicht mit dem (nun geheilten) Kranken zusammen gesehen werden — aus demselben Grunde: damit seine Heilungstat nicht bekannt wird.

Nun kommen wir zu der Hauptschwierigkeit: der Lesart von D a f f z r „zornig" in V. 41. Der Mann, von dem diese Sonderlesart stammt, hat sich überlegt — in den Sonderlesarten von D steckt sehr viel Reflexion! —: Wie konnte Jesus von Mitleid erfüllt sein, wenn er doch gleich darauf den Kranken anfuhr und forttrieb? Das ist doch ein Widerspruch! Um ihn zu beseitigen, ging er — wie später Hirsch — aus von den Worten „ihn anfahrend" und „sogleich trieb er ihn weg" und ersetzte das ihm unverständliche „voll Erbarmen" durch „voll Zorn". Er hielt — modern ausgedrückt — „voll Zorn" für die „lectio difficilior", die schwierigere Lesart, die gerade als solche den Vorzug verdient. Denn es läßt sich leicht begreifen, daß man von einer schwierigen Lesart zu einer nicht schwierigen seine Zuflucht nimmt. Es ist nur nicht so selbstverständlich, welche Lesart jeweils wirklich die schwierigere ist. —

Der Geheilte hält sich jedoch nicht an das Schweigegebot, sondern beginnt alsbald, die Sache kundzumachen (das „beginnt" mit folgendem Infinitiv ist fast gleich dem betreffenden Verb ohne „beginnt"). Die Folge ist: Jesus kann nicht mehr in eine Stadt hineingehen, weil ihn sofort das Volk so sehr bedrängt. Damit bereitet der Evst die nächste Szene vor, die einen solchen Massenandrang voraussetzt.

Der Erzähler stellt sich die Heilung so vor: Auf Jesu Wort hin verschwindet der Aussatz augenblicklich. Das ist ein unerhörtes Wunder. Freilich war der Begriff „Aussatz" damals nicht ganz genau bestimmt. Es gibt den knotigen Aussatz (der mit Knotenbildung anfängt; dann entstehen — s. Grundmann S. 52 — eiternde aufbrechende Geschwüre) und den mit Unempfindlichkeit, Muskelschwund, Lähmungen, Abfaulen und Absterben der Glieder sich zeigende Aussatz (lepra anaesthetica); aber es gab auch die vitiligo mit weißen Flecken auf der Haut, mit einer „nervös verursachten Form, die charismatischer Heilung besonders zugänglich ist"[2]. Diese Heilungsgeschichte ist also nicht von vornherein als unhistorisch abzutun; denn es liegt keine Diagnose im modernen Sinne vor.

Die Versuche mancher Erklärer, sich den Fall so auszulegen, als sei der Aussatz erst allmählich geschwunden — so Lk 17,14 —, haben in unserem Text keinen Anhalt. — Daß der Geheilte wirklich zum Priester geht, wird als selbstverständlich und für den Erzähler belanglos nicht besonders erwähnt. Für ihn ist es viel wichtiger, daß diese

---

[2] Vgl. Billerbeck IV 2, 27. Exkurs: „Aussatz und Aussätzige", S. 745—763; ThWb IV, 240 und die bei Walter Bauer, Wb 933 angeführte Literatur.

große Wundertat nicht geheimblieb, sondern überall bekannt wurde. So beweist sie aufs neue, daß Jesus der Gottessohn ist, der auch den Aussatz mit einem einzigen Wort vertreiben kann.

Nicht der menschliche Glaube erscheint hier als das Entscheidende, sondern Jesu Wille und Wort. Wir werden diese Frage bei Mk 3,20 ff. aufnehmen.

Eine weiterentwickelte Variante unserer Geschichte bietet der Papyrus Egerton mit folgendem Text:

'Und siehe, ein Aussätziger tritt heran und sagt zu ihm: „Rabbi Jesus, ich wanderte zusammen mit Aussätzigen und aß mit ihnen zusammen in der Herberge. Da wurde ich auch selbst leprakrank. Wenn du nun willst, werde ich rein werden." Der Herr sagte zu ihm: „Ich will; sei rein!" und sogleich verschwand bei ihm der Aussatz. Der Herr aber sagte zu ihm: Geh, zeige dich den Priestern ...'

Das ist ein vereinfachter Mk-Text ohne Spur der D-Lesart. Der Papyrus Egerton scheint so entstanden zu sein, daß ein weitgereister Christ alle Überlieferungen, die er in Gottesdiensten hörte oder sonst erfuhr, in einem eigenen Gesamtentwurf zusammenstellte, vermutlich um seiner Gemeinde ein eigenes Evangelium zu geben.

10 a Der Hauptmann von Kapernaum

Mt 8,5—13; Lk 7,1—10; Joh 4,46—53

Auf diese nicht bei Mk vorhandene Geschichte wollen wir wegen ihrer methodischen Wichtigkeit kurz eingehen[1]. In der Mt-Fassung bittet ein heidnischer Hauptmann Jesus, seinen daheim liegenden gelähmten παῖς („pais", was „Sohn" oder „Knecht" heißen kann) zu heilen. Jesus sagt zu: er werde kommen und ihn heilen. (Gewöhnlich faßt man Jesu Antwort als befremdete Frage: „Ich soll kommen und ihn heilen?" Schuld an dieser falschen Auslegung ist der Einfluß der Geschichte von der Syrophönizierin, Mk 7,24—30, die sich nach Herkunft und Sinn weit unterscheidet.) Darauf der Hauptmann: „Das ist nicht nötig; ich bin nicht wert, daß du unter mein Dach eingehst. Sprich nur ein Wort, und mein „pais" ist gesund." Die folgenden Worte zeigen, wie der Hauptmann zu diesem Glauben kommt: „Ich bin ja auch ein Mensch, der Vorgesetzte über sich hat, und unter mir habe ich Soldaten". Wenn er denen etwas befiehlt, führen sie den Befehl aus. Als Jesus das hörte, sagte er zu denen, die ihm folgten: „Wahrhaftig, bei niemand in Israel habe ich solchen Glauben gefunden!" Und Jesus sagte zu dem Hauptmann: „Geh, wie du geglaubt hast, geschehe dir!" Und der „pais" ward heil in selbiger Stunde.

[1] Wir haben sie besprochen in dem Aufsatz: „Johanneische Probleme", ZThK 56, 1959, 23—31; „Gott und Mensch", 1965, 78—113.

Zwischen Jesu Wort zu den Begleitern und der Antwort an den Hauptmann hat Mt ein ursprünglich selbständiges (vgl. Lk 13,28—30) Wort eingeschoben:

„Ich sage euch aber, viele werden kommen von Osten und Westen und zu Tische liegen mit Abraham und Isaak und Jakob im Himmelreich; die Söhne des Reiches aber werden in die äußerste Finsternis hinausgeworfen werden; dort wird sein Weinen und Zähneknirschen." Mit diesem Einschub wird der Ausnahmefall des Heidenglaubens zur Regel gemacht und die Juden, die eigentlich die Söhne des Reichs sind, werden vom Himmelreich ausgeschlossen.

Dieser heidenchristlichen Fassung der Geschichte steht bei Lk eine judenchristliche gegenüber. Der Hauptmann sendet die Ältesten der Juden zu Jesus mit der Bitte zu kommen. Sie begründen diese Bitte mit den Verdiensten des Hauptmanns um die jüdische Gemeinde, die er liebe und der er eine Synagoge gebaut habe. Daraufhin geht Jesus zum Haus des Hauptmann, trifft aber unterwegs eine zweite Gesandschaft des Hauptmann, die nun dessen aus Mt bekannte Worte sagt: Ein Wort Jesu genüge ja. Jesus antwortete: „Auch in Israel habe ich solchen Glauben nicht gefunden!" Das Wort über die Tischgäste im Himmelreich erscheint in diesem Zusammenhang nicht. Jesus gibt den Ältesten gar keine Antwort; doch heimkehrend finden sie den Knecht gesund. Man sieht, daß hier die heidenchristliche Geschichte ungeschickt in judenchristlichem Geist bearbeitet ist durch die törichte Einfügung der beiden Gesandtschaften. Während Lk 7,8 von „pais" spricht, ist in V. 10 vom „Knecht‘ die Rede. Vermutlich ist der „Knecht" — vielleicht irgendeine Ordonnanz des Hauptmanns — ursprünglich; später hat sich das „normale" Vater-Sohn-Verhältnis durchgesetzt.

So bei Joh. Hier steht nicht der menschliche Glaube, sondern die zur Fernheilung gewordene Wundertat Jesu im Mittelpunkt; was nicht dazu paßt, fällt fort — so weiß man nicht einmal, ob der „Königliche" Heide oder Jude, Soldat oder Beamter ist. Der Evangelist selbst hat die das Wunder als Beweis wertende Auffassung korrigiert durch den Einschub von V. 48 f.: „Wenn ihr nicht Zeichen und Wunder seht, wollt ihr nicht glauben!", und mußte dann die Bitte des Vaters erneuern, dem es ja gar nicht um einen Wunderbeweis geht. Selten kann man an einer Geschichte so genau den Wandel der Tradition beobachten; im Grunde kommen hier 6 Fassungen zu Wort: die Mt-Vorlage und der Einschub V. 11 f., die lukanische Vorlage und deren judenchristliche Überarbeitung, und die beiden johanneischen Fassungen: die Vorlage und die Korrektur durch den Evangelisten. Allerdings ist dies ein Ausnahmefall. Aber als solcher zeigt er besonders deutlich, was „Geschichte der Tradition" eigentlich heißt: all diese Geschichten haben ein Eigenleben mit manchmal überraschenden Mutationen.

11 Heilung des Gelähmten

Mk 2,1—12; Mt 9,1—8; Lk 5,17—26

(1) Und als er nach einigen Tagen wieder hineinging nach Kapernaum, hörte man: Er ist im Haus. (2) Und es versammelten sich viele, so daß auch vor der Tür kein Platz mehr war, und er sagte ihnen das Wort. (3) Und sie kamen und brachten zu ihm einen Gelähmten, der von vier Männern getragen wurde. (4) Und weil sie nicht zu ihm hineinkommen konnten wegen der Menge, deckten sie das Dach ab da, wo er war, und indem sie (ein Loch) ausgruben, lassen sie die Bahre hinab, auf welcher der Gelähmte lag. (5) Und als Jesus ihren Glauben sah, sagt er zu dem Gelähmten: „Kind, deine Sünden sind dir vergeben!" (6) Es saßen dort aber einige Schriftgelehrte, die dachten bei sich: „(7) Wie kann dieser Mensch so reden? Er lästert! Wer kann Sünden vergeben außer allein Gott?" (8) Und sogleich erkannte Jesus durch seinen Geist, daß sie so bei sich denken, und sagt zu ihnen: „Warum denkt ihr das bei euch? (9) Was ist leichter: zum Gelähmten zu sagen ‚Deine Sünden sind dir vergeben' oder zu sagen ‚Steh auf und gehe!'? (10) Damit ihr aber wißt, daß der Menschensohn Macht hat, auf Erden Sünden zu vergeben", sagt er zu dem Gelähmten: (11) „Ich sage dir: stehe auf, nimm dein Bett und gehe in dein Haus!" (12) Und er stand auf und nahm sogleich seine Bahre und ging vor ihnen allen hinaus, so daß alle außer sich gerieten und Gott priesen und sagten: So etwas haben wir nie gesehen!

Diese Geschichte handelt so, wie wir sie hier lesen, nicht eigentlich von der Heilung eines Gelähmten (daß er durch Gicht gelähmt ist, deutet der Text nicht an). Denn nicht die Heilung steht im Mittelpunkt der Erzählung, sondern die Frage nach dem Recht der Sündenvergebung. Die Heilung bringt nur den Beweis für die Vollmacht Jesu zur Sündenvergebung. Daß Jesus diese Vollmacht besitzt (und mit ihm die Gemeinde, die in seinem Namen die Sündenvergebung übt, in der er sozusagen seine Sündenvergebung weiter ausübt[1]); das will der Evst mit dieser Erzählung seinen Hörern gewiß machen.

Aber so einfach es ist, diesen Sinn unserer Perikope zu erkennen, so schwierig ist das Verständnis im einzelnen. Der Anfang ist allerdings klar: Kaum ist Jesus wieder „im Hause" — der Evangelist wird an Simons Haus denken, obwohl er über diese Einzelheit nichts sagt —, da wird es schon im Ort bekannt; eine große Menschenmenge sammelt sich an, die seiner Predigt lauscht. „Das Wort sagen" ist schon Fachausdruck für die Predigt, die christliche Verkündigung; allerdings handelt es sich hier nicht um die Predigt von Jesus, sondern um die Predigt Jesu selber. Für den Evangelisten besteht offensichtlich kein Unter-

[1] Vgl. Mt 16,19; 18,18; Joh 20,22.

schied, abgesehen von dem einen, daß Jesus seine eigene Würde nicht offenbart. Die Bemerkung, daß selbst vor der Tür kein Platz mehr war, zeigt ebenso wie V. 4, daß der Evangelist sich Jesus nicht (wie Hirsch I 9 nach Faber und anderen rekonstruiert) auf der Türschwelle sitzend vorstellt, sondern drinnen in dem (vermutlich aus einem einzigen Raum bestehenden) Hause. Das Gleichnis Lk 15,8 f. setzt ein solches Haus voraus. Nun bringen vier Männer auf einer Bahre einen Gelähmten. Aber die Menge vor der Tür macht nicht Platz. Was tun? Die Träger (und natürlich auch der Kranke, ja er wohl in erster Linie) geben die Absicht nicht auf, zu Jesus vorzudringen. Sie steigen — auf einer außen befindlichen Treppe oder, wenn das Haus an einem Abhang stand, von dort aus — auf das flache Dach und decken es — natürlich nicht ganz, sondern an der Stelle, wo sich unten Jesus befindet, ab. Das Wort ἐξορύξαντες, „ĕxorýxantĕs", „aufgraben", „auf reißen", zeigt, daß der Erzähler an ein regelrechtes Durchbrechen der wohl aus Holzbalken, Schilf oder Stroh und Lehm bestehenden Decke denkt.

Schon D. F. Strauß hat sich gefragt, wie das möglich sein soll. Man muß sich die Szene einmal wirklich vorstellen, um diesen Zweifel zu verstehen. Der Raum innen, wo Jesus spricht, ist dicht gedrängt voll. Plötzlich hört man oben Schritte, es wird geklopft und gehämmert, dann beginnt es zu rieseln, Lehmstücke, kleinere und größere, fallen herunter, Balken werden weggeschoben, der Himmel wird sichtbar. Aber die Arbeit geht weiter: es braucht nicht wenig Raum, um auch nur eine schmale Bahre hinabzulassen! Und bei alledem redet Jesus ruhig fort, die Menschen hören zu, ohne sich einen Augenblick ablenken zu lassen. Der Besitzer des Hauses denkt gar nicht daran, daß man ihm sein Haus demoliert; sie sind alle so fasziniert trotz Lehmbrocken usw., daß sie erst aufschauen, als die Bahre mit dem Gelähmten herunterschwebt!

Nur die leidige Angewohnheit, biblische Geschichten gedankenlos hinzunehmen, einfach deshalb, weil sie in der Bibel stehen, hat es verhindert, daß man sich die Unmöglichkeit dieses Zuges der Erzählung eingestand. Wenn z. B. B. Weiß (S. 35) schreibt: „Die Sorge um die Gefährlichkeit der Prozedur für die unten Sitzenden (Strauß, Br. Bauer) hat schon Volkmar beruhigt, der Palästinenser Mk mußte wohl besser wissen, ob dieselbe möglich war oder nicht", so zeigt diese Bemerkung nur, daß Weiß die Schlüsse aus der Tradition über das Mk-Evg höher einschätzte als die Schlußfolgerungen aus dem Befund des Evangeliums selbst. Nun hat Hirsch versucht, dieser Schwierigkeit Herr zu werden. Er nimmt an, Jesus habe nach dem ursprünglichen Bericht von Mk I auf der Türschwelle des Hauses gesessen und von dort aus zur Menge gesprochen. Den Kranken habe man über den Rand des Daches zu ihm hinabgelassen, so daß die Bahre unmittelbar vor ihm zu stehen kam. Aber so meint es der Evangelist nicht; auch wenn man das Wort „ausgrabend" streicht, würde das Abdecken des Daches nie bedeuten, daß man das Geländer um das Dach durchbricht. Nein, der Evst erzählt wirklich — das sollte man nicht abstreiten — von einem Durchbrechen des Daches (das wir uns übrigens nicht wie Lk 5,19 mit Ziegeln bedeckt vorstellen dürfen). Der vorliegende Bericht ist also innerlich unmöglich, aber der Evangelist ist das nicht gewahr geworden. Es fragt sich, ob wir noch die ursprüngliche Erzählung erraten können, die dieser entstellten Form zugrunde liegt. Das scheint nicht ausgeschlossen. Vielfach war im Dach eine Luke, durch die man vom Innern des Hauses mittels einer Leiter aufs Dach gelangen konnte. So haben Lightfoot und Olshausen angenommen, daß mit dem Abdecken des Daches eine Erweiterung dieser Luke gemeint war. Aber noch einfacher wäre es, daß die vier Männer den Kranken mit der Bahre durch die Luke nach unten abgeseilt haben.

Dagegen kann man einwenden, das sei noch kein überwältigender Beweis ihres Glaubens. Wer erst dann an den Glauben dieser Leute glaubt, wenn die Lehmbatzen fliegen, dem ist freilich nicht zu helfen. Selbstverständlich zeigt auch diese Handlungsweise der vier Männer ihr Vertrauen auf Jesu Hilfe und ihren unbedingten Willen, den Kranken zu ihm zu bringen. Aber es kann gut sein, daß eine spätere Zeit eine den Glauben noch deutlicher beweisende Handlungsweise zu erkennen glaubte und demgemäß von einem Abdecken des Daches durch Aufgraben gesprochen hat.

Mit alledem haben wir noch nicht die eigentliche Schwierigkeit dieses Textes erwähnt. Sie beginnt am Schluß von V. 5 mit dem überraschenden Wort Jesu: „Kind, deine Sünden sind vergeben!" Die vier Männer haben doch den Gelähmten nicht dazu hergebracht, daß ihm seine Sünden vergeben werden, sondern damit er geheilt wird!

Die Ausleger haben sich in verschiedener Weise mit diesem überraschenden Jesuswort auseinandergesetzt. Man kann z. B. daran denken, daß die Sündenvergebung doch das ungleich Wichtigere ist und Jesus also dem großen Glauben mehr schenkt als das, wonach er verlangt. Oder man kann voraussetzen, der Kranke habe sich gar nicht wegen seiner Heilung zu Jesus bringen lassen, sondern um seine Predigt zu hören und durch Jesus mit Gott versöhnt zu werden. Verwandt wäre die Erklärung, zuerst müsse das Verhältnis zu Gott in Ordnung gebracht werden, bevor die leibliche Not gestillt werden kann. Oder man kann geradezu denken, die leibliche Not sei nur ein körperlicher Ausdruck für den seelischen Kernschaden; die leibliche Lähmung sei die Äußerung einer seelischen Gelähmtheit und Zerrissenheit: der Trennung von Gott, und man kann dafür die Erfahrungen manches modernen Arztes anführen. Zweifellos ist diese moderne Erklärung tiefer als die Behauptung, Krankheit könne nicht geheilt werden, wenn das Verhältnis zu Gott nicht in Ordnung sei; es werden öfter Heilungen durch Jesus erzählt, ohne daß mit einem Wort der Sündenvergebung gedacht wird. Ja, in den meisten Fällen, von denen die Evangelien berichten, verhält es sich so. Außerdem dürfen wir nicht vergessen: in unserer Geschichte ist der Kranke als vom Glauben an Jesus erfüllt gedacht. Sein Verhältnis zu Gott ist also — nach der Meinung des Evangelisten — in Ordnung, und so kann ihm Jesus die Sündenvergebung zusprechen.

Aber die Schwierigkeiten gehen weiter. V. 6 erzählt plötzlich von einigen Schriftgelehrten aus pharisäischen Kreisen, die in der Hörerschar sitzen und von denen bisher nicht die Rede war. Überraschend tauchen sie hier auf, und ebenso überraschend sind sie am Schluß der Geschichte wieder verschwunden. Diese Schriftgelehrten nehmen daran Anstoß, daß Jesus Sünden vergibt, und halten das für eine Lästerung, weil nur Gott Sünden vergeben kann. (Das stimmt freilich nicht ganz: auch der Prieser kann nach jüdischer Überzeugung von Sünden lossprechen!) Und — was wichtiger ist — diese Kritiker äußern ihre Gedanken mit keinem Wort, aber Jesus erkennt oder liest sie doch. Es wäre ganz falsch, wollten wir sagen: „er errät eben ihre Gedanken" oder „er liest sie ihnen vom Gesicht ab". Der Evst sagt ausdrücklich, daß Jesus „mit seinem Geist" erkennt, daß sie so denken: es ist keine natürliche Menschenkenntnis, die sich hier bei Jesus zeigt, sondern ein übernatürliches Wissen, zu dem der ihm innewohnende Gottesgeist ihn befähigt.

Und nun geht Jesus — immer den jetzigen Text vorausgesetzt — auf den Einwand der Schriftgelehrten ein in dem seltsamen V. 9: „Was ist leichter, zu sagen 'Dir sind deine Sünden vergeben!' oder zu sagen 'Steh auf, nimm deine Bahre und geh!'?" Eigentlich handelt es sich gar nicht darum, ob es leichter ist, das eine oder andere zu *sagen:* Das Aussprechen beider Sätze ist ebenso leicht. Gemeint ist doch: Was ist leichter: Sünden zu vergeben oder zu heilen? Man hat darüber gestritten, was hier als das Leichtere gilt. Wäre es das wirkende Heilungswort, dann läge ein Schluß a minori ad maius, vom Kleineren auf's Größere, vor. Andere Forscher meinen: Die Schriftgelehrten halten die Heilung für schwerer. Dann wäre der Gedanke: Vermag ich das Schwere, dann auch das Leichtere. Aber seltsam bleibt, daß es hier heißt: Was ist schwerer zu *sagen* bzw. leichter. Es handelt sich, so meinen wir, doch nicht um eine schwerere oder leichtere Tat, sondern ob jemand die Sünden vergeben *darf* oder nicht. Anscheinend wollte der Evangelist zweierlei ins Verhältnis setzen, was für uns nicht zusammenhängt, und hat die Vollmacht zur Sündenvergebung verglichen mit der zur Heilung, zum Wunder. In summa: er meinte: Das Wunder beweist die Vollmacht zur Sündenvergebung.

Zwei ntl. Stellen zeigen besonders deutlich, daß die ersten Christen Jesu Wundern besondere Beweiskraft für ihre „dogmatischen" Aussagen über Jesus zuschrieben: Joh 3,2, wo Nikodemus sagt: „Wir wissen, daß du als Lehrer von Gott gekommen bist, denn niemand kann die Zeichen tun, die du tust, wenn nicht Gott mit ihm ist", und Apg 2,22, wo es in einer Missionspredigt des Petrus heißt: „Jesus von

Nazareth, ein Mann, legitimiert von Gott vor euch durch Machttaten, Wunder und Zeichen, die Gott durch ihn tat." An unserer Stelle soll das Wunder der Heilung am Gelähmten die Vollmacht Jesu (und der Gemeinde) zur Sündenvergebung beweisen. Diese Verbindung von Heilung und Vergebung wird nicht durch den Gedanken vollzogen: „Ein Wundertäter steht in Verbindung mit Gott", sondern durch das seltsame „schwerer" und „leichter". Müssen wir schon mit Jesus gegen Nikodemus die Legitimation der Vergebung durch Wunder bestreiten, so erst recht die Verwendbarkeit der Begriffe von „schwerer" und „leichter". Die hier verglichenen Dinge stehen für uns gar nicht auf einer Ebene — nach dem NT (Mk 13,22) werden auch falsche Christusse und Lügenpropheten Wunder tun! Darum ist der Komparativ für uns unverständlich. Der Evangelist stellt sich die Dinge einfach so vor: Es ist schwer, einen Kranken durch ein Wunderwort zu heilen. Wer das vermag, dem darf man auch das Wort der Sündenvergebung zutrauen. Weil beidemal das Wort mit im Spiel ist, kam er auf die Frage, was schwerer oder leichter zu *sagen* ist. Aber darum geht es nicht.

Nun aber kommt erst das für uns Schwierigste an dieser Geschichte: Jesus heilt den Kranken nicht, weil er Mitleid mit dem Geplagten hat, aus Erbarmen, sondern um seine Vollmacht zur Sündenververgebung zu beweisen[2]! So wie er in Joh 11 den Lazarus nicht auferweckt, um den trauernden Schwestern den Bruder zurückzugeben, sondern um die Herrlichkeit Gottes zu zeigen[3], so heilt er hier nicht aus Mitgefühl mit dem Gelähmten, sondern zum Erweis seiner Vollmacht zur Sündenvergebung. So denkt die spätere Gemeinde, aber nicht Jesus. Jesus denkt menschlicher. Dem Evangelisten geht es — beim Gelähmten wie bei Lazarus — gar nicht um den kranken Menschen, sondern nur um die Legitimation des Gottessohnes. Wir empfinden das — auch wenn wir es uns nicht klarmachen oder es uns gar nicht klarmachen wollen, weil es so unfromm klingt — als herzlos. Vielleicht würde uns der Evangelist antworten: Es ist viel wichtiger, das Gottes oder des Gottessohnes Herrlichkeit gezeigt wird, als daß ein Kranker gesund wird. Das ewige Heil ist wichtiger als das irdische. Aber Jesus sah das alles anders an. Gerade das Erbarmen, mit

[2] Das hat neuerdings Eduard Schweizer stark betont: „... die Taten Jesu" sind „nie als Ausdruck seines Erbarmens oder seiner Liebe verstanden" („Die theologische Leistung des Markus", Ev. Theol. 1964, Nr. 7, S. 343. — Aber schon Bultmann hatte in seiner „Gesch. d. syn. Tradition 12 f. für unsere Geschichte erkannt: Das Motiv von der Sündenvergebung ist „ganz äußerlich in das erste" (des Wunders) „hineingeschoben"; „V. 5 b—10 sind sekundäre Einfügung", und V. 12 ist der organische Abschluß einer Wundergeschichte: Dokumentierung der Heilung durch Wegtragen des Bettes und Eindruck auf die Hörer. „Der Einschub will das Recht der Gemeinde zur Sündenvergebung durch ihre Kraft zur Wunderheilung beweisen."

[3] Joh 11,4.15.

dem Jesus einem Kranken hilft und weiter nichts will, als dieses Elend erleichtern oder beseitigen, ist selbst die größte Predigt von Gottes Liebe, die höchste „Demonstration", die es überhaupt gibt.

Und nun ein Letztes: wenn wir alles zwischen „sagt er dem Gelähmten" in V. 5 bis zur Wiederholung dieser Worte in V. 10 auslassen, wird der Zusammenhang mit einem Male glatt und einfach und alle Schwierigkeiten verschwinden; das plötzliche Auftauchen und Wiederverschwinden der Schriftgelehrten (deren Auftauchen unter den Hörern im kleinen Kapernaum — wo Jesus unvermutet erschienen war — sowieso ein Rätsel war), kommt auf das Konto dieses späteren Einschubes, der aus einer anscheinend „simplen" Heilungsgeschichte eine hochwichtige Legitimation Jesu und der Gemeindepraxis machte, aber ebenso die Art, wie Jesus hoheitsvoll-herablassend den Kranken „Kind" nennt, und sein überirdisches Wissen um die Gedanken der Gegner und endlich die sonderbare Verbindung von Heilung und Vergebung. Die Technik dieses Einschubs ist sehr deutlich und sehr einfach: er endet mit eben den Worten, nach denen er begann: „sagt er zu dem Gelähmten".

Damit, daß V. 5b—10a als späterer Einschub (den kein Ergänzer eintrug: das zeigt die — nur besser aufgebaute — Parallele Lk 5,27) erkannt wird, klärt sich zugleich etwas anderes auf: Wir sehen, daß die Selbstbezeichnung Jesu als der „Menschensohn" hier auf die Rechnung der Gemeinde kommt, die der eigentliche Sprecher dieses Einschubes ist. Damit verschwindet die Schwierigkeit, daß Jesus vor der Menge offen von sich als dem „Menschensohn" redet: jeder Hörer hätte verstehen müssen, daß Jesus mit diesem Ausdruck sich selber und keinen anderen meinte. „Menschensohn" steht hier nicht etwa für „Mensch"[4]: ein beliebiger Mensch besitzt nach der Überzeugung der Gemeinde keineswegs diese Vollmacht zur Sündenvergebung, sondern nur der durch das Wunder legitimierte Jesus und die in seinem Namen vergebende Gemeinde.

Wenn es am Schluß der Mt-Parallele (welche die schwierige Dach-Einzelheit ausgelassen hat) in 9,8 heißt, daß die Massen Gott preisen, der „den Menschen" solche Vollmacht gegeben hat, dann sind diese „Menschen" Jesus und seine Gemeinde.

Wir sehen also: Zugrunde liegt eine alte Heilungsgeschichte. Sie zeigte dem Leser, wie Jesus einen Kranken heilte, dessen Glaube — wie der seiner Träger — in der Art deutlich wurde, wie er sich trotz aller Schwierigkeiten zu Jesus bringen ließ. V. 12 bestätigt den Erfolg der Heilung. Daß der Geheilte Jesus dankt, wird nicht erzählt, weil

[4] Rein wortmäßig wäre das freilich möglich. Im Hebräischen bzw. Aramäischen ist „Mensch" ein Sammelbegriff. Will man den einzelnen Menschen bezeichnen, so sagt man — wie es im Buch Ezechiel immer wieder geschieht — „Sohn des Menschen", d. h. der Sammelgröße „Mensch" zugehörig. Aber diese Bedeutung paßt in unserem Zusammenhang nicht.

es dem Erzähler unwichtig ist gegenüber dem Machterweis Jesu. Auch die Äußerung der Zuschauer soll die Größe des Wunders dokumentieren: So etwas ist noch nie passiert! Man braucht diese Geschichte nicht als unhistorisch, als „ideale Szene“ zu diskreditieren: sie hat sich durch die Eigenart ihres Hergangs der frühen Gemeinde tief eingeprägt.

Mt kürzt wie meist und hat, indem er das geöffnete Dach fortließ, es für seine Leser unverständlich gemacht, daß sich hier ein besonderer Glaube gezeigt hat.

Wenn aber V. 5b—10a ein Einschub sind, dann bricht die Frage auf: Wie konnte die Gemeinde — oder der Erzähler — derart mit der alten Überlieferung umgehen? Diese Schwierigkeit, die manchem heutigen Leser die kritische Theologie verdächtig macht, ist nicht so groß, wie sie zunächst scheint. Wir wissen aus Mt 16,19b und 18,18, daß die christliche Gemeinde fest überzeugt war: Ihre eigene Entscheidung über die Zulassung eines Menschen zur Gemeinde (durch Taufe und Sündenvergebung) war mehr als ein bloß menschliches Urteil: Gott selbst deckte vielmehr diese Entscheidung und erklärte sich damit solidarisch — auch Joh 20,23 (ein altes Einzellogion, ein Einzelspruch) setzt das voraus. Es geht nicht darum, daß ein einzelner Christ seinem Mitchristen oder seinem Nächsten ihre Sünde vergibt (vgl. dazu Mt 6,14 f.), sondern um die Vergebung durch die Gemeinde, um jene Vergebung, die mit der Aufnahme (oder Wiederaufnahme?) in die Gemeinde verbunden war. Die zugrundeliegende Anschauung (die wir auch bei Paulus antreffen) war die: Mit dem Christwerden ist eine große Abkehr von der Sünde verbunden: nun hält sich der Christ von der Sünde fern. Was bei der Aufnahme in die Gemeinde, bei der Taufe — die eine Erwachsenentaufe von Bekehrten war[5] — von seiten der Gemeinde erfolgen muß, ist die Vergebung der bisher begangenen Sünden (des vor der Taufe liegenden alten Lebens) durch die Gemeinde, die sie im Namen Jesu dem Täufling zuspricht. *Diese* Sündenvergebung haben die jüdischen Schriftgelehrten als Gotteslästerung ausgelegt. Gegen diesen Vorwurf hat die Gemeinde zu ihrer Verteidigung das Argument ins Feld geführt: Jesus hatte das Recht zur Sündenvergebung — das beweisen seine Wunder. Diese Überzeugung schrieb man Jesus selbst zu, und so ließ man ihn diese Überzeugung auch aussprechen.

Ob dieser Einschub von V. 5b—10a ohne besondere Reflexion im Laufe der Überlieferung zugewachsen ist oder durch eine bewußte „Komposition“[6] eingefügt wurde, ist letztlich belanglos. Unser

[6] In der lukanischen Parallele Lk 5,17—26 sehen wir die Kompositionskunst des Evangelisten deutlicher: Er führt die Schriftgelehrten schon in der Einleitung ein. Zugleich versucht er zu erklären, wie es kam, daß sich ausgerechnet in dem kleinen Kapernaum Schriftgelehrte befanden. Da er aber ihre Bedeutung steigern will, gerät das Ganze ins Phantastische: Pharisäer und Gesetzeslehrer aus jedem Dorf Galiläas und Judäas und Jerusalems seien gekommen. Aber daß Lk vor-

historisches Denken war der frühen Gemeinde fremd. Darum empfand sie keine Hemmung bei Erweiterung alter Geschichten, wenn diese Erweiterung nur eine wichtige Erkenntnis aussprach. Die Heilsbotschaft ist niemals mechanisch weitergegeben worden, sondern entsprechend dem jeweiligen Glaubensverständnis.

12 Berufung des Levi

Mk 2,13–14; Mt 9,9; Lk 5,27 f.

(13) Und er ging wiederum hinaus zum Meer. Und das ganze Volk ging zu ihm, und er lehrte sie. (14) Und entlanggehend sah er den Levi, den Sohn des Alphäus, am Zoll sitzen, und er sagt zu ihm: Folge mir! Und er stand auf und folgte ihm.

Der Anfangsvers gehört eigentlich nicht zur Levi-Geschichte. Er ist eine Art Trennungs- und Übergangsvers, ähnlich wie später 3,7. Wahrscheinlich hat der Evangelist aus 4,1 ff. den Schluß gezogen, daß Jesus öfter so, wie dort geschildert, am Meer gelehrt[1] hat. Er hat also jene Szene als ein Beispiel für viele angesehen und nicht als Schilderung eines einmaligen Geschehens. V. 13 trennt die vorangegangenen Heilungsgeschichten (Schwiegermutter des Petrus, der Aussätzige, der Gelähmte) von den nun folgenden *Streitgesprächen*, die mit 3,6 enden. Insofern aber schon 2,6 einen Vorwurf gegen Jesus erwähnt, bereitet es das Folgende vor. Mit 4,1 beginnt dann wieder eine neue Art von Geschichten: die Gleichniserzählungen.

Die Berufung des Levi dient als Auftakt für das Folgende. An sich

---

aussetzt, es gebe in jedem Dorf Galiläas Schriftgelehrte, zeigt, daß er von den wirklichen Zuständen dort nichts Genaues weiß. Im übrigen wird nun erst recht rätselhaft, wie alle diese Schriftgelehrten bei dem nicht vorauszusehenden Eintreffen Jesu in Kapernaum zur Stelle waren.

[1] Ed. Schweizer hat Ev. Theol. 1964, 341 mit Recht darauf aufmerksam gemacht, daß Mk zwar zwanzigmal von der Lehre und dem Lehren Jesu spricht, aber nicht oder nur knapp auf den Inhalt dieser Lehre eingeht. Schweizer schließt daraus, für Mk sei nicht der Inhalt dieser Lehre, des Tradierbaren, entscheidend, vielmehr proklamiere er, „daß im Lehren Jesu Gott selbst in diese Welt eingebrochen ist". Aber Mk deutet nirgends dergleichen an. Im Gleichniskapitel 4 zeigt er an Beispielen den Inhalt der Lehre Jesu, wie er sie versteht. Die für ihn besonders wichtige eschatologische Lehre hat er in Kap. 13 ausführlich dargestellt. Aber auch die Streitgespräche vermitteln bei Mk Einsicht in den Inhalt der Lehre Jesu. Richtig ist jedoch, daß für Mk — anders als für Mt und Lk — die Wundertaten Jesu im Mittelpunkt seiner Aufmerksamkeit stehen.

[5] Zur Frage der Kindertaufe im frühen Christentum vgl. Joachim Jeremias, Die Kindertaufe in den ersten vier Jahrhunderten, Göttingen 1958. Kurt Aland, Die Säuglingstaufe im neuen Testament und in der alten Kirche, Theol. Existenz heute, N. R. Heft 89, 1961; 2. A. 1963.

ist sie jedoch eine selbständige kleine Geschichte, die genau der von der Berufung der vier ersten Jünger entspricht (Mk 1,16—20). Wieder fehlt jede psychologische Vermittlung: Jesus geht an der Zollstation vorüber, wo Levi als Zolleinnehmer sitzt — er ist also ein kleiner Zollbeamter, kein großer Zollpächter. Jesus ruft ihn, und er steht auf und geht ihm nach[2], wie die Jünger hinter einem Rabbi einhergehen. Der Ton liegt aber nicht nur auf dem Gehorsam des Jüngers, sondern ebenso auf dem wirksamen Ruf des Meisters. Die Geschichte wird aber nicht aus historischem Interesse an Levi erzählt, sondern sie soll Beispiel und Vorbild für die Hörer abgeben.

Mt 9,9 heißt der Zöllner Matthäus. Im Mk-Text hat D statt „Levi" den Namen „Jakobus", während Lk „Levi" nennt. Natürlich haben sich die Abschriften der verschiedenen Evangelien gegenseitig beeinflußt und ein ziemliches Durcheinander von Namen geschaffen. Hirsch hat (I 19 ff.) die Hypothese aufgestellt, jeder der drei Hauptevangelisten habe eine eigene Tradition des Jüngernamens geboten: Mt den Namen Matthäus, Mk den des Jakobus und Lk den des Levi. Das „Levi" im Mk-Text sei aus Lk eingedrungen. Das ist eine Fehlkonstruktion. In Wirklichkeit hat D[3] sich überlegt, daß nach 3,18 als Sohn des Alphäus ein Jakobus genannt wird. Darum hat er für „Levi" diesen anderen Namen eingesetzt. Auch Mt wird keine ursprüngliche Tradition vertreten: er — oder seine Vorlage — hat nur für den sonst nie erwähnten und völlig unbekannten Levi einen der Namen aus dem Zwölferkreis eingesetzt. Die Vermutung, daß Mt auf den Apostel Matthäus zurückgeht, steht also auf schwachen Füßen. Wenn Mk 2,11 einen sonst unbekannten Levi nennt, so liegt darin eine Gewähr, daß hier noch nicht korrigiert ist und also der Mk-Text den Vorzug verdient.

Wie soll man sich aber erklären, daß hier Levi der Sohn des Alphäus ist, in 3,18 jedoch Jakobus? Nun, wir sehen aus dieser Differenz, was auch aus anderen ersichtlich ist, daß die Gemeinde selbst von den ältesten Jüngern nicht mehr viel wußte. Sie haben — abgesehen von Petrus und den Zebedaiden — keine so bedeutende Rolle gespielt, daß sie sich in der Erinnerung der Gemeinde als scharf umrissene Gestalten erhalten hätten[4].

[2] Lk 5,28 fügt hinzu, daß Levi alles verläßt. Dieser Zug gehört zum Bild des Apostels in der zweiten und dritten christlichen Generation; vgl. Mk 10,28 // Mt 19,28. Aus 1. Kor 9,5 geht hervor, daß die Apostel, die Brüder des Herrn und Kephas selber samt ihren Frauen ihren Unterhalt von der Gemeinde erhielten — wohl das früheste Beispiel für das von Kierkegaard später verabscheute Pfarrergehalt. Vgl. A 1 zu Mk 2,15.

[3] Genauer: der sehr aufmerksame, kundige und kluge Leser des frühen 2. Jh., auf den so viele Versuche zu Verbesserungen und besonders zum Ausgleich von Spannungen bei Lk und Apg in jenem Text zurückgehen, den oft D vertritt.

[4] M. a. W.: die Aufzählung der Jünger in Mk 3,18 setzt nicht voraus, daß Levi zu den Zwölf gehört hat. Die Lesarten bei Mt und D im Mktext dagegen ver-

Der Sinn der alten Levi-Perikope ist die Aufforderung der Leser zur Nachfolge[5].

13 Zöllnergastmahl

Mk 2,15–17; Mt 9,10–12; Lk 5,29–31

(15) Und es geschieht, daß er zu Tische liegt in seinem Hause, und viele Zöllner und Sünder lagen zu Tische mit Jesus und seinen Jüngern. Denn sie waren viele, und folgten ihm. (16) Und die Schriftgelehrten der Pharisäer, da sie sahen, daß er mit den Sündern und Zöllnern ißt, sagten zu seinen Jüngern: „Ißt er mit den Zöllnern und Sündern?" (17) Und Jesus hört es und sagt zu ihnen: „Die Gesunden haben den Arzt nicht nötig, sondern die Kranken. Ich bin nicht gekommen, Gerechte zu rufen, sondern Sünder."

In diesem Abschnitt sind viele Einzelheiten fraglich. Man hat z. B. darüber gestritten, in welchem Hause das Mahl stattfindet: in dem Jesu oder des Levi? Daß Simons Haus (Jesus hat ja gar kein eigenes) keinen Raum für eine große Tischgesellschaft bot, ist freilich richtig. Aber das ist noch nicht entscheidend: der Erzähler kann es sich anders vorgestellt oder nicht daran gedacht haben. Er wird jedoch das Haus des Levi meinen, wenn er von „seinem Hause" spricht. Als im folgenden Jesus bezeichnet werden soll, wird er mit Namen genannt. Damit ist die Situation anders als bei der vorangegangenen Jüngerberufung: Der neue Jünger verläßt zwar, berufen, alsbald seinen Arbeitsplatz, aber nur, um Jesus und dessen Jünger zu einem Mahl in sein Haus zu führen. Für gewöhnlich ist es dem Evangelisten gleichgültig, wo und wie Jesus nebst seinen Jüngern zu seinem Essen kommt; das „hat keine theologische Revelanz", würde der heutige Theologen-Jargon sagen. Aber wir würden doch gern von der Wirklichkeit des Lebens Jesu mehr wissen, u. a. auch, wie er mit einem kleinen Jüngerkreis, ohne zu

---

suchen den Jünger, dessen Berufung hier so früh und ausführlich erzählt wird, in die Zwölf einzureihen.

[5] In dieser Art der Anwendung liegt ein Problem: Jesus hat offensichtlich nur eine kleine Zahl von Jüngern ganz aus ihrem Lebenszusammenhang herausgerufen. Sobald man das auf alle von der Predigt innerlich Getroffenen überträgt, stellt man an jeden die Forderung, die Jesus nur an einige wenige richtete. Selbst wenn man dabei bedenkt, daß sich immer nur eine kleine Zahl von Hörern in dieser Weise der Botschaft erschloß, bekommt die Christusbotschaft einen asketischen Zug (der an manchen ntl. Stellen spürbar ist). Darum hat die Auslegung das „alles verlassen" oft dahin ausgelegt, daß sich nur die innere Stellung der Welt gegenüber ändern muß: etwa in dem Sinn, daß der Schwerpunkt des Lebens nicht mehr im irdischen Erfolg, Ansehen, Besitz usw. liegen soll. So richtig das ist, enthält es in sich die Gefahr, daß so eine „reine Innerlichkeit" verlangt wird, von der die Lebenspraxis nichts spüren zu lassen braucht.

arbeiten und sich so den Unterhalt zu verdienen, satt wurde[1]. Er war offensichtlich auf die Gastfreundlichkeit von solchen angewiesen, die ein Haus, Einkommen und Arbeit hatten und dabei ein Herz für fremde Wanderer. Daß Jesus immer mit 12 Jüngern an der Tafel erschien, brauchen wir nicht anzunehmen; manche Geschichten zeigen ihn allein. Hier allerdings scheint es anders zu sein.

Denn die Worte „sie waren viele und folgten ihm" hat man zum Teil auf die Jünger gedeutet, von denen soeben die Rede war, teils freilich auf die Zöllner und Sünder. Wieder andere haben die Worte „es waren viele" von den Jüngern verstanden, dagegen das „und es folgten ihm" von den „Schriftgelehrten der Pharisäer". Die Pharisäer (die sich selbst „chabērim", „Genossen" nannten) bildeten eine an Zahl nicht große, aber sehr einflußreiche Laiengenossenschaft, die das Gesetz mit höchster Strenge zu halten versuchte („heilig sein heißt Pharisäer sein"); zu ihnen gehörten auch manche Schriftgelehrte. Meist werden aber die Schriftgelehrten neben den Pharisäern in den Evangelien als Feinde Jesu genannt. Zu dem Wort „er ißt" (V. 16) haben C 𝔎 lat sy^p hinzugefügt: „und er trinkt". Die Frage an die Jünger in 16b lautet bei Θ: „eßt ihr?" Das ist der Einfluß des Lk-Textes; er wiederum zeigt: man wagte nicht mehr, einen Vorwurf gegen Jesus selbst zu überliefern. Schon im normalen Text unserer Geschichte wird der Vorwurf nicht Jesus selbst ins Gesicht gesagt.

Vermutlich hat der Evangelist gemeint: Das Gastmahl fand im Haus des Levi statt, der als reicher Mann und Besitzer eines großen Hauses vorgestellt war. Zugegen sind bei diesem Mahl viele „Zöllner und Sünder" — die Zöllner sind die Kollegen des Levi; wer mit den „Sündern" gemeint ist, kann man nicht so sicher angeben. Man kann Räuber, Mörder und Betrüger so nennen — daß die Zöllner betrogen, galt als selbstverständlich. Rom hatte den Zoll an Großunternehmer verpachtet, und die mußten zusehen, wie sie eine die Zollstellen bedienende Organisation aufstellten. Daß auch der einzelne Zöllner dabei auf seine Kosten zu kommen versuchte, versteht sich fast von selbst[2]. Wegen ihrer Zusammenarbeit mit den Römern waren die Zöllner verhaßt. Aber Sünder waren in den Augen der Pharisäer viele Berufe, schließlich sogar alle Juden, die nicht selbst Pharisäer waren. Auf alle Fälle sind damit Leute gemeint, die sich nicht an die Vorschriften des (streng ausgelegten) Gesetzes halten und dadurch den Zorn der pharisäischen Richtung erregt haben. Außerdem sind mit

---

[1] Lk 22,35 berührt zwar die Frage, ob die von Jesus ausgesandten Jünger jemals Mangel litten, und läßt sie von den Jüngern verneint werden. Mk beantwortet 8,17 die Frage, ob die Jünger, die bei Jesus waren, je Not litten, indem er auf die helfende Wundermacht Jesu verweist. Mk 2,23—28 spricht wahrscheinlich indirekt, aber realistischer von diesem Problem.

[2] Vgl. dazu die Geschichte von dem Zöllner Zacchäus, Lk 19,1—10, den wir uns eher als einen reich gewordenen großen Zollpächter zu denken haben.

Jesus seine Jünger gekommen, die in V. 13 f. nicht als anwesend genannt (und ursprünglich in V. 14 auch nicht gedacht) waren. Von ihnen heißt es nun, daß sie viele sind — also nicht bloß die vier oder fünf, die bisher berufen sind, und daß sie Jesus begleiten. Jesus wird also hier von einer großen Gefolgschaft umgeben gedacht, was schon praktisch unmöglich war: mit dreißig oder vierzig Mann kann man nicht zwischen den armen Dörfern Galiläas herumwandern und von der Gastfreundschaft leben. Aber auch die einzelnen Perikopen setzen meist nicht die Anwesenheit von Jüngern voraus, schon gar nicht die von „vielen". Daß sich „sie folgten ihm" nicht auf die Schriftgelehrten bezieht, sollte deutlich sein: „folgen" (ἀκολουθεῖν, akolutheîn) heißt bei Mk: Jesus als Jünger nachfolgen. Aber es hat seinen guten Grund, daß man auf diese falsche Fährte kam: Wie soll man es sich eigentlich erklären, daß die Schriftgelehrten bei diesem Gastmahl zugegen waren? B. Weiß war dieser Frage sehr einfach entgangen: „Wie sie es sahen, auch ohne natürlich im Zöllnerhaus anwesend zu sein, beruht auf sich" (S. 39). Dementsprechend will Weiß das „er ißt", auf das grundsätzliche Verhalten Jesu beziehen, nicht auf diesen einzelnen Fall. Aber so hat es der Evangelist gerade nicht gemeint: er bezieht es auf diesen Fall, von dem er gerade spricht und der nun stellvertretend für andere sein kann. Aber er zerbricht sich nicht den Kopf darüber, wie die allgegenwärtigen Schriftgelehrten diesen Vorfall gesehen haben. Die Lösung wird darin liegen, daß der Evangelist diese Szene selbst gebildet hat, um eine passende Situation für den Vorwurf gegen Jesus und für dessen Verteidigung zu haben. Dabei hat er sich um die Möglichkeit der Einzelheiten wenig bekümmert. Die Hauptsache ist ihm, daß er die entscheidenden Worte irgendwie in die Situation einbettet. So läßt er den Levi Jesus und dessen viele Jünger und die „Zöllner und Sünder" einladen, obwohl Levi nach dem eigentlichen Sinn von V. 14 alles aufgegeben hat. Er ist auch nicht als so reicher Mann gedacht. Der Vorwurf gegen Jesus taucht, etwas abgeändert, in Mt 11,19 und Lk 7,34, also in Q, wieder auf. Das zeigt deutlich: hier handelt es sich um eine alte Überlieferung. Da in Q Jesus nicht mit dem Spruch vom Arzt antwortet, wird dieses Wort ebenfalls selbständig umgelaufen sein. Es paßt hier auch nicht allzugut: die Teilnahme an einem großen Gastmahl mit Zöllnern und Sündern ist etwas anderes als das, was Jesus meint, wenn er sich um solche Menschen bemüht. Ein solches Fest ist keine Seelsorge.

Die Komposition des Evangelisten ist also nicht ganz gelungen. Aber das ändert nichts daran, daß er den Vorwurf der Gegner und die Haltung Jesu richtig dargestellt hat[3]: Man hat Jesus vorgeworfen,

---

[3] Das allein war auch hier das Anliegen des Mk. An eine Schilderung in der Art, wie sie Veroneses Bild vom Zöllnergastmahl (1563) mit allem möglichen Prunk darstellt, hat er nicht gedacht.

daß er sich mit Menschen abgab, die nach dem damaligen Maßstab von Frömmigkeit aus der anständigen und Gott wohlgefälligen Gesellschaft ausgeschlossen waren. Das Wort vom Arzt mag ein Sprichwort gewesen sein. Aber warum soll sich Jesus nicht dieses Sprichwortes bedient haben, um die sehr einfache Wahrheit klarzumachen, die sein Handeln bestimmt: Er geht den Menschen nach, die es besonders nötig haben. Das Dogma von der Erbsünde hat viele protestantische Ausleger veranlaßt, das Wort „Gerechte" als einen irrealen Begriff aufzufassen; typisch B. Weiß S. 39: „Jesus ist nicht gekommen, um sich Gerechter anzunehmen, die ja, wenn es solche gäbe, seiner nicht bedürfen würden." Dabei hat man vergessen, daß nun Jesu Wort seinen Sinn verliert: Wenn die nicht-Zöllner ebenfalls keine Gerechten sind, dann hätte sich ja Jesus auch um sie kümmern müssen. In Wirklichkeit hat Jesus nicht nach einem Dogma von der Erbsünde gehandelt, sondern nach dem klaren und der Wirklichkeit gerecht werdenden Urteil seines Herzens. Die braven Leute — natürlich gab es auch solche — hatten ihn nicht nötig. Jesus geht dahin, wo wirkliche Not ist. Die Frage, ob die Braven, wenn sie von den „Sündern" nichts wissen wollen, nicht selbst schlimmer sind als die Sünder, diese Frage liegt hier gar nicht im Gesichtskreis von V. 17a. V. 17 b mit dem allgemeinen Urteil Jesu über die Art seiner Sendung wird eine Formulierung der Gemeinde sein; V. 17a kann gut für sich allein stehen. Mt hat Jesu Antwort noch stärker erweitert durch das von ihm besonders geliebte Hoseazitat[4], was hier schlecht paßt. Wir müssen uns mit der Tatsache abfinden, daß die Evangelisten Jesu Worte nicht bloß überliefern, sondern auch verdeutlichen wollen, und daß sie ihre Zusätze nicht in Anmerkungen unterbringen konnten.

Unsere ganze Perikope zeigt: auch eine historisch unhaltbare Geschichte kann trotzdem die wirklichen geschichtlichen Kräfte treu darstellen und von Jesus und seinen Gegnern ein sachlich treffendes Bild geben.

Der Unterschied zwischen der Denkweise Jesu und seiner Gegner geht hier außerordentlich tief, und es ist keineswegs leicht, ihn ganz deutlich zu machen. Denn so wie Jesu Gegner denken und empfinden, so denkt und empfindet der Mensch zumeist und zunächst. In diesem Sinne kann man sagen, daß Jesus gegen das „natürliche" und „normale" Denken und Empfinden des Menschen ankämpft. Wir wollen versuchen, uns diese „normale" und „natürliche" Denk- und Empfindungsweise zu verdeutlichen.

Es gibt in jeder menschlichen Gesellschaft so etwas wie eine „Lebensordnung", d. h. eine Ordnung, die nach der Erfahrung dieser Gesellschaft ihr Leben schützt und fördert. Der Inhalt dieser Lebensordnung, der sich in bestimmten Geboten und Verboten niedergeschlagen

[4] Mt bringt Hos 6,6 „Gott will Erbarmen und nicht Opfer" außer in 9,13 auch in 12,7.

hat, kann sehr verschieden sein, und in gewissem Grade muß er es auch sein, je nach den verschiedenen Lebensbedingungen der einzelnen Gemeinschaften. Aber innerhalb einer solchen gilt er als heilig, als von Gott gewollt und gegeben. Diese Gebote und Verbote werden also nicht als menschliche Willkür angesehen, auch nicht als etwas „natürlich“ Gegebenes, sondern als Ausdruck des göttlichen Willens.

Wer gegen diese Lebensordnung handelt, der gefährdet Leben und Existenz der betreffenden Gemeinschaft. Deshalb sieht sie in ihm ihren Feind, der sie bedroht und gegen den sie sich zur Wehr setzen muß. Wer gegen die Lebensordnung (vom frommen Juden „die Weisung“, „die Tora“[5] genannt) verstößt, der muß bekämpft werden. Die Gemeinschaft kann ihn nicht ertragen; sie muß ihn ausstoßen. Wer aber gemäß dieser Lebensordnung handelt, der trägt damit zu ihrer Stärkung und zum Segen bei, den sie bringt. Er ist darum der Freund, der — wenn nötig — Anspruch auf Hilfe und Unterstützung hat. Er ist — jüdisch ausgedrückt — „gerecht“.

Da diese Lebensordnung aber nicht bloß Wille der Gemeinschaft ist, sondern auch Wille Gottes, so ist damit für den frommen Juden die Überzeugung gegeben, daß auch Gott den als Feind ansieht und behandelt, der seine Ordnung stört. Der Sünder ist nicht nur der Feind der Mitmenschen, sondern auch der Feind Gottes, und Gott ist wiederum ihm feindlich. So ist es die Pflicht des Frommen, sich zum Sünder gemäß dem göttlichen Urteil über diesen zu verhalten. Wer dem Sünder hilft, ist gottlos. Er macht sich damit selbst schuldig, er wird selbst zum Sünder.

Der Unterschied Jesu und seiner Gegner besteht nun in einem Doppelten. Einmal — s. dazu die Erklärung von Mk 2,27 — faßt

[5] Gewöhnlich übersetzt man das Wort „Tora“ mit: Gesetz. Das paßt nicht für die Bedeutung, welche die Tora für Altisrael hatte, wo sie — um mit Gogarten zu sprechen, dem wir hier viel Dank schulden — nicht nur „Gottesgesetz“, sondern auch „Volksgesetz“ war. Im Spätjudentum freilich hatten die Vorschriften der Tora ihre Geltung nur noch als Ausdruck für Gottes selbstherrlichen, einen blinden Gehorsam fordernden Willen. Als typisch wird man das von Billerbeck I 719 angeführte Wort des Rabbi Jochanan ben Zakkai (gest. um 80 n. Chr.) ansehen dürfen, das Pesiq 40[b] u. ö. erhalten ist. Ein Heide hatte ihn nach den Vorschriften über die Asche der roten Kuh in Num 19 befragt. Der Rabbi speiste ihn oberflächlich ab. Darauf fragten ihn seine Schüler nach der eigentlichen Bedeutung. Die Antwort lautete: „Bei eurem Leben! Nicht der Tote verunreinigt und nicht das Wasser macht rein, aber es ist eine Verordnung des Königs aller Könige. Gott hat gesagt: Eine Satzung habe ich festgesetzt, eine Verordnung habe ich angeordnet: kein Mensch hat das Recht, meine Verordnung zu übertreten. Denn es heißt: Dies ist die Satzung der Tora, die Jahwe geboten hat.“ An dieses späte Verständnis der Tora schließt sich die paulinische Lehre vom Nomos an, nicht aber die Lehre Jesu. Dennoch treffen Paulus und Jesus im zentralen Punkt zusammen, daß kein Mensch Verdienste vor Gott geltend machen kann, sondern Gott der unbegreiflich Liebende ist.

Jesus diese Ordnung Gottes viel tiefer, als seine Gegner. Zum andern — und das geht uns hier an — sieht Jesus in dem Sünder nicht den Feind. Darüber müssen wir genauer sprechen.

Es steht nämlich nicht so, daß Jesus die Lebensordnung (zumal in der Tiefe, in der er sie erfaßt) gering achtete, so daß ihm die Übertretung als unwichtig erschiene. Nein, auch er sieht das Gesetz als Ausdruck des göttlichen Willens an, und deshalb entläßt er den Menschen, der sich dagegen vergeht, nicht aus seiner Verantwortung. Aber trotzdem erblickt er im Sünder nicht den Feind Gottes, und darum auch nicht den Feind des Frommen. Sondern was er im Sünder sieht, das macht er hier deutlich mit dem Begriff des „Kranken". Gerade weil sich der Sünder gegen die Lebensordnung und damit gegen Gott vergeht, weil er den rechten Weg verloren hat, gerade deshalb hat er doppelt Hilfe nötig! Für das normale fromme Denken kann nicht der Sünder, sondern nur der Fromme Hilfe beanspruchen. Jesus denkt anders: der Mensch, der sich in der Sünde von Gott getrennt hat, ist damit in eine um so größere Not geraten, als er so die Verbindung mit Gott verloren hatt. Und Gott ist in Jesu Augen der große Erbarmer, der sich dessen doppelt annimmt, der ihn doppelt nötig hat. Der Fromme hat ihn nicht so nötig wie der Sünder, weil seine Lebensverbindung mit Gott nicht unterbrochen ist. Der Lebensstrom von Gott her fließt ununterbrochen zu ihm und nährt ihn: er kann im Vertrauen leben. Aber beim Sünder ist dieser Lebensstrom unterbrochen — er lebt mit schlechtem oder abgestumpftem Gewissen —, und darum ist hier die Not so unsagbar groß. Gerade weil hier die Not nach Hilfe schreit, deshalb eilt Gott dorthin zur Hilfe, und deshalb eilt Jesus dorthin zur Hilfe.

Man würde Jesus freilich völlig mißverstehen, wenn man meinte: weil Gott sich — um es einmal so auszudrücken — mehr um den Sünder kümmert als um den Gerechten, deshalb wäre es eigentlich gut, ein Sünder zu sein und zu bleiben (vgl. Rö 6,1). Gottes Hilfe und darum Jesu Hilfe zielt ja darauf ab, den Menschen aus dieser Not herauszuholen, die alles andere als ein Paradies ist. Jesus glorifiziert die Sünde nicht, sondern will sie beseitigen. Aber eben wieder nicht so wie seine Gegner. Sie meinen, man kann die Sünde nur überwinden, indem man den Sünder bekämpft und ihn aus der Gemeinschaft ausstößt. Jesus ist der entgegengesetzten Überzeugung: Die Not besteht ja darin, daß der Sünder aus der Gemeinschaft ausgebrochen ist. Worauf es in dieser Notlage ankommt, ist gerade das andere: daß man ihn wieder in die Gemeinschaft hineinbekommt, statt ihn endgültig von ihr auszuschließen. Darum geht er zu den Zöllnern und zu den von den Frommen Ausgestoßenen; nicht, weil er die Frommen verachtete und die Sünder für die wahrhaft Frommen hielt, sondern weil hier, bei den Sündern, das Haus brennt und nicht bei den „Gerechten". Die Anführungszeichen sollen hier nicht besagen, daß es keine solchen gibt, sondern nur den jüdischen terminus technicus andeuten. Wir würden nicht von den „Gerechten“ reden ohne die lange biblische Tradition, sondern von den Guten, den Braven, den ordentlichen Menschen.

Nun kann es natürlich dazu kommen — und bei Jesus und seinen Volksgenossen und Glaubensgenossen ist es so gekommen —, daß die anständigen Menschen, die Frommen oder wie man sie nennen will, dieses Verhalten Jesu nicht verstehen. Sie sehen die Not nicht, die der Sünder leidet (auch wenn er noch nichts davon weiß und nur die Langeweile oder der Überdruß den inneren Schaden anzeigt) und in dieser Blindheit zeigen sie sich lieblos. Damit werden sie nun in einer anderen Weise als der, welcher — etwa als Zöllner — das Gesetz Gottes übertrat, selbst zu Sündern. Denn Gott ist Liebe, und wer lieblos die Not des Nächsten übersieht, der trennt sich damit von Ihm. Das Schlimme aber ist, daß dieser Fromme gar nichts davon merkt, daß er selbst erkrankt ist, sondern sich für gesund hält. Hier wiederholt sich nun die Dialektik der Sünde auf einer höheren Stufe. Man kann nicht sagen, daß die christliche Gemeinde, der vor allem dieser neue Kampf zugefallen ist, ihn besonders glücklich geführt hat. Jesus hat sich in den Gleichnissen vom verlorenen Groschen, Schaf und Sohn (Lk 15[6]; sie sind sicher nur Beispiele für viele andere) bemüht, eben diesen Frommen in möglichst einfacher Weise den rechten Blick für Gott und sein Handeln und damit für unsere eigene Aufgabe zu erschließen. Die christliche Gemeinde hat, vor allem bei Mt, die pharisäischen Gegner einfach als Heuchler abgetan und sich selbst als die wahrhaft Frommen proklamiert. Das entspricht nicht der Art Jesu und der Art, wie er uns Gott sehen gelehrt hat.

Jesus hat also in gewissem Sinne Gott sehr anders gesehen, als die Frommen seines Volkes, nicht als einen eifernd auf seine Vorrechte bedachten Herrn, sondern als den Hirten, der dem verlorenen Schaf nachgeht und sich freut, wenn er es gefunden hat. Gott ist eine unbegreiflich schenkende Güte — unbegreiflich, weil es uns eben am nächsten liegt, Feindschaft zu wittern und den andern zu bekämpfen, statt ihm zu helfen und ihn wieder in die Gemeinschaft zurückzubringen. Wenn wir das bedenken, werden wir recht verstehen, was es hieß: „Jesus gibt sich mit den Sündern ab“. Und wir werden es auch verstehen, daß ein solcher Mensch, wenn ihm Jesus in seine Schuld und Not nachgegangen ist und ihn herausgeholt hat, nun tatsächlich viel mehr von der Liebe Gottes wußte als der, der niemals in der Irre war (das ist in Lk 7,36—50 eigentlich gemeint). Der verlorene Sohn, der zum Vater zurückgefunden und dessen Liebe erfahren hatte, wußte mehr von ihr als der, der immer beim Vater geblieben war.

---

[6] Alfred Adam hat (Studia Evangelica III, Akademie-Verlag Berlin 1964, 299 bis 305) die (patristische und) gnostische Deutung dieser Gleichnisse besprochen (301 bis 304), aber zum Schluß auch die Frage aufgeworfen, ob der Text von Lk 15 selbst den vorchristlichen Anfängen der Gnosis nahesteht. U. E. kann man diese Frage getrost verneinen.

14 Vom Fasten

Mk 2,18—22; Mt 9,14—17; Lk 5,33—39

(18) Und die Jünger des Johannes und die Pharisäer fasteten. Und man kommt und sagt zu ihm: „Warum fasten die Jünger des Johannes und die Jünger der Pharisäer, deine Jünger aber nicht?" (19) Und Jesus sprach zu ihnen: „Können die Hochzeitsgäste fasten, wenn der Bräutigam bei ihnen ist? Solange sie den Bräutigam bei sich haben, können sie nicht fasten. (20) Es werden aber Tage kommen, wenn der Bräutigam von ihnen genommen wird, und dann werden sie fasten an jenem Tage. (21) Niemand näht einen Flicken von ungewalktem Zeug auf ein altes Gewand. Sonst reißt der Flicken davon ab, und der Riß wird schlimmer. (22) Und niemand gießt neuen Wein in alte Schläuche. Sonst zerreißt der Wein die Schläuche, und der Wein geht verloren und die Schläuche."

Diese kleine Geschichte sieht einfacher aus, als sie ist. Es scheint ganz simpel zu sein, was sie sagen will: Solange Jesus bei den Seinen ist, ist Freudenzeit, wo man nicht fastet. Es wird aber die Zeit kommen, wo er von der Gemeinde weggenommen wird durch Tod und Auferstehung, und dann, wenn er fern ist, wird Trauerzeit sein, die das Fasten rechtfertigt. Wie sich die beiden letzten Verse mit dieser Deutung vertragen, ist eine Frage für sich, auf die wir erst später eingehen.

In Wirklichkeit ist unsere Geschichte recht undurchsichtig, und die Ausleger helfen uns nur mit vereinzelten Beobachtungen. Deutlich ist von vornherein, daß V. 21 f. ein später hinzugekommener Wanderspruch ist; er findet sich auch, zusammen mit anderen Logien, in Spruch 47 des Thomasevangeliums[1]. Zu V. 19b paßt er nicht, denn sein Widereinander von alt und neu hat zu viel Gewicht für den Unterschied pharisäischen Fastens am Donnerstag und judenchristlichen Fastens „an jenem Tage", da der Herr starb, am Freitag[2].

---

[1] Evg. nach Thomas, hrsg. von A. Gillaumont u. a., Leiden 1959, p. 89,19—23: Jesus hat gesagt: Es ist nicht möglich, daß ein Mensch (zugleich) zwei Pferde besteigt (und) zwei Bogen spannt, und es ist nicht möglich, daß ein Diener zwei Herren dient... Und man gießt nicht neuen Wein in alte Schläuche, damit sie nicht zerreißen, und man gießt nicht alten Wein in einen neuen Schlauch, damit er ihn nicht verdirbt. Man näht nicht einen alten Flicken auf ein neues Kleid, weil ein Riß entstehen würde."

[2] Diese Erklärung geben u. a. Lohmeyer 61, Hirsch I 13, Grundmann Mk 66; sie dürfte das Rechte treffen. V. Taylor verzichtet darauf; „dann werden sie fasten" sei zwar die Sprache der Prophetie, aber in dem betonten „an jenem Tage" die Voraussage der künftigen kirchlichen Fastenordnung zu sehen, sei unnötig prosaisch — Taylor hält auch V. 20 b für ein echtes Jesuswort.

Zunächst aber fällt etwas anderes auf: man fragt Jesus nicht nach dem Grund seines eigenen Verhaltens (nach dem sich doch seine Jünger richteten), sondern nur nach dem seiner Jünger. Zur Erklärung kann man auf Mk 2,17 und 2,24, aber auch auf Lk 5,30 hinweisen: die christliche Gemeinde erträgt es nicht mehr, wenn Jesu eigenes Verhalten von irgendwem, und sei es in noch so vorsichtiger Form, getadelt wird.

All das führt jedoch noch nicht ins Zentrum der Dinge. Die eigentliche Schwierigkeit liegt nämlich darin, daß in dieser Perikope zwei ganz verschiedene Probleme sich kreuzen, die V. 19 nur mühsam verbindet. Zunächst handelt es sich um den Gegensatz der fastenden Pharisäer[3] und Johannesjünger und der nicht fastenden Jesusjünger. Dieser Konflikt gehört freilich für Mk längst der Vergangenheit an, und solche veralteten Fragen spielen sonst in der christlichen Tradition keine Rolle. Jesus antwortet auf jüdische Weise mit einer Gegenfrage: „Können Hochzeitsgäste fasten, wenn der Bräutigam bei ihnen ist?" Diese Antwort wäre für die Frager unverständlich gewesen, denn der Bräutigam ist — nach allegorischer christlicher Deutung[4] — Jesus selber. Aber ganz ruhig wird man bei dieser Auskunft nicht. Denn wenn — wie Joachim Jeremias[5] dem Bildwort entnimmt — mit Jesus die messianische Heilszeit gekommen ist, dann wäre sie nach V. 19b mit seinem Tod wieder gegangen. Das Ganze wäre dann von der Vorstellung aus zu verstehen, daß die Jünger, solange Jesus bei ihnen war, in einer Freudenzeit lebten, wo man nach jüdischer Anschauung nicht fasten durfte. Das nach Jesu Fortgang beginnende christliche Fasten wäre dann ein Trauerfasten.

Mit diesem ersten Gegensatz der fastenden Pharisäer und Johannesjünger und der nicht fastenden Jesusjünger kreuzt sich nun ein zweiter: der zwischen den nicht fastenden Jesusjüngern und der fastenden nachösterlichen Gemeinde. Hier geht es nicht um einen Gegensatz aus dem Erdenleben Jesu, sondern um einen Gegensatz zwischen dem Einst und Jetzt der christlichen Gemeinde. Das Jesuswort

---

[3] Im später hinzugefügten Kap. 13 der (aus dem ersten nachchristlichen Jahrhundert stammenden) „Fastenrolle" (s. Billerbeck II 242 f.) ist angegeben: „auch haben unsere Lehrer bestimmt, daß man am 2. und 5. Wochentag" (Montag und Donnerstag) „wegen dreier Dinge fasten soll: wegen der Zerstörung des Tempels und wegen der Tora, die verbrannt worden ist, und wegen der Entheiligung des göttlichen Namens". Billerbeck schließt daraus, daß auch vor 70 manche Kreise regelmäßig zweimal in der Woche gefastet haben (wie der Pharisäer Lk 18,12), wie das der Rabbi Zadoq (um 50 n. Chr.) tat, von dem es Git 56 a heißt: „R. Zadoq saß 40 Jahre im Fasten, damit Jerusalem nicht zerstört werden möge." Mt 9,14 läßt nur die Pharisäer fasten, welche freiwillig auch die Fastenvorschriften für die Priester übernommen hatten; das ist eine andere Erklärung.

[4] Vgl. Mt 22,2 f.; Joh 3,20; indirekt 2. Kor 11,3; die Braut ist die Gemeinde: 2. Kor 11,2 und Offb 22,17 u. ö.

[5] Joachim Jeremias, Die Gleichnisse Jesu, 6. A. Göttingen 1962, 117.

V. 19b rechtfertigt diesen Wechsel der Fastenpraxis im voraus, ist aber wohl eigentlich ein vaticinium ex eventu. Warum die Pharisäer und die Johannesjünger selbst fasten, kommt gar nicht zur Sprache; (nach Grundmann S. 64 aus Trauer über den Abfall des Volkes vom Bunde Gottes).

Aber Mt 6,16—18 führt auf ein ganz anderes Verständnis des Fastens: es ist ebenso wie Beten und Almosengeben ein verdienstliches Werk. Als solches hat es die judenchristliche Gemeinde wieder aufgenommen[6] und nur die Bedingung gestellt, daß man mit dem Fasten nicht (wie angeblich die „heuchlerischen" Pharisäer) auf Mitmenschen, sondern nur auf Gott Eindruck machen will. Wenn ein Mensch durch das fromme Werk des Fastens wirklich ein Verdienst erlangen will, das Gott belohnen wird, dann muß er verhüten, daß die Menschen sein Werk überhaupt bemerken: er muß im Verborgenen fasten, und Gott, der ins Verborgene sieht, wird ihn belohnen (so Mt 6,16—18).

Die Exegeten von Mt 6 haben sich nicht immer die Folgerung klargemacht, die damit gegeben ist. Aber sie läßt sich nicht aus der Welt schaffen: die Hoffnung, durch bestimmte Leistungen Gottes Lohn zu verdienen, hat mit Jesus nichts zu tun, sondern widerspricht seiner Gottesanschauung aufs schärfste. Denn hier in Mt 6 wird Gott (auch in den Abschnitten über das Beten und Almosengeben, V. 1—4 und 5 f.!) in gut pharisäischer Weise als der Vergeltergott angesehen, der für gute Leistungen den entsprechenden Lohn gibt. Diese Leistungsfrömmigkeit samt dem Vergelterglauben, der damit verbunden ist, setzt ein völlig anderes Verhältnis zwischen Gott und Mensch voraus, als es Jesus verkündet, nämlich gerade jenes Verhältnis, das die pharisäische Frömmigkeit in ihrer reineren Form durchaus erreicht. Jesus sieht in Gott den gütigen Geber, der unverdiente Gnade schenkt. Ein Gott, der sich seine Gnade durch menschliche Leistungen abkaufen läßt (wem das zu hart klingt, mag sagen: abverdienen läßt; sachlich ändert das nichts), ein solcher Gott ist für Jesus ein ebenso grausiges Mißverständnis Gottes wie das (innerlich entsprechende) „Auge für Auge, Zahn für Zahn." Die leidige Gewohnheit, daß wir alles für ein echtes Jesuswort halten und es als solches mit Klauen und Zähnen und aller Gelehrsamkeit verteidigen, wenn es nur im NT als Jesuswort überliefert wird, hat die Theologen lange daran gehindert, sich diese im Grunde sehr einfache Wahrheit klarzumachen. Sie hat obendrein die Gedankenlosigkeit zur Folge gehabt, daß man Jesus, der nicht fastete und seine Jünger nicht fasten ließ, seinen Jüngern für die Zukunft eine Fastenlehre geben ließ, welche gerade den Intentionen seiner pharisäischer Gegner entsprach.

Während Hirsch I 13, Wellhausen 18, Lohmeyer 59, Klostermann

---

[6] Nach Wellhausen 20 hat die Urgemeinde von den Johannesjüngern nicht bloß die Taufe, sondern auch das Gebet (Lk 11,1) und auch das Fasten übernommen.

31 f., Taylor 209 die Pharisäer erst einer späteren Hand gaben und nur die Johannesjünger erwähnt sahen (der Gedanke Rawlinsons 31, daß diese ein Trauerfasten für ihren verstorbenen Meister hielten, setzt voraus, daß sie die Beteiligung der Jesusjünger an diesem Trauerfasten forderten, und verdient keine weitere Diskussion), läßt sich Grundmann nur auf die Pharisäer ein. Beide dürften nebeneinander genannt sein, um zu zeigen, daß alle ernsten Frommen fasten. Für Jesus aber steht der Mensch nicht so zu Gott, daß er daran denken dürfte, durch seine Frömmigkeit auf Gott Eindruck zu machen, Gott etwas abzuverdienen. Wenn wir alles getan haben, dann sind wir Knechte, die ihre Schuldigkeit getan haben — mehr nicht (Lk 17,10). Es gibt Gott gegenüber kein Verdienst, sondern nur das Empfangen reiner Gnade — darin hat Luther das Tiefste in Jesu Gottesanschauung wunderbar rein wiedergegeben und gegen eine Kirche verfochten, die — auch wo sie nur ein meritum de congruo lehrte — nicht bloß die Lehre des Judenchristentums wiedererweckte, sondern auch die der pharisäischen Gegner Jesu.

V. Taylor 212 hat richtig gesehen, daß V. 21 f. Wandergut ist[7]. Weil hier das Entweder/Oder so radikal gestellt wird, hält er sie für ganz alte Überlieferung. Der Spruch 47 des Thomasevangeliums, den wir oben zitierten, zeigt in seinem Eingang, daß diese Regel nicht gilt. Er beginnt mit den Worten: „Jesus sprach: Niemand kann (zugleich) auf zwei Pferden reiten (und) zwei Bogen spannen". Für den Vf dieses Evangeliums hieß das: Man kann nicht zugleich der Welt verfallen sein und Gott gehören, nicht die Welt genießen und die entweltlichende Askese treiben, welche diese Gnostiker gepredigt haben. Radikalisierung der Forderungen ist nicht immer ein Zeichen der Echtheit; auch ein Gnostiker kann sie fordern.

Daß Jesus hier mit einer Zwischenzeit zwischen seinem Fortgehen und seiner Wiederkehr gerechnet hat (Michaelis), darauf sollte man sich nicht berufen. Auch eine Enderwartung mit etwas längeren Fristen hat nicht an zweitausend Jahre gedacht.

15 Ährenraufen am Sabbat

Mk 2,23—28; Mt 12,1—8; Lk 6,1—5

(23) Und es geschah, daß er am Sabbat durch Ährenfelder ging, und seine Jünger begannen beim Wandern die Ähren abzureißen. (24) Und die Pharisäer sagten zu ihm: „Siehe, was sie am Sabbat Verbotenes tun!" (25) Und er sagt zu ihnen: „Habt ihr nie gelesen, was David tat, als er in Not war und hungerte mit den Seinen? (26) Wie er hineinging in das Haus Gottes zur Zeit des Hohenpriesters

[7] Mk hat nicht das Fasten als solches mit dem Alten gemeint, sondern das jüdische Fasten.

Abjathar und die Schaubrote aß, die nur die Priester essen dürfen, und auch den Seinen davon gab?" (27) Und er sagte zu ihnen: „Der Sabbat wurde um des Menschen willen gemacht, und nicht der Mensch um des Sabbats willen. (28) Darum ist Herr der Menschensohn auch über den Sabbat."

Die hier geschilderte Handlung ist einfach: Jesus geht am Sabbat mit seinen Jüngern durch ein Ährenfeld, natürlich auf einem kleinen Feldweg. Meyer und andere haben das Wort „wandern" (griech.: ὁδὸν ποιεῖν, hodòn poieîn, entspricht dem lat. „iter facere") so ausgelegt: die Jünger hätten durch Ausreißen der Ähren[1] Jesus einen Weg gebahnt. Das ist absurd. Selbst ein ausgesprochener Großstadtmensch sollte wissen, daß man so keinen Weg bahnt. Daß Mk nicht das klassische Medium verwendet (hodón poieîsthai) besagt nichts dagegen.

Die Jünger reißen die Ähren natürlich nicht zum Vergnügen ab, wie Kinder, die keine Blume am Wegrand stehen lassen können, sondern um die Körner zu essen: das haben Mt und Lk in ihrer Bearbeitung des Mk richtig erfaßt: Mt 12,1; Lk 6,1. Voraussetzung für diese Geschichte ist also, daß die Jünger großen Hunger haben und anscheinend längere Zeit nichts mehr zu essen bekommen haben[2].

Die Pharisäer — es können pharisäisch gesinnte Bauern sein, die den Vorgang beobachten — nehmen am Handeln der Jünger Anstoß. Aber es kann nicht das Essen der Körner sein, was sie als unerlaubt bezeichnen (nach Dt 23,26 war es sogar ausdrücklich gestattet, daß sich ein Hungernder von einem fremden Felde so sättigte!). Das Verbot betrifft vielmehr eine Handlung, die am Sabbat untersagt ist. Die Dt-Stelle besagte: „Wenn du in das Kornfeld deines Nächsten kommst, magst du mit der Hand Ähren abreißen; aber die Sichel

---

[1] Die Jünger reißen nicht die Halme aus, sondern die Ähren ab; das ist etwas anderes! Wer durch Ausreißen der Getreidehalme einen Weg bahnen wollte, hätte bald zerschundene Hände. — Nun heißt ὁδοποιεῖν, „hodopoiein (so lesen B G H, während ℵ C L 𝔎 ὁδὸν ποιεῖν bieten und D W c e b ff.[2] sy[s] es auslassen) im Griechischen (s. die Beispiele bei W. Bauer Wb 1096) tatsächlich: einen Weg bahnen. Mk aber enthält hier nicht, wie Lohmeyer meint, einen Semitismus, sondern einen seiner Latinismen, in dem er für „gehen", wie der Lateiner in „iter facere", das Aktiv „hodon poiein" setzt, statt des für diesen Sinn im Griechischen geforderten Mediums „hodon poieisthai". Mt und Lk lassen diesen Ausdruck aus und sprechen einfach vom „essen", weil sie nicht mehr erkennen, daß die pharisäischen Bauern an der „Erntearbeit" am Sabbat Anstoß nehmen, sondern meinen, es gehe um ein vom Gesetz verbotenes Essen, wie es im Beispiel von David gleich darauf vorkommt.

[2] Das Davidbeispiel paßt nicht, weil es dort nicht um eine verbotene Sabbatarbeit geht. Wenn Apologeten ausrechnen, daß der Priester die Schaubrote dem David am Sabbat gegeben haben müsse, so übersehen sie, daß der Text eben in V. 26 daran Anstoß nimmt, daß nur die Priester die Schaubrote essen dürfen, also ein verbotenes Essen stattfand, daß der Text aber von einer Sabbatsverletzung nichts sagt.

sollst du nicht schwingen über das Kornfeld deines Nächsten". Die pharisäischen Beobachter der Szene warfen also den Jüngern vor, daß sie am Sabbat Erntearbeit verrichtet haben!

Jesu Antwort enthält in V. 26 eine längst erkannte Schwierigkeit: Es war der Priester Ahimelech und nicht Abjathar, der dem David jene Schaubrote auslieferte, die nur die Priester essen dürfen (1 Sam 21,1—7).

Wichtiger aber ist eine zweite, ebenfalls schon bemerkte Schwierigkeit: Bei Davids Tat handelte es sich nicht um die Verletzung des Sabbats. Insofern kann man diese Antwort nur dann einigermaßen passend finden, wenn man sie in der gewundenen Weise von B. Weiß auslegt: „Wie...David zwiefach die theokratische Ordnung durchbrach und seine Begleiter dazu veranlaßte, so tut es auch Jesus, den Mk vielleicht als den zweiten David betrachtete, wenn er den Jüngern das gesetzwidrige Ährenraufen am Sabbat gestattet" (46). Es fragt sich aber sehr, ob die Antwort überhaupt so gemeint ist. Beachtet man nämlich die Worte „was David tat ... als er hungerte", so liegt es nahe anzunehmen, daß der, von dem diese Erzählung stammt, zu Unrecht annahm, den Jüngern werde das Essen fremden Eigentums vorgeworfen. Dann könnte das Wort 25 f. natürlich nicht von Jesus selbst stammen. Wir kommen auf diese Schwierigkeit zurück.

Eine letzte Mißlichkeit liegt endlich darin: Daß der Sabbat um des Menschen willen geschaffen ist und nicht umgekehrt, daraus folgt nicht, daß der Menschensohn der Herr des Sabbats ist, sondern der Mensch. Man hat diese Inkonsequenz durch die Vermutung zu beseitigen versucht, „Menschensohn" gebe hier das aramäische Wort „barnāschā" wieder, das in diesem Falle aber nur „der Mensch" besagen solle. Aber die Lösung dürfte anders aussehen.

Gewöhnlich nimmt man an: V. 23—26 beschreibe die ursprüngliche Szene, zu der Mk mit V. 27 ein zweites Jesuswort hinzugefügt habe, das Jesus bei einer anderen, ähnlichen Gelegenheit gesprochen habe. Diese Vermutung schien durch die Worte „und er sagte ihnen" in V. 27 gerechtfertigt. Merkwürdig bleibt bei dieser Auffassung nur, wie sogar B. Weiß selbst bemerkt (S. 47), daß dieses zweite Wort viel schlagender ist als das erste!

Geht man von dieser Beobachtung aus, dann wird man die Komposition dieses Abschnitts anders sehen: Nicht V. 27 ist nachträglich hinzugefügt, sondern V. 25 f. zu Unrecht eingefügt. Dann mußte aber noch „Und er sagte ihnen" hinzugesetzt werden, damit V. 27 angeschlossen werden konnte. Jesus hat auf den pharisäischen Vorwurf eine viel schärfere Antwort gegeben: „Gott hat den Sabbat für den

---

[3] Das oben mit „(der Sabbat) wurde gemacht" übersetzte Wort ἐγένετο (egeneto) heißt wörtlich „er ist geworden". Aber die Wendung meint — unter Vermeidung des Gottesnamens — daß Gott den Sabbat geschaffen hat. — Wenn man diesen

Menschen gemacht und nicht den Menschen für den Sabbat"[3]. Der Rabbi Schimon ben Menasja (um 180) hat zwar gesagt: Siehe, es heißt Ex 31, 14: „Beobachtet den Sabbat, denn er ist heilig für euch" (= euch zugute), d. h. euch ist der Sabbat übergeben, und nicht seid ihr dem Sabbat übergeben. — Billerbeck, der Bd. II, S. 5 diese Stelle aus Mechilta Ex 31,13 (109^{b}) zitiert, bemerkt dazu: „Aber dieser Grundsatz ... besagt nur, daß der Sabbat lediglich zur Rettung eines Menschenlebens entweiht werden dürfe." Im allgemeinen wird aber im pharisäischen Judentum die Auffassung vertreten, daß der Sabbat hoch über allen menschlichen Bedürfnissen steht. Gehört er doch zu dem Wenigen, das Gott schon vor der Schöpfung festgesetzt hatte, wie die Schriftgelehrten behaupten. Er ist eine heilige Urordnung, die um Gottes willen da ist, nicht um des Menschen willen. Jesus aber sieht Gott als den gütigen Vater, der seine Ordnung um der Menschen willen schafft, um dem Menschen zu helfen, und nicht um ihn einzuengen und zu belästigen. Darum ist wirklich der Mensch Herr über den Sabbat: er darf die Sabbatordnung übertreten, wenn sie sich zu seinem Schaden statt zu seinem Nutzen auswirkt.

V. 28 hat freilich einen ganz anderen Sinn und einen anderen Ursprung. Bereits zur Zeit des Mk hat man das Jesuswort als zu kühn empfunden, das den Menschen über den Sabbat setzte. Darum hat schon jene Überlieferung, der Mk hier folgt, V. 27 begrenzt durch den Zusatz von V. 28: nach ihm darf nicht jeder Mensch über den Sabbat verfügen, sondern eben nur der Menschensohn. Auch dieser Vers ist also kein Beleg dafür, daß sich Jesus selbst als den ‚Menschensohn' bezeichnet hat, sondern vielmehr dafür, daß ihn die Gemeinde so von sich sprechen ließ.

Mt und Lk sind noch weitergegangen — entsprechend ihrer Zeit. Sie haben das gefährliche Wort (Mk 2,27) ganz ausgelassen und nur den späteren Begrenzungsvers 28 stehenlassen. Damit folgten sie nicht einer gemeinsamen Überlieferung, sondern einfach dem gemeinsamen Empfinden ihrer Zeit.

Aber die Gemeinde hat — und zwar bereits zur Zeit des Mk — noch auf eine andere Weise versucht, das Jesuswort zu ergänzen — durch eine „biblische" Begründung. Ein sehr schriftkundiger Mann hat vor Jesu überlieferter kühner Antwort noch V. 25 f. eingefügt und dann V. 27 mit den Worten „und er sagte ihnen" folgen lassen. Dabei ist er nicht besonders glücklich gewesen. Aber er hat nicht nur, wie oben bemerkt, die Priester verwechselt, sondern er hat auch den entscheidenden Punkt des Vorwurfs (Sabbatarbeit!) nicht genau erfaßt. Aber er hat — und das entspricht den Vorstellungen der späteren

---

Einzelfall verallgemeinert, dann ergibt sich: Nach Jesus hat Gott das Gesetz für den Menschen, zu dessen Bestem, geschaffen. Darum darf eine atl. Bestimmung — zumal in ihrer rabbinischen Auslegung — abgeändert werden, wenn sie sich zum Schaden des Menschen auswirkt.

Zeit — Jesus sein Handeln mit dem Hinweis auf eine Schriftstelle begründen lassen. Wir werden in Kap. 7 (s. u. S. 267) ein weiteres Beispiel für denselben Vorgang finden.

Mt hat — das bestätigt unsere Ansicht — diese biblische Begründung noch durch weitere Bibelzitate verstärkt: einmal durch den Hinweis auf Num 28,9 f. (was insofern besser paßt, als es sich hier wirklich um eine Sabbatverletzung handelt (Mt 12,5), sodann durch den von ihm besonders geschätzten Vers Hos 6,6. Dazwischen hat er noch die Bemerkung eingeschoben, daß hier — in Jesus — mehr ist als das Heiligtum.

Es fragt sich natürlich, ob nicht ursprünglich berichtet war, daß auch Jesus gehungert und von den Ähren gegessen hat. Nur: beweisen läßt es sich nicht.

Man kann aber noch eine andere Frage aufwerfen: sind nicht alle diese Geschichten „ideale Szenen", in denen die Gemeinde ihre eigenen Fragen dargestellt und die Entscheidung als schon von Jesus gegeben dargestellt hat[4]?

Daß Mk 2,25 f. aus der Situation der Gemeinde heraus begriffen werden sollten, haben wir schon oben (S. 122) zugegeben. Aber Pauschalurteile über alle derartigen Geschichten sollte man nicht fällen. In unserem Fall steht es so: Es war sicherlich nicht eine besondere Vorliebe der Christen, am Sabbat durch Getreidefelder zu gehen und von den Ähren zu essen. Also muß man entweder vermuten: die Gemeinde hat diese Geschichte vom Ährenraufen gebildet, um daran ihre Freiheit vom Sabbat zu demonstrieren. Aber mit dieser Vermutung kommen wir nicht durch. Einmal ist schwer einzusehen, warum man gerade auf dieses ziemlich ausgefallene Beispiel gekommen sein soll. Viel wichtiger und u. E. entscheidend ist etwas anderes: die Gemeinde hat ja keineswegs für sich eine solche Freiheit von Sabbatgeboten beansprucht, sondern sie, wie gezeigt, nur für Jesus reserviert. Die frühe Gemeinde ist durchaus sabbattreu gewesen. So kommen wir auf die andere Möglichkeit: es ist wirklich einmal vorgekommen, daß Jesus mit seinen Jüngern am Sabbat hungrig durch ein Getreidefeld ging und die Pharisäer — es können einfache Bauern gewesen sein — am Ährenraufen Anstoß nahmen. Man darf nicht schematisch den Begriff „Übertragung einer Gemeindefrage ins Le-

[4] Bultmann a. a. O. 14: „Die Komposition ist Gemeindebildung: Jesus wird wegen des Verhaltens seiner Jünger interpelliert; warum nicht wegen seines eigenen?, d. h. die Gemeinde legt die Rechtfertigung ihrer Sabbatspraxis Jesus in den Mund." Aber war es die Sabbatspraxis der Gemeinde, am Sabbat ährenraufend durch die Felder zu gehen? Daß Jesus selbst hier von den Feinden nicht angegriffen wird, braucht nicht zu besagen, daß es sich nur um eine Angelegenheit seiner Gemeinde handelt; vielmehr wird die Gemeinde den ursprünglich auch gegen Jesus erhobenen Vorwurf nur in dieser auf die Jünger begrenzten Form überliefert haben, weil ihr eine Kritik an Jesus unerträglich schien.

ben Jesu“ auf alle Geschichten anwenden, sondern muß sich jeweils fragen, ob eine solche Annahme in gerade diesem oder jenem Fall naheliegt.

16 Heilung der verdorrten Hand

Mk 3,1–6; Mt 12,9–14; Lk 6,8–11

(1) Und er ging wieder in eine Synagoge, und dort war ein Mann mit einer verdorrten Hand. (2) Und sie paßten auf ihn auf, ob er ihn am Sabbat heilte, damit sie ihn anklagen könnten. (3) Und er sagt zu dem Mann mit der verdorrten Hand: „Komm in die Mitte!“ (4) Und er sagt zu ihnen: „Darf man am Sabbat Gutes tun oder Böses tun?“ (5) Und indem er sie rings voll Zorn ansah, betrübt über die Verstockung ihres Herzens, sagt er zu dem Mann: „Strecke deine Hand aus!“ Und er streckte sie aus, und seine Hand war wieder hergestellt. (6) Und die Pharisäer gingen hinaus und beratschlagten mit den Herodianern gegen ihn, wie sie ihn töteten.

Diese Perikope stellt den Ausleger vor ein besonders verwickeltes literarisches Problem und dazu vor eine auch nicht einfache sachliche Frage, von der wir aber zunächst absehen wollen.

Nach Mk tritt Jesus am Sabbat in eine Synagoge, in der sich ein Mann mit einer „vertrockneten Hand“ befindet (worum es sich dabei wohl gehandelt hat, davon später). Die Gegner Jesu — erst V. 6 gibt sie als Pharisäer zu erkennen — warten schon darauf, ob er am Sabbat heilen wird, damit sie einen Grund zur Anklage gegen ihn haben. Sie setzen also voraus, daß er die Macht hat, den Kranken zu heilen, ja sie wünschen sogar diese Heilung, um Jesus wegen Sabbatbruches verklagen zu können. All das klingt sehr unwahrscheinlich: dieser selbstverständliche Glaube der Gegner an Jesu wunderbare Heilkraft und an seinen Willen zu heilen ist äußerst überraschend. Anscheinend will der Evangelist die Gegner von Anfang an als das darstellen, als was sie dann in V. 5 ausdrücklich bezeichnet werden: als verstockten Herzens. Sie erscheinen von Anfang an in einer Lage, bei der alles Licht auf Jesus, seine Macht und seinen Helferwillen fällt, und für seine Feinde nur das völlige Dunkel übrigbleibt, die absolute Verständnislosigkeit, die Verschlossenheit gegen das Göttliche, das man dennoch nicht leugnen kann.

Diesem Ansatz entsprechend verläuft nun die ganze Szene. Jesus ruft sofort den Kranken in die Mitte, vor aller Augen. Dann stellt er an die Gegner — deren Gesinnung er ohne weiteres voraussetzt — die Frage: Darf man am Sabbat Gutes oder Böses tun, ein Leben retten oder töten? Jesus würde freilich nicht töten, wenn er den Mann erst am Abend, nach dem Ende des Sabbats, heilte. In einer Geschichte aus dem lukanischen Sondergut (Lk 13,10—17) hebt der Synagogenvorsteher hervor: „Sechs Tage sind es, an denen man arbeiten soll.

In ihnen also kommt und laßt euch heilen und nicht am Tag des Sabbats" (V. 14). Hier wird der eigentliche Einwand der Pharisäer gegen die Sabbatheilungen deutlich: diese werden als eine — am Sabbat verbotene — Arbeit angesehen! Der Evangelist in unserer Mk-Perikope schweigt davon. Dafür zieht er dann die Linien ganz aus, geht bis zu den äußersten Konsequenzen und läßt dadurch die Lage der Gegner in ihrer völligen Unmöglichkeit deutlich werden. Sie schweigen, und damit geben sie zu, daß sie Jesus nicht antworten können. Denn wenn sie sagen, man darf am Sabbat töten, so haben sie selbst den Sabbat so schlimm wie möglich verletzt. Aber ihr Schweigen zeigt zugleich: sie sind nicht von ihrer Verstocktheit abzubringen. Jesu Recht liegt auf der Hand; aber sie wollen es nicht anerkennen. Kein Wunder also, daß Jesus seinen Blick zornig über ihren Kreis wandern läßt und daß er traurig ist über die Verhärtung ihres Herzens — welcher Leser würde das Verhalten der Gegner nicht ebenso empfinden?

Jetzt aber, wo die Gegner moralisch Selbstmord begangen haben, vollzieht Jesus die Heilungstat, deren Recht nun über allen Zweifel erhaben ist. Er sagt zu dem Kranken: „Strecke deine Hand aus!", und der kann die verkrampfte Hand bewegen und öffnen: er ist geheilt. Aber das Wunder wandelt die Pharisäer nicht: sie eilen hinaus und beraten sich mit den Herodianern, den Parteigängern einst des „großen Herodes" und jetzt seines Sohnes Herodes Antipas, wie sie Jesus töten, d. h. zur Hinrichtung bringen könnten. Dieses Motiv, daß die Gegner Jesus töten, weil er das Leben schenkt, wird in der Lazarusszene des vierten Evangeliums mit größerer Kunst und gesteigerten Mitteln verwendet, um Jesu Feinde ins Unrecht zu setzen (Joh 11). Bei Mk wirkt sich die Bedrohung Jesu zunächst nicht weiter aus, als daß er sich ans „Galiläische Meer" zurückzieht, obwohl er da nicht sicherer ist als in der ungenannten Stadt der Sabbatheilung. Im Johannesevangelium leitet dieses Motiv „Weil Jesus Leben schenkt, muß er sterben" die Passionsgeschichte ein. Nicht daß wir dort der historischen Wahrheit deshalb näher wären — im Gegenteil: Die Handlung der johanneischen Passionsgeschichte ist völlig unrealistisch geworden. Aber Mk ist schon auf dem Wege zu jener Schau, nach der — freilich mit unerhörter Symbolkraft und gemäß einer verborgenen Wahrheit, von der noch zu sprechen sein wird — die Historie umgeschmolzen wird, bis sie das hergibt, was der Glaube sieht.

Über die lukanische Parallele zu unserer Erzählung, Lk 6,1—11, ist wenig zu sagen: Lk folgt im wesentlichen Mk. Hier und da verdeutlicht er: nicht einfach „er", sondern der Mann mit der verdorrten Hand wird geheißen, aufzustehen und in die Mitte zu treten (V. 8 b); er — nämlich Jesus! — wußte aber ihre Gedanken. Anderswo kürzt Lk: „voll Zorn, betrübt über ihre Herzenshärtigkeit" hat er fortgelassen. Auch die Herodianer hat er aus dem Spiel gelassen: Jesus bleibt damit aus der Politik draußen. Dafür beraten die mit sinnloser Wut erfüllten Schriftgelehrten und Pharisäer — die in den jüngeren Evangelien üblich gewordene Kombination — miteinander, was sie Jesus antun können: eine Todesdrohung wird nicht erwähnt: sie käme Lk hier zu früh.

Ungleich interessanter ist diesmal Mt. Auf den ersten Blick könnte man meinen: er folgt gar nicht Mk, sondern gibt eine andere Überlieferung wieder. Aber das wäre ein Irrtum. Mt hat nur, getreu seiner Art, die Mk-Geschichte gestrafft und zugleich die Gelegenheit benutzt, um noch einen Spruch, ein Logion, einzufügen, dessen Gegenstück in Lk 14,5 steht.

Mt läßt Jesus am selben Abend, wo der Streit über das Ährenraufen erfolgt war, in „ihre" Synagoge kommen, also in die Synagoge der Leute, mit denen Jesus soeben jenen Streit gehabt hat. Dort ist der Mann mit der kranken Hand, und nun stellen die Gegner die Frage: „Darf man am Sabbat heilen?" — um Jesus verklagen zu können. Mt muß die Gegner fragen lassen, weil er sonst den in 12,11 folgenden Spruch nicht verwenden könnte. Jesus antwortet also auf diese Frage, indem er einen ganz alltäglichen Fall erzählt: Jemand hat ein einziges Schaf. Fällt ihm das am Sabbat in eine Grube, dann wird er es selbstverständlich packen und herausziehen. Wieviel mehr ist aber ein Mensch wert als ein Schaf! Also — nun lenkt Mt wieder zum Wortlaut des Mk zurück — darf man am Sabbat Gutes tun. Mt war sicherlich überzeugt, die Erzählung auf diese Weise verbessert zu haben. Daß er jene Kunst zerstört hat, mit der Mk das Licht auf Jesus und das Dunkel auf die Gegner fallen läßt, das hat er nicht bemerkt. Der Kranke wird nicht in die Mitte gerufen: warum Zeit und Platz auf einen so unbedeutenden Nebenzug verschwenden? Jesus läßt ihn einfach die Hand ausstrecken, und da ist sie heil, wie die gesunde! Auch Mt hat die Herodianer, die bei Mk so unvermittelt auftauchten, beiseite gelassen, aber über die Mordpläne nach Mk berichtet.

Wir haben soeben erwähnt, daß Mt 12,11 in Lk 14,5 eine Parallele hat. Damit werden wir auf einen wichtigen Punkt aufmerksam: Lk erzählt nämlich in 14,1—4 einen Sabbatkonflikt, der trotz aller Unterschiede sehr stark an unsere Mk-Perikope erinnert. Diesmal spielt sich die Handlung freilich nicht in einer Synagoge ab, sondern im Hause eines reichen Pharisäers, der Jesus am Sabbat zum Mahl eingeladen hatte. Das hat seine Folgen für den Schluß der Geschichte: Die Pharisäer können nun nicht mordschnaubend abgehen, da sich an die Heilung Gastmahlsreden anschließen und dann das Gleichnis vom großen Abendmahl. Lk 14,1—24 ist eine einzige, geschlossene (wenn auch unterteilte) Komposition. Vermutlich[1] hat Lk sie als Ganzes

---

[1] So Adolf Schlatter, Das Evangelium des Lukas, 1931, 333 ff. — Bultmann sah in Lk 13,10—17 und 14,1—6 nur Varianten: bei Lk 14 sei die Szene als Rahmen für den überlieferten Spruch V. 5 gebildet worden, bei Lk 13 sei die Szene

einem uns nicht erhaltenen Evangelium entnommen, in dem auch Q-Stoff schon enthalten war. Aber diese Frage kann hier nicht nebenbei behandelt werden.

Das Haus des Pharisäers erfüllt aber genau denselben Zweck wie die Synagoge: die Heilung geschieht vor vielen Zeugen, und da die Einladung am Sabbat erfolgt ist, gleicht die Situation inhaltlich der von Mk 3,1 ff. Auch daß die Gegner hier wie bei Mk schon auf der Lauer liegen, stimmt überein; es wird sogar dasselbe Verb benutzt: (παρατηρεῖσθαι, ‚paratereisthai') wie Lk 6,7. Die Krankheit ist allerdings Mk 3 gegenüber gesteigert: der Kranke hat nicht eine „verdorrte Hand", sondern die Wassersucht! Ähnlich wie bei Mk fragt nun Jesus die Gegner. Aber da hier nicht der Konflikt auf die Spitze getrieben werden soll — Jesus bleibt ja beim Mahl zugegen und unterhält sich mit den Pharisäern —, wird die Verschärfung des Mk — retten oder töten? — vermieden. „Darf man am Sabbat heilen oder nicht?", das ist hier die Frage. Die Gegner schweigen — wie bei Mk. Aber es wirkt hier nicht so belastend. Jesus berührt den Mann, heilt ihn und schickt ihn heim. Ein Tischgast war es also nicht, der geheilt wurde, sondern der Evangelist hat ihn sich als einen Zuschauer beim Mahl gedacht — wenn er auf eine solche Nebenfrage überhaupt einen Gedanken verschwendet hat. Und nun kommt das Wort, das die Sabbatheilung Jesu mit dem selbstverständlichen Tun jedes Menschen, auch der Gegner, rechtfertigt: wenn einem ein Tier in den Brunnen fällt, zieht man es auch am Sabbat heraus! Die Logik ist klar; die Folgerung braucht gar nicht weiter ausgeführt zu werden: die Gegner sind unfähig, darauf zu erwidern.

Der Lk-Text in V. 5 ist nicht einheitlich[2]. Eine gründliche Überlegung ergibt, daß statt „Sohn oder Rind" vielmehr gelesen werden muß: „Esel oder Rind".

---

auf Grund des ursprünglich selbständigen Spruches V. 15 komponiert worden. Vielleicht ist das Wort „komponiert" besser dort am Platz, wo es sich um schriftstellerische Bildungen des Evangelisten handelt, während die obigen „Varianten" ihren Ursprung in der mündlichen Überlieferung haben dürften.

[2] Der Text in Lk 14,5 ist nicht einheitlich überliefert: ὄνος ἢ βοῦς (onos e bous, Esel oder Rind) lesen ℵ L λ φ 33 pm lat sy^{s} (mit Umstellung 3 2 1) bo; ὄνος υἱός (onos hyjos, Esel Sohn) hat Θ; πρόβατον (probaton, Schaf) dagegen D; υἱὸς ἢ βοῦς (hyjos e bous, Sohn oder Rind) P 45. 75 (sie stammen aus dem 3. und 2./3. Jh., nach Kurt Aland, Synopsis quattuor evangeliorum S. XV) und sind die ältesten bisher bekannten Zeugen) B Ꝁ (A) W △ al e f q sy^{c} sa bieten: Sohn oder Rind. Der Text von Θ ist ein „Mischtext", wie er im Buche steht. Der Text von D wird sich so erklären, daß in der Vorlage „Sohn" stand, das aus inneren Gründen in „Schaf" verbessert wurde. Der ursprüngliche Gedankengang, der in Lk 13,15 (Rind oder Esel) deutlich erkennbar ist, besagte: Wenn man schon den Haustieren am Sabbat hilft, wieviel mehr einem Menschen! Dieser Gedankengang wird zerstört, sobald der Mensch — obendrein als „Sohn"! — bereits

Aber nun zu Lk 13,10—17:

Diese Geschichte spielt wieder am Sabbat in einer Synagoge (wir hatten sie oben S. 124 schon kurz erwähnt). Diesmal handelt es sich allerdings um eine seit 18 Jahren „gekrümmte" Frau, deren Krankheits- und Heilungsgeschichte in V. 11—13 als eine in sich geschlossene Einheit erzählt wird. Darauf erst erfolgt der Einspruch des Synagogenvorstehers, der sich aber trotz seines Ärgers nicht unmittelbar an den Wundertäter wendet (auch hier treffen wir also wieder einen jener Fälle, in denen ein Tadel an Jesus selbst nicht gerichtet wird, weil ihn die Gemeinde schon als unerträglich empfand), sondern die Leute anweist, sich am Alltag heilen zu lassen, wo man arbeiten darf und soll: hier wird deutlich die Heilung als eine „Arbeit" angesehen, die den Sabbat verletzt. Jesus antwortet mit der — in der jüngeren Literatur beliebten — Anrede „Ihr Heuchler" und einer Variante des Spruches von Ochs und Esel, die man auch am Sabbat löst,

---

im Vordersatz auftaucht, zumal der Sohn dem Handelnden innerlich nähersteht als ein persönlich unbekannter Mensch, wie es die in Lk 13 und 14 geheilten Personen waren.

Aus diesem inneren Grunde würde man sofort die Lesart „Esel oder Rind" für ursprünglich halten, wenn man erklären könnte, wie aus dem griechischen Wort für „Esel" das griechische Wort für „Sohn" geworden ist. Die moderne Konjektur (= Vermutung) ὄϊς (o-is, Schaf) könnte sich dadurch empfehlen, daß dieses Wort leicht in dem abgekürzt geschriebenen griechischen Wort υἱός (Sohn) verlesen werden könnte: οις/υς. Aber ὄϊς ist ein altes (Homer) und ungebräuchlich gewordenes Wort, das später nur noch in „gebildeter" Literatur auftaucht. Darum muß diese Vermutung ausscheiden.

Es scheint also dabei zu bleiben, daß „Sohn" die schwierigere Lesart ist, die darum später in die (innerlich) leichtere „Esel" umgewandelt wurde — Rind und Esel werden sprichwörtlich zusammen genannt und kommen schon der berühmten Stelle Jes 1,3 vor: „Das Rind kennt seinen Meister und der Esel die Krippe seines Herrn", die dazu geführt hat, daß auf den Weihnachtsbildern Ochs und Esel neben der Krippe erscheinen. Aber wie oft, läßt sich auch hier nicht einfach entscheiden, welches die Lesart ist, aus der sich die andere erklären läßt. Wir wollen dabei ganz von der Frage absehen, ob im Original oder einer frühen Abschrift „Sohn" abgekürzt geschrieben war und in das griechische Wort für Esel verlesen werden konnte, zumal die Buchstabenformen im 1. Jh. — waren sie an dieser Stelle deutlich erhalten? — mit in Rechnung gestellt werden müßten. Es ist aber nun durchaus möglich — und das ändert die ganze Lage — daß ein früher Abschreiber den Vers dadurch zu verbessern meinte, daß er „Sohn" für „Esel" einsetzte — daß man den Sohn nicht im Brunnen stecken läßt, ist doch noch viel klarer als beim Esel!

Wir haben diesen Fall besonders ausführlich besprochen, weil er die Wege und Schwierigkeiten der Textkritik sehr gut erkennen läßt. So wichtig auch das Alter der erhaltenen Textzeugen ist — zu einem „Kult der ältesten Handschrift" darf es uns nicht verführen. Wir meinen, daß hier, alles in allem genommen, die Wahrscheinlichkeit besteht, daß der Text ursprünglich von „Esel oder Rind" gesprochen hat.

um sie zur Tränke zu führen. Und diese vom Satan 18 Jahre lang gebundene Tochter Abrahams sollte nicht am Sabbat gelöst werden? Womit die Gegner beschämt sind.

Diese Geschichte stammt — wie die von Zachäus („sintemal auch er Abrahams Sohn ist": Lk 19,9) — wohl aus judenchristlichen Kreisen: die Abrahamskindschaft des oder der Betreffenden rechtfertigt die Hilfe Jesu. Aber Lk 13,15 b und 16 entsprechen sich nur dem Wortlaut nach, nicht dem Sinn. Vermutlich ist hier eine früher selbständige Heilungsgeschichte nachträglich zur Erzählung von einem Sabbatkonflikt geworden; in Joh 5,9 b ist das ja auch der Fall. Wahrscheinlich ist die Heilungsgeschichte im Laufe der mündlichen Überlieferung mit dem Motiv des Sabbatkonflikts zusammengekommen.

Denn das sollte eigentlich an all diesen Geschichten deutlich sein: wir müssen damit rechnen, das diese Erzählungen während der mündlichen Überlieferung noch nicht „fest" waren. Fest wurden sie erst, als die Überlieferung schriftlich fixiert wurde, und auch da noch nicht mit einem Schlage. Vorher aber konnte die Situation, konnte auch das Wort Jesu selbst verändert werden: die alten Erzähler waren nicht sklavisch an einen heiligen Wortlaut gebunden. Je besser einer die Geschichte erzählen konnte, um so richtiger wurde sie! Und dabei kamen dem einen Erzähler diese und dem anderen jene Geschichte in den Sinn: sie färbten ab und wirkten ein. Das ist kaum bewußt vor sich gegangen; wir haben es mit volkstümlicher Erzählungskunst zu tun, nicht mit Literatur. Ob der Kranke die Wassersucht hat oder eine „verdorrte" Hand oder ob es eine von der Arthritis gekrümmte Frau ist, das sind alles keine wichtigen Unterschiede. Die Hauptsache ist: Jesu Recht zur Heilung am Sabbat wird deutlich und über jeden Zweifel erhaben. Und damit kommen wir erst auf die eigentliche Frage dieser Geschichten, auf ihre eigentliche Schwierigkeit für unser Denken und Empfinden. Wie konnte denn jemand an einer Sabbatheilung Anstoß nehmen?

Diese Frage führt uns bis in die letzte Tiefe der Gottesanschauung hinein — bei Jesus und bei seinen pharisäischen Gegnern. Wir würden irregehen, wenn wir diese für herzlos hielten, für gefühllos gegenüber menschlichem Leiden. Wir verstehen sie erst, wenn wir den Ausgangspunkt ihres Denkens gefunden haben. Dieser Ausgangspunkt ist — so können wir zunächst sagen — die scheue Ehrfurcht und der unbedingte Respekt vor dem Worte Gottes. Was Gott gesagt hat, was er geboten hat, das gilt. Gottes Wille hat für uns kein Warum. Er hat es so angeordnet und damit basta. Uns ist nicht erlaubt zu fragen, welchen Sinn das Wort Gottes hat. Mit dieser Frage tritt der Mensch schon aus der rechten Haltung des blinden Gehorsams heraus. Gottes Majestät gegenüber gibt es nur blinden Gehorsam; alles andere ist vom Übel. Er ist der Herr, dessen im Gebot ausgesprochener Wille das Letzte ist. Wir Menschen haben nicht über die Motive Gottes zu spekulieren, sondern zu tun, was wir geheißen sind. Gottes Wille ist nicht einsichtig — dafür ist er Gott. Nur so bleibt die heilige Grenze zwischen Gott und Mensch unversehrt, bleibt der Abstand erhalten zwischen dem Schöpfer und seinem Geschöpf. So das fromme Judentum.

Hier trennt sich Jesus von der Frömmigkeit seiner Zeit. Für ihn ist das Lästerung, was für die andern rechter Gottesdienst ist. Für ihn ist es nicht nur erlaubt, sondern geboten, sich klarzumachen, warum Gott den Sabbat gegeben hat. Der Gott, zu dem Jesus betet, ist nicht jener unerforschliche Herr, dem wir nur in Angst und Zittern dienen dürfen. Er ist keine Macht, die unverständliche Forderungen stellt, weil es ihr so beliebt. Wer Gott so ansehen würde, der gäbe ihm gerade das nicht, was ihm gebührt. Denn Gott ist ein barmherziger Gott, überquellend von Liebe und Güte. Wer sich davor scheut, sich diese Liebe und Güte klarzumachen, der verfehlt damit notwendig Gottes eigentlichen Willen. Nicht daß Jesus ein Rationalist wäre, ein Lobredner der menschlichen Vernunft! Sondern er spricht aus einer anderen Gottesgewißheit heraus, von der seine Zeit nichts wußte. Er sieht Gott anders als sie. Er sieht das Herz Gottes, und sie sehen nur die Vorschrift. Darum wird das Wort Gottes, mit dem sie umgehen, herzlos und gottlos. Für Jesus wird von Gottes Liebe her alles verständlich, was ER sagt und gebietet. Nicht der menschliche Verstand, der nach Zwecken fragt, ist hier am Werk, sondern die Gewißheit der väterlichen Liebe Gottes, die alles durchleuchtet.

Damit ändert sich auch notwendig das Urteil über die menschliche Tat, die den Gotteswillen erfüllen möchte. Wo die andern den strengen Gehorsam sehen und preisen, der eine Sabbatheilung als Sabbatarbeit verbietet, da sieht er die Verstocktheit des Herzens, das Gott ganz fern ist. Um so ferner, je mehr es sein Tun für Gehorsam, für fromm hält. Weder Jesus noch seine Gegner handeln aus rationalen Erwägungen heraus: hier steht Glaube gegen Glaube, und gerade darum ist der Kampf so hart, ist der Konflikt unausweichlich. Es ist — wenn wir es einmal ganz scharf formulieren wollen — nicht derselbe Gott, zu dem Jesus betet und zu dem seine Landsleute beten, wenn sie auch beide den einen und einzigen Gott bekennen und verehren. In den Augen der Pharisäer muß Jesus der Lästerer sein, der Gesetzesübertreter, und sie in den seinen. An diesem Beispiel können wir ermessen, wie fremd Jesus der Masse seiner Landsleute und gerade den Frommen seines Volkes gewesen ist, welch innerer Abgrund ihn von ihnen trennte. Wir meinen nur zu leicht, daß der Konflikt Jesu mit seinen Gegnern, der ihn schließlich ans Kreuz bringt, einen anderen Grund hat als das Tiefste seiner Verkündigung. Aber gerade der höchste Schatz, den er spenden kann, ist in den Augen der pharisäisch Frommen wertlos, ja schlimmer: er ist etwas Verwerfliches, Gottloses.

17 Zulauf und Heilungen

Mk 3,7–12; Mt 12,15 f.; Lk 6,17–19

(7) Und Jesus wich mit seinen Jüngern zurück ans Meer, und eine große Menge von Galiläa folgte, (8) und Judäa und von Jerusalem und von Idumäa und von jenseits des Jordans und der Gegend von Tyrus und Sidon eine große Menge; als die hörten, was er tat, kamen sie zu ihm. (9) Und er sagte seinen Jüngern, man solle ihm ein Schiff bereithalten wegen der Menge, damit sie ihn nicht erdrückten. (10) Denn er heilte viele, so daß ihn alle anfielen, die von Leiden gequält waren, damit sie ihn berührten. (11) Und die unreinen Geister, wenn sie ihn sahen, fielen vor ihm nieder und schrien: ‚Du bist der Gottessohn!‘ (12) Und er bedrohte sie sehr, damit sie ihn nicht offenbar machten.

Dieser Abschnitt entstammt nicht der ältesten Überlieferung[1]. Sie bringt konkrete Einzelgeschichten und Einzelsprüche, aber keine allgemeinen Zustandsschilderungen. V. 7 knüpft locker an das Vorhergehende an: Jesus war ja am „Meer" kaum sicherer, als in einem der galiläischen Dörfer. Wenn sich die Obrigkeit damals wirklich seiner hätte bemächtigen wollen, so hätte ihm auch eine Fahrt über den See ans Ostufer nichts geholfen — es sei denn, Jesus wäre dort in die eigentliche Wüste Juda mit ihren vielen Höhlenverstecken geflohen, die anläßlich der Qumranfunde bekanntgeworden sind. Tatsächlich ist aber in 3,13 die Bedrohung schon längst wieder vergessen, wo

[1] Taylor 225 bemerkt: Stil und Wortschatz spreche für Markus; ungewöhnlich sei nur das Wort ἀνεχώρησεν (anchechōrēsen, „er zog sich zurück"), das in der LXX und den Papyri vorkommt. Lagrange 61 bestreitet, daß es in Mk die geringste Anspielung auf eine Flucht Jesu gibt. Aber Mk scheint auf diese Weise die Verbindung mit 3,6 hergestellt zu haben, ohne daß er im folgenden dem so heraufbeschworenen Moment der Gefahr weiter Rechnung trägt. — Willi Marxsen, Der Evangelist Markus. Studien zur Redaktionsgeschichte des Evangeliums, Göttingen 1956, 39 f., nimmt wie wir an, daß die „Flucht" die vorige Perikope abschließt, und daß der „Sammelbericht" vom Evangelisten stammt. Aber seine weiteren Ausführungen überzeugen nicht: „Zu dem Volk aus Galiläa, das Jesus bei seiner Flucht folgt, kommt eine längere Aufzählung von Orten, von woher Menschen zu Jesus an den See kommen." Marxsen meint, daß an allen diesen Orten bzw. in allen diesen Gegenden zur Zeit des Mk Christen wohnten. Von daher komme Mk zu der (von uns später zu besprechenden) These, daß Galiläa für Mk und dessen Zeit eine besondere Bedeutung besitzt und daß die Urgemeinde dort zusammenkam. Dazu sei hier nur gesagt (weiteres zu Kap. 13): uns scheint, daß Mk hier zweierlei verbunden hat: Jesu „Rückzug" an den See und das Zusammenströmen der Menge bei ihm. Historisch gesehen ist von einer Folge der Galiläer auf der „Flucht" keine Rede. Aber es besteht auch keine Notwendigkeit, aus dem Zusammenströmen der Menge bei Jesus am See Schlüsse auf Verhältnisse zur Zeit des Mk zu ziehen.

der Erzähler Jesus die Küste verlassen und auf „den Berg“ steigen läßt, ja im Grunde bereits bei der Schilderung des großen Erfolges Jesu in V. 7 b ff. Aus allen Himmelsrichtungen strömt das Volk zu ihm: nicht nur aus seiner galiläischen Heimat, sondern auch aus Judäa, Jerusalem, Idumäa im tiefsten Süden und der Dekapolis im Osten; ja sogar bis Tyrus und Sidon ist der Ruf seiner Taten gedrungen und zieht die Menschen zu ihm[2]. Der Erzähler will damit nicht etwa eine „glückliche Zeit des Anfangs“, einen „galiläischen Frühling“ im Unterschied zu einem späteren Rückschlag schildern. Vielmehr ist der Zustrom zu Jesus ein Widerschein seiner Wunder und damit ein indirekter Beweis dafür, daß er wirklich der Gottessohn ist.

Auch V. 9 bekommt von diesem Zusammenhang her seinen Sinn. Man hat ihn vielfach so gedeutet, als habe der Evangelist hier die Situation von 4, 1 ff. vorbereiten wollen. Aber das wäre ein Mißverständnis: Auch dieser Zug, daß sich Jesus ein Boot bereitstellen lassen muß, um nicht von der hilfesuchenden Menge erdrückt zu werden, zeigt wieder die Größe seines Erfolges. Die soeben erwähnte Deutung hat aber darin einen wahren Kern, daß die — aus älterer Überlieferung stammende — Situation von 4, 1 ff. dem Evangelisten das Material für diesen so anschaulichen und beweiskräftigen Zug bot[3].

Sind V. 7 b—9 ‚historisch‘ echt? Man wird wohl sagen dürfen: die konkreten Szenen 3, 20 f. und 3,31—34 gehören der ältesten Überlieferung an. Sie setzen zwar eine größere Anzahl von Zuhörern

---

[2] Mk nennt hier Gegenden, die Jesus selbst später z. T. berührt. Nach Idumäa freilich kommt er nicht, wohl aber nach der Gegend „jenseits des Jordans“ (so schon in der LXX bei Jes 9,1 genannt) in Kap. 5 und bis zu dem Tyrus gehörenden Gebiet (Kap. 8 f.). Nicht erwähnt ist Samaria, wo sich später christliche Gemeinden bildeten: Apg 8,5—25.

Manche Ausleger (darunter Rawlinson 38 und Plummer 102 f.) nehmen an, daß zwei Besuchergruppen unterschieden werden. Das ist in der Tat notwendig, wenn man den auch von uns vorausgesetzten Text beibehält. Dann wird zuerst die große Menge aus Galiläa erwähnt, Jesu eigentliche Landsleute, und danach der Rest, ebenfalls eine große Menge, bis aus so fernen Gegenden kommend wie von Sidon. Taylor 226 dagegen folgt D, das mit H P 579 εἰς (eis, „zu“) statt πρός (pros, „zu“) liest und für πλῆθος (plēthos, „Menge“), das bei Mk sonst nicht vorkommt, mit 372 b c e f ff^{2} r$^{1.2}$ das bei Mk übliche sinngleiche Wort ὄχλος (ochlos) einsetzt. Taylor läßt, wieder mit D, aber auch mit W 28 124 788 it^{pt} sy bo., ἠκολούθησεν (ēkolouthēsen, „folgte“) aus und bekommt so nur eine einzige große Gruppe, die zu Jesus kommt, genannt freilich nur in einer Konstruktion ohne Verbum. Damit folgt er Turner 21. Allein ein wirklicher Grund, D und dessen jeweilige Genossen zu bevorzugen, besteht nicht.

[3] Lohmeyer 73 hat das nicht verstanden und spricht darum von einer versprengten historischen Nachricht; die Überlieferung habe schon solche malerisch biographischen Einzelheiten gekannt. Wie sie aber überliefert worden sein sollen, erfahren wir nicht.

voraus, aber doch nur so viele, daß ein Haus und dessen nächste Umgebung davon gefüllt wird, jedoch nicht ein ganzes Heer von Hilfesuchenden aus allen Teilen des jüdischen Landes, wie V. 7 b—9 es nahelegen. Eine solche Massenansammlung von vielen hundert Menschen ist (wie sich aus sehr einfachen praktischen Erwägungen ergibt) unmöglich: sie setzt nicht nur einen langen Aufenthalt Jesu an einem und demselben Ort voraus, sondern sie übersteigt die Möglichkeiten der Ernährung und Unterbringung um ein Vielfaches. Aber so prosaische Überlegungen wird der Evangelist nicht angestellt haben. Er schafft mit dieser Schilderung den Hintergrund für die in 3,20 ff. kommende große Szene, die Auseinandersetzung der Gemeinde und Jesu selbst mit dem Vorwurf des Teufelsbündnisses. Darum wird nicht nur in V. 10 geschildert, daß Kranke in Menge von ihm geheilt werden durch seine bloße Berührung, sondern vor allem in V. 11, daß er die unreinen Geister austreibt und nicht sprechen läßt, weil sie ihn vor allen Leuten als den Gottessohn bekannt gemacht hätten.

Damit stoßen wir von neuem auf das Problem, das seit William Wrede nicht mehr zur Ruhe gekommen ist[4]. Während sich die ältere Exegese fragte, warum Jesus seine wahre Würde nicht bekanntwerden lassen wollte (und damit in der Seele Jesu den Schlüssel für das hier dargestellte Verhalten suchte), hielt man später eine andere Frage mindestens für ebenso wichtig: Warum zeichnete der Evangelist Jesus in dieser Weise? Es ist ja gar nicht sicher, daß sich Jesus tatsächlich so verhielt, wie hier beschrieben. Nur wer den Bericht unbesehen für die Wirklichkeit nimmt, muß aus Jesu Seele den Grund für dieses eigenartige Verhalten herauslesen. Wie steht es aber, wenn gar nicht Jesus, sondern der Erzähler der wahre Urheber dieser Schweigegebote war?

Die betreffenden Angaben des Evangeliums lassen sich ja nur unter der Voraussetzung halten, daß wirklich böse Geister dank ihres überirdischen Wissens Jesu Gottessohnschaft erkannten und kundtaten. Es gibt freilich auch eine pseudopsychologische Erklärung: jene Kranken hätten dank ihrer nervösen Empfänglichkeit die eigenartige Macht Jesu stärker empfunden und in der für sie natürlichen Form ausgedrückt. Aber diese Konstruktion steht auf sehr schwachen Füßen. Daß irgendein Wundertäter der Gottessohn sei, diese Vorstellung

---

[4] Vgl. Gal 4,4, das Jesu Erdenleben auf die kurze Formel bringt: „geworden vom Weibe, geworden unter das Gesetz". Zum ersten Bestandteil dieser Wendung, die Jesu Erdenleben als ein Leben in Niedrigkeit charakterisiert, s. Hiob 14,1 f.: „Der Mensch, vom Weib geboren, lebt eine kurze Frist, die Ruh' ist ihm verloren, der Blume gleich er ist, die welk schon im Entstehn. Er schwindet wie ein Schatten, und muß im Nu vergehn." Paulus weiß, wie Markus selbst, nichts von einer Jungfrauengeburt Jesu (also hat ihm Petrus von einer solchen nichts erzählt in jenen 14 Tagen, die Paulus ihn 3 Jahre nach seiner Berufung besuchte), und auch nicht von Konflikten wegen der Gesetzeserfüllung.

lag dem jüdischen Volk damals fern. Der Begriff ‚Gottessohn' hat — anders als der Begriff des Messias — im Judentum jener Zeit gar keine Rolle gespielt. Erst die christliche Gemeinde hat Jesus als den ‚Gottessohn' bekannt und damit einen neuen Begriff in die Vorstellungswelt des jüdischen Volkes eingeführt; erst die hellenistische Gemeinde hat diesen Titel geschätzt. Geben wir aber die Annahme preis, damals hätten Dämonen Jesus als Gottessohn begrüßt, dann fällt auch das Schweigegebot als Bestandteil der ältesten Überlieferung fort.

Wie aber ist der Erzähler — Mk selbst oder schon ein Vorgänger — auf diesen Gedanken des „Messias"-Geheimnisses (der Ausdruck ist falsch, denn die Dämonen benutzen ihn nicht; man darf nicht von einem so speziellen Würdenamen ausgehen!) gekommen? Nun, der Gemeinde des Mk war es selbstverständlich geworden, daß Jesus nicht erst seit seiner Auferstehung der „Sohn Gottes in Kraft" war (um diese Formulierung von Röm 1,4 einmal zu benutzen), sondern bereits während seines Erdenlebens. Sie hat in den Wundergeschichten — die sie eifrig tradierte, wobei sie beträchtlich an Zahl und Gewicht wuchsen — den Beweis für diese Gottessohnschaft des auf Erden Wandelnden gesehen. Daß sie zu dieser Überzeugung kam, läßt sich durchaus verstehen. Paulus war freilich davon überzeugt gewesen, daß Jesus als Mensch in Niedrigkeit, in Schwachheit, sozusagen inkognito erschienen war und erst nach seiner Auferstehung seine wahre Macht ausübte[5]. Das hatte in den Erinnerungen der ersten Gemeinde an Jesu Erdenleben und der entsprechenden Christologie einen berechtigten Platz. Den späteren Generationen aber wurde sie unverständlich und unbequem. Sie drängten — das beweist die Geschichte der Wunderüberlieferung, soweit wir sie innerhalb der Evangelien verfolgen können, immer mehr darauf, daß Jesus schon vorher das war, was er jetzt ist. Nur so erschien seine Würde gesichert und erwiesen. Das aber besagte nicht bloß, daß er seine Macht schon immer besessen hat, sondern daß er sie auch ausgeübt hat. So sehen wir denn Mk auf dem Weg zu den Wundergeschichten im vierten Evangelium. Mk hat freilich Jesu Erdenleben noch nicht mit jener genialen Unbekümmertheit so verwandelt, daß ER als Gottwesen, das nur die vollständige Verstockung nicht erkennt, über die Erde schritt. Aber unterwegs zu diesem Ziel ist doch auch Mk bereits. Wunder auf Wunder legitimieren Jesus — die Worte Jesu treten dem gegenüber weit zurück, weil sie dieses Ziel erst erreichen, wenn man sie, wie Johannes, durch ganz neue Reden ersetzt —, die Dämonen verkünden ihn, und so bleibt nur noch eine Frage ohne Anwort, ja sie erhebt sich eigentlich erst jetzt: Warum ist dann Jesus nicht schon während seines Erdenlebens allgemein als der erkannt und anerkannt worden, als den ihn die christliche Gemeinde verehrt? Hier muß doch eine hemmende Kraft

---

[5] Vgl. Gal 4,4; 1. Kor 2,8.

tätig gewesen sein, welche diese allgemeine Erkenntnis und Anerkennung verhinderte, und diese hemmende Kraft kann nach der Lage der Dinge nur von Jesus selbst ausgegangen sein! Damit wollen wir nicht behaupten, der Erzähler habe sich über die psychologische Verständlichkeit des Erdenlebens Jesu den Kopf zerbrochen. Aber soviel ist ihm doch deutlich gewesen: Wenn Jesu Erdenleben so verlaufen war, wie es die vorhandenen Wundergeschichten schilderten, dann muß es irgend etwas gegeben haben, was die Menge Jesu wahre Würde nicht erkennen ließ. Das konnte aber nur der Wille Jesu selbst gewesen sein, der unerkannt bleiben wollte. Denn wer hätte sonst den Gottessohn in seiner Wirkung auf die Menschen hindern sollen? Jesus selbst wollte also nicht, daß seine Taten bekannt wurden, und er selbst hat den wissenden Dämonen den Mund gestopft.

Diese Lösung, nach der Jesus selbst das Schweigen geboten hat, mußte freilich ein Kompromiß bleiben. Die Rechnung geht nicht glatt auf: Die Dämonen rufen ihr Wissen aus, bevor Jesus sie zum Schweigen bringt, und die Geheilten kehren sich auch nicht immer an das Redeverbot — sonst wären ja Jesu Taten, auf welche den Christen soviel ankam, überhaupt unbekannt geblieben! So mußte man einen Mittelweg beschreiten zwischen dem Bekanntwerden und dem Verborgenbleiben. Für unser nachprüfendes Denken erweist sich dieser Mittelweg freilich als höchst fragwürdig. Aber das hindert nicht, daß man ihn dennoch beschritt. Wir dürfen ja das Eine nicht vergessen: wir sind es, die auf die psychologische Durchsichtigkeit den höchsten Wert legen, wir vergleichen die einzelnen Geschichten genau miteinander und prüfen sie auf ihre Übereinstimmung hin. Für den Erzähler genügte es, wenn er jeweils an der betreffenden Stelle das eine oder das andere Motiv zur Geltung brachte: hier die Wunder geschehen und erzählt werden ließ und dort ihr Bekanntwerden untersagte. Beides mußte sich ja ereignet haben, wenn man nicht die Überlieferung so radikal umschmelzen wollte und konnte, wie es im vierten Evangelium geschehen ist.

Man wende also gegen unseren Erklärungsversuch nicht ein, daß auch er nicht alle Widersprüche beseitigt, daß etwa ein Geheilter doch erzählt, was ihm widerfahren ist, ja daß sogar ein Überlieferungsstück mit einschlüpft, wo Jesus dem Geheilten das Reden aufträgt (Mk 5,1—20; s. u. S. 195). Unsere Erklärung setzt solche Widersprüche ja gerade voraus, weil zur Zeit des Erzählers die beiden verschiedenen Tendenzen sich nicht ohne Widerspruch versöhnen ließen. Der Erzähler mußte vielmehr beides berichten: daß Jesus Wunder tat und die Dämonen ihn bekannten, und daß er nicht kundwerden wollte — das eine zum Erweis der Gottessohnschaft Jesu, das andre, weil sie damals noch nicht erkannt war — wie wäre er sonst gekreuzigt worden[6]?

---

[6] Vgl. 1. Kor 2,8.

Interessant ist die Mt-Parallele zu unserem Abschnitt, Mt 12,15 f. Mt hat — abgesehen davon, daß er Mk 3,7b—8 in Mt 4,24 f. untergebracht hat — an das Schweigegebot einen Hinweis auf Jes 42,1—4 angefügt. Diese Stelle verstand er als eine Voraussage der Verborgenheit des Messias, als einen Schriftbeweis für Jesu Schweigegebote. Von einer Ausdeutung dieser Stelle auf das stellvertretende Todesleiden Jesu ist also hier keine Rede. Diese Deutung lag der christlichen Gemeinde keineswegs so nahe, wie man heute vielfach annimmt. Es hat verhältnismäßig lange gedauert, bis sie in jenem ‚Gottesknecht' das Bild Jesu Christi fand, wie es die spätere Lehre entwarf, und es ist methodisch falsch, jede Erwähnung einer ‚Gottesknecht'-Stelle im Sinne des Stellvertretungsleidens zu deuten. In Apg 8,32 wird Jes 53,7 f. angeführt, nicht aber die eigentliche Leidensaussagen von Jes 53. V. 7 f. scheint nur als eine Voraussage von Tod und Auferstehung verstanden zu sein, was durchaus der lukanischen Theologie entsprechen würde.

18 Berufung der 12 Apostel

Mk 3,13–19; Mt 10,1–4; Lk 6,12–16

(13) Und er steigt hinauf auf den Berg, und ruft hinzu, welche er wollte, und sie gingen fort zu ihm. (14) Und er machte Zwölf, die er Apostel nannte, daß sie mit ihm seien, und daß er sie sende zu verkünden (15) und Macht zu haben, die Dämonen auszutreiben. (16) Und er machte die Zwölf, und legte dem Simon den Namen Petrus bei; (17) und Jakobus, den Sohn des Zebedäus, und Johannes, den Bruder des Jakobus, und legte ihnen die Namen ‚Boanerges' bei; d. i. ‚Donnersöhne'. (18) Und Andreas und Philippus und Bartholomäus und Matthäus und Thomas und Jakobus, den (Sohn) des Alphäus, (19) und Thaddäus und Simon den Kananäer und Judas, der ihn auslieferte.

Man sieht es diesem kleinen Abschnitt nicht an, wieviel Mühe er der Forschung gemacht hat. Fangen wir mit der leichtesten Frage an: dem Problem der Namensliste. Im N. T. werden die Zwölf (bzw. elf) noch in Mt 10,2, in Lk 6,14 und Apg 1,13 aufgezählt. Mk 3 und Apg 1 beginnen mit den drei Hauptjüngern: Simon, dem Jesus den Namen „Petros" zulegt (Paulus gebraucht meist, z. B. Gal 1,18, die aramäische Form ‚Kēphā', deren Rückübersetzung ins Griechische [Πέτρος „Pétros" = Fels] ist), und den beiden Zebedaiden Jakobus (er wird stets zuerst genannt und war entweder der ältere oder der bedeutendere der beiden Brüder, der darum auch von Agrippa I hingerichtet wurde [Apg 12,2]) und Johannes, welche den Namen „Boanerges" erhalten. Mk erklärt ihn als ‚Söhne des Donners'; aber sprachlich ist die Form — vielleicht ist sie wie viele Namen bei der Überlieferung entstellt worden — ein noch unerklärtes Rätsel. Die

Listen des Mt und Lk dagegen lassen die Brüderpaare beisammen, bringen also Andreas an 2. Stelle und dann erst die Zebedaiden. Schon an diesem Unterschied erkennt man, daß hier verschiedene Traditionen sich noch bemerkbar machen. Besonders deutlich wird das bei dem 10. Namen in Mk 3 und Mt 10. Während Mk hier einen Thaddäus nennt (wohl = Theudas, einer Abkürzung des griechischen Namen Theodotos oder Theodoros = Gottesgabe), spricht Mt von einem Lebbäus. In den lukanischen Listen begegnet uns dagegen an 11. Stelle ein Judas, Sohn des Jakob. Joachim Jeremias hat versucht, diese drei verschiedenen Traditionen mit einem bewunderungswürdigen Scharfsinn in Einklang zu bringen: Lukas habe den eigentlichen Namen des Mannes genannt, Mt dagegen seinen aramäischen Beinamen (= Libbai, Herzenskind) und Mk seinen griechischen[1]. Aber diese saubere Verteilung der drei Namen eines Mannes auf die drei Evangelisten erweckt kein Vertrauen. Sagen wir ruhig, daß die Listen und ihre Traditionen hier differieren. Thomas (= aramäisch Th^{e}'oma) bedeutet „Zwilling" (vgl. Joh 20,24), „fiel aber im griechischen Sprachgebiet mit dem griechischen Namen Thomas zusammen", W. Bauer, Wb 726. Da man diesen Zwilling in gnostischen Kreisen als den „Zwillingsbruder Jesu" verstand[2], hat Thomas in der Gnosis eine große Rolle gespielt (die sich mit Joh 20,24—28 nicht vereinen läßt): er soll die 114 „geheimen Sprüche" Jesu niedergeschrieben haben, die das bei Nag-Hammadi gefundene koptische Thomasevangelium enthält, und die Acta Thomae berichten über seine Missionsreisen nach und in Indien. Bartholomäus hat man als Bar-Tolmaj, „Sohn des Ptolemäus", gedeutet, aber A. Klostermann 41 hat das bezweifelt. Nach dem Vorbild von Lagrange 66 und anderen hat Grundmann 79 Bartholomäus mit dem in Joh 1,45 genannten Nathanael identifiziert. Aber die alte Kirche weiß davon nichts; diese Ineinssetzung tritt (Josef Schmid, Mk-Ev 78) erst im 9. Jh. auf und ist wohl einer der vielen gelehrten Versuche, Übereinstimmung in die von den kanonischen Evangelien genannten Jüngernamen zu

---

[1] Joachim Jeremias, Jesus als Weltvollender, Gütersloh 1930, 71 A. 4. Für „Libbai" käme auch die Bedeutung „Beherzter" in Frage. Dagegen macht Lohmeyer 75, A 1 geltend: Thaddaios hänge zwar mit Theodotos zusammen, sei aber „ein aramäischer, auch talmudischer Name".

[2] Er wird in der Einleitung des Thomasevangeliums (p. 80, 11 ff.) anscheinend mit dem Bruder Jesu Judas identifiziert: „und es schrieb sie", nämlich die verborgenen Worte Jesu des Lebendigen, „Didymos Judas Thomas". Nach Lohmeyer 75 hat eine syrische Tradition diese Identifizierung vollzogen. Allerdings redet Thomas in Spruch 13 (p. 82,30 — 83,14) Jesus als „Meister" an, und dies ist die einzige Stelle, wo Thomas innerhalb dieser Spruchsammlung noch genannt wird, und zwar ist in dritter Person von ihm die Rede. Spruch 13 zeigt jedoch, daß er als der vollkommene Gnostiker betrachtet wird, denn Jesus antwortet ihm: „Ich bin nicht dein Meister, denn du hast getrunken und dich berauscht an der sprudelnden Quelle, die ich ausgemessen habe."

bringen. Daß Mk den Levi von 2,14 mit Jakobus, Sohn des Alphäus, gleichsetzt, ist eine willkürliche Behauptung Grundmanns (79). Simon Kananaios hat nichts mit Kanaan zu tun; in dem Beinamen steckt das aramäische Wort q^enana = griechisch „zelotes" = der Eiferer. Demnach war Simon ein (ehemaliges) Mitglied der nationalistisch-religiösen Extremistenpartei (V. Taylor 234). Ischarioth wird von א Θφ in Joh 6,71 und von D in Joh 12,4; 13,5.26; 14,22 mit „von Karyot" wiedergegeben. Danach hat Stauffer den Namen als „Mann von Karyot" gedeutet. Aber Keroth-Hesron in Jos 15,25 — an das er dabei gedacht hat — wurde schon, als das Buch Josua geschrieben wurde, Hazor genannt. Es ist also eine sinnlose Vermutung, daß man diesen Judas mit einem Namen benannt hat, den sein Heimatort vor vielen Jahrhunderten einmal getragen hatte. Jer 48,24 erwähnt ebenfalls einen Ort Kerioth (LXX: Karioth); aber auch dieser kommt nicht in Betracht, da er außerhalb Israels in Moab lag und zerstört war. Eine andere Erklärung des Beinamens sucht darin das lateinische Wort „sicarius" (von sicca, der Dolch); dann wäre dieser Judas ein ehemaliges Mitglied einer in den letzten Jahren vor der Zerstörung Jerusalems dort aufgetretenen Gruppe nationalistisch-religiöser Extremisten gewesen, die mit ihren Dolchen angebliche Verräter und Kollaborateure im Gedränge religiöser Feste ermordeten. Aber daß diese Gruppe schon 30 Jahre früher existierte, davon ist nichts bekannt. — Hirsch I 21 will die griechischen Worte ὃς καὶ παρέδωκεν αὐτόν, ‚hos kai parédōken autón' so erklären: „der ihn ja auch verraten hat": „er hat getan, was sein Name besagte". Aber erstens besagte der Name das gar nicht; zweitens ist „hos kai" eine im Koine-Griechisch häufige, den Sinn nicht ändernde Erweiterung des Relativpronomens, die sich besonders oft in der Apg, aber auch sonst nicht selten im NT findet. Sie tritt auch hier in Mk 3,14 und 3,19 auf. Im Deutschen läßt sie sich nicht wiedergeben; die Übersetzung mit „auch" ist falsch. In V. 14 heißt es nicht: „die er auch Apostel nannte", sondern: „die er Apostel nannte", in V. 19: ‚der ihn ausgeliefert hat'. Lk 6,16 sagt dafür ganz richtig: „welcher der Verräter wurde". Hirsch glaubt nicht, daß Judas dem Kreis der 12 angehört hat, der erst nach Ostern entstanden sei. Um diesen Judas in den 12 unterzubringen, mußte man entweder einen anderen Namen streichen und Judas hinten anfügen (so Lk 6,14 ff. und Apg 1,13) oder ihn mit Judas dem Sohn Jakobs verschmelzen (so Mk und Mt). Anders erklärt Oscar Cullmann den Sachverhalt („Le douxième apôtre": RHPhR Paris 1962, 133—140): Judas, Sohn Jakobs, sei eine irrige Verdoppelung des Judas Ischarioth. Das in Ischarioth steckende sicarius sei — in einer aramäischen Wiedergabe mit griechischer Endung — zu kananites geworden, das sich Joh 14,22 sa findet und als ein zweiter Judas verstanden wurde. Warum er Sohn Jakobs genannt wurde, lasse sich auf verschiedene Weisen erklären. Auch diese auf einer einzigen koptischen Lesart beruhende Ableitung überzeugt nicht. —

Eduard Meyer (Ursprung und Anfänge des Christentums, 1. Bd. Stuttgart/Berlin 1921, 297) beweist die Zugehörigkeit des Judas zum Zwölferkreis mit dem Argument: Man hätte den Verräter nicht zu den engsten Vertrauten Jesu gerechnet, wenn er nicht wirklich zu ihnen gehört hätte. Aber die volkstümliche Überlieferung liebt es, Heldentaten und Verbrechen aufs Höchstmaß zu steigern, und Paulus zitiert 1 Kor 15,5 die in einer Formel zusammengefaßte Überlieferung der ersten Gemeinde betr. die Auferstehungszeugen, und nennt dabei an zweiter Stelle „die Zwölf", die von den V. 7 genannten „Aposteln" verschieden sind. Da Paulus von einem 40tägigen Verweilen des Auferstandenen bei seinen Jüngern (so Apg 1,3) ebensowenig weiß wie die vier kanonischen Evangelien, läßt sich die Zwölfzahl schwer erklären, wenn Judas schon ausgeschieden war. Es bleibt also möglich, daß er zwar zum engeren Jüngerkreis gehörte, aber nicht zu den Zwölf.

Das zweite und schwierigere Problem betrifft die Zwölf in ihrem Verhältnis zu den Aposteln, mit denen sie hier offensichtlich in V. 14 ineinsgesetzt werden. Zu dieser Identifizierung s. u. S. 247 ff. zu Mk 6,30—44. Was die Zwölf selbst angeht, so hat man in ihnen früher auf Grund von Mt 19,28 und Lk 22,30 die Repräsentanten der zwölf Stämme Israels gesehen und Jesus die Absicht zugeschrieben, in seiner Gemeinde dieses Gottesvolk zu erneuern. Heute halten die kritischen Theologen die Zwölf meist für eine erst in der nachösterlichen Gemeinde entstandene Größe, in der sich das Selbstverständnis der judenchristlichen Gemeinde von Jerusalem widerspiegele. Aber dafür sollte man sich nicht auf 1 Kor 15,5 berufen. Denn diese Stelle setzt die Existenz der Zwölf bereits voraus und deutet nicht erst das Entstehen dieses Kreises an.

Man hat versucht, unseren Abschnitt auf zwei verschiedene Quellen zurückzuführen: Hirsch I 223 gibt der ersten Quelle die Verse 3,13 f. und 3,17 — also die Benennung der Hauptjünger, der zweiten die Verse 14 b und 17—19, wobei Petrus aus V. 16 noch hinzuzunehmen ist. Taylor 229 gibt die Verschiedenheit der zugrunde liegenden Traditionen zu, verzichtet aber mit Recht auf eine Rekonstruktion der Quellen. Das (ungeschickt nach der Namengebung an Petrus wiederholte) ‚er machte die Zwölf' meint mit „machen" (ποιεῖν, poieîn) wie die LXX in 1. Kön 12,31; 13,33; 2. Chron 2,18 das hebräische Wort עשׂה ʻasah, das hier den Sinn von „ernennen" hat (V. Taylor 230). Man hat sich besonders an dem Widerspruch gestoßen, der darin liege, daß die Zwölf bei Jesus sein und zum Predigen ausgesandt werden sollen. Mk hat hier in freilich stilistisch unbeholfener Weise die Aussendung vorbereitet, die er in Kap. 6,7—13 erzählen wird. Die Forscher haben meist die Worte von V. 14 gestrichen: „welche er Apostel nannte", und darin einen Einfluß des lukanischen Textes vermutet. Aber diese Worte sind handschriftlich ausgezeichnet bezeugt und werden nur von D und ihm folgenden Textzeugen gestrichen, weil sie sich mit dem in V. 15 folgenden „damit er sie aussende" zu stoßen schienen. Man sollte nicht die Sachfrage nach der ursprünglichen Stellung der Apostel mit der Frage nach dem ältesten Mk-Text vermischen; es ist ebensogut möglich, daß Lk jene Worte in 6,13 aus Mk 3 entnommen hat.

19 Jesus und der Satan

Mk 3,20–35; Mt 12,24–29. 31 f.; Lk 11,15–22. 12, 10

(20) Und er geht ins Haus, und es versammelt sich wiederum eine Menge, so daß sie nicht einmal Brot essen konnten. (21) Und die Seinen hörten es und zogen aus, um sich seiner zu bemächtigen; denn sie meinten: er ist von Sinnen.

(22) Und die Schriftgelehrten, die von Jerusalem herabgekommen waren, sagten: ‚Er hat den Beelzebul' und „Durch den Fürsten der Dämonen treibt er die Dämonen aus'. (23) Und Jesus rief sie heran und sprach zu ihnen in Gleichnissen: „Wie kann der Satan den Satan austreiben? (24) Und wenn ein Königreich mit sich selbst entzweit ist, so kann jenes Reich nicht bestehen. (25) Und wenn ein Haus mit sich selbst entzweit ist, so kann jenes Haus nicht bestehen. (26) Und wenn der Satan wider sich selbst aufstünde, so wäre er entzweit und kann nicht bestehen, sondern hat ein Ende.

(27) Aber keiner kann in das Haus des Starken hineingehen und seinen Hausrat rauben, wenn er nicht zuerst den Starken bindet, und dann wird er sein Haus ausrauben.

(28) Wahrlich, ich sage euch: Alle Sünden und Lästerungen werden den Söhnen der Menschen vergeben werden, soviel sie auch äußern; (29) wer aber gegen den heiligen Geist lästert, der hat in Ewigkeit nicht Vergebung, sondern er ist einer ewigen Sünde schuldig." (30) Weil sie sagten: Er hat einen unreinen Geist.'

(31) Und es kommt seine Mutter und seine Brüder, und draußen stehend schickten sie zu ihm und ließen ihn rufen. (32) Und die Menge saß um ihn her, und man sagt ihm: ‚Siehe, deine Mutter und deine Brüder und deine Schwestern draußen suchen dich!' (33) Und er antwortete ihnen und sagte: „Wer ist meine Mutter und meine Brüder?"

(34) Und indem er ringsumher die um ihn Sitzenden anblickt, sagt er: „Siehe, das ist meine Mutter und meine Brüder! (35) Wer den Willen Gottes tut, der ist mir Bruder und Schwester und Mutter!"

Man hat längst vermutet, wenn auch mit großem Unbehagen (vgl. z. B. die Erklärung unseres Abschnitts bei B. Weiß!), daß eigentlich die beiden Abschnitte V. 20 f. und V. 31—35 zusammengehören. Sie sind allerdings nicht ohne guten Grund getrennt worden: Es war höchst unerbaulich und widerstrebte den Christen aufs äußerste einzugestehen, daß Jesu eigene Familie ihn für besessen hielt und auszog, um seiner habhaft zu werden, und daß Jesus, umringt von seinen Anhängern, seine Angehörigen nicht vorließ, sondern mit einem harten Wort seine Trennung von seiner Familie bekundete.

So hat man — und dieses zweite Stadium der Überlieferung zeigt uns Mk — das Peinliche zunächst dadurch gemildert, daß man diese eine Szene in zwei zerlegte und bei der ersten, V. 20 f., nur ganz allgemein von ‚den Seinen' sprach. Dabei blieb es unbestimmt, wer damit gemeint sei. Es war z. B. möglich, dabei an die Bewohner von Nazareth zu denken. Dieser Gruppe von Menschen legte man überdies nur den Vorwurf in den Mund, Jesus sei von Sinnen, was freilich damals nicht scharf von „er ist besessen" unterschieden wurde. Der zweite Teil der Geschichte wurde zu einer selbständigen Szene, V. 31—35. Wahrscheinlich hätte man sie gar nicht weiter überliefert, wenn man sie nicht durch einen neuen Schlußvers weiter entgiftet hätte und das Kommen der Verwandten jetzt als ein harmloser Familienbesuch deutbar wurde. Das Erbauliche daran aber war nun: die geistliche Verwandtschaft ist wichtiger und enger als die leibliche.

Zwischen diese beiden Teilszenen aber schob man die Auseinandersetzung mit einem anderen Vorwurf, den man gegen Jesus erhob: Er stehe im Bunde mit dem Teufel und verdanke dem seine Wunder!

Beginnen wir zunächst mit der Betrachtung von V. 20 f.! Jesus ist wieder „im Hause". Der Evangelist mag bei diesem Wort an das Haus des Petrus in Kapernaum gedacht haben, wenn er auch nichts darüber sagt. Eine große Volksmenge versammelt sich, so daß Jesus und seine Jünger nicht einmal essen können, wohl nicht deshalb, weil die dichtgedrängte Menge jeden Raum wegnimmt (zum Essen einer Brotscheibe braucht man nicht mehr Raum als zum Sitzen), sondern weil sie mit ihren Anliegen, Fragen und Wünschen, Sorgen und Nöten Jesus keine Zeit dafür läßt. Diese Schar, welche Jesus im Haus umringt, ist der eigentliche Grund dafür, daß Jesu Familie (V. 31) nicht in das Haus hineinkommt. Das ‚und die Seinen hörten es' bezieht sich natürlich nicht darauf, daß sich eine große Menge versammelt hat, sondern daß Jesus von seiner Wanderpredigt wieder einmal zu seinem Absteigequartier in Kapernaum zurückgekehrt ist. Daraufhin machen sich die Seinen auf, um sich seiner zu bemächtigen.

Zu der folgenden Szene jedoch, V. 22—30, der schriftgelehrten Anklage, paßt die Jesus umringende Menge nicht; darum schweigt der Evangelist hier von ihr. Sie hätte ja die Schriftgelehrten gar nicht herangelassen. Man spürt an dieser Stelle, V. 21 und 22, noch deutlich die Naht, welche sich bei dem Zusammenfügen zweier nicht zusammengehöriger Texte ergab.

Den Abschnitt Mk 3,20—35 müssen wir als Ganzes behandeln, obwohl er verschiedene Szenen enthält. Denn die Fragen, die hier aufspringen, hängen miteinander zusammen und lassen sich nicht unabhängig voneinander beantworten. Sie haben z. T., wie ein Blick auf Mt und Lk und schließlich noch auf Joh zeigen wird, eine längere Nachgeschichte gehabt, und schon vor Mk eine Vorgeschichte.

Die erste Untereinheit bieten Mk 3,20 f. Es sieht zunächst so aus, als hätten sogar V. 20 und 21 nichts miteinander zu tun: der erste spricht von der großen Menge, die sich um Jesus drängt, der zweite aber davon, daß die Seinen[1] ausziehen, um ihn zu holen. Erst aus Mk 3,31 ff. wird der Zusammenhang zwischen V. 20 und 21 klar: Jesus ist wieder einmal „zuhause", d. h. von seiner Wanderpredigt zu einer Erholungspause eingetroffen im Hause des Petrus in Kapernaum. Das wird alsbald bekannt — es spricht sich in dem kleinen Ort, aber auch in der Umgegend rasch herum, daß der große, wohltätige Wundermann wieder da ist. So stellt sich denn rasch wieder die Menge ein und sucht bei ihm Hilfe und Rat, „so daß sie nicht einmal essen konnten", weil die Besucher (es sind überdies leidenschaftliche Orientalen) Jesus mit ihren Anliegen bedrängen[2]. Aber daß er wieder einmal zur Rast „heimgekehrt" ist, wird auch in Nazareth bekannt, und seine Familie — Mutter und Brüder (der Vater war wohl schon früh gestorben) — macht sich auf, um ihn zu holen. Denn sie denken[3], er sei von Sinnen. Diese Reaktion der Familie Jesu wirkt auf uns wie ein Schock — und anstößig war sie schon für die zweite und dritte christliche Generation. Das ergibt sich bereits aus dem Mk-Text und dann deutlicher aus den Abänderungen des Mt und Lk.

Bleiben wir zunächst bei diesem *ersten Problem.* Wir setzen unwillkürlich voraus, daß Jesu Familie von Anfang an ihm Verständnis und Glauben entgegengebracht hat; heißt es doch Lk 2,19 von Maria: „und sie bewegte alle diese Worte" (der von den Hirten überbrachten Engelsbotschaft) „in ihrem Herzen". Darüber vergessen wir ganz, daß Joh 7,5 mit dürren Worten mitteilt: „Denn auch seine Brüder glaubten nicht an ihn". Wahrscheinlich hat erst die Erscheinung des Auf-

---

[1] Griechisch: οἱ παρ' αὐτοῦ (hoi par' autou), „die von ihm". Im Koinegriechisch bedeutet dieser Ausdruck soviel wie „die Angehörigen" (W. Bauer Wb 1210).

[2] Eine ähnliche Situation begegnet in Mk 6,31: „Denn viele kamen und gingen, und sie hatte nicht Zeit zum Essen."

[3] Griechisch: ἔλεγον (elegon), „sie sagten". Das stumme Sprechen des Denkens wird oft mit „sagen" wiedergegeben. — In große Schwierigkeiten kommt an dieser Stelle G. Wohlenberg 110. Denn er nimmt nach Joh 2,12 an, daß Jesu Familie von Nazareth schon nach Kapernaum übergesiedelt ist. Sie wohnt aber offensichtlich nicht im Haus (des Fischers Simon), und Jesus nicht bei ihr. So vermutet W., daß sie von ihrer Wohnung zum Haus des Simon Petrus geht, „denn sie urteilten: „Er ist außer sich geraten", „um seinen Verstand gekommen". Das erklärt W. 111 so: „Jene finden in Jesu alle irdischen Rücksichten beiseite setzender, sich selbst verzehrender Tätigkeit eine Überspannung der Sinne, und sie mögen sein Gebahren mit dem atl. Propheten in Parallele stellen, von denen ähnliches, über die Grenze alltäglicher Nüchternheit hinausgehendes Eifern berichtet wird." Also Jesu Familie hört, daß Jesus vor lauter Arbeit auf das Essen verzichtet, und zieht in corpore aus, um ihn — in ihr Haus — zu holen!

erstandenen vor Jakobus, die Paulus 1. Kor 15,7 als Gemeindeüberlieferung weitergibt, die Familie zum Glauben an Jesus bewogen.

Aber ist denn das alles so unbegreiflich, wenn wir uns einmal dazu entschließen, Jesu Geschichte nicht mit dem Vorurteile, daß jede Einzelheit daran erbaulich gewesen sein müsse, zu betrachten, sondern uns realistisch — wie in seiner Weise einst Kierkegaard — klarzumachen, wie schwer es Jesus in Wirklichkeit gehabt hat, seinen Weg auf Erden im Gehorsam gegen seinen Vater im Himmel zu gehen? Als Johannes der Täufer auftrat, ging auch Jesus zu ihm. Was hieß das für seine — nach seinem Bruder Jakobus zu urteilen, wohl in streng pharisäischer Frömmigkeit lebende — Familie? Grundmann beschreibt es mit den Worten (81): Nach dem Tode des Vaters fiel „Jesus als dem Erstgeborenen ... in der Familie Recht und Pflicht des Hausvaters zu. Dieser Aufgabe hat er sich entzogen in dem Augenblick, da er das Vaterhaus zur Taufe des Johannes verließ ...“ Aber es kam noch schlimmer und unbegreiflicher. Jesus, der doch nie bei einem Rabbi studiert hatte, begann plötzlich als Wanderprediger umherzuziehen und in einer Weise zu lehren, die den Widerspruch der Schriftgelehrten und Pharisäer, und d. h. der geistigen und geistlichen Führer der Frommen, erweckte. Wie sollten sich das die Seinen anders erklären, als daß er von Sinnen war? Darum hielten sie es für ihre Pflicht, ihn heimzuholen, damit er nicht weiter der Familie Schande brächte[4].

Diese Szene setzt sich in V. 33 ff. fort. Die Familie, Mutter und Brüder[5], erscheinen vor Simons Haus in Kapernaum. Aber sie können nicht zu ihm gelangen. Denn das ganze Innere des Hauses und wohl auch der Raum vor der Tür sind erfüllt von den Menschen, die von

---

[4] Lohmeyer 76 f. legt zwar den überkommenen Text dahin aus, daß seine Verwandten ihn für verrückt erklären und ausziehen, um ihn, der der Familie schadet, festzunehmen. Aber dieser Text scheint ihm unklar, und S. 80 leugnet er, daß er mit Mk 3,31—35 etwas zu tun hat. Auch Karl Ludwig Schmidt 122 f. gibt zwar zu, daß die Mutter und Brüder mit „den Seinen“ sachlich identisch sind, versteht aber die Verschiedenheit dieser Ausdrücke nicht und behauptet darum, daß 3,31 ein Neuanfang sei. Dagegen bejaht Taylor 236 die Einheit der Szenen 3,20 f. und 3,31 ff. und bezweifelt, daß die liebevolle Fürsorge der heiligen Familie für Jesus, der sich nicht um das Essen kümmert, das einzige Motiv ihres Kommens war. Dennoch ist ihm Loisys Auskunft (I 698) sympathisch, nach der sie Jesus nicht nachsagen, er habe den Verstand verloren, sondern, er befinde sich im Zustand einer mystischen Verzückung, die ihn den Wirklichkeitssinn für das Leben und seine eigene Lage verlieren ließ.

[5] Das Thomasevangelium verlangt vom Gnostiker, daß er sich Jesus zum Vorbild nimmt und wie dieser von seiner Familie trennt, die ihn an die Welt bindet. Darum hat es in Spruch 99 (p. 97, 21—26) diesen Spruch erhalten in der Form: „Die Jünger sagten zu ihm: Deine Brüder und deine Mutter stehen draußen. Er sprach zu ihnen: Die (Menschen) dieser Plätze“ (die hier Sitzenden) „die den Willen meines Vaters tun, diese sind meine Brüder und meine Mutter. Sie sind es, die eingehen werden ins Reich meines Vaters.“

Jesus Belehrung, Rat und Hilfe bekommen wollen. Ihn aus dieser großen Schar seiner Anhänger mit Gewalt herauszuführen, verbietet sich von selbst. So läßt man ihn bitten, er möge herauskommen: „Draußen stehen deine Mutter und deine Brüder und wollen dich sprechen." Ist Jesus einmal draußen, kann man ihn wohl heimschaffen. Nun wird Jesus mitgeteilt, daß die Seinen draußen stehen und ihn sprechen wollen. Er scheint erraten zu haben, was die Familie von ihm dachte und beabsichtigte. Angesichts ihres Unglaubens hat er darum das harte Wort gesprochen, mit dem er sich vor ihr lossagte: er blickte umher auf die, welche rings um ihn saßen, und antwortete: „Wer ist meine Mutter und Brüder? Siehe hier, das ist meine Mutter und Brüder!" Damit war die Entscheidung gefallen: für Gottes Auftrag und seine Jünger, gegen den Unverstand derer, die ihm leiblich am nächsten standen. Wir sehen: Jesus hat es nicht leicht gehabt. Gewiß, viele drängten sich um ihn und hingen an seinen Lippen. Aber die, welche ihm eigentlich zuerst hätten glauben sollen, hielten seinen göttlichen Auftrag für eine Besessenheit. So hat er sich für Gott entschieden, und damit ist er einen Schritt weiter in die Einsamkeit hineingegangen, die der Unverstand und der Unglaube um ihn ausbreiteten bis Gethsemane und Golgatha.

Es ist nicht verwunderlich, daß diese Sicht der Dinge der Gemeinde bald unbegreiflich und unerträglich geworden ist, als die Augenzeugen seines Lebens gestorben waren. Das wird schon bei Mk erkennbar Er wagt in V. 21 nicht mehr offen zu sagen, wer „die von ihm" waren, sondern bleibt bei einem unbestimmten Ausdruck, der die anstößige Wahrheit erträglicher ausspricht. Immerhin läßt er den Vorwurf „er ist von Sinnen"[6] noch stehen. Mt und Lk haben beide Mk 3,20 f. nicht mehr in ihre Evangelien aufgenommen.

Mk hat jedoch zur Entschärfung der Überlieferung noch ein Weiteres getan, vielleicht schon im Blick auf eine vor ihm liegende Tradition. Er hat einen anderen, aber in gewissem Sinne doch ähnlichen Vorwurf, den andere erhoben — die erklärten Feinde Jesu, die Schriftgelehrten — und Jesu Verteidigung dagegen zwischen die Nachricht vom Ausziehen der Seinen und dem Eintreffen der Familie bei Jesus eingeschoben. Hier brauchte sich der Erzähler nicht zurückzuhalten, sondern konnte ganz offen reden: Man hat Jesus vorgeworfen, er habe den Beelzebul. Daran wird der zweite Vorwurf angeknüpft: Durch den Obersten der Dämonen treibt er die Dämonen aus.

Was es mit dem ziemlich unbekannten Beelzebul[7] auf sich hat,

---

[6] Die Exegeten erinnern bei diesem Ausdruck gern (wie z. B. Taylor 237) an 2. Kor 5,13, wo Paulus — im Gegensatz zu „vernünftig sein", „verständig sein", sein ἐκστῆναι (ekstēnai) erwähnt, das die Gegner als „von Sinnen sein", „wahnsinnig sein" verstanden haben, während er selbst an Verzückungen denkt.

[7] Siehe dazu Foerster im ThWb I 605 f.; W. Bauer Wb 275 und die dort angeführte Literatur. 2. Kön 1,2 ff. erwähnen einen Beelzebub als Gott von Ekron — aber wie sollten Schriftgelehrte oder andere Gegner Jesu dazu kommen, Jesus mit ihm

ist immer noch nicht ganz sicher. Gemeint ist auf alle Fälle ein hervorragender Dämon, von dem Jesus besessen sein soll. Dieser Vorwurf der Besessenheit kehrt in der Überlieferung mehrfach wieder. Einmal wird er in Q erwähnt. Das beweist Lk 11,14 f. mit der Parallele in Mt 12,22. Mt hat aber eine weitere Variante in 9,32—34. In diesen drei Fällen ist es eine Heilung, die Jesus diese Anklage einbringt; wir kommen darauf zurück. Aber auch im Joh hören wir 10,20 einen Nachhall davon: „Viele von ihnen aber sagten: Er hat einen Dämon und ist verrückt. Was hört ihr auf ihn?" Und in Joh 8,48 entgegnen ihm die Juden: „Haben wir nicht mit Recht gesagt, daß du ein Samaritaner bist und einen Dämon hast?" Das wiederholt sich alsbald in Joh 8,52: „Nun haben wir erkannt, daß du einen Dämon hast" (= besessen bist). Aus alledem wird deutlich: Nicht nur Jesu Familie hat damals geglaubt, daß er von Sinnen sei, sondern auch Schriftgelehrte und pharisäische Feinde Jesu haben gemeint, Jesus sei besessen. Nur so konnten sie es sich erklären, daß er von der alten Lehre abwich und zugleich Wunder vollbrachte. Warum das für die Gemeinde von Bedeutung blieb, davon später. Zunächst wollen wir dem ersten Problem weiter nachgehen und zeigen, wie sich Mt und Lk mit dem Problem des „Besuchs" der Familie Jesu auseinandergesetzt haben.

Sie haben beide Mk 3,20 f. nicht übernommen. Damit war im Grunde schon der Kurs angedeutet, den sie beide steuern wollten; was nun von der Mk-Geschichte übrigblieb, ließ sich als ein bloßer Verwandtenbesuch verstehen. Dazu hatte Mk selbst den Anlaß gegeben. Er hatte nämlich auf die Ablehnung der Familie durch Jesus in V. 34 noch einen weiteren Vers folgen lassen, der diese Ablehnung erbaulich entschärfte: „Wer den Willen Gottes tut, der ist mir Bruder und Schwester[8] und Mutter". Damit ist nicht gesagt, daß nicht auch die Familie Jesu Gottes Willen tut und so in seine geistige Verwandtschaft hineingehört.

---

in Beziehung zu setzen? Die LXX gibt 2. Kön 1,1.2.6 wieder mit βααλ μυιαν θεον Ακκαρων, was „Fliegengott" meinen könnte und an eine Pestgottheit denken läßt. In der Form Beelzebul steckt sicher als erster Bestandteil „Baal" = Herr; was in dem zweiten Bestandteil „zbl" sich verbirgt, darüber besteht keine Einigkeit. Unser Text faßt B. einfach als den Namen eines Dämonenfürsten; nur in Mt 22,24 // Lk 11,15 gilt er als *der* Dämonenfürst. Jene von Hippolyt VI 34,1 zitierten Valentinianer werden von dieser Q-Stelle abhängig sein. Reitzenstein weist (Poimandres 1904, S. 75) hin auf die jüdischen Planetengebete des Cod. Par. 2419 (fol. 277^r), wo der oberste Planet, Saturn, als zugehörigen Dämon den Beelzebul hat. R. meint, das sei nicht jüdischer Volksglaube, sondern astrologische Geheimlehre; wie aber sollte man eine solche gegen Jesus ausgespielt haben?

[8] Man muß sich bei dieser Aufzählung daran erinnern, daß im Sprachgebrauch der nachösterlichen Gemeinde „Bruder" den Sinn von „Christ", „Schwester" den von „Christin" hatte; so 1. Kor 9,5.

Mt und Lk gehen ganz auf diese Linie ein. Bei Mt treffen Jesu Mutter und Brüder ein, als Jesus gerade eine Rede beendet hat (12,46). Darauf[9] antwortet Jesus in Übereinstimmung mit Mk 3,34 f., nur daß Mt den Blick Jesu auf die um ihn Sitzenden durch eine Geste ersetzt: Jesus streckt seine Hand aus und weist so auf sie. Mk 3,35 scheint auch hier in der Mt-Fassung die Geschichte harmonisch abzuschließen. Aber immer noch läßt sich der Bruch in der Geschichte erkennen, ja er wird jetzt sogar deutlicher als zuvor. Denn wenn es sich nur um einen harmlosen Verwandtenbesuch handelt, wird es vollends unbegreiflich, daß Jesus auf die Nachricht, daß ihn die Seinen sehen möchten, sie nicht einläßt, sondern seine Jünger für Brüder, Mutter und Schwestern erklärt. Mit derselben Schwierigkeit ist auch die lukanische Parallele 8,19—21 belastet, bei der Jesu Antwort noch stärker erbaulich stilisiert ist: „Meine Mutter und meine Brüder sind die, welche Gottes Wort hören und tun!" Wir merken: der schwere Konflikt, den Jesus durchleiden mußte, ist fast verschwunden. Von dem Gewitter mit dem gewaltigen Donnerschlag ist nur ein Sommerwölkchen geblieben, das sich auflöst.

Wir kommen nun zu den beiden Vorwürfen, welche die *„pharisäische Anklage"* gegen Jesus vorbringt und auf die *„Jesu Verteidigungsrede"* in Mk 3,23—29 antwortet. Beide Vorwürfe sind keineswegs identisch, vielmehr scheinen sie sich gegenseitig auszuschließen. Denn wenn jemand von einem bösen Geist besessen ist (1. Vorwurf), dann ist er selbst kein Geisterbanner, sondern hat einen solchen nötig; treibt er dagegen selbst Dämonen aus (2. Vorwurf), so ist er nicht besessen, auch wenn er mit einem Dämonenfürsten im Bunde steht.

Mk geht in 3,23—27 zunächst auf den *zweiten Vorwurf* ein: Jesus treibe mit dem Fürsten der Dämonen die Dämonen aus. Daß Jesus wirklich Dämonen ausgetrieben hat, wird nicht bestritten; auch die Feinde Jesu und der Christen werden daran geglaubt haben. Die Frage ist nur, ob das mit göttlicher oder dämonischer Hilfe geschehen ist.

Für die Christen der zweiten und dritten Generation stand hier viel auf dem Spiel. Denn die Dämonenbekenntnisse — die nur bei Dämonenaustreibungen durch Jesus vorkamen — gaben für Mk und seine Gemeinde den sichersten Beweis dafür, daß Jesus der Gottessohn schon in seinem irdischen Dasein war, als den ihn die Gemeinde nach Ostern verkündete. Dieser Beweis war in Frage gestellt, wenn der pharisäische Einwand sich nicht überwinden ließ. (Ob Jesus wirklich schon der große Dämonenbanner war, als den ihn Mk darstellt, ist eine andere Frage; nach 1. Kor 2,8 haben die Fürsten dieses Äons nicht geahnt, wer Jesus wirklich war, sonst hätten

[9] Man hat später den bei B ℵ* al ff[1] k sy[c] noch fehlenden V. 47 eingeschoben: „Es sprach aber einer zu ihm: Siehe, deine Mutter und deine Brüder stehen draußen und suchen dich zu sprechen." Damit schien die Wendung „Er aber sprach antwortend" erst sinnvoll zu werden.

sie den Herrn der Herrlichkeit nicht gekreuzigt und damit ihren eigenen Untergang heraufgeführt.)

Der Gegenbeweis, den Mk hier bringt, um den pharisäischen Einwand zu besiegen, geht von dem Satz Jesus aus: „Wie kann der Satan den Satan austreiben[10]?" M. a. W.: was die Gegner behaupten, enthält einen Selbstwiderspruch. Das macht nun Jesus in zwei „Bildworten" deutlich: „Wenn ein Reich in sich gespalten ist, dann kann jenes Reich nicht bestehen." Von der großen Gemeinschaft eines Reiches geht Jesus weiter zu der kleinen eines „Hauses", was nach orientalischer Weise die „Sippe" bezeichnen kann: „Wenn ein solches Haus in sich geteilt ist, dann kann es nicht bestehen." Nun erst kommt der entscheidende Satz: „Und wenn der Satan gegen sich aufstünde, so wäre er geteilt und kann nicht bestehen, sondern hat ein Ende." Damit schließt der Gedankengang, der mit einer Reihe von anschaulichen Bildern arbeitet. Der Grundgedanke ist: Man kann nicht den Satan so gegen sich selbst ausspielen, wie das die Gegner voraussetzen.

An dieser Stelle wird nun aber (wenn wir genau zusehen) die Schwäche dieser Argumentation sichtbar: Sie geht nicht auf die Voraussetzungen der Gegner ein, sondern an ihnen vorbei. Die Gegner meinen: Der Fürst der Dämonen erlaubt Jesus, Dämonen auszutreiben, damit dieser die dadurch betörten Menschen ihm nur desto sicherer als Beute zuführt. Dieser Gedanke wird von der Widerlegung, die Mk ihm angedeihen läßt, nicht getroffen.

In V. 27 schließt der Evangelist dann ein anderes Logion an, das mit dem Vorhergehenden (V. 25) durch Stichwortanschluß verbunden ist: das Wort „Haus" verknüpft beide Verse. Aber während „Haus" in V. 25 die Sippe meinte, bedeutet es in V. 27 ein Gebäude: „Aber niemand kann in das Haus des Starken eindringen und seine Gefäße rauben, wenn er nicht zuerst den Starken bindet, und dann kann er sein Haus plündern[11]". Mit dem Starken meint Mk sicherlich

---

[10] Siehe dazu den Artikel Σατανᾶς im ThWb 7, 151 ff. von Foerster: Im Spätjudentum ist Satan nur der Ankläger, was die Dämonen nie sind. Qumran entwickelt eine dualistische Lehre, nach der Beliar der Fürst der Finsternis ist; er wird erst in der Endzeit vernichtet werden. Von den synoptischen Stellen handelt Foerster 158—161: hier wird die jüdische Gedankenwelt, so urteilt F., grundsätzlich überschritten. Denn Satan verkörpert hier die Macht des Bösen, die aber durch Jesus grundsätzlich überwunden ist.

[11] Das Logion ist im Thomasevangelium, Spruch 35 (p. 88,20—23) erhalten in der Form: „Jesus sprach: Es ist unmöglich, daß jemand hineingeht in das Haus des Starken und es gewaltsam nimmt, es sei denn, er bindet dessen Hände. Dann wird er dessen Haus auf den Kopf stellen." Ich möchte jetzt, wie W. Schrage, Das Verhältnis des Thomasevangeliums zur synoptischen Tradition und zu den koptischen Evangelienübersetzungen, Berlin 1964, 90, den „Starken" hier als Symbol der Welt verstehen, dessen „Haus" die Welt ist und den der Gnostiker überwinden soll; Schrage verweist mit Recht auf Exc. e Theod. 52,1, wonach der Starke der „psychische Leib" ist, der im Gegensatz zum Geist steht.

den Satan, dessen Gefäße die Besessenen sind. Dennoch wird er kaum voraussetzen, daß Jesus zuerst in einer Geisterschlacht den Satan überwunden hat. Das wird auch in Lk 10,18 nicht vorausgesetzt, wo Jesus sagt: „Ich sah den Satan vom Himmel fallen wie einen Blitz[12].“ Es ist vielmehr Gott, der den Satan überwunden hat und es so Jesus ermöglicht, „mit Gottes Finger“[13] aus den Besessenen die Dämonen auszutreiben und dem Satan zu rauben.

Mt und Lk haben diesen Abschnitt des Mk nicht einfach übernommen, sondern beide haben einen in Q überlieferten Text benutzt, der z. T. schon gegen Mk erweitert ist. Mt hat in 12,25—30 ihn wenigstens an der gleichen Stelle wie Mk gebracht, währen ihn Lk viel später, in 11,17—23 eingeführt hat. Dieser Q-Text ist insofern schriftstellerisch geschickter, als er die in Mk 3,22 unterschiedenen beiden Anklagen gegen Jesus („Er hat den Beelzebul“; „Mit dem Obersten der Dämonen treibt er die Dämonen aus“) zu einer literatischen Einheit macht: „Durch Beelzebul, den Obersten der Dämonen, treibt er die Dämonen aus.“ Daß diese Fassung dennoch jünger ist, sieht man daraus, daß nirgends im Judentum Beelzebul als Oberster der Dämonen gilt; nur die literarische Vereinfachung von Q macht ihn dazu.

Auch hier äußern die Gegner diesen Vorwurf nicht, „Jesus aber erkannte ihre Gedanken“ — das hatte Mk zwar gemeint, aber nicht ausgesprochen. Dagegen hält nun Jesus nach Q seine Verteidigungsrede. Sie berührt sich bei Mt und Lk immer wieder soweit wörtlich, daß man die bei beiden zugrunde liegende, sich vom Mk-Text unterscheidende Tradition erkennt. Aber in Einzelheiten gehen Mt und Lk auch voneinander abweichende Wege.

Sie beginnen mit dem in sich geteilten Reich; bei Mt folgt dann die Erwähnung der geteilten Stadt oder des Hauses[13a]. Lk spricht nur

---

[12] Grundmann Mk 84 schreibt zu 3,27: „Mit dem Reich der Dämonen geht es zu Ende. Der ihm das Ende bereitet, ist Jesus. Das geht heimlich und verborgen vor sich. Das ... widerspricht jüdischer Erwartung. Von diesem Jesus eigenen Bild fällt Licht auf die markinische „Theorie“ vom Messiasgeheimnis. Heimlichkeit und Verborgenheit gehören zur Geschichte Jesu nach seinem eigenen Willen. Als Einbrecher kommt er in das Haus des Starken ...“ Aber das Kennzeichen der Verborgenheit ist nicht das des Einbrechers, den vielmehr das Plötzliche und Gewaltsame charakterisiert, wie in 1. Thess 5,2. Wenn nach Grundmann die Überwältigung des Starken „ein himmlischer Vorgang“ ist, den Jesus Lk 10,18 „mit dem Auge des Sehers erschaut“, und wenn Jesus daraus auf Erden „die Folgerung zieht“, indem er die gefangenen Menschen befreit, dann hat Gott den Starken gebunden und nicht Jesus im Bestehen der Versuchung.

[13] Lk 11,20; Mt 12,28 sagt dafür: „mit Gottes Geist“ und bereitet so die Aussage über den Geist in V. 32 vor (Hirsch).

[13a] Mt 12,25 schiebt zwischen „Königreich“ und „Haus“ als Mittelglied die „Stadt“ ein.

vom Haus, aber sein Wortlaut läßt erkennen, daß er es nicht mehr als „Sippe", „Geschlecht" versteht, sondern als Gebäude: „und ein Haus fällt auf ein Haus". Dann bringen beide das Wort vom geteilten Satan, dessen Reich keinen Bestand hätte. Mt 12,27 und Lk 11,19 bringen nun Sprüche ohne Gegenstücke bei Mk: „Wenn ich durch Beelzebul die Dämonen austreibe, durch wen treiben sie eure Söhne aus?" — die jüdischen Exorzisten waren damals weltberühmt. „Darum werden sie eure Richter sein" — sie bringen nämlich das Unrecht der jüdischen Anklage an den Tag. Denn die jüdischen Ankläger werden doch nicht behaupten, daß die jüdischen Beschwörer mit der Hilfe Beelzebuls arbeiten. Q hat anscheinend nicht gemerkt, daß dieses Argument eine unzuverlässige Waffe ist: wenn Jesus wie die jüdischen Exorzisten mit Gottes Hilfe Dämonen austreibt, dann folgt aus seinen Wundertaten nichts Besonderes mehr für ihn! Und doch zieht Q in Mt 12,28 und Lk 11,20 eine solche Folgerung: „Wenn ich mit Gottes Geist" — Lk sagt: „Gottes Finger" — „Dämonen austreibe, dann ist ja Gottes Reich (schon) zu euch gekommen!". Aber da es die jüdischen Exorzisten schon längst gegeben hat, könnten die jüdischen Gegner antworten: „Dann ist das Reich Gottes schon längst gekommen, als unsere Exorzisten Dämonen austrieben!" Wir sehen, daß die christliche Gemeinde, auf welche diese Q-Fassung zurückgehen dürfte, bei dieser Polemik keine glückliche Hand gehabt hat.

Mt und Lk lassen nun das Wort vom Starken und seinen Gefäßen folgen, die man nur rauben kann, wenn er gebunden ist. Lk 11,21 berücksichtigt stärker seine griechischen Leser: „Wenn der Starke voll gerüstet seinen Hof bewacht, dann ist sein Gut in Frieden; kommt aber ein Stärkerer als er hinzu und besiegt ihn, dann nimmt er ihm seine Vollrüstung fort, auf die er vertraut hatte, und verteilt seine Waffenbeute." Nur ein Gutsbesitzer kann sich die teure Rüstung eines Hopliten kaufen, wie sie hier vorausgesetzt wird. Mt und Lk beenden diesen Gedankengang endlich auf dieselbe Weise, nämlich mit dem — wohl einst selbständig gewesenen — Logion: „Wer nicht mit mir ist, der ist wider mich, und wer nicht mit mir sammelt, der zerstreut." Damit scheint diese Rede in Q einst geschlossen zu haben[14].

Mt aber endet hier nicht, sondern fährt nun mit der Entsprechung von Mk 3,28 f. fort. Diese beiden Mk-Verse scheinen uns die bisher vermißte Antwort auf die erste Anklage zu bringen, die in Mk 3,22 laut geworden war: Jesus hat den Beelzebul — er ist besessen! Demgegenüber wird nun mit tiefem Ernst erklärt: „Alle Lästerungen könnten den Menschenkindern (wörtlich: den Söhnen

---

[14] Das NT kennt auch das milde Gegenstück: „Wer nicht gegen mich ist, der ist für mich" (Mk 9,39; Lk 9,50, auch von einer Dämonenaustreibung handelnde Stellen) — es war wohl ebenfalls einst ein Sprichwort. Die Fassung in Q aber ist der Aufruf zur Entscheidung für Jesus, mit dem die Rede endet.

der Menschen[15]) vergeben werden. Wer aber gegen den heiligen Geist lästert, der hat keine Vergebung in Ewigkeit, sondern er ist einer ewigen Sünde schuldig.“ Dieser Vers hat viele Menschen umgetrieben, weil sie fürchteten, sie hätten diese unvergebbare Sünde begangen. Markus hat empfunden, daß er den Sinn des dunklen Wortes erklären müsse, darum hat er die Worte hinzugefügt: „weil sie sagten, er“ — gemeint ist Jesus — „hat einen unreinen Geist“. Mk versteht also diesen Spruch dahin: Wer wie die jüdischen Gegner von Jesus, der Gottes heiligen Geist besitzt, behauptet, er habe einen unreinen Geist — den Beelzebul —, der kann, indem er das Heilige selbst als das Böse verdächtigt, nicht für diese Verkehrung im Tiefsten auf Vergebung hoffen.

Aber vergessen wir nicht: die Gemeinde, deren Überlieferung Mk hier wiedergibt, war überzeugt, daß auch sie selbst Gottes heiligen Geist habe. Wenn man sie selbst als Häretiker schalt und von ihr alles Böse behauptete, dann begingen ihre jüdischen Gegner damit ebenfalls die unvergebbare Sünde wider den heiligen Geist.

Mk läßt sich diesem Anklagepunkt gegenüber also auf keine logische Überführung der Gegner ein, sondern macht klar, daß sie sich damit für immer von Gott geschieden haben. Auch dieses Wort ist — wie so manche der Logien — vom Thomasevangelium aufbewahrt worden[16]. Mt hat die Rede noch weiter durch neue Logien erweitert, auf die wir hier nicht eingehen können. Erst später gesellt sich auch Lk wieder zu Mt (Mt 12,38 ff // Lk 11,29 ff).

Wir haben oben S. 144 schon auf die Varianten Mt 12,22 ff., Lk 11,14 f. und Mt 9,32—34 hingewiesen und versprochen, darauf zurückzukommen. Dieses Versprechen wollen wir jetzt einlösen. Mt 12,22 ff. leiten — an derselben Stelle des Gesamtwerkes wie Mk 3,20 f. — die pharisäische Anklage ein; fast dasselbe ist bei Lk 11,14 f. der Fall. Der Unterschied zwischen beiden besteht zunächst darin, daß

---

[15] Es umschreibt feierlich das, was der Grieche mit dem einfachen „den Menschen“ ausdrückt. Im Hebräischen war, wie schon erwähnt, „Mensch“ ein Sammelbegriff (das ist wichtig für die Pauluslehre von Adam 1. Kor 15,22 „wie in Adam alle sterben, so werden in Christus alle lebendig gemacht werden“), aus dem die Bezeichnung des einzelnen gewonnen wurde, indem man „Sohn des“ (= zugehörig zu) davorsetzte; so z. B. Ps. 8,5; Ezech 3,17; 4,1; 5,1; 33,7. — Auch dieses Logion hat als Spruch 44 (p. 88,26—31) im Thomasevangelium überlebt in der Form „Jesus sprach: Wer den Vater lästert, dem wird man vergeben, und wer den Sohn lästert, dem wird man vergeben. Wer aber den heiligen Geist lästert, dem wird man nicht vergeben, weder auf Erden noch im Himmel“. Diese sich mit dem toskanischen Diatessaron berührende gnostische Weiterbildung des Spruches hatte für den Gnostiker wohl den Sinn, daß man auf keinen Fall den Geistfunken, das wahre Selbst, leugnen und lästern darf. Das eschatologische Nacheinander wird hier zum Nebeneinander des Himmlischen und Irdischen: „weder auf Erden noch im Himmel“.

[16] Siehe oben A 5, A 11, A 15.

Lk die pharisäische Anklage nicht in Kap. 8 gebracht hat — nur dann hätte er hier die Reihenfolge des Mk beibehalten —, sondern erst in Kap. 11. D.h.: in diesem Fall ist Mt der Reihenfolge des Mk treu geblieben, Lk aber davon abgewichen, weil er diese Parallelüberlieferung zu Mk 3,20 ff. innerhalb seines Sondergutes in der sog. großen Einschaltung belassen wollte, vermutlich innerhalb der Reihenfolge dieser Vorlage.

Damit beginnt sich anfangsweise eine wichtige Frage abzuzeichnen: wie weit gehen die Unterschiede zwischen den kanonischen Evanlien auf die schriftstellerische Tätigkeit der Evangelisten zurück, wieweit aber auf das Verhalten des Materials, das sie vorfanden? Wie weit sind an diesen Unterschieden die schriftstellerischen Absichten und Fähigkeiten der Evangelisten, d. h. uns verhältnismäßig gut bekannter Individuen von entscheidender Bedeutung, und wie weit ist für die Differenzen verantwortlich die „anonyme", d. h. nicht mehr auf einen bestimmten einzelnen zurückzuführende Tradition, die durch das Medium der mündlichen Überlieferung hindurchgegangen ist?

Diese Frage erhebt sich auch angesichts von Mt 12,22—24, Lk 11,14 f. und Mt 9,32—34. Wir haben hier das Eigenartige, daß Mt 12,22 ff. und Lk 11,14—16 gegenüber Mk 3,20 f. übereinstimmen, aber auch leicht miteinander differieren. Mt und Lk leiten beide die pharisäische Anklage gegen Jesus (und dessen Verteidigung) mit der Geschichte einer Heilung ein, die zum Anlaß für die Anklage gegen Jesus wird. Diese Übereinstimmung geht so weit, daß man nicht mehr an einen bloßen Zufall denken kann: Mt und Lk sind nicht jeder für sich auf den Gedanken gekommen, ausgerechnet diese Einleitung für Anklage und Verteidigung zu wählen. Vielmehr liegt hier eine bewußte Komposition vor, die unabhängig von Mk in Q erfolgt ist.

Wo hat sich die ursprüngliche Form dieser Heilungsgeschichte erhalten? In einem Punkt sicher bei Lk, in einem anderen aber, wie sich zeigen wird, steht Mt dem Original näher. Bei Mt *und* Lk ist es *ein* Besessener, der zu Jesus gebracht wird und den er heilt. Aber schon das wird verschieden erzählt. Bei Lk ist der Besessene stumm, bei Mt obendrein blind. Nach der Heilung ist jeweils der gesamte Schaden behoben. Man wird kaum fehlgehen mit der Annahme, daß die größere Heilungstat (Mt) nicht zuerst erzählt wurde und dann abgemildert (Lk). Vielmehr stand am Anfang die geringere Wundertat (der lukanische Text); sie wuchs im Lauf der Überlieferung (oder erst unter der Feder des anderen Evangelisten?). Außerdem unterscheiden sich aber die beiden Berichte über die Heilung stilistisch: Lk erzählt, wie auch sonst oft, mit Hilfe einer sog. periphrastischen, „umschreibenden" Konstruktion: ἦν ἐκβάλλων (ēn ekballōn): er war gerade dabei, auszutreiben. Diese Konstruktion dient bei Lk dazu, ein Geschehen als Hintergrund oder Voraussetzung für ein anderes Geschehen darzustellen. In diesem Fall ist das entscheidende Geschehen, auf das der eigentliche Ton fällt, der Erfolg Jesu: als der Dämon — es ist hier nicht, wie bei Mt, von einem δαιμονιζόμενος (daimonizomenos), einem vom Dämon Besessenen die Rede, sondern von dem δαιμόνιον (daimonion), dem Dämon selber — ausgefahren war, redete der Stumme (denn es handelte sich, wie zuvor mitgeteilt worden war, um einen „stummen Dämon" — wir würden vielleicht von einer psychischen Hemmung sprechen). Hier formuliert offensichtlich der Schriftsteller Lk mit Hilfe der sonst bei ihm zu beachtenden stilistischen Mittel. Die Wirkung der Heilung gibt Lk mit dem kurzen Sätzchen wieder: „und die Massen wunderten sich".

Anders Mt! Nachdem er berichtet hat, daß der Stumme „sprach und sah" (diese Formulierung verrät, daß die Blindheit ein sekundär in die Schilderung der Krankheit hineingekommener Zug ist), heißt es 12,23: „und alle die Massen gerieten außer sich und sagten: Ist dieser nicht am Ende[17] der Sohn Davids[18]? Das ist viel farbiger erzählt als bei Lk, und es paßt ausgezeichnet als der Abschluß einer Heilungsgeschichte. Dagegen fügt sich die kurze Fassung des Abschlusses bei Lk („und die Massen wunderten sich") besser in den Zusammenhang ein, wie es scheint. Denn wir dürfen ja nicht vergessen, in Mt 12 und Lk 11 dient diese Heilung als Anlaß für die pharisäische Anklage gegen den heilenden Jesus! Beachtet man diesen kompositionellen Zusammenhang, dann scheint der farblose Lk-Satz besser als die farbige und betonte Hervorhebung in Mt 12,23. Auf die Äußerung des Erstaunens folgt bei Lk ja der Satz: „einige von ihnen aber sagten: Durch Beelzebul, den Obersten der Dämonen, treibt er die Dämonen aus." Wenn, wie bei Mt, alle die Massen außer sich geraten über das Heilungswunder und seinetwegen auf die Vermutung kommen, Jesus sei der Messias (das ist mit „Sohn Davids" hier zweifellos gemeint), dann wird es unbegreiflich, daß sich nun jemand findet, der entgegengesetzer Meinung ist und Jesus verdächtigt, die Heilung mit Hilfe Beelzebuls vollbracht zu haben. Aber verachten wir den Mt nicht zu rasch als einen schlechten Stilisten! Bei ihm fragen ja nicht unbekannte und unbetonte einzelne, Jesus sei mit Beelzebul im Bunde, sondern die Pharisäer! Dadurch, daß die große Menge angesichts dieses Wunders der wahren Erkenntnis des Wesens Jesu so nahekommt (so sieht wenigstens Mt die Lage), wird der Argwohn der Pharisäer von Anfang an als besonders töricht und verstockt dargestellt. Jeder der beiden Evangelisten hat also seinen besonderen Gedanken, den er jeweils in seiner Fassung des überlieferten Ganzen ausdrückt. Aber es bleibt wahrscheinlich, daß Mt uns hier besser hilft,

[17] Schlatter Mt 403 hat das griechische Fragewort μήτι (mēti) so verstanden, daß dabei die Verneinung der Frage erwartet ist. Aber neben diesem klassischen Gebrauch der Partikel tritt im NT auch der spätere, der mit dem Ja rechnet: „Ist das nicht am Ende der Messias?" Mk 14,18 fragen die Jünger nach der Ankündigung des Verrats entsetzt: „Bin ich es etwa?", vgl. Blaß-Debr. § 427,3.

[18] Vgl. dazu Ferd. Hahn, Christologische Hoheitstitel. Ihre Geschichte im frühen Christentum. Göttingen 1962, § 4, S. 242—279.

das Entstehen dieser Gesamtkomposition in Q zu erfassen: Q hat eine — zunächst selbständige — Heilungsgeschichte gewählt, um die Anklage gegen Jesus vorzubereiten. Daß Jesus etwas Gutes tut, was eigentlich jedem die Augen über ihn öffnen sollte, gerade diese Tat wird zum Anlaß dafür, daß man ihn verklagt. So verstockt sind Jesu Gegner!

Dasselbe Mittel hat nun aber auch — mutatis mutandis — Joh in Kap. 11 benutzt. Jesus bringt den schon verwesenden Lazarus ins Leben zurück, und gerade darum, weil nun viele an ihn glauben, beschließen seine Feinde, den Lebensspender zu Tode zu bringen (Joh 11,45—52); sie ahnen freilich nicht, daß sie gerade damit den göttlichen Plan verwirklichen.

Wir lernen also: schriftstellerische Mittel können dazu eingesetzt werden, um große Zusammenhänge zu erhellen und zu verdeutlichen, die der Schriftsteller als solche gar nicht ausspricht, sondern nur durch die Art seiner Darstellung dem Leser nahebringt. Das ist bei Joh 11 der Fall, aber auch schon in Q bei Mt 12 und Lk 11. Der anscheinend sinnlose Versuch, eine Heilungsgeschichte zum Anlaß für die Anklage gegen Jesus werden zu lassen, erweist sich als höchst sinnvoll. Wir sehen an diesem Beispiel: der Forscher, der über das Werden der Evangelientradition nachsinnt, darf nicht bei den Einzelheiten stehen bleiben (so wichtig sie auch sind), wenn er die ursprüngliche Form einer Überlieferung feststellen will, sondern er muß darüber Klarheit gewinnen, warum so verschiedene Größen wie eine Heilung und eine Anklage zu einer Einheit verbunden werden, d. h. welche Leitgedanken die Komposition beherrschen, die das Material gliedert. Es wäre ein aussichtsloses Unterfangen, bei den Einzelheiten stehenzubleiben und zu fragen, ob diese oder jene Fassung den „historischen Verlauf" wiedergibt. Unsere Evangelien — und schon Q — wollen mehr, als Dokumentarberichte geben. Sie wollen, indem sie Zusammenhänge aufdecken oder entwerfen, predigen, d. h. dem Hörer die Augen für Jesu wahre Würde öffnen.

Der Leser wird verstehen: wir können nicht bei jeder einzelnen Stelle alle diese Wege (= Methoden) der Forschung mit ihm durchwandern; das würde ein Vielfaches an Umfang dieses Buches erfordern. Wir können vielmehr nur, wie hier, uns besonders lehrreich erscheinende Beispiele dafür bringen, wie die Forschung zu Wege geht. Der Leser wird dann an anderen Stellen selbst sich fragen können, wie es sich dort mit dem Text verhält, und damit zu einem selbständigen und nicht nur nachgesprochenen Urteil gelangen.

Zugleich wird die soeben gezeigte Probe wissenschaftlicher Kritik deutlich machen, daß solche Kritik alles andere ist als ein willkürliches Herumnörgeln am Text, als ein gewissenloses Kritisieren am Heiligen. Das griechische Wort κρίνειν (krinein) heißt eigentlich „unterscheiden" und dann „prüfen", aber nicht „etwas herunter reißen". Allein man hat zwei Einwände gegen die sog. historische Kritik erhoben, die nicht verstummen wollen. Der erste lautet: auf diese Weise wird faktisch der Leser überfordert und von den Urteilen der Gelehrten oder der Pfarrer oder der Lehrer abhängig. Dazu ist zu sagen: Indem wir zeigen, wie die Wissenschaft vorgeht, machen wir den einzelnen grundsätzlich unabhängig von den Lehrmeinungen einzelner Forscher. Wir setzen ihn instand, selber — wenn auch nur in Fällen, wo es ihm wichtig erscheint — die Schritte der Wissenschaft nachzuprüfen und sie gegebenenfalls zu verbessern oder zu ergänzen. Er braucht nicht zum Knecht einer fremden Meinung zu werden, sondern kann zur Freiheit und Verantwortung eigener Erkenntnis gelangen. Zu einem solchen Erkennen kommt man freilich nicht ohne einige Mühe. Es gibt keinen „Königsweg“ zum Neuen Testament, auf dem man ohne Anstrengung auf einem Purpurteppich fortschreiten kann. Ohne die „Anstrengung des Gedankens“ behält der Forschende — er sei nun „Laie“ oder „Fachmann“ — leere Hände.

Damit sind wir bereits bei dem zweiten Einwand gegen die „kritische“ Wissenschaft, der schon leicht berührt war: der Forscher lasse es, weil er Kritik übt, an Ehrfurcht vor dem Heiligen fehlen. Hier findet eine verhängnisvolle Verwechslung statt: man verwechselt die berechtigte methodische Prüfung mit gewissenloser Willkür. Warum ist aber eine methodische Prüfung „berechtigt“? Weil wir in einer geschichtlichen, d. h. sich wandelnden Welt leben. Was das ausmacht, kann man an einem sehr einfachen Beispiel aus dem Neuen Testament veranschaulichen. Der Apostel Paulus hat um die Mitte des ersten Jahrhunderts an seine Gemeinde in Thessalonich geschrieben (1. Thess 4,13—18): „Der Herr selbst wird mit Befehlsruf, mit der Stimme des Erzengels und der Trompete Gottes vom Himmel herabsteigen, und die verstorbenen Christen werden zuerst auferstehen; dann werden wir Lebenden, wir Übriggebliebenen (Christen) zugleich mit ihnen entrückt werden in den Wolken dem Herrn entgegen in die Luft.“ Hier ist ganz deutlich: der Apostel erwartet noch zu seinen Lebzeiten ein großes kosmisches Drama, bei dem der alte Äon zugrunde geht und die Christusherrschaft anbricht. Mit dieser Erwartung hat er sich geirrt: er ist gestorben und die alte Welt ist weitergelaufen. Aber darüber hinaus erkennen wir hier: der Apostel denkt hier in einem Weltbild, das durchaus nicht spezifisch christlich ist, sondern eine jüdische Variante des antiken Weltbildes. Hoch über der Erde wölbt sich der Himmel Gottes, von dem Christus herabsteigen wird. Daß sich rings um die Erdkugel der unermeßliche Weltraum breitet, den jetzt die Sputniks und Explorers zu erforschen beginnen und Mondsonden durcheilen, davon konnte Paulus noch nichts wissen. So stellt er sich den Himmel als den Bereich Gottes räumlich vor, in jener naiven Anschaulichkeit, in welcher der antike Mensch lebte. Das hat zur Folge, daß wir unterscheiden müssen zwischen dem Hoffnungsgut, das der Apostel zu beschreiben sucht, und der vergangenen Vorstellungsweise, in der er es beschreibt. Weigern wir uns, diese Unterscheidung vorzunehmen, tun wir so, als könnten wir die Worte des Paulus an die Thessalonicher aus dem ersten Jahrhundert unverändert zu Aussagen des zwanzigsten Jahrhunderts machen, dann lassen wir unseren christlichen Glauben in den Verdacht bewußter Illusion und Unredlichkeit geraten. Aller Streit um die sog. Entmythologisierung ändert daran gar nichts. Die kritische Wissenschaft ist nicht gottlos, sondern bemüht sich, auch beim Sprechen von Gott redlich zu sein.

Wir haben oben einen Faden lose hängen lassen, den wir noch ins Gewebe einfügen müssen. Wir hatten gefragt, ob Änderungen in der Evangelientradition auf die Evangelisten zurückgehen oder auch schon auf die vor ihnen liegende Tradition. Diese Frage scheint belanglos zu sein; in Wirklichkeit führt sie auf die letzten Fragen der methodischen Kritik. Das wird uns sogleich deutlich werden, wenn wir uns das Programm der Synoptikerforschung vergegenwärtigen, das Emanuel Hirsch 1942 vorgelegt und 1951 unverändert wiederholt hat[19].

Hirsch verlangt von dem synoptischen Forscher, 1. daß er eine Gesamtlösung der synoptischen Frage vorlegt, die „auf jede Frage eine glaubhafte und einfache Erklärung" gibt (S. VIII). Er fordert 2., daß sich der Forscher auf die Erkenntnis des individuellen historischen Gehalts richtet „und alle Fragen nach dem Typischen, dem Allgemeinen lediglich als den Blick schärfende Hilfen in der Erkenntnis des Individuell-Historischen" ansieht. „Das Sonderbare, Befremdende, aus dem Gesetz der Form und des Typus Herausfallende ist ... vorerst einmal daraufhin anzusehen, ob es nicht Träger und Ausdruck eigenartigen vergangenen Lebens von unwiederholbarer Prägung sei" (S. IX.). Hirsch will 3., daß die Lösung der synoptischen Frage ein eindeutiges, folgerichtiges und individuell bestimmtes Bild von den schriftlichen Vorlagen unserer ... Evangelien „als auch vom Verhalten der synoptischen Evangelisten zu diesen Vorlagen — die sämtlich Evangelien seien — bietet" (S. X.). Auf „das Flüchtige, jedem Belieben leicht sich fügende Element der mündlichen Überlieferung von Einzelgeschichten" dürfte man erst dann zurückgreifen, wenn jede literarische Erklärung versagt (S. XI.). Endlich müssen sich alle diese Schriftwerke von der ersten evangelischen Erzählung bis zu unseren Evangelien in die uns bekannte Geschichte der ersten zwei bis drei christlichen Generationen einordnen lassen: „Es muß eine Frühgeschichte des Evangeliums erarbeitet werden, die mit den wesentlichen Momenten, Stufen, Bewegungen der ersten christlichen Kirchen- und Dogmengeschichte in klarem inneren Verhältnis steht" (S. XII).

Hirsch meint anscheinend, in seiner „Frühgeschichte des Evange-

[19] „Fragestellung und Verfahren meiner Frühgeschichte des Evangeliums", ZNW 41, 1942, 106 ff. = Frühgeschichte des Evangeliums, Band I, 2. Ausgabe 1952 S. VII bis XXIV.

liums" im wesentlichen die vier Forderungen dieses Programms erfüllt zu haben. Daß sie sich gegen die bes. von Martin Dibelius und Rudolf Bultmann entwickelte sog. Formgeschichte wenden, sieht der Kundige sofort. Inzwischen ist die synoptische Forschung — ohne die Verdienste jener Formgeschichtler zu bestreiten — weitergegangen. Das konnte Hirsch nicht voraussehen, und jede Kritik an seinem Werk muß billigerweise darauf Rücksicht nehmen.

Aber auch dann ist deutlich: Hirsch vertritt das theologische Wissenschaftsideal des 19. Jahrhunderts (für ihn vorbildlich vertreten durch H. J. Holtzmann) mit seiner Bevorzugung der individuellen Leistung und Persönlichkeit — nur sie kann der Geschichtsforscher einigermachen in den Griff zu bekommen hoffen — gegen das nicht so in individuellen Gestalten und Personen faßbare Typische, Allgemeine — und darum auch gegen die mündliche Überlieferung. So hat sein eigener Entwurf, Ehrfurcht gebietend in seiner Konsequenz, notwendig die einzelne literarische Leistung und deren Verfasser bevorzugt auf Kosten des Allgemeinen, das hier so etwas ist wie die Gemeinde, ihre (sich wandelnden) Vorstellungen und Frömmigkeit, ihr Überliefern, das bei aller Freiheit im einzelnen unter bestimmten Gesetzen aller mündlichen Überlieferung steht. Das und zugleich der eigentlich ungeheuerliche Anspruch, auf jede Frage eine glaubhafte und einfache Erklärung zu wissen, haben seiner Lösung von der ersten bis zur letzten Seite einen unwirklichen und willkürlichen Zug mitgegeben.

Hirsch ist überzeugt, die Quellen jedes synoptischen Evangeliums genau erkennen zu können. Am Anfang des Markusevangeliums stehe „Mk I", der Erlebnisbericht des Petrus, schon ein Jahr nach Jesu Tod vorhanden, vielleicht von einem anderen aufgezeichnet (denn es sei nicht sicher, daß der Fischer Petrus selbst schreiben konnte!), „sehr früh und sozusagen ein für allemal ins Griechische übersetzt". Diese Schrift sei „ganz ohne Rücksicht und Zweck in der Wiedergabe" abgefaßt, nur mit der Absicht, von Jesus Christus zu erzählen.

Das nächste Evangelium sei erst ein Menschenalter später im Jerusalem des jüdischen Krieges entstanden; hier spielen die Zwölf eine besondere Rolle (Sigel bei Hirsch: Zw).

Es regt in Rom sehr rasch zu einer gründlichen Neubesinnung über das dort bisher gebrauchte Evangelium Mk I an. So kommt es zur Abfassung von Mk II. Nur in dieser Gestalt habe Lukas das Markusevangelium gekannt.

Lukas, um 80 schreibend, benutzt außer Mk II ein kurz nach 70 entstandenes judenchristliches Evangelium (Sigel für dessen aramäische Urgestalt: Q*) in dessen erweiterter griechischer Fassung Q (Sigel: Lu I); ferner ein gegen Ende der 60er Jahre entstandenes judenchristliches Evangelium (Sigel: Lu II), das von der offiziellen Hauptlinie abwich und sich auf den Auferstehungszeugen Kleopas berief.

Matthäus, der späteste der drei Synoptiker, besitzt außer dem durch Zusammenarbeitung von Mk I und Mk II entstandenen Markusevangelium noch ein judenchristliches Evangelium, das nach 70 in der Gemeinde von Jerusalem entstanden ist. Es enthält den Stoff der evangelischen Überlieferung z. T. umfassender als Q — das Mt ebenfalls verwertet — und hat der Kompositionstätigkeit des Mt schon vorgearbeitet.

Dies ist in großen Zügen Hirschs synoptische Konstruktion. Jede seiner Thesen berührt ein wichtiges Problem. Wir können hier nicht alle untersuchen, sondern nur einzelne herausgreifen.

(1) Gewiß entspräche eine Petruserzählung des „Lebens Jesu", wie sie Hirsch gefunden zu haben hofft, dem Wunschtraum jedes Historikers. Man denke: Eine Schrift, von einem Augenzeugen und Hauptbeteiligten herrührend, unmittelbar nach den Ereignissen verfaßt, allein in der Absicht, das Geschehene zu erzählen! Aber die früheste Form der kirchlichen Überlieferung, nämlich Lk 1,1—4[20], weiß nichts von einem solchen Werk, und daß man eine Schrift des Petrus (das bliebe sie auch dann, wenn er sie nicht mit der eigenen Hand geschrieben hätte!) nachträglich irgendeinem Jünger, der nicht einmal dem Zwölferkreis angehörte, zugewiesen hätte (Johannes genannt Markus), ist so unwahrscheinlich, daß damit allein die Hypothese Hirschs ins Wanken gerät.

Hirsch gewinnt diesen Petrusbericht (= Mk I) vor allem dadurch, daß er im Markusevangelium wirkliche oder vermeintliche Dubletten aufspürt, die aus einer Zusammenlegung zweier Schriften (Mk I und Mk II) stammen sollen. Wo aber — wie bei der Erzählung von der Speisung der Fünftausend — eine Geschichte auftaucht, die sich nicht mit dem Augenzeugen Petrus verträgt, da hilft sich Hirsch (S. XXIV) damit, hier habe die den Petrusbericht aufschreibende Hand „stilisiert". Damit wird jedoch eine Geschichte für den Erlebnisbericht des Petrus beansprucht, die gerade nicht die Merkmale eines petrinischen Erlebnisberichtes trägt. Das heißt aber: eigentlich wird hier das Kennzeichen dieses Berichtes unsicher und hinfällig.

Anderswo bekommt ein Text den petrinischen Charakter durch eine kühne Überdeutung. So heißt es in Mk 6,45: „Und sofort nötigte er seine Jünger, in das Schiff einzusteigen und vorauszufahren". Einige Textzeugen[21] fügen nach „sofort" noch das Wort ein: ἐξεγερθείς (exegertheis; „sich erhebend"). Es gehört zu den vielen kleinen Erweiterungen im sog. westlichen Text, die weiter ausmalen. Hirsch aber liest aus diesem griechischen Wort (das er mit „er raffte sich zusammen" übersetzen möchte) etwas ganz anderes heraus: „Man sieht bei dem Wort gleichsam leibhaft die Verwandlung, die mit einem Menschen vor

---

[20] S. o. S. 1—4.

[21] D a b c ff^2 g^2 i q.

sich geht, der zu seinem Schicksal erwacht, seinem Schicksal zu stehen beginnt" (77 f.). Jesus habe den Entschluß gefaßt, die galiläische Wirksamkeit abzubrechen. „Wenn er die Jünger dabei nach Bethsaida bestellte, ... so kann wohl kaum etwas anderes ihn geleitet haben als die Absicht, dem Herodes selbst gegenüberzutreten und das zu erleiden, was dann kommen muß." Aber Jesus ist doch gar nicht vor Herodes getreten (und nichts weist in den Evangelien darauf hin, daß er je dergleichen im Sinne gehabt hätte)? Hirsch vermutet: „... er legt eine einsame Wanderung vor die letzte Entscheidung; auf ihr muß er sich dann über Gottes Willen und Bestimmung mit ihm klar geworden sein." Jenes Schicksal, zu dem er angeblich erwacht ist — nämlich am Hofe des Herodes den Märtyrertod zu erleiden —, war gar nicht sein Schicksal. So wird aus einem ausschmückenden Wörtchen des „westlichen" Textes eine entscheidende und doch nicht entscheidende Szene des „Lebens Jesu" herausgeholt, die Petrus mit eben diesem Wort „sich erhebend" angedeutet haben soll.

(2) Der petrinische Originalbericht, der nach Hirsch (188) „sehr früh und sozusagen ein für alle Male" ins Griechische übersetzt wurde, müßte natürlich aramäisch gewesen sein. Daß in den überlieferten Worten Jesu das Aramäische noch hier und da durchschimmert, wird niemand bestreiten. Aber nach Hirsch läßt sich das Aramäische bei Markus auch noch dort nachweisen, wo es sich nicht um Jesusworte handelt. Wie läßt sich das zeigen, wo Mk doch in griechischer Sprache geschrieben ist? Hirsch bedient sich für den Nachweis eines Mittels, mit dem man früher gern gearbeitet hat: er führt Stellen an, die er für Fehlübersetzungen des zugrunde liegenden aramäischen Textes hält. Es sind allerdings nur vier[22], und das ist für ein Evangelium, das so lang ist wie Mk I, ein bißchen wenig. Schlimmer ist aber, daß auch diese vier Stellen keineswegs so selbstverständlich als Fehlübersetzungen aus dem Aramäischen anzusehen sind, wie das Hirsch und seine Gewährsmänner (vor allem Wellhausen) meinten. Man ist heute viel vorsichtiger mit der Annahme von Fehlübersetzungen als vor einer Generation, denn man hat gemerkt, daß wir über das zur Zeit Jesu gesprochene Aramäisch keineswegs so genau Bescheid wissen. Wellhausen meinte z. B. (15), das Wort ἐξορύξαντες (exoryxantes) in Mk 2,4 — das bei D fehlt — sei eine späte Glosse und das vorangehende ἀπεστέγασαν τὴν στέγην (apestegasan tēn stegēn = „sie deckten das Dach ab" sei eine Fehlübersetzung des aramäischen „schaqluti ligara", und das besage: „sie brachten ihn zum Dach hinauf". Aber Schultheß hat (ZNW 21, 1922, 220) dieser Übersetzung widersprochen: der von Wellhausen angenommene Text besage vielmehr gerade: „Sie deckten das Dach ab". Kurz: jene angeblichen Fehlübersetzungen, aus denen Hirsch einen aramäischen Grundbericht erweisen will, sind alles andere als eine tragfähige Unterlage für eine solche Konstruktion.

[22] Mk 2,4; 7,26; 7,31; 14,72.

(3) Ein besonderes Problem hat sich Hirsch mit der Vermutung aufgeladen, daß man in Rom den (ins Griechische übersetzten) Bericht des Petrus 30 Jahre lang als Evangelium benutzt hat und dann statt seiner eine umgeänderte und etwas erweiterte Fassung dieses Evangeliums eingeführt habe. Zu einer solchen Vermutung gibt nämlich die Textgeschichte keinen Anlaß. Gewiß weicht der Lk-Text oft von Mk ab. Aber das besagt noch lange nicht, daß Lukas einen anderen Mk-Text benutzte, als er uns vorliegt. Gerade das aber ist die zweite Säule, welche die Hirschsche Konstruktion trägt. Wir haben in der Erklärung öfter gezeigt, daß für Lukas ganz andere Gründe bestanden, den auch von ihm gelesenen Markustext abzuändern. Oft läßt sich — übrigens auch bei Mt — gerade aus der Art der Abänderungen zeigen, daß diese beiden Großevangelien eben jenen Markustext benutzten, den wir vor uns haben.

Aber noch unwahrscheinlicher als der angeblich dem Lukas vorliegende Mk II (also die hypothetische Bearbeitung des Petrusberichtes) ist die Gestalt jenes von Hirsch postulierten Redaktors, der dann — 10 Jahre nach Mk II — ums Jahr 70 wieder in Rom jene beiden Schriften, Mk I und Mk II, mit einem wahrhaft rabbinischen Scharfsinn derart zusammengesetzt haben soll, daß dabei kaum ein Wort verloren gegangen ist. Mit dieser Vermutung eines solchen Redaktors steht Hirsch in der Nachfolge einer ganzen Reihe von Forschern, die zwei oder mehr Quellenschriften durch einen Redaktor mit Schere und Leimtopf zusammengefügt werden ließen. Gerade hier wird deutlich, wie stark Hirsch von der vorangegangenen Generation beeinflußt worden ist.

(4) Ein letztes Beispiel zeige die Art, wie Hirsch sich um die Quellen des Lk bemüht hat. Daß Lukas Mk und Q benutzt hat, nimmt auch Hirsch an. Aber daneben meint er wahrnehmen zu können, daß Lukas das Evangelium einer judenchristlichen Sondergruppe verwertet habe (Lu II), die sich auf den Auferstehungszeugen Kleopas (Lk 24,18) berief. Hirsch verweist dazu auf Hegesipp (bei Euseb, KG IV 22,5) und entnimmt aus dessen Angaben, Jesu Vetter Symeon habe sich als Nachfolger des Herrenbruders Jakobus nicht beim ganzen palästinischen Christentum durchgesetzt. Damals seien sieben Sekten entstanden, von denen eine Hegesipp auf einen gewissen Kleobios zurückführe. „Kleobios und Kleopas sind einander recht ähnliche Namen. Es ist leicht denkbar, daß man in der kirchlichen Überlieferung den Sektenstifter Kleopas von dem Vater Symeons Klopas unterscheiden wollte“ und deshalb künstlich die Namen differenzierte. Hegesipp habe sie schon so entstellt empfangen. „Es ist bei diesem durchsichtigen Tatbestande nicht zu kühn, unseren Kleopas und den Kleobios des Hegesipp als ein und die gleiche Person zu nehmen“ (II 279 f.).

Aber so durchsichtig ist der Tatbestand eben doch nicht. Nach Hegesipp (bei Euseb, KG IV 22,4—7) war nicht Kleobios der Stifter einer bei der Wahl Symeons entstandenen Sekte; vielmehr soll sich damals ein gewisser Thebutis von der Gemeinde getrennt haben, weil er nicht Bischof wurde. Er habe einer der sieben jüdischen (nicht judenchristlichen!) Sekten angehört, die in IV 22,7 aufgezählt werden. Von diesen stammten angeblich wiederum die in § 6 aufgeführten fünf gnostischen Sekten, deren zweite ein sonst nicht bekannter Kleobios gegründet habe. Es wird richtig sein, daß Kleopas identisch ist mit dem Vater Symeons, Klopas. Aber daß dieser Kleopas bei der Wahl seines Sohnes Symeon eine Sondergruppe gebildet habe, ist ausgeschlossen. Denn um das Jahr 70 war schon Jesu Vetter Symeon ein alter Mann; sein Vater Kleopas hätte damals ein Greis von 90 oder mehr Jahren gewesen sein müssen, wenn er überhaupt noch lebte. Also kann er nicht der gnostische Sektenstifter Kleobios gewesen sein.

Man sieht, wie schwer sich eine wirkliche oder vermeintliche Quelle mit einer bestimmten Gestalt des frühen Christentums verbinden läßt. Die heutige Synoptikerforschung tut darum gut daran, nicht den Verfassern von hypothetischen Quellenschriften nachzuspüren, sondern der eigenen Art jedes Evangelisten nachzugehen: der besonderen Verkündigung, die er bringt, und den schriftstellerischen Mitteln, die er in den Dienst dieser Verkündigung stellt.

20 Jesu Gleichnisrede

Mk 4,1–34

(1) Und wiederum begann er am Meer zu lehren. Und es sammelt sich bei ihm eine sehr große Menge, so daß er in ein Schiff stieg, und sich über dem Wasser niedersetzte, und die ganze Menge war am Meer auf dem Lande. (2) Und er lehrte sie viel in Gleichnissen, und sagte zu ihnen in seiner Lehre: (3) „Hört! Siehe, der Säemann ging aus zu säen. (4) Und es geschah beim Säen: das eine fiel auf den Weg, und die Vögel kamen und fraßen es. (5) Und anderes fiel auf das Felsige, wo es nicht viel Erde hatte, und sofort schoß es auf, weil es keine tiefe Erde hatte. (6) Und als die Sonne aufging, wurde es versengt, und weil es keine Wurzel hatte, verdorrte es. (7) Und anderes fiel in die Dornen, und die Dornen gingen auf und erstickten es, und es brachte keine Frucht. (8) Und anderes fiel auf das gute Land und brachte Frucht, aufschießend und wachsend, und trug dreißigfach und sechzigfach und hundertfach." (9) Und er sagte: „Wer Ohren hat zu hören, der höre."

(10) Und als er allein war, da fragten ihn seine Begleiter samt den Zwölfen nach den Gleichnissen. Und er sagte zu ihnen: (11) „Euch ist das Geheimnis des Gottesreiches gegeben. Jenen draußen aber wird alles in Gleichnissen zuteil, damit sie sehend sehen und nicht er-

kennen, und hörend hören und nicht verstehen, auf daß sie sich nicht bekehren und ihnen vergeben werde."

(13) Und er sagt zu ihnen: „Ihr wißt dieses Gleichnis nicht, und wie wollt ihr dann alle Gleichnisse erkennen? (14) Der Säemann sät das Wort. (15) Diese aber sind die auf den Weg: Wo das Wort gesät wird, und wenn sie es hören, kommt sofort der Satan und nimmt das in sie gesäte Wort fort. (16) Und ebenso sind die auf den felsigen Boden Gesäten die, welche das Wort, sobald sie es hören, mit Freuden aufnehmen, (17) und sie haben keine Wurzel in sich, sondern sind Menschen des Augenblicks. Wenn sich dann Trübsal oder Verfolgung wegen des Wortes erhebt, dann nehmen sie sofort Anstoß. (18) Und andere sind die unter die Dornen Gesäten. Diese sind die, welche das Wort hören, und die Sorgen des Äons und der trügerische Reichtum und die Begierden nach den anderen Dingen dringen ein und ersticken das Wort, und es bleibt ohne Frucht. (20) Und jene sind die auf das gute Land Gesäten, welche das Wort hören und annehmen und Frucht bringen dreißigfach und sechzigfach und hundertfach."

(21) Und er sprach zu ihnen: „Kommt etwa das Licht, damit es unter den Scheffel gestellt wird oder unter das Bett? Nicht, damit es auf den Leuchter gesetzt werde? Denn nicht ist etwas verborgen, es sei denn, um offenbar zu werden, und nichts ist ein Geheimnis geworden, es sei denn, damit es an den Tag kommt. (23) Wenn einer Ohren hat zu hören, der höre!"

(26) Und er sagte: „Mit dem Gottesreich verhält es sich so, wie wenn ein Mensch den Samen auf die Erde streut, und schläft und wacht Nacht und Tag, und der Same sproßt und wächst — er weiß nicht wie. (28) Von selbst bringt die Erde Frucht: zuerst den Halm, dann die Ähre, dann den vollen Weizen in der Ähre. (29) Sobald aber die Frucht es erlaubt, sendet er sofort die Sichel aus, denn die Ernte ist da."

(24) Und er sagte zu ihnen: „Seht zu, was ihr hört! Mit welchem Maß ihr messet, wird euch zugemessen werden, und es wird euch noch hinzugefügt werden. (25) Denn wer hat, dem wird gegeben, und wer nicht hat, dem wird auch das noch weggenommen werden, was er hat."

(30) Und er sagte: „Wie sollen wir das Gottesreich abbilden oder in welchem Bildspruch es darstellen? Gleich einem Senfkorn, das — wenn es in die Erde gesät wird — kleiner ist als alle anderen Samen auf der Erde. (32) Und wenn es gesät ist, geht es auf und wird größer als alle Gartengewächse und treibt große Zweige, so daß unter seinem Schatten die Vögel des Himmels nisten." (33) Und mit vielen solchen Gleichnissen sagte er ihnen das Wort, wie sie es hören konnten; (34)

ohne Gleichnis aber redete er nicht zu ihnen; seinen Jüngern für sich allein aber löste er alle (Rätsel) auf.

Dieses Gleichniskapitel[1] hat einen sehr verwickelten Aufbau[2], der mit seinem allmählichen Werden zusammenhängt. Es ist wie ein Gebirge, dessen Schichten, oft verwirrend ineinander gefaltet, dem Kundigen seine Geschichte erzählen. Es macht Mühe, all diesen Verwerfungen und Einschüben nachzugehen, aber es lohnt sich : Wir können hier einen tiefen Einblick gewinnen in das Werden der Tradition und damit in das Glaubensleben der frühen Gemeinde. Und wir können — was noch wichtiger ist — die Verkündigung Jesu an einem der wichtigsten Punkte seiner Botschaft von dem unterscheiden lernen, was eine spätere Generation daraus entnahm.

Das Gleichniskapitel beginnt mit einer anschaulichen Schilderung dessen, wie Jesus das Volk lehrte. Wieder einmal befindet er sich am galiläischen „Meer“ und wieder versammelt sich bei ihm eine so große Hörermenge, daß er sie nicht mehr mit Blick und Stimme gut erreichen kann. Aber er weiß sich zu helfen (Jesus war kein theoretischer, unpraktischer Mensch): er besteigt ein Schiff, das am Strande liegt und setzt sich auf seinem Verdeck nieder. Die Menge lagert sich

[1] Als wichtige Literatur zu den Gleichnissen Jesu sei (außer den Kommentaren und R. Bultmanns „Geschichte der synoptischen Tradition“) genannt: Noch immer wertvoll ist das einst epochemachende Werk von Adolf Jülicher: Die Gleichnisreden Jesu. 2 Bände, Tübingen 1899, 2. A. 1910. — Aus der neueren Literatur sind zu nennen: A. T. Cadoux: The Parables of Jesus. Their Art and Use. New York 1931. — Wilhelm Michaelis: Es ging ein Sämann aus zu säen. Berlin 1938. Ders.: Das hochzeitliche Kleid. Berlin 1939. Ders.: Die Gleichnisse Jesu. Hamburg 1956. — C. H. Masson: Les paraboles de Mark IV, Neuchâtel-Paris, 1945. — Max Meinertz: Die Gleichnisse Jesu. Münster, 4. A. 1948. — C. W. F. Smith: The Jesus of the Parables. Philadelphia 1948. — C. H. Dodd: The Parables of the Kingdom. London 1956. Revised Edition 1958. — Das moderne Standardwerk von Joachim Jeremias: Die Gleichnisse Jesu. Göttingen, 6., neubearbeitete Auflage 1962. — Eta Linnemann: Gleichnisse Jesu. Einführung und Auslegung. Göttingen 1961. — Zu den Gleichnissen im Thomasevangelium: Ernst Haenchen: Die Botschaft des Thomasevangeliums. Berlin 1961. — Wolfgang Schrage: Das Verhältnis des Thomasevangeliums zur synoptischen Tradition und zu den koptischen Evangelienübersetzungen. Berlin 1964.

[2] Was die Entstehung von Mk 4 betrifft, so stimmen wir mit E. Linnemann a. a. O. 164 überein: In der mündlichen Tradition folgten schon aufeinander die Gleichnisse vom Säemann (Mk 4,3—9), von der selbstwachsenden Saat (Mk 4,26—29) und vom Senfkorn (Mk 4,30—32). In einem zweiten Stadium der Überlieferung bekamen die Gleichnisse durch V. 2 und 33 den szenischen Rahmen; mit V. 10 und 13 (in der Form: „Und die Seinen fragten ihn nach dem Gleichnis“) wurde die Auslegung des Gleichnisses von Säemann, Mk 4,13—20, hinzugefügt. Markus selbst fügte die Situationsschilderung V. 1 (mit teilweiser Umbildung von V. 2) und V. 34 hinzu, schob V. 11 f. ein, wobei V. 10 in „nach den Gleichnissen“ geändert wurde, und fügte die Gleichnisse vom Licht (Mk 4,21—23) und vom Scheffel (Mk 4,24 f.) hinzu.

am Strande. So kann ihn jeder sehen und hören. Auf diese Weise hat der erste Vers die ganze Situation mit ein paar Strichen umrissen.

Wer es als ein Axiom ansieht, daß alle Situationsangaben vom redigierenden Evangelisten stammen, der einen Rahmen für die überlieferten Einzelstücke aus dem Eigenen schafft, der wird auch dieser Schilderung wenig Wert beilegen. Wir können freilich nicht beweisen, daß sich an einem bestimmten Tage just eben diese Szene wirklich abgespielt hat. Wohl aber können wir darauf hinweisen, daß sie nichts Unwahrscheinliches enthält. Auch wenn unsere Erzählung kein Dokumentarbericht ist, so könnte sie doch geschichtlich treu in dem Sinne sein, daß sie eine Lage zeichnet, in der Jesu Verkündigung vielleicht öfter stattgefunden hat. Denn der Einwand, daß Jesus in einem Fischerdorf Gleichnisse aus dem Leben eben dieser Fischer hätte bringen müssen, wäre töricht. Den Bewohnern jener kleinen Küstenorte am galiläischen Meer war das Leben des Landmanns nicht fremd — auf der Küstenebene wurde Ackerbau getrieben —, und den aus dem Landesinnern herbeigeströmten Hörern erst recht nicht. Die Geschichte setzt auch nicht voraus, daß Jesus zu Tausenden von Menschen spricht; die „sehr große Menge" kann aus hundert oder zweihundert Menschen bestanden haben. Das ist schon eine große Zuhörerschaft für einen solchen Ort und einen Wanderprediger.

Der zweite Vers leitet die Rede Jesu selbst ein: „Und er lehrte sie viel in Gleichnissen und sprach zu ihnen in seiner Lehre." Nach diesem Vers will Jesus seine Hörer mit seinen Worten belehren, und er tut das, indem er in „Gleichnissen" spricht. Das griechische Wort παραβολή (parabolē), das wir hier mit „Gleichnis" übersetzt haben, entspricht dem hebräischen Worte „maschal". Damit kann jedes Bildwort bezeichnet werden. Der Orientale liebt diese mit Anschauung gefüllten Bildworte und zieht sie der abstrakten Redeweise vor, die uns naheliegt. Dieses bildhafte Reden ist lebendig und deshalb besonders geeignet für eine Zuhörerschaft, die nicht in abstraktem Denken geschult ist.

Allein — und damit kommen wir zur ersten Schwierigkeit dieses Abschnitts — es ist unverkennbar, daß in dem Folgenden das Wort „parabolē" den Sinn von „unverständlicher Rätselrede" besitzt. Wenn Jesus (wie es V. 2 sagt) viel in Gleichnissen „lehrte", wie paßt es dazu, daß er in für den Hörer schlechterdings unverständlichen Rätseln spricht, wie das doch in dem Folgenden behauptet wird? Kann man das noch ‚lehren' nennen, wenn ich in einer Weise spreche — und zwar absichtlich in dieser Weise —, die meine Hörer nicht verstehen können? Zur Lehre gehört mindestens die Möglichkeit, daß sie verstanden wird. So läßt sich die Aussage „er lehrte sie viel in Gleichnissen und sprach zu ihnen in seiner Lehre" nur gewaltsam zusammenbringen mit der Behauptung, daß Jesus in unverständlichen Rätseln sprach. Damit wird schon in diesem Anfang, wenn wir ihn im Licht des Folgenden sehen, eine Unstimmigkeit spürbar — aber nicht, wenn wir ihn in seinem eigenen Licht sehen. Darum mahnt uns schon dieser Anfang zur Vorsicht gegenüber dem, was uns in V. 10 ff. gesagt wird.

Nach dem jetzigen Text spricht Jesus hier am Strande nur ein einziges Gleichnis, nämlich das vom verschiedenen Schicksal der Saat. Dann — V. 10 — verläßt er die Menge und ist mit seinen Jüngern allein. Aber es hieß doch: „er lehrte sie viel in Gleichnissen" — soll dieses eine Gleichnis nur als Beispiel und Vertreter für viele stehen? Das wäre nicht ausgeschlossen. Sollte sich jedoch herausstellen, daß tatsächlich einst mehrere Gleichnisse auf V. 2 gefolgt sind, so würde das noch besser zu ihm passen.

An diese Einleitung schließt sich das Gleichnis vom Säemann an, auch das „Gleichnis vom viererlei Acker" genannt. Beide Namen treffen sein Wesen nicht. Es handelt vom verschiedenen Schicksal der Saat. Nur weil das Gleichnis mit der Erwähnung des Säemanns beginnt, hat man in ihm die Hauptperson gesehen und es nach ihm benannt. Und nur weil die verschiedene Beschaffenheit des Bodens eine große Rolle beim Aufwachsen der Saat spielt, kam man auf den zweiten Namen. Aber nicht der Säemann und nicht der Acker — dieses Wort kommt in der Geschichte überhaupt nicht vor —, sondern die Saat und ihr verschiedenes Schicksal dominiert in dem erzählten Geschehen.

In Palästina sät man — anders als bei uns — vor dem Pflügen. Das Pflügen folgt dort, wie wir durch Dalman[3] wissen, erst auf die Saat. So kann es bei jedem Säen vorkommen, daß einige Körner auf[4] die Wege fallen, die neben den Feldern hinlaufen[5], und von den Vögeln aufgepickt werden, welche die Körner auf den Wegen leichter wahrnehmen. Es handelt sich also nicht um einen ungeschickten Säemann und um ein ungewöhnlich schlechtes Säen, sondern um das ganz normale. Auch daß das früher aufgehende Dorngestrüpp an manchen Stellen die Saat erstickt, ist nichts Ungewöhnliches — man darf natürlich nicht schematisch denken, daß je ein Viertel auf den Weg, unter die Dornen, auf das Felsige fallen! Daß die Erdkrume über dem felsigen Untergrund oft sehr dünn ist, entspricht durchaus den Verhältnis-

---

[3] Die Angaben von Gustav Dalman finden sich im Palästina-Jahrbuch 22, 1926, „Viererlei Acker", S. 120—132; „Arbeit und Sitte in Palästina", 2. Bd. Gütersloh 1937, S. 180 ff. und 194 f.

[4] Daß παρά (para) hier „auf" bedeutet und nicht „neben", hat Jeremias a. a. O. 8, Anm. 2 mit der schlagenden Begründung bewiesen, daß neben den Weg gefallene Körner nicht zertreten worden wären. Dieser Gebrauch von παρά findet sich schon bei Plato.

[5] Eta Linnemann 175 hat die Deutung, es handle sich um Trampelpfade über die abgeernteten Felder, mit Recht bestritten: „Wie soll man dann erklären, warum der Same auf dem „Weg" von den Vögeln gefressen wird, der auf dem Acker dagegen nicht?"

sen, mit denen ein palästinischer Bauer damals zu rechnen hatte. Fehlte aber der Saat der Boden, aus dem sie ihre Nahrung zieht, dann mußte sie in der Glut der südländischen Sonne rasch verdorren. Wo aber der Same aufs gute Land, auf die gute Erde fiel (das griechische Wort καλός [kalos] meint nicht „schön", sondern „gut"), da trug er reiche Frucht: auf ein Samenkorn können 30, ja 60 und sogar 100 bei der Ernte kommen. Das erzählt Jesus seinen Hörern.

Sie alle kennen dieses Geschehen, was er vor ihnen sich vollziehen läßt. Wenn er ihnen dieses allbekannte Ereignis erzählt, dann muß er damit noch etwas mehr sagen wollen, als was die Worte an sich hergeben, als was die berichtete Handlung an sich enthält. Die Geschichte muß außer dem wörtlichen noch einen zweiten Sinn enthalten, der irgendwie hinter oder in dem Wortsinn verborgen ist.

Wir sind alle von Kindheit an gewöhnt, diesen zweiten Sinn in dem zu finden, was V. 13—20 bringen. Hier wird die Geschichte allegorisch ausgelegt. Da Jesu Hörer aber diese Auslegung nicht kannten, so können wir bei ihnen auch diese Deutung nicht voraussetzen. So nimmt es sich auf den ersten Blick durchaus verständlich aus, daß die Jünger, kaum daß sie hinterher mit Jesus allein sind, ihn befragen. Aber hier erleben wir eine Überraschung. Damit ist nicht gemeint, daß „von denen um ihn samt den Zwölf" gesprochen wird, wo doch die Zwölf sich unter denen um ihn befinden müssen. Diese Schwierigkeit erklärt sich leicht: ursprünglich hieß der Text einfach: „die um ihn". Später, als man sich Jesus beständig von den 12 begleitet dachte, vermißte man deren ausdrückliche Erwähnung und trug das vermeintlich Fehlende nach, indem man es ungeschickt anhängte und so den heutigen Text schuf. Nein, die Überraschung liegt an einer anderen Stelle. Die Jünger fragen nämlich in V. 10 Jesus nicht (wie zu erwarten wäre) nach „dem Gleichnis", sondern nach „den Gleichnissen". Damit ist aber, wie die Fortsetzung V. 11 f. zeigt, nicht etwa gemeint, daß sie sich nach dem verborgenen Sinn mehrerer Gleichnisse erkundigt hätten, von denen freilich nur eins erzählt worden war. Sie fragen nicht nach einer Mehrzahl von Gleichnissen, sondern — das beweist Jesu Antwort in V. 11 f. — nach dem „Zweck der Gleichnisrede" (wie bei Huck dieser kleine Abschnitt überschrieben ist). Sie wollen die Absicht Jesu kennen lernen, die ihn in unverständlichen Rätselworten sprechen läßt. Jesus gibt ihrer Bitte nach und teilt ihnen diese Absicht mit. Ihnen, den Jüngern, ist das Geheimnis des Gottesreiches gegeben; jene draußen aber — ob damit angedeutet ist, daß sich Jesus mit den Seinen in einem Hause befindet (so 7,17), oder ob „jene draußen" einen übertragenen Sinn enthält, bleibt unbestimmt — bekommen alles in Rätseln vorgesetzt, damit sie zwar hören, aber nicht verstehen, zwar sehen, aber nicht erkennen. Warum sollen sie aber nicht verstehen und erkennen? Dann würden sie sich bekehren, und dann müßte Gott ihnen vergeben. Aber das will ER nicht. Gottes Absicht, das Volk (Israel) zu verstocken, läßt Jesus in Rätseln reden. In der Sprache der späteren Dogmatik ausgedrückt: Gottes Vorherbestimmung zur Hölle (praedestinatio ad infernum) läßt Jesus vor dem Volk in unverständlichen Gleichnissen reden. Diese Antwort gibt V. 11 seinem klaren Sinn nach auf die Jüngerfrage.

Hier wird tatsächlich von der göttlichen Prädestination gesprochen (wenn auch dieser Ausdruck fehlt), welche die „Menge" vom Gottesreich ausschließt. Aber — wir wollen uns das mit allem Freimut und aller Offenheit eingestehen! — hier wird von dieser Prädestination sehr äußerlich und lebensfremd gesprochen. Wohl gibt es eine geheimnisvolle Auswahl Gottes, das hat die Kirche oft genug erfahren: eine Predigt, in welcher der eine Hörer Gottes Ruf vernimmt, bleibt für den anderen ein belangloses Menschenwort. Was den einen Menschen kalt läßt, führt den anderen zum Glauben. Von dieser Lebenserfahrung der Kirche, für die sie keine andere Ursache weiß als den geheimnisvollen Gotteswillen, ist hier aber nicht die Rede. Jesus spricht ja nicht so, daß ihn die Erwählten, die Jünger, verstehen, die Nichterwählten aber nicht. Nein, den Jüngern bleiben Jesu Worte genauso unverständlich wie der Menge! Der Unterschied besteht einzig darin, daß Jesus den Jüngern in einer Sonderbelehrung den geheimen Sinn seiner Rede mitteilt, nicht aber dem Volk. Wenn aber auch die Erwählten den Sinn dieser Rede nicht verstehen, dann brauchte Jesus überhaupt nicht diese Rätsel vorzutragen, sondern könnte den Jüngern mit schlichten Worten sagen, worum es geht. Die Prädestination oder die Rücksicht darauf erklärt hier gar nichts. Sie ist der vergebliche Versuch der späteren Gemeinde, ein ihr unverständlich gewordenes Handeln Jesu — sein Sprechen in ihr rätselhaften Bildworten — sich verständlich zu machen.

Wie ist der Evangelist auf diese lebensfremde Theorie gekommen? Vielleicht läßt sich das noch erkennen. Was von Jesu Predigt überliefert war — eben diese Bildworte — setzt deutlich voraus, daß damit noch mehr gesagt war als der bloße Wortsinn. Nicht daß Jesus nur solche Bildworte gesprochen hätte! Die Überlieferung zeigt, daß er durchaus auch „bildlos" gelehrt hat. Aber die Bildworte — die Jesus nicht erklärt haben dürfte — besaßen eine geheime Anziehungskraft: sie reizten zum eigenen Nachdenken der Hörer. In ihrer Anschaulichkeit prägten sie sich tief ein, und zugleich zwangen sie den Hörer, darüber nachzusinnen und selbst auf etwas zu kommen, was ihm nicht direkt gesagt worden war. Aber für die spätere Gemeinde waren diese Bildworte nur noch undurchsichtig, Rätsel.

Zur Lösung dieses Rätsels glaubte sie einen Weg zu kennen. Für die, denen dieser Weg unbekannt war, stand nur ein blankes Rätsel da, meinte die Gemeinde. So kam ihr die Frage: Warum sprach Jesus zur Menge so, wie es überliefert war? Jes 6,9 f. schien eine Antwort auf diese grübelnde Fragen zu geben. Dort sinnt der Prophet darüber nach, warum seine Predigt, mit der ihn doch Gott beauftragt hat, nur taube Ohren findet. Und er gibt sich endlich mit der einzigen Lösung zufrieden, die hier noch übrig blieb: Gott selbst wollte es, daß sein Bote unverstanden, verlacht, erfolglos blieb. Denn Gott wollte dieses Volk gar nicht mehr retten. Diese schreckliche Überzeugung, mit der einst der Prophet seinen — des von Gott gesandten Boten! — Mißerfolg in Gottes Rätselwillen hineinlegte und so „verstand", diese furchtbare Überzeugung, die Jes 6,9 f. aussprach, schien auch Licht auf das Fragen der Christen zu werfen. Hier war ja von einem Propheten vorausgesagt, was sich jetzt vor aller Augen enthüllte: Israel lehnte Jesus ab. Das war aber kein Zeichen für ein Versagen Jesu, sondern das war jener göttliche Wille, der schon vor Jahrhunderten proklamiert war und also längst feststand. Diesem göttlichen Verstockungswillen schien genau die Art zu entsprechen, wie Jesus in unbegreiflichen Rätseln zu diesem Volke gesprochen hatte! So stimmte denn alles genau zusammen: Jesu Lehren in unbegreiflichen Rätseln, die offensichtliche Verstocktheit Israels und jener durch Jesaja vorausgesagte Gotteswille.

Aber diese Rätselrede mußte für die Christen verständlich werden; nur den Verworfenen gegenüber durfte sie ihren Rätselcharakter behalten, nicht den Erwählten. Gab es ein Mittel, den geheimen Sinn zu ergründen, der sich hinter dem Wortsinn verbarg? Diese Frage ließ sich leichter beantworten, als es uns heute scheinen mag. Schon längst war ja das Alte Testament dem frommen Juden — und ebenso den Christen — in seinem „historischen" Sinn, in seinem Wortsinn weithin unverständlich geworden. Man betrachtete es als ein Rätselbuch, als eine Sammlung göttlicher Orakel, die nur ein erleuchteter Sinn ganz verstehen kann. Die Methode, mit der sich der geheime Sinn des Alten Testaments finden ließ, konnte man auch auf Jesu Rätselworte anwenden: es war die allegorische Deutung. Mit ihr legten sich damals auch die Griechen unverständlich gewordene Werke ihrer Vorzeit — z. B. Homer — zurecht und erfüllten sie mit philosophischem Tiefsinn. Die Christen benutzten also eine damals überall geübte Deutungsweise. Trotzdem war es kein Kinderspiel, den geheimen Sinn der Jesus-Bildworte zu entdecken. Die allegorische Deutungsweise — bei der jedes Wort, jeder Begriff des betreffenden Textes einen verborgenen Hintersinn hat - ließ viele Möglichkeiten zu, gab viele Wege frei. Um den rechten zu finden, brauchte man die göttliche Erleuchtung.

Der Evangelist stellt diesen Sachverhalt so dar, daß Jesus selber — wenn auch nur in einigen Fällen — seinen Jüngern diesen geheimen Sinn seiner Worte mitgeteilt und damit das „Geheimnis des Gottesreiches" geschenkt hat. Aber eigentlich sind es Deutungen von Christen, die sich vom Herrn erleuchtet glaubten und darum ihre Deutung dem Herren selbst in den Mund legten.

Die Ausleger haben freilich z. T. den Text anders gedeutet und dabei die soeben entwickelte Konsequenz der Verwerfung Israels zu vermeiden versucht. Joachim Jeremias[6], der unserer Stelle viel Nachdenken gewidmet hat, ist der Meinung, daß V. 10—12 ursprünglich nicht in unserem Zusammenhang standen. Das Wort „auf daß", mit dem V. 12 beginnt (ἵνα, hína) habe den Sinn: „auf daß sich der Gottesspruch erfülle", und die griechischen Worte μήποτε ἐπιστρέψουσιν (mepote epistrepsousin) — die wir übersetzt haben: „damit sie sich nicht bekehren usw." meinen nach Jeremias das Gegenteil: „ob sie sich nicht doch vielleicht bekehren usw"[7]. Aber auch Jeremias ist

[6] Jeremias a. a. O. 9—14.

[7] Wir sind mit Jeremias darin einig, daß Jesaja selbst nach dem hebräischen Text mit dem Wort פֶּן gemeint hat: „damit nicht", und daß die rabbinische Auslegung das doppeldeutige aramäische Wort dafür, nämlich „dil^{e}ma", nach dem Targum Jes 6,10 b im Sinn von „es sei denn, daß" aufgefaßt hat. Es ist nur zu verständlich, daß die Rabbinen eine göttliche Verstockung des Volkes Israel im Jesaja-Text nicht zugeben wollten und darum aus ihm eine Verheißung herauslasen. Aber nicht einig sind wir mit dem Satz von Jeremias: „Das μήποτε" (mepote) „Mk 4,12 ist also Äquivalent eines targumischen dil^{e}ma, das hier mit „es sei denn, daß" wiedergegeben werden muß." Weder folgt aus dem Verständnis der Jesaja-Stelle durch die Rabbinen, daß Jesus sie ebenso wie die Rabbinen verstanden hat, noch daß sich Mk vom rabbinischen Verständnis leiten ließ. Das letztere ist eigentlich so deutlich, daß es gar keiner Diskussion bedürfte: nach der Darstellung des Mk bekommt die Menge („die draußen") eben nicht zu verstehen, was Jesus gemeint hat, und die Jünger begreifen es ebensowenig.

Aber wir fürchten darüber hinaus, daß der Versuch von Jeremias, hier ein — nur aus seinem wahren Kontext verschlagenes — echtes Jesuswort zu finden, nicht vom Glück begünstigt ist. Nach Jeremias soll Jesus irgendwann einmal zu seinen Jüngern gesagt haben: „Euch hat Gott das Geheimnis der Gottesherrschaft geschenkt, denen aber, die draußen sind, wird alles in rätselhafter Rede zuteil." Dann läge damit ein klares Entweder/Oder vor: auf der einen Seite stehen die, welchen die Evangeliumspredigt Rettung bedeutet (so interpretiert Jeremias selbst den ersten Teil des Jesuswortes), auf der anderen Seite aber die, denen sie zum Ärgernis ist (so interpretiert Jeremias selbst den zweiten Teil des Logions). Aber nun soll es weitergehen: „Das" (nämlich das Zweite, daß sich an Jesu Verkündigung Ärgern der „Leute draußen") hat Gott so gewollt, damit sich Jes 6,9 an ihnen erfüllt." Das besagt nach Jeremias: Gott will auch die Verstockung von Hörern, ob sie sich nicht doch vielleicht bekehren. Wenn es so wäre, dann sollte man aber nicht, wie Jeremias S. 14, davon sagen: „Der letzte Blick ruht auf Gottes vergebender Barmherzigkeit", denn das träfe hier gerade nicht zu: Hier bleibt vielmehr die letzte Entscheidung gerade dem Menschen überlassen.

Überdies ruht diese ganze Deutung auf dem Vorurteil, Jesus müsse das rabbinische zeitgenössische Verständnis geteilt haben, was als allgemeine Behauptung nachweislich falsch wäre.

Albert Schweitzer hatte s. Z. (Gesch. d. Leben-Jesu-Forschung 2. A. 400 f.) gemeint, Jesus habe mit Rücksicht auf die göttliche — doppelte — Prädestination, der er nicht vorgreifen wollte, in Rätselworten gesprochen. Dann wäre es freilich sinnlos gewesen, wenn Jesus seinen Jüngern alles privatim ausgelegt hätte, wie es in Mk 4,34 ganz allgemein behauptet wird. Denn damit hätte ja Jesus eine so aufgefaßte göttliche Prädestination durchkreuzt.

überzeugt, daß der Evangelist dieser Logion — hat es einst selbständig oder in einem anderen Zusammenhang existiert? — zu Unrecht hier eingeschoben hat[8]. Jesus redet jedenfalls in Bildworten nicht, um unverstanden zu bleiben, sondern gerade um damit verstanden zu werden, wie es V. 33 ja auch ausdrücklich sagt. Wir haben es hier zunächst mit dem Sinn zu tun, den V. 10 f. im Zusammenhang des Mk besitzen. Und dieser Sinn ist sehr deutlich: Auch die Jünger verstehen ja nach Mk die „Bildworte" nicht! Gäbe ihnen Jesus nicht den Klartext seiner unverständlichen öffentlichen Chiffrebotschaft, dann wären sie ebenso hilflos wie die Menge draußen. Ohne die Nachhilfe Jesu läßt sich der verborgene Sinn eben nicht finden. Nicht das Nachdenken enträtselt das Geheimnis, sondern die Enthüllung des Geheimnisses durch Jesus.

Es gibt aber noch einen zweiten Grund, der V. 11 f. als Zutat des Markus erweist. Wir haben bisher die Worte „sie fragten ihn nach den Gleichnissen" übersetzt: „sie fragten ihn nach dem Sinn der Gleichnisrede". Dieser Sinn wird freilich durch V. 10 ff. gefordert. Aber er ist — das müssen wir uns eingestehen — nicht der natürliche, sondern den Worten gewaltsam aufgezwungen. An sich heißen diese Worte: „sie fragten ihn nach den Gleichnissen". Jesus hat aber bisher nur ein einziges Gleichnis gesprochen, und dieses eine wird dann in V. 13 ff. von ihm erklärt! Wir müßten also eigentlich erwarten, daß nicht „nach den Gleichnissen" dastünde, sondern wie in 7,17: „sie fragten ihn nach dem Gleichnis", das Jesus soeben gesprochen hat. Wir haben tatsächlich allen Grund für die Annahme, daß der Text einmal auch an unserer Stelle so gelautet hat. Damals fehlten noch die Worte Verse 11 und 12, und auf die Frage der Jünger nach dem soeben gesprochenen Gleichnis von der Saat in V. 10 folgte sogleich die Erklärung dieses Gleichnisses durch Jesus in V. 13—20. Das ist nicht eine bloße Vermutung, sondern dahin weist noch eine deutliche Spur in unserem Text. Im jetzigen Mk-Text muß nämlich das Sätzchen „sie fragten ihn nach den Gleichnissen" zugleich zwei ganz verschiedene Bedeutungen haben: (1) muß es im Zusammenhang mit V. 11 den Sinn haben: „Sie fragten ihn, warum er in Rätseln spreche", (2) aber muß es — als Voraussetzung von V. 13—20 — besagen: „Was ist der geheime Sinn dieser Rätselrede?" In diesem zweiten Fall ist aber nur die Einzahl „diese Rätselrede", „dieses Gleichnis" sinnvoll, und sie wird von V. 13 auch offensichtlich vorausgesetzt: „Ihr versteht dieses Gleichnis nicht?" Nun können aber die Worte „sie fragten ihn nach den Gleichnissen" nicht einen solchen Doppelsinn haben. So kommen wir zwangsläufig zu dem Schluß: Ursprünglich stand hier in V. 10 die Einzahl: „Sie fragten ihn nach dem Gleichnis". Darauf folgte V. 13 mit Jesu Antwort: „Ihr versteht dieses Gleichnis nicht usw." Dieses „nach dem Gleichnis" wurde in dem Augenblick in die Mehrzahl um-

---

[8] Jeremias, Die Gleichnisse Jesu, S. 10—14.

gewandelt, wo man die Verse 11 f. zwischen Jesu Gleichnis und dessen Deutung einschob, wo also die Reflexion über den Sinn der Gleichnisrede, über ihren Zweck, in den Text selbst eindrang.

Wir können heute natürlich sagen: schriftstellerisch wäre es geschickter gewesen, wenn man die Jünger erst nach der Deutung dieses einzigen Gleichnisses hätte fragen lassen: „Warum gibst du diese Deutung nur uns und redest zum Volke nur in Rätseln?" Aber das war ein schwerer Eingriff in den überlieferten Text, und wir dürfen darüber froh sein, daß man davor zurückscheute und sich mit der einfachen Änderung — Mehrzahl statt Einzahl in V. 10 — begnügte. Manche Erklärer haben ja bis heute noch nicht eingesehen, daß man hier in den ursprünglichen Text eingegriffen hat — das beweist, wie wirksam dieser unscheinbare Eingriff war.

In einem früheren Stadium der Tradition folgte also einmal die allegorische Deutung des Gleichnisses, die wir in V. 13—20 lesen, unmittelbar auf V. 10. Hirsch hat nun behauptet, diese allegorische Erklärung passe so gut zu dem Gleichnis, daß beide miteinander stehen und fallen (I 29). Und da die Erklärung zweifellos sekundär sei, könne auch dieses Gleichnis nicht zum ursprünglichen Bestand des Mk (in Hirschs Terminologie: zu Mk I) gehört haben.

Aber paßt die allegorische Deutung so genau zum Text des Gleichnisses selbst? Soviel ist klar: sie stellt nicht den Säemann in den Mittelpunkt. Aber es läßt sich schwer angeben, was denn nun eigentlich im Mittelpunkt dieser Deutung steht. Man könnte sagen: die Samenkörner. Aber das würde nicht ausreichen. „Die Gesäten" stellen ja vielmehr in erster Linie bestimmte Menschengruppen dar — obwohl andererseits das Gesäte nichts anderes ist als „das Wort", die christliche Missionspredigt. An dieser Stelle wird — wenn man wirklich einmal genau zusieht — nämlich ganz deutlich, daß die Erklärung des Gleichnisses faktisch nicht genau paßt. „Der Säemann sät das Wort" — dann müßten „die Gesäten" die Samenkörner sein, die in die Menschenherzen gesät werden. Aber „die auf den Weg usw." geht ganz offensichtlich auf eine bestimmte Art von Menschen.

Was will nun diese allegorische Auslegung dem Hörer eigentlich sagen? Der Mensch soll sich darauf besinnen, wie er sich zu dem gepredigten Wort verhält. Die praktische Auslegung hat diese Frage einprägsam so formuliert: „Vierfach ist das Ackerfeld — Mensch, wie ist dein Herz bestellt?" Damit wird der Mensch indirekt ermahnt, nicht den ersten drei Hörergruppen zu gleichen, sondern der vierten. Bei dieser allegorischen Deutung tritt also der Mensch und sein Verhalten in den Mittelpunkt: diese allegorisch-moralische Deutung ist anthropologisch. Man soll nicht die christliche Predigt sofort vergessen; soll auch nicht nach anfänglicher Begeisterung Anstoß nehmen, wenn Trübsal oder Verfolgung kommen; man soll sich nicht von

[9] Nämlich im Sinne des Evangelisten. Damit wird nicht bestritten, wie wichtig eine solche Bewährung war und ist.

den Sorgen und Begierden dieser Welt überwältigen lassen, sondern dem Hören soll das Tun folgen. Was hier gefordert wird, das ist das praktische Christentum. Wir sehen bei diesen Mahnungen in die frühe Gemeinde hinein: das Christwerden bringt Schikanierung oder sogar Verfolgung. Der Eifer der Neubekehrten erlischt oft sehr rasch. Kurz: es ist die Lage der zweiten und dritten Generation, die sich hier abspiegelt.

Was hat man nicht alles in das so geheimnisvoll klingende Wort „Geheimnis des Gottesreiches" hineingeheimnißt! Und doch ist damit hier nichts anderes gemeint, als die sehr nüchterne Weisheit, die auch der gesunde Menschenverstand finden kann: es kommt auf praktische Bewährung an! Wer sich nicht in der Praxis bewährt, der kommt nicht in den Himmel — das ist es, was man schließlich in dem Geheimnis als verborgenen Hintersinn gefunden hat.

In diesem Sinne — also als Aufforderung zu einem Christentum der Tat — sind offensichtlich auch die in V. 21—25 folgenden Verse verstanden worden. Deshalb hat man sie eines Tages hinter die Erklärung des ersten Gleichnisses gestellt. Mit den beiden V. 26 ff. folgenden Gleichnissen haben sie nichts zu tun. V. 21 will offensichtlich sagen: „Stelle dein Licht nicht unter den Scheffel; laß dein Christentum sichtbar werden!" Aber auch der sehr geheimnisvoll klingende V. 22 vom Verborgenen, das offenbar werden soll — auch ihm begegnen wir im Thomasevangelium[10] — kann hier in unserem Zusammenhang nichts anderes bedeuten als: „Der Glaube muß in Werken kund werden." Solches Tun findet dann auch seinen Lohn: Der wirkliche Christ, der es in praxi ist, bekommt zum Lohn weitere Gaben von Gott. Wer aber in der Praxis versagt, dem entzieht Gott alles, was er bisher erhalten hat[11].

---

[10] ThEv Spruch 6 (p. 81,21—23): „Denn es gibt nichts Verborgenes, das nicht enthüllt wird, und nichts Verdecktes, das nicht aufgedeckt werden wird." Hier steht der Spruch allerdings in einem anderen Zusammenhang: Wenn der Mensch durch irgendein irdisches Tun (das ihn ja nie aus dem Weltzusammenhang entnimmt) wie Fasten, Beten und Almosengeben sich zu retten hofft, so ist das in den Augen der Gottheit nicht verborgen. Ganz anders bei den Synoptikern. Sie legen das Sprichwort (das dem Logion eigentlich zugrunde liegt [Käsemann ZThK 57, 1960, 177], das vor jedem unrechten Tun warnt, weil es doch ans Licht kommen wird), dahin aus, daß die Christusbotschaft nicht aus Furcht verschwiegen werden soll: ein solches Versagen bleibt Gott nicht verborgen.

[11] Ganz anders ist der Sinn in Spruch 70 (p. 93,29—33) des ThEv mit der seltsamen Form: „Jesus sprach: Wenn ihr das in euch erzeugt, so wird das, was ihr habt, euch erretten. Wenn ihr das nicht in euch habt, so wird dieses, was ihr nicht habt, euch töten." Gemeint ist: Für den Gnostiker des ThEv war das rettende göttliche Ich, der Lichtkern im Menschen, nicht von vornherein vorhanden. Dieses eigentliche Selbst entsteht vielmehr erst durch den Glauben daran (anders ausgedrückt: dadurch, daß es erkannt wird) und durch die auf die Welt verzichtende tägliche Praktizierung dieses Glaubens, dieser Erkenntnis. Hier herrscht ein ausgesprochener Entscheidungsdualismus. Spruch 41 (p. 88,16—18)

Dieser praktische Beweis des Glaubens ist sicherlich außerordentlich wichtig; wir dürfen diese Mahnung nicht überhören, den sie hier bei Mk und in Mt 5,15 und 10,26 (parallel Lk 11,32 und 12,2) und bei der lukanischen Parallele zu Mk 4, also in Lk 8,16—18, besitzen. Mindestens für V. 24 dürfen wir einen anderen Grundsinn vermuten: „Das Maß, das wir an andere Menschen anlegen, wird Gott" (seine Erwähnung wird hier, wie oft, durch das Passiv ersetzt) „an uns anlegen!"

Wir sehen also: Einst folgte auf das erste Gleichnis nicht die Erörterung über den Zweck der Gleichnisrede, sondern sofort die Erklärung dieses Gleichnisses. Daran hat sich dann die Spruchreihe angeschlossen, die mit dem angeblichen Sinn des Gleichnisses — der Aufforderung zur Bewährung des Glaubens in der Praxis — übereinzustimmen schien. Erst als sich bereits diese Sprüche angesetzt hatten, entschloß man sich dazu, auch den Zweck der Gleichnisrede hier zu behandeln. Nun konnte man aber die Worte V. 11 f. nicht gut hinter V. 13—20 einfügen, oder gar nach V. 20. So mußte man ihnen, so gut es eben ging, zwischen V. 10 und 13 Platz schaffen. Damit blicken wir bereits tief in die Entstehungsgeschichte dieses Textes hinein[12].

Aber wir können noch mehr erkennen, wenn wir uns überlegen: die allegorische Deutung des Gleichnisses ist sekundär. Wie mag also der Text zu der Zeit ausgesehen haben, wo sie noch nicht eingetragen war? Die Änderung der Situationsangabe fällt mit V. 10 dann natürlich fort. Es bleibt also bei der Szene am See, wo Jesus — nach V. 2 — „viel in Gleichnissen lehrte": auf V. 9 folgten ursprünglich V. 26—29, danach kamen V. 30—32, und V. 33 schloß das Ganze ab.

Damit befinden wir uns freilich nur teilweise in Übereinstimmung mit der communis opinio. Denn Hirsch ist nicht der einzige, der (I 29 f.) die Ursprünglichkeit von V. 3—9 anzweifelt. Dafür hält er V. 26—29 für ursprünglich, obwohl weder Mt noch Lukas dieses Gleichnis von der selbstwachsenden Saat übernommen haben. Zeigt nicht das Schweigen dieser beiden Seitenreferenten, so könnte man fragen, daß dies Gleichnis erst zum Mk-Text hinzukam nach der Zeit, wo jene ihn benutzten? Und noch eine zweite Erwägung scheint gegen dieses Gleichnis zu sprechen. Wenn Mk 4,26—29 zum alten Mk-Bestand gehören, hätte man dann nicht die Erklärung des ersten Gleichnisses an den Schluß der Rede Jesu gesetzt, so wie auch die Erklärung des Gleichnisses vom Unkraut unter dem Weizen (Mt 13,36—43) nicht unmittelbar auf das Gleichnis selber folgt? Über

ist eine näher bei der Synopse liegende Parallele: „Jesus sprach: Dem, der hat in seiner Hand, wird man geben; und wer nicht hat — auch das wenige, das er hat, wird man aus seiner Hand nehmen."

[12] Damit erkennen wir, daß sich dieser Text wirklich so entwickelt hat, wie wir es in Anm. 2 angedeutet hatten.

die Mt-Stelle wollen wir später sprechen[13]. Daß man aber die Erklärung des ersten Gleichnisses unmittelbar hinter dieses stellte, kann doch nicht überraschen. Vielmehr liegt das am nächsten. Viel wichtiger ist der Einwand, daß Mt und Lk das zweite Gleichnis des heutigen Mk-Textes nicht bieten.

Was Matthäus anlangt, so zeigt sich, daß er an die Stelle des Gleichnisses von der selbstwachsenden Saat das vom Unkraut unter dem Weizen eingesetzt hat. Beide Gleichnisse würden sich schlecht nebeneinander vertragen: Hier die gute Saat, die ohne Zwischenfall bis zur Ernte wächst, und dort die gute und die böse Saat nebeneinander, unzertrennlich bis zur Ernte! Wundern wir uns, daß Mt das anscheinend so viel realistischere Gleichnis vom Unkraut vorgezogen hat, zumal er dafür eine Erklärung bieten konnte, die man offenbar für das Gleichnis von der selbstwachsenden Saat nicht besaß?

Schwierig scheint es freilich zu sein, das Schweigen des Lukas zu erklären. Aber die vorangehenden Verse besagten: der Mensch muß handeln, muß seinen Glauben durch Taten bewähren. Wer keine solche Taten aufweisen kann, der wird von Gott ausgeschlossen — so ist ja Lk 8,18 gemeint. Wie kann nun auf diesen Appell eine Geschichte folgen, die dem Menschen gar nichts zu tun übrigläßt, wo alles ohne sein Zutun ganz von selbst kommt? Dieses Gleichnis muß keineswegs im Mk-Exemplar des Lk gefehlt haben; vielmehr war es für ihn innerlich unmöglich. Er schließt mit dem Appell an den Menschen, und die nächste Geschichte, die er an 8,18 anfügt, endet mit dem bezeichnenden Wort: „Meine Mutter und Brüder sind die, welche Gottes Wort hören und tun!" Bis hierhin geht also das Thema von der Notwendigkeit der Tat im Christenleben bei Lk ungebrochen weiter, und er hat sich den Zusammenhang nicht dadurch zerstört, daß er das zweite Mk-Gleichnis mitten hinein schob. Das dritte — von Senfkorn — brauchte er gar nicht hier zu bringen, weil er es in einer von Q dargebotenen Fassung, zusammen mit dem Schwestergleichnis vom Sauerteig, an einer späteren Stelle — in der sog. großen Einschaltung, Lk 9,51—18,14, nämlich in 13,18 f. — einzugliedern gedachte. Wir haben also, dem ersten Anschein zuwider, kein Recht für die Annahme, daß Lk das zweite Mk-Gleichnis nicht kannte.

An dieses hat sich dann das vom Senfkorn angeschlossen, das sich auch in Q fand, dort aber mit dem Gleichnis vom Sauerteig verbunden. Alle drei Mk-Gleichnisse gehören also zum ursprünglichen Mk-Text, und so ist es vollauf berechtigt, wenn es in V. 33 heißt: „Und mit vielen solchen[14] Gleichnissen sagt er ihnen das Wort." Erst mit diesem Vers schließt die Szene ab, die in Mk 4,1 begonnen hat. Oder richtiger: einst war das Wort „wie sie es hören konnten" das letzte Wort dieses Abschnitts.

[13] S. u. im Text S. 173.

[14] Auch diese drei Gleichnisse bei Mk sind nur als Beispiele für die Lehre Jesu gedacht.

Das läßt sich noch gut zeigen. Wie wir hier soeben andeuteten, muß an dieser Stelle das Wort „hören" den Sinn von „verstehen" haben, und nicht den eines bloßen „hören". Denn hören konnte die Menge ja alles, was Jesus lehrte, ob er nun in Bildworten oder anders sprach. Aber nur das, was er in anschaulichen Bildworten vor sie hinstellte, ging in die Hörer ein. Es ist also ganz richtig, wenn man gesagt hat: Jesus sprach gerade deshalb in Bildworten zur Menge, um von ihr verstanden zu werden. Erst der Evangelist hat diesen Tatbestand in sein Gegenteil verkehrt, als er schrieb[15], Jesus habe in Bildworten geredet, um nicht verstanden zu werden! Diese Umdeutung hat der Evst auch am Schluß noch einmal vorgenommen, indem er V. 34 hinzufügte. so daß dieser Vers besagt: „ohne unverständliche Rätselrede aber sprach er nicht zu ihnen, seinen Jüngern aber löste er alles auf, wenn er mit ihnen allein war".

Wir sind nun nicht in der Lage der Hörer Jesu: Sie hörten wirklich die ipsissima verba Jesu; nur Jesu — des irdischen Jesus — eigene Worte, noch nicht vermischt mit den Worten der nachösterlichen Gemeinde. Und wenn ihr Nachsinnen über seine Bildworte einmal nicht zum Ziel kam, konnten sie ihn befragen. Wir haben nur die überlieferten Worte selber, und müssen alles ihnen entnehmen. Das ist eine sehr schwierige und für den Ausleger undankbare Lage, denn er hat wenig Kontrollmöglichkeiten für die Richtigkeit seiner Exegese. Unter diesen Umständen liegt es nahe, bei den Worten zu beginnen, denen eine Deutung beigegeben ist (ohne daß wir uns dieser Deutung von vornherein verschreiben!). Wir werden uns hier also nicht allein an Mk 4 halten, sondern auch die Gleichnisse von Mt 13 heranziehen. Mt bietet nämlich mehr an Gleichnissen — hier hat sich wieder einmal das Sprichwort bewahrheitet: Wo Tauben sind, da fliegen Tauben zu! An unserer Stelle, wo Mk sich auf 3 Gleichnisse beschränkt (es ist gut möglich, daß er mehr gekannt hat), kommen bei Mt noch 5 weitere hinzu: das Gleichnis vom Unkraut unter dem Weizen[16] (nebst seiner allegorischen Deutung)[17], das vom verborgenen Schatz im Acker[18], das von der köstlichen Perle[19], vom Sauerteig[20] und vom Fischnetz[21].

Beginnen wir mit jenem Gleichnis, bei dem wir die Verhältnisse am besten überblicken können: mit dem vom Fischnetz[22]! Die ge-

15 Mk 4,10 ff.
16 Mt 13,24—30.
17 Mt 13,36—43.
18 Mt 13,44.
19 Mt 13,45.
20 Mt 13,33.
21 Mt 13,47—50; vgl. Jeremias a. a. O. 223.
22 Das Gleichnis hat im ThEv, Spruch 8 (p. 81,28—82,3) die stark veränderte Form angenommen: „Und er sprach: Der Mensch gleicht einem klugen Fischer, der sein Netz ins Meer warf. Er zog es aus dem Meer heraus, voll kleiner Fische. In ihrer Mitte fand er einen großen Fisch, der kluge Fischer. Er warf alle kleinen

schilderte Szene ist deutlich: Nach der Fahrt mit dem Schleppnetz sitzen die Fischer am Strande und sortieren den Fang. Die guten Fische kommen in die bereitstehenden Behälter; die schlechten wirft man einfach fort. Die unmittelbar angehängte Deutung spricht die einfache Wahrheit aus: Am Ende dieses Äons wird man die Guten und die Bösen scheiden, und die Bösen werden in das höllische Feuer wandern. Nichts in diesem Gleichnis zwingt uns zu der Vermutung, daß es über diese Deutung hinaus etwas sagen will. Nehmen wir jedoch diese Deutung als die richtige an, so ergibt sich daraus einiges nicht Unwichtige.

Zunächst einmal: von einer Naherwartung des Endes ist hier nichts zu spüren. Die Nähe des Gerichts — die den Ernst der Mahnung doch verstärken würde! — wird nicht betont. Das Gleichnis sagt lediglich aus, daß das Ende dieses Äons eine solche Scheidung bringen wird. Das soll freilich nicht bloß einen Tatbestand feststellen. Vielmehr soll der Leser daraus die Mahnung entnehmen, sich so zu verhalten, daß er nicht auch in das höllische Feuer geworfen wird. Aber wer auch immer dieses Gleichnis gesprochen hat, der hat das Ende des Äons und das Gericht nicht in naher Zukunft erwartet, sondern in einem solchen — wenn auch unbestimmten — Abstand, daß es sich nicht lohnte, besonders davon zu sprechen.

Nun fragt sich: Stammt dieses Gleichnis von Jesus oder der nachösterlichen Gemeinde? Die Entscheidung scheint uns die Tatsache zu bringen, daß es nichts Originales, nichts Neues oder Besonderes sagt. Es wiederholt einfach eine längst vorgetragene, allbekannte Anschauung. Es ist die wohlvertraute Lehre: Gott wird am Ende dieses Äons, dieser Weltzeit Gericht halten, und da wird es den Guten gut und den Schlechten schlecht gehen. Aber die Nähe dieses Gerichtes wird nicht hervorgehoben. Darum dürfen wir vermuten, die spätere Gemeinde — die nicht mehr von der Naherwartung des Gerichtes beherrscht war — hat dieses Gleichnis gebildet (d. h. ein christlicher Prophet hat es im Namen Jesu verkündet). Gerade wenn Jesus selbst in Bildworten gesprochen hat, ist es nicht unwahrscheinlich, daß die Gemeinde diese dem Orientalen liebe Lehrweise weiter gepflegt hat. Wer aber hätte damals die Möglichkeit besessen, ein solches Gemeindewort von einem ursprünglichen Jesuswort zu unterscheiden?

Fische fort ins Meer. Er wählte den großen Fisch ohne Hemmung. Wer Ohren hat zu hören, der möge hören!" Die kleinen Fische, die der kluge Fischer fortwirft, sind die Güter der Welt, die der Gnostiker ablehnt; der große Fisch dagegen ist das göttliche Ich, das eigentliche Selbst. Das ThEv läßt die bei Mt gegebene Deutung fort, weil es mit der großkirchlichen Eschatologie nichts anfangen kann. Man darf aus seinem Schweigen über diese Deutung nicht (wie Jeremias a. a. O. 83) schließen, es habe sie nicht gekannt. W. Schrage, Das Verhältnis des ThEv zur syn. Tradition, Berlin 1964, 37—42, stimmt im wesentlichen unserer Deutung zu und lehnt die Hunzingers (Festschrift f. J. Jeremias, Berlin 1960, 218 f.) ab.

Mit diesem Gleichnis vom Schleppnetz stimmt das vom Unkraut unter dem Weizen[23] genau überein. Die bekannten Begriffe und Vorstellungen kehren wieder; man denkt fast, daß es sich um ein Gleichnispaar handelt. Aber ganz so einfach ist die Lage doch nicht. Das merkt man, wenn man das Unkrautgleichnis näher betrachtet. Einmal ist es — das ist ein stilistischer Unterschied — viel mehr im einzelnen ausgeführt. Erinnerte das Fischnetzgleichnis an ein „Paradigma", ein in einer Predigt verwendbares Beispiel, so dieses an eine „Novelle" (der Name stammt von Martin Dibelius, der damit das Interesse an den Einzelzügen — auch von solchen, die an sich nicht nötig sind — andeuten wollte). Wichtiger ist aber folgendes: Die Deutung unterschlägt einen bestimmten Zug der Gleichnisgeschichte. Sie hebt nur die endliche Trennung beim Gericht hervor. Sie schweigt von der Frage der Knechte, ob sie das Unkraut sofort einsammeln sollen, und von der verneinenden Antwort des Bauern. Gerade dieser Zug hat den Erklärern Kopfzerbrechen gemacht. Mußte nicht jeder palästinische Knecht sich selbst sagen, was der Herr nun ausführt: Holt man den Lolch jetzt heraus, dann schädigt man den Weizen mit. Diese Schwierigkeit verschwindet in dem Augenblick, wo man einsieht: dieser Zug der Schilderung gilt im Grunde nur dem Leser; ihm soll damit etwas klargemacht werden. Ja, im Grunde ist es der Leser selbst, der so gefragt hat und nun die Antwort bekommt. Der Leser fragt: Warum dürfen die Bösen jetzt noch immer ihr Wesen treiben; warum werden sie nicht ausgetilgt? Wir verstehen diese Frage leicht als einen Ausdruck der Sehnsucht nach dem Weltende mit dem Gericht über die Bösen. Aber darum geht es nicht, obwohl es in der Deutung heißt: der Acker ist die Welt. Denn sie sagt ja ausdrücklich: beim Gericht werden die Bösen aus dem „Reich des Sohnes" herausgeholt, das also schon vor dem Gericht besteht; sie werden nicht mehr am „Reich des Vaters" teilhaben, das erst nach dem Gericht beginnt. Damit scheint uns Jülicher[24] recht zu behalten mit der Behauptung: In

[23] Das ThEv bringt es als Spruch 57 (p. 90,32—91,7) in folgender Form: „Jesus sprach: Das Reich des Vaters gleicht einem Manne, der guten Samen hatte. Sein Feind kam des Nachts. Er säte Lolch unter den guten Samen. Der Mann ließ sie" (nämlich die Knechte) „den Lolch nicht ausreißen. Er sprach zu ihnen: Damit ihr nicht hingeht, sagend: Wir werden den Lolch ausreißen! und mit ihm den Weizen ausreißt. Am Tag des Erntens nämlich wird der Lolch offenbar werden. Man wird ihn herausreißen und verbrennen." Der Nichtgnostiker — so etwa wird die gnostische Deutung gelautet haben — wird beim Sterben völlig zugrunde gehen, während der Gnostiker ins Reich des Vaters eingeht. — Vgl. Schrage a. a. O. 123—126, der mit der Deutung zögert.

[24] Adolf Jülicher, Die Gleichnisreden Jesu, Bd. 2, 556: „Ganz zweifellos hat Mt auf Grund trüber Erfahrungen im Kreise der ältesten Gemeinde hier echte und unechte Gläubige im Auge, wie 7,21 ff." (Herr, Herr-Sager) „und 22,11—14" (Groß. Abendmahl) „und 25,31—40!" (Weltgericht). Ebenso Jeremias a. a. O. 80: „An unserer Stelle ist ‚das Reich des Menschensohnes' ... geradezu Bezeichnung der Kirche." Jeremias hat 81—83 nachgewiesen, daß die Erklärung des

diesem Gleichnis geht es um die Austilgung des Bösen in der Gemeinde. Den Sprecher und seine Hörer bewegt die Frage: Warum wird die christliche Gemeinde nicht jetzt von den Bösen gereinigt? Jeremias hat zur Erklärung vermutet[25]: Man habe von Jesus gefordert, er solle die „reine Gemeinde" schaffen. Dabei hat Jeremias auf die Pharisäer und auf die „Gemeinde des neuen Bundes in Damaskus", d. h. auf die Essener, verwiesen als Beweis dafür, daß solche Tendenzen lebendig waren. So meint er den „Sitz im Leben Jesu" für dieses Gleichnis gefunden zu haben. Aber kommen wir mit dieser Erklärung durch?

Zunächst einmal: War vor Ostern wirklich Anlaß und Raum für eine solche Forderung? Jesus hatte doch noch keine geschlossene Gemeinde begründet. Er besaß eine nicht scharf abgegrenzte und auch nicht konstante, ihm mehr oder minder eng anhängende Jüngerschar, nicht mehr. Auch das berühmte Wort an Petrus (Mt 16,18; s. dazu unten S. 301—303) redet von der Gemeindegründung als etwas Zukünftigem! Zudem: diese Jünger waren keine Pharisäer, sondern Menschen, die zu den „Zöllnern und Sündern" gehörten oder ihnen nahestanden — sollen sie von Jesus die Herstellung einer „reinen Gemeinde" verlangt haben? Und wenn einer mit der psychologischen Auskunft antwortet, daß gerade solche Menschen radikale Reinheitsforderungen erheben können, wenn sie sich einmal als zur Elite gehörig betrachten, so muß man ihm entgegenhalten: Dann hätte Jesus ganz anders reagiert. Nämlich so, daß sie ihre eigene Überheblichkeit erkannt hätten (man denke an das Wort vom Splitter und Balken![26]) und nicht mit der Vertröstung, bis zum Ende dieses Äons ließe sich das leider nicht durchführen (denn eine solche Säuberung würde eben ein allgemeines Gericht voraussetzen).

So werden wir auch für das Unkrautgleichnis sagen müssen: es setzt die Situation nach Ostern voraus, und zwar in keiner zu frühen Zeit. Denn in der Gemeinde sind schon allerlei höchst unerfreuliche Elemente aufgetaucht, die sich unliebsam bemerkbar machen. Mt 24,48 ff. scheint eine ähnliche innere Lage in der christlichen Gemeinde zu belegen. Auch hier wird also nicht vorausgesetzt, das Ende dieses Äons sei nahe — dann wäre nämlich die Antwort des Bauern auf die Frage der Knechte unverständlich —, sondern es muß sich noch in ziemlich weiter, wenn auch unbestimmter Entfernung befinden: „Jetzt ist noch nichts zu machen!"

In diesen beiden Fällen — bei den Gleichnissen vom Fischnetz und Unkraut — ist also mit dem Himmelreich das dereinst beim

---

Gleichnisses vom Unkraut unter dem Weizen eine Fülle von dem Mt eigenen Vokabeln und Wendungen aufweist; er wird es also selbst formuliert — ob auch verfaßt? — haben.

[25] Jeremias a. a. O. 221.

[26] Mt 7,3—5; Lk 6,41 f.

Weltende anhebende überirdische Gottesreich gemeint. Setzt auch das Gleichnispaar vom Schatz im Acker und der Perle diesen Sinn von „Himmelreich“ voraus?

Das Gleichnis vom Schatz im Acker — es taucht auch im Thomasevangelium wieder auf[27], ebenso wie das von der Perle[28] — geht vielleicht auf eine Geschichte zurück, die man sich zu Jesu Zeit im Volke erzählte und die Jesus hier für seine Zwecke benutzt hat. Ein Mann, der dazu gedungen ist, einen Acker umzugraben, entdeckt dabei einen Schatz. Und in seiner Freude über diesen Fund verkauft er alles, was er besitzt. Es ist sicher nicht viel, aber es reicht, um dies Ackerstück zu kaufen. Daraufhin kann er jetzt den Schatz heben und ist ein reicher Mann!

Im Inhalt ganz verschieden, aber im Sinn wohl übereinstimmend ist das Gleichnis von der Perle. Ein Perlenhändler entdeckt irgendwo auf dem Bazar eine überaus köstliche Perle. Er weiß: wenn er sie erwerben kann, ist sein Glück gemacht. So besinnt er sich nicht lange: er verkauft seinen ganzen Besitz, alle Perlen, die er gerade hat, und alles andere, und setzt alles auf diese eine Karte: er erwirbt die köstliche Perle — natürlich nicht, um sie zu behalten, sondern um sie irgendeinem Fürsten mit großem Gewinn zu verkaufen[29]. Aber dieser Schluß wird vom Gleichnis nicht benutzt.

---

[27] ThEv Spruch 109 (p. 98,33—99,3): „Jesus sprach: Das Reich gleicht einem Manne, der auf seinem Acker einen [verborgenen] Schatz hat, von dem [er] nicht weiß. Und [nach] seinem Tode ließ er den Schatz seinem Sohn. Der Sohn wußte nicht (davon). Er nahm jenen Acker; er verkaufte ihn. Und der, welcher ihn gekauft hatte, kam. Beim Pflügen [fand er] den Schatz. Er begann, Geld zu geben auf Zinsen denen, welchen er wollte.“ Hier ist der Spruch schon in einem ziemlich „zersagten“ Zustand übernommen worden. Für den Gnostiker ist der Schatz wieder das eigentliche Ich, das nur als Möglichkeit im Menschen vorhanden ist. Erst wenn es entdeckt und im Leben praktiziert ist, verhilft dieser verborgene Schatz zum Leben. Da die Gnostiker des ThEv das Zinsnehmen als Verfallenheit an die Welt verwarfen (s. Spruch 95, p. 96,35—97,2: „Jesus sprach: Wenn ihr Geld habt, leiht nicht auf Zins aus, sondern gebt . . . dem, von dem ihr sie (plur.) nicht zurückbekommen werdet.“), wird hier das Geldgeben allegorisch als Mitteilung der Gnosis an andere verstanden worden sein. Vgl. zu Spruch 109 Schrage a. a. O. 196—199.

[28] ThEv Spruch 76 (p. 94,13—20) „Jesus sprach: Das Reich des Vaters gleicht einem Kaufmann, der eine Warenladung hatte und eine Perle fand. Der kluge Kaufmann verkaufte die Warenladung: er kaufte sich einzig die Perle. Sucht auch ihr für euch nach dem Schatz, der nicht vergeht, der bleibt, dem Ort, in den keine Motten eindringen, um zu fressen, und kein Wurm zerstört.“ Der Schluß ist an Lk 12,33 anklingend hinzugefügt, vgl. Mt 6,19 f. Den nicht vergehenden Schatz, die Perle, das Selbst findet man nur, indem man der Welt entsagt. Vgl. Schrage a. a. O. 155—160.

[29] Das betont mit Recht Eta Linnemann 166 gegen Lohmeyer 226 f., der auf den ausgefallenen Gedanken gekommen ist, der Tagelöhner des Schatzgleichnisses gebe all seinen Besitz her, „um auf einer Truhe mit köstlichen Steinen und Metallen zu hocken“, und der Perlenhändler wolle nun bettelarm sein mit diesem

Wie die Gemeinde des Mt diese beiden Gleichnisse verstanden hat, läßt sich unschwer erraten: sie wird aus dem „er verkauft, was er hat" in Mt 13,45 und dem entsprechenden „er verkaufte alles, was er hatte" (nur hier ist „alles" berechtigt: der Schatzsucher hat kein großes Vermögen!) herausgehört haben: der Christ muß alles hingeben, um dereinst ins Gottesreich aufgenommen zu werden. Diese Deutung lag so nahe, war so selbstverständlich, daß man darauf verzichtet hat, sie besonders auszusprechen — so dürfte es sich erklären, daß dieses Gleichnispaar ohne eine Deutung überliefert worden ist.

Bei diesem Verständnis handelt es sich wieder um das Gottesreich als eine — anscheinend noch ferne — eschatologische Größe. Denn über die Nähe dieses Reiches verrät das Gleichnis nichts. Der einfache Grundgedanke ist jene Überzeugung, welche in den Synoptikern so oft ausgesprochen wird: wer auf alles Irdische verzichtet, um in den Himmel zu kommen, den nimmt Gott sicherlich in sein Reich auf, wenn dessen Stunde geschlagen hat.

Wie kam die christliche Gemeinde zu dieser Überzeugung? Schon im Judentum war der Gedanke weit verbreitet: Gott belohnt jede gute Tat, wenn nicht hier auf Erden, dann später im Himmel. Und es schien weitaus besser, wenn man den göttlichen Lohn nicht schon hier auf der Erde bekam, sondern erst im Himmel. Damit verschob sich der eigentliche Schwerpunkt des Handelns vom Jetzt in das Dereinst, von der Gegenwart in die Zukunft. Die geglaubte und erhoffte Zukunft bestimmte des Handeln in der Gegenwart. Bereits damit wurde das irdische Leben weitgehend entwertet: es bekam seinen Sinn von dem ersehnten himmlischen Dasein her, und dieser Sinn wurde notwendig negativ: der Verzicht auf das irdische Gut schien den dereinstigen Besitz des himmlischen Gutes zu verbürgen[30]. Diese Überzeugung gewann in dem Augenblick unvergleichlich an Kraft, wo die Naherwartung des Weltendes die Herzen erfüllte — das dürfte im Judentum zur Zeit des Antiochus Epiphanes zuerst der Fall gewesen sein. Denn nun waren die irdischen Güter nicht bloß dadurch entwertet, daß der Verzicht auf sie die ungleich wertvolleren himmlischen Güter erwarb. Nein, jetzt enthüllten sie sich auch als in sich selbst wertlos; waren sie doch in Kürze vergangen! Ja, noch mehr: Wenn erst das kommende Reich das Gottesreich war, der jetzige Äon, die jetzige Weltperiode aber unter der Herrschaft böser, gottfeindlicher Gewalten stand (vgl. Lk 4,6; s. u. S. 216—220), dann mußten auch die Güter dieses Äons selbst böse sein, Lockmittel des Satans, mit denen er die Menschen an sich bindet und von Gottes Reich fern-

---

Schatz. Eta Linnemann hat auch herausgefunden, was Lohmeyer zu seiner Deutung verführte: er hat die Parabeln allegorisch ausgelegt und sich dann nicht darum gekümmert, ob die Bildhälfte für sich genommen sinnlos wurde.

[30] Siehe dazu meinen Aufsatz „Gott und Mensch" in dem gleichnamigen Aufsatzband, Tübingen 1965, 1—29.

hält. So wird der völlige Verzicht auf alles irdische Gut, das Heraustreten aus allen irdischen Bindungen zur vermeintlich göttlichen Forderung, deren Erfüllung allein erst dem Menschen das ewige Heil sichern kann.

Man darf freilich nicht übersehen: Diese negative Stellung zur Welt ist nur möglich, weil der Blick auf ein Positives geht, eben auf das kommende Gottesreich. Auf ihm sammelt sich alles Licht; das Erdenleben dagegen liegt im tiefen Schlagschatten. Aber dieses Positive, dieses Dereinst-im-Himmel-bei-Gott-Sein, war Ersehntes und Erhofftes, nicht schon Besessenes. Die Gegenwart war — abgesehen von dieser Hoffnung — leer. Man fühlte sich hier auf Erden von Gott fern; denken wir nun an das Wort von der Trauerzeit (Mk 2,20), die für Jesu Jünger mit seinem Eingang in den Himmel anbricht. Wir werden später sehen, wie sich die sog. synoptische Apokalypse von Kap. 13 (s. u. S. 435—460) in diesen Gedankenzusammenhang fugenlos einschiebt.

Es besteht kein Zweifel, daß Jesus selbst nicht so empfunden hat. Die Art, wie er — im Gegensatz zum Täufer — „aß und trank" (Mt 11, 18 ff.; Lk 7,33 f.), legt ebenso dafür Zeugnis ab wie seine Art, die Blumen auf dem Felde zu sehen: sie sind schöner gekleidet als Salomo. Wer so die Schönheit der Welt als Gabe Gottes zu sehen vermag (Mt 6,29 f.; Lk 12,27 f.), der spricht nicht jenes „Nein!" zur Welt, für das sich die Gemeinde später weithin entschieden hat. Jesus lebte nicht im starren und angstvollen Blick auf die Zukunft, sondern aus der Gegenwart Gottes jetzt und hier, jenes Gottes, von dessen Vorsehung auch der tote Sperling zu Jesus spricht (Mt 10,29; Lk 12,6). Aus dieser Gegenwart fließt seine Vollmacht, die ihn auch die Gebote vom Sinai korrigieren läßt. Darum müssen wir uns fragen, ob nicht auch dieses Gleichnispaar — wenn es von Jesus selbst gesprochen worden ist — von dieser Gegenwart her zu verstehen ist.

Für den, welcher den Schatz gefunden hat, für den hat — wie für den Perlenhändler — alles seinen Wert verloren neben dieser Kostbarkeit. Alles andere wird belanglos, weil es sich nicht damit messen kann. Das „höchste Gut" *ist gefunden*; es ist Gegenwart. Was heißt das, wenn wir es aus der Sprache des Gleichnisses übersetzen? Heißt es nicht: der Mensch, für den Gott selbst das höchste Gut geworden ist, braucht sich nicht zu überwinden, wenn er alles für diesen Gott hingibt: er ist überwunden — von Gott. Darum fällt es ihm leicht, wenn alles angesichts dieses Einen zurücktritt, besser: in den Dienst dieses Einen tritt. Nicht daß es schlecht gemacht wird, zum Fallstrick des Satans erklärt, als vergänglich und verderblich verrufen! Es sind ja nicht die Dinge, die den Menschen von Gott weg und dem Satan ins Garn locken, sondern das menschliche Herz selbst. Aus dem Herzen kommt (s. u. zu Mk 7,21 S. 265—271) die Versuchung, aus dem Herzen die Selbstsucht, die Lieblosigkeit, die Gier, die Angst, die sich sichern will — alles das, was den Menschen bindet und zum Sklaven macht. Von diesen Bindungen an die Sünde will Jesus die Menschen frei machen. Aber man wird davon nicht frei dadurch, daß man seinen Besitz aufgibt, womöglich aus der Hoffnung auf einen himmlischen Lohn. Sondern umgekehrt: nur der, der den Schatz gefunden hat, der die Perle entdeckt, der göttlichen Liebe gewiß wird, er kann und wird auf alle die Sicherungen verzichten, die der Glaubenslose beständig um sein Leben errichten muß; er kann wirklich der Gier entsagen. Denn der Weg geht von innen nach außen, der Weg Jesu; nicht umgekehrt. Erst wenn das Herz Gott gefunden hat, und weil das Herz Gott gefunden hat, kann und wird das Irdische seine Bedeutung verlieren — oder seinen rechten Platz bekommen, wie man es nennen will.

Nicht, daß Jesus damit von seinen Jüngern eine isolierte Innerlichkeit gefordert habe, etwas so Innerliches, daß man im Leben davon nichts verspürt, daß Konkurrenzkampf und Habsucht und Neid weiterwuchern wie zuvor. Nein, Herz und Taten müssen übereinstimmen, Gesinnung und Handlung sich decken. Darum hat Jesus von seinen Jüngern auch das Opfer verlangt und erwartet. Aber kein Opfer mit schwerem Herzen und Schielen nach ewigem Lohn, sondern ein Opfer mit frohem Herzen, das allein zählt. Denn Gott will nicht etwas vom Menschen, er will den Menschen selbst.

Nach manchen Stellen der synoptischen Evangelien könnte es so aussehen, als habe Jesus all seinen Hörern zugemutet, Eltern und Heimat, Beruf und Besitz zu verlassen und so, von allem Irdischen gelöst, hinter Ihm drein zu wandern. Aber man überlege, was man tut, wenn man dieses Bild für das wahre erklärt! Wer es Jesus zutraut, daß er alle Bewohner Palästinas in wandernde Asketen verwandeln wollte und nur die als Gottes Kinder anerkannte, die sich so von allem Irdischen schieden, um einen Schatz im Himmel zu besitzen, der macht Jesus (ob er ihm nun die Naherwartung des Endes zuspricht oder nicht) zu einem nihilistischen Schwärmer. Und das nicht nur, weil das von manchen Kreisen der christlichen Gemeinde erwartete Gottesreich *nicht* gekommen ist.

Es fragt sich, ob wir von dieser so ganz anderen Schau der Dinge aus jene drei Gleichnisse verstehen können, die Mk 4 bringt. Beginnen wir mit dem Gleichnis vom Senfkorn[31], dem das Gleichnis vom Sauerteig[32] (Mt 13,33; Lk 13,20 f.) entspricht.

---

[31] In Spruch 20 des ThEv (p. 84,26—33) hat es die Form: „Die Jünger sprachen zu Jesus: Sage uns, wem das Reich der Himmel gleicht! Er sprach zu ihnen: Es gleicht einem Senfkorn, das kleiner ist als alle Samen. Wenn es aber fällt auf das Land, das man bebaut, sendet es einen großen Sproß heraus (und) wird zum Schutz für die Vögel des Himmels." Das Senfkorn ist wieder das eigentliche Ich. Da dieses als solches sich nicht aufweisen läßt (deshalb hat es die Gnosis auch mit dem Punkt verglichen, der keinen Umfang hat und dennoch existiert), läßt es sich mit diesem winzigen Samen vergleichen. Vgl. Schrage a. a. O. 61—66.

[32] In Logion 96 (p. 97,2—6) des ThEv ist es in folgender Form enthalten: „Jesus sprach: Das Reich des Vaters gleicht einer Frau. Sie nahm ein wenig Sauerteig;

Wer mit Albert Schweitzer auch dieses Gleichnispaar auf das bald kommende Gottesreich beziehen will, der muß das tertium comparationis suchen. Man könnte dann etwa sagen: So wie aus dem unscheinbaren Senfkorn eine gewaltige Staude wird, so wie eine Handvoll Sauerteig den ganzen Teig durchsäuert, so wird aus einem geringen, unscheinbaren Geschehen — der durch Jesus erweckten Bußbewegung — das überirdische Gottesreich hervorgehen. Zwischen beidem, dem Tun Jesu und der Seinen und dem vom Himmel herabkommenden Gottesreich, besteht freilich kein organischer Zusammenhang. Aber der antike Mensch wußte auch nichts von den Vorgängen, welche die Gärung verursachen, sondern sah hier ebenso ein Wunder wie im Wachsen des Senfkorns. Insofern als zwischen den beiden Ereignissen, von denen die Bildworte sprechen (Senfkorn — Staude; Sauerteig — Brot), ein göttliches Wunder steht, entspricht die Parabel genau dem, wovon sie Zeugnis ablegt. Diese beiden Gleichnisse schildern keine Kontinuität, sondern den Sprung des Wunders.

Nun ist freilich eins wahr: für den antiken Menschen konnte das Wachstum einer Pflanze (auch wenn er es hundert- und tausendmal gesehen hatte) etwas Wunderhaftes sein („wie er selbst nicht weiß": Mk 4,27), etwas immer Unbegriffenes. Aber trotzdem war es kein Sprung, sondern ein lückenlos zusammenhängendes Geschehen. Das Wunder liegt nicht in einem einzelnen Moment, sondern breitet sich gleichsam über das ganze Geschehen des Wachstums aus. Insofern ist das Verhältnis, welches die Gleichnisse beschreibt, gerade nicht jener Sprung von diesem Äon in den kommenden, wie es Schweitzer deutet.

Aber vor allem: Wie kommt Schweitzer eigentlich zu der Behauptung, Jesus habe durch sein und seiner Jünger Tun das Gottesreich herabzwingen wollen? Hat er außer dem schon für den Evst dunklen Stürmerspruch (Mt 11,12)[33] eventuell etwas dafür anzuführen? Als einst der Kandidat Schweitzer während des Manövers in seinem Neuen

---

sie verbarg ihn in Mehl. Sie machte ihn zu großen Broten. Wer Ohren hat, möge hören!" Der Sinn ist derselbe wie beim Senfkorngleichnis: Der verborgene Sauerteig ist Bildwort für das eigentliche göttliche Selbst, das in das Reich des Vaters eingeht. Vgl. dazu Schrage a. a. O. 183—185.

[33] Mt 11,12 läßt sich nicht mit Sicherheit deuten. Das im zweiten Halbvers vorkommende Wort βιασταί (biastai) kommt im Griechischen selten und dann in herabsetzendem Sinne vor: „Gewalttätige". Geht man von diesem Satz aus („und Gewalttätige rauben es" — vielleicht auch: „plündern es aus"), so läßt sich die erste Satzhälfte verstehen als: „Seit den Tagen Johannes des Täufers bis jetzt wird das Himmelreich" (die Gemeinde) „vergewaltigt." Dann ist hier an die Verfolgung zu denken, die seit der Tötung des Täufers, des Vorläufers Jesu, die Gemeinde trifft. — Ganz anders steht es in der Parallele Lk 16,16: „Das Gesetz und die Propheten (reichen) bis zu Johannes. Seitdem wird das Gottesreich verkündet und jedermann in es hineingenötigt." Hier wird das βιάζεσθαι (biazesthai) in günstigem Sinne gefaßt: Die Epoche vor Jesus reicht bis zu Johannes dem Täufer (einschließlich). Dann bricht die Epoche Jesu an, und seitdem sucht die Mission alle Menschen zu gewinnen.

Testament las und ihn dabei die Vision der „konsequenten Eschatologie“ überfiel[34], da ahnte er noch nicht, konnte er noch nicht das ahnen, was wir heute wissen, daß nämlich die Jesusreden der Synoptiker — auch die Aussendungsrede! — Kompositionen der Evangelisten sind, aus sehr verschiedenem Spruchgut zusammengesetzt, und keineswegs authentische Wiedergaben der Reden Jesu. Aber nicht nur das macht die „konsequente Eschatologie“ zu einer Fehldeutung. Der Gedanke, Jesus habe durch sein Handeln Gottes Reich herabnötigen wollen, wäre für Jesus eine Lästerung gewesen. Er kämpfte sein Leben lang erbittert gegen die Pharisäer, die Gott mit ihren frommen Werken zu zwingen hofften — sollte er hier, im entscheidenden Punkt, selbst demselben Pharisäertum verfallen sein?

Wovon spricht Jesus in diesem Gleichnispaar? Redet er von sich selber, von seinem eigenen und seiner Jünger Tun? Zunächst werden wir sagen müssen: Er redet von Gottes Tun. Aber Gottes Handeln vollzieht sich freilich nicht im Leeren, im Nichts, sondern mitten in dieser Erdenwelt. Darum schließt es sich nicht aus, daß von Gottes Handeln und von menschlichem Tun zugleich die Rede ist — falls nämlich dieses menschliche Tun es ist, in dem sich Gottes Handeln verwirklicht. So können wir also, darin mit der gewöhnlichen Auslegung einig, getrost voraussetzen, daß hier von Jesus und den Seinen gesprochen wird.

Also von der Kirche? Ja und Nein! Nein, sofern wir unter „Kirche“ — das griechische Wort ἐκκλησία (ekklesía) kommt weder bei Mk noch bei Lk oder Joh vor — jene fest geschlossene Gemeinschaft verstehen, die sich nach Ostern gebildet hat. Daß sie sich später in diesem Bilde wiederfand[35], ist sehr natürlich. Aber Jesus hat hier nicht in prophetischer Schau von einer Institution gesprochen, die in der Zukunft entstehen sollte, sondern von der — keineswegs organisierten, nicht nach außen scharf begrenzten und abgeschlossenen, sondern offenen und z. T. auch wechselnden — Anhängerschar, die seiner Verkündigung lauschte. Als er diese unscheinbare Schar sah, kamen ihm die Bilder vom Senfkorn und vom Sauerteig in den Sinn — es muß nicht in derselben Stunde gewesen sein! —, die fast ein Nichts sind und aus denen doch so Großes wird. Dann muß Jesus freilich überzeugt gewesen sein: aus dieser kleinen Schar geringer Leute wird Gott etwas Großes werden lassen! Was anders aber — so hat später die christliche Gemeinde, die ekklesia, gedacht — kann er dabei im Auge gehabt haben als die große, weltumspannende Kirche?

Aber Jesus hat wohl weniger und zugleich mehr erwartet[36]. Weniger — denn er hielt nichts von den Machthabern, die mit Gewalt über

[34] Albert Schweitzer: Aus meinem Leben und Denken. Fischer-Bücherei 18,11 f.

[35] Vgl. dazu W. Schrage, „Ekklesia“ und „Synagoge“, ZThK 60, 1963, 178—202.

[36] Eta Linnemann hat in ihrem vorzüglichen Buch, „Gleichnisse Jesu“, Göttingen 1961, 138—140 die Frage behandelt, ob Jesus das Reich von der Zukunft, und zwar in großer Nähe, erwartet hat (so Erich Grässer: Das Problem der Parusie-

die Völker herrschen (Mt 20,25; Lk 22,25), und es hätte für ihn keinen Unterschied bedeutet, ob es ein „weltlicher" oder „geistlicher" Herr war. Solche Macht, auch wenn sie sich ‚Kirche Christi" nannte, hat er nicht erhofft und nicht gewollt, als er vom Gottesreich sprach. Wohl aber erwartete er, daß aus dieser kleinen und unscheinbaren Schar durch das göttliche Wunder, das keine Magie ist, sondern der Zauber der mitreißenden Liebe, das Gottesvolk werden würde, also Menschen, in deren Leben Gottes Wille ebenso Wirklichkeit werden würde wie in seinem eigenen. Wenn er sich die Gottesherrschaft so erhofft hat — beweisen können wir das ebensowenig wie widerlegen —, dann hat er nicht jenen eschatologischen Traum vom nahen Weltende geträumt, der bald die Jugend der christlichen Kirche erfüllen sollte[37], und nicht auf ein kosmisches Mirakel gewartet, das nicht eingetreten ist. Dann ist die Kirche, so wie sie nun einmal tat-

---

verzögerung, BZNW 22, Berlin 1957). Dabei kommt sie zu dem Ergebnis: „Eine Überprüfung der Belegstellen, die für die Naherwartung angeführt werden, scheint mir ... zu ergeben, daß diese Annahme keinen Anhalt an den Texten hat." „M. E. gibt es kein einziges Jesuswort, das ausdrücklich von der Nähe der Gottesherrschaft redet, dessen Echtheit nicht zum mindesten umstritten ist." Das ist genau dieselbe Erfahrung, die wir zu unserm Erstaunen vor vielen Jahren gemacht haben. Eta Linnemann bespricht Mk 1,15; Mt 10,7; Mk 9,1 (vgl. dazu meinen Beitrag zur Rengstorf-Festschrift „Charis kai Aletheia", Leiden 1964: „Die Komposition von Mk VIII 27—IX 1 und Parallelen", mit dem Ergebnis: „Damit ist deutlich geworden: Mk VIII 27—IX 1 sind eine Komposition des Evangelisten."); Mk 13,30; Mt 10,23; Mk 14,25; 13,28 f.; Lk 12,54 bis 56 u. a. Vgl. ferner Ernst Käsemann, Die Anfänge christlicher Theologie, ZThK 57, 1960, 179 f.: „Die Dinge liegen doch wohl so, daß Jesus zwar von der apokalyptisch bestimmten Täuferbotschaft ausging, seine eigene Predigt aber nicht konstitutiv durch die Apokalyptik geprägt war, sondern *die Unmittelbarkeit des nahen Gottes* verkündigte. Wer diesen Schritt tat, kann nach meiner Überzeugung nicht auf den kommenden Menschensohn, die Wiederherstellung des Zwölfstämmevolkes im messianischen Reich und den damit verbundenen Anspruch der Parusie gewartet haben, um die Nähe Gottes zu erfahren." „Sinnvoll ... scheint mir das historische und interpretatorische Problem erst zu werden, wenn man sieht, daß Ostern und der Geistempfang die Urchristenheit veranlaßten, die Predigt Jesu vom nahen Gott erneut apokalyptisch zu beantworten und in gewisser Weise abzulösen." Vgl. auch A 37.

[37] Wir nehmen an, daß die eschatologische Naherwartung in der Urgemeinde durch die Erscheinungen des Auferstandenen und den damit verbundenen Enthusiasmus geweckt worden sind: Jesu Auferstehung wurde als der Beginn der allgemeinen Totenauferstehung verstanden, die beim Übergang vom alten zum neuen Äon eintreten sollten. Aus 1. Kor 15,23 f. ersehen wir das apokalyptische Bild des Paulus rund 25 Jahre nach Ostern: Jeder wird in seiner Ordnung auferweckt. Der Anfang ist Christus; dann kommen die Christen bei seiner Parusie an die Reihe, „sodann der Rest, wenn er die Herrschaft dem Gott und Vater übergibt, wenn er alle Herrschaft und alle Gewalt und Macht vernichtet hat. Denn er muß herrschen, bis er alle Feinde unter seine Füße getan hat. Als letzter Feind wird der Tod vernichtet ..." (Diese Stelle wird oft anders übersetzt und erklärt: „und dann kommt das Ende, wenn er alle Herrschaft usw." Aber in

sächlich aussah, in gewissem Sinne doch die — freilich recht kümmerliche, veräußerlichte und verzerrte — Erfüllung seiner Hoffnung und Erwartung geworden: zwar nicht eine Menschheit, die Gottes Willen erfüllt, aber doch Menschen, in denen wenigstens noch die Kunde von Gottes wahrem Willen und Wesen erhalten blieb und auch Frucht trug.

Von der Zuversicht Jesu — die, wie wir sogleich sehen werden, nicht phantastisch die Wirklichkeit überflog, wenn sie auch mehr erwartete als eintraf — könnte dann auch das Gleichnis von der selbstwachsenden Saat sprechen. Es ist nicht von Mk „aus Bestandteilen des Unkrautgleichnisses gebildet" (B. Weiß 76, A. 2), sondern es zeigt eine ganz andere Stellung zur Wirklichkeit, als sie das Unkrautgleichnis ausdrückt. Der Bauer sät — und mehr kann er nicht tun. Alles andere geht ohne ihn vonstatten, das Wachsen und das Reifen, bis zur Ernte. Wie es vor sich geht, das weiß er selber nicht (vgl. 1 Kor 15,38). So ist es auch mit dem Gottesreich, dessen Anfänge in eben der Hörerschar vorhanden sind, die lauschend Jesus umgibt, hier und im nächsten Dorf und wo immer er spricht und aufmerksame Zuhörer hat. Jesus hat keine große Organisation aufgezogen, keine Weltmission ins Leben gerufen. Die Art, wie die spätere Tradition in Lk 10,1 aus der Geschichte von der Aussendung der Zwölf eine weitere Aussendung der Siebzig herausgeholt hat, zeigt wieder einmal, daß die spätere Gemeinde hier anders gedacht hat als er. Ihr war es selbstverständlich, daß der Herr eine Fülle von predigenden Glaubensboten ausgesandt hatte — sollte doch alle Welt noch vor ihrem Ende von der frohen Botschaft erreicht werden. Aber Jesus jagt nicht, getrieben von einem göttlichen „Muß" wie Paulus, durch die Lande. Er lehrt in seinem kleinen Heimatland die Menschen, sucht ihre

---

Wirklichkeit zeigt Paulus hier genau, wie die Auferstehung vor sich geht: Erstling der Auferstehung ist Christus, dann, bei der Wiederkunft, die Christen (1. Thess 4,17), die nichtchristliche Menschheit aber in dem Augenblick, da Christus den Tod als den letzten Feind vernichtet hat. Damit endet dann dessen Herrschaft, und so kommt es zur Auferstehung aller vom Tode erfaßten Menschen.) Paulus erwartet keineswegs nur die Auferstehung der Christen, wie man irrtümlich angenommen hat; denn „wir müssen alle vor den Richtstuhl Gottes treten" (Rö 14,10). Darum können wir Eta Linnemann nicht zustimmen, wenn sie 141 behauptet: „Der Glaube hat seinen Ursprung weder in den Auferstehungsereignissen (wie immer das auch verstanden wäre) noch ..."; für die erste Gemeinde trifft L.s Satz einfach nicht zu. Die bei Jesu Verhaftung fliehenden Jünger haben jedenfalls nicht geglaubt; ihre „Anerkennung seiner einmaligen, gottgegebenen Vollmacht" (um diese Formulierung L.s zu gebrauchen) war erschüttert. Das früheste Kerygma der Kirche hat an erster Stelle nicht das Wort Jesu genannt, sondern seinen Tod und Auferstehung. Den Glauben der Gemeinde als „Spätzündung" der Predigt des historischen Jesus zu bezeichnen, wie es ein bekannter Theologe gelegentlich im Gespräch tat, scheint mir nicht angemessen. Tatsächlich ist Jesu — des „historischen Jesus" — Wort erst verstanden (und uminterpretiert) worden, als der Auferstandene seinen Jüngern erschienen war.

Augen für Gott, wie er wirklich ist, zu öffnen, und kommt kaum über die Grenzen von Galiläa hinaus, bis zu jenem Zug nach Jerusalem, das sich allein Gottes Sitz zu sein rühmt. Hätte Jesus, wie Schweitzer annimmt, mit dem schnellen Kommen des Gottesreiches vom Himmel gerechnet, dann hätte seine Geschichte ganz anders verlaufen müssen. Aber aus dem Vertrauen auf Gottes Wirken erwächst Jesus die Geduld und die Selbstbeschränkung auf den kleinen Kreis, in den ihn Gott gestellt hat. Sie besagt nicht, daß die andern vom Heil ausgeschlossen sind— als ob der Gott, der den Zöllner aufnimmt, am Heiden kalt vorüberginge! —, sondern nur, daß er hier in Galiläa wirken soll und nicht irgendwo anders.

Jesu Gleichnisse zeigen: Er sah die Natur und das Leben der Menschen mit offenen Augen, er wanderte nicht blind, nicht von den Scheuklappen einer eschatologischen Idee gegen alles andere abgeschlossen, durch das Land. Diese nüchterne Wachheit des Sinnes, diese Ehrlichkeit gegenüber der erlebten Wirklichkeit scheint uns auch das erste der drei Mk-Gleichnisse zu bezeugen, das vom vielfachen Schicksal der Saat.

Genauso wie er — nicht anders als ein galiläischer Bauer — bemerkte, was an gutem Korn nicht zur Reife kam, sondern so oder so verlorenging, genauso sah er auch, wieviel von dem umkam, was er und seine Jünger in ihrer Verkündigung ausstreuten. Damit wollen wir nicht behaupten, Jesus habe die vier verschiedenen Fälle des Schicksals der Saat in der Weise allegorisch gedeutet, wie das die überlieferte Auslegung in Mk 4, 13 ff. getan hat. Nein, das Ganze des einen Vorgangs wird mit dem Ganzen des anderen verglichen. Jesus erlebt auf seine Weise das Schicksal seiner Saat mit und sieht, wie Stumpfheit und Leichtsinn und Oberflächlichkeit das kostbare Gut verkommen lassen. Aber er erlebt auch die Freude des Landmanns mit über den reichen Erntesegen da, wo der Same den rechten Boden findet. Er trifft Menschen, an denen sein Wort nicht abprallt, sondern in denen es Wurzel schlägt, Menschen, die von ihm in der Tiefe angerührt und gewandelt werden. Und auf dieses Wirken Gottes macht er seine Hörer aufmerksam, damit sie nicht den Mut verlieren, nicht ihr Vertrauen auf Gott und dessen Werk fortwerfen. Indirekt aber — insofern liegt auch in dem Merkspruch „Vierfach ist das Ackerfeld — Mensch, wie ist dein Herz bestellt?" ein wahrer Kern — enthalten diese Worte für den nachdenklichen Hörer den Appell, daß er sich selber unter jene einreihe, die — wie es in einem anderen Worte heißt (Mt 5, 13 f.) — das Salz der Erde und das Licht der Welt sind. Jesus hatte ja nicht bloß Menschen vor sich, die — wie unsere schnellfertige Zeit — im Handumdrehen das vergessen, was sie gehört haben, sondern besinnliche, nachdenkliche Bauern und Fischer einer langsameren, aber gründlichen Generation, die mit einem solchen Wort heimgingen und es behielten und in sich bewegten, Menschen, die zwar nicht so rasch faßten wie der kluge und behende Großstadtmensch des 20. Jh., die aber dafür auch nicht so schnell vergaßen wie wir, sondern in sich ausreifen ließen, was sie vernommen hatten. Wie wäre sonst dieses Gleichnis aufbewahrt worden, bis ein Evangelist es aufschrieb? Wir haben freilich keine Gewähr dafür, daß es in jener Zwischenzeit unverändert blieb, besonders als es ein unverständliches Rätselwort geworden war, dessen Sinn nur offenbart werden konnte. Diese Unsicherheit gehört mit zu den Schwierigkeiten, mit denen der heutige Ausleger kämpfen muß.

21 Der Seesturm

Mk 4, 35—41; Mt 8, 18.23—27; Lk 8, 22—25

(35) Und er sagt zu ihnen an jenem Tage, als es Abend wurde: „Wir wollen zum anderen Ufer fahren!" (36) Und sie entlassen die Menge und nehmen ihn, wie er im Schiff war, und andere Schiffe waren bei ihnen. (37) Und es kommt ein großer Wirbelsturm, und die Wogen schlugen ins Schiff, so daß sich das Schiff schon füllte. (38) Und er schlief auf dem Hinterdeck des Schiffes, auf der gepolsterten Bank. Und sie wecken ihn und sagen zu ihm: „Meister, ist es dir gleichgültig, daß wir umkommen?" (39) Und vom Schlafen sich aufrichtend bedrohte er den Wind und sprach zum Meer: „Schweige, verstumme!" Und der Wind beruhigte sich, und es trat eine große Meeresstille ein. (40) Und er sprach zu ihnen: „Was seid ihr so voll Angst? Warum habt ihr nicht Glauben?" (41) Und sie fürchteten sich gewaltig und sagten zu einander: Wer ist doch dieser, weil Wind und Meer ihm gehorchen?".

Vergleichen wir die Fassung unserer Geschichte bei Mt und Lk! Sie haben die etwas umständliche Schilderung des Mk vereinfacht; weniger stark Lk, viel fühlbarer Mt. Er hat empfunden, daß im Mk-Text ein Widerspruch liegt: In V. 40 wird der Unglaube der Jünger gescholten, in V. 41 die Reaktion der Jünger auf das Wunder geschildert, die doch mindestens einen beginnenden Glauben ahnen läßt. Darum stellt Mt um: er läßt Jesus zuerst die Jünger tadeln und dann den Sturm beschwören. Daran schließt sich der Bericht über die Wirkung des Wunders gut an. Das Wort Mk 4,39 διεγερθείς (diegertheis) heißt in Mt 8,26 b nur noch „indem er sich erhob": Jesus steht auf, und mit majestätischer Geste — so wird sich Mt die Szene vorgestellt haben — bringt er den Sturm und das Meer zum Schweigen.

Die Gefahr erscheint bei Lk leise, bei Mt stärker gesteigert: das Schiff ist von den Wellen eingehüllt. Dementsprechend wird der Hilferuf der Jünger bescheidener und demütiger: jene so realistisch erscheinende verzweifelte Dreistigkeit, mit der sie bei Mk ihren Meister wecken, ist verschwunden; ihre Sprache geht ins Kultische über: statt ‚Lehrer' (Rabbi) heißt es ‚Herr'; das griechische Wort σώζειν, (sōzein) hat den Doppelsinn von „erretten" und „erlösen". Ohne Zweifel hat Mt hier umstilisiert gemäß dem Bild, das er und seine Zeit sich von Jesus machen. Auch bei Lk klingen die Worte der Jünger bescheidener und demütiger: so wie bei Mk redet man doch nicht mit Jesus!

Diese Abänderungen bei Mt und Lk sind verhältnismäßig gering. Sie wurden nur erwähnt, um zu zeigen: auch die Fixierung einer Geschichte in einem Evangelium bewahrt sie noch nicht ganz vor Abwandlungen und Retuschen. Aber diese Änderungen der Geschichte sind ja nur die letzten in einer Entwicklung, deren erster und größerer Teil uns unbekannt ist[1]. Was an Korrekturen vorherging, können wir höchstens vermuten. Im großen und ganzen aber haben Mt und Lk an der Geschichte das Entscheidende nicht geändert, und gerade dieses macht uns Schwierigkeiten: das ‚Naturwunder'.

Was täten wir Menschen heute, wenn über einem See dann und wann plötzlich heftige Stürme aufträten und Schiffahrt und Fischerei gefährdeten? Zunächst würden wir beobachten, bei welcher Wetterlage diese Stürme einsetzen. Wir würden also von vornherein nach einer „Naturgesetzlichkeit" und damit nach einer „natürlichen" Erklärung suchen. Hätten wir dann herausbekommen: „dank der besonderen geographischen Verhältnisse ist bei einer bestimmten Wetterlage ein Sturm sehr wahrscheinlich", dann würden wir irgendein Warnungssignal einrichten: auf einer Wetterstation würde ein roter Ball aufgezogen, oder dergleichen, damit die Seeleute nicht überrascht würden. Daneben könnte im Radio gewarnt werden. Endlich würden wir einen besonders seetüchtigen Rettungskreuzer mit einem starken Motor bereithalten, um Seeleute zu retten, die trotz allem in Not geraten sind.

---

[1] Schon Lohmeyer 89 f. nahm an: Mk hat die Geschichte von der Sturmstillung mit dem Gleichniskapitel verbunden. Das ist um so wahrscheinlicher, als Mk dem 4. Kapitel erst seine heutige Form gegeben hat. So erklären sich vielleicht die merkwürdigen Worte: „Sie nehmen ihn mit sich, wie es im Schiff war": der 2. Satzteil entspricht 4,1 f., der erste aber der neuen Geschichte, die von der Überfahrt Jesu über den See erzählt. Das Verb διέρχεσθαι (di-erchesthai), eigentlich: „hindurchgehen, wird auch Lk 8,22 und Apg 18,27 von einer Seefahrt gebraucht. Bultmann (Gesch. d. syn. Tradition 246) vermutet hier den Rest einer alten Auferstehungsgeschichte, wohl ohne zureichenden Grund. Wenn Dibelius (Formgeschichte 2. A. 91 f.) hier von einer „Epiphaniegeschichte" spricht, in der „die göttliche Kraft des göttlichen Wundertäters sichtbar erscheint", so hat er damit das Verständnis des Mk getroffen. — Dagegen Grundmann 104 meint, bei einer solchen Wetterkatastrophe sei ein Schlaf wie der Jesu unmöglich. Er solle dem Leser zeigen, daß sich Jesus in Gottes Hand weiß. Aber Grundmanns weitere Vermutungen (105), daß Jesus sich den dämonischen Mächten überlegen wußte und darum ruhig schlafen und später den heilvollen Frieden für den Menschen und die Schöpfung schaffen könne, dürfte über das von Mk Gemeinte weit hinausgehen. Davon, daß Jesus einen Glauben an ihn selber fordert, sagt die Geschichte nichts, sondern nur, daß die Jünger nicht erkannten, wer er ist.

Ein solches Verhalten unterscheidet sich aufs stärkste von dem, das die Evangelisten beschreiben und das ihnen und ihrer Zeit selbstverständlich war. Worin liegt der Unterschied? Für uns ist ein ‚Naturwunder' immer nur ein Vorgang, den wir noch nicht „in den Griff bekommen" haben. Mindestens theoretisch aber muß es möglich sein, mit solchen Katastrophenlagen fertig zu werden — es sei denn, die Vorbeugungs- und Rettungsmaßnahmen würden zu teuer. Wir sind also überzeugt: zum mindesten theoretisch können wir alles unter Kontrolle bringen, dank unserer Technik. In der Praxis gibt es natürlich immer wieder Rückschläge: etwa der Untergang der „Titanic" zeigt, daß unser „safety"-Programm doch noch ganz schöne Lücken hat. Aber im Prinzip haben wir es geschafft, und man wagt es sogar, darauf Gen 1,28 anzuwenden: „Machet euch die Erde untertan!" Nun, jedes tektonische Erdbeben größeren Ausmaßes zeigt uns, daß Prinzip und Wirklichkeit bei uns noch sehr weit voneinander entfernt sind. Aber das hindert uns nicht, über den Gedanken zu lächeln, daß jemand zu Sturm und Meer spricht (ganz abgesehen davon, daß es der Wind war, der den See von Tiberias in Unruhe gebracht hatte); denn da ist niemand, den anzusprechen Sinn hätte.

Mit alledem ist nur verdeutlicht, daß unser Weltbild keinen Raum für dieses sog. Naturwunder hat. Dagegen einzuwenden, daß auch unser Weltbild nicht absolut ist, wäre zwar richtig — eine kommende Zeit wird höchstwahrscheinlich über vieles anders denken, so wie Newton über vieles noch nicht so dachte wie Einstein und Einstein wieder wie Heisenberg —, aber es wäre zugleich verlorene Liebesmühe: man kann ein Weltbild nicht nach Belieben wechseln wie einen Anzug, und der Versuch, sich ins antike Weltbild der Dämonologie zurückzuzwingen, wäre ein in jeder Hinsicht verfehltes Unternehmen, durch eine Art gesetzliche Leistung mit Gott wieder ins reine zu kommen.

Dieses Letzte bringt uns dem Kern der Schwierigkeit schon näher. Wir können — das müssen wir zugeben — zwar sehr vieles unter Kontrolle bringen, nur leider uns selber nicht. Wir handeln, als wäre die Erde nicht ein kleiner Planet, der um eine der ungezählten Sonnen in der Milchstraße kreist und wenn nicht morgen, so doch in tausend oder einer Million Jahren — auf ein paar Nullen mehr oder weniger kommt es nicht an — von einer heißer und heißer werdenden Sonne verbrannt werden wird, wenn vorher nichts anderes passiert. Inzwischen nämlich sind wir soweit, daß wir im Interesse einer längst überlebten nationalen oder globalen Losung die ganze Erde unbewohnbar zu machen imstande sind. Gier und Angst haben wir noch nicht unter Kontrolle gebracht, und es sieht auch nicht so aus, als ob uns das morgen gelingen, ja überhaupt als Aufgabe begriffen werden würde. Und hier liegt der eigentliche Unterschied unserer Geschichte von unserer Gegenwart: während draußen ein Unwetter aufzieht, schläft Jesus ganz ruhig auf der Polsterbank, die auf dem Hinterdeck steht, und als ihn die verzagenden Jünger wecken, fragt er sie: „Warum habt ihr nicht Glauben?" Wir können auch übersetzen: „Vertrauen". Vor allem in den letzten Jahrzehnten wird immer deutlicher, daß wir in eine Angst versunken sind, für die Das-sich-Ängsten der Jünger nur ein schwaches Abbild ist. Wir können nicht mehr ruhig schlafen — auch wenn gar keine besondere Gefahr erkennbar ist. Uns trägt kein Vertrauen mehr, obwohl (oder weil?) wir imstande sind, alles Leben auf der Erde auszulöschen. Darum kommt uns der ruhig schlafende Jesus naiv oder altmodisch vor. Wir sehen ja nicht mehr den Glauben, der ihm diese Ruhe schenkt. Dieser Glaube ist für uns ein Rest einer ‚mythischen' Zeit geworden, statt eines wirklichen Hoffnungszieles.

Hat uns die technische Welt schon ganz aufgefressen? Keineswegs. Eine Illustrierte wird — außer in Fällen wie Lengede — sich wahrscheinlich sehr besinnen, ob sie einen religiösen Artikel aufnehmen soll (er werde denn mit Reklamegeldern eines modernen Evangelisten bezahlt). Aber wehe ihr, wenn sie sich weigerte, das Horoskop der Woche zu bringen! In diesem Aberglauben — oder einem im Auto baumelnden Talisman — deutet sich an, daß wir der technischen Welt doch nicht ganz trauen. Und das mit Recht. Im Grunde läßt sie ja den Menschen ohne Ziel: oder sind Kühlschrank und Swimming-Pool Ziele für das Leben? Dieser ungestillte Hunger in uns ist vielleicht das einzig Tröstliche: auch wir sehen uns nach einem Brot, das wirklich satt macht. Aber solange wir nicht begreifen, daß uns erst das Leben für den Nächsten sättigen würde und dieser Nächste nicht an der Partei- oder Landesgrenze aufhören dürfte, solange werden wir den ruhig im Sturm schlafenden Jesus lieber als übermüdet oder als bloßes Symbol „erklären".

Die folgende Geschichte wird uns noch einmal Anlaß geben, auf diese Fragen einzugehen, und nicht bloß sie. Das Problematische gerade am Mk ist, daß es so weithin von den Wundergeschichten lebt und uns damit in Gefahr bringt, in Jesus einen der vielen Wundermänner der ausgehenden Antike zu sehen und damit für ihn blind zu sein.

22 *Der Dämon „Legion"*

Mk 5, 1—20; Mt 8, 28—34; Lk 8, 26—39

(1) Und sie kamen zum gegenüberliegenden Ufer des Meeres in das Land der Gerasener (?). (2) Und als er aus dem Schiff stieg, begegnete ihm alsbald ein Mann mit einem unreinen Geiste aus den Gräbern; (3) und er hatte seine Behausung in den Grabstätten, und noch hatte ihn niemand mit einer Fessel binden können. (4) Denn oft hatte man ihn in Fußfesseln und in Ketten geschlossen, und er hatte die Ketten zerrissen und die Fußfesseln zerrieben, und niemand vermochte ihn zu

bändigen. (5) Und allezeit, Tag und Nacht, war er in den Grabstätten und in den Bergen, schreiend und sich mit Steinen schlagend.

(6) Und als er Jesus sah, lief er von fern herbei und fiel vor ihm nieder, (7) und mit lauter Stimme rufend sagte er: „Was habe ich mit dir zu schaffen, Jesus, Sohn des höchsten Gottes? Ich beschwöre dich bei Gott: quäle mich nicht!“ — (8) Denn ER sagte zu ihm: „Fahre aus, du unreiner Geist, aus diesem Menschen!“ — (9) Und er fragte ihn: „Welchen Namen hast du?“ Und er sagte zu ihm: „Mein Name ist ‚Legion‘, denn wir sind viele.“ (10) Und er bat ihn sehr, daß er sie nicht aus dem Lande fortschicke. (11) Es weidete aber dort am Berge eine große Schweineherde. (12) Und sie baten ihn und sprachen: „Sende uns in die Schweine, damit wir in sie hineinfahren!“ (13) Und er erlaubte es ihnen. Und die unreinen Geister fuhren aus und gingen in die Schweine, und die Herde stürmte den Abhang hinab ins Meer, und sie ertranken im Meer, etwa 2000. (14) Und ihre Hirten flohen und erstatteten Meldung in der Stadt und auf den Weilern. Und man kam, um zu sehen, was geschehen sei. (15) Und sie kommen zu Jesus und sehen den Besessenen dasitzen, bekleidet und vernünftig, ihn, der die Legion gehabt hatte, und sie gerieten in Furcht. (16) Und die Augenzeugen erzählten ihnen, wie es mit dem Besessenen zugegangen war, und von den Schweinen. (17) Und sie begannen ihn zu bitten, er möge aus ihrem Lande fortgehen. (18) Und als Er ins Schiff stieg, bat ihn der Besessene, daß er mitkommen dürfe.(19) Und er ließ ihn nicht, sondern sagte zu ihm: „Geh in dein Haus zu den Deinen und verkünde ihnen, was der Herr an dir getan hat und wie er sich deiner erbarmt hat“. (20) Und er ging fort und begann in der ganzen Dekapolis zu verkünden, was Jesus an ihm getan hatte, und alle staunten.

Diese Geschichte ist eine alte crux interpretum, und die modernen Auslegungsversuche haben daran nichts geändert. Denn wenn man darin die Geschichte vom geprellten Teufel wiederfindet, der um sein neues Quartier betrogen wird, das er sich selbst erbeten hat, so ist das ebensowenig erbaulich, wie wenn man einst harmlos herauslas, daß die Dämonen Jesus zum Verlassen des Landes zwangen, indem sie — mit den Schweinen in den See fahrend — die Bewohner gegen ihn aufbrachten und so eine weitere Wirksamkeit vereitelten.

In Wirklichkeit spricht der Evangelist von keinem von beidem. Er trägt weder einen Schwank vor noch erzählt er von einer Niederlage Jesu, bei der sich der Teufel ins Fäustchen lachte. Aber es sind noch einige kleinere Fragen zu besprechen, bevor wir zu der Hauptfrage kommen, was der Evst eigentlich seinen Lesern mit dieser Geschichte sagen wollte, und was wir davon zu halten haben.

Mit der freilich schwierigen Ortsfrage wollen wir uns nicht lange aufhalten. Soviel ist klar: Die Stadt Gerasa in der Dekapolis, dem „Zehn-Städte-Bund“, kommt als Schauplatz für unsere Geschichte nicht in Frage — sie liegt viel zu weit ab. Ebensowenig hilft uns das etwas nähere, aber immer noch zu weit vom See entfernte Gadara, damals ein weltberühmter Badeort, zu dem auch die reichen Römer mit ihren Krankheiten reisten. Ob die Lesart „Gergesa" wirklich nur auf eine Konjektur des Kirchenvaters Origenes zurückgeht (eine Behauptung, die von Kommentar zu Kommentar treulich weitergereicht wird), ist ebenso fraglich, wie die Beziehung des Namens Gerasa auf ein altes Städtchen Kersa. Offensichtlich hat Mt den bekannten Badeort Gadara eingesetzt, während Lk Gergesa bringt, vielleicht als den noch bekannten Namen eines Städtchens, vielleicht auch als eine verdorbene Form. Es kommt nicht viel darauf an.

Da das Schiff Jesu angeblich abends abgefahren ist, während unsere Erzählung am hellen Tage spielt, müßte man den Sturm für die lange Zeit verantwortlich machen, die das Schiff für die etwa 10 km der Seebreite brauchte. Aber wahrscheinlich hat sich Mk, als er diese Geschichte hier einbaute, darüber gar nicht den Kopf zerbrochen. Einige Anzeichen weisen darauf hin, daß wir hier einer jungen Tradition begegnen.

Hirsch hat auch an dieser Geschichte seine Teilungskünste erprobt und glücklich wieder den Urbericht Mk I, die spätere Bearbeitung Mk II und den Anteil des beide vereinenden Redaktors getrennt[1]. Nun liegen — das merkt jeder Leser — in der Geschichte freilich Spannungen und Aporien. Aber man kann sie kaum so beseitigen, wie Hirsch (I 35—40) es versucht hat. Es wird freilich zweimal erzählt, daß der Dämonische zu Jesus kommt, in V. 2 und 6. Und beide Beschreibungen vertragen sich schlecht: nach V. 2 kommt der Besessene Jesus entgegen, als der aus dem Schiff steigt, während er nach V. 6 Jesus von fern sieht und angelaufen kommt. Auch die Schilderung des Besessenen und seiner Unbändigkeit macht einen überladenen Eindruck, und man kann sich fragen, ob der Mann zugleich in den Gräbern und in den Bergen sein kann, und dergleichen mehr. Man kann auf die beiden verschiedenen griechischen Ausdrücke für „Gräber" aufmerksam machen (in V. 2 „mnemeia" In V. 3 und 5 „mnemata") und darin das Nachwirken verschiedener Quellen sehen, usw.

Aber man soll die Schwierigkeiten auch nicht übertreiben. Der Erzähler will den Besessenen als einen Mann darstellen, dessen Wildheit und Gefährlichkeit gar nicht genug geschildert werden kann. Und das hat seinen guten — oder vielmehr bösen — Sinn: in diesem Manne haust eine ganze Legion, ein ganzes Regiment Dämonen, so an die zweitausend! Darum hat er auch jede Fessel und Kette zerrissen. Gerade diese (ungeschickte) Schilderung der vergeblichen Versuche, den Besessenen zu bändigen, gehört in die Wundergeschichte hinein, die Mk erzählen will. Sie zeigen, wie unmöglich es für Menschen war, mit

[1] Hirsch, Frühgeschichte I 35—40; vgl. auch 228 f. Um einen vollständigen Text von Mk I zu erhalten, mußte er aus Eigenem die Worte einfügen: „Denn der unreine Geist war aus dem Menschen ausgefahren."

diesem Mann fertig zu werden. Wenn aber die in V. 2 beginnende Handlung so durch V. 3—5 unterbrochen wird, dann muß sie eben in V. 6 noch einmal aufgenommen werden. Wahrscheinlich hat man diese Geschichte nicht gleich und nicht immer in dieser ausgeführten und ausgeschmückten Gestalt erzählt. Aber wir müssen sie zunächst einmal in dieser Gestalt verstehen. Was den Aufenthalt in den Gräbern betrifft: der Besessene haust offenbar nachts in den als Gräbern benutzten Felshöhlen, und bei Tage streift er umher. Er schlägt sich mit Steinen? Das heißt natürlich nicht, daß er Steine in die Luft wirft und sich von den herunterfallenden treffen läßt, wie ein — nun wirklich von allen guten Geistern verlassener — Erklärer tatsächlich behauptet hat. Sondern der Besessene greift zu scharfkantigen Steinen und verletzt sich damit.

Lk hat versucht, diesen Bericht stilistisch zu erleichtern und hat sozusagen Mk 5,4 f. hinter Mk 5,8 gesetzt (Lk 8,29 = Mk 5,8 u. 4 f.). Geholfen ist damit nichts, denn die Verse passen auch hier schlecht. Wir sehen aber aus dieser Umstellung, daß Lk eben unseren Mk-Text vor sich hatte und angesichts der Mk-Komposition dasselbe Unbehagen empfand wie wir. Anstatt der „Berge“ hat Lk die „Wüsten“ eingeführt, weil er wie seine Leser die gebirgige Landschaft am Ostufer des Sees nicht kennt.

Eine besondere Schwierigkeit bietet der Mk-V. 8. Er verdankt nämlich seine Existenz einem Mißverständnis. Der Dämon bittet Jesus in V. 7, ihn nicht zu quälen. Jesus hat nun freilich noch gar keinen Exorzismus gesprochen. Aber irgend ein früher Leser der Erzählung oder vielleicht Mk selbst hat diese Bitte des Dämons dahin mißverstanden, daß Jesus eben doch schon einen Exorzismus gesprochen hatte, und das angeblich Fehlende in V. 8 nachgetragen: „denn er (Jesus) sagte zu ihm: „Fahre aus, du unreiner Geist, aus diesem Menschen!“. Jesus müßte dieses Wort gesprochen haben, bevor noch der Dämon in V. 7 Jesus anredet. Aber dort ist aus inneren Gründen kein Raum dafür. Indessen spricht noch etwas anderes gegen die Ursprünglichkeit von V. 8: Für den alten Erzähler war es eine Unmöglichkeit, daß ein Dämon dem Befehl Jesu, auszufahren, nicht gehorcht, sondern sich auf das Bitten verlegt, und daß Jesus nun ein Gespräch mit ihm beginnt.

Wir werden aber die V. 2—7 in ihrem wahren Sinne verstehen müssen, um nicht solchen Mißverständnissen zum Opfer zu fallen. Jesus landet, da stürzt ein Dämonischer herbei, wirft sich vor Jesus nieder und bittet um Gnade! Das heißt natürlich, daß der Dämon selbst hier der Handelnde ist: Kaum erscheint Jesus, da gibt der Dämon schon allen Widerstand auf und fleht Jesus an, ihn nicht zu quälen. Damit wird Jesu Überlegenheit im hellsten Lichte sichtbar. Das um so mehr, wenn sich herausstellt, was — schon nach der Schilderung von V. 4 — für ein gewaltiger Dämon in diesem Menschen hauste! Wenn der bei Jesu Erscheinen sofort jeden Widerstand aufgibt und nur noch flehentlich bittet, so wird daran die überragende Kraft des Gottessohnes unverkennbar deutlich. Sie würde aber fragwürdig, wenn der Dämon dem Befehl Jesu, auszufahren, nicht folgen würde, wie man aus V. 8 schließen müßte. Kurz, V. 8 ist ein späterer Einschub, der aus einem Mißverständnis von V. 7 entsprungen ist und den eigentlichen Sinn der Geschichte verdunkelt.

Denn was meinen die Worte des Dämons: „Quäle mich nicht!", die V. 7 bringt? Nach V. 8 die Austreibung des Dämons aus seiner jetzigen Behausung, dem Bessessenen. Mt (auf dessen Bericht wir nachher eingehen) hat es aber anders verstanden: der Dämon fürchtet, daß ihn der Gottessohn jetzt schon in die ewige Qual senden wird, der die Dämonen am Ende des Äons verfallen werden; vgl. Offb. 20, 10: „Und der Teufel ... wurde in den See des Feuers und Schwefels geworfen, wo auch das Tier und der falsche Prophet sind, und sie werden gepeinigt werden Tag und Nacht bis in alle Ewigkeit". Diese Deutung des Mt wird das Rechte treffen.

Auch V. 9 hat die Erklärer viel beschäftigt. Man hat allen Ernstes das Märchen von Rumpelstilzchen hier zitiert mit seinem „Ach wie gut, daß niemand weiß, daß ich Rumpelstilzchen heiß!" Dabei setzte man voraus: Wer den Namen eines Dämons kennt, der gewinnt damit Macht über ihn; wenn Jesus den Dämon zwingt, seinen Namen zu nennen, so bringt er ihn dadurch in seine Gewalt. Aber der Evangelist kannte sich im Volksglauben nicht so gut aus wie seine Erklärer. Er läßt Jesus deshalb nach dem Namen fragen, damit herauskommt: eine ganze Legion, ein ganzes Regiment Dämonen — das sind an die 2000 — hausen in diesem Menschen![2] Es ist also ein Fall von Besessenheit, wie er sonst nirgends vorkommt, ein Maximum von dämonischer Konzentration, neben dem die sieben aus Maria Magdalena ausgefahrenen Dämonen (Lk 8,2) ein Nichts sind. Nun wird die ungeheure Kraft verständlich, mit welcher der Besessene alle Bande gesprengt hat: Wenn in einem Menschen 2000 Dämonen hausen, muß er ja über eine unvorstellbare Energie verfügen. Und ausgerechnet dieser Über-

[2] Paul Schütz hat in seinem Mk-Kommentar: „Das Evangelium, dem Menschen unserer Zeit dargestellt (Berlin 1940) S. 154—160 unserer Geschichte in der Tat sehr „zeitnah" interpretiert: „Er brüllt auf, der Dämon Masse, des Name ‚Legion' ist" (159). Der Leser soll bei der folgenden Predigt an den verzweifelten Dämon Masse denken, der im bolschewistischen Menschen solches Kettenzerbrechen und solche Selbstschändung übt (ebd), mit dem Schluß: „und nun fährt" (im Wort Jesu) „das Schwert hernieder und teilt sie auseinander" (den Menschen und den Dämon). „ ‚Legion' stürzt dort hinab, dorthin, wo sie das Ebenbild haben wollte: zu den Säuen. Denn auch das Böse hat Macht der Verwandlung, kann den, den es hat, verwandeln nach unten. Nun vollendet sich der Sturz. Erst in die Säue, dann in die Tiefe, in das Nichts." Daß diese moderne Allegorie mit dem, was Mk sagt, nichts zu tun hat, liegt auf der Hand. Weniger sichtbar, aber darum nicht weniger wahr, ist die andere Tatsache: Wer so Mk 5 interpretiert, wie es hier geschieht, beweist damit unfreiwillig, daß er mit Mk selbst nichts mehr anfangen kann.

dämon, der eigentlich aus einer Legion einzelner Dämonen besteht, wirft sich — kaum daß Jesus auf den Plan getreten ist — bittend nieder, gibt sich kampflos überwunden! Ist es so verwunderlich, daß Mk in sein Evangelium gerade diese Geschichte aufgenommen hat, die soviel deutlicher als alle anderen die Überlegenheit des Gottessohnes über seine dämonischen Feinde veranschaulicht und erweist?

Aber eins fehlt nun noch: der Beweis, daß diese Dämonenschar wirklich ausfährt. Ihn bringen die V. 10—13. Auf die Bitte der Dämonen erlaubt ihnen Jesus, in die 2000 Tiere zählende Schweineherde zu fahren — was der Angabe „Legion" entspricht. Die modernen Ausleger haben freilich hier von einem letzten „Paroxysmus" des Besessenen gesprochen, der sich wild auf die Schweine gestürzt und sie so in den See gescheucht habe. Von dieser Pseudo-Psychologie weiß der Evst aber nichts: der Besessene wird heil, weil ihn die Dämonen verlassen, und nicht von einem letzten Anfall ergriffen. Wir kennen ja genug antike Exorzismusgeschichten, in denen vom Ausfahren eines Dämons die Rede ist. Dieses Ausfahren muß irgendwie sichtbar und erkennbar werden. In einem Fall wird erzählt, daß der ausfahrende Dämon ein Gefäß umwirft und zerbricht[4]. Das soll nicht heißen, daß der Geheilte in „einem letzten Paroxysmus" dieses Gefäß zerschlägt, sondern dieser Zerstörungsakt außerhalb und jenseits des Besessenen beweist gerade, daß ihn der Dämon verlassen hat! So ist es auch hier. Aber dieser Überdämon, der eigentlich ein Kollektiv von 2000 Dämonen ist, braucht ein entsprechendes Objekt, in dem sein Ausfahren aus dem Kranken sichtbar werden kann. Als solches Objekt bietet sich hier die Schweineherde an (Schweine waren für Juden unreine Tiere!). Daß die 2000 Dämonen in die 2000 Schweine fahren,

---

[3] Im allgemeinen zählte eine Legion zur Zeit des Augustus freilich mehr als 2000 Mann, etwa 5—6000. Aber wer immer zuerst die Vorstellung von einer überaus großen Dämonenmenge, die in einem Menschen hauste, gebildet hat und dieser Kollektiveinheit einen Namen geben mußte, für den lag die Bezeichnung „Legion" am nächsten. Eine Schweineherde von 6000 Tieren wäre über alle Möglichkeiten hinausgegangen. Taylor 281 begnügt sich mit der Erklärung von Bartlett (176): Indem sich der Besessene diesen Namen gegeben hat, habe er an das Mitleid Jesu appelliert. Der Name besagte, daß er sich als eine bloße Folge von ungeordneten Impulsen und bösen Kräften fühlte, ohne eine sittliche Willenseinheit, und so nicht als einen, sondern als ein Aggregat vieler. — Man darf getrost vermuten, daß dieses Selbstverständnis eines Kranken so voll von moderner (wenn auch nicht allerneuester) Psychologie ist, daß es zur Erklärung von Mk 5,9 ebensowenig in Frage kommt wie Taylors Vermutung, Jesus habe sich in V. 13 der Lage des Leidenden angepaßt.

[4] Dibelius, Formgeschichte 2. A. 86, zitiert Philostratus, Vita Apollonii IV 20, wonach ein von Apollonius ausgetriebener Dämon eine Bildsäule umwirft; Acta Petri cum Simone 11: ein von Petrus in Rom beschworener Dämon beschädigt eine Kaiserstatue; Josephus Ant. 8 § 48: ein von einem jüdischen Exorzisten Eleazar beschworener Dämon muß ausfahrend einen Becher oder ein Becken mit Wasser umwerfen, zum Zeichen, daß er den Besessenen wirklich verlassen hat.

zeigt sich darin, daß die Schweine wie besessen den Abhang hinab ins Meer rasen: tatsächlich hat die gesamte Dämonenschar den Kranken verlassen. Das ist der einfache und von Mk selbst ja deutlich geschilderte Sinn dieses Zuges, und nicht eine Überlistung der dummen Teufel, die ihr neues Domizil sogleich verloren und so dem Erzähler und dessen Hörer Anlaß zu vergnügtem Schmunzeln gaben. Wie mag sich der Kommentator, der diesen Unsinn verbrochen hat, wohl einen Evangelisten der frühen Christenheit vorgestellt haben?

Auch der Fortgang der Geschichte bestätigt die völlige Heilung des einst Besessenen. Als die von den Hirten alarmierten Besitzer der Herde auf dem Schauplatz erscheinen, sitzt der von allen Dämonen Befreite bekleidet und vernünftig da. Jesu Sieg ist offensichtlich vollständig. Er wird auch dadurch nicht beeinträchtigt, daß die Leute ihn bitten, ihr Land zu verlassen. Mk hatte mit keinem Wort angedeutet, daß Jesus dort weiter im Heidenland auf dem Ostufer predigen wollte. Die Bitte der Leute zeigt vielmehr die heilige Scheu, die der gewaltige Wundertäter allen einflößt. Wer eine derartige Tat vollbracht hat, vor dem hat man Angst. An diesem Eindruck, den Jesu Tat auf die Leute macht, wird noch einmal das Unerhörte an ihr sichtbar.

Endlich ist es nicht einmal wahr, daß Jesu Fortgehen die Mission dort unterbindet: der „Geheilte“ durchzieht die ganze Dekapolis und verkündet Jesu Tat. Aus der Übereinstimmung von V. 19 und 20 im Wortlaut ergibt sich, daß mit „der Herr“ hier nicht Gott, sondern Jesus gemeint ist. Jesus verbietet das Bekanntwerden seiner Tat nicht — auch das ist ein Anzeichen für die Benutzung einer fremden Tradition. „Alle staunten“ — diese Schlußworte sind das letzte Echo der Wundertat Jesu, die in der gesamten anderen Überlieferung nicht ihresgleichen hat.

Der Fassung bei Mt (8, 28—34) kommt insofern große Bedeutung zu, als sie in hohem Maße vom Mk-Text abweicht und die Vermutung zuläßt, daß Mt neben Mk noch eine andere Überlieferung benutzt hat. Es ist freilich nicht die Kürze der Mt-Fassung, die eine solche Vermutung rechtfertigt: Mt hat in den Geschichten immer gekürzt, um für das reiche Spruchgut Raum zu bekommen. Der eigentliche Unterschied liegt vielmehr darin, daß Mt von zwei Besessenen spricht und die ganze Legion-Episode ausläßt. Beides hängt miteinander zusammen: eine Legion Dämonen kann zwar in einem Menschen hausen, aber nicht in zweien. Aber V. 28 bringt einen neuen Zug ins Bild: die beiden Besessenen ließen keinen jenen Weg entlanggehen. Nach diesem Mt-Text sieht es so aus, als handele es sich um zwei besessene Wegelagerer, die an dem Weg von der Landungsstelle zur Stadt — man landet nicht an jeder beliebigen Stelle — ihr Unwesen trieben. Wie kommt Mt zu dieser gegenüber Mk ganz neuen Situation?

Es lohnt sich, hier wieder einmal dem alten Kommentar von B. Weiß aus dem Jahr 1890 das Wort zu geben, weil in ihm die Wege und

Irrwege der Exegese besonders deutlich werden. Hier heißt es (S. 174 f., A. 2.): „Da Mark nur von einem Dämonischen erzählt, und es reine Willkür ist anzunehmen, daß von den hier genannten zwei nur der eine ein Rasender gewesen sei und das Wort geführt habe (Keil und andere nach Chrysostomus, Augustin, Calvin), finden Weiße, Schenkel in der Angabe unseres Evang. eine Steigerung des Wunderbaren, Andere eine Hinzurechnung des ausgelassenen Dämonischen in der Synagoge von Kapernaum (Ebrard, Bleek, Holtzmann), was nach 4,24; 8,16 ganz undenkbar ist. Wahrscheinlich war in der Quelle nur von einem schwer (χαλεπῶς, chalepōs) Besessenen die Rede, d. h. von einem, der von vielen Dämonen besessen war, und da deshalb nachher von Dämonen in der Mehrzahl die Rede ist (Mt 8, 31), setzte der Evangelist auch eine Mehrheit von Besessenen voraus. Dann ist die Deutung des „chalepōs“ (Mt 8, 28) auf ihre Wildheit und der danach gegebene Erläuterungssatz dem Evangelisten zuzuschreiben, dessen Hand sich schon in dem λίαν (lian) = sehr (2,16; 4,8) zeigt. Vgl. das ἰσχύειν (ischýein), das hier in dem bei Lucas so häufigen Sinne von: „vermögen“ steht, (dagegen 5,13 in der Quelle: vermögend, tauglich sein zu etwas), das παρελθεῖν (parelthein) im eigentlichen Sinne, wie Luk. 18,37 (dagegen 5,18 in der Quelle: vergehen) und διὰ τῆς ὁδοῦ (dia tes hodou) = auf jenem Wege wie Mt 2,12; 7,13.“

Wir werden später auf die Frage eingehen, wie man unsere Geschichte wohl ursprünglich erzählt haben wird. Die Lösung von B. Weiß berücksichtigt nicht, daß auch Mt 9,27 und 20,30 von je zwei Personen gesprochen wird, während in der Mk-Parallele zur letzteren Stelle (10,46 ff.) nur eine erscheint. Zu der Zweizahl von Mt 9,27 bemerkt Weiß nichts (er findet hier eine kurze Erzählung der apostolischen Quelle, die der Evangelist stark bearbeitet habe: S. 189 Anm.). Zu Mt 20,30 schreibt Weiß (346): „‚Und siehe zwei Blinde‘ setzt ganz wie die Erzählungen der apostolischen Quelle ein und macht es darum sehr wahrscheinlich, daß der Evangelist die ihm vorliegende Mk-Erzählung für eine genauere Darstellung der bereits 9,27 ff. gebrachten Geschichte von den beiden Blinden hielt, die nur darin ungenau sei, daß sie nur von einem erzählte.“ Dazu heißt es in einer Anmerkung: „Daß er mit diesem Blinden den von Bethsaida Mk 8,22 zur Zweizahl vereinigte (Holtzmann, Volkmar), ist ebenso unglaublich wie die Annahme der Harmonisten, daß Mark von den zwei des Matthäus nur einen nannte (Keil, Nösgen). Ursprünglich sind beide Geschichten zwei ganz verschiedene, aber schon Mark scheinen bei der Ausmalung der seinigen Züge aus der Erzählung der apostolischen Quelle vorgeschwebt zu haben.“ Weiß hat nicht gemerkt, wie unwahrscheinlich seine Annahme ist, daß Mt in 20,29—34 nur eine Geschichte wiederholt habe, die er bereits 9,27—30 gebracht hatte. So kann man mit seiner Lösung nicht viel anfangen. Hirsch[5] erklärt die Verdoppelung

[5] Vgl. dazu Albert Schweitzer, Gesch. d. Leben-Jesu-Forschung, 2. A. 49—58.

des Mt so: Mt habe jeweils einen zweiten, dem Mk sehr ähnlichen Bericht über dasselbe Ereignis gehabt, aber ihn nicht als Parallele erkannt. Darum habe er die von ihm für verschieden gehaltenen Geschichten derart vereint, daß er nur das „wesentliche Moment“ der einen erhielt, indem er statt von einem Geheilten von zweien sprach. Wem diese von Hirsch vorausgesetzte Psychologie des Evangelisten nicht einleuchtet, muß nach einer anderen Erklärung suchen.

Vielleicht sollte man besser an die starken Veränderungen denken, welche die Wundergeschichten in der mündlichen Überlieferung erfuhren. Vergleichen wir z. B. die Heilungsgeschichten Mt 9,32 ff. (ein Besessener, der stumm ist), Mt 12,22 ff. (ein Besessener, der blind und stumm ist) und Lk 10,14 (ein stummer Geist). Hier wird doch sehr deutlich, wie sich die Überlieferung dadurch verändert, daß in einem Zweig der Tradition der Stumme zugleich blind ist — Steigerung des Wunders — und damit zwei anscheinend verschiedene Heilungsgeschichten entstehen. So dürfte auch die von Mt allein gebotene Geschichte von der Heilung der beiden Blinden 9,27 ff. tatsächlich nur eine Variante der Blindenheilung von Jericho sein, um derentwillen Mt die Perikope der Blindenheilung von Bethsaida ausgelassen haben wird. Die Zweizahl der Blinden in Mt 9,27 wird dann ebenfalls eine Steigerung sein, die während der mündlichen Überlieferung eintrat und die dann ihrerseits auch die (nicht mehr als identisch erkannte) Geschichte von der Bartimäusheilung (Mk 10,46—52; Mt 20,29—34; Lk 18,35—43) beeinflußt hat. Auch an unserer Stelle, in Mt 8,28 ff., scheint nun in der mündlichen Überlieferung die (in dieser Hinsicht) einfachere Form der Mk-Geschichte verändert worden zu sein. Vielleicht hat Mt auch eine Erzählung von zwei Wegelagerern gekannt, die er nun mit der Geschichte der beiden Besessenen verband.

Wie steht es aber mit der Mk-Erzählung vom Besessenen selbst? Wir werden uns kaum der Erkenntnis verschließen können, daß sie in dieser Form eine junge, übersteigerte Überlieferung ist. Alles, was Hirsch auf das Konto von „Mk II“ setzt, jene genauen und umständlichen Ausmalungen — die Geschichte vom besessenen Knaben in Mk 9 wird im selben Stil erzählt —, kurz jenes „novellistische“ Element, wird im Lauf der mündlichen volkstümlichen Überlieferung hinzugekommen sein. Und so wohl auch der Einzelzug der „Legion“, jenes ganzes Regimentes von Dämonen. In V. 2 ist einfach von einem Menschen mit einem unreinen Geist die Rede — das entspricht der Mt-Fassung (abgesehen von der Verdoppelung bei ihm). Die Urform der Geschichte hätte dann etwa so ausgesehen: Jesus hat einen Besessenen geheilt. Der ausgetriebene Dämon fuhr — ein Zeichen, daß er wirklich ausgefahren war, in eine Schweineherde. Aber auch daran ist noch ein Zweifel erlaubt: die Worte „und von den Schweinen“ in Mk 5,16 klingen derart nachgetragen und angehängt, daß man sich fragen kann, ob die Schweineherde auch schon in der Urform der Geschichte vorkam. Man erinnere sich, daß in der Lk-

Form der Geschichte des Hauptmanns von Kapernaum zwei ganze Gesandtschaften hinzugekommen sind (s. o. S. 99)! Jedenfalls hat die Mk-Form der Geschichte schon eine gewisse Entwicklung hinter sich.

Sind die Wundergeschichten der Evangelien mehr als eine Sammlung abergläubischer Erdichtungen und Phantasien einer wunderfrohen Vergangenheit? Dieser Frage dürfen wir nicht ausweichen. Wir haben dabei in gewissem Sinne Vorgänger: jene rationalistischen Theologen des 18. Jh., welche die ntl. Wundergeschichten „natürlich" zu erklären sich bemühten. Aber es besteht ein großer Unterschied zwischen unserer Gegenwart und jener Zeit, die in dem berühmten Heinrich Eberhard Gottlob Paulus und seinem Werk „Das Leben Jesu als Grundlage einer reinen Geschichte des Urchristentums" (Heidelberg 1828) vielleicht am charakteristischen repräsentiert war. Wir sind auf Tatsachen gestoßen, die jenen Männern noch unbekannt waren und sie deshalb zu den gewagtesten und gezwungenen Hypothesen ihre Zuflucht nehmen ließ.

Was wir gewöhnlich als „Leib" und „Seele" unterscheiden, hängt viel inniger zusammen, als man früher ahnte. Zwar wußte man auch früher: eine körperliche Erkrankung kann das Seelenleben eines Menschen beeinflussen. Aber erst später ist deutlich geworden: der geistig-seelische Zustand eines Menschen kann sehr tief auf sein leibliches Befinden einwirken. Und zwar nicht nur dadurch, daß etwa eine seelische Depression die Abwehrkräfte gegenüber Krankheiten herabsetzt. Der Einfluß des „Seelischen" kann vielmehr Krankheitserscheinungen auftreten lassen, die scheinbar dem rein physischen Gebiet angehören, aber in Wirklichkeit „psychogen" sind. So kann z. B. ein Schock einen Menschen lähmen. Oder ein Mensch kann sich — ohne es zu wissen — in eine Krankheit flüchten, z. B. um zu schweren Anforderungen des Lebens zu entgehen (einem Kranken kann man doch nicht soviel zumuten!) oder um die fehlende Teilnahme seiner Mitmenschen zu wecken (einen Kranken muß man doch pflegen und sich um ihn kümmern!). Aber der Mensch kann nicht nur sich selbst unbewußt durch seine geistige Haltung tief in seinem leiblichen Leben beeinflussen, er kann auch andere Menschen oft in einer erstaunlichen Weise bestimmen. Wir brauchen dabei keineswegs an Hypnose und dergleichen zu denken. Auch ein Teil der ärztlichen Erfolge beruht auf dem tiefen seelischen Einfluß, den die Ärzte ausüben. Manche Ärzte kennen diese Möglichkeit und wissen sie zu nutzen. So wird von einer ärztlichen Kapazität erzählt, daß der große Mann einst vor der Visite zu seinem Oberarzt sagte: „Kommen Sie, Herr Kollege, wir wollen ein wenig zaubern!" Mit dem Wort „Zauber" war jener (in der damaligen Schulmedizin unbeachtete oder verachtete) seelische Einfluß sehr charakteristisch bezeichnet, der von diesem Arzte ausging. Der Kranke ist eben eine leib-seelische Einheit, bei der das Seelische oft eine ausschlaggebende Rolle spielt. Treffen das seelische Bedürfnis eines

Kranken und die seelische Auswirkung eines Arztes zusammen, so können erstaunliche Heilungen zustande kommen.

Wir verstehen diese Zusammenhänge vielleicht etwas besser, wenn wir auf die Bedeutung aufmerksam werden, die das Vertrauen in diesen Fällen spielt. Das Vertrauen ist nicht (wie man manchmal zu hören bekommt) „ja doch nur eine subjektive Meinung", eine belanglose Ansicht eines Menschen. Es ist vielmehr eine für das menschliche Leben unentbehrliche Kraft. Das sollte heute, wo die ganze abendländische Welt eine tiefe Vertrauenskrise durchmacht — was anders ist der Nihilismus? —, nicht bestreiten. Das Vertrauen wirkt Wunder. Das wußte man in der Antike schon sehr genau. Das zeigt uns das Mk 11,23 überliefert Wort: „Wer zu diesem Berge sagt: „Heb dich auf und wirf dich ins Meer!" und zweifelt nicht in seinem Herzen, sondern vertraut, daß das geschehen wird, was er sagt — es wird ihm geschehen!" Mt 17,20 bringt das Wort in anderer Fassung (im Thomasevangelium kommt es ebenfalls vor: Spr. 48; p. 89,24—26[6]), und Paulus benutzt es 1 Kor 13,2, ohne anzudeuten, daß es sich um ein Jesuswort handelt; es wird ein Sprichwort gewesen sein, dessen sich auch Jesus bedient hat.

Vom Vertrauen reden wir in zweierlei Sinn: einmal von dem Vertrauen, das ein Mensch auf sein eigenes Vermögen und Können hat (gleichgültig, ob er es als Gabe Gottes ansieht oder es sich selbst naiv zuschreibt), zweitens von dem Vertrauen, das ein Mensch auf einen andern setzt. Wir können also das Selbstvertrauen (das wiederum von einem Gottvertrauen begründet sein kann) unterscheiden von dem Vertrauen, das ein Mensch zum andern hegt. Das Gegenteil des Vertrauens ist das Mißtrauen, das nicht ein bloßer Mangel an Vertrauen ist, sondern eine Verweigerung des Vertrauens. Von diesem Mißtrauen müssen wir scharf unterscheiden jenen Mangel an Vertrauen, der zugleich von einer großen Sehnsucht nach Vertrauen begleitet ist: hier späht ein Mensch, sich selbst nicht vertrauend, verzweifelt nach einem aus, dem er vertrauen kann. Begegnet er in solcher Lage einem Menschen, der sich selbst vertraut, so kann aus solcher Begegnung ein Überströmen seelischer Kraft entspringen, das sich nur mit den Fluten vergleichen läßt, die das Öffnen der Schleusen eines Dam-

---

[6] ThEv Spruch 48 (p. 89,24—26): „Jesus sprach: Wenn zwei Friede machen miteinander in einem Haus, werden sie zum Berge sagen: Fall um!, und er wird umfallen." Für diese Gnostiker bedeutete das Überwinden der Zweiheit die Rückkehr in die göttliche Einheit, für welche die in der Welt herrschenden Gesetze nicht mehr bestehen. Das wird noch deutlicher in einer zweiten Fassung, die sich in Spruch 106 (p. 98,18—20) findet: „Jesus sprach: Wenn ihr die zwei zu einem macht, werdet ihr Söhne des Menschen werden, und wenn ihr sagt: Berg, fall um!, wird er umfallen." Zu beiden Logien s. Schrage a. a. O. S. 116—118. Auch er sieht den eigentlichen Sinn darin, daß der Gnostiker in sich selbst die Zweiheit überwindet und zur Ureinheit zurückfindet, in der er freilich mit den anderen Pneumatikern ebenfalls vereint ist.

mes freisetzt. Hier können Kräfte frei werden und Wirkungen erfolgen, die sich vorher niemand träumen ließ.

Wir sagten eben, daß jene Wirkung des Selbstvertrauens eintritt, gleichgültig ob es sich um ein rein menschliches Selbstvertrauen handelt oder um eines, das im Gottvertrauen begründet ist. Diese Behauptung muß noch präzisiert werden. Es ist richtig, daß auch ein rein menschliches Selbstvertrauen unerhörte Wirkungen in einer nach Vertrauen sich sehnenden Zeit auslösen kann (vielleicht wird man Hitlers Einfluß mit von daher verstehen können). Aber ein nicht an Gott gebundenes Vertrauen tendiert zu einer verkrampften Hybris. Ganz anders ein im Vertrauen auf Gott gegründetes Vertrauen: es bleibt von jener krampfhaften und krankhaften Selbstübersteigerung frei und rein. Dies war bei Jesus der Fall. Sein Vertrauen ruhte nicht in ihm selbst, sondern in seinem himmlischen Vater. Darum war es frei von Verkrampfung und frei von aller Vergewaltigung der anderen. Wo sich ihm bei den Menschen Vertrauen entgegenstreckte, da konnte er wirken. Aber sich aufzwingen konnte er nicht und wollte er nicht. Wo er auf Mißtrauen stieß, da empfand er — voll Schmerz über die betreffenden Menschen — die Grenze seiner helfenden Macht; wir werden bei der Besprechung von Mk 6,6 darauf zurückkommen (s. u. S. 216 ff.). Sie entfaltete sich nur in der reinen Vertrauensbeziehung, wie sie auch selbst aus der reinen Vertrauensbeziehung zu Gott stammte. Wo diese Bedingung gegeben war, da konnte er „Machttaten“ vollbringen, vor denen seine Zeitgenossen staunend standen. Sein Vertrauen zu Gott war untrennbar damit verbunden, daß er Gott als den unbändigen Liebeswillen verstand, der helfend den Menschen nachgeht. Das unterscheidet ihn von jenen jüdischen Exorzisten und sonstigen „Zauberern“ seiner Zeit, bei denen ein starker Wille im rein menschlichen Selbstvertrauen lebendig ist. Bei Jesus hängen sein Gottesbild und sein Gottvertrauen untrennbar zusammen: Weil er Gott als die barmherzige Liebe sieht, deshalb vertraut er ihm unbegrenzt, und in seinem unbegrenzten Vertrauen sieht er auch da in Gottes Tun die allmächtige Liebe am Werk, wo der ungläubige Mensch nur einen unbegreiflichen und schrecklichen Deus absconditus oder die Sinnlosigkeit, das Nichts, erblickt.

Vertrauen ist auf der einen Seite Wille und Kraft, auf der andern aber Hingabe. Aus der Hingabe Jesu an Gott strömt seine Kraft, mit der er den Menschen hilft. Aber solche Hingabe ist nichts Passives, kein Sichgehenlassen, sondern stärkste Aktivität: ein Gebundensein, das doch ganz eigene Tat, ganz Freiheit ist. So ist die „Vollmacht“ Jesu keine titanische Selbstübersteigerung, sondern eine verliehene Vollmacht, Freiheit und Bindung in einem.

Wir müssen es in diesem Zusammenhang bei diesen Andeutungen bewenden lassen und zu unserem engeren Thema zurückkehren. Wir könnten die Evangelien nicht verstehen, wollten wir leugnen, daß Jesus „Wunder“, „Krafttaten“, vor allem Heilungen vollbracht hat. Wir werden noch öfter darauf zurückkommen. Aber nun müssen wir folgendes bedenken: In der Welt der Evangelisten und ihrer Leser, in der Welt der „kleinen Leute“ erschienen solche Wunderheilungen als Überwindung von Dämonen, von gottfeindlichen „unsauberen Geistern“. Es war eine Zeit der Weltangst, in der Jesus auftrat, und diese Angst fand ihren Ausdruck gerade in einem uns schwer faßbaren Dämonenglauben[7]. Auf diese Dämonen wurden nicht nur jene Fälle körperlich-seelischen Leidens zurückgeführt, von denen wir oben gesprochen haben, sondern solche Dämonen sah man überall dort am Werke, wo den Menschen bedrohende oder schädigende Kräfte am Werk waren, im Fieber ebenso wie im Sturmwind. Daraus ergab sich nun im Lauf der mündlichen Überlieferung eine sehr leicht verständliche Erweiterung und auch Verschiebung des Glaubens, des Vertrauens auf den Helfer Jesus: er erscheint — als der Sieger über die Dämonen — nun auch wie ein „Wundermann“ (θεῖος ἀνήρ, theios anēr), wie ein Zauberer, der jede Krankheit, Not und Gefahr bannen kann. Wenn in der Jesusüberlieferung die Wunder immer größer und erstaunlicher werden, so hängt das eben damit zusammen. Selbstverständlich muß der, der die Krankheit bannen kann, auch den Tod zu überwinden vermögen. Geschweige denn so geringe Dämonen, wie den eines Fiebers oder eines Sturms! Damit aber wird die Vertrauensbeziehung unmöglich, von der oben die Rede war: bei der Sturmstillung ist gar kein Gegenüber da, das ansprechbar war. Die Ereignisse in Nazareth aber (s. u. S. 213 ff.) zeigen, daß in solchem Fall der Macht Jesu Grenzen gesetzt sind. Läßt die Legende ihn trotzdem hier Wunder tun, so macht sie ihn zum Zauberer.

Sie hat das auch darin getan, daß sie ihn die bei solchen Menschen üblichen Praktiken anwenden ließ: Bestreichen des erkrankten Gliedes mit Speichel usw. Das war keine in unserem Sinne medizinische Maßnahme und es hat keinen Sinn, nach irgendwelchen Heilwirkungen des menschlichen Speichels zu suchen, sondern es ist ein magischer Zauber, wie ihn auch ein Medizinmann anwendet. Auf diese Weise hat sich eine Generation, der das Bild Jesu schon ins Zauberhafte zu verschwimmen begann, sein Wirken veranschaulicht.

Wir können den Werdegang der ntl. Wundertradition nur ab und zu und an wenigen Stellen verfolgen; weithin sind wir auf Vermutungen angewiesen, nämlich für die Zeit, die vor den Evangelien lag. Wir wollen uns den Versuch einer solchen Hypothese an zwei Perikopen veranschaulichen, von den oben bereits die Rede war (s. o. S. 124 ff.). Die erste ist die von der „vertrockneten“ Hand, der „verdorrten“ Hand: Mk 3,1. Aus Mk 9,18 scheint sich uns zu ergeben, daß es sich

[7] Vgl. Billerbeck IV 1, Exkurs 21: Zur altjüdischen Dämonologie, 504—555. — Andererseits darf man nicht unterschätzen, was in unserem angeblich so aufgeklärten 20. Jh. an Dämonenglauben noch lebendig ist; z. B. lebt auch der antike Liebeszauber noch. Aber auch der Tötungszauber wird noch geübt, und wie viele Frauen leiden darunter, daß sie das Dorf für Hexen hält!

hier nicht um ein Abmagern handelt — das „immer wenn“ gibt ja sich wiederholende Fälle an —, sondern um Krampfzustände. So werden wir auch die „verdorrte“ Hand nicht als eine abgemagerte ansehen dürfen, sondern wahrscheinlich handelt es sich hier um einen Krampfzustand, bei dem der Leidende unfähig ist, die zusammengeballte Hand wieder zu öffnen. Solche andauernden Verkrampfungen, die auch psychogener Natur sein können, können freilich auch die Blutzirkulation behindern und sekundär Abmagerung herbeiführen. Wenn es sich in Mk 3,1 um eine solche Verkrampfung gehandelt hat, dann würden Jesu Worte: „Strecke deine Hand aus!“ der vollmächtige Befehl gewesen sein, der den inneren Bann zerbrach und den Kranken die Hand wieder öffnen ließ. Damit wird die Tat Jesu in gewissem Sinne verständlich — und bleibt doch für uns ein Geheimnis. Denn die innere Kraft Jesu, die aus seinem Vertrauen auf Gott strömte und ihn zur Heilung befähigte, ist keiner wissenschaftlichen Analyse zugänglich. Damit leugnen wir nicht, daß es auch einem Arzt mittels moderner Behandlungsmethoden möglich sein kann, solche Fälle zu heilen — es bleibt nur die Frage, ob die so herbeigeführte Heilung seelisch derjenigen gleichartig ist, die aus dem Gottvertrauen Jesu entsprang.

Ganz anders verhält es sich bei der Geschichte von der Sturmstillung. Hier wird Jesus wie ein Exorzist und Zauberer dargestellt, der es auch mit dem Meeres- und Winddämon aufnehmen kann. Wir kennen die Urgestalt dieser Geschichte nicht mehr. Wir haben aber vielleicht noch das Wort, das Jesus hier an die ihn verzweifelt weckenden Jünger richtete: „Warum habt ihr solche Angst? Warum habt ihr kein Vertrauen?“ Es ist durchaus möglich — wir bewegen uns damit freilich im Gebiet der Vermutung! —, daß ursprünglich mit diesem Wort die Verzweiflung und die Angst der Jünger gebrochen war, die sie den Sturm als eine tödliche Bedrohung empfinden ließen. Mit diesem Worte strömte die Zuversicht, das ungebrochene Vertrauen Jesu in sie über, und der Sturm war für sie nicht mehr, was er vorher war! Seine Macht war gebrochen, auch wenn er nicht in diesem Augenblick aufhörte. Denkt man sich ein solches Ereignis in einer wundersüchtigen, mirakelgläubigen Zeit weitererzählt, so wird es sehr bald geheißen haben: „und da war der Sturm vorbei und es trat eine große Stille ein“. Daß man später diese Wirkung noch durch ein besonderes Beschwörungswort Jesu sich veranschaulichte, ändert nichts Wesentliches mehr für jene Zeit — wohl aber für uns. Denn damit wird uns die Geschichte in dieser Form zu einem unannehmbaren Stück Aberglauben, statt zu einem Zeugnis für das wirkliche Vertrauen Jesu und dessen Kraft.

Bei manchen Geschichten kann man zweifeln, ob ihnen ein realer Kern zugrunde liegt oder nicht — für die Christen wurde es dann selbstverständlich, daß Jesus jede Krankheit, auch die echte Lepra, mit einem einzigen Wort heilen konnte, und wenn man zuerst nur von der

Heilung eines einzigen Aussätzigen gesprochen hatte, so trug man später (Lk 17,12—16) kein Bedenken, gleich zehn Aussätzige auf einmal geheilt von dannen ziehen zu lassen.

Auch die Geschichte vom geheilten „Dämonischen" in Mk 5,1—20 kann einen solchen wahren Kern gehabt haben; tatsächlich spricht hier alles für eine schwere seelische Erkrankung. Aber wir sind nicht imstande, diese ursprüngliche Form der Heilungsgeschichte zu rekonstruieren, und das ist schmerzlich. Denn was bei Mk daraus geworden ist, das reißt das Bild Jesu und seines Wirkens ins Apokryphe hinein.

Pascual Jordan hat einmal in einem Aufsatz unsere moderne Art, die Welt zu betrachten, der des „primitiven Menschen" (das Wort „primitiv" ohne verächtlichen Nebenton!) gegenübergestellt und erwähnte dabei als besonders aufschlußreich das Werk von Th. W. Danzel, „Der magische Mensch". Es sieht den wichtigsten Unterschied zwischen unserer Sehweise und der jenes „magischen" Menschen darin, daß wir alles das in die menschliche Subjektivität hineinlegen (seelisches Trauma, Schizophrenie, Depression usw.), was der „Primitive" als Wirkung eines „Außen", eines Dämons auffaßt. Sobald wir die Dämonengeschichten des Mk modern interpretieren, verschwinden gerade jene überirdischen Gegenspieler Jesu, deren Besiegung durch den Herrn für Mk der gültige Beweis seiner Gottessohnschaft war. Das kann zur Folge haben, daß manche Leser unsere Deutung als den typischen Ausdruck des modernen Unglaubens ablehnen und — wie das geschehen ist — von einer „ehernen Skepsis" reden. Das läßt sich nicht verhindern, so wenig bisher das starre Festhalten am „biblischen Weltbild" das Abwandern immer weiterer Kreise vom Christentum weg verhindern konnte. Aber man kann jenen angeblich bibelgläubigen Interpreten (denn dieser Mirakelglaube findet sich in allen Dokumenten jener Zeit) eins zu bedenken geben: es wäre ein Kurzschluß, die Wunder Jesu als Beweis seiner Gottessohnschaft zu betrachten. Schon Lessing hat mit Recht darauf aufmerksam gemacht, daß wir nicht diese Wunder haben, sondern nur Berichte über sie. Weiter setzt das Neue Testament selbst voraus, daß auch Nichtchristen Wunder tun können — ein Zeichen, das jedes Wunder, von außen gesehen, zweideutig ist. Das geht aus Mk 13,22 (s. u. S. 448 f.) deutlich hervor. Gerade aber wenn man sieht, daß Jesu Taten aus seinem Vertrauen zu Gott (und dem Vertrauen der Menschen zu ihm) hervorgehen, bezeugen sie seine Verbundenheit mit Gott und die daraus strömende Kraft der befreienden Hilfe. Sie werden also zu Zeugnissen von Gottes Taten. Der Wunderglaube der ntl. Tradition war ebenso zeitbedingt wie der Glaube an ein nahes Weltende, den wir z. B. auch in Qumran antreffen. Vielleicht den größten Schaden hat das Verständnis der Wunder als „Durchbrechung der Naturgesetze" angerichtet; vom modernen Begriff eines Naturgesetzes war der damalige Begriff der „Machttat" eben nicht bestimmt, weil man von solchen Gesetzen nichts wußte. Außerdem verdeckt ein solcher Wunderbegriff den z. B. in Mk 6,1—6 (s. u. S. 213 ff.) sichtbaren Zusammenhang von Wunder und Glauben, auf den doch alles ankommt.

23 Jairi Tochter und die blutflüssige Frau

Mk 5, 21—43; Mt 9, 18—26; Lk 8, 40—56

(21) Und als Jesus im Schiff wieder an das andere Ufer gefahren war, sammelte sich eine große Menge bei ihm, und er war am Meer. (22) Und es kommt einer der Synagogenvorsteher namens Jairus, und wie er ihn sieht, fällt er ihm zu Füßen und bittet ihn inständig: (23) „Meine Tochter liegt in den letzten Zügen; komm und lege ihr die Hände auf, damit sie gerettet wird und am Leben bleibt!"

(24) Und er ging mit ihm fort, und es folgte ihm eine große Menge, und sie umdrängten ihn.

(25) Und eine Frau, die an Blutfluß litt 12 Jahre lang — sie hatte viel durchgemacht mit vielen Ärzten und all ihr Gut aufgewendet, und es hatte ihr nichts geholfen, sondern es war noch schlimmer geworden — hatte von Jesu Taten gehört und kam in der Menge von hinten heran und berührte sein Gewand (denn sie dachte; „Wenn ich auch nur seine Kleider berühre, werde ich geheilt!"), und sofort versiegte der Quell ihres Blutes, und sie spürte es an ihrem Leibe, daß sie von ihrer Pein geheilt war.

(30) Und sogleich spürte Jesus an sich selbst, daß Kraft von ihm ausgegangen war, wandte sich zur Menge um und sagte: „Wer hat meine Kleider berührt?"

(31) Und seine Jünger sagten zu ihm: „Du sieht, wie das Volk dich umdrängt, und sagst: Wer hat mich berührt?" (32) Und er blickte umher, um die zu sehen, die das getan hatte. (33) Die Frau aber kam mit Angst und Zittern (sie wußte, was ihr geschehen war) und fiel vor ihm nieder und sagte ihm die ganze Wahrheit. (34) Er aber sprach zu ihr: „Tochter, dein Glaube hat dich gerettet. Geh in Frieden, und sei gesund von deiner Pein!"

(35) Während er noch sprach, kamen Leute des Synagogenvorstehers und sagten: „Deine Tochter ist gestorben; was bemühst du den Meister?" (36) Jesus aber achtete nicht auf das Wort, das gesprochen wurde, sondern sagte zu dem Synagogenvorsteher: „Fürchte dich nicht, glaube nur!" (37) Und er ließ niemand ihm folgen außer Petrus und Jakobus und Johannes, den Bruder des Jakobus. (38) Und sie kommen zum Haus des Synagogenvorstehers, und er sieht das Getümmel und die Leute, die weinen und laut klagen. (39) Und indem er hineingeht, sagt er zu ihnen: „Was lärmt und weint ihr? Das Mädchen ist nicht gestorben, sondern schläft!" (40) Und sie lachten ihn aus. Er aber treibt alle heraus und nimmt den Vater des Kindes und die Mutter

und seine Begleiter und geht in das Zimmer hinein, wo das Kind war. (41) Und er faßt das Kind bei der Hand und sagt: „Talitha kum“ (auf Deutsch: „Mädchen, ich sage dir: Steh auf!“) (42) Und sogleich stand das Mädchen auf und ging umher; es war nämlich 12 Jahre alt. Und sie waren alsbald völlig außer sich. (43) Und er gebot ihnen dringend, daß niemand dies erführe, und sagte, man solle ihr zu essen geben.

Nur hier in den synoptischen Wundergeschichten sind zwei Wunder eng ineinander verwoben; wir wissen nicht, ob Mk selbst diese enge Verbindung hergestellt hat. Dagegen spricht: Wäre der Evst auf diesen Kunstgriff einer engen Verflechtung zweier Einzelgeschichten gekommen, hätte er ihn wohl häufiger angewendet. Aber man bedenke: Es lassen sich zwei Einzelgeschichten nicht immer so ineinanderschieben wie hier. Allerdings entscheidet auch das nicht: daß Jesus derart von der Menge umdrängt wird, gehört nicht ursprünglich zur Jairusgeschichte hinzu, wohl aber zu der von der Frau. Die Geschichten sind hier mit großer Kunst und Stilisierung erzählt; es handelt sich nicht um einen „naiven“ Bericht, wie man beim ersten Hören meint.

V. 21 ist die Voraussetzung für das Folgende: Kaum ist Jesus wieder auf dem Westufer gelandet, da sammelt sich schon wieder eine große Menge um ihn. Für die Jairusgeschichte ist sie belanglos, wichtig nur für die Erzählung von der Heilung der Frau. Der Synagogenvorsteher — jede Synagoge hatte mehrere; sie leiteten nicht selbst den Synagogengottesdient, waren aber für seine Ordnung verantwortlich — Jairus kommt und bittet Jesus um Hilfe für sein im Sterben liegendes Kind — die Bezeichnung „Kind“ ist eigentlich irreführend: das Mädchen, nach V. 42 schon 12 Jahre alt, war nach damaligen Begriffen schon heiratsfähig; die Deminutivformen (παιδίον, paidíon) und (κοράσιον, korasion) erklären sich aus der Vorliebe des volkstümlichen Griechisch für solche Deminutivbildungen. — Er hat das Vertrauen, daß Jesus seine Tochter rettet, wenn er ihr die Hände auflegt: durch diese Berührung — so denkt es sich Jairus und auch der Evangelist — strömt die heilende Kraft Jesu auf sie über. Die Handauflegung ist also keine „symbolische Handlung“! Dahinter liegt aber die Erfahrung, daß bei manchen Menschen eine solche Berührung unerhört starken Einfluß haben kann. Es wäre töricht, diese Erfahrung zu leugnen, nur weil man die Erklärung verwirft.

V. 24 c leitet schon zum folgenden über: die Volksmenge strömt nach; jeder will sehen, was sich ereignen wird, man schiebt und drängt und stößt sich und auch Jesus. Es ist keine geordnet und sittsam einherschreitende Prozession (noch Hirsch I 41: „Jairus geht mit Jesus und seinen Begleitern voran, das Volk zieht hinterher“; die Worte „‚und sie drängten ihn‘, sehen wie eine sinnlose Steigerung des Wunders aus“, ebd.), sondern es ist ein aufgeregter orientalischer Haufen, durcheinander redend und gestikulierend, der keineswegs den gebührenden Abstand von dem Wundermann wahrt. So wenigstens setzt Mk die Situation voraus.

Durch diese Menge drängt sich nun eine Frau nach vorn, deren Krankheitsgeschichte — stilistisch ungeschickt, eine Fülle von Partizipien, aber trotzdem sehr lebendig — kurz aber erschöpfend angegeben wird: seit 12 Jahren leidend, bei allen Ärzten gewesen; es ist schlimmer statt besser geworden, alles Geld ist dabei draufgegangen — also: ein hoffnungsloser Fall. Die Geschichte will zeigen, daß Jesu Wunderkraft das vermochte, was kein Arzt erreicht hatte. Die Krankheitsgeschichte ist mithin nicht schmückendes Beiwerk, sondern für das Verständnis notwendig. Auch außerchristliche Heilungsgeschichten können nach diesem Schema erzählt werden; es liegt auch heute einfach nahe: zuerst die vergeblichen Heilungsversuche, dann der Bericht von der endlichen Rettung durch den und den. Über die Geschichtlichkeit einer solchen Erzählung ist dadurch noch nichts ausgemacht; davon nachher.

Diese Frau hat das feste Vertrauen: „Wenn ich nur sein Gewand berühre, so genügt das: dann bin ich schon geheilt". Warum hat sie Jesus nicht um Heilung gebeten? Die Frage der levitischen Unreinheit einer Blutflüssigen (vgl. Billerbeck I 520) gibt keine genügende Antwort. Aber das spricht nicht gegen die Historizität der Geschichte. Sulla („Felix" = „der Glückliche" mit Beinamen) fühlte sich einst am Gewand gezupft. Sich umwendend sah er eine Frau, die ihm nun ihr Tun erklärte: Sie hoffte mit einem Faden aus seinem Gewand ein bißchen von seinem Glück zu bekommen! — Unsere ineinander verschränkten Geschichten zeigen, wie man — nach der Vorstellung des Evangelisten — Jesus ansah: als einen „Wunderrabbi". Das Wort „Lehrer" läßt uns fälschlich an jemand denken, der unterrichtet. Aber „Rabbi" heißt eigentlich: „(mein) Großer" — vgl. Monseigneur oder Mylord — und hat am ehesten eine Analogie in jenen Gestalten des späten Ostjudentums, die Martin Buber im „Großen Maggid" und den „Erzählungen der Chassidim" dargestellt hat (vgl. auch, was G. Scholem in seinem Buch, „Die jüdische Mystik in ihren Hauptzügen", Frankfurt 1957, bes. S. 356—385, über die „Zaddikim" im Chassidismus ausgeführt hat). Der „Heilige" (so würde ein solcher Pneumatiker in spätchristlicher Terminologie zu nennen sein) wird im Volk geliebt und geehrt, geachtet und sogar gefürchtet, nicht nur wegen seiner besonderen Frömmigkeit, sondern auch wegen der besonderen Kräfte, die ihm dank seiner Nähe zu Gott eigen sind. Um den „Heiligen" kann der Schauer des „Erhabenen", des „Unheimlichen", des „Begnadeten" sein. Man traut ihm alles zu; aber man steht sich nicht vertraulich mit ihm. Das dürfte auch für Jesu Jünger gegolten haben. Um den „Heiligen" legt sich, gerade für die, welche an ihn glauben, eine heilige Scheu wie eine trennende Schranke; er wird nicht so sehr intellektuell verstanden, als vielmehr respektiert und geliebt und zugleich gescheut.

Das Vorhaben der Frau gelingt: sie berührt Jesu Gewand — und spürt augenblicklich, daß sie geheilt ist. Das kommt uns vielleicht sonderbar vor. Aber es ist in einer Zeit, die nicht wie die unsere durch den Rationalismus gehemmt ist, durchaus möglich. Fraglich bleibt freilich im einzelnen die nun folgende Szene, die der Erzähler sehr kunstvoll und anschaulich ausgeführt hat. Jesus hat diese besondere Berührung gespürt — nicht als eine gewöhnliche Berührung, sondern — so stellt es der Erzähler dar — als einen Kontakt, der etwas von seiner Wundermacht abfließen ließ. J. Weiß schreibt dazu in seinem Lk-Kommentar (1892, S. 426): „Daß hier bei Lk die Vorstellung einer magisch-magnetischen, körperlich vermittelten Heilkraft Jesu vorliegt, welche die ursprünglichere Darstellung des Mt noch nicht kannte, sollte nicht bestritten werden. Die Erzählung gehört zu einer Reihe von Heilungsgeschichten, welche das gläubige Vertrauen als Ursache und Bedingung der Rettung darstellen (Mt 8,13. 9,2.28. 15,28. 17,20), und welche sämtlich bei Mt in kürzerer und, wie B. Weiß gezeigt hat, ursprünglicherer Form vorliegen." Wir werden noch von der kürzeren Mt-Fassung sprechen, die keineswegs ursprünglicher ist. Die Stellungnahme von Joh. Weiß ist typisch für die Haltung um die Jahrhundertwende. Ihr war eine Gläubigkeit, wie sie hier dargestellt wird, höchst peinlich und im Grunde unverständlich. Aber wir müssen lernen, die Fakta zu sehen, ob sie uns gefallen oder nicht. Daß die kranke Frau und der Synagogenvorsteher keinen reformatorischen Heilsglauben besitzen, ist eine einfache Tatsache; sie haben auch in Jesus nicht den Gottessohn gesehen wie Mk selbst, dessen Glaube sich von dem der beiden dargestellten Personen nicht unerheblich unterscheidet. Aber er stimmt darin mit ihm überein, daß er sich vom Gottessohn Jesus solche „magisch-magnetischen, körperlich vermittelten" Heilskräfte ausgehend denkt. Die Frage ist nur die: Ist das hier geschilderte Geschehen — Jesus spürt körperlich, daß von ihm eine Kraft ausgegangen ist — „erlebnisecht" oder nicht? Diese Frage läßt sich deshalb so schwer beantworten, weil die Frau nicht Jesus berührt hat, sondern nur dessen Gewand[1a]. Hätte aber Jesus von dieser Berührung gar nichts gemerkt, dann wäre die ganze Heilung unbekannt geblieben. Sie kommt ja nur ans Licht, weil die Frau, entdeckt, nun „die ganze Wahrheit gesteht".

Für unsere Erfahrung ist es durchaus möglich, daß die Frau durch die bloße Berührung seines Gewandes geheilt wird, weil sie glaubte, durch diese Berührung geheilt zu werden. Andererseits fühlt sich die Frau nach Mk irgendwie schuldig. Sie kommt zitternd hervor — hat sie doch die Heilung quasi gestohlen! Jesus heilt die Frau nicht durch seinen Willensentschluß oder Wort, er sanktioniert nur die bereits geschehene Heilung, von der er mit Recht sagt: „Dein Glaube hat dir geholfen!". Es sieht so aus, als liegen in der Mk-Darstellung zwei

[1] Siehe dazu W. Schrage im ThWb VII 845,8—11.

[1a] Vgl. dazu Apg 5,15; Apg 19,22.

verschiedene Vorstellungen der Wunderheilung im Kampf: nach V. 29 heilt ihr Glaube die Frau, nach V. 30 die Kraft Jesu. Aber für den Evangelisten besteht hier kein Konflikt: Jesu Kraft heilt, und der Glaube der Frau macht es nur möglich, daß die heilende Kraft auf sie übergeht. Was uns befremdet, ist der Umstand, daß man sich hier Jesus gleichsam wie mit Kraft geladen vorstellt: eine gläubige Berührung, und die Kraft springt über. Aber eben eine gläubige: all die vielen Menschen, die in der Menge Jesus berührten, haben nicht automatisch seine Kraft erfahren. Insofern liegt doch so etwas wie eine persönliche Beziehung bei der Frau vor. Trotzdem bleibt fraglich, ob V. 30 f. das ursprüngliche Geschehen rein wiedergeben. Das Folgende zeigt: der Erzähler hat die Geschichte für seine Zwecke gestaltet.

Denn während dieser Zwischenfall Jesu Gang zu Jairus' Haus aufgehalten hat, kommen Boten von dort und sagen zu Jairus: „Deine Tochter ist gestorben; was behelligst du noch den Meister?" Das ist — genau bedacht, höchst unrealistisch: die kühle, geschäftliche Art, wie hier der Tod mitgeteilt wird, befremdet, und daß die Diener solche Vorschriften machen, ist seltsam. Man versteht all das nur, wenn man einsieht: eigentlich hat der Evangelist diese Worte für den Leser formuliert. Dieser soll sehen, daß der Fall nun ganz aussichtslos und erledigt zu sein scheint; es ist — auch für Jesus! — nichts mehr zu machen. Im starken Gegensatz dazu steht Jesu Wort an Jairus: „Habe keine Angst, glaube nur!" Der Christ soll auch angesichts der blanken Unmöglichkeit der Hilfe sein Vertrauen bewahren — dann wird ihm gegen alle menschliche Aussicht geholfen.

Jetzt werden die Jesus umdrängenden Leute und die Jünger verabschiedet. Die bei der Heilungsgeschichte der Frau nötige Menge ist jetzt überflüssig[1b]. Nur die drei Hauptjünger dürfen das kommende Wunder erleben. Im Trauerhaus hat schon die Totenklage eingesetzt, d. h., der Tod des Mädchens ist gewiß, ist sozusagen ärztlich bescheinigt. Als Jesus sagt: „Das Mädchen ist nicht tot, sondern es schläft" (er sagt es, bevor er es zu Gesicht bekommt!), wird er ausgelacht. Um so größer ist nun das Wunder der Erweckung: als Jesus das Mädchen bei der Hand ergreift und sagt: „Mädchen, steh auf!", erhebt es sich sofort und geht umher. Nun ergreift alle das große Staunen. Jesus gebietet aber, nichts verlauten zu lassen — wieder das (in diesem Fall sogar vergebliche[2]) Schweigegebot. Die sehr schlichte Anweisung Jesu, man solle dem Mädchen zu essen geben, zeigt vollends: sie ist nun zum Leben zurückgekehrt.

[1b] Das Wunder ist vom Geheimnis der Gottheit umhüllt, darum dürfen es nur Auserwählte schauen. So werden hier bei Mk und Lk nur die drei Hauptjünger von Jesus zu Zeugen der Totenerweckung gemacht; Mt hebt 9,25 hervor, daß die Menge entfernt wird.

[2] Die öffentliche Bekundung des Todes durch die Boten (Mk 5,35) und die der Öffentlichkeit sofort bekanntwerdenden Totenklage zeigen später indirekt, daß Jesus das tote Mädchen auferweckt hat.

In Wirklichkeit ist das Jesuswort in V. 39 schwierig. Man hat es gewöhnlich so gedeutet: Für Gott ist das Mädchen nicht gestorben (er wird es ja sofort auferwecken lassen), sondern nur in den vorübergehenden Tod des Schlafes verfallen. Aber diese Auskunft verdreht den Text in sein Gegenteil: aus „es ist nicht gestorben" holt man „es ist gestorben" heraus. Natürlich hat Mk nicht wie die rationalistischen Erklärer an einen Scheintod gedacht; Jesu Wort fällt ja, bevor er das Mädchen gesehen hat! Mk glaubt an eine regelrechte Totenerweckung. Aber das Wunder liegt für ihn schon darin, daß Jesus dieses Wort spricht, noch bevor er die Tote gesehen hat; kraft seines die Grenzen des Menschlichen überspringenden Wissens sagt er: „Sie ist nicht tot, sondern schläft nur!" Aber wir verstehen, daß man sehr bald dem so naheliegenden, Jesu Macht noch mehr steigernden Irrtum verfiel und von einer wirklichen Totenerweckung zu lesen meinte.

So hat schon Lk unsere Geschichte verstanden, als er in 8,53 schrieb: „Sie lachten ihn aus, *wissend* daß sie gestorben war." Im übrigen ist die Lk-Fassung für uns nicht besonders wichtig. Sie hat ein wenig gekürzt, hat auch, wo Mk 5,31 nur von ‚den Jüngern' sprach, den Petrus besonders erwähnt: „Petrus und die mit ihm" (Lk 8,45). Er hat endlich die Kranke das einzige Kind sein lassen (so wie bei ihm der Jüngling von Nain der einzige Sohn der Witwe ist: 8,42). Aber es ist gut möglich, daß dieser Zug bereits in der mündlichen Überlieferung in unsere Geschichte hineingekommen war.

Wichtiger dagegen ist Matthäus. Er hat die Erzählung entschlossen zusammengezogen und auf das Entscheidende konzentriert. Er folgt keinem anderen Erzählungstyp, keiner „apostolischen Quelle" (so B. Weiß), sondern bringt im Unterschied zu der volkstümlichbreiten Erzählung des Mk nur das ihm Wesentliche. So läßt er die Leute aus dem Haus des Synagogenvorstehers fort; dementsprechend muß der Mann jetzt gleich um eine Totenerweckung bitten (Mt 9,18: „Meine Tochter ist soeben gestorben, aber komm und lege deine Hand auf sie, so wird sie leben!"). Zu diesem ‚soeben verschieden' paßt es freilich nicht gerade gut, daß nach V. 9,23 schon die Flötenspieler da sind. Hier hat der Schriftsteller, der die übliche Art der Totenklage mit einem konkreten Zug beschreiben wollte, sich vertan[8]. Auch daß nach Mt 9,20 (und Lk 8,44) die blutflüssige Frau

[8] Während nach Mt das Mädchen schon tot ist, als sein Vater zu Jesus kommt, ist es nach Mk erst verschieden, als der Vater zu Jesus fortgegangen ist. Man könnte meinen, Mt war zu dieser Änderung gezwungen, da er die Geschichte kürzen wollte und dann die Boten fortlassen mußte. Aber wahrscheinlich steht es umgekehrt: Er konnte die Boten fortlassen, weil er von Anfang an eine Totenerweckung zu erzählen hatte. Von einer solchen spricht ja schließlich auch Mk. Ob nun die Tradition des Mt oder er selber die Geschichte in dieser Richtung konsequent weiter entwickelt haben, ist nicht so wichtig. Lukas hat nicht gemerkt, daß er in V. 45 mit den Worten: „Als aber alle es verneinten" einen Widerspruch zum Folgenden hineingebracht hat.

die Quaste des Gewandes berührt (vgl. Num 15,38 ff.), beweist nicht die Benutzung eines besonderen Berichtes, womöglich einer apostolische Quelle. Diese Steigerung — nicht das Gewand wird berührt, sondern nur die daranhängende Quaste! — liegt sehr nahe, und Mk 6,56 bietet sie auch schon („sie baten ihn, daß sie auch nur die Quaste seines Gewandes berühren dürften, und alle, die sie berührten, wurden geheilt"). Endlich hat Mt auch das Suchen der Person gestrichen, die Jesum berührt hat: Jesus wendet sich um, sieht die Frau und sagt: „Sei getrost, meine Tochter, dein Glaube hat dich gerettet!" Darauf folgt erst der Bericht über die Heilung: so ist der Anstoß beseitigt, daß die Kranke schon geheilt ist, bevor Jesus davon weiß und es zugesagt hat. Mt hat also nicht bloß gekürzt, sondern zugleich eine dogmatische Schwierigkeit im älteren Text beseitigt. Zu guter Letzt hat er auch das Schweigegebot fortgelassen, da es ja doch nicht eingehalten wird: „und dieses Gerücht ging hinaus in jenes ganze Land", heißt es 9,26 einfach am Schluß. So wird alles klar und einfach.

Wir sehen aus der Mt-Parallele, wie sich diese Erzählung noch nach der Aufzeichnung durch Mk gewandelt hat. Bei Mt ist Jairi Tochter sofort und eindeutig tot. Das Wort Jesu: „Das Mädchen ist nicht tot, sondern schläft nur!" hat aber Mt ebenso wie Lk beibehalten, da beide es als Ankündigung der Auferweckung verstehen. Nimmt man das Jesuswort aber nach seinem schlichten Sinne, dann besagt es tatsächlich das, was schon die alten Rationalisten ihm entnahmen: während die andern das Mädchen für tot hielten, hat Jesus gesagt: „Nein, es ist nicht tot, sondern es schläft nur!" Das bedeutet nun nicht, daß Jesus noch einen leisen Atemzug wahrnahm, der den anderen nicht aufgefallen war — darin lag der Irrtum der alten Rationalisten. Diese Gewißheit Jesu muß etwas Irrationales gewesen sein. Wenn Jesus das Mädchen tatsächlich aus einem todesähnlichen Schlummer aufgeweckt hat, so ist nicht gesagt, daß jeder andere dieses „Wache auf!" mit dem gleichen Erfolg hätte sprechen können. Es ist hier beides vom Übel: der Supranaturalismus, der durchaus eine beglaubigte Totenerweckung haben will, und der Rationalismus, der in Jesus nur einen besseren Beobachter sah. Sondern obwohl das Mädchen ebenso für Jesus aussah wie für die anderen, war er gewiß, daß es lebe — vielleicht weil er den Glauben ihres Vaters spürte, der ihn um Hilfe angerufen hatte. Insofern könnte der Grundzug der Mk-Erzählung durchaus im Recht sein. Jetzt ist die Geschichte freilich ins Phantastisch-Mirakelhafte übersteigert worden: Jesus tritt hier schon nicht viel anders auf als der Erwecker des Lazarus bei Joh. Es ist gar nicht so leicht, das innerlich Unwahre und Schiefe, das Übersteigerte daran sichtbar zu machen. Vielleicht kann man es so verdeutlichen: Jesu Wort setzt freilich voraus, daß die andern das Mädchen für tot hielten und das auch gesagt haben. Aber das muß nicht durch eine Deputation aus dem Haus des Synagogenvorstehers erfolgt sein[4]: es kann sich im Krankenzimmer selbst zugetragen haben. Freilich bewegen wir uns dabei im Bereich der Vermutung. Was wir anführen können, ist nur das Jesuswort selbst, das sich im Gedächtnis der Hörer erhalten hat, obwohl es eigentlich zu der Geschichte, wie sie die drei Synoptiker erzählen, gar nicht mehr paßte!

Das Jesus nur die drei Vertrauten mitnimmt, gehört mit zu jenem Zug, daß keiner erfahren sollte, was er tun wird: eine sinnlose Konstruktion, wenn vorher Boten schon in aller Öffentlichkeit den Tod des Mädchens bekanntgemacht haben. Hier sieht man, wie widerspruchsvoll die Geheimnistheorie des Evangelisten ist, wie wenig sie zur Wirklichkeit paßt, die man berichtete[5]. Kein Wunder, daß Mt sie fallen ließ.

Wir verstehen die Entwicklung dieser Perikope erst dann, wenn wir uns verdeutlichen, wie wichtig die Auferstehungsfrage für die Christen war. Und zwar gilt es als erstes zu sehen: die Christen haben sich die Auferweckung ebenso vorgestellt, wie sie hier geschildert wird. Paulus freilich spricht 1 Kor 15,44 von einem „geistlichen Leib", den der auferstehende Christ bekommt. Aber das ist ein Geheimnis, was in der Gemeindetheologie und in der Vorstellung der einfachen Leute nicht so durchdacht war wie bei dem großen Denker der ersten Generation. Zur Zeit des Mk werden die Christen vielmehr an eine Wiederbelebung des Toten im Grab gedacht haben, wohl nach dem Vorbild von Ezechiel 37,1—14 (was freilich nur das Sinnbild für eine völkische Auferstehung Israels sein sollte). Aber auch wenn man sich die Auferstehung am jüngsten Tage noch etwas verschieden von der Erweckung vorgestellt hätte, die Mk 5 berichtet, so war es doch von entscheidender Wichtigkeit, daß Jesus hier schon bewiesen hatte: er war der Herr über den Tod! Die Geschichten von Jairi Tochter, vom Jüngling zu Nain[6] und Lazarus[7] sind die Garantien dafür, daß die Christen nicht Menschen ohne Hoffnung sind wie

---

[4] Daß diese Deputation nur ein literarisches Mittel des Erzählers ist, wird um so gewisser, je mehr man versucht, sich diesen Zug als wirklich vorzustellen. Wer soll — noch dazu in einem Augenblick, da die Verwandten des Mädchens von heftigstem Schmerz ergriffen sind — auf den Gedanken gekommen sein, Boten — gleich in der Mehrzahl! — an den Hausherrn zu schicken, welche die Hauptsache — den Tod der Tochter — als Nebensache behandeln und die unnötige Beanspruchung Jesu zur Hauptsache machen. Es ist deutlich: Diese Erzählung ist nur dazu bestimmt, dem Leser deutlich zu machen, daß die Lage anscheinend ohne jede Hoffnung ist. Mit Realistik hat das nichts zu tun — außer wenn man die Hilfe, die Jesus jederzeit leisten kann, als das einzig Reale und Wichtige ansieht.

[5] Ursprünglich schloß die Erzählung mit der Aufforderung Jesu, dem Mädchen zu essen zu geben. Auch das machte die Wiederherstellung des Lebens deutlich.

[6] Lk 7,11—17.

[7] Joh 11.

die anderen[8], sondern daß ihr zukünftiges Leben gesichert ist, mag auch der Tod sie eine Weile in der Gewalt haben.

Vergleicht man diese drei Auferweckungsgeschichten, die wir soeben genannt haben, dann sieht man, daß die Befreiungstat Jesu immer größer wird: Jairi Töchterlein ist soeben verschieden. Der Sohn der Witwe wird gerade ins Grab gebracht, und Lazarus ist schon den vierten Tag tot, und die Verwesung hat bereits begonnen. Das heißt aber: die Entwicklung tendiert nicht bloß auf eine Steigerung des Wunders hin[9], sondern auch darauf, daß die Erweckung immer mehr der ähnlich wird, die am jüngsten Tag erfolgen soll.

Indirekt bestärkten diese Geschichten auch den Glauben an die Auferstehung des Herrn selber. Denn man hat sich sein Auferstehen später nicht mehr von dem eines Lazarus verschieden vorgestellt. Die Art, wie Lk den Auferstandenen 24,39 ff. schildert, zeigt das deutlich: Er hat Fleisch und Knochen — er ist kein körperloses Gespenst — und ißt irdische Speise — Dörrfisch — wie die andern auch, wie ein normaler Mensch.

Zwar galt damals die Totenerweckung als ein gewaltiges Wunder. Aber innerhalb des damaligen Weltbildes war sie doch etwas ganz anderes, als in dem unseren. Das zeigt ein Blick in 2. Kön 13. Da wird erzählt, daß man einen Toten zu Grabe trug. Aber weil sich gerade eine moabitische Streifschar zeigt, warf man den Toten in das Grab Elisas und machte sich davon. Aber „als der Mann die Gebeine Elisas berührte, wurde er wieder lebendig und stellte sich auf seine Füße“ (V. 21). Auch zur Zeit des Mk ist der Gedanke, daß ein längst Verstorbener jetzt auferstanden sein könnte, nicht indiskutabel gewesen; das ergibt sich aus 6,14 f. Die scharfe Grenze, die wir heute zwischen Leben und Tod ziehen, war damals nicht selbstverständlich.

Die christliche Kirche der Gegenwart zeigt keine Neigung, sich von der Auferstehungsvorstellung der Evangelien zu trennen. Das ist begreiflich, aber es ist kein Zeichen des Mutes, der Freiheit und tiefer Einsicht. Man lehrt die „Auferstehung des Fleisches“ — in der schwedischen Fassung des Apostolikums heißt es: „die Auferstehung der Toten“! — und hält es für ein Zeichen der Rechtgläubigkeit, wenn man von den massiven Anschauungen von Lk 24 nicht abweicht. Wenn ein angesehener Theologe sich dabei auf ein dictum beruft „Leiblichkeit ist das Ende der Wege Gottes“, so ist daran zu erinnern, daß Männer wie Oetinger in diesem Punkte keine Autorität sind, sondern lediglich Privatmeinungen ausgesprochen haben. Wir sollten ehrlich und mutig genug sein zuzugeben, daß wir über das „Jenseits

---

[8] 1. Thess 4,13. Paulus denkt hier nicht an die Hoffnung der Mysterienanhänger: „Habt Mut, ihr Mysten, da der Gott gerettet ist; auch für euch wird es Hoffnung geben von Gott her!“ (Vgl. dazu Von Dobschütz, 1. Thess 188 f.).

[9] Zu ihr gehört auch, daß der mit Binden umwickelte und darum bewegungsunfähige Lazarus (Joh 11,44) auf Jesu Befehlsruf hin aus dem Grab herausschwebt.

des Todes" keine Aussagen machen können, daß vielmehr alle solche Aussagen Bilder sind, die der Glaube entworfen hat. Die wahre christliche Gewißheit wird dadurch nicht betroffen: wir sind im Rätsel des Lebens wie im Rätsel des Todes in gleicher Weise in Gottes Hand. Schon das unvereinbare Vielerlei der ntl. Aussagen sollte uns darüber belehren, daß es hier um menschliche Bilder geht, die im Grunde nur das feste und völlige Vertrauen auf Gott aussprechen, in dessen Todesgeheimnis hinein wir sterben.

24 Die Verwerfung in Nazareth

Mk 6,1—6; Mt 13,53—58; Lk 4,16—30

(1) Und er ging von dort fort und kommt in seine Vaterstadt, und seine Jünger folgten ihm. (2) Und am Sabbat begann er in der Synagoge zu lehren. Und als die vielen es hörten, erstaunten sie und sprachen: „Woher hat er das? Und was ist das für eine Weisheit, die ihm gegeben ist? Und solche Machttaten geschehen durch seine Hände!" (3) Ist das nicht der Stellmacher, der Sohn der Maria und Bruder des Jakobus und Joses und Judas und Simon? Und sind nicht seine Schwestern hier bei uns? Und sie nahmen Anstoß an ihm. (4) Und Jesus sagte zu ihnen: „Ein Prophet ist überall geehrt, nur nicht in seiner Heimat und bei seinen Verwandten und in seinem Hause." (5) Und er konnte dort keine Machttaten tun (außer daß er einige Schwache durch Handauflegung heilte). (6) Und er wunderte sich über ihren Unglauben.

Was will der Evangelist seinen Lesern mit dieser Geschichte sagen! Diese Frage müssen wir zuerst beantworten. Er schildert die Ablehnung, der Jesus in seinem Heimatort Nazareth begegnet. Diese Verwerfung Jesu war für die frühe Gemeinde deshalb wichtig, weil man sie gegen Jesu ausspielen konnte: „Nicht einmal in seiner Heimat, wo man doch für ihn eingenommen sein mußte, hat man ihn anerkannt! Demgegenüber war zu zeigen, wie es zu diesem „Nein!" kam und wie wenig es berechtigt war.

Die ersten Verse geben die Situation an, in der er so schmählich abgelehnt wurde. Begleitet von seinen Jüngern (der Evangelist und die Leser werden an die 12 gedacht haben), sucht Jesus bei seiner Predigttägigkeit auch seine engere Heimat auf. Am Sabbat geht er in die Synagoge, wo er die Masse der Bevölkerung mit seinem Wort erreichen kann. Wie es möglich war, daß er im Synagogengottesdienst das Wort ergreifen konnte, berichtet der Evangelist nicht. Aber wir wissen: Jeder erwachsene Israelit konnte nach der Textverlesung aufgefordert werden, eine erbauliche Ansprache zu halten (vgl. Apg 13,15). Ob man in Nazareth freilich gerade Jesus darum gebeten hätte, ist nach Mk 3,21.31 ff.; s. o. S. 140—143) eine andere Frage. Der Erzähler beschränkt sich auf das für ihn in diesem Zusammenhang Wichtige: auf das, was die Hörer zu Jesus sagen. Zwei verschiedene Eindrücke streiten sich bei ihnen: einer zeugt für Jesu Anspruch, der andere macht sich dagegen geltend.

Was Jesus dort gesagt hat, hören wir nicht. Seine Worte machen aber einen tiefen Eindruck auf die Hörer („sie waren erstaunt"; eigentlich sogar: „sie waren außer sich"). Ihre Worte spiegeln das wider: „Woher hat er das?". Diese unbestimmte Wendung ist keine Frage nach einer vererbten Begabung, sondern beschreibt das Neue und Andersartige, das Überragende und Gewaltige, was kein Wort ganz faßt und einfängt: die Größe Jesu. Die beiden nächsten Sätze sind konkreter: „Was ist das für eine Weisheit, die ihm verliehen ist?" — ist es am Ende eine, die von Gott kommt und Gehorsam fordert? Damit wird Jesus als der von Gott bevollmächtigte Lehrer gekennzeichnet — für den Leser. „Und solche Machttaten geschehen durch ihn!" — das ist keine Frage, sondern ein erstaunter Ausruf. Allerdings haben sich diese Machttaten nicht in Nazareth ereignet, aber man hat davon gehört und zweifelt nicht daran. Damit wird Jesus der Wundertäter geschildert.

Diese beiden Äußerungen entsprechen genau dem, was die Evangelien selbst enthalten: einmal dem „Spruchgut", das die Weisheit Jesu zeigt, sodann den Wundergeschichten, die seine Machttaten erzählen. Damit wird indirekt deutlich: die Leute von Nazareth bekommen im Grunde dieselbe frohe Botschaft, die der Leser im Evangelium findet. Also haben auch jene das Evangelium gehört, das der Leser kennt, und obendrein noch aus Jesu eignem Munde!

Aber dieses Hören führt bei ihnen nicht zum Glauben, weil sich jenes hemmend geltend macht, was die Leute von Nazareth über Jesus wissen oder zu wissen meinen: Er ist doch nur ein Schreiner — nach Justin, Dial. 88, stellte er (hölzerne) Pflüge[1] und Joche für die Rinder her —, der hier im Ort gearbeitet hat! Er gehört zu einer ortsansässigen Familie (der Vater ist anscheinend bereits verstorben)[2]: er ist der Sohn der Maria und der Bruder der vier namentlich aufgeführten Bürger des Dorfes und der Schwestern, die — als Frauen — nicht einzeln genannt werden (vielleicht waren sie verheiratet). Mit anderen Worten: er ist ein Mensch aus unserer Mitte, ein Mensch wie wir — wie kann er da etwas Besonders sein, und mit göttlicher Vollmacht auftreten?

---

[1] Die geringe Humusschicht erlaubte kein tiefes Pflügen; darum hat modernes Tiefpflügen mit eisernen Pflugscharen unerwartete Mißerfolge gebracht. Vgl. die spätere Legende im Philippus-Evangelium (p. 121,8—15) = Spruch 91.

[2] Allerdings pflegte man im Judentum einen Mann nicht in dieser Weise als den Sohn seiner Mutter zu bezeichnen (auch wenn der Vater schon tot war: Taylor 300); eine solche Benennung war vielmehr eine Beleidigung (Ri 11,1 f.). Andererseits erwähnt Mk die Geschichte von der Jungfrauengeburt nicht.

Dieses Zweite siegt: sie „nehmen Anstoß“ an ihm. Sie glauben nicht an seine Vollmacht; sie wollen nichts von dem Göttlichen wissen, das zu ihnen redet. Sie halten Jesu Anspruch für eine freche Anmaßung: Wie kommt dieser Schreiner aus unserem Dorf dazu, im Namen Gottes zu uns zu reden? Den Grund für dieses Verhalten spricht Jesus in V. 4 aus: „Ein Prophet wird überall geehrt, nur nicht in seiner Heimatstadt und bei seinen Verwandten (vielleicht dem hebr. ‚mischpacha‘ = Sippe, entsprechend) und seiner Familie (dem ‚Haus‘)“. Das ist eine alte Erfahrung: man ist nicht geneigt, in einem Verwandten oder guten Bekannten etwas viel Höheres zu sehen, als was man selber ist. Die Leute aus Nazareth wollen nicht glauben, daß jemand, der dort aufgewachsen ist, qualitativ anders sei als sie selbst.

Die Ablehnung, auf die Jesus stößt, hat schlimme Folgen: für den Ort, nicht für Jesus selber: „Er konnte hier keine Machttaten tun[3].“ „Und Jesus wunderte sich über ihren Unglauben“: damit wird dem Hörer deutlich, daß sich der Unglaube der Leute aus Nazareth auswirkt hier: sie haben versagt, nicht Jesus!

Sehr lehrreich sind die Änderungen, die der Matthäus-Text und — noch ungleich stärker — die lukanische Parallele 4,15—30 gegenüber Mk aufweisen. Mt hat sich zwar eng an den Wortlaut des Mk angeschlossen. Aber statt: „Ist das nicht der Schreiner?“ schreibt er: „Ist das nicht der Sohn des Schreiners?“ Nun muß man bedenken: Mt setzt nach 1,18.23 die Jungfrauengeburt voraus. Wenn er nun — wie Lk 4,22 — die Leute von Nazareth behaupten läßt, Jesus sei Josephs Sohn, so deuten damit beide Evangelisten dem Leser an, wie wenig die Leute Jesu wahres Wesen kannten und wie wenig Grund sie hatten, ihn als einen ihresgleichen zu halten und darum seinen Anspruch abzulehnen. Für die Gemeinden des Mt und Lk ist Jesus nicht ein Mensch, der auf natürliche Weise erzeugt ist. Sein himmlisches Wesen wird nicht bloß in seiner Weisheit und seinen Wundern offenbar, sondern schon in der Ausschaltung der natürlichen Erzeugung.

Noch deutlicher ist eine zweite Änderung des Mk-Textes durch Mt: Er läßt das Sätzchen: „außer daß er einige Schwache durch Handauflegung heilte“ fort und zieht den Rest von Mk 6,5 f. in die Worte zusammen: „Und er tat dort nicht viele Machttaten wegen ihres Unglaubens.“ Damit hat Mt den Text in zwiefacher Weise verbessert, wie er meinte: einmal ist nicht mehr davon die Rede, daß Jesus in Nazareth keine Machttaten vollbracht hat — er hat dort Wunder getan, nur nicht so viele! Zum andern heißt es nicht mehr, daß Jesus dort keine Wunder tun konnte; nein, er hat sie nicht getan, weil die Leute so ungläubig waren. Wir werden sogleich sehen, wie Lk in diesem Punkte noch viel deutlicher wird. Zuvor aber sei angemerkt:

[3] Daß Jesus wenigstens einigen „Schwachen“ durch Handauflegung half, dürfte ein Zusatz sein, der die scheinbare Erfolglosigkeit Jesu abschwächen will.

auch bei Mk macht sich schon die Tendenz bemerkbar, Jesu Mißerfolg abzuschwächen, darum hat nämlich Mk das Sätzchen eingefügt: „außer daß er einige Schwache durch Handauflegung heilte". Damit mildert schon Mk das Ärgernis ab, daß Jesus in Nazareth unfähig war, Wunder zu tun. Wenn das zutrifft, was wir oben (S. 200) über das Verhältnis von Wunder und Vertrauen ausgeführt haben, dann ist das Ausbleiben der Wunder in Nazareth durchaus verständlich.

Wir müssen aber noch eins zum Mk-Bericht erwähnen: er — und auch Mt und Lk — erwähnen mit keinem Wort Jesu doch in Nazareth wohnende Familie. Nach dem, was zu Mk 3,20 und 3,31 ff. gesagt war, glaubte seine Familie ebensowenig an Jesu Vollmacht wie die andern Leute in Nazareth. Gerade weil sich Jesus von ihr getrennt hatte, begann er seine Predigt nicht in seinem Heimatort, sondern ging erst später dorthin, als er anderswo schon Anerkennung gefunden hatte. Nach Mk 6,4 hat sich Jesus die Ablehnung in Nazareth durch ein auch sonst bekanntes Sprichwort[4] erklärt, das sich in abgewandelter Form auch im Thomasevangelium findet: „Jesus sprach: Nicht ist ein Prophet genehm in seinem Dorfe. Nicht heilt ein Arzt die, welche ihn kennen" (Spr. 31; p. 87,5—7). Mt und Lk haben die Mk-Form verkürzt und reden nur vom Propheten.

Lukas ist nicht, wie Mt, der Mk-Überlieferung gefolgt. Ob er dabei einer anderen Überlieferung folgt, wie man meist annimmt, oder bewußt komponierend das Ganze umgestaltet[5], bleibe offen. Jedenfalls läßt Lk Jesus seine Tätigkeit nicht in Kapernaum, sondern in Nazareth beginnen (was sich später als undurchführbar erweist). Darum ist Jesus hier noch nicht von seinen Jüngern begleitet, sondern kommt allein nach Nazareth.

Ungleich wichtiger aber sind andere Unterschiede. Einmal wird hier die Szene in der Synagoge ausführlich beschrieben. Lk wußte besser als Mk, wie ein Synagogengottesdienst vor sich ging. So konnte er das Verlangen der Gemeinde erfüllen, die wohl mehr von Jesu erster Predigt wissen wollte. Damit wird eine weitere Schwäche der Mk-Darstellung sichtbar: Mk kann wohl allgemein das Echo schildern, das Jesu Worte finden, aber nicht die Predigt Jesu inhaltlich umreißen (das gilt allgemein, nicht bloß von dieser einen bestimmten Verkündigung Jesu)[6]. Lk wagt es also, einen Synagogengottesdienst näher zu beschreiben. Dabei zeigt sich, daß er doch nicht ganz mit diesen Verhältnissen vertraut ist (s. Billerbeck ZNW 55, 1964, 143 ff.).

---

[4] Bultmann (Gesch. d. syn. Trad. 107): „Zu den profanen Meschalim" (= Bildworten), „die wohl erst durch die Tradition zu Jesusworten geworden sind, scheinen mir folgende zu gehören: ... Mk 6,4 mit Hinweis auf S. 30 f." Dort hatte Bultmann nach Wendling den Spruch des ThEv (den er nur als Logion aus P Oxy I 5 kannte) für die primäre Form erklärt und behauptet: die zweite Hälfte des Doppelspruchs ist in Erzählung umgesetzt, und die „ihn Kennenden" sind zu den „Verwandten" Mk 6,4 geworden.

[5] So Bultmann a. a. O. 31.

In Wirklichkeit wurde der Bibeltext (aus dem Gesetz) zunächst hebräisch verlesen und dann aramäisch wiederholt. Stets lasen mehrere Personen den Tora-Text vor, die der Synagogenvorsteher dazu aufgefordert hatte; auf den einzelnen sollten nicht weniger als drei Verse kommen (man bedenke, daß in Palästina die ganzen fünf Bücher Moses in drei Jahren verlesen werden mußten). Auf jeden Vers folgte die aramäische Übersetzung durch den „Mēthurgēmān". Die darauffolgende Verlesung aus den Propheten (Haphthara) war zur Zeit Jesu wohl noch nicht festgelegt. Nach dieser Verlesung erfolgte eine freie Ansprache, falls sich ein geeigneter Sprecher fand (vgl. Apg 13,15). Ein solcher ‚Darschan' mußte gründlich vorbereitet sein. Lk stellt es nun so dar, als hätte Jesus selbst den — frei gewählten — Prophetentext verlesen und dann die darauffolgende erbauliche Ansprache gehalten. Aber die atl. Stelle, die Jesus nach Lk 4,17 ‚findet', steht gar nicht so im A. T. Sie ist vielmehr aus zwei verschiedenen Stellen zusammengesetzt: V. 18 entspricht mit den Worten: „Der Geist des Herrn ist auf mir.. den Blinden das Sehendwerden" „zu heilen die, welche betrübten Herzens sind" dem LXX-Text von Jes 61,1. Die darauffolgenden Worte aber: „Vergewaltigte in Freiheit zu setzen" stammt aus Jes 58,6. Der Schluß „ein angenehmes Jahr des Herrn zu verkünden" lenkt wieder zu Jes 61 (V. 2) zurück. Wir sehen also: hier wird eine Kombination verschiedener Schriftstellen (wie sie wohl später in der christlichen Gemeinde üblich war; vgl. Paulus!) als ein von Jesus vorgelesener einheitlicher Prophetentext ausgegeben. Damit wird deutlich: wir haben hier keine gute, alte Überlieferung vor uns, sondern einen späteren Versuch, Jesu erste Predigt inhaltlich zu bestimmen. Daß die Fortsetzung in Jes 61,2 nicht mehr gebracht wird („Gnadenjahr des Herrn und einen Rachetag unseres Gottes auszurufen"), versteht sich von selbst[7].

---

[6] Ausgenommen freilich die Gleichnisse von Kap. 4, die Mk als Beispiele (V. 33) bringt, nicht als eine erschöpfende Wiedergabe der Worte Jesu.

[7] J. Jeremias hat in seiner Schrift „Jesu Verheißung für die Völker" (Stuttgart 1956, 37—39) versucht, die lukanische Parallele als einen einheitlichen und historisch zuverlässigen Bericht zu erweisen, wobei er Violets Studie, „Zum rechten Verständnis der Nazareth-Perikope" (ZNW 37, 1938, 251—271) wieder aufnahm. Im Anschluß an sie (264—267) will er θαυμάζω (thaumazo) mit „befremdet sein", ja sogar mit „empört sein" übersetzen (das Erstere kann mit Hinweis auf Sir 11,21 verteidigt werden: „Wundere dich nicht über die Werke der Gottlosen"; die Übersetzung mit „empört sein" halten wir für unmöglich). Diese Entrüstung findet Jeremias darin begründet, daß Jesus den Schluß des Zitats „einen Tag der Rache unseres Gottes" (= Jes 61,2) fortgelassen hat. Die einhellige Entrüstung sei die Antwort nicht zuletzt darauf, daß Jesus die Rache an den Heiden aus dem Zukunftsbilde streiche. Diese Konstruktion scheitert schon daran, daß nach der lukanischen Darstellung die Empörung der Bewohner von Nazareth sich an den von Lk eingefügten Verse 24—28 entzündet, die deutlich Israel das Heil absprechen und es den Heiden verheißen. — Vgl. dazu den aus-

Die Jesajastellen werden — gegen den Urtext — als eine in Jesus erfüllte Weissagung verstanden, oder vielmehr: der Erzähler trägt kein Bedenken, Jesus in der ersten Predigt sich als die Erfüllung der atl. Verheißung vorstellen zu lassen: „heute ist diese Schrift erfüllt in euren Ohren". D. h. das, was ihr soeben gehört habt, wird jetzt in mir erfüllt. Nach Lk — oder dessen Quelle — gibt sich also Jesus von Anfang an als den bekannt, in dem sich die messianischen Weissagungen (oder was man damals als solche ansah) erfüllen — das zeigt wieder, daß wir hier eine junge Überlieferung vor uns haben.

Die beiden einander widersprechenden Eindrücke der Hörer werden hier viel kürzer als bei Mk formuliert: „Und alle gaben ihm Zeugnis und verwunderten sich über die Worte der Gnade, die aus seinem Munde kamen" (das entspricht Mk 6,2) „und sie sagten: ‚Ist dieser nicht der Sohn Josephs'" (das entspricht Mk 6,3).

Die Fortsetzung der Geschichte bei Lk ist schriftstellerisch nicht gut gelungen; es werden, wie schon erwähnt, die Wunder in Kapernaum genannt, die nach der lukanischen Schilderung noch gar nicht erfolgt sind, als lägen sie bereits in der Vergangenheit. Aber diese Erwähnung — obendrein durch Jesus selbst! — erfolgt, um das Wort einzuführen: „Arzt, heile dich selber!", eine Variante des (in etwas abgeänderter Form dahinter folgenden Wortes: „Kein Prophet ist angenehm in seiner Heimatstadt"[8]). Warum läßt der Schriftsteller Jesus so zur Menge sprechen, die bisher als wohlwollend geschildert war? Warum ist es im Grunde hier Jesus, der den Konflikt in Nazareth herbeiführt? Die Antwort ist einfach: die Lage ist hier nicht mehr wie bei Mk. Hier handelt es sich deutlich nicht mehr darum, daß Jesus keine Wunder tun kann, sondern daß er — der göttlichen Weisung gehorchend! — keine Wunder tun will! Was sich bei Mt schon anbahnte, wird hier breit ausgeführt, indem es durch zwei Schriftstellen begründet wird.

Einmal wird auf den Propheten Elias verwiesen: Als die große Hungersnot kam, da hat er keiner der vielen jüdischen Witwen ge-

---

gezeichneten Aufsatz von Jacques Dupont: Le salut des gentils et le Livre des Actes, NTSt 1960,132—155. Bei Lk 3,6 wird ebenso wie in Apg 28,28 („und alles Fleisch wird das Heil Gottes sehen") von Anfang an die Heidenmission — und die Verwerfung Israels — angedeutet. Siehe dazu auch meinen Kommentar zur Apg., 13. A., 680—682.

[8] Vgl. ThEv Spruch 31 (p. 87,5—7): „Jesus sprach: Nicht ist ein Prophet genehm in seinem Dorfe. Nicht heilt ein Arzt die, welche ihn kennen." Vgl. dazu Schrage a. a. O. 75—77: „Die Beziehung des Wortes auf Jesus ist verschwunden, und der Spruch hat einen allgemeinen, für jeden Gnostiker oder gnostischen Propheten passenden Sinn gewonnen." Ob der Spruch auf die Fremdheit des Gnostikers von der Welt zielt (was Schrage für möglich hält), bleibt fraglich; das koptische Wort „Dorf" eignet sich nicht für eine solche Deutung im Unterschied vom griechischen πατρίς (patris) = Vaterstadt. Auch diese Gnostiker werden die Erfahrung gemacht haben, daß die eigenen Verwandten und Bekannten am schwersten für ihre Verkündigung zu gewinnen waren.

holfen, sondern Gott hat ihn zu der heidnischen Witwe in Sarepta gesandt (daß diese eine Heidin ist, steht freilich 1 Kö 17 nicht da; aber hier muß nach dem Zusammenhang angenommen werden, daß sie keine Jüdin ist: Israel und zu Sidon gehörendes Sarepta bilden ebenso einen Gegensatz, wie Israel und der Syrer Naëman im zweiten Fall). Zweitens aber erinnert Jesus an den Propheten Elisa: es gab viele Aussätzige zu seiner Zeit, aber Elisa heilte keinen von ihnen, sondern den Heiden Naëman! Diese beiden Geschichten sollen nicht bloß zeigen, daß Gottes Auswahl für uns oft unverständlich ist. Nein, sie machen klar, warum Jesus hier keine Wunder tut: Gott hat ihn nicht für Israel bestimmt. In der Abweisung Jesu durch die Bewohner von Nazareth sieht Lk — schon am Anfang der Tätigkeit Jesu — deutlich werden, daß nicht Israel für den Glauben bestimmt ist, sondern die Heiden. Auch das führt uns wieder dazu, diesen Text für jung zu halten.

In dieselbe Richtung weist uns endlich der Schluß der lukanischen Erzählung. Die Nazarener, durch Jesu Worte aufgebracht, wollen ihn von einem Bergabhang nahe dem Ort hinabstürzen und stoßen ihn dorthin — aber dann geht er plötzlich mitten durch sie hinweg. Dieser Zug gehört innerlich zusammen mit der zauberhaft-unwirklichen Art, wie die jüdischen Angriffe auf Jesus in der johanneischen Vorlage scheitern (8,59; 10,31; vor allem aber 10,39: „sie suchten ihn wiederum zu greifen. Und er ging aus ihrer Mitte fort"). Hier, in Lk 4,29 f., hat eine späte Legende die Verwerfung Jesu sinnfällig deutlich gemacht, zugleich ihn aber — weil er ja eben nicht dort ermordet worden ist — mit einer Zaubermacht begabt, die ihn mitten durch die Menge fortgehen läßt. Man sieht nicht, wie sich der Erzähler das vorgestellt hat: wird Jesus für sie unsichtbar oder sind sie plötzlich gelähmt, daß sie ihn nicht halten können? Man mißversteht diesen legendären Zug, wenn man, um ihn als historisch zu halten, annimmt, Jesu hoheitsvolle Haltung habe einen so tiefen Eindruck gemacht, das die Menge ihr Vorhaben nicht ausführte. Damit wird eine moderne Psychologie dem Text aufgezwungen. Das hat schon Joh. Weiß gegen Paulus, Olshausen, de Wette und Keil geltend gemacht (368).

Der gegenüber Mk stark erweiterte Bericht des Lk ist also ohne geschichtlichen Wert. Damit drängt sich die Frage auf, wie es wohl mit der Mk-Erzählung selbst steht. Da ist erstens bedeutsam: Mk weiß von der Predigt Jesu in Nazareth nichts zu sagen. Offenbar war ihm davon nichts überliefert. Auch sonst enthält ja die alte Überlieferung — wenn man von der Passionsgeschichte absieht — keine Nachrichten über Predigten, die Jesus an einem bestimmten Ort gehalten hat. Der mit der Ortsangabe Kapernaum endende Text in Joh 6 ist jung. Auch das in Mk 6,4 überlieferte Jesuswort wird ein Sprichwort sein, das man Jesus hier in den Mund gelegt hat. Noch deutlicher ist das bei der lukanischen Variante „Arzt, heile dich selber!", über deren Sinn die Ausleger streiten. An die Fassung des Thomasevangeliums, die der P Oxy 1,5 griechisch wiedergibt, haben wir in Anm. 8 schon erinnert. Mk hat sich mit diesem Wort die Ablehnung Jesu in Nazareth zu erklären gesucht und diese Reflexion — da er nicht über das Mittel der Anmerkung verfügte — der handelnden Person, d. h. Jesus selbst, in den Mund gelegt. Dabei hat er die Spannung zwischen diesem Wort und V. 6 übersehen: wenn der Unglaube der Nazarener die alte Regel bestätigte, ist das Staunen über diesen Unglauben nicht mehr so recht am Platz.

Daß die Nazarener Jesus hinabstürzen wollen — nach Rengstorf 68 als Beginn einer Steinigung —, steigert die Ablehnung, wie sie noch Mk erzählt hat. Topographisch stößt dieser jüngste Zug der Erzählung auf die Schwierigkeit, daß Nazareth gar nicht auf einem Berg mit *Steil*hang erbaut ist (Grundmann, Lk 123, nach Dalman, Orte u. Wege Jesu, 3. Aufl. 83). Unmittelbar bei der Stadt über der griechischen Kirche und der Marienquelle sind zwar Felswände, aber die — seit dem 12. Jh. nachweisbare — Tradition verweist gemäß Lk 4,29 auf einen weit außerhalb der Stadt gelegenen Ort.

Anscheinend war dem Erzähler nur das eine bekannt, daß Jesus in seiner Heimatstadt ohne Erfolg gepredigt hat. Alles andere sind Versuche der christlichen Tradition, sich mit dieser schwerbegreiflichen Tatsache auseinanderzusetzen. Das Faktum wird in ein lebendiges Geschehen zurückverwandelt, in der jüngsten Fassung (Lk) sogar mit einem beträchtlichen Wissen um den Synagogengottesdienst. Die Endlösung ist: aus „Jesus konnte dort keine Wunder tun" wird „Jesus wollte — und sollte! — dort keine Wunder tun".

Aber diese Mk-Perikope ist nicht nur aus apologetischen Gründen überliefert worden. Vielmehr sollte sie dem Leser die Notwendigkeit des Glaubens einschärfen. Auf den ersten Blick kann es freilich scheinen, als sei der Glaube, von dem unsere Geschichte spricht, weit verschieden von demjenigen, zu welchem der Leser des Mk angehalten wird. Unsere Geschichte fordert den Glauben, daß Jesus einem Kranken die nötige Hilfe bringen k a n n und w i l l. Der christliche Leser des Mk aber glaubte, daß Jesus der Messias, der Gottessohn ist, der „Herr". Aber im Grunde besagte das doch die feste Überzeugung, daß Jesus ihm im kommenden Gericht helfen kann und will. Weil diese Übereinstimmung besteht, konnten all jene Geschichten von Hilfsbedürftigen, deren sich Jesus angenommen hat, zur Stärkung des Glaubens weiter erzählt werden. Sie waren nicht überholt, sondern dauernd aktuell.

25 Die Aussendung der 12 Apostel

Mk 6,7—13; Mt 10,1.9—14; Lk 9,1—6

(7) Und er zog predigend rings durch die Dörfer. Und er rief die Zwölf zu sich, und begann, sie zu zweit auszusenden, und gab ihnen

Macht über die unreinen Geister, (8) und er gebot ihnen, nichts auf dem Weg mitzunehmen als nur einen Wanderstab, kein Brot, keinen Ranzen, kein Kupfergeld im Gürtel, (9) sondern beschuht mit Sandalen, „und ihr sollt nicht zwei Unterkleider anziehen". (10) Und er sagte ihnen: „Wenn ihr in einem Hause einkehrt, bleibt dort, bis ihr von dort weggeht. (11) Und welcher Ort euch nicht aufnimmt und anhört, von dort geht fort und schüttelt den Staub ab, der unter euren Füßen ist, ihnen zum Zeugnis." (12) Und sie zogen fort und verkündeten, man solle sich bekehren, (13) und trieben viele Dämonen aus und salbten mit Öl viele Schwache und heilten sie.

Unsere Geschichte erzählte ein einmaliges Ereignis aus Jesu Leben: die Aussendung der Zwölf, die dadurch zu ‚Gesandten', zu ‚Aposteln' werden. Der Erzähler will damit ohne Zweifel die faktische Einführung des Apostolats durch Jesus berichten. Aber er will mehr: er will damit zugleich zeigen, was für ein Verhalten der Herr seinen Boten, damals und für die ganze Zukunft, vorgeschrieben hat.

V. 6 verbindet diese Geschichte locker mit der vorhergehenden, aber nicht eigentlich innerlich. Daß Jesus die Ablehnung in Nazareth mit der Aussendung der Zwölf beantwortet (Grundmann 122), kann man doch nicht sagen: zwischen der Nazareth-Perikope und der Aussendung der Zwölf steht ja noch die Notiz über Jesu Wanderlehre in den Dörfern ringsum. V. 6 trennt das Folgende ebensosehr vom Vorhergehenden, wie er es verbindet. Warum Jesus gerade nun die Zwölf ausschickt, wird nicht gesagt. Was die Jünger verkünden sollen, wird ebenfalls nicht erwähnt, sondern läßt sich nur aus V. 12 erschließen. Dagegen wird genauer angegeben, wie sie sich unterwegs verhalten sollen.

Sie sollen für ihre Wanderung nur den Wanderstab mitnehmen, kein Brot, keinen Ranzen[1] (in den man Reisevorrat an Kleidung und Nahrung tut), kein Kupfergeld in den (als Geldtasche dienenden) Gürtel — Silber- und Goldmünzen kommen für diese armen Wanderprediger sowieso nicht in Betracht; Jesus selbst besaß ja auch nicht einmal einen Denar (Mk 12,15) —, nur die leichten Sandalen, nicht aber die Schuhe mit Oberleder (ὑποδήματα, hypodemata), und auch keine zwei Unterkleider. Jesu Sendboten sind also ganz auf das angewiesen, was man ihnen freiwillig gibt, und haben keine Möglichkeit, etwas für sich aufzuheben und sich zu bereichern. Jeder Eigennutz soll bei der Verkündigung ausgeschlossen sein. In V. 9 geht die indirekte Rede in die direkte über und bereitet damit die direkte Rede im folgenden Absatz vor, der aber durch die Worte „und er sagte ihnen" abgehoben ist.

Die christlichen Missionare sollen, wenn sie in einen Ort bei einer

[1] Er entspricht aber auch dem Bettelsack der mancherlei heidnischen Wanderprediger.

Familie Aufnahme gefunden haben, nicht zu einer anderen Familie übersiedeln. Dieses Verbot wird kaum bezwecken, daß die Missionare sich nicht nach besseren Quartieren umsehen sollen. Vielmehr würde eine solche Übersiedelung in ein anderes Haus zu Eifersucht und Zank der (durch die Aufnahme der Missionare bevorzugten) Familien führen, und das soll verhindert werden. Wo ein Ort die christlichen Sendboten nicht aufnimmt und anhört, da sollen sie fortgehen und mit einer dem Orientalen verständlichen Geste den Staub dieses Ortes von ihren Sandalen abschütteln:[2] damit ist jede Gemeinschaft feierlich aufgesagt. Das heißt aber in diesem Zusammenhang: dieser Ort ist dem Gericht verfallen, weil er mit den christlichen Predigern zugleich das Heil abgelehnt hat.

Als Schluß dieser Aussendung wird erzählt: die Zwölf gehen fort und fordern zur Bekehrung auf (aus der Richtung von Gott fort umkehren in die auf Gott zu). Sie treiben viele Dämonen aus und heilen viele Schwache (Kranke) durch Salbung mit Öl (das also gerade nicht eine ‚letzte Ölung' sein soll).

Dieser Mk-Abschnitt ist nicht aus einem Guß. Daß V. 6 innerlich nicht dazu gehört, haben wir schon gesehen. Die nächste Untereinheit ist V. 7. Er berührt sich mit 3,14 f.; nur steht hier „die unreinen Geister" für das dortige „die Dämonen" (das hier in V. 13 wiederkehrt). Mk gibt hier also wohl eine andere Überlieferung als in 3,14 f. wieder. Neu ist, daß die christlichen Sendboten paarweise gehen sollen — nicht zu gegenseitiger Kontrolle, sondern Hilfe und Unterstützung: es ist eine predigende Gemeinschaft, die auftritt, nicht ein isolierter Einzelner. Eine weitere Untereinheit ist V. 8: diese christlichen Wanderprediger müssen von der Bindung an den Besitz frei sein. Sie sollen ganz von freiwilligen Gaben leben, aber nicht die Möglichkeit haben, mehr anzunehmen, als sie brauchen. Nur so entgehen sie dem Verdacht, daß sie sich durch ihre Predigt bereichern wollen. Wenn sie bedürfnislos, zufrieden mit dem, was man ihnen an Speise und Trank gibt, auftreten, wird man sie nicht mit den mancherlei betrügerischen Bettelpredigern verwechseln, die damals durch die Lande zogen. V. 10 f. ist eine letzte Untereinheit; sie zeigt deutlich, daß es sich nicht um eine „fliegende Mission" handelt (wie Albert Schweitzer irrig meinte); denn bei einer solchen bleibt man nicht so lange an einem und demselben Ort, daß eine Übersiedlung von einer Familie in die andere in Frage kommt. Hier ist offensichtlich an die Gründung von Gemeinden gedacht: wenn die Mission an einem Ort Erfolge verspricht, bleibt man länger dort. Das ist eine ganz andere Situation, als sie die Didache 11,4[3] voraussetzt: dort be-

---

[2] Vgl. Apg 13,51 und 18,6 und unten Anm. 7.

[3] „Jeder Apostel aber, der zu euch kommt, soll aufgenommen werden wie der Herr; er wird einen Tag bleiben, wenn es aber nötig ist, auch den andern. Wenn er aber einen dritten bleibt, ist er ein Lügenprophet." Auffallend ist hier die

wegen sich die Wanderprediger innerhalb von bereits bestehenden Gemeinden! Darum wird ihnen dort vorgeschrieben, nicht länger als zwei Tage in einer zu verbleiben. Hier dagegen geht es darum, daß Gemeinden entstehen sollen. Damit ist aber schon gesagt, daß es sich hier tatsächlich nicht um eine Missionierung während der Lebenszeit Jesu handelt: da wären die ausgesandten Jünger nicht so rasch wiedergekommen. Vielmehr wird hier die nachösterliche Situation in die Zeit des Erdenlebens Jesu zurückgespiegelt. Der Schluß, V. 12 f., bereitet die folgende Perikope vor: durch diese Predigt der Zwölf wird der Name Jesu bekannt. Das Salben mit Öl ist keine medizinische Maßnahme in unserem Sinne. Es sind göttliche Segenskräfte, die in solcher Salbung mitgeteilt werden! Die Aufforderung zur „Bekehrung" gehört, wie die Pfingstrede des Petrus Apg 2,38 zeigt, zur christlichen Missionspredigt.

Lukas in 9,1—6 den Mk-Text im wesentlichen getreu wiedergegeben. Wenn er Jesus auch den Reisestab verbieten läßt, so zeigt das, daß sich in den christlichen Gemeinden schon früh verschiedene Regeln für die Mission auszubilden begannen, „laxere" und „strengere" — ein Vorspiel für die verschiedenen Ordensvorschriften späterer Zeit.

Lk bringt in 10,1—16 aus einer anderen Quelle einen weiteren Aussendungsbericht. Hier sind es allerdings nicht die 12, sondern 70 oder 72 Jünger, die ausgesandt werden; die Zahl wechselt ebenso wie die der angeblichen Übersetzer des hebräischen A. T. ins Griechische, die Zahl der angeblichen Schöpfer der LXX. Die lukanische Begründung — diese 70 oder 72 sollen in 35 oder 36 Zweiergruppen in jede Stadt und jeden Ort vorausgesandt werden, wo Jesus selber dann hinkommen wird — ist historisch betrachtet ohne Sinn. Diese Sendboten sind außerdem, wie die folgenden Verse zeigen, gar keine Quartiermacher. Der Evangelist hat überdies diese Situation nicht durchgeführt: 10,17 läßt er die auf einmal Ausgesandten gleichzeitig zurückkehren, und es wird ebenso schwerhalten sich vorzustellen, die 70 hätten inzwischen alle Orte bis Jerusalem aufgesucht, zu denen Jesus nun auf seiner Wanderung kommen wird, wie daß sie von diesen verschieden weiten Orten alle zugleich wieder bei Jesus eintreffen. Hier liegt — für die Aussendung der Zwölf gilt dasselbe — eine schematische Konstruktion und keine Anschauung vor. Vermutlich hat sich Lk von 9,51 inspirieren lassen: „Und er sandte Boten vor sich her." Der Sprachgebrauch — LXX-Griechisch — „er sandte vor seinem Angesicht her" zeugt nicht dagegen, sondern dafür. Dagegen dürfte das Wort ‚Herr' in 10,1 schon der jungen Quelle angehört haben.

Gleichsetzung von Apostel und Prophet: beide werden an sich als Geistträger angesehen, die sich darum auch nicht an die schon kirchlich vorgeschriebenen Gebete zu halten brauchen.

Damit, daß die Quelle jung ist, ergibt sich aber nicht, daß sie nur junges Spruchgut enthält. V. 2 ist ein ursprünglicher Einzelspruch; er paßt hier, wo 70 Jünger ausgesandt werden, nicht gut. Mt hat ihn 9,37 viel geschickter eingeordnet. Im Thomasevangelium kehrt er als Spr. 73 (p. 94,6—9) wieder[4]. Das Wort setzt doch wohl voraus, daß eine relativ kleine Gemeinde große Missionsmöglichkeiten vor sich sah — das war zu Jesu Zeit noch nicht der Fall. Das griechische Wort ἐκβάλλειν (ekbállein), ursprünglich = „hinauswerfen", heißt hier im abgeblaßten Sprachgebrauch der Koine nichts anderes als „fortsenden"; so kann V. 3 mit sog. Stichwortanschluß folgen: „ekballein" — „apostellein" („fortschicken"). V. 3 seinerseits paßt nicht in Jesu Situation, sondern in eine Zeit, wo die christliche Mission schon mit Lebensgefahr verbunden war. Mit V. 4 folgt ein auch von Mk überliefertes Wort. Das Verbot der Schuhe (hypodemata") widerspricht nicht der Weisung, Sandalen zu tragen (s. o.).

Viel schwieriger ist die Erklärung des Gebots: „Grüßet niemanden unterwegs." Von der Vermutung aus, daß es sich um eine „fliegende Mission" handelte, hat man an die langwierige und umständliche Begrüßungszeremonie im Orient gedacht, die den eilenden Boten zuviel Zeit fortgenommem hätte. Aber das Wort hat einen anderen Sinn: das „grüßen" meint den Friedensgruß: „schalōm" = Heil! Er ist — wie das Folgende zeigt — nicht als eine leere Formel gedacht, wie unser „Guten Tag" es ist. Näher kam schon Joh. Weiß 450 der Wahrheit, als er schrieb: „Der Grüßende gibt gewissermaßen" den Frieden „mit seinem Gruß hin". Daran ist nur das „gewissermaßen" falsch. Der Friede, das Heil ist hier wirklich als eine selbständige Größe vorgestellt, nämlich als die Heilsmacht, die der Apostel oder Missionar mit seinem Wort aussendet. Da aber hier ja Gemeinden gegründet werden sollen, darf diese Heilsmacht nicht begegnenden Wanderern mitgeteilt werden. Sie muß für das ‚Haus' (die in einem Haus lebende Familie) aufgespart werden, das die

[4] ThEv Spruch 73, (p. 94,6—9): „Jesus sprach: Die Ernte ist zwar groß, die Arbeiter aber wenig. Bittet aber den Herrn, daß er Arbeiter aussendet zur Ernte." Schrage 154 bemerkt mit Recht, daß die Aufforderung zum Beten in Spannung mit dem Verbot des Gebets (Spruch 14, p. 83,16 f.) steht. Aber diese Spannung verschwindet, wenn man beachtet: hier wird nicht um die Erfüllung irdischer Wünsche gebeten, sondern um Sendung von (gnostischen) Missionaren durch den Herrn. — Die Sprüche 74 und 75 sind Abwandlungen von Spruch 73, die in wachsendem Maß gnostischer werden. Spruch 74 lautet: „Er sagte: Herr, es sind viele um den Brunnen herum, keiner aber am Brunnen", d. h. viele sind der gnostischen Wahrheit nahe, aber keiner hat sie erreicht. Und: Jesus sagte: „Es stehen viele vor der Tür, aber die Einsamen (μοναχοί, monachoi) werden hineingehen ins Brautgemach." Dieses Eingehen ins Brautgemach — nach dem Philippusevangelium Spruch 68 (p. 115,27—30) ist das Brautgemach (griech.: νυμφών, nymphon) das höchste Sakrament — ist der Gewinn der vollen Erkenntnis. Sie erreicht nur, wer sich aus allen Bindungen an die Welt befreit und so ein „Einsamer" oder „Einzelner" wird, ein μοναχός (monachos).

Kernzelle einer solchen Gemeinde werden soll. So wird der Zusammenhang von V. 4 und 5 ff. deutlich: wenn die christlichen Missionare in ein ‚Haus' kommen, das ihnen geeignet scheint, dann sollen sie ihm das Heil zusprechen. Befindet sich jemand in diesem Hause, der für das Heil bestimmt ist (ein ‚Sohn des Friedens'), dann bleibt das Heil in diesem Haus; es kommt zur Ruhe über dem zu ihm Gehörigen. Ist aber kein solcher da, so kehrt diese Heilsmacht wieder zu den Missionaren zurück.

In diesem Hause sollen die Missionare verbleiben, ohne — wie der Schluß des Verses zeigt — in ein anderes überzusiedeln, und mit gutem Gewissen das essen und trinken, was ihnen vorgesetzt wird (vgl. im Thomasevangelium Spr. 14, p. 83,19 ff.)[5]: ein Arbeiter verdient seinen Lohn. Hier wird mit einem Jesuswort das Recht der christlichen Missionare gesichert, sich von der Gemeinde erhalten zu lassen. Paulus bezeugt eine entsprechende Tradition, wenn er 1 Kor 9,14 schreibt: „So hat auch der Herr den das Evangelium Verkündenden geboten, vom Evangelium zu leben." Dazu vgl. auch Gal 6,6: „Es lasse aber teilhaben der, welcher im Wort unterrichtet wird, den ihn Unterrichtenden an allem Guten!". In 1 Kor 9,14 ist „das Evangelium" bereits terminus technicus. Vermutlich hat ein geistbegabter Prophet in der Urgemeinde im Namen Jesu diese Weisung gegeben, als die Mission schon begonnen hatte und sich die Frage erhob: woher soll der Unterhalt der Missionare kommen? Sollen sie sich bezahlen lassen oder nicht? Paulus und Barnabas haben dieses Recht nicht in Anspruch genommen, um die christliche Mission nicht in Mißkredit zu bringen.

[5] ThEv Spruch 14 (p. 83,19—23): „... und wenn ihr hineingeht in irgendein Land und wandert in den Gegenden und man euch aufnimmt, eßt das, was man euch vorsetzen wird. Die, welche krank sind unter ihnen, heilt!" Es folgt dann eine Entsprechung zu Mk 7,15 par.: „Denn was hineingehen wird in euren Mund, wird euch nicht beflecken; aber das, was herausgeht aus eurem Mund, das ist es, was euch beflecken wird." Der gnostische Wanderprediger wird von der Pflicht der Askese befreit: er darf essen, was man ihm vorsetzt. Das folgende Sätzchen: „Heilt die Kranken unter ihnen" wird Thomas in übertragenem Sinne verstanden haben: „Teilt denen die Gnosis mit, die ihrer bedürfen". Hier wird anscheinend ein festgefügter Zusammenhang übernommen; das Wort von der Krankenheilung schneidet scheinbar die folgende Begründung des Essendürfens ab: Der gnostische Wanderprediger wird durch das Essen nicht befleckt, obwohl es die asketischen Vorschriften verletzt, wohl aber, wenn er nicht die rechte Erkenntnis ausspricht. Vgl. Schrage a. a. O. 52 ff., der ein schönes Beispiel für diese Deutung von Krankheit und Heilung aus der Pistis Sophia 160,37 ff. beibringt: „Die Gesunden bedürfen des Arztes nicht, sondern die Kranken" (vgl. Lk 10,6.8 f.; Mk 2,17, s. o. S. 49), „d. h. die von dem Licht bedürfen der Mysterien nicht, sondern das Menschengeschlecht ist es, das ihrer bedarf". — Daß mit den Worten „alles essen, was einem vorgesetzt wird", der Urzustand des Paradieses wirklich geworden ist (so Schrage 54), scheint uns trotz der beigebrachten Parallelen hier weniger gut zu passen. — Nur scheinbar besteht hier also lediglich ein Stichwortanschluß durch das Wort „hineingehen".

In V. 8 ff. handelt es sich nicht mehr um das Haus, sondern um eine Stadt. Dieser V. 8 f. scheinen V. 10 f. parallel konstruiert zu sein, unter Benutzung des soeben über das „Haus" Gesagten und der bei Mt 10,7 f. in einem anderen Zusammenhang gebrachten Weisung, die Kranken zu heilen und das Kommen des Reiches zu verkünden (vgl. Mk 6,12 f. und Lk 9,6). Zwischen der Aufforderung zur Umkehr und der Ankündigung des Reiches besteht kein Widerspruch: Aus dem Kommen des Reiches ergibt sich die Notwendigkeit der sofortigen Umkehr. Wenn aber ein Ort die christlichen Missionare ablehnt, wird die Gemeinschaft mit ihm radikal abgebrochen, aber zuvor ausdrücklich noch einmal festgestellt, daß ihm das Evangelium mitgeteilt worden ist. Einer solchen Stadt wird es beim Gericht schlimmer ergehen als Sodom und Gomorrha. Man darf dieses Wort nicht mißverstehen, als wollte die christliche Gemeinde damit nur ihr Selbstbewußtsein ausdrücken: sie ist fest davon überzeugt, daß von der Stellungnahme zu ihrer Predigt das ewige Schicksal der Hörer abhängt.

Lk 10,13—15 nennen einige Orte, an denen offensichtlich die christliche Botschaft trotz der dort geschehenen Taten Jesu keine Wurzel schlagen konnte; darum wird ihnen nun das Gericht angesagt. Auch hier haben wir an Erfahrungen der christlichen Gemeinde zu denken; das Urteil über sie wird Jesus in den Mund gelegt. Forscher wie Lohmeyer haben gemeint, es müsse in Galiläa eine große jesusgläubige Gemeinde existiert haben, mehr oder weniger unabhängig von Jerusalem. Unsere Verse zeigen, daß Jesu Tätigkeit in Galiläa ohne nachhaltige Wirkung blieb, auch in Kapernaum, das bei der Synoptikern so stark hervortritt, aber auch von Johannes nachdrücklich genannt wird. Von Bethsaida kennen wir die Geschichte der Blindenheilung (Mk 10,46—52 par.; s. u. S. 370—372). Nach Joh 1,44 stammten von dort Philippus, Andreas und Petrus. Chorazim kommt in den Evangelien überhaupt nicht vor — ein Zeichen dafür, wie unvollständig und lückenhaft unsere Überlieferung ist.

Lk 10,16 gehört in die schwer zu entwirrende Überlieferung eines Spruches hinein, der in dem (mit Mk 9,37 und Lk 9,48 verwandten) Wort Mt 18,5 weiter bezeugt ist. An der Stellung zur Gemeinde entscheidet sich die zu Christus, und an ihr wiederum die zu Gott. Das Wort entspricht der nachösterlichen Theologie der Gemeinde, nicht der Verkündigung Jesu, und hat schon johanneischen Klang. Aber der ganze Abschnitt handelt ja im Grunde von der christlichen Mission und hat nur scheinbar einen ‚Sitz im Leben Jesu'.

Während Lk den Abschnitt Mk 6,7—13 in 9,1—6 im wesentlichen übereinstimmend weitergibt und die faktische Parallele aus Q bei ihm in 10,2—16 als eine Aussendungsrede an die Siebzig erscheint, hat M a t t h ä u s das gesamte Material zu einer großen Redeeinheit verschmolzen, die von 9,35 — 10,16 reicht. Aber Mt hat außerdem — die angebliche Rede Jesu fortführend — in 10,17—42 noch weitere Abschnitte aus Mk 13 und Q (Lk 12, 14 und 17) verbunden, die aus seinem eigenen Sondergut noch bereichert werden. Dabei kann man im einzelnen nicht immer sagen, ob Mt selbständig geändert hat oder einen solchen von Lk abweichenden Text schon in seiner Vorlage fand, anders ausgedrückt: wieweit das Sondergut des Mt (= Mt S) schon in seinem „Q" enthalten war. Zur leichteren Orientierung wollen wir zunächst einmal eine allgemeine Übersicht über die Quellenverhältnisse in diesem Mt-Abschnitt geben:

Mt 9, 35	:	Mk + Mt	Mt 10,15	:	Q
36	:	Mk	16 a	:	Q
37 f.	:	Q	16 b	:	Mt S
Mt 10,1	:	Mk + Q	17—22	:	Mk
2—4	:	Mt S	23	:	Mt S
5 f.	:	Mt S	24 a	:	Q
7	:	Q	24 b	:	Mt S
8	:	Mt S	25	:	Mt S
9 f.	:	Q	26—33	:	Q
11 a	:	Q	34—36	:	Q
11 b	:	Mt S	37 f.	:	Q
12 f.	:	Q	39	:	Q
14	:	Mk	40	:	Q
			41 f.	:	Mt S

Dieser Abschnitt des Mt zeigt uns die Kompositionstechnik, ja wir müssen schon sagen: die Kompositionskunst des Mt. Er beginnt mit der Wiedergabe von Mk 6,6. Aber in diesen Vers schiebt er — aus Mt 4,23 (wo „periagein", „Umherziehen" intransitiv gebraucht war, während es in Mk 6,6 transitiv ist) die Worte ein: „lehrend in ihren Synagogen und verkündend das Evangelium des Reiches und heilend alle Krankheit und alle Schwäche". An diese allgemeine Schilderung der Tätigkeit Jesu, der sich bemüht, die innere und äußere Not des Volkes zu lindern (lehrend und heilend), fügt Mt in V. 36 den (durch die Worte ‚geschunden und erschöpft' erweiterten) V. 34 aus Mk 6. Er bringt damit Jesu Erbarmen mit diesem armen Volk zum Ausdruck und bereitet 10,6 vor. Damit wird der — aus Q stammende, vgl. Lk 10,2 — Spruch innerlich begründet: „Die Ernte ist groß usw.", der sich hier bei Mt viel besser eingliedert als bei Lk, anscheinend aber zunächst eine selbständige Überlieferungseinheit war.

Nun werden tatsächlich die Arbeiter in die Erntearbeit geschickt: Mt 10,1 erzählt von der Berufung der Zwölf und ihrer Ausstattung mit der Macht, Dämonen auszutreiben und alle Krankheiten zu heilen. Dabei ist in den Worten: „er gab ihnen Macht über die unreinen Geister" Mk 6,7 benützt, während „zu heilen Krankheiten" aus dem entsprechenden Q-Stück (vgl. Lk 9,1) herrührt, von dem auch die Eingangskonstruktion „rufend die Zwölf" bestimmt ist, während das „herzu" in „herzurufend" dem Mk-Text entspricht. In 10,2 gibt Mt den Apostelkatalog, den er weder aus der Mk-Tradition noch aus der lukanischen geschöpft hat.

In 10,5 wird nun die Aussendung dieser Zwölf berichtet und dabei deutlich gemacht, daß alles jetzt Folgende Jesu Anweisung an diese zwölf Jünger ist (selbstverständlich sah der Evangelist diese Anweisung als die Vorschrift für alle weitere christliche Mission an). Der Spruch „Geht nicht auf einen Weg der Heiden, und in eine Stadt der Samariter geht nicht hinein, geht vielmehr zu den verlorenen Schafen des Hauses Israel" stammt aus einer judenchristlichen Überlieferung, die nichts von Heiden- und Samaritermission wissen wollte. Mt konnte diesen Spruch ruhig übernehmen, da er ihn auf den nun beginnenden ersten Auszug der Zwölf zur Mission bezog. Von Mt 15,24 („Ich bin nur zu den verlorenen Schafen des Hauses Israel gesandt") wäre zu sagen, daß er aus derselben judenchristlichen Tradition stammt, aber dem (selbst keineswegs judenchristlichen!) Mt keine Schwierigkeiten bot, weil Jesus selbst ja nur unter dem jüdischen Volk gewirkt hat. Diese „verlorenen Schafe des Hauses Israel" sind nicht einzelne Individuen oder Gruppen wie Zöllner und dergl., sondern gerade die Massen des jüdischen Volkes, deren Elend Mt in 9,36 beschrieben hatte.

V. 10,7 entspricht Lk 9,2 und 9,9. Zusammen mit Mt 10,23 hat er die irrige Ansicht Albert Schweizers gestützt, Jesus habe kurz vor dem von ihm erwarteten nahen Weltende eine ‚fliegende Mission' ins Werk gesetzt. Wir werden bei V. 23 von dieser Frage sprechen.

Wie sich Mt das „erweckt Tote" (das im Koine-Text fortgelassen ist) vorgestellt hat, ist schwer zu sagen — vielleicht hat er es auf die geistlich Toten bezogen. Denn wenn in der Apg[6] auch gelegentlich eine Totenerweckung durch einen Apostel erzählt wird, ein Befehl von solcher Allgemeinheit ist undenkbar. Auch die Heilung von Leprakranken durch Apostel berichtet die Überlieferung nicht. Nach diesen lapidaren Worten erscheinen die Zwölf im Besitz einer Heilungsmacht, welche der Jesu gleich ist. Joh 14,12 wird diese Macht sogar allen Glaubenden zugesprochen: „Wer an mich glaubt, der wird auch die Werke tun, die ich tue, und er wird größere als diese tun, weil ich zum Vater gehe". Das Gebot „Umsonst empfingt ihr, umsonst gebt" beendet diesen Vers. Es bildet den Übergang zum Verbot des Besitzes, das die folgenden Verse aussprechen.

V. 10,9 f. stimmen mit Lk 10,5 soweit überein, daß man hier von einem Mt—Q sprechen darf. Während bei Mk der Besitz von Kupfergeld verboten war, wird hier auch der von Gold und Silber erwähnt — ist die Gebefreudigkeit in reichere Kreise eingedrungen? Der Spruch „Der Arbeiter hat seine Nahrung verdient" steht bei Lk an einer Stelle, die wirklich vom Essen handelt, obwohl der Lk-Text von „Lohn" statt „Nahrung" spricht. Wahrscheinlich figuriert hier ein

[6] Apg 9,36—41; (20,7—10?).

Sprichwort als Jesuswort; die verschiedenen Evangelisten haben es je nach Bedarf in den Zusammenhang eingesetzt.

V. 10,11—13 sind besonders wichtig. Es geht um die Art und Weise, wie man Gemeindegründungen versuchen soll. Zunächst erkundigen sich die Missionare, ob in dem Ort, den sie besuchen wollen, eine Familie wohnt, die als ‚würdig' erscheint. Damit ist nicht bloß (aber auch!) gemeint, daß sie in gutem Rufe steht (sonst kämen die Missionare in ein schlechtes Licht), sondern auch, ob man bei ihr Verständnis für die christliche Botschaft erhoffen darf. Wissen die Missionare, daß eine Familie wegen ihrer lebendigen Frömmigkeit hochangesehen ist, können sie dort anklopfen. Diesen sehr lebenswahren Zug bietet Mt allein. Das „Grüßen", von dem V. 12 spricht, ist — wie sich aus V. 13 ergibt — das „Heil!"-Wünschen. Damit bestätigt sich das oben (s. S. 224) Gesagte.

V. 14 ist künstlich auf ‚Haus' und ‚Stadt' bezogen, um an die vorangehenden Verse anzuschließen. In Wirklichkeit paßt er auf das Hinausgehen aus einem Ort (Mk: τόπος [topos], Lk: Stadt). Übereinstimmung und Unterschied zeigen sich in den für ‚abschütteln' und ‚Staub' verwendeten Vokabeln bei Mk, Mt und Lk[7].

Mit V. 14 beginnt ein neues Thema. Gegenüber Lk 9,3 ist er erweitert durch das Wort: „Seid nun klug wie die Schlangen und ohne Falsch wie die Tauben", die nach antikem Volksglauben keine Galle hatten. Das Thomasevangelium enthält dieses Wort in Spr. 39 (p. 88, 11—13)[8]; stellt es aber dem Verhalten der Pharisäer gegenüber.

Der nun folgende Abschnitt, V. 17—22, ist — im wesentlichen unverändert — aus Mk 13 übernommen. Josef Schmid 179 weist darauf hin, daß nur Mk 13,10 „weil nicht zum Thema passend", für Mt 24,14 aufgespart wurde; „aber der Zusatz ‚und die Heiden' ... in V. 18 ist noch eine Erinnerung daran". Mt dachte gar nicht daran, eine streng historische Darstellung der (angeblichen) Aussendungsrede Jesu zu geben. Vielmehr stellte er all das an Weisungen für die christlichen Missionare zusammen, was er in seinen verschiedenen Quellen fand und für Jesu eigene Worte hielt. Aber damit ist nicht gegeben,

---

[7] „Abschütteln" heißt in Mk 6,11 und Mt 10,14: ektinassein, in Lk 9,5: apotinassein; „Staub" in Mk 6,11: chous", in Mt 10,14 und Lk 9,5: koniortos.

[8] ThEv Spruch 39 (p. 88,7—13): „Jesus sprach: Die Pharisäer und Schriftgelehrten haben die Schlüssel der Erkenntnis genommen; sie haben sie versteckt. Sie sind weder hineingegangen, und die, welche hineingehen wollten, haben sie nicht gelassen. Ihr aber, seid klug wie die Schlangen und ohne Falsch wie die Tauben!" Vgl. dazu Schrage a. a. O. 92—95. Der erste Teil ist ein Mischzitat aus Lk 11,52 und Mt 23,13; der zweite Teil stammt aus Mt 10,16. Deer Gnostiker soll die Erkenntnis (Gnosis) nicht verbergen, aber auch Vorsicht walten lassen, wenn er sie jemandem anvertraut. Eine stärker hellenisierte Variante (unter Benutzung einer Aesop-Fabel) findet sich in Spruch 102 (p. 98,2—5): „Jesus sprach: Wehe ihnen, den Pharisäern, denn sie gleichen einem Hund, der auf der Krippe der Rinder liegt. Denn weder frißt er noch läßt er die Rinder fressen."

daß es wirklich Worte des ‚historischen' Jesus waren. Das wird vor allem darin sichtbar, daß alle drei Synoptiker hier die Bildung von Gemeinden als Ziel voraussetzen. Die christlichen Prediger sollen keineswegs — wie Schweitzer, verführt durch eine lockende Intuition, annahm — eilig das Land durchziehen und überall schnell die Kunde vom Nahen des Gottesreiches ausrufen. Statt dessen sollen sie sich zunächst erkundigen, wo eine Familie im betreffenden Ort wohnt, bei der ein Verständnis der christlichen Botschaft erwartet werden kann. Dort sollen sie während des ganzen Aufenthaltes in diesem Ort bleiben — offensichtlich hatte man die unliebsame Erfahrung gemacht, daß Eifersucht und Streit daraus entstehen, wenn zuerst die eine und später eine andere Familie die Missionare aufnimmt. Jede macht dann später die Autorität geltend, die ihr aus dieser Vorzugsstellung erwächst. Vielleicht ist das Wort „und sie nötigte uns" Apg 16,15 von hier aus zu verstehen; ursprünglich hatten Paulus und die Seinen irgendwo anders ein bescheidenes Quartier gefunden. Als aber die reiche und einflußreiche Frau nach ihrer Bekehrung verlangte, daß die Missionare bei ihr wohnten, mußten sie — gegen die Regel — der Forderung nachgeben.

Auf alle Fälle rechnet Mt mit einem längeren Aufenthalt der Missionare in jedem Ort, wo eine Gemeindegründung gelingt. Das schließt eine ‚fliegende Mission', wie sie Schweitzer vermutete, radikal aus. Denn eine solche Gemeinde entsteht nicht in wenigen Stunden. Wenn sechs Paare christlicher Missionare in dieser Weise missionierend während des Wirkens Jesu durch Galiläa (und Judäa?) gezogen wären, hätte das Monate beansprucht; natürlich wären sie auch nicht gleichzeitig zurückgekehrt. Aber von einer solchen Mission findet sich keine Spur. Jesus selbst hat keine Gemeinden gegründet, sondert dort gepredigt, wo er gerade weilte. Vielleicht hat er sich länger in Kapernaum aufgehalten, vielleicht auch in Bethsaida. Wenn später in der Apg die Gemeinde in Jerusalem als der eigentliche Mittel- und Ausgangspunkt der judenchristlichen Mission erscheint, so kann das durchaus zutreffen. Die — verhältnismäßig wenigen; etwas über 500 (1 Kor 15,6)? — galiläischen Jesusgläubigen haben sich in Jerusalem versammelt, um dort das Kommen des Reiches und die Ankunft des erhöhten Jesus zu erwarten. In Galiläa selbst werden zunächst kaum noch Jesusgläubige geblieben sein. Erst von Jerusalem aus hat dann später auch in Galiläa die christliche Mission eingesetzt (aus Apg 9, 31 zu erschließen).

Mt nimmt nun die Weissagung von Verfolgungen mit in die Aussendungsrede hinein und zeigt damit den Wandel der Zeit: für Mk (13,9 ff.) sind die Verfolgungen, die man erlebt hat, erlebt und weiter erwartet, schon Vorboten des Endes. Sie gehören hinein in das eschatologische Drama. Für Mt dagegen stellt sich die Lage anders dar: diese Verfolgungen sind Gegenwart, aber noch lange nicht das zukünftige Ende. Sie treffen in erster Linie die christlichen Missionare, noch nicht die Gemeinde als solche (vgl. die Darstellung der Apg). Die

Missionare werden vor die Behörden geschleppt, verhört und bestraft. Allerdings lassen V. 21 f. — die sich an dieser Stelle bei Mt sehr seltsam ausnehmen — auch erkennen, daß die Verfolgungen auch schon in die Gemeinden eingreifen. Eigentlich hat der ganze Abschnitt Mk 13,19—22, den Mt in 10,19—22 wiedergibt, mit der Mission nichts zu tun: er paßt wohl in den Zusammenhang des Mk, aber nicht in den des Mt. Mt hat ihn trotzdem übernommen, weil er ihm einen neuen Sinn gibt: jetzt schon erlebt man, wie die Christen von den nicht bekehrten Mitgliedern der eigenen Familie verfolgt werden. Damit ist der Anschluß für V. 23 gegeben.

Dieser Vers ist der Hauptpfeiler für die Schweitzersche Konstruktion, die auch Martin Werner[9] verteidigt. Anscheinend besagt die zweite Hälfte dieses Verses, daß die Wiederkunft des Menschensohnes noch während der Missionsfahrt der Zwölf erwartet wird.

In Wirklichkeit widerlegt eine genaue Betrachtung gerade dieses Verses die Schweitzersche Hypothese. Fassen wir aber zunächst nur die erste Hälfte des Verses ins Auge! Was wird hier vorausgesetzt, und paßt diese Voraussetzung zu jener angeblichen „fliegenden Mission"? Wären wirklich die Jünger eilend mit der Botschaft „Das Gottesreich kommt!" durch die Dörfer und Städte gezogen, hätte dann diese Verkündigung eine Verfolgung ausgelöst? Wer sollte sie verfolgen? Schweitzer entgeht dieser Schwierigkeit scheinbar durch die Annahme, Jesus habe eben rein dogmatisch, ohne einen Blick für die Wirklichkeit, mit dem Anbruch der „messianischen Wehen" gerechnet. Aber auch diese Auskunft hilft nicht. Denn unser Vers macht sehr deutlich: die Verfolgung wird hier als ein rein lokales Ereignis aufgefaßt — in einem Ort verfolgt man die Missionare, im nächsten aber nicht. Sonst wäre es ja sinnlos, die Jünger aufzufordern, in diesen anderen Ort zu fliehen! Wollen wir eine ntl. Illustration für die hier angedeutete Lage, brauchen wir nur in die Apg zu blicken: wenn in einem Ort eine Verfolgung ausbricht, begibt sich Paulus in den nächsten und nimmt dort seine Tätigkeit auf. Es ist möglich, daß es nach einiger Zeit, etwa nach einigen Wochen, auch im zweiten Ort wieder zu Tumulten kommt, weil Juden aus dem ersten Ort eingetroffen sind und, als sie den verhaßten Paulus an der Arbeit sehen, auch hier die Menge aufputschen. Aber es bleibt dabei immer noch bei lokalen Unruhen und Verfolgungen der Missionare; die Gemeinden haben in den meisten Fällen gar nicht oder nur wenig zu leiden. Das ist die Lage, von der auch hier die Rede ist.

Unser Vers beantwortet eine für die christliche Mission äußerst wichtige Frage: Was sollen die christlichen Missionare tun, wenn sie verfolgt werden? Müssen sie nicht bei den neugegründeten Gemeinden ausharren und das Martyrium auf sich nehmen? Oder steht die Pflicht,

[9] Martin Werner, Die Entstehung des christlichen Dogmas, Stuttgart 1959, Urban-Bücher 38.

die Verkündigung weiter zu tragen, über allen anderen Pflichten? Unser Vers entscheidet sich für das Zweite und stimmt darin mit der paulinischen Praxis überein. Wenn sich gegen einen Missionar in einem Ort eine Verfolgung erhebt, dann soll er — das wird hier mit einem (scheinbar historischen) Jesuswort entschieden — in den nächsten Ort fliehen. Dieses Wort gab den Missionaren ein gutes Gewissen, wenn sie um ihres Missionsauftrages willen dem Sturm der Verfolgung auswichen: der Herr selbst hatte es so geboten! Da anscheinend die Verfolgungen sich meist gegen den ortsfremden Missionar richteten, war mit seinem Forgang in den meisten Fällen der Aufruhr zuende.

In der von Schweitzer vermuteten Situation — fliegende Botschaft: Das Reich ist vor der Tür! — war eine solche Verfolgung undenkbar. Ehe sie entstehen konnte, wären die Boten ja weitergeeilt gewesen! Zur Verfolgung kann es erst kommen, wenn die Missionare an einem Ort länger bleiben und hier eine Gemeinde begründen, die aus der bisherigen — jüdischen oder heidnischen — Religionsgemeinschaft ausscheidet. Vor allem dürften es die Juden gewesen sein, die gegen die neuen Prediger vorgingen, da sie ihnen die Gasthörer in den Synagogen abspenstig machten.

Nun aber zum zweiten Teil des Verses, auf den Schweitzer soviel Wert gelegt hat. Was soll er — nach Schweitzers Voraussetzung — eigentlich besagen? Was kann er unter diesen Voraussetzungen überhaupt heißen? Bei Verfolgung flieht in die nächste Stadt, denn ihr werdet ja vor der Ankunft des Menschensohnes doch nicht mit den Städten Israels fertig! Das ist eine seltsame Logik: Geht in eine andere Stadt, denn mit allen werdet ihr ja doch nicht fertig! Aber sehen wir von dieser Logik einmal ab. Hier erhebt sich doch noch eine andere Frage: Mt wußte doch, daß die Jünger, aufs große Ganze gesehen, nicht verfolgt worden waren, und daß der Menschensohn nicht gekommen war. Wenn er trotzdem diese Worte überliefert hat, muß er sich doch dabei etwas gedacht haben. Welchen Sinn fand der Evangelist also darin?

Aus 10,11 ff. ist klar, daß er an die Gründung von Gemeinden durch christliche Missionare dachte. Er setzte also jene Situation voraus, bei der (wie wir soeben gesehen haben) V. 23 a seinen guten und verständlichen Sinn bekommt. Wollte man an Schweitzers These festhalten, dann müßte man annehmen: Ein Wort, das Jesus aus einer wirklichkeitsfremden[10] Theorie heraus gesprochen hatte, habe unter ganz anderen Verhältnissen einen guten, mit der Realität übereinstimmenden Sinn bekommen. Das ist so unwahrscheinlich, daß wir diese Möglichkeit getrost fallen lassen können.

Ist nun aber die zweite Hälfte des V. 23 immer mit der ersten verbunden gewesen? An sich könnte die erste für sich allein existiert

[10] Albert Schweitzer, Gesch. d. Leben-Jesu-Forschung, 2. A., 405: „Jesus sagt den Jüngern in dürren Worten, Mt 10,23, daß er sie in diesem Äon nicht mehr zurückerwartet."

haben. Aber Mt hat beide durch ‚denn' verbunden, also in V. 23 b eine Begründung des Gebots von V. 23 a gesehen. Was meinte er also?

Zunächst einmal nicht, daß Jesus als Menschensohn erschien, bevor noch die Zwölf von ihrer Reise zurückgekehrt waren. Also hatte Mt hier jene weitere Perspektive vor Augen, von der wir schon mehrfach gesprochen haben: Jesus gibt bei dieser ersten Mission schon die Anweisungen für alle christliche Mission, auch wenn dabei Lagen besprochen werden, welche während jener ersten Missionsfahrt gar nicht eintraten. Mt findet also hier die Voraussage Jesu vor: Die christliche Mission in Israel werde noch nicht fertig sein, wenn der Menschensohn kommen wird. Heißt das nun: Er setzt eine baldige Wiederkunft Jesu voraus? Auf keinen Fall eine so schnelle, wie sie Schweitzer annahm. Denn seit Ostern war zur Zeit des Mt schon ein halbes Jahrhundert vergangen. Außerdem geht es ja hier um Gemeindegründung, um „Christianisierung" — wenn dieser Ausdruck erlaubt ist — und nicht bloß um einen letzten Warnruf, den man nicht überliefert hätte, wenn er sich nicht erfüllte.

Paulus hat angenommen: Wenn die Juden, durch die Bekehrung der Heiden eifersüchtig gemacht, sich bekehren würden, dann werde das Ende kommen[11]. Unser Vers ist anderer Meinung: Die christliche Mission in Israel wird noch nicht am Ziel sein, wenn der Menschensohn erscheint.

Freilich wird unser Vers auch anders ausgelegt. W. Michaelis hat mehrfach die Auffassung vertreten: Daß die Bekehrung Israels nicht fertig sein werde, bis der Menschensohn kommt, meine: die Bekehrung Israels wird erst dann fertig sein, wenn der Menschensohn kommt! Unter dieser Voraussetzung legt Michaelis nun den gesamten Vers aus wie folgt: „Glaubt nicht durch Ausharren in einem Ort die Bekehrung Israels zu erzwingen; sie ist viel schwieriger. Denn sie wird erst beendet sein bei der Parusie![12] Die Gleichsetzung von „nicht fertig, bis" und „erst fertig, wenn" mag zur Not möglich sein. Die eigentliche Schwierigkeit der Auslegung von Michaelis liegt aber im ersten Teil seiner Erklärung: Die Jünger könnten der Meinung sein, durch ihr Ausharren an einem Ort die Bekehrung Israels zu erzwingen. Wie sie auf eine so merkwürdige Verbindung des Ausharrens an einem Ort mit der Bekehrung von ganz Israel verfallen sein sollten, ist nicht einzusehen. Beides hat doch nichts miteinander zu tun. Darum verstehen wir, daß Zahn in V. 23 b einen anderen Sinn gesucht hat: Es werde den Jüngern bis zur Parusie nicht an einem Zufluchtsort

[11] Rö 11,12: „Wenn aber ihr Fehltritt der Reichtum der Welt und ihr Mangel der Reichtum der Heiden (geworden ist), um wieviel mehr (wird) ihre Fülle (sein) ... Denn wenn ihre Verwerfung die Versöhnung der (Heiden-)Welt ist, was ist dann die Annahme (der bekehrten Juden durch Gott) anders als das Leben aus den Toten (= die Auferstehung der Christen)?"

[12] Wilhelm Michaelis, Der Herr verzieht nicht die Verheißung, 64 und A. 38; ders.: Irreführung der Gemeinden?", S. 19.

fehlen, wohin sie sich vor einer Verfolgung retten können[13]. Aber die Worte „bis ihr fertig werdet“ (τελέσητε [telésēte]) können doch nicht gut heißen: „Einen Zufluchtsort finden“! Daß nach der Meinung des Mt beim Kommen des Menschensohnes nicht ganz Israel bekehrt sein wird, beweist 11,2 f. mit dem Fluch über Kapernaum, Chorazim und Bethsaida (= Lk 10,13 ff.). Josef Schmid hat Zahns Deutung wieder aufgenommen (181): es werde für die Jünger (oder die Missionare) immer wieder eine Zuflucht in der Verfolgung geben, „und die Städte Palästinas sind bloß deshalb genannt, weil diese zunächst im Gesichtskreis der angeredeten Jünger liegen“.

Aber der Vers will kaum den Jüngern nahelegen, vor allem ihr kostbares Leben durch die Flucht zu retten. Das Fliehen in die nächste Stadt meint ohne Zweifel, daß sie dort ihre Missionswirksamkeit fortsetzen sollen. Nicht auf das Fliehen bezieht sich das folgende „denn“, sondern auf diese Missionsarbeit: „denn ihr habt eine gewaltige Aufgabe zu erfüllen: in allen Städten Israels die Mission zu versuchen (denn nicht überall gelingt sie, wie an den Verfolgungen klar wird) ist ein so großes Unternehmen, daß ihr vor dem Kommen des Menschensohnes nicht fertig werden werdet!“ Von einer Naherwartung des Endes ist also hier gar keine Rede. Schlatter Mt 342 fand in unserem Vers einen illusionslosen Vorblick auf die Zukunft: „Der völlige Untergang der palästinischen Kirche wird erwartet“. Aber das liegt in dem Logion nicht darin. Nicht ein bevorstehender Untergang, sondern eine bevorstehende große Aufgabe wird gezeigt: die Flucht der Missionare bei Verfolgung ist gerechtfertigt, denn sie haben noch mehr zu tun: in allen Städten Israels zu missionieren, und das wird vor der Parusie nicht beendet sein.

Auf die Frage nach dem Verhältnis der Zwölf zu den Aposteln wollen wir zu Mk 6,30 eingehen. Den Rest der Mt-Rede zu besprechen haben wir in diesem Zusammenhang keinen Anlaß. Ein Teil dieser Verse wird aber bei der Behandlung der parallelen Mk-Stücke noch zur Sprache kommen.

26 Das Urteil des Herodes über Jesus

Mk 6,14—16; Mt 14,1 f.; Lk 9,7—9

(14) Und es hörte (es) der König Herodes — denn sein Name war bekannt geworden, und sie sagten: Johannes der Täufer ist von den Toten auferstanden, und deshalb wirken die Kräfte in ihm. (15) An-

[13] Zahn hat auf Clem. Alex. Strom IV 41,2 hingewiesen: Selig sind die um meinetwillen Verfolgten, denn sie werden einen Ort haben, wo man sie nicht verfolgen wird“ — die Märtyrer kommen in den Himmel. Wahrscheinlich hängt damit ThEv Spruch 68 zusammen, wo aber der Text verderbt ist (s. Le Muséon, Louvain 75, 19, 1962, 19—29).

dere aber sagten: Er ist Elias. Andere aber sagten: Er ist ein Prophet wie einer von den Propheten. (16) Als aber Herodes (von ihm) hörte, sagte er: „Den ich enthaupten ließ, Johannes, der ist auferstanden!"

Der kleine Abschnitt ist reich an äußeren und inneren Schwierigkeiten. An äußeren: in V. 14 übermitteln B D W und Itala-Handschriften den Plural, andere aber den Singular. Dann spräche V. 14 schon von dem, was der „König Herodes" (eigentlich Herodes Antipas) sagte, und nicht von einer Meinung, die „man" vertrat. Weil die Lesart mit dem Plural die schwierigere ist, haben wir uns für sie entschieden. Tatsächlich stimmt ja das, was in V. 14 von Jesus behauptet wird, überein mit der Überzeugung des Herodes, die der V. 16 berichtet. Darum hat man aus dem „sie sagten" (ἔλεγον, elegon) gemacht: (ἔλεγεν, elegen) er sagte. Außerdem entgeht man, wenn man die Einzahl liest, der Notwendigkeit, eine Parenthese anzunehmen. Insofern ist der Singular eine (spätere) Erleichterung.

Der Evangelist leitet mit diesem Zwischenstück über zu der folgenden Geschichte von der Ermordung des Täufers durch Herodes. Eigentlich brauchte er nur die Meinung des „Königs" selbst anzuführen. Aber Mk benutzt die Gelegenheit, um verschiedene Urteile über Jesus mitzuteilen. Von diesen ist nur das dritte unmittelbar verständlich: man hält Jesus für einen Propheten wie die — bekannten, im A. T. sprechenden — Propheten. Wir haben keinen Grund, die Möglichkeit einer solch hohen Einschätzung Jesu zu bestreiten. Im allgemeinen galt damals freilich die Überzeugung, die Zeit der Propheten sei abgeschlossen; vor dem Ende werde Gott keinen weiteren erwecken. Dem gegenüber wurde hier anerkannt: in Jesus hat Gott einen wirklichen Propheten gesandt, durch den ER spricht und seinen Willen kundtut, wie einst in den alten Propheten.

Schwieriger sind die beiden anderen Aussagen über Jesus. Einmal: Er sei der auferstandene Täufer! Ganz gleich, ob man wirklich zur Zeit Jesu so gedacht hat — zur Zeit des Mk jedenfalls hatte diese Aussage einen Sinn. Aber was besagte sie? Daß ein Auferstandener über besondere Kräfte verfügt, wird sonst nicht berichtet. (Lohmeyer[1] will hier den Text ändern, weil „Kräfte" sonst immer „Wundertaten" meine: er vermutet nach Torrey eine Fehlübersetzung aus dem Aramäischen. Aber Torreys Anschauung, daß auch dem Mk aramäische Texte zugrunde liegen, ist heute mit Recht außer Kurs gekommen.

[1] Lohmeyer 116; Torrey, The four Gospels 293 zu Mt 14,2. Dagegen wendet sich unter Berufung auf Schlatter (Mk 126 f. Anm.) W. Grundmann (Mk 126): hier wirkt sich heidnisch-hellenistisches Denken aus, das unabhängig von den Personen wirkende Kräfte kennt. Wichtiger noch ist das andere: Wenn man Jesus für den auferstandenen Täufer hält, muß dieser „gestorben sein, ehe Jesus in Galiläa öffentlich auftrat". „Davon hat Mk nichts berichtet" — er trägt vielmehr diesen Bericht jetzt nach und füllt so die Zeit aus, während der die ausgesandten Jünger predigend durch das Land zogen.

Daß das griechische Wort δυναμεις (dynameis) auch „Kräfte" bedeuten kann, steht fest, das ist sogar seine Grundbedeutung)[2]. Hätte die Aussage einen übertragenen Sinn, so wäre sie für uns leicht verständlich: in Jesus ist der Täufer wieder da, nämlich ein Mann von gleichen Eigenschaften. Aber dagegen spricht einmal, daß Jesus sich sichtbar vom Verhalten des Täufers unterschied: er taufte nicht und trieb keine Askese. Zum andern: bei einer solchen übertragenen Bedeutung wäre der folgende Satz, „darum wirken die Kräfte in ihm" sinnlos. Wohlenberg (180) hält es für möglich, daß mit diesen Kräften „geradezu Engel gemeint" seien: Johannes, der kein Wundertäter war, „sei aus der Totenwelt wiedergekehrt nunmehr mit wunderbaren Gotteskräften erfüllt, die ihn befähigten, Mirakel zu wirken". Grundmann (126) sieht hier heidnisch-hellenistisches Denken am Werk. Josef Schmid (121) hält es für durchaus möglich, daß man einem Auferstandenen solche Wunderkräfte zutraute. Alle diese Forscher gehen nicht auf die Schwierigkeit ein, wie es möglich gesesen sein soll, Jesus — der doch schon über 30 Jahre gelebt hatte; vielleicht ist er 7 v. Chr. geboren und war bei seinem Auftreten also etwa 37 Jahre alt — für den wiederauferstandenen Täufer zu halten. Man müßte annehmen, daß die Betreffenden von Jesus erst dann hörten, als sich schon die Kunde vom Tod des Täufers im Lande verbreitet hatte. Aber wie „ungeschichtlich", wie „phantastisch" nach heutigen Begriffen muß man dann im Volk gedacht haben, wenn man annahm, ein Auferstandener könne in einer veränderten Gestalt große Wunder wirken. Gewiß, es war ein singuläres Ereignis, wenn der getötete Johannes als Jesus ein neues Leben begann — und das nicht bloß im Sinne einer Metapher! Freilich haben wir ja nicht das damalige Gerücht vor uns, sondern nur den Bericht des Mk darüber, und dazwischen lag die Zeit einer Generation. Aber für Mk muß dieses wirkliche oder angebliche Gerücht sinnvoll gewesen sein!

Etwas verständlicher ist die zweite Aussage über Jesus: er sei der Elias. Auch sie ist keine Metapher, kein Bild. Sie meint nicht das, was wir heute mit den Worten ausdrücken könnten: Jesus ist ein zweiter Elias, ein wahrer Elias, ein echter Elias. Alle diese Ausdrücke sehen in Elias so etwas wie ein Muster, ein Vorbild, einen Typos. Wer ein wahrer Elias ist, der entspricht diesem Bild, diesem Muster. Aber gerade das wollen die Worte im Text nicht sagen. Wir wissen[3], daß man sich im Spätjudentum viel über Elias erzählt hat. Die einen behaupteten, er wirke in der Gegenwart immer noch als Nothelfer oder wie ein getreuer Eckart, ein gutes, hilfreiches Wesen; andere glaubten, auf Grund von Mal 3,1 und 3,23 f., er werde vor dem Ende dieses Äons

---

[2] Siehe W. Grundmann, Der Begriff der Kraft in der neutestamentlichen Gedankenwelt, 1932; ders.: ThWb II 286—318; Erich Fascher, Dynamis Theou, ZThK 19, 1938,82—108.

[3] Billerbeck IV 2; 29. Exkurs: Der Prophet Elias nach seiner Entrückung aus dem Diesseits, 764—798.

wiederkehren. Diese zweite Anschauung begegnet uns an verschiedenen Stellen der Evangelien; s. u. zu Mk 9,12, S. 313. Auch an unserer Stelle dürfte dieser wiederkehrende Elias gemeint sein.

Nach V. 16 war Herodes Antipas selbst davon überzeugt, Jesus sei der enthauptete Täufer. Vielleicht hat das Volk ihm diesen Gedanken zugeschrieben; daß er wirklich so gedacht hat, können wir nicht beweisen. Mk will mit V. 16 zu der folgenden Geschichte von Herodes Antipas und dem Täufer überleiten. Er hat dabei aber nicht den „historischen" Tetrarchen Antipas vor Augen; dieser besaß nie den Königstitel, sondern wurde im Jahre 39 n. Chr. nach Gallien verbannt, als er in Rom diese Königswürde zu erwerben suchte.

Mt 14,1 f. hat den Mk-Text — wie er es stets tut — so weit wie möglich zusammengezogen. Er beschränkt sich auf die Wiedergabe dessen, was Herodes — von dem im Folgenden die Rede ist — sagt und denkt. Aus den Worten des Lk (9,7—9), „er war in Verlegenheit, weil manche sagten, daß Johannes von den Toten auferweckt sei" geht deutlich hervor, daß Lk im Mk-Text den Plural gelesen hat: „sie sagten", und nicht den Singular. Damit haben wir für diese Lesart einen Zeugen gefunden, der viel älter ist als unsere ältesten Handschriften. In Lk 9,8 wird der Mk-Text vergröbert: manche hätten gemeint, Jesus sei einer der alten Propheten, der also in ihm wiedergekehrt wäre! Man sieht hier, wie leicht offensichtlich aus dem Vergleich „wie einer der alten Propheten" das für uns so ganz andere wird: „einer der alten Propheten". Nach Lk hält Herodes zwar Jesus nicht für Johannes, weiß jedoch nicht, wie es mit ihm steht, und möchte ihn darum gern sehen. Damit bereitet der Evangelist seine spätere Erzählung 23,6—16 vor.

27 Der Tod des Täufers

Mk 6,17—29; Mt 14,3—12; Lk 3,19 f.

(17) Denn er, Herodes, hatte hingesandt und den Johannes festnehmen lassen und im Gefängnis gebunden gehalten wegen der Herodias, der Frau seines Bruders Philippus, weil er sie geheiratet hatte. (18) Denn Johannes hatte dem Herodes gesagt: Es ist nicht recht, daß du das Weib deines Bruders hast. (19) Herodias aber stellte ihm nach und wollte ihn gern umbringen, aber sie konnte es nicht. (20) Denn Herodes fürchtete den Johannes, weil er wußte, daß er ein heiliger und frommer Mann war, und ließ ihn bewachen, und wenn er ihn hörte, kam er in große Verlegenheit, und er hörte ihn gern. (21) Und eines schönen Tages, als Herodes seinen Großen und den Chiliarchen und den Ersten Galiläas an seinem Geburtstag ein Festmahl gab, (22) und als die Tochter der Herodias hereinkam und tanzte, da gefiel sie dem Herodes und seinen Tischgenossen. Der König aber sagte zu dem

Mädchen: „Erbitte von mir, was immer du willst; ich werde es dir geben!" (23) Und er schwur ihr: „Was immer du dir erbittest, ich werde es dir geben, bis zur Hälfte meines Königreiches!" (24) Und sie ging hinaus und sprach zu ihrer Mutter: Was soll ich erbitten?" Die aber sprach: „Das Haupt Johannes des Täufers!" (25) Und sofort ging sie voller Eifer hinein zum König und bat: „Ich will, daß du mir sogleich auf einer Schüssel das Haupt Johannes des Täufers gibst!" (27) Und der König wurde sehr traurig, wollte sie aber nicht abweisen wegen seiner Eidschwüre und seiner Tischgenossen. (28) Und sofort sandte der König einen Henker hin und befahl ihm, jenen zu enthaupten. (28) Und er brachte sein Haupt auf einer Schüssel und gab es dem Mädchen, und das Mädchen gab es seiner Mutter. (29) Und da es seine Jünger hörten, kamen sie und nahmen seinen Leichnam fort und setzten ihn in einem Grabe bei.

Hier trägt Mk eine Geschichte nach, die sich schon vorher ereignet hat. Er setzt aber nicht bei ihrem eigentlichen Anfang ein, nämlich bei der ehebrecherischen Werbung des Herodes um die (mit seinem Stiefbruder „Herodes ohne Land" verheiratete) Herodias[1], die erst den Tadel des Täufers hervorrief. Die Folge ist, daß jeder Satz zeitlich hinter den ihm vorausgehenden zurückgreift, bis der wirkliche Ausgangspunkt erreicht ist. Das macht die Erzählung unbeholfen; man muß die Tempora der Vergangenheit beim Übersetzen als Aus-

---

[1] Daß sich Markus — oder wohl schon die ihm zugekommene (wahrscheinlich mündliche) Überlieferung hier geirrt hat, ist nicht verwunderlich: da Herodes der Große achtmal verheiratet war, ist es nicht leicht, sich in dem Stammbaum seines Hauses zurechtzufinden, zumal mehrere seiner Söhne den Namen „Herodes" führten. Herodes Antipas, der Landesherr Jesu, war der älteste Sohn aus der vierten Ehe des „großen" Herodes (mit der Samaritanerin Malthace); er wurde 20 v. Ch. geboren. Zur Zeit unserer Geschichte war er also etwa 50 Jahre alt. Er war zunächst mit einer Tochter des Nabatäerkönigs Aretas IV. verheiratet; die Ehe ging in die Brüche, als er Herodias heiratete. Diese war mit einem Sohn des „großen" Herodes aus dessen dritter Ehe (mit Mariamne II., der Tochter des Hohenpriesters Simon) namens (Herodes)Philippus verheiratet — den man nicht mit dem Tetrarchen Philippus verwechseln darf —: s. u. Aus dieser Ehe war eine Tochter hervorgegangen: die Salome unserer Geschichte. Die ehrgeizige Herodias verließ den Herodes Philippus, um den Tetrarchen Herodes Antipas zu heiraten, den Mk zu Unrecht „König Herodes" nennt. Salome, 10 n. Chr. geboren, war zu dieser Zeit etwa 20 Jahre alt. Sie heiratete zuerst ihren Onkel, den Tetrarchen Philippus, der aus der fünften Ehe des „großen" Herodes (mit Kleopatra von Jerusalem) stammte. Nach Lohmeyer 118 war sie zur Zeit unserer Geschichte bereits vermählt — das Heiratsalter der Mädchen begann damals theoretisch schon mit 12 Jahren. Im Jahre 34 wurde Salome Witwe und heiratete nun den Aristobul, einen Enkel jenes Aristobul, der aus der zweiten Ehe des „großen" Herodes stammte (mit der Hasmonäerin Mariamne I.). Siehe zu diesen Angaben Josephus Ant. 18 §§ 130—142 und H. J. Cadbury in: The Beginnings of Christianity V, 1933, 487—489.

druck der Vorvergangenheit nehmen, wenn ein Sinn hineinkommen soll.

Herodes Antipas, der von 4 v. Chr. bis 39 n. Chr. über Galiläa und Peräa regierte und nur den Titel eines Tetrarchen führte, erscheint in dieser Erzählung als ein schwacher, aber eigentlich nicht bösartiger Mensch: er schont den Johannes, weil er ihn für einen frommen und heiligen Mann hält, an dem er sich nicht vergreifen will, besucht ihn öfters im Gefängnis und unterhält sich mit ihm (leider ist der Text in V. 20 unsicher überliefert). So muß ein außerordentliches Ereignis eintreten, damit diese milde „Schutzhaft" plötzlich mit der Hinrichrung endet.

Manche Kommentatoren sehen im Tanz der — hier nicht mit Namen genannten — Salome einen Plan der ruhig über Leichen gehenden Herodias: sie habe auch ihre eigene Tochter zu dem Tanz vor den angetrunkenen Männern mißbraucht — sonst nahm man für solche Tänze Dirnen —, um so zu ihrer Rache gegen Johannes zu kommen. Aber damit überdeutet man den Text. Nimmt man ihn so, wie er dasteht, enthält er keinen solchen von langer Hand vorbereiteten und durchgeführten Plan. Erst die Frage des Mädchens — welcher der „König" jede Bitte, bis zur Hälfte seines Königreiches[2], zu erfüllen versprochen hatte — gab Herodias die Möglichkeit, jetzt endlich sich zu rächen. Das Seelengemälde der Herodias, das manche Kommentatoren entwarfen, bestimmt mehr als gut ist deren Auslegung. Auch die Art, wie Salome das Haupt des Johannes „auf einer Schüssel" gebracht haben will, soll nicht die Verworfenheit dieses jungen Mädchens zeichnen. Sollte etwa der Henker das bluttriefende Haupt, es an den Haaren tragend, in die festliche Gesellschaft bringen? Hier wird vielmehr dem Leser im Wort der Salome angedeutet, wie er sich die Szene vorstellen solle.

Die Geschichte ist bunt und spannend erzählt. Sie gibt der Phantasie der Ausleger reiche Nahrung. So hat man ihren historischen Wert erbittert verteidigt. Nicht nur Exegeten älterer Zeit wie B. Weiß und G. Wohlenberg sind dafür eingetreten, sondern auch Schniewind hat sich dafür eingesetzt (NT deutsch S. 91). Sie gilt ihm als Überlieferung aus Täuferkreisen (vgl. Bultmann, GdsTr 329: „eine Spur des Täufertums auf hellenistischem Boden"). „Sicherlich soll der Gegensatz zwischen Johannes und Herodes an Elia erinnern." Wie der Prophet mutig dem König in Auge entgegentritt (1. Kön 21,17 ff.), so hier Johannes. Aber man wird das Wort der direkten Anrede „Du sollst nicht deines Bruders Weib haben!" keineswegs im Sinne einer persön-

---

[2] Diese Formel kommt im atl. Kanon in der Legende des Estherbuches 5,3.6; 7,2 vor und mag, wie Taylor annimmt, unsere Geschichte beeinflußt haben. Der persische Großkönig — so wie ihn sich Märchen und Legende vorstellen — mag sich so ausdrücken, obwohl das auch bei ihm bloß eine höfliche Floskel wäre, die nur ein Tor ernst nähme; ein Perserkönig hätte sich gehütet, sein halbes Reich zu verschenken.

lichen Begegnung der beiden verstehen dürfen — der Tetrarch kam nicht an den Jordan, und Johannes nicht nach Tiberias—, sondern als Vereinfachung durch den Erzähler, der den Tadel des Johannes sich direkt an den „König“ richten ließ. „Daß der Bußruf zum Tode führt“ — so Schniewind weiter —, wird schon für die Propheten vorausgesetzt, und der Weg des Täufers solle Vorbereitung für Jesu Ende sein. Aber unsere Geschichte spricht von keinem Bußruf. „Das Wort des Frommen bringt den hochgestellten Hörer in große Verlegenheit, und doch hört er es gern“; ähnliches werde vom Besuch des Felix bei Paulus Apg 24,24 f. erzählt. Gewiß, nur ist auch diese Erzählung — ebenso wie die weitere Parallele Apg 25,22 ff. und 26,24 ff. — kein historischer Bericht. Aber auch jüngst sind Rawlinson (82) und, ihm folgend, V. Taylor (311) für die historische Zuverlässigkeit der Geschichte eingetreten, obwohl Josephus Ant. 18,116—119 eine ganz andere Darstellung gibt: Antipas habe den Täufer hinrichten lassen, um einer etwaigen messianischen Bewegung zuvorzukommen. Dazu bemerkt Rawlinson (82): Josephus stelle die Tatsachen dar, wie sie sich dem 60 Jahre später schreibenden Historiker darboten, der den politischen Ursachen eines Krieges nachspürte; die Mk-Geschichte aber sei ein — freilich mit einer gewissen literarischen Freiheit geschriebener — Bericht von dem, was man sich in jener Zeit selbst flüsternd auf den Basaren Palästinas erzählte. Taylor fügt hinzu (311), daß man den Einfluß der Geschichte von Isebel (s. o. bei Schniewind!), die den Propheten Elias verfolgte, und der Erzählung von Esther spürt. Daran ist das Zweite wahrscheinlich: der Tetrarch, ein Kleinfürst, der nichts ohne Roms Zustimmung verfügen durfte, wird wie ein großer Herrscher im Stil des persischen Großkönigs dargestellt, der beim Gastmahl Bitten „bis zur Hälfte seines Königsreiches“ von vornherein zu gewähren verspricht. Daß dies eine beliebte Formel ist, wird aus 1 Chron 13,8 und dem Estherbuch deutlich: der Tetrarch besaß gar kein Königreich, von dem er etwas verschenken konnte. Aber das wußte der Erzähler nicht, der ihn durchweg „König“ nennt. Mit dem Tanz der Königstochter vor den angetrunkenen Gästen will Taylor durch das dictum fertig werden, daß „die Meinungen über die Solotänze notwendig auseinandergehen“ werden. Aber da der Text diesen Tanz gar nicht als ein Glied im Plan der Herodias darstellt, fällt die Vermutung dahin, sie habe gegen alle Sitte ihre Tochter vor den Männern tanzen lassen, um damit den schwachen König zu überspielen. Wenn sich Taylor an die Geschichte vom Gerasener erinnert fühlt, dann ist das keine Empfehlung für die Geschichtlichkeit der Erzählung. Bultmann (GdsTr 328) hält sie denn auch für eine nichtchristliche Legende, was die heidnischen Parallelen erklären würde, wenn sich wirklich solche finden sollten. Aber die Erzählung vom Meisterdieb und dem Schatz des Rampsinit (Herodot II 121,4) sollte man nicht als solche Parallele anführen; daß sie die Möglichkeit des Geschehens am Hofe des Antipas beweist, davon kann keine Rede sein. Eher erinnert eine andere Geschichte aus Herodot an unseren Text (IX 108—111), wo ein im voraus gewährter Wunsch eine Rolle spielt; aber eine wirkliche Parallele ist auch hier nicht vorhanden. Freilich hat Taylor darin recht, daß sich politische Ziele und der Groll einer beleidigten Frau nicht gegenseitig ausschließen. Aber Mk läßt eben keine Spur von politischen Zielen des Antipas erkennen. Der König ist dem Täufer vielmehr günstig gesonnen und hält ihn in einer Art Schutzhaft. Erst sein unbedachtes Versprechen, das durch Eide bekräftigt war, zwingt ihn zu einem ihm selbst höchst unwillkommenen Handeln. Insofern läßt sich unsere Geschichte eben doch nicht mit der Version des Josephus vereinen. Daß man sich dergleichen auf den Basaren erzählt hat, mag zutreffen; aber darum ist es nicht wertvoller als die Ergebnisse des Historikers.

Nach Josephus hat Antipas den Täufer in der großen Grenzfestung gegen die Araber östlich des Toten Meeres, Machärus, gefangengehalten und hinrichten lassen. Daß der Tetrarch ausgerechnet hier mit den Notabeln von Galiläa seinen Geburtstag gefeiert habe und nicht im Palast von Tiberias, ist unwahrscheinlich, wenn auch Herodes der Große sich einst in Machärus einen prächtigen Palast hatte erbauen lassen. Die Erwähnung von Chiliarchen — Befehlshabern von je tausend Mann — gibt von der Macht des Antipas ein ebenso märchenhaft entstelltes Bild wie jene Formel „bis zur Hälfte meines Königreiches". Antipas ist niemals König gewesen. Als er im Jahre 39 n. Chr. auf das Drängen seiner ehrgeizigen Frau Herodias nach Rom reiste, um von Caligula den Königstitel zu erbitten (den Herodes Agrippa soeben erhalten hatte), informierten seine Gegner den Kaiser rechtzeitig über die geheimen Waffenlager, die Antipas hatte anlegen lassen. Als der Tetrarch diesen ersten Anklagepunkt nicht widerlegen konnte, hielt der Kaiser auch alle weiteren für erwiesen und verbannte ihn, unter Einziehung seiner Güter, nach Lugdunum in Gallien. Herodias, die ihr Privatvermögen hatte behalten dürfen, verzichtete darauf und blieb ihrem Gatten im Exil treu. Schlatter (Mt 460) deutet diesen Sachverhalt anders: „Sie ... ertrug es nicht, ... entthront nach Palästina zurückzukehren, sondern zog es vor, mit ihrem Mann in die Verbannung zu gehen." Hier diktiert die von Mk berichtete Legende das Urteil. Aber — ist es eine Legende?

M. Dibelius hat das verneint[3], da nicht Johannes der Träger der Handlung sei: „Wir haben es vielmehr mit einer Anekdote über Herodes zu tun". Freilich ist Johannes nicht „der Träger der Handlung": er ist ja als Gefangener zur Untätigkeit verdammt und kann nur leiden. Dennoch geht es in der Erzählung um ihn: wird er den Nachstellungen der Herodias entgehen? Ein „evangelisches" Interesse ist dabei allerdings nicht im Spiel: die Geschichte hat nichts mit Jesus zu tun, man fände denn hier eine versteckte Andeutung, welche Gefahr auch Je-

[3] Martin Dibelius, Die urchristliche Überlieferung von Johannes dem Täufer, Göttingen 1911, 80.

sus drohte und was der Tod seines Vorläufers für seinen eigenen vorausahnen ließ. Sagenmotive spielen statt der historischen eine vorwiegende Rolle (Dibelius 78 f.). Das ist richtig. Aber vieles erklärt sich, wenn man beachtet: Mk hat gekürzt — die Geschichte war für das Maß seiner sonstigen Erzählungen überdies schon überlang. Mk machte aus dieser Not eine Tugend: er füllte mit dieser langen Erzählung die Lücke aus zwischen der Aussendung der Zwölf zur Mission und ihrer Rückkehr. Der Leser hat den Eindruck, daß inzwischen viel Zeit verstrichen ist.

An dieser Geschichte wird deutlich, was alles an Berichten und Geschichten zur Zeit des Mk noch umlief und wie bescheiden das Maß dessen ist, was uns erhalten blieb. Eine andere Frage ist freilich, ob viel historisch wertvolles Material dabei ist. Grundmann kommt schließlich (Mk 129) zu dem Urteil, daß wir es in der Schilderung vom Ende des Johannes „mit einer Dichtung, aber nicht mit geschichtlicher Wirklichkeit zu tun haben". Eine solche Geschichte kann man darum auch nicht auswerten wie einen historischen Bericht. Daß es eben so an den Höfen der Herodessippe zuging, wäre eine unerlaubte Verallgemeinerung.

Matthäus hat diese ausführlich erzählte Geschichte nach seiner Gewohnheit stark gekürzt (14,3—12). Daß wir bei ihm nicht eine Frühgestalt der Mk-Erzählung antreffen, hat nach einigem Zögern auch Grundmann (Mk 127) zugegeben. Dabei hat Mt den unzutreffenden Namen „Philippus" fortgelassen. Weil er den „Herodes" nicht so günstig beurteilt sehen wollte, wie ihn Mk gezeichnet hat, sagt er 14,5: Herodes habe den Johannes töten wollen, sich aber um des Volkes willen nicht getraut, das den Johannes für einen Propheten hielt. Dazu paßt aber nicht die aus Mk übernommene Angabe, daß der König betrübt wurde, aber seinen Eid halten mußte. Am Schluß seiner Geschichte läßt Mt die Johannesjünger Jesus den Tod ihres Meisters ansagen, um so eine Aknüpfung für die folgende Erzählung zu haben. Man sieht, wie leicht ein Erzähler einen solchen Zug hinzufügen kann.

Lukas hat unsere Erzählung fortgelassen und sich damit begnügt, schon in 3,19 f. kurz die Verhaftung des Johannes zu berichten, dessen Enthauptung er ja in 9,9 erzählt hat. Conzelmann hat dazu (Mitte d. Zeit[3] 44) folgendes ausgeführt: Lk 9,7—8 „blickt schon auf die Leidensgeschichte vor (23,6—19)", aber auch auf 13,31 ff., wo Herodes von Jesus „Fuchs" genannt wird. Lk 9,9 „er suchte ihn zu sehen" erfüllt sich in 23,8. „Die Gestalt des Herodes ist psychologisiert. Er steht nicht in der eschatologischen Angst, sondern ist geplagt durch die Meinung der Leute. Er hat keine Gewissensnöte wegen Johannes. Seine rationale Argumentation hebt sich stark ab von der Rolle, die er bei Mk zu spielen hat und die vom Heilsgeschehen bestimmt ist. Jeder Gedanke an Vorläuferschaft und an wiederkehrende Gestalten der Vergangenheit ist getilgt." Gerade weil Lk aus Mk ersehen konnte, daß der

Täufer als der „Elias" gegolten hatte, der nur im eschatologischen Zusammenhang hier erscheinen konnte, hat er, dem eigenen uneschatologischen Geschichtsbild gemäß, dessen Rolle möglichst gekürzt.

28 Die Speisung der Fünftausend

Mk 6,30—44; Mt 14,13—21; Lk 9,10—17

(30) Und es versammelten sich die Apostel bei Jesus und verkündeten ihm alles, was sie gelehrt und getan hatten. (31) Und er sagte zu ihnen: „Kommt ihr allein her an einen einsamen Ort und ruht euch ein wenig aus!" Denn es waren viele, die kamen und gingen, und sie hatten nicht einmal Zeit, um zu essen. (32) Und sie fuhren mit dem Schiff fort an einen einsamen Ort ganz allein. (33) Und viele sahen sie abfahren und erkannten sie, und sie liefen zu Fuß aus allen Städten zusammen und kamen ihnen zuvor. (34) Und als er ausstieg, sah er die große Menge, und er fühlte Erbarmen mit ihnen, denn sie waren wie Schafe, die keinen Hirten haben, und er begann, sie viel zu lehren. (35) Und als es schon sehr spät geworden war, traten seine Jünger heran und sagten: „Die Gegend ist einsam und es ist schon sehr spät. (36) Entlasse sie, damit sie weggehen in die Gehöfte und Dörfer ringsum und sich etwas zu essen kaufen!" (37) Er aber antwortete und sprach zu ihnen: „Gebt ihr ihnen zu essen!" Und sie sagten zu ihm: „Sollen wir fortgehen und für 200 Denare Brot kaufen und ihnen zu essen geben?" (38) Er aber sagte zu ihnen: „Wie viele Brote habt ihr? Geht und seht nach!" Und als sie es festgestellt hatten, sagten sie: „Fünf, und zwei Fische!" (39) Und er gebot ihnen, alle sich nach Tischgesellschaften im grünen Gras lagern zu lassen. (40) Und sie lagerten sich in Gruppen zu hundert und fünfzig. (41) Und er nahm die fünf Brote, blickte zum Himmel auf, sprach das Dankgebet, brach die Brote und gab sie den Jüngern, damit sie sie ihnen vorlegten, und die zwei Fische teilte er unter sie alle. (42) Und alle aßen und wurden satt. (43) Und sie hoben an Brocken zwölf Körbe voll auf, und von den Fischen. (44) Und die die Brote gegessen hatten, waren 5000 Mann!

Wir wollen zunächst alle kritischen Fragen zurückstellen und versuchen, uns den besonderen Gehalt, das Eigenleben unserer Geschichte zu verdeutlichen, um zu verstehen, was der Evangelist damit seinen Hörern sagen wollte.

Die Zwölf sind von ihrer Missionsreise zurückgekehrt und haben davon berichtet. Jesus will ihnen etwas Ruhe gönnen, und das kann er bei dem Andrang der Massen nur, wenn er mit den Zwölf zu Schiff in eine abgelegene Gegend, in die Einsamkeit fährt. Aber die Menschen merken, wohin er will, und kaum steigt er aus dem Schiff, da wird er schon von einer großen Menge erwartet. Das ist die Ausgangssituation, von der aus das Folgende verständlich wird.

Als Jesus diese Menschen sieht, packt ihn das Erbarmen mit ihrer Hilflosigkeit und Verlassenheit: sie sind wie Schafe ohne Hirten — ohne Leitung, ohne daß sich jemand um sie kümmert. Deshalb heften sie sich mit unglaublicher Zähigkeit an Jesus, von dem sie Weisung und innere Hilfe erwarten. So kommt es, daß Jesus — anstatt mit den Jüngern die erstrebte Ruhe zu genießen — alsbald wieder beginnt, zu der Menge zu sprechen. Darüber vergeht die Zeit, der Tag neigt sich allmählich, und da zeigt sich: die Hilfe, die Jesus lehrend ihnen angedeihen läßt, droht sie in eine äußere Not zu stürzen, von der er anscheinend nichts gemerkt hat. So müssen die Jünger zu ihm herantreten und ihn darauf aufmerksam machen: die Gegend sei einsam, und es sei schon spät. Er müsse nun seine Hörer fortschicken, damit sie sich in den Bauernhöfen rings und in den Dörfern etwas zu essen kaufen können.

Und nun kommt die große Überraschung. Statt dieser Mahnung zu folgen, gebietet Jesus den Zwölf: „Gebt *ihr* ihnen zu essen!" Auf diese Zumutung antworten die Jünger mit einer Gegenfrage: „Sollen wir hingehen und für 200 Denare Brot kaufen und ihnen zu essen geben?" Natürlich haben die Jünger nicht soviel Geld. Sie nennen diese Summe nur, um zu zeigen, wieviel Brot nötig wäre, und damit wiederum, wie groß die Menge ist, die verpflegt werden muß. Jesus kümmert sich aber nicht um die Zurückweisung, die in den Worten der Jünger liegt. Er fragt vielmehr, wie groß ihr Brotvorrat ist. Sie müssen ihn genau feststellen. Das Ergebnis: Fünf Brote und zwei Fische sind vorhanden. Damit macht der Evangelist deutlich: die Anzahl der vorhandenen Brote war genau festgestellt; es ist also ein gewaltiges Wunder, das nun geschieht. Denn mit diesen wenigen Broten und Fischen sättigt Jesus die große Menge — als sie sich zu 50 und 100 lagert, wird erkennbar, daß es 5000 Menschen sind — und es bleiben noch zwölf große Körbe mit Resten von Brot und gedörrtem Fisch übrig, also weit mehr, als überhaupt vor der Mahlzeit vorhanden war!

Was sich also zuerst wie ein Versagen Jesu ausnahm, das die Hörer in leibliche Not zu stürzen drohte, das ist zu einem wunderbaren Erweis seiner unbegrenzten Macht geworden. Er hat sich als der große Helfer in innerer und äußerer Not der Seinen erwiesen, und das Bild dieses Helfers ist es, das Mk mit dieser Geschichte seinen Lesern und Hörern einprägen will.

Aber wenn man die Geschichte Zug um Zug nachprüft, stößt man auf Schwierigkeiten. Die „Apostel" versammeln sich bei Jesus und erstatten Bericht. (Wo er inzwischen gewesen ist und was er getan hat, diese Fragen K.L. Schmidts 179 darf man natürlich nicht stellen!). Wenn sie in verschiedene Gegenden ausgesandt waren — über die jeweiligen Missionsziele und -wege der einzelnen Jüngerpaare hat Mk sich nicht geäußert; das gehört zu dem leichten Nebel, der über der ganzen Szene liegt und alle Einzelheiten verschleiert —, dann ist zu erwarten, daß sie nicht alle gleichzeitig bei Jesus wieder eintreffen.

Ein solches „gleichzeitig“ steht freilich nicht im Text, wird aber vorausgesetzt. Oder soll Jesus mit seiner Antwort V. 31 warten, bis auch die letzten beiden Missionare zurückgekehrt sind und berichtet haben? Der Erzähler gibt also hier keine wirklich ereignete Geschichte wieder, sondern eine von ihm selbst entworfene Szene.

Die Zwölf melden alles, was sie getan und gelehrt haben — diese Wendung erinnert an Apg 1,1, wo Lk die gesamte Tätigkeit Jesu mit diesen beiden Verben beschreibt. Das „Tun“ besteht, wie aus Mk 6,13 hervorgeht, aus dem Austreiben von Dämonen und Heilen von Kranken durch Ölsalbung, das „Lehren“ in Aufforderung zur Buße.

Daß Jesus nun den — wie vorausgesetzt wird — von der Reise ermüdeten Jüngern eine wohlverdiente Ruhe verschaffen will, hat aber für die Komposition des Ganzen eine besondere Bedeutung. Jesus will mit den Jüngern an einen abgelegenen Ort gehen, wo nicht das beständige Kommen (und Gehen) von Hilfesuchenden ein solches Ausruhen unmöglich macht, ja sogar die Helfer nicht zum Essen kommen läßt. Diese abgelegene Einöde aber ist zugleich eben jener Schauplatz, den die Speisungsgeschichte voraussetzt, die Mk nun anschließen will. Aber alsbald erscheint eine neue Schwierigkeit. Nicht nur Jesus und die Zwölf müssen dorthin gelangen — das ermöglicht eine Bootsfahrt —, sondern auch die für die Speisungsgeschichte nötigen 5000 Menschen. Daß sich bereits derart viele um Jesus versammelt hatten, setzt Mk nicht voraus — es wären mehr Menschen, als in Kapernaum wohnten. So läßt der Evangelist zu den bereits vorhandenen vielen Hörern Jesu noch andere „aus allen Städten“ zu Fuß zusammenkommen. Diese große Menge — der Schlußvers gibt ihre Zahl auf 5000 an — sieht nun das Schiff abfahren und kommt eher am Landeplatz Jesu an als dessen Schiff. Wie man sich das vorstellen soll, haben sich die Erklärer — wenn überhaupt — vergebens gefragt. Denn die Speisung scheint irgendwo auf dem Ostufer des „galiläischen Meeres“ vor sich zu gehen, wo man auch am ehesten eine solche „Einöde“ finden kann. (Freilich ist nicht an eine Wüste gedacht, denn es findet sich ja dort grünes Gras, in dem man sich lagern kann!) Es ist aber ausgeschlossen, daß eine solche Menschenmenge zu Fuß in weniger Zeit um den See herum läuft, als das Schiff zur Überfahrt braucht. Trotzdem sich — wie schon Bultmann (GdsTr 365) sah — der Evangelist besondere Mühe gegeben hat, die Ereignisse der Jüngerreise und der Speisung miteinander in einen räumlichen und zeitlichen Zusammenhang zu bringen, ist ihm das nicht gelungen. Freilich machen sich nicht alle Leser die Mühe, in Gedanken die Szene vor sich abspielen zu lassen.

Daß sich die Leute auf Jesu Weisung im grünen Gras lagern zu je 50 und 100, erlaubt es dem Evangelisten, die genaue Zahl der Mahlteilnehmer anzugeben. Man sieht: es steckt in dieser Geschichte viel mehr schriftstellerische Bemühung, als man zunächst bemerkt.

Das eigentliche Wunder hat der Evangelist gerade nicht beschrieben und so sich die Schwierigkeit erspart, die nun den Erklärern Mühe macht. Der alte Rationalist H. E. G. Paulus meinte[1], als Jesus das Wenige, das er hatte, so freudig an alle verteilte, da hätten auch die andern ihre Vorräte aus der Tasche gezogen, und so seien alle ganz natürlich satt geworden[2]. Aber gerade das will der Erzähler eben nicht sagen. Ihm kommt es vielmehr darauf an, daß sich hier ein unerhörtes Wunder sozusagen unter kontrollierten Bedingungen vollzieht: die Jünger haben festgestellt, daß sie nur 5 Brote und 2 Dörrfische haben. Aber als alle gesättigt sind, da bleibt noch mehr an Resten übrig, als anfangs vorhanden war: 12 große Körbe voll von Brotstücken und Fischen!

Die Parallele bei Mt (14,13—21) gibt in starker Kürzung den Bericht des Mk wieder. Aber Mt muß die Einleitung ändern, denn er hat die Jüngeraussendung schon in Kap. 10 gebracht. Darum läßt er Jesus auf die Nachricht hin, daß Herodes den Täufer hat töten lassen, sich mit den Jüngern an eine einsame Stelle zurückziehen. Das hindert aber die Menge ebensowenig wie bei Mk daran, ihm alsbald zu folgen. Den schon benutzten V. 34 des Mk kann er nicht mehr ganz wiederholen, sondern nur verkürzt wiedergeben. Am Schluß der Geschichte fügt er hinzu, daß in die 5000 Mann der Tischgäste die Frauen und Kinder noch nicht eingerechnet waren (Mk hatte ja nur von „Männern" gesprochen!). So sind nach der Meinung des Mt nicht nur 5000, sondern weit mehr Menschen von Jesus wunderbar gespeist worden.

K. L. Schmidt hat freilich angenommen, daß in der ursprünglichen Tradition die Täufergeschichte damit geendet habe: die Johannesjünger (oder deren Boten) meldeten Jesus den Tod ihres Meisters. Mk habe diesen Text geändert, weil er einen Zusammenhang mit der Speisungsgeschichte herstellen wollte. Mt mußte, da er diesen Zusammenhang nicht bringt, zu einer Formulierung kommen, die dem ursprünglichen Text der Mk-Vorlage näher steht. (U. E. übersieht Schmidt hier, daß es einen solchen „ursprünglichen Zusammenhang" — der ein Evangelium vor Mk gewesen wäre — kaum gegeben hat: Es ist sehr fraglich, ob zwischen Jesus und den Täuferjüngern überhaupt noch ein so enger Zusammenhang bestand, und ob die Herodesgeschichte tatsächlich aus Täuferkreisen kam.) Schmidt beruft sich auf 2 Varianten im Mk-Text. Gegenüber dem fast einheitlichen Zeugnis in Mk 6,30 lesen A go (also jüngere Zeugen) „sie meldeten alles und was sie usw." Das dürfte besagen: Sie sagten alles über das Ende des Täufers, und was sie selbst usw. In anderer Weise hat sy^{s} einen Zusammenhang mit der Täufergeschichte hergestellt: Die Apostel berichteten alles, was er — nämlich der Täufer — getan und gesagt

[1] Heinrich Eberhard Gottlob Paulus, Das Leben Jesu als Grundlage einer reinen Geschichte des Urchristentums, Heidelberg 1828. Vgl. die ansprechende Darstellung in Schweitzers Gesch. d. Leben-Jesu-Forschung, 2. A., 49—58, bes. 53.

[2] Dieselbe Erklärung gab E. Hirsch, Frühgeschichte des Evangeliums, 2. A. 1951, S. XXIV.

hatte. Beide Varianten sind deutlich sekundär und zeigen das Bemühen, die Täufergeschichte enger mit der Rückkehr der Jünger und der Speisung zu verbinden, als es Mk gelungen war.

Ein besonderes Problem aber liegt in den Worten „die Apostel" Mk 6,30. Die Frage nach dem Ursprung und der Bedeutung des Apostolats ist in den letzten Jahren durch die Werke von Günter Klein[3] und von Walter Schmithals[4] wieder neu diskutiert worden. Klein vertritt die These: Paulus war, weil sich seine Gemeinden stark anfällig für die Gnosis zeigten, bei der Großkirche in Mißkredit gekommen. Der Verfasser der (erst im 2. Jh. geschriebenen) Apg wollte Paulus für die Kirche retten. Dazu setzte er die „Zwölf" mit „den Aposteln" ineins, nahm also Paulus den Aposteltitel, ordnete ihn aber der Kirchenleitung der „zwölf Apostel" unter und gliederte ihn so in die Großkirche ein. Da — nach Klein — also der Verfasser der Apg es war, der diese Identifikation der Zwölf mit den Aposteln geschaffen hat, muß Klein alle Stellen im N. T., die von den „zwölf Aposteln" sprechen, für spätere Zusätze oder aus anderen Gründen bedeutungslos erklären. Demgegenüber ist Schmithals, der selbst (216) den urchristlichen Apostolat aus der Übernahme des missionarischen Amtes der jüdischen bzw. judenchristlichen Gnosis erklären will, der u. E. richtigen Ansicht, daß Lukas nicht der erste war, der von den „zwölf Aposteln" gesprochen hat.

Wir können hier nicht ausführlich auf die Frage eingehen, welche Rolle der Apostolat in der Verfassungsgeschichte der Urgemeinde gespielt hat. Wohl aber müssen wir die Fälle prüfen, in denen im N. T. außerhalb des lukanischen Schrifttums von den „zwölf Aposteln" gesprochen wird. Das ist bei Mk in 3,14 und 6,30 der Fall. In 3,14 bringen die sehr beachtlichen Handschriften ℵ B (W) Θ sy^{hmg} sa bo das Sätzchen „welche er Apostel nannte". Klein und Schmithals halten es, wie die meisten Erklärer, für eine Übernahme aus der Parallele Lk 6,13 f. Gegen diese Erklärung spricht aber, daß nur D und die Fülle der (jüngeren) Koine-Zeugen dieses Sätzchen in Lk 6,13 f. auslassen. Man kann nicht leugnen, daß es im Mk-Text sehr ungeschickt wirkt: „und er machte die Zwölf, die er Apostel nannte, daß sie mit ihm seien und daß er sie aussende usw." Aber gerade deshalb ist es verständlich, daß D und der Koine-Text dieses störende Sätzchen im Mk-Text ausgelassen haben. Dagegen bliebe es rätselhaft, warum die alten Handschriften es aus Lk übernommen und in den Mk-Text eingezwängt haben. Ihn haben schon Mt und Lk zu glätten versucht, wenn auch auf verschiedene Weise. Mt spricht in 10,1 zunächst nur von Jesu Weisung an die Zwölf. In 10,2 fährt er dann fort: „Die Namen der 12 Apostel

[3] Günter Klein, Die zwölf Apostel. Ursprung und Gehalt einer Idee. Göttingen 1961.

[4] Walter Schmithals, Das kirchliche Apostelamt. Eine historische Untersuchung. Göttingen 1961.

aber waren diese". Lk ist in 6,12 ebenfalls elegant mit dem Mk-Text fertig geworden: „Er wählte aus ihnen zwölf aus, die er Apostel nannte".

Nun gibt es eine bisher meist übersehene Möglichkeit, um die Frage zu prüfen, ob hier eine Entlehnung aus dem Lk-Text vorliegt. Dieser hat in dem Sätzchen „welche er Apostel nannte" das Relativpronomen durch den Zusatz von καί (kai) in einer Weise erweitert, die wir bei ihm, besonders in der Apg, sehr oft finden. Es handelt sich um einen hellenistischen Sprachgebrauch, der sich noch bei Euseb und im byzantinischen Schrifttum belegen läßt. (Dieses „kai", das für sich allein „und" oder „auch" bedeutet, hat als Zusatz zum Relativpronomen keine Eigenbedeutung mehr und darf im Deutschen nicht übersetzt werden, auch nicht mit „auch"!) Im Mk-Text ist in dem Sätzchen „welche er Apostel nannte" das Relativpronomen ebenfalls in dieser Art erweitert. Wenn es sich nun nur hier im Mk-Text fände, wäre eine Entlehnung aus Lk höchstwahrscheinlich. Aber es begegnet uns auch in Mk 3,19: „Judas Ischarioth, welcher ihn verriet". Hier aber fehlt in der lukanischen Parallele Lk 6,16 gerade diese Erweiterung des Relativpronomens! Das macht es wahrscheinlich, daß Mk auch in 3,14 unabhängig von Lk ist.

Das ist insofern wichtig, als man die Bezeichnung „die Apostel" in Mk 6,30 dadurch zu entkräften suchte, daß man sie nur als „die Ausgesandten" verstehen wollte, aber nicht als Würdenamen. Damit wird man aber dem Sinn der Aussendungsgeschichte bei Mk nicht gerecht. Mit ihr hat der Evangelist zugleich zweierlei auszudrücken versucht: Diese Aussendung der Zwölf, welche Jesus aussendet, sind — mit Wunderkraft begabte — Missionare. Diese historische Urgruppe der christlichen Mission bekommt den Namen: „die Apostel". Zugleich ist diese einmalige Sendung im Leben Jesu aber der Prototyp aller späteren christlichen Mission. Die Apostel sind das Vorbild aller späteren Missionare. Markus sieht in ihnen also (abgesehen davon, daß sie die ständigen Begleiter Jesu sind) missionierende Wanderprediger. Von den in der Didache — die ausgerechnet „Lehre der 12 Apostel" heißt — erwähnten Aposteln (11,2—6) unterscheiden sie sich dadurch, daß sie christliche Gemeinden allererst gründen, während die Apostel der Didache innerhalb von schon bestehenden christlichen Gemeinden predigend umherwandern und von der Entwicklung der christlichen Kirche überholte charismatische Wanderpropheten sind, die in der Anfangszeit der Mission ihr gutes Recht gehabt hatten. Man duldet sie noch und verpflichtet die Gemeinden, sie für höchstens zwei Tage aufzunehmen; aber dann müssen sie den Wanderstab weitersetzen[5].

Lukas hat eine andere Vorstellung von den 12 Aposteln. Sie haben nach Apg 1,22 Jesus begleitet und sind Zeugen des Auferstandenen geworden. Zugleich aber stellt Lukas sie in der Apg als die Leiter der

---

[5] Siehe oben Anm. 3 zu Mk 6,7.

Jerusalemer Urgemeinde in deren Frühzeit (bis Kap. 15) dar. Mt 19,28 und Lk 22,28—30 bringen darüber hinaus noch einen Spruch aus „Q". In ihm werden die Zwölf (die aber hier nicht „Apostel" heißen!) als eschatologische Größen geschildert: sie werden im kommenden Reich auf 12 Thronen sitzen und die 12 Stämme Israels „richten", d. h. regieren. Bei Lk verbindet sich in 20,30 damit noch eine andere Vorstellung: die Zwölf werden dereinst an Jesu Tafel das himmlische Mahl genießen. Eine solche judenchristliche Verherrlichung der Zwölf kennt Mk nicht. Dagegen berichtet Apc 21,12, die Mauer des neuen, vom Himmel herabgekommenen Jerusalems werde 12 Türme haben, auf denen die Namen der 12 Stämme Israels eingeschrieben sind, und (21,14) die Mauer werde 12 Grundsteine haben und auf ihnen zwölf Namen der zwölf Apostel des Lammes. Hier ist also, ebenso wie in Mt 10,2, die Identifikation der Zwölf mit den Aposteln vollzogen. Daran — wenn auch nicht allein an diesen Stellen — scheitert die Kleinsche These.

Es ist freilich richtig, daß ursprünglich die Zwölf nicht mit den Aposteln identisch waren. Das geht aus 1 Kor 15,3—7 hervor. Hier werden die Zwölf an 2. Stelle als Auferstehungszeugen genannt, an 5. Stelle aber „alle Apostel". Nach Schmithals (67) soll es sich zwar bei der Erscheinung des Auferstandenen vor den Zwölf um ein Ereignis handeln, das sie alle gleichzeitig erlebten. Dagegen sei bei „allen Aposteln" an individuelle Erlebnisse der Mitglieder dieser Gruppe gedacht, zu der auch Paulus gehört habe (!). Das widerspricht u. E. dem Text. Aber es macht eine Schwierigkeit sichtbar, mit der Paulus hier ringen muß: von einer Erscheinung vor Paulus war im Auferstehungskerygma der Urgemeinde nicht die Rede. Die offizielle Tradition sprach von einer Erscheinung des Auferstandenen vor „allen Aposteln", die noch vor der Erscheinung vor Paulus stattgefunden hatte. Darum mußte er sich bemühen, die ihm zuteilgewordene Erscheinung des Auferstandenen, auf die er ja seinen Apostolat gründete, an die früher erfolgten noch anzufügen: er habe es eigentlich wegen seiner Verfolgung der Gemeinde gar nicht verdient, ein Apostel zu heißen. Aber durch Gottes Gnade sei er es trotzdem geworden und habe mehr gearbeitet als sie alle. Daß die Apostel, von denen Paulus hier spricht, sich in Jerusalem aufgehalten haben und nicht als Wanderprediger herumgezogen sind, geht u. E. aus Gal 1,17 hervor: Paulus ist nach seiner Berufung nicht hinaufgezogen nach Jerusalem zu „den vor mir Aposteln", wie der griechische Text wörtlich übertragen sagt. Daß Paulus (Gal 1, 19) außer Petrus keinen anders Apostel in Jerusalem gesehen hat, sondern nur den Herrenbruder Jakobus (der also mit zum Apostelkreis gehörte), besagt nicht, daß die andern Apostel (soweit sie noch am Leben waren; man darf doch nicht damit rechnen, daß alle Apostel uralt geworden sind, soweit sie nicht vorher das Martyrium erlitten haben) gerade zur Mission aus Jerusalem fortgegangen waren, sondern daß Paulus — wegen seines Abfalls vom Judentum aufs äußerste gefährdet — keinen Kontakt mit weiteren Aposteln oder gar der Jerusalemer Gemeinde aufgenommen hat. Daß bei seinem zweiten Besuch nach 14 Jahren (Gal 2,1) die „drei Säulen" (Gal 2,9) Jakobus, Kephas und Johannes die maßgebenden Männer in der Urgemeinde waren, beweist, daß damals die Leitung nicht bei den Aposteln lag. Die Versuche von Klein und Schmithals, die Gruppen der Zwölf und der Apostel als einander ausschließend auszugeben — nur Petrus war nach Klein zunächst Mitglied beider Gruppen — sind u. E. verfehlte Interpretationen. Daß „der urchristliche Apostolat eine Übernahme des missionarischen Amtes der jüdischen bzw. judenchristlichen Gnosis war, die in demselben syrischen Raum beheimatet war, in dem der kirchliche Apostolat zu Hause ist" (Schmithals 216), scheint mir angesichts von Gal 2,8 (um von anderem abzusehen) eine unbewiesene Hypothese. Petrus ist Apostel, aber doch kein Gnostiker!

K. H. Rengstorf hat (ThWb II 414 ff.) auf „das spätjüdische Rechtsinstitut des „schaliach" hingewiesen (vor Suffixen: schaluach, Plural: scheluchim; aram. Sing. schelicha). Es bestand darin, daß jemand für einen bestimmten Auftrag autorisiert wurde; innerhalb dieses Auftrags „ist der Abgesandte eines Menschen wie dieser selbst": Ber. V 5 (s. Billerbeck Bd. III 2 ff.) Jüdische Missionare wurden jedoch nicht als scheluchim bezeichnet. Rengstorf unterscheidet (wie später H. Riesenfeld RGG, 3. A., 497—499) die Aussendung der Zwölf während des Erdenlebens Jesu, deren Auftrag mit der Ausführung erlosch, von dem urchristlichen Apostolat, der einen bleibenden Charakter hatte. Allerdings entspricht dem nicht, daß die Zwölf schon bei ihrer Erwählung als Apostel bezeichnet werden: Mk 3,14; Lk 6,14, wo der Satz folgt: „... den Simon, den er Petrus nannte ...". Danach hat Lk „Apostel" als einen den Zwölf bleibenden Namen verstanden, obwohl er von ihnen im Evangelium weiter nur als von „den Jüngern" spricht. Dasselbe dürfte auch für Mk gelten, wenn der Text Mk 3,14 ursprünglich ist. (Die Vermutung, die Quellen des Lk hätten angedeutet, daß Jesus mit den Zwölf bereits bei der Erwählung von seinem Plan mit ihnen gesagt und das mit dem „sie Apostel Nennen" gemeint habe, genügt nicht, um die Einführung der Bezeichnung „Apostel" bzw. schelicha durch Jesus selbst zu sichern.)

Zwei Fragen sind noch offen geblieben. Die erste betrifft die Speisungsgeschichte als Ganzes. Zunächst: was wollte Markus mit dieser Geschichte seinen Lesern sagen? Man hat auf Anklänge auf die Erzählung von der Einsetzung des Abendmahls hingewiesen und Mk 6,30—44 als eine Art von Vorwegnahme des eucharistischen Mahles erklärt. Aber jene Anklänge kommen einfach daher, daß es sich hier wie dort um ein jüdisches Mahl handelt; bei seiner Darstellung wiederholen sich notwendig manche Begriffe und Wendungen. Wie Markus die Geschichte verstand, ergibt sich u. E. aus 8,13—21 (wovon noch näher zu sprechen sein wird). Hier wird deutlich: beide Speisungsgeschichten sind für Markus Wunderberichte, welche die Wundermacht

Jesu herausstellen wollen und damit das Vertrauen der Christen auf einen so mächtigen Herrn stärken[6].

Soviel vom „Sitz im Leben der Gemeinde“ des Mk. Wie aber steht es mit dem „Sitz im Leben Jesu“? Von dieser Frage sprechen wir besser erst, nachdem wir die Parallele zu unserer Speisungsgeschichte in Mk 8,1—10 und dem „Nachtrag“ in 8,14—21 genauer behandelt haben (s. u. S. 287 ff.).

Ein weiteres Problem ist die Beziehung zwischen der Aussendung der Zwölf (Mk 6,7) und ihrer Wiederkehr (6,30) mit der Speisungsgeschichte, eine Beziehung, die vor allem Albert Schweitzer vermutet hat. Auch davon wird man aber besser erst sprechen, wenn 8,1—10 genauer analysiert sind (s. u. S. 278 ff.).

29 Das Wandeln auf dem See

Mk 6,45—52; Mt 14,22—33; Joh 6,15—21

(45) Und sofort zwang er seine Jünger, in das Schiff einzusteigen und vorauszufahren zum gegenüberliegenden Ufer nach Bethsaida, bis er selbst das Volk entlassen habe. (46) Und nachdem er sie (die Menge) verabschiedet hatte, ging er fort auf den Berg, um zu beten. (47) Und als es dunkel wurde, war das Schiff mitten auf dem Meer, und er allein auf dem Lande. (48) Und als er sah, daß sie sich beim Rudern abquälten — denn der Wind war ihnen entgegen —, kam er um die vierte Nachtwache zu ihnen, wandelnd auf dem Meer. Und er wollte an ihnen vorbeigehen. (49) Als sie ihn aber auf dem Meer wandeln sahen, glaubten sie, es sei ein Gespenst, und schrien auf. (50) Denn alle sahen ihn und gerieten außer sich. Er aber sprach sofort zu ihnen und sagte zu ihnen: „Seid getrost, ich bin es; habt keine Furcht!“ (51) Und er stieg zu ihnen ins Schiff, und der Wind beruhigte sich. Und sie waren ganz außer sich. (52) Denn sie waren nicht zur Einsicht gekommen bei den Broten, sondern ihr Herz war verstockt.

Dies ist einer der überlieferungsgeschichtlich interessantesten Abschnitte[1] in den Evangelien. Bevor wir auf seine vielfache Problematik eingehen, müssen wir uns zuerst die Absicht verdeutlichen, die den Evst bei seiner Erzählung leitete.

Die Speisung hat (V. 35) am späten Nachmittag stattgefunden. Bis

[6] Die Frage Jesu an die Jünger in Mk 8,21: „Habt ihr noch nicht verstanden?“, richtet sich auch an den christlichen Leser.

[1] Vgl. dazu E. Haenchen, Johanneische Probleme, ZThK 56, 1959, 19—54. Dieser Aufsatz sucht zu zeigen, was „Geschichte der ntl. Tradition“ eigentlich meint: dem Wandel der einzelnen Traditionsstücke nachzugehen, ohne dabei die Einheit in diesem Wandel zu vergessen.

5000 Menschen gespeist sind, vergeht eine sehr lange Zeit. Es ist also mindestens kurz vor Eintritt der Dunkelheit (die ja im Süden sehr rasch einbricht), als Jesus die Jünger fortschickt[2]. Sie sollen nach Bethsaida — dem Fischerdorf an der Jordanmündung? — vorausfahren, während Jesus inzwischen das Volk verabschiedet.

Allein geblieben steigt Jesus auf einen Berg, um dort zu beten. Inzwischen hat das Schiff mit den Jüngern den halben Weg zurückgelegt. Die Ruderer haben es nicht leicht bei dem Gegenwind. Jesus sieht vom Berg aus — also in der Dunkelheit — das Schiff und dessen Schwierigkeit. Schon damit beginnt das Wunder: ein gewöhnlicher Mensch könnte auf diese Entfernung bei Nacht das Boot nicht ausmachen. Aber Jesus sieht nicht nur die Not, sondern macht sich unverzüglich zur Hilfe auf. Er steigt herab an den Strand und geht quer über das Meer auf das Schiff zu. Was Hiob 9,8 von Gott gesagt wird („Gott geht auf den Wogen des Meeres wie auf festem Boden"), das wird hier dem Gottessohn zugeschrieben. Zwischen 3 und 6 Uhr morgens, in der beginnenden Dämmerung, kommt er in die Nähe des Schiffes. Aber er scheint an ihnen vorbeigehen zu wollen. So kommt es, daß die Jünger ihn wohl in der Dämmerung sehen, wie er über das Meer wandert; aber sie halten ihn für ein Gespenst und schreien vor Angst auf. Aber da redet Jesus sie an, versichert ihnen, daß er es sei und daß sie keine Angst zu haben brauchten. Er kommt zum Schiff, steigt ein, und sogleich beruhigt sich der Wind. Die Jünger sind außer sich vor Staunen, aber sie begreifen trotz des Brotwunders nicht, daß Jesus der Gottessohn ist, der über die Kräfte der Natur gebietet. Der Leser aber weiß nun, daß Jesus die Seinen in der Gefahr nicht allein läßt und daß er auch da, wo es menschenunmöglich ist, ihnen zu Hilfe kommen kann und will.

So reiht sich also unsere Erzählung ein in die Reihe der „geheimen Epiphanien", der geheimen Offenbarungen des Göttlichen, an denen das Mk-Evangelium so reich ist. Aber sie geschehen nicht als Schauwunder, sondern haben den Sinn, Jesu Jünger seiner übermenschlichen Hilfe zu versichern.

Damit sind jedoch die vielen Fragen noch nicht beantwortet, vor die uns dieser Mk-Text stellt. Schon der Anfang hat die Exegeten in Not gebracht: Warum nötigt oder zwingt Jesus die Jünger, allein abzufahren[3]? V. Taylor erklärt es als Anzeichen messianischer Erre-

---

[2] Zu der Zeitbestimmung in Mk 6,35, wonach es vor der Speisung schon spät ist, paßt schlecht 6,47: bei Dunkelheit sind die Jünger mitten auf dem See.
Aber der Erzähler hat die Zeitangaben nicht aufeinander abgestimmt, sondern jede hat ihren eigenen Sinn; die erste soll zeigen, daß das Eingreifen Jesu dringend nötig ist, während die zweite die Not der Jünger veranschaulicht, die in Dunkelheit und Sturmwind mitten auf dem See sind. Jesus sieht sie trotzdem.

[3] Mit ἠνάγκασεν (enankasen) motiviert der Erzähler, daß die Jünger ohne Jesus abfahren.

gung, die sich in diesem Zwingen äußert[4]. Aber unser Text sagt nichts davon, sondern nur die johanneische Parallele (Joh 6,15). Warum sollen die Jünger nicht dableiben, bis er die Menge verabschiedet hat? Damit kommen wir auf eine weitere Frage. Wenn wir uns von dem Geschehen ein anschauliches Bild machen, geraten wir in Zeitnot. Wir sahen schon: 5000 Menschen kann man nicht im Nu speisen. Und Jesus bricht doch das Brot für alle diese Menschen! Wenn vom Beginn der Speisung schon gilt, daß es spät ist, dann könnte eigentlich die Speisung gar nicht vor Eintritt der Dunkelheit fertig geworden sein. Auch die Letzten der Gespeisten essen sich ja satt, bevor die Brocken in die 12 Körbe gesammelt sind, was auch nur bei Tageslicht geschehen kann und nicht so ganz rasch fertig ist. Aber selbst wenn wir uns mit dieser Schwierigkeit abfinden wollten, ohne daß sie damit wirklich überwunden wäre, bleiben wir immer noch in einer weiteren Verlegenheit. Sollen diese 5000 Menschen — Mt hat in dem einen Punkt sicher recht, daß es nicht bloß Männer waren, sondern auch Frauen und Kinder — nun bei Dunkelheit fortwandern? Wie sollen sie da — wir dürfen ja nicht mit idealen Wegverhältnissen rechnen — Gehöfte und Dörfer finden, wo sie die Nacht zubringen können?

Aber so rechnet der Erzähler eben nicht. Nach V. 47 ist das Schiff, als es dunkel wird, mitten auf dem See. Um bei Gegenwind dorthin zu kommen, muß es schon eine Weile unterwegs sein. Wie soll das aber möglich sein, wenn die Speisung schon zu später Stunde begonnen hat? Je mehr man sich in diese praktischen Details vertieft (die vielen Erklärern gleichgültig sind), um so unmöglicher erscheint die geschilderte Handlung[5], und zwar noch ganz abgesehen von den eigentlichen Wundern, welche Jesus nun vollbringt.

Wir hatten gesehen, wie der Erzähler sich zu erklären bemüht hatte, woher die zur Speisungsgeschichte erforderlichen Tausende kommen (s. o. S. 245). Er hat sich aber nicht gefragt, wie sie wieder in alle Städte zurückkommen. Sein Blick ruht allein auf Jesus und dessen Tun. Wenn das rätselhaft ist — Jesus hätte doch mit den Jüngern zusammen zurückfahren können! —, so ficht ihn das nicht an. Von allein wären die Jünger nie und nimmer ohne den Meister abgefahren: also muß ein Gebot Jesu sie zu dieser Abfahrt ohne ihn genötigt haben.

Da bei Mk ursprüngliche Einzelszenen miteinander verbunden sind, zwingt uns nichts zur Annahme, daß unsere Geschichte von Haus aus mit der Speisung verbunden war. Vielleicht hat erst die Vorlage des Mk beide Perikopen miteinander verknüpft[6].

---

[4] Taylor 327. Ohne Joh 6,15, auf das er verweist, wäre er kaum auf diese Erklärung gekommen.

[5] Hier wird deutlich, daß es sich um keine realistische Darstellung handelt. Alle die von uns aufgezählten Fragen bewegten den Erzähler nicht.

[6] Die Parallele 8,10 läßt Jesus zusammen mit den Jüngern abfahren.

Vom Berge aus sieht[7] Jesus die Not der Jünger und macht sich zur Hilfe auf. Diese Hilfe ist nicht in der Weise zauberhaft gedacht, daß er sofort bei ihnen ist. Nein, er muß über das Meer gehen. Daß es von dem starken Wind aufgewühlt ist, also kein glatter und ebener Weg, daran hat der Erzähler wohl gar nicht gedacht. Oder er hat es eben Jesus zugetraut, daß sich vor ihm die Wogen jeweils geglättet hätten. Nach so langer Zeit, wie man auf dem Land für eine solche Strecke braucht[8], kommt Jesus in die Nähe des Schiffs, und in der Dämmerung erblicken ihn die Jünger. Aber davor steht V. 48 mit dem rätselhaften Schluß: er wollte an ihnen vorbeigehen. Man hat viele Erklärungen versucht[9]: Lohmeyer 134 begnügt sich mit der Konstatierung einer Naht, nach Josef Schmid 130 schien es den Jüngern nur so, als wollte Jesus vorbeigehen, Grundmann fragt, ob hier eine alte Gottesaussage auf Jesus übertragen ist oder ein hellenistisches Wundermotiv, oder ein sehr alter Auferstehungsbericht in Jesu Geschichte zurückgetragen[10], oder — Rudolf Otto — eine ‚charismatische apparitio'? Auf die eigentliche Schwierigkeit gehen alle diese Erklärungen nicht ein: Jesus will doch den Seinen helfen — warum will er da vorübergehen? Wie hat der Evst diesen Zug verstanden? In der Schilderung Joh 6,19 ist er fortgelassen, ebenso bei Mt. Aber ermöglicht nicht gerade er erst das Folgende? Nämlich, daß die Jünger diese auf dem Wasser vorbeiziehende Gestalt für ein Gespenst halten? Gerade weil Jesus nicht direkt auf sie zukommt oder zu ihnen ins Boot steigt, sondern an ihnen vorbeiwandert, haben sie den Eindruck: hier geht ja ein Gespenst! Es kommt dem Erzähler darauf an, daß dieser Ausdruck fällt. Auch zu seiner Zeit werden manche dieser Wundergeschichten bei nichtchristlichen Hörern auf Zweifel und Kritik gestoßen sein. Da ist es gut, wenn ein solcher Einwand in der Geschichte selbst laut wird — in den lukanischen Auferstehungsgeschichten von den Erscheinungen

---

[7] Man kann sich fragen, ob dieses Sehen nicht ebenfalls über menschliches Vermögen hinausgeht.

[8] Die vierte Nachtwache setzt die römische Zeitrechnung voraus; die Juden teilten die Nacht in drei Wachen ein: Lk 12,38 (Taylor 329). Jesus kommt gegen 3 Uhr morgens in die Nähe des Schiffes.

[9] Taylor 329 möchte „er wollte" wie ein Hilfsverb verstehen: „er war dabei", und erwägt nun zwei Möglichkeiten: Jesus wollte die Jünger zu Fuß überholen und auf der andern Seite des Sees überraschen (!), oder: er wollte ihren Glauben prüfen. Zum Glück läßt sich Taylor nicht auf diese Spekulationen ein. Dafür beruhigt er sich mit der Vermutung: Der Evangelist beschreibe nur, was die Jünger sahen (dazu paßt „er wollte vorbeigehen" freilich schlecht, selbst wenn man es als „he was going to pass by them" faßt).

[10] Das ist die Ansicht, die Hirsch im Anhang zu der Analyse in Bd. 1, 182—186, vorträgt. Hier sucht er die erste Erscheinung des Auferstandenen vor Petrus zu rekonstruieren aus Joh 21, Mk 6 und Mt 14,30 f. Wenn er zum Schluß gesteht, er würde diese Geschichte für einen streng wahrhaftigen Erlebnisbericht halten, wenn sie etwa so gelautet hätte, wie er rekonstruiert, dann mutet der dem Leser etwas viel zu.

des Auferstandenen ist das sehr deutlich — und in ihr selbst widerlegt wird: Nein, die Jünger haben kein Gespenst gesehen, sondern Jesus ist auf ihren Schrei hin zu ihnen ins Boot gestiegen und hat sie beruhigt. Mit ihm kommt der Friede: der Wind legt sich, und die weitere Fahrt bietet keine Schwierigkeiten mehr.

Aber die Jünger bleiben bei alledem merkwürdig stumpf. Das hat der Evangelist gemerkt und sucht es zu erklären. Es ist freilich nichts Alltägliches, daß jemand über das Meer gewandelt kommt und mitten auf dem Meer ins Schiff einsteigt. Die Jünger jedoch staunen nur sehr, über alle Maßen: ihr Herz war eben verstockt, verhärtet, erklärt der Evangelist. Diese Erklärung hilft uns freilich nicht. Sie verdankt ihre Existenz wohl der Tatsache, daß man schon zur Zeit des Evangelisten die Diskrepanz sah zwischen den ungeheuren Wundern Jesu und dem geringen Eindruck, den sie auf die Jünger machten. Man machte sich das verständlich durch die Erklärung, daß die Jünger eben verstockt waren. Aber in Wirklichkeit dürfte es anders stehen: Was hier von der Speisung und dem Seewandeln erzählt wird, bei denen Jesus seine ganze göttliche Macht offenbart, schildert nicht Ereignisse aus Jesu Erdenleben, sondern solche, die ihm der Glaube späterer Zeiten zuschrieb. Da mußte notwendig eine Kluft aufreißen zwischen den unerhörten Taten Jesu und der Art, wie sich die Jünger vor Ostern verhalten haben. Die Wirklichkeit der Jünger vor Ostern und der Glaube der nachösterlichen Gemeinde, welcher der Auferstandene erschienen ist, lassen sich nicht bruchlos vereinen.

Wir kommen zum Mt-Text. Auch B. Weiß, der sonst gern in Mt eine ältere „apostolische Quelle“ fand, gibt diesmal zu, daß Mt diese Szene einfach aus Mk übernommen hat — mit leichten Kürzungen, denen auch die Worte „er wollte an ihnen vorbeigehen“ zum Opfer gefallen sind. Aber Mt hat nun — in 14,28—31 — eine neue Episode in diesen Text eingefügt: die Geschichte vom Meerwandeln des Petrus. Sie war dem Mk sicherlich noch nicht bekannt; literarisch betrachtet ist sie eine weitere Fortspinnung der Geschichte. Petrus glaubt nicht einfach, daß es der Herr ist, sondern verlangt zur Legitimation, daß Jesus ihn auf den Wassern zu Jesus kommen heiße. Das ist nun freilich eine etwas seltsame Logik: dem Befehl eines Bezweifelten in dieser Lage zu gehorchen, erfordert eine gehörige Portion Glauben. Aber der Erzähler muß irgendwie motivieren, wie es eigentlich dazu kam, daß Petrus das Schiff verließ und auch auf dem Meer wandelte.

Diese neue Geschichte ist weder ad majorem gloriam Petri noch zu seiner Beschämung erzählt worden; sie ist auch kein „inneres Erlebnis des Petrus“, das man fälschlich objektiviert hat, sondern eine Lehrdichtung über die Kraft des Glaubens. In dem Augenblick, da der Mensch nicht auf Jesus schaut, sondern auf die irdischen Gefahren, verliert er die Kraft, sie zu überwinden. Nur die erneute Zuwendung zum Herrn kann den Christen in solcher Lage retten. „Kleingläubiger, warum hast du gezweifelt?“ — in diesem Schlußwort Jesu ist die Lehre dieser Erzählung deutlich genug und in vorbildlicher Kürze ausgesprochen[11].

Mt hat richtig empfunden, daß die von Mk geschilderte Reaktion der Jünger auf Jesu Wunder innerlich unmöglich war. Darum hat er kühn den Schluß abgeändert: „Die im Schiff aber fielen vor ihm nieder und sprachen: ‚Du bist wirklich Gottes Sohn!' “. Psychologisch ist das ganz in Ordnung. Aber Mt hat übersehen, daß nun das Petrusbekenntnis von Mt 16,16—18 seine Kraft verliert und Jesu Antwort darauf ihren Sinn verliert. So einfach lassen sich eben die Spannungen im Mk-Text nicht beseitigen. Von unseren Versuchen, mit ihnen fertig zu werden, konnte Mt noch nichts ahnen, abgesehen davon, daß sie ihm lästerlich erschienen wären.

Lk hat unsere Geschichte nicht gebracht, abgesehen von den Worten „betend“ und „allein“. Hier beginnt die große, seltsame Lücke in seiner Wiedergabe des Mk-Textes, die bis zum Petrusbekenntnis reicht. Man hat sie daraus erklärt, daß Lk sich vor Dubletten scheute — seine Dublettenscheu ist eine jener Hypothesen, die das zäheste Leben haben. Endlich hat man angenommen, daß sein Mk-Exemplar defekt war. Diese letzte Lösung erschien den meisten als eine Ausflucht. Aber man hat sich gewöhnlich die Lage nicht genau überlegt. Diese Erklärung scheint mir die glaubwürdigste, wenn ich auch in der Abgrenzung der Lücke nicht mit Hirsch gehe, sondern mit einem englischen Forscher. Aber wir wollen erst zu Mk 8,27 ff. darauf eingehen, weil dort ein wichtiger Hinweis gegeben wird (s. u. S. 304 f.)

Dafür bleibt uns nun noch Joh 6,15—21 übrig. Auch die Überlieferung, die Joh benutzt hat, kannte schon die Verbindung von Speisung und Seewandeln. Aber Joh hat nicht einfach Mk oder Mt wiederholt! Nachdem Jesus am Strande des Meers von Tiberias geweilt und Kranke geheilt hat, steigt er — so erzählt der Evangelist 6,3 — mit den Jüngern auf einen Berg und setzt sich dort nieder. Wie er dann aufblickt und die große Menge sieht, die auf ihn zukommt, wendet er sich dem Jünger Philippus zu (der bei den Synoptikern keine Rolle spielt) und fragt ihn: „Woher werden wir Brote kaufen, damit diese essen?“ Der Evangelist — oder wohl seine Vorlage — hebt aber ausdrücklich hervor, daß diese Frage keiner Unwissenheit Jesu entsprang, sondern dazu bestimmt war, den Jünger auf die Probe zu stellen: „Denn Jesus wußte, was er tun wollte“. Philippus antwortet (in Berührung mit und Unterschied von Mk 6,37): „Für 200 Denare Brot reichen nicht aus für sie, damit jeder ein bißchen bekommt“. Diese Antwort zeigt nur die Größe der Menge, macht aber zugleich klar, daß der Jünger für die Beschaffung keinen Vorschlag weiß. Da tritt ein anderer auf den Plan, von dem die Synoptiker in diesem Zusam-

[11] Taylor sagt zu dieser Episode (Mt 14,29—31): die meisten Gelehrten hielten sie für eine homiletische Erweiterung der Mk-Erzählung; aber dieselben Motive seien schon bei der Bildung des ursprünglichen Mk-Berichtes am Werk gewesen (330).

menhang auch nicht reden, nämlich Andreas, der Bruder des Petrus: „Hier ist ein Junge, der fünf Gerstenbrote und zwei geräucherte Fische hat", teilt er mit, fügt aber sofort resignierend hinzu: „Doch was ist das für so viele?" In der Tat, wie soll dieser Vorrat, der einem Dutzend Personen eine knappe Mahlzeit gibt, für die anwesende Menge reichen? Aber gerade nun, wo die menschliche Unmöglichkeit deutlich geworden ist, wo die Erwähnung der vorhandenen Vorräte fast wie eine Ironie wirkt, gerade nun geschieht durch Jesus das Überraschende: er schafft aus diesem verschwindenden Etwas durch ein göttliches Wunder den Überfluß! Denn er gibt den Gelagerten, soviel sie wollen, vom Brot und auch den Fischen, die ebenfalls an dem Vermehrungswunder teilhaben. Und als alle satt sind, sagt Jesus zu den Jüngern: „Sammelt die übriggebliebenen Brocken, damit ja nichts umkomme!" So erklärt sich die Vorlage des Johannes den auffallenden Zug, daß man die Brocken gesammelt hat. Von den fünf Gerstenbroten werden 12 große Körbe voll gesammelt[12].

An dieser Erzählung ist Mk gegenüber neu das Auftreten zweier Jünger, die bei Mk nicht als redende Einzelpersonen vorkommen: des Philippus und Andreas. Sie haben — man denke an das gnostische Philippusevangelium, das man bei Nag-Hammadi gefunden hat — in der späten Überlieferung eine größere Rolle gespielt. Durch die Vermittlung eines „paidarion" — das kann eine Knabe oder ein Sklave sein; aber wer von diesen armen Menschen hatte einen Sklaven? — kommt in die Geschichte weiter neues Leben. Sehen wir uns aber diese fast dramatisch bewegte Szene genauer an, dann merken wir: diese Bewegung ist eigentlich nur ein Schein. Denn wie uns der Evangelist sagt, weiß Jesus, noch bevor Philippus den Mund öffnet und zu sprechen beginnt, was er tun will. Das Reden und Denken der Menschen ist hier im Grunde gleichgültig. Der Plan und Wille des Gottessohnes steht fest und geht in Erfüllung. Damit wird auch in dieser Perikope etwas deutlich, was uns das vierte Evangelium immer aufs neue einprägt: Nur scheinbar ist Jesus ein schwacher Mensch, der andere fragen muß. In Wirklichkeit ist er das auf die Erde hinabgestiegene Himmelswesen, das auch in seiner menschlichen Gestalt nicht aufhört, über die Macht der Ewigkeit zu gebieten. Die Zeit, da Jesus auf Erden weilt, wird hier nicht als eine Zeit der Schwäche verstanden wie bei Paulus, sondern nur als eine Zeit der teilweise verhüllten Stärke. Von diesem Jesus kann man noch weniger als von dem bei Mk geschilderten behaupten, daß er sich „entäußert" hat (Phil 2,7). Nun hat freilich Joachim Jeremias jetzt nachzuweisen versucht, daß dieses ἐκένωσεν (ekenōsen) sich nicht auf die Menschwerdung beziehe, sondern — in Anlehnung an Jes 53,12 — auf das sich Ausschütten in den Tod: Nov. Test. VI, 1963, 182—188. Aber u. E. geht dieser Hinweis auf die Worte: „Seine Seele wurde hingegeben in den Tod" (so LXX)

[12] Die Zahl der Gespeisten wächst ebenso wie die der Körbe; ja auch diese selbst scheinen zu wachsen: Kophinos Mk 6,43 ist der große feste Tragkorb.

an der Intention des Paulus vorbei. Ebenso wie in 2 Kor 8,9 stellt er die himmlische Existenz Jesu, die er zunächst besaß, der irdischen gegenüber, die er um unsertwillen angenommen hat: „reich seiend ist er arm geworden um euretwillen, damit ihr durch seine Armut reich würdet". „Sich entleerend nahm er die Knechtsgestalt an" — vielleicht sollte man besser übersetzen: „indem er die Knechtsgestalt annahm" (Partizipium!), „entleerte er sich". Es liegt keine Anspielung auf den Gottesknecht vor.

Aber wir müssen zu dem von Johannes erzählten Wunder noch eins hinzufügen: so groß und gewaltig das Zeichen auch ist, das Jesus hier vollbringt, für den vierten Evangelisten ist es — anders als in der von ihm benutzten Überlieferung — als Wunder gar nicht wichtig. Wer nur sieht, daß Jesus Tausende mit Brot sättigt, der hat das eigentliche Zeichen gar nicht gesehen: den Hinweis darauf, das Jesus das Brot des Lebens ist, indem er uns die Gemeinschaft mit dem Vater wieder eröffnet. Damit hat sich das Speisungswunder in Joh 6 weit abgehoben von dem, das die Synoptiker erzählen. Was bei ihnen als Ziel erscheint, nämlich die Versorgung der hungernden Massen durch Jesu Wundermacht, ist hier zu einem bloßen Mittel geworden und nur Hinweis auf etwas unvergleichlich Höheres — das freilich unverstanden bleibt. Denn die von der wunderbaren Speisung Begeisterten wollen Jesus zum König machen (ein Zug der schon legendär entstellten Vorlage des Joh), so daß er sich nur durch eine Flucht ins Gebirge retten kann. Nur das vierte Evangelium bringt diesen Zug, der dem Leser zeigen soll, wie leicht sich Jesus zum irdischen König hätte machen können, wenn er es nur gewollt hätte!

Auf diese Geschichte läßt Joh die Erzählung vom Seewandeln folgen. Die Jünger sind (6,16 f.) ohne einen Befehl Jesu aus eigenem Antrieb abgefahren und zwar nach Kapernaum. In der Nacht kommt ein großer Sturm auf. Da sehen die Jünger, die 25 bis 30 Stadien weit gefahren sind (also wieder bis etwa zur Seemitte) Jesus auf dem Meer wandelnd kommen und sich dem Boot nähern, und bekommen Angst. Er aber sagt: „Ich bin es. Fürchtet euch nicht!" Und wie sie ihn ins Boot nehmen wollen, da ist es mit einem Mal — ein neues Wunder! — am Strande, auf den sie zufuhren[13].

Wir sehen: hier ist die uns aus den Synoptikern bekannte Tradition sehr vereinfacht, aber auch etwas verändert. Es wird nicht erklärt, warum die Jünger allein abfahren, und nicht gesagt, daß Jesus sie in Seenot sieht. Das Erste ist dem Erzähler unwichtig, und das Zweite soll sich der Leser selbst sagen. Dagegen ist der Schluß der Geschichte wirklich verändert und zeigt, daß sie in verschiedener Form umgelaufen ist. Die johanneische berührt sich mit der bei Mk darin, daß die Petrusepisode fehlt. Sie unterscheidet sich aber davon darin, daß Jesus nicht in das Schiff steigt, sondern daß man plötzlich

[13] J. H. Bernard meint, die joh. Fassung sei ohne jedes Wunderelement; Mc Gregor, Hoskyns und Strachan behaupten mit Recht das Gegenteil.

am Strande ist. Vom Eindruck, den das Wunder auf die Jünger macht, ist nicht die Rede.

Es ist unwahrscheinlich, daß der vierte Evangelist „noch einmal nacherzählt, was Mark. 6,30—53 steht“[14]. Er hat eine Vorlage benutzt, die sich schon von den Synoptikern unterschied. Aber der Sinn der Geschichte war in dieser derselbe wie bei Mk: Jesus läßt die Seinen in der Stunde der Gefahr nicht im Stich, sondern ist im entscheidenden Augenblick wunderbar gegenwärtig.

30 *Rückkehr nach Gennesaret*

Mk 6,53—56; Mt 14,34—36

(53) Und als sie ans Land hinübergefahren waren, kamen sie nach Gennesaret und legten an. (54) Und als sie aus dem Schiff stiegen, erkannte man ihn sofort. (55) Und man lief in jener ganzen Gegend umher und begann die Kranken auf den Bahren umherzutragen, wo man hörte: Er ist da. (56) Und wo immer er hineinkam in Dörfer oder Städte oder Gehöfte, da legten sie die Kranken auf die Marktplätze und baten ihn, daß sie auch nur die Quaste seines Gewandes berühren dürften. Und wer immer sie berührte, ward gerettet.

Zwischen die Speisungsgeschichte und die Erzählung vom Meerwandeln und vor die vom Händewaschen hat Mk diese Schilderung gestellt, die man einen „Sammelbericht“ nennen kann. Es ist nicht ganz deutlich, wo sich der Evangelist den Ort der Speisung gedacht hat und in welcher Richtung die folgende Überfahrt über den See erfolgt sein soll. Aber es kommt wenig darauf an, weil dieser Versuch einer geographischen Bestimmung nicht der ältesten Überlieferung angehört.

Unser „Sammelbericht“ zeigt, wie man sich zur Zeit des Mk Jesus vorzugsweise vorgestellt hat: als den großen Wundertäter, dessen Gewandquaste[1] zu berühren schon für die Heilung genügte. Moderne Apologeten sind für die Geschichtlichkeit dieser Schilderung mit der Begründung eingetreten, daß der feste Glaube ungeahnte und die Wissenschaft oft überraschende Wirkungen vollbringen kann. Wir denken nicht daran, diesem Argument seine Kraft abzusprechen. Aber dieses Bild Jesu als des unaufhörlichen Wundertäters ist erst in der zweiten Generation aufgekommen (s. o. S. 91) und hat sich dann immer mehr durchgesetzt. Die Nazarethperikope zeigte, wie sogar dem entgegenstehende Texte umgebogen und zum Schweigen gebracht wurden.

---

[14] So Hirsch, Das vierte Evangelium, Tübingen 1936, 169.

[1] Der fromme Jude trug gemäß Num 15,38 ff. und Deut. 22,12 am Gewand 4 Troddeln oder Quasten; s. dazu Billerbeck IV 1,276—292.

Wieder ist Jesus als mit einer heilenden Kraft gefüllt vorgestellt. Der Glaube daran ist nicht genug; es muß eine Berührung wenigstens seines Gewandes erfolgen, damit diese Kraft überströmt. Nicht der Glaube als solcher wird als heilend gedacht, sondern die körperlich vorgestellte Kraft, die in den Glaubenden einströmt[2].

Mt hat die Szene auf ein bescheideneres Maß zurückgeführt und damit unmittelbar anschaulich gemacht. Nach Mk läßt sich ja nicht recht sagen, wie die Leute ihre Kranken zu dem jeweiligen Aufenthaltsort Jesu bringen können. Wenn er durch die Dörfer wandert, dann können wohl die Kranken des gerade durchschrittenen Dorfes schnell an die Straße getragen werden. Aber Jesus kommt doch nicht durch alle Dörfer, und bis die Nachricht von seinem Durchzug durch die Gegend ein fernes Dorf erreicht, vergeht so viel Zeit — und die Bauern arbeiten auf dem Felde und können nicht sofort die Kranken auf Bahren fortbringen — , daß es fraglich ist, ob sie Jesus noch je treffen. Bei Mt bleibt Jesus an einem Ort, und man bringt die Kranken aus der Umgebung zu ihm. Das ist einfach und klar. Mt hat die Schwierigkeiten aus dem Mk-Text fortgeschafft und überdies gekürzt, wie üblich. Er ist der Evangelist, der am konzentriertesten schafft und auf dem engsten Raum am meisten bietet, während Mk oft umständlich und weitschweifig erzählt. Aber gerade deshalb ist nicht Mt der ältere Erzähler, sondern Mk!

31 Vom Händewaschen

Mk 7,1—23; Mt 15,1—20

(1) Und es versammelten sich bei ihm die Pharisäer und einige Schriftgelehrte, die von Jerusalem gekommen waren. (2) Und als sie sahen, daß einige seiner Jünger mit „gemeinen", d. h. ungewaschenen Händen aßen — (3) denn die Pharisäer und alle Juden essen nicht, wenn sie sich nicht gründlich die Hände gewaschen haben, (4) und wenn sie vom Markt kommen, essen sie nicht, bevor sie sich abgespült haben, und es ist noch vieles andere, was sie zu beobachten übernommen haben, Waschungen der Becher und Krüge und des ehernen Geschirrs — (5) und es fragten ihn die Pharisäer und Schriftgelehrten: „Warum wandeln deine Jünger nicht gemäß der Überlieferung der Ältesten, sondern essen das Brot mit ‚gemeinen' Händen?"

(6) Er aber sprach zu ihnen: „Trefflich hat Jesaja über euch Heuchler geweissagt, wie geschrieben steht: ‚Dieses Volk ehrt mich mit seinen Lippen, ihr Herz aber ist ferne von mir. (7) Umsonst aber ver-

[2] In Apg 5,15 überbietet Petrus diese Heilungen noch: es genügt, daß sein Schatten auf die Kranken fällt, um sie zu heilen. Die Voraussetzung ist, daß auch sein Schatten von seiner Kraft erfüllt ist, ähnlich wie die von Paulus getragenen Tücher Apg 19,12.

ehren sie mich, indem sie Lehren vortragen, die Satzungen von Menschen sind.' (8) Ihr verlaßt das Gebot Gottes und haltet die Überlieferung der Menschen."

(9) Und er sagte zu ihnen: „Trefflich verwerft ihr das Gebot Gottes, damit ihr nur eure Überlieferungen befolgt. (10) Denn Moses hat gesagt: „Ehre deinen Vater und deine Mutter" und „Wer Vater oder Mutter schmäht, soll des Todes sterben". (11) Ihr aber sagt: „Wenn jemand zu seinem Vater oder seiner Mutter sagt: Korban, d. h. ‚Gabe (an Gott) ist das, was dir von mir zugute kommen sollte', (12) dann laßt ihr ihn nichts mehr für seinen Vater oder seine Mutter tun, (13) indem ihr das Wort Gottes ungültig macht durch eure Überlieferungen, die ihr tradiert. Und dergleichen tut ihr viel."

(14) Und er rief die Menge wieder heran und sagte zu ihnen: „Höret alle und versteht! (15) Nichts, was von außen in den Menschen eingeht, kann ihn unrein machen. Sondern das, was vom Menschen ausgeht, das macht den Menschen unrein!" (16) (Wer Ohren hat zu hören, der höre!)

(17) Und als er in das Haus hineinging, fort vom Volk, da fragten ihn seine Jünger nach dem Rätselwort. (18) Und er sagte zu ihnen: „So seid auch ihr unverständig? Merkt ihr nicht, daß alles, was von außen in den Menschen eingeht, ihn nicht verunreinigen kann, (19) weil es nicht in sein Herz hineingeht, sondern in den Bauch, und es geht hinaus in den Abtritt, reinigend alle Speisen?"

(20) Er sagte aber: „Das, was vom Menschen ausgeht, das verunreinigt den Menschen. (21) Denn von innen, aus dem Menschenherzen, kommen die bösen Gedanken: Unzucht, Diebstahl, Mord, (22) Ehebruch, Habsucht, Bosheit; List, Ausschweifung, neidisches Auge; Lästerung, Hochmut, Unbesonnenheit. (23) All dieses Böse kommt von innen und macht den Menschen böse."

Die Situationsangabe, welche die ersten Verse dieses Abschnitts bringen, zeigt zugleich, worauf es Markus dabei ankam: er setzt sich hier mit den jüdischen Reinigungsvorschriften auseinander. Aber dieses Wort sagt uns heute zu wenig. ‚Rein' und ‚unrein' meinen hier nämlich etwas, was wir heute kaum noch kennen: die kultische Reinheit. Von einem bestimmten äußeren Ritual hängt es ab, ob wir „rein", d. h. zur Gemeinschaft mit Gott zugelassen sind. So ist die eigentliche Frage dieses Abschnitts, modern ausgedrückt, die: Was trennt uns von Gott? Wir vernehmen hier, wie die Gemeinde des Mk, im Gegensatz zu der jüdischen, diese Frage beantwortet, und können dabei zugleich uns fragen, ob die christliche Gemeinde Jesu eigene Stellung ganz bewahrt hat.

Mk hat auf seine Weise angedeutet, daß es sich hier um mehr handelt als um einen bloßen Einzelfall, daß es vielmehr um eine allgemeine Entscheidung von weittragender Bedeutung geht. Stilistisch ist diese Andeutung des Mk nicht gerade geschickt ausgefallen: die Verse

3 f. unterbrechen die Handlung, und man kann es verstehen, wenn Forscher wie Hirsch (I 69) darin einen nachträglichen Zusatz erblikken. Trotzdem ist das ein Irrtum: diese Verse gehören zum alten Text. Sie zeigen der Gemeinde, für die Mk schreibt, daß das ganze jüdische Leben von solchen Reinheitsgeboten beherrscht ist — ein Zeichen dafür, daß die christliche Gemeinde zur Zeit des Mk sich um all diese Vorschriften nicht mehr kümmerte und sie gar nicht mehr verstand, ja nicht mehr kannte. Darum muß der Evangelist ihr erst erklären, wie es hierüber jemals zu einem Konflikt kommen konnte. Während also V. 1 f. die folgenden Sprüche in eine konkrete Situation hineinstellen, belehren V. 3 f. die Leser darüber, daß es sich um mehr als diesen Einzelfall handelt. Also hat auch die Anklage, die gegen Jesu Jünger erhoben wird (von einer Anklage gegen ihn selbst wagt der Evst nicht zu sprechen), grundsätzliche, schwere Bedeutung. Warum kümmern sich die Christen nicht um die von den Ältesten aufgestellten Reinheitsgebote? Mit dieser Frage setzt sich der Evangelist auseinander, indem er den Fall des Essens mit ungewaschenen Händen als Ausgangspunkt nimmt.

Die erste Antwort auf diese Frage enthalten die Verse 6—8. Sie zeigen: diese Reinheitsvorschriften sind nur menschliche Anordnungen, denen zuliebe die wirkliche Anordnung Gottes vernachlässigt wird. Menschensatzungen hier — Gottesgebot dort: Dieser Gegensatz wird dem Leser eingeschärft. Als Beweis dafür, daß es sich wirklich so verhält, wird Jesaja 29,13 angeführt. In ihrem ursprünglichen Sinn meint diese Stelle allerdings etwas anderes: Gott klagt das Volk an, daß es ihm nur mit den Lippen dient, aber nicht mit dem Herzen, daß also der Gehorsam nur Schein ist. Im geheimen sündigen sie; aber sie tun so, als wären sie fromme Menschen, die sich an Gottes Gebote halten. Ihre Gottesfurcht, ihr Gottesdienst ist nur etwas Äußerliches, Angelerntes und nichts, was wirklich aus dem Herzen kommt. Die LXX, deren Wortlaut (leicht gekürzt) in V. 6 f. mitgeteilt wird, hat diesen Sinn des atl. Textes nicht mehr verstanden. Von jenem Gegensatz zwischen Gotteswillen und Menschensatzungen, der bei Mk gemeint ist, steht im Urtext nichts. Da Jesus sicherlich nicht die LXX seiner Lehre zugrunde gelegt hat, können wir schon aus diesem Umstand ablesen, daß hier die christliche Gemeinde ihr Verständnis des Alten Testamentes Jesus in den Mund gelegt hat, daß es sich also nicht um ein Wort des „historischen“ Jesus handelt.

Das, was der Evangelist als das Entscheidende herausstellen will, eben jenen Gegensatz von Gottesgebot und menschlicher Tradition, kommt in der angeführten Jes.-Stelle (auch wenn man den LXX-Text akzeptieren würde!) nur sehr nebenbei und undeutlich zur Sprache. So ist es nicht verwunderlich, daß ein weiterer Beweis mit Hilfe anderer Schriftstellen nötig erschien. Er liegt in V. 9—13 vor.

Hier ist freilich von Speisen und Reinigung gar nicht die Rede. Dieser Abschnitt soll vielmehr die christliche These beweisen: Die

Juden[1] mißachten Gottes Gebot, indem sie ihre eigene Tradition hochachten. Dieser Beweis wird so geführt: Nach Moses (= Gottes Gebot; „Moses“ gibt nur die Schriftstelle an!) soll man Vater und Mutter ehren, und wer sie schmäht (Ex 21,17 meint: wer ihnen flucht), soll getötet werden. Das ist das atl. Gottesgebot. Aber die Rabbinen lehren im Gegensatz dazu: Wer das, was zur Unterstützung von Vater und Mutter bestimmt war, dem Tempel stiftet[2], tut damit recht. So verneint man die von Gott befohlene Sorge für die Eltern zugunsten der von Menschen stammenden Überlieferungen! Wie es zu dieser Tradition gekommen ist, wie die Rabbinen — die doch Gottes Gebot peinlichst zu erfüllen sich bemühten — zu einer solchen Lehre vom „Korbān“ sich entschlossen haben, danach hat sich Mk gar nicht gefragt. Vielleicht haben sie die Pflicht gegen Gott für wichtiger gehalten als die gegen Menschen (und wäre es selbst Vater und Mutter).

V. 14 beginnt eine deutlich abgehobene neue Szene. Mk läßt Jesu hier wieder einmal eine „parabolē“, ein Rätselwort zum Volk sprechen (s. dazu oben S. 162), dem dieses Wort natürlich unverständlich bleibt und das auch den Sinn nicht gesagt bekommt. Gemäß der Theorie, die in Mk 4,10—12 angedeutet war, läßt der Evangelist die Jünger später (als sie mit ihrem Herrn allein „im Hause“ sind) nach dem Sinn dieser Rätselrede fragen — sie haben wieder davon genausowenig begriffen wie das Volk, nicht anders als in Kap. 4. Jesu Antwort

[1] Daß in V. 3 zu „die Pharisäer“ hinzugefügt wird „und alle Juden“ = „die Juden überhaupt“, enthält eine große Schwierigkeit. Nach dem Wortlaut des Mk müßte man annehmen, daß alle Juden diese Reinheitsvorschriften befolgten; sie betrafen aber z. T. nur die Priester. Der Pharisäismus hat freilich die Neigung entwickelt, die priesterlichen Vorschriften auch den frommen Laien aufzuerlegen. „Aber der Brauch des rituellen Händewaschens als einer für ‚alle Juden‘ gültigen Verpflichtung hat zur Zeit Jesu noch nicht bestanden; und wenn er von den Pharisäern freiwillig befolgt wurde, so war er keine ‚Überlieferung der Alten‘“: Lohmeyer 139. Einen Ausweg aus dieser Schwierigkeit sah Lohmeyer nur darin; daß Mk Verhältnisse in der Diaspora vor Augen hatte, wo die Gefahr ritueller Verunreinigung größer war als in Palästina. Dann würde aber hier nicht Jesus sprechen, sondern die frühchristliche Gemeinde — etwa in Rom. — Daß es sich nicht um ein Wort des „historischen Jesus“ handelt, wird sich auch noch auf andere Weise ergeben.

[2] Gegen die Herkunft von Jesus sprechen auch die Worte: „Qorban — das ist Gabe (an Gott) — sei alles, was dir von mir zu gute kommen könnte“. Aus Billerbeck I 711 und den dort und im Folgenden angeführten Stellen (z. B. dem Traktat Nedarim) ergibt sich: „Der Sohn erklärte einfach in der Form eines Gelöbnisses, daß jeder Genuß, den die Eltern von ihm haben könnten, für sie wie eine Opfergabe sein solle; dann war ihnen jeder Nießbrauch am Vermögen des Sohnes ebenso versagt, wie es jedermann verboten war, von einer Opfer- oder Weihegabe an den Tempel irgendwelchen Nutzen zu haben. Der Sohn behielt auf diese Weise das Seine, ohne irgend etwas an den Tempel abgeben zu müssen, und die Eltern waren ihrer Ansprüche an den Sohn beraubt.“

gliedert sich — nach einem 4,13 entsprechenden Vorwurf an die Jünger, die eigentlich verständiger sein sollten — in zwei Teile. Der erste reicht von V. 18—19, der zweite von V. 20—23.

Alles, was in den Menschen (an Speise!) eingeht, geht nicht ins Herz, sondern in den Bauch. Aber auch hier bleibt es nicht, sondern geht hinaus in den Abtritt. Die nun folgenden Worte „reinigend alle Speisen" in V. 19 haben ein großes Rätselraten bei den Erklärern hervorgerufen. B. Weiß 124 ist auf den erstaunlichen Gedanken gekommen, daß das Subjekt dieses Sätzchens „reinigend alle Speisen" der Bauch sei: „Mit feiner Ironie wird noch hervorgehoben, daß das Geschäft, den Organismus vor dem Unreinen zu bewahren, das etwa den Speisen anklebt, dieser selbst besorgt, der alles, was von ihm nicht assimiliert werden kann, abführt und so die sämtlichen (genossenen) Speisen reinigt". „Reinigend bezieht sich auf den Abtritt". B. Weiß hat gar nicht gemerkt, daß es sich bei der Reinheitsfrage darum handelt, was den Menschen zur Gemeinschaft mit Gott tauglich macht. V. Taylor 344 f. weist darauf hin, daß jenes Sätzchen schon sehr früh Schwierigkeiten machte: Mt hat es ausgelassen; D liest statt „reinigend" vielmehr „er reinigt". M. Black („An Aramaic Approach to the Gospels and Acts" 159) weist auf den Sinaisyrer hin. Dieser deute auf einen Text hin, in dem „Speise" (syrisch: ukhla) Subjekt eines Verbs im Passiv sei: „indem alle Speise ausgeworfen und weggereinigt wird"; das Wort „ukkla" habe im palästinischen Aramäisch den Sinn von excrementum. Black hält „reinigend" für eine Fehlübersetzung oder meint, daß der Übersetzer es auf Jesus bezog. Taylor jedoch will in dem Sätzchen einen Kommentar des Evangelisten selbst sehen, der — so legte schon die alte Kirche es aus — besagte: „Damit erklärte er alle Speisen für rein". — Es muß freilich nicht der Evangelist selbst diesen Zusatz gemacht haben, sondern ein verständiger Leser kann sich in alter Zeit klargemacht haben, daß mit dem Herrenwort Mk 7,18 f. ja alle Speisen für rein erklärt werden, und hat das kurz am Rand notiert. Von dort kam die Bemerkung in den Text[3].

Wir möchten hier (vgl. S. 129) das Wort des Rabbi Jochanan anführen, der seinen Schülern versicherte: „Der Tote verunreinigt nicht und das Wasser" (mit der Asche der roten Kuh) „reinigt nicht, sondern der Heilige ... hat gesagt: Eine Satzung habe ich gegeben, eine Entscheidung habe ich gefällt. Du bist nicht berechtigt, meine Entscheidung zu übertreten!" Gegen ein solches Verständnis des Gesetzes als eine majestätischen Willkürwillens Gottes wäre die Beweisführung des Evangelisten wehrlos. Dagegen würde an diesem Wort der Unterschied Jesu vom Rabbi Jochanan sehr deutlich werden. Davon später.

---

[3] Die Annahme, es handle sich hier um eine spätere Glosse (Hirsch I 69), wird dadurch erschwert, daß die handschriftliche Überlieferung keinen Anhalt dafür bietet.

Die Worte „was aus dem Menschen herauskommt" erläutern V. 20ff. Es wird zunächst als „die bösen Gedanken" bestimmt und dann in zweimal sechs Einzelangaben erläutert. Zuerst folgen sechs Laster aufeinander, die im Plural angeführt werden; dann sechs weitere im Singular. Das Ganze ist sehr kunstvoll aufgebaut, und der christliche Schriftgelehrte, der diesen Lasterkatalog (denn um einen solchen handelt es sich hier in Wirklichkeit) aufgestellt hat, wird auf sein Werk mit Befriedigung geblickt haben.

Daß Speisen einen Menschen nicht verunreinigen können, weil sie nicht ins Herz eingehen, sondern in den Bauch, ist ja richtig — aber wie primitiv-rationalistisch ist diese Begründung! Wenn man sie ehrfürchtig als Jesuswort entgegengenommen hat, so zeigt das: auch Ehrfurcht kann blind machen und Schaden bringen. Denn Jesu wirkliches Wort ist auf diese Weise verschüttet worden.

Damit stehen wir vor der wichtigen Frage: Hat die Gemeinde hier Jesu Wort recht verstanden, hat sie sein Erbe treu bewahrt? Glücklicherweise dürfen wir sagen: Nein! Jesu Wort geht unvergleichlich tiefer als das, was Markus darin gesehen hat. Wir wollen, vorbereitet durch das, was wir uns soeben verdeutlicht haben, nun thetisch die Entstehung dieses Abschnitts darstellen und dabei zeigen, wie es von Jesu ursprünglichem Wort zu dieser Theologie der Gemeinde kam.

Die Keimzelle des ganzen Abschnitts ist der Spruch V. 15[4]. Gegen seine Zurückführung auf Jesus selbst läßt sich nichts einwenden. Wir machen uns nur gewöhnlich nicht ganz deutlich, von welch revolutionärer Kühnheit dieses Wort ist. Es widerspricht völlig dem Jesusbild, das Mt 5,17—19 und ähnliche Stellen entwerfen. „Nichts, was von außen in den Menschen eingeht, kann ihn von der Gemeinschaft mit Gott ausschließen, sondern das, was aus dem Menschen kommt, das schließt ihn von der Gemeinschaft mit Gott aus" — so etwa müssen wir das (dem Wortlaut nach von der „Unreinheit" handelnde) Bildwort Jesu übersetzen, wenn wir sein Gewicht recht abschätzen wollen. „Kultische Unreinheit" sagt uns zu wenig.

Mit diesem Wort hat sich Jesus in einen unversöhnlichen Gegensatz zu einem großen Teil der atl. Gesetzgebung und ihres Geistes gesetzt. Er steht nicht nur — wie die Erläuterung der Gemeinde es sich vorstellt — im Widerspruch zu der rabbinischen Auslegung des Gesetzes, sondern er kämpft mit der Tora selber.

Wir sind es gewohnt, zwischen kultischer und „ethisch-religiöser" Gesetzgebung im AT einen scharfen Schnitt zu machen und nur die zweite für verpflichtend zu halten. Auch das ist schon eine Nachwir-

[4] Hirsch hatte s. Z. (I 70) gezeigt: Das Wort „gut" in V. 6 („Gut hat Jesaja prophezeit") ist in lobendem Sinne gemeint, in V. 9 aber („Gut beseitigt ihr") ironisch. Also können nicht beide Stücke aus derselben Feder stammen. Dagegen hat Hirsch zu Unrecht V. 9—13 auf Mk I und d. h. auf Jesus selbst zurückgeführt.

kung der Predigt Jesu (und mancher atl. Prophetenworte). Zur Zeit Jesu gab es zwar einzelne Stimmen im Judentum, die sich für die überragende Wichtigkeit der „ethischen" Gebote aussprachen. Aber sie änderten nichts daran, daß Jesus mit seinem Wort der geltenden Lehre und dem herrschenden Empfinden seines Volkes ins Gesicht schlug. Alles, was das AT — was also die Bibel des jüdischen Volkes — über die unreinen Speisen sagt, die den Menschen von der Gemeinschaft mit Gott ausschließen, all das streicht Jesu kühnes Wort aus. Und man müßte Jesus wenig an Kraft und Strenge des Gedankens zutrauen, wenn man annähme, er habe noch an eine „kultische Verunreinigung" durch einen Leichnam oder dergleichen geglaubt. Obwohl sich Jesu Wort unmittelbar nur mit den sog. „unreinen" Speisen befaßt, verneint es damit doch zugleich die gesamte kultische Frömmigkeit Israels — von der Lehre eines Rabbi Jochanan ganz abgesehen, für den es keine „kultische Verunreinigung" gab, sondern hinter jedem Gebot der Willkürwille Gottes stand. Es kann also keine Rede davon sein, daß Jesus das ganze Gesetz bis zum kleinsten Gebot erfüllt wissen wollte: ganze Reihen und Ketten von Geboten und Verboten werden durch dieses Wort außer Kraft gesetzt.

Aber weiter: dieser Vorgang läßt das Gottesbild und den Glauben Israels nicht unverändert. Der Gott, den das AT zumeist zeigt, hat jene „kultischen" Gebote und Verbote gegeben. Die Forderung dieser kultischen Reinheit folgt aus seinem Wesen. Fällt sie fort, dann ist auch dieses Wesen verändert; dann ist es nicht mehr der alte Gottesglaube, der vor uns steht, sondern ein fremder und neuer. Wie neu und fremd — das sehen wir daraus, daß Jesu eigene Gemeinde sein Wort nicht begriffen und befolgt hat. Die Schwierigkeiten, welche die Judenchristen der Heidenmission in den Weg gelegt haben, rührten zum großen Teil daher, daß diese Gemeinde überzeugt war: Der Heide ist „kultisch unrein", d. h. unfähig zur Gemeinschaft mit Gott, und macht andere durch seinen bloßen Umgang mit ihnen ebenfalls „kultisch unrein", weil er die atl. Gebote der „kultischen Reinheit" nicht beobachtet. Gewiß gibt es einzelne Stellen im AT, die das entscheidende Gewicht auf die „ethischen" Forderungen Gottes legen. Aber Jesus hält es offenbar nicht für nötig, sich auf eine dieser Stellen zu berufen. Denn eine solche Begründung aus der Schrift hätte sich die frühchristliche Gemeinde sicherlich nicht entgehen lassen — Jesus stellt vielmehr seinen eigenen Spruch, einprägsam geformt, und der Wahrheit sicher, einfach vor die Hörer hin. Die Gemeinde hat ihn freilich nicht befolgt — aber auch nicht vergessen. Paulus freilich scheint ihn nicht gekannt zu haben. Er hat aus eigener Erkenntnis den gleichen kühnen Schritt noch einmal gewagt.

Aber das war nicht die Haltung der Gemeinde des Mk. Sie hat die fehlende „biblische" Begründung nachgetragen, jedoch in einer Weise, die uns zeigt, daß sie Jesu eigentliches Anliegen nicht mehr verstanden hat. Das wird deutlich aus der Einleitungsszene des Mk zu unserer Perikope. Man übersieht leicht, daß Mk durch die Frage, welche er die Gegner an Jesus richten läßt, den Sinn und die Bedeutung des Spruchs V. 15 völlig verschiebt und verdeckt. Freilich war Mk nicht der erste, der dies tat: er übernahm sein Verständnis schon aus einer langsam erwachsenen christlichen Tradition. Wir hatten soeben gesehen: Jesu Spruch verstößt nicht allein gegen die Auslegung des AT durch die Schriftgelehrten, sondern er widerspricht auch den atl. Reinheitsgesetzen selbst. Mk aber läßt die Gegner fragen, warum Jesu Jünger nicht nach der Überlieferung der Ältesten wandeln. Damit wird der Streit verharmlost: nun steht Jesus nicht mehr im Gegensatz zu atl. Geboten, sondern nur zur schriftgelehrten Tradition. Also nur zu menschlichen Vorschriften, nicht aber zur „heiligen Schrift"!

Erst nachdem die Streitlage auf diese ganz andere Ebene verschoben ist, kann Mk die „biblische Begründung" anführen, die — wie schon Hirsch sah — in zwei Etappen entstanden sein dürfte und beide Male den Gegensatz von Gottesgebot und Menschensatzung darstellt.

Beide Stücke, V. 6—8 und V. 9—13, beginnen mit dem Wort „kalōs" (καλῶς) = gut, trefflich. Hirsch hat (I 70) richtig erkannt: Das zweite „trefflich" ist ironisch gemeint; in Wirklichkeit sagt es das Gegenteil aus. Das erste dagegen ist nicht ironisch, sondern meint eben das, was es besagt. Derselbe Ergänzer kann nicht beide Stücke geschrieben haben. Aber auch der Inhalt zeigt noch, warum zur ersten Ergänzung, V. 6—8, später die zweite, V. 9—13, hinzugefügt wurde (Hirsch behauptet freilich das Gegenteil).

Die erste führt eine LXX-Stelle an, welche die Christen als ein die Gegner treffendes und belastendes Wort verstanden. Wirklich brauchbar daran ist aber eigentlich nur der Schluß: „lehrend Lehren, Menschengebote". Dazu bringt V. 8 die Erklärung: „Ihr verlaßt das Gebot Gottes und haltet die Überlieferung der Menschen". Aber diese Behauptung deutet nur das Jesajawort aus und hat keinen konkreten Beleg. Deshalb hat man V. 9—13 hinzugefügt. Diese Verse haben allerdings nichts mit Reinheitsvorschriften zu tun. Aber sie nennen wenigstens einen konkreten Fall, wo die schriftgelehrten Bestimmungen — über das „korbān" — dem göttlichen Gebot (das Moses gegeben hat) zuwiderlaufen. Mk hat nicht verstanden, warum die Schriftgelehrten sich so entschieden haben (die Pflicht gegen Gott geht vor). Statt dessen hat er diesen konkreten Einzelfall einfach verallgemeinert: „und dergleichen tut ihr viel".

An dieser Stelle aber können wir nicht bloß lernen, daß Jesus tiefer und radikaler war, als es seine Gemeinde zu fassen vermochte, sondern auch noch etwas anderes: Wie in anderen Fällen, so erweist sich auch hier die angebliche Berufung Jesu auf die Schrift als ein Werk der christlichen Gemeinde. In Wirklichkeit war Jesus auch dem heiligen Buch gegenüber so selbständig, daß er seine eigenen Entscheidungen fällte, unbekümmert darum, ob es ihm widersprach. Wir lehren zwar, daß Jesus der „dominus et rex scripturae" ist, der Herr und König der Schrift. Aber wenn wir dieses sein königliches Amt in der Praxis erleben, dann bekommen wir es mit der Angst zu tun und versuchen alles, um ihn doch mit der Schrift in Einklang zu bringen — auch wenn das in Wirklichkeit heißt: ihn unter die Schrift zu beugen. Aber Jesus steht in königlicher Freiheit über der Schrift, und sie ist ihm keineswegs eo ipso das Wort Gottes, sondern er mißt sie an dem Worte Gottes, das er selbst vernimmt.

Wir wenden uns nun Matthäus zu, der in 15,1—20 unseren Abschnitt wiedergegeben hat — im wesentlichen nach Mk. Trotzdem ist diese Wiedergabe recht lehrreich.

Wieder hat Mt — der einen riesigen Stoff unterbringen mußte; wir wissen leider nicht, ob auf einer Papyrusrolle oder schon einem Papyruskodex — nach Möglichkeit gekürzt. Den ganzen Exkurs des Mk über die jüdischen Reinheitssitten hat er fortgelassen; aber auch den Rest der Einleitung hat er straff zusammengezogen. Dabei hat er den Mk-Text offenbar dahin verstanden, daß nicht nur die Schriftgelehrten, sondern auch die Pharisäer aus Jerusalem angereist kommen. (In Mt 23 bilden die „Schriftgelehrten und Pharisäer" gleichfalls eine geschlossene Gruppe.) Sie treffen nicht die Jünger beim Essen mit „unreinen"[5] Händen an (es wäre auch höchst unwahrscheinlich, daß sie gerade in dem Augenblick eintrafen, da die Jünger mit „unreinen" Händen — sah man das? — zum Brot griffen), sondern scheinen schon darüber unterrichtet zu sein, daß sich die Jesusjünger nicht an die Reinheitsvorschriften halten. So rücken sie sogleich mit ihrem Vorwurf heraus und stellen die aus Mk bekannte Frage.

Bei Jesu Antwort hat Mt äußerst geschickt das in Mk 7,9—13 Erzählte an die erste Stelle gerückt. Auf diese Weise bekommt der Gegenangriff, mit dem Jesus hier den Vorwurf pariert, eine noch größere Wucht: Wenn jene an den Jüngern tadeln, daß sie die Überlieferungen der Ältesten nicht halten, warum halten sie dann nicht selber Gottes Gebote ein wegen ihrer Überlieferung? Und nun kommt jener konkrete Fall des „korbān". Dann läßt Mt das „und er sagte ihnen" fort, mit dem Mk ungeschickt in V. 9 übergeleitet hatte, und nimmt betont das Wort „Heuchler" an den Anfang (daß es auch Mk 7,6 vorkommt, lehrt uns, daß der Vorwurf der Heuchelei gegen die Pharisäer und Schriftgelehrten nicht nur eine Lieblingsthese des Mt war). Brachten die Verse über „korbān" die Anklage, so wirkt nun die erst jetzt folgende Jesaja-Stelle (= Mk 7,6 f.) wie das von Gott schon im AT ausgesprochene Gericht über die Angeklagten.

Der (wie bei Mk) herbeigerufenen Menge legt Jesus darauf sein

[5] Die Übersetzung „unrein" meint nicht „beschmutzt", sondern: nicht in der vorgeschriebenen Weise, durch zwei Wassergüsse, kultisch gereinigt — der erste Wasserguß entfernt angeblich die kultische Unreinheit aus der Hand, aber das Wasser selbst, das sich auf der Hand befindet, ist nun kultisch unrein und muß daher durch einen zweiten Guß entfernt werden. S. dazu Billerbeck I 695—704.

Rätselwort in einer etwas abgeänderten Form vor: „Nicht was in den Mund des Menschen eingeht, macht ihn unrein, sondern was aus dem Mund des Menschen herauskommt, das macht ihn unrein". Von einem „Rätselwort" kann man bei dieser Fassung des Spruches nicht mehr reden. Daß Jesus später doch erst eine Erklärung dafür geben muß, zeigt uns, daß Mt nicht eine bessere Form des angeblich „zersagten" Mk-Spruches (Lohmeyer141) gegeben hat, sondern eine von ihm manipulierte. Das wird um so deutlicher, als Mord und Diebstahl Mt 15,19 nicht aus dem Mund des Menschen hervorkommen. Außerdem muß ja auch Mt 15,18 vom Mund auf das Herz zurückgehen.

An dieser Stelle verläßt nun Mt den von Mk vorgezeichneten Weg der Szenenentwicklung und läßt die Jünger (Mt 15,12) Jesus fragen: „Weißt du, daß die Pharisäer Anstoß nahmen, als sie das Wort hörten?" Mt denkt sich also den Hergang in der Weise, daß die Delegation, die Jesus befragte und bei der Anrufung der Menge in den Hintergrund getreten war, nun empört den Schauplatz des Gespräches verläßt. Die Jünger berichten Jesus — dessen Aufmerksamkeit auf die Menge gerichtet war — von dieser Empörung. So hat sich Mt ein Bild des Geschehens gemacht, das er dem Leser berichtet.

Als Antwort Jesu bringt Mt ein Wort aus seinem Sondergut und eins aus Q. Das erste „Jede Pflanze, die nicht mein himmlischer Vater gepflanzt hat, wird mit der Wurzel ausgerissen werden" könnte im Zusammenhang auf die Überlieferung der Ältesten gehen: nur die gottgegebenen Gebote bleiben bestehen. Aber in diesen Zusammenhang hat erst Mt das Wort gestellt. Denkt man an das Gleichnis vom Unkraut unter dem Weizen und seine Deutung (Mt 13,36 ff.), bietet sich ein anderes Verständnis an: „Alle, die nicht ‚Kinder des Reiches' sind, verfallen der Verdammnis". Das Thomasevangelium (Spruch 40, p. 88,13—16) dürfte den Spruch in diesem Sinne verstanden haben: „Ein Weinstock wurde gepflanzt außerhalb des Vaters, und da er nicht stark ist, wird er ausgerissen werden mit seinen Wurzeln (und) zugrunde gehen"[6]. Freilich klingt hier auch Joh 15,6 an: „Wenn jemand nicht in mir bleibt, wird er ausgerissen wie die Rebe und verdorrt ...[7]" Angehängt hat Mt einen Spruch aus Q, der sich allerdings bei der Lk-Parallele (6,39) nicht auf die Pharisäer bezieht: das Wort von den blinden Blindenführern: „Wenn ein Blinder einen anderen führt, fallen beide in den Graben". Auch dieses Wort steht im Thomasevangelium (Spruch 34, p. 87,18—20), wo mit den „Blinden" die Nichtgnostiker gemeint sind und die Grube das Vergehen im Tode ist, dem nur der Gnostiker entnommen ist.

Aus der Art, wie Mt hier das vorgefundene Material verwendet, wird deutlich: er hält seine Quellen nicht für „kanonisch" und fühlt

[6] S. dazu Schrage, a. a. O. 95 und 106.

[7] Im griechischen Text stehen hier sog. gnomische Aoriste, d. h. bestimmte Zeitformen der Vergangenheit, die eine stets gültige Erfahrung ausdrücken; vgl. dazu Blaß-Debr. § 333, 1 A.

sich deshalb berechtigt, nach Bedarf umzustellen und die Form zu verbessern (ob ihm das gelingt, ist eine andere Frage). Eine Ehrfurcht vor dem Zusammenhang des „Lebens Jesu“ (die man bei uns — Albert Schweitzer! — vor noch gar nicht so langer Zeit voraussetzte) ist Mt fremd; Lk auch. Mt und Lk halten sich nur an den Mk-Faden, solange es ihnen gut dünkt. Als diese beiden schrieben, wußte man von einer bestimmten „historischen“ Reihenfolge der Ereignisse des „Lebens Jesu“ nichts mehr. Die formgeschichtliche Betrachtungsweise hat mit ihrer Vorsicht gegenüber dem historischen Wert des Mk-Rahmens schon recht.

Mt verzichtet darauf, Jesus mit den Jüngern „ins Haus“ zurückkehren zu lassen; Jesus ist schon seit Mt 15,12 mit ihnen wieder allein. Aus ihrer Schar ergreift Petrus das Wort und fragt nach dem Sinn des Gleichnisses. Das verrät keine Sonderüberlieferung: Mt hat sich nur überlegt, daß die Jünger nicht unisono fragen, und darum den Angesehensten — das ist für ihn natürlich Petrus — die Frage stellen lassen. Die Erläuterung Jesu zum negativen Teil des Spruches von V. 11 läßt sich leicht (V. 17) an die neue Form des Wortes anpassen. Bei der Erklärung des positiven Teils (V. 18—20) dagegen zeigen sich Bruchstellen: Mt muß vom Mund auf das Herz zurückgehen, weil er sonst Mord und Diebstahl nicht unterbringen könnte. Mt hat auch den Lasterkatalog stark abgeändert: die „bösen Gedanken“ fassen nicht mehr alles Folgende zusammen, sondern bilden mit ihm einen siebenteiligen Lasterkatalog. Der von Mt selbst gebildete V. 20b „das Essen mit unabgespülten Händen aber macht den Menschen nicht kultisch unrein“, lenkt wieder zum Anfang zurück und schließt das Ganze zu einer Einheit zusammen. Mt gestaltet sein Evangelium selbständig, sicher, kraftvoll und überlegt. Er ist — verglichen mit Mk — ein Schriftsteller hohen Ranges. Sein einheitliches Werk läßt die Unterschiede der verschiedenen Quellen, des alten und des jungen Gutes kaum noch erkennen. Seien wir Mk dankbar, daß uns seine relative Unbeholfenheit als Schriftsteller oft die Übermalung beseitigen hilft, welche die Gemeinde, ohne es zu ahnen, über das Bild Jesu gelegt hatte!

Wir hatten bisher nur die negative Seite des Spruches Mk 7,15 in ihrer Bedeutung zu würdigen versucht. Diese Beschränkung hat sich aber auch anderen Erklärern nahegelegt. Schniewind (99), der ebenfalls den Spruch des Jochanan ben Zakkai anführt, behandelt gleichfalls im wesentlichen nur die Negation und stößt dabei auf eine eigenartige Schwierigkeit: Die Erklärung V. 19 ff. scheint ihm tiefer zu greifen, indem sie vom Herzen spricht — und diese Erklärung stammt doch von der Gemeinde! Josef Schmid 137 setzt von V. 15 (das er nach Montefiore „eines der größten Worte in der Geschichte der Religion“ nennt) ohne weiteres voraus, daß das Herz als Sitz des Denkens und Wollens das ist, was sündig macht. V. Taylor 343 hält es für möglich, daß „in ihn eingehend“ und „ausgehend“ erklärende

Zusätze sind, da sie dem Vokabular des Mk angehören. Ausdrücklich werden, so meint er, die atl. Bestimmungen über rein und unrein nicht abgeschafft. „Nicht Dinge, sondern nur Personen können unrein machen", hat Montefiore als Vertreter des modernen liberalen Judentums gesagt. Grundmann 151 ist mit Lohmeyer (141, s. o.) überzeugt, daß Mk den Spruch durch die Beziehung auf das „Essen" „zersagt" hat: „Allein das menschliche Herz macht den Menschen rein oder unrein". C. E. B. Cranfield (der ausführlicher auf den von ℵ B L △* 28 bo geo ausgelassenen V. 16 eingeht) betont 243, daß nicht das geschriebene Gesetz, sondern nur seine mündlich tradierte Auslegung in Frage gestellt wird, Jesus also auf seiten des geschriebenen Gesetzes steht; aber jetzt, wo Er gekommen ist, hat das Gesetz über Speisen nur noch die Bedeutung eines Christushinweises ... (243 ff.).

Die Beispiele zeigen: die Erklärer haben Mühe, Jesu Wort in der Mk-Fassung nach seiner positiven Seite hin zu verstehen. Soviel ist deutlich: der negative Teil des Bildwortes bestimmt auch die Form des positiven; insofern ist „herauskommend" durch „hineingehend" schon festgelegt. Freilich kommt (nach unserem Verständnis; vgl. aber auch den Spruch über das Auge Mk 9,47, Mt 5,29)[8] auch „Äußerliches" an den Menschen heran — das kann jede Kinoleinwand zeigen. Die jüdische Vorstellung, nach der Speise oder Berührung eines Leichnams „unrein" machen, leitet sich von ganz anderen, von den Rabbinen längst vergessenen Voraussetzungen her und denkt darum jetzt nur noch an eine ganz äußerliche Berührung. Man müßte die Mk-Form als einen Versuch verstehen, nicht die Gegenstandswelt, sondern das Subjekt selbst als den wahrhaft Schuldigen anzusprechen: Ich trenne mich von Gott, nicht die Dinge. Freilich können mir die „Dinge" — Arbeitsbedingungen, Umwelt, Vererbung z. B. — es sehr schwer machen, bei Gott zu bleiben. Der Spruch beweist keineswegs, daß Jesus eine Sündenlehre predigen will, die das gesamte Ich in Sünde verwandelt — er ist doch kein Flacius Illyricus! Die Antithese, die ja vom Unreinmachen handelt, läßt nur das Negative am „Herzen" sichtbar werden. Darin liegt die eigentümliche Schwierigkeit begründet, den positiven Gehalt von Mk 7,15 zu finden. Man müßte sagen: Es kommt allein auf mich an, ob ich mit Gott Gemeinschaft habe oder nicht, nicht auf die „Dinge". Daß damit keine Autonomie des Ich gemeint ist, welche die Theonomie verdrängt, versteht sich von selbst. Für Jesus war (wie das z. B. Mt 5,22.29 zeigen) tatsächlich das Herz (vgl. auch Mt 5,28!) die Stätte des Gehorsams oder Ungehorsams gegen die göttliche Weisung.

---

[8] Vgl. dazu unten S. 330. Daß der Film „Rififi" s. Z. einer ganzen Reihe von Einbrecherbanden zeigte, wie man Juweliergeschäfte ausplündern könne, ohne die Alarmvorrichtungen auszulösen, mag als Beispiel dafür dienen. Freilich gehört immer auch ein „Herz" dazu, das sich verführen läßt, damit ein Objekt verführerisch wirkt.

32 Die syrische Frau

Mk 7,24—30; Mt 15,21—28

(24) Von dort machte er sich auf und ging fort in das Gebiet von Tyrus. Und als er ein Haus betrat, wollte er nicht, daß jemand es erführe, und konnte doch nicht verborgen bleiben. (25) Sondern sogleich hörte eine Frau von ihm, deren Tochter einen unreinen Geist hatte, ging hinein und fiel ihm zu Füßen. (26) Die Frau aber war eine Heidin, eine Syrophönizierin von Geburt. Und sie bat ihn, er möge den Dämon aus ihrer Tochter austreiben. (27) Und er sagte zu ihr: „Laß erst die Kinder satt werden; denn es ist nicht gut, das Brot der Kinder zu nehmen und es den Hunden vorzuwerfen". (28) Sie aber antwortete und sagte zu ihm: „Ja Herr, auch die Hunde unter dem Tisch essen von den Bissen der Kinder". (29) Und er sprach zu ihr: „Wegen dieses Wortes gehe hin; der Dämon ist aus deiner Tochter ausgefahren". (30) Und sie ging fort in ihr Haus und fand das Kind auf dem Bett liegend und den Dämon ausgefahren.

Luther hat von diesem Abschnitt eine berühmte Auslegung gegeben[1]. Er geht von der Voraussetzung aus, daß Jesus von Anfang an zum Helfen bereit ist, aber zuerst den Glauben der Frau prüfen will mit einem Wort, das ein blankes Nein zu sein scheint. Aber die gläubige Frau entdeckt das unter dem Nein verborgene Ja, hält sich daran und bekommt deshalb ihre Bitte erfüllt. So sieht Luther in dieser Geschichte eine Predigt über den Glauben, der das hinter dem Nein verborgene Ja Gottes entdecken und sich daran halten soll.

Eins ist an dieser Deutung richtig: Mk hat hier nicht bloß eine Begebenheit aus Jesu Leben erzählen, sondern zeigen wollen, daß der beharrliche Glaube, der sich nicht abschrecken läßt, das erhält, was er begehrt. Aber davon, daß Jesus von Anfang an zu helfen bereit ist und nur den Glauben der Frau prüfen will, kann bei Mk keine Rede sein. Jesus will im Heidenland nicht bekannt werden; denn seine Kraft gehört dem Volk Israel. Das ist sicherlich mit jenem Wort vom Brot der Kinder gemeint, das man nicht den Hunden geben solle. Der Vergleich ist für die Heidin nicht sehr freundlich; wir treffen hier auf die judenchristliche Voraussetzung, daß die Heiden keinen Anteil an dem durch Jesus gebrachten Heil haben. Nur in einem Ausnahmefall werden sie dennoch berücksichtigt, wie hier die Mutter der besessenen Tochter[2].

---

[1] Fastenpostille 1525; WA XVII 2, 200—204.

[2] Joachim Jeremias hat in seiner Schrift „Jesu Verheißung für die Völker", Stuttgart 1956, 25, die Härte dieser Ablehnung durch Jesus scharf herausgearbeitet. Er hat weiter gezeigt, daß die Tradition dem Paulus keinen Anhalt für eine Wirksamkeit Jesu unter den Heiden bot (31). Die Lösung findet er (47) mit Hilfe von Mt 8,11 f. („Ich sage euch: Viele werden kommen von Osten und Westen

Die Frau wird in V. 26 als ‚hellenis‘ (Ἑλληνίς) bezeichnet; das hat den Sinn von ‚Heidin‘. Die zweite Benennung, Syrophönizierin, meint eine Bewohnerin von Syrophönizien (s. W. Bauer Wb[5] s. v.)[3]. Daß sich die Frau sogleich an Jesus wendet, als sie von seiner Anwesenheit hört, zeigt, daß sein Ruf auch schon ins Heidenland gedrungen ist. Aber er

---

usw.“) in der Annahme, daß Jesus in seiner Bibel (Jes 2,2 f; Micha 4,1 f.) las: „Das Herzukommen der Heiden erfolgt in der Stunde des Weltgerichts“ (48). Jesus erwartet „die Eingliederung der Völker in das Gottesvolk als Gottes eschatologische Machttat“ (60). Auf die Frage, warum Jesus den Ruf an die Heiden ausschließlich Gott vorbehält, gibt Jesus nach Jeremias (61) keine unmittelbare Antwort. Der Göttinger Gelehrte meint aber, 1. zunächst müßte „den Kindern das Brot gereicht werden“, ehe die Einladung an die Heiden ergehen konnte, und 2. mußte das Blut des wahren Passalammes für die Ungezählten aus allen Völkern vergossen werden, „ehe das universale Gottesreich anbrechen konnte“ (62).

Diese Antwort auf die Frage nach Jesu Stellung zur Heidenmission setzt nicht nur voraus, daß Jesus streng eschatologisch dachte (63), sondern vor allem, daß Jesus aus der Fülle von keineswegs miteinander übereinstimmenden atl. Worten den von Jeremias erschlossenen Heilsplan Gottes herausgelesen habe. U. E. liegt hier die eigentliche Schwäche dieser ein langes und ernstes Nachsinnen bezeugenden Studie: Die Art, wie hier Jesu Umgang mit dem A. T. als die Grundlage seines Denkens und Handelns dargestellt wird, findet in der synoptischen Überlieferung keine wirkliche Stütze. Vielmehr deutet sie darauf hin, daß die „biblischen Begründungen“ regelmäßig nachösterliche Ergänzungen der Gemeinde sind, der die aus eigener Entscheidung entspringenden Aussagen Jesu allzu ungesichert erschienen. Für Jesus lag der Kompaß seines Handelns weder in den keineswegs einheitlichen Aussagen des A. T. noch in deren rabbinischer Auslegung — seine angebliche Ineinssetzung des Messias-Menschensohns mit dem Gottesknecht Deuterojesajas ist in Wirklichkeit eine Tat ntl. Exegeten gewesen —, sondern in seiner unmittelbaren Verbundenheit mit dem Vater. Darum wird es so schwer, ihn in die spätjüdische Religionsgeschichte einzuordnen, ohne der Phantasie einen allzu großen Spielraum zu geben. Darum ist es aber auch u. E. nicht richtig, ihn als Juden in der Vorhalle des Christentums warten zu lassen, bis das Kerygma der nachösterlichen Gemeinde erklingt.

[3] Vgl. dazu Anm. 3 zu Mk 3,22. — Grundmann 153 f.: „Problematisch ist die ... Bezeichnung ... als Syrophönizierin. Sie wäre dann als Frau aus den zur Provinz Syrien gehörigen Phöniziern im Unterschied zu den afrikanischen Libophöniziern“ (Gegend um Karthago) „deutlich gemacht“ (vgl. dazu Strabo XVII 3 und die von Lohmeyer 146, Anm. 2 genannten Belege aus Lucian, Lucilius, Justin [Dial. 78: „Daß aber Damaskus in Arabien lag und liegt, wenn es auch jetzt dem sog. Syrophönizien zugeteilt ist“ zeigt, daß der Name nicht antiquiert war], Diodor). Angesichts der schwankenden Texte möchte sich Grundmann an die Konjektur von Couchoud (JThSt 34, 1933, 120) halten, die sich an sy[se] anschließt: χήρα Φοινίκισσα (chera Phoinikissa) = eine phönizische Witwe. Dann würde die Stelle an die Witwe von Zarpat erinnern (1. Kön 17,9 ff.). Die Lösung von Jeremias (s. o. Anm. 2) scheint zunächst hier weiter zu helfen. Aber (von den obengenannten Gegengründen einmal abgesehen) dann erhalten wir das Bild eines aus „prinzipiellen Gründen“ die Hilfe ablehnenden Jesus, das starr und unlebendig wirkt. Das aber war Jesus, gerade nach den synoptischen Berichten, gerade nicht.

will ihr nicht helfen — warum nicht? Uns ist die hier zugrunde liegende Vorstellung sehr fremd und darum auch Jesu Antwort schwer verständlich: Inwiefern nimmt er denn den Kindern das Brot fort, wenn er die Bitte der Heidin erfüllt? Dieses Wort bekommt nur dann einen Sinn, wenn vorausgesetzt ist: Jesus hat nur eine bestimmte Kraft — nicht eine unendliche! — zur Verfügung, und sie gehört ganz dem Judenvolk. V. 27 ist nur sinnvoll, wenn seine Wunderkraft begrenzt ist und er darum nichts für Fremde verwenden darf. Diese Vorstellung können wir auch sonst gelegentlich noch spüren: Bei der Heilung der blutflüssigen Frau merkt Jesus (nach Mk), daß ihn eine bestimmte — wenn auch nicht die ganze — Kraft verlassen hat. Jedes Wunder erfordert — das ist die primitive Vorstellung — ein bestimmtes Quantum an Wunderkraft. Unter diesen Umständen muß etwas Außerordentliches geschehen, wenn Jesus trotzdem einer Heidin helfen soll. Das ist (wie bei der Geschichte des Hauptmanns von Kapernaum) der unerschütterliche Glaube der Frau, die in dem sie abweisenden Bildwort Jesu einen Zug entdeckt, der ihrer Bitte günstig ist. (Von den Brotstücken, die man statt Messer und Gabel damals benutzte und dann unter den Tisch warf, ist hier wohl kaum die Rede.) Auch die unter dem Tisch liegenden Hunde bekommen ab und zu einen Bissen zugeworfen von dem eigentlich für die Kinder bestimmten Brot — einen solchen Gnadenbrocken will die Frau auch nur, die im übrigen das Vorrecht Israels ebensowenig bestreitet, wie die ganze Geschichte selber.

Die Heilung geschieht hier nicht durch ein Wort an den Dämon, sondern wird der Frau — wie Joh 4,50 dem Königischen — einfach als erfolgt mitgeteilt. Als sie heimkommt, findet sie ihre Tochter tatsächlich gesund vor. Der Kampf mit dem Dämon, der in anderen Geschichten breit ausgeführt wird, ist hier auf ein Nichts zusammengeschrumpft. Jesu Macht ist so groß, daß sein bloßes Wort aus der Ferne zu heilen vermag.

Die Mt-Form der Geschichte zeigt manche Abweichungen. Zunächst ist nicht nur Tyrus, sondern auch Sidon genannt, das weit nördlich von Tyrus liegt: Jesus ist also noch tiefer ins Heidenland vorgestoßen. Die Heidin wird hier — nach alttestamentlichem Sprachgebrauch; man merkt, daß ein christlicher Schriftgelehrter am Werk ist — als Kanaanitin bezeichnet. Denn das Wort ‚herauskommend' gehört nicht (wie Lohmeyer Mt 261 meint) zu „von jenem Gebiet"; Mt sagt vielmehr: eine Frau von jenem Gebiet kam heraus (nämlich aus ihrem Haus, als Jesus mit seinen Jüngern vorbeigeht). Sie ruft dann hinter ihm drein, und schließlich läuft sie hinzu und fällt vor ihm nieder. Die ganze Szene spielt sich auf der Landstraße ab, nicht in einem — heidnischen! — Haus. Neu ist ferner bei Mt, daß die Frau Jesus als „Sohn Davids" anredet; für die judenchristliche Tradition ist das ein ganz üblicher Würdename Jesu. Daß es sich um eine judenchristliche Überlieferung handelt, verrät V. 24: „Ich bin nur zu den verlorenen Schafen des Hauses Israel gesandt", sagt Jesus hier.

Die Geschichte ist mit kunstvoller Steigerung erzählt, ohne daß darum der Mt-Text älter wäre als der des Mk: Zuerst ruft die Frau hinter den Wanderern her und bittet den Davidssohn um Hilfe für ihr von einem Dämon bös geplagtes Kind. Dann mischen sich die Jünger ein und bitten um die Erfüllung der Bitte — nicht aus Mitleid, sondern weil sie hinter ihnen her schreit. Darauf antwortet Jesus mit dem soeben genannten Satz über seine Sendung an die verlorenen Schafe des Hauses Israel. Nun wirft sich aber die Frau vor ihm nieder und bittet: „Herr, hilf mir!" Darauf antwortet Jesus hart: „Es ist nicht gut, das Brot der Kinder zu nehmen und den Hunden vorzuwerfen!" Daß im griechischen Text für „Hund" ein Deminutiv gebraucht ist, darf nicht dazu verleiten, dies mit „Hündlein" zu übersetzen. Im gesprochenen Koine-Griechisch jener Zeit gebraucht man mit Vorliebe Deminutiva, ohne daß sich der Sinn dadurch änderte[4]. Die Frau aber läßt sich nicht abschrecken und macht geltend, daß doch die Hunde die vom Tisch der Herren herunterfallenden Bissen fressen. Daraufhin erkennt Jesus ihren großen Glauben an: ihr Wille soll geschehen. Und geheilt war ihr Tochter von Stund an!

Mt hat die ungewöhnliche Glaubensstärke der Frau ausführlicher und deutlicher als Mk dargestellt. Aber das ist kein Grund, seinen Text für ursprünglich zu halten und in der Mk-Form nur eine Abkürzung zu sehen.

Beide Formen der Überlieferung wollen den christlichen Leser ermuntern, den Glauben nicht zu verlieren, wenn ein Gebet zunächst unerfüllt bleibt.

33 Heilung eines Taubstummen

Mk 7,31—37; Mt 15,29—31

(31) Und indem er wieder aus dem Gebiet von Tyrus hinausging, kam er durch Sidon ans galiläische Meer mitten durchs Gebiet der Dekapolis. (32) Und sie brachten einen Tauben zu ihm, der auch nicht sprechen konnte, und baten ihn, er möge ihm die Hand auflegen. (33) Und er nahm ihn vom Volk weg beiseite, legte ihm die Finger auf die Ohren, und benetzte seine Zunge mit Speichel, (34) blickte zum Himmel auf, seufzte und sagte zu ihm: „Effata", d. h. öffne dich! (35) Und seine Ohren taten sich auf, und sofort wurde das Band seiner Zunge gelöst, und er sprach richtig. (36) Und er gebot ihnen, es nieman-

[4] Das Ohr, das dem Knecht des Hohenpriesters bei der Gefangennahme Jesu abgehauen wird, heißt Lk 22,50 οὖς (ous), aber Mk 14,47 benutzt das hellenistische Deminutiv „otarion" und Mt 26,51 das etwas anders gebildete hellenistische Deminutiv „otion". Mt und Mk benutzen also, dem Sprachgebrauch der Koine folgend, Deminutivformen, ohne doch von einem „Öhrchen" sprechen zu wollen. Darum sollte man auch nicht „Hündlein" übersetzen.

dem zu sagen; je mehr er es aber verbot, um so mehr machten sie es kund. (37) Und sie entsetzten sich über die Maßen und sprachen: „Alles hat er gut gemacht: die Tauben läßt er hören und die Stummen sprechen!“

Der erste Vers dieses Abschnitts macht große Schwierigkeiten: von Tyrus hinauf nach Norden bis Sidon und von da über die südöstlich vom galiläischen Meer gelegene Dekapolis an dieses heran — das ist eine so unwahrscheinliche Reiseroute wie nur möglich. Die seltsame Angabe[1] hängt vielleicht damit zusammen, daß Mk vor das Petrusbekenntnis (zu dem es in der Gegend von Cäsarea Philippi, also auch hoch im Norden des Landes, gekommen sein sollte) noch die zweite Speisungsgeschichte einfügen wollte (für die später, inmitten der Leidensverkündigungen, kein Platz mehr war); mit ihr hat er unsere Heilungsgeschichte eingebaut. Mk scheint also eine Überlieferung zu benutzen, nach der Jesus bis hoch in den Norden hinaufzieht. Da aber die Speisung am See lokalisiert war, konnte er Jesus nicht direkt von Tyrus nach Cäsarea Philippi wandern lassen, sondern mußte ihn erst wieder zum galiläischen Meer führen.

Diese Heilungsgeschichte[2] des Taubstummen ist an sich an keinen bestimmten Ort gebunden. Sie zeigt den Stil volkstümlicher Wundergeschichten und läßt Jesus alle jene Mittel anwenden, die damals bei Wunderärzten Brauch waren. Sie sind nicht medizinisch im heutigen Sinne gedacht. Vielmehr handelt es sich um verschiedene Weisen, die Kraft des Wundertäters möglichst unmittelbar zu dem kranken Organ des Hilfesuchenden zu bringen. So wird man vielleicht sogar übersetzen dürfen: „Er steckte ihm die Finger in die Ohren.“ Dann spuckt

---

[1] Lohmeyer 149 findet in V. 31 und dann in V. 36 mit seinem Schweigegebot Eingriffe des Mk in einen rhythmisch geformten Text: fünf Sätze mit je drei Prädikaten. Aber deren Länge ist keinesweg gleich, und nicht jeder Leser wird sich mit L.s Rhythmik befreunden. — Für das unmögliche „durch Sidon“ hat Wellhausen eine Fehlübersetzung von בצידן (bzidn) vermutet, das mit „(nach) Bethsaida“ hätte wiedergegeben werden müssen. Aber für dieses „nach“ bleibt keine Grundlage im Text übrig, Allen 50 hat לבית צידא als ursprünglich vorgeschlagen (l^e bethzida). Diese Konjekturen ruhen aber auf der Voraussetzung, daß diesem Rahmenvers eine aramäische Tradition zugrunde liegt. Taylor 353 will darum den Reiseweg unabhängig von solchen Hypothesen betrachten. Eine sehr alte Überlieferung (P 45), die später weit bezeugt ist (A W λ φ 22 28 543 1071 q sy^s sa bo geo arm) liest „aus dem Gebiet von Tyrus und Sidon“ und muß nicht unbedingt eine Erleichterung sein; der „durch Sidon“ bietende Text kann auch daher kommen, daß ein früher Abschreiber (nach Bacon 303 f. Markus selbst) verworrene geographische Vorstellungen von Palästina hatte. — Das hellenistische ἀνὰ μέσον (ana meson) bedeutet entweder „zwischen“ und verlangt dann die Angabe zweier Größen, oder „mitten in“. Beides paßt hier nicht.

[2] Sie erinnert an Jes 35,4c: „Er selbst kommt und hilft euch. Alsdann werden die Augen der Blinden aufgeschlossen und die Ohren der Tauben werden aufgetan“ und vielleicht auch an Jes 29,18—23 und Ps. 37,14: Taylor 352.

der Wundermann auf seinen Finger und berührt damit die Zunge des Kranken — man sieht, der Erzähler schildert Jesus einfach nach dem Muster der mancherlei Wunderdoktoren, die damals durch die Lande wanderten. Ein Anlaß dazu, daß wir uns Jesus als solchen vorstellen, ist das keineswegs. Das Gebot, nichts von der Heilung zu erzählen, und zugleich die Übertretung dieses Verbots werden ebenfalls von Mk stammen[3]. Damit lenkt er zum ursprünglichen Schluß der Geschichte zurück, zu dem jubelnden Chor: „alles hat er gut gemacht, den Tauben gibt er das Gehör und den Stummen die Sprache". Damit ist aus dem einmaligen Vorfall ein sich immer wiederholendes Ereignis geworden.

Mt hat für diese Erzählung eine andere, eine Massenszene eingesetzt: Jesus kehrt von Norden zurück zum galiläischen Meer und steigt auf einen Berg, wo er sich niederläßt. Dort versammeln sich nun die Massen bei ihm und bringen alle ihre Kranken mit sich[4]: Lahme, Blinde, Stumme, Krüppel und viele andere, die sie vor ihm niederlegen. Und Jesus heilt sie alle! Es scheint zwar wenig passend, daß die Kranken auf einen Berg hinaufgebracht werden müssen. Aber Mt bereitet mit dieser Massenszene die Speisung der Viertausend vor, die in einer einsamen Gegend stattfindet; da schien dem Evangelisten die Bergeinsamkeit gerade passend.

Der Schluß dieser Erzählung erinnert an Mk: „Das Volk staunte, als es sah, daß die Stummen redeten, die Krüppel gesund waren, die Lahmen gingen und die Blinden sahen, und sie priesen den Gott Israels." Dieser Schluß läßt vermuten, daß Mt hier eine judenchristliche Quelle benutzt hat.

34 Die Speisung der Viertausend

Mk 8,1—10; Mt 15,32—39

(1) Als in jenen Tagen wieder viel Volk da war und sie nichts zu essen hatten, rief er die Jünger heran und sagte zu ihnen: (2) „Das Volk jammert mich, denn sie harren schon drei Tage bei mir aus und haben nichts zu essen. (3) Und wenn ich sie nüchtern nach Hause fortschicke, brechen sie unterwegs zusammen; und manche von ihnen sind sogar von weither gekommen." (4) Und seine Jünger antworteten ihm:

---

[3] Um es noch deutlicher zu sagen: Die ursprüngliche Heilungsgeschichte wird mit V. 37 geschlossen haben; Markus hat versucht, diesen Schluß mit dem von ihm eingeführten Verbot durch V. 36b zu verbinden.

[4] Vor einer realistischen Schilderung kann schon darum keine Rede sein, weil in dem Augenblick, da Jesus einen Berg besteigt, nicht schon von allen Seiten die Massen mit ihren Kranken dort zusammenströmen können. Wie oben im Text gezeigt ist, handelt es sich um Notwendigkeiten der schriftstellerischen Komposition.

„Woher wird jemand diese hier in der Einöde mit Brot sättigen können?“ (5) Und er fragte sie: „Wie viele Brote habt ihr?“ Sie aber sprachen: „Sieben.“ (6) Und er gebot der Menge, sich auf der Erde zu lagern. Und er nahm die sieben Brote, sprach das Dankgebet, und gab sie seinen Jüngern zur Verteilung. Und sie übergaben sie der Menge. (7) Und sie hatten ein wenig Fisch, und er sprach das Dankgebet und legte sie ihnen vor. (8) Und sie aßen und wurden satt, und sie hoben auf, was an Brocken übrig war, sieben Handkörbe voll. (9) Es waren aber ungefähr viertausend. Und er entließ sie. (10) Und sofort stieg er in das Schiff mit seinen Jüngern und kam in die Gegend von Dalmanutha.

Bei aller Ähnlichkeit doch verschieden ist die zweite Speisungsgeschichte, die Mk hier erzählt. Sie ist in viel knapperem Stil gehalten. Sodann: die Zahl der Gespeisten weicht von der in Mk 6 ab. Endlich sind es diesmal nicht die Jünger, die an Jesus herantreten und ihn auf eine Notlage hinweisen: diesmal ist er es, der die Jünger heranruft und ihnen die schwierige Lage der getreuen Hörer klar macht. Drei Tage ist die große Menge schon bei ihm, welche sich wieder einmal versammelt hat. Nun erweckt es sein Erbarmen, daß sie nichts mehr zu essen haben[1]. Sie heimzuschicken hilft auch nicht: mit leerem Magen halten sie den anstrengenden Marsch nicht aus — manche sind von weither gekommen[2]! Das sehen die Jünger ein. Aber sie sehen keinen Ausweg, denn wer soll sie in dieser Einsamkeit mit Brot sättigen? So fragen sie ratlos zurück und machen damit deutlich, daß hier nur noch ein Wunder helfen kann. Wieder, wie in Mk 6, fragt Jesus nach der Zahl der vorhandenen Brote. Diesmal sind es sieben — und ein bißchen Dörrfisch — Brot und Dörrfisch sind die gewöhnliche Speise in jener Gegend am See. Wieder läßt Jesus die Menge sich lagern, wieder spricht er das Dankgebet (im Griechischen wird ein anderes Verb gebraucht: „eucharistēsas“ [εὐχαριστήσας] statt „eulogesas“ [εὐλογήσας] in Mk 6,41. Das jetzt benutzte Wort ist nach Joachim Jeremias besseres Griechisch.). Durch seine Jünger läßt er die Stücke verteilen. Als alle viertausend Menschen satt geworden sind, da kann man sieben der flachen runden Weidenkörbe der Fischer mit den Resten füllen.

Der Unterschied im erzählten Vorgang ist nicht groß. Gewiß: diesmal reichten nicht fünf Brote für 5000 Menschen, sondern sieben für 4000. Und statt der 12 großen Körbe mit Resten blieben nur 7 Flachkörbe voll übrig. Aber auch das ist noch mehr, als was zu Anfang vorhanden war. Also wird auch hier eine wunderhafte Brotvermehrung geschildert.

---

1 In Mk 6,34 geht es um geistige Not, hier um leibliche.

2 Eine einzelne Mahlzeit konnte die Lage nicht von Grund auf ändern; das ist hier nicht beachtet.

Die verschiedenen Zahlen werden Mk davon überzeugt haben, daß hier von einem anderen Ereignis berichtet wird als bei der Speisung der 5000. Aber auch das Jesusbild ist — das wird Mk nicht bemerkt haben — etwas verändert. Es ist in gewissem Sinn einfacher. Jesus hat es hier nur mit der leiblichen Not zu tun, auf sie bezieht sich sein Erbarmen (dasselbe Verb „splanchnizomai" wird verwendet). Es gibt hier keine Überraschung mehr, keine dramatischen Wendungen. Jesus beherrscht mit seiner Aktivität von vornherein das Ganze. Er erkennt und meistert die Notlage. Die Rolle der Jünger ist bescheidener geworden: sie können nur zeigen, daß sie hilflos sind. So geben sie die Folie ab, von der sich Jesu Wundermacht abhebt. Weil sich hier die ganze Aktivität in Jesus konzentriert, könnte man meinen, er müsse noch mächtiger wirken als in Mk 6. Dort mußte er sich ja die Meinung der Jünger gefallen lassen, sogar einen leisen Vorwurf. Aber es ist eigenartig: diese Vereinfachung im Ablauf der Geschichte, bei der alles Licht auf Jesus fällt, macht sie nicht lebendiger. Mit den Widerständen und Überraschungen wird auch ihr Leben schwächer[3]. Darum wirkt sie im Zusammenhang des Mk eher wie eine Bestätigung des zuvor Erzählten. So hat sie der Evangelist auch in dem folgenden Gespräch verwertet.

Wir zweifeln heute nicht mehr daran, daß diese Erzählung nur eine Variante der Speisungsgeschichte von Mk 6 ist. Man sieht aus ihr, wie sich die Zahlen im Laufe der Überlieferung verändern: die Anzahl der Brote nimmt von 7 auf 5 ab, die der Gespeisten aber wächst von 4000 auf 5000 (bei Mt sind es schon um die 8000). Dieser Prozeß hat sicherlich schon vor Mk eingesetzt. Das zeigt die Bemerkung der Jünger über die nötigen Denare in Mk 6,37: sie setzt voraus, daß die Zahl der Hungrigen erheblich unter 1000 liegt.

Wie kam es zu dieser Wundergeschichte? Albert Schweitzer nahm an — getreu seiner eschatologischen Konzeption —, daß es sich um eine Art Abschiedsmahl vor dem Weltende handelte[4]. Jesus habe zu-

---

[3] Das hat Hirsch u. E. übersehen, als er den Bericht von Kap. 8 seinem Ur-Markus (Mk I) zuwies.

[4] Albert Schweitzer hat zuerst seine Anschauung dargelegt in der Schrift: „Das Abendmahl im Zusammenhang mit dem Leben Jesu und der Geschichte des Urchristentums. 2. Heft: Das Messias- und Leidensgeheimnis. Ein Skizze des Lebens Jesu. Tübingen und Leipzig 1901. S. bes. S. 55—57: Das Abendmahl am See Genezareth. — In der „Geschichte der Leben-Jesu-Forschung", 2. A. 1913, 421 f., wiederholt Schweitzer konzentrierend seine zuvor gegebene Deutung. Er sagt von der Speisungsgeschichte: „Historisch ist daran alles, nur nicht die Schlußbemerkung, daß sie alle satt wurden.... Die Bedeutung liegt in der Danksagung und in der Tatsache, daß sie (‚die Massen') von ihm geweihte Speise empfangen. Weil er der kommende Messias ist, wird dieses Mahl, ohne daß sie es wissen, zum Antityp des messianischen Mahles. Mit dem Stücklein Brot, das er ihnen durch die Jünger austeilen läßt, weiht er sie zu Teilnehmern am kommenden messianischen Mahl und gibt ihnen die Garantie, daß sie, die in seiner Verborgenheit ihm Tischgenossen waren, es auch in seiner Herrlichkeit sein werden... Die Spei-

nächst gemeint, die Jünger würden während ihrer „fliegenden Mission“ von der Parusie überrascht werden. Daß die Jünger wohlbehalten zurückkehrten, sei für Jesus eine große Überraschung gewesen. Er habe nun mit seinen Getreuen eine Art letztes Abendmahl gehalten, bevor die Verfolgung und dann das Reich kommen. Aber beides blieb aus. Das habe Jesus dahin gedeutet, er allein müsse das Leiden auf sich nehmen, und sei darum nach Jerusalem gezogen, um durch seinen Tod das Reich zu bringen. So löst bei Schweitzer eine Enttäuschung die andere ab. — Die Gespanntheit, die über dem letzten Mahl am See lag, diese eigenartige Stimmung habe später, als man die Zusammenhänge nicht mehr durchschaute, zu einer falschen Deutung geführt: die Unvergleichlichkeit des Mahls fand man nun in einem äußeren Wunder, das sich damals angeblich ereignet habe. Aber in Wirklichkeit habe das Mahl am See dem letzten Abendmahl in Jerusalem vor der Passion entsprochen. Schweitzer behauptet nicht, die synoptische Darstellung habe das Mahl am See mit dem Abend-

---

sung am See war mehr als ein Liebes- und Gemeinschaftmahl. Sie war von Jesus Standpunkt aus ein Sakrament der Errettung“ (422). „Dieses unverstandene Mahl wurde in der Überlieferung zum Wunder umgebildet“ (424).

Schweitzer meinte damals noch, man könne aus Mk und Mt den historischen Ablauf des Lebens Jesu recht genau erkennen. Allerdings mußte er dazu nicht wenige Texte umstellen. Aber das empfand er nicht als ernsthafte Schwierigkeit. Vielmehr schalt er (410) die modernen Theologen, welche die großen matthäischen Reden kurzer Hand als „Redekompositionen“ hinstellten (Erich Klostermann mußte damals diesen Angriff auf die „modernen Theologen“ hinnehmen). Die Aussendungsrede (Mt 10) sei „als Ganzes und bis in die Einzelheiten geschichtlich, gerade weil sie nach der Auffassung der modernen Theologie als ungeschichtlich empfunden werden muß“. Denn Jesus habe eben dogmatisch gedacht und in seiner — damaligen — Dogmatik angenommen, daß die ausgesandten Jünger vom πειρασμός (peirasmos), der großen endzeitlichen Verfolgung, überrascht werden würden. „Aber weder das Leiden, noch die Geistesausgießung, noch die Parusie des Menschensohnes traf ein, sondern gesund und frisch, voller stolzer Genugtuung kehrten die Jünger zum Herrn zurück (Mk 6,30).“ Hier ereignet sich also nach Schweitzer das erste Mal, daß sich die Erwartung Jesu nicht erfüllt. Die zweite Enttäuschung zeigt nach ihm vielleicht das Kreuzeswort „Mein Gott, mein Gott, warum hast du mich verlassen?“ — Jesus habe gehofft, daß die Parusie des Menschensohnes noch während seines Sterbens eintreten werde. „Wahrscheinlicher ist, daß Jesus Sterben, Auferstehen und Kommen als Menschensohn trotz ihrer inneren Zusammengehörigkeit als drei gesonderte Akte dachte“ (433 Anm. 1).

In diesem Zusammenhang sollte auch noch an eine andere Stelle in der „Geschichte der Leben-Jesu-Forschung“ erinnert werden, welche den ganzen Neuentwurf der Dogmengeschichte durch Martin Werner programmatisch vorausnimmt: „Die ganze Geschichte des ‚Christentums‘ bis auf den heutigen Tag, die innere, wirkliche Geschichte desselben, beruht auf der ‚Parusieverzögerung‘: d. h. auf dem Nichteintreffen der Parusie, dem Aufgeben der Eschatologie, der damit verbundenen fortschreitenden und sich auswirkenden Enteschatologisierung der Religion“ (407).

mahl von Jerusalem in Parallele gestellt. Er vermutet nur, es habe eine ähnlich erwartungsvolle Abschiedsstimmung geherrscht. Insofern ist Schweitzer vorsichtig: er benutzt nicht nur die Übereinstimmung einzelner Wendungen wie „er sprach das Dankgebet", er zerbrach das Brot", „er gab es", um das Mahl am See mit dem Abendmahl in Beziehung zu bringen. Denn diese Wendungen müssen sich ja überall einstellen, wo geschildert wird, wie ein jüdischer Hausvater seiner Tischgemeinschaft das Mahl spendet: Bevor das Brot gegessen wurde, mußte er den Segen darüber sprechen[5]. Dann mußte er das Brot — eine Scheibe von Fingerdicke und etwa Tellergröße — zerbrechen und die Stücke den einzelnen geben. Ein Brot reichte für zwei Personen zu einer Mahlzeit. Darum lag es nahe — wenn mehrere Personen versorgt werden mußten —, daß man ein Brot nach dem andern verteilte, bis alle ihren Teil bekommen hatten.

Nur bei der johanneischen Erzählung der Speisung legt die Erwähnung des Passa — die in Joh 6,4 den Gang der Erzählung anscheinend unterbricht — eine Beziehung zur Einsetzung des Abendmahls nahe, die freilich bei Joh gerade nicht erzählt wird! Man wird jedoch gut tun, die vermutlich benutzte Tradition des Joh von ihrer Verwertung durch den Evangelisten einmal zu trennen und für sich zu untersuchen. Dabei ergibt sich: Jesus fährt — zusammen mit seinen Jüngern, wie 6,3 zeigt — über das galiläische Meer. Eine große Menge folgt ihm, wie Mk 6,32. V. 6—13 erzählen das Wunder der Speisung. Die Nähe zur Tradition in Mk 6 ist deutlich: 5000 Menschen (Joh 6,10), 5 Brote (6,9 — die diesmal nicht die Jünger besitzen, sondern ein Knabe, der auch zwei Fische hat). An Brocken bleiben 12 Körbe voll übrig[6]. Dann kommt ein der johanneischen Erzählung eigener Zug: Man will Jesus zum König machen; er entweicht allein auf den Berg (6,15; wie er sich zu dem Berg von 6,3 verhält, wird nicht deutlich). Aber Jesu Fortgang erlaubt dem Schrifterzähler den Anschluß an die uns aus Mk bekannte Tradition: die Jünger fahren beim Dunkelwerden allein ab. Als Ziel wird Kapernaum[7] angegeben. Ein großer

[5] S. dazu Billerbeck I 685—687: Nach jüdischer Sitte aß man nicht, ohne vorher und nachher Gott zu danken. Die Benediktion vor dem Essen begann mit den Worten: „Gepriesen seist du, Jahwe, unser Gott, König der Welt"; beim Brot lautete die Fortsetzung: „der du das Brot aus der Erde lässest hervorgehen". Das längere Dankgebet nach dem Essen wird in den Speisungsgeschichten der Synoptiker und des Joh nicht erwähnt; hat man das Gebet vor dem Essen dahin verstanden, daß es die Vermehrung der Speisen bewirkte?

[6] Billerbeck IV 2, 625 meint, daß für das Aufsammeln der größeren Brocken, das im Judentum üblich war, z. T. abergläubische Motive maßgebend waren. Aber das in IV 1, 521 gebrachte Beispiel stammt erst aus dem 4. nachchristlichen Jh. Nach Berakh. 8,4 wurden nur jene Brocken aufgehoben, die größer als eine Olive waren, kleinere nicht.

[7] Nach Mk 6,45 fahren die Jünger nach Bethsaida, einer „Ortschaft in der Gaulanitis an der Nordseite des Sees Genezareth am Ostufer des Jordan" (Bibl. hist.

Sturm wühlt das Meer auf. Aber als die Jünger 25 bis 30 Stadien gefahren sind, sehen sie Jesus auf dem Meer wandelnd nahe dem Schiff, und sie bekommen Angst. Jesus beruhigt sie: „Ich bin es, seid ohne Furcht!“, und wie sie ihn ins Schiff nehmen wollen, da sind sie — ein neues Wunder[8]! — schon am Land, auf das sie zufuhren. In 6,23 wird deutlich, daß der Ort, wo die Speisung stattgefunden hatte, nahe bei Tiberias lag, also am südlichen Teil des Westufers, während sich Jesus jetzt mit den Jüngern in Kapernaum befindet, also am nördlichen Teil des Westufers. Wie unter diesen Umständen in 6,17 von „jenseits des Meeres“ gesprochen werden konnte, wird nicht deutlich. In Kapernaum kommt es zu einem Streitgespräch Jesu mit der Menge, in dessen Verlauf sie in 6,30 Jesus auffordert, ein Zeichen zu tun, und zwar — entsprechend Ps. 78,24 — Brot vom Himmel zu geben. Das führt dann zu der johanneischen Rede von Jesus als dem Himmelsbrot.

Handwörterbuch, Bd. 2, Göttingen 1962, 234). Aber 6,53 landet man in Gennesar, der nördlich von Tiberias und westlich von Kapernaum sich ausbreitenden Landschaft am See. Mt nennt in 14,22 Bethsaida nicht und vermeidet dadurch den Widerspruch. In Mk 8,10 landen Jesus und die Jünger in der Gegend von Dalmanutha (s. d. Folgende). In der Parallele Mt 15,39 ist bei ℵ B D it sy^{sc} von Magadan die Rede, während L X ... min phil arm aeth cop Magdala(n) lesen. Erst nach der Ablehnung des Zeichen in Mk 8,22 kommen Jesus und seine Jünger nach Bethsaida (D it^{pt} lesen jedoch: Bethanien).

Der Codex Bezae bietet in seinem griechischen Teil (= D) von erster Hand den Text: τα ορια μελεγαδα (ta horia Melegada = die Gegend von M.). Ein späterer Korrektor ändert den Ortsnamen zu: Magaida. Weil man nun aber damals ai wie e aussprach, ergibt das die Namensform: Mageda. Das Wort ὁ ὅρος (ho horos) heißt: die Grenze; davon ist die Verkleinerungsform τὸ ὁρίον (to horion) abgeleitet. Die Mehrzahl davon, τὰ ὅρια (ta horia) meint: „das Gebiet“. Die lateinischen Handschriften c und e lesen: ta horia Mageda, also ebenso wie das korrigierte D. Da nun manche Abschreiber ὅρος (horos) und ὄρος (oros = Berg) verwechselten, ergaben sich Lesarten wie die von W: το ορος δαλμουναι (to oros dalmunai) und von 28: το ορος μαγεδα (to oros Mageda), oder sy^{s}: το ορος μαγεδαν (to oros Magedan), und von a und d: το ορος μαγεδα (to oros Mageda). Θ und andere Handschriften lesen: τα μερη μαγδαλα (ta mere Magdala = das Gebiet von Magdala). Man sieht an diesen Beispielen die Verwirrung, welche fremde Namen oft bei den Abschreibern anrichteten. Die verschiedenen Versuche, aus einer der überlieferten Lesarten alle anderen abzuleiten (Jeremias, Hirsch u. a.) zeigen durch ihre Mehrzahl, daß noch keine überzeugende Lösung in Sicht ist. Hirsch z. B. hält Magdala für den ursprünglichen Namen. Aber er kann auch als der bekanntere für das unbekannte Mageda eingedrungen sein.

8 Die Auskunft, daß Jesus am Strande des Sees entlanggegangen sei und dort die Jünger traf, wiederholt eine alte rationalistische Erklärung, die das Wunder aus der Erzählung beseitigen wollte.

Folgende Tabelle zeigt die Übereinstimmungen von Mk 6, Joh 6 und Mk 8:

Mk 6/7		Joh 6		Mk 8	
33—44	Speisung d. 5000	5—13	Speisung d. 5000	1—9	Speisung d. 4000
45—52	Seewandeln	16—20	Seewandeln		—
53—56	Überfahrt n. Gennesar	21	Überf. n. Kapernaum	9b f.	Überf. n. Dalmanutha
1—23	Streit m. Pharisäern	26—31	Streit m. Menge (Zeichenforderung)	11b f.	Streit m. Pharisäern (Zeichenforderung)
24—30	Syrophön.: Brot der Kinder	32—59	Brotrede	13—21	Gespräch v. Brot
31—37	Heilung (Ohren)		—	22—26	Heilung (Augen)

C. H. Dodd hat in seinem neuen Werk, „Historical Tradition in the Fourth Gospel", Cambridge 1963, 196—222, die Geschichten von der Speisung und vom Seewandeln bei den Synoptikern und Joh ausführlich behandelt. Sein erstes Ergebnis scheint uns gesichert zu sein: Joh hat nicht die Synoptiker benutzt. Aber wenn der berühmte englische Forscher weiter folgert: also liegt bei Joh eine selbständige Überlieferung vor, die hohen geschichtlichen Wert hat, so gilt es, genau zuzuhören. Unabhängig von den synoptischen Evangelisten ist Joh sicherlich in dem Sinne, daß er nicht diese Schriften vor sich liegen hatte und nun bald aus diesem, bald aus jenem Aussagen entnahm. Aber in welchem Sinne war die Überlieferung, die Joh benutzte, nun „selbständig"? Sie berührt sich — und zwar nicht nur an einem Punkte — hier auffallend mit der Tradition, die wir bei Mk 6 und 8 treffen. Aber eine genaue Untersuchung[8] zeigt: Die Vorlage des Joh bot — dem Mk-Bericht gegenüber — schon eine weiterentwickelte Form. Sie erklärt sich am leichtesten, wenn zwischen Mk bzw. seiner Tradition und der Vorlage des Joh ein Stadium weiterer

[8] Vgl. E. Haenchen, Johanneische Probleme, ZThK 56, 1959 (19—54), 31—34. — Daß man Jesus zum König machen will (Joh 6,15), wird im Folgenden nicht weiter berücksichtigt. Dodd meint zwar, hier zeige sich eine alte Überlieferung; die Synoptiker hätten sie vermieden, um alles Politische fernzuhalten. Unseres Erachtens wird damit nur der Eindruck dargestellt, den das Wunder machte.

mündlicher Überlieferung lag, das Wandlungen stärker ausgesetzt war als eine Schrift. Trotzdem bleibt eine erstaunliche Übereinstimmung bestehen: das Thema „Brot" beherrscht — wenn auch verschieden moduliert — sowohl Mk 6,34—7,30 wie Joh 6 und Mk 8,1—21. Daraus läßt sich nicht entnehmen, daß die einzelnen Einheiten dieser Abschnitte eine historische Abfolge widerspiegeln — dazu sind sie allzu verschieden —, wohl aber die Vermutung, daß man schon früh thematisch verbundene Zusammenhänge geschaffen hat — das Gleichniskapitel Mk 4 ist das deutlichste Beispiel dafür. Gesichtspunkte der Komposition, nicht solche des historischen Verlaufs bestimmen die Abfolge der einzelnen Bestandteile einer solchen großen Einheit. Daß sie nicht unverändert von allen Evangelisten weitergegeben wird, sondern durch andere Bestandteile bereichert und individuell behandelt, ist deutlich: die Geschichte von der Syrophönizierin hängt noch mit dem Thema „Brot" zusammen, beginnt aber, als Heilungsgeschichte, eine neue größere Einheit, die sich in der Heilungsgeschichte Mk 7,31 ff. fortsetzt.

Die Speisung der 5000 hat ein atl. Vorbild: 2. Kön 4,42—44. Dort werden dem Propheten Elisa 20 Gerstenbrote zum Geschenk gemacht. Er befiehlt, sie seinen Leuten vorzusetzen. Auf den Einwand: „Was ist das für 100 Männer?" antwortet er: „Gib es den Leuten zu essen; denn so spricht der Herr: Man wird essen und noch übriglassen." Da setzte er es ihnen vor, und sie aßen und ließen noch übrig, nach dem Wort des Herrn. Gegenüber dieser atl. Geschichte hat sich die frühe Gemeinde — anknüpfend an eine Mahlzeit, die Jesus einst mit seinen Getreuen am galiläischen Meer gehalten hatte — eine Geschichte erzählt, die deutlich machte: die Wunderkraft und Segensfülle, die von dem Herrn ausging (und ausgeht), übertraf (und übertrifft) bei weitem die Wunder, die sich in der Zeit des alten Bundes ereignet haben. Daß die Zahlen im Laufe der Überlieferung weiter gewachsen sind, entspricht durchaus sonstigen Erfahrungen.

35 Zeichenforderung der Pharisäer

Mk 8,11—13; Mt 12,38 f.; Mt 16,1—4; Lk 11

(1) Und die Pharisäer zogen aus und begannen mit ihm zu disputieren, indem sie versucherisch von ihm ein Zeichen vom Himmel verlangten. (12) Und er seufzte auf in seinem Geiste und sprach: „Was sucht dieses Geschlecht ein Zeichen? Wahrlich ich sage euch: Diesem Geschlecht wird kein Zeichen gegeben werden!" (13) Und er ließ sie stehen, stieg ein und fuhr an das andere Ufer.

Diese kleine Szene der Zeichenforderung folgt bei Mk — und ebenso bei Mt und Joh — auf die Speisungsgeschichte. Als Jesus nach einer

Landung aussteigt, die niemand voraussehen konnte, stehen „die Pharisäer“ da (und beginnen mit ihm zu disputieren): das klingt sehr unwahrscheinlich. Was dabei herauskommt, wenn man es als historisch verteidigt, zeigt wider Willen Wohlenberg (Mk 223): „Sie kommen wie aus Schlupfwinkeln hervor.“ Im übrigen disputieren sie gar nicht mit Jesus, sondern fordern von ihm ein Zeichen vom Himmel. Das Ganze wird verständlicher, wenn man mit K. L. Schmidt 203 annimmt, daß Mk hier ein in sich geschlossenes Überlieferungsstück (etwa: „Als man einst von Jesus ein Zeichen verlangte, da sagte er...“) einzubauen versucht hat, das „von Haus aus orts- und zeitlos“ war. Was mit dem „Zeichen vom Himmel“ gemeint ist, läßt sich schwer sagen. Man könnte etwa[1] daran denken, daß Er die Sonne still stehen lassen sollte, oder[2] daß eine Himmelsstimme sich zu seinen Gunsten aussprechen sollte. Vielleicht sind die Worte „vom Himmel“ auch nachträglich als Erklärung im Anschluß an Jes 7,11 hinzugefügt worden[3]. Dafür spricht nämlich, daß eine Parallel-Überlieferung aus Q[4] nur vom Verlangen nach einem Zeichen spricht, ohne die Art dieses Zeichens näher anzugeben. Jesus hat nach Mk 8 diese Forderung scharf abgelehnt mit einer damals üblichen Formel, die eigentlich bedingt eine Selbstverfluchung enthält: „(Verflucht will ich sein,) wenn dieses Geschlecht ein Zeichen bekommt!“ D. h. positiv ausgedrückt: „Dieses Geschlecht wird sicherlich kein Zeichen erhalten!“ Dieses Wort ist sehr wichtig. Denn es steht in einem inneren Widerspruch zu manchen Wundergeschichten und zeigt: Jene großen Wunder, die nach Mk die Gottessohnschaft Jesu beweisen sollen, sind erst in einer späteren Zeit in der Überlieferung aufgekommen. Dafür hatten wir oben (S. 145) schon 1. Kor 2,8 angeführt. Hier liefert nun Mk selbst (ohne es zu merken) den exakten Nachweis.

In manchen Handschriften haben nun die Worte „Zeichen vom Himmel“ den Anstoß dazu gegeben, daß man in den Paralleltext zu unserem Abschnitt, Mt 16, als Vers 2 b f. ein Wort einfügte über die „Zeichen der Zeit“, das auch in Lk 12,54—56 in etwas veränderter Form erhalten ist: Bei klarem Abendrot schließt man auf gutes Wetter, dagegen bei einem schmutzigen Morgenrot auf schlechtes[5]. Aber die Zeichen der Zeit kann man nicht unterscheiden. Nach diesem Wort, das erst sekundär an diese Stelle gekommen ist, wäre es mög-

---

[1] Vgl. Jos 10,12: „Sonne, stehe still zu Gibeon, und Mond im Tal von Ajalon. (13) Da stand die Sonne still, und der Mond blieb stehen, bis das Volk Rache genommen hatte an seinen Feinden.“

[2] Vgl. Billerbeck I 127 f. zu Mt 3,17.

[3] „Fordere dir ein Zeichen von Jahwe, deinem Gott, tief in der Unterwelt drunten oder hoch oben in der Höhe!“

[4] Mt 12,58 f.; Lk 11,16.29.

[5] Lk 12,54 f.: Lukas spricht vom Westwind, der schlechtes Wetter bringt, und vom Südwind, mit dem die Hitze kommt.

lich gewesen zu erkennen, welche Stunde die Weltenuhr zu schlagen im Begriff steht. Das ist die Überzeugung der urchristlichen Gemeinde, die wenige Minuten vor Zwölf, vor dem Weltende, zu leben glaubte.

Aber im Mt-Text findet sich noch eine andere (diesmal von allen Handschriften geteilte) Änderung gegenüber Mk: Jesus verweigert nicht ein Zeichen schlechthin, sondern stellt nur das des Jonas in Aussicht. Man hat das für den ursprünglichen Text gehalten[6]: Was dieser Zeit gegeben ist, ist nur ein Bußprediger wie Jonas! Dies Wort vom Jonaszeichen stammt aus der Q-Tradition. Bei Lk (11,30) bezieht es sich darauf, daß Jonas mit seiner Bußpredigt ein Zeichen für die Niniviten war, auf das hin sie Buße getan haben. Aber das Wort von Jonas und den Niniviten hatte ursprünglich doch wohl einen anderen Sinn: Niniveh hat auf die Predigt des Jonas hin Buße getan — und hier ist mehr als Jonas! Die Königin des Südens kam zu Salomo — und hier ist mehr als Salomo! Darum werden die Niniviten und die Königin des Südens im jüngsten Gericht zum Zeugnis gegen dieses Geschlecht dienen[7]. Aber den eigentlichen Sinn des Jonaswortes scheint uns Mt 12,40 aufbewahrt zu haben: So wie Jonas drei Tage und Nächte im Bauch des Walfisches war, wird der Menschensohn drei Tage und Nächte im Bauch der Erde sein! In diesem — ebenfalls der urchristlichen Zeit angehörigen — Spruch wird also das dreitägigeVerweilen Jesu im Totenreich als das angesehen, was ihn legitimiert und von Jona „vorgebildet" wurde: die Auferstehung nach drei Tagen. Man hat zu diesem Wort bemerkt: Jesus gebe hier ein Zeichen, was für seine Hörer „zu spät" kommt und deshalb einer Verweigerung des Zeichens gleichkomme. Aber für die christlichen Hörer kam diese Legitimation eben nicht zu spät[8]!

Wir sehen bei dieser kleinen Geschichte deutlicher als in vielen anderen Fällen, wie undurchsichtig zunächst der Entwicklungsgang der Überlieferung sein kann. Verwandte oder aneinander anklingende Worte ziehen sich an, vermischen sich oder beeinflussen doch einander. Die mannigfaltigsten Kombinationen zwischen ihnen sind möglich und in der Geschichte der mündlichen und z. T. noch der schriftlichen Tradierung auch weithin wirklich geworden. Die Überlieferung der einzelnen Traditionsstücke zeigt eine unerwartete Fülle, und wer das, was der eine oder andere Evangelist aussagt, einfach für

---

[6] Bultmann, Gesch. d. syn. Trad. 124 behauptet, daß die Auslegung des Jonaszeichens auf Jesu Tod und Auferstehung sekundär sei; nach von Dobschütz ist Jonas aus dem in Q (Mt 12,33 f.; Lk 11,29 f.) erhaltenen Spruch eingedrungen. J. H. Michael, JThSt 21, 1920, 146—159 meint, ursprünglich sei von „the Sign of John" die Rede gewesen, also Johannes dem Bußprediger.

[7] Mt 12,39—42; Lk 11,29—32 enthalten durch Stichwortanschluß verbundene Sprüche.

[8] Die Formal „nach drei Tagen" stammt aus einer alten christlichen Tradition; s. u. zu Mk 9,31. S. jetzt H. Conzelmann, Ev. Theologie 25, 1965, 7 f.

die Wiedergabe der historischen Zusammenhänge ansieht, der verkennt das Wesen dieser Überlieferung.

Daß es Joh 6,30 — ebenfalls nach der Speisungsgeschichte — zur Forderung eines Zeichens kommt, könnte darauf hindeuten, daß sich die Verknüpfung dieser beiden Traditionsstücke auch in der Vorlage des vierten Evangelisten fand. Zwar fordert man hier von Jesus kein Zeichen vom Himmel. Aber es wird doch vom Manna gesprochen, und dies Manna wird als Himmelsbrot verstanden; sachlich ist hier also doch von einem Zeichen vom Himmel die Rede! Jesus antwortet bei Joh auf das Verlangen nach einem Zeichen, indem er zeigt: Nicht das Manna, sondern er selbst ist das Himmelsbrot. Wahrscheinlich fand der Evangelist diese Antwort nicht in der Tradition, sondern bildete sie selbst. Aber all das besagt nicht, daß der Mk-Text mit seiner Formulierung „Zeichen vom Himmel" ursprünglich ist, sondern nur, daß diese Tradition noch weiter existierte.

Der Unterschied von Mk 8 und Q an dieser Stelle lehrt uns jedoch eins: Die Christen haben es nicht ausgehalten, daß Jesus seinem Geschlecht radikal ein Zeichen verweigert hat. Sie haben vielmehr auf die eine oder andere Weise versucht, doch ein Zeichen anzugeben — in Jesu Bußpredigt, oder in seiner Auferstehung nach 3 Tagen —, das dieses Geschlecht bekommt, wenn es auch kein Zeichen vom Himmel ist. Insofern hat innerhalb der Traditionsgeschichte dieses Stückes der pharisäische Anspruch sich mit seiner Forderung doch durchgesetzt — wenn auch hier noch relativ harmlos.

Mit dem griechischen Wort γενεά (genea) kann Generation oder Volk gemeint sein. Jesus hat jedenfalls nur in der Generation seines Volkes gewirkt, so daß beide Bedeutungen hier einen Sinn ergäben.

36 Das Gespräch vom Sauerteig

Mk 8,14—21; Mt 16,5—12; (Lk 12,1)

(14) Und sie vergaßen Brote mitzunehmen und hatten nur ein einziges Brot bei sich im Schiffe. (15) Und er gebot ihnen: „Paßt auf: hütet euch vor dem Sauerteig der Pharisäer und dem Sauerteig des Herodes!" (16) Und sie überlegten miteinander: „Wir haben keine Brote!" (17) Und er erkannte es und sagte zu ihnen: „Was überlegt ihr ‚Wir haben keine Brote!'? Habt ihr noch keine Einsicht und Verständnis? Ist euer Herz verstockt? (18) Ihr habt Augen und seht nicht, Ohren und hört nicht, und gedenkt nicht! (19) Als ich die fünf Brote für die Fünftausend brach, wieviel Körbe voll Brocken habt ihr da aufgehoben?" Sie sagten zu ihm: „Zwölf!". (20) „Und als die sieben für die Viertausend, wieviel Körbe voll Brocken habt ihr da aufgehoben? Und sie sagten: „Sieben!". (21) Und er sagte zu ihnen: „Versteht ihr noch nicht?".

Dieses „Gespräch über die Brote" ist sehr merkwürdig. Bei der Abfahrt zum anderen Ufer — so stellt Mk es dar — haben die Jünger vergessen, sich mit Brot zu verproviantieren; nur ein einziges Brot ist vorhanden. Als nun Jesus zu ihnen sagt, sie sollten sich vor dem Sauerteig der Pharisäer und des Herodes hüten, da verstehen sie nicht, wovon er spricht. Dafür aber erweckt das Wort „Sauerteig" in ihnen den Gedanken an das Brot und die Versäumnis, die sie beim Beschaffen des Proviants sich zu schulden kommen ließen. An sich hat Jesu Wort mit solcher Brotfrage gar nichts zu tun. Das Bild vom Sauerteig hat im N. T. gewöhnlich[1] den Sinn von etwas Schlechtem (s. 1 Kor 5,6—8; Gal 5,9); nur beim Gleichnis vom Sauerteig (Mt 13,33; Lk 13,20 f.) steht es anders. Auch in V. 15 ist damit etwas Böses, Gefährliches gemeint, vor dem man sich in acht nehmen muß. Die Pharisäer haben ja gerade von Jesus ein Zeichen gefordert und ihm damit den Glauben verweigert, der sich nicht durch ein Wunder die eigene Entscheidung abnehmen läßt. Die Herodianer aber haben nach Mk 3,6 sich schon mit den Pharisäern beraten, wie man Jesus umbringen könnte. Beide sind nun also Jesus feindlich gesinnt, und vor dieser Feindseligkeit — das wird Mk gemeint haben — sollen sich die Jünger in acht nehmen. Aber als diese nun das Wort Jesu mißverstehen und auf den mangelnden Brotvorrat deuten, da geht Jesus nicht auf dieses Mißverständnis seines soeben gesprochenen Wortes ein[2], sondern auf die falsche Stellung der Jünger zu ihm, die in der Sorge der Jünger sich verrät. Eigentlich sollten sie doch gemerkt haben, daß es für Jesus nichts ausmacht, ob viel oder wenig Brot vorhanden ist — hat er doch die 5 Brote so vermehrt, daß nach der Speisung der Fünftausend noch jeder Jünger einen großen Korb voll Brotbrocken sammeln konnte, und bei den 7 Broten für die Viertausend blieben noch sieben Körbe voll Brocken übrig. Also sollten die Jünger, nach solchen Proben der Macht Jesu, verstanden haben und wissen, über welche Kräfte er gebietet! Sie müßten wissen, daß er aus einem Brot, das jetzt vorhanden ist, so viele schaffen kann, daß es für alle reicht und noch mehr übrigbleibt. Sie haben noch nicht verstanden, wer er ist und was er darum vermag.

Matthäus hat diese Geschichte im wesentlichen nach Mk wiedergegeben. Den Sauerteig der Pharisäer bezieht er auf deren

[1] Wie im Spätjudentum; vgl. Billerbeck I 728 f.

[2] Nach Klostermann Mk 77 scheint V. 14 zunächst auf ein drittes Speisungswunder hinauslaufen zu wollen. Aber ein solches Verständnis ist nicht nötig. Carrington 262 zitiert Calvin zu Mt 16,8: Wer ein oder zwei Mal die Kraft Gottes erfahren hat und dann Gott für die Zukunft nicht traut, ist als Ungläubiger überführt. Aber Carrington meint, Jesus habe nicht andeuten wollen, daß die Jünger immer ein wunderbares Mahl erwarten sollten; vielmehr hätte die Erinnerung an die beiden Speisungswunder sie davon abbringen sollen, sich nur mit ihren Alltagssorgen zu befassen, anstatt ihre ganze Aufmerksamkeit dem Worte Jesu zuzuwenden.

Lehre. Herodes hat keine Lehre; also muß Mt den „Sauerteig des Herodes" fortlassen. In Lk gibt es zu der Szene als solcher kein Gegenstück. Nur zum V. 15 gibt Lk 12,1 als Beginn einer Reihe von Sprüchen Jesu eine Parallele: hier wird der Sauerteig als „Heuchelei" ausgelegt. Dieser einst isolierte Vers ist also von Mk oder der von ihm benutzten Überlieferung mit der folgenden Jesusrede, nicht besonders geschickt, verbunden werden.

Aber wichtiger ist nun etwas anderes. Wer auch immer diese Rede Jesu zuerst gestaltet hat, der hat nicht geahnt, daß sich die beiden Speisungsgeschichten aus einem und demselben Ereignis entwickelt hatten; eine solche Erkenntnis war für die frühe Gemeinde, aber auch für die christliche Kirche bis hin zur Aufklärung verschlossen[3]. Aber nicht nur das: ein Erzähler hat auch gewagt, Jesus selber von diesen beiden Fällen der Speisung von Tausenden als von zwei verschiedenen sprechen zu lassen. Man sieht hier, wie Jesus selbst eine Mahnung in den Mund gelegt wird, die eigentlich der christliche Katechet der Gemeinde ans Herz legt. Die frühe Gemeinde ist also im Umgang mit den Worten Jesu viel freier gewesen, als wir es uns heute gewöhnlich vorstellen. Andererseits war der Katechet, oder wer immer Jesus so sprechen ließ, davon überzeugt, genau im Sinne Jesu zu handeln.

Die Schwäche dieser Komposition aber liegt darin, daß die Macht Jesu hier wie die eines θεῖος ἄνθρωπος (theios anthropos) dargestellt wurde, d. h. wie eines jener Wundermänner und Zauberer, deren es in der ausgehenden Antike nicht wenige gegeben hat. Das heißt aber: die Macht Jesu wird ins Phantastische verzerrt und damit die Wirklichkeit des armen Menschen, der nicht hatte, da er sein Haupt hinlegte (Mt 8,20; Lk 9,58; Thomasevangelium Spr. 86, 95,34—96,4)[4], beseitigt. — Bis zu welchen Höhen der Dichtung sich eine damals als rechtgläubig geltende Wissenschaft versteigen konnte, zeigt Wohlenbergs Behandlung der Perikope (Mk S. 225). Er meint, die Jünger hätten Jesus dahin mißverstanden, daß sie entweder selbst Brot backen oder fertiges kaufen sollten, „in beiden Fällen aber sich sorgfältigst vor Intriguen, etwa Vergiftungsversuchen der Pharisäer und der Schergen des Herodes in acht nehmen". Theodor Zahn selbst hat zu Mt 16,16 (531) seine Phantasie in anderer Richtung laufen las-

[3] Siehe die Deutung bei H. E. G. Paulus bei A. Schweitzer 53: „Als Jesus die hungernde Menge sah, sagte er zu seinen Jüngern: ‚Wir wollen den Reichen darunter ein gutes Beispiel geben, daß sie ihre Vorräte mitteilen', und fing an, seinen und seiner Jünger Proviant an die zunächst Gelagerten auszugeben. Das Vorgehen wirkte, und alsbald war Speise die Fülle da."

[4] „Jesus sprach: Die Füchse haben ihre Höhlen und die Vögel haben ihr Nest. Der Menschensohn aber hat keinen Ort, um sein Haupt zu neigen und zu ruhen." Das gleiche gilt für den Gnostiker, der in der feindlichen Welt keinen Ort der Ruhe besitzt; einen solchen bietet ihm erst das Reich des Vaters. Vgl. dazu W. Schrage a. a. O. 168—170.

sen. Das Schiff müsse bei Jesu Wort (V. 16; durch einen Druckfehler ist V. 6 daraus geworden) schon vom Ufer gestoßen sein, aber noch ganz nahe am Ufer geblieben. In dieser Situation hätten die Jünger gemeint, „sie sollten nachträglich Brot anschaffen, also noch einmal zu diesem Zweck ans Land gehen, dabei vor dem gesäuerten Brot der Pharisäer und Sadduzäer, die Jesus dort gelassen hatte, sich inachtnehmen, d. h. diesen kein Brot abkaufen oder sie nicht fragen, wo man in der Nähe Brot kaufen könne". Gewiß, der Evangelist hat die Jünger hier als unverständig gezeichnet. Aber wenn eine solche pedantische Phantasie das Unverständnis der Jünger nachzeichnet, wird eine Karikatur daraus[5].

37 Der Blinde von Bethsaida

Mk 8,22—26

(22) Und sie kommen nach Bethsaida[1]. Und man bringt ihm einen Blinden und bittet ihn, ihn zu berühren. (23) Und den Blinden bei der Hand fassend, führte er ihn aus dem Dorf hinaus, und spuckte ihm auf die Augen, legte ihm die Hände auf und fragte ihn, ob er etwas sehe. (24) Und (jener) blickte auf und sagte: „Ich sehe die Menschen, denn wie Bäume sehe ich sie, umhergehend." (25) Da legte er ihm wieder die Hände auf seine Augen, und er blickte scharf hin und sah alles ganz deutlich. (26) Und er schickte ihn in sein Haus mit den Worten: „Geh nicht ins Dorf!"

Diese Geschichte erinnert sehr stark an die Heilung des Taubstummen 7,31—37:

(32) Und sie bringen ihm einen Taubstummen und bitten ihn, er möge ihm die Hand auflegen.	(22) Und sie bringen ihm einen Blinden und bitten ihn, er möge ihn berühren.
(33) Und er nahm ihn weg vom Volk abseits, legte seine Finger auf seine Ohren und spuckte und berührte seine Zunge.	(23) Und er nahm den Blinden bei der Hand und führte ihn aus dem Dorf hinaus, spuckte auf seine Augen und legte seine Hände auf.

[5] Zahn und Wohlenberg sind Beispiele dafür, daß eine Forschung, welche die historisch-kritische Methode als ungläubig ablehnt, nun gerade in Phantastik versinkt, wenn sie versucht, sich die ntl. Texte verständlich zu machen.

[1] D 262 a b d f ff i l q r[1] lesen: Bethanien. Nach Taylor kann das der Irrtum eines Abschreibers veranlaßt haben, der sich an der Bezeichnung „Dorf" in V. 23 und 26 für Bethsaida stieß. Als das einstige Fischerdorf Bethsaida nach der

Beiden Erzählungen liegt genau dasselbe Schema zugrunde: a) man bringt zu Jesus einen Kranken mit der Bitte um Heilung, b) er nimmt ihn von den Zuschauern abseits, c) er heilt ihn mittels Speichel und Handauflegung, d) er verbietet das Bekanntmachen der Heilungstat, e) obwohl das nach Lage der Dinge unmöglich ist — denn die Leute, welche den Kranken gebracht haben, werden sich natürlich vergewissern, ob die Heilung gelungen ist. Mit anderen Worten: auf diese Wundergeschichte hat Mk wieder sein Schema des Geheimnisses angewendet, unbekümmert um die faktische Unmöglichkeit der Geheimhaltung[2]. Und wir haben hier wiederum eine Geschichte, die Jesus im Stil eines der damals üblichen Wundermänner darstellt.

Daß die Heilung in diesem Fall nicht auf einen Schlag gelingt, hat nichts zu tun mit einem „naturgemäß allmählichen Heilungsprozeß", von dem B. Weiß (140) spricht. Es soll erst recht nicht etwa die mangelnde Kraft Jesu verraten lassen — im Gegenteil: es soll zeigen, wie schwer diese Heilung ist, die Jesus hier vollbringt. Wenn der Kranke trotzdem schließlich völlig geheilt ist (wie mit immer neuen Ausdrücken versichert wird), so hat sich darin gerade die große Kraft Jesu erwiesen, die selbst mit einem so schwierigen Fall fertig wird.

Matthäus berichtet in 15,29—31 die Heilung vieler Stummen und Blinden, ohne dabei auf die Wundertechnik Jesu einzugehen (vielleicht hätte sie seine Leser schon befremdet). Von unserer Blindenheilung spricht er ebensowenig wie zuvor von der Heilung des Taubstummen — er hat diese beiden Heilungstaten als typisch angesehen und daher in 15,29—31 von der Heilung *vieler* Stummer und Blinder gesprochen. Mk hat diese Wundergeschichte hier eingeschoben, weil Bethsaida — wo er wohl das Wunder lokalisiert in der Tradition vorfand — auf dem Weg vom galiläischen Meer nach Cäsarea Philippi liegt.

Die Antwort des Blinden auf Jesu erste Frage ist merkwürdig: „Ich sehe die Menschen, denn wie Bäume sehe ich sie, umhergehend". Damit soll angedeutet werden, daß das Sehen noch sehr unscharf ist: nur daß sie umhergehen, unterscheidet die Menschen in der Sicht des Blinden von Bäumen.

Die Blindenheilung, von der das vierte Evangelium in Kap. 9 erzählt, unterscheidet sich von der bei Mk berichteten beträchtlich: einmal ist dort der Geheilte schon blind geboren. Das Wunder der johanneischen Blindenheilung ist also noch größer als das marcinische. Andererseits dient es für Joh nur als ein Hinweis auf das wirkliche

---

Schwester des Augustus in „Julias" umbenannt wurde, bekam es Stadtrecht. Aber im Volksmund mag es immer noch „Dorf" genannt worden sein.

[2] Wohlenberg 228 wird freilich auch mit dem unmöglichen Verbot fertig: der Geheilte „scheint Familienvater gewesen zu sein und soll zuerst den Seinigen verkünden, was ihm Großes zuteilgeworden ist . . . Sofortiges Verweilen unter einer neugierigen, irdisch gesinnten Menge möchte ihm für Leib und Seele verhängnisvoll werden."

Wunder, daß nämlich Jesus das Licht der Welt ist, indem in ihm der unsichtbare Vater sichtbar wird (14,9). Aber es scheint auch hier eine ältere Fassung durch: Jesus heilt, indem er mit Speichel (und Erde?) einen Brei macht und diesen dem Blinden auf die Augen legt. Eine Waschung in der Siloa-Quelle nimmt dann nicht nur die Heilerde, sondern auch die Blindheit fort[8]. Aber die ganze Geschichte der Heilung diente in der Vorlage des Johannes nur dazu, die Würde Jesu zu offenbaren: Ein Sünder kann keine solchen Wunder tun, sondern allein jemand, der von Gott kommt. Man sieht, wie verschiedene theologische Auffassungen dieselbe Wundergeschichte in ihren Dienst nehmen können.

38 Das Petrusbekenntnis und Jesu Worte vom Leiden.

Mk 8,27—9,1; Mt 16,13—28; Lk 9,18—27

(27) Und Jesus ging fort und seine Jünger nach den Dörfern von Cäsarea Philippi. Und unterwegs fragte er die Jünger: „Für wen halten mich die Leute?" (28) Sie aber sprachen zu ihm und sagten: „Für Johannes den Täufer, und andere für Elias, andere aber für einen der Propheten." (29) Und er fragte sie: „Wer aber meint ihr, daß ich sei?" Petrus antwortete und sagte zu ihm: „Du bist der Christus!" (30) Und er bedrohte sie, sie sollten niemandem über ihn Bescheid sagen.

(31) Und er begann sie zu lehren: „Der Menschensohn muß viel leiden und verworfen werden von den Ältesten und den Hohenpriestern und Schriftgelehrten und getötet werden und nach drei Tagen auferstehen. Und er redete das Wort ganz offen. (32) Und Petrus nahm ihn beiseite und begann ihm Vorhaltungen zu machen. (33) Er aber wandte sich um und, die Jünger ansehend, fuhr er den Petrus an und sprach: „Geh mir aus den Augen, Satan! Denn du denkst nicht, was göttlich ist, sondern was menschlich ist."

(34) Und er rief die Menge herbei samt seinen Jüngern und sprach: „Wenn jemand mir nachfolgen will, der verleugne sich selbst und trage sein Kreuz und folge mir. (35) Denn wenn jemand sein Leben retten will, so wird er es verlieren; wer aber sein Leben verliert um meinet und des Evangelium willen, der wird es retten. (36) Denn was nützt es dem Menschen, wenn er die ganze Welt gewinnt und sein Leben verliert? (37) Denn was könnte der Mensch als Lösegeld für sein Leben geben? (38) Denn wenn sich jemand meiner und meiner Worte schämt in diesem ehebrecherischen und sündigen Geschlecht, dessen wird sich auch der Menschensohn schämen, wenn er kommt in der Herrlichkeit seines Vaters mit den heiligen Engeln."

(9,1) Und er sagte zu ihnen: „Es sind einige von den hier Stehenden,

---

[8] Joh 9,6 f.

die werden den Tod nicht schmecken, bis sie das Reich Gottes in Kraft gekommen sehen.“

Dieser Abschnitt hat[1] für die Leben-Jesu-Theologie“ eine überragende Bedeutung besessen. Hier waren nun die Jünger endlich doch zu der Erkenntnis Jesu gekommen, mußte diese Erkenntnis auch durch die folgenden Leidensankündigungen noch geläutert werden. Bis zu diesem Augenblick waren die Jünger ja mit einer seltsamen Blindheit der Seele hinter Jesus hergewandert; auch seine größten Wundertaten hatten ihre Augen nicht geöffnet. Aber hier — so fand die den Mk-Text psychologisch auslegende Leben-Jesu-Theologie — ist endlich in der Seele des Petrus das Licht des wahren Glaubens aufgeflammt, und nun konnte Jesus so offen zu ihnen über sich sprechen, wie es vorher noch nicht möglich gewesen war[2].

Allerdings gab es auch Forscher, die dem Ereignis von Cäsarea gar keine besondere Bedeutung beimaßen. Das war sogar ganz logisch, wenn man die Darstellung des Joh für die ursprüngliche ansah. So kam Wohlenberg zu dem Satz: „Selbstverständlich hat Petrus, haben auch die Jünger Jesum längst als Messias erkannt (Joh 1,41 ff.)“ (231). Warum hat dann aber Jesus hier das Petrusbekenntnis hervorgelockt? Wohlenberg antwortet: „... was entweder nur als latentes Überzeugungsgeheimnis in ihrer Brust verschlossen war oder nur selten über ihre Lippen kam, sollte einmal feierlichst und aufs bestimmteste ... ausgesprochen werden. Der Herr mußte, wenn er so fragte, ohne alle Zweifel der Antwort, die dann erfolgte, sicher sein. Wie ein Gemeindepastor, der die Konfirmanden unterwiesen hat und längst weiß, daß sie Kenntnis der christlichen Heilswahrheit, besonders Erkenntnis von der Person und dem Werk des Erlösers besitzen, doch nichts Überflüs-

[1] Vgl. zu diesem Abschnitt: E. Haenchen, die Komposition von Mk 8,27—9,1 und Par. In: ΧΑΡΙΣ ΚΑΙ ΣΟΦΙΑ, Festschrift Karl Heinrich Rengstorf, Leiden 1964 (Nov Test VI 1963), 81—110.

[2] A. Schweitzer, Gesch. d. Leben-Jesu-Forschung 430 f.: „Das Widerspruchsvolle des Auftritts in Cäsaräa Philippi, wo Petrus zum Herrn sagt, wer er in Wirklichkeit ist, und dieser sich von seines Jüngers Wissen weder überrascht noch sonderlich erfreut zeigt, ist ... nicht ganz unbegreiflich. Die Verklärung“ (die Schweitzer vor das Petrusbekenntnis rückt) „war die Offenbarwerdung des Messiasgeheimnisses an die drei Intimen gewesen ... in einem gemeinsamen Zustande der Verzückung ...“ „Aber überrascht war Jesus dennoch. Petrus setzte sich hier über das beim Abstieg nach der Verklärung erfolgte Verbot hinweg und ‚verriet‘ den Zwölfen das Messianitätsgeheimnis seines Meisters.“ Vielleicht habe Jesus bei seiner Frage den Zwölfen sein Geheimnis gar nicht sagen wollen! Am Anfang der Schweitzerschen Deutung des Lebens Jesu steht seine eigene, Schweitzers, Intuition. Dann werden die Texte so umgestellt, daß sie in dieses Bild hineinpassen, und endlich zeigt sich, daß die so umgeordneten und interpretierten Evangelien des Mk und Mt ganz genaue Wiedergaben eines Geschehens sind, das durch eine nicht weiter erklärbare dogmatische Konzeption Jesu selber gesteuert wird.

siges tut, wenn er sie schließlich in feierlich-ernster Stunde nach ihrer persönlichen Überzeugung fragt und zum Bekenntnis auffordert: so bedeutete es auch nichts Überflüssiges, wenn Jesu seine Jünger fragte, was sie von ihm hielten, und brachte es für ihn nichts Überraschendes, wenn sie so antworteten, wie es geschah." Das ist der Preis, den Wohlenberg hier für seine „positive" Einstellung zum vierten Evangelium zahlen muß: er kann Jesus nicht mehr recht von einem Gemeindepastor unterscheiden, der in „feierlich-ernster Stunde" seine Konfirmanden nach dem Credo fragt. Aber es fragt sich, ob er dem Text blinder gegenüberstand als die liberale Theologie der „Leben-Jesu-Zeit".

Befragen wir den Text selbst! Jesus befindet sich mit seinen Jüngern auf einer Wanderung von Bethsaida nach den Dörfern, die bereits zu der Stadt Cäsarea Philippi gehören. Irgendwo unterwegs fragt er die Jünger, wofür man ihn eigentlich hält. Das hat K. L. Schmidt[3] zu der Vermutung verführt, daß offenbar „die Jünger über die Volksstimmung besser unterrichtet sind als Jesus selbst. Jesus muß eine Zeitlang die Fühlung mit seinen Jüngern verloren haben, die Jünger müssen von ihm getrennt unter der Bevölkerung gelebt haben." Aber bevor man so eine ganze, uns sonst nicht bezeugte Epoche des Lebens aus der Frage Jesu herausholt, könnte man es mit der Erklärung versuchen, daß Jesus — oder der Evangelist selbst — nicht mit der Tür ins Haus fallen will. Tatsächlich ist ja schon in Mk 6,14 f. die Frage nach dem Wesen Jesu aufgetaucht und hat eine ganz ähnliche Antwort gefunden, wie sie hier die Jünger geben (s. o. S. 145 ff.). Damit wäre auch Bultmanns Einwand berücksichtigt: „Wozu fragt Jesus nach einer Sache, über die er genausogut orientiert sein mußte wie seine Jünger[4]?" Nun, die rechte Antwort, die dann Petrus namens der Jünger gibt, erscheint so auf dem Hintergrund der falschen und allzu niedrigen Meinungen über Jesus. Nicht daß man wenig von ihm gehalten hätte: alle drei Antworten geben Jesus den Rang eines Propheten! Aber das blieb weit unter der wahren Würde Jesu, und darum fragt er nun die Jünger selber, von denen jetzt die Leser aus dem Munde des Petrus die Wahrheit erfahren: „Du bist der Christus!"

Dieses Petruswort hat eine Fülle von psychologischen Vermutungen ausgelöst. Sie leiden so gut wie alle unter dem Fehler, daß die Forscher für „Christus" das Wort „Messias" einsetzen. Von da aus ist es dann

---

[3] K. L. Schmidt 216: Die Perikope „weist über sich selbst hinaus auf einen weiteren Zusammenhang, in dem angenommen wird, daß die Jünger über die Volksstimmung besser unterrichtet sind als Jesus selbst. Jesus muß also eine Zeitlang die Fühlung mit seinen Jüngern verloren haben, die Jünger müssen von ihm getrennt unter der Bevölkerung gelebt haben usw." Daß hier kompositionelle Rücksichten mit im Spiel sind, daß es der Evangelist selbst ist, welcher das Jüngerbekenntnis hervorlockt, wird nicht einmal als Möglichkeit gesehen.

[4] Bultmann a. a. O. 276.

nicht weit zu der Vermutung, daß Petrus ein falsches, irdisch-nationales Messiasbild vor Augen gehabt habe; O. Cullmann spricht sogar von einer „teuflischen Auffassung“ (Petrus 293). Auf solche Irrwege hat die Forschung der Umstand gelockt, daß Jesus auf das Petrusbekenntnis hin nur sagt, man solle darüber schweigen. Aber der Evangelist deutet mit keiner Silbe an, daß Petrus — der hier nur der Sprecher der Jünger ist[5] wie bei anderen Gelegenheiten — einem falschen Messiasideal huldigt. Er läßt vielmehr Petrus das Bekenntnis der ganzen Christenheit aussprechen: „Du bist der Christus!“ Dieses Bekenntnis ist recht; aber Jesus will nicht, daß man es jetzt schon erfährt. So verbietet er, wie dann nach der Verklärung, davon zu reden. Der Leser erfährt also hier, daß die Jünger schon während Jesu Erdenleben erkannt hatten, daß Jesus der Christus war, als den ihn die spätere Gemeinde verehrte. Das ist für die Christologie des Mk sehr wichtig: zwischen dem predigenden Jesus und dem gepredigten Christus besteht keine Kluft, sondern beide sind identisch.

Mit V. 30 fügt der Evangelist dann hinzu, was diesem Christus bevorsteht: das ganze Ausmaß der Leiden bis zum Tod, und dann freilich die Auferstehung. Sieht man genauer zu, dann erkennt man: Mk hat hier eine alte kerygmatische Formel benutzt. Sie kehrt bei der zweiten Leidensankündigung in 9,31 und bei der dritten in 10,32—34 wieder. Sie spricht von Jesus feierlich als „dem Menschensohn“ (in dritter Person!), von seiner „Auferstehung“ (nicht „Auferweckung“) und redet von der Auferstehung „nach drei Tagen“ (nicht: am dritten Tage). Daß diese Formel nicht immer im selben Wortlaut erscheint, bald reicher und bald kürzer gebracht wird, hat nichts zu sagen: der Evangelist darf eine solche Formel variieren. An unserer Stelle werden alle Widersacher Jesu genannt: die Ältesten, die Hohenpriester und die Schriftgelehrten. Sie werden ihn „verwerfen“, nicht als den Christus anerkennen, und darum wird er viel leiden müssen und schließlich getötet werden. Aber nach drei Tagen wird er auferstehen. Die zweite Fassung, in 9,31, sagt nur: er wird in die Hände der Menschen überantwortet werden, und sie werden ihn töten, und nach drei Tagen wird er auferstehen. Die dritte Leidensankündigung zählt wieder mehr an Einzelheiten auf: „Der Menschensohn wird den Hohenpriestern und Schriftgelehrten überantwortet werden, und sie werden ihn zum Tode verurteilen und den Heiden überantworten, und sie werden ihn verspotten und anspucken und geißeln und töten, und nach drei Tagen wird er auferstehen“ (10,33 f.). Dreimal bringt der Evangelist diese Ankündigung des Leidens und der Auferstehung. Damit zeigt er dem Leser und schärft es ihm ein: Jesus wußte, was ihm bevorstand. Er ist nicht blind in Leiden und Tod ge-

---

[5] Das Markus den Petrus nur als den Sprecher der Jünger betrachtet, zeigt sich in der Antwort Jesu: „und er verbot ihnen“. Ebenso heißt es von Jesus in V. 36: „und die Jünger ansehend bedrohte er den Petrus . . .“

taumelt, sondern wissend und wollend den Weg zum Kreuz gegangen, freilich auch im Wissen um die Auferstehung „nach drei Tagen".

Diese an allen drei Stellen die Leidensankündigung beschließende Voraussage der Auferstehung ragt über die Passion hinaus. Sie läßt uns erkennen, daß der Evangelist hier eine Szene mit überliefertem Material sich abspielen läßt, nicht aber einen „unvergeßlichen Augenblick aus dem Leben Jesu" verraten will. Daß die Auferstehung in der Formel erwähnt ist, macht die Fortsetzung, den Einspruch des Petrus, besonders ungeschickt — er will doch nicht gegen die Auferstehung protestieren, sondern gegen den Gang zum Kreuz!

Aber — auch wenn man das unter dem Eindruck der Mt-Parallele vergißt, von der wir nachher zu sprechen haben — Petrus redet hier nicht als einzelner. Er ist wieder der Wortführer der Jünger, und der Tadel, der ihn trifft, gilt auch ihnen. Das wird darin sichtbar, daß Jesus sie anblickt, während er den Petrus schilt. Hirsch wollte die Worte „sondern was menschlich ist" streichen, weil sie zu der Bezeichnung „Satan" nicht passen. Aber gerade damit verfehlt man den Sinn der Szene. Mk denkt nicht daran, daß Petrus hier das Erlösungswerk verhindern will — davon weiß er ja gar nichts! —, sondern Petrus und die Jünger sind leidensscheu — wer träumt denn nicht von einem leidfreien Leben? Das ist das Menschliche, was Petrus denkt, aber von Christus ist mehr gefordert. Darum ist für ihn das Ideal des leidlosen Lebens eine Versuchung, und er muß den Versucher hart abweisen. Aber diese Versuchung kommt ja über jeden, der Christ werden will. Auch ihm ist das Leiden auferlegt: im Leiden gehören Jesus und seine Gemeinde zusammen. Diese Erkenntnis verbindet 8,27—33 und 8,34—9,1. Jesus kann man nur nachfolgen, wenn man sein eignes Kreuz aufnimmt und ihm so folgt. Daß jeder Christ zu eigenem Leiden gefordert ist, macht der Evangelist dadurch anschaulich, daß nun Jesus „die Menge" herbeiruft[6]. Freilich — wo soll hier, außerhalb des Bereichs, in dem Jesus gewirkt hatte, eine Menge herkommen? Nun, sie gehört einfach zu dem Bild der Tätigkeit Jesu, das Mk vorschwebte: wo immer Jesus geht oder steht, da ist eine Menge nahe, die nur darauf wartet, vom Meister herbeigerufen und eines weisenden Wortes gewürdigt zu sein. Daß sich hier im fremden Land eine solche Situation nicht bot, darüber hat der Evangelist nicht reflektiert. Darum hat er das Faktum einer „Lehre für alle" unbedenklich in dieser Weise illustriert.

Von jedem einzelnen Christen wird also gefordert, daß er „sein

---

[6] Die Worte „samt den Jüngern" dürften ein früher Zusatz sein, den die Überlieferungsgeschichte des Textes nicht mehr als solchen erkennen läßt. Man hat die ausdrückliche Erwähnung der Jünger vermißt. Die Vermutung von Pallis, ursprünglich habe im Text „Petrus" statt „die Menge" in V. 34 gestanden, ist ganz abwegig.

Kreuz tragen" muß. Eisler[7] hatte das einst dahin verstanden, daß jeder Christ das Zeichen χ (Chi, für Christos) oder das Zeichen, den Buchstaben T (der den Hinrichtungspfahl mit seinem Querbalken symbolisieren konnte) — vielleicht eintätowiert — tragen solle. Aber das Wort meint etwas viel Ernsteres. Christ sein heißt nicht mehr für sich selber leben, sondern sein Leben für Christus dahingeben, wenn es gefordert wird. Es ist deutlich die Lage der Gemeinde nach Ostern, die hier im Blick steht: für sie, nicht aber für die Jünger Jesu vor Ostern, konnte das Bekenntnis zu Jesus schon den Tod bringen. Von einem solchen Märtyrerschicksal spricht Offb. 2,13: „Antipas, mein treuer Zeuge, der bei euch getötet ward."

Aber das N. T. redet nur selten von solchen Martyrien: Stephanus (Apg 7,60), der Zebedaide Jakobus (Apg 12,2) haben sterbend Zeugnis abgelegt; andeutend wird es auch von Paulus (Apg 20,25.38) und Petrus (Joh 21,19) berichtet. Allein das sind Ausnahmen. Wie kann dann Christsein und Martyrium so eng verbunden werden wie in Mk 8,35 ff.? Die rechte Antwort darauf finden wir, wenn wir nicht fragen, ob damals, als Mk schrieb, bereits schwere Verfolgungen sich ereignet hatten, sondern ob man sie damals erwartete. Das war in der Tat der Fall, wie sich später aus Mk 13 ergeben wird. Mk rechnete mit einer so fürchterlichen Heimsuchung, daß kein Christ gerettet werden würde, „wenn nicht der Herr die Tage verkürzt hätte" (Mk 13,20). Mit diesem Bild vor Augen lebte die Gemeinde des Mk: Lebenshingabe für Jesus war nicht eine erbauliche Formel, sondern ein Schicksal, das jedem morgen oder übermorgen widerfahren konnte. Nur Nachfolge unter dieser Bedingung ist wirkliche Nachfolge.

Um diese schwere Forderung einzuschärfen, hat Mk weitere Sprüche folgen lassen, die er in einer anderen Überlieferung als Jesusworte vorgefunden hatte. In Mt 10,38 und Lk 14,27 geht dem Spruch vom Kreuztragen die Forderung voran, Jesus mehr zu lieben als die eigene Familie. Zu Mk 8,35 gibt es in Mt 10,39 und Lk 17,35 eine Entsprechung, und noch das apokryphe Evangelium des Thomas läßt in Spruch 55 (p. 90, Z. 25—29) Jesus sagen: „Wer nicht haßt seinen Vater und seine Mutter, wird nicht mein Jünger sein können. Und (wer) seine Brüder (nicht) haßt und seine Schwestern (und nicht) trägt sein Kreuz wie ich, er wird meiner nicht würdig sein[8]."

---

[7] R. Eisler, ΙΗΣΟΥΣ ΒΑΣΙΛΕΥΣ ΟΥ ΒΑΣΙΛΕΥΣΑΣ (Jesous basileus ou basileusas = Jesus ein König, der seine Königsherrschaft nicht antrat), Bd. 2, 1930, 238 f.

[8] Gemeint ist, daß der asketische Gnostiker ebenso unter der Welt leiden muß wie Jesus. Vgl. Schrage a. a. O. 120—123, und Spruch 101 (p. 97,32—98,1), der freilich schlecht erhalten ist: „Wer nicht haßt seinen Va⟨ter⟩ und seine Mutter wie ich, wird mir nicht ⟨Jünger⟩ sein können. Und wer ⟨nicht⟩ liebt seinen ⟨Vater und⟩ seine Mutter wie ich, wird mir nicht ⟨Jünger⟩ sein können. Denn meine Mutter . . . Aber ⟨meine⟩ wahre Mutter gab mir das Leben." Jesus hat also angeblich seine irdischen Eltern gehaßt, nicht aber den „Vater".

Mk verdeutlicht mit 8,35, wie eigentümlich für Christen sich Leben und Tod verbinden: Wer sein (irdisches) Leben retten will, der wird sein Leben (im Gottesreich) verlieren; wer aber sein (irdisches) Leben „um meinet- und des Evangeliums willen" verliert, der wird sein Leben (im Gottesreich) erhalten. Wir wissen von Verfolgungen, bei denen der einzelne gefragt wurde: „Bist du Christ?", und wenn er antwortete: „Christianus sum", „Ich bin Christ!" wurde er hingerichtet. Daß V. 35 in diese erst nach Ostern einsetzende Verschärfung der Lage hineingehört, ist deutlich[9].

V. 36 und 37 sind durch ein „denn" locker an V. 35 angefügt; sie sollen wohl dieses Rätselwort erklären. Diese beiden Verse mögen, wie Bultmann[10] meint, ursprünglich ein profaner Weisheitsspruch gewesen sein. Er zeigte, wie töricht das hemmungslose Gewinnstreben des Menschen ist. Mk sah aber in diesen beiden Versen einen anderen Sinn: „Was hilft es, wenn ein Mensch die ganze Welt gewinnt und darüber sein Leben (im Gottesreich) einbüßt?" Diesen Verlust kann er ja durch nichts wieder ausgleichen!

V. 38 folgt wieder mit losem Anschluß durch „denn". Wie wichtig dieser Vers der frühen Gemeinde war, sehen wir daran, daß er ‚zersagt' und in verschiedenen Formen umgelaufen ist. Lk 9,26 gibt den Text von Mk 8,38 wieder; in Lk 12, 8 f. jedoch erscheint eine nichtmarcinische Überlieferung, bei der eine positive Fassung der negativen des Mk vorangeht. Denselben Doppelspruch enthält Mt 10,32. Nur bei Mk kommt dabei der Ausdruck „sich jemandes schämen" vor. Sein Sinn ist: etwas geringschätzen und darum nichts damit zu tun haben wollen. Üblicher ist der Ausdruck „verleugnen" (mit dem Gegensatz „bekennen"). Von diesem „sich schämen" spricht der sog. Hirt des Hermas (Sim VIII 6,4: „... das sind die Abtrünnigen und Verächter der Kirche, die in ihren Sünden den Herrn gelästert und sich überdies des Namens geschämt haben, der" (bei der Taufe) „über ihnen genannt ist. Diese sind Gott gänzlich verlorengegangenen." Zwei weitere Beispiele ähnlicher Art finden sich in Sim. IX 14,6 („Er trägt sie gern, weil sie sich nicht schämen, seinen Namen zu tragen") und in Sim IX 21,3 („So pflegen auch die Zweifler, wenn sie von Drangsal hören, aus Feigheit den Götzen zu opfern, und schämen sich des Namens ihres Herrn"). Ignatius von Antiochien schreibt im 1. Viertel des 2. Jh. an die Smyrnäer (X 2): „meine Ketten, ... deren ihr euch nicht geschämt habt. Auch eurer wird sich nicht schämen ... Je-

[9] Daß Plato Rep. II p. 362 davon spricht, der Gerechte werde gekreuzigt werden, nachdem er alles Schlimme erduldet hat (zitiert von Klostermann Mk 84), berechtigt nicht zur Annahme, Mk 8,35 könne von Jesus stammen. Ed. Meyer, Ursprung und Anfänge des Christentums, I 118 wendet mit Recht dagegen ein, daß vor der Kreuzigung Jesu „das Wort unmöglich, und nun gar in übertragenem Sinne gebraucht werden konnte."

[10] Bultmann a. a. O. 101.

sus Christus". Die Entsprechung in Q sagt für „sich schämen" lieber „verleugnen" und macht damit den Sinn des Spruches noch deutlicher: Wer so „verleugnet" oder „sich schämt", der ist gefragt worden, ob er zur Jesusgemeinde gehört. Manche bestreiten diese Zugehörigkeit, um ihr Leben zu retten. Es ist deutlich die Lage der nachösterlichen Gemeinde, von der hier gesprochen wird, eine Lage, welche die Jünger während Jesu Erdenleben noch nicht gekannt haben. V. 38 ist also eine prophetische Mahnung innerhalb der nachösterlichen Gemeinde. Für sie waren — um es einmal kurz auszudrücken — Jesus und der Menschensohn „futurisch identisch": Jesus wird in naher Zukunft als der Menschensohn (der er jetzt noch nicht war) mit den Wolken des Himmels zurückkehren. In seinem Erdenleben war er noch nicht der Menschensohn, der ja erst am Ende der Tage mit den Wolken des Himmels zum Gericht kommen wird (Daniel 7,13 f.). Darum spricht in den Überlieferungen der frühen Gemeinde Jesus vom Menschensohn in der dritten Person (als von jemandem, der er selbst im Augenblick noch nicht ist!). Daß damals andere Menschen von Jesus als „Menschensohn" gesprochen hätten, war vollends unmöglich. So verstehen wir es, daß (außer an der späten und vereinzelten Stelle Apg 7,56) niemand von Jesus als dem Menschensohn spricht und daß auch Jesus selbst, wenn ein Jesusspruch den Menschensohn erwähnt, dann von ihm in der dritten Person redet. Bei dieser Redeweise in der dritten Person blieb es auch, als man zu einer Zeit, da die apokalyptische Naherwartung schwand, bereits den irdischen Jesus als den Menschensohn zu sehen begann. „Menschensohn" wurde so etwas wie eine feierliche Selbstbezeichnung Jesu, feierlich gerade dadurch, daß Jesus von sich — dem auf Erden wandelnden — als Menschensohn in der dritten Person sprach. Das ist z. B. in Mt 8,20 und Lk 9,58 der Fall; aber auch das Thomasevangelium kennt (Spr. 86 p. 96,2) noch diesen Spruch. Allmählich aber hörte man auch diesen feierlichen Ton nicht mehr aus der Selbstbezeichnung Jesu als des Menschensohnes heraus: „Menschensohn" wird in den Jesusworten nun gleichbedeutend mit „ich". So z. B. in Mt 16,13: „Wer sagen die Menschen, daß der Menschensohn sei?" Diese jüngere Form der Überlieferung finden wir auch in Mk 8,31; dagegen kommt in Mk 8,38 noch die ältere Fassung zu Wort, nach der Jesus der Menschensohn noch nicht ist, sondern erst sein wird.

Hat man sich das einmal klargemacht, dann wird man nicht länger die These vortragen, Jesus habe in Mk 8,38 vom Menschensohn in der dritten Person gesprochen, „ohne sich mit ihm zu identifizieren"[11] oder „hier finden wir das einzige Menschensohn-Logion bei Mk, das sich wahrscheinlich auf Jesu Verkündigung zurückführen läßt"[12]. Man

---

[11] So noch Bultmann, Die Theol. d. N. T., Tübingen 1953, 29.

[12] So E. H. Tödt, Der Menschensohn in der syn. Überlieferung, Gütersloh 1959, 37; vgl. dazu Ph. Vielhauer, Jesus u. d. Menschensohn, ZThK 60, 1963, 133—177.

kann auch nicht mehr[13] behaupten, dieses Logion „müsse echt sein“, weil seine Pointe auf der Notwendigkeit und dem Ernst des jetzt schon beginnenden Gerichts beruhe. Genau dieselbe Pointe, derselbe Zusammenhang liegt ja auch vor, wenn die frühe nachösterliche Gemeinde ihre Entscheidung gegenüber Jesus in Beziehung zu dem kommenden Gericht des Menschensohnes Jesus setzt. Es gibt also keinen stichhaltigen Einwand mehr gegen die Erkenntnis: Mk 8,38 handelt von einer „futurischen Identität“ zwischen Jesus und dem Menschensohn. Hier spricht die frühe Gemeinde: sie glaubt, daß Jesus als der vom Propheten Daniel geweissagte Menschensohn mit den Wolken des Himmels wiederkehren wird.

Wann wird das geschehen? V. 9,1 sagt es uns — der Form nach ein Nachtrag zu dem vorangehenden Gedankengang, ohne daß wir ihn deshalb Mk absprechen wollten — mit dem Spruch: Einige der hier Stehenden werden nicht sterben, bevor jenes Ereignis eintreten wird. Da für den Evangelisten nicht nur „Christus“ und „Menschensohn“ Titel mit dem gleichen Sinne sind, und das Kommen des Menschensohnes zum Gericht dasselbe ist wie das Kommen des Gottesreiches, kann der Vers statt vom kommenden Menschensohn vom kommenden Gottesreich sprechen.

Es hat sich also gezeigt: Mk 8,27—9,1 sind vom Evangelisten zu einer Einheit zusammengefügt worden. Er war nicht nur (wie man früher meinte) „Sammler und Tradent“, wenn er auch seine eigene Verkündigung mit der Benutzung der ihm zugekommenen Tradition geformt hat, sondern auch theologischer Schriftsteller mit einer eigenen Botschaft.

Wie steht es nun mit der Matthäus-Parallele, Mt 16,13—28? Der Anfang scheint von Mk nicht abzuweichen. Aber Mt 16,16 hat schon einen anderen Sinn als Mk 8,29. Das deutet sich in zwei kleinen Abweichungen des Mt-Textes gegenüber Mk an. Einmal heißt es bei Mt nicht bloß: „Petrus sprach“, sondern „Simon Petrus“. Diese Hinzufügung des Namens „Simon“ bereitet schon die feierliche Anrede Jesu in V. 17 vor: „Simon, Sohn des Jonas“ und hebt damit bereits Petrus aus der Schar der Jünger als eine besondere, einzigartige Gestalt heraus. Zum andern erscheint das Bekenntnis des Petrus gegenüber dem bei Mk erweitert: „Du bist der Christus, der Sohn des lebendigen Gottes“. Damit wird erklärt, was das vorhergehende „Du bist der Christus“ bedeutet: Jesus ist der Sohn des lebendigen, d. h. des einen und wahren Gottes — vgl. 1 Thess 1,9! Angesichts des so sich von Mk abhebenden Mt-Textes ist nicht mehr daran zu zweifeln, daß für diesen Evangelisten Petrus das wahre Christusbekenntnis

[13] Das hat noch Ferd. Hahn getan in seinem Buch: Christologische Hoheitstitel. Ihre Geschichte im frühen Christentum, Göttingen 1963 (FRLANT 83). Siehe dagegen jetzt Ph. Vielhauer, Ein Weg zur ntl. Christologie. Prüfung der Thesen Ferd. Hahns, Ev. Theol. 1965, 24—72.

ablegt als eine Erkenntnis, die für den Menschen unerreichbar ist — greift sie doch in den göttlichen Bereich selbst ein.

V. 17—19 bestätigen diese Auslegung: Fleisch und Blut haben das dem Petrus nicht offenbart — es liegt jenseits aller menschlichen Möglichkeiten. Hier hat vielmehr Jesu Vater, Gott, dem Jünger die wahre Würde Jesu offenbart. Das heißt aber: Petrus ist hier nicht mehr der Sprecher der Jünger, der ihren gemeinsamen Glauben in Worte faßt, sondern er ist als Offenbarungsempfänger erhöht zu einer Stellung, die keiner der Jünger mit ihm teilen kann. Er steht auf einer anderen, höheren Ebene. Mag ihn die Verklärungsgeschichte auch zusammen mit Jakobus und Johannes, den Zebedaiden, nennen; hier in Mt 16,16 f. wird er, und nur er, über alle Jünger hinausgehoben.

Damit hängt nun eine weitere wichtige Veränderung im Mt-Text zusammen. Im Mittelpunkt dieses Abschnittes steht nicht mehr Jesus selbst, wie in Mk 8,27—33, sondern Petrus. Die Offenbarung, um derentwillen Jesus ihn selig preist, stellt Petrus in das Zentrum, wo er auch in V. 18 f. verbleibt.

Damit wird nun aber die beliebte Vermutung (auch Bultmann[14] teilt sie) unhaltbar, daß Mk die uns bei Mt begegnende Petrustradition durch V. 8,30 verdrängt habe. Das Petrusbild des Mk ist ein ganz anderes als das des Einschubes bei Mt. Das macht sich in der Stilwandlung von Mt 16,20 spürbar, wo der Evangelist von der hymnischen Jesusrede wieder zum marcinischen Erzählungsstil zurückleitet.

Inhalt und Bedeutung von Mt 16,17 sind damit sichtbar geworden. Aber wie hängt nun dieser Vers mit V. 18 zusammen? Nach V. 16 konnte Petrus selig genannt werden, weil ihm Gott das Geheimnis der Person Jesu eröffnet hat. Auch V. 18 zeichnet noch Petrus aus, aber ganz anders: Jetzt setzt Jesus selbst die Begnadung des Petrus fort, und mit einer anderen Begründung.

Formal gesehen entspricht ja das „Du bist Christus ...“ dem „Du bist Petrus“. Es könnte sogar den Anschein haben, als würde dem Jünger dieser Beiname (genauer: sein aramäisches Äquivalent: „Kepha“) erst hier verliehen. Vielleicht war das in der Quelle so, wenn unser Einschub aus einer schriftlichen Quelle — einem anderen Evangelium — entnommen wäre. Aber Mt 4,18 und 10,2 war schon von „Simon, genannt Petrus“ die Rede. Das heißt aber: hier wird dieser Beiname dem Jünger nicht erstmals verliehen, sondern vorausgesetzt und interpretiert: Petrus ist der Felsen, auf dem Jesus die Gemeinde errichten wird wie einen Bau. Freilich erst in der Zukunft wird das ge-

---

[14] Bultmann a. a. O. 277: „Ich glaube, daß der ursprüngliche Schluß Mt 16,17—19 erhalten ist. Mk hat ihn weggebrochen, und im Zusammenhang damit eine Polemik gegen die judenchristliche, durch Petrus repräsentierte Anschauung vom Standpunkt des hellenistischen Christentums der paulinischen Sphäre aus angebracht“. Aber im Text ist Petrus einfach der Sprecher der Jünger, und von antijudenchristlicher Polemik in 8,32 f. vermögen wir nichts zu finden.

schehen: Jesus spricht hier eine Verheißung aus! Solange Jesus noch auf Erden weilt, gibt es noch keine solche Gemeinde; erst als der Auferstandene wird er sie schaffen.

Manche Ausleger[14a] haben vermutet: Hier begegnet uns eigentlich eine Auferstehungsgeschichte, hier wird ein Geschehen nach Ostern erzählt, das erst Mt oder vielleicht ein Vorgänger von ihm in Jesu Erdenleben zurückversetzt hat. Es ist freilich nicht so leicht, sich eine solche „ursprüngliche" Szene vorzustellen, wenn man nicht auf die sehr stilisierte Erzählung Joh 21,15—17 zurückgreift. Andere Forscher haben sich mit der bescheideneren Annahme begnügt, diesem Mt-Einschub liege historisch das eine zugrunde, daß der Auferstandene zuerst dem Petrus erschien. Aber bevor man sich so auf die Suche nach den Quellen macht, gilt es zu hören, was der uns vorliegende Mt-Text selbst sagen will.

Petrus wird — das bekommt er hier zugesagt — später einmal der Fels[15] sein, auf dem Jesus die Gemeinde für immer gesichert erbauen wird. Von dieser Verheißung hebt sich dann in V. 19 eine zweite ab. Nach ihr ist Petrus nicht nur der — menschlich gesprochen — Gründer der Gemeinde, sondern — das zeigen die „Schlüssel", das Abzeichen des Verwalters — ihr Verwalter, wenn nicht gar ihr Regent. Die Ausdrücke „binden" und „lösen" können freilich besagen: „für verboten erklären" und „freigeben". Aber im Zusammenhang mit dem Wort von den Schlüsseln des Himmelreiches müssen die Ausdrücke besagen: Petrus wird entscheiden, wer in die Gemeinde aufgenommen wird und wer aus ihr ausgeschlossen wird. Da aber das Sein in der Gemeinde die Vorbedingung dafür ist, daß jemand in das Himmelreich kommt — „extra ecclesiam nulla salus" —, fällt mit der Teilhabe an der Gemeinde auch schon in gewissem Sinne die Entscheidung über die Teilhabe am Gottesreich.

Man darf freilich eins nicht vergessen: diese Gleichung von Gemeinde und Gottesreich mag in der Frühzeit des Christentums bestanden haben — für Mt selber aber bestand sie nicht mehr. Das lehren uns die Gleichnisse vom Unkraut unter dem Weizen (Mt 13,24—30) und vom Fischnetz (Mt 13,47—50): die empirische Gemeinde ist nicht identisch mit der Zahl der Erwählten; heißt es doch: „es wird der Menschensohn seine Engel senden, sie werden aus seinem Reich alle sammeln, die Anstoß bieten und wider das Gesetz handeln, und sie in den Feuerofen werfen" (Mt 13,41 f.), oder: „Sie werden die Bösen mitten aus den Gerechten aussondern und sie in den Feuerofen werfen" (Mt 13,49 f.). In der Gemeinde sein heißt noch nicht, die Einlaßkarte für den Himmel besitzen.

[14a] J. Weiß (D. Schriften d. N. T., Göttingen 1907, I 344). Hirsch a. a. O. II 306 bis 318: keine allzufrühe „Legende der palästinischen Gemeinde"; V. 18 sei auf das Auferstehungsgesicht des Petrus bezogen.

[15] Weder der Ausdruck „Fels" noch die Wendung „Pforten der Hölle" beweisen die Echtheit der Mt-Szene im Leben des „historischen Jesus".

Aber Mt hat auch nicht gemeint, daß Petrus allein darüber zu befinden hat, wer in die Gemeinde und ins Himmelreich eingeht; das zeigt Mt 18,18. Hier wird den Jüngern — und zwar nicht nur den Zwölf — versprochen, daß ihr Binden und Lösen auch für den Himmel Gültigkeit hat. Offensichtlich war Mt davon überzeugt, daß jede Einzelgemeinde entscheiden darf, ob jemand aufgenommen oder ausgeschlossen werden soll. Anscheinend hat sich bereits ein fester Instanzenweg herausgebildet: zuerst wird der Sünder durch den vermahnt, der ihn sündigen sah. Im Notfall folgt eine zweite Ermahnung durch eine kleine Gruppe. Bleibt sie fruchtlos, entscheidet die Gesamtgemeinde den Fall. „Wenn er aber nicht auf die Gemeinde hört, soll er dir sein wie der Heide und der Zöllner." (Mt 18,17). Das ist die Praxis einer judenchristlichen Gemeinde, die von der Zöllnerliebe Jesu und der Heidenmission nicht beeinflußt ist.

Mt hat also in 16,18 die Schlüssel des Himmelreichs dem Petrus verheißen. Aber er verstand das nicht dahin, daß einzig Petrus diese Schlüsselgewalt besitze. Wenn man sich Mt nicht als einen Sammler vorstellt, der sich das nicht überlegt, was er sammelt, dann muß er sich Mt 16,17—19 und 18,15—17 (18) etwa so zurechtgelegt haben: Petrus hat durch die Offenbarung des Vaters Jesus zuerst als den Gottessohn erkannt. Diese Erkenntnis hat er der Gemeinde weitergegeben; durch diese Erkenntnis ist sie erbaut worden. Dasselbe gilt von der Schlüsselgewalt: auch sie hat die ganze Gemeinde, die Christenheit, von ihm überkommen. Mt 16,17—19 zeichnet in Petrus ein Bild des von den Gemeinden verkörperten Christentums. Seligpreisung und Vollmacht sind nicht auf einen einzelnen beschränkt, sondern an ihm vorbildlich dargestellt. Ein einzelner Nachfolger ist für Petrus gar nicht möglich: daß er zuerst den Herrn erkannte, läßt sich ja nicht vererben. Insofern ist und bleibt er der Fels. Aber soweit sich die Gemeinde sein Bekenntnis aneignet, tritt sie insgesamt in seine Nachfolge: jeder wahre Christ in jeder Christengemeinde ist Nachfolger des Petrus.

Mt hat Mk 8,38 nicht aufgenommen, dafür aber in 10,32 f. die Q-Fassung geboten. Statt Mk 8,38 aber lesen wir in Mt 16,27: „Denn der Menschensohn wird kommen in der Herrlichkeit seines Vaters mit seinen Engeln, und er wird einem jeden vergelten nach seinem Tun". Dementsprechend formt Mt den Vers Mk 9,1 um: er macht aus dem Gottesreich glättend den Menschensohn. Aber das Gottesreich wird doch erwähnt, in Mt 16,28: „er wird kommen in seinem Reich". Das Gottesreich und das Reich des Menschensohnes sind nicht mehr unterschieden.

Die Lukas-Parallele Lk 9,18—27 stellt uns sofort vor eine schwere Frage. Vor diesem Vers 9,18 ist die große Lücke zu Ende, die Mk 6,44—8,26 sozusagen überspringt. Man hat sich immer wieder bemüht, aus theologischen oder literarischen Gründen des Schriftstellers Lukas dieses Fortlassen eines großen Mk-Teils zu erklären. Wirklich einleuchtend ist keiner dieser Versuche. Außerdem ist Lk 9,18 selbst offensichtlich nicht in Ordnung: „Und es geschah, als er betend war allein, waren die Jünger bei ihm" enthält einen Widerspruch. Entweder Jesus ist allein oder die Jünger sind bei ihm. Der erste Teil dieses Verses erinnert an Mk 6,46: „Und er ging ... auf den Berg um zu beten". Lk 9,18 b („und er fragte sie") zeigt den Einfluß von Mk 8,27. Schon 1901 hat B. Weiß im Meyerschen Kommentar die (später von dem Engländer Streeter und von Emanuel Hirsch[16] aufgenommene) Vermutung geäußert, das von Lk benutzte Mk-Exemplar sei nicht mehr vollständig gewesen. Die meisten Forscher haben diese Erklärung als zu äußerlich abgelehnt. Aber sie ahnten nicht, was uns gerade die neuen Funde an Papyruskodizes gelehrt haben. Der Papyrus 75 (er enthält Lk/Joh) besteht aus einer einzigen Lage: die Papyrusblätter sind alle in der Mitte gefaltet ineinandergelegt worden. Die Heftung durch einen Faden in der Mitte hielt das Ganze zusammen. Leider hatte dieser Faden die unangenehme Eigenschaft, den Papyrus allmählich durchzuscheuern. So sind die 8 mittleren Seiten mit dem Text von Joh 6,11—35 verlorengegangen. Das spricht sehr für diese „mechanische" Erklärung. Aber man muß außerdem bedenken: Als Lukas sein Evangelium schrieb, existierten nicht viele Mk-Exemplare in den Gemeinden; Mk war — das wissen wir heute — bei weitem nicht so verbreitet wie später die Evangelien des Matthäus. Darum dürfte es für Lukas nicht leicht gewesen sein, von einer Gemeinde das Exemplar eines Mk zu erwerben. Wenn aber eine Gemeinde noch ein beschädigtes altes Mk-Exemplar besaß, dann ist es eher verständlich, daß sie es dem neuen Evangelisten überlassen hat.

Auch Lk hat das Petrusbekenntnis ein wenig erweitert: er hat zu „Christus" = „der Gesalbte" noch das Wort „Gottes" hinzugefügt. Die Worte „und er begann zu lehren" hat Lk 9,18 durch ein einfaches „daß" ersetzt. Wie auch Mt, so bedient sich Lk der gebräuchlicheren Formel am „dritten Tage" statt „nach drei Tagen". In V. 23 (= Mk 8,34) haben manche Lk-Handschriften „und er trage sein Kreuz" weggelassen. Andere haben hinter „sein Kreuz" hinzugefügt: „täglich": sie haben bei „Kreuz" an die täglichen Mühen des Christen, vielleicht auch an die Drangsalierung durch die nicht-christliche Umgebung gedacht.

Bedeutsamer als diese und andere Änderungen ist aber etwas anders: Bei Lk sind das Aufbegehren gegen die Leidensverkündigung Jesu und Jesu harte Antwort ausgefallen. Vielleicht hat Lk es nicht verstanden, wie Petrus ausgerechnet unmittelbar nach seinem Christusbekenntnis als „Satan" bezeichnet werden konnte. Da dieser Zug der Mk-Geschichte überdies alles andere als erbaulich war, hat Lk auf ihn verzichtet.

Lk und Mt scheinen an dieser Stelle weit auseinanderzugehen: der

---

[16] Hirsch a. a. O. I 53—55.

eine verschweigt den Tadel, den Petrus bekommt, und die Äußerung, durch die sich Petrus diesen Tadel zuzieht. Mt dagegen berichtet von einer Seligpreisung des Petrus, die diesen über alle Jünger weit erhebt. Aber auf die Wirkung und die Absicht der Schriftsteller gesehen, entfernen sie sich doch nicht weit voneinander. Die Seligpreisung Mt 16,16—19 überstrahlt weit die Schatten, die der folgende Tadel Jesu auf die Gestalt des Petrus wirft. Lk aber hat diesen Tadel und das, was ihn veranlaßt hat, einfach ausgelassen.

Johannes spricht nicht von der Szene vor Cäsarea Philippi. Aber manche Stücke dieser Geschichte haben dennoch gewisse Entsprechungen im 4. Evangelium.

Bei den Synoptikern endet dieser Abschnitt mit den Worten: „die den Tod nicht schmecken werden". In Joh 8,52 lesen wir: „Wenn jemand mein Wort bewahrt, wird er den Tod nicht schmecken in Ewigkeit". Vielleicht klingt hier ein Echo der synoptischen Tradition nach. In Joh 12,25 finden wir ein Gegenstück zu Mk 8,35 samt seinen Parallelen Mt 16,25 und Lk 9,24 sowie zur Q-Form Mt 10,39 und Lk 17,30: „Wer sein Leben liebt, verliert es, und wer sein Leben in dieser Welt haßt, bewahrt es zum ewigen Leben!" Das gibt dem Sinn der synoptischen Fassung eine johanneische Sprachform[17].

Aber auch die Szene von Cäsarea Philippi mit dem Petrusbekenntnis fehlt nicht völlig im 4. Evangelium. Nach der „harten Rede", die Jesus in der Synagoge von Kapernaum gehalten hat, wenden ihm viele Anhänger den Rücken zu. Da fragt er (Joh 6,66—71)[18] die Zwölf: „Wollt ihr etwa auch gehen?" Simon Petrus — auch hier als der Sprecher der Jünger — erwidert: „Herr, zu wem sollen wir gehen? Du hast Worte des ewigen Lebens, und wir haben geglaubt und erkannt, daß Du der Heilige Gottes bist!" Auch diese Jesusfrage „provoziert" sozusagen das Petrusbekenntnis, bei dem die Formel „der Heilige Gottes" den Christustitel ersetzt. Erstaunlich ist nun, daß auch bei Joh Jesus mit einem Tadel antwortet: „Habe ich nicht euch zwölf auserwählt? Und einer von euch ist ein Teufel!" Aber hier ist Judas, wie in Joh 6,71 hinzugefügt wird, derjenige, welcher als Teufel bezeichnet wird, und nicht mehr Petrus. Man sieht daran: auch der Text des 4. Evangeliums hat, wenn auch in anderer Weise als Mt und Lk, den Petrus entlastet. Damit haben wir einen gemeinsamen Grundzug der nach-marcinischen Überlieferung dieser Perikope gefunden.

Es ist lehrreich zu beobachten, wie verschieden die Rolle des Petrus dabei geschildert wird. Bei Mk spricht er für die Jünger das Christusbekenntnis. Im Zentrum aber steht nicht er, sondern Jesus, der nun sein Leidensgeheimnis den Jüngern eröffnet und auch sie mit zum Leiden verpflichtet. Darum wird der leidensscheue Jünger scharf zurechtgewiesen: die Gemeinde darf nicht versagen, wenn sie

---

[17] S. dazu C. H. Dodd, Historical Tradition 338—343.

[18] S. dazu Dodd a. a. O. 219—221.

selbst um Jesu willen auch vor dem Leiden steht. Lk hat die bequemste Lösung gewählt: er läßt die den Petrus belastende Szene samt Jesu Tadel aus. Aus dem „Kreuztragen“, dem Ernst des Martyriums wird das geduldige Ertragen der Lasten, die der Alltag mit sich bringt. Mt schafft mit der Seligpreisung des Petrus und der Verheißung für ihn etwas, das den späteren Tadel entschärft. Vielleicht wollte er aber auch zeigen: wenn ein Empfänger der göttlichen Offenbarung und Benediktion im nächsten Augenblick „Satan“ genannt werden kann, dann wird daran deutlich, daß der Christ ungesichert ist und völlig auf Gott angewiesen. Johannes sieht in Jesu Wort das ewige Leben uns verliehen. Aber einer von den Zwölf, die doch alle dieses Wort Jesu hören, ist ein Teufel — das läßt uns erschauern vor der Unfaßbarkeit des göttlichen Heilshandelns.

So hat dieser eine Abschnitt bei den vier Evangelisten ganz verschiedene Aufgaben zu erfüllen: bei Mk fordert er die Christen zum Martyrium auf, bei Lk zum willigen Tragen der Alltagslast, bei Mt zeigt er, wie aus dem Offenbarungsempfänger im Handkehrum ein Satan werden kann, und bei Joh verweist er darauf, daß das Wort aus Jesu Mund den Zugang zum ewigen Leben eröffnet, ohne daß wir dabei in eine falsche „securitas“, ein uns sicher Wähnen verfallen dürften.

Aber wir dürfen die Perikope Mk 8,27—9,1, die uns schon so lange beschäftigt hat, nicht verlassen, ohne ihr noch eine wichtige Erkenntnis zu entnehmen. An ihr läßt sich nämlich zeigen, wie tief sich die Art der Evangelienforschung seit der Jahrhundertwende gewandelt hat. 1901 veröffentlichte Albert Schweitzer sein Heft: „Das Messias- und Leidensgeheimnis. Eine Skizze des Lebens Jesu.“ Es hatte nach dem Schlußwort (S. 109) den Zweck, „der modernen Zeit und der modernen Dogmatik die Gestalt Jesu in ihrer überwältigenden heroischen Größe vor die Seele zu führen“. Erst wenn wir das Heroische in Jesus wiederempfinden, „kann das Heroische in unserem Christentum und in unserer Weltanschauung wieder lebendig werden“.

Nach Schweitzer hat Jesus von sich als dem Menschensohn gesprochen, aber er hat nicht gesagt, daß er es bereits sei — er werde es erst sein: „Jesu Messiasbewußtsein ist futurisch!“ (77). Bevor aber das Reich und der Menschensohn erscheinen, wird nach jüdischer Erwartung die messianische Drangsal kommen, das große Leiden. Jesus hat es Mt 10,23 seinen Jüngern vorausgesagt, als er sie zur fliegenden Verkündigung des ganz nahen Gottesreiches aussandte. Aber sie kamen gesund zurück. Das führte ihn zur Überzeugung, daß Gott ihn, den zukünftigen Messias und Menschensohn, allein leiden lassen werde. Darum die Leidensverkündigung von Cäsarea Philippi. Auf Grund der Schrift (Jes 53) hat sich diese neue Fassung des Leidensgedankens geformt. „In dem Bild des leidenden Gottesknechtes erkannte Jesus sich selbst.“ (S. 89). „Unter dem Einfluß von Deuterojesaja hat sich also der Gedanke der allgemeinen Enddrangsal in das persönliche

Leidensgeheimnis Jesu umgesetzt" (91)[19]. Für Jesus und seine Jünger „war sein Tod ... nur eine Übergangstatsache. Sobald aber das Ereignis eingetreten war, wurde es die bleibende Zentraltatsache, auf der sich die neue uneschatologische Weltanschauung aufbaute." (96). „Wir glauben, daß in seiner ethisch-religiösen Persönlichkeit, wie sie sich in seinem Wirken und Leiden offenbart, der Messias und das Reich gekommen sind" (ebd). „Die Dogmatik soll nicht um einen Pflock grasen. Sie ist frei, denn sie hat unsere christliche Weltanschauung allein auf die Persönlichkeit Jesu Christi zu gründen, ohne Rücksicht zu nehmen auf die Form, in welcher sie sich in ihrer Zeit auswirkte. Er selbst hat ja diese Form mit seinem Tod zerstört."

Schweitzers Aufriß des Lebens Jesu (S. 98—109) hat keine Anerkennung gefunden. Gerade die Formgeschichte hat gezeigt, daß Schweitzer die sog. Aussendungsreden bei Mk und Mt zu Unrecht für historische Berichte hielt, die eine fliegende Botschaft im letzten Augenblick vor dem Weltende abmalten. Wie wir oben gesehen haben, enthalten jene Reden alles an — wirklichen oder vermeintlichen — Jesussprüchen, was für die Mission der nachösterlichen Gemeinde wichtig war. Sie setzten keineswegs die „letzte Stunde" voraus, sondern rechnen durchaus mit langsamen Gemeindegründungen.

Aber in einem Punkte hat Schweitzer doch gesiegt: er hat der ntl. Wissenschaft das Bild Jesu als des apokalyptischen Propheten eingebrannt. Gewiß, man bemüht sich, diese Erwartung „Morgen kommt das Reich!" zu domestizieren: das sei eben die Form gewesen, in der man damals denken mußte und in der darum auch Jesus gedacht und gelehrt habe. Oder man versteht die kommende Entscheidungsstunde als jene Stunde, die immer im Kommen ist und nie gekommen sein wird, als die Stunde der Entscheidung, in der wir jeweils immer stehen. Wir müssen ernsthaft fragen, ob Jesus jenes als „historisch nun einmal gegebene Bewußtsein" wirklich gehabt hat, oder ob nicht erst die Erscheinungen des Auferstandenen die Jünger davon überzeugten: Die Auferstehung der Toten hat begonnen; Jesus ist der Erstling der Entschlafenen, den Gott geweckt hat — also hat der neue Äon schon seinen Anfang genommen. Noch freilich hat die Weltenuhr nicht die letzte Stunde ausgeschlagen: wir haben zwar den Geist, sagt Paulus, aber noch leben wir im Glauben, nicht im Schauen. Die urchristliche Apokalyptik ist nachjesuanisch.

39 Jesu Verklärung

Mk 9,2—8; Mt 17,1—8; Lk 9,25—36

(62) Und nach sechs Tagen nahm Jesus den Petrus und den Jakobus und den Johannes und führte sie auf einen hohen Berg abseits ganz

[19] Diese Vermutung Schweitzers haben ganz anders gerichtete Forscher, wie z. B. J. Jeremias, aufgenommen.

allein. (3) Und er verwandelte sich vor ihnen, und seine Gewänder wurden ganz weißglänzend, wie sie kein Walker auf Erden so weiß machen kann. (4) Und es erschien ihnen Elias mit Mose, und sie redeten mit Jesus. (5) Und Petrus antwortete und sprach zu Jesus: „Rabbi, es ist gut, daß wir hier sind; und wir wollen drei Hütten bauen, für dich eine und für Moses eine und für Elias eine". (6) Denn er wußte nicht, was er antwortete; sie waren nämlich außer sich vor Schrecken (7) Und es kam eine Wolke und überschattete sie. Und es kam eine Stimme aus der Wolke: „Dies ist mein geliebter Sohn; hört ihn!" (8) Und plötzlich sahen sie, als sie umherblickten, niemanden als Jesus allein bei ihnen.

Albert Schweitzer hatte angenommen: was hier erzählt wird, gebe eine Vision[1] wieder, welche die drei Jünger vor der Szene von Cäsarea gehabt haben. Auf Grund dieser Vision habe dann Petrus bei Cäsarea Philippi auf Jesu Frage antworten können: „Du bist der Christus!" Nun, der Evangelist hat die Dinge offenbar anders gesehen. Er sagt ausdrücklich, daß 6 Tage zwischen jener Szene des Petrusbekenntnisses und dem Ereignis der Verklärung gelegen hätten. Und das ergibt einen sehr guten Sinn: soeben hat der Leser erfahren, daß Jesus schmachvoll sterben wird, und daß den Christen ähnliches droht. Da ist es tröstlich und stärkend zu hören, daß sich Jesus schon in seinen Erdentagen in seiner himmlischen Herrlichkeit gezeigt hat und daß Gott selbst ihn als seinen lieben Sohn proklamiert hat.

Nur die drei Hauptjünger, Petrus und die Zebedaiden, werden dieser Offenbarung gewürdigt. Jesus nimmt sie ganz allein auf einen hohen Berg. Das besagt: nicht nur das Volk, sondern auch die anderen neun Jünger aus dem Zwölferkreis erfahren zunächst nichts von diesem neuen Geschehen. Vor den drei Jüngern jedoch verwandelt sich Jesus in der Bergeinsamkeit in ein strahlendes Himmelswesen. Wir würden den Evangelisten gröblich mißverstehen, wenn wir ihn so auslegten: nur Jesu Kleider wurden glänzend. Die Männer in weißen Kleidern sind immer himmlische Wesen. So ist auch hier nicht nur an eine Verwandlung der Kleidung gedacht: Jesus selbst verwandelt sich. Von ihm geht der himmlische Glanz aus, der immer wieder geschildert wird, wenn himmlische Wesen sich offenbaren[2].

Aber diese Verwandlung Jesu ist nicht das einzige, was die Jünger erleben dürfen: Elias und Moses erscheinen ihnen und sprechen mit Jesus. Woran die Jünger die beiden erkennen, wird nicht gesagt. Aber Moses wird ja von der atl. Schrift geschildert, und wer sollte nicht den großen Elias erkennen, der im damaligen Volksglauben eine größere Rolle spielte als alle anderen alten Propheten? Man hat vielfach gemeint, Mk wolle die Anwesenheit des Mose und Elia als Vertre-

---

[1] S. dazu A. Schweitzer, Gesch. d. Leben-Jesu-Forschung 60—63.

[2] Vgl. Mk 16,5; Mt 28,3; Lk 24,4; Joh 20,12; Apg 1,10.

tung des Gesetzes und der Prophetie andeuten[3]. Aber Moses galt damals ebenfalls als Prophet, ja sogar als der größte aller Propheten! Wir kommen der Wahrheit näher, wenn wir verstehen: Es sind die größten Lieblinge Gottes im jüdischen Volk, die hier erscheinen: Moses, der Gott auf dem Sinai schauen durfte, und Elias, der im feurigen Wagen gen Himmel gefahren war. Vielleicht kannte der Evangelist auch schon die Geschichte von der Himmelfahrt des Mose.

Was diese beiden Gottesmänner mit Jesus zu besprechen hatten, darüber hat sich erst Lk eine Vermutung erlaubt. Sie wäre für Mk unannehmbar, denn Jesus weiß ja nach Mk genau, was ihm bevorsteht — hat er es doch selbst den Jüngern erzählt!

In dieser Lage ergreift nun Petrus das Wort. Was er sagt, ist töricht — darauf weist Mk selbst hin in V. 6[4]. Solche Himmelswesen brauchen keine Hütten, wenn sie überhaupt länger verweilen. Der Leser soll aber gerade an dieser Petrusrede sehen, wie völlig die Jünger durch die himmlische Erscheinung aus der Fassung gebracht sind, und dies beweist wiederum, daß sich ihnen hier eine überirdische Wirklichkeit aufgetan hat.

Jedoch das Erleben, das ihnen vergönnt ist, ist damit noch nicht zu Ende; es erreicht vielmehr erst jetzt seinen Höhepunkt. Eine Wolke — wir denken dabei an die Wolke, in der Gott das Volk beim Wüstenzug begleitete[5] — umhüllt sie, und aus der Wolke ertönt die Stimme Gottes: „Dies ist mein geliebter Sohn. Hört auf ihn!" Damit ist Jesus von Gott selbst vor den drei Jüngern feierlich als der Gottessohn anerkannt und legitimiert. Nun kann für sie kein Zweifel mehr an seiner Gottessohnschaft bestehen.

Damit haben die Jünger das erfahren, auf das es ankommt, und es verwundert uns nicht, daß jetzt die Offenbarung ein Ende hat: mit einem Mal sehen sie nur Jesus allein, soviel sie auch umherblicken.

L u k a s hat nach Hirsch versucht, diese Geschichte so auszulegen, daß die Jünger hier wahrnehmen, was sich immer ereignet, wenn Jesus einsam betet: er tritt in Gemeinschaft mit der himmlischen Welt. Demgemäß bestreitet Hirsch, daß die beiden Himmelwesen ursprünglich Moses und Elias waren[6]. Diese Benennung sei sekundär; ursprünglich

---

[3] So z. B. Taylor 390.

[4] Hirsch a. a. O. I 95: „Ich habe mich stets der Sinnlosigkeit des Petrus in 5 verwundert. Himmlischen Gestalten baut man nicht Block- oder Erdhütten auf Bergen, die baut man für sich selbst auf Bergen, wenn man meint, daß dort die Himmlischen sich zu offenbaren pflegen usw." Das heißt doch: Hirsch sucht eine Urform, in der die törichte Rede des Petrus eben doch nicht töricht ist.

[5] Klostermann Mk 87 ff. Die Wolke „ist die Erscheinung Gottes, die oft im Alten Testament, namentlich über der Stiftshütte erscheint und in der messianischen Zeit wieder erwartet wird. 2. Makk 2,8: Erscheinen wird die Herrlichkeit des Herrn und die Wolke, wie sie sich zur Zeit des Moses zeigte . . ."

[6] Hirsch a. a. O. 94 f.

seien damit Engel gemeint gewesen. Aber für diese Umdeutung der Geschichte liegt in ihr selbst gar kein Grund vor.

Andere Forscher[7] haben vermutet, hier sei eine spätere Vision der Jünger, in der sie den Auferstandenen sahen, fälschlich zum Ereignis des Erdenlebens Jesu gemacht worden. Daran ist das eine richtig: Jesus erscheint hier in seiner himmlischen Herrlichkeit, wie er sie als der Auferstandene seinen Jüngern offenbarte. Aber Mk will mit dieser Szene seinen Lesern gerade zeigen, daß Jesus diese himmlische Herrlichkeit auch schon während seines Erdenlebens besaß, und wir haben keinen Anlaß zur Vermutung, daß die Quelle des Mk es anders meinte. Es ist nur unser Wunsch, die ntl. Erzählungen aus moderner Psychologie heraus verständlich zu machen, die hinter derartigen Vermutungen steht. Überdies haben wir in der Überlieferung der Auferstehungserscheinungen nicht eine einzige, die sich mit unserer Geschichte auch nur von ferne berührt. Wir können aber noch mehr sagen, wenn wir auch noch die Fortsetzung dieser Erzählung mit in Betracht ziehen.

40 Gespräch beim Abstieg

Mk 9,9—13; Mt 17,9—13

(9) Und als sie vom Berge herabstiegen, gebot er ihnen, niemandem zu erzählen, was sie gesehen hatten, bis der Menschensohn von den Toten auferstanden sei. (10) Und sie bewahrten das Wort und besprachen untereinander, was das sei: von den Toten auferstehen. (11) Und sie fragten ihn: „Was sagen die Pharisäer und Schriftgelehrten, daß Elias zuerst kommen muß?“ (12) Er aber sagte zu ihnen: „Elias kommt zuvor und stellt alles wieder her? Und wie steht über den Menschensohn geschrieben, daß er viel leiden und verachtet werden soll? (13) Aber ich sage euch, Elias ist gekommen, und sie haben ihm angetan, wie über ihn geschrieben steht.“

Dieses „Gespräch beim Abstieg“ ist keine ursprüngliche Einheit. Es ist vielmehr — wie wir sehen werden — eine vom Evangelisten nicht ganz glücklich gebildete Komposition. Ihre erste Untereinheit besteht aus V. 9 f.

---

[7] Wellhausen Mk 2 A 71; Loisy II 39; Bousset 61; Bertram (Festgabe f. Deißmann 1927) 189. K. Goetz, Petrus als Gründer und Oberhaupt der Kirche 1927, 85 bis 89; M. Goguel 343; in: La foi à la résurrection de Jesus dans le christianisme primitif, 1933, 317 ff.; Bultmann a. a. O. 278—281. Nach Grundmann 180 steht hinter der Geschichte eine Himmelsvision Jesu, „die eine ihn selbst verwandelnde Wirkung gehabt hat, ein Vorgang also, wie er religionsgeschichtlich bekannt ist.“ Grundmann muß also annehmen, daß Jesus dieses Erlebnis den Jüngern erzählt hat. Gegen die Hypothese solcher Konfessionen Jesu haben wir die größten Bedenken.

Jesus verbietet den Jüngern zu erzählen, was sie gesehen haben. Aus diesem „was sie gesehen haben" hat Mt 17,9 ein „Gesicht"[1] gemacht und damit modernen Exegeten Anlaß gegeben, in dem von Mk als ein „reales Geschehen" Geschilderten eine bloß subjektive Vision der Jünger zu finden. Aber auch Lk 9,32, wonach Petrus und seine Gefährten vom Schlaf beschwert waren, kann für eine solche pseudopsychologische Aus- und Umdeutung benutzt werden. Dabei denken weder Mk noch Lk an ein „Gesicht" wie das des Paulus in Troas.

Für Mk fügt sich dieses Schweigegebot zweifellos in die Reihe der schon erzählten ähnlichen Verbote ein, Jesu Gottessohnschaft kundzumachen (das letzte war Mk 8,30 erzählt worden). Mit unserer Stelle hat es jedoch noch eine besondere Bewandtnis, obwohl Mk sie nicht beachtet hat: die andern 9 Jünger wissen ja aus der Szene von Cäsarea Philippi bereits, daß Jesus der Gottessohn ist. Warum dürfen sie dann von dem, was sich auf dem Verklärungsberg ereignet hat, nichts erfahren[2]?

H. J. Ebeling[3] hat vermutet: alle jene Szenen, wo sich Jesus nur im Kreis seiner Vertrauten oder — wie hier — nur der Allervertrautesten äußert, haben den Sinn, dem Leser ein Geheimnis mitzuteilen, das nur für die Erwählten bestimmt ist. So merkt der Leser, welcher Auszeichnung er gewürdigt wird, wenn er ein solches Geheimnis zu wissen bekommt, und ist sich zugleich klar über die daraus entspringende Verantwortung. Aber diese Begründung ist schwach. In unserm Fall scheitert sie nämlich schon daran, daß das Schweigegebot befristet ist: nach der Auferstehung darf das Erleben der Jünger jedermann mitgeteilt werden.

Damit werden wir auf die hier genannte Befristung aufmerksam. Was soll sie? Man könnte annehmen, auch in Mk 8,30 sei sie selbstverständlich mitgemeint. Nach Jesu Auferstehung soll ja seine Gottessohnschaft allen gepredigt werden. Also können sämtliche Schweigegebote nur bis zu diesen Augenblick gelten. Man könnte weiter darauf hinweisen, daß gerade diese Zeitbestimmung „bis zur Auferstehung" hier Anlaß für das in V. 10 beschriebene Verhalten der Jünger wird: sie befragen sich, was „Auferstehung" bedeutet. Angesichts dieser Möglichkeiten wollen wir die Befristung des Redeverbots hier nicht als Argument für einen Gedanken benutzen, der nun zur Diskussion gestellt werden soll. Er läßt sich auch unabhängig davon durchführen. Es geht um folgendes:

---

[1] Mt gebraucht das Wort ὅραμα (horama), das auch Traumgesicht bedeuten kann.

[2] Es ist deutlich, daß hier die Komposition des Mk nicht ausgeglichen ist und die Geschichte von der Verklärung auf dem Berge ursprünglich nicht mit der Erzählung vom Petrusbekenntnis verbunden war, sondern selbständig überliefert worden ist.

[3] Hans Jürgen Ebeling: Das Messiasgeheimnis und die Botschaft des Marcus-Evangelisten, Beiheft 19 der ZNW, 1939.

Hätte Jesus seinen Jüngern verboten, von bestimmten Erlebnissen (Petrusbekenntnis; Verklärung) zu sprechen, dann könnten diese Geschichten erst in der nachösterlichen Gemeinde bekanntgeworden sein. Vielleicht muß man dieses späte Bekanntwerden mancher Überlieferungen mit beachten, wenn man ihr historisches Gewicht abwägt. Damit kommen wir zu einer ganz anderen Bewertung dieser Geheimtraditionen als H. J. Ebeling. Es besteht mindestens die Möglichkeit, daß diese geheimen Offenbarungen späteren Datums sind und daß das Gebot, sie zunächst geheimzuhalten, in Wirklichkeit erklären soll, warum man erst so spät davon erfahren hat. Die gnostischen Evangelien bieten analoge Fälle.

Sollte das zutreffen — wir sprechen zunächst nur von einer Möglichkeit —, dann würde es sich beim Petrusbekenntnis, bei der Verklärungsgeschichte und vielleicht auch bei der apokalyptischen Rede von Mk 13 um Traditionsgut handeln, das erst verhältnismäßig spät aufgetaucht ist. Für das Petrusbekenntnis ist das auch aus anderen Gründen wahrscheinlich. Bei unserer Geschichte aber spricht noch mehr dafür. Mag man in dem, was die Verklärungsgeschichte darstellt, ein „reales Geschehen" oder eine „Vision" der Jünger sehen: so oder so wird das Verhalten der Jünger (vor allem das des Petrus) bei der Verhaftung und beim Tode Jesu unbegreiflich. Wer wirklich Jesus in überirdischer Herrlichkeit geschaut und von Gottes Stimme vernommen hat: „Das ist mein geliebter Sohn!", kann doch, wenn überdies das Leiden von Jesus immer wieder vorausgesagt war, nicht an Jesus verzweifeln.

Der Evangelist geht auf solche psychologischen Fragen nicht ein. Darum entgeht ihm der Widerspruch zwischen unserer Perikope und der Leidensgeschichte. Aber er ist noch über weitere Widersprüche mühelos hinweggegangen, wo uns der Weg nicht so einfach dünkt. Einen dieser Fälle finden wir schon in V. 10 (in 9,32 wiederholt er sich). Die Jünger sollen nicht begriffen haben, was „von den Toten auferstehen" heißt. Seit dem Buche Daniel war der Auferstehungsglaube im Judentum bekannt, wenn ihn auch nicht alle teilten. In der sog. Sadduzäerfrage wird diese Kenntnis unmittelbar vorausgesetzt. Also kann man sich nur damit helfen, daß man sagt: Von der allgemeinen Totenauferstehung wußte freilich jeder Jude, aber die Jünger begriffen nicht, daß Jesus vor dieser allgemeinen Totenauferstehung schon auferstehen sollte. Aber unser Text stellt gerade das „von den Toten auferstehen" als das für die Jünger Unbegreifliche hin! Aber vielleicht hat sich Mk nur zu kurz ausgedrückt? Die Jünger hätten dann den Sinn der Aussage Jesu schon begriffen, aber nicht gewußt, wie das zugehen sollte. Dieser Ausweg ist jedoch eine Sackgasse. Denn eine solche Behauptung über die Jünger wäre etwas ganz anderes, als was unser Text besagt: die Jünger hätten dann Jesu Rede von der Auferstehung wohl verstanden — nach Mk haben sie sie gerade nicht begriffen.

Auch dieser Widerspruch zeigt, daß wir uns hier in einer keineswegs einheitlichen Überlieferung bewegen. In Wirklichkeit dürfte es so gewesen sein, daß die Lehre von der allgemeinen Totenauferstehung am Ende dieses Äons nur von den Sadduzäern bestritten wurde, daß aber die Kunde von Jesu Auferstehung für die Jünger etwas völlig Überraschendes und darum zunächst nicht Geglaubtes war. Also war sie nicht zuvor immer wieder von Jesus den Jüngern eingeschärft worden, sondern den Lesern von dem Evangelisten.

Es bleibt jedoch nicht bei diesen Widersprüchen. Wer die Kommentare zu unserer Stelle befragt, merkt bald, daß die Exegeten mit dem Zusammenhang der Verse 11—13 nicht zurechtkommen. Soeben ist Elias erschienen, und unmittelbar darauf fragen die Jünger: Muß nicht zuerst Elias — scil. vor der Auferstehung! — kommen? Ebenso sonderbar ist, daß sie nicht sofort die Antwort erhalten: „Den habt ihr ja gerade gesehen!"

Wir werden den Zusammenhang von V. 11 mit dem vorhergehenden Abschnitt (der ja in gewissem Sinne von 9,2—10 reicht) wohl doch dahin beurteilen müssen, daß hier ein reiner Stichwortanschluß vorliegt, nicht aber ein innerer. Es kann aber deshalb nur ein Stichwortanschluß sein, weil der Evangelist im Erscheinen des Elias, das er soeben erzählt hat, nicht das sieht, von dem die Tradition sprach.

Aber damit hören die Schwierigkeiten nicht auf. Schlatter[4] faßt den nun folgenden V. 12 (den viele Exegeten als eine Frage genommen haben) als eine Aussage auf. Aber später behauptet er dann, Jesus korrigiere hier die Prophetie, auf die sich die Schriftgelehrten berufen. Das heißt jedoch nichts anderes, als daß auch Schlatter indirekt zugibt: V. 12 steht mit dem Folgenden in Widerspruch. Wer genau zusieht, merkt: V. 12 f. enthalten zwei ganz verschiedene Gedanken. Sie stimmen nur darin überein, daß sie beide den schriftgelehrten Einwand widerlegen: Zunächst müsse doch Elias kommen! Dieser Rest von Übereinstimmung erlaubt es dem Evangelisten, beide Überlieferungen aufzunehmen und nacheinander zu bringen. In Wirklichkeit ist der erste Gedanke der: Die Behauptung, zuerst müsse Elias erscheinen und alles zurechtbringen, ist töricht. Wie hätte denn dann der Menschensohn noch leiden und verworfen werden können, wenn Elias zuvor schon alles zurechtgebracht hätte? Daß der Menschensohn leiden muß, steht jedoch aus der Schrift fest. Also kann keine Rede davon sein, daß zunächst Elias erscheinen und alles zurechtbringen wird. Ganz anders verläuft der zweite Gedanke: Elias ist ja erschienen — nämlich in Johannes dem Täufer, ist gemeint —, und man hat mit ihm gemacht, was man wollte; man hat ihn nämlich ins Gefängnis geworfen und schließlich umgebracht.

Welcher dieser beiden Gedanken ist älter? Wir möchten annehmen, der erste. Aber wir können diese Vermutung nur zu begründen ver-

---

[4] Schlatter, Mk 163.

suchen, indem wir jetzt in einem Exkurs auf Mt 11,2—19 samt der Lk-Parallele Lk 7,18—35 und 16,16 eingehen.

Der Vergleich dieser beiden Texte zeigt: der größte Teil der Texte kommt aus einer gemeinsamen Überlieferung. Mt 11,12 stammt zwar auch aus einer gemeinsamen Überlieferung, steht aber bei Lk in 16,16. Mt 11,13—15 sind nicht der gemeinsamen Quelle entnommen.

Die erste Frage ist die, was der Text im Zusammenhang des Mt bzw. des Lk bedeutet. Bei beiden weiß ja Johannes von vornherein, wer Jesus ist. Für Mt beweisen das die Verse 3,14 f.; für Lk folgt es aus der Kindheitsgeschichte, vor allem aus 1,67—79. Wenn also unter dieser Voraussetzung der Täufer Jesus fragen läßt, ob er der Kommende sei, dann läßt sich das nur dahin verstehen, daß sich der gefangene Täufer seiner Sache nicht mehr ganz sicher ist und darum direkt bei Jesus anfragen läßt.

Aber damit ist nicht gesagt, daß dieser Sinn des Abschnitts nun auch der ursprüngliche ist. Bei Mk (bzw. in der durch ihn vertretenen Überlieferung) deutet nichts darauf hin, daß der Täufer die wahre Würde Jesu schon kannte. Damit ändert sich notwendig der Sinn seiner Anfrage. Sie beweist nicht, daß er unsicher geworden ist, sondern sie zeigt im Gegenteil, daß ihn Jesu Taten zur Ahnung gebracht haben, Jesus könnte der Kommende, der Messias oder der Menschensohn sein.

Verdient diese Überlieferung, daß Jesu Wunder den gefangenen Täufer vermuten lassen, Jesus könne der Messias sein, nun aber Glauben? Unseres Erachtens nicht. Sie setzt nämlich voraus, Jesu Wunder hätten bei seinen Landsleuten den Glauben erwecken können, er sei der Messias. Die Vorstellung des vom Himmel kommenden Menschensohnes und des transzendenten Messias — diese spiegelt sich in den Täuferworten über den nach ihm Kommenden wider (Mt 3,11—14; Lk 3,16 f.), auf die ja in Mt 11,3 und Lk 7,19 angespielt wird — lassen für solche Wunder gar keinen Raum. Erst als in der christlichen Gemeinde die Wundertaten Jesu — überdies in der Überlieferung schon gewachsen — als Beweis dafür galten, daß schon der auf Erden wandelnde Jesus der Gottessohn, Messias und Menschensohn war, konnte man auch dem Täufer einen solchen Schluß aus den Wundern auf Jesu Messianität usw. zutrauen. Damit verwandelt sich die historische Gestalt des Täufers, des eschatologischen Bußpredigers mit dem rettenden Bußsakrament der Taufe, in den Vorläufer Jesu. Die Endform dieser Entwicklung bietet uns das vierte Evangelium: hier weiß der Täufer sich selbst als bloßen Vorläufer Jesu, mit einer unwichtigen Wassertaufe, bestimmt nur dazu, auf Jesus hinzuweisen. Grünewalds Täufergestalt, die mit einem riesigen Zeigefinger auf den Gekreuzigten hindeutet, stellt diesen verchristlichten Täufer unvergeßlich dar. Aber es ist die Geschichte, wie man sie später in christlichen Kreisen verstand, und nicht, wie sie einst wirklich war, die hier erscheint.

Das besagt freilich noch nicht, daß Jesus nicht sich über den Täufer ausgesprochen haben kann. Mt 11,7—11 und Lk 7,24—28 kommen hier in Frage. Im jetzigen Zusammenhang spricht Jesus hier zu Volksmassen anläßlich der Täufergesandtschaft an ihn. Aber die Rede könnte ja an sich einmal in einem anderen Zusammenhang gestanden haben und muß darum für sich geprüft werden.

Sie blickt zurück auf die Tätigkeit des Johannes in der Jordansteppe — übrigens ohne die Taufe des Johannes zu erwähnen! Das fällt auf. Jesus fragt vielmehr, was die Menschen dort in der Steppe — der Jordan wird nicht genannt, sondern nur die ἔρημος (erēmos), von der Jes 40,4 f. reden — eigentlich gesucht haben. Ein Rohr, vom Winde bewegt, das konnte man dort freilich tausendfach sehen[5]. Allein dazu sind doch die Menschen nicht in die Steppe hinausgewandert zu Johannes! Was wollten sie also in Wirklichkeit sehen? Einen in weiche, luxuriöse Gewänder gekleideten Mann? Den gab es in den Gemächern der Könige, aber nicht in der Steppe. Wozu sind sie also hinausgezogen? Um einen Propheten zu sehen? Diese im dritten Anlauf gewonnene Antwort wird bejaht: Johannes war wirklich ein Prophet, ja sogar mehr als ein Prophet. Denn er ist der, von dem Mal 3,1 geschrieben steht, jener Vorläufer, den Gott „vor dir her schickt", der „vor dir den Weg bereiten soll" (Mt 11,10; Lk 7,37). Hier aber wird nicht der alttestamentliche Text benutzt (auch die LXX, das ins Griechische übersetzte Alte Testament liest noch „vor mir"), sondern es ist ein im Sinn der christlichen Predigt umgeänderter Text, der hier vorausgesetzt wird.

Das heißt aber: hier spricht durch den Mund Jesu die frühe christ-

[5] In Spruch 78 (p. 94,28—95,3) des Thomasevangeliums haben wir eine Parallele zu diesem Wort: „Jesus sprach: Weswegen seid ihr hinausgegangen auf dieses Feld? Zu sehen ein Rohr, das durch den Wind bewegt wird? Und um zu sehen einen Mann, der weiche Kleider anhat? Seht, eure Könige und eure Großen! Diese haben weiche Kleider an, und sie werden die Wahrheit nicht erkennen können." Hier wird der Spruch über Johannes dahin verstanden, daß Johannes ein Asket war, und nur ein solcher, der sich von der Welt gelöst hat, ist fähig, sich selbst in seiner Unweltlichkeit zu verstehen und damit zu seinem göttlichen Selbst zu kommen. Bertil Gärtner hat in seinem Buch: The Theology of the Gospel of Thomas, London 1961, 242, darauf aufmerksam gemacht, daß diese von Spruch 78 benutzte Stelle ebenfalls in den Thomasakten vorkommt (Kap. 36), und dort ebenfalls den von uns angegebenen Sinn hat. Schrage 162 ist ebenfalls auf diese Stelle aufmerksam geworden; er möchte Könige und Große mit den weichen Kleidern als Chiffre für luxuriöses Leben nehmen. Die Deutung der Kleider auf den irdischen Leib, die Schrage dann bespricht, hat — wie er sieht — gegen sich, daß von den Kleidern dann, wie in ähnlichen gnostischen Stellen, als von schmutzigen, zerschlissenen, vergehenden die Rede sein müßte, nicht aber von „weichen". Das scheint uns in der Tat entscheidend zu sein. Daß Thomas von „Feld" statt „Wüste" redet, braucht sich nicht auf die Gedanken des Spruches 21 zu beziehen, wonach das Feld die Welt ist, in welcher der Gnostiker keine Stelle hat und aus der er darum, sein Gewand = seinen Leib ablegend, gern scheidet. In der Wüste gibt es keine vom Wind bewegten Rohre.

liche Gemeinde, die den Täufer als Jesu Vorläufer preist und ihn als solchen über alle Propheten setzt und mit dem von Mal 3,1 geweissagten Boten identifiziert. Darum, weil er als die Erfüllung dieser Weissagung angesehen wird, wird er über alle Weibgeborenen, über alle Menschen gestellt.

Soweit die frühe Gemeinde. Später empfand man diesen Preis des Täufers jedoch als korrekturbedürftig und fügte V. 11 hinzu, nach dem das geringste Mitglied der christlichen Gemeinde größer ist als der Täufer — in diesem Vers ist die Gemeinde tatsächlich mit dem Gottesreich in eins gesetzt; ein Zeichen, wie spät dieser Zusatz ist. Abgesehen von diesem V. 11 aber ist der Text eine Einheit, die der frühen nachösterlichen Gemeinde entstammt.

In der benutzten Tradition (Q) dürfte sich an diesen Abschnitt ein sehr ungleichartiger angeschlossen haben: Lk 7,31 ff. = Mt 11,16 ff., das Gleichnis von den spielenden Kindern.

Hier wird in einem geschichtlichen Rückblick die Generation Jesu mit spielenden Kindern verglichen, denen man es auf keine Weise rechtmachen kann. Genau besehen ist freilich die Einleitung mißlungen. Sie vergleicht nämlich diese Generation gerade mit jenen Kindern, die alles versuchen, um mit anderen Kindern ins Spiel zu kommen. In Wirklichkeit aber ist gemeint: Jesu Generation ließ sich auf nichts ein; sie glich Kindern, die weder zum Hochzeitslied den Reigen aufführen noch zur Totenklageweise sich jammernd an die Brust schlagen wollen. Man kann aus dieser Schwierigkeit nur herauskommen, wenn man das einleitende „sie ist gleich“ nicht auf die Kinder, sondern auf die im folgenden geschilderte Situation im ganzen bezieht.

Inwiefern aber gleicht dieses Geschlecht nun Kindern, denen man es auf keine Weise rechtmachen kann? Darauf antworten Mt 11,18 f. = Lk 7,33 f.: Zwei ganz entgegengesetzte Männer sind aufgetreten, und keiner von ihnen hat den Beifall der Menge gefunden. Es kam nämlich Johannes und aß nicht und trank nicht (Lk: aß kein Brot und trank keinen Wein) — er war ein strenger Faster. Wie wirkte diese Askese? Man sagte: er hat einen Dämon — er ist verrückt! (Das widerspricht freilich dem, was die drei Evangelisten früher über den ungeheuren Erfolg des Täufers berichtet haben: Mk 1,5; Mt 3,5; Lk 3,21 und 3,15.) Es wird aber auch aus Josephus deutlich, daß der Täufer keineswegs ohne Erfolg gewirkt hat, wenn auch nicht ganz Judäa und Jerusalem sich von ihm taufen ließen. Im Gegensatz zu dieser Lebensweise des Täufers stand die Jesu, der überhaupt nicht fastete, und den man darum für einen Fresser und Säufer erklärte, einen Freund der Zöllner und Sünder.

Diese Verse werden richtig den äußeren Eindruck beschreiben, den der Täufer und Jesus auf große Teile des Volkes gemacht haben. Sie erwähnen aber nicht den großen Unterschied der beiden in der Art, wie sie Gott sahen und von ihm predigten (s. o. S. 57—63). Man kann allerdings einwenden: Dieser Unterschied im Gottesverhältnis konnte, auch wenn sich der Erzähler seiner bewußt war, nicht direkt anschaulich gemacht werden. Man konnte nur die Folgen dieses Unterschieds für das Auftreten der beiden Männer schildern. Aber dabei bleibt eins unberücksichtigt: die Art, wie unser Abschnitt von Jesu und Johannes redet, ist nur berechtigt, wenn beider Verhalten in gleicher Weise berechtigt war. Aber gerade das ist nicht der Fall. Entweder sehe ich Gott so wie der Täufer: als den strengen Gott der Vergeltung und des Gerichts, der nur durch Buße und Taufe beschwichtigt werden kann. Oder ich sehe ihn wie Jesus. Dann ist er der Gott, der dem Sünder nachgeht wie der Hirt dem verlorenen Schaf, er ist das große Erbarmen, das nicht fordert, sondern schenkt. Anders ausgedrückt: nicht nur das Verhalten beider Männer war verschieden, sondern auch ihre Verkündigung. Stellt man Jesus und den Täufer so nebeneinander, wie unser Abschnitt es tut, nämlich als gleichwertig, als grundsätzlich im Einklang (eine Differenz in der Predigt wird ja nicht erwähnt!), dann ist der entscheidende Unterschied zwischen beiden nicht beachtet. Der Täufer wird zum Bundesgenossen Jesu, was er gerade im Tiefsten nicht war. Er ist Vorläufer, der in derselben Richtung geht wie der, der kommen wird. Dann spricht aber hier die christliche Gemeinde, die den Täufer nur als äußerlich sich unterscheidenden Vorläufer Jesu sieht und als Gefolgsmann Jesu sich einordnet.

Kurz: der rückblickende Vergleich in unserm Abschnitt bleibt an der Oberfläche. Er zeigt, unter welchem Gesichtspunkt die Gemeinde den Täufer anzuerkennen bereit war. Damit aber verrät sie, daß sie die Eigenart der Predigt Jesu nicht hinreichend anerkannt hat. Sie war selbst mehr von der eschatologischen Erwartung des Täufers bestimmt und jener Gesetzlichkeit näher, die er vertrat, als der königlichen Freiheit Jesu, die aus der Gewißheit um die erbarmende Liebe Gottes entsprang.

Einen mathematischen Beweis haben wir damit nicht geliefert. Aber wir sind hier auch nicht in der Mathematik. Keine Waage zeigt die religiösen Imponderabilien richtig an, und doch sind sie es, die das entscheidende Gewicht geben.

Auf die besonderen Probleme von Lk 7,35 und Mt 11,19c und die verworrene Überlieferung in Lk 16,16 = Mt 11,12 gehen wir hier nicht ein; sie ändern am Ergebnis nichts.

41 Heilung des besessenen Knaben

Mk 9,14—29; Mt 17,14—21; Lk 9,37—43

(14) Und als sie zu den Jüngern kamen, sahen sie eine große Menge um sie versammelt, und Schriftgelehrte mit ihnen streitend.

(15) Und alles Volk erstaunte, als sie ihn sahen, und sie liefen herzu und begrüßten ihn. (16) Und er fragte sie: „Was streitet ihr mit ihnen?“ (17) Und ihm antwortete einer aus der Menge: „Meister, ich habe meinen Sohn zu dir gebracht, der einen stummen Geist hat, (18) und wenn er ihn überfällt, reißt er ihn herum, und er schäumt und knirscht mit den Zähnen und magert ab. Und ich sagte deinen Jüngern, sie sollten ihn austreiben, und sie vermochten es nicht.“ (19) Er aber antwortete ihnen und sprach: „O ungläubiges Geschlecht, wie lange soll ich bei euch sein? Wie lange soll ich euch ertragen? Bringt ihn zu mir!“ (20) Und sie brachten ihn zu Ihm. Und als er ihn sah, da riß ihn der Geist sogleich um, und er fiel zur Erde und wälzte sich schäumend. (21) Und Er fragte dessen Vater: „Wie lange ist es her, daß ihm dies widerfahren ist?“ Der aber sagte: „Von Kindheit an. (22) Und oft hat er ihn sogar ins Feuer oder Wasser geworfen, um ihn umzubringen. Aber wenn Du etwas vermagst, so hilf uns und hab Erbarmen mit uns!“ (23) Jesus aber sprach zu ihm: „Wenn du etwas vermagst — alles ist möglich dem, der da glaubt!“ (24) Sogleich rief der Vater des Kindes: „Ich glaube! Hilf meinem Unglauben!“ (25) Als aber Jesus sah, daß das Volk herbeilief, bedrohte er den unreinen Geist und sagte zu ihm: „Du stummer und tauber Geist, ich befehle dir, fahre aus von ihm und gehe nicht mehr in ihn ein!“ (26) Und mit Geschrei und Krämpfen fuhr er aus, und er war wie tot, so daß die Menge sagte: „Er ist gestorben!“ (27) Jesus aber ergriff ihn bei der Hand und richtete ihn auf, und er stand auf.

(28) Und als Er ins Haus hineinging, fragten ihn seine Jünger insgeheim: „Warum konnten wir ihn nicht austreiben?“ (29) Und er sprach zu ihnen: „Diese Art kann durch nichts ausgetrieben werden als durchs Gebet!“.

Diese Geschichte erscheint nur auf den ersten Blick durchsichtig[1]. Jesus kommt mit Petrus und den Zebedaiden vom Berg herab; sie finden die andern (neun?) Jünger in einer großen Volksmenge und mit Schriftgelehrten disputierend. Von den Schriftgelehrten hören wir im weiteren Verlauf der Erzählung nichts mehr; dagegen fragt Jesus

[1] K. L. Schmidt 227: „Dieses Bild ... kann nur auf wirkliche Überlieferung und — man wird weiter sagen dürfen — auf wirkliche Erinnerung und Geschichte zurückgehen.“ Bußmann, Syn. Studien I 169 f. unterscheidet aber frühere und spätere Stadien bei der Bildung der Geschichte. Bultmann a. a. O. 225 f. hält V. 28 f. für einen redaktionellen Anhang. Die störenden Schriftgelehrten sind vom Redaktor eingetragen, ebenso V. 15. Ursprünglich ist in V. 14 der von A C D it sy^{hl} beseitigte Singular. Vor allem aber: Schon vor Mk sind hier zwei Wundergeschichten verbunden worden: die erste stellt den Meister und die Unfähigkeit der Zauberlehrlinge gegenüber, während die zweite die Paradoxie des ungläubigen Glaubens beschreibt. Die erste Geschichte umfaßt etwa V. 14—20, die zweite V. 21—27. J. Sundwall, Die Zusammensetzung des Markusevangeliums, Åbo 1934, 58 f. unterscheidet 20—27 vom Rest.

V. 16 die Menge, warum sie mit den Jüngern streiten. Ursprünglich wird das Wort „Schriftgelehrte" im Text gar nicht vorgekommen sein, wohl aber das Wort „disputieren"[2]. Aus diesem Wort hat man auf ein Streitgespräch mit Schriftgelehrten geschlossen, zumal in V. 14 „Streitende" erwähnt werden. Gemeint waren ursprünglich Leute aus der Menge, die sich mit den Jüngern stritten.

Eine zweite Schwierigkeit liegt in V. 28 f. Hier fragen die Jünger Jesus, als sie mit ihm im Hause allein sind, warum sie nicht heilen konnten. Die das Versagen der Jünger anscheinend erklärende Antwort lautet: man kann solche Dämonen nur durch Gebet austreiben. Die allermeisten Handschriften haben noch hinzugefügt: „und durch Fasten"[3]. Diese Erweiterung haben wohl schon jene Abschreiber gekannt, welche Mt 17 durch V. 21 ergänzt haben. Gebet und Fasten geben nach jüdischen Vorstellungen Macht über die Dämonen. Da Jesus nicht gefastet hat, ist diese Zutat besonders töricht. Aber auch das mangelnde Gebet der Jünger ist nach V. 22—24 nicht der Grund für das Versagen der Jünger. Vielmehr fehlte der Glaube dessen, der um die Wunderheilung bat! Also haben wir V. 28 f. als späteren Zusatz zu betrachten, der erklären will, warum die Jünger nichts ausrichten konnten.

Für dies Ergebnis spricht nun weiter, daß V. 25—27 einen durchaus stilgerechten Abschluß der Erzählung bieten. Lk hat hier denn auch die Geschichte enden lassen, allerdings auch noch einen Lobpreis Gottes durch die staunende Menge hinzugefügt. Mt hat zwar die Jüngerfrage entsprechend Mk 9,28 gebracht. Er hat sie aber in Übereinstimmung mit Mk 9,22—24 beantwortet. Damit bekam er die Gelegenheit, noch ein Wort aus Q (s. Lk 17,6) über den Glauben anzuführen. Allerdings hat Mt nicht bemerkt, daß dann eigentlich die Jünger nicht einmal so viel Glauben wie ein Senfkorn besessen haben würden! In summa: V. 28 f. gehören nicht der alten Geschichte an.

Die eigentliche Erzählung beginnt damit, daß Jesus beim Abstieg vom Berge die unten verbliebenen Jünger in lebhafter Auseinandersetzung mit einer Menge antrifft. Auch darin liegt schon eine Schwierigkeit. Jesus ist nach dem Mk-Kontext weit außerhalb seines bisherigen Wirkens, in einem fremden und nicht besonders dicht besiedelten Gebiet. Die Menge wirkt so lange rätselhaft, wie man diese Geschichte in ihrem von Mk hergestellten Zusammenhang beläßt. Sie wird als ganze erst verständlich, wenn sie in ihrer ursprünglichen Fassung

---

[2] Es bedeutet in Mk 1,27; 8,11; 12,28; Lk 22,23; 24,25; Apg 6,9; 9,29 „eine lebhafte mündliche Auseinandersetzung haben".

[3] Diese Worte fehlen in B k geo[1] und bei Cle. Al. — J. Jeremias hat in „Jesus, der Weltvollender", Göttingen 1930, 30 diesen Befund dahin gedeutet, daß die kleine Minderheit sie als vermeintlich im Gegensatz zu Mk 2,18 ff. fortgelassen hat. Aber Jesus war dennoch ein Gegner des Fastens, und Mt 6,16—18 widerlegt das nicht (s. o. S. 117 f.).

nicht während der Nordreise Jesu spielte, sondern irgendwo im galiläischen Gebiet.

Rätselhaft bleibt auch das Versagen der Jünger. Daß sie ebenfalls exorzisieren konnten, wird vorausgesetzt. Aber mit diesem Fall werden sie nicht fertig. Dieser Dämon ist für sie zu stark. Nur Jesus selbst kann ihn überwinden. Daß die Jünger nicht imstande sind, ihn auszutreiben, bildet also die Folie für die besondere Macht Jesu über die Dämonen, die sich hier zeigt. Es fragt sich, ob dieser Zug — das Versagen der Jünger, das erst durch einen sekundären Zusatz erklärt wird — nicht selbst schon eine Zutat zu der ursprünglichen Geschichte ist. In ihr bringt der Vater den besessenen Knaben unmittelbar zu Jesus (V. 17!).

Jesu Antwort ist eigenartig: er bricht (V. 19) in ein Wort des Überdrusses aus: „O ungläubiges Geschlecht, wie lange soll ich bei euch sein? Wie lange soll ich euch ertragen?" Wer sind diese mit „euch" gemeinten Menschen? Man hat z. T. auf die Jünger geraten (!); andere Exegeten bezogen es richtiger auf die Menge, zu der nach V. 17 ja auch der ungläubige Vater gehört. Wir verstehen V. 19 nur unter der Voraussetzung, daß Jesus hier als ein himmlisches Wesen vorgestellt ist, das eine Zeitlang unter den Menschen zu weilen geruht, von denen es innerlich doch so tief geschieden ist. Jetzt ist es müde geworden, unter diesem glaubenslosen Geschlecht zu wandeln. (Wir begreifen nun, warum Mk diese Geschichte ans Ende der Wirksamkeit Jesu gestellt hat!) Es ist nicht gesagt, daß diese Art des Jesusbildes schon der ältesten Form dieser Heilungsgeschichte angehört hat.

Jesus läßt den besessenen Knaben vor sich bringen, und sofort reagiert der Dämon: der Kranke stürzt nieder und wälzt sich schäumenden Mundes auf dem Boden. Wenn man eine Ferndiagnose wagen will, wird man am ehesten auf einen epileptischen Anfall schließen. Dazu paßt auch die Krankheitsgeschichte, die der Vater vorträgt. Sie soll freilich im Zusammenhang dieser Geschichte dem Leser klarmachen, was es für ein schrecklicher Dämon ist, der sich des Knaben — von Kind an! — bemächtigt hat[4]. So ist es hier für den Vater besonders schwer zu glauben, daß Jesus den Sohn heilen kann. Aber gerade dieser Mangel an Vertrauen wird von Jesus bzw. dem Evangelisten als entscheidend wichtig bezeichnet: wer glaubt, dem ist alles möglich. Eigentlich müßte das ja von Jesus gelten, nicht vom Vater. Aber der Evangelist stellt sich die Heilung nicht als magischen Akt vor: der zu Heilende bzw. der ihn Vertretende muß an die Kraft des Heilandes glauben — das dürfte V. 23 meinen[5]. Der kranke Knabe selbst kann natürlich hier nicht glauben, da er von einem starken Dämon besessen ist. Die allgemeine Voraussetzung ist, daß eine Heilung um so eher

[4] Mt und Lk haben die Ausführlichkeit dieser Schilderung als übermäßig empfunden und dementsprechend gekürzt. Ein sehr ähnlicher Fall liegt in Mk 5,1—20 par. vor (s. o. S. 190 f.).

[5] Vgl. dazu Mk 2,5 und 6,6.

möglich ist, je mehr sie sich innerhalb einer an die Kraft des Heilands glaubenden Gemeinschaft vollzieht.

Matthäus hat in 17,14—21 wie in der Geschichte vom Gerasener die langen Krankheitsschilderungen entschlossen kürzend zusammengezogen. Dem Umstand, daß es sich um einzelne Anfälle handelt, hat er dadurch Rechnung getragen, daß er in V. 15 von „mondsüchtig sein" spricht; dazu schien das über das Fallen in Feuer und Wasser Gesagte in Mk 9,22 gut zu passen. Nach B. Weiß hat Mt eine apostolische Quelle benutzt; in dieser sei das Übel als eine natürliche Krankheit bezeichnet gewesen. Darum konnte Mt in V. 16 von „heilen" sprechen. Aber auch Lk — der doch von Anfang an Mk in der Erklärung der Ereignisse als Besessenheit folgte — gebraucht in 9,42 das Wort „heilen". Der begreifliche Wunsch moderner Exegeten, einen „Urbericht" ohne Dämon, nur mit einem „natürlichen Übel" zu finden, übersah das eine: für jene Zeit war es kein Widerspruch, daß eine von einem Dämon verursachte Krankheit durch die Austreibung dieses Dämons geheilt wurde.

Auch Lukas hat in 9,37—42 die lange Schilderung des Leidens durch Mk energisch gekürzt und dafür — wie beim Jüngling von Nain (Lk 7,12) — den neuen Zug gebracht, daß es sich bei dem kranken Knaben um das einzige Kind handelte.

Wenn Mk eine soviel längere Schilderung als Mt und Lk gibt, kann man das verschieden erklären. Man kann etwa mit Hirsch vermuten, daß der ursprüngliche Mk-Text viel kürzer war (Hirschs „Mk I") und erst ein Bearbeiter („Mk II") den angeblichen Erlebnisbericht des Petrus mit allerhand Zusätzen aufgefüllt hat. Eine ähnliche Vermutung hatte früher schon B. Weiß ausgesprochen: er nahm an, daß Mk eine apostolische Quelle durch petrinische Erinnerungen aufgefüllt habe. Beiden Forschern ist die Erkenntnis eines „novellistischen" Stils — das Wort im Sinn von M. Dibelius gebraucht — noch nicht vertraut gewesen. Nun ist es freilich richtig, daß unsere Geschichte nicht aus einem Guß ist. Aber sie dürfte nicht in gelehrter Redaktionsarbeit gewachsen sein, sondern im Laufe der mündlichen Überlieferung. Dieses Wachstum hat auch nach der schriftlichen Fixierung noch nicht ganz aufgehört: das zeigt uns der Zusatz von „und fasten" zu V. 28 in der großen Masse der Handschriften und die — nun völlig gedankenlose — Hinzufügung von Mk 9,21 zum Mt-Text. Deshalb sinnlos, weil ja soeben das Versagen der Jünger auf ihren Glaubensmangel zurückgeführt worden ist (V. 20). Der V. 29 des Mk schien den Abschreibern in seiner erweiterten Fassung die Geschichte so ausgezeichnet abzuschließen, daß sie sich gar nicht fragten, ob er auch zum Mt-Text passe.

Eine letzte Frage: was meint Mk 9,24: „Ich glaube; hilf meinem Unglauben?" Grundmann Mk 191 stellt zwei Deutungen zur Wahl: „Hilf mir los von meinem Unglauben!", oder „Hilf meinem Unglauben auf (zum Glauben)!". Hirsch I, 101 streicht „ich glaube" als Zusatz eines späten Redaktors: „So Tiefes auch das lutherische Christentum in das „Ich glaube, hilf meinem Unglauben“ hineingelegt hat, das Wahrscheinlichste ist doch, daß der Satz durch Eingriff einer späteren Hand diese Gestalt bekam. Wenn der Vater des Knaben nur „Hilf meinem Unglauben“ gesagt hätte, dann wäre der Anstoß, daß Jesus auf das Wort hin hilft, Grundes genug zu Änderungen oder Besserungen gewesen. Und im Munde eines einfachen Mannes aus dem Volke ... nimmt sich die zunächst wie ein Widerspruch wirkende, nur dem Tiefsinn auflösbare Paradoxie seltsam genug aus.“ Aber ist ausgerechnet der Redaktor so tiefsinnig? Und haben wir das Recht, mit Hirsch hier den Wortlaut der petrinischen Erinnerung zu finden? Was aber „Hilf meinem Unglauben“ eigentlich bedeutet, sagt Hirsch dem Leser nicht. Am nächsten liegt es immer noch anzunehmen, daß der Vater um Hilfe bittet, obwohl er noch nicht recht glaubt: „Ich glaube, hilf mir, dem Ungläubigen!“ würde auch ohne späteren Tiefsinn dem „Mann aus dem Volk“ durchaus zuzutrauen sein, wie ihn Mk zeichnet. Das Wort „wenn du etwas vermagst“, zeigt, daß er nach dem Mißerfolg der Jünger sich nicht sicher ist, ob Jesus in diesem verzweifelten Fall helfen kann; andererseits sagt Jesus nur seine Hilfe zu, wenn der Vater glaubt. Aus diesem Konflikt entspringt das leidenschaftlich zugleich der eigenen Wahrheit und der Forderung Jesu entsprechende Wort, das in seiner Widersprüchlichkeit so ehrlich ist. Aber, wie gesagt: wir haben hier kein Protokoll, sondern die Zeichnung des Mk.

42 Zweite Leidensankündigung

Mk 9,30—32; Mt 17,22 f.; Lk 9,43—45

(30) Und von dort gingen sie fort und zogen durch Galiläa, und er wollte nicht, daß jemand es wisse. (31) Denn er lehrte seine Jünger und sagte zu ihnen: „Der Menschensohn wird in die Hände der Menschen gegeben, und sie werden ihn töten, und getötet wird er nach drei Tagen auferstehen.“ (32) Sie aber verstanden das Wort nicht und scheuten sich, ihn zu fragen.

Der Evangelist hat sich nicht damit begnügt, Jesus seinen Tod und seine Auferstehung nur einmal voraussagen zu lassen. Die Wiederholung soll dem Leser nachdrücklich zu Bewußtsein bringen, daß der Herr seinen Tod und seine Auferstehung vorausgesagt und vorausgewußt hat.

Jesus verläßt nun mit seinen Jüngern die Gegend von Cäsarea Philippi und zieht durch Galiläa. Er will nicht, daß jemand das erfährt, denn — und nun kommt eine merkwürdige Begründung — er lehrt sie, was ihm widerfahren wird. Lohmeyer Mk 191 bietet zur

Erklärung die seltsame Logik: „Weil Jesus im geheimen seine Jünger Geheimes lehrt, muß auch die Wanderung, auf der es geschieht, geheim bleiben". Diese Erklärung stammt von B. Weiß: Jesus habe eine geheime Belehrung der Jünger vor, von der die Menge noch nichts wissen darf. V. Taylor 402 meint: Der Grund für die geheime Reise ist der Wunsch, die Jünger über die Auslieferung des Menschensohnes zu unterrichten, aber hinter diesem Motiv liegt die Tatsache, daß die öffentliche Tätigkeit in Galiläa nun zu Ende ist". Daß eine geheime Jüngerbelehrung nicht die Geheimhaltung der Reise erfordert, wie Lohmeyer meinte, ist klar. Richtig ist dagegen: Jesus will die galiläische Tätigkeit nicht wieder aufnehmen; er geht — bewußt und absichtlich — in den Tod. Freilich steht hinter diesem die Auferstehung! Damit ist nicht gesagt, daß wir hier ein Reiseprotokoll haben; es ist die Auffassung des Mk, die wir lesen. „Düstere Ahnungen" oder dergleichen mitzuteilen kam ihm nicht in den Sinn. Er zeigt dem Leser, wenn auch diesmal kürzer, mit aller Deutlichkeit das Kommende. Was er in der Fortsetzung schildert, ist jedoch keineswegs eine geheime Reise.

Mt hat kürzend das Verborgenheitsmotiv ganz gestrichen; bei ihm begreifen die Jünger, was ihnen gesagt wird, und „werden sehr traurig" — das Wort von der Auferstehung beachten sie nicht.

Lk hat sich keine große Mühe gegeben, Jesus von der Menge zu trennen. Nach ihm verweilt Jesus noch weiter am selben Ort. Lk wird ja noch einen sehr langen — angeblichen — Reisebericht einschieben[1]. Jesus spricht einfach zu seinen Jüngern; die Auferstehung erwähnt er nicht. Desto stärker wird das Unverständnis der Jünger betont, das allerdings auf den göttlichen Willen zurückgeführt wird („Es war vor ihnen verborgen, damit sie es nicht verstünden").

43 Rede Jesu in Kapernaum

Mk 9,33—50; Mt 18,1—9; Lk 9,46—50

(33) Und sie kamen nach Kapernaum. Und — ins Haus gekommen — fragte er sie: „Was habt ihr unterwegs besprochen?" (34) Sie aber schwiegen; denn sie hatten unterwegs miteinander davon gesprochen, wer der Größte sei. (35) Und sich setzend rief er die Zwölf und sprach

[1] Lukas hat sich um einen guten Übergang zwischen der Heilungsgeschichte und der Leidensweissagung bemüht: als Jesu Taten (diese eine Heilung gilt wieder nur als Beispiel für viele) große Bewunderung erwecken, sorgt Jesus dafür, daß sich seine Jünger nicht täuschen: der Tod steht bevor. Um diesem Gedanken nicht wieder die Spitze abzubrechen, hat Lukas die Auferstehung nicht erwähnt. Einen anderen Mk-Text setzt er nicht voraus. — Allerdings hat Lukas nicht gemerkt, daß der (sich nun auf das Leiden beziehende!) V. 45 vom Unverständnis der Jünger jetzt nicht mehr recht paßt.

zu ihnen: „Wenn jemand der Erste sein will, soll er der Allerletzte sein und aller Diener.“ (36) Und er nahm ein Kind[1]*, stellte es in ihre Mitte und liebkoste es und sprach zu ihnen: (37) „Wer eines von diesen Kindern aufnimmt in meinem Namen, nimmt mich auf, und wer mich aufnimmt, nimmt nicht mich auf, sondern den, der mich gesandt hat.“*

(38) Es sprach zu ihm Johannes: „Meister, wir sahen einen in deinem Namen Dämonen austreiben, der dir nicht folgt, und hinderten ihn, weil er dir nicht nachfolgt.“ (39) Jesus aber sprach: „Hindert ihn nicht, denn es wird keinen geben, der eine Machttat tun wird in meinem Namen und mich bald darauf schmähen können wird. (40) Denn wer nicht gegen uns ist, der ist für uns.

(41) Wer immer euch mit einem Becher Wasser tränkt in meinem Namen, weil ihr Christen seid, wahrlich, ich sage euch: er wird seinen Lohn nicht verlieren.

(42) Und wer einem von diesen kleinen Glaubenden Anstoß gibt, dem wäre es besser, wenn ein Mühlstein um seinen Hals gehängt und er ins Meer geworfen würde.

(43) Und wenn dir deine Hand zum Anstoß wird, hau sie ab! Denn es ist besser, du gehst einarmig ins Leben, als daß du mit beiden Händen in die Hölle gehst, in das unauslöschliche Feuer.

(45) Und wenn dein Fuß dir Anstoß gibt, hau ihn ab! Es ist besser, du gehst mit einem Bein ins Leben, als wenn du mit beiden Beinen in die Hölle geworfen wirst.

(47) Und wenn dein Auge dir Anstoß gibt, reiß es aus! Es ist besser, du gehst einäugig ins Gottesreich, als daß du mit beiden Augen in die Hölle geworfen wirst, (48) wo ihr Wurm nicht stirbt und ihr Feuer nicht erlischt.

(49) Denn alles wird mit Feuer gesalzen werden.

(50) Das Salz ist gut. Wenn aber das Salz salzlos wird, womit werdet ihr es wieder kräftig machen? Habt Salz bei euch und halten Frieden untereinander.“

In der Huckschen Synopse ist diese Einheit in verschiedene Stücke geteilt: „Der Rangstreit“, „Der fremde Exorzist“, „Vom Ärgernis“, „Vom Salz“.

Diese Einteilung läßt den Leser leicht übersehen, daß hier eine umfangreiche Redekomposition vorliegt. An Länge wird sie nur von der apokalyptischen Rede Mk 13 und dem Gleichniskapitel übertroffen. Der Evangelist hat sie aus einer Reihe von Einzelsprüchen zusammengesetzt; die einzelnen Bestandteile sind sehr locker, meist nur durch Stichwortanschluß verbunden. Innerlich beziehen sie sich alle, freilich in sehr verschiedener Weise, auf Fragen der christlichen Gemeinde. Ein genaueres Thema läßt sich nicht angeben.

---

[1] S. dazu auch die Erklärung von Mk 10,15: Wer das Gottesreich nicht aufnimmt wie ein Kind, kommt nicht hinein; S. 344—349.

V. 33 beschreibt die im folgenden vorausgesetzte Situation: Jesus ist mit seinen Jüngern nach Kapernaum gelangt und weilt mit ihnen zusammen „im Hause". Da fragt er sie — und damit beginnt die erste Untereinheit —, worüber sie sich unterwegs unterhalten haben. Sie schweigen, offensichtlich schuldbewußt, haben sie doch darüber gesprochen, wer von ihnen der Größte sei. Diese Frage, auf die Jesus in V. 35 zu antworten scheint, ist in ihrem Sinn nicht ganz durchsichtig. Das erkennt man, wenn man die Lage der Jesus begleitenden Jünger bedenkt. Reden sie von ihrer Gegenwart oder vom kommenden Zustand im Gottesreich? Hat der Evangelist vorausgesetzt, daß dieser oder jener Jünger für sich beanspruchte, er übertreffe die andern? Worin denn eigentlich? In seiner Hingabe an Jesus? Oder in einer ihm besonders verliehenen Macht? Oder geht es hier wie später in der Zebedaidenfrage (Mk 10,35—45) um ihre Stellung im kommenden Reich? Aber Jesu Antwort (auf die von ihm kraft seiner Allwissenheit bekannte Diskussion der Jünger untereinander) weist doch auf irdische Verhältnisse hin, wo es so etwas gibt wie ein „Allerletzter" und „Diener aller" sein.

Im Grunde paßt aber weder die Beziehung auf die Situation der Jünger damals noch auf die im neuen Äon. Vermutlich hat der Evangelist auch gar nicht an jene für ihn in der Vergangenheit liegende Situation der mit Jesus nach Jerusalem wandernden Jünger gedacht, sondern an seine eigene christliche Gegenwart. Dann könnte die Frage der Jünger vom Evangelisten entworfen sein als Einleitung für das Logion V. 35, ohne daß in der Tradition oder in der einstigen Existenz der Jünger etwas wirklich Entsprechendes nachgewiesen werden müßte.

Wirklich wichtig ist also eigentlich V. 35: „Wenn jemand der Erste werden will, dann sei er der Allerletzte und aller Diener". Geht man von dem deutlicheren Ausdruck „aller Diener" aus, dann ist es die Stellung der christlichen Gemeinde zu Macht und Dienst, für die der Evangelist hier die Regel in einem Wort Jesu sucht. Genauer: es handelt sich um das Problem des Strebens nach Macht innerhalb der Gemeinde. Auf keinen Fall darf man Jesu Antwort so auslegen: Wer (auf Erden oder im Himmel) einen besonders hohen Platz haben möchte, solle ihn sich dadurch erwerben, daß er der Allerdienstwilligste ist, so daß sich dann die andern sagen: Der sollte unser Vorsteher sein; bei seiner Demut ist kein Machtmißbrauch zu erwarten! Da wäre die Dienstwilligkeit zu einem Mittel entwürdigt, mit dem man sich einen hohen Posten betrügerisch sichert. Das Machtstreben würde also gerade triumphieren. In Jesu Sinn besagt V. 35: Die zu jedem Dienst bereite Liebe, die nicht nach Macht und Einfluß strebt und auch nicht nach einem besonders hohen Platz im Himmel fragt, ist in Gottes Augen gerade das Große. Gott liebt nicht das Herrschenwollen, sondern das Dienenwollen. Damit wird der Begriff der Größe entthront und in sein Gegenteil verkehrt: ich kann gar nicht mit ganzem Herzen dienstwillig sein, wenn mich der Ehrgeiz (und sei es noch so verborgen) beherrscht. Vielleicht hat Jesus einmal seinen Jüngern, die — wie alle Juden (und nicht bloß diese) — vom Verlangen nach Anerkennung beherrscht waren, in dieser paradoxen Form gezeigt, wie in der Wirklichkeit Gottes, die Er sah, sich die im jüdischen Volke geltenden Werte veränderten. Selbst wenn die Worte „und aller Diener", von denen wir der Einfachheit halber ausgingen, ein späteres Interpretament wären, würde sich der Sinn dadurch nicht ändern. Da Jesus Gott als den Gott der hingebenden Liebe sieht, der dem Verlorenen nachgeht, hat er auch das rechte Verhalten der Menschen dementsprechend gesehen: nicht auf Selbstbehauptung, sondern auf Hingabe in der Liebe kommt es an. Nicht daß der Mensch versuchen soll, sich kleinzumachen, um dafür erhöht zu werden — das wäre schon wieder jüdische Vergeltungsethik, die von Jesus gerade zerschlagen wird. Jesus sieht vielmehr das liebevolle Herz, das sich nicht kleinzumachen braucht, weil es klein ist, demütig ist in seiner Liebe.

An dieses Jesuswort hat der Evangelist in V. 36 die Schilderung angeschlossen, wie Jesus ein Kind in die Mitte stellt, es liebkost und sagt: „Wer eines von diesen Kleinen in meinem Namen aufnimmt, nimmt mich auf und damit Gott." Aber die Worte „in meinem Namen" bringen eine Schwierigkeit. Schlatter Mt 546 erklärt: „Der Name nennt den, der die Handlung gebietet, nach dessen Willen sie getan wird". Aber hat der Evangelist die Formel in diesem Sinn verstanden? Nach V. 41 denkt man eher an die Bedeutung „weil sie Christen sind". Der Vers erinnert an Joh 12,44 („Wer an mich glaubt, glaubt nicht an mich, sondern an den, der mich gesandt hat") und an Joh 13,20 („Wer den aufnimmt, den ich sende, nimmt mich auf; wer aber mich aufnimmt, nimmt den auf, der mich gesandt hat"). Dieses Wort wird kaum vom „historischen" Jesus gesprochen sein. Denn für ihn machte das nicht eine Tat gut, daß in dem kleinen Kinde etwas Großes, nämlich der himmlische Herr oder Gott selbst aufgenommen wird, sondern daß die Liebe sich eben dieses Geringen gerade als eines Geringen annimmt. In der späteren christlichen Literatur kehrt freilich der Gedanke immer wieder, die den Armen und Bedürftigen erwiesene Liebe bekomme dadurch ihren Wert, daß sich Gott mit ihnen solidarisch erklärt. Das ist, christlich gesehen, nicht richtig. Wohl nimmt sich Gott des Armen und Geringen in Liebe an. Darum wird der, der sich Gott hingegeben hat, von der gleichen Liebe beseelt sein und sich auch der Armen und Bedürftigen annehmen. Aber eben gerade nicht, weil sie, wenn auch im verborgenen, große Leute sind, gleichsam Wesen, in denen Gott inkognito zur Stelle ist. Denn dadurch würde nicht die Liebe zum Armen und Geringen gelehrt, sondern zum Großen, zum ganz Großen, Gott. Wer einem Bettler oder irgendeinem Notleidenden hilft, nicht weil der es nötig hat und im Leide steht, sondern weil sich hinter dem armseligen Bettler die Gestalt des erhöhten Herrn oder die Gottes sich erhebt, der handelt gerade nicht wie Gott, der dem Sünder nachgeht, weil der verloren ist und Hilfe nötig hat. Der Christ soll den Geringen nicht helfen, weil sie in Wirklichkeit große Herren sind — damit bliebe er in der menschlichen Denkweise, die es allein für wertvoll hält, großen Herren zu helfen. Jesus und sein himmlischer Vater aber helfen nicht den großen Herren, sondern den armen Sündern. So ist es gerade die — anscheinend die Aufnahme des Kindes rechtfertigende — Einschiebung Christi und Gottes, welche dieses Wort innerlich von Jesus entfernt. Es ist ein Wort der frommen judenchristlichen Gemeinde, die in ihrer Frömmigkeit immer noch dem jüdischen (und damit dem allgemein menschlichen) Denken verhaftet blieb und die Tiefe Jesu nicht erfaßte.

Die nun folgende Szene reicht eigentlich nur bis V. 39. Der Zebedaide Johannes[2] fragt, ob man es nicht verhindern müsse, daß ein Nichtchrist im Namen Jesu Dämonen austreibt. Die Worte „weil er uns nicht folgt" könnten ein späterer Zusatz sein; aber das würde am Sinn nichts ändern. Jesus verneint die Frage: Wer soeben bei einer Beschwörung den Jesusnamen gebraucht hat, kann nicht im nächsten Augenblick auf ihn schelten! Dieses Wort entscheidet eine Frage der christlichen Gemeinde und stammt nicht von Jesus. Einmal müssen wir nämlich bedenken: Jesus hat nach 1. Kor. 2,8 nicht so viele und so große Wunder getan, wie es nach der von Mk wiedergegebenen späteren Tradition aussieht. Schon das macht es unwahrscheinlich, daß ein jüdischer Exorzist bereits sich zu Jesu Lebzeiten des Namens Jesu bedient hat. Weiter: dieses „in meinem Namen" (das den Stichwortanschluß zu V.37 herstellt) hat seinen Sinn daher, daß es ein himmlisches Wesen ist, dessen Name beim Exorzismus angerufen wird. Vom Namen Jesu in diesem Sinn hat aber erst die christliche Gemeinde gesprochen. Vor allem aber: diese Begründung vertritt einen flachen Nützlichkeitsstandpunkt. Wer den Christusnamen benutzt, kann sich dann nicht feindlich gegen ihn und die Christen stellen — also lasse man ihn diesen Namen benutzen: man nützt sich damit selber! Übrigens verrät schon das „der u n s nicht folgt" genug. In den Zauberpapyri findet sich der Fall, daß „der Gott der Hebräer Jesus" bei einer Beschwörung angerufen wird. Lukas hat denn auch diese Begründung fallengelassen und sich auf Mk 9,40 zurückgezogen. Das war vermutlich ein Sprichwort, das hier Jesus in den Mund gelegt worden ist. Es ist ebenso wahr und ebenso falsch wie sein Gegenteil, mit dem wir in Mt 12,30 = Lk 11,23 Bekanntschaft machen.

V. 41 ist wieder mit Stichwortanschluß „in meinem Namen" angefügt: Wer einem Christen, weil er Christ ist, einen Becher Wasser zu trinken gibt, soll seines (himmlischen) Lohnes nicht verlustig gehen. Mt hat 10,42 diesen Spruch in einem etwas anderen Zusammenhang gebracht, aber mit einem Wortlaut, den Mk sicherlich gern benutzt

[2] Die Zebedaiden erscheinen hier wie auch bei der Zebedaidenfrage Mk 10,35 und in der Geschichte von der Samariterherberge Lk 9,54 als besonders selbstbewußt.

hätte, hätte er ihn gekannt („einen dieser Kleinen"). Aus dieser Parallele geht deutlich hervor (vgl. „auf den Namen eines Jüngers"), daß wir das „in meinem Namen, weil ihr Christen seid" des Mk wirklich mit „weil ihr Christen seid" übersetzen mußten. Der Gedanke ist in beiden Fällen derselbe (nur bei Mt abstufend noch stärker veräußerlicht[3]): wer einem Christen einen Liebesdienst erweist, weil er ein Christ ist, der wird von Gott dafür belohnt werden. Auch das ist — strenggenommen — nicht in Jesu Sinn gedacht. Jesus hätte gerade diese Begründung „in meinem Namen, weil ihr Christen seid" nicht genannt: wer Liebe erweist, der hat Gott lieb, und das zeigt sich gerade darin, daß er Liebe erweist, wie Gott. Ob der Bedürftige ein Christ ist oder nicht, das macht die Liebestat nicht größer oder kleiner, die ihm erwiesen wird.

V. 40 f. hängen nur locker miteinander zusammen: äußerlich durch das gemeinsame ὅς γάρ (hos gar = „denn wer"), was diese beiden Verse einleitet, innerlich durch das „für uns" und das „in meinem Namen, weil ihr Christus gehört". V. 42 seinerseits bedingt, wie V. 41, mit ὅς γάρ (hos an), „wer auch immer". Inhaltlich aber stellt er den Gegensatz dar: wer einem der geringsten Christen (hier wird nicht an die Kinder gedacht, sondern an die einfachen kleinen Leute) Ärgernis bereitet (d. h. ihren Glauben erschüttert), dem wäre es besser, wenn er zuvor durch einen gewaltsamen Tod umgekommen wäre. Worin das Ärgernis besteht, wird nicht gesagt; gemeint ist damit jede Tat, die den christlichen Glauben ins Wanken bringt. Von einer Verführung spricht das Wort nicht direkt, wenn sie auch nicht ausgeschlossen ist.

Aus der Formulierung „einen dieser kleinen Glaubenden" dürfte deutlich sein, daß es sich um die Verhältnisse der christlichen Gemeinde handelt und dieses Wort also nicht von Jesus stammt.

Mit diesem Vers hat ein Abschnitt über das Ärgernis (σκάνδαλον, „skandalon") begonnen, der bis zu V. 48 reicht. Aus dem Vergleich mit Mt 5,29 f. geht hervor, daß ursprünglich von der rechten Hand die Rede war: sie ist als die Gebrauchshand die wichtigere und darum der besonderen Erwähnung wert. Bei Fuß und Auge kann das Wort „rechte" beibehalten werden, um die Gleichförmigkeit des Ausdrucks in den parallelen Versen zu erhalten. Mk hat die richtige Folge bewahrt: Hand, Fuß, Auge, aber allemal das Wort „rechte" fortgelassen, weil es für Fuß und Auge nicht paßte. Mt dagegen hat in 5,29 f. den ursprünglichen Wortlaut „rechte Hand" usw. beibehalten, aber das

[3] Nach Mt 10,41 bekommt der, welcher einen christlichen Propheten aufnimmt, den Lohn eines Propheten, wer einen Gerechten aufnimmt, den Lohn eines Gerechten, und wer einem von diesen Kleinen — das müssen hier die gewöhnlichen Christen sein, die „kleinen Leute" — einen Becher kalten Wassers gibt, wird nicht unbelohnt bleiben. Unseres Erachtens wird hier deutlich, daß bereits eine Rangskala vorausgesetzt wird; wer den Träger des höchsten Ranges aufnimmt, erhält von Gott auch den höchsten Lohn.

Auge als wichtiger vorangestellt, weil er an die sexuelle Versuchung dachte (voran geht das Wort vom Blick, der schon eine Ehe bricht).

Schlatter meint (Mt 550): „Dieselben zum entschlossenen Verzicht verpflichtenden Worte, die 5,29 f. in Verbindung mit der Reinigung des erotischen Begehrens standen, sind hier in Verbindung mit der Gefahr gebracht, die aus der Gemeinschaft mit den anderen entsteht, daraus, daß der Einfluß des Starken die Kleinen mitreißt, für deren sittliches Wohl er verantwortlich ist". „Hier bringt der Anteil an der Gemeinde, die Starke und Schwache vereinigt, dem Jünger die Pflicht, jene Mannhaftigkeit zu gewähren, die auf jeden Besitz und Gewinn zu verzichten vermag, damit das Verwerfliche vermieden sei." Es handle sich hier um eine Regel für die „Regelung der religiösen Einwirkung auf andere". Dieser Versuch, Mt 18,6 f. und 18,8 innerlich zu verbinden, ist gerade deshalb so wichtig, weil er trotz aller ungewöhnlichen Anstrengung gescheitert ist. Schlatter liest aus unseren Versen die Mahnung an die — überhaupt nicht erwähnten — Starken heraus, die μικροί, die er als die „Schwachen" versteht, nicht religiös zu vergewaltigen. Aber was in unserem Text deutet denn auf einen solchen Sinn hin? Wo steht denn hier, daß der Starke auf seine Stärke zugunsten des Schwachen verzichten soll? Schlatter hat es nicht wahrhaben wollen, daß Mk (dem Mt ja hier — nur erweiternd — folgt) bloß vom Stichwort „Anstoß nehmen" verbundene Sprüche zusammengestellt hat. Dadurch war er gezwungen, dem Text einen ihm fremden Sinn aufzudrängen. Wir müssen es uns gefallen lassen, daß unser Evangelist in dieser lockeren Weise überliefertes Spruchgut verbunden hat. In V. 42 hatte Mk davor gewarnt, den Kleinen — den schlichten, einfachen Christen — Anstoß zu geben. In V. 43 spricht er dann von dem Anstoß, den ich selbst durch ein Ärgernis empfange (nicht mehr von einem, das ich anderen bereite!) und das ich um jeden Preis, unter allen Umständen, und wäre es noch so schmerzhaft für mich, beseitigen muß. Das bitterste Opfer darf ich nicht scheuen, wenn mich etwas aus der Verbundenheit mit Gott herausreißen will. Mk deutet nicht an, woran er speziell gedacht hat, als er von Hand und Fuß und Auge sprach. Nur soviel können wir aus seinen Worten entnehmen, daß es nicht bloß etwas mir Liebes und Wertvolles ist, von dem das Ärgernis ausgeht, sondern etwas, das aufs engste mit mir verbunden ist. In der Zeit des Mk gab es unter den Christen keinen Sport, der einen jungen Christen derart besessen machte, daß er nur noch an einen Sieg auch im Wettlauf oder beim Boxen dachte und darüber Gott vergaß. Wir können also Hand und Fuß und Auge nicht in unmittelbarem Sinn nehmen, sondern müssen sie als Bilder auffassen, denen jeweils im Leben des einzelnen sehr Verschiedenes entsprechen kann. Wenn ich z. B. in meinem Beruf nur aufsteigen kann, indem ich mich nicht mehr um Gott kümmere, sondern nur noch meine Ellenbogen gebrauche, dann soll ich mich lieber kümmerlich durchschlagen, statt als wohlhabender und angesehener

Mann in die Hölle zu wandern (die übrigens für diesen bereits hier beginnt, mitten in seinen „Erfolgen"). Aber es ist nicht gesagt, daß Mk gerade an den Beruf gedacht hat, als er diese überkommenen harten Mahnungen und Warnungen hier einfügte.

Von Jesus wissen wir: Er hat sich nicht bloß von seinem Beruf, sondern auch von seiner Familie losgerissen, weil sie den Prediger des Gottesreiches für verrückt hielt (s. o. 142 ff. und 145 f.). Damit war sie ihm zum Ärgernis geworden, und er hat die Konsequenzen gezogen. Sollte unser Wort von Jesus stammen, dann könnte es aus dieser Erfahrung geboren sein. V. 48 freilich, der aus einer der unchristlichsten Stellen des A. T. stammt[4] (die Frommen gehen hinaus und sehen sich die Qualen der Sünder an, deren Wurm nicht sterben und deren Feuer nicht erlöschen wird), müßten wir dann der schriftgelehrten Gemeindetradition zurechnen und nicht Jesu Bild damit entstellen. Viele Handschriften haben dieses Wort aus Tritojesaja — als V. 44 und 46 — noch hinter die erste und die zweite Erwähnung der Gehenna, des Qualortes, eingeschoben: ein Zeichen, wie wichtig es der christlichen Gemeinde erschien. Aber diese Drohung mit der Hölle gehört nicht Jesus an. Mt 10,28 (= Lk 12,4 f.), das uns mahnt, Gott mehr als die Menschen zu fürchten, weil er uns nach dem Tod in die Hölle werfen kann, spricht durchaus dagegen, wenn wir uns wirklich einmal Ton und Inhalt dieses Wortes klarmachen: der Hirt, der das verlorene Lamm sucht, ist von dem Gott, der mit der Hölle schreckt, tief verschieden und nicht eine Ergänzung dazu. Denn der Gehorsam, der aus der Furcht vor der Hölle entspringt, ist ein Stück Selbstsucht, das aus Angst das Begehren verdrängt; der Gehorsam, den Jesus will, muß aus der Liebe geboren sein. Mk 9,43 ff. atmen nicht den Geist des Opfers, das die Liebe bringt, sondern den Verzicht, zu dem sich die Furcht gezwungen sieht, vor der das Höllenfeuer unauslöschlich brennt und der fressende Wurm sich ringelt. Nicht daß Jesus von den Menschen nichts gefordert hätte — in Wahrheit fordert er unvergleichlich mehr, wenn er nicht die Furcht will, sondern die Liebe. Aber wir haben ja heute fast das Gericht vergessen, das von der

[4] Jes 66,24. Wohlenberg sagt 261 zu diesem schrecklichen Vers: „um des rhetorisch wirksamen Effekts willen möchte man ihn hier nicht gut entbehren". Das sagt derselbe Exeget, der die drei Bedingungssätze V. 43.45.47 als irreale faßt: „und wenn, wie einer sagen könnte, aber mit Unrecht sagt, er von seiner Hand, seinem Fuß, seinem Auge geärgert werden sollte, so wäre es ihm erträglicher ..." Zum Trost hören wir S. 262 auch noch: „Freilich würde es auch dann kaum jemandem zugemutet werden, selber den Schlag auszuführen oder das Ausreißen vorzunehmen, sondern der Henker würde es tun" — Wohlenberg denkt an Verfolgungszeiten. Aber man soll — immer noch nach Wohlenberg — nicht vergessen, daß es sich in unserem Zusammenhang darum handelt, daß jemand die fleischliche Naturbeschaffenheit seiner Glieder ... sich zur Entschuldigung dienen lassen will, wenn er geärgert, wenn er speziell zum frevelhaften Ehrgeiz gereizt wird: eine Selbstrechtfertigung, die auf verkehrter Anschauung vom leiblichen Organismus beruht."

Liebe ausgeht, und meinen gern, die christliche Liebe sei eine gutmütige Sentimentalität und mit allem zufriedene Schwäche.

Wir können uns an diesem Einzelfall eine wichtige methodische Frage verdeutlichen. Von welchen Voraussetzungen ging Schlatter im Unterschied von der modernen Exegese aus? Schlatter setzte in seinem Mt-Kommentar zu unserer Stelle voraus, daß Mt eine Rede Jesu wiedergibt; heute dagegen nimmt man an, daß er einzelne Logia zu einer größeren Komposition zusammenfügt. Tatsächlich steckt aber in Schlatters Voraussetzung zweierlei: (1) Es handelt sich um eine geschlossene Redeeinheit; (2) diese Redeeinheit stammt als solche von Jesus. Beides ist nicht dasselbe. Es ist denkbar, daß Mt aus verwandten Sprüchen eine Einheit geschaffen hat. Dann trifft die erste Schlattersche Voraussetzung in gewissem Sinne zu, ohne daß über die zweite schon entschieden wäre. Die verschiedenen Logia könnten aus verschiedenen Reden Jesu stammen; es könnten aber auch einzelne dieser Logia nicht von Jesus herrühren.

Wie Schlatter die Jesusrede als Einheit auszulegen sich bemüht, das hat auf alle Fälle ein Verdienst: es zwingt uns, dem Zusammenhang nachzuspüren, der dem Evangelisten vor Augen stand, als er diese Rede niederschrieb. Aber weil Schlatter voraussetzt, Jesus habe diese Rede als Ganzes gehalten, darf er darin keine Lücken und Bruchstellen zugeben. Denn das widerspräche dem Charakter einer zusammenhängenden Rede Jesu. Jesus kann nicht sprunghaft gedacht oder unzusammenhängend gesprochen haben. Da ferner Schlatter hier Jesu Stimme zu hören meint, wagt er keine Kritik an einem Logion, vielmehr muß er eine solche Kritik für unangemessen, im Grunde sogar für eine freche und ehrfurchtslose Nörgelei an den Worten des Gottessohnes halten. Um ihr auszuweichen, muß er also den Logien einen Sinn abzugewinnen trachten, dem er selbst zustimmen kann, auch wenn dieser Sinn (wie im vorliegenden Fall bei Mt 18,8) reichlich fernliegt, um es einmal milde auszudrücken. Nun müssen wir aber bedenken:

Alle die bei Mt vorhandenen Reden sind für wirklich gehaltene Reden zu kurz. Es sind bestenfalls die wichtigsten Sätze aus einer solchen Rede festgehalten. Aber auch dem widerspricht der synoptische Textbefund: ein Teil der bei Mt erscheinenden Logien ist deutlich aus Mk entnommen; andere Sprüche entstammen der Q genannten Überlieferung, und noch andere sind „Sondergut" (das in einem Evangelium enthalten gewesen sein kann, aber nicht muß). Damit ist die Voraussetzung, es handele sich um die Wiedergabe einer einzigen von Jesus gehaltenen Rede, unwahrscheinlich, ja unmöglich geworden. Es fragt sich vielmehr jetzt, ob diese einzelnen Logien (sie begegnen uns z. T. in verschiedener Form, im Lauf der mündlichen Überlieferung mannigfach verändert) von Jesus selbst gesprochen sind oder nicht. Angesichts dieser Lage wird nun die Kritik möglich, ohne daß wir an Jesus herumnörgeln. Wenn wir ein Bild der Verkündigung

Jesu erarbeitet haben, können wir von da aus auch einzelne Logien beurteilen und eventuell zeigen, daß dieses oder jenes auf die Gemeinde zurückgeht. Gelingt eine solche Unterscheidung, dann dient sie in Wirklichkeit der Verkündigung treuer als ein Konservativismus wie der Schlatters, der alles als echtes Jesusgut auszulegen sich bemüht. Schlatters Name kennzeichnet hier nur eine bestimmte Exegese. Dafür eignet er sich besonders gut, weil er mit ungewöhnlicher Sorgfalt und Treue und auf Einheit und Zusammenhang abzielendem Denken die Texte erklärt hat. Es ist stets ein Gewinn, Schlatters Kommentare zu lesen, auch wo man ihnen nicht beipflichten kann.

V. 49, durch das Stichwort „Feuer" an V. 48 angeschlossen, meint vermutlich das Jüngste Gericht, das an manchen Stellen des N. T. als mit dem die alte Welt verzehrenden Gerichtsbrand verbunden vorgestellt worden ist. Aber die Begründung γάρ (găr = „denn") paßt nicht, wenn man genau zusieht: in V. 48 wurde der Christ gewarnt, damit er nicht in das Höllenfeuer kommt. Dagegen wird in V. 49 vorausgesetzt, daß jeder durch das Feuer hindurchgehen muß. Ob man das Feuer des V. 49 analog dem „durchs Feuer geläutert" in 1. Petr 1,7 vom Leid der Trübsal versteht oder vom Gerichtsfeuer (was nicht bloß ein Bild ist!), ändert daran nichts. D und andere Handschriften haben für „jeder" eingesetzt „jedes Opfer", weil von Opfern eher gesagt werden kann, daß es vom Feuer „gesalzen" wird, obwohl auch bei dieser erleichternden Lesart das „Gesalzenwerden" noch sehr sonderbar bleibt. Andere Handschriften haben die Lesart von D. mit der von א durch ein „und" verbunden; daß das nicht der ursprüngliche Text ist, versteht sich von selbst.

V. 50 hängt mit V. 49 durch das Stichwort „Salz" zusammen. Aber der Gedanke ist ganz anders: Salz ist gut. Wenn es aber seine Salzkraft verliert, wie soll man sie ihm wiedergeben? Mk benutzt hier eine Variante zu einem in Q enthaltenen Logion (Mt 5,13 = Lk 14,34 f.). Auch er dürfte vorausgesetzt haben, daß die Christen das Salz sein sollen. Verlieren sie aber ihre besondere Kraft, so gibt es keinen Menschen, der sie ihnen wiedergeben könnte; ein nicht wiedergutzumachender Schaden ist eingetreten. V. 50 b, den Mk angehängt hat, meint mit „Salz" die ordentliche, verständige Sinnesart (nicht die Vernunft!): Seid verständig und haltet untereinander Frieden!

Wir wollen nun noch kurz die Matthäus- Parallele zur soeben behandelten Rede betrachten. Mt hat 17,24, nachdem er das Kommen Jesu und seiner Jünger nach Kapernaum berichtet hat, eine bei Mk fehlende Geschichte eingeschoben; sie handelt von der Tempelsteuer (17,24—27). Die Steuereinnehmer kommen zu Petrus und fragen ihn, ob sein Meister nicht die Tempelsteuer bezahlt. Petrus bejaht die Frage. Im Haus erklärt dann Jesus dem Petrus aber, daß die Christen als die Söhne (Gottes) eigentlich steuerfrei sind; nur die Fremden — das können hier nur die Juden sein — seien zur Zahlung verpflichtet.

Aber um keinen Anstoß zu erregen, solle Petrus für sich und Jesus ein Didrachmastück zahlen, das er im Maul eines geangelten Fisches finden werde[5].

Diese merkwürdige Geschichte hat den Erklärern viel zu schaffen gemacht. B. Weiß schrieb (308 Anm.): „Vergeblich bemühte man sich, den Gedanken an ein göttliches Vorsehungswunder, welches Jesus voraussah, aus dem Wort durch exegetische Kunststücke wegzuschaffen.“ Weiß selber rechnete nicht mit einem solchen Vorsehungswunder. Darum nahm er an, „daß ein sinniges Wort Jesu erst in der mündlichen Überlieferung so aufgefaßt wurde, als ob Gott durch ein besonderes Wunder, den Fischfang des Petrus, durch den er sich die nötige Summe verschaffen sollte, segnen werde.“ Das liege sehr nahe, weil „der wunderbare Fang selber nicht ausdrücklich erzählt wird, während doch die Erfüllung des Wortes Jesu immer die eigentliche Pointe der Erzählung sein müßte.“ Hirsch (Frühgeschichte II 326 f.) hat diesen Ausweg so abgeändert, daß er vermutete: Petrus stand als Leiter der christlichen Gemeinde vor der Frage, ob sie die Tempelsteuer weiter bezahlen solle. Da habe er ein Traumgesicht gehabt, aus dem erst in der späteren Überlieferung ein realer Vorgang wurde und in dem er den (bejahenden) Bescheid des Herrn empfing. Schlatter Mt 542 verzichtete auf eine solche Erklärung und stellte unsere Geschichte mutig neben die vom Esel in Bethphage und vom Obergemach in Jerusalem (Mt 21,1—9 und 26,17—19): „In allen drei Erzählungen empfängt Jesus alles, was er bedarf, vom Vater“. Andererseits leugnet auch Schlatter nicht, daß unsere Geschichte die Antwort auf die Frage geben will, ob die christliche Gemeinde weiter die Tempelsteuer bezahlen soll. Er meint aber, diese Frage sei durch die Zerstörung des Tempels gegenstandslos geworden. Das ist nun freilich ein Irrtum: nach Josephus Bell. VII 6,6 mußte die Tempelsteuer nach 70 dem Juppiter Capitolinus bezahlt werden. Unsere Geschichte war also auch nach 70 aktuell. Da nun die christliche Gemeinde nicht damit gerechnet hat, daß ihr stets Fische mit einem Stater im Maul die Zahlung möglich machen würden, ist dieser Zug noch nicht durch die Gemeindeproblematik erklärt. Vermutlich ist hier weder ein „sinniges“ Wort Jesu mißdeutet noch ein Traumgesicht des Petrus zur realen Wirklichkeit vergröbert worden, sondern ein Märchenmotiv (vgl. den „Ring des Polykrates“) hat dazu gedient, Jesu Wundermacht in einem neuen Lichte zu zeigen (s. auch die Geschichte vom wunderbaren Fischfang des Petrus Lk 5,4 ff. und Joh 21,3—6). Daß Mt die Ausführung des Befehls nicht schildert, wird den nicht erstaunen, der die starken Kürzungen des Mt bedenkt. Selbstverständlich haben weder Mt noch seine Leser daran gezweifelt, daß alles so kam, wie es Jesus vorausgesagt hatte. Wichtig ist, daß diese Geschichte bereits die Christen — denn von

[5] Von den anderen Jüngern ist nicht die Rede.

ihnen ist hier eigentlich die Rede — als die Söhne und die Juden als die „Fremden" bezeichnet; das ist ein deutliches Zeichen später Überlieferung, aus einer Zeit, da sich die beiden Glaubensweisen schon auseinandergelebt hatten. Als das Interesse an der Frage der Tempelsteuer erlosch, wird man diese Erzählung als Wundergeschichte geschätzt haben.

Bei der Erzählung vom Rangstreit (Mt 18,1—5) läßt Mt die Jünger direkt Jesus fragen: „Wer ist größer im Himmelreich?" Die Unterhaltung der Jünger auf dem Wege und Jesu Frage hat der kürzende Mt als unerheblich fortgelassen. Darum müssen sich die Jünger unmittelbar fragend an Jesus selbst wenden. Jesu Antwort entnahm Mt seinem Sondergut; aus ihr geht hervor, daß das Reich noch als zukünftig vorgestellt wird. Der aus Mk übernommene Zug, daß Jesus ein Kind in die Mitte stellt, paßt nur zu V. 5 (= Mk 9,37 gekürzt), aber nicht zu dem davorstehenden V. 4: „Wenn ihr nicht umkehrt und werdet wie die Kinder, so werdet ihr nicht ins Himmelreich eingehen". Man hat zu diesem Zug daran erinnert, daß nach jüdischem Glauben die kleinen Kinder noch nicht sündig sind. Dann würde das Wort besagen: Ins Himmelreich kommt nur, wer allem sündigen Wesen entsagt hat. Vielleicht hat Mt dieses (wohl isoliert umlaufende) Wort in diesem Sinne verstanden. V. 4 spricht freilich von der Selbstdemütigung und erinnert an ein (in leicht wechselnder Fassung mehrfach — bei Mt 23,12 und Lk 14,11; 18,14 — wiederkehrendes) Wort ähnlicher Art: „Wer sich selber erhöht, wird gedemütigt (erniedrigt) werden; wer sich selber demütigt (erniedrigt), wird erhöht werden." Durch den Zusatz „wie dieses Kind" hat Mt die Beziehung auf V. 2 und durch den weiteren Zusatz „der ist der Größte im Himmelreich" die Beziehung auf V. 1 sichern wollen, ohne daß es ihm überzeugend gelungen wäre. Die Exegeten und Prediger zeigen das deutlich genug.

Die Erzählung vom fremden Exorzisten hat Mt fortgelassen, da er den entgegengesetzten Standpunkt vertrat: „Wer nicht mit mir ist, der ist gegen mich" (12,30).

An das Wort vom Mühlstein hat Mt ein weiteres isoliertes Logion über das Thema „Ärgernis" eingeschoben: „Wehe der Welt wegen der Ärgernisse" — hier hat die „Welt" den johanneischen Sinn der bösen, gottentfremdeten Welt, von der die Versuchungen kommen[6]. „Die Ärgernisse müssen ja kommen" — B. Weiß bestreitet zu Unrecht, daß bei diesem „Müssen" an Gottes geheimnisvollen Ratschluß gedacht ist —, „aber wehe dem Menschen, durch den das Ärgernis kommt". Danach läßt Mt, wieder kürzend, Mk 9,43 in 18,8 zu Wort kommen, bricht aber ab, bevor Höllenfeuer und Höllenwurm erwähnt werden. Offensichtlich hat er die Worte „alles wird mit Feuer gesalzen werden" als unverständlich fortgelassen und war sich bewußt, das folgende Salzwort selbst in Mt 5,13 in besserer Form gebracht zu haben.

---

[6] Dies ist ein Lieblingsthema der Gnosis geworden (s. u. S. 348 f.).

Die Fortsetzung der Rede bei Mt hat bei Mk kein Gegenstück mehr; sie zeigt uns aber, wie nahe es lag, eine vorgefundene kleinere Redekomposition durch neues Material zu erweitern. In Mt 18,15—17 gibt Jesus schon Vorschriften darüber, nach welchem Modus die Gemeinde Streitigkeiten in ihrer Mitte behandeln soll. Hier wird es (auch aus anderen Gründen) handgreiflich, daß die palästinische Gemeinde spätere Sitte auf Befehle Jesu zurückgeführt hat.

Lukas hat nicht nur die Heilung des besessenen Knaben kürzer erzählt (9,37—43), sondern auch die bei Mk folgende Redekomposition: die zweite Leidensverkündigung und den Streit über die Größe und die Behandlung des fremden Exorzisten. Dann läßt er aus seinem Sondergut die Geschichte von der Ablehnung durch die Samariter folgen (9,51—56): sie ist durch Stichwortanschluß „Johannes" und inhaltlich durch die Abwehr der lieblosen Arroganz der Jünger (= Gemeinde) mit dem Vorhergehenden verbunden. Mk 9,42—48 bekommt in Lk 17,1 f. ein Gegenstück, vermutlich aus Q; denn alles Folgende hat Entsprechungen in verschiedenen Mt-Stellen.

44 Ehe und Ehescheidung

Mk 10,1—12; Mt 19,1—12

(1) Und von dort aufbrechend geht er fort zum Gebiet von Judäa und jenseits des Jordans, und wieder versammeln sich Volksmassen bei ihm, und wie er gewohnt war, lehrte er sie wieder. (2) Und die Pharisäer traten hinzu und fragten ihn, ob der Mann seine Frau entlassen dürfe, ihn versuchend. (3) Er aber antwortete und sprach zu ihnen: „Was hat euch Moses geboten?" (4) Sie aber sprachen: „Moses hat uns erlaubt, einen Scheidebrief zu schreiben und zu entlassen." (5) Jesus aber sprach zu ihnen: „Mit Rücksicht auf eure Herzenshärtigkeit hat er euch dieses Gebot geschrieben.

(6) Von Anfang der Schöpfung an aber hat Er sie männlich und weiblich (Mann und Weib) geschaffen. (7) Deswegen wird der Mann seinen Vater und seine Mutter verlassen, und die zwei werden zu einem Fleisch werden, so daß sie nicht mehr zwei sind, sondern ein Fleisch. (9) Was nun Gott zusammengefügt hat, soll der Mensch nicht trennen."

(10) Und wieder im Hause, befragten ihn seine Jünger darüber. (11) Und er sagte zu ihnen: „Wer seine Frau entläßt und eine andere heiratet, begeht an jener Ehebruch. (12) Und wenn sie ihren Mann entläßt und einen anderen heiratet, begeht sie Ehebruch."

Mk 9,33 enthielt die letzte Ortsangabe: Jesus kommt mit den Jüngern nach Kapernaum, also nach Galiläa. Nun verläßt er dieses Gebiet und betritt, nach dem freilich rätselhaften Mk-Text, Judäa, und (zwar) östlich des Jordans. Allerdings fehlt das „und“ zwischen den beiden Ortsangaben bei D W Δ Θ fam. 1 fam. 13 it sy[s] al. Burkitt (96) versuchte diese zweite Lesart durch die Vermutung zu erklären, Jesus sei mit den beiden Zebedaiden (Lk 9,51—56!) allein durch Samaria gewandert, Petrus aber mit den übrigen Jüngern östlich des Jordans durch Peräa. Von Petrus aus gesehen lag dann Judäa „auf der anderen (westlichen) Seite des Jordans“. Aber das ist ein künstlicher Versuch, zwei verschiedene Traditionen (oder sogar zwei verschiedene Konstruktionen zweier Evangelisten) miteinander zu vereinen. Eine dritte Lesart, vertreten von A 569 575 700 al, ersetzt jenes rätselhafte „und“ durch das Wort „durch“. Das wird ein Versuch sein, dem Text den Sinn abzugewinnen, daß Jesus durch Peräa auf dem üblichen Pilgerweg nach Judäa gewandert sei. Taylor 416 meint, die erste Lesart („in das Gebiet von Judäa und jenseits des Jordans“) lasse sich als Umstellung verstehen, wie auch Mk 11,1, wo das letzte Reiseziel, Jerusalem, zuerst genannt wird. Hirsch versteht die Worte „in das Gebiet von Judäa“ als Umschreibung für den Machtbereich des römischen Prokurators, der Judäa und Samaria umfaßte. Diesen Bericht (Mk I) habe der Bearbeiter (Mk II) nicht mehr verstanden und „von Judäa“ durch „jenseits des Jordans“ (also: Peräa) ersetzt. Der Redaktor habe dann beides friedlich vereinigt. Es sei dies „wieder einer der Fälle, an denen die hier gemachten literarkritischen Annahmen ihre Triumphe feiern“ (I 109).

Gegenüber all diesen Versuchen darf man fragen, ob die geographischen Vorstellungen des Mk ebenso genau waren, wie man es von dem Jerusalemer Johannes, genannt Markus, freilich erwarten müßte.

Wichtiger als die Frage nach dem tatsächlichen Reiseweg Jesu ist die Erkenntnis: Hier beginnt die Wanderung zum Todespassa nach Jerusalem. Lk hat diese Wende in 9,51 viel stärker hervorgehoben, und auch Mt macht 19,1 die Lage deutlicher, als es Mk hier für nötig hält. Durch die beiden Leidensankündigungen hat Mk sozusagen schon in 8,31 und dann in 9,30 ff. diese Wende angekündigt, in 10,32 aber ausgesprochen.

Daß sich wiederum Volksmassen versammeln usw., gehört schon in den nächsten Abschnitt, der sehr eng angeschlossen ist.

Bevor der Evangelist mit der Passionsgeschichte beginnt, berichtet er von einigen Entscheidungen Jesu, die für die Gemeinde besonders wichtig waren. Diese Entscheidungen fallen jeweils in konkreten Szenen; dadurch werden sie eindrücklicher und anschaulicher, als wenn sie nur in Spruchform mitgeteilt würden.

Zunächst handelt es sich darum, wie sich die christliche Gemeinde zum Problem der Ehescheidung stellen soll (ein Wort über die Kinder wird angeschlossen), sodann um die Beurteilung von Reichtum und Besitz.

Huck hat einst unsere Perikope überschrieben: „Ehe und Ehescheidung“. Das entspricht nicht ganz der Absicht des Mk. Er meint nicht, daß V. 10 ff. von einem neuen Thema sprechen (das „sie befragten ihn darüber" zeigt es an), sondern nur, daß sie einen neuen Spruch zum bisherigen Thema bringen. Es empfiehlt sich, bei diesem letzten Abschnitt mit der Analyse zu beginnen.

Daß V. 12 nichtpalästinische Rechtsverhältnisse voraussetzt (in Palästina konnte nur der Mann die Frau entlassen, nicht umgekehrt), ist bekannt. Also nicht von Jesus stammt dieser Vers. Er wendet vielmehr den in V. 11 ausgesprochenen Grundsatz auf eine Lage an, mit der sich die christliche Gemeinde später auseinandersetzen mußte. Dabei hat man die Neubildung ohne Bedenken Jesus selbst in den Mund gelegt.

Dagegen hat V. 11 ein Gegenstück in Q, nämlich Lk 16,18: „Jeder, der seine Frau entläßt und eine andere heiratet, bricht die Ehe", und Mt 5,32: „Jeder, der seine Frau entläßt, außer bei Hurerei, macht, daß sie die Ehe bricht, und wer eine Entlassene heiratet, bricht die Ehe"[1]. Die so von Mk und Q wiedergegebene christliche Tradition widerspricht Dt 24,1—4. Diese Verse des Dt wollen die Institution des Scheidebriefs nicht einführen, sondern setzen sie schon voraus. Auf was es dem Dt ankommt, steht in V. 4: Hat ein Mann seiner Frau den Scheidebrief ausgehändigt und ein zweiter sie geheiratet, der sie ebenfalls verstößt oder stirbt, so darf sie der erste Mann nicht wieder zum Weibe nehmen. Obwohl das Gesetz nur an dieser Stelle von einem Scheidebrief spricht, betrachtete man — wie Mk 10,4 zeigt — den Scheidebrief als durch Dt 24,1—4 eingerichtet.

Das Judentum zur Zeit Jesu hielt den Scheidebrief für eine von Moses eingeführte Institution. Jesus dagegen hat nach V. 11 erklärt: „Wer seiner Frau den Scheidebrief gibt und eine andere heiratet, bricht mit ihr (dieser zweiten Frau) die (mit der ersten Frau bestehende) Ehe". Hier wird also vorausgesetzt: Auch wenn ein Mann seine Frau entläßt, besteht seine Ehe fort. Zu einem Ehebruch kommt es, wenn ein Partner dieser Ehe sich wieder anderweitig verheiratet. Denn Ehebruch kann es nicht zwischen zwei Ehegatten allein geben, sondern nur zwischen einem von ihnen und einer dritten Person.

Der Scheidebrief gab der Frau die Möglichkeit, sich wieder zu verheiraten, und damit eine neue Existenzmöglichkeit. Er war allerdings von manchen Rabbinen zum Freibrief des Mannes gemacht worden.

---

[1] Vgl. zum jüdischen Ehescheidungsrecht Billerbeck I 303—321. Das Wichtigste daran ist: Giṭ 9,10 gibt die Lehre der Schule Schammais so wieder: Der Mann darf seine Frau nur entlassen, wenn er an ihr etwas Schandbares gefunden hat (entsprechend Dt 24,1). Darunter wurde hier eine Unzuchtssünde verstanden. Dagegen faßte die Schule Hillels das „Schandbare" so weit, daß auch darunter fiel, wenn die Frau die Speise anbrennen ließ. Rabbi Aqiba verstand das „chēn" in Dt 24,1 als „Anmut", „Schönheit" und lehrte demgemäß: Ein Mann darf seine Frau entlassen, wenn er eine schönere findet. Aber auch die Frau durfte die Auflösung der Ehe fordern, wenn Krankheit oder Beruf des Mannes für sie unzumutbare Schwierigkeiten brachten, die sich nicht hatten voraussehen lassen.

Die Bestimmung, daß der Mann die Frau entlassen dürfe, wenn er etwas Schändliches an ihr gefunden habe, wurde z. B. sogar dahin ausgelegt, daß er eine Schönere als sie fand.

Der Text der Mt-Parallele ist sehr sonderbar: „Jeder, der seine Frau entläßt — außer bei Hurerei —, macht sie zur Ehebrecherin". Hier ist das fortgelassen, was diesen Satz erst sinnvoll macht, nämlich, daß die geschiedene Frau wieder heiratet. Damit bricht sie die mit dem ersten Mann fortbestehende Ehe. Aber auch der zweite Mann, der sie heiratet, bricht diese ihre erste Ehe. Davon, daß der entlassende Mann wieder heiratet, spricht Mt nicht. Deshalb wird auch hier diesem Mann selbst kein Ehebruch vorgeworfen.

Wir sehen bei alledem deutlich: Nicht das Entlassen der Frau galt schon als Ehebruch — wie könnte es das auch sein, da ja die Ehe trotzdem fortbesteht! —, sondern nur die Wiederverheiratung, sei es des entlassenen Mannes (Mk Lk), sei es der entlassenen Frau (Mt Mk), sei es die Heirat eines zweiten Mannes mit ihr (Mt Lk). Jene Zerstörung der Ehe aber, die durch das Fortsenden der Frau entsteht, gilt nicht als Ehebruch. Was den Ehebruch herbeiführt, ist die Verbindung eines der beiden getrennten Gatten mit einem neuen Partner.

Ist das Jesu Anschauung? Die Antwort können wir Mt 5,27 entnehmen. Die Form der Antithese ist hier vielleicht nicht ursprünglich. Aber soviel bleibt deutlich: Für Jesus ist schon der begehrliche Blick eines verheirateten Mannes auf eine fremde Frau ein Ehebruch. Hier ist allerdings vom „Wegschicken" keine Rede. Aber Jesu Urteil über den begehrlichen Blick zeigt: Der Mann ist zur absoluten Treue gegen seine Frau verpflichtet. Mit solcher Treue ist ein Fortschicken der Frau unvereinbar (oder soll die absolute Treue nur geboten sein, solange die Frau noch nicht fortgeschickt ist?). Damit wird deutlich: für Jesus war die Ehe eine an sich unlösbare Gemeinschaft. Darum wäre für ihn schon das Fortschicken der Frau ein Ehebruch gewesen, und nicht deren Wiederverheiratung. Diese Konsequenz haben Mk 10 und die Parallelen nicht gezogen. Sie werten erst das Eingehen einer neuen Ehe als Ehebruch.

Nun können wir Mk 10,1—12 gerecht beurteilen. Dabei müssen wir uns vor Augen halten: Es ist durchaus möglich, daß dieser Abschnitt eine Komposition des Evangelisten ist. Es ist durchaus möglich, daß die darin vorgebrachten Argumente erst von der christlichen Gemeinde gesammelt worden sind. Dennoch könnte die Grundanschauung, die hinter dem Ganzen steht, mit der Jesu übereinstimmen und von ihm herrühren.

Nach V. 2 fragen die Pharisäer versucherisch, ob ein Mann seine Frau fortschicken dürfe. Die Institution des Scheidebriefes war im ganzen damaligen Judentum anerkannt. Umstritten war nur, aus welchem Grunde ein Mann ihn ausstellen durfte. Demnach hat die Pharisäerfrage nur einen Sinn, wenn die Fragesteller schon wissen: Jesus lehrt in diesem Punkte anders als Moses. Das „versuchen" besteht dann darin, daß sie (nicht eine Belehrung wünschen, sondern) Jesus in offenen Gegensatz zum Gesetz bringen wollen.

Jeder Leser wird es als ungeschickt empfinden, daß Jesus mit der Gegenfrage antwortet: „Was hat euch Mose geboten?" (Übrigens verrät dieses „euch" schon genug.) Denn mag Jesus nun Dt 24,1—4 schon kennen oder nicht, seine Frage bringt ihn in eine unglückliche Situation: die von ihm angerufene Autorität spricht gegen ihn! Man komme nicht mit dem törichten Einwand: Jesus habe doch nach einem Gebot des Mose gefragt und nicht nach einer Erlaubnis! Natürlich kann Moses den Scheidebrief nicht „geboten" haben in dem Sinn, daß jeder Mann seine Frau fortschicken solle! Außerdem aber zeigt V. 5, daß diese „Erlaubnis" als „Gebot" bezeichnet werden kann (das griechische Wort „entolē" entspricht dem Verb „eneteilato" in V. 3), weil diese Erlaubnis Teil einer gesetzlichen Bestimmung ist. Der Evangelist läßt also die Pharisäer durchaus sachgemäß antworten. Wie kam es dann zu dieser Fügung des Gesprächs? Nun, sehr einfach: für Mk blieb keine andere Wahl. Worauf es ihm ankam, war V. 5, in dem Dt 24 als ein Zugeständnis des Moses an die menschliche Schwachheit oder vielmehr Herzenshärtigkeit bezeichnet wird (Herzenshärtigkeit meint die Verschlossenheit des menschlichen Willens gegenüber Gott). Wenn aber der Evangelist dieses Wort bringen wollte, dann mußte unter allen Umständen Dt 24,1 vorher erwähnt werden. Natürlich nicht durch Jesus, gegen den es sprach, sondern durch seine Gegner. Da der Evangelist sie aber nicht einfach fragen lassen konnte: „Bist du mit Dt 24,1 einverstanden?", so mußte eine Frage Jesu diese Erwähnung der Stelle durch die Pharisäer veranlassen. Matthäus hat die Verse später geschickter verbunden. Wir können jedoch Mk nicht vorhalten, daß er nicht schon auf die Lösung des Mt gekommen ist. Kurz: V. 2—5 sind eine nicht völlig gelungene Komposition des Evangelisten.

An V. 5 schließt 6 sehr hart an. In V. 5 meinte das ungenannte Subjekt „er" (in: „er hat geschrieben") Moses, in V. 6 dagegen Gott (in: er hat sie gemacht). V. 7 führt ein Wort Adams (im atl. Text) so an, als sei es ein (von Jesus zitiertes) Wort Gottes. Für die christliche Gemeinde, die hier spricht, war jedes Wort des A. T. ein Wort Gottes. V. 8 bringt den Schluß von Gen 2,4 im Wortlaut der LXX. Diese hat das — hier unentbehrliche — „die zwei" zum Schutz der Einehe eingeführt, die für das atl. Denken keineswegs aus der Geschichte von Adam und Eva folgte.

Der Gedankengang von V. 6—9 ist der: Bei der Schöpfung (= Urordnung) hat Gott die Menschen als Mann und Weib gemacht. Damit hat er den Unterschied der Geschlechter und die Anziehungskraft der Frau auf den Mann geschaffen. Darum verläßt der Mann Vater und Mutter, und Mann und Weib werden zu e i n e m Fleisch. Damit sind sie also nicht mehr zwei, sondern eine Einheit („Fleisch" hat hier keinen tadelnden Nebensinn!). Darauf folgt die mit dem bei Mk seltenen οὖν (oun) ausdrücklich kenntlich gemachte Folgerung: „Was also Gott verbunden hat, soll der Mensch“ (nicht: der Mann! Mk denkt — s. V. 12! — auch an die Frau als mögliches Subjekt einer Trennung) „nicht scheiden“. Hier wird demnach die Ehescheidung als dem Wesen der Ehe schon widersprechend abgelehnt (anders als in V. 10—12): Ist doch die Ehe nach Gottes Schöpfungswillen eine untrennbare Einheit.

Was begründet hier die Untrennbarkeit der Ehe? Die Tatsache, daß die eheliche Vereinigung beide Gatten „ein Fleisch“ werden läßt. Diese Begründung wird die höchste gewesen sein, die dem damaligen Judenchristentum erschwinglich war (es handelt sich bei dieser Auseinandersetzung über den Scheidebrief deutlich um eine judenchristliche Tradition, im Unterschied von V. 10—12). Aber diese Begründung hält nicht Stich. Das A. T. selbst beweist nämlich, daß aus ihr keineswegs die Einehe folgt. Aber auch die Dauer einer Ehe, welche keinen anderen Grund kennt, ist damit nicht gegeben. Es hilft wenig, wenn man sich auf den göttlichen Schöpfungswillen beruft, wie er in Adams Wort („das ist Fleisch von meinem Fleisch“) beschrieben wird; denn damit ist etwas anderes gemeint: erst die „Menschin“ ist die Gefährtin des Menschen, nicht das Tier. Gott hat freilich den Unterschied der Geschlechter bei den Menschen und damit deren Anziehung aufeinander geschaffen. Allein das betrifft eben die beiden Geschlechter und nicht zwei Individuen, die eine Ehe eingehen[2].

---

[2] Dadurch, daß die beiden Geschlechter füreinander geschaffen sind, ist noch nicht gesagt, daß eine bestimmte Ehe im Himmel geschlossen ist. In diesem Zusammenhang ist 1. Kor 7,10—16 sehr wichtig. Paulus verlangt von christlichen Ehegatten mit dem Hinweis auf das Gebot des Herrn, daß sie ihre Ehe nicht trennen. Trotzdem wendet er diese Weisung in einem Falle nicht an: wenn einer der beiden Ehegatten, weil der andere Christ geworden ist, die Trennung fordert, soll der christliche Eheteil sich nicht gegen die Trennung sperren. „Nicht sklavisch gebunden ist ein Christ oder eine Christin in solchen Fällen.“ In den beiden nun folgenden Sätzen aber sieht Joachim Jeremias eine Einschränkung dieser Konzession („Die missionarische Aufgabe in der Mischehe“, Ntl. Studien für Rudolf Bultmann, Beihefte zur ZNW 21, 2. Aufl. 1957, S. 255—260). Er schreibt S. 259: „Fordert dagegen“ der heidnische Teil „die Trennung, so möge sie erfolgen. Doch wird diese Konzession sofort energisch eingeschränkt: Gott hat uns aber zum Frieden berufen. Denn vielleicht, Frau, kannst du den Mann retten usw.“ Unseres Erachtens ist diese Auslegung unhaltbar, obwohl die griechische Wendung „ti gar oidas“ in der LXX tatsächlich mit „wer weiß, ob nicht“ oder mit „vielleicht“ wiedergegeben werden muß und bei Epiktet ähnliche Fälle vorliegen. Aber im paulinischen Text führt eine solche Auslegung zur Sinnlosigkeit. Denn wenn Paulus gesagt hat: „so möge sie erfolgen“, dann wären die folgenden beiden Sätze (im Sinne von Jeremias verstanden) nicht eine Einschränkung der Konzession, sondern deren Aufhebung. Daß Paulus aber in einem Atem Ja und Nein sagt, sollte man ihm nicht zutrauen. Für eine missionarische Aufgabe der Mischehe ergibt also V. 16 nichts.

Darum ist die Pflicht der ehelichen Treue, die Jesus gefordert hat, damit noch nicht gegeben.

So gibt dieser Abschnitt, der literarisch gesehen eine Komposition des Evangelisten ist, die Argumente der judenchristlichen Gemeinde in ihrer Auseinandersetzung mit dem Judentum wieder. Wir sehen dabei, daß sich diese christliche Gemeinde auf verschiedene Weise bemüht hat, Jesu Urteil verständlich zu machen, das von Dt 24,1 abwich. Die Bibelzitate sollen zeigen, daß Dt 24,1 ff. Anpassung an die menschliche Herzenshärtigkeit sind, während der eigentliche Gotteswille in Gen 1,27 und 2,24 zu Wort kommt. Mk 10,2—9 gehört also zu jenen Stellen, in denen die Gemeinde die kühne Selbständigkeit Jesu nachträglich biblisch begründete.

Man hat gelegentlich vermutet, V. 12 ziele auf den Fall der Herodias, die sich von ihrem ersten Mann, dem Herodes Philippus (s. o. S. 238 ff.) trennte und den Herodes Antipas heiratete. Daran ist richtig, daß sich Herodias so verhielt, wie es nicht in Israel, sondern nur außerhalb Israels rechtlich möglich war. Aber V. 12 betrifft nicht nur einen bestimmten, einmal vorgekommenen Sonderfall, sondern gibt eine allgemeine Vorschrift für Fälle, die auch in der (heiden)christlichen Gemeinde eintreten konnten.

Man hat gemeint, man dürfe die Jesus zugeschriebenen Worte nicht legalistisch verstehen. Also sei unter Umständen Ehescheidung doch erlaubt. Darin liegt etwas Richtiges. Aber es kommt nicht mit der Schärfe und Klarheit heraus wie in Luthers Lehre vom secundus usus legis (vom zweiten Sinn des Gesetzes). Wenn man, wie Jesus, das Gesetz, die göttliche Forderung, mit unerbittlicher Konsequenz auslegt, dann sind wir alle Ehebrecher und Brudermörder. Anders gewendet: wenn man das Gesetz in seiner Absolutheit versteht wie Jesus in der Bergpredigt (den Luther darum nicht mit Unrecht den „Mosissimus Moses" genannt hat), dann hilft es nicht zum Leben und Bestand der menschlichen Gemeinschaft, sondern es tötet. Das Gesetz, in dieser Konsequenz verstanden, stellt den Menschen nicht (wie das jüdische) vor einen irdischen Gerichtshof, sondern konfrontiert ihn mit Gott. Und so gesehen macht das von Jesus ausgelegte Gesetz nicht nur irgendeinen Filmstar schuldig, der alle paar Jahre den Mann oder die Frau wechselt, sondern uns alle. Vor Gott kann auch der nicht bestehen, der vor Menschen ein untadliger Ehemann ist. Die paulinische Erkenntnis, daß das Gesetz tötet, wird hier als Erkenntnis Jesu deutlich.

M a t t h ä u s hat den Mk-Text gründlich abgeändert. Zunächst läßt er die Pharisäer fragen: „Darf der Mann seine Frau aus jedem Grunde entlassen?" (wie es Hillel gestattete, von Rabbi Aqiba nicht zu reden). Vielleicht kannte Mt den Streit im Rabbinat über diese Frage. Aber er will ja die Pharisäer nicht als ehrlich Fragende zu Jesus kommen lassen — sie wollen Jesus nur „versuchen". So wird er das „aus jedem Grund" als die bei den Pharisäern geltende Anschauung voraussetzen. Wichtiger aber ist etwas anderes: Mt kann selbst nicht mehr (wie sich sogleich zeigen wird) die unbedingte Unscheidbarkeit der Ehe vertreten: Unzucht (der Frau) ist für ihn ein gültiger Scheidungsgrund. Mit anderen Worten: Mt kann noch den strikten Gegensatz zu „aus jedem Grund“ vertreten, nicht aber das völlige Verbot der Ehescheidung.

Auf die Pharisäerfrage läßt Mt Jesu Hinweis auf Gen 1,27 und 2,24 nach Mk folgen, mit dem Ergebnis: „Was Gott zusammengefügt hat, soll der Mensch“ (vielleicht könnte man hier sogar übersetzen: „der Mann“) „nicht scheiden“. Darauf wenden die Pharisäer Dt 24,1 ff. ein: „Warum hat dann Moses das geboten?“ Antwort: „Mit Rücksicht auf eure Herzenshärtigkeit“[3]. Abschließend heißt es dann (V. 4 wieder aufnehmend): „Von Anfang an aber war es nicht so!“ Darauf folgt noch, stark gekürzt, das Logion Mk 10,11 — es wird hier einfach an die Pharisäer gerichtet. Begrenzt wird es aber, wie schon erwähnt, durch die Bestimmung „außer bei Unzucht“ (entsprechend dem Zusatz in Mt 5,32) gemäß der nun in der christlichen Gemeinde herrschenden Sitte.

Das alles liest sich viel glatter als der Mk-Text, der keinesfalls daraus abgeleitet werden kann. Aber auch Mt ist nicht ganz den Tücken entgangen, die dem Verbesserer drohen. Wenn auf diese Frage „Ist Scheidung aus jedem Grund zulässig?“ nun — nach Mk — geantwortet wird: „Was Gott zusammengefügt hat, soll der Mensch nicht scheiden!“, so widerspricht dieses absolute Scheidungsverbot dem angeblich berechtigten Scheidungsgrund der Unzucht. Manche Kommentatoren versichern freilich, Mt habe damit Jesu Meinung getroffen; denn die Unzucht hebe eben schon die Ehe auf. Aber die Untreue des einen Ehepartners hebt doch nicht die Treuepflicht des anderen auf!

Matthäus hat auch den Eingang der Geschichte abgeändert: er läßt Jesus einfach in den östlich des Jordans gelegenen Teil von Judäa gehen. Die „großen Massen“ folgen Jesus nach (was schwer vorstellbar ist, wenn man wirklich an eine große Menge denkt) und „er heilte sie dort“ — aber diese Massen bestehen doch nicht aus lauter Kranken! Mt hatte schon in 14,13 ff. und 15,29—31 berichtet, daß große Massen mit vielen Kranken zu Jesus kommen, die geheilt werden. Die Änderung in Mt 19,2 entspringt also aus einer Gesamtanschauung, die wir immer wieder bei Mt antreffen; man braucht nicht

[3] Weder die Gemeinde, welche auf diese Weise die atl. Bestimmung über den Scheidebrief außer Kraft setzt, noch jene Kommentatoren, welche diese Gedanken als Jesu eigene Meinung verteidigten, haben sich klargemacht, auf welches Abenteuer sie sich eingelassen haben. Wenn man nämlich damit rechnen müßte, daß atl. Bestimmungen aus Rücksicht auf menschliche Schwachheit erlassen sind, dann muß man entweder zugeben, daß sich Gott „angepaßt“ hat, oder man muß Moses anklagen, daß er angesichts der menschlichen Schwäche weich geworden ist. Das heißt aber: die Ineinssetzung von atl. Gesetz und Gottes Willen — wie sie die frühe Gemeinde voraussetzte — wird so oder so aufgehoben.

mit einer neuen Quelle zu rechnen. Mt kann es sich nicht anders vorstellen, als daß Jesus stets von großen Massen umgeben ist und viele, viele Kranke heilt.

In 19,10—12 hat Mt noch ein ihm überliefertes Wort über die Ehelosigkeit angefügt. Die Anknüpfung in V. 10 ist freilich sehr unglücklich ausgefallen. Nachdem Jesus gesagt hat, man dürfe seine Frau nicht entlassen (außer bei Unzucht) und eine andere heiraten, antworten die Jünger: „Dann ist es gut, nicht zu heiraten!" Als ob die Jünger sämtlich erwarteten, unerträgliche Frauen zu bekommen, die sie trotzdem nicht fortschicken dürfen! Wahrscheinlich soll aber hier die Ehelosigkeit schmackhaft gemacht werden. Denn Jesus erklärt nun, daß nicht alle dieses Wort (nicht heiraten ist gut) erfassen. Neben den Menschen, die von Geburt zur Ehe untüchtig sind, und denen, die von Menschen dazu gemacht werden, gebe es auch solche, die sich um des Gottesreiches willen die Ehe versagen. Damit treffen wir einen Ausdruck jener asketischen Tendenz in der frühen Gemeinde, deren erstes Zeugnis uns 1. Kor. 7,1 bietet: „Es ist gut für den Mann, eine Frau nicht zu berühren" und V. 38: „Darum tut der, welcher heiratet, gut, und der, welcher nicht heiratet, tut besser", sowie auch in V. 7: „Ich möchte aber, daß alle Männer so sind wie ich." Die Ehelosigkeit wird freilich weder von Paulus noch an unserer Stelle zum christlichen Gesetz gemacht. Hier wäre das ja auch unmöglich, nachdem Jesu Wort über die Unlösbarkeit der Ehe gefallen war. Aber in manchen christlichen Kreisen galt offensichtlich die Ehelosigkeit (oder „Jungfräulichkeit") als das Höhere, das freilich nur wenigen zugänglich ist[4]. Paulus hat noch kein derartiges Herrenwort gekannt, wie es Mt 19,12 überliefert ist; er hätte es sich im Zusammenhang von 1. Kor 7 nicht entgehen lassen.

Das Gebot des Herrn, das Paulus 1. Kor 7,10 anführt, entspricht dem Sinne nach Mk 10,10 ff. Die Fortsetzung bei Paulus zeigt, daß der christliche Missionar auch dieses Herrenwort nicht als einen unter allen Umständen unbedingt zu befolgenden Befehl ansah (bekehrt sich jemand zu Christus und sein Ehepartner fordert daraufhin die Trennung, soll man die Ehe aufgeben). Von der Art aus, wie Paulus frei der Lage gerecht zu werden sucht, können wir auch den Zusatz des Mt „außer bei Unzucht" verstehen.

45 Jesus und die Kinder

Mk 10,13—16; Mt 19,13—15; Lk 18,15—17

(13) Und sie brachten zu ihm kleine Kinder, damit er sie berühre. Die Jünger aber schalten die, welche sie brachten. (14) Als Jesus das

[4] Vgl. dazu jetzt den außerordentlich wichtigen Aufsatz von G. Kretschmar: Ein Beitrag zur Frage nach dem Ursprung frühchristlicher Askese (ZThK 61, 1964, 27—67).

aber sah, ward er unwillig und sprach zu ihnen: „Laßt die Kinder zu mir kommen; hindert sie nicht! Denn solcher ist das Gottesreich! (15) Wahrlich, ich sage euch: Wer das Gottesreich nicht annimmt wie ein Kind, der kommt sicherlich nicht hinein!" (16) Und er liebkoste sie und segnete sie, indem er ihnen die Hände auflegte.

Diese kleine Szene ist außerordentlich wichtig. Wir sind leicht geneigt, sie zu überschreiben: „Jesus der Kinderfreund". Aber dem Evangelisten kam es bei dieser Geschichte auf etwas anderes an. Wenn wir ihn recht verstehen wollen, dann müssen wir sehr behutsam, ohne Erinnerung an unsere eigene Dogmatik und auch unsere heutige oder gestrige Kinderpsychologie, die Erzählung auslegen.

Beginnen wir zunächst mit der äußeren Handlung. Jesus befindet sich noch in dem Haus, das er zuvor (V. 10) mit seinen Jüngern betreten hat. Wir dürfen dabei nicht an ein großes Gebäude denken, sondern nur an eines jener einfachen und kleinen orientalischen Häuser, die aus einem einzigen Raum bestehen. Nun kommen einige Menschen (ob es die Eltern oder nur die Mütter sind)[1], sagt der Evangelist nicht, weil es ihm nicht wichtig ist) mit Kindern, damit Jesus diese „berühre". Diese leibhafte Berührung durch Handauflegung ist für Mk und dessen Leser mehr als eine Geste: sie vermittelt die göttliche Segenskraft, die von Jesus ausgeht!

Als jedoch die Leute zur Tür des Hauses kommen, werden sie von den Jüngern schroff abgewiesen. Warum, sagt der Evangelist wieder nicht; er beschränkt sich auf das für ihn Bedeutsame. Dazu gehört aber nicht das Motiv der Jünger (das er nicht kannte), sondern nur das, was Jesus nun tut und sagt. Er sieht, im Haus sitzend, was an der Tür vor sich geht, wird unwillig — davon ist bei Mk selten die Rede — und sagt: „Laßt doch die Kinder zu mir kommen; hindert sie nicht! Denn" (damit wird begründet, warum die Kinder zu Jesus hinzugelassen werden sollen) „solcher ist das Gottesreich!" Was meint das Wort „solcher"? Steht es für „ihrer", weil Jesu Wort ja nicht nur für die wenigen Kinder dieses Dorfes gilt, sondern — im Sinne des Evangelisten — für alle? Die Fortsetzung zeigt, daß Mk dabei an etwas anderes gedacht hat: „Wer das Gottesreich nicht annimmt wie ein Kind, der kommt gewiß nicht hinein!" Dieser V. 15 war für den Evangelisten sicherlich Höhepunkt und Ziel dieser Geschichte. Darum müssen wir versuchen, diesen Vers zu verstehen.

Was heißt: „das Gottesreich annehmen?" Schlatter Mt 386 (zu Mt 11,29) zitiert nicht nur Sifre Dt 93 „Sie werden das Joch deines Gesetzes auf sich nehmen", sondern auch Sifre Dt 323: „Nehmt auf euch das Joch des Reiches meines Namens" (oder — falls man für „schemi" = „meines Namens" liest „schamajim" = des Himmels,

---

[1] Taylor 422 denkt sogar an die Väter der Kinder oder an andere Kinder; beides ist weniger wahrscheinlich, als daß die Mütter die Kinder bringen.

sogar: „Das Joch des Himmelreiches"). Der erste rabbinische Satz ist leicht verständlich: Das Gesetz wird mit einem Joch verglichen, das den Frommen richtig lenkt. Das Gesetz annehmen heißt dann: Dieses Joch auf sich nehmen und sich von ihm lenken lassen. Aber auch der zweite Satz läßt sich begreifen: „Das Joch der Gottesherrschaft auf sich nehmen" ist nichts anderes, als das Gesetz annehmen. Beidemal handelt es sich beim Annehmen um etwas, das jetzt, in der Gegenwart, erfolgt oder noch erfolgen soll. Also ist auch das, was jetzt angenommen wird, gegenwärtig, mag es nun Gesetz heißen oder Gottesreich.

Das N. T. meint mit „Gottesreich" gewöhnlich etwas Zukünftiges, nämlich jenes Reich Gottes, das am Ende dieses Äons anbrechen wird. An unserer Stelle jedoch (Mk 10,15) kann damit nichts Zukünftiges gemeint sein, das sich erst beim eschatologischen Enddrama ereignet. Die Handlung des „Annehmens" fällt vielmehr in die Gegenwart des jeweiligen Hörers, nicht aber in eine mehr oder minder große eschatologische Ferne. Dementsprechend muß auch das, was angenommen wird oder doch angenommen werden soll, schon gegenwärtig sein. Also ist das Gottesreich hier nicht als etwas Zukünftiges gedacht, das auf diese Weltzeit folgen wird, sondern es ist präsentisch, jetzt schon vorhanden.

Was meint nun aber hier „das Gottesreich annehmen"? Man kann darauf, angesichts von V. 15, nicht antworten: „sich Gottes Willen unterwerfen", „sich Gottes Willen zu eigen machen" oder dergleichen. Denn ich kann mir zwar Gottes Willen zu eigen machen (oder ablehnen); ich kann ihn aber nicht „auf die rechte Weise" annehmen! Trotzdem wird hier gerade die rechte Weise des Annehmens beschrieben, und zwar mit den Worten „wie ein Kind". Dieses „wie ein Kind" kann aber nicht besagen, kleine Kinder hätten eine besondere Art, das Gottesreich anzunehmen, und eben diese Art und Weise sei die rechte und vorbildliche. Ebensowenig kann das Annehmen als solches mit den Worten „wie ein Kind" erläutert sein; etwa in der Voraussetzung, daß die kleinen Kinder ohne Scheu annehmen. Man hat zwar vermutet[2], unsere Wendung wolle besagen: Ein Kind nimmt eine Gabe ohne weiteres an. Es versucht nicht, sich durch besondere Verdienste ihrer würdig zu machen. Auf diese Weise haben Vertreter der reformatorischen Gnadenlehre hier eine Warnung vor Verdienstfrömmigkeit entdeckt, die doch diesem Texte — wie dem Mk überhaupt — sehr fremd wäre. Was besagt dann aber: „wie ein Kind"? Der Aus-

---

[2] Bultmann, Jesus, 119: „Alle diese Worte" (Mt 21,28—31; Lk 15,4—10; 11—32) „richten sich gegen diejenigen, die nicht begreifen können, was Gottes Gnade und Vergebung ist, die nicht verstehen, daß der Mensch Gottes Güte nur als Geschenk empfangen kann und daß deshalb eigentlich erst der Sünder weiß, was Gnade ist. Und das ist es endlich auch, weshalb Kinder zum Vorbild dienen können. Sie wissen noch nicht, was Leistung und Anspruch ist, und können sich schenken lassen."

druck „wie ein Kind“ erinnert an Mk 9,36, wo Jesus ein Kind als vorbildlich in die Mitte der Jünger stellt (s. o. S. 326). Die Mt-Parallele dazu, Mt 18,3 f., gibt sogar einen noch genaueren Fingerzeig. Der Vergleich mit dem Kind zielt nicht — wie man zuerst annahm — auf eine besondere innere Eigenschaft des Kindes, etwa seine Unbefangenheit oder Güte oder Sündlosigkeit usw., sondern auf das, was es als Kind immer ist, nämlich: klein. „Klein sein“, das ist es, was nach der Meinung des Evangelisten vom Christen verlangt wird, oder — mit dem verneinten Gegensatz ausgedrückt —: nicht groß sein wollen. Durch die synoptischen Evangelien zeigt sich die Polemik gegen die jüdische — und keineswegs nur jüdische — Sucht, „groß“ zu sein, gegen das Streben nach Ansehen, Macht, Herrsein. Demgegenüber wird das Ideal des Demütigen entfaltet, der bescheiden auf Ruhm, Ansehen, auf das den Ton Angeben verzichtet, weil ihn nicht der Teufel des Ehrgeizes (und damit eine geheime Schwäche) regiert. Damit war aber zugleich das „Nein!“ zum Reichtum gegeben, und damit verstehen wir auch ohne weiteres den Zusammenhang unserer Geschichte mit der folgenden vom Reichen. Nur der Kleine, der Demütige, der „Stille im Lande“, der sich bescheiden fernhält von dem, was die Welt schätzt und womit sie lockt, nur er wird „in das Gottesreich eingehen“.

Hier, im Nachsatz, ist wirklich das kommende Gottesreich gemeint, die eschatologische Zukunft. Aber was besagt nun das im Vordersatz genannte Annehmen des Gottesreiches? Die Christen waren zunächst davon überzeugt, die Zugehörigkeit zur Gemeinde Christi garantiere auch die zum Gottesreich. Gottesreich und Gemeinde rückten so eng zusammen, daß bisweilen fast eine Identität daraus wurde. Was also V. 15 für den Evangelisten eigentlich besagt, ist die Mahnung, das „Groß-sein-Wollen“ aufzugeben und „klein“ zu sein.

Damit wird deutlich: V. 15 gehört nicht der alten Tradition an; er verallgemeinert nicht wirklich das Vorhergesagte. Vielmehr bringt er den „erbaulichen“ Sinn, den erst die spätere Gemeinde gefunden hat. Der früheren war der Gedanke noch nicht gekommen, eine Machtstellung in der Gemeinde zu erstreben. Aber zur Zeit des Mk war es der Gemeinde noch nicht genug, daß Jesus Kinder zu sich kommen ließ, sie liebkoste und segnete und so die Liebe zeigte, die in ihm lebte und ihn erfüllte. Sie wollte ein Wort haben, das sie selber betraf, die erwachsenen Gemeindeglieder. Einen solchen Sinn fand sie, indem sie „Kind“ als Metapher nahm, als Bild für „klein sein“. Wer also unsere Geschichte überschreibt: „Jesus der Kinderfreund“, der drückt damit nicht aus, was Mk aus dieser Erzählung herauslas. Wohl aber könnte er damit treffen, wovon diese Geschichte ursprünglich redete: die Liebe Jesu, die das Kleine, Schwache und Liebebedürftige umfaßte.

Zwei Fragen bleiben dann noch ohne Antwort. Einmal: wo beginnt der umdeutende Zusatz? Er wird schon durch das Wort „solcher“ vorbereitet. Hier wird die Liebe, die Jesus den Kindern erweist, damit begründet, daß „solcher“ das Gottesreich ist. „Solcher“ meint wohl nicht mehr die wirklichen Kinder, sondern Menschen, die „wie Kinder“ sind, Menschen mit Kindessinn, die Demütigen. In Wirklichkeit schließt sich V. 16 glatt an V. 14 b an.

Zweitens: Man findet V. 15 in unserer Taufliturgie. Ist er ein Zeugnis dafür, daß die Gemeinde des Mk die Kindertaufe, die Taufe der kleinen Kinder, geübt hat? Kaum. Das eigentliche Gewicht dieser Geschichte, der tiefere Sinn, den man darin fand, betrifft ja das „wie ein Kind sein“. Kind ist da nur noch Umschreibung, bildhafter Ausdruck für demütig. Was Mk und seine Gemeinde aus unserer Geschichte heraushörten, war die Weisung, wie rechte Christen sein sollen, aber nicht die Weisung, kleine Kinder durch die Taufe in die Gemeinde aufzunehmen.

Wir kommen zur Wiedergabe unserer Erzählung durch Mt 19,13—15 und Lk 18,15—17. Bei L u k a s folgt unsere Szene dem Gleichnis vom Pharisäer und Zöllner, das der Evangelist mit dem Spruch beschließt: „Wer sich selbst erhöht, der wird gedemütigt werden; wer sich aber selbst demütigt, der wird erhöht werden“. Lk hat also in diesem Gleichnis das Ideal des Demütigen (des Zöllners) vor Augen gehabt. Es war ihm dabei nicht um die kleinen Kinder zu tun, sondern um die rechte Haltung des Christen, die der Begriff „Kind“ veranschaulicht. Damit wird das verständlich, was einst J. Weiß (Lk 566, Anm.) auffallend fand: daß Lk den Vers Mk 10,16 nicht benutzt hat. Das Interesse des dritten Evangelisten hing eben nicht an den „kleinen Kindern“, sondern an dem „Sein wie ein Kind“. Deshalb ließ Lk die Szene mit Mk 10,15 enden, einem Vers, den er wörtlich übernahm.

J. Weiß hat (ebd.) weiter darauf hingewiesen, daß bei Mt und Lk fehlen: „sehend“, „er ward unwillig“ und „sie liebkosend“. Von dem letzten haben wir soeben gesprochen. Mit dem „sehend“ aber verhält es sich so: Bei Mk ereignet sich die Auseinandersetzung der Leute, die mit den Kindern kommen, und der Jünger an der Tür des Hauses, in dem Jesus sitzt: von dort aus sieht er, was vorgeht. Bei Lk aber sind Jesus und die Jünger irgendwo im Freien. Lk hat nun das für seine Darstellung der Szene nicht mehr passende „sehend“ geschickt benutzt, indem er es, der neuen Szenerie entsprechend, auf die Jünger übertrug. Ein weiteres, auf Jesus bezogenes „sehend“ war danach weder stilistisch noch sachlich am Platze. Lk hatte also nicht, wie J. Weiß meinte, einen Mk-Text vor sich, in dem diese „ausmalenden“ Züge noch fehlten, die dann ein Bearbeiter des Mk nachgetragen haben soll. Daß Lukas das Wort „unwillig“ wegließ, dürfte denselben Grund haben, wie das Fortlassen von Mk 10,16: auf die Kinderszene als solche legte er gar kein Gewicht, sondern nur auf die dadurch eingeleitete Anweisung für die rechte innere Verfassung des Christen. Hirsch (I 111) hat richtig gesehen, daß das „Hände auflegen“ ein Zusatz zum „bloßen“ Liebkosen ist; aber seine Zerlegung der Mk-Geschichte in eine ältere (Mk I) und eine jüngere (Mk II) Fassung ist zu literarisch.

Was Matthäus anlangt, so stimmt er an einem Punkt äußerlich mit Lk überein: auch bei ihm spielt sich das Ganze nicht „im Hause“ ab. Mt hat ja auch Mk 10, 10 ff. verkürzt wiedergegeben und darauf verzichtet, die Szene ins Haus übergehen zu lassen. Mt 19,9 (= Mk 10,11) ist auf demselben Schauplatz gesprochen wie das Vorhergehende. Jesus ist also auch hier mit seinen Jüngern im Freien, als die Leute mit ihren Kindern erscheinen. Aber Mt ist — anders als Lk — viel stärker im Zusammenhang des Mk geblieben. Er hat freilich auch hier nach Möglichkeit gekürzt. Darum ließ er Mk 10,15 fort, da er überzeugt war, ihn 18,3 schon in besserer Form (nach einer anderen Überlieferung) gebracht zu haben. In dem Wörtchen „solcher“ lag für ihn andererseits schon enthalten, was Mk 10,15 ausführlich entfaltet. Das undeutliche „damit er sie berühre“ von Mk 10,13 hat Mt durch „damit er ihnen die Hände auflege“ ersetzt; die Worte „er segnete“ von Mk 10,16 hat er in die Einleitung (Mt 19,13) umgestellt mit der Änderung in „zu beten“. So blieb von Mt 10,16 nur übrig: „ihnen die Hände auflegend“, und das hatte er in Mt 19,15 bereits gebracht. Das bei ihm noch folgende „er ging von dort fort“ entspricht schon dem „als er hinausging auf den Weg“ von Mk 10,17; Mt konnte dies nicht wörtlich übernehmen, weil bei ihm die Kinderszene nicht im Hause gespielt hatte.

Eine große, aber völlig andere Bedeutung hat das Wort von den kleinen Kindern im gnostischen Evangelium nach Thomas bekommen. Dort heißt es in Spruch 22 (p. 85,20—22)[8]: „Jesus sah kleine Kinder saugen. Er sprach zu seinen Jüngern: Diese Kleinen, die saugen, gleichen denen, die eingehen ins Reich“. Damit ist, wie sich aus dem Folgenden ergibt, gemeint: Diese kleinen Kinder stehen noch jenseits des Unterschieds, den das sexuelle Begehren zwischen den beiden Geschlechtern erkennen und aufreißen läßt. Darum wird „Kind“ zur Chiffre für die gnostische Askese, die durch totale Enthaltsamkeit in den spannungslosen, der Welt ganz entrückten Zustand der paradiesischen Einheit zurückbringen soll. Daß dieses der Sinn ist, zeigt die Fortsetzung von Spruch 22 (p. 85,23—35): „Sie sprachen zu ihm: Werden wir, indem wir Kinder sind, eingehen in das Reich? Jesus sprach zu ihnen: Wenn ihr die zwei (zu) eins macht und wenn ihr macht das Innere wie das Äußere und das Äußere wie das Innere und das Obere wie das Untere, und wo ihr macht das Männliche und das Weibliche zu einem einzigen, damit nicht das Männliche männlich und das Weibliche weiblich ist, ... dann werdet ihr eingehen in das Reich.“ Alle Unterscheidungen, welche die Welt trennen, sollen verschwinden, alle Gegensätze sollen zur Einheit werden. Ein ein-

[8] Siehe Genaueres dazu in meiner Schrift: Die Botschaft des Thomasevangeliums, Berlin, Töpelmann, 1961.

ziger werden, heraustreten aus allen Spannungen und Gegensätzen und Unterschieden — das ist das Ziel dieser Gnostiker. Die ganze Welt der Vielheit — sie begann schon mit der Zahl 2! — soll verschwinden. Darum kann nach Thomas (Spruch 4, p. 81,5—9) der Greis vom kleinen Kinde das Entscheidene lernen: „Jesus sprach: Nicht wird zögern ein Greis in seinen Tagen zu fragen ein ganz kleines Kind von sieben Tagen wegen des Ortes des Lebens, und er wird leben." Auch im N. T. ist von den Christen schon als den „Kleinen" die Rede (Mk 9,42; Mt 10,41), aber nicht im gnostischen Sinne. Vielmehr sind es dort die „einfachen Christen" im Unterschied zu den Gerechten und Propheten, und in unserer Perikope waren die „Kinder" das Sinnbild für das demütige Leben des rechten Christen.

46 Der gefährliche Reichtum

Mk 10,17—31; Mt 19,16—30; Lk 18,18—30

(17) Und als er hinausging auf den Weg, lief einer herzu, beugte vor ihm die Knie und fragte ihn: „Guter Meister, was soll ich tun, damit ich das ewige Leben ererbe?" (18) Jesus aber sprach zu ihm: „Was nennst du mich gut? Niemand ist gut außer dem Einen: Gott. (19) Du kennst die Gebote: Du sollst nicht ehebrechen, nicht töten, nicht stehlen, nicht falsches Zeugnis abgeben, nicht berauben, ehre deinen Vater und deine Mutter." (20) Der aber sprach zu ihm: „Meister, das alles habe ich gehalten von Jugend an". (21) Jesus aber sah ihn an, gewann ihn lieb und sprach zu ihm: „Eines fehlt dir. Geh, verkaufe, was du hast, und gib es den Armen, und du wirst einen Schatz im Himmel haben, und komm her und folge mir nach!" (22) Der aber wurde traurig ob dieses Wortes und ging betrübt hinweg; denn er besaß viele Güter.

(23) Und Jesus blickte die Jünger rings an und sagte zu ihnen: „Wie schwer werden die, welche Geld besitzen, in das Himmelreich eingehen!" (24) Die Jünger aber verwunderten sich über seine Worte. Jesus aber begann wiederum und sagte zu ihnen: „Kinder, wie schwer ist es, ins Himmelreich einzugehen! (25) Es ist leichter, daß ein Kamel durch ein Nadelöhr geht, als daß ein Reicher ins Gottesreich eingeht." (26) Sie aber entsetzen sich noch mehr und sagten zu ihm: „Und wer kann da gerettet werden?" (27) Jesus blickte sie an und sagte: „Bei den Menschen ist es unmöglich, aber nicht bei Gott; denn alles ist möglich bei Gott."

(28) Es begann Petrus zu ihm zu sagen: „Siehe, wir haben alles verlassen und sind dir nachgefolgt". (29) Sprach Jesus: „Wahrlich ich sage euch, niemand ist, der verließ Haus oder Brüder oder Schwestern oder Mutter oder Vater oder Kinder oder Äcker um meinetwillen und um des Evangeliums willen, (30) wenn er nicht hundertfach bekommt

in dieser Zeit Häuser und Brüder und Schwestern und Mütter und Kinder und Äcker unter Verfolgungen, und im kommenden Äon das ewige Leben. (31) Viele erste aber werden letzte sein, und die letzten erste."

Die Perikope gliedert sich in drei Unterabschnitte: (1) die Frage des Reichen und deren Beantwortung (V. 17—22); (2) kann ein Reicher in das Gottesreich kommen? (V. 23—27); (3) der Lohn für die Entsagenden (V. 28—31).

Jeder dieser Unterabschnitte stellt uns eine Reihe schwerer Fragen, die nicht immer von den Erklärern nach Gebühr beachtet worden sind. Am schwierigsten steht es beim ersten Teil. Wir wollen hier diejenigen Probleme vorausnehmen, die sich leichter lösen lassen, damit sie nicht die schwierigen Fragen noch komplizieren.

Eines der relativ leichten Probleme liegt in V. 19 und dessen Parallelen in Mt 19,18 und Lk 18,20. Die Gebote werden nicht nur von den verschiedenen Evangelisten in verschiedener Reihenfolge aufgezählt, sondern auch von den verschiedenen Handschriften eines und desselben Evangeliums. Die Lösung dürfte so aussehen: Mt und die besseren Mk-Handschriften halten sich an die Reihenfolge der Gebote in Dt. 5. Hier geht das Verbot des Tötens dem des Ehebrechens voran. In schlechteren Mk-Handschriften und bei Lk werden die Gebote entsprechend der Reihenfolge in Ex 20 gruppiert; hier geht das Verbot des Ehebruchs voran. Über die ursprüngliche Reihenfolge läßt sich u. E. nichts Bestimmtes ausmachen; sie ist aber in unserem Zusammenhang auch nicht wichtig.

Mk enthält das Verbot μὴ ἀποστερήσῃς (mē aposterēsēs), „beraube nicht", das genau Jesus Sirach 4,1 entspricht. Mt und Lk haben es ausgelassen, weil es nicht in dem Zusammenhang erwähnt wird, den wir den „Dekalog"[1] nennen. Mk hat es vermutlich im Sinne der „Du sollst nicht begehren!"-Gebote aufgefaßt, welche hier nicht erwähnt sind. Das 4. Gebot zitieren Mk und Lk genau nach Ex 20, 12 (= Dt 5,16); Mt bietet eine kürzere Form, die das Wort „deinen" nach „Vater" und „Mutter" ausläßt. Am Schluß hat Mt noch die goldene Regel nach Lev 19,18 hinzugefügt. Man sieht hier, wie der Text noch im Lauf der Entwicklung von einem kanonischen Evangelium zum anderen gewachsen ist. Denn daß Mk die „goldene Regel" ausgelassen hätte, wenn sie in seiner Vorlage schon gestanden hätte, ist ganz unwahrscheinlich. Was die Form der Gebote betrifft, so stimmt Mt mit seinem οὐ φονεύσεις („ou phoneuseis"; eigentlich: „du wirst nicht töten") genau mit dem Wortlaut der LXX überein, nach dem er sich vermutlich gerichtet hat. Demnach wäre auch hier der abweichende Mk-Text (den Lk an diesem Punkte übernahm) der ältere.

---

[1] Taylor 428 hat mit Recht darauf hingewiesen, daß es sich um jenen Teil des Dekalogs handelt, der die zwischenmenschlichen Beziehungen regelt.

Mt weicht ferner von Mk und Lk dadurch ab, daß er einen erweiterten Dialog zeigt; sein Text liest sich viel glatter. Nach ihm sagt Jesus: „Halte die Gebote!" Der Jüngling fragt: „Welche?" Jesus antwortet mit der Aufzählung, von der wir soeben gesprochen haben. Der Text des Mk/Lk ist stilistisch weniger geschickt: an Jesu Wort „Keiner ist gut, außer dem Einen, Gott" schließt unvermittelt an: „Du kennst die Gebote usw." Daß die Beachtung dieser Gebote dem Menschen das ewige Leben sichert, muß der Leser selbst aus dem Zusammenhang entnehmen. Das wird er freilich tun; wenn sich der Mt-Text auch glatter und leichter liest — der des Mk (dem Lk folgt) ist in Wirklichkeit lebendiger und weniger schematisch.

Endlich noch ein Wort über den Eingangsvers[2]. Joh. Weiß schrieb 1892 in seinem Lk-Kommentar (567 Anm.): „Lk stimmt mit Mt in der Weglassung folgender höchst lebendiger Züge des Mk-Textes überein: V. 17 ‚als er hinausging auf den Weg, herzulaufend ... und die Knie beugend', V. 19 ‚du sollst nicht berauben', V. 20 ‚Meister', V. 21 ‚ihn anblickend gewann er ihn lieb', V. 22 ‚traurig geworden'. Es ist einfach undenkbar, daß diese Züge von beiden Seitenreferenten weggelassen seien. Die Annahme einer Überarbeitung des Mk-Textes drängt sich hier notwendig auf. Ebenso im folgenden V. 23 ‚sich umblickend'."

Damit ist eine methodisch wichtige Frage aufgeworfen, an der wir nicht vorbeigehen dürfen. Wir wiesen schon darauf hin, daß bei Mk die Kinderszene im Hause spielt, bei Mt und Lk (die sie aber in verschiedenem Zusammenhang bieten) dagegen nicht. Wenn der Reiche nicht zu Jesus ins Haus stürmen soll, muß Mk erzählen, daß Jesus das Haus verläßt und wieder die Straße betritt, auf der er weiter wandert. Es ist klar, daß Mt und Lk diese Änderung nicht mitmachen können, da sie das Haus der Vereinfachung halber nicht erwähnt haben. Wir haben aber gesehen, daß Mt mit seinem „er ging von dort fort" (19,15) — entsprechend der von ihm vorausgesetzten Situation — das „als er fortging" des Mk aufnimmt und benutzt. Aber nicht nur diesen ganzen Zusammenhang hat J. Weiß übersehen, sondern auch die Tatsache, daß Mt mit seinem „herzukommend" das „herzulaufend" des Mk wiedergibt. Andererseits spiegelt sich das „er fragte" des Mk (10,17) im „er fragte" von Lk 18,18 wieder. Beide Evangelisten haben hier offensichtlich unseren Mk-Text vor sich gehabt, wenn sie ihm auch nicht immer treu gefolgt sind. Daß der „Ratsherr" des Lk nicht, wie der unbekannte Mann bei Mk, vor Jesus auf die Knie fällt, setzt auch keinen anderen Mk-Text voraus: Lk hat sich überlegt, daß ein Besitzer so vieler Güter eine angesehene und wich-

[2] Wir gehen auf die inhaltlich so unbedeutend erscheinende Frage so genau ein, weil hier deutlich wird, wie vorsichtig man bei Rückschlüssen auf einen angeblich früheren Mk-Text sein muß und wie beachtlich der kompositionelle Anteil der Evangelisten an der Gestalt ihrer Schriften ist.

tige Stellung innegehabt haben muß; ein solcher Mann kniet nicht gleich nieder! Mt hat es für richtiger gehalten, wenn man sich den Fragesteller als einen Jüngling vorstellt, der mit der ganzen Begeisterung seiner Jugend nach der Vollkommenheit strebt. Dann aber paßte das „von meiner Jugend an" nicht mehr, und so hat es Mt gegen Mk und Lk fortgelassen. Man sieht an solcher Einzelheit, wie frei ein Evangelist in der Benutzung einzelner Züge seiner Vorlage sich fühlte. Es kam nicht darauf an, einen kanonischen Text genau wiederzugeben, sondern die Geschichte, die man übernahm, möglichst gut zu erzählen, möglichst eindrucksvoll, möglichst verständlich. Über das „Du sollst nicht berauben" haben wir oben schon gesprochen. Daß Mt und Lk die Worte „ihn anblickend gewann er ihn lieb" ausließen, erklärt sich leicht: Soll der allwissende Jesus jemand lieb gewonnen haben, der sich sofort als Versager erweist? Es ist nicht so leicht, einen „ursprünglicheren" Mk-Text zu gewinnen, wie damals J. Weiß glaubte und später E. Hirsch.

All das waren einfache und methodisch wichtige Fragen. Ebenso von großer methodischer Bedeutung, aber inhaltlich wichtiger ist das Problem des Mk-Textes. Genau genommen sind es zwei Hauptprobleme, die hier (redaktionell ungeschickt) verbunden sind: 1. die — von Jesus indirekt verneinte — Frage, ob ihm das Prädikat „gut" im selben Sinne wie Gott zukomme, und 2. die Frage, was man tun müsse, um „das ewige Leben zu ererben". Jedes dieser beiden Probleme enthält in sich Sonderfragen.

Wegen der methodischen Wichtigkeit wollen wir hier zuerst auf die Auslegung des ganzen Abschnitts durch G. Wohlenberg (272—279) eingehen[3]. „Ein einzelner Mensch" läuft an Jesus „heran" — Wohlenberg glaubt (273, Anm. 84) nicht, daß εἷς („heis"; „einer") = τις („tis"; „irgendeiner") ist. In den 50 Jahren, die seit dem Erscheinen von Wohlenbergs Kommentar vergangen sind, haben wir jedoch gelernt, daß die beiden Worte im Koine-Griechisch tatsächlich ohne Bedeutungsunterschied auftreten (Bl.-Debr. § 247,2). Die Worte „ewiges Leben" übersetzt W. mit „ein Leben, welches ewig ist", obwohl dieser Ausdruck, wie er selbst in Anm. 87 angibt, im N. T. nie mit Artikel vorkommt. Daß damit das Leben des kommenden Äons gemeint ist, meint auch W.; aber er bemerkt nicht, daß der Ausdruck der alten Tradition fremd ist. Nach W. will der Mann etwas Besonderes tun, „um das den Kindern Israel als Erbe versprochene ewige Leben in Besitz zu bekommen". Aber der Text sagt nichts davon, daß der Mann etwas Besonderes tun will; er fragt ja nur, was er zu tun hat. Wohl aber ist hier im Text eine Spannung fühlbar zwischen dem Tun, nach dem gefragt wird, und dem Begriff „ererben"; dieser ist

[3] Unter den wissenschaftlichen Exegeten hat freilich Wohlenberg kaum noch Nachfolger. Aber innerhalb der Predigtliteratur werden entsprechende Versuche immer wieder unternommen.

offensichtlich verallgemeinert = erwerben. Darauf tadelt W. den Frager, daß er Jesus „guter Meister" genannt hat, ohne daß ihm bei „gut" „dessen Vollbegriff auf die Seele gefallen wäre": Gut ist nur Gott. (W. will nichts davon wissen, daß ἀγαθός [agathos] = χρηστός [chrēstos; gütig, gnädig) sei, obwohl das hebr. Wort „thob" beides bedeuten kann.) Darauf folgert W., daß der Frager es auch leichtnehmen werde mit der Frage, was er zu tun habe, um das erstrebte Ziel zu erreichen. Jesus gehe auf die Frage, ob auch ihm selbst dieses Prädikat „gut" zukomme, nicht ein; indirekt bejahe er es aber mit der Aufforderung, ihm zu folgen. Aber wenn es so steht, dann hat ja der Frager recht gehabt, als er Jesus „guter Meister" nannte! Daß er den Begriff nicht im Vollsinne verstanden habe, ist ja nur Ws. Vermutung. Die Zurechtweisung des Fragers durch Jesus wird so unbegreiflich. W. läßt weitere Vermutungen folgen: „Jesus scheint auch die weiteren Gebote haben nennen zu wollen; aber er wird von dem Mann durch die Bemerkung unterbrochen: „Meister, usw." (274). Auch hier trägt W. das Entscheidende in den Text ein, der eine solche Unterbrechung in keiner Weise andeutet. W. folgert weiter: der Mann betrachte sich als „einen völlig Fertigen, einen Vollkommenen". Er wolle aber über diese Stufe hinauskommen (!), weil „er auf eine entsprechend höhere Stufe des ewigen Lebens rechnete". Daß von einer solchen nicht die Rede ist, stört W. nicht. Schlimm aber sind für ihn die nun folgenden Sätze, „Jesus habe innerlichst dem Jüngling zugestimmt, und habe ihn angeschaut und lieb gewonnen", weil er noch mehr leisten wolle. Das widerspräche grundlegenden Sätzen der Predigt Jesu. Ganz recht. Aber wie wird W. nun damit fertig? „Nur scheinbar gibt Jesus die vermessene Rede des Mannes zu; lediglich aus seelsorgerlicher Rücksicht und aus pädagogischen Motiven sagt er zu ihm, daß ihm noch eins abgehe; er solle ... alle seine Habe verkaufen und den Armen geben, so werde er ein sicheres Kapital im Himmel haben ...". Diesen individuellen Fall dürfe man jedoch ja nicht verallgemeinern. Aber mag es ein individueller Fall sein oder nicht — wir werden davon noch sprechen —, W. läßt Jesus scheinbar etwas zugeben, also in Wahrheit aus seelsorgerlich-pädagogischen Motiven lügen. Daß er das behauptet, hat W. freilich im Eifer des exegetischen Gefechts nicht gemerkt. Warum Jesus sich aber um des „Jünglings" willen soweit hinauswagt, verrät W. im folgenden. Jesus habe im Frager große Möglichkeiten gesehen; das Wort στυγνάσας (stygnasas; trübe geworden oder werdend) deutet W. nach Mt 16,3 (wo es vom trüben Himmel ausgesagt wird, der schlechtes Wetter ankündigt) als „dunkelrot" und sieht darin das verheißungsvolle Morgenrot eines neuen Lebens! Warum diese gezwungene Exegese? Weil W. vermutet, dieser „reiche Jüngling" sei — der Verfasser unseres Evangeliums, Markus! (277). „Markus kann hier den ersten Stoß zur ewigen Bewegung bekommen haben." Für diese Identifizierung spricht aber nur, daß Mt den Frager (im Unterschied von Lk: „Ratsherr" und Mk: „Irgend jemand") einen νεανίσκος (neaniskos: „Jüngling") nennt und daß Mk 14,51 einen νεανίσκος τις (neaniskos tis: „einen Jüngling") erwähnt. Mit der Versicherung, daß der ganze Mk-Abschnitt „ein Muster psychologisch feiner und auf den Leser erschütternd wirkender Malerei sei", beschließt W. seine Erklärung dieses Abschnitts (277). Nun, dieses Muster von Mißdeutung eines Textes ist nicht dadurch zustande gekommen, daß W. nichts von den Spannungen des Textes merkte — er hat sehr genau einige gespürt. Aber ihn band seine Voraussetzung, daß die Erzählungen der synoptischen Evangelien Spiegelbilder des einstigen Geschehens seien, und in dieser Lage konnte er sich nur damit helfen, daß er das Ganze in einen selbsterfundenen phantastischen Roman verwandelte, in dem alles zu Schaden kam. Gehen wir dem Punkt für Punkt nach.

Wir wollen mit dem beginnen, was uns zunächst gegeben ist: der Erzählung des Evangelisten als einer solchen[4]. Wir lassen also zunächst alle Fragen beiseite nach dem, was „wirklich geschehen ist", und ebenso alles Suchen nach Quellen. Wir betrachten das Ganze als eine Geschichte, die uns der Evangelist — nicht ohne Kunst — erzählt.

Wo wir dabei einsetzen, steht uns zunächst frei; der Erfolg muß zeigen, ob es der rechte Einsatzpunkt war. Wir wählen dazu die Verse 23—27. Sie sprechen in deutlich voneinander abgesetzten kleinen Abschnitten von den Möglichkeiten eines Reichen, ins Himmelreich zu kommen.

V. 23 klingt noch verhältnismäßig mild, obwohl auch nach ihm die Aussichten des Reichen sehr gering sind: „Wahrlich, ich sage euch: ein Reicher wird schwerlich hineinkommen in das Himmelreich!" V. 24 wiederholt diesen allgemeinen Satz, verstärkt ihn aber dadurch noch weiter, daß er die Schwierigkeit für den Reichen in einem durch das Sprichwort bekannten Bild veranschaulicht: Ein Kamel geht leichter durch ein Nadelöhr[5], als ein Reicher ins Himmelreich. Darauf schildert V. 26 das Entsetzen der Jünger: Wer kann da gerettet werden — gemeint ist: welcher Reicher? In V. 26 antwortet Jesus abschließend: Menschlich gesehen ist es unmöglich; aber für Gott ist alles möglich.

[4] Daß der Exeget zunächst danach fragen muß, ist lange von denen bestritten worden, die zunächst die Quellen der Evangelien zurückzugewinnen suchten. Mit ihnen hofften sie den Ereignissen selbst einen Schritt näher gekommen zu sein, die sie letztlich rekonstruieren wollten. Daß dabei dann — wider Willen — der Einfall und die Phantasie des Exegeten zur Herrschaft kamen, können etwa die Versuche von Friedrich Spitta zeigen.

[5] Um das Wort realistischer zu machen, hat man darauf hingewiesen, daß „Nadelöhr" auch die kleinere Tür hieß, die in oder neben dem schweren großen Tor geöffnet werden konnte, oder das „Kamel" — wenn man die Aussprache des langen e als i in Betracht zieht — als „kamilos" = „Schiffsseil", „Tau" verstanden werden müsse; die Handschriften 13, 28, 543 al lesen tatsächlich so. Aber die rabbinische Parallele in B^{e}rakh 55 b (zitiert von Otto Michel, ThWb III 598) vom Elephanten, der durch ein Nadelöhr geht, zeigt, daß man das Hyperbolische des Ausdrucks nicht mildern soll.

Warum ist es menschlich gesehen unmöglich, daß ein Reicher ins Himmelreich kommt? Einfach deshalb, weil er so reich ist. Wenn er Jesus folgen will — allgemeiner gesprochen: wenn er Christ werden will —, dann muß er alle seine Güter verkaufen und das Geld den Armen geben. Der Fall des reichen Mannes, von dem V. 17—22 erzählen, ist also kein individueller Sonderfall, sondern der Musterfall für alle Reichen. In den Geboten des Judentums, die V. 18 f. aufzählen (natürlich nicht alle; es genügt, die „zehn Gebote" anzudeuten) fand sich diese Forderung nicht. Freilich schätzte auch das Judentum das Almosengeben sehr hoch; es ist ein verdienstliches Werk. Wenn man den Armen etwas gibt, können sie sich nicht revanchieren, darum wird Gott für sie im kommenden Äon mit himmlischem Lohn die gute Tat vergelten. Aber unsere Erzählung geht mit ihrer Forderung weiter, geht weit über den jüdischen Maßstab hinaus: die Reichen müssen alles hergeben. Aus dem Almosengeben ist Askese geworden. Der Christ muß frei sein von der Knechtschaft durch die weltlichen Güter.

Diese asketische Tendenz ist nicht sofort im Jüngerkreis entstanden und hat sicherlich nicht in der Jüngerschar Jesu gelebt. Ein Asket war Johannes der Täufer gewesen, aber nicht Jesus, den sie einen Fresser und Weinsäufer genannt haben. Jesus hat gesehen, wie schön die Welt ist, die Gott geschaffen hat und in der selbst das Unkraut herrlich blühen darf — wir mögen bei uns an Klatschmohn und Kornblumen denken.

Die judenchristliche Gemeinde oder — was wahrscheinlicher ist — eine starke Gruppe in ihr sah in der Welt nicht mehr die gottgeschenkte Schönheit, sondern nur noch die Verführung, das lockende Böse. Dieser Zug zur „Entweltlichung", der so entstand, ist dem gnostischen Empfinden gar nicht fern. Genau wie in der Gnosis gilt diese höchste Forderung — das steht allerdings nur in der Wiedergabe des Mt (19,21) — den „Vollkommenen".

Gerade in dem Fall aber, von dem der Evangelist erzählt, schien ein solcher Ausnahmemensch vor Jesus zu stehen: einer, der alle Gebote von Kind auf erfüllt hatte. Als ihn Jesus so in seinem eifrigen Gehorsam vor sich sah, gewann er ihn lieb und hoffte, er sei für die höchste Forderung reif. Aber er versagte. Es ist gut zu verstehen, daß Mt und Lk beide diese Enttäuschung für Jesus nicht mehr erwähnt haben.

Soweit ist also die Geschichte jetzt durchsichtig geworden: Zu uns spricht aus ihr ein asketisches Judenchristentum, das seine radikalen Forderungen auf keinen Fall ermäßigt. Nebenbei bemerkt: es sind lauter Stellen dieser Art, die Kierkegaard aus dem Neuen Testament herausgeholt und als die wahre Lehre des Neuen Testaments der Kirche des 19. Jahrhundert entgegengehalten hat. Wir werden bald zu diesem Thema zurückkehren (s. zu Mk 10,28 ff.; S. 359).

Was wir noch nicht besprochen haben und was wirklich ein Problem für sich ist, das sind die V. 17 f. Die ungewöhnliche Anrede „guter Meister" scheint nur dem Zweck zu dienen, daß Jesus sie korrigiert: „Was nennst du mich gut? Niemand ist gut als der Eine: Gott". Es ist eigentlich selbstverständlich: wenn ein Jude einen Rabbi mit „guter Meister" angeredet hätte, so hätte er das Wort „gut" nicht in dem Sinne gemeint, wie es von Gott ausgesagt werden muß[6]. Das wäre im Judentum eine Blasphemie gewesen. Hier aber wird die Anrede von der angeblichen Antwort Jesu gerade in diesem Sinne aufgefaßt und korrigiert: Jesus macht sich selbst nicht Gott gleich. Das besagt aber nicht (wie man im Liberalismus gemeint hat), daß Jesus hier von sich sagt, er sei ein Sünder wie andere Menschen. So etwas hätte kein Evangelist überliefert, für den doch schon der auf Erden wandelnde Jesus ein himmlisches Wesen war. So hat es also auch Mk nicht verstanden, und auch der ihm folgende Lk nicht.

Vielleicht denken wir hier in falschen Kategorien. Erinnern wir uns an das Buch Hiob, in dem schon die spätjüdische Lehre von den Engeln und dem Satan auftaucht. Drei Stellen kommen hier in Betracht. Einmal Hiob 4,18, wo es von Gott heißt: „Siehe, seinen Dienern traut er nicht, und seinen Engeln schreibt er Irrung zu". Eliphas wiederholt diese Worte 15,15: „Sieh, seinen Heiligen traut er nicht; die Himmel sind nicht rein in seinen Augen." Dem entspricht das Wort Bildads 25,3 f.: „Sieh, selbst der Mond, er ist nicht hell, und die Sterne sind nicht rein vor ihm!"

Aus diesen Stellen sehen wir: Sogar himmlische Wesen, zu denen nicht nur die Engel zählen, sondern auch die Sternenheere, gelten nicht als rein in Gottes Augen. Sie sind — in der Terminologie der Mk-Stelle — nicht „gut". „Gut" ist nur Gott. Es besteht also kein Grund für die Annahme, Mt und Lk hätten aus Mk 10,18 entnehmen müssen, Jesus habe sich als sündigen Menschen wie alle anderen Menschen bezeichnet, sondern der Vers sagt nur aus, daß alle andern, auch die himmlischen Wesen, nicht „gut" sind wie Gott. Trotzdem gehören diese himmlischen Wesen weiterhin der göttlichen Sphäre an. Damit fällt beides dahin: daß sich Jesus als Sünder wie alle andern Menschen bezeichnet habe[7] und daß dieses Wort unbedingt echt sein müsse, weil kein Christ so etwas zu sagen gewagt hätte.

---

[6] Billerbeck II 24 bringt ein einziges jüdisches Beispiel für diese Anrede im Sinne von „gütiger Meister".

[7] So z. B. G. Volkmar, Die Evangelien, 1870, 489. Aber eine solche Aussage hätte kein Evangelist überliefert. Die Auskunft, Jesus habe den Mann zur Erkenntnis seiner Göttlichkeit führen wollen, hat z. B. Ambrosius (de fide II 1) vertreten; aber auch Turner 48 spielt noch mit diesem Gedanken. Viele Erklärer haben diese Anrede als eine Schmeichelei verstanden und verurteilt. Taylor findet einen schweigenden Gegensatz zwischen der absoluten Güte Gottes und dem durch die Menschwerdung bedingten, dem Wachstum und der Versuchung unterworfenen Wesen Jesu.

Wenn man dem 2. Kor 5,21 gegenüberstellt, wo es von Jesus heißt „den, der keine Sünde gekannt hat", so vergißt man, daß Paulus fortfährt: „hat er für uns zur Sünde gemacht". Dem entspricht Röm 8,3: „Gott hat seinen Sohn in Gleichheit des Fleisches der Sünde gesandt und damit die Sünde im Fleisch verurteilt", und Phil 2,7: „den Menschen gleich geworden und an Gestalt erfunden wie ein Mensch".

Hier meldet sich, wie in Mk 10, das christologische Problem, das in dem Augenblick entstand, wo man Jesus für ein menschgewordenes himmlisches Wesen hielt. Für das jüdische Denken gehörte zum „Fleisch", zur menschlichen Existenzweise in einem fleischlichen Leib das Sündige mit hinzu. So drohte die Menschwerdung, die Fleischwerdung Jesus zum Sünder zu machen — eine unannehmbare Aussage. Wiederum durfte man aus der Menschheit Jesu nicht einen Schein machen; das hätte die Erlösungslehre ebenfalls zerstört. Zwischen diesen beiden Aussagen, „Mensch" und „Himmelswesen", mußte die christologische Lehre hindurchsteuern. Das Judenchristentum hat — deutlicher als das Heidenchristentum — den Unterschied Jesu von Gott betont. Und so scheint hier auch der Eingang der Geschichte dazu benutzt worden zu sein, dem Leser die rechte Antwort — im Sinne des Judenchristentums — auf die christologische Frage zu geben.

Daß die asketische Lehre für die „Vollkommenen" aus einem zu gnostischer Entweltlichung neigenden Judenchristentum kam, hatten wir oben schon erkannt. Es ist darum nicht verwunderlich, wenn auch im Anfang der Geschichte eine judenchristliche Tradition verwendet wird. Daß das Ganze eine Komposition des Mk ist, daran dürfte kein Zweifel bestehen.

Die Form, in der Matthäus diese Perikope wiedergibt, zeigt an, daß man mit der Christologie von Mk 10,17 f. nicht mehr zurecht kam. Schlatter, der das Mt-Evangelium für ursprünglich hielt, hat den Mt-Text wie folgt auszulegen versucht: Der Fromme frage „nach dem Guten im Unterschied von der Rechtspflicht, die, so heilig sie auch ist, doch noch nicht das ewige Leben verbürgt". „Sie wissen, daß sie ihre Gottesliebe auch in freien Leistungen zu bewähren haben, nicht nur dadurch, daß sie die Sünde vermeiden." Dieser Satz ist nicht recht verständlich. Gibt es denn ein Handeln, das die Sünde vermeidet, ohne ein freier Gehorsam zu sein? Schlatter fährt fort: „Nach dem Urteil Jesu war die Frage (des Reichen) falsch. Das Gute ist nicht ein Rätsel, zu dessen Lösung man sich an irgendwelche Autorität wenden müsse. Das Gute ist völlig deutlich und kann erkannt werden und getan werden. Denn Gott ist gut. ... Weil Gott allein der Gute ist, ist die Frage einzig die, was Gottes Gebote sagen und verlangen. Nicht jenseits des Gebotes ... wird das Leben empfangen, sondern durch das Gebot." „Jesus ... erweist dem göttlichen Gebot die Ehre, daß es der Weg ins Leben sei." Schlatter hat sich redlich bemüht, den Worten des Mt einen zugleich verständlichen und frommen Sinn abzugewinnen. Aber er hat bei seiner Erklärung übersehen: Nach V. 21 sind es gerade nicht die Gebote, die das Leben geben, sondern eine in den Geboten noch nicht enthaltene Forderung: die der Hingabe des gesamten Besitzes an die Armen! Jesus vertritt nach der Darstellung des Mt gerade jene Theologie, die Schlatter bei Jesu Gegnern voraussetzt: Wer vollkommen sein will, darf sich nicht mit der Erfüllung der Gebote des A. T. zufriedengeben!

In Wirklichkeit hat Mt — wie man schon längst gesehen hat — versucht, das anstößig gewordene „Was nennst du mich gut? usw." zu beseitigen und durch einen unverfänglichen Text zu ersetzen. Dabei hat er kein besonderes Glück gehabt; der erste Blick dürfte hier täuschen. Denn der Übergang bei V. 17 kommt ganz unvermittelt: „Wenn du aber zum Leben eingehen willst". Man sieht immer noch, daß hier etwas Neues jäh einsetzt. Auch Mt hat die Kluft nicht beseitigt, die in Mk 10 zwischen V. 18 und 19 besteht. Das Hebräerevangelium hat deshalb die ganze Diskussion über das Gute oder den Guten weggelassen und einen zugleich harmlosen und gut zusammenhängenden Text geschaffen: „Meister, welches Gute tuend werde ich leben?" Mt bietet eine Übergangslösung. Von ihr kann man nicht ausgehen. Man muß vielmehr, wie wir es getan haben, von Mk ausgehen.

Lukas hat sich in 18,18—30 eng an Mk angeschlossen, aber etwas gekürzt. Doch hat er das dem Mt unangenehme „guter Meister" nicht geändert.

Nun kommen wir zum dritten Unterabschnitt unserer Perikope: „Der Lohn für die Entsagenden". Petrus fragt — ohne allerdings die Frage direkt auszusprechen, wie im Mt-Text (19,27) — nach dem Lohn dafür, daß sie alles hingegeben haben. Die Frage scheint zunächst auf die Zwölf beschränkt. Aber die Antwort in Mk 10,29 f. ist so allgemein gehalten, daß sie jeden betrifft, der „um meinet- und des Evangeliums willen" Haus, Brüder, Schwestern, Mütter, Vater, Kinder, Äcker dahingegeben hat. Er soll einen doppelten Ersatz bekommen: einen jetzt in diesem Äon und einen in dem kommenden Äon. Dort wird er das ewige Leben erhalten. Aber auch hier, im irdischen Leben, wird er für seinen Verlust entschädigt werden: er wird hundertfachen Ersatz finden für das Aufgegebene, nämlich in der christlichen Gemeinde. Deren Mitglieder werden alle für ihn eintreten und ihm Brüder, Schwestern, Mütter und Kinder sein; ihre Häuser werden ihm zur Verfügung stehen und ihre Felder werden mit für ihn Frucht tragen. Freilich — das alles wird „unter Verfolgungen" genossen werden. Die christliche Gemeinde (denn von ihr ist hier selbstverständlich die Rede) wird ja in diesem Äon verfolgt, und darum ist der reiche Besitz nicht ungestört, wie das ewige Leben, das bei Gott auf den Christen wartet.

Dieses Wort hat eine längere Vorgeschichte gehabt. Zweierlei ist in ihm zusammengeflossen. Einmal geht es hier darum, daß einzelne —

wie einst Jesus selbst — mit der eigenen Familie brechen mußten, weil diese vom Christentum nichts wissen wollte. Damit war für diese einzelnen gegeben, daß sie mittellos dastanden: das Familienerbe hatten sie nicht zu erwarten. Sie hatten kein Dach über dem Kopf und niemanden, der sie verpflegte. Gewiß konnten sie sich um Arbeit bemühen. Aber ob sie diese in ihrem Beruf und in der eigenen Heimat finden würden, war nicht so sicher. Mt 20,1—15, die Parabel von den Arbeitern im Weinberg, läßt uns erkennen, daß das Problem der Arbeitslosigkeit damals nicht unbekannt war. Aber mit diesem Ersten hat sich hier ein Zweites verbunden: die asketische Lösung von allen irdischen Bindungen bei einzelnen Christen. Wovon sollen diese einzelnen Asketen leben? Antwort: die Gemeinde wird sie erhalten, ebenso wie jene, die sehr wider ihren Willen aus Sippe und Familie verstoßen wurden. Tatsächlich wissen wir aus 1. Kor 9,5, daß die übrigen Apostel, die Brüder des Herrn und Kephas samt ihren Frauen von der Gemeinde ihren Unterhalt bekamen, ohne daß sie „arbeiten" mußten. Sie waren die ersten „vollberuflichen" Missionare und Gemeindeleiter, und Kierkegaard hätte aus dieser Stelle lernen können, daß die „Menschenfresserei" der Geistlichen (welche „jene Herrlichen", nämlich Christus und die Apostel, gleichsam in der Pökeltonne hatten und von der Predigt dessen lebten, was jene selbst gelebt hatten[8]) schon sehr früh begonnen hat: bei den Aposteln selbst.

Matthäus hat in seiner Parallelerzählung (19,27—29) — unbekümmert darum, daß er in V. 19 selbst von „jedem, der" sprach — ein von Lk in anderem Zusammenhang (Lk 22,28—30) überliefertes Wort aus einer judenchristlichen Tradition eingeschoben, das nur von den Zwölfen handelt. Sie werden, wenn der Menschensohn auf dem Thron seiner Herrlichkeit sitzt, auf 12 Thronen sitzen und die zwölf Stämme Israels (die dann wieder beisammen sein werden) „richten", d. h. regieren. Dieses von der eschatologischen Erneuerung der Welt (παλιγγενεσία; palingenesia, was hier nicht „Wiedergeburt" meint) handelnde Wort zeigt uns, wie sich die christliche Gemeinde einmal die Stellung der Zwölf im Gottesreich vorgestellt hat. Daß faktisch die Zwölf nach einer großen anfänglichen Bedeutung in der Gemeinde (s. 1. Kor 15,5) hinter den drei „Säulen" Petrus, Johannes und dem Herrenbruder Jakobus (Gal 2,9) zurücktreten mußten (überdies werden sie nicht alle uralt geworden sein), und zeitweise der Herrenbruder zusammen mit den Ältesten die Jerusalemer Gemeinde leitete (Apg 21,18), bis nach seinem Martyrium die Ältesten allein die Führung der Gemeinde in den Händen hatten, all das hat sich nicht der Erinnerung eingeprägt.

Lukas hat unseren Unterabschnitt kurz wiedergegeben, vereinfacht auf das Wesentliche. Dagegen hat er jenes bei Mt in diesem Zusammenhang eingeschobene Wort über die zukünftige Stellung der Zwölf in einem innerlich unmöglichen Zusammenhang gebracht:

[8] Søren Kierkegaard, Samlede Värker XIV S. 333.

ausgerechnet nach der Ankündigung des Verrats beginnen die Jünger darüber zu streiten, wer von ihnen im Gottesreich der Größte sein werde (Lk 22,28—30). Dieser Abschnitt läßt uns aber erkennen: in der Tradition war Jesu Rede über Herrschaft und Dienst nicht immer mit der Zebedaidenfrage verbunden. Zu seiner Textform kam Lk nicht etwa durch die Scheu, von den großen Zebedaiden etwas Nachteiliges zu überliefern. Die lukanische Rede hat vielmehr ihren eigenen —wenngleich sekundären — Zusammenhang: V. 24—27 behandeln das Thema des Herrschens und Dienens; V. 28—30 aber sind angeschlossen, weil darin nicht nur das Essen und Trinken der Zwölf an Jesu Tisch im Gottesreiche vorkommt (V. 30 a), sondern auch die Übertragung der Herrschaft auf diese 12 Jünger. Wir werden später (s. u. S. 486) noch ausführlich von diesen Versen sprechen, die R. Otto fälschlich als Teil des ältesten Abendmahlsberichts angesehen hat. Die Fortsetzung bei Lk (V. 31 ff.), die das Versagen des Petrus erwähnt, beweist, daß er sich nicht scheut, auch eine Schwäche des größten der 12 Jünger zu nennen. Doch zurück zu unserem Text.

In dieser Mk-Perikope erkennen wir, wie die christliche Gemeinde mit sozialen Fragen gerungen hat: mit der Eingliederung in die Gesellschaft oder den Verlust solcher Eingliederung, mit dem Problem des Reichtums — sollte man den so wichtigen Reichen Zugeständnisse machen (vgl. Jak 2,1—7) — und der Hingabe alles irdischen Besitzes. Unser Abschnitt deutet auf eine kommende Entwicklung zu einer doppelten Ethik, die an die Unterscheidung von „Geboten" und „evangelischen Räten" im Katholizismus erinnert und selbst einen Kompromiß darstellt zwischen der strengen („asketischen") Forderung, auf allen irdischen Besitz zu verzichten, und der Unmöglichkeit, alle zu solcher Strenge zu verpflichten. Wir haben schon daran erinnert, daß die Askese nicht sofort auf dem Plan war, sondern erst später in die christliche Gemeinde eingedrungen ist und sich in verschiedenen Landschaften verschieden stark entwickelt hat.

Der Schluß der Perikope, V. 31, ist ein „Wanderwort". Es könnte einmal den Sinn ausgedrückt haben, daß sich im Gottesreich alle irdische Bewertung umkehrt und das, was auf Erden als groß galt, im Himmelreich nichts ist, während das groß wird, was in den Augen der Welt nichts galt. Es ist eine göttliche Umwertung aller Werte, die hier angekündigt wird. Die lukanische Form des Wortes (Lk 13,30) — ohne „viele" — dürfte vorzuziehen sein. In diesem Worte könnte etwas von der revolutionären Kraft sich spüren lassen, die im Christentum lebendig war.

47 Dritte Leidensverkündigung

Mk 10,32—34; Mt 20,17—19; Lk 18,31—34

(32) Sie waren aber auf dem Wege hinaufsteigend nach Jerusalem, und Jesus schritt ihnen voran, und sie staunten, die aber, welche nach-

folgten, fürchteten sich. Und er nahm wieder die Zwölf beiseite und begann ihnen zu sagen, was ihm widerfahren werde: (33) „Siehe, wir ziehen hinauf nach Jerusalem, und der Menschensohn wird übergeben werden den Hohenpriestern und den Schriftgelehrten, und sie werden ihn verurteilen zum Tode und sie werden ihn den Heiden übergeben, (34) und sie werden ihn verspotten und anspeien und ihn geißeln und töten, und nach drei Tagen wird er auferstehen."

Sehr merkwürdig ist der Einleitungssatz. Das Wort „hinaufsteigen" wird gewöhnlich vom Pilgerzug nach dem hoch gelegenen Jerusalem gebraucht. Die beiden Verben „sie staunten" und „die folgenden aber fürchteten sich" vertragen sich nicht miteinander. D und andere Handschriften haben das letztere ausgelassen. Wahrscheinlich ist aber das „und sie staunten" (das Wort drückt auch bisweilen eine heilige Scheu aus) der Störenfried: als Variante zu oder als Ersatz für „sie fürchteten sich" an den Rand geschrieben, drang es in den Text ein, wobei ein „und" notwendig wurde. Das Gesamtbild, das Mk hier entwirft, sieht also düster aus: Jesus schreitet entschlossen dem Zuge voran, aber die nachfolgende Jüngerschar ist von Angst erfüllt. (Mt hat dieses Einleitungswort stark gekürzt, Lk es ganz fortgelassen.) Daß die Angst der Jünger nicht unbegründet ist, zeigt Jesu Handlung: er nimmt — aus einer größeren Schar von Anhängern heraus — die Zwölf abseits und sagt ihnen das Leiden, das er durchzumachen haben wird, voraus, und zwar mit einer Genauigkeit, wie keine der beiden bisherigen Leidensankündigungen (Mk 8,31 und 9,31). Wieder spricht Jesus von sich als dem Menschensohn, der ausgeliefert werden wird — steht die dritte Person des Passivs verhüllend für „Gott"? Da das Heilsgeschehen von Gott bereitet wird und da es mit der glorreichen Auferstehung nach drei Tagen zum Ziel gelangt — die hier von Mk verwendete alte Formel zieht Karfreitag und Ostern zu einer Einheit zusammen —, ist das wahrscheinlich.

Dagegen dürfte es deutlich sein, daß diese nun schon zum dritten Mal dem Leser eingeschärfte Leidensverkündigung nicht „historisch" ist[1]. Hätte Jesus in dieser Weise, bis in alle Einzelheiten hinein, das

[1] Jesus selbst hielt es nach der Überlieferung Mk 14,36 noch für möglich, daß der Kelch an ihm vorübergeht. — Ein Problem besonderer Art ist die Stellung dieses kleinen Abschnittes gerade hier. Mk 10,17—31 hatte von der notwendigen Entsagung, aber auch von der Belohnung gesprochen, die der Jünger dafür erhoffen darf. Mk 10,35—45 handelt ebenfalls von der Entsagung, die bis zur Aufgabe des eigenen Lebens geht, deutet aber auch den himmlischen Lohn an. Nur bleibt der Gedanke jetzt nicht dabei stehen, sondern kommt zur christlichen Grundhaltung des Dienens, das dem Machtstreben entgegengesetzt wird. Zwischen diesen beiden zweifellos verwandten Abschnitten steht die dritte Leidensankündigung. Gerade dadurch, daß die Zebedaidenbitte auf die dritte Leidensverkündigung folgt, wird von vornherein deutlich, daß diese Bitte fehlgreift, ohne daß Jesus selbst einen Tadel aussprechen muß. Zugleich besteht zwischen dem, was

Kommende mit seinem glorreichen Ende vorausgesagt, so wäre das Verhalten der Jünger bei seiner Verhaftung und Hinrichtung unbegreiflich. Auch Jesu Versuch, sich der Verhaftung zu entziehen, indem er die Nächte außerhalb Jerusalems an einem nur seinen Vertrauten bekannten Orte zubrachte, wäre nicht recht verständlich. Mk sagt an dieser Stelle nicht mehr, daß die Jünger Jesus nicht verstanden haben (wie bei den früheren Leidensankündigungen); er zeigt sogar durch die folgende Geschichte, daß sie Jesus sehr wohl verstanden haben. Nur Lk, der diese Zebedaidengeschichte ausläßt, spricht noch weiter vom Unverständnis der Jünger analog den vorigen Fällen. Tatsächlich ist das Leiden Jesu unerwartet über die Jünger hereingebrochen; es war eine zerschmetternde Überraschung. Daß Jesus selber damit gerechnet hat, nicht lebend von Jerusalem zurückzukommen, wäre eine Aussage, welche die Gewißheit an die Stelle der Möglichkeit oder sogar der Wahrscheinlichkeit setzt. Der Historiker hat kein Mittel, über eine solche mehr oder minder große Wahrscheinlichkeit hinauszukommen.

48 Jesus und die Zebedaiden

Mk 10,35—45; Mt 20,20—28

(35) Und es kamen zu ihm Jakobus und Johannes, die Söhne des Zebedäus, und sagten zu ihm: „Meister, wir wollen, daß du uns tust, um was auch immer wir dich bitten werden!" (36) Er aber sprach zu ihnen: „Was wollt ihr, daß ich euch tue?" (37) Sie aber sprachen zu ihm: „Gib uns, daß wir einer zu deiner Rechten und einer zu deiner Linken sitzen in deiner Herrlichkeit!" (38) Jesus aber sprach zu ihnen: „Ihr wißt nicht, was ihr erbittet. Könnt ihr den Becher trinken, den ich trinke, oder mit der Taufe getauft werden, mit der ich getauft werde?" (39) Sie aber sprachen zu ihm: „Wir können es". Jesus aber sprach zu ihnen: „Den Becher, welchen ich trinke, werdet ihr trinken, und mit der Taufe, mit der ich getauft werde, werdet ihr getauft werden. (4) Das Sitzen zu meiner Rechten und Linken aber zu geben, steht mir nicht zu, sondern denen es bereitet ist."

(41) Und als die Zehn es hörten, begannen sie über Jakobus und Johannes unwillig zu werden. (42) Und Jesus rief sie hinzu und sagte zu ihnen: „Ihr wißt, die als Herrscher über die Heiden gelten,

---

Jesus in seiner Antwort an die Zebedaiden sagt, eine so enge Beziehung zur Leidensankündigung, daß sie den fremden Ton der Zebedaidenforderung gleichsam überspielt. Daß Petrus und die Jünger in 10,28 das Gegenbild zum Reichen bilden (10,17—27), versteht sich von selbst. Wer die Evangelien wie eine Partitur zu lesen lernt, wird nicht aus dem Staunen herauskommen über die Verpflechtung der Motive und das große katechetische Geschick, mit dem der Leser ohne ermüdigende Eintönigkeit immer wieder auf die entscheidenden Themen des christlichen Lebens geführt wird.

knechten sie, und ihre Großen üben Gewalt über sie. (43) Nicht so aber ist es bei euch. Sondern wer da groß werden will unter euch, der sei euer Diener, (44) und wer unter euch der erste sein will, der sei aller Knecht. (45) Denn auch der Menschensohn kam nicht, um sich bedienen zu lassen, sondern um zu dienen und sein Leben zu geben als Lösegeld für viele."

Gerade an die Schlußworte der vorigen Geschichte, die Worte von der Auferstehung, knüpft unsere Erzählung an. Jakobus und Johannes (sie werden als die — beiden; so B C — Söhne des Zebedäus eingeführt, als wäre noch nicht von ihnen gesprochen worden; ein Zeichen, daß diese Geschichte einmal einzeln tradiert worden ist) wollen von Jesus eine Bitte erfüllt bekommen, die sie zunächst noch nicht nennen — vielleicht nicht zu nennen wagen. Nach Mt 20,20 hat die Mutter der Zebedaiden diese Bitte vorgetragen — einer Mutter verzeiht man es eher, wenn sie für ihre Söhne allzu hohe Wünsche hegt. Aber in V. 22 sagt Jesus zu den beiden: „Ihr wißt nicht usw.". Mt hat also seine Korrektur an der verwegenen Bitte der Zebedaiden nicht ganz durchführen können. Ob die Mutter der beiden sie auf Jesu Todesgang nach Jerusalem begleitet hat, darf man gar nicht fragen. Mt will den Ehrgeiz der beiden — so versteht er die Bitte — als nicht so anstößig erscheinen lassen. Selbstverständlich ist dieser Text sekundär.

Jesus fragt nun die Zebedaiden, was sie denn erbitten, und da kommen sie mit ihrem Anliegen heraus: Wenn Jesus in seiner Herrlichkeit ist, dann wollen sie die höchsten Ehrenplätze zu seiner Rechten und Linken einnehmen[1]. Es wird hier nicht gesagt: Wenn du wiederkehrst und dein Reich aufrichtest usw.; von der Wiederkunft Jesu ist hier keine Rede, sondern von seinem Sein in der Herrlichkeit. Vorausgesetzt scheint dabei nicht nur zu sein, daß Jesus durch Tod und Auferstehung in diese Herrlichkeit eingeht, sondern — wie das Folgende zeigt — daß auch für diese beiden Jünger das Martyrium sie zur Herrlichkeit führen wird.

Jesus antwortet zunächst, sie wüßten nicht, worum sie bitten. Inwiefern nicht? Jesus verdeutlicht es mit seiner Doppelfrage an die

[1] Schlatter hat (Mt 595) diese Geschichte in einer unerhörten Weise umgedeutet, indem er das eigentliche Anliegen der Brüder — das „Wir können es" in Mt 20,22 auslegend — mit den Worten beschreibt: „Sie begehrten die Gemeinschaft mit Jesus ganz und ohne Vorbehalt". So wie Mk und Mt diese Geschichte erzählen, geht es den Zebedaiden — das beweist die Empörung der Jünger über sie — nicht um ihre Gemeinschaft mit Jesus, sondern um ihren eigenen Vorrang vor den übrigen Jüngern, den sie sich im voraus sichern möchten. Das damit verbundene Problem, wie Jesus zuerst das Martyrium als Voraussetzung dieser Ehrenstellung bezeichnen und dann bekennen kann, daß er überhaupt nicht über diese Plätze verfügen kann, kommt bei Schlatter nicht zur Geltung, wenn er schreibt: „Die Verfügung über die Weise, wie die Jünger am kommenden Werk Jesu beteiligt werden, steht nicht bei Jesus, sondern bei seinem Vater" (568) — als ob hier das messianische Freudenmahl als ein besonderes Werk Jesu vorgestellt wäre!

Brüder: Könnt ihr den Leidensbecher trinken, den ich trinke (vgl. Mk 14,36), könnt ihr mit der Taufe (in die Wasser des Todes; vgl. Lk 12,50) getauft werden wie ich? Die beiden dem A. T.[2] entnommenen Bilder machen ein und dasselbe anschaulich: das Todesschicksal, das Jesus bevorsteht, das Martyrium. Die beiden wissen nicht, was sie verlangen: sie erbitten sich den Tod!

Das macht — indirekt — deutlich: der Zugang zu jenen Ehrenplätzen, nach denen Jakobus und Johannes verlangen, ist nur dem offen, der wie Jesus das Martyrium auf sich zu nehmen bereit ist. Sind die beiden Brüder dazu imstande? Sie haben Jesu Frage gehört und haben sie verstanden[3]. Sie wissen, was ihnen da bevorsteht. Und angesichts dieses Leidens, das mit dem Tode enden wird, bleiben sie fest. Sie antworten: „Wir sind dazu imstande!" Sie sind bereit, den hohen Preis zu zahlen, den die höchste Ehre kostet.

Und nun das Erstaunliche: Jesus bestreitet dieses Vermögen nicht. Er sagt nicht: „Das könnt ihr ja doch nicht!" Im Gegenteil, er erklärt feierlich: „Ihr werdet den Todesbecher leeren; ihr werdet von den Todeswassern verschlungen werden. Ihr werdet das Martyrium erleiden." Das sagt Jesus hier in aller Form voraus.

Aber dann folgt der überraschende Satz: über das Sitzen zu seiner Rechten und Linken kann er nicht verfügen. Das hat Gott sich vorbehalten. „Welchen es bereitet ist" spricht von der Fügung Gottes. Es steht nicht da, daß Gott diese Plätze anderen geben wird; die Lesart „andern ist es bereitet", die gelegentlich in der Überlieferung auf-

---

[2] Atl. Worte, die das Bild des Bechers verwenden, sind: Ps. 75,9 spricht von dem *Becher* in der Hand des Herrn, dessen Bodensatz alle Gottlosen trinken müssen; in Jes 51,17—22 zeigt sich der Übergang vom Unheil zum Heil in der Verwendung des Becherbildes: Jerusalem hat von der Hand des Herrn Kelch seines Grimmes getrunken, es hat den Taumelbecher geschlürft. Aber Gott nimmt diesen Becher seines Grimms aus der Hand seines Volkes und gibt ihn dessen Peinigern in die Hand. Jer 25,15: Gott hat zum Propheten gesprochen: „Nimm diesen Becher voll schäumenden Weines aus meiner Hand und laß daraus trinken alle Völker" — einschließlich Jerusalems. Nach Ezechiel 23,33 f. wird Jerusalem den Becher des Grauens trinken müssen, den zuvor Samarien trank, und zerstört werden. Vgl. Mt 20,22. Die *Taufe* wird im Alten Testament als Leidenssymbol erwähnt in Ps. 42,8: „Alle deine Wellen und Wogen gehen über mich hin". In Ps. 69,2 klagt der Fromme: „Ich bin in Wassertiefen geraten, und die Flut schwillt um mich her ... (15) Laß nicht aus Wasserschlünden die Flut mich über strömen!" Darum auch die Verheißung Jes 43,2: „Wenn du durch Wasser gehst, ich bin mit dir; wenn durch Ströme, sie werden dich nicht überfluten!" Die Taufe, von der Jesus spricht, ist diese Todesflut, die einen überflutet. — Daß die sakramentale Praxis von Taufe und Abendmahl das Wort des Mk beeinflußt hat, ist eine unbegründete Vermutung: Taylor 441. Dagegen weiß Rö 6,4 um diesen Zusammenhang: „Wir wurden mit ihm begraben durch das Eintauchen (‚die Taufe') in den Tod".

[3] Nach Mk ist ja die ausführliche Leidensschilderung einschließlich der Ankündigung des Todes vorhergegangen: also wissen die Zebedaiden, was bevorsteht.

taucht, geht auf ein im griechischen Text, der ohne Worttrennung geschrieben wurde, sehr leicht mögliches Mißverständnis zurück[4].

Mit dieser Geschichte hängt das Folgende nicht von Haus aus zusammen, wie sich aus Lk 22,5—27 ergibt. Wir müssen deshalb unsere Geschichte zunächst für sich allein betrachten.

Sie enthält eine doppelte Schwierigkeit. Einmal sagt hier Jesus den beiden Zebedaiden feierlich den Märtyrertod voraus, ohne den man nicht auf diese Plätze gelangen kann. Die spätere Tradition weiß — mit geringen und nicht sehr imponierenden Ausnahmen — nur vom Märtyrertod des Jakobus, nicht aber von einem solchen des Johannes. Diese Ausnahmen sind: Philippus von Side, ein Epitomator aus der Mitte des 5. Jahrhunderts berichtet, daß Papias (um 140) in seinem zweiten Buch schreibe, Johannes der Theologe und sein Bruder Jakobus seien von den Juden getötet worden. Euseb spricht in seiner Kirchengeschichte II 21,22 von der Hinrichtung des Jakobus (ums Jahr 62?) „und einiger anderer". Daraus läßt sich nicht entnehmen, daß Euseb um das Martyrium des Johannes gewußt hat; er kannte noch die fünf Bücher des Papias und hätte eine so genaue Angabe wie die von Philippus von Side erwähnte nicht unbeachtet gelassen. Die Nachricht des Philippus von Side wird im 9. Jahrhundert durch Georgios Hamartolos wiederholt; Georg sieht darin eine Erfüllung von Mk 10,39. Das syrische Martyrologium von 411 gibt für den 27. Dezember an: Johannes und Jakobus, die Apostel, in Jerusalem. Aber der Kalender von Karthago (vom Jahr 505) nennt für diesen Tag Johannes den Täufer und den Apostel Jakobus. Ob die Äußerung über den Täufer ein Irrtum ist, wie V. Taylor 442 meint, ist u. E. sehr zweifelhaft. Aber das entscheidet nichts. Es wäre sehr gewagt anzunehmen, daß man zur Zeit des Mk noch genau wußte, wie auch nur das Leben der Hauptjünger wirklich verlaufen war. Bei dem Zebedaiden liegt der Fall u. E. besonders schwierig. Denn Joh 21 zeigt uns, daß schon um 100 n. Chr. die Überzeugung aufgekommen ist, das vierte Evangelium sei von einem Jünger Jesu verfaßt worden, der sehr alt geworden sei. Daß er es erst im höchsten Alter geschrieben hat, steht freilich nirgends angedeutet. Ja ursprünglich dürfte dieser Jünger nur als der Gewährsmann genannt gewesen sein; die Worte „und der dies geschrieben hat" in Joh 21,24 sind aller Wahrscheinlichkeit nach eine späte Glosse. Sobald man nun diesen langlebenden Jünger, wie es gegen Ende des 2. Jahrhunderts sicher geschehen ist, mit dem Jünger Johannes identifizierte, hatte man anscheinend ein Schriftzeugnis dafür, daß Johannes der Zebedaide nicht das Martyrium erlitten hatte, sondern friedlich in hohem Alter verschieden war. Dagegen konnten alle Nachrichten über ein früheres Martyrium des Johannes nicht

[4] Das Griechische wurde damals ohne Worttrennung und Akzente geschrieben; darum konnte „alloishetoimastai" aufgelöst werden in „all hois hetoimastai" (sondern welchen es bereitet ist), aber auch in „allois hetoimastai" (andern ist es bereitet). Die zweite, falsche Lösung findet sich bei 225 it (sy^s).

aufkommen. Die Nachricht, daß er in siedendes Öl geworfen worden war, ohne Schaden zu nehmen[5], ist eine Art Ersatz für die Überlieferung über sein Martyrium im vollen Sinn dieses Wortes. Mit dem historischen Interesse der frühen Christen für Einzelheiten war es nicht weit her. Das beweist das Verstummen über die erste Erscheinung des Auferstandenen vor Petrus, die außer in dem schlechthin beweisenden Zeugnis des Paulus 1. Kor 15,4 nur noch in der eingeklemmten Notiz Lk 24,34 erwähnt wird. Freilich muß in solchen Fällen ein Anlaß vorhanden gewesen sein: Die paulinischen Berichte über die Erscheinungen entsprachen den späteren Vorstellungen nicht mehr, und die johanneische Tradition wurde zu einem bestimmten Zeitpunkt durch die Lehre von der johanneischen Herkunft des 4. Evangeliums beeinflußt. Da P 52 bereits eine aus dem Anfang des 2. Jahrhunderts stammende Abschrift ist, muß die Veröffentlichung des Evangeliums (inklusive Kap. 21) um 100 n. Chr. anzusetzen sein. Hier wird bereits auf das hohe Alter des bezeugenden Jüngers angespielt (21,23).

Es wäre also durchaus möglich, daß Mk hier etwas mitteilt, was dann dem Gedächtnis der Christenheit entschwand, weil es der Theorie vom lang lebenden Zebedaiden Johannes als dem Verfasser des 4. Evangeliums widersprach. Daß Johannes zusammen mit seinem Bruder hingerichtet worden ist (vgl. Apg 12,2), führt allerdings in unerträgliche chronologische Widersprüche mit den Angaben des Paulus in Gal. 2. Wohl aber wäre es möglich, daß er zusammen mit dem Herrenbruder Jakobus den Tod erlitten hätte, etwa im Jahre 62[6].

Aber nun bleibt noch eine andere Schwierigkeit zurück. Wenn Jesus von vornherein weiß, daß sich Gott die Verfügung über die Ehrenplätze im Himmel vorbehalten hat, warum stellt er es dann zunächst so dar, als gebe der Märtyrertod ein Anrecht auf diese Plätze? Warum läßt er es zunächst so erscheinen, als hinge es vom Verhalten der Zebedaiden ab, ob ihnen diese Ehre zuteil werde? Für jeden unbefangenen Leser kommt V. 40 als eine völlige Überraschung.

Und überraschend ist weiter: Jesus tadelt die Zebedaiden nicht. Er wirft ihnen nicht Ehrgeiz oder Hochmut vor; er sagt nicht, solche Wünsche dürfe man nicht haben. Das paßt gut zu V. 38, wo Jesus

---

[5] Tertullian, De praescr. haer. 36 preist die Kirche selig, „wo ... der Apostel Johannes, nachdem er in siedendes Öl getaucht, keinen Schaden gelitten hat, auf eine Insel verbannt wird."

[6] Hirsch hat in seinen „Studien zum vierten Evangelium" (Beiträge zur historischen Theologie 11, Tübingen 1936) 141 ff. in Anschluß an B. W. Bacon: The Fourth Gospel in Research and Debate, London 1909, die These aufgestellt: „Offb. Joh 11,7 ff. ist in mythischer Verkleidung die Erinnerung an einen geschichtlichen Vorgang in Jerusalem bewahrt ... Die Stelle *kann* überhaupt nur auf die Steinigung von Jakobus und Johannes bezogen werden". Falsch an dieser Behauptung ist jedenfalls die Ausschließlichkeit, mit der Hirsch diese These als die allein mögliche bezeichnet.

den Zebedaiden nur zu bedenken gibt, daß sie sich damit ja den Tod wünschen. Aber dieses Verhalten Jesu widerspricht V. 40.

Tatsächlich geht die Spannung im Text hier noch viel tiefer. V. 41 ff. bringen zwar einen Tadel der Zebedaiden durch die Jünger, und dann eine Rede Jesu über die Machtfrage in der Gemeinde. Allein sieht man genau zu, so zeigt es sich: hier ist von einem ganz anderen Thema die Rede, nämlich vom Verhalten innerhalb der irdischen Gemeinde, nicht aber im Gottesreich. In der Gemeinde — das sagen doch V. 42 f. — soll es nicht zugehen wie in den heidnischen Reichen, wo die Könige und Großen ein Gewalt- und Schreckensregiment führen. In der Gemeinde Jesu aber solle der, welcher der erste sein will, aller Diener sein; die christliche Größe liegt im hingebenden Dienst.

So sehr dieser Gedanke dem eigenen Urteil Jesu entspricht, so ist es doch nicht die Stimme des „historischen Jesus", die wir hier vernehmen. Hier sehen wir in Probleme der nachösterlichen Gemeinde hinein, die groß geworden ist und in der es bereits Kämpfe um Einfluß und Geltung gibt. Vielleicht hat das schon gegen das Ende der Apostelzeit, also noch vor dem großen Krieg von 66—70 n. Chr., zu Reibereien und Spannungen innerhalb der Gemeinde geführt, und man hat längst einen Rivalitätsstreit zwischen Petrus und dem Herrenbruder vermutet. Gegen nicht in die Gemeinde gehörige Streitigkeiten wird hier gepredigt; mit dem Begehren der Zebedaiden hat das wenig zu tun. Man könnte nur meinen, auch sie seien einmal als die Führer einer urchristlichen Gruppe von ihren Anhängern gegen andere Gemeindegrößen gepriesen worden. Aber diese Deutung ist nicht sicher. Es ist gut möglich, daß die Zebedaidenbitte eigentlich der Rahmen ist, in dem Jesus das Martyrium dieser beiden Jünger ankündigt, ein vaticinium ex eventu.

Schlatter[7] hat sich — wie andere, z. B. Taylor 441 — dem Anstoß in V. 35—39 damit entzogen, daß er die Worte vom Becher und Taufe nur auf das Leiden bezog, nicht aber auf das Martyrium. Den Widerspruch von 38 f. und 40 schafft das aber nicht aus der Welt, und dem Wort vom Becher und Taufe wird sein Sinn genommen, wenn hier nicht das gemeint ist, was die höchste Bewährung ist, und das ist allein die Hingabe des Lebens. Nicht daß man sie verspottet und anspuckt und geißelt wie Jesu macht den Becher und die Taufes aus — man braucht nur an das Becherwort Mk 14,36 und an das Wort von der Taufe Lk 12,50 zu denken, dann weiß man: Becher und Taufe bezeichnen nicht nur ein Vorspiel zu dem Schrecklichen, sondern das Schreckliche selbst. Es ist wieder einmal eine apologetische Notlösung, bei der sich nicht ganz wenige Erklärer beruhigt haben. Es lohnt nicht, sich dabei aufzuhalten.

Dagegen möchten wir noch einmal auf Mk 10,41 ff. zurückkommen. Wir haben bereits von dem Ideal des „klein-Seins" gesprochen.

---

[7] Vgl. die in Anm. 1 angeführten Stellen.

Es ist mehrdeutig. Ebenso ist nicht deutlich, was der Forderung: Der Erste sei der Letzte! eigentlich zugrunde liegt. Beides kann aus sehr verschiedenen Quellen kommen.

Die christliche Gemeinde, die uns in den synoptischen Evangelien sichtbar wird, fühlt sich, aufs Ganze gesehen, in der Welt nicht mehr daheim. Die Welt ist eine unheimliche, gottferne und versucherische Fremde. „Welt“ hat schon den Klang der „argen“ Welt, vor der man sich hüten muß und von der man sich fortsehnt nach dem Reich, das kommen soll, nach dem Tag, da der Menschensohn als König erscheint mit seinen Engeln und die Erwählten rettet.

Auf diese Welt darf sich der Mensch nicht einlassen. Er muß wählen zwischen Gott und dem, was die Welt bieten kann: dem Reichtum, der Macht. In der zweiten Versuchungsgeschichte, die Lk erzählt, wird das in 4,6 unerhört anschaulich. Man soll die Welt nicht genießen, nicht in ihr zu Hause sein; man ist noch in der Fremde und Pilgrimschaft[8], auch wenn diese Ausdrücke nicht verwendet werden. Es gibt nur eine Möglichkeit, den bösen Mammon gut zu benutzen: ihn für die Armen dahinzugeben, damit man dereinst in die ewigen Hütten kommt.

Hinter dem urchristlichen „Nein!“ zur Welt liegt eine tiefe Angst — „in der Welt habt ihr Angst!“ Nicht nur die urchristliche Gemeinde hat in dieser Angst gelebt; sie ist immer wieder aufgeflammt. Auch das Judentum, das in der alttestamentlichen Zeit keineswegs pessimistisch über die Erde gedacht hat, ist von dieser Weltangst — und zwar noch vor der Katastrophe von 70 — berührt worden, bevor es sich — erst nach der Trennung vom Christentum — erstarrend in einer strengen Orthodoxie fängt, abgesondert von der Welt, wie es das zur Zeit der Apostel noch nicht war. Es ist grundsätzlich falsch, das Neue Testament so vom Alten Testament her zu erklären, als wäre das Spätjudentum noch das Judentum des Alten Testaments, obwohl das „Alte Testament“ immer noch das heilige Buch war.

Darum war es ein verhängnisvoller Irrtum eines so verdienstlichen und einflußreichen Mannes wie Schlatter, wenn er „das griechische Denken“ dem „jüdischen Denken“ gegenüberstellte. Barr[8a] hat in seinem beachtlichen Werk darauf hingewiesen, daß man bei solcher Gegenüberstellung weithin das semitische Denken dem indogermanischen gegenüberstellt, also die Kategorien durcheinanderlaufen läßt. Weder war das Judentum der Zeit Jesu und der Synoptiker noch das alttestamentliche Judentum, noch gab es damals das griechische Denken des

---

[8] Vgl. das viel deutlichere Wort des Paulus Phil 3,20: „Denn unsere Heimat ist im Himmel“ und das ebenso klare Hebr 13,14: „Denn nicht haben wir hier eine bleibende Stadt, sondern die zukünftige suchen wir“. S. dazu: Ernst Käsemann: Das wandernde Gottesvolk. Eine Untersuchung zum Hebräerbrief (FRLANT N. F. 37. Göttingen 1939) 4.

[8a] James Barr: Bibelexegese und moderne Semantik. München 1965.

Plato und Aristoteles als den Hellenismus beherrschende Macht. Griechentum und Judentum sind damals nicht mehr das, was sie einst waren, und oft kann man, gerade bei sprachlichen Fragen im Neuen Testament, für Ausdrücke der Koine ebensogut aramäische wie lateinische Parallelen finden. Nach 70 und besonders nach dem Aufstand des Bar Kochba mag die Verführung für die Juden, ins Gnostische abzugleiten, noch größer geworden sein. Aber sie bestand schon im ersten Jahrhundert. In der Gnosis wird[9] als „der Kleine" der gepriesen, der wie das kleine Kind noch nicht — oder nicht mehr — die Gegensätze kennt, welche die Welt zugleich zerreißen und miteinander zu Sklavendienst verbinden. Im Christentum aber meint dieses Kleinsein etwas anderes: die von Jesus gepredigte Hingabe der Liebe, die nicht an sich denkt. Hier steht hinter der Aufforderung zum Kleinsein nicht die Angst vor der Welt, sondern die helfende Hingabe, die nichts für sich will, sondern im Dienst aufgeht.

Damit kommen wir zu V. 45, zu dem Schlußvers der ganzen Perikope. Dieses Wort ist der christlichen Gemeinde aller Zeiten besonders teuer gewesen. Sagt es ihr doch, was sie von ihrem Herrn und Meister erhoffen darf: die große göttliche Hilfe, und sagt es ihr doch zugleich, wie sie selbst zu leben hat: nicht sich bedienen lassen, sondern dienen. Das 4. Evangelium stimmt darin mit den synoptischen völlig überein: die Erzählung von der Fußwaschung, die dort in gewissem Sinne die Szene vom Passamahl der Synoptiker ersetzt, ist eben der Verdeutlichung dieses Dienstes Jesu und der Dienstpflicht der Jünger gewidmet. Wieder heißt das nicht, daß V. 40 im historischen Sinne eine „ipsissima vox" Jesu wäre: es ist formuliert im Rückblick, und zwar im Rückblick auf das zur Erde Kommen des Gottessohnes, der seine himmlische Herrlichkeit verlassen hat um der armen Menschen willen. So ist er „klein geworden". Aber ein besonderer Klang kommt noch hinzu mit dem Wort „Lösegeld", das uns an Jes 53,10 ff. gemahnt. In diesem Prophetenwort hat die Christenheit frühzeitig (wenn auch nicht von Anfang an) die Erklärung für das Unbegreifliche gefunden, daß ihr Meister als Verbrecher am Galgen geendet war, er, der doch der Sohn des höchsten Königs war. Wir werden beim Abendmahl auf die Erklärung dieses Begriffs zurückkommen.

49 Die Heilung des Bartimäus

Mk 10,46—52; Mt 20,29—34; Lk 18,23—43

(46) Und sie kommen nach Jericho. Und als er aus Jericho herausging und seine Jünger und viel Volk, da saß der Sohn des Timaios, Bartimaios, ein blinder Better, am Wege. (47) Und als er hörte: „Es

[9] S. o. S. 348.

ist Jesus von Nazaret", da begann er zu rufen und zu sagen: (49) „Sohn Davids, Jesus, erbarme dich meiner!" Und viele bedrohten ihn, er solle schweigen. Er aber schrie um so mehr: „Sohn Davids, erbarme dich meiner!" (49) Und Jesus blieb stehen und sprach: „Ruft ihn!" Und sie riefen den Blinden und sagten zu ihm: „Hab Mut, steh auf, er ruft dich!" (50) Der aber warf sein Obergewand ab, sprang auf und kam zu Jesus. (51) Und Jesus hub an und sprach zu ihm: „Was willst du, daß ich dir tun soll?" Der Blinde aber sprach zu ihm: „Rabbuni, daß ich sehend werde!" (52) Jesus aber sprach zu ihm: „Geh, dein Glaube hat dich gerettet." Und sofort ward er sehend und folgte ihm auf dem Wege.

Nach Mk spielt sich diese Heilungsgeschichte ab, als Jesus Jericho verläßt, nach Lk (18,35), als er sich dieser Stadt[1] nähert. Die Änderung hängt wohl mit der lukanischen Komposition zusammen: Lukas will die Zacchäusgeschichte erzählen, die in Jericho ihren Schauplatz hat und damit endet, daß Jesus einen Tag in Jericho bleibt und hier, im Hause des Zacchäus, die Parabel von den Minen erzählt. Sie steht in innerem Zusammenhang mit der Erzählung von Zacchäus — jedenfalls wenn man diese so versteht und berichtet, wie Lukas, und sie bereitet (19,11!) den Einzug in Jerusalem vor.

Matthäus (20,29 ff.) kürzt wie üblich den Mk; wie üblich verdoppelt er auch hier wieder die Zahl und macht aus einem Blinden zwei. Man sieht deutlich, daß er den Mk-Text einfach auf die Zweizahl umgeschrieben hat. Das Hebräerevangelium hat denn auch den reichen Jüngling verdoppelt. Zieht man ferner Lk 17,12—19 in Betracht, wo die Heilung von 10 Aussätzigen berichtet wird, während die alte Tradition in Mk 1,40—45 (von Lk übernommen in 5,12—16) nur von einem wußte, so wird es ziemlich wahrscheinlich: Die Zahl der Geheilten hat sich in der mündlichen Überlieferung gesteigert, und Mt folgt sonst zwar Mk, hat sich aber diesen neuen Zug nicht entgehen lassen. Schlatter (der ja den Mt-Text für den ältesten hielt), schrieb (Mt 29) zur Gerasener Geschichte: „Die vom gleichen Elend Betroffenen finden sind"[2]. Auf die beiden Wegelagerer von Mt 8,28 ff. paßt das schon schlecht; außerdem aber wird es nun rätselhaft, warum Mk das Wunder halbiert hätte.

Mt hat in 9,27—31 eine Parallele zur Blindengeschichte, die er in 20,29—34 nach Mk bringt. Vermutlich handelt es sich um eine in der mündlichen Überlieferung entstandene Variante. Das Interessante

---

[1] Jericho, eine Oase mit Quellen und Palmenhainen, ist eine der ältesten Siedlungen auf der Erde. Es lag 8 km westlich des Jordans und 24 km südöstlich von Jerusalem.

[2] Es ist sehr fraglich, ob sich diese Psychologie halten läßt. Wenn man schon Besessene modern als Kranke ansieht, dann muß man sich auch fragen, ob solche Kranke wie der Gerasener auf Gesellschaft aus sind. Die beiden Gadarener des Mt wirken freilich eher wie zwei Wegelagerer.

daran ist, daß hier Jesus — obendrein erfolglos — den Blinden verbietet, die Heilung bekanntzumachen. Soll man daraus schließen, daß das „Messiasgeheimnis" vormarcinisch ist? Unseres Erachtens liegt die Vermutung näher, daß die Art des Mk, von Jesu Schweigegeboten zu berichten, in die mündliche Überlieferung eingedrungen ist und hier als Mittel für den entgegengesetzten Zweck gedient hat: obwohl Jesus nicht wollte, daß sein Wunder bekannt wurde, ist es doch überall erzählt worden[3].

Aber auch die Mk-Erzählung hat ihre Schwierigkeiten. Da ist einmal der Name des Geheilten — in der alten Überlieferung bleiben die Geheilten anscheinend unbenannt. Weiter pflegt Mk fremde Namen zu übersetzen, indem er ein „das ist" vor die Übersetzung stellt. So verfährt er in 3,17 (Boanerges), 7,11 (Korban), 7,34 (effata), 12,42 (Lepta), 16,16 (aulē), 15,42 (paraskeuē). Nur in 5,22 ist es anders; hier fährt Mk nach der Erwähnung des Synagogenvorstehers fort: „mit Namen Jairus". In Mk 10,46 aber geht die Übersetzung „der Sohn des Timaios" dem Namen „Bartimaios" voran. Dazu kommt, daß der Name „Timaios" unerklärt ist. Den aus dem platonischen Dialog bekannten Name Timaios wird man hier kaum erwarten dürfen, sondern einen aramäischen vermuten. Taylor hält „bar Tim'i" für wahrscheinlich (448); Mt und Lk geben keine Hilfe. Lk bringt keinen Namen, und Mt ist dazu nicht fähig, da er ja zwei Blinde am Wege sitzen und geheilt werden läßt. Sie beide zu Brüdern zu machen ist ihm nicht eingefallen. Dibelius (Formgeschichte 50) hält es für wahrscheinlich, daß ursprünglich ein echtes Paradigma erzählt wurde, ohne Namen, „mit alleinigem Nachdruck auf dem Erbarmen Jesu und dem Glauben des Blinden! Und diesen namenlosen Kranken hätte man dann später mit einem bekannten Blinden aus Jericho identifiziert. ... Die Erwähnung des Namens wird bei Markus noch unauffälliger, wenn man annimmt, daß Bartimäus Jesu Anhänger und später Glied der Gemeinde wurde."

Aber wir sind mit dem, was an dieser Geschichte auffällt, noch nicht fertig. Lohmeyer hat richtig beobachtet (224), daß die Geschichte bis auf den Schluß vom Standpunkt des Bettlers am Wege aus erzählt wird, nicht vom Standpunkt Jesu. Auch das unterscheidet sie von alten Paradigmen. Und dazu kommt, daß die Menge, die Jesus voranzieht und ihm folgt — ist es eine galiläische Pilgerkarawane? — den Ruf

[3] Ob Bartimäus messianische Hoffnungen hegte, darf keinesfalls die erste Frage sein, sondern ob Mk ihn solche Hoffnungen ausdrücken lassen wollte. Wenn Taylor 448 meint, Jes 41,1 („Der Herr hat mich zum Gesalbten gemacht ... zu verkünden den Blinden das Sehendwerden") habe solche Hoffnungen in Bartimäus geweckt, so ist das eine gelehrte Kombination. Man muß einigen Mut haben, wenn man sie einem blinden Bettler zutraut. Bartimäus, der nachher Jesus als „Rabbi" anredet, nennt ihn „Sohn Davids", um ihn mit diesem Ehrennamen seiner Bitte geneigter zu machen. Dabei ist vorausgesetzt, daß Jesus als Nachkomme Davids galt.

des Bettlers „Sohn Davids, Jesus, erbarme dich meiner!" zum Schweigen zu bringen sucht[4]. Mit der Geheimnistheorie des Mk hat das nichts zu tun, sagen die Exegeten. Denn hier verbietet nicht Jesus, sondern die Menge, und „Sohn Davids" ist nicht einfach dasselbe wie Messias. Nach der Darstellung des Mk kann die Menge überdies noch nicht wissen, was bisher allein Petrus und den Zwölfen bekannt ist.

Gibt es einen Ausweg aus diesen Schwierigkeiten? Fragen wir wieder zuerst nach der Bedeutung, welche diese Erzählung im Zusammenhang des Mk besitzt. Es ist deutlich, daß sie zum Einzug in Jerusalem überleitet. Nicht nur, daß dieser unmittelbar danach erzählt wird. Nein, die Bartimäus-Szene schließt mit der ausdrücklichen Angabe, daß der geheilte Blinde Jesus auf dem Weg nach Jerusalem folgt. Er ist ein lebendiges Zeugnis der Heilandsmacht Jesu. Aber nicht nur das. Beim Einzug Jesu in Jerusalem, so wie ihn Mk berichtet, rufen die Jesus Voranziehenden und Nachfolgenden (11,10): „Gelobt sei das kommende Reich unseres Vaters David!" Beachtet man diesen Zug, dann wird deutlich, daß der Ruf des Blinden „Sohn Davids, Jesus" ihn vorwegnimmt und vorbereitet. Als solche Vorbereitung war die Geschichte dem Evangelisten willkommen.

50 Der Einzug in Jerusalem

Mk 11,1—11; Mt 21,1—9; Lk 19,28—40; Joh 12,12—16

(1) Und als sie nahe an Jerusalem und Bethanien am Ölberg herankamen, sandte er zwei seiner Jünger ab und sagte zu ihnen: (2) „Geht in das Dorf, das vor euch liegt, und sogleich, wenn ihr hineinkommt, werdet ihr ein Eselsfüllen finden, auf dem noch kein Mensch gesessen hat. Macht es los und bringt es her! (3) Und wenn jemand zu euch sagt: ‚Was macht ihr da?', dann sagt ‚Der Herr braucht es und er wird es sofort wieder hierhersenden!" (4) Und sie gingen fort und fanden das Füllen an der Tür angebunden draußen an der Straße und machten es los. (5) Und einige, die dort standen, sagten zu ihnen: „Was bindet ihr das Füllen los?" (6) Sie aber antworteten ihnen, wie ihnen Jesus gesagt hatte, und man ließ sie. (7) Und sie brachten das Füllen zu Jesus

---

[4] Taylor 448 zitiert Moffat: „Das Unglück des Mannes ist vielen in der Reisegesellschaft unwillkommen und sie sagen ihm, er solle still sein". Eine Erklärung ist das nicht. Grundmann 222 meint, die Stille des feierlich-pilgernden Zuges nach Jerusalem sollte nicht von einem schreienden Bettler gestört werden. Aber gingen Pilgerzüge damals in solcher feierlichen Stille vor sich oder hat sie sich Markus so vorgestellt? Oder ist nicht das Schweigegebot der Menge das Hindernis, das der Glaube des Bettlers überwinden muß?

und legten ihre Kleider darauf, und er setzte sich darauf. (8) Und viele breiteten ihre Gewänder auf den Weg, andere aber Zweige, die sie auf den Feldern abgeschnitten hatten. (9) Und die, welche voranzogen und nachfolgten, riefen: „Hosianna! Gepriesen sei, der da kommt, im Namen des Herrn! (10) Gepriesen sei das kommende Reich unseres Vaters David! Hosianna in der Höhe!" (11) Und er ging nach Jerusalem hinein in den Tempel. Und als er sich alles angesehen hatte, ging er — es war schon spät — hinaus nach Bethanien mit den Zwölfen.

Mit diesem Abschnitt beginnt die eigentliche Leidensgeschichte. Die meisten modernen Forscher — Trocmé macht hier eine Ausnahme — vermuten: die Passionsgeschichte[1] war das erste Stück der Jesusüberlieferung, das im Zusammenhang erzählt wurde und so eine feste Gestalt bekam. Was für die Gegner ein Skandalon war, für die Gläubigen aber die heilige Zeit, deren sie im Karfreitags- und Ostergottesdienst besonders gedachten, verlangte eine Darstellung, die den von Gott gefügten Verlauf und Sinn der Passion erkennen ließ. Trotzdem ist diese Leidensgeschichte nicht ein Werk aus einem Guß. Wir können vielmehr auch hier noch sehr deutlich das Wachsen der Überlieferung wahrnehmen.

Der erste Abschnitt unserer Geschichte reicht vom V. 1—6 und berichtet das Wunder, mit dem der Einzug Jesu in Jerusalem begann. Die Ortsangabe ist in manchen Mk-Handschriften dreifach: Jerusalem, Bethphage, Bethanien. Bethphage[2] dürfte aus Mt 21,1 eingedrungen

---

[1] Man hat versucht, die Zeit vom Einzug in Jerusalem bis zur Kreuzigung auf eine „heilige Woche" zu begrenzen. Aber Lohmeyer 22 fragt zu Recht, „ob Mk die Geschehnisse von Kap. 11—16 in den Raum einer einzigen Woche zusammengedrängt hat." „Mk hat es aber auch kaum gemeint; denn er spricht von einem ‚täglichen' Lehren im Tempel (14,49)." „Mit 11,20 beginnt der dritte Tag; wo er endet, ist nicht mehr gesagt." Anders Grundmann 224. Angeregt von H. J. Holtzmann, Waitz und Hirsch (I 131 f.) benutzt er die Geschichte von der Ehebrecherin, um die „heilige Woche" zu füllen. Aber diese Geschichte darf nicht für chronologisch-liturgische Zwecke benutzt werden. Die Textgeschichte zeigt nämlich deutlich: dieser Abschnitt hat sich später in die Überlieferung eingedrängt. Die alten Textzeugen P 66 P 75 $\mathfrak{H}$ N W Θ al a f l q sy Or Tert kennen ihn noch nicht als kanonisch. Die sog. Ferrargruppe stellt ihn hinter Lk 21,38; D und der Koinetext bringen ihn als Joh 7,53—8,13 unter. Der Text selbst ist nicht einheitlich. Daß die Ältesten eine bei Ehebruch ergriffene Frau steinigen durften, ist unwahrscheinlich; daß sie es auf Jesu Einspruch hin unterließen, ebenfalls. Wie fragwürdig dieser Einspruch ist, haben sich die Exegeten meist nicht klargemacht. Wenn die irdische Gerechtigkeit nur von Menschen ohne Sünde ausgeübt werden darf, dann kann es überhaupt keine Rechtspflege mehr geben.

[2] Origenes berichtet, Mk habe Bethanien, Mt Bethphage und Lk beides. Aber bei ℵ B C Θ al erscheint Bethphage neben Bethanien im Mk-Text; anscheinend ist es dort später eingedrungen und D it (bei denen es fehlt) haben einmal die alte Lesart bewahrt. Vermutlich gab es zwei Überlieferungsstränge. Der eine

sein. Nach der Mischna[3] war Bethphage das nächste Dorf bei Jerusalem und wurde noch zum Stadtbereich hinzugerechnet, den man am 8. Festtag nicht verlassen durfte. Mk wird es nicht genannt haben, sondern nur Jerusalem als allgemeine Angabe und Bethanien als die spezielle. Sie bezeichnet den Ort, vor und in dem sich nach Mk die folgende Geschichte abspielt.

Bevor Jesus Jerusalem betritt[4], schickt er zwei Jünger nach Bethanien, und beschreibt ihnen, was sie dort finden werden: Sogleich beim Dorfeingang werden sie ein Eselsfüllen angebunden sehen, auf dem noch niemand je geritten ist. Das sollen sie losmachen und bringen. Stellt sie dabei jemand zur Rede, so genügt das Wort: „Der Herr braucht es und schickt es gleich wieder her!" Genauso kommt es. Der Esel ist richtig da, draußen an der Tür angebunden, und man stellt die Jünger zur Rede. Aber sie antworten nach Jesu Weisung, und man läßt sie mit dem Esel gehen.

Die Erklärer haben anscheinend hier nur zwei Möglichkeiten. Entweder sie erklären dieses Geschehen „natürlich", wie die alten Rationalisten: Jesus war im Dorfe (von früheren Jerusalemreisen her, die Joh erwähnt) bekannt, und wußte, daß der Besitzer des Tieres es ihm zur Verfügung stellen würde — so wie es denn auch tatsächlich geschah.

Aber einen so simplen Vorgang hätte der Evangelist niemals derart ausführlich erzählt wie unsere Perikope, welche die Vorhersage Jesu und deren Erfüllung deutlich unterscheidet. Das spricht für eine zweite Möglichkeit: Es handelte sich um ein übernatürliches Vorherwissen Jesu, um ein Wunder. Geht das nicht aus der Geschichte klar hervor? Selbst wenn Jesus einen Mann kannte, der am Dorfeingang wohnte, wußte er darum doch noch nicht, daß jener gerade an diesem Tage einen Esel vor seiner Tür angebunden hatte. Und noch weniger, daß eben dieser Esel noch nie einen Menschen getragen hatte. Nur das übernatürliche Wissen des Gottessohns konnte all das voraussehen. Aber auch ein weiterer Zug erklärt sich nicht „natürlich", nämlich daß die Leute auf das bloße Wort hin: „Der Herr braucht es und sendet es gleich

---

nannte das in der sonstigen Tradition bekannte Bethanien, der andere dagegen Bethphage. Dieses lag am Westabhang des Ölbergs und gehörte zum jerusalemischen Stadtgebiet (Grundmann 226). Taylor 453 hält Bethphage bei Mk für ursprünglich und beruft sich dabei auf Streeter 318, Lagrange 287; Turner 53, Rawlinson 152 und Branscomb 196.

[3] Billerbeck I 839 f.

[4] Wenn Jesus mit den Seinen durch das Dorf zieht, in dem der Esel angebunden war, wird unverständlich, warum er ihn vorher holen läßt. Das wäre sinnvoll nur, wenn das „Dorf vor euch" kein Ort ist, den Jesus dann durchzieht. Das würde auf das vom Wege nach Jerusalem abgelegene, drei km von der Stadt entfernte Bethanien als den Ort sprechen, den die Geschichte von dem Esel ursprünglich meinte. Jesus hätte es dann beim Hinweg nach Jerusalem nicht betreten, sondern wäre sogleich nach Bethphage weitergezogen.

wieder“ das Tier von ihnen unbekannten Männern fortführen lassen. Der Herr, von dem hier die Rede ist, kann nicht gut der Besitzer des Esels sein[5]: Jesus hat den Esel nötig, und nicht dessen Besitzer. Wenn man sagt, dieser befinde sich bei Jesus, dann bleibt es unverständlich, warum Jesus zwei Jünger sendet, statt daß der Besitzer selbst das Tier holt. Nein, hier herrscht offensichtlich ein höheres Walten, eine göttliche Lenkung des Geschehens.

Gäbe es nur diese beiden Erklärungsmöglichkeiten, dann müßte der Exeget entweder einer davon folgen oder beide kombinieren. Wie dergleichen sich ausnimmt, können wir wieder aus Wohlenberg ersehen (294 f.). Um den Satz „Er schickt es sogleich wieder her“ zu erklären, wird nach Wohlenberg „die Annahme unumgänglich sein, daß das Füllen schon vorher sich dort befunden hat, von wo der Herr seine zwei Jünger entsendet, daß es vielleicht dort seinen dauernden Aufenthalt gehabt hat, mit anderen Worten: daß der Besitzer des Tieres dort ansässig gewesen ist. Der Leser bemerkt die genaue Kunde des Berichterstatters: „es wird doch wohl einer der beiden Jünger Petrus gewesen sein, und jenes „wieder hierher“ scheint vorauszusetzen, daß derselbe an der Stätte, von wo aus die Entsendung statthatte, wie zu Hause gewesen sei.“ Wie Wohlenberg dann weiter vermutet, handelt es sich um das Haus der „Geschwister Lazarus, Maria und Martha“. „So wird wahrscheinlich, daß das Füllen, welches dem Herrn zur Verfügung gestellt wurde, Eigentum jenes Hauses war. Es wird also, und zwar, wie aus V. 6 hervorgeht, in Begleitung mehrerer Personen — es werden Bedienstete gewesen sein — zur Erledigung irgendeines Geschäfts unterwegs gewesen sein.“ Was das für ein Geschäft war, welches das noch nicht zugerittene Eselsfüllen hier zu erledigen hatte, sagt uns Wohlenberg nicht. Hier ist alles beieinander: das Lazaruswunder des Joh, das Eselsfüllen und die dazu gehörige Eselin, die Wohlenberg aus Mt herbeiholt, damit das Füllen „dem Herrn in bequemer Weise dienen“ könne, vor allem aber eine erstaunliche Phantasie, welche die Lazarusfamilie weit vor dem Dorf wohnen und das Füllen nur Geschäfts halber an diesem Tag im Dorfe angebunden sein läßt.

Aber es gibt noch eine dritte Möglichkeit, von der wir bisher geschwiegen haben. Gerade angesichts der Leidensgeschichte haben Forscher wie Martin Dibelius[6] behauptet, daß an ihr der Weissagungs-

---

[5] Freilich hat auch Taylor 455 es wieder so gedeutet. Die Schwierigkeit rühre daher, daß wir nicht wissen, wo sich der Besitzer befand. Nach Taylor: bei Jesus.

[6] Martin Dibelius, Die Formgeschichte des Evangeliums. 2. Aufl. Tübingen 1933, 185: „Der Osterglaube ... barg die Gewißheit, daß auch das Leiden Jesu nach Gottes Willen geschehen sei; und Gottes Wille mußte in der Schrift zu finden sein ... Man fand dann in bestimmten alttestamentlichen Texten — Ps. 22, 31, 69 — das Leiden Jesu im voraus geschildert; man las diese Texte wieder und wieder als Passionsevangelium; daraus erwuchs, sicher noch vor der Entstehung des Markusevangeliums, eine Vorstellung von Leidensweg und Leidensstunde.

beweis maßgebend mitbeteiligt ist. Für das moderne Denken liegt die Annahme am nächsten, daß die Passionsgeschichte am stärksten durch die Berichte der Augenzeugen beeinflußt worden ist. Aber das ist keineswegs sicher, zumal es fraglich ist, ob der Evangelist einen solchen Augenzeugen befragen konnte. Wichtiger als alle — sicherlich auch etwas differierenden — menschlichen Erinnerungen war für die frühe Gemeinde das, was Gott selbst in der heiligen Schrift, dem Alten Testament, über Jesu Leiden vorausgesagt hatte. Seine Weissagung war der unbedingt zuverlässige Bericht und darum die Grundlage alles dessen, was sich schon die zweite Generation über die Passion Jesu erzählte.

Matthäus hat in 21,5 ein sog. „Mischzitat" aus Jes 62,11 und Sach 9,9 geboten.

Der LXX-Text der ersten Stelle, Jes 62,11b, lautet: „Saget der Tochter Zion: Siehe dein Retter ist herbeigekommen." Für die zweite Stelle, Sach 9,9, bietet die LXX: „Freue dich sehr, Tochter Zion ... siehe dein König kommt zu dir, gerecht und rettend; er ist demütig und sitzend auf dem Zugtier und dem neuen Füllen"[7]. Demgegenüber steht dem griechischen Text des Mt der hebräische viel näher: „Saget der Tochter Zion: siehe dein Heil kommt!" und „Siehe, dein König kommt zu dir; gerecht und siegreich ist er, und er reitet auf einem Esel und auf dem Füllen, dem Jungen einer Eselin!".

Allein Mk hat doch diesen atl. Text gar nicht angeführt — wie soll er da von ihm beeinflußt sein? Nun, seine Schilderung enthält einen Zug, der nur aus einer Ausdeutung des Sacharja-Textes stammen kann, wie ihn die LXX übersetzt: nämlich das Füllen, auf dem noch nie jemand gesessen hat, entspricht genau dem „neuen Füllen" des LXX-Textes. Aus einem historischen Geschehen dagegen läßt es sich nicht ableiten: ein Esel, der noch nicht eingeritten ist, kann nicht das Reittier bei einem Einzug sein. Das spricht nun stark für die dritte Möglichkeit: Der Weissagungsbericht hat die Erinnerung an Jesu Einzug mindestens ergänzt und korrigiert, vielleicht aber sogar erst geliefert[8].

Zusammenhängende Berichte mußten diesen Vorstellungen gerecht werden; so kamen diese im Alten Testament beheimateten Motive in den Text der Passion. Das geschah zumeist ohne Zitierung der alttestamentlichen Worte, lediglich in der Form der Erzählung."

[7] Sach 9,9 wurde auch von den Rabbinen messianisch gedeutet: Billerbeck I 842 bis 844. Später haben sie diese Stelle mit Dan 7,18 so in Einklang gebracht: Wenn Israel Verdienste hat (= würdig ist), kommt der Messias mit den Wolken des Himmels; wenn sie keine Verdienste haben, kommt er arm und reitend auf einem Esel (ebd. 843).

[8] Dibelius, Formgeschichte 119: „Das Ganze Mk 11,1—10" ist „als eine einheitliche Legende anzusprechen ... und zwar als eine Kultlegende, da nicht die heilige Person Jesu, sondern das im Kult verlesene heilige Wort des Alten Testamentes das Ganze bestimmt". Trotzdem fragt Dibelius, „ob diese am Alten Testament orientierte Kultlegende nicht etwa zum Bestand der ältesten Leidens-

Wie stark der Weissagungsbericht, den man in Sach 9,9 fand, gewirkt hat, das sieht man am deutlichsten in Mt 21,6 f.: „die Jünger brachten die Eselin und das Füllen, und legten ihre Kleider auf sie" (Plural!) „und setzten ihn auf sie" (Plural!). Nach Mt erfüllt sich der atl. Text bis ins kleinste: die Jünger legen ihre Kleider auf die Eselin und das Füllen und setzen Jesus darauf. Dieser Unmöglichkeit wollte Origenes entgehen, indem er die Worte „sie setzten ihn auf sie" auf die Kleider bezog. Dabei hat er aber übersehen, daß die Jünger ihre Kleider auf beide Tiere gelegt haben, und es wäre sinnlos, die zum Reiten nötige Unterlage auf ein Tier zu legen, das nicht zum Reiten benutzt wird. Natürlich ist es eine verfehlte Apologetik anzunehmen, Jesus habe beide Tiere abwechselnd benutzt. Der Evangelist aber hat sich nicht den Kopf darüber zerbrochen, wie Jesus geritten ist: Wenn Gott es vorausgesagt hat, dann ist es eben auch wirklich so geschehen!

An diese breit ausgeführte Wundergeschichte schließt sich dann in Mk 11,7—11 die eigentliche Einzugserzählung an: viele breiten ihre Gewänder auf den Weg (als Obergewand trägt man einen Burnus, der nicht viel anderes ist als eine große Decke; 2. Kön 9,13 erzählt, daß die Offiziere nach der Wahl Jehus zum König ihre Gewänder wie einen Teppich auf die bloßen Stufen unter seine Füße breiten. Dieser Zug würde auch in unserer Geschichte besser passen, wenn Jesus nicht reitet, sondern geht.), andere breiten grüne Laubbüschel von den Feldern auf den Weg. Die voranziehende und nachfolgende Menge aber bricht in Heilsrufe aus: „Hosianna!"[9] Gepriesen sei, der da kommt im Namen des Herrn![10] Gepriesen sei das kommende Reich unseres Vaters David! Hosianna in der Höhe!"

Man hat darüber gestritten, ob mit alledem Jesus als Messias begrüßt worden sei. Dagegen, daß der Evangelist unsere Geschichte so verstanden wissen wollte, könnte man den bei Mt 21,10 überlieferten Zug geltend machen: Ganz Jerusalem ist in Aufruhr geraten und

---

geschichte gehört hat", weil sich die Existenz dieser Geschichte am ehesten begreift, „wenn Jesus selbst den Anlaß dazu gegeben hat". Wir meinen, daß der schon traditionell messianisch verstandene Text selbst für die messiasgläubige Gemeinde nach Ostern den Anstoß zur Bildung dieser Erzählung gegeben hat.

[9] „Hosianna" bedeutet eigentlich: „hilf doch", wurde aber später als Heilruf empfunden.

[10] Hier wird Hosianna zitiert im Zusammenhang mit Worten aus Ps. 118,25 f.: „Ach Herr, hilf doch!" (Ach Herr, laß wohlgelingen!) „Gesegnet sei, wer da kommt, im Namen des Herrn!" (Wir segnen euch vom Hause des Herrn her.) Der Kommende ist im Psalm kollektiv auf die einziehenden Pilger bezogen, die im Namen des Herrn, mit dem Namen des Herrn gesegnet werden. Bei Mk aber ist unter dem Kommenden Jesus verstanden, der im Namen des Herrn kommt. Psalm 118 war der letzte des aus den Psalmen 113—118 bestehenden Hallels, das u. a. bei der Passafeier und beim Laubhüttenfest rezitiert wurde; bei diesem schüttelte die Menge jedesmal beim Hosianna den Feststrauß, dessen Hauptbestandteil ein Palmenzweig war: Billerbeck I 850.

fragt: „Wer ist das?" Und die Pilgerscharen, mit denen Jesus einzog, hätten geantwortet: „Das ist der Prophet Jesus von Nazareth in Galiläa." Allein dieser Zug findet sich bei Mk gerade nicht. Wenn nach Mk 11,10 die Massen vom „kommenden Reich unseres Vaters David" sprechen, so klingt das freilich nach einer messianischen Erwartung. Nur müssen wir bedenken: Wir haben hier kein Protokoll über Jesu Einzug in Jerusalem und auch keinen Erlebnisbericht, sondern die Erzählung der späteren Gemeinde, die sich von atl. Texten ihren Stoff geben läßt. Es ist durchaus nicht sicher, daß man von Anfang an so erzählt hat. Mk 11,11a erzählt nämlich von Jesu Einzug in Jerusalem, ohne von solchen Kundgebungen zu berichten. Es sieht fast so aus, als beginnt hier eine andere Tradition, und deren Verbindung mit dem Vorhergehenden läßt es so erscheinen, als hätten sich die Ovationen nur vor der Stadt ereignet.

Mk berichtet in V. 11, Jesus sei geradeswegs zum Tempel gegangen und habe sich dort alles angesehen. Dann aber sei er — weil es schon spät war — mit den Zwölf nach Bethanien fortgegangen. Mt und Lk dagegen lassen die Tempelreinigung unmittelbar auf den Einzug folgen und nicht erst am nächsten Tag stattfinden. Sie ziehen die Ereignisse des Mk-Textes dramatisch zusammen. Mt berichtet außerdem noch von Heilungen, die Jesus alsbald im Tempel vollbringt: Lahme und Blinde werden dort geheilt. Das erinnert uns an die Heilung eines Gelähmten am Teiche Bethzata (Joh 5,1 ff.) und an die Heilung eines Blinden in Jerusalem (Joh 9,1 ff.). Mk weiß von diesen Geschichten noch nichts, und Lk hat mindestens noch keinen Grund gesehen, sie aufzunehmen.

Mt und Lk haben weiter — freilich in verschiedenem Zusammenhang — von dem Einspruch erzählt, den nach Mt 21,15 die Hohenpriester und Schriftgelehrten, nach Lk 19,39 f. die Pharisäer gegen die Huldigungen erhoben, mit denen Jesus sich begrüßen ließ. Nach beiden Evangelisten hat es Jesus abgelehnt, diese Huldigungen zu verbieten oder zu verhindern[11]. Aber seine Begründung lautet jeweils ganz verschieden. In Lk 19,40 antwortet er: „Wenn diese schweigen, werden die Steine schreien" — das erinnert an Hab 2,11: „Der Stein in der Mauer schreit, und der Balken im Holzwerk antwortet ihm". Nach Mt 21,16 hat Jesus dagegen mit einem Zitat von Ps 8,3 LXX geantwortet: „Habt ihr nie gelesen: Aus dem Munde der Unmündigen und Säuglinge hast du dir Lob bereitet?" Daß dieses LXX-Zitat dem Forschen der Gemeinde in der Schrift — und zwar in der griechischen Bibel — entstammt, ist deutlich. Aber damit ist nicht gesagt, daß das lukanische Wort die historische Wirklichkeit wiedergibt. Nur insofern beide Evangelisten von einem Einspruch gegen die Ovationen berich-

[11] Lukas fügt 19,41—44 die Vorhersage der Zerstörung Jerusalems durch Jesus ein mit vielen konkreten Einzelheiten. Daß tatsächlich das Mauerwerk des Tempels z. T. bestehen blieb, erlaubt nicht den Schluß, hier könnte kein vaticinium ex eventu vorliegen.

ten, könnte man daraus indirekt ein Zeugnis für eine „messianische" Begrüßung herleiten. Aber zu einem wirklichen Beweis reicht diese sehr auseinandergehende Tradition wiederum nicht aus.

Die johanneische Wiedergabe des Einzugsberichtes ist verhältnismäßig kurz. Die zum Fest nach Jerusalem gekommenen Pilger nehmen auf die Nachricht hin, daß Jesus nach Jerusalem kommt, Palmenzweige und ziehen ihm entgegen mit dem Ruf: „Hosianna! Gelobt sei der da kommt im Namen des Herrn und der König Israels!" Gerade diese Bezeichnung Jesu als des Königs Israels oder der Juden spielt in der johanneischen Passionsgeschichte eine große Rolle. Der Evangelist hat sie aus einer älteren Tradition aufgenommen, für welche die Juden noch nicht im selben Maße wie für Joh selbst die Vertreter der ungläubigen Welt waren. Danach erst heißt es in Joh 12,14: „Jesus aber fand einen Esel und setzte sich darauf, wie geschrieben steht: ‚Fürchte dich nicht, Tochter Zion, siehe dein König kommt, sitzend auf einem Eselsfüllen.' Dieses erkannten seine Jünger zunächst nicht, aber als Jesus verherrlicht war, da gedachten sie daran, daß dies über ihn geschrieben war und sie ihm dies getan hatten." Hier wird also der Einzug — unter Verzicht auf die Wundergeschichte der Findung des Esels in Bethanien — als Erfüllung der atl. Weissagung verstanden, nur daß Jes 40,9 für Jes 62,11 eintritt.

Nach Mk geht Jesus in den Tempel und sieht sich alles dort an — so als ob ihm der Tempel von früheren Besuchen nicht bekannt wäre. Aber ein solcher Schluß wäre ebenso verfehlt wie die gelegentliche Bemerkung eines Exegeten, Jesus benehme sich hier wie ein die Hauptstadt besuchender Provinzler. In Wirklichkeit bereitet Mk mit diesem Zug sorgsam die „Tempelreinigung" vor, die nach seiner Darstellung keine Affekthandlung ist, sondern wohlüberlegt.

51 Die Verfluchung des Feigenbaumes

Mk 11,12—14; Mt 21,18—22; Lk 13,6—9 (?)

(12) Und als sie am folgenden Morgen aus Bethanien hinauszogen, hungerte ihn, (13) und er sah von fern einen Feigenbaum voller Blätter, und ging hin, ob er etwas daran fände, und als er zu ihm kam, fand er nur Blätter. (14) Und er antwortete und sprach zu ihm: „In Ewigkeit soll von dir niemand mehr Frucht essen!" Und seine Jünger hörten ihn.

Nur Mk und Mt bringen diese Wundergeschichte. Bei Mt erscheint das Wunder gegenüber Mk gesteigert: kaum hat Jesus den Baum verflucht, da verdorrt der schuldige Baum auch schon. Bei Mk dagegen liegt ein ganzer Tag zwischen dem Fluchwort und dessen Erfüllung. Beide Evangelisten haben an diese Geschichte einige Worte über den Glauben angefügt. Von ihnen werden wir später sprechen.

Die Geschichte, die hier berichtet wird, ist sehr sonderbar. Obwohl nicht die Zeit der Feigen ist, sucht Jesus an einem Feigenbaum Früchte. Man hat die Worte „denn es war nicht die Zeit der Feigen“ als einen törichten späteren Zusatz streichen wollen. Angeblich sollte er erklären, wie es kam, daß Jesus an dem Baum keine Früchte fand. Tatsächlich reifen die Feigen aber erst im Juni (Taylor 459); sollte Jesus das nicht gewußt haben? Auf alle Fälle ist die Angabe richtig. Nur nebenbei sei gefragt: Hat nur Jesus Hunger, aber die Jünger nicht?

Aber viel sonderbarer ist etwas anderes. Als Jesus keine Frucht findet, da verflucht er den Baum, der doch keine Schuld daran hat, daß er nicht vorzeitig Früchte trägt! Schlatter (Mt 618) versucht diesen Tatbestand der Tradition so zu erklären: „... Jerusalem lehnt ihn“ (Jesus) „ab und verweigert ihm, was er bei ihm sucht, und doch erhebt Jerusalem den Anspruch, die heilige Stadt zu sein ... Das ist die Parallele zu dem, was der Baum, der nur Blätter, aber keine Frucht hat, Jesus bereitet. Darum geschieht dem Baum das, was Jesus für den Tempel und Jerusalem kommen sieht.“ Weiter fragt Schlatter, ob hier eine parabolische Dichtung in ein Tatgleichnis umgebildet wurde, ohne daß er deutlich sagt, wer es umgebildet hat: Jesus oder der Erzähler. Es sieht aber nicht so aus, als wolle Schlatter ernsthaft die Tatsächlichkeit dessen in Frage stellen, was hier berichtet wird. Dabei gibt Schlatter selbst aus den Rabbinen den Beleg dafür, daß beim Feigenbaum die Blätter um viele Wochen vor den Früchten erscheinen, so daß man aus dem Vorhandensein von Blättern nicht auf das von Früchten schließen darf.

In Wirklichkeit ist das, was Jesus in Jerusalem erfährt, und was er am Feigenbaum erlebt, durchaus nicht parallel. Jerusalem — d. h. seine Führer — erheben freilich zu Unrecht einen Anspruch. Aber nicht so der Feigenbaum. Wenn Jesus hier eine Enttäuschung erlebt hätte, dann hätte er sie sich selber, seinem voreiligen Schluß, zuzuschreiben. Im übrigen darf man fragen, ob Jesus wirklich so wenig von Feigenbäumen wußte, wie es unsere Geschichte voraussetzt[1].

Allein was ungleich wichtiger ist: Diese Geschichte widerspricht völlig dem Geiste Jesu, der nicht einmal die Samariter bestraft wissen wollte, die ihm die Aufnahme verweigerten (Lk 9,51—56). Wie soll er da einen Baum verflucht haben, an dem er keine Frucht fand? Jesus ist doch kein Kind, das den Schemel schlägt, der „ihm weh getan hat“; er weiß, daß der Baum keine Person ist, die schuldig werden kann. Es ist erstaunlich, mit welcher Genügsamkeit und Blindheit

[1] Hirsch I 124 f. nimmt an, Jesus habe wirklich Feigen gesucht („Es gibt auch verspätete, erst im Frühjahr reif werdende Winterfeigen“) und den früchtelosen Baum verflucht: „Der Zornausbruch Jesu ... ist ein Zeichen, wie er in diesen Tagen, wo er einsam dem größten Schicksal, der größten Entscheidung entgegengeht, schlechterdings nichts als gespannter Wille ist. Wer das nicht begreift, ist von Gott zu einem anderen Ding bestimmt worden, als zum Verstehen der menschlichen Seele.“

so viele Erklärer diese Problematik hingenommen haben. Wenn irgendwo, dann sind wir hier im Bereich einer späteren Legende. Für sie war es schon eine Majestätsbeleidigung, wenn ein Baum dem Herrn nicht die Frucht bot, die er verlangte, mochte es sich mit der Feigenzeit verhalten, wie es wollte.

Wie ist es zu dieser Legende gekommen? Man[2] hat vermutet, es gab vor Jerusalem einen verdorrten Feigenbaum. Von ihm haben sich die Christen erzählt, Jesus habe ihn verflucht, weil er an ihm keine Frucht fand. Diese Geschichte war ursprünglich nicht mit dem Todespassa verbunden. Dadurch würde die Schwierigkeit des „es war aber nicht die Zeit der Feigen“ fortfallen[3]. Außerdem hat man gedacht, das Gleichnis vom unfruchtbaren Feigenbaum (das uns Lk in 13,6—9 überliefert hat) sei am Entstehen unserer Perikope beteiligt; die mündliche Überlieferung hat aus dem Gleichnis (in dem der Baum noch eine Gnadenfrist bekommt!) eine Tat Jesu gemacht, vielleicht zu einer Zeit, da die Gnadenfrist für Jerusalem schon abgelaufen war. Nichts deutet aber darauf hin, daß Mk diese Geschichte von der Verfluchung des Feigenbaumes mit dem Schicksal Jerusalems irgendwie verbunden hat. Vielmehr knüpft er wie Mt — allerdings erst nach dem Eintreten des Verdorrens (Mk 11,22) Sprüche über die Kraft des

---

[2] Hirsch 123: „Es ist anzunehmen, daß bei Bethanien an der Straße nach Jerusalem in der Zeit vor dem jüdischen Krieg ein verdorrter Feigenbaum stand, von dem man in der Gemeinde zu Jerusalem — und von daher auch anderwärts in der Christenheit — raunte, Jesus habe ihn verflucht, weil er keine Früchte auf ihm fand. Dies halte ich für den natürlichsten Ursprung dieser Geschichte, so wie sie heute in Mark lautet.“ Trotzdem meint Hirsch als Historiker jenen Zornausbruch Jesu zu brauchen, um das Entstehen der Legende zu begreifen (124). Das Gleichnis vom Feigenbaum Lk 13,6—9 sei vielleicht nachträglich aus dieser Geschichte herausgewachsen (124). Aber wahrscheinlich habe in der Mk-Vorlage des Lk (= Mk II) die Geschichte von der Verfluchung des Feigenbaums gefehlt. So schreibt denn Hirsch die Verfluchung dem Bericht des Mk I = des Petrus zu, der nach Ostern darin einen symbolischen Sinn, die Verwerfung Israels, gefunden habe. „Daher der feierliche Schlußsatz ‚Und seine Jünger hörten es‘. Daß dies der Schluß der Geschichte ist, sollte man nicht so sicher behaupten. Unseres Erachtens bereiten diese Worte vielmehr V. 20 ff. vor.

[3] Lohmeyer 234 hält dieses Sätzchen entweder für die spätere Randglosse eines Lesers, die in den Text rutschte, oder für eine Bemerkung des Markus, der eine ursprünglich zur Zeit der Feigen spielende Geschichte hierher versetzt hat, um eine „heilige Woche“ mit Ereignissen zu füllen. Dieses einzige Fluchwunder in der evangelischen Tradition scheine veranschaulichen zu wollen, daß Jesus auch der Herr der Natur ist, an dessen Wort alles Leben hängt. Aber sie brauche nichts Christliches zu sein: auch das Judentum erzählt von Rabbinen, deren Fluch sich erfüllt, selbst wenn er unbegründet ist: Billerbeck I 858 f. „Mk mag die Erzählung hier passend gefunden haben, einmal um der nachfolgenden Tempelreinigung als wirksame Folie zu dienen, und sodann, weil in den folgenden Erzählungsstücken immer wieder der Gedanke des Gerichts durchbricht (12,1—13.18—27.35—37.38—40. 13,3 ff.). Aber Mk legt doch die Geschichte als Erweis des alles vermögenden Glaubens aus!

Glaubens daran an. Das zeigt uns, wie Mk und Mt diese Geschichte ausgelegt haben.

Es ist wichtig, daß diese Wundergeschichte uns in diesem Zusammenhang überliefert worden ist. Darin zeigt sich nämlich: auch die Leidensgeschichte ist nicht frei von legendarischen Entstellungen (vgl. oben das über die Beschaffung des Esels Gesagte; S. 374—377). Wir dürfen sie nicht wie ein historisches Protokoll der Ereignisse in Jerusalem behandeln. Mag auch die Passionsgeschichte zuerst „fest" geworden sein — der Vergleich des Mk mit Mt, Lk und Joh zeigt, daß diese Tradition noch in stärkster Bewegung ist! —, so ist sie doch genauso von erbaulichen Bedürfnissen beherrscht, wie der übrige Mk-Text. Auch dieser Teil des Evangeliums ist unter denselben Bedingungen entstanden wie der Rest.

52 Die Tempelreinigung

Mk 11,15—19; Mt 21,12—13; Lk 19,45 f.; Joh 2,14—16

(15) Und sie kommen nach Jerusalem. Und er ging in den Tempel und begann die hinauszutreiben, die im Tempel verkauften und kauften, und die Tische der Wechsler und die Sitze der Taubenverkäufer stieß er um, (16) und er ließ es nicht zu, daß jemand ein Gefäß durch den Tempel trug. (17) Und er lehrte und sprach zu ihnen: „Steht nicht geschrieben, daß mein Haus ein Bethaus genannt werden soll für alle Völker? Ihr aber habt es zu einer Räuberhöhle gemacht." (18) Und die Hohenpriester und Schriftgelehrten hörten davon und suchten, wie sie ihn umbringen könnten. Denn sie fürchteten ihn, denn das ganze Volk bestaunte seine Lehre. (19) Und als es Abend geworden war, ging er aus der Stadt hinaus.

Diese von allen vier Evangelisten — wenn auch nicht an der gleichen Stelle — überlieferte Geschichte hat die theologischen Erklärer viel weniger beunruhigt, als man erwarten sollte. Sie haben sich zwar an einzelne anschauliche Einzelheiten gehalten, aber sich nicht das ganze Geschehen vor Augen gestellt und so bedacht.

Schlatter (Mt 612) gibt dazu folgendes Material: einen Hinweis auf die Tradition, daß Baba ben Buta eine Herde von 3000 Schafen für jeden, der opfern wollte, im Tempelvorhof aufgestellt habe (Zeit Herodes des Großen; s. Bill. I 852 nach p Jom tob 2,61c, 13). Von Pompeius wurde der Tempel bis in den dritten Monat hinein belagert, ohne daß das tägliche Opfer eingestellt werden mußte (Josephus, Bellum Judaicum 1, 148). Das erforderte gegen 200 Schafe. Ebenso wurde während der Belagerung durch Titus „das Tamid seit dem vollständigen Abschluß der Stadt während des Passa noch bis zum 17. Tammuz fortgesetzt" (BJ 6,94). Zur Unterbringung so großer Herden dienten nach der Vermutung Schlatters die großen Unterbauungen des äußeren Tempelvorhofs. „Da die Armen die Mehrheit des Volkes waren, mußte für einen reichlichen Vorrat an jungen Tauben gesorgt werden. Siehe Lev 5,7.11; 12,8."

Nach Bill. I 850 hatte sich die Tempelverwaltung den Verkauf von Trankopferwein und Tauben vorbehalten. Beim Bezahlen der betreffenden Summe erhielt man eine Marke („Siegel"), gegen die einem Wein oder Tauben ausgehändigt wurden. Dafür, daß auch Händler Tiere zum Verkauf anbieten durften, spricht nur die Stelle über Baba ben Buta (s. o.).

Im ganzen ist zu bedenken: es war für die Pilger ein großes Risiko, die für die Opfer nötigen Tiere selbst mitzubringen. Sie konnten sich leicht unterwegs verletzen und waren dann nicht mehr zum Opfer geeignet. Außerdem konnte man nicht wissen, ob die Priester die mitgebrachten Tiere für opferfähig erklären würden. Unter diesen Umständen war es durchaus verständlich, daß auf dem Tempelgebiet opferfähige Tiere feilgehalten wurden. Soweit private Händler in Betracht kamen, werden sie sich Konzessionen von der Tempelverwaltung erworben haben. Deren Preis und die Gewinnspanne schlugen sie dann auf den Preis der fehlerlosen Opfertiere drauf.

Daß es dort Wechsler geben mußte, hatte folgenden Grund. Die Doppeldrachme für die Tempelsteuer durfte nicht in heidnischer römischer oder griechischer Münze an den Tempel gezahlt werden. Da Judäa kein eigenes Münzrecht unter den Prokuratoren mehr besaß, half man sich, indem man tyrische Münzen des betreffenden Wertes zu diesem Zweck zuließ. Wer eine solche Münze beim Wechsler erwerben wollte, mußte im Durchschnitt 2,1 % Aufgeld zahlen (Bill. I 764).

Daß sich alle diese Tiere — beim Passa Hunderte von Schafen — ruhig verhielten, ist ausgeschlossen. Ebenso ist klar: der ganze Handel vollzog sich mit der bei Orientalen üblichen Lebendigkeit und alles andere als lautlos. So etwas fiel den Orientalen nicht auf, sondern war ihnen durchaus natürlich. So würden wir diesen Tempelvorhof — es handelt sich um den „Vorhof der Heiden"! — wohl eher einem Jahrmarkt gleich gefunden haben — aber das ist unser modernes und „westliches" Empfinden. Übrigens spricht der Text nirgends von diesem Lärmen und Feilschen.

Nun kommt Jesus. Warum er zur Tat schreitet, wird zunächst nicht erklärt, sondern einfach seine Tat berichtet: er treibt die verkaufenden Händler ebenso hinaus wie die kaufenden Pilger[1]. Er stößt die

[1] Hirsch schreibt 127: „Daß Jesus die Verkäufer hinaustreibt, ist sinnhaft. Aber ausdrücklich auch die Käufer ... austreiben lassen kann nur der, ... der an das im Heiligtum mögliche Ineinander von Tempel und Markthalle denkt". Beide Behauptungen treffen nicht zu. Wer die Verkäufer hinaustreibt, verhindert nicht nur den Verkauf, sondern auch den Kauf. Daß der jüdische Kultus solchen Handel und Geldwechsel nötig machte, läßt sich nicht leugnen; die Tatsache solchen Handels im „Vorhof der Heiden" steht fest. Er war aber kein „Heiligtum" im

Tische der Wechsler um und die Sitze der Taubenverkäufer und erlaubt nicht, daß jemand ein Gefäß durch den Tempelvorhof trägt, diesen also als einen abkürzenden Richtweg benutzt — wir können dabei an Wasserträger denken. Das letztere war schon in Berakh 9,5 (s. Bill. II 27) verboten[2].

Aber die Leser wie die Erklärer haben sich meist nicht klargemacht, wie die hier von Jesus berichtete Tat überhaupt vor sich gehen kann. Grundmann 230 meint, die Tempelreinigung müsse im geschichtlichen Hergang von einer großen Erregung der Jesus begleitenden und anhängenden Menschen getragen gewesen sein, gegen die ein Einschreiten nicht möglich gewesen sei. Das heißt aber, Jesu Tat darf nicht isoliert werden, wie es die Evangelien tun. Daran ist richtig: ein einzelner kann nicht Käufer und Verkäufer vertreiben; auch die Deckung Jesu durch die Zwölf würde nicht ausgereicht haben. Stauffer, der die johanneische Darstellung für richtig hält[3], will die Duldung Jesu damit erklären, daß er noch als ein radikaler Schüler des beliebten Täufers galt während einer Epoche, die im wesentlichen Stauffers fruchtbarer Phantasie zu verdanken ist. Tatsächlich müßte die große Menge der Pilger Jesus unterstützt haben; die Kontrolle über ein Areal, das so groß wie die Altstadt von Chur ist, kann nicht ein einzelner ausüben.

Aber eben hier werden Grundmanns Voraussetzungen fragwürdig. Sollen die Pilger, die gerade ihre Tempelsteuer bezahlen und ihre Opfertiere erwerben wollten, wirklich erfreut gewesen sein, wenn man den ganzen Opferbetrieb unmöglich machte und die Bezahlung der Tempelsteuer verhinderte?

Sehen wir zu, wie Jesus — nach Mk und den anderen Evangelisten — sein Vorgehen begründet hat! Mk bringt ein Mischzitat aus Jes 56,7 und Jer 7,11. Jes 56,7 lautet in der LXX: „denn mein Haus wird ein Bethaus genannt werden für alle Völker“. Diese Worte bedeuten in ihrem ursprünglichen Zusammenhang: „und die Fremdlinge, die sich an Jahwe anschließen ... sie will ich zu meinem heiligen Berg bringen und in meinem Bethaus erfreuen. Ihre Brandopfer und ihre Schlacht-

---

eigentlichen Sinne des Wortes; das vom Evangelisten verwendete Wort ἱερόν, hieron, führt hier irre und zeigt wie die ganze Erzählung, daß der Erzähler zwar Einzelkenntnisse besitzt, aber kein zutreffendes Gesamtbild.

[2] S. dazu Billerbeck II 27: Berakhoth 9,5: „Man mache ihn“ (den Tempelberg) „nicht zu einem Richtweg, um sich den Weg abzukürzen“. Entsprechendes galt später auch für zerfallene Synagogen: ihre Heiligkeit ist da, auch wenn sie zerstört sind. Rab El'azar um 150 n. Chr. führte sein hohes Alter mit darauf zurück, daß er nie eine Synagoge zum Richtweg gemacht habe.

[3] Auch Taylor 461 scheint sich nicht sicher zu sein, ob die johanneische Frühdatierung der Tempelreinigung nicht doch im Recht ist. K. L. Schmidt 292 f. hält die ganze Geschichte für undatiert und sieht darin eine Erweiterung des Wortes über die Zerstörung des Tempels aus der Zeit, da sich Jesus (Joh 10,40) nach Peräa zurückzog.

opfer werden wohlgefällig sein auf meinem Altar, denn mein Haus soll ein Bethaus sein für alle Völker." Wir sehen: diese Worte besagen nicht, daß der Charakter des Tempels als ein Bethaus deutlich gemacht wird — es werden ja die Brand- und Schlachtopfer der „Fremdlinge" erwähnt. Vielmehr will die Stelle aus Jesaja sagen: Auch jene Fremden, die sich zu Jahwe bekehren werden und seine Knechte sein wollen, dürfen im Tempel ihre Opfer darbringen, und Jahwe wird diese Opfer wohlwollend aufnehmen. Unsere Erzählung verwendet also das Jesajawort in einem Sinn, den es in seinem Zusammenhang nicht hat. Aber auch mit Jer 7,11 steht es ähnlich: es will sagen, daß ein Vertrauen auf den Tempel so lange eine Torheit ist, wie man nicht den Geboten Gottes gehorcht und die Gerechtigkeit gegen die Fremdlinge, Witwen und Waisen übt. Tut man das nicht, so macht man den Tempel zu einer Räuberhöhle — nicht, indem man dort Handel treibt, sondern indem dort Menschen anbeten, die sich gegenüber den Hilflosen und Armen wie Räuber betragen[4].

Man muß also entweder annehmen: Jesus hat diese Worte ebenso aus ihrem Zusammenhang gerissen und mit einem neuen Sinn erfüllt, wie seine Gemeinde später die Schriftworte benutzte, oder aber die Gemeinde hat das Vorgehen Jesu in dieser Weise „biblisch" begründen wollen und sich dabei, wie gewöhnlich, nicht um den ursprünglichen Sinn der Worte gekümmert.

Schlatter gibt überdies zu, daß Jesu Wort „nicht erläutert, warum Jesus sich gegen den Markt auflehnt". Er will dieses Wort nun so verständlich machen: „Das Zitat stellt vielmehr ans Licht, warum die Juden den Anspruch Jesu ablehnten und sich gegen Jesus entschieden haben. Das Wort setzt den Protest der Priester gegen die Handlung Jesu voraus. Darum hat es auch jetzt und nur im Bericht des Mt, nachdem die Entscheidung gegen Jesus in Jerusalem längst gefallen ist, seinen richtigen Ort" (612 f.). Schlatters Ausweg, Joh 2,16 als Begründung für die Auflehnung Jesu gegen den Markt einfach hinzunehmen, ist natürlich nicht gangbar. Das Johannesevangelium hat ein anderes Wort anstelle des hier überlieferten biblischen gebracht: „Tragt das von hier weg; macht nicht das Haus meines Vaters zu einem Kaufhaus!" Die vom 4. Evangelisten benutzte Überlieferung hat weiter Ps. 69,10 angefügt, um Jesu gewaltsames Vorgehen verständlich zu machen: „Der Eifer um Dein Haus verzehrt mich" — ein Wort, das in seinem ursprünglichen Zusammenhang ebenfalls einen anderen Sinn hat[5].

---

[4] Die Untersuchung dieser Zitate spielt in den Kommentaren eine überraschend geringe Rolle. Auch Hirsch scheint darin kein Problem gesehen zu haben, das eine Besprechung verdiente.

[5] Der von der frühen Gemeinde christologisch gedeutete Psalm 69 sagt in V. 10 ff.: „Denn der Eifer für dein Haus hat mich verzehrt, und die Schmähungen derer, die dich schmähen, sind auf mich gefallen. Ich peinigte durch Fasten meine Seele,

Wir besitzen also kein authentisches Jesuswort, das seine Tat erklärte oder begründete. Um so schwieriger wird es für uns, Jesu Vorgehen und dessen Durchführung zu begreifen. Denn — um mit dem Geringeren anzufangen — einmal müssen wir das Obenerwähnte bedenken: ein einzelner kann nicht für sich allein gehandelt haben, sondern es muß eine Massenaktion gewesen sein. Wir haben keinerlei Grund für die Annahme, die Leute, welche im Tempelvorhof Opfertiere kaufen wollten, und die Verkäufer und Wechsler hätten sich einfach von einem Wort hinausweisen lassen. Nur die Drohung mit Gewalt oder deren Ausübung konnten Erfolg haben, und der Text gibt ja das Zweite zu: Jesus stieß — angeblich — die Wechslertische um und ebenso die Sitze der Verkäufer. Selbst wenn die konzessionierten Wechsler und Verkäufer sich der Gewalt gebeugt hätten, so hätten sie doch sofort die Hilfe der Tempelpolizei verlangt. Das Erstaunliche aber ist — auch wenn es die Kommentatoren nicht immer erstaunt hat —, daß die Tempelpolizei nicht eingriff. Man könnte annehmen, daß sie der großen Menge gegenüber zu schwach war. Aber warum hat nicht die beim Passa verstärkte römische Besatzung der Burg Antonia die Ordnung hergestellt, die durch ihr Eingreifen das Leben des Paulus rettete? Man sage nicht, die Vertreibung der Händler, Wechsler und Käufer sei so rasch vor sich gegangen, daß Polizei und Heer gar nicht mehr zum Einsatz kamen. Denn eine solche Behauptung zeigt nur, daß man von einem solchen Tumult keine Vorstellung hat. Überdies setzt V. 16 („er ließ nicht zu, daß jemand ein Gefäß durch den Tempel trug") eine längere Kontrolle des Tempelgebiets durch die Anhänger Jesu voraus. Damit wird jene Vermutung, alles sei in einem Augenblick vor sich gegangen, einfach gegenstandslos[6].

Aber kann man wirklich voraussetzen, daß diese Initiative Jesu bei den Massen der Pilger Beifall fand? Eine vorbereitende Tätigkeit für Jesu Aktion hat es nicht gegeben. Jesus ist still durch Galiläa gewandert und hat keine Propagandareden gehalten. Wie soll in dem lärmerfüllten Tempelvorhof die Menschenmenge sofort erkannt haben, welchen Sinn das gewaltsame Vorgehen gegen die Wechsler und Händler hatte?

Aber noch mehr Fragen erheben sich. Ganz gleich, ob die Angaben des Joh über die zahlreichen Festreisen Jesu zutreffen oder nicht, daß Jesus die Verhältnisse auf dem Vorhof der Heiden nicht bei früheren Besuchen kennengelernt hatte, ist doch unmöglich. Soll der

---

und es ward mir zur Schmach." Die Klage des wegen seiner Frömmigkeit verachteten Frommen spricht sich in diesem Psalm in vielen, zumeist schon traditionellen, Wendungen und Bildern aus.

[6] Das ist unseres Erachtens für die Deutung von Hirsch tödlich. Oder soll man annehmen, das lähmende Entsetzen und die widerstandslose Scheu, welche die Tat des Gottesmannes weckte, hätten die ganzen Tage angehalten?

Anblick, den Jesus bei seinem Besuch des Tempels am Spätnachmittag hatte, erst Jesus die nötige Information gegeben haben?

In unserer Erzählung ist jedoch noch eine ungleich größere Schwierigkeit enthalten. Wenn auch nur ungefähr das geschehen ist, was Mk erzählt, dann hat Jesus hier — und zwar ohne Ankündigung — zur „direkten Aktion" gegriffen. Nun hat Hirsch (Frühgeschichte I 127) von der Tempelreinigung zwar gemeint, sie sei „etwas völlig eigenes, in keine jüdische Logik Hineinpassendes; am ehesten kann man sie eine Vollmachthandlung nach der Art der Propheten nennen. Ihr Wesen ist nicht die Gewaltanwendung durch bewaffnete Anhänger, sondern die lähmendes Entsetzen und widerstandslose Scheu wekkende Tat des Gottesmanns selber ... Es braucht deshalb von helfenden Händen nichts erzählt zu werden; was sich etwa davon fand, ist für den Vorgang als solchen von geringem Belang." Bei dieser Idealisierung verschwindet mit den „helfenden Händen" die Wirklichkeit selber; daß Mk nur an Jesus gedacht hat und darum die Szene von ihm allein beherrscht sein läßt, liegt auf der Hand. Grundmann hat denn auch (Mk 230) ungleich realistischer als Hirsch das Geschehen betrachtet: weil Jesus nicht allein den weiten Vorhof der Heiden reinigen konnte und die Tempelpolizei nicht eingriff, sei anzunehmen, „daß die Tempelreinigung im geschichtlichen Hergang von einer großen Erregung der Jesus begleitenden und anhängenden Menschen getragen gewesen sein muß, gegen die ein Einschreiten nicht möglich gewesen ist." Aber auch das ist noch nicht realistisch genug gesehen: die zum Passa nach Jerusalem gekommenen und kommenden Pilger bestanden doch nicht zum größten Teil aus Anhängern Jesu. Daß die Massen es begrüßt hätten, wenn man ihnen die Opfer und die Bezahlung der Tempelsteuer unmöglich gemacht hätte, ist darum alles andere als selbstverständlich. Wie Schmauch (94 f.) von einem „unauffälligen ... Ereignis" sprechen kann, ist schwer begreiflich. Aber zurück zu der eigentlichen Frage: Mag auch bei dem Verkauf im Tempelvorhof gefeilscht worden sein, wie bei jedem orientalischen Handel (unsere Erzählung spricht davon nicht!), so ändert das nichts daran, daß hier mit nackter Gewalt vorgegangen wird. Und das läßt sich in das Jesusbild der Evangelien nicht einfügen. Zwischen diesem Jesus, der mit seinen Anhängern gewaltsam im Tempel eine „neue Ordnung" einführt, und dem Jesus der Gleichnisse und der Sprüche besteht eine tiefe Kluft.

Lightfoot hatte schon (632 f.) darauf hingewiesen, daß es den Rabbinen als Entheiligung des Tempels galt, wenn jemand Gegenstände des gewöhnlichen Lebens durch den Tempelplatz hindurchtrug, um sich einen Umweg zu ersparen. Das lenkt unsere Aufmerksamkeit auf V. 16. Hier fällt nun all das fort, was man gegen jenen frommen Handel auf heiligem Boden sagen könnte. Hier geht es um rituelle Heiligkeit, nicht um eine moralische. Das ist bei den Rabbinen vollauf verständlich (auch für Synagogen bestand diese Bestimmung), aber gerade nicht bei Jesus[7].

Man hat nun — vgl. Hirschs zitierte Äußerung — daran gedacht, daß Jesus die altprophetische Polemik gegen den Opferkult fortgesetzt hat, eine Polemik, wie sie in der lukanischen Darstellung der Stephanusrede anklingt. Aber unsere Geschichte sagt nichts davon, daß Jesus die Opfer unmöglich machen will, sondern verlangt, der Tempel solle ein Bethaus sein und keine Räuberhöhle. Aber so schildert Markus die Intention Jesu, indem er — oder die von ihm benutzte Tradition — Jesus ein ganz anders gemeintes Wort in den Mund legt. Gerade das Wort vom Bethaus redet in Wirklichkeit davon, daß die Opfer der bekehrten Heiden Jahwe angenehm sein werden. Und ausgerechnet den „Vorhof der Heiden" zum „heiligen Ort" zu machen, ist einer späteren Generation möglich; daß die Tempelreinigung aber keine Reform sein sollte, sondern „ein Zeichen und Hinweis" auf das eschatologische Haus Gottes, das allen Völkern „Haus der Anbetung ist" (Grundmann Mk 232), setzt eine Umdeutung des Begriffes „Bethaus" voraus, die für die Zeit Jesu erst nachgewiesen werden müßte.

Endlich bleibt zu beachten: sollte Jesus mit seinen Anhängern wirklich in „direkter Aktion", mit Gewalt eine „neue Ordnung" erzwungen haben, so würde das spätere Vorgehen der Behörden gegen ihn in ganz anderem Maße, freilich auch in ganz anderer Weise verständlich, als es jetzt ist. Einem Mann, der den Tempel „reinigen" will, könnte man allerdings nicht gut ein Wort gegen den Tempel zuschreiben. Aber wo redet der Text von einer Tempelreinigung? Diesen Begriff hat erst die Exegese eingetragen. Von dem, was Jesu Aktion im Vorhof der Heiden wirklich bezweckte, wissen wir nichts; wir können nur Vermutungen anstellen. Aber sie bringen keine einleuchtende Lösung. Angenommen, erst die spätere Gemeinde habe sich von Jesus ein solches Vorgehen erzählt, wie kommt sie dazu, wenn sie nicht ein „fundamentum in re" hat, einen geschichtlichen Untergrund? Aber das widerspricht der sonstigen Jesustradition.

Nach V. 18 hören die Hohenpriester und Schriftgelehrten von Jesu Tat. Aber sie greifen nicht ein, sondern überlegen nur, wie man ihn beseitigen kann. Es ist undeutlich, was der folgende „denn"-Satz meint. Er kann die Begründung dafür enthalten, daß man Jesus ans Leben will: sie wollen ihn umbringen, weil sie vor ihm Angst haben, und sie haben vor ihm Angst, weil ihm das Volk anhängt, weil er also für sie ein gefährlicher Konkurrent ist. Die andere Möglichkeit ist: sie überlegen, wie sie ihn beseitigen können; sie handeln nicht sofort, weil ihn das Volk liebt. Aber Mk kann auch kurz den Zusammenhang angedeutet haben: die Menge ist für Jesus, also haben die Machthaber Angst vor ihm, der ihre Autorität zu zerstören droht. Auf alle

---

[7] Vgl. oben Anm. 2. S. jetzt V. Eppstein, ZNW 1964, 42—58.

Fälle kann nach V. 19 Jesus spät die Stadt verlassen, ohne behelligt zu werden.

Daß sich die Tradition über dieses Ereignis später weiter entwickelt hat, beweist die johanneische Fassung (Jo 2,14—22). Hier heißt es, Jesus fand im Heiligtum die Verkäufer von Rindern und Schafen und Tauben und die Wechsler sitzend, und er machte eine Geißel aus Stricken und trieb alle aus dem Heiligtum heraus ...[8]". Daß hier die Rinder und Schafe und nicht bloß die Tauben genannt werden, ist eine deutliche Erweiterung gegenüber dem marcinischen Bericht, von dem der johanneische nicht abgeleitet ist. Nach V. 15 jagt Jesus die Verkäufer oder Wechsler samt den Tieren — dafür kamen freilich nur Rinder und Schafe in Betracht — aus dem Heiligtum heraus. Man streicht gewöhnlich die Erwähnung der Schafe und Rinder; aber sie erscheinen auf alle Fälle in V. 14. Wohin er die Betroffenen jagt, davon hat sich der Erzähler keine Rechenschaft gegeben. Die Geißel deutet eher auf das Hinausjagen von Tieren als auf das Hinauspeitschen von Menschen. Es fragt sich, ob nicht auch der Text des Mk bereits ein ursprüngliches Ereignis gesteigert hat. Für den vierten Evangelisten wird hier auf die Zerstörung des wahren Tempels hingedeutet. Mk hat nichts dergleichen[9].

53 Gespräch über den verdorrten Feigenbaum

Mk 11,20—25; Mt 21,20—22

(20) Und als sie am Morgen vorbeigingen, sahen sie, daß der Feigenbaum von den Wurzeln an verdorrt war. (21) Und Petrus erinnerte

---

[8] Wieder ist es hier nicht damit getan, daß man die anstößigsten Einzelheiten aus dem Bericht als spätere Einschübe in die Geschichte entfernt (etwa die Erwähnung der Rinder). Die Annahme Stauffers, Jesus habe bei Beginn seiner Tätigkeit, noch als Täuferjünger und mit wohlwollender Billigung der Rabbinen, ein solche Aktion unternommen, begeht den Fehler, daß sie in einer Einzelheit die johanneische Darstellung vorzieht, ohne zu bemerken, daß die johanneische Szene der integrierende Teil eines Ganzen ist. Für Johannes ist die Auferweckung des Lazarus der eigentliche Grund dafür, daß sich die Juden zum Vorgehen gegen Jesus entschließen. Das ist als theologische Interpretation höchst sinnvoll — den Lebensspender bringt man um —, nicht aber als historische Darstellung.

[9] Es fragt sich, ob Mk mit 11,19 andeuten will, daß sich Jesus damit vor der Gefahr schützen will, die ihm durch die Machthaber droht. Die Bemerkung kann auch kompositionell dadurch bedingt sein, daß Jesus mit seinen Jüngern wieder am Feigenbaum vorbeikommen muß, damit diese das Verdorren konstatieren können. Bethanien wird hier nicht erwähnt; auch daraus kann man nicht entnehmen, Jesus habe irgendwo im Freien übernachtet, um sich zu sichern. Für Mk kommen alle diese Fragen nicht in Betracht: Jesus ist der Herr des Geschehens, bis das von Gott verordnete Ende kommt. Nur die Gethsemane-Szene bildet in dieser Hinsicht ein besonderes Problem.

sich und sagte zu ihm: „Rabbi, sieh, der Feigenbaum, den du verflucht hast, ist verdorrt!" (22) Und Jesus antwortete und sagte zu ihnen: „Habt Vertrauen auf Gott. (23) Wahrlich ich sage euch: Wenn jemand zu diesem Berge sagt: „Heb dich auf und wirf dich ins Meer!", und wenn er nicht in seinem Herzen zweifelt, sondern glaubt, daß das geschieht, was er sagt, so wird es ihm geschehen. / (24) Darum sage ich euch: alles, worum ihr betet und bittet, glaubt, daß ihr es bekommt, und es wird euch zuteil werden. / (25) Und wenn ihr betend dasteht, so vergebt, wenn ihr etwas gegen jemanden habt, damit auch euer Vater im Himmel euch eure Verfehlungen vergebe."

Unsere Perikope greift zurück auf die vorletzte, auf die Geschichte von der Verfluchung des Feigenbaumes. Petrus macht den Meister darauf aufmerksam, daß sein Fluch gewirkt hat (Mt 21,19 läßt den Baum sofort nach dem Fluchwort verdorren. Damit wird das Wunder gesteigert und zugleich der Text gekürzt[1]). Jesus mahnt daraufhin, Gott zu vertrauen. Was damit gemeint ist, zeigen die folgenden ursprünglich isolierten Sprüche. Wer ohne zu zweifeln zu einem Berge sagt: Wirf dich ins Meer (notabene: hier ist kein Meer, in das sich ein Berg werfen könnte; wer einen „Sitz im Leben" sucht, muß an den galiläischen See denken), dann wird der Berg den Befehl ausführen. Noch das Thomasevangelium bringt in Spruch 48 (90,24—26)[2] und 106 (98,18—22)[3] zwei „zersagte" Varianten dieses Spruches. Nun spricht auch Paulus von dem Berge versetzenden Glauben (1. Kor. 13,2), aber ohne daß er sich auf ein Jesuswort bezieht. Das erlaubt die Vermutung: hier handelt es sich um eine bekannte Charakteristik des Glaubens, des festen Vertrauens, der unbedingten Zuversicht, die mit einer orientalischen Hyperbel arbeitet.

Der Evangelist hat daran keinen Anstoß genommen, daß der hier in Erfüllung gegangene Wunsch ein Fluch war. Er nimmt vielmehr diesen Fluch zum Anlaß, vom Glauben zu sprechen, der Vorbedingung eines Wunders ist. Petrus — wieder vertritt er alle Jünger — ist darüber

---

[1] Mt und Lk haben Jesus sofort nach dem Einzug in Jerusalem den Tempel reinigen lassen. Mt hat daran die Verfluchung des Feigenbaumes angeschlossen. Weil darauf die langen Verhandlungen über die Vollmachtsfrage, das Gleichnis von den ungleichen Söhnen und das von den bösen Winzern usw. folgen, verlangte schon die Komposition, daß sich Jesu Fluch sofort auswirkt. Lk hat die Tempelreinigung möglichst kurz und unauffällig dargestellt; daß Hirsch nur die Verkäufer vertrieben werden läßt, geht auf den Einfluß des lukanischen Textes zurück. Die Verfluchung des Feigenbaums paßte nicht zu dem Bild des das Evangelium verkündenden Jesus (Lk 20,1). Statt dessen läßt Lukas in 19,47 f. Jesus unangefochten längere Zeit täglich im Heiligtum lehren.

[2] „Jesus sprach: Wenn zwei Frieden machen miteinander in einem Haus, werden sie sagen zum Berg: Fall um!, so wird er umfallen."

[3] „Jesus sprach: Wenn ihr die zwei zu einem macht, werdet ihr Söhne des Menschen sein, und wenn ihr sagt: Berg, fall um!, so wird er umfallen."

erstaunt, daß sich Jesu Wort so rasch erfüllt hat. In diesem Erstaunen liegt die unausgesprochene Frage: Wie war das möglich? Darauf antwortet Jesus: Das Vertrauen darauf, daß Gott eine Bitte erfüllt, läßt sie sicher in Erfüllung gehen. Damit wird eine allgemeine Regel für das Bitten und Beten aufgestellt: Man muß „glauben", ohne zu zweifeln — dann bekommt man das Erbetene[4].

V. 23 spricht zunächst nur von der Macht des Glaubens, der meine Gebetsworte sicher in Erfüllung gehen läßt. V. 24 hebt dann hervor, daß diese Regel für alle Gebete gilt. V. 25 ist nur durch Stichwortanschluß („beten" — „betend") locker angefügt: wer Vergebung empfangen will, muß selbst vergeben.

Diese Verse sind keine ursprüngliche Einheit. V. 22 könnte ein von Mk gebildeter Übergangsvers sein. Bei V. 23 handelt es sich — wie aus der Entsprechung in Q (Mt 17,20; Lk 17,6) hervorgeht — um einen ursprünglich selbständig überlieferten Vers, ein Wort, das von Haus aus nichts mit der Geschichte vom verdorrten Feigenbaum zu tun hatte. Vermutlich hat erst Mk es hierhin gestellt und die ganze Einheit von V. 20—25 (26 ist aus Mt eingedrungen) selbst geschaffen. Denn da V. 23 das Bindeglied zum folgenden ist, wird deutlich: auch V. 24 und 25 waren zunächst selbständige Einheiten in der Spruchüberlieferung. Für V. 25 läßt sich das dadurch bestätigen, daß Mt 6,14 aus anderer Tradition eine Entsprechung bietet.

Das Wort vom bergeversetzenden Vertrauen hat — so überraschend das für einen modernen Leser klingen mag — zunächst nicht unbedingt mit dem Vertrauen auf Gott zu tun. Es spricht eine allgemeine Erfahrung aus, und zwar eine durchaus profane: Wenn ich überzeugt bin, daß es so kommt, wie ich es wünsche, dann kommt es meist auch so. Ein Glaube solcher Art ist noch nichts Religiöses. Damit wollen wir keineswegs bestreiten, daß es solchen Glauben gibt und daß er die ihm zugeschriebene erstaunliche Macht ausübt. Im Gegenteil: Es ist nur allzu bekannt, welche unerhörte Gewalt über Menschen und Verhältnisse in einem ungebrochenen Vertrauen steckt. Daß er im wörtlichen Sinn Berge versetzt, darf man bezweifeln. Aber daß er Dinge möglich macht, die unmöglich scheinen, ist gewiß. So wird hier den Christen, diesen machtlosen Menschen, eine Quelle der Kraft und Macht aufgeschlossen. Aber wenn vom Beter diese Sicherheit als Vorbedingung für die Gebetserhörung verlangt wird, so ist das sehr gefährlich. Es sieht dann so aus, als hinge die Erfüllung einer Bitte allein vom Menschen ab. Ist mein Vertrauen vollkommen, dann wird mein Gebet erfüllt! Von hier geht der Weg zur „Christian Science", einer christlich gekleideten Lehre von der Autosuggestion und Suggestion.

---

[4] Da Jesus soeben diesen Glauben gezeigt hat, stellt Mk ihn hier als den vollkommen Glaubenden hin, dem alles möglich ist. Daß dies unmittelbar vor der Passion geschieht, hat seinen guten Sinn: der Leser erkennt, daß es der Herr über alle Dinge ist, der ins Leiden geht.

Erst V. 25 bringt etwas spezifisch Religiöses: Wenn ich betend vor Gott stehe (der Jude stand beim Gebet; er kniete nicht), dann soll ich meinem Nächsten vergeben, damit mir Gott vergeben kann. Lasse ich meinen Groll nicht fahren, wie kann ich dann Gott zutrauen, daß er seinen Groll gegen mich aufgibt? Ich kann an Gottes Vergebung nur glauben, wenn ich selbst vergebe.

Wie schon erwähnt, haben wir keinen Anlaß, diese ganze Szene für historisch zu halten. Dann wird es aber fraglich, ob Mk recht hatte, wenn er die folgende Erzählung erst einen Tag nach der Tempelreinigung spielen läßt. Offensichtlich hat er sich bemüht, die Tage des Jerusalemer Aufenthaltes zu unterscheiden und jeweils mit besonderem Inhalt zu füllen. Aber dafür hatte er nur wenig an originalem Stoff. Das ist sehr wichtig. Wir setzen zunächst unwillkürlich voraus: diese letzten Tage, welche die Jünger zusammen mit Jesus verlebt haben, müssen sich unauslöschlich in ihre Erinnerung eingebrannt haben. Jeder Augenblick, jede Einzelheit muß ihnen gegenwärtig gewesen und so von ihnen überliefert gewesen sein. Das Zweite ist nun sicherlich nicht der Fall. Was nach diesen Tagen sich ereignet hat, war vielmehr so erschütternd und wichtiger als alles Vorhergehende, daß gar keine genaue Erinnerung an eine „heilige Woche" oder dergleichen existierte. Mk hatte weder die Absicht noch die Mittel, um ein Lebensbild der letzten Tage zu zeichnen. Viel eher kann man sagen: Mk hat in diesen Tagen Themen zur Sprache kommen lassen, die für die Gemeinde besonders wichtig waren. Wir dürfen die letzten Mk-Kapitel nicht mit der Erwartung lesen und auslegen, daß hier ein Gegenstück zu Bachs Matthäuspassion vorliegt. Bevor Bachs Matthäuspassion möglich wurde, war erst eine Jahrhunderte erfüllende Entwicklung mystischer Meditation und dann eine — sehr andere — Entwicklung kirchenmusikalischer Formen und Themen vorangegangen. Das sollte man sich klarmachen, damit man nicht vom Mk-Bericht enttäuscht wird. Er hat seine besonderen Anliegen.

54 Die Vollmachtsfrage

Mk 11,27—33; Mt 21,23—27; Lk 20,1—8; Joh 2,18

(27) Und sie gingen wieder nach Jerusalem. Und als er im Heiligtum umherwandelte, kamen zu ihm die Hohenpriester und die Schriftgelehrten und die Ältesten. (28) Und sie sagten zu ihm: „In welcher Vollmacht tust du das? Oder wer hat dir diese Vollmacht gegeben, daß du dieses tust?" (29) Jesus aber sprach zu ihnen: „Ich will euch etwas fragen, und antwortet mir (darauf), und ich will euch sagen, in welcher Vollmacht ich dies tue. (30) Die Taufe des Johannes — war sie von Gott oder von den Menschen? Antwortet mir!" (31) Und sie überlegten bei sich: „Wenn wir sagen: ‚von Gott', dann wird er

sagen: ‚warum habt ihr ihm nicht geglaubt?'. (32) Aber sollen wir sagen: ‚Von Menschen!'?" Denn sie hatten Angst vor dem Volk. Denn alle hielten den Johannes für einen echten Propheten. (33) Und sie antworteten Jesus und sagten: „Wir wissen es nicht!" Und Jesus sagte zu ihnen: „Dann sage ich euch auch nicht, in welcher Vollmacht ich dies tue."

Am Tage nach der Tempelreinigung stellen die Hohenpriester, Schriftgelehrten und Ältesten Jesus in feierlicher Form zur Rede durch ihre Frage nach seiner Vollmacht. Diese Vollmachtsfrage kann sich ja nicht auf das Umherwandeln im Tempel beziehen. Also kommt nur die Tempelreinigung in Frage. Das Präsens in der Frage der Gegner und der Antwort Jesu schließt eigentlich in sich, daß der durch die Tempelreinigung geschaffene neue Zustand noch andauert. Man müßte dann die Erzählung des Mk so verstehen, daß sich der Hoherat nach seinen Überlegungen (11,18) schließlich entschlossen hat, Jesus mit dieser Frage auf den Leib zu rücken. Ausdrücklich sagt Mk freilich das nicht. Man müßte also annehmen, daß die Anordnungen Jesu weiterhin durchgeführt werden: Kein Geldwechsel, kein Verkauf von Schafen und Tauben, keine Wasserträger über den Tempelhof! Auf den ersten Blick scheint das fern zu liegen. Aber soll Jesus gestern die Krämer hinausgeworfen haben und heute zusehen, wie sie ihren Laden wieder aufrichten und alles so ist, wie zuvor? Hätte sich die Lage für Markus so dargestellt, daß die von Jesus eingeführte neue Ordnung noch weiter bestehenblieb, dann war es durchaus sinnvoll, daß der Evangelist die Hierarchen nun versuchen ließ, Jesus auf dem Verhandlungswege auszuschalten, da sie Gewaltmaßnahmen noch scheuten[1].

Jesus antwortet auf die Frage nach seiner Vollmacht mit einer Gegenfrage[2]. Erst wenn man sie beantwortet, will er sagen, woher er seine Vollmacht hat. Er fragt seinerseits die Hierarchen: War die Johannestaufe vom „Himmel" — d. h. von Gott — her, oder war sie nur Menschenwerk? Danach beschreibt der Evangelist die Erwägungen, welche die Hierarchen daraufhin bei sich anstellen. Genau genommen: er vermutet, daß solche Erwägungen bei einer Antwort auf Jesu Frage maßgebend gewesen wären. Wissen konnte er bestenfalls allein, daß sie gesagt haben: „Wir wissen es nicht!"

Nach Mk steckten die Gegner in einer bösen Klemme. Gaben sie zu, daß Gott hinter der Taufe des Johannes stand, dann setzten sie sich

[1] Das muß Mk mit den (stilistisch freilich nicht ganz gelungenen) Versen 11,18 f. meinen, wie Taylor 464 auseinandersetzt: das Wort „wie" ist in indirektem Sinne gebraucht; die überlegende Frage „Wie können wir ihn vernichten?" steht im Hintergrund. Der Anlaß zu diesem Bestreben ist, daß sie vor ihm Angst haben („denn sie fürchteten ihn"), und sie haben Angst, weil er beim Volk beliebt ist („denn das ganze Volk war von seiner Lehre hingerissen").

[2] Diese Art von Antwort durch eine Gegenfrage war in rabbinischen Diskussionen häufig: Taylor 470.

der vernichtenden weiteren Frage aus: „Warum habt ihr euch dann nicht taufen lassen?" Also kam diese Antwort für den Hohenrat nach der Meinung des Mk nicht in Betracht. Aber auch die andere mögliche Antwort hätte katastrophale Folgen gehabt. Hätten sie die Johannestaufe für ein bloßes Menschenwerk erklärt, so hätten sie das Volk gegen sich aufgebracht, das Johannes für einen echten Propheten hielt. Also mußten sie ausweichend antworten: „Wir wissen es nicht!" Hätte Markus die Antwort der Hierarchen so formuliert: „Wir können es nicht sagen!" dann würde sie anscheinend noch genauer zu Jesu folgender Gegenantwort passen: „Dann sage ich euch auch nicht, woher ich meine Vollmacht habe!" In Wirklichkeit freilich bliebe auch dann eine ernste Schwierigkeit für das Verständnis der Szene bestehen. Warum konnte Jesus nicht angeben, woher seine Vollmacht stammte?

Man hat gemeint: die Gegner wollten aus Jesus ein Messiasbekenntnis herauslocken[3]. Damit hätte man — jedenfalls nach der Überzeugung des Markus — Jesus einer Gotteslästerung überführt und Grund für eine Denunziation Jesu als eines Messiasprätendenten bei Pilatus gehabt[4]. Aber brauchte man eine solche Denunziation überhaupt, wenn Jesus wirklich in den Tempelbetrieb eingegriffen, die konzessionierten Geschäftsleute an ihrem legalen Tun gehindert und sich mit Gewalt die Macht über den Tempel gesichert hätte? Hier bleibt für uns — nicht für Mk — eine Unklarheit bestehen. Aber weiter:

Nach Mk hatte Jesu Gegenfrage die Hierarchen in eine fatale Lage gebracht. Dadurch sind die Exegeten z. T. zu dem Eindruck gekommen: Diese Gegenfrage sollte die Frage nach Jesu eigener Vollmacht nur abbiegen. Er habe geschickt die Gegner schachmatt gesetzt. Aber konnten sie nicht auf Jesu Gegenfrage antworten: „Wenn du dich auf Johannes berufst, warum taufst und fastest du nicht wie Johannes?" Markus ist nicht auf den Gedanken gekommen, daß die Hierarchen so antworten konnten. Für ihn war verständlich, daß Jesus selbst nicht taufte, daß er aber für seine Gemeinde die Taufe wollte. Damit stand in seinen Augen Jesus in Übereinstimmung mit Johannes. Für uns ist das (s. o. S. 116 ff.) nicht der Fall: Die Taufe des Johannes ruhte auf anderen Voraussetzungen als die Verkündigung Jesu. Daraus ergibt sich aber: Markus zeichnet die Lage so, wie er und die nachösterliche Gemeinde sie sehen, nicht aber aus der Sicht Jesu heraus. Das gilt noch in einem weiteren Punkt:

Nach Markus war Jesus der Messias, aber er hielt das geheim bis zum letzten Augenblick, bis zum Messiasbekenntnis vor dem Hohenpriester. Darum durfte er hier die Frage nach seiner Autorität nicht be-

[3] Taylor 470 spricht von dem „verschleierten Anspruch, daß Jesus selbst der Messias ist". Aber auch Mk war überzeugt, daß Jesus der Messias war und daß diese Vollmacht hinter seinem Vorgehen im Tempel stand.

[4] Mk 14,62 ff. zerreißt der Hohepriester auf das Messiasbekenntnis Jesu hin seine Kleider (das ist die bei einer Gotteslästerung erforderliche Gegendemonstration) und sagt: „Was brauchen wir noch Zeugnis? Ihr habt die Lästerung gehört!"

antworten, sondern er mußte ausweichen. Aber Jesus brauchte auf die Frage der Hierarchen gar nicht mit einem Messianitätsbekenntnis zu antworten. Hätte er auf die Frage der Hohenpriester gesagt: „Gott hat mir dieses Tun aufgetragen!“, dann hätte das genau seiner Überzeugung hinsichtlich seines ganzen Wirkens entsprochen, ohne daß dabei die Messiasfrage in die Diskussion kam.

Aus all diesen Erwägungen ergibt sich: Daß Jesus der offenen Antwort auf die Frage der Gegner ausgewichen ist, hat für das Bild, das sich Markus von der Lage macht, einen guten Sinn. Aber es ist noch kein Grund in Sicht gekommen, der Jesus genötigt hätte, der Vollmachtsfrage auszuweichen. Wir wissen freilich nicht, ob sich alles in der Weise zugetragen hat, wie es der Evangelist hier voraussetzt. Für das Bild, das sich uns für Jesu Verhältnis zum Täufer ergab, wird Jesu Berufung auf den Täufer hier unverständlich. Obendrein ließ sich die Vollmachtsfrage so beantworten, daß sich die Taufe des Johannes gar nicht ins Spiel zu kommen brauchte. Kurz: der Aufriß des Markus ist klar und konsequent nur von seinen eigenen Voraussetzungen her. Aber eben diese Voraussetzungen sind durchaus nicht klar und überzeugend. Sie entsprechen dem Bild, das die spätere Gemeinde entworfen hat.

Endlich noch eins: unsere Geschichte zeigt die Gegner Jesu in einem bösen Licht. Sie überlegen ihre Antwort nicht sachlich, sondern denken nur an die Folgen der einen oder anderen Antwort. Damit werden sie als unwahrhaftig charakterisiert: es geht ihnen gar nicht um Gott, sondern nur um ihre eigene Stellung. Insofern — könnte man meinen — hatte Jesus keinen Anlaß, mit ihnen über seine Vollmacht zu sprechen: sie nehmen ja die Instanz nicht ernst, von der eine solche Vollmacht allein kommen kann. Aber Mk hat diesen Gedanken nicht ausgesprochen. Und wie stünde es — nach seiner Darstellung — eigentlich mit Jesus? Was hat er gedacht, als er seine Fangfrage stellte (wenn er sie wirklich gestellt hat)? Müßte er nicht den Gedankengang der Hierarchen mit- und vorgedacht haben? Oder — eine andere Möglichkeit — ist es nicht eigenartig, daß eine Vollmacht Jesu bei dieser Geschichte von Freund und Feind vorausgesetzt wird, wobei nur ungesagt bleibt, von wem sie kommt? Aber sie kann ja nur von Gott kommen. Wird also hier nicht schon das Bekenntnis der christlichen Gemeinde zu Jesus als dem Messias/Menschensohn vorausgesetzt?

Mt und Lk haben eine Reihe von Wortübereinstimmungen in dieser Perikope gegen den Mk-Text. Aber sie bezeugen keinen anderen Text, keine gemeinsame nichtmarcinische Vorlage, sondern sind nur stilistische Änderungen. Mt hat dann in 21,28—32 das Gleichnis von den beiden ungleichen Söhnen angefügt, offensichtlich unter der Voraussetzung, daß die Hierarchen zwar Ja zu Gottes Forderungen sagen, sie aber nicht erfüllen, während die Zöllner und Sünder Buße für ihren Ungehorsam getan haben und darum, wie der zunächst ablehnende Sohn, in den Himmel kommen werden. V. 32 ist angehängt:

Johannes kam in Gottes Auftrag und die Hierarchen haben ihm nicht geglaubt, wohl aber die Zöllner und Dirnen. Die Parallele Lk 7,29 f. zeigt, daß dieser Vers aus Q stammt[5].

55 Die bösen Weingärtner

Mk 12,1—12; Mt 21,33—46; Lk 20,9—19; ThomEv Spr. 68

*(1) Und er fing an[1], in Bildreden zu ihnen zu sprechen: Ein Mann pflanzte einen Weinberg und baute ringsherum einen Zaun und grub eine Kelter und erbaute einen Wachtturm; und er verpachtete ihn an Bauern und zog davon. (2) Und er schickte zu den Bauern, als die rechte Zeit da war, einen Knecht, auf daß er bei den Bauern von den Früchten des Weinbergs in Empfang nehme. (3) Und sie ergriffen ihn, verprügelten ihn und schickten ihn mit leeren Händen davon. (4) Und er sandte wieder zu ihnen einen anderen Knecht. Und den schlugen sie auf den Kopf und richteten ihn schändlich zu. (5) Und er schickte einen anderen, und ihn töteten sie *und viele andere, die einen schlagend, die anderen tötend*. (6) Noch einen hatte er, seinen lieben Sohn. Ihn sandte er als letzten zu ihnen, denn er dachte: ‚Sie werden sich vor meinem Sohn scheuen!'. (7) Jene Bauern aber sprachen zu einander: „Das ist der Erbe! Auf, laßt uns ihn töten, und das Erbe wird unser sein!" (8) Und sie ergriffen ihn, schlugen ihn tot und warfen ihn aus dem Weinberg hinaus. (9) Was wird der Herr des Weinberges tun? Er wird kommen und die Bauern umbringen, und wird den Weinberg anderen geben. (10) Habt ihr auch nicht diese Schriftstelle gelesen: ‚Der Stein, den die Bauleute verworfen haben, der ist zum Eckstein geworden!' (11) Vom Herrn her ist das geschehen, und ist wunderbar in unseren Augen!'" (12) Und sie suchten sich seiner zu bemächtigen, und hatten Angst vor dem Volk. Denn sie verstanden, daß er dieses Gleichnis gegen sie gesprochen hatte.*

Beim Anfang dieser Erzählung hat offensichtlich das berühmte Weinbergslied Jes 5,1—7 Pate gestanden; es hat das Bildmaterial dar-

[5] Joh hat in 2,18 die Juden (die ja bei ihm fast wie eine Behörde erscheinen) die Vollmachtsfrage unmittelbar nach der Tempelreinigung stellen und danach fordern lassen, Jesus solle als Legitimation ein Zeichen vollbringen. Jesus antwortete mit dem Rätselspruch: „Reißt diesen Tempel ab, und ich werde ihn in drei Tagen wieder errichten!" V. 21 teilt mit, daß damit der Tempel seines Leibes gemeint war. Aber die Jünger erkannten das erst, als er — nach drei Tagen — von den Toten auferweckt war. Weil jetzt das Zeichen als eingetroffen erkannt wird, glauben sie. Das ist eine andere und in neuen Linien verlaufende Komposition.

[1] Die Wendung „er fing an zu sprechen" hat hier einfach den Sinn von „und er sprach". „In Gleichnissen" meint „in Gleichnisweise". Mk will nicht sagen, daß weitere Gleichnisse gefolgt seien.

geboten, mit dem nun gearbeitet wird. Dieses Weinbergslied war weder ein „reines Gleichnis" im Sinne Jülichers[2], das nur *ein* tertium comparationis, nur einen einzigen Vergleichspunkt liefert, noch darf man jeden Einzelzug darin allegorisch deuten. Vielmehr handelte es sich dabei um eine Gleichniserzählung, bei der nur die Hauptpersonen und ihr Handeln allegorische Bedeutung besaßen: „denn der Weinberg des Herrn der Heerscharen ist das Haus Israel, und der Mann von Juda die Pflanzung seiner Lust"[3]. Von da aus wird hinterdrein deutlich, daß schon die fürsorgliche Pflege des Weinbergs und dessen Versagen der zu erwartenden Ernte allegorisch zu verstehen waren. Bei der Schilderung der Bestrafung des Weinbergs vollzog Jesaja den Übergang vom Bild zur direkten Aussage[4]. Wir werden uns fragen müssen, ob in Mk 12,1 ff. entsprechende Verhältnisse bestehen.

Mk 12,1 übernimmt fast wörtlich Jes 5,1 f., Verse, welche die Fürsorge des Besitzers für seinen Weinberg beschreiben. Aber schon der Schluß von Mk 12,1 weicht vom atl. Vorbild ab: der Besitzer übergibt den von ihm angelegten Weinberg an Bauern, an Pächter, und zieht fort. Es ist keine Rede mehr davon, daß der Weinberg keine rechte Frucht trägt; dafür hören wir, daß die Pächter — die nun zwischen den Besitzer und den Weinberg treten — den ausgemachten Anteil am Ertrag[5] des Weinbergs nicht abliefern wollen. Damit beginnt sich die Handlung von Jes 5,1—7 zu lösen; dementsprechend erscheinen neue Gestalten in der Erzählung: zunächst die Bauern, wei-

---

[2] Adolf Jülicher, Die Gleichnisse Jesu, 2. A. 1899, Bd. 1, 105; Bd. 2, 385—406. Jülichers eigenes Urteil über unsere Perikope steht auf S. 406: „Trotzdem kann ich mich des Verdachtes nicht erwehren, daß die παραβολή (parabolē) Mc 12,1—9 erst von einem Gläubigen der ersten Generation herrührt, der, in Anlehnung an Jes 5 und an die Parabelreden Jesu, die er schon allegorisch deutete, hier zur religiösen Rechtfertigung von Jesu Tod ihn einreihte in die Linie der Heilsbotschaften Gottes an ein verstocktes Geschlecht, ihn begreifen lehrte als höchsten, letzten Erweis von Gottes Geduld, worauf die Strafe unmittelbar folgen müsse. Das Ganze ist, nur im Prophetenton vorgetragen, die Geschichtsanschauung eines Durchschnittsmenschen, der Jesu Kreuzigung erlebt hatte und doch an ihn als Gottes Sohn glaubte; jeder originelle Zug, jenes feinere psychologische Motiv bei den Winzern oder dem Herrn, alle dichterische Frische fehlt, und selbst untergebracht wird die Parabel noch seltsam, indem die Angeredeten sie *verstehen* — und eben deshalb an dem Redner die Ermordung zu vollziehen trachten, deren Scheußlichkeit und Zweckwidrigkeit er ihnen gerade vorgehalten hat!" „Das Urchristentum, nicht Jesus selber scheint Mk 12,1—11 das Wort zu führen."

[3] Jes 5,7.

[4] „Nicht beschnitten werden soll er noch behackt, in Dornen und Disteln soll er aufgehen, und den Wolken verbiete ich, darauf zu regnen . . ."

[5] Grundmann (Mk 239): „Die Weinberge enthalten nicht nur Weinstöcke, sondern auch Obstbäume . . . sogar mitunter Getreide, so daß die Naturalpacht in einem Teil der Ernteerträge — Wein, Rosinen, Feigen, Oliven u. a. — besteht. Ihre Höhe ist im Pachtvertrag festgelegt."

ter aber die Knechte, die der Besitzer nacheinander zum Abholen des Ertrags sendet. Der erste wird von den Bauern verprügelt und mit leeren Händen fortgeschickt. Der zweite kehrt, auf den Kopf geschlagen[6] und schimpflich behandelt[7], zu seinem Herrn zurück. Der dritte wird totgeschlagen. Daraufhin sendet der Herr seinen einzigen Sohn zum Weinberg, in der Hoffnung, ihn werde man doch respektieren. Aber die Bauern sagen sich: Das ist der Erbe; nach seinem Tod werde ihnen der Weinberg zufallen[8]. Darum erschlagen sie ihn und werfen die Leiche aus dem Weinberg hinaus[8a]. Wenn nun der Erzähler (V. 9) fragt: „Was wird der Herr des Weinbergs tun?", so kann die Antwort nur sein: Er wird kommen, die Pächter umbringen und den

---

[6] Zum griechischen Wort κεφαλαιόω (kephalaiŏō = den Garaus machen; bei A D [W Θ] bo sa) s. W. Bauer, Wb 850; er empfiehlt die Lesart von ℵ B L: κεφαλιόω (kephaliŏō = auf den Kopf schlagen — mit Recht, weil nur so die Steigerung sich fortsetzt).

[7] 2. Sam 10,4 erzählt, daß die Ammoniter den Gesandten Davids den Bart zur Hälfte abscherten und die untere Kleiderhälfte wegschnitten. Auf diese Beschimpfung antwortete David mit Krieg.

[8] Dodd, The Parables of the Kingdom, London 1938, 125 ff.; E. Bammel, Das Gleichnis von den bösen Winzern (Mk 12,1—9) und das jüdische Erbrecht (in: Revue Internationale des Droits de l'Antiquité, 3e Série, 6 (1959), 14 f.) vermutet: die Pächter verlassen sich darauf, daß ein Nachlaß unter bestimmten Voraussetzungen als herrenloses Gut galt, von dem der erste beste Besitz ergreifen konnte. Da sich aber V. 6 nicht so erklären läßt, nimmt Bammel an, der Sohn sei schon bei Lebzeiten des Vaters durch Schenkung Besitzer des Landes geworden und kinderlos gewesen. Joachim Jeremias dagegen meint, aus dem Erscheinen des Vaters hätten die Bauern geschlossen, der Besitzer sei verstorben und der Sohn komme, um sein Erbe anzutreten. — Diese Gelehrten sind sich darin einig, daß sich die Wirtschafts- und Rechtsverhältnisse der damaligen Zeit im Gleichnis abzeichnen, und dieser Realismus mache es wahrscheinlich, daß ein echtes Jesusgleichnis zugrunde liegt. Auch der Zug, daß der Besitzer in ein fernes Land zieht, „entstammt den ... Verhältnissen Galiläas, wo große Domänen in der Hand ausländischer Besitzer sind und von einheimischen Pächtern verwaltet werden": Grundmann Mk 239. Aber weder wollte der Evangelist — das ist sicher— andeuten, daß der gütige Herr, der den Weinberg mit soviel Sorgfalt und Liebe geschaffen hat, an einen landesfremden Ausländer erinnert, noch lag ihm daran, faktisch entschuldigende Rechtsbestimmungen zugunsten der Bauern geltend zu machen. Überdies sollte man einen Domänenpächter nicht mit diesen Bauern verwechseln. — Jeremias (Gleichn. 74) meint, die Logik der Erzählung habe zur Einführung der Gestalt des Sohnes geführt, nicht theologische Reflexion. Aber dieser Gedanke schlägt nicht durch. Ohne die Gestalt des Sohnes war die Erzählung für die christlichen Hörer unbrauchbar, und selbst Jeremias sieht als Inhalt des von ihm vermuteten ursprünglichen Jesusgleichnisses an: „auch den letzten Gottesboten weist ihr ab!"; dabei bleibt freilich übersehen, daß das Gleichnis eben — notwendig — mehr sagt: Der Sohn wird ermordet, und seiner Leiche das Grab verweigert (man wirft sie aus dem Weinberg hinaus).

[8a] Mt 21,39 und Lk 20,15 lassen den Sohn zuerst aus dem Weinberg hinausgestoßen und dann ermordet werden — Jesus starb nicht in, sondern außerhalb Jerusalems.

Weinberg anderen geben. Damit hat die eigentliche Gleichniserzählung ihr Ende gefunden, wenn auch Mk sie noch weiterführt.

Hirsch hat (I 129) eingewendet: „der Herr des Weinbergs handelt ... schlechthin wie ein Verrückter", wenn er nach der Behandlung, die seine Knechte erfuhren, nun noch seinen Sohn schickt. Deshalb will Hirsch die ursprüngliche Geschichte mit dem (bisher in der Besprechung ausgelassenen) Vers 5b enden: „und viele andere, die einen mißhandelnd, die anderen tötend". Aber diese Lösung Hirschs greift fehl; das läßt sich mehrfach beweisen. Einmal ist dieser Halbvers grammatisch nur schlecht an das Vorhergehende angefügt; nach „und jenen" (den dritten Knecht) töteten sie" heißt es: „und viele andere, die einen mißhandelnd, die anderen tötend". Zweitens würde auch in diesem Falle der Herr „schlechthin wie ein Verrückter" handeln, wenn er nach der Art, wie man mit seinen drei Knechten verfuhr, noch „viele andere" schickte. Drittens: nach der Tötung des dritten Knechtes wird die Steigerung durch die Worte „die einen mißhandelnd, die andern tötend" unterbrochen. Vers 9 b ist ein früher Einschub — vielleicht durch Markus selbst —, der nicht bedachte, daß die zunächst genannten Knechte schon stellvertretend für die ganze Reihe der Propheten stehen können. Mit dem Umbringen des dritten Knechts aber kann die Mk-Geschichte nicht enden, so daß nun V. 9 folgen dürfte. Vielmehr muß zu dieser Erzählung von Anfang an noch der weitere Zug gehört haben, daß der Herr auch noch seinen eigenen Sohn sandte.

Natürlich hat Hirsch darin recht: so verhält sich kein menschlicher Besitzer eines Weinbergs. Ein solcher würde sich nach dieser Behandlung seiner Knechte an die Behörden wenden oder selbst eine Strafexpedition ins Werk setzen. Aber dieser Besitzer hier ist kein Mensch, sondern Gott selbst. Und Gott handelt eben — gerade das macht der Erzähler deutlich — nicht wie ein Mensch. Er zeigt eine unbegreifliche Langmut, die sich vor allem in der Sendung des Sohnes kundtut. Dadurch aber, daß die Pächter in ihrer verstockten Bosheit gegenüber dieser Geduld Gottes verharren, beschwören sie mit unausweichlicher Notwendigkeit — das wird jeder Hörer zugeben — das Gericht über sich herauf. Gott ist wirklich bis zum Alleräußersten gegangen mit seinem Werben. Jetzt aber muß er vernichtend dreinschlagen.

Die Erzählung von den bösen Weingärtnern ist erweitert worden: nicht nur durch die Auffüllung von V. 5, sondern auch durch die Hinzufügung von V. 10 f. und durch V. 12, der die Geschichte in die Situation einfügt, in die Auseinandersetzung mit den Hohenpriestern, Schriftgelehrten und Ältesten. Aber daß sie erkannten, das Gleichnis habe sich gegen sie gerichtet, gerade diese Angabe führt in Schwierigkeiten. Denn wenn sich das Gleichnis gegen sie richtet, was bedeutet dann eigentlich der Weinberg, der nach V. 9 „anderen gegeben werden" soll? Geben V. 10 f., die vielleicht erst Markus hinzugetan hat, darauf eine Antwort, weil sie nicht mehr die Bildersprache des Gleichnisses benutzen?

Sie lassen Jesus auf Ps. 118,22 f. hinweisen. Im Psalm selbst meint der „Stein, den die Bauleute verworfen haben" niemanden anders als den Psalmensänger, diesen verachteten und leidenden Frommen: Gott wird ihn — das hofft er in seinem Glauben — zu dem machen, was der griechische Text „Eckstein" nennt, zum wichtigsten Stein des ganzen Baues. Joachim Jeremias[8b] wird recht haben mit seiner These: in Wirklichkeit ist der Schlußstein gemeint, der das Gewölbe schließt. Die Christen haben in diesem Stein des Ps. 118,22 ohne Zweifel Jesus gesehen und diese beiden Verse dahin gedeutet, daß darin von der Tötung und der Erhöhung Jesu geweissagt wird. Dann würde Jesus hier in verhüllter Weise das sagen, was er bisher nur als Geheimnis den Zwölf anvertraut hat. Das vorangehende Gleichnis würde damit ergänzt: es bleibt nicht dabei, daß der Sohn erschlagen wird, sondern er wird auferweckt und von Gott verherrlicht. Aber berechtigt uns das zu der Deutung, daß ihm der Weinberg anvertraut wird in dem Sinne, daß er der neue Regent des Volkes Israel wird? Das entspricht nicht der Theologie, die Mk sonst vorträgt.

Wir sehen nun, wie gefährlich es ist, wenn man die Entstehungsgeschichte einer solchen Erzählung nicht beachtet. Die erste Schwierigkeit entsteht dadurch, daß dieses Gleichnis nicht eine „Originalkomposition" ist, nicht ganz neu entworfen, wie es die Gleichnisse Jesu sind. Vielmehr knüpft es an das Gleichnis des Jesaja an. In diesem besitzen aber die verwendeten Begriffe und Bilder ihre eigene Bedeutung, die man nicht einfach übernehmen kann, wenn man das Gleichnis weiterentwickelt. Der Weinberg, von dem Jesaja spricht, will trotz aller Fürsorge des Herrn keine rechte Frucht tragen. Damit kann er zum Bild werden für das Volk Israel, das trotz aller Fürsorge und Liebe Gottes dessen Hoffnungen und Gebote nicht erfüllt: „Er hoffte auf Guttat, und siehe da Bluttat, auf Rechtspruch, und siehe da Rechtsbruch!" (Jes 5,7). Davon ist jetzt nicht mehr die Rede. Der Weinberg — er trägt Frucht — rückt mehr und mehr in den Hintergrund; dafür erscheinen nun die Pächter, welche die Frucht nicht abliefern wollen, und die Boten des Herrn, die vergebens diese Frucht holen wollen. Das ist ein neues Bild mit eigener Bedeutung, aber eben diese Bedeutung wird nicht so klar wie die des atl. Gleichnisses. Der Weinberg hat offensichtlich Frucht getragen — anders als bei Jesaja —, aber worin besteht eigentlich diese Frucht? Wir erfahren es nicht. Weil bei Jesaja der Weinberg das Volk Israel ist, sind wir geneigt, ihn auch hier in diesem Sinne aufzufassen, und Mk 12,12 bestärkt in dieser Vermutung.

Haben wir jedoch ein Recht zu dieser Auslegung? Der Höhepunkt der neuen Erzählung ist doch die schmähliche Tötung des Sohnes durch die Bauern, die sich so den Weinberg aneignen wollen. Hier gehen ein bestimmter Zug der Erzählung — die Ermordung des Sohnes — und ein bestimmter Zug der Deutung — die Ermordung des Sohnes —

[8b] ThWb I 792 f.; vgl. auch K. H. Schelkle, RAC I (1950), 233 f.

eine Einheit ein. Die christliche Deutung wird durch V. 10 f. noch unterstrichen und ergänzt: Jesus ist der Stein, den die Bauleute verworfen haben, und gerade ihn macht Gott zum krönenden Eckstein: in ihm kommt das von Gott geplante Gebäude zur Vollendung. Es ist durchaus verständlich, daß Hirsch den Eindruck hatte: Ursprünglich hat das Gleichnis mit V. 9 geschlossen. Denn mit diesem Vers endet jener Teil des marcinischen Gleichnisses, der sich an die Jesaja-Stelle und ihre Bildersprache anschloß. Aber ist damit gesagt, daß hier auch das marcinische Gleichnis einst schloß? Das aus Jesaja entlehnte Bildgut gibt in der Tat nicht mehr her, als was V. 9 enthält[9]. Die Ermordung des Sohnes — die freilich trotz der Begründung, nun würden die Pächter den Weinberg erben, oder gerade wegen dieser Begründung so sinnlos ist[10] — und das darauffolgende Gericht ließen sich allerdings in dieser Sprache noch ausdrücken. Ob die Worte am Schluß, der Weinberg werde anderen gegeben werden, nur das Bild vervollständigen oder darüber hinaus auf der Deutungsebene eine besondere Aussage enthalten, ist fraglich. Da im Gleichnis angenommen wird, daß der Besitzer selbst den Weinberg nicht bebaut, mußten nach der Tötung der Pächter andere den Weinberg besorgen.

Aber daß Markus, ähnlich wie die Vorlage des vierten Evangeliums, Jesus als den (kommenden oder eigentlichen) „König der Juden" herausstellen wollte, dafür genügt der Hinweis auf Ps. 118 nicht. Näher liegt vielmehr ein anderer Gedanke: Jesus hat zwar in Mk 11,33 eine Aussage über seine Vollmacht verweigert. Aber sollte nicht in den Augen des Evangelisten diese Gleichniserzählung mit ihrem geheimnisvollen Helldunkel gerade die zuvor verlangte Antwort enthalten, freilich nicht offen, sondern verhüllt und indirekt? Dabei dürfte es nicht zweifelhaft sein, daß dieses ganze Gleichnis — historisch betrachtet — das Bekenntnis der christlichen Gemeinde ist, die auf die Tötung des Sohnes nicht voraus-, sondern schon zurückblickte. Sie verstand dieses furchtbare Geschehen als das Ende eines langen Weges der Gottesfeindschaft, der schon längst begonnen hatte: Jesus war nicht

[9] Das spricht gegen die Vermutung einer früheren Fassung, die sich damit begnügt hätte, die Strafe für Jesu Tod anzukündigen. Der Versuch von Jeremias, die allegorischen Züge aus der Geschichte zu entfernen, um ein realistisches und „echtes" Jesusgleichnis zu erhalten, scheint uns nicht gelungen. Die Bildersprache des Weinbergliedes von Jes 5 erlaubte nicht, von der Auferweckung des Sohnes auch nur andeutend zu sprechen. Daher mußte der Erzähler hier ein anderes, ebenfalls rätselhaft verhüllendes und doch den christlichen Hörern alles sagendes Schriftwort heranziehen. So entstand der Schein, als sei die Gleichniserzählung selbst mit V. 9 beendet, während doch nur die bisher benutzten Ausdrucksmittel hier aufhören.

[10] Die Bauern sprechen vom Sohn nicht als von dem Besitzer, sondern als von dem Erben (gegen Bammel). Aber wenn man den Erben als den versteht, der erben soll, und nicht als den, der schon geerbt hat, trifft dieser Einwand auch die von Jeremias abgeänderte Fassung des Bammelschen Gedankens.

das erste Opfer, das fiel, sondern das letzte und entscheidende. Dabei bleibt die qualitative Verschiedenheit Jesu von den Gottesboten, die vor ihm zu Märtyrern wurden, deutlich sichtbar: jene sind nur Knechte des Herrn gewesen; er aber ist der Sohn. Markus sieht also die Situation nicht isoliert, weder nach rückwärts noch auch nach vorwärts: bevor noch die Passion begonnen hat, fällt durch V. 10 f. schon das Licht des Ostermorgens auf die Szene.

Worin hätte dann eigentlich das rechte Tun bestehen müssen, das von den Vertretern des Hohenrats gefordert war — in der Sprache des Gleichnisses: als die Frucht des Weinbergs? Markus hätte geantwortet: in der Anerkennung Jesu als des Sohnes. Aber eben das konnte der Evangelist hier nicht offen ausgesprochen werden lassen. Denn bisher wissen ja nur die Zwölf darum, wer Jesus eigentlich war. Erst indem wir die Gleichniserzählung so in den Mk-Zusammenhang einordnen, erkennen wir ihren rechten Sinn.

Wahrscheinlich ist sie innerhalb der nachösterlichen Gemeinde entstanden. Diese hat zwei Bibelstellen, Jes 5,1—7 und Ps. 118,22 f., zu einer Einheit verbunden und durch die Einführung der Bauern und Knechte sowie des Sohnes eine neue Handlung geschaffen. Diese Entstehung erklärt, was uns der Text sagen will. Die Exegeten und die Pfarrer haben hier vor großen Schwierigkeiten gestanden dadurch, daß sich hier im Grunde zweierlei kreuzt: einmal das Thema „Der Herr und sein Weinberg", sodann das andere: „die Bauern und die Boten", mit der Auferweckung des letzten Boten, Jesu, als Höhepunkt. Der Prediger ist versucht, wegen der großen Anschaulichkeit dessen, was um den Weinberg geschieht, dieses in den Mittelpunkt zu stellen. Aber damit ergeben sich für den Hörer keine klaren Linien. Wer im Mk-Zusammenhang bleiben will (was das eigentlich Gegebene ist), der wird das Christusmotiv als Zentralpunkt bestehen lassen.

Bei dieser Perikope droht eine Gefahr, die sich in der Passionsgeschichte wiederholen wird: der Evangelist kann es sich nicht anders denken, als daß auch die Juden, mindestens in ihrer führenden Schicht, bereits um die Gottessohnschaft Jesu gewußt haben und so bewußt am Gottessohn schuldig geworden sind[11]. Nicht von ungefähr hat jüngst die koptische Kirche gegen die Aussagen des 2. Vatikanischen Konzils über die Juden Einspruch erhoben mit der Begründung: die heilige Schrift sage deutlich, daß die Juden zu Gottesmördern geworden seien. Daß die frühchristliche Gemeinde es nicht vermocht hat, wahrhaft geschichtlich zu denken, rächt sich hier bitter. Sie hat die Feindschaft, die sie von den Juden wegen ihrer Christusbotschaft erfahren mußte, schon als Grund für die Hinrichtung Jesu angesehen. Es läßt sich immer wieder in den Passionsgeschichten der Evangelien,

[11] Der Evangelist will die Bauern gerade nicht als „vernünftig" darstellen, sondern als ebenso sinnlos wie erbarmungslos. Die Geduld des Herrn läßt sie mit diesem gar nicht mehr rechnen; das ist wohl das Äußerste, was man als psychologische Erwägung noch zulassen könnte.

besonders bei Lukas und Johannes, erkennen, wie die Römer, die ja Jesus gekreuzigt haben, auf Kosten der Juden entschuldigt werden. Erst die moderne Forschung hat es vermocht, diese durch die Jahrhunderte weitergegebene Tradition (die an vielen Judenpogromen mit beteiligt war) zu durchbrechen. Mögen auch die jüdischen Behörden die Hinrichtung Jesu bei den Römern angeregt und durchgesetzt haben, so bleibt es nichtsdestoweniger wahr, daß sie Jesus nicht als Gottessohn erkannt, sondern den Tod eines Menschen betrieben haben, der nach ihren eigenen Maßstäben schuldig geworden war.

Matthäus bezeichnet den Besitzer des Weinbergs als „anthropos oikodespotes". Das ist ein Ausdruck der Koinesprache, der nichts anderes meint als „ein Hausherr"[12]. Er erzählt dann, wie dieser nicht einen Knecht nach dem anderen sandte, sondern eine ganze Gruppe (ein einzelner hätte ja den ganzen Ertrag nicht heimbringen können), von der einer mißhandelt, ein zweiter getötet, wieder ein anderer gesteinigt wird. Darauf werden weitere Knechte ausgesandt, die das gleiche Schicksal erleiden: damit wird Mk 12,5 b wiedergegeben. Wer später den Weinberg erhält, sagt Mt nicht mit dürren Worten. Wohl aber erfahren wir aus Mt 21,43, daß das Gottesreich den Juden genommen und einem Volk gegeben wird, das seine Frucht bringt: den Christen also, die Jesus als den Sohn verehren. Der Weinberg ist für Mt nicht das jüdische Volk, sondern „das Gottesvolk", eine Würde, die nun auf die Christen übergeht.

Lukas, dessen Stil in 20,9—19 deutlich sichtbar wird[13], läßt Mk 12,5 b unberücksichtigt. Dafür, daß dieser Versteil nicht zum ältesten Text gehört, kann man sich jetzt auch auf das Thomasevangelium berufen. Es geht in Spruch 65[14] allerdings noch weiter und läßt

---

[12] Das griechische ἄνθρωπος οἰκοδεσπότης (anthropos oikodespotes) entspricht der mündlichen Koine, der nicht literarischen Volkssprache, und meint nichts anderes als das bloße „der Hausherr" des Lukas oder „ein" Hausherr, wobei das „ein" durch „τις" (tis) oder das als unbestimmten Artikel benutzte Zahlwort „einer", εἷς (heis) ausgedrückt wird.

[13] Das wird sofort in dem Ausdruck χρόνους ἱκανούς (chronous hikanous = einige Zeit) in Lk 20,9 sichtbar. — Der Besitzer muß fortreisen, damit die vom Erzähler angestrebte Handlung zustande kommen kann.

[14] ThEv p. 93,1—16: „Er sagte: Ein guter Mann hatte einen Weinberg, Er gab ihn Bauern, damit sie ihn bearbeiteten und er von ihnen seine Frucht bekomme. Er sandte seinen Knecht, damit die Bauern ihm die Frucht des Weinbergs gäben. Sie ergriffen seinen Knecht; sie schlugen ihn. Beinahe hätten sie ihn getötet. Der Knecht kam; er sagte es seinem Herrn. Sein Herr sagte: Vielleicht ⟨haben sie ihn⟩ nicht erkannt? Er sandte einen anderen Knecht. Die Bauern schlugen den anderen. Da sandte der Herr seinen Sohn; er sagte: Vielleicht werden sie sich vor ihm scheuen, meinem Sohn! Jene Bauern, da sie wußten, daß er der Erbe des Weinbergs sei, ergriffen sie ihn, erschlugen ihn. Wer Ohren hat, möge hören!" Den christologischen Schluß aus Psalm 118 konnten die Gnostiker nicht gebrau-

auch den dritten, getöteten Knecht fort. Damit wird die Erzählung gestrafft; die Steigerung ist konsequenter durchgeführt: erst den Sohn trifft der Tod. Aber weil Thomas auch die Strafe streicht, welche die Pächter trifft, und den christologischen Schluß durch die Formel ersetzt: Wer Ohren hat, möge hören, kann man seinen Text nicht einfach für den älteren erklären[15]. Lk hat dagegen den christologischen Abschluß ausgebaut, indem er eine weitere Aussage über den „Stein" hinzufügt. Damit hat er Jes 8,14 f. aufgegriffen. Aber man wird behaupten dürfen, daß er hier auch Dan. 2,34 mit im Sinn hat, wo der große Stein das Riesenstandbild der vier Weltreiche fallend zertrümmert. Man sieht, wie die Verwertung des A. T. — unter Benutzung des Stichwort-Anschlusses — den Text weiter wachsen läßt.

Unsere Geschichte hat — das sei anhangsweise noch hinzugefügt — auf das bei Mt ihr folgende *Gleichnis* (Mt 22,1—14) *vom großen Mahl* stark und unglücklich eingewirkt. Am relativ besten bietet dieses Gleichnis das Thomasevangelium in Spruch 64 (92,10—35): Hiernach geht ein Bote des Herrn zu den Geladenen, die sich alle — es sind hier vier — entschuldigen. Als er das dem Herrn mitteilt, antwortet dieser: „Gehe hinaus auf die Straßen; die, welche du finden wirst, bringe sie, damit sie das Mahl einnehmen." Daran fügt Thomas als Abschluß: „Die Käufer und die Kaufleute werden nicht hineingehen in die Orte meines Vaters[16]." Im lukanischen Text (Lk 14,16—24) wird ebenfalls nur ein Knecht ausgesandt; aber nur von der Ablehnung dreier Geladener wird dann berichtet. Als dann der Knecht die Krüppel, Bettler, Blinden und Lahmen hereingeholt hat, wird er — da noch Platz ist — abermals ausgesandt auf die Wege, um die dort Angetroffenen hereinzubitten (mit der falschen lateinischen Übersetzung coge intrare hat Augustin den Einsatz staat-

chen. Der Text wird im ganzen vereinfacht. Wenn das Sätzchen „beinahe hätten sie ihn getötet" vom zweiten Knecht ausgesagt wäre, könnte man daran denken, hier einen ursprünglicheren Text als den des Mk anzutreffen. Aber dem gnostischen Erzähler scheint nicht viel an der Herausarbeitung der Steigerung zu liegen. Dagegen bemüht er sich darum, das Handeln des Herrn psychologisch verständlicher zu machen („gütig"; „vielleicht haben sie ihn nicht erkannt"; „vielleicht werden sie sich vor ihm scheuen").

[15] Vgl. Schrage a. a. O. 139: „Die Kurzfassung des Gleichnisses ... könnte zunächst wieder den Eindruck erwecken, als" hätten wir es hier „mit so etwas wie einer ... Urform zu tun". Es handelt sich aber „eindeutig um eine Mischform." Schrage weist mit Recht darauf hin, daß Ps. 118 in Spruch 66 als selbstständige Größe folgt: „Jesus sprach: Belehrt mich über diesen Stein, den die Bauleute verworfen haben! Er ist der Eckstein!" „Vielleicht soll ... das Gleichnis das Schicksal des Erlösers symbolisieren, der vom Vater in die Welt gesandt wird, um die ‚Früchte' einzusammeln" (145), die Lichtkerne der Gnostiker.

[16] Vgl. Schrage a. a. O. 136: „Warnung vor Geldgeschäften und Erwerbsleben".

licher Machtmittel für Zwangsbekehrungen gerechtfertigt!). Es ist deutlich, daß Lk mit der ersten Sendung des Knechts nach der Ablehnung der Geladenen die Aufnahme der Zöllner und Sünder meint, mit der zweiten aber die Heidenmission. Die so gegen den Thomastext eingetragene Heilsgeschichte gehört nicht zu ältesten Form dieser Geschichte, die im übrigen[17] auf eine im Judentum bekannte Geschichte zurückgeht.

Bei Mt ist das Gastmahlsgleichnis arg entstellt und fast unkenntlich geworden. Aus dem „Mann" wird ein König — in den rabbinischen Gleichnissen steht König meist für Gott —, der seinem Sohn das Hochzeitsmahl gibt: die messianische Hochzeit. Die Geladenen werden durch zwei aufeinanderfolgende Sendungen von Knechten aufgefordert. Bei der ersten Sendung heißt es: „sie wollten nicht kommen". Nach der zweiten Sendung kümmern sich die einen nicht darum, sondern der eine geht auf sein Feld, der andere zu seinem Handel (ἐμπορία, emporia) „die übrigen aber bemächtigten sich seiner Knechte und übten an ihnen ihren Mutwillen und töteten sie". Dann sendet der erzürnte König seine Truppen aus, bringt jene Mörder um und verbrennt ihre Stadt — die Zerstörung Jerusalems. Aber in der Erwähnung der „emporia" berührt sich der Mt-Text mit Spr. 64 des Thomasevangeliums 92,15 f.: „ich habe Geldforderungen an Kaufleute ἔμποροι, (emporoi) ..." Man sieht an dieser Stelle, daß das Gleichnis in verschiedener Form umlief und Thomas keineswegs alles von sich aus geändert haben muß. Schlatter und Rengstorf bestreiten umsonst, daß Mt hier auf die Zerstörung Jerusalems zurückblickt. In Mt 22,7 ereignet sich das Gericht über das Judenvolk; Mt wird bei 21,43 schon an die Heidenchristen gedacht haben.

Aber nun bemüht sich der Erzähler, deutlich zu machen, daß die aus Gnaden berufene Christengemeinde nicht von den moralischen Forderungen entbunden ist. Darum fügt Mt eine kleine Geschichte hinzu von dem, der ohne ein hochzeitliches Kleid erschien und dafür in die Hölle wandert. Woher ein Bruder von der Landstraße ein solches Hochzeitskleid haben sollte, bekümmert den Erzähler nicht, weil er im Grunde nur an die allegorische Deutung der Geschichte denkt. Das sollte man sich ruhig eingestehen und nicht wie Schlatter behaupten, es werde nicht von bettelarmen Gästen gesprochen, sondern von solchen, die von der Reise als Fremde eingeladen wurden (Mt 639). Davon steht nichts im Text. Was konnte dieser Erzähler dafür, daß er kein Dichter war, sondern nur ein sauberer und moralischer Christ am Ende des 1. Jahrhunderts?

---

[17] S. Billerbeck II 232 mit dem Zitat aus p Sanh 6,23[c]. Der Zöllner Bar Ma'jan hatte einmal in seinem Leben eine gute Tat getan. Als die Ratsherren seiner Stadt (Askalon), die er zum Mahl eingeladen hatte, nicht kamen, sagte er: So mögen die Armen essen, damit nichts umkomme!"

56 Die Pharisäerfrage

Mk 12,13—17; Mt 22,15—22; Lk 20,20—26

(13) Und sie schickten zu ihm einige der Pharisäer und Herodianer, damit sie ihn mit einem Worte fingen. (14) Und sie kamen und sagten zu ihm: „Meister, wir wissen, du gibst der Wahrheit die Ehre und nimmst auf niemanden Rücksicht, sondern lehrst in Wahrheit den Weg Gottes. Darf man dem Kaiser den Zins geben oder nicht? Sollen wir ihn geben oder nicht?" (15) Er aber durchschaute ihre Heuchelei und sprach zu ihnen: „Was versucht ihr mich? Bringt mir einen Denar, damit ich ihn sehe!" (16) Sie aber brachten ihn. Und er sagte zu ihnen: „Wessen ist das Bild und die Aufschrift?" Sie aber sprachen zu ihm: „Des Kaisers". (17) Jesus aber sprach zu ihnen: „Was dem Kaiser gehört, gebt dem Kaiser, und was Gott gehört, Gott!" Und sie verwunderten sich über ihn.

Schon die von Mt eingefügte Gastmahlserzählung zeigt uns, wie die Evangelisten weitere Traditionsstücke in den Jerusalemer Aufenthalt Jesu verlegen. Auch bei den nun folgenden Mk-Geschichten ist keineswegs gesagt, daß ihr Schauplatz Jerusalem war. Der Evangelist aber läßt — und das gibt eine hohe dramatische Spannung — nun der Reihe nach die verschiedenen jüdischen Parteien mit ihren Fragen an Jesus herantreten — und beschämt werden. Mk kann sich alle diese Fragen nur als versucherische denken, mit denen man Jesus fangen wollte. Ob unsere Geschichte wirklich von Anfang an diesen Sinn hatte, steht noch nicht fest. Die Herodianer werden mit hereingezogen, weil sie am Bündnis mit Rom interessiert sind.

Die Frage der Steuererklärung und der Steuerpflicht hat Israel tief bewegt. Wenn Gott der König Israels ist, darf man dann dem Cäsar Steuern zahlen? Nimmt man damit nicht Gott das weg, was ihm gehört, und gibt dem Cäsar die Ehre (nicht bloß das Geld!), die allein Gott gebührt? Aus dieser Erwägung lehnten die Zeloten die Steuerzahlung ab, während die Pharisäer sie nicht beanstandeten.

Jesus läßt sich einen Denar zeigen — er selbst besaß kein Silbergeld. Diese Münze trug das Bild des Kaisers und seinen Namen und Titel[1], damit wird deutlich, daß sie dem Kaiser gehört. Also soll man dem Kaiser die Steuer zahlen[2]. Jesu Antwort ist jedoch zugleich vor-

---

[1] Taylor 479: Erhaltene Münzen zeigen, daß die Inschrift hieß: Tiberius Caesar, des göttlichen Augustus Sohn, der Erhabene.

[2] Hirsch I 131 empfindet die Worte „und was Gottes ist, Gott" als „einen nachschleppenden Anhang". Er nimmt an, daß der Bearbeiter des ursprünglichen Mk-Textes, „der die Pharisäer einführte und Jesus von ihnen als Lehrer des Weges Gottes umschmeichelt sein ließ, der Antwort Jesu die theologische Vollständigkeit gegeben hat." Die Entgegensetzung „Kaiser — Gott" sei nicht palästinisch, sondern gehöre erst dem Christentum des Römerreiches zu. — Damit nimmt

sichtiger und allgemeiner formuliert: „Was dem Kaiser gehört, gebt dem Kaiser, und was Gott gehört, Gott". Diese Antwort enthält nichts, was man gegen Jesus ausspielen konnte. Wie sollte es nicht recht sein, jedem das zu geben, was ihm gehört? So wird der Feind zum Staunen (Mk), zum Schweigen (Lk) oder sogar zum hilflosen Rückzug (Mt) gezwungen.

Die christliche Gemeinde fand in diesen Worten ihre Stellung zum römischen Staat vorgeschrieben: sie zahlt dem Cäsar die Steuern, erweist ihm aber keine göttliche Verehrung. Das war eine einfache und einleuchtende Vorschrift. Spätere Generationen haben aus diesem Wort eine ganze christliche Lehre vom Staat entwickelt[3]. Auf diese Weise hat es bis in unsere Tage unerhört gewirkt, zumal es von Röm 13,1—7 erläutert und bestätigt schien.

Aber hat das Wort der Frage, die — ehrlich oder versucherisch — an Jesus herantrat, wirklich genug getan? Bei der Antwort wird es gut sein, die Lage zur Zeit Jesu und der Apostel und unsere Lage gesondert zu behandeln.

Die Münze gehörte ja dem Cäsar nicht so, daß er auf jedes Geldstück Anspruch hatte, das sein Bild trug. Nicht jeder Denar war des Kaisers Eigentum und darum von ihm beansprucht. Man kann vielmehr nur interpretieren: Die Münze zeigt an, wer der Landesherr ist — nur er hatte das Münzrecht. Wenn die Juden Münzen mit dem Bild des Cäsars benutzten, so erkannten sie ihn damit als den Landesherrn an, bei dem das Steuerrecht lag.

Aber wird damit der Kern der Frage berührt, die Israel beunruhigte? Das Faktum, daß der Kaiser über Israel herrschte, war klar. Durfte sich der frommen Jude aber damit abfinden? Israel war ja nicht ein Volk wie alle anderen. Es hatte eine unvergleichliche Sonderstellung. Der einzig wahre Gott hatte dieses Volk ausgewählt, ihm in der Tora seinen Willen kundgetan und damit seine Lebensform vor-

---

Hirsch unseres Erachtens der Geschichte das Besondere. Daß der Gegensatz von Kaiser und Gott nicht palästinisch sei, wird durch die Existenz der Zeloten widerlegt.

Das ThEv bietet in Spruch 100 (p. 97,2—31) die Geschichte in der zugleich verkürzten und erweiterten Form: „Sie zeigten Jesus ein Goldstück und sprachen zu ihm: Die Kaiserlichen fordern von uns Abgaben. Er sprach zu ihnen: Gebt dem Kaiser, was des Kaisers ist, gebt Gott, was Gottes ist, und das, was mein ist, gebt mir!" Auch Origenes hat (Mt Bd. I 658, 32 ff.) ein drittes Glied in der Antwort Jesu vorausgesetzt, entsprechend der Dreiteilung des Menschen in Leib, Seele und Geist. In den von Schrage ebenfalls angeführten Sentenzen des Sextus (ed. Chadwick 1959, 14) heißt es: Gib das (was) der Welt (angehört), der Welt, das Gottes gibt genau (sorgfältig) Gott, erachte für ein von Gott gegebenes Lehen!

[3] Taylor 479: „Er stellt einen Grundsatz auf, der äußerst wichtig ist für die wechselseitigen Forderungen des Staates..." Die Inschrift auf dem Denar brachte mit der Benennung des Augustus als „göttlich" (divus) allerdings ein Problem, das auch bei Hirschs Auslegung nicht verschwindet.

geschrieben — einschließlich der Abgaben (an den Tempel). Durfte es neben dem Königtum Jahwes noch einen anderen König (so wurde der Kaiser im Osten damals oft genannt) dulden? Die Zeloten verneinten diese Frage; die Gemäßigten, zu denen im wesentlichen die Pharisäer und der von ihnen weitgehend beherrschte Hoherat gehörten, waren damit zufrieden, daß der Cäsar auf Israels Religion gebührend Rücksicht nahm: die Juden waren vom Heeresdienst befreit, der sie unweigerlich in religiöse Konflikte getrieben hätte; kein Jude brauchte am Sabbat vor Gericht zu erscheinen; die römischen Truppen brachten ihre Feldzeichen (für die Juden waren die Legionsadler heidnische Götzenbilder) nicht nach Jerusalem. In der Praxis der römischen Statthalter, die sogar Juden mit dem Rang römischer Ritter gelegentlich kreuzigten, wurde den frommen Juden freilich das Leben oft fast unerträglich gemacht, und daß sich die Spannung endlich einmal im Aufstand entlud, war nur zu verständlich.

V. 17 entspricht nicht der zelotischen Forderung. Es gibt Dinge, auf die der heidnische Cäsar Anspruch erheben kann, ohne daß er damit Gottes Anspruch verkürzt oder verletzt. Paulus ist in Röm 13,1—7 im Ja zur römischen Obrigkeit noch weitergegangen als Jesus. Das 4. Evangelium gibt zwar Jesus den Titel des „Königs der Juden", macht aber zugleich klar, daß das Christentum eine nicht-politische Größe ist (Joh 18,37). Für die anderen Evangelisten galt: dieser Äon ist mehr oder minder schon zu Ende; aus diesem Grund hielt es auch Paulus für sinnlos, noch Veränderungen innerhalb des irdischen Lebens anzustreben (1. Kor. 7,17—24). Sobald sich zeigte, daß das erwartete Weltende ausblieb, bekam die Frage nach dem Verhältnis der Gemeinde zum römischen Staat ein anderes Gesicht. Aber wir dürfen noch eine zweite Änderung nicht vergessen, die schon in den paulinischen Briefen sichtbar wird.

Der Gedanke der Auserwählung eines Volkes durch Gott hatte sich im Judentum auf ein wirkliches, konkretes Volk bezogen. Auch die Urgemeinde in Jerusalem dürfte sich zunächst als jüdische Gemeinde verstanden haben, die aber den in Jesus erschienenen Messias verehrte. Bei Paulus wird das anders: er unterscheidet Gal 4,25 f., das jetzige Jerusalem, das in Knechtschaft lebt mit seinen Kindern, vom oberen Jerusalem, das frei ist: „das ist unsere Mutter". Hier beginnt sich die christliche Gemeinde von der jüdischen zu trennen. Allerdings hofft Paulus, daß sich die Juden endlich bekehren und dann ebenfalls zum oberen Jerusalem gehören werden. Aber dieser zweite Bund Gottes ist nicht mit einem einzigen Volk geschlossen, sondern mit Juden und Griechen (Gal. 3,28), sofern sie an Jesus glauben.

Damit wurde der Glaube an ein auserwähltes Volk auf eine Glaubensgemeinschaft übertragen, die jenseits aller Volksschranken lag. Er verlor damit seine alte Beziehung, und wenn man auch die Begriffe „Volk Gottes" und „König" mit christlichem Sinn zu füllen suchte, so entwickelte sich doch die christliche Gemeinde zu etwas Neuem, das sui generis war: zur Kirche. Zuerst verfolgt, später anerkannt strebte sie allmählich nach der Weltherrschaft, von der Israel nur apokalyptisch geträumt hatte. Erst das Aufkommen der Nationalstaaten und des Rationalismus hat den kirchlichen Anspruch auf weltliche Herrschaft begrenzt. Ein Konflikt heutiger Kirchen mit Staaten kann nur da entstehen, wo entweder allein die christliche Verkündigung unterbunden wird oder der Staat sich als Gegner aller Religion versteht. Seltsamerweise zeigt sich aber selbst in solchem Fall eine säkularisierte Parallele zum Herrschaftsanspruch der mittelalterlichen Kirche: der religionsfeindliche Staat will selbst als unfehlbar anerkannt werden und beansprucht als solcher die totale Herrschaft. So wird von seiten des Cäsars immer wieder die Grenze zwischen ihm und Gott in Frage gestellt.

Andererseits hat man den Gedanken, Gott wolle nur die menschliche „Innerlichkeit", „das Herz", „das Gewissen" bestimmen, immer wieder als eine unzulässige Begrenzung empfunden. Denn eine isolierte Innerlichkeit droht zu einem Schein und Selbstbetrug zu werden. Darum kommt es immer von neuem zu Versuchen, „christliche" Antworten auf Probleme der Gemeinschaft zu geben und religiöse Regelungen für die Gebiete etwa der Wirtschaft oder der Erziehung zu erstreben.

Angesichts dieser Spannungen können wir vielleicht nur das Eine sagen: in unserem heutigen Leben spielen sachliche, dingliche Gegebenheiten und persönliche Größen eine höchst wichtige Rolle. Wie wir das sachlich, dinglich Gegebene (z. B. ein Kohlenlager oder die Atomenergie) verwerten *können*, das zeigt uns die Vernunft. Aber die Art, wie wir das so Gegebene nun tatsächlich verwenden, ist keineswegs allein von der (technischen) Vernunft festgelegt. Es ist stets auch der Mensch mit seinen Wünschen und Neigungen dabei beteiligt, mit seinem personhaften Sein. Wo aber so der Mensch als Person beteiligt ist, da taucht die Frage nach Gottes Willen auf. So nimmt für uns die Antwort des V. 17 die allgemeine Form an: Laßt von der menschlichen Vernunft das regeln, was der menschlichen Vernunft offensteht, und hört auf Gottes Forderung im Bereich des Persönlichen. Wieweit die technischen Maßnahmen (z. B. der Erziehung) davon betroffen werden, läßt sich nicht von vornherein und allgemein festlegen, so daß auch in dieser Form das Gebot, Gott zu geben, was Gottes ist, jene Lebendigkeit und Beweglichkeit behält, die es vor einer gesetzlichen Erstarrung schützt.

57 Die Sadduzäerfrage

Mk 12,18—27; Mt 22,23—33; Lk 20,27—40

(18) Und die Sadduzäer kamen zu ihm, die behaupten, es gebe keine Auferstehung, und fragten ihn: (10) „Meister, Moses hat uns vor-

geschrieben: wenn eines Mannes Bruder stirbt und eine Frau ohne Kind hinterläßt, so soll der Bruder jene Frau nehmen und seinem Bruder Samen erwecken. (20) Es waren sieben Brüder. Und der erste nahm das Weib und starb ohne Nachkommen. (21) Und der zweite nahm sie zum Weib und starb ohne Nachkommen, und der dritte ebenso. (22) Und die Sieben hinterließen keine Nachkommen. Zuletzt von allen starb auch das Weib. (23) Bei der Auferstehung — wenn sie auferstehen — wessen Weib wird sie dann sein? Denn die Sieben haben sie zum Weibe gehabt." (24) Jesus sagte zu ihnen: „Geht ihr nicht deshalb in die Irre, weil ihr die Schrift nicht kennt und die Macht Gottes? (25) Denn wenn sie von den Toten auferstehen, dann heiraten sie nicht mehr, sondern sie sind wie die Engel im Himmel.

(26) Was aber die Toten betrifft, daß sie auferstehen, habt ihr nicht im Buche des Moses gelesen, wie Gott beim Dornbusch zu ihm sagt: ‚Ich bin der Gott Abrahams und der Gott Isaaks und der Gott Jakobs? (27) Er ist nicht ein Gott der Toten, sondern der Lebenden. Ihr irrt weit."

V. 18[1] gibt die zum Verständnis des Folgenden nötige Einleitung. Die Frage der Sadduzäer soll zeigen, wie sinnlos der Auferstehungsglaube ist. Denn unter seiner Voraussetzung hat die Frau, von der V. 20 ff. sprechen, mit einemmal sieben Männer! Hält man aber an der Einehe fest, so ergibt sich wieder eine unmögliche Lage: jeder der sieben Männer hat ja den gleichen Anspruch auf die Frau! Diese Frage ist (wenn auch nicht in dieser extremen Form, sondern für den häufig vorkommenden Fall der Wiederverheiratung einer Witwe) von den Rabbinen besprochen worden, mit dem Bescheid, daß die Frau dem ersten Mann angehören wird[2].

Die hier von Jesus berichtete Antwort schlägt einen anderen Weg ein: Das, was die Sadduzäer bei ihrer Frage voraussetzen, wird geleugnet. Im Auferstehungsleben gibt es keine ehelichen Beziehungen mehr, sondern die Auferstandenen sind wie die Engel, die als erhaben über das Geschlechtsleben gedacht wurden.

V. 26 hebt sich (wenn auch vorbereitet durch V. 24) deutlich als neuer Einsatz ab: in 26 f. soll die in V. 18 erwähnte (aber nicht als besondere Frage eingeführte) Leugnung der Auferstehung widerlegt werden. Das geschieht durch eine besondere Auslegung von Ex 3,6, wo sich Gott „den Gott Abrahams und Isaaks und Jakobs" genannt hat. Ursprünglich war damit gemeint: der zu Moses sprechende Gott hat sich einst den Vätern offenbart und mit ihnen einen Bund geschlossen. Zu dieser Exodusstelle wird der altjüdische Grundsatz hin-

---

[1] Die Sadduzäer hielten nur die Tora, nicht aber die mündliche Überlieferung und Auslegung für Gottes Gebot. Hier beziehen sie sich auf Dt 25,5.

[2] Schöttgen zitiert aus Sochar zu Mt 22,17: Jene Frau, welche in dieser Welt mit zwei Männern verheiratet war, wird in jener dem ersten Manne zurückgegeben.

zugenommen: Gott ist ein Gott der Lebenden, nicht der Toten. Dieser Satz wird hier freilich ganz anders verstanden als im Alten Testament. Dafür einige Belege: Ps. 115,17: „Die Toten preisen den Herrn nicht; keiner von allen, die zur Stille hinabgefahren"; Jes 38,18: „Denn nicht lobt dich die Unterwelt, den Tod preist dich nicht. Die zur Grube hinunterfahren, harren nicht auf deine Treue. (19) Der Lebende, nur der Lebende, der lobt dich, wie ich es heute tue." Ps. 6,5 f.: „Kehre wieder, o Herr, errette mein Leben, hilf mir um deiner Gnade willen. Denn im Tode gedenkt man deiner nicht; wer wird in der Unterwelt dich preisen?" Ps. 30,9 b.10: „Zu meinem Gott flehte ich: ‚Was hilft es dir, wenn ich sterbe, wenn ich zur Grube fahre? Kann der Staub dich preisen, kann er deine Treue verkünden?" Ps. 88,11: „Wirst du an den Toten Wunder tun? Können Schatten aufstehen, dich zu preisen? Wird deine Gnade im Grabe verkündet und deine Treue im Abgrund? Werden deine Wunder in der Finsternis kund, dein Heil im Lande des Vergessens?" Man sieht aus diesen Stellen: Nach dem A. T. hat Jahwe kein Verhältnis mehr zu den Toten; er ist nur ein Gott der Lebenden. Darum kann der Beter ganz naiv Gott daran erinnern, daß Er sich selber schadet, wenn er den Beter zur Grube fahren läßt. Denn dort preist man Gott nicht. Nur wenige Stellen, wie Dan. 12,2 f., rechnen mit einer Auferstehung. Wo die Psalmen von einer solchen zu sprechen scheinen, ist die Errettung eines Kranken vom Tode gemeint, der gleichsam noch einmal aus der Unterwelt heraufgeholt wird. Jesus, wie ihn Mk hier darstellt, aber folgert aus jenem Satz, daß Gott ein Gott der Lebenden und nicht der Toten ist: die Väter werden einst auferstehen. Eigentlich müßte man aus diesem Satz ja sogar folgern, daß die Erzväter nicht tot sind, sondern leben — wofür man sich auf Lk 20,38 b berufen könnte. Aber dann käme der Beweis für die Auferstehung ins Wanken. Daß diese Folgerung nicht gezogen wird, zeigt uns, auf wie schwachen Füßen diese schriftgelehrte Exegese steht. Der christliche Schriftgelehrte, der diesen Beweis erdacht hat, wird trotzdem stolz auf ihn gewesen sein.

Was nun V. 25 betrifft, so entspricht er der (auch bei Paulus anzutreffenden) Überzeugung, daß die Ehe etwas ist, was zum alten Äon gehört und darum im neuen nicht fortgesetzt wird. Die Rabbinen (s. Bill. I 888 f.) waren meist anderer Ansicht: der neue Äon wird sich gerade durch besondere Fruchtbarkeit auszeichnen. Die Menstruation wird aufhören und die Frau deshalb dem Manne zu jeder Zeit erlaubt sein. Schab 30[b]: Rabban Gamliel (um 90) trug vor: „Dereinst wird die Frau jeden Tag gebären ..."; in dieser Hinsicht sei die Henne ein Analogon im gegenwärtigen Äon. Wenn Paulus Mk 12,25 als Jesuswort gekannt hätte, dann hätte er es 1. Kor 15 sicherlich angeführt. Wir müssen also mit der Möglichkeit rechnen, daß auch dieser Vers (und damit die ganze Geschichte) ohne historische Grundlage im Leben Jesu ist und darin die Schriftgelehrsamkeit der Gemeinde zum Ausdruck kommt.

Im übrigen kann man (was die Sadduzäer anscheinend nicht gemerkt haben) an tausend Beispielen zeigen, daß jede Vorstellung von einer Fortexistenz nach dem Tode in den Bindungen dieses Lebens[3] sinnlos wird. G. B. Shaw hat das in „Mensch und Übermensch" gezeigt: Als die Tochter des von Don Juan im Duell erstochenen Komturs als hochbetagte Greisin in die Hölle kommt, trifft sie dort ihren gerade zu Besuch weilenden Vater als einen Mann in den besten Jahren an! Alle unsere Vorstellungen vom Leben nach dem Tode sind Bilder, aber keine adäquaten Beschreibungen. Die christliche Lehre hat diesen Umstand oft übersehen[4].

58 Das höchste Gebot

Mk 12,28—34; Mt 22,34—40; (Lk 10,25—28)

(28) Und es kam einer von den Schriftgelehrten heran, der die Disputation mit angehört hatte, und als er sah, daß er ihnen gut geantwortet hatte, fragte er ihn: „Welches ist das erste von allen Geboten?" (29) Jesus antwortete: „Das erste ist: Höre Israel, der Herr, unser Gott, ist der eine Gott, (30) und du sollst den Herrn, deinen Gott, lieben von deinem ganzen Herzen und von deiner ganzen Seele und von deinem ganzen Sinn und von deiner ganzen Kraft. (31) Das zweite ist dies: Du sollst deinen Nächsten lieben wie dich selbst. Kein anderes Gebot ist größer als diese." (32) Und der Schriftgelehrte sprach zu ihm: „Gut, Meister, der Wahrheit entsprechend hast du ausgesagt, daß ER einer ist und kein anderer außer ihm. (33) Und das ihn Lieben von ganzem Herzen und ganzer Seele und ganzer Kraft, und das den Nächsten Lieben wie dich selbst ist mehr als alle Brandopfer und Schlachtopfer." (34) Und als Jesus sah, daß er verständig antwortete, sprach er zu ihm: „Du bist nicht fern vom Gottesreich." Und niemand wagte ihn mehr zu fragen.

Wir haben schon oben darauf hingewiesen, daß in diese Schilderung der Jerusalemer Tage Traditionsstücke mit eingereiht worden sind, die an sich nichts damit zu tun haben. Das wird hier am Lk-Text sichtbar, in dem unsere Perikope bereits in 10,25—28 erscheint, und zwar nach einer Überlieferung, die auch Mt gekannt und neben Mk benutzt hat. Der sichere Beweis dafür ist, daß Mt 22,35 das Wort νομικός (nomikos; Gesetzeskundiger) auftaucht, was Mt sonst nie benutzt. Er sagt dafür stets γραμματεύς (grammateus; Schriftgelehr-

---

[3] Sanh 92[b] belegt die Meinung, daß die Ezechiel 37 auferweckten Toten noch Söhne und Töchter erzeugt hätten!

[4] Es lohnt sich, zu dieser Frage zu lesen: E. Hirsch, Das Wesen des reformatorischen Christentums, Abschn. 7: Tod und Ewigkeit (S. 163—188).

ter). Aber daneben stimmen Mt und Lk noch in einer Reihe anderer Punkte überein: (1) Beide bringen die Worte „ihn versuchend". Daran sieht man: dieser Überlieferung ist der Gedanke unerschwinglich geworden, daß ein Schriftgelehrter in ehrlicher Absicht und nicht mit bösen Hintergedanken sich fragend an Jesus gewendet hat. Deshalb müssen (2) Mt und Lk auch das Lob fortlassen, das Jesus bei Mk diesem Frager gespendet hat. (3) Beide lassen den Schriftgelehrten Jesus mit dem Wort „Meister" anreden, während Mk an dieser Stelle keine Anrede bringt. Das scheinen Mt und Lk für unschicklich gehalten zu haben. (4) führen beide die Antwort Jesu mit den Worten „der aber" ein (also den Gegensatz betonend), während Mk an dieser Stelle keine Einrede bringt. Mag all das auch unwichtig erscheinen, so ist es auf alle Fälle bedeutsam, daß (5) beide Dt 6,4 fortlassen und daß sie (6) drei Glieder des Gebotes mit „in" statt „von" einleiten.

Die Textverhältnisse sind hier freilich etwas unübersichtlich. Die LXX hat das hebräische Wort für „Herz", „lebab", nicht mit dem griechischen Wort für „Herz", nämlich καρδία (kardia), wiedergegeben, sondern mit διάνοια (dianoia, „Vernunft"). Dieses Wort geistert nun durch unsere drei Texte, die aber das hebräische „lebab" wörtlich mit „kardia" wiedergeben. Aber sie bauen es verschieden ein. Bei Mt tritt es in 22,37 an die Stelle von „Kraft". Damit ist zwar der hebräische Text nicht ganz genau wiedergegeben. Aber Mt hat doch wenigstens eine dreigliedrige Formel zustande gebracht, wie sie der hebräische Text bietet. Lk hat „von deinem ganzen Herzen" an erster Stelle aus Mk übernommen und das gleichbedeutende „in deiner ganzen ‚dianoia'" an den Schluß gestellt; so ist eine viergliedrige Form entstanden. Der Unterschied des „von" und „in" bei Lk macht dieses Vorgehen ziemlich wahrscheinlich. Die ‚dianoia' erwähnt Mk an dritter Stelle; auch er bekommt so eine Formel mit 4 Gliedern.

Noch stärker unterscheidet sich der Lk-Text von dem des Mk dadurch, daß in Lk 10,25 nicht nach dem höchsten Gebot gefragt wird, sondern — wie in Lk 18,18 — „Was tuend werde ich das ewige Leben ererben?" Dieser Frage entspricht der andere Schluß in 10,28: „Tue das, und du wirst leben!" Wie sollen wir diesen Tatbestand deuten? Hat Lk kein Interesse mehr an der Gesetzesfrage und hat er darum den Mk-Text frei geändert? Nein; er folgt — wie wir sogleich sehen werden — einer anderen Überlieferung. Man könnte meinen, auf sie habe die Geschichte vom „reichen Jüngling" eingewirkt. Tatsächlich ist unsere Erzählung eine Parallele zu Mk 10,17 ff., nur daß sie viel einfacher ist: hier wird die Erzählung nicht durch die Anrede ‚guter Meister' kompliziert und auch nicht durch die Angabe dessen erweitert, was dem Frager noch fehlt. D. h. aber: Lk 10,25—28 ist keine sekundäre Variante zu Mk 10,17 ff., obwohl Lk damit Mk 10, 17 ff. in seinem Evangelium wiedergab und Mk 12,28—34 unbeachtet ließ. Folglich kann man nicht sagen, jene Mk-Geschichte habe auf unsere Erzählung abgefärbt. Es hat im Gegenteil den Anschein, als sei die in Lk 10,25—28 auftauchende Tradition eine frühere und einfachere Gestalt der Überlieferung als jene, die wir in Mk 10,17 ff. treffen.

Die lukanische Fassung ist völlig einheitlich. Der Schriftgelehrte fragt nach jenem Gebot, dessen Erfüllung das ewige Leben sichert. Jesus antwortet mit der Gegenfrage, was er in der Schrift lese. Daraufhin zitiert der Schriftgelehrte Dt 6,5 und Lev 19,18 als Einheit, und Jesus sagt zu ihm: „Tue das, und du wirst leben!" Diese lukanische Fassung zeigt: die christliche Gemeinde hat durchaus nicht überall (wie die liberalen Theologen) die Zusammenfassung des Gesetzes in diese beiden Gebote als eine besondere Tat Jesu betrachtet, sondern als schon vor ihm vollzogen vorausgesetzt — und wahrscheinlich mit Recht. Es wird eine jüdische Tradition sein, welche die Mk-Fassung Jesus in den Mund legt. Auch bei Mk wird ja im Schlußteil deutlich, daß der Schriftgelehrte diese Zusammenfassung als gut und richtig ansieht. Überdies darf man auch nicht vergessen, daß Jesus auf die Frage nach dem ersten Gebot bei Mk antwortet, indem er das erste und das zweite Gebot nennt — wobei man außerdem Dt 6,4 noch gar nicht besonders mitzählen darf. Das spricht ebenfalls nicht für die Ursprünglichkeit des Mk-Textes.

Wahrscheinlich ist sowohl die eine Geschichte wie die andere nur eine anekdotische Einkleidung für die einfache Angabe dessen, was im Gesetz das Entscheidende, das Wichtigste ist. Diese Frage war schon vor Jesus aufgetaucht und hatte die Rabbinen beschäftigt. Angesichts der Fülle der atl. Gebote und Verbote mußte man sich fragen: „Was ist denn hier nun das Wesentliche?" Es ist durchaus möglich, daß die Mission diese Frage gefördert hat. Der Missionar muß sich darüber klar sein, was er als das Wesentliche vorzutragen hat — auch wenn er nicht vor diese Frage gestellt wird wie jene beiden Rabbinen, deren jedem ein Heide den Übertritt zum Judentum versprach, wenn er ihn das Gesetz in der Zeitspanne lehren könne, in der er auf einem Fuß stehen konnte. Schammai jagte den Frager fort; Hillel antwortete ihm: „Was dir unliebsam ist, das tue auch deinem Nächsten nicht. Dies ist die ganze Tora, das andere ist ihre Auslegung. Geh hin und lerne das![1]"

Diese Zusammenfassung des Gesetzes war auch für die christliche Gemeinde nützlich, da sie ja das Alte Testament als ihr heiliges Buch übernommen hatte. Vermutlich drängte die Mission auch sie, das Gesetz „in a nutshell" zu besitzen. Die hier gegebene Antwort hebt die sog. sittlich-religiösen Forderungen hervor gegenüber den kultischen; das wird in der Mk-Fassung besonders betont. Darum der stilistisch ungeschickte zweite Teil, V. 32 ff. Die Antwort Jesu bei Mk will nicht besagen, daß diese Anerkennung der beiden Gebote nun auch die des Messias Jesus nahelegt, wie einst B. Weiß meinte. Vermutlich hat nur

[1] Billerbeck I 357 nach Schab 31[a]. Aber das hieß eben nicht, daß die „auslegenden" Gebote der Tora — sie enthält 613 Gebote! — nicht ebenfalls gehalten werden müssen! Lohmeyer Mk 261: „ein wahrer Rabbi kann nicht zwischen Wesentlichem und Unwesentlichem unterscheiden, um jenes zu tun und dieses zu lassen."

die Aufeinanderfolge unserer Geschichte und der Frage nach dem Davidssohn B. Weiß auf diesen Gedanken gebracht.

Der Schlußteil des Mk-Textes ist insofern noch besonders wichtig, als er zeigt, mit welcher Freiheit die Evangelisten solche „Regie-Angaben" verwendet haben. Mk hat die Worte „Und keiner wagte ihn mehr zu fragen" schon in 12,40 gebracht, vor der Frage nach dem Davidssohn; Mt dagegen beschließt damit in 22,46 die Davidsohnfrage.

59 Der Davidsohn

Mk 12,35—37; Mt 22,41—46; Lk 20,41—44

(35) Und Jesus antwortete und sprach, im Tempel lehrend: „Wie sagen die Schriftgelehrten, daß der Gesalbte ein Sohn Davids ist? (36) David selbst hat im heiligen Geist gesagt: ‚Es sprach der Herr zu meinem Herrn: Setze dich zu meiner Rechten, bis ich deine Feinde als Schemel unter deine Füße lege!' (37) David selbst nennt ihn: ‚Herr', und woher ist er dann sein Sohn?" Und die große Menge hörte ihn gern.

Diese kleine Perikope ist nicht einfach. Wie hat die christliche Gemeinde sie verstanden? Sie war schon früh davon überzeugt, daß Jesus aus dem Davidshaus stammte; Röm 1,3 beweist es. Hätte sie dann eine Überlieferung weitergegeben, in welcher diese Abstammung bestritten wurde? Das ist unwahrscheinlich. Also muß sie unsere Stelle so verstanden haben, daß darin über die Davidssohnschaft Jesu hinaus gezeigt wird: Jesus ist mehr, als Davids Sohn (der Sohn galt damals weniger als der Vater!); er ist Davids Herr! Die Ausleger haben meist angenommen, Jesus selbst habe hier beides andeuten wollen.

Betrachten wir aber diese kleine Geschichte ohne vorgefaßte Meinung, so stoßen wir auf eine Schwierigkeit: von einer Verbindung zweier Messiasvorstellungen — Davids Sohn und Davids Herr — ist hier nicht die Rede. Vielmehr scheinen „Davids Sohn" und „Davids Herr" in scharfem Gegensatz zu stehen. Das entspricht der jüdischen Auffassung, wonach der Vater Herr ist über die ganze Familie. Für den Orientalen war „Vater" in erster Linie ein Ausdruck der Autorität. Der Sohn ist selbstverständlich dem Vater untergeordnet, und wenn er sich einmal wider ihn empört, wie Absalom gegen David, so ist das ein entsetzlicher Frevel.

Unsere Stelle folgert nun aus dem griechischen Text des messianisch gedeuteten Psalms 110 (V. 1), daß David im heiligen Geist vom Messias als seinem Herrn gesprochen habe. Wie soll dann der Messias, wenn er Davids Herr ist, dem David als Sohn untergeordnet sein? Das ist unmöglich, mußte sich der damaligen Hörer sagen. Denn man kann doch nicht zugleich demselben Menschen unter- und übergeordnet sein!

Dementsprechend haben manche Forscher angenommen[1]: Jesus sei nicht dem Davidshaus entstammt. Von der daraus entspringenden Schwierigkeit habe er seinen Messianitätsanspruch befreit, indem er auf Grund von Ps. 110,1 die Davidssohnschaft des Messias bestritt. Die Christen hätten dann aber doch unter der Einwirkung der allgemein verbreiteten Vorstellung, daß der Messias ein Davide sei, Jesus als Davidssohn betrachtet, und diese Anschauung sei in einem Text wie Röm 1,3 zum Ausdruck gekommen.

Wer Jesus für einen Davididen hält, kann sich nicht auf die beiden Stammbäume in Mt 1,1—17 und Lk 3,23—38 berufen. Sie sind — voneinander unabhängige — spätere Versuche, die Davidssohnschaft Jesu genau aufzuzeigen, und sie beweisen in ihrer widerspruchsvollen Doppelheit (schon Jesu Großväter differieren): ein Stammbaum Jesu, der ihn tatsächlich auf David zurückgeführt hätte, hat nicht existiert. Diejenigen christlichen Theologen, die in mühevoller Konstruktion die Stammbäume bei Mt und Lk zu vereinen suchten, haben eines übersehen: Wenn es wirklich einen solchen Stammbaum Jesu gegeben hätte, dann hätte man ihn nicht in so verschiedener Form überliefert. Ob in der Familie so etwas wie die — nicht näher belegbare — Überzeugung bestand, „wir stammen von David ab!", wissen wir nicht. Notwendig ist eine solche Annahme keineswegs. Es ist vielmehr gut möglich, daß erst der christliche Glaube, Jesus sei der Messias, zusammen mit der jüdischen Überzeugung, der Messias werde ein Nachkomme Davids sein, die Überzeugung hervorgerufen hat, Jesus stamme von David ab.

Dann ist es aber keineswegs ausgeschlossen, daß unsere Geschichte ein Versuch *früher* christlicher Schriftgelehrsamkeit ist, auf Grund von Ps. 110 das Manko zu beseitigen, daß Jesus kein Davidide war. Das ist nicht so ausgeschlossen, wie man zunächst meinen könnte. Das N.T. selbst unterstützt nämlich diese Annahme. Jesu Familie war in Nazareth ansässig, und die von Mk und Joh benutzte Traditionen setzen noch voraus, daß Jesus aus Nazareth stammt. Die aufkommende Meinung aber, Jesus müsse aus dem Davidshaus stammen, hat zu dem Versuch geführt, die neue Annahme mit der älteren Nazareth-Tradition zu vereinen. Die Vorgeschichten des Mt und Lk zeigen, daß

---

[1] Hirsch I 138: „Ich verstehe das Stück am leichtesten als ein sehr altes Gut christlicher Theologie aus jener Zeit, wo die Legende von der Davidsohnschaft Jesu noch nicht durchgedrungen war und man doch irgend etwas antworten mußte auf den Einwand der jüdischen Theologen, als Nichtdavidide könne Jesus nicht der Messias sein. — Ähnlich hat sich vorher schon J. Weiß geäußert (D. Schriften d. NT, 2. A. 1907, 191: „Vielleicht stand es ... damals noch schwach um den Nachweis dieser Tatsache" (der Abstammung Jesu von David): „es gab wohl die Stammbäume noch nicht, die Mt (Kap. 1) und Lk (Kap. 3) mitteilen. Und so hat wohl Mk gegen jüdische Bemängelung sagen wollen, es komme nicht viel auf diesen Punkt an, Jesus sei mehr als ein Sohn Davids." Der Text scheint allerdings etwas anderes zu besagen, als was Weiß hier herausliest.

man diesen Versuch in ganz verschiedener Weise durchgeführt hat. Nach Lk 2,4.39 hat Jesu Familie in Nazareth gewohnt. Jesus selbst aber sei trotzdem in der Davidsstadt Bethlehem geboren worden, weil seine Eltern zu diesem Zeitpunkt wegen der „Schätzung“ vorübergehend in Bethlehem weilten. Nach Mt dagegen wohnten Jesu Eltern in Bethlehem, flohen dann aber nach Ägypten und siedelten nach dem Tod des Herodes mit dem Jesuskind sich in Nazareth an (Mt 2,23).

Albert Schweitzer hatte richtig erkannt: die Behauptung, der Messias sei „Davids Sohn“, war nur in der älteren jüdischen Messiasvorstellung sinnvoll, die in dem „Gesalbten“ einen irdischen König aus dem alten Königshaus erwartete. Als dann die Vorstellung eines „transzendenten“ Messias aufkam, wurde — soweit sie herrschte — die Davidssohnschaft des Messias sinnlos. Denn der transzendente Messias ist ein präexistentes himmlisches Wesen, das erst zum Gericht auf die Welt herniederkam. Erst in dem Augenblick, wo die Christen in dem Menschen Jesus das transzendente, himmlische Messiaswesen erblickten, konnte es zu einer Verbindung zwischen den so verschiedenen Messiasvorstellungen kommen und damit zu einer Vereinigung der sich zunächst ausschließenden Prädikate „Davids Sohn“ und „Davids Herr“: Jesus ist als Mensch ein Sohn Davids, als himmlisches Wesen dagegen ist er Davids Herr. Nur wer es also — wie Schweitzer selber — Jesus zutraut, daß er sich für ein menschgewordenes himmlisches Wesen gehalten habe, darf unsere Geschichte so deuten, daß Jesus hier das Geheimnis seiner Doppelexistenz den Schriftgelehrten — beinahe — verraten habe[2].

60 Rede gegen den Pharisäismus

Mk 12,38—40; Mt 23,1—36; Lk 20,45—47

(38) Und in seiner Lehre sagte er: „Hütet euch vor den Schriftgelehrten, die in langen Kleidern wandeln wollen und gegrüßt werden auf den Straßen (39) und den Vorsitz in den Synagogen und den Ehrenplatz bei den Gastmählern. (40) Sie fressen die Häuser der Witwen und sprechen zum Schein lange Gebete; sie werden ein schlimmes Gericht bekommen!“

---

[2] A. Schweitzer, Messianitäts- und Leidensgeheimnis 1901, 65 hat schon die Lehre vom im Erdenleben verborgenen und erst im neuen Äon offenbaren Messias hier gefunden; erst Mt habe daraus eine Vexierfrage gemacht. Aber weder er noch Mk selber verraten uns, warum alles Volk Jesus gern hörte, als er gegen die schriftgelehrte Behauptung polemisierte oder doch zu polemisieren schien, daß der Messias Davids Sohn sei. Hirsch schreibt nur den V. 37 b dem Ur-Mk zu: „Es wagte fort an keiner mehr, ihn zu befragen (d. h. mit Fragen anzugreifen), und die große Menge hörte ihn gern“.

Diese kleine Redekomposition stellt eine Reihe von Vorwürfen gegen die Schriftgelehrten zusammen, wie sie in der christlichen Gemeinde erhoben wurden. Stilistisch ist zwischen „die da wollen wandeln" und (die da wollen) „Grüße" eine Bruchstelle, die in der bei Mt und Lk durchscheinenden Tradition vermieden ist. Wichtiger aber als unsere kleine Perikope ist die große Redekomposition, die sich daraus bei Mt 23 als aus einer Keimzelle entwickelt hat[1].

Von den 39 Versen des 23. Kapitels bei Mt berühren sich nur wenige mit Mk. Dafür aber hat dieser die Stelle bestimmt, wo die Mt-Rede im ganzen des Mt-Evangeliums ihren Platz findet. Weit mehr Verse des Mt stimmen mit Lk 11 und 20 überein. Wieder andere haben weder bei Mk noch bei Lk eine Entsprechung. Soweit sie nicht von Mt selbst zur Überleitung oder Zusammenfassung gebildet worden sind, werden sie aus der einen oder anderen Sonderüberlieferung des Mt stammen.

Dieser äußere Befund deckt sich nun völlig mit dem inneren: Mit dem Übergang von der einen Quelle zur andern wechselt die Gedankenrichtung, manchmal sogar die ganze innere Haltung. Nur weil alle Stücke im „Nein!" zum Schriftgelehrtentum und Pharisäismus übereinstimmen, konnte sie der Evangelist trotzdem verbinden. Für uns sind die Unterschiede hier wichtiger als jene Übereinstimmung, weil sie uns wesentliches über die christliche Gemeinde verraten.

Die erste Untereinheit bilden V. 2 f., Sondergut des Mt. Man stellte sich damals das Lehren des Moses analog dem der Schriftgelehrten vor: Gott habe — so erzählte man sich — am Sinai Moses einen Lehrstuhl gebaut, von dem aus Moses das Gesetz vortrug. Diese Fabel zeigt, was die Schriftgelehrten beanspruchten: die Autorität des Moses. Hatte Moses das Gesetz mit göttlicher Autorität vorgetragen, so forderte die schriftgelehrte Auslegung dieses Gesetzes dieselbe Anerkennung. Unser Text gesteht sie ihr zu: „Alles, was sie euch sagen, das tut und bewahrt!" Damit ist die Lehrautorität der Rabbinen rückhaltlos („alles"!) anerkannt. Daß Mt anders dachte, wird sich trotzdem bald zeigen. Wir werden auch sogleich sehen, daß andere christliche Gruppen diese Autorität der Schriftgelehrten verwarfen. Diejenigen Christen aber, die V. 2 f. als Jesuswort tradierten, haben die rabbinische Exegese als unbedingt verbindlich angesehen. Sie haben sich also in der Stellung zum Gesetz nicht von strenggläubigen Juden unterschieden, sondern fühlten sich als unbedingt gesetzestreu.

Was sie dennoch von der jüdischen Gemeinde trennte, war nicht die Lehre, sondern deren Verwirklichung im Leben, die Praxis: „Nach ihren Taten aber sollt ihr nicht handeln; denn sie sagen es und tun es nicht." Nur die Christen — diese strengen Judenchristen — machen mit dem Gesetz ganz ernst. Die Schriftgelehrten tragen zwar die richtige Lehre vor, aber sie richten sich im Leben nicht danach. Der Wider-

[1] Vgl. dazu E. Haenchen, Matthäus 23, ZThK 48, 1951, 38—62.

spruch von rechter Lehre und falschem Leben charakterisiert die Gegner, die Einheit von rechter Lehre und rechtem Leben die Christen. Oder vielmehr: diese Einheit soll die Christen auszeichnen — V. 3 b ist ja ein Appell an die christliche Gemeinde.

Daraus, daß Mt diese Überlieferung weitergab, folgt keineswegs, daß er selbst die schriftgelehrte Auslegung des Gesetzes als bindende Vorschrift ansah. Vielmehr zeigt das Folgende: Mt gibt auch Traditionen weiter, die von der soeben genannten in ihrer inneren Richtung weit abwichen. Die seltsame Logik, die diesem Verfahren zugrunde liegt, werden wir später aufzeigen.

Die nächste Untereinheit ist V. 4, mit der Parallele Lk 11,46. Nach Schlatter (Mt 666) besagt dieser Vers, das Rabbinat überwinde nicht den verwerflichen Willen. Der Pharisäismus (667) könne nur gebieten und schelten, wenn das Gebot unerfüllt bleibe, und sei vor der Verschuldung ratlos, „weil er nur sich selber beschaut, seine eigene Leistungsfähigkeit mißt und sein Werk in die Mitte der Frömmigkeit stellt. Das ergab die schwere Last, und der Perfektionismus des Rabbinats ergriff alle Gebiete des Lebens". Die Verkündigung der höchsten Normen verhülle die tatsächliche Ratlosigkeit (668). In Wirklichkeit aber sagt der Vers Dinge, die der Apostel Matthäus für Schlatter nicht sagen darf.

Zunächst scheint es sich abermals um den Gegensatz von Theorie und Praxis zu handeln, von Lehre und Leben. Aber dabei wird ein neuer Ton angeschlagen: „die Last ist schwer", wird betont. Daraus spricht eine andere Stimmung als aus V. 2 f.: Wer hinter der rabbinischen Auslegung die göttliche Autorität wahrnimmt, wird sich nicht über diese Forderung beklagen. V. 4 nimmt das Gesetz nicht mehr mit jener Selbstverständlichkeit hin: eine gewisse innere Opposition wird spürbar. In diesem Vers sind es auch nur die Schriftgelehrten — nicht Moses, geschweige denn Gott! —, welche den Menschen die schwere Last auflegen. Noch aber ist das „Nein!" zu den Schriftgelehrten nicht grundsätzlich: Würden sie die gleiche Last auf sich nehmen, würde der Widerspruch gegen sie verstummen. Das Nein zur rabbinischen Auslegung bahnt sich erst an.

Die nächste Untereinheit, V. 5—7, kommt im wesentlichen aus Mk 12,38 f. Den Vers 5 a — ohne Entsprechung bei Mk und Lk — hat wohl Mt als Übergangsvers gebildet; strenggenommen paßt er freilich weder zum Vorhergehenden noch zum Folgenden. Soeben hieß es noch, der Schriftgelehrte erfülle selber seine Forderungen nicht; nun werden ihm zwar „Werke" zugestanden, aber sie sollen aus falschen Motiven stammen. Im folgenden aber werden gar keine „Werke" aufgeführt — wenn man darunter die „Werke des Gesetzes" versteht. Zur Not könnte man bei der Erwähnung der „Amulette" und „Gewandquasten" noch daran denken, aber nicht mehr beim Vorsitz in der Synagoge usw. Mt will — und muß, wenn er eine lange Rede daraus bilden will — kleinste Einheiten zu einem großen Gedankengang verbinden, die nicht mit Rücksicht auf einen solchen entstanden sind; da geht es nicht ohne eine gewisse Gewaltsamkeit und Fugen ab.

V. 5 b — wieder ohne Parallele — könnte eine eigene Beobachtung des Evangelisten wiedergeben, wird aber wohl aus ihm überlieferten Sondergut stammen. Die „Gebetsriemen" (Ex 13,9; Dt 6,8 und 11,18 erwähnt) und die Gewandquasten (in Num 15,38 f. genannt) sollten den Juden an Jahwe und dessen Gebot erinnern. Der Name „Amulette" (φυλακτήρια; phylaktēria) zeigt aber, daß man von ihnen auch eine Schutzwirkung erwartete. Die Breite der Riemen und die Länge der Quasten — gesetzlich nicht festgelegt — waren umstritten: Schammais Anhänger trugen sie länger als die Hillels. Das ostentative Zurschautragen konnte als Bekenntnishandlung gemeint sein: „Ich und mein Haus, wir wollen Jahwe dienen!" Ob wohl die Hilleliten so gegen die langquastigen Schammaiten polemisiert haben, wie hier die Judenchristen?

V. 6—7 a scheinen einfach aus Mk übernommen zu sein. Aber in Mk 12,38 folgen aufeinander: lange Kleider — Vorsitz in der Synagoge — beim Gastmahl. Statt der „langen Gewänder"[2] hat Mt die Gebetsriemen und Gewandquasten eingesetzt und damit wohl eine ältere Tradition als Mk wiedergegeben. Mt hat aber auch Reihenfolge

[2] Lohmeyer Mk 263 übernimmt die Konjektur von Reiske: στοαί (stoai = Säulenhallen) für στολαί (stolai = Kleider, Gewänder): die Schriftgelehrten lieben es, „in Säulenhallen zu wandeln" — höchst unwahrscheinlich. Lk hat die „Gewänder" schon vorgefunden. — Ausführlich ist K. H. Rengstorf auf V. 38 eingegangen in dem Aufsatz: „Die ΣΤΟΛΑΙ der Schriftgelehrten. Eine Erläuterung zu Mk 12,38" (in: Abraham, unser Vater. Festschrift f. O. Michel, Leiden 1963, 383 bis 404). Mk spricht von den „Gewändern" ohne erläuterndes Beiwort; also muß das Besondere daran seinen Lesern vor Augen sein (387). In Lk 15,22 ist deutlich das Festgewand gemeint (395). Auch die weißen στολαί der Erlösten in der Offb sind feierlich-festliche Gewänder, „die allein angesichts des Thrones ... Gottes ... angemessen sind" (ebd). R. meint nun: jüngere rabbinische Texte (3. Jh. n. Chr.) fordern für den Sabbat ein von der Alltagskleidung unterschiedenes Festgewand bzw. einen am Sabbat zu tragenden Überwurf. Dafür beruft man sich auf Lev 6,4. Diese Stelle handelt eigentlich vom Kleiderwechsel der Priester beim Opferdienst; demnach läge hier die Tendenz vor, Forderungen an Priester auch auf Laien zu übertragen. Außerdem gewinnt der Sabbat nach 70 an Bedeutung „als Selbstdarstellung des Judentums". Jesus tadle, daß er dazu mißbraucht werde und nicht zur Ehrung Gottes. — Das Schwierige an dieser umfassende gelehrte Kenntnisse bekundenden These ist: 1. als echtes Jesuswort betrachtet kommt V. 38 um Jahrhunderte zu früh. 2. Daß die Pharisäer und Schriftgelehrten den Sabbat zur Selbstdarstellung des Judentums mißbrauchen, deutet der Text nicht an. Mk — ob er ein „echtes" Jesuswort und nicht nur einen Vorwurf der Gemeinde wiedergibt? — scheint bei den „Gewändern" eher einfach an Kleiderluxus zu denken, der den Gegnern zu Recht oder Unrecht — es handelt sich nicht um Palästina! — vorgeworfen wird. Das heißt: es geht eigentlich ebenso wie beim Streben nach den ersten Plätzen um Erscheinungen, welche die Eitelkeit der Gegner brandmarken.

und Numerus geändert: 1. Ehrenplatz an der Tafel, 2. Ehrenplätze in der Synagoge, 3. Gegrüßtwerden. Dem entspricht in Lk 11,43: Ehrenplatz in der Synagoge, 2. Gegrüßtwerden; Lk 20,45 ff. behalten dagegen den Mk-Text bei. Kurz: In Mt 23,6.7 a (parallel Lk 11,43) wird ein „Q"-Text sichtbar, den Mt freilich in „Ehrenplätze" in der Synagoge mit dem Mk-Text vermischt hat. Der ungefüge Mk-Text wurde erleichtert von Mt 23,6 durch „sie lieben", in Lk 11 durch „ihr liebt", in Lk 20,46 durch „die da lieben"; dieses „lieben" (φιλεῖν, philein) dürfte aus Q stammen und Lk11 den reinen Q-Text bieten.

Genaugenommen wird den Schriftgelehrten hier Ehrgeiz und Eitelkeit vorgeworfen, nicht Heuchelei. Anders steht es bei Mt V. 5 a im Zusammenhang mit V. 5 b: hier lautet die Anklage auf Heuchelei. So sind also V. 5 (Vorwurf der Heuchelei) und 6—7 a (Vorwurf des Ehrgeizes) inhaltlich verschieden. Für Mt ist der erstgenannte Vorwurf der eigentliche: die Pharisäer und Schriftgelehrten tun so, als gehe es ihnen um Gott, in Wirklichkeit soll aber ihre Frömmigkeit bloß Eindruck auf die Menschen machen.

V. 7 b ist eine Eigenbildung des Mt, die zum folgenden weiterleiten soll. Stilistisch ist die Bruchstelle noch erkennbar: nachdem von „sie lieben" (V. 6) zunächst Nomina in Akkusativ abhängen, folgt plötzlich hart „Rabbi genannt zu werden". Auch ein gewandterer Schriftsteller als Mt hätte hier die Kluft zwischen dem Vorhergehenden und Folgenden nicht überbrücken können.

Mit der neuen Untereinheit V. 8—10 beginnt ein (bis V. 12 reichender) Abschnitt, der keine direkte Polemik enthält, sondern eine Belehrung der christlichen Jünger. In diesen Versen wird das Rabbinat für die christliche Gemeinde abgelehnt, und zwar nicht nur der Name, sondern die Sache. Der Rabbi steht als Lehrer vermittelnd zwischen Gott und dem unwissenden Volk. In der christlichen Gemeinde aber ist die Verheißung erfüllt, daß alle von Gott gelehrt sein werden. Jeder ist unmittelbar zu Gott. So ist kein Rabbi nötig und möglich.

Einer solchen Gemeinschaft braucht das Gesetz nicht bedeutungslos zu sein. Der Geist muß nicht das Gesetz verdrängen; er kann es auch auslegen. Aber welchem Christen (außer den geborenen Juden) war das ganze Gesetz gegenwärtig, ja auch nur zugänglich? So wird hier der Geist doch nicht bloß als Ausleger des Gesetzes gedacht sein, sondern als unmittelbarer Lehrer des gläubigen Lebens. D. h. aber: alle sind auf gleicher Stufe; es gibt bei ihnen keinen privilegierten Stand: sie sind Brüder — und „Bruder" war (neben „Jünger") die älteste

[3] Vgl. Ernst Käsemann, „Die Anfänge christlicher Theologie", ZThK 57, 1960, 165: „Ein derartiger zugleich im Namen der Alleinherrschaft Christi und der eschatologischen Freiheit des einzelnen Christen erhobener Protest kann zweifellos nur von Pneumatikern erhoben worden sein und sich nur gegen eine judaistischen Gemeindeverfassung wenden, welche ihrerseits Autorität allgemein wie konkret aus der Vollmacht des Geistes über die Gemeinde ableitet und darum

Selbstbezeichnung der Christen. Schlatter hat also recht: hier wird das Rabbinat abgelehnt. Aber von wem und warum? Die Antwort kann nur lauten: von Pneumatikern, Geistträgern[3], die unmittelbar von Gott oder Christus gelehrt zu sein beanspruchten. Schlatter hält die (vermutete) Christuspartei von 1. Kor. 1,12 für eine solche Gruppe.

Tatsächlich hat sich die christliche Gemeindeorganisation des Bischoftums nicht aus dem Judentum entwickelt. Zunächst dürfte sich das Amt der Ältesten entwickelt haben, welche die Verwaltung der Gemeinde ausübten. Das Bischofsamt errang seine Macht erst, als das Bewußtsein des allgemeinen Geistbesitzes erloschen war.

Nun ist soviel deutlich: Wer das Rabbinat für die Christen ablehnt, weil Gott die einzige Lehrautorität ist, der kann die jüdischen Rabbinen nicht als die geistliche Autorität anerkennen, wie das V. 2 f. taten und V. 23 tun werden. Nur Gedankenlosigkeit oder Angst vor einem Widerspruch in der heiligen Schrift kann das übersehen. V. 2 f. und V. 8—10 stehen in unausgleichbarem Gegensatz.

Ist die christliche Gemeinde so etwas wie eine große Bruderschaft, wie eine große Familie mit dem Vater im Himmel als Autorität, dann wird verständlich, daß auch der religiöse Ehrenname „Vater“ keinem Menschen mehr gegeben werden darf. Es muß ein Anlaß vorgekommen sein. Manche Christen müssen sich mit „Vater“ (vgl. Paulus 1. Kor 4,15) oder „Rabbi“ haben anreden lassen. Schon im A.T. wird das Lehrer-Schüler-Verhältnis ja öfter durch die Worte „Vater“ und „Sohn“ bezeichnet. Die Prophetenschüler heißen „Söhne des Propheten“, und Elisa nennt den Elias seinen Vater (2. Kön 2,12; 2. Kön 2,15 meint mit „Söhne der Propheten“ deren Schüler). V. 8—10 konnte also gelegentlich auch mit dem Anspruch des paulinischen Apostolats in Konflikt geraten.

Natürlich will V. 9 nicht dem leiblichen Vater den Vatersnamen absprechen. Das zeigt die Hinzufügung eines weiteren Verbots: kein Christ soll sich „Leiter“ oder „Führer“ nennen lassen. Philo hat (daran erinnert Schlatter 671) die Lehrer und Erzieher oft so genannt. Welches aramäische Wort dem griechischen καθηγητής (kathegētēs) entspricht, wissen wir nicht. Aber es ist deutlich die religiöse Führung damit gemeint. Ein solcher religiöser Führer oder Leiter ist allein Christus — durch den Geist. Das konnte aber hier — in einer Rede des noch auf Erden wandelnden Jesus — nicht gut gesagt werden. Weltliche Behörden will V. 10 selbstverständlich nicht verbieten. Das wäre für den Kreis, wo V. 8—10 als Jesuswort tradiert wurde, sinnlos gewesen. Aber was mag das für ein Kreis gewesen sein? Es scheint sich noch um Judenchristen zu handeln, die Pneumatiker sind. Man

---

gerade dem Lehramt zubilligt.“ Aber warum müssen die angegriffenen Gegner, die Verfechter des Lehramts, Pneumatiker sein? Warum stehen sie nicht einfach in Kontinuität zu der jüdischen Bewertung des Lehramtes, ohne damit eine Geistlehre zu verbinden?

wird an einen frühen Zustand der christlichen Bewegung denken müssen („Brüder", keine Führer oder Leiter!). Darf man vermuten, daß es sich bei diesem Kreis um jene Hellenisten[4] von Apg 6,1 ff. handelt, die sich wahrscheinlich von der Urgemeinde trennten, geleitet von sieben (vielleicht „Diener" genannten) Männern, jenem Kreis, den die jüdische Verfolgung (Apg 7 f.) aus Jerusalem vertrieb? Die allgemeine Anweisung V. 11 würde nicht schlecht dazu passen: „Der Größte unter euch soll euer Diener sein." Varianten finden sich in Mk 10,43 und 9,35. Dahinter kann ein altes Jesuswort liegen, ebenso wie auch hinter V. 12 = Lk 14,11. Aber in Mk 10,35—43 handelt es sich um ehrgeizige Wünsche für das kommende Reich; in der späteren Gemeinde aber ging es um das Herrschenwollen in der Kirche.

Joachim Jeremias hat zu V. 8 bemerkt[5]: „Gott selbst der Lehrer — das ist Jer. 31,31—34! Das ist die Gemeinde der Heilszeit, des ‚allgemeinen Priestertums'. Das heißt: von der Eschatologie her wird das Rabbinat abgelehnt." Die Christen haben jedoch in der Geistausgießung nicht Jer. 31, sondern Joel 3,1—5 als erfüllt gesehen. Nicht die eschatologische Erwartung als solche hat zur Ablehnung des Rabbinats geführt, sondern die (ekstatische) Geisterfahrung. Daß eschatologische Erwartung und „Geisterfahrung" nicht gepaart sein müssen, erkennt man in der täuferischen Bewegung (s. Apg 19,2).

V. 11 f. dringen auf Demut, V. 8—10 wehren sich gegen geistliche Bevormundung: Quellenwechsel bringt wieder eine Änderung der Gedankenrichtung mit sich!

Der nächste, die Polemik aufnehmende Abschnitt, V. 13—33, schleudert sieben Weherufe gegen Schriftgelehrte und Pharisäer. Mk 12,38 ff. enthält überhaupt noch kein „Wehe!", Lk bringt 11,42—44 drei Weherufe gegen die Pharisäer und 11,46—52 drei weitere gegen die „Gesetzeslehrer". Die folgende Tabelle zeigt Übereinstimmung und Abweichung:

Matthäus 23

Reihenfolge	Vers	Inhalt
* 1	13	Himmel zuschließen
2	15	Proselytensuche
3	16—22	Eidformeln
* 4	23 f.	Verzehnten
5	25 f.	Becherreinigen
* 6	27 f.	getünchte Gräber
* 7	29—32	Gräber bauen
—	6	Vorsitz lieben
—	4	Lasten auflegen

[4] Vgl. Käsemann a. a. O. 169.

[5] Joachim Jeremias brieflich an den Verfasser.

Lukas 11

Reihenfolge	Vers	Inhalt
* 6	52	Schlüssel der Erkenntnis
—	—	fehlt
—	—	fehlt
* 1	42	Verzehnten
—	39—41	Becherreinigen
* 3	44	unkenntliche Gräber
* 5	47 f.	Gräber bauen
2	45	Vorsitz lieben
4	46	schwere Lasten

Nur die mit einem * bezeichneten Weherufe erscheinen bei Lk und Mt als solche. Manche Sprüche sind bei Mt, aber nicht bei Lk als Weherufe stilisiert, und umgekehrt. Die Reihenfolge ist völlig verschieden: nicht zwei Weherufe folgen sich bei Mt und Lk in gleicher Weise!

Das erste „Wehe" des Mt (V. 13) steht ziemlich verändert auch Lk 11,52 und lag beiden Evangelisten schon als „Wehe" vor. Das Thomasevangelium bringt es zweimal[6].

Das „Wehe!" entspricht prophetischer Rede im A.T. (Jes. 5,8.11. 18.20—22; Hab. 2,6.9.12.15.19). Es ist nicht bloß ein „frommer Wunsch", d. h. ein ohnmächtiges Wünschen, sondern ein wirkender Fluch, einer Verwünschung, von der Kräfte des Unheils ausgehen. Als Wort des Christus — so verstehen es Mt und Lk — bringt ein „Wehe!" das göttliche Gericht.

Abgesehen vom 3. „Wehe" (V. 16) richten sich bei Mt alle Weherufe gegen die „Schriftgelehrten und Pharisäer, die Heuchler", gleichgültig, ob der Vorwurf wirklich beide trifft und ob das angegriffene Verhalten wirklich Heuchelei ist. So steht es schon in V. 13. Hier ist das Gottesreich als eine gegenwärtige Größe dargestellt. Joachim Jeremias[7] gibt zu erwägen, daß im Aramäischen ein atemporales Partizip

---

[6] Im ThEv Spruch 39 (p. 88,7—11) nicht als „Wehe!" stilisiert: „Jesus sprach: Die Pharisäer und die Schriftgelehrten haben die Schlüssel der Erkenntnis genommen; sie haben sie versteckt. Sie sind weder hineingegangen, und die hineingehen wollten, ließen sie nicht". Das berührt sich eng mit Lk 11,52, hat aber die Lesart von D noch als Erweiterung eingefügt. In Spruch 102 (p. 98,2—5) ist zwar die Form des „Wehe"! erhalten, aber der Inhalt gräzisiert (Fabel Äsops!): „Jesus sprach: Wehe ihnen, den Pharisäern, denn sie gleichen einem Hunde, der in der Futterkrippe von Rindern liegt; denn weder frißt er noch läßt er die Rinder fressen."

[7] Vgl. Joachim Jeremias: „Die Abendmahlsworte Jesu", 3. Aufl. 170, zu Mk 14,24: „Das auffällige Präsens erklärt sich dadurch, daß das Hebräische und Aramäische anders als das Griechische keine temporal unterschiedenen Partizipialformen besitzen. Das Partizip ist atemporal ... Namentlich im Aramäischen wird das Partizip oft für ein in naher Zukunft erwartetes Geschehen verwendet"; aller-

mit futurischem Sinn dagestanden haben könne. Faktisch dürfte hier aber die Gemeinde mit dem Gottesreich deshalb ineinsgesetzt sein, weil die Teilnahme an ihr sichere Anwartschaft auf das kommende Reich gibt. Es ist jedoch nicht ausgeschlossen, daß das Wort noch späteren Datums ist und schon unbefangen Gottesreich und Kirche identifiziert. Die Schriftgelehrten und Pharisäer wollen selbst nicht Christen werden und bearbeiten jene Juden, die in die christliche Gemeinde eintreten wollen, so lange, bis sie auf diesen Entschluß verzichten. Vom Verhalten der Pharisäer und Schriftgelehrten gegen Jesus wird, wie Schlatter (673) richtig hervorhebt, nicht gesprochen, aber aus einem anderen Grund, als Schlatter meint: Der Vers rechnet nicht mit der Situation Jesu, sondern mit der Lage der nachösterlichen Gemeinde, deren Ausbreitung durch die maßgebenden Vertreter des Judentums behindert wird.

Die lukanische Form ist sekundär: „hineingehen" paßt nur zum „Reich", nicht zur „Erkenntnis"[8]. Die Aoriste bei Lk zeichnen die Gegnerschaft der Schriftgelehrten als etwas Endgültiges, auf das Lk zurückblickt.

Mt 23,13 beschreibt also den erfolgreichen Widerstand der Schriftgelehrten (und Pharisäer) gegen die judenchristliche Mission. Dazu paßt gut die Fortsetzung: V. 15, ein „Wehe" gegen die jüdische Propaganda (das Judentum hat später darauf verzichtet; sie ist für die damalige Zeit auch sonst nicht belegt, „Söhne der Hölle" meint: der Hölle verfallen, Werkzeuge des Satans). Die neugewonnenen Heidenjuden treten am fanatischsten für ihren neuen Glauben gegen die Christen auf. Paulus scheint das Gal 5,12 erfahren zu haben.

Das dritte „Wehe", V. 16—22, zeigt eine andere Einleitungsformel und einen anderen Stil; wahrscheinlich hat erst Mt selbst es zum „Wehe" umstilisiert, um die Siebenzahl vollzumachen. Zum Verstehen dieser Polemik müssen wir bedenken: Jede Gemeinschaft braucht den zur unbedingten Wahrheit verpflichtenden Eid, bei dem (der die Wahrheit kennende) Gott angerufen wird. In Israel suchte man, je länger je mehr, den heiligen Gottesnamen zu vermeiden. Deshalb kamen Umschreibungen dafür auf: Passivkonstruktionen oder Begriffe wie Himmel, Tempel, Altar u.ä.m. So geschlossene Eide wurden aber bisweilen nicht gehalten mit der Begründung, man habe beim Himmel an den Lufthimmel gedacht, beim Tempel an das Bauwerk usw. Also war der Betreffende durch diesen Eid nicht gebunden. Das Erschreckende daran war, daß die unmittelbare Verbindung von Gott und Himmel nun doch aufgelöst war, also der Himmel oder Tempel gottlos gesehen werden konnte. Manche Rabbinen erklärten (Schlatter Mt 677), man könne von Gott nicht absehen; Eide beim Himmel oder Tempel seien bindend. Andere suchten nach Eidesfor-

dings kann auch das griechische Part. Präs. eine relativ zukünftige Handlung bezeichnen, jedoch mit charakterisierendem, finalem Sinn (ebd).

[8] Das gilt auch für ThEv Spruch 39, s. Anm. 6.

meln, bei denen solche Ausflucht unmöglich war: bei den goldenen Votivtafeln und der Opfergabe wird ja (die Zueignung an) Gott ausdrücklich genannt. Mt durchschaute den Zusammenhang nicht mehr: er warf den Rabbinen eben jenes Absehen von Gott vor, das jene verhindern wollten. Sein zweites Argument (der Tempel größer als das Gold) meint: die Heiligkeit geht vom Tempel auf das Gold, vom Altar auf die Opfergabe. Dieser Heiligkeitsbegriff ist nicht besser als der rabbinische.

Das Gesamtanliegen von V. 16—22 ist also: „Eide muß man immer halten.“ Hat die Gemeinde damit Jesu Sinn erreicht? Davon später.

Das vierte „Wehe“ besteht aus zwei (nicht bloß quellenmäßig) verschiedenen Stücken. Der zweite Spruch setzt voraus: der auf kultische Reinheit bedachte Pharisäer filtert den Trank durch ein Tuch, um nicht durch die Leiche einer darin ertrunkenen Mücke kultisch unrein zu werden! Der erste Spruch, der (ohne „blinde Führer“) wohl auf Jesus zurückgeht, gehört in den Zusammenhang von Reinheitsdebatten und steht Mk 7,15 nicht fern. Hier leitet er über zur Polemik gegen die pharisäische Reinheitspraxis. Vielleicht besagte er in der Überlieferung nur: Die Pharisäer sind in Kleinigkeiten gewissenhaft, aber im Entscheidenden gewissenlos.

V. 23 stammt aus Q (= Lk 11,39—41; kein „Wehe“!). Das Gesetz verzehntete nur Vieh und Feld, die vorsichtigen Schriftgelehrten und Pharisäer auch die Gewürzkräuter im Garten usw.; vgl. Lk 18,12 b: „ich gebe den Zehnten von allem, was ich habe.“ V. 23 tadelt diese Erweiterung nicht und will auch nicht die kleinste aus dem Gesetz abgeleitete Vorschrift abschaffen. Er wirft den Gegnern nur vor, daß sie die wichtigsten Forderungen nicht erfüllen, und doch sei beides nötig: „Dies sollte man tun und jenes nicht lassen!“ Mit dem Schwereren im Gesetz sind die sittlichen Pflichten gemeint; so dürfte das „Gericht“ die Verurteilung des Unrechts, „Erbarmen“ das Erbarmen mit den Notleidenden und das mehrdeutige Wort πίστις (pistis = „Glauben“, „Treue“) hier die Treue bedeuten. Es ist möglich, daß manche Pharisäer die kultischen Pflichten für die wichtigsten gehalten haben, weil sie sich unmittelbar auf Gott richten. Mt 23,31—46 und die großen Propheten haben vergeblich gegen diese Anschauung angekämpft; man verstand nicht mehr, daß Gott unser Herz — und damit das, was eigentlich unser ganzes Handeln bestimmt! — will und dadurch die Pflicht gegen den leidenden Mitmenschen an die erste Stelle rückt.

Das fünfte „Wehe“ (V. 25 f.) hat in Lk 11,39 f. eine ziemlich stark abweichende Parallele. Der Lk-Text bringt kein „Wehe“, sondern ein tadelnd-belehrendes Tischgespräch lukanischer Bildung. Bei Lk steht das Äußere von Becher und Schüssel im Gegensatz zum Inneren des Menschen. Dem widerspricht, daß der Inhalt als Almosen gegeben werden soll. Über den Sinn dieses „zersagten“ Spruches (s. o. S. 262 zu Mk 7,4) ist viel gestritten worden. Ursprünglich geht es beim „Reinigen“ nicht um die Beseitigung von Schmutz, sondern um die Herstellung kultischer Reinheit (vgl. Schlatter 685). Der Priester durfte keinen Tropfen des heiligen Weines, der Jahwe gehörte, auf die Außenseite des Bechers kommen lassen. Sonst wurde dieser „unrein" und machte den „unrein", der den Becher berührte — kam er doch in Berührung mit etwas, das Gottes Eigentum war und damit an Gottes Heiligkeit Teil hatte. Hier haben wir es also mit einem Denken zu tun, das sich in magischen Tabu-Begriffen bewegt. Diese nur für Priesterdienst geltenden Vorschriften haben dann die Pharisäer auf alle Frommen ausgedehnt, bei denen nun kein Gefäß überlaufen durfte, sonst wurde es „unrein" = „heilig" und machte „unrein", d. h. kultischer Reinigung bedürftig. Unser Spruch tadelte die Pharisäer, weil sie kultische Verunreinigung vermeiden, sich aber mit Raub (= unredlichem Gewinn) und Ausschweifung (Genußsucht) beflecken. Dieser zweite Vorwurf war, vor allem in seiner Verallgemeinerung, sicher ungerecht, da die Pharisäer gerade den genußsüchtigen Luxus der Sadduzäer ablehnten.

Auch das sechste „Wehe", V. 27 f. stammt aus Q, wenn auch Lk 11,44 stark abweicht. Mt und Lk vergleichen die Pharisäer mit Gräbern, die für die Juden „unrein" machende Orte waren. Der lukanische Spruch denkt jedoch an Gräber, die irgendwo im Lande liegen, ohne daß es jemand ahnt. So geht man ruhig darüber weg und wird „unrein", d. h. von der Verbindung mit Gott ausgeschlossen. Das würde besagen: wer mit einem Pharisäer in Berührung kommt, wird dadurch zur Gottesgemeinschaft untauglich. Hier wird nicht der Unterschied von innen und außen hervorgehoben, sondern die unkenntliche Gefahr.

Anders Mt 23,27: er vergleicht die Gegner mit durch Kalkanstrich kenntlich gemachten Gräbern. Sie werden — damit ein Gegensatz herausspringt — „schön" genannt: schönes Äußere — grausiges Innere! Dem „Totengebein" entsprechen Heuchelei (der Lieblingsvorwurf des Mt gegen die Pharisäer und Schriftgelehrten) und Gesetzlosigkeit. Also unterscheidet sich frommes Äußere vom gesetzlosen Inneren. Weder Mt noch Lk bringen konkrete Belege für ihre Anklage. Die Vorwürfe werden immer leidenschaftlicher und beschimpfender. Aus Apg 23,3 („du weißgetünchte Wand!") ergibt sich, daß (weiß-)getünchte (Grabes-)Wand ein bekanntes und schweres Schimpfwort war. Mt hat es auf die Pharisäer angewendet und in der Form eines „Wehes" Jesus in den Mund gelegt. Bei Lk klingt eine andere Interpretation an.

Das siebente und letzte „Wehe" hat in V. 29 einen deutlichen Anfang, aber in V. 31 keinen deutlichen Schluß. Man wird auf Q schließen dürfen: Lk 11,47. Wie Schlatter behaupten kann, Jesus rede hier vom Verhältnis der Pharisäer zur Schrift (Mt 684), ist rätselhaft[9].

---

[9] Schlatter Mt 684: „Das siebte Wehe spricht vom Verhältnis der Pharisäer zur Schrift und berührt damit den ihre ganze Frömmigkeit tragenden Grund ... Jesus verlangte für das Wort der Propheten eine andere Ehrung als die, die der

Das bei Mt und Lk benutzte Wort setzte die späte Legende voraus, daß die Propheten alle den Bluttod als Zeugen starben.

Joachim Jeremias, der in jahrzehntelanger Arbeit das Material über spätjüdische Propheten- und Heiligengräber gesammelt hat[10], weist darauf hin, daß es sich um eine große religiöse Volksbewegung gehandelt hat; man wallfahrtete zu diesen „heiligen Stätten“, wobei Jerusalem das Zentrum war. Aber diese Wallfahrten werden hier nicht erwähnt und nicht getadelt. Vielmehr lautet der Vorwurf: Ihr seid genau solche Prophetenmörder wie — angeblich — eure Väter. Der zugrunde liegende Beweisgedanke — eure Väter haben die Propheten ermordet, und ihr baut die Gräber für die Ermordeten; also seid ihr nicht besser — wäre allenfalls als grimmiger Hohn verständlich, Beweiskraft hat er nicht. Man kann sich das an einem modernen Beispiel veranschaulichen: die Bewohner von Genf haben dem nicht ohne Calvins Mitwirkung hingerichteten Servede ein Denkmal errichtet. Daraus abzuleiten, daß sie ebenso schlimm sind wie die Mörder Servedes, wäre Nonsens. Mit solcher Polemik darf man Jesus nicht belasten. Aber Mt und Lk haben offenbar Verfolgungen der christlichen Gemeinde im Auge: Lk schließt ein Wort über Verfolgung und Tötung der Apostel an, Mt spricht von der Tötung der (ntl.) Propheten, Weisen und Schriftgelehrten. Von V. 29—37 beherrscht das Stichwort „töten“ den Zusammenhang, ohne daß — anders als in Lk 13,33 f. — auf Jesu Tötung angespielt wird. Schlatters Behauptung, Mt schreibe in der Überzeugung, „daß Jesu sein Kreuz vom Pharisäismus empfing“, und Mt wolle zeigen, „wie es zur Kreuzigung Jesu gekommen sei“, hat im Text keinen Anhalt. Vielmehr wird die Gemeinde auf die notwendig kommende Verfolgung vorbereitet.

V. 32 (ohne Entssprechung bei Lk) ist wohl eine Übergangsbildung des Mt: die Väter haben die letzten Propheten — die der christlichen Zeit — noch nicht getötet. Darin liegt weniger der Gedanke der Prädestination als der: „Jesus hat vorausgesagt, was über uns kommen wird.“ Mt diesem Abschlußvers wollte Mt wohl das Gottesgericht über die Gegner ganz sicherstellen.

V. 34—36 ist (vgl. Lk 11,49—51) mit Wendungen aus der Aussendungsrede aufgefüllt. Die benutzte Quelle hat unbefangen Jesus das Wort einer Weisheitsschrift zitieren lassen, in der die Weisheit selbst redend auftrat. Weil ja Jesus selber die Weisheit Gottes ist, hat Mt das Wort in die erste Person und in die Gegenwart übertragen. Andererseits sind seine „Weisen und Schriftgelehrten“ älter als die

---

Gräberkultus ihnen darbrachte“. Aber das Wort protestiert doch gegen das Schmücken der Prophetengräber und gegen die Behauptung, man wäre nicht am Bluttod der Propheten beteiligt gewesen, wenn man in deren Zeit gelebt habe — damit gebe man indirekt zu, daß man am Blut der Propheten mitschuldig sei. Überzeugend ist diese Polemik nicht.

[10] Joachim Jeremias, Heiligengräber in Jesu Umwelt. Göttingen 1958; s. bes. S. 66—68.71—73.108.114.116.118.121.126.142.

„Apostel" des Lk. Was Mt V. 34 in „und ihrer ... Stadt" sagt, erinnert an 10,17b und an 10,23; es wird kein alter Bestandteil des Textes sein. Hier hat Lk, der es fortläßt, den besseren Text. Dagegen ist sein „gefordert wird" (11,50) sekundär gegenüber dem „über euch komme" (Mt 23,35). Auch hat Lk, dem es auf die Tötung der Propheten ankommt, „alles gerechte Blut" in „das Blut aller Propheten" umgeändert. Wenn „dieses Geschlecht" die jetzt lebende Generation ist, wie kann dann sie die Schuld der Vergangenheit büßen müssen? Nun, die Schuld der Väter rächt sich an den Kindern. Für antikes Empfinden ist ein solcher Erbfluch nicht sittlich anstößig, weil man nicht individualistisch dachte. Die Schuld speichert sich auf wie Wasser hinter einem Staudamm. Ist die Schuld voll, dann kommt das Gericht.

Mit dem erwähnten Zacharias wird der 2. Chron 24,20—22 genannte Sacharja, Sohn des Jojada (so das Hebräerevangelium an unserer Stelle) gemeint sein. Mt hat den kaum bekannten Vater dieses Sacharja mit dem Vater des Kanonspropheten Sacharja, Berechja, verwechselt[11]. In der benutzten Weisheitsschrift waren die im A.T. genannten Propheten vom ersten — Abel — bis zum letzten (die Chronik ist ja das letzte atl. Buch!) als ermordet bezeichnet.

Diese gewaltig angewachsene Schuld muß — V. 36 — noch „diese Generation" büßen; welche ist das? Mt wie Lk werden an die Zerstörung Jerusalems gedacht haben. Bei Mt folgt der von Lk in anderem Zusammenhang (Lk 13,34) zitierte Spruch über Jerusalem. Mit ihm hat man den johanneischen Aufriß des Lebens Jesu stützen wollen — als ob das Pathos dieser Worte durch ein paar Passareisen Jesu gerechtfertigt wäre! Dagegen paßt der Spruch in eine Weisheitsschrift hinein, in der die Weisheit auf alle Versuche zurückblickt, welche sie seit vielen Jahrhunderten, von Abel an, durch die Sendung von Propheten zur Rettung Israels und Jerusalems unternommen hat. Das „Haus", das zerstört werden wird, ist natürlich der Tempel. Dann muß diese Schrift vor dem Jahre 70 entstanden sein.

Mit dem jetzigen V. 39 wird die von Mt und Lk benutzte Vorlage geendet haben; sie hatte schon die jüdische Weisheitsschrift auf Jesus bezogen. V. 37—39 passen bei Mt nur scheinbar in den Zusammenhang: vorher wurden die Schriftgelehrten und Pharisäer bekämpft; nun wird plötzlich Jerusalem das Gericht angesagt. Die Fuge wird dadurch verdeckt, daß zuvor die Pharisäer und Schriftgelehrten als Söhne der Prophetenmörder angeklagt wurden und daß im Jerusalemspruch ebenfalls vom Prophetenmord die Rede ist.

Mt wie Lk benutzen — neben sachlicher Ordnung — auch den Stichwortanschluß, um das Material zu gliedern. Daraus folgt nicht, daß beide hier noch unmittelbar von mündlicher Überlieferung abhängig sind, sondern nur, daß sie diese in der mündlichen Tradierung schon erprobte Verbindungsmöglichkeiten von Einzelsprüchen auch für

---

[11] Jeremias a. a. O. 67 f.

ihre schriftstellerischen Kompositionen benutzen. Andererseits wird der Stichwortanschluß auch in ihren Quellen bereits eine Rolle gespielt haben (s. oben S. 332 zu Mk 9,48—50 Ausgeführte).

Betrachtet man diese Mt-Rede als Ganzes, wo wird man sagen dürfen: Mt hat aus vorgefundenen kleinen Einheiten eine abgewogene und geschlossene Komposition geschaffen — natürlich innerhalb der Grenzen, die ihm der Zustand seines Materials setzte. Trotz des durchgehenden Themas wird er nicht eintönig. Mit geringen Mitteln erreicht er dramatische Steigerungen.

Die Rede beginnt — gleichsam piano — mit einem Spruch, der den Gegnern noch die größte gerade mögliche Anerkennung zollt. Nach den stärkeren Vorwürfen der Verse 5—7 bildet der Abschnitt über die christliche Demut — V. 8—12 — einen Ruhepunkt. Aber es ist die Ruhe vor dem Sturm, der nun sich steigernd in den sieben Weherufen über die Gegner hereinbricht. Mit der Anklage „Ihr Mörder!" ist der Höhepunkt erreicht, ohne daß Jesu eigenes Leiden erwähnt wird. Das Wort über Jerusalem, innig und wehmütig zugleich, ist Abschiedswort und Gerichtswort. Jetzt wird Jesus nur noch zu seinen Jüngern — und dem Hohenpriester — sprechen.

Wieweit kommt in alledem Jesus aber selbst zu Wort? Mt klagt das Judentum der Heuchelei an. Den Schriftgelehrten und Pharisäern geht es nicht um Gott: sie wollen nur bei den Menschen als fromm gelten. In Wirklichkeit sind sie Gottes Feinde, von jeher seine Boten verfolgend. Nun wartet ihrer das Gericht. Zu diesem harten Urteil über die Gegner drängt Mt der Eifer, mit dem er Gott zu dienen sucht: nur vollständige Hingabe an Gott hat Wert. Solche Radikalität sieht bei den Gegnern keine Unterschiede. Das einsichtige und gerechte Urteil des Paulus „Ich bezeuge ihnen, daß sie Eifer für Gott haben, aber nicht mit richtiger Erkenntnis" (Röm 10,2) bringt die Generation des Mt nicht mehr auf. Jener Schriftgelehrte von Mk 10,32, den Jesus nicht fern vom Reiche Gottes fand, wird Mt 22,35 zum bloßen Versucher — wie könnte ein Schriftgelehrter ohne Hinterlist zu Jesus sprechen und gar noch Lob ernten! Die gläubig gewordenen Pharisäer von Apg. 15,5 sind vergessen. Die Juden sind nur noch die „perfidi Iudaei", als die sie die spätere christliche Gemeinde kennt. Man kann nicht mehr friedlich mit ihnen sprechen. Auf Fanatismus antwortet Fanatismus. Solche Todfeindschaft weiß nichts von historischer Gerechtigkeit. Gerade darum aber darf man ihr totales Verdammungsurteil nicht einfach als Jesu Urteil gelten lassen.

Gewiß, auch Jesus hat mit Pharisäern Streit gehabt und am Pharisäismus Kritik geübt. Wie scharf er dessen Schwäche sah, zeigt die unvergeßliche Pharisäergestalt in dem Gleichnis Lk 18,10—14. Dieser Pharisäer ist kein Heuchler. Er rühmt sich nicht vor Menschen, sondern — er dankt Gott für die ihm zuteilgewordene Vortrefflichkeit, und zwar — das ist für Jesus das Schreckliche — mit einem guten Gewissen. Jesus hat die Pharisäer nicht als Heuchler dargestellt, sondern ernster genommen: Jesus kämpft gegen eine wirkliche Frömmigkeit, die aber verkehrt ist (vgl. den soeben zitierten Paulusspruch). Gerade deshalb ist Jesu Kampf so schwer, weil er gegen eine wirkliche und nicht bloß gegen eine geheuchelte Frömmigkeit zu streiten hat. Gerade weil es den Pharisäern wirklich um Gott ging, hielten sie Jesus für einen Lästerer und wurden seine Todfeinde. Mt selbst aber erhebt sich nicht grundsätzlich über die besten Vertreter des Pharisäismus.

Teilte Jesus aber wenigstens in einzelnen Punkten die Anschauungen von Mt 23? An die strenge pharisäische Praxis hat er sich nicht gehalten. Das beweist seine Stellung zur Reinheitsfrage, zum Fasten und zum Sabbat. Wie wenig aber die Polemik des Mt dem Denken Jesu entsprach, sei am Beispiel der Eidesfrage aufgezeigt. Mt fordert — wie die rabbinischen Gegner Jesu —, man solle seine Eide halten. Jesus verlangt ungleich mehr: die unbedingte Wahrhaftigkeit in jedem Worte[12] (die den Eid überflüssig macht). Das besagt aber: Mt 23,16—22 vertritt die von Jesus angegriffene Lehre. Sie ist in das Judentum vor Jesus zurückgefallen.

Daß Jesus mit der bedingungslosen Anerkennung der Schriftgelehrten in V. 2 f. und dem innerlich verwandten V. 23 nichts zu tun hat, sollte selbstverständlich sein. Aber auch nicht mit der oberflächlichen Polemik von V. 4—6: Jesus warf den Pharisäern nicht vor, daß Gott ihnen gleichgültig sei, sondern daß sie mit Gott im reinen zu sein wähnten, daß sie mit gutem Gewissem den Gedanken gar nicht an sich heranließen, es könne etwas zwischen ihnen und Gott nicht stimmen. Die Wahrheit, daß Gott den Zöllner des Gleichnisses in seine Gemeinschaft aufnimmt, den Pharisäer aber davon ausschließt, wäre für die Pharisäer der völlige Bankrott gewesen, das vernichtende Gericht. Dagegen haben sie sich verschlossen, und das Judenchristentum — auch das kann man aus Mt ablesen — hat nicht die geistliche Kraft besessen, diese Selbstbehauptung des Pharisäismus zu durchbrechen.

Was V. 8—10 angeht, so bestand zu Jesu Lebzeiten keine Gefahr, daß man seine Jünger „Rabbi", „Vater" oder „Führer" nannte. Jesus selbst wurde oft als „Rabbi" — eigentlich: „mein Großer"; vgl. monseigneur und mylord — angeredet. Daß der Fischer Petrus je so angeredet worden ist, darauf weist nichts hin. Für V. 11 f. hatten wir alte Jesusworte als Grundlage vermutet. Von den Weherufen weisen der erste und der zweite deutlich in die Situation der nachösterlichen Gemeinde, nicht aber Jesu. Über den dritten Weheruf und über V. 23 im vierten haben wir soeben gehandelt. Dagegen könnte V. 24 ein Jesusspruch sein, wenn auch die volkstümliche Drastik dieser Formulierung noch nicht die Herkunft von Jesus verbürgt. Das fünfte bis siebente „Wehe" stammen in dieser Form nicht von Jesus; ob beim fünften ein Jesuswort zugrundeliegt, ist fraglich.

---

[12] Jak 5,12.

Mit anderen Worten: Ein großer Teil dieses Kapitels zeigt die Polemik, welche die judenchristliche Gemeinde nach Jesu Tod mit ihren jüdischen Glaubensbrüdern und Todfeinden geführt hat. In dieser Polemik erhebt sie sich nur unwesentlich über das strenge Judentum. Wer ihre Worte Jesus zuspricht, erniedrigt Jesus zu einem Lehrer eben jener Anschauung, die er mit all seiner Kraft bekämpft hat.

61 Das Scherflein der Witwe

Mk 12,41—44; Lk 21,1—4

(41) Und er setzte sich nieder gegenüber dem Gotteskasten und sah zu, wie das Volk Geld in den Gotteskasten warf. (42) Und es kam eine arme Witwe und warf zwei Lepta hinein, das ist ein Quadrans. (43) Und er rief seine Jünger heran und sagte zu ihnen: „Wahrlich, ich sage euch: diese arme Witwe hat mehr hineingeworfen als alle, die Geld in den Gotteskasten eingeworfen haben. (44) Denn alle andern gaben von ihrem Überfluß, diese aber hat von ihrem Mangel eingeworfen alles, was sie hatte, ihr ganze Habe."

Unsere Erzählung hat eine Stichwortverbindung mit der Erwähnung der Witwen von Mk 12,40. Die Angabe, wieviel zwei Lepta[1] in römischer Währung ausmachen, könnte auf eine Abfassung des Mk in Rom hindeuten. Wer dem „Gotteskasten"[2] gegenübersitzt, kann nicht sehen, was die Leute in die trompetenförmigen[3] ehernen Be-

---

[1] Nach W. Bauer, Wb 933 besaß diese kleinste Kupfermünze — sie entsprach der hebr. Peruta — den Wert eines halben Goldpfennigs.

[2] Die genaue Bedeutung des Wortes γαζοφυλάκιον (gazophylakion, eigentlich = Schatzhaus) steht nicht fest; s. dazu Billerbeck II 34—45. Josephus Bell. V § 200 erwähnt mehrere „gazophylakia"; nach Bell. VI § 282 sind sie bei der Einnahme Jerusalems im Jahre 70 mit verbrannt. Von diesen unterscheidet er Ant. XIX § 294 ein „gazophylakion", das im Frauenvorhof gelegen haben muß. Lohmeyer hat Mk 265—267 die Schwierigkeiten dargelegt, welche die Erzählung bietet: „gegenüber dem gazophylakion" — soll das nur einen einzelnen Opferstock bezeichnen? Dann müßte es einer für freiwillige Gaben gewesen sein. Aber wie kann Jesus vor ihm sitzen? So nahe, daß der die Münze erkennen kann? Billerbeck (II 3—45) hat angenommen, man mußte dem Priester die Höhe der ihm übergebenen Summe nennen und deren Zweck angeben. Allein der Text spricht nur von der Münze so, als hätte Jesus sie gesehen. Woher Jesus weiß, daß die anderen von ihrem Überfluß geben, die Witwe von ihrem Mangel, ist nicht zu erkennen. „Was Jesus hier sagt, könnte auch ein Rabbi gesagt haben; es ist jüdische Humanität, die aus diesen Sätzen spricht", meint Lohmeyer 267. Vermutlich wußte der Evangelist um die gazophylakia gar nicht mehr genau Bescheid.

[3] Die Einwurföffnung in die trompetenförmigen Röhren war klein, um Diebstahl unmöglich zu machen.

hälter einwerfen. Bill. II 37—45 stellte sich die Szene darum so vor: die Spender gaben dem Priester die Höhe der von ihnen geschenkten Summe und deren Bestimmung an. Davon steht in der Geschichte nichts; der Verfasser kennt wahrscheinlich die Szenerie nicht genau. V. Taylor 496 gibt der Apologetik Billerbecks eine Chance. Besser ist die Vermutung von Hirsch, daß ein Gleichnis Jesu in ein historisches Ereignis zurückverwandelt worden ist. Nur in dieser Geschichte wird etwas, was mit dem Tempelkult zusammenhängt, erwähnt. Wenn die ansprechende Vermutung Hirschs (Frühgeschichte I 137) zutrifft, dann scheidet auch diese kleine Perikope aus der Tradition über die Jerusalemer Tage vor der Passion aus.

Der Schluß der Geschichte ist deutlich aufgefüllt. Das ursprüngliche Wort Jesu dürfte mit den Worten „aus ihrem Mangel" geschlossen haben: die andern haben von ihrem Überfluß gegeben, sie aber von ihrem „Mangel", wie kurz formuliert wird, d. h. von ihrer Armut. Dazu hat man später steigernd hinzugefügt: „alles, was sie hatte, ihren ganzen Lebensunterhalt". Nach diesem Zusatz hat die Witwe nun alles weggegeben und besitzt keinen Pfennig mehr. Wovon sie nun leben soll, kümmert den erbaulichen Ergänzer nicht, der eine Musterfromme schildern will. Das hatte Jesu Erzählung nicht gemeint. Er hatte anschaulich gemacht, daß die absolute Höhe einer Gabe nicht deren Wert vor Gott bestimmt. Vielmehr muß man auch bedenken, was ein Mensch damit hingibt. Damit ist nicht der simple Gedanke gemeint: eine Geldspende muß im Verhältnis zum vorhandenen Besitz gewertet werden. Wenn eine arme Frau, die kaum etwas ihr Eigen nennt, davon noch etwas hingibt, dann ist offenbar ihr Herz dabei beteiligt.

62 Weissagung der Zerstörung des Tempels

Mk 13,1 f.; Mt 24,1 f.; Lk 21,5 f.

(1) Und als er das Heiligtum verließ, sagte einer seiner Jünger zu ihm: „Meister, sieh, was für Steine und was für Gebäude!". (2) Und Jesus sprach zu ihm: „Siehst du diese großen Gebäude? Es soll kein Stein übrig bleiben, der nicht zerstört werden wird!"

V. 1 f. dient als Einleitung für das Folgende, kann aber auch für sich überliefert worden sein. Genauer genommen: V. 2 könnte ein altes Jesuslogion sein. Daß der Jünger die gewaltigen Steinquadern (Lk hat daraus „schöne Steine und Weihgaben" gemacht; das konnten seine Leser leichter verstehen) und die großen Gebäude bestaunt, wäre an sich verständlicher, wenn der Jünger all das zum erstenmal sieht. Aber man wird die Vermutung nicht los: diese Doppelfrage, ihre einzelnen Glieder (Steine und Gebäude) bilden nur die Rahmung für einen älteren Jesusspruch, der einfach die völlige Zerstörung des Tempels voraussagt. Ist dieser Spruch am Ende jenes Wort Jesu gegen den Tempel, das dann im Prozeß gegen ihn geltend gemacht wurde? „Der nicht zerstört wird" erinnert im Verb und Inhalt an Mk 14,58: „Ich werde diesen Tempel zerstören." Davon später mehr (s. u. S. 510 f.). Von einer Zerstörung Jerusalems ist hier nicht die Rede. Aber ist sie nicht vorausgesetzt, wenn der Tempel bis in den Grund zerstört werden wird?

Daß Teile der Tempelmauern mit ihren gewaltigen Quadern erhalten geblieben sind, ist natürlich kein Beweis gegen oder für die Echtheit des Jesuswortes. Eher kann man fragen, ob die Tempelreinigung nicht durch dieses Drohwort in Frage gestellt wird. Aber der Satz läßt sich auch andersherum lesen: ob die Tempelreinigung nicht gegen dieses Drohwort spricht, das dann ein vaticinium ex eventu sein könnte. Aber wenn man sieht, wie die Gemeinde später an dem Tempelwort Jesu in Mk 14,58 gearbeitet hat[1], dann ist es nicht so sicher, ob hier nicht Lohmeyer recht hat, der sogar in 13,1—4 nur

[1] s. u. S .510 f. — In seinem Werk „Theologie der Hoffnung. Untersuchungen zur Begründung und zu den Konsequenzen einer christlichen Eschatologie." (Beiträge zur evangelischen Theologie. Theologische Abhandlungen, hrsg. von E. Wolf, Band 38, München 1965) schlägt Jürgen Moltmann ganz neue Wege zum Verständnis der christlichen Eschatologie vor: wir haben die Möglichkeit, sie als Verheißung zu verstehen, als „Theologie der Hoffnung". Allerdings bietet Mk 13 einem solchen Verständnis den härtesten Widerstand. Moltmann selbst schreibt 177: „Die Offenbarung Johannis und auch die kleine Apokalypse Mark. 13 zeigen, daß es sich hier keineswegs um apokalyptische Spekulationen oder moralische Appelle allein, sondern um ein eschatologisches Erfassen jener Geschichte handelt, die an der Sendung Christi im Martyrium zu erwarten ist und erfahren wird." Aber das trifft nur zum Teil zu: von dem, was hier angekündigt wird in Mk 13, haben die Christen bis zu Markus nur einen geringen Teil erfahren. Das meiste sind Bilder der Angst und des Schreckens, erwachsen aus atl. und spätjüdischer Tradition, die wie eine dunkle Gewitterwolke über der Gemeinde hingen. Das einzig Tröstliche und Hoffnungsvolle ist, daß endlich, am Schluß alles Grauens und des ganzen alten Äons der Menschensohn, wie geweissagt, mit den Engeln auf den Wolken des Himmels wiederkehren wird und dann die Erwählten gesammelt werden zu einer glückseligen Zukunft, die aber nicht näher beschrieben wird. Wir sehen hier, wie das, was Jesus auf Erden gelebt und getan hat, vor diesen Schreckbildern einer alten Tradition für eine Weile zurücktritt, als wäre es ausgelöscht. Daß von der Freudenkunde, mit der Jesus aufgetreten war, in diesem Kapitel nur ein so leises Echo zu hören ist, das ist —über alle religionsgeschichtlichen Fragen und historischen Probleme dieses Kapitels hinaus — vielleicht das merkwürdigste und bedrückendste Rätsel dieses so rätselvollen Kapitels. Auch von dem paulinischen Wort „Freuet euch in dem Herrn allewege, und abermals sage ich euch: freuet euch! ... Der Herr ist nahe; macht euch keine Sorge" (Phil 4,4.6) ist hier kein Widerschein zu sehen. Wie in den Sendschreiben der Offenbarung wird auch hier spürbar, daß die Zeit der ersten Hoffnung und großen Freude vergangen ist und eher ein Durchhalten gepredigt wird — eine Predigt, die sich in den kommenden Jahrhunderten freilich als höchst aktuell und nötig erwies.

eine Komposition des Mk sehen will. (267). Aber nach V. 2 läuft deutlich eine Zäsur: vorher ist die ganze Jüngerschar noch bei Jesus; nachher nur die vier Vertrauten.

63 Die synoptische Apokalypse

Mk 13,3—37; Mt 24,4—36; Lk 21,21—36

(3) Und als er auf dem Ölberg saß gegenüber dem Tempel, befragte ihn für sich Petrus und Jakobus und Johannes und Andreas: (4) „Sage uns: Wann wird das sein, und was ist das Zeichen, wenn sich dies alles vollenden wird?" (5) Jesus aber begann ihnen zu sagen: „Gebt acht, daß euch niemand verführt! (6) Viele werden kommen in meinem Namen, sagend „Ich bin es!", und werden viele verführen. (7) Wenn ihr aber hört Kriege und Kriegsgeschrei, so fürchtet euch nicht. Es muß geschehen, aber es ist noch nicht das Ende. (8) Denn es wird aufstehen Volk wider Volk und Königreich wider Königreich; es werden Erdbeben sein da und dort, es werden Hungersnöte sein. Das ist der Anfang der Wehen. (9) Gebt acht auf euch selber! Denn sie werden euch ausliefern an Synhedrien und ihr werdet in Synagogen gegeißelt werden und vor Statthalter und Könige gestellt werden um meinetwillen, ihnen zum Zeugnis. (10) Und allen Heidenvölkern muß zuerst das Evangelium verkündet werden. (11) Und wenn sie euch hinführen und ausliefern, so macht euch nicht zuvor Sorge, was ihr sagen sollt; sondern was euch in jener Stunde gegeben werden wird, das sagt. Denn nicht ihr seid die Sprecher, sondern der heilige Geist. (12) Und ausliefern wird ein Bruder den Bruder zum Tode und der Vater das Kind, und die Kinder werden aufstehen gegen die Eltern und sie töten. (13) Und ihr werdet gehaßt sein von allen um meines Namens willen. Wer aber bis zum Ende ausharrt, der wird gerettet werden.

(14) Wenn ihr aber den Greuel der Verwüstung stehen seht, wo er nicht darf — der Leser merke auf! —, dann sollen die in Judäa in die Berge fliehen, (15) der auf dem Dach steige nicht herab und gehe nicht hinein, um etwas aus seinem Hause zu holen, (16) und der auf dem Felde kehre nicht zurück, um seinen Mantel zu holen. (17) Wehe aber den Schwangeren und Säugenden in jenen Tagen! (18) Betet aber, daß es nicht im Winter geschieht! (19) Denn es werden jene Tage eine Trübsal sein, wie sie nicht gewesen ist seit Beginn der Schöpfung, die Gott schuf, bis jetzt und keine sein wird. (20) Und wenn der Herr nicht die Tage verkürzt hätte, so würde kein Fleisch gerettet werden. Aber wegen der Auserwählten, die er auserwählt hat, hat er die Tage verkürzt. (21) Und wenn dann jemand zu euch sagt: Siehe hier ist der Christus, siehe da — glaubt es nicht! (22) Es werden aber falsche Christusse und falsche Propheten auftreten und Zeichen

und Wunder tun, um womöglich die Auserwählten zu verführen. (23) Ihr aber, sehet zu! Ich habe euch alles vorausgesagt.

(24) Aber in jenen Tagen nach jener Trübsal „wird sich die Sonne verfinstern und der Mond nicht seinen Schein geben" (25) „und die Sterne werden" vom Himmel „fallen und die Kräfte in den Himmeln" ins Schwanken geraten. (26) Und dann wird man „den Sohn des Menschen auf den Wolken kommen" sehen mit großer Macht und Herrlichkeit. (27) Und dann wird er die Engel aussenden und die Auserwählten versammeln von den vier Winden her, vom Ende der Erde bis zum Ende des Himmels.

(28) Vom Feigenbaum aber lernet das Gleichnis: Wenn schon sein Zweig saftig wird und die Blätter hervorwachsen, dann merkt ihr, daß der Sommer nahe ist. (29) So auch ihr, wenn ihr dieses Geschehen seht, merket, daß er nahe vor der Tür ist. (30) Wahrlich, ich sage euch: Dieses Geschlecht wird nicht vergehen, bis dies alles geschieht. (31) Der Himmel und die Erde werden vergehen, meine Worte aber werden nicht vergehen. (32) Über jenen Tag aber oder jene Stunde weiß niemand, auch nicht die Engel im Himmel oder der Sohn, sondern nur der Vater. (33) Sehet zu, wachet! Denn ihr wißt nicht, wann der Zeitpunkt da ist. (34) Wie ein Mann, der fortreist und sein Haus verläßt und seinen Knechten Vollmacht gibt, jedem sein Werk, und dem Türhüter befahl er zu wachen. (35) Wachet also, denn ihr wißt nicht, wann der Hausherr kommen wird, spät am Abend oder um Mitternacht oder beim Hahnenschrei oder in der Frühe, (36) damit er nicht, plötzlich kommend, euch schlafend finde! (37) Was ich aber euch sage, sage ich allen: wachet!"

V. 3 f. hebt sich von der ersten Szene deutlich ab durch die neue Ortsangabe: Jesus ist nicht mehr im Tempel, sondern — davon durch die Schlucht des Kidron getrennt — auf dem Ölberg. Und zugleich ist die Zuhörerschaft neu: nur die vier Vertrauten sind anwesend. Das ist die rechte Situation für eine geheime Offenbarung, wie sie hier wirklich erfolgt.

Eingeleitet wird sie durch die Frage der Jünger, die so klingt, als wäre das Tempelwort eben erst gefallen; nur in der Wirklichkeit der Erzählung aber ist dies der Fall. Der erste Teil der Frage „wann wird das sein?" weist zurück auf V. 2. Man hat gemeint, dieser erste Teil der Jüngerfrage werde von Jesus nicht beantwortet, und zwar deshalb nicht, weil Jesus diese Frage für unangemessen hielt. Damit hat man aber die Frage gründlich mißverstanden; niemand hat von Jesus erwartet, er werde voraussagen, in wieviel Jahren, Monaten, Tagen und Stunden das Ende kommen werde. Die Frage nach dem „Wann?" meint vielmehr die konkreten Ereignisse, an denen man das Nahen des Endes erkennen kann, und diese Frage *wird* hier beantwortet, im Gegensatz zu Lk 17,20 ff. wo Jesus darauf hinweist, daß man das

Kommen des Gottesreiches nicht an irgendwelchen Ereignissen ablesen kann.

Dagegen bleibt eine andere Schwierigkeit bestehen: V. 3 f. setzt die Zerstörung des Tempels und das Weltende in die gleiche Zeit. Im folgenden ist zwar vom Ende des Äons die Rede, nicht aber von der Zerstörung des Tempels (wenn man sie nicht in V. 14 angedeutet sieht). Diese Schwierigkeit erklärt sich so: Mk hat die kleine Szene V. 1 f., die er bereits als überlieferte Einheit vorfand, als Einleitung für die große apokalyptische Rede benutzt. Diese aber hat ganz andere Themen und ließ sich nicht mit der Einleitung wirklich verbinden. Die alte Tradition wußte von einem gegen den Tempel gerichteten Jesuswort zu berichten; die eschatologischen Aussagen der großen Rede vom Ende der Welt aber stammen aus ganz anderen Überlieferungen, die mit sehr anderen Zeitmaßen mißt.

Nach V. 3 spricht Jesus nur zu den vier Vertrauten; später aber, in V. 37, wird dieser Geheimnischarakter wieder aufgehoben. H. J. Ebeling sieht darin, daß der Leser etwas erfährt, was nur die allervertrautesten Jünger zu wissen bekamen, die Gewißheit für den Leser, daß hier wirklich alles mitgeteilt wird, was Jesus überhaupt gesagt hat. Nun, manche Teile der Rede sind in einem ganz besonderen Sinne eine Geheimtradition, und das macht die von Mk gewählte Situation einer geheimen Belehrung besonders sinnvoll.

Die Auslegung der Rede hat zur ersten Aufgabe, jenen Sinn festzustellen, den der Evangelist mit seinen Worten verband. Damit ist jedoch nicht gesagt, daß das 13. Kapitel eine quellenmäßige Einheit ist — der Evangelist kann es aus kleinen Traditionsstücken zusammengesetzt haben, so wie Mt sein Kap. 23. Aber den ursprünglichen Sinn dieser einzelnen Bestandteile zu finden ist nicht unsere erste Aufgabe: uns kommt es nicht auf den Sinn hypothetischer Quellen an, sondern darauf, was Mk selbst sagen wollte. Dabei wird sich ganz von selbst zeigen, wie eng oder locker die einzelnen Teile miteinander zusammenhängen.

Die Verse 3—7 sind im „Wir"-Stil gehalten. Inhaltlich jedoch hängen, wie wir sogleich sehen werden, V. 5 f. enger zusammen. Darum wollen wir bei ihnen einsetzen. Sie warnen die Christen vor einer drohenden Verführung — durch wen? W. Marxsen schreibt[1]: „Daß viele Messiasprätendeten zu jener Zeit" (um die Jahre 66—77) „auftraten, ist bekannt", aber er nennt nur — nach Schniewind (Mk 156) — Johannes von Gischala. Daß sich Josephus als Messias ausgegeben habe, wird auch nach Schlatter[2] nicht wahrscheinlich. Daß sich irgend jemand für den auferstandenen Jesus ausgegeben hat, daran ist nicht zu denken; es kann sich nur um Männer handeln, die behaupteten, der (irdisch-national verstandene) Messias zu sein. Für die Christen war

[1] In: Der Evangelist Markus. Studien zur Redaktionsgeschichte des Evangeliums, Göttingen 1956, 116.

[2] A. Schlatter, Geschichte Israels, 2. Teil. S. 268 ff.

freilich Jesus der Messias; ja diese Bezeichnung war schon zur Zeit des Mk zum Eigennamen Jesu geworden. Von da her läßt sich das „in meinem Namen" verstehen. Ebenso wäre die Formulierung „ich bin es" vom christlichen Messiasglauben her zu deuten. Schniewind (Mk 167) meint: „Die Entscheidung, wer das ‚ich bin es' mit Recht spricht, stand beständig über den ersten Christen"; das ist sehr fraglich. Schniewind unterscheidet nicht die Behauptung gnostischer (angeblicher) Offenbarer, von denen wir aus Celsus wissen, und die messianischen Ansprüche kleiner Bandenführer wie des Hirten Atrongus, von denen Josephus erzählt. Beides hat nichts miteinander zu tun.

Hirsch (Frühgeschichte I 139) beginnt die Besprechung von Mk 13 mit den Worten: „Die Forschung hat längst erkannt, daß in Mk 13 das fliegende Blatt eines christlichen Propheten enthalten ist, das nach Eusebius Hist. Ekkl. III 5, 3 bei Beginn des jüdischen Krieges Anlaß zur Flucht der jerusalemischen Christengemeinde nach Pella im Ostjordanland geworden ist[3]." Marxsen hat diese Hypothese, die einmal en vogue war, abgeändert übernommen: „Jedenfalls zeichnen die Verse 5—13 nun deutlich genug eine Situation, die auf dem Hintergrund der turbulenten Ereignisse in den Jahren 66—70 n. Chr. Erlebnisse und Erfahrungen der Urgemeinde wiedergeben können" (a. a. O. 116). Wir werden bald sehen, wie unsicher die ganze Flugblatt-Hypothese ist.

Zunächst: Wir wissen aus dem 1. Jh. nichts vom Auftreten solcher Pseudo-Messiasse, die sich selbst für den wiederkehrenden Jesus ausgegeben hätten. Wir kennen aber auch kein Ereignis, das eine solche Erwartung hätte wecken können. Wir müssen jedoch zunächst unterscheiden zwischen dem, was solche Befürchtungen veranlassen konnte, und diesen Befürchtungen selbst. Es war zum Entstehen einer solchen Erwartung und Befürchtung gar nicht nötig, daß sich jemand als der wiederkehrende Jesus oder überhaupt nur als Messias ausgegeben hat, so daß die Christen schon das Erscheinen eines falschen Messias erlebt hätten. Es genügte bereits, wenn irgendeine Bewegung später messianisch gedeutet werden konnte. Von solchen Bewegungen kommen u. W. zwei in Frage: einmal die des Theudas. Unter der Prokuratur des Fadus (44—46) versprach der von Josephus (Ant. 20, § 97 f.) erwähnte Theudas[4] seinen Anhängern, er werde sie trockenen Fußes

[3] Diese Eusebstelle sagt freilich nichts von einem „fliegenden Blatt" — das ist ein moderner Begriff —; sie redet nur von einem Orakelspruch, der den Gläubigen vor Beginn des jüdischen Krieges durch eine Offenbarung gegeben worden sei (s. dazu auch unten S. 488 zu Mk 14,28. Er befahl der Gemeinde, Jerusalem zu verlassen und sich in einer Stadt Peräas mit Namen Pella im Ostjordanland niederzulassen. Josephus erwähnt dieses peräische Pella Bell. III § 46 als an der Nordgrenze Peräas gelegen. Das unter dem Statthalter Florus von den Juden zerstörte Pella dagegen war eine syrische Stadt: Bell. II § 458.

[4] Die Apg hat ihn 5,36 zu Unrecht um Dezennien zu früh angesetzt: er sei vor der Schätzung des Quirinius aufgetreten! Diesen Irrtum hat auch Schlatter (Lk

durch den Jordan bringen und damit das Josua-Wunder wiederholen. Aber römische Reiterei zerstreute seine Anhänger und brachte seinen Kopf dem Prokurator. Zweitens wäre der rätselhafte „Ägypter" zu nennen. Die Apg erwähnt ihn 21,38 und behauptet, er habe viertausend Sikarier in die Wüste hinausgeführt. Damit hat Lukas jedoch vier ganz verschiedene Größen durcheinandergebracht. Erstens: die Sikarier, die „Dolchmänner" (von lat. „sicca", der Dolch). Sie waren eine radikale nationalistische Gruppe in Jerusalem, die im Festgedränge wirkliche oder angebliche Kollaborateure mit ihren Dolchen umbrachten. Zum andern verbindet Lukas damit zu Unrecht jenen ägyptischen Juden, den Josephus als einen „falschen Propheten" bezeichnet hat[5]. Er ist unter dem Prokurator Felix — der dieses Amt vom Jahr 52 an innehatte — aufgetreten. Die beiden Berichte des Josephus über ihn stimmen darin überein, daß er mit seinen Anhängern zum Ölberg gezogen ist. Sie wurden aber von den Truppen des Felix zerstreut, wobei jedoch der „Ägypter" selbst entkam. Während aber Josephus einmal davon redet, daß der „Ägypter" Jerusalem mit Gewalt einnehmen wollte[6], stellt der andere Bericht es so dar, daß der „Ägypter" erwartete, Jerusalems Mauern würden auf seinen Befehl einstürzen[7]. Wieder etwas ganz anders als das Auftreten des „Ägypters" ist der „Zug in die Wüste". Er ist ein eigenartiges Phänomen, das sich öfter wiederholt hat. Josephus erwähnt Ant. 20 § 186 einen γόης (goës = betrügerischer Gaukler), der zu einem Zug in die Wüste aufrief. Anscheinend wollte er selbst ebensowenig wie Theudas der Messias sein, sondern hoffte, in der Wüste den Messias zu finden. Seltsamerweise beschränkte sich diese Hoffnung nicht auf Palästina: nach Jos. Bellum 7, § 437—440 und 450 führte ein Weber Jonathan in der Cyrenaika viele Arme in die Wüste!

In den Synoptikern finden wir diese Erscheinung in Mt 24,26 und Lk 17,23 beschrieben. Aber nur die erstere Stelle enthält die konkrete Erwartung: Der Messias ist in der Wüste; aber er ist dort noch verborgen. Jene Männer, welche die Massen zum Zug in die Wüste aufforderten, behaupteten keineswegs, selbst der Messias zu sein. Wohl aber hofften sie, den verborgen dort weilenden Messias zu finden, der dann mit der Macht Gottes die Macht Roms zerschlagen werde. So läßt sich auch die sonst rätselhafte Theudasepisode verstehen, und

185) nicht verteidigt, während Bruce 147 sich noch mit der Auskunft der älteren Apologetik behalf, Lukas spreche von einem anderen Theudas als Josephus. Auch die Art, wie Lukas das Ende der Bewegung des Theudas beschreibt, trifft nicht zu: sie hat sich nicht von selbst aufgelöst, sondern die Reiter des Prokurators Fadus haben die Anhänger des Theudas niedergemetzelt oder gefangengenommen.

[5] Josephus Bell. II § 261.

[6] Josephus Bell. II § 262; dabei wird erwähnt, daß er mit dreitausend Mann „aus der Wüste" kommt.

[7] Josephus Ant. XX § 170.

Offb 19,11—21 — wo allerdings der Messias aus dem Himmel kommt mit seinen Heeren — gehört insofern in den Kreis dieser Erwartungen, als es sich hier eben nicht um politische Machtergreifung einer Gruppe handelte: das Tun erwartete man vom Messias. Die Anhänger des Theudas konnten leicht von den römischen Reitern niedergemetzelt werden, weil sie keine bewaffnete Macht darstellten. Vielleicht hat auch das Blutbad, das Pilatus unter den Samaritanern anrichtete, etwas damit zu tun. Josephus erzählt nämlich Ant. 18,85, jemand habe den Samaritanern versprochen, er werde ihnen auf dem Garizim die dort verborgenen heiligen Geräte des Moses — also die Bundeslade — zeigen. Allerdings trugen sie nach Josephus Waffen. Aber Josephus bemüht sich immer, „messianische" Erwartungen zu verdecken. Im Judentum selbst läßt sich der Glaube an einen verborgenen Messias anscheinend erst von 300 n. Ch. an belegen (Bill. I 86). Die Erinnerungen an solche Vorgänge haben in der christlichen Gemeinde weitergelebt — das beweisen Mt 24,26 und Lk 17,23. Die lukanische Parallele ist schon blasser; offenbar hat Lk nicht mehr verstanden, wie jemand erwarten könne, der Messias sei in der Wüste, oder in einem Gemach. Aber darin war er sich mit Mt einig, daß die Erscheinung des Messias ein kosmisches Ereignis sein werde. Außerdem fanden jene Christen, die im A. T. forschten, in Dt 13,2—6 die Möglichkeit vorhergesagt, daß ein Prophet zum Götzendienst auffordert und als Ausweis tatsächlich Wunder tut.

Die Worte Mk 13,6 „viele werden kommen in meinem Namen ... und werden viele verführen" (formal sind sie eine Weissagung des noch auf Erden lebenden Jesus) besagen also nicht notwendig, daß die christliche Gemeinde zur Zeit des Mk auf die Verführung zahlreicher Christen durch falsche Messiasse zurücksah. Das ist im Gegenteil nach allem, was wir wissen, nicht der Fall gewesen. Möglicherweise sah sie nur zurück auf — in ihrer Art messianische — Bewegungen wie die des Theudas. Sie haben viele verführt, wenn auch keine Christen, und nun erwartete man weitere pseudomessianische Bewegungen, die auch für Christen eine verführerische Kraft haben konnten.

Die Anrede „ihr" setzt sich zwar noch in V. 7 fort; aber inhaltlich ist dieser Vers scharf vom Vorhergehenden unterschieden: jetzt wird gemahnt, die Christen sollten sich nicht durch den Ausbruch von Kriegen oder Gerüchte über solche aus der Fassung bringen lassen: all das ist ja im Plan, im göttlichen Plan der Endereignisse enthalten („es muß geschehen") und damit unter göttlicher Kontrolle. Also keine Angst davor haben[8]! Und wenn es auch zu den Endereignissen gehört

[8] Grundmann Mk 263 meint, hier würden die Jünger von jeder Hoffnung auf den messianischen Krieg geschieden, welche die Judenschaft erfüllte. Allein der Text redet nicht von Verführung, sondern will vor Angst bewahren. Grundmann verweist auf den äthiop. Henoch 99,4 ff.: „an jenem Tage werden die Völker in Aufruhr kommen ..." und auf 4. Esra 13,20—32 (gemeint sind wohl

— das Ende selbst ist es noch nicht. Damit wird deutlich, daß hier vor einer allzu kurzfristigen Naherwartung gewarnt wird. Die Erwähnung der Kriege ist so unbestimmt, daß man keine Beziehung auf den Krieg von 66—70 n. Chr. darin entdecken kann.

V. 8 ist durch „denn" mit V. 7 verbunden; er soll ihn also anscheinend erläutern. Aber ursprünglich dürfte er aus einer anderen Überlieferung kommen, die nicht im „ihr"-Stil erzählte, was sich vor dem Ende ereignen wird. Und es ist, genau besehen, etwas sehr anderes, was uns nun gesagt wird: Volk wird aufstehen gegen Volk, Königreich gegen Königreich: die gesamte politische Ordnung der Welt geht aus den Fugen. Es kommt zu einem Kampf aller Völker gegeneinander. Das ist total verschieden von jenem Hören von Kriegen und Kriegsgerüchten in V. 7. Dort war kein solcher allgemeiner Kampf vorausgesetzt.

Außerdem werden Erdbeben und Hungersnöte eintreten[9] — auch die Ordnung der Natur auf der Erde kommt ins Wanken. Dies ist der Beginn der „Wehen". So wie sich die Geburt eines Kindes bei der Mutter in den Wehen ankündigt, so auch die „Geburt" des neuen Äons durch die sog. „messianischen Wehen". Ihr Begriff gehört der spätjüdischen Eschatologie an. Das besagt freilich noch nicht, daß hier eine schriftliche Quelle benutzt ist. Die Christen — viele von ihnen kamen selbst aus dem Judentum, und alle sahen das A. T. als das heilige Buch an — haben selbstverständlich aus der ihnen bekannten jüdischen Tradition übernommen, was sich in ihr Zukunftsgemälde einfügte. Vielleicht muß man sogar sagen: sie haben ihre eigenen Hoffnungen und Ängste ins jüdische Zukunftsgemälde eingezeichnet.

Erst V. 24 ff. setzen den V. 8 fort. Wir werden sehen, daß sich bei Lk dieser ältere Zusammenhang wieder hergestellt hat, wenn auch kaum auf Grund einer älteren Quelle.

V. 9—13 bilden eine neue Untereinheit — Mt hat sie zum großen Teil in seiner Aussendungsrede untergebracht (Mt 10,17—21). Diese Verse spiegeln die Erfahrungen wider, welche die Christen im ersten halben Jahrhundert nach Jesu Tod gemacht haben: man führte sie vor die Synhedrien, sie wurden in den Synagogen gegeißelt, und einige wenige wurden, wie Paulus, vor Statthalter und Könige gestellt. Das alles geschah (wie V. 9 am Schluß andeutet) deshalb, damit das christliche Zeugnis vor diesen leitenden Behörden laut wurde. Sie können sich nun nicht mehr auf Unkenntnis der Dinge herausreden: sie haben selbst die christliche Verkündigung gehört. Wenn sie sich dawider verschlossen haben, so ist das ihre Schuld!

30—32): „es wird gewaltige Erregung über die Erdenbewohner fallen, sie werden Kriege wider einander planen, Stadt gegen Stadt, Ort gegen Ort, Volk gegen Volk, Reich gegen Reich". Hier ist ein offensichtlich beliebter Topos der spätjüdischen Apokalyptik aufgenommen worden.

[9] Grundmann Mk 264 erinnert an die große Hungersnot unter Klaudius (vgl. Apg 11,28) und die Erdbeben in Phrygien 61 n. Chr. und in Pamphylien 63 n. Chr.

V. 10 ist (das bestätigt der Vergleich mit Mt 10,18 f.) ungeschickt eingeschoben; Lk hat das gespürt und darum diesen Vers ausgelassen, den Mt an späterer Stelle (24,14) gebracht hat. Aber Mk sah keinen besseren Platz für V. 10. Dieses Wort zeigt: Zur Zeit des Mk war es eine bei den Christen schon anerkannte Lehre, daß die christliche Verkündigung vor dem Ende zu allen Völkern kommen müsse. Das ist nicht bloß ein Echo der paulinischen Mission: der Gedanke der Weltmission ist frühzeitig in der christlichen Gemeinde aufgetaucht und hat sich — gegen den ursprünglichen Widerstand der judenchristlichen Kreise in Jerusalem — rasch durchgesetzt, wobei freilich Paulus für sich den Löwenanteil beanspruchen kann. Was hier V. 10 zwar auch als Wort Jesu, aber gleichsam nur beiläufig erwähnt, das hat Mt (28,19) als einen feierlichen Befehl des Auferstandenen formuliert.

Übrigens besteht ein — wenn auch loser — Zusammenhang zwischen V. 9 und 10: V. 9 spricht von der christlichen Verkündigung vor amtlichen Stellen in Judäa. V. 10 seinerseits macht klar, daß die christliche Verkündigung vor dem Ende noch weiter ausgreifen muß! Alle Völker sollen erreicht werden! Um dieses Zusammenhanges willen dürfte Mk V. 10 an diesen Platz gestellt haben.

V. 11—13 setzen V. 9 fort. Sie sind freilich keine ursprüngliche Einheit, sondern bestehen aus mehreren Einzelsprüchen, die das Stichwort „überantworten" (παραδιδόναι; paradidonai) in V. 9, 11 und 12 zusammenhält. Alle diese Sprüche behandeln freilich verwandte Themen: V. 9 nennt die Behörden, vor die man die Christen stellen wird bei der Verfolgung; V. 11 aber spricht vom rechten Verhalten in solcher Verfolgung. V. 12 sagt voraus, daß sich die eigenen Familien der Christen daran beteiligen werden. V. 11 faßt den Geist nicht als einen Besitz aller Christen, auch nicht als Gabe an eine bestimmte Gruppe, die Pneumatiker, sondern — in atl. Weise — als ein außerordentliches Geschenk: es wird in der entscheidenden Stunde der Bewährung dem „Märtyrer"[10], dem „Zeugen" verliehen. Darum soll man sich nicht auf die Vernehmung vorbereiten, sondern sich auf die Hilfe des heiligen Geistes verlassen.

V. 12 nimmt (wie schon angedeutet) ein zwar verwandtes, aber doch neues Thema auf: mitten durch die Familien wird der Riß hindurchgehen: ein Bruder wird den anderen, Eltern die Kinder und Kinder die Eltern anzeigen und damit dem Tode ausliefern. Dieses „sie werden sie töten" hat nur dann Sinn, wenn schon das „nomen Christianum" als todeswürdiges Verbrechen gilt. Zugleich liegt allerdings eine Anspielung an Mich 7,6 vor, einem Klagelied darüber, daß die Frommen verschwunden sind und katastrophale Verhältnisse herrschen: man darf keinem Freund, der eigenen Frau nicht trauen.

[10] Der Begriff des Märtyrers im Sinne des Blutzeugen taucht wohl zuerst Offb 2,13 auf bei der Erwähnung des „treuen Zeugen Antipas, der bei euch getötet wurde", im „Himmelsbrief an die Gemeinde von Pergamon".

„Denn der Sohn mißachtet den Vater, die Tochter lehnt sich gegen ihre Mutter auf, die Schwiegertochter gegen die Schwiegermutter; die eigenen Hausgenossen sind eines jeden Feind." Auch dies Wort ist von christlicher Schriftgelehrsamkeit aus dem Zusammenhang gerissen worden und dabei mit einem neuen, radikaleren Sinn erfüllt. So konnte es auch vom gnostischen Thomasevangelium aufgenommen werden, allerdings abermals umgedeutet (Spruch 16; 83,36—84,3)[11].

Zwischen diesem Vers und V. 13 besteht eine leise Spannung: die Christen werden als Christen gehaßt; sie sind die Ausgestoßenen. Christ sein ist darum unerhört schwer, und nicht jeder kann es durchhalten. Wer aber trotzdem bis zum Ende ausharrt, der wird gerettet werden.

Damit ist dieser Abschnitt deutlich zu Ende. Was nun beginnt, gehört trotz aller Beziehungen doch in einen anderen Zusammenhang. Der beendete Abschnitt aber läßt uns einen Blick tun in den einen Grund der Angst, von dem diese synoptische Apokalypse Zeugnis ablegt. Der Christ lebt inmitten einer Welt, die ihn verachtet, verabscheut und haßt. Und das nur deshalb, weil er ein Christ ist. Diese Welt des Hasses und der Verfolgung reicht bis in die eigene Familie hinein. Es ist nicht verwunderlich, daß die Christen dann diese Welt als die Stätte der Versuchung und Gottesfeindschaft empfunden haben.

Dennoch ist damit noch nicht alles über die Ursache jener Weltangst und Weltentfremdung gesagt, die hier erkennbar wird. Es ist noch ein anderes Element daran beteiligt, das keinen solchen konkreten Hintergrund hat und mit dem Hinweis auf die Verfolgungssituation noch nicht verstanden ist. Diese Angst macht sich ja schon zu einer Zeit bemerkbar, da die Verfolgung noch nicht so allgemein und hart war, wie sie hier vorausgesetzt wird. Schon die paulinischen Briefe verraten sie. Wir werden später noch darüber mehr zu sagen haben.

Der nun folgende Abschnitt, V. 14—20, ist äußerst merkwürdig. Er vor allem hat die Vermutung angeregt, Mk habe hier eine — jüdische oder christliche — Apokalypse eingearbeitet. Wenn man in diesem Zusammenhang von dem „Flugblatt eines Propheten" gesprochen hat, so verrät das einmal eine Forschungsweise, die nur nach Quellen sucht und, wenn sie welche gefunden zu haben meint, alle Rätsel gelöst glaubt, und zweitens die naive Übernahme moderner literarischer Mittel („Flugblatt"!). Freilich ist der Tatbestand des Textes sonderbar: Mk spricht nun von dem, was die Leute in Judäa in einem bestimmten Augenblick tun sollen, und der Leser wird aufgefordert, den besonderen Sinn dieser Worte zu verstehen. Was will das alles besagen?

---

[11] „Denn fünf werden sein in einem Haus, drei werden sein gegen zwei und zwei gegen drei, der Vater gegen den Sohn und der Sohn gegen den Vater". Die folgende Zeile „und sie werden dastehen als ein einzelner" verbindet damit den Hinweis auf die Isoliertheit des Gnostikers, auf sein Heraustreten aus allen Bindungen der Welt; vgl. dazu Schrage a. a. O. 60; E. Haenchen, Die Botschaft des Thomasevangeliums, Berlin 1961, 58 f.

Mk hat ja sein Evangelium nicht für judäische Leser geschrieben. Warum gibt er dann hier den Christen in Judäa Anweisungen? Die Flugblatthypothese schien eine Antwort zu erlauben: Mk benutzt ein ihm vorliegendes (jüdisches oder christliches) Schriftstück. Manche Forscher meinen: es handelt sich hier um die Weissagung, welche die christliche Gemeinde vor der Belagerung Jerusalems zur Übersiedelung nach Pella veranlaßte. Aber kann davon die Rede sein? Die Leute in Judäa sollen ja erst fliehen, wenn der Greuel der Verwüstung bereits da steht, wo er nicht stehen soll, also in Jerusalem! Da wäre der Zeitpunkt für eine Flucht der christlichen Gemeinde längst vorbei. Außerdem wird nicht von Christen in Jerusalem, sondern von „denen in Judäa" gesprochen. Andere Exegeten haben an ein jüdisches „fliegendes Blatt" kurz vor dem großen Kriege der Jahre 66—70 gedacht. Dann scheint es verständlich zu sein, wenn von den Leuten in Judäa die Rede ist. Aber auch hier paßt die Stelle nicht zur vorausgesetzen Situation: Wozu sollen die Judäer fliehen, wenn der Feind bereits im Tempel steht? Dann wären ja die römischen Heere längst durch Judäa hindurchmarschiert! Die Mahnung käme also viel zu spät. Und noch eins: die Flucht soll mit außerordentlicher Eile vor sich gehen, sobald man „sieht", daß der „Greuel" da steht, wo er nicht stehen darf. „Sehen" können das die Judäer doch nicht, sondern nur hören. Warum aber sollen die Judäer, sobald sie das erfahren, mit höchster Eile in die Berge fliehen? Entgeht man ihm durch die Flucht in die Berge? Alle diese Schwierigkeiten werden von den Erklärern nur ungenügend berücksichtigt.

Endlich: wozu bringt Mk diese Nachricht, die für seine Leser doch keine Bedeutung haben konnte? Soll man annehmen, er schreibe mechanisch etwas ab, das er vorfindet, einschließlich der Bemerkung: „Der Leser merke auf!"? Wir müssen doch voraussetzen, daß Mk in alledem einen für seine Leser höchst wichtigen Sinn gefunden hat, und dieser Sinn muß etwas Aktuelles sein. Besonders ungereimt wäre die Vermutung, daß Mk die Aufforderung, der Leser solle verstehen, übernommen hätte, ohne daß er selbst mußte, worum es geht. An diesem Umstand scheitert mit tödlicher Sicherheit die Vermutung, Mk habe eben ein Geheimnis weiter tradiert.

Alle die soeben genannten Schwierigkeiten (die Leser des Mk ging das nicht an, was in Judäa passieren sollte; das „Der Leser verstehe!"; man kann nicht dem Leser etwas als besonders bedeutungsvoll vorlegen, was man selbst nicht versteht; die verspätete Mahnung an die Leute in Judäa) lassen sich nun beseitigen, wenn man nicht dem Mk ein so stumpfsinniges Abschreiben zumutet. Dann muß man allerdings dem Schriftsteller Mk eine andere Methode als die eines schematischen Abschreibens zubilligen. Wir behaupten: Mk verwendet hier Mittel, die uns schon aus anderen Stellen im N. T. bekannt sind.

Beginnen wir mit dem Einfachsten. Jedem Leser des N. T. ist es bekannt, daß manche ntl. Verfasser für „Rom" den Namen „Babylon" eingesetzt haben. Das ist ganz sicher der Fall in Offb 14,8; 16,19; 17,5; 18,2.10.21. Wahrscheinlich verhält es sich ebenso auch 1. Petr 5,13. Bei den Stellen der Offb ist der Grund für diese Umschreibung leicht zu erraten: es wäre lebensgefährlich gewesen, hätten die Christen hier offen von Roms Untergang geschrieben. Damit eröffnet sich uns eine Möglichkeit: eine umschreibende, verhüllende, geheimnisvoll dem Uneingeweihten unverständliche Ausdrucksweise kann dadurch veranlaßt sein, daß die („unverschlüsselte") Mitteilung höchst gefährlich ist und Verfasser und Leser bzw. die Gemeinde, in der eine solche Schrift verbreitet wird, durch die „Verschlüsselung" vor dieser Gefahr bewahrt werden sollen.

Ein anderes Beispiel für die gleiche Sache ist die Art, wie Apk 13,17 f. der Name des „Tiers" nur als ein Zahlenwert angegeben wird — etwa „Kaiser Nero(n)"[12] zu sagen wäre allzu riskant gewesen.

Wenn man jedoch mit einer solchen Chiffrierung arbeitet, dann muß der Leser darauf aufmerksam gemacht werden, damit er nicht kopfschüttelnd das Buch weglegt, sondern nach dem geheimen Sinn sucht. In der Offenbarung des Johannes finden wir derartige Hinweise tatsächlich dreimal. Nach der Schilderung des geheilten „Tieres" heißt es in 13,9: „Wenn jemand ein Ohr hat, so höre er!" Nachdem von der Zahl des „Tieres" gesprochen war, heißt es in 13,18: „Hier ist die Weisheit (nötig). Wer Verstand hat, berechne die Zahl des Tieres; sie ist nämlich die Zahl eines Menschen. Und zwar ist seine Zahl 666[13]." Endlich hören wir in Kap. 17 von dem „Tier", daß es war, nicht ist und sein wird. Und dann kommt der Hinweis in V. 9: „Hier ist der Verstand (nötig), der Weisheit hat." Demnach ist zum mindesten die Vermutung erlaubt, daß auch hier keine offene, sondern eine geheimnisvoll verbergende, „verschlüsselte" Rede vorliegt. Wenn wir nach der Analogie dieser Beispiele aus der Offb urteilen dürfen, könnte auch in Mk 13 diese Redeform gewählt sein, weil die Aussage im Klartext gefährlich ist, d. h. sich gegen Rom richtet.

Der Text verwendet offensichtlich Wendungen aus dem Buch Daniel. Dort war 9,27 davon die Rede, daß auf das Heilige (den Altar) der Greuel der Verwüstungen kommen werde, daß der Greuel der Verwüstung 1290 bzw. nach der LXX 1335 Tage bestehen werde, und es war zugleich gesagt, daß die Rede versiegelt sein solle bis zum Zeitpunkt des Endes (12,11.4). Ferner hieß es: „und die Zeit wird eine

---

[12] Hirsch, Studien zum vierten Evangelium, Tübingen 1936, 167: „Daß Offb 13,18 die Zahlen 616 und 666 nach hebräischer Gematrie beide als „Nero Kaiser" aufgelöst werden müssen, halte ich für sicher. Ebenso sicher ist das unregelmäßig gebaute 616 die ursprüngliche Zahl ... Es ist mir übrigens gelungen, die einzig mögliche griechische Gematrie ... zu entdecken. Die Worte ΚΑΙΣΑΡ ΘΕΟΣ ergeben griechisch den Zahlenwert 616."

[13] Die Handschrift c und „einige", von denen Irenäus spricht, die Handschriften des im 4. Jh. lebenden Schriftstellers Tyconius z. T. lesen statt „60" die Zahl „10", also zusammen 616.

Trübsal sein, eine Trübsal, wie sie nicht dagewesen ist, seit ein Volk existiert" (12,1).

Wir wissen heute: Das Buch Daniel ist in Wirklichkeit zur Zeit des syrischen Königs Antiochus Epiphanes verfaßt worden, um die Juden zum Ausharren in der Verfolgung zu ermuntern. Wir können ziemlich genau den Zeitpunkt angeben, wo es geschrieben ist. Denn von diesem Punkt an (Dan 11,40) verstößt die angebliche Weissagung gegen die historische Wirklichkeit, während sie für die vorhergehende Zeit zutrifft — dort war sie ja nur scheinbar Weissagung, in Wahrheit aber Rückschau auf vergangene Ereignisse. Das Buch muß noch vor dem Tod des Antiochus Epiphanes im Jahr 164 v. Chr. geschrieben sein, aber nach 167 v. Chr. All das wußten die christlichen Leser des Buches Daniel aber nicht. Für sie war diese geheimnisvolle Weissagung in den Vorgängen unter Antiochus Epiphanes noch nicht erfüllt. Sie ahnten auch nicht, daß die Schilderungen des 1. Makkabäerbuches über die Verfolgung durch Antiochus und den jüdischen Aufstand in Wirklichkeit denselben Vorgang beschreiben, wie das Ende des Buches Daniel. Dagegen konnte die Schilderung im 1. Makk wohl dazu dienen zu zeigen, wie eine solche Verfolgung und Verführung ins Werk gesetzt werden konnte.

Wenn wir nun an unserer Mk-Stelle Wendungen aus Daniel erscheinen sehen, dürfen wir vermuten, daß sie für den Verfasser einen konkreten, aktuellen Sinn besaßen: was der Prophet Daniel geschaut hatte, das war jetzt — oder bald — im Begriff, sich zu erfüllen. Aber in welcher Weise?

Einen gewissen Anhalt kann uns die Offb geben. Sie spricht 13,12 davon, daß das „zweite Tier" die Bewohner der Erde dazu bringt, dem (ersten) Tier ein Bild zu machen, „und es wurde ihm gegeben, dem Bild des Tieres Lebensgeist zu verleihen, so daß das Bild des Tieres sogar redete und bewirkte, daß alle getötet wurden, die das Bild des Tieres nicht anbeteten". Hier wird offensichtlich erwartet, daß der Kaiserkult im Römerreich mit Gewalt durchgesetzt werden wird und jeder getötet wird, der ihn verweigert. In 13,17 f. bringt die Offb eine ähnliche Erwartung zum Ausdruck: Wer nicht das Zeichen des Tieres auf Stirn oder Hand trägt, darf weder kaufen noch verkaufen — hier wird der Kaiserkult also mit den Mitteln des wirtschaftlichen Boykotts erzwungen.

Nun kommt es nicht darauf an, ob der römische Staat damals tatsächlich derartige Pläne erwogen hat. Entscheidend ist, daß jene Christen, für welche die Offb geschrieben wurde, ihm tatsächlich etwas derartiges zugetraut haben, wie es die Offb beschreibt. Damit haben wir das Recht, nun auch — versuchsweise — in Mk 13 eine ähnliche Erwartung vorauszusetzen: Rom wird mit Gewalt die Anbetung des Kaisers zu erzwingen versuchen — was sollen die Christen dann tun?

An dieser Stelle kommt uns das erste Makkabäerbuch zu Hilfe. Es schildert sehr anschaulich, wie unter Antiochus die große Aktion von seiten des Staates durchgeführt wurde. Das Zeusbild konnte man selbstverständlich nicht überall aufstellen. Wohl aber konnte man überall im Lande, auch in jedem kleinen Dorf, rasch einen Altar errichten. Dann wurden die Bewohner davor versammelt, und zu allererst die Angesehensten aufgefordert, zu opfern. Auf Weigerung stand Todesstrafe. Ein Kommissar überwachte den ganzen Vorgang. Damit war gezeigt, wie sich eine solche Aktion im ganzen Lande schlagartig durchführen ließ, in der sich dann die danielische Weissagung erfüllte. Der altchristliche Leser sah darin beschrieben, was ihm für den Fall drohte, wenn Rom von den Christen die Anbetung des Kaisers erzwingen wollte.

Nun wollen wir einmal den Mk-Text unter der Voraussetzung lesen, daß hier etwas dem Ähnliches erwartet wird, was die Offb in Kap. 13 geheimnisvoll andeutet. Der Evangelist hätte dann keinesfalls gemeint, daß es sich nur um einen Vorgang in Judäa handelt, sondern um eine das ganze römische Reich umspannende Aktion. Aber er konnte dieses Geschehen dennoch als die Erfüllung der danielischen Weissagung auffassen und darum auch mit deren Ausdrücken geheimnisvoll und dem Nichteingeweihten unverständlich beschreiben. Geben wir den „verschlüsselt" gegebenen Text als Klartext wieder, so würde er etwa lauten: Sobald die Christen sehen, daß man Vorbereitungen zum Opfer für den Kaiser trifft (ein Kaiserbild aufstellt, einen Altar errichtet od. dgl.), sobald also der „Greuel der Verwüstung" steht, wo er nicht darf, sollen „die in Judäa" scil. die Christen „in die Berge fliehen", wie einst der Priester Matthathias und seine Söhne in die Berge flohen, als sie den königlichen Kommissar erschlagen hatten. Judäa wird genannt, weil die Darstellung im Rahmen des Danielbuches bleibt. Gemeint ist aber jede Gegend des römischen Reiches. Sobald der „Tag x" anbricht, wo man alle Christen zur Anbetung des Kaisers zwingen will, soll jeder Christ so schnell wie möglich fliehen, fort aus dem Ort, wo er wohnt. Denn ist erst einmal die Bevölkerung vor dem Altar versammelt, so bleibt nur noch die Wahl zwischen Verleugnung des Christus und dem Tod. Freilich ist auch diese rasche Flucht — sie muß so rasch erfolgen, damit man die Christen nicht noch im letzten Augenblick ergreift — nicht einfach und nicht ohne Gefahr: sie wird für die schwangeren und säugenden Frauen furchtbar sein, zumal wenn sie in der schlechten Jahreszeit, bei Sturm und Regen, angetreten werden müßte. Wir wissen heute nach den Erfahrungen der Flüchtlingstrecks nur zu gut, wie eine solche Flucht aussehen kann.

V. 19 berührt sich so eng mit Dan 12,1, daß deutlich wird: mit diesem Geschehen wird sich für Mk die danielische Weissagung erfüllen. V. 20 beschreibt indirekt das Furchtbare dieser Verfolgungszeit: wenn Gott nicht — seinen Erwählten zuliebe — die (Zahl der) Tage verkürzt hätte, würde niemand gerettet werden — auch keiner der Erwählten! Das ist freilich unlogisch: ein Erwählter, der nicht gerettet wird, ist eine contradictio in adjecto. Aber der Ausdruck soll eben die alles Maß übersteigende Größe der „Trübsal" schildern, und das gelingt ihm gut.

Wenn man sich vor Augen stellt, daß die Christen in solchem Falle von einer Minute zur andern, ohne alle Vorbereitung flüchten müssen, im Gebirge oder in der Einöde den Unbilden der Witterung ausgesetzt, womöglich von Häschern des heidnischen Staates gejagt, dann ist die Überzeugung des Mk, daß sie das nicht lange aushalten könnten, keineswegs phantastisch, sondern durchaus realistisch. Und Vorbereitungen kann man nicht treffen, weil der „Tag x" der Verfolgung eben nicht bekannt ist, sondern völlig unbestimmt!

Auch wer in dem Abschnitt V. 14—20 einen älteren Text zu finden meint, muß darum die soeben vorgetragene Deutung nicht ablehnen. Selbst wenn ein dem Evangelisten vorliegender Text wirklich nur von dem gesprochen hätte, was sich in Jerusalem und Judäa ereignen wird, müßte Mk ihn sich so ausgelegt haben, wie wir dargelegt haben, und nur so wäre er für die Leser des Mk bedeutungsvoll gewesen.

Das Maskulinum ἑστηκότα (hestekota; „stehend") wird Mk (anders Mt) gewählt haben, weil es sich um das Bild des Kaisers handelt. Nach Offb 13,15 wird das Bild sogar sprechen, sich also wie eine Person benehmen. Die Offb scheint hier auf Wunder anzuspielen, die geschickte Priester damals bei Götterbildern in Tempeln fertig gebracht haben. Die Christen kamen — sie waren keine „aufgeklärten" Leute — nicht hinter die Tricks, sondern dachten an heidnischen Zauber.

Der Abschnitt V. 21—23 (dem in Q ein ähnliches Wort entspricht: Mt 24,26—28; Lk 17,23 f.) paßt an sich schlecht an diese Stelle. Wenn sich nämlich die Christen irgendwo ein paar Tage versteckt halten, bevor das Ende kommt, ist keine Gelegenheit mehr für das Auftreten falscher Propheten und Messiasse. Aber Mk hat dieses Sammelwort — V. 21 und 22 sind keine ursprüngliche Einheit — hierher gestellt, weil sich diese „Zeichen" gut als Vorspiel zu den im folgenden geschilderten Wundern eigneten.

V. 21 wird durch die Q-Parallele erläutert. Vorausgesetzt wird der Glaube, daß der Messias schon irgendwo verborgen auf Erden weilt, bevor er sich offenbart. Demgegenüber betont das Q-Wort (die ältere Form!), das Erscheinen des Messias werde ein kosmisches Ereignis sein, das überall zugleich sichtbar wird.

V. 22, der an sich nicht mit 21 verbunden ist, enthält seine eigenen Schwierigkeiten. Der falsche Prophet mit seinen Wundern stammt aus Dt 13,3, wo allerdings nur von e i n e m solchen die Rede ist. Aber dem Sinne nach bleibt die Möglichkeit offen, daß mehrere auftreten. Solche Wunder werden hier nun auch den Pseudo-Christussen zugeschrieben: die Christen hatten sich daran gewöhnt, Jesu Wunder als Beweis seiner Messianität oder Gottessohnschaft anzusehen. Damit, daß die Pseudo-Messiasse ebenfalls Wunder vollbringen, geschieht etwas für Mk und seine Zeit Entsetzliches: das anscheinend einzig sichere Zeichen des wahren Messias, das Wunder, verliert damit seinen Wert. Gerade wer am Mk gelernt hat, wieviel die Wundergeschichten den christlichen Gemeinden bedeuteten, kann sich vorstellen, wie gefährlich die Verführung durch die „Wunder des Antichrist" sein mußte. Selbst die Auserwählten drohen dadurch verführt zu werden. Das Wort „Erwählte" in V. 22 verbindet stichwortartig diesen Vers mit V. 20.

Der Abschnitt V. 24—27 gehört innerlich mit V. 8 zusammen: auch die Ordnung des Himmels gerät aus den Fugen. Die Sonne wird finster, der Mond erlischt, die Sterne fallen vom Himmel (vgl. dazu die ungleich phantastischere Offb Joh), die Kräfte des Himmels werden erschüttert. Vielleicht sind damit die Engelmächte gemeint, welche die Gestirne lenken[14].

Nun endlich erscheint der „Menschensohn". Er kommt in oder auf den Wolken mit viel Macht und Herrlichkeit, im Strahlenglanz der himmlischen Welt, begleitet von Engelheeren. Durch sie läßt er die Erwählten aus allen vier Weltgegenden sammeln. Damit wird eine ältere jüdische Vorstellung übernommen, aber keineswegs schon eine jüdische Schrift![15] Die Christen haben ihre Zukunftserwartung zwar im Anschluß an atl. und spätjüdische Vorstellungen gebildet, aber in freier Weise. Wer sich den Evangelisten Mk so vorstellt, daß er eine alte jüdische Schrift kopiert hat, übersieht diese Freiheit. Übrigens ist das, was man auf ein jüdisches Original zurückführen könnte, so wenig, daß schon daran der Gedanke scheitert, Mk habe eine jüdische Schrift benutzt. Das wird deutlich, wenn wir einmal das ganze atl. Material überblichen, was als Parallele für diese Perikope genannt werden könnte.

Zu der Wendung in V. 5: „Paßt auf, daß euch niemand verführt" zitiert Schlatter (Mt 697) Sifre Dt 43: „Gebt acht, daß euch nicht der böse Trieb verführt." Zu V. 7 kann man nicht nur Jer 6,22 vergleichen (die Völker werden sich erheben vom Ende der Erde), sondern vor allem 2. Chron 15,6: „kämpfen wird Volk gegen Volk und Stadt gegen Stadt". „Königreich gegen Königreich" finden wir in Jes 19,2: „Aufstacheln will ich Ägypten wider Ägypten, daß einer gegen den andern kämpft, Staat gegen Staat und Reich gegen Reich." Die „messianischen Wehen" werden schon im sog. 4. Esra 4,52—5,13; 6,11—28; 9,1—5 geschildert und nicht erst Mech. Ex. 16,3 (Schlatter Mt 698).

Dem V. 10 „viele werden Anstoß nehmen" entspricht genau Dan 11,41 LXX. V. 14 spielt deutlich an auf Dan 9,27 und 12,11. Zu

---

14 Grundmann Mk 269: „Die altjüdische Apokalyptik denkt Sonne und Mond und Sterne von Geistermächten bestimmt und gelenkt."

15 4. Esra 13,32: „Dann, wenn dies geschieht und die Zeichen eintreffen, die ich dir vorhersage, dann wird sich mein Knecht offenbaren, den du als einen Menschen aus dem Herzen des Meeres emporsteigen sahest." „Der Knecht", hebr. עֶבֶד; griech. „pais", wie 7,28 f.; 13,52; 14,10.

„sie sollen in die Berge fliehen“ vgl. 1. Makk 2,28: Matthathias und die Seinen „flohen in die Berge“. V. 19 zeigt deutlich jüdische Färbung: „Wehe euch Schwangeren im Lande Israel, wehe euch kleinen Kindern im Lande Israel; denn solange der Patriarch Jehuda ben Nasi an den Zähnen litt, starb keine Gebärende und hatte keine Schwangere eine Fehlgeburt“ (Tanch. wajjehi 6,215 zitiert von Schlatter Mt 705.)

V. 21 berührt sich eng mit Dan 12,1 LXX (Schlatter a. a. O. 707); aber noch näher kommt Theodotions Übersetzung der Stelle an Mk heran. Zu „der Herr hat die Tage verkürzt“ vgl. Tos. Sota 14,10 „die Tage wurden verringert und die Jahre verkürzt“ (Schlatter Mt 707). Über die Wunder tuenden Pseudo-Propheten von Dt 13,2 haben wir bereits gesprochen.

V. 24 erinnert an Jes 13,10 LXX: „denn die Sterne des Himmels und der Orion und die ganze Himmelswelt werden kein Licht geben, und es wird finster werden, wenn die Sonne aufgeht, und der Mond wird sein Licht nicht geben“. Die vom Himmel fallenden Sterne erwähnt Jes 34,4 LXX, der auch zu V. 25 b eine Paralelle enthält: „und schmelzen werden alle Kräfte des Himmels, und der Himmel wird zusammengerollt werden wie eine Schriftrolle, und alle Sterne werden fallen, wie Blätter vom Weinstock und wie die Blätter fallen vom Feigenbaum“. V. 26 spielt an auf Dan 7,13: „und siehe, mit den Wolken des Himmels kommt einer wie ein Menschensohn“ (Theodotion; LXX hat „auf den Wolken“, wie Mt.) V. 27 weckt die Erinnerung an Sach 2,6: „Von den vier Winden des Himmels werde ich sie sammeln, spricht der Herr.“

Diese Übersicht zeigt eins ganz deutlich: Mk hat nicht bestimmte atl. Texte als ganze aufgenommen und unverändert in die Schilderung der Endzeit eingestellt. Vielmehr: eine ganze Fülle atl. und spätjüdischer Vorstellungen ist lebendig und wird ohne jede Bindung an den Buchstaben — oft auch ohne Rücksicht auf die Bedeutung im ursprünglichen Zusammenhang — benutzt. Diese christliche Schriftgelehrsamkeit folgt dem A. T. nicht sklavisch; die christliche Gemeinde steht innerhalb einer lebendigen Tradition, die nicht ein starres Dogma ist, sondern eine sehr wandlungsfähige (die Offb beweist das) und von vielen Erfahrungen bestimmte Erwartung.

Auch das Gleichnis vom Feigenbaum — V. 28 f. — wird palästinischer Herkunft sein. „Wenn ihr seht, daß dies geschieht“ V. 29 weist auf etwas Vorhergesagtes hin, das im Gleichnis selbst nicht vorkommt. Für Mk sind die Ereignisse, die das Reifsein der Welt zum Gericht zeigen, eben die, welche dem Erscheinen des Menschensohns vorangehen, bis zum Erlöschen von Sonne, Mond und Sternen. Mk konnte aber V. 28 f. nicht unmittelbar auf V. 25 folgen lassen. Denn der Menschensohn erscheint ja in eben dem Augenblick, da die himmlichen Lichter erloschen sind! So mußte er V. 28 f. irgendwo an späterer Stelle unterbringen, und der erste sich bietende Platz war hier. Trotzdem wird jeder Leser empfinden, daß sie hier eben dennoch nicht recht am Platz sind. Sie kommen post festum. Mk, der sie schon aus anderer Überlieferung übernahm, wollte aber nicht auf sie verzichten. Denn sie gaben den *Sinn* der Vorzeichen an, von denen er sprechen mußte. Außerdem leiten sie nun einen Abschnitt ein, in dem die Leser oder Hörer direkt angeredet werden.

Nähmen wir die eingangs geschilderte Lage ernst, dann müßten die vier Hauptjünger, an die sich Jesus hier wendet, das Weltende noch erleben. Aber Jakobus zum mindesten war schon 44 hingerichtet worden. Michaelis[16] wollte dieser Mißlichkeit dadurch ausweichen, daß er das „vor der Tür stehen" unterschied von dem „das Eintreten selbst erleben". Aber damit kommt man nicht durch. Wenn die Blätter des Feigenbaums sprossen, dann steht der Sommer vor der Tür, und das heißt ja nicht: es vergeht noch eine unbestimmte Zeit, sondern „der Sommer bricht unmittelbar an".

Aber Mk denkt eben gar nicht so historisch. Er hört diese Rede (die er im wesentlichen selbst aus einzelnen überlieferten Jesusworten und atl. oder spätjüdischen Zitaten zusammengestellt hat) als eine an die Christen seiner Zeit gerichtete, an seine Leser wie an ihn selbst.

Das wird nun auch in V. 30 deutlich: noch innerhalb dieser Generation kommt das Ende. Das griechische Wort γενεά (genea) kann freilich auch einmal „Volk" heißen. Trotzdem wäre es eine apologetische Ausflucht, wollte man hier die Aussage finden, das jüdische Volk solle vor dem Weltende nicht untergehen. Die Dauer einer Generation rechnet man gewöhnlich als 30 Jahre. Aber „die jetzt lebende Generation" ist kein streng definierter zeitlicher Begriff. Er ist vielmehr so unbestimmt — jeder Leser empfindet sich als „jetzt" lebend, als Glied „dieser" Generation —, daß man aus diesem Wort keine genaue Zeitbestimmung ableiten kann. Immerhin ist einmal der Augenblick gekommen, wo man es als unzutreffend empfand und in die Mk 9,1 überlieferte Gestalt änderte: „Einige von den hier Stehenden werden nicht sterben, bevor sie das Reich Gottes mit Kraft gekommen sehen." In gewissem Sinne ist das Reich ja schon mit der christlichen Gemeinde gekommen, aber doch noch nicht mit Kraft. Selbstverständlich will dieses Wort nicht sagen, daß die Betreffenden dann noch sterben werden! Die andern — so meint es — werden sterben, bevor das Gottesreich kommt. Aber einige werden das Erscheinen des Reiches noch erleben, so wie das z. B. Paulus für sich erhofft hat, als ein „Überkleidetwerden"[17]. Schließlich aber war — soweit man wußte — nur noch ein einziger Jünger aus der alten Zeit übrig, aus der Generation Jesu. Da sagte man: „Dieser Jünger stirbt nicht, bevor das Reich kommt". Damit sind wir bei Joh 21 angelangt.

Wenn Mk, der 9,1 die Kenntnis des späteren Wortes schon verrät, hier trotzdem die ältere Fassung noch bringt, so hat er diese eben im Sinne von 9,1 verstanden.

[16] W. Michaelis, „Der Herr verzieht nicht die Verheißung".

[17] 2. Kor 5,2.4.

V. 29 ist mit V. 30 durch einen Stichwortzusammenhang verbunden: „dieses geschehen“ V. 29 — „bis dieses alles geschieht“ V. 30. Dagegen ist der Sinnzusammenhang zwischen V. 30 und 31 sehr locker. Er besteht nur darin, daß beide vom Ende sprechen. Außerdem kommt beidemal der Begriff „vergehen“ vor. Es ist möglich, daß ursprünglich V. 32 auf V. 30 folgte und daß man später — eben wegen des Stichworts „vergehen“ — V. 31 eingeschoben hat. Denn inhaltlich vertragen sich V. 31 und V. 32 schlecht. Vergleicht man V. 31 mit Mt 5,18 (und Lk 16,17), dann sieht man: Für die Gemeinde des Mk besaß Jesu Wort schon jene ewige Gültigkeit, die für die jüdische Gemeinde das Gesetz gehabt hatte. So zeigt unser Wort, wie weit die „Christianisierung“ auch schon zur Zeit des Mk vorgeschritten ist.

Man hat gemeint: V. 32 müsse unbedingt ein „echtes“ Jesuswort sein. Denn die Gemeinde hätte von sich aus doch niemals ein Nichtwissen Jesu behauptet. Aber dazu ist zweierlei zu sagen. Einmal muß man genau auf das achten, was tatsächlich in V. 32 steht: es ist nur der Tag und die Stunde, die Jesus nicht kennt. Nur dieses Wissen des genauen Momentes, des bestimmten Datums hat sich der Vater vorbehalten. Dagegen weiß Jesus — wie sich ja soeben gezeigt hat — sehr genau Bescheid über das Kommen des Endes, abgesehen von dieser letzten Besonderheit. Als ein modernes Beispiel dafür, wie die genaue Datierung auch bei unmittelbarer Zukunftserwartung und Zukunftsgewißheit noch etwas für sich ist, diene eine Mitteilung, die am 25. Juni 1945 in Nr. 146 der „Davoser Zeitung“ stand: „Die Abordnung ... teilt mit, Zusicherungen erhalten zu haben, daß die Heimkehr dieser Leute *unmittelbar bevorstehe*. Das genaue Datum des Beginns ... werde später bekanntgegeben werden.“ Zum andern ist zu beachten: Die frühe Gemeinde hat nichts Anstößiges in der Aussage gefunden, daß Jesus dem Vater untergeordnet ist. Das erweist sich aus 1. Kor 15,28, wo Paulus lehrt: Jesus ist Gott untergeordnet, und nicht nur das: er hat auch seine gegenwärtige Stellung als Herr nur vorübergehend inne. Nach Erfüllung seines Auftrages wird er sie Gott wieder zurückgeben. Unter diesen Umständen bereitete es der Gemeinde keine Schwierigkeit, wenn sich der Vater bestimmte Dinge selbst vorbehalten hat; z. B. die Verfügung über die Plätze im Himmel oder die Stunde der Parusie. Man darf doch nicht vergessen, daß die frühe Gemeinde Jesus noch nicht im Licht des späteren trinitarischen Dogmas gesehen hat.

Man hat jedoch V. 32 sogar für einen besonders wichtigen echten Ausspruch Jesu erklärt. Wilhelm Michaelis hat[18] die These aufgestellt, daß „die wenigen, aber wichtigen Stellen, in denen Jesus Gott ... nur ‚der Vater‘ nennt und die fast durchweg mit seiner Selbstbezeichnung ‚der Sohn‘ verbunden auftreten“, das Verständnis Jesu für sein

[18] W. Michaelis, Das Urchristentum (in: „Mensch und Gottheit in den Religionen“, Bern—Leipzig 1942, 317—347) 324.

Verhältnis und das der anderen Menschen zu Gott erschließen: „Gott ist der Vater derer, die Jesus als den Sohn anerkennen." Diese These läßt sich nicht halten. Fälle mit der Anrede ὁ πατήρ (ho patēr; Vocativ) = abba scheiden als für Jesus besonders charakteristisch — trotz der gegenteiligen Behauptung von Gerhard Kittel[19] — aus. Denn so hat auch die Gemeinde Gott angeredet.

Die beiden singulären Stellen in den Synoptikern, Mk 13,36 und Mt 11,25—27 / Lk 10,21 f., zeigen gerade den Sprachgebrauch der späteren Gemeinde, nicht aber den Jesu selber. Wie aber kamen die Christen dazu, V. 32 als Jesuswort zu überliefern? Aus der Tatsache, daß die christliche Überlieferung keine Aussage Jesu über Tag und Stunde der Parusie enthielt.

V. 33—36 bilden ein selbständiges Gleichnis, das nicht besonders gut in unseren Zusammenhang paßt. Denn hier kommt es nur auf den Türhüter an, nicht auf die anderen Knechte. Vermutlich hat ein Zug des aus Q (Mt 25,14 ff./Lk 19,12 ff.) bekannten Gleichnisses von den Talenten bzw. Minen Anlaß zur Bildung unseres Wortes gegeben.

V. 37 endlich gehört zur ganzen Rede. Was die vier Vertrauten vernommen haben, gilt der gesamten Gemeine: Wachet! Das ist die praktische Konsequenz der ganzen Rede. Warum wird sie aber, wenn sie allen gilt, nur den vier Vertrauten mitgeteilt? Auf diese Weise versichert der Schriftsteller dem Leser, daß er alles zu hören bekommt, was der Herr überhaupt über diese Dinge offenbart hat. Zu einem größeren Kreis, zur „Menge", hätte der Herr vielleicht nicht alles gesagt, sondern über manches geschwiegen. Aber zu den vier Hauptjüngern spricht er natürlich mit voller Offenheit. Außerdem bürgte das Ansehen dieser vier Jünger für die Zuverlässigkeit dessen, was hier über das Ende des Äons überliefert wird.

Matthäus ist Mk auf weiten Strecken fast wörtlich gefolgt. Wir beschäftigen uns hier nur mit den Stellen, wo er von Mk stärker abweicht.

Die Voraussage, daß sich die Christen vor allen möglichen Gerichten werden verteidigen müssen, hat Mt schon in 10,17—21 gebracht; darum läßt er sie hier aus. Damit stoßen wir auf die erste wichtige Abweichung: Mt hat die kleine Mk-Erzählung (Mk 6,3—13), wie Jesus die Zwölf zur Predigt aussendet und damit den Apostolat begründet, zu einer großen programmatischen Rede Jesu über alle Missionsfragen ausgeweitet. Die christliche Mission ist so wichtig geworden, daß ihr Mt eine der fünf großen Reden gewidmet hat, in denen er die (in allen möglichen Kreisen und Gruppen umlaufenden) Sprüche Jesu nach sachlichen Gesichtspunkten zusammengestellt hat (s. o. S. 34 f.). In diesem Zusammenhang hat Mt die hier ausgelassenen Mk-Verse gerückt: zu seiner Zeit traf der tödliche Haß und die Verfolgung vor allem die christlichen Missionare.

---

[19] G. Kittel, ThWb I 3—6.

Dafür bringt Mt in 24,10—12 einige Sprüche, die uns vor dem Irrtum bewahren, als hätten zu seiner Zeit in der christlichen Gemeinde ideale Zustände geherrscht. Unter dem Eindruck der Verfolgung haben viele „Anstoß genommen" und sind vom christlichen Glauben wieder abgefallen. Diese enttäuschten Renegaten haben nun ihre bisherigen Glaubensbrüder denunziert: aus der einstigen Einigkeit ist Haß geworden. Falsche Propheten erhöhen mit ihrer Predigt die Verwirrung. Die Moral ist lax geworden, und die Liebe, die bisher die christlichen Gemeinden ausgezeichnet hatte, ist bei vielen verschwunden. Aber zwischen dieser Gegenwart und dem Ende geht die christliche Mission weiter ihren Weg über den Erdkreis.

Zu Mk 13,18 hat Mt in 24,20 die beiden Worte hinzugefügt: „und nicht am Sabbat". Hat er hier einen älteren Text benutzt, der seinerseits eine jüdische Vorlage voraussetzte? Diese Annahme ist unnötig. Das erste Makkabäerbuch zeigte, daß in der Verfolgungszeit der Sabbat vor besondere Schwierigkeiten stellt. Überlegte man sich nun, ob derartige Schwierigkeiten auch bei der Endverfolgung auftreten würden, so ergab sich: nicht in der Form, wie 1. Makk., denn die Christen kämpfen ja nicht gegen ihre Verfolger, wohl aber bei der Flucht: Wer am Sabbat flieht, verrät sich damit als Christ (Schlatter Mt 705 f. zu Mt 24,20).

Am Schluß der Drangsal, wo Sonne, Mond und Sterne erbleichen oder verschwinden, erscheint (Mt 24,30) am Himmel das Zeichen des Menschensohnes, und d. h. doch wohl: das Kreuz. Hier beginnt offensichtlich bereits jene Kreuzesspekulation, die wir bei der Auferstehungsgeschichte des Petrusevangeliums (39) wiederfinden[20].

Mt hat die Rede nicht wie Mk abgeschlossen, sondern einen zweiten Teil angefügt, der doppelt so lang ist wie der erste! Dieser zweite Teil steht betont am Ende. Alle Einzelsprüche und Gleichnisse, die er (in 24,37—25,46) enthält, haben ein einziges Thema: Mahnung zur Wachsamkeit, zur Bereitschaft. Diese Anhäufung von mahnenden Geschichten und Sprüchen wäre unverständlich, wenn die Gemeinde des Mt solche Ermahnung nicht besonders nötig gehabt hätte. Und zwar zeigen die Geschichten deutlich: die christliche Moral droht zu zerbrechen, weil ihre Grundlage ins Wanken gekommen ist: die Naherwartung des Endes. Daß die Welt wertlos ist, weil sie ihrem Untergang zueilt und weil so dem Menschen nur das eine Ziel bleibt, im göttlichen Gericht nicht verworfen zu werden, diese Sicht der Dinge mußte ja fraglich werden, wenn die Welt Jahr um Jahr weiter bestand und der Herr nicht kam. Mt versucht noch nicht, durch eine Umdeutung (wie 2. Petr 3,8: „Vor Gott sind tausend Jahre wie ein Tag") der

[20] V. 39 f.: „Und während sie" (die Grabeswächter) „erzählten, was sie gesehen hatten, sehen sie wiederum drei Männer aus dem Grabe herauskommen und die zwei den einen stützen und ein Kreuz ihnen folgen". V. 41: „Und sie hörten eine Stimme aus den Himmeln rufen: Du hast den Entschlafenen gepredigt? und es wurde vom Kreuz her die Antwort laut: Ja!"

Schwierigkeit zu entgehen. Er hält an der alten Überzeugung fest und mahnt mit verstärktem Nachdruck, man solle sich nicht vom wiederkehrenden Herrn bei einer Versäumnis der Christenpflicht ertappen lassen.

Aber obwohl Mt den Glauben an das nahe Ende noch nicht preisgibt, setzen doch die Geschichten des zweiten Teils schon eine lange Zwischenzeit voraus; die Erzählung vom Weltgericht (Mt 25,31—46) ist sogar von jeder Datierung unabhängig. So bereitet sich hier schon eine innere Wandlung von großer Tiefe vor.

Nur scheinbar entspricht der Aufriß des Lukas dem des Mk. In Wirklichkeit hat Lk ihn völlig umgestaltet. Das übersieht man so lange, wie man die Worte „vor all diesem aber“ in Lk 21,12 mit „vor allem“ übersetzt. Lk meint eine zeitliche Umstellung. Das läßt sich folgendermaßen zeigen. Er hat im Abschnitt Mk 13,14 ff. eine Voraussagung der Eroberung Jerusalems gesehen. Nun war aber Jerusalem schon erobert worden, während die „schrecklichen Dinge und Zeichen“ (Lk 21,11) noch ausstanden. Um nicht alles umstellen zu müssen, hat sich Lk auf eine sehr einfache Weise geholfen. Er hat zunächst in V. 10 eingefügt: „Dann sagte er ihnen.“ Damit hat er einen deutlichen Strich zwischen V. 8 und 10 gezogen. Das „vor allen diesen aber“ bezieht sich nun allein auf V. 10 f. Dort hat Lk die „schrecklichen Dinge und Zeichen vom Himmel“ eingefügt, die in V. 25 („und es werden Zeichen sein“) wieder aufgenommen werden.

Nach Lk spielen sich also die Endereignisse in folgender Reihenfolge ab: (1) falsche Ankündigung des Endes: V. 8; (2) Krieg und Kriegsgerüchte: V. 9. (3) Belagerung und Zerstörung Jerusalems; Gericht über das Volk Israel: V. 20—24; (4) Die Jünger vor Gericht: V. 12—19; damit ist die Gegenwart des Lk erreicht. (5) Volk gegen Volk, Zeichen vom Himmel: V. 10 f. und 25 f. (6) Erscheinen des Menschensohnes: V. 27 f.

Das ist ein sehr durchsichtiger und klarer Aufbau, für den Lk keine andere Quelle benötigt hat. Auch in V. 20—24 verwendet er keine andere Quelle: die Schilderung der Belagerung kommt allein auf sein eigenes Konto. Dabei wählt er freilich möglichst eine atl. Redeweise.

Die Verdopplung, die in Mk 13,8 = 13,21—23 vorliegt, fällt bei Lk fort. Nicht weil er Dubletten scheute (den entsprechenden Parallelspruch aus Q bringt er ja in 17,3 unter), sondern weil der Abschnitt Mk 13,21—23 seinen eigenen Aufriß gestört hätte. Die Einfügung von V. 18 (ein Einzelwort aus anderer Überlieferung) ist unglücklich: Daß einige Christen getötet werden und doch kein Haar von ihrem Haupt verlorengeht, paßt nur zusammen, wenn der zweite Spruch umgedeutet wird: bei der Auferstehung wird der ganze Mensch gerettet.

V. 19 ist gegenüber Mk 13,13 b umgeändert: Lk will zeigen, daß die Seelen beim Sterben gerettet werden. Nach Lk 23,43 kommen die Seelen der gestorbenen Gläubigen — wenn man das Schicksal des gläubigen Schächers als beispielhaft ansieht — sofort ins Paradies.

Den anderen großen lukanischen Abschnitt vom Kommen des Reiches und des Menschensohnes (17,20—37) haben wir z. T. schon erwähnt; wir können ihn hier nicht ganz besprechen. Nur zu einer wichtigen Stelle kurz ein Wort. Ἐντὸς ὑμῶν (entos hymōn; „in" oder „unter euch") kann Lk 17,21 unmöglich heißen: „inwendig in euch". Denn in den Herzen der Pharisäer, die nach den Vorzeichen für das Ende fragen, ist das Gottesreich sicher nicht. (Lk stellt die Pharisäer nie als Menschen dar, die dem Gottesreich nahe sind, auch nicht da, wo Mk (12,28—34) einen solchen Fall schildert. In der lukanischen Parallele 10,25—28 tritt der Pharisäer als Versucher auf.) Darum können wir hier — wollen wir Lk nicht eine ungewöhnliche Gedankenlosigkeit oder einen ungewöhnlichen Tiefsinn zutrauen (im Herzen des versucherischen Pharisäer lebt verborgen und unzerstört die Gemeinschaft mit Gott) — nicht den Sinn „inwendig in euch" finden.

Die in der Gegenwart öfter vertretene Deutung „das Reich wird plötzlich unter euch sein"[21] tut ebenfalls dem Text Gewalt an. Sie unterschlägt das Präsens und schmuggelt ein „plötzlich" ein, auf dem sogar der eigentliche Ton liegt. Für Lk scheint nur die eine Deutung übrigzubleiben: In Jesus selbst ist das Reich mitten unter ihnen. Seit Origenes (die „autobasileia" Jesu) ist sie immer wieder vertreten worden.

In den Zusammenhang allerdings fügt sie sich schlecht ein: sie würde ja gerade das soeben geleugnete „hier" als Ort des Reiches angeben. Dieser Zusammenhang (ohne die nur dem „Rahmen" angehörenden Pharisäer) fordert das von Luther angegebene „inwendig in euch". In diesem Sinn finden wir den Begriff „Gottesreich" bei Paulus in Röm 14,17: „Das Gottesreich ist nicht Essen und Trinken, sondern Gerechtigkeit, Friede und Freude im heiligen Geist." Dagegen sollte man nicht einwenden, in dieser Stelle des Römerbriefs sei nicht vom Eintritt der Gottesherrschaft die Rede, sondern von den für den Eintritt gegenwärtig notwendigen Vorbedingungen. Aber davon redet ja Paulus nicht, sondern von dem, was das Gottesreich *ist* — seinem „Wesen", wenn man so will. Sogar in einer so eschatologischen Frömmigkeit wie der des Paulus kann uns dieser Sprachgebrauch begegnen, weil für Paulus „in Christus" das Kommende schon Gegenwart ist, weil der Christ, wenn er auch noch „im Fleisch" wandelt, doch nicht mehr „nach dem Fleische wandelt". Anders gewendet: Wären Gerechtigkeit, Frieden und Freude im heiligen Geist nur die Vorbedingungen für den Eintritt ins Gottesreich, dann wäre ja das Gottesreich schon vor dem Gottesreich da. Denn Gerechtigkeit, Friede und Freude im heiligen Geist gibt es nur im Gottesreich.

---

[21] Bultmann GsynTr 128: „Wenn das Reich kommt, ist es mit einem Schlage da." Das von Grundmann Lk 340 zitierte „nicht sicher zu ergänzende" apokryphe Jesuswort P Oxy 654 hat sich inzwischen als Teil von Spruch 3 des ThEv (p. 80,25 f.) erwiesen: „sondern das Reich ist inwendig in euch . . .". Hier ist die christliche Überlieferung auf den Lichtkern im Gnostiker bezogen.

Das ist für Paulus tatsächlich der Fall, weil hier im Geist das Reich Gottes schon Gegenwart ist, wenn auch der Geist andererseits nur Angeld ist.

Lk 17,22 zeigt — mag er nun von Lk selbst herrühren oder schon einer Tradition entnommen sein — die Stimmung der christlichen Gemeinde: Man sehnt sich danach, einen Tag der herrlichen Endzeit zu erleben, aber diese Sehnsucht bleibt unerfüllt.

Auch bei V. 25 läßt es sich wohl nicht mehr entscheiden, ob ihn Lk schon in einer Vorlage fand, ob er ihn von anderswoher hierhin versetzte oder ihn gar selbst bildete. Eigentlich paßt der Vers ja nicht in den Zusammenhang; handelt er doch von einer viel späteren Zeit, nämlich von der Wiederkunft Jesu. Das Wort über Lot (V. 28 f.) könnte eine Ergänzung des Noah-Wortes durch einen bibelkundigen christlichen Schriftgelehrten sein. Allerdings scheint der Hinweis auf Lots Frau das Verbot zu erläutern, sich nicht umzuwenden. Aber damit kommt gegenüber dem Noah-Wort (V. 26 f.) ein neues Moment hinein, das uns zwingt, V. 31 allegorisch zu deuten: sich umwenden heißt von der geliebten Welt nicht loskommen und dadurch zugrunde gehen.

Lk 17,33 gibt eine ältere Überlieferung wieder als die von Mk benutzte: das „um meinet willen" fehlt. Dafür hat Lk das Wort für „finden" ersetzt durch ein LXX-Wort, ζωογονήσει (zoogonesei = lebendig machen), „am Leben erhalten".

Lk 17,34 f. sind keine „Wiederkunftsgleichnisse". Diese Worte beschreiben vielmehr die göttliche Auswahl beim Gericht, die geheimnisvoll da scheidet, wo für Menschenaugen die Lage gleich ist. Das Thomasevangelium gibt im Anfang von Spruch 61 (91,23—25) Lk17,34 wieder: „Jesus sprach: Zwei werden ruhen auf einem Bett; der eine wird sterben, der andere wird leben." Auch Thomas weiß um die Erwählung, die für ihn an die Erkenntnis geknüpft ist. V. 36, nur durch D (pm lat sy) bezeugt, ist aus Mt 24,40 eingetragen. V. 37 schließt unmittelbar an V. 35 an. Dieses Logion ist bis heute noch nicht mit Sicherheit erklärt. Vermutlich liegt ein Sprichwort zugrunde: „Wo ein Aas ist, sammeln sich die Geier." Die Jünger fragen: „Wo wird der Verworfene zurückgelassen werden?" Jesus antwortet: „Da wo das Aas ist, werden sich auch die Geier sammeln." Damit kann Lk nicht bloß meinen, daß die verworfene Magd tot liegen bleibt und von den Geiern gefressen wird. Das paßt nicht zum Wortlaut, der zwischen der Magd und der Leiche unterscheidet. Vielleicht hat Lk in dem angeblichen Jesuswort eine Umschreibung der Höllenqualen gesehen. Während die Erwählten von Engeln entrückt werden ins Paradies, fallen die Quälgeister über die Verworfenen her. Bei Mt (24,27) meint das Wort auf alle Fälle etwas anderes, wenn auch hier die Deutung nicht sicher ist: die Erscheinung des Herrn trifft alle. Wie der Geier dorthin kommt, wo seine Beute ist, so auch der Herr.

Die innere Haltung der Christen, die sich in all diesen Sprüchen und Geschichten der Synoptiker zeigt, wird vielleicht am deutlichsten sichtbar in dem bisher nur flüchtig erwähnten Noah-Wort Mt 24,37 bis 39 = Lk 17,26 f. Es findet sich allerdings nicht bei Mk, braucht aber darum nicht jünger zu sein als das zweite Evangelium. Es lautet: „Wie die Tage des Noah, so wird die Ankunft des Menschensohnes sein. Wie sie nämlich in den Tagen vor der Sintflut schmausten und tranken, freiten und sich freien ließen, bis zu dem Tage, wo Noah in die Arche ging, und es nicht merkten, bis die Sintflut kam, so wird auch die Ankunft des Menschensohnes sein."

Die Gemeinde, die hier spricht, erwartet eine Katastrophe, die mit der zur Zeit Noahs verglichen werden kann (denn der Vergleich wäre ziemlich sinnlos, wenn nur die Plötzlichkeit eines Kommens das tertium comparationis wäre): einen Weltuntergang. Was sie dabei erschüttert, ist die bestürzende Wahrnehmung, daß die übrige Menschheit nichts davon ahnt. Sie lebt, wie sie bisher gelebt hat, als ginge das Leben immer so weiter wie bisher. Man ißt und trinkt, man freit und läßt sich freien, als ob es noch weitere Generationen geben werde, als ob es ein „morgen" in demselben Sinne geben werde, wie es ein „gestern" gab. Es war jenen frühen Christen zumute, als seien sie allein sehend in einer Welt von Blinden, als seien sie einzig wach in einer Welt von Schlafenden. Die Aufforderung zum Wachsein, die in diesem Zusammenhang öfter wiederkehrt[22], mahnt ja, diese wahre Sicht der Dinge nicht zu vergessen, sondern sie festzuhalten und nach ihr das Leben einzurichten. Nur wenn wir diese das ganze Leben jener Gemeinde beherrschende Spannung, diese angstvolle Erwartung einer Katastrophe bei jedem Wort dieser apokalyptischen Texte mithören, werden wir fähig, den Mk-Text und dessen synoptische Parallelen recht zu verstehen.

Gerade damit aber werden wir zu einer überraschenden Frage geführt: wie war es möglich, daß diese frühe Gemeinde derart in eine Katastrophenstimmung geriet, wie sie Mk 13 verrät? Die Antwort scheint uns in der Erkenntnis zu liegen, daß der Christusglaube des Mk für diese Zwischenzeit bis zum Ende den Gläubigen nur das Eine zu sagen vermag: die Erwählten werden in den kommenden Schrekken bewahrt bleiben trotz aller fürchterlichen Leiden und Versuchungen. Aber von Jesus spricht Mk in diesem Zusammenhang nicht. Zwischen Ostern und der Parusie ist die Gemeinde von ihrem erhöhten Herrn getrennt. Mk besitzt nicht etwas, das der paulinischen Lehre vom „in Christus sein" entspricht. Damit wird deutlich, daß sein Versuch, die Botschaft vom Erdenleben Jesu mit all dessen Wundertaten und die Erwartung des zum Gericht und zur Rettung kommenden Herrn, miteinander zu verbinden, nicht ganz gelungen ist. Zwar konnte Mk in den Wundern Jesu und besonders in den Bekenntnissen der Dämonen und der Verklärungsgeschichte zeigen, daß schon der auf

[22] Mk 13,23; Lk 21,36; Mk 13,35—37; Mt 24,42; 25,13.

Erden wandelnde Herr das Himmelswesen Christus war und daß die Jünger ihn bereits in dieser wahren Würde erkannt hatten. Er konnte auch in den sogenannten Leidensweissagungen deutlich machen, daß Jesus seine ganze Passion vorhergesagt hatte mit dem triumphalen Schluß der Auferstehung. Aber weiter führten die Aussagen der Tradition ihn nicht. Zwischen Ostern und der Parusie ließen sie sozusagen eine Lücke bestehen. Daß der Geist den vor Gericht geschleppten Christen beistehen werde, war tröstlich. Aber die wirkliche Verbindung mit dem Herrn wird doch nach Mk und für Mk erst damit wieder einsetzen, daß Jesus als der Menschensohn zum Gericht und zur Rettung der Seinen wiederkehren wird. Die Einsamkeit, in der die Gemeinde diese Zwischenzeit zu bestehen hat, besitzt nun aber — das werden wir im folgenden sehen — eine ziemlich genaue Entsprechung in der Einsamkeit des leidenden Jesus, die Mk stärker herausgearbeitet hat als irgendein anderer Evangelist. Auch diese Lage der Gemeinde zwischen Ostern und der Parusie, der Ankunft des Menschensohnes, gehört also mit zu der Nachfolge im Leiden, zu der seit Mk 8 immer aufs neue aufgerufen ist. Die Theologie des Mk erweist sich an diesem Punkte als viel durchdachter und beachtlicher, als man ihr das früher zugestehen wollte. Damals sah man in Mk vorwiegend einen Sammler und Redaktor. Er war viel mehr, und dieses „mehr" haben wir dankbar hinzuzulernen.[23]

---

[23] Erheblich anders beurteilen Kap. 13 Willi Marxsen und Etienne Trocmé. Für Marxsen („Der Evangelist Markus. Studien zur Redaktion der Geschichte des Evangeliums", 19 6) hat die Überlieferung höchste Bedeutung, die Jerusalemer Gemeinde sei zwischen 66 und 70 auf ein Orakel hin nach Pella übergesiedelt. Aber zur „Flucht aus der von der Belagerung bedrohten Stadt bedarf es kaum eines Orakels" (76). Also werde der eigentliche Inhalt von der Parusie gehandelt haben: der Auszug der Gemeinde aus Jerusalem müsse mit einer gesteigerten Erwartung der Wiederkehr Jesu vom Himmel verbunden gewesen sein. Als sie aber nicht eintrat, habe man diese Ankündigung aus der Tradition herausgebrochen: „Ein Torso blieb zurück." Hier erhebt sich nun eine Schwierigkeit: der Orakelspruch forderte die Gemeinde auf, nach Pella zu gehen. Niemand hat aber, soweit wir wissen, die Parusie in Pella erwartet. Darum vermutete Marxsen, daß die Gemeinde zunächst nach Galiläa ging, „vielleicht mit dem See als Mittelpunkt" (76 Anm. 3). „Später hat dann eine weitere Verschiebung nach Osten stattgefunden. (Nach dem Nichteintreffen der Parusie?) Da wurde Pella neuer Mittelpunkt und trat an die Stelle Jerusalems." Aber davon habe Markus noch nichts gewußt. Nach seinem Text (13,14 b) sei ein Teil der Gemeinde schon von Jerusalem nach Galiläa gezogen, ein anderer Teil aber noch dort geblieben. V. 14 besagt: „Wer bereits geflohen ist, bekommt nun in diesem Wort die Rechtfertigung dafür; wer aber noch in Jerusalem ist, soll wissen, daß es höchste Zeit für ihn ist." Marxsen ergänzt das 124 Anm. 2 noch: „Jerusalem ist belagert. Die Bewohner werden nicht unmittelbar angesprochen, sind aber natürlich gemeint. Die ‚Berge' dürften (im Zusammenhang des Markus) schwerlich das judäische Gebirge sein. Man kann fragen, ob mit dem Gebirge Galiläa gemeint ist." Also: die Gemeinde befindet sich, jedenfalls zu einem großen Teil, in Galiläa. In ihrer Ver-

kündigung ist Jesus schon gegenwärtig; er wird aber bald bei der in Galiläa erwarteten Parusie auch sichtbar werden. Diese lebhafte Parusie-Erwartung konnte nur wenige Jahre bestehen; in den Großevangelien des Mt und Lk ist sie nicht mehr vorhanden (143).

Dieser Entwurf Marxsens ist sehr kühn. Der Orakelspruch redete nach der erhaltenen Tradition nur von Pella; daß ursprünglich von Galiläa darin die Rede war, ist eine reine Vermutung. Das Orakel sprach nach der Tradition nicht von der Parusie; Marxsen muß das mit der weiteren Vermutung erklären, man habe diesen — doch eigentlich entscheidend wichtigen! — Zug fortgelassen, als die Wiederkehr Jesu ausblieb. Daß ein Teil der Gemeinde Jerusalem während der Belagerung die Stadt verlassen habe, scheint uns nach dem Bild, das Josephus gibt, ein Ding der Unmöglichkeit zu sein. Daß Jesus „ins Kerygma auferstanden" sei, kann im Rahmen der Bultmannschen Theologie gesagt werden. Aber daß er als der Auferstandene in der Verkündigung schon in Galiläa anwesend ist, ist der marcinischen Konzeption unseres Erachtens fremd. Der Gedanke, Galiläa sei für Markus nicht sosehr ein geographischer Begriff, sondern — weil dort Jesus in der Verkündigung gegenwärtig ist — die terra christiana und müsse also kerygmatisch verstanden werden, knüpft an Gedanken von Lohmeyer an (die Werner Schmauch, Orte der Offenbarung und der Offenbarungsort im Neuen Testament, Göttingen 1956, ebenfalls aufgenommen hat). Aber er hat sich uns nicht bewährt. Um ihn durchzuführen, mußte allzuviel ergänzt und gestrichen werden. Darum haben wir einen anderen Versuch unternommen, die verschlüsselte Mitteilung von Kap. 13 verständlich zu machen.

Ganz anders erscheint Mk 13 in dem Buche des Straßburger Professors Etienne Trocmé: La formation de l'évangile selon Marc. (Études d'histoire et de philosophie religieuses, n° 57. Paris 1963). Hiernach bildete Kap. 13 den Abschluß der ersten Ausgabe des Mk, die noch keine Leidensgeschichte enthielt. Die Kapitel 14—16, die ein Redaktor in einer zweiten Ausgabe hinzufügte, „erzählten eine Geschichte, anstatt die Leser zu ermahnen, ‚Geschichte zu machen' ", wie Kap. 1—13 (177). Trocmé meint (50), sich mit Carrington und G. Schille berührend, der in Mk 14—16 benutzte Passionsbericht sei die „kanonische" Lesung, die in Jerusalem zur Zeit des jüdischen Passa seit dem Beginn der Passionsliturgie gehalten wurde.

Kap. 13 lasse zunächst drei nicht in chronologischer Aufeinanderfolge zu verstehende Bilder vor dem Leser abrollen. Im ersten Bild (V. 5—8) geht sozusagen der Vorhang erst auf (164). Mk fürchte, daß sich die Christen auf politische Abenteuer einlassen unter der Leitung eines energischen Führers (V. 6 f.). Man solle Kriege und Kriegsgerüchte als notwendige geschichtliche Ereignisse wie Naturkatastrophen ansehen (V. 8), ohne messianische Bedeutung. V. 6 spreche von falschen Brüdern, Leitern der Kirche, die sich nach Jesu Kreuzigung die Rolle des davidischen Messias anmaßen: Jakobus und die Seinen (165). Bild 2 (V. 9—13) schärfe Wachsamkeit gegen sich selbst ein. Man solle die Verfolgung wegen der Verkündigung, mit der die politischen Autoritäten Palästinas reagieren werden, nicht scheuen: wer auf diese Verkündigung verzichte, verzichte auf den Anteil am eschatologischen Heil (166). Passives Erwarten des Endes genügt nicht. Bild 3 (V. 14—23) greift jede „apokalyptische Geographie" an, besonders die Lokalisierung der Parusie in Jerusalem, dessen Untergang es voraussagt. Hier wird die jerusalemische Gemeinde attackiert, die sich obstinat an den heiligen Hügel klammert. Aber diese göttliche Züchtigung Jerusalems ist nicht das Ende; die Geschichte geht weiter: 167. Mk rechne sogar mit mehrfachen Versuchen,

64 Der Todesanschlag

Mk 14,1—2; Mt 26,1—5; Lk 22,1—2

(1) Es war aber das Passa und das Fest der ungesäuerten Brote nach zwei Tagen, und die Hohenpriester und Schriftgelehrten suchten, wie sie ihn mit List fingen und töteten. (2) Denn sie sagten: Nicht beim Fest, damit es keinen Aufruhr des Volkes gebe.

Vielleicht leitete dieser kurze Abschnitt einst die Leidensgeschichte ein. Leider ist sein Sinn dunkel und umstritten. „Passa" (= P.) und das „Fest der ungesäuerten Brote" (= F.) scheinen ineinander überzugehen. Dabei war das P. (nach unserer Zeitrechnung!) ein eintägiges Fest: am Nachmittag des 14. Nisan schlachtete man die Opferlämmer; bis Mitternacht mußte das Mahl beendet sein. Aber da der jüdische Tag mit Sonnenuntergang begann, fand dieses Mahl schon am 15. Nisan statt. Beide Feste erklärte man durch den Hinweis auf den Auszug aus Ägypten[1]. Aber das vom 15.—21. Nisan dauernde F. war einst das Fest der Gerstenernte gewesen. Da beide Feste sich zeitlich berührten, scheint Lk 22,1 sie zu identifizieren[2]. Die Zeitangabe von V. 1 — von wann ab gerechnet; vom Beschluß der Hohenpriester und Schrift-

---

Jerulem zum Ort der Parusie Jesu zu machen: V. 21 f. Die vier Jünger sollen sich dem passiven Warten in Jerusalem entreißen, und das Evangelium von Ort zu Ort tragen, anstatt sich in die Katastrophe hineinziehen zu lassen, die Gott über Jerusalem heraufführt. Bild 4 (V. 24—29) schildere Ereignisse in ferner Zukunft, in der allerletzten Zeit. Aber auch sie werden nicht schlagartig erfolgen, sondern (anders als in Lk 17,20—24) einen fortschreitenden Charakter haben. Die Verse 24—29 sind ein Gemisch atl. Stellen, dem kein Dokument zugrunde liegt (Anm. 176). Es handele sich nicht um eine „kleine Apokalypse". Das Kommen des Menschensohnes ist ein Zeichen, daß sich das Ende naht: V. 28 f. Das Wort „dieses" in V. 30 gehe auf den Inhalt von V. 24—27. — Mk zeigt in Kap. 13 (das betont Trocmé) keine Neigung zu spekulativem Denken. Er ist Wortführer einer unternehmungsfreudigen Bewegung, die im Bruch mit der Muttergemeinde Jerusalems große missionarische Anstrengungen bei den kleinen Leuten Palästinas macht und damit die Weisungen des irdischen und des erhöhten Herrn erfüllen will. Der jüdische Krieg von 66—70 hat im Mk keine sichtbare Spur hinterlassen (192). — Viele Beobachtungen Trocmés hier und anderwärts sind wichtig. Es ist gut, daß er einen neuen Zugang zu Mk öffnen will. Aber die These von den zwei Ausgaben des Mk hat uns nicht überzeugt. Daß Kap. 1—13 nur auffordern, „Geschichte zu machen" und nicht Geschichte erzählen, stimmt nicht. Daß die Jünger in der eigentlichen Leidensgeschichte keine Rolle mehr spielen, liegt in der Sache. Die Apokalyptik von Kap. 13 meinen wir anders sehen zu sollen (s. oben im Text).

1 S. Ex. 12 und 23,15 nebst 34,18; Billerbeck II 812—815.

2 Vgl. Fr. Rehkopf, Die luk. Sonderquelle, Tübingen 1959, 8—12; Heinz Schürmann, Quellenkritische Untersuchung des luk. Abendmahlsberichts Lk 22,6—38, Münster 1953.

gelehrten (war es ein Beschluß des Synhedriums?[3])? — ist nicht eindeutig. Die meisten Exegeten lasen eine zweitägige Frist bis zum Passa heraus[4]; aber die jüdische Tagesberechnung macht das unsicher. Jedenfalls stand nur noch eine kurze Frist zur Verfügung für den Versuch, sich Jesu zu bemächtigen. Nach manchen Exegeten[5] wollte man trotz der Kürze der Frist noch Jesus in die Gewalt zu bekommen versuchen — mit δόλος (dolos), d. h. nicht durch offenen und offiziellen Zugriff, sondern indem man ihn heimlich verhaftete. Hatte man ihn erst einmal „verhört", konnte man den zu Tode Erschöpften ruhig der Öffentlichkeit zeigen — in diesem Zustand imponierte er keinem mehr. Andere Forscher meinten[6], man wollte die Verhaftung bis nach dem Fest aufschieben. Aber hatte Jesus dann nicht schon mit den anderen galiläischen Festpilgern Jerusalem verlassen? Joachim Jeremias hat uns aus diesem Dilemma befreit, in dem er die Worte in V. 2 „mē en tē heortē" mit „nicht in der Festversammlung" interpretierte. Dann geben sie keinen Zeitpunkt an, sondern den modus procedendi: geheime Verhaftung. Der Verrat des Judas ließ diese Rechnung aufgehen. — Die Traditionsgrundlagen für diese Angaben kennen wir nicht. Wahrscheinlich entsprachen sie der Wirklichkeit.

65 Die Salbung in Bethanien

Mk 14,3—9; Mt 26,6—13; vgl. Lk 7,38—50; Joh 12,3—8

(3) Und als er in Bethanien war im Hause Simons des Aussätzigen, da kam, als er zu Tische lag, eine Frau mit einem Alabastergefäß voll echter, kostbarer Nardensalbe. Und sie zerbrach die Alabasterflasche und goß sie über sein Haupt. (4) Einige aber murrten bei sich: „Wozu ist diese Vergeudung der Salbe geschehen? (5) Denn diese Salbe konnte verkauft werden für über 300 Denare und den Armen gegeben werden; und sie fuhren sie an. (6) Jesus aber sprach: „Laßt sie! Was macht ihr ihr Mühe? Ein gutes Werk hat sie an mir getan. (7) Immer nämlich habt ihr die Armen bei euch und könnt ihnen Gutes tun, wenn ihr wollt; mich aber habt ihr nicht immer. (8) Was sie vermochte, hat sie getan. Sie hat meinen Leib zuvor gesalbt zum Begräbnis. (9) Wahrlich ich sage euch: Wo immer das Evangelium verkündigt wird in der ganzen Welt, wird auch das, was sie getan, gesagt werden zu ihrem Gedächtnis."

Alle vier Evangelisten erzählen von einer Salbung Jesu, aber nur Mk und Mt stimmen weithin überein. Bevor wir aber das Verhältnis der Texte zueinander klären können, müssen wir jeden für sich analysieren.

[3] So fragt Taylor 528 mit Recht. Manches erledigen Politiker hinter den Kulissen.
[4] U. a. Klostermann 158.
[5] So Wellhausen 108, Klostermann 157; aber auch J. Jeremias und Dibelius.
[6] So u. a. H. J. Holtzmann 171, Schlatter Mt 701.

Mk gibt nicht genau an, wann die Salbung stattfand. Aus 14,1 und 14,12 geht jedoch hervor, daß der Evangelist sie irgendwann während der zwei Tage vor dem Passa ansetzte[1]. Sie findet statt im „Hause Simons des Aussätzigen". Damit ist nicht gesagt, daß der gegenwärtige Besitzer Simon hieß und aussätzig war; Aussätzige durften nicht in einer Stadt mitten unter den Gesunden leben. Es könnte sich um einen Mann handeln, der früher aussätzig gewesen und dann geheilt worden war[2] (von einer Heilung durch Jesus steht nichts da). Es könnte auch sein, daß das Haus einem Aussätzigen gehörte, der Simon hieß und selber nicht mehr dort wohnte. Und schließlich könnte ein früherer Besitzer Simon geheißen haben und aussätzig gewesen sein, und das Haus von ihm den Namen bekommen und behalten haben. Der Text gibt uns nichts in die Hand, was zwischen diesen Möglichkeiten entscheidet[3].

Das „als er zu Tisch lag" zeigt die Situation eines festlichen Mahles an, bei dem die Teilnehmer auf Polstern ausgestreckt liegen, auf den linken Arm gestützt[4]. Während dieser Mahlzeit kommt eine Frau herein mit einem Alabasterfläschchen, das eine Salbe von echter[5], kostbarer Narde enthält, die — wie das Folgende zeigt — flüssig ist. Wir dürfen nicht an ein großes Gefäß denken; normalerweise sind nur wenige Tropfen von dieser stark duftenden Flüssigkeit nötig. Die Frau — deren Name, Beziehung zum Hause und Motiv nicht angegeben werden — zerbricht den engen Hals des Gefäßes[6] und gießt seinen Inhalt auf das Haupt Jesu. Das ist die erste Szene dieses kleinen Dramas.

---

[1] Falls man aber die jüdische Zeitrechnung zugrunde legt (s. Abschnitt 64, A. 2), könnte Mk die Salbung auf den Abend jenes Tages datiert haben, von dem V. 2 handelt.

[2] So Lohmeyer 292.

[3] Taylor 530 meint, Simon der Aussätzige müsse dem kleinen Kreis bekannt gewesen sein, von dem die Geschichte kommt.

[4] J. Jeremias, Abendmahlsworte 42 f.: gewöhnlich saß man beim Essen. Wo von einem Zu-Tische-Liegen die Rede ist, handelt es sich gewöhnlich um ein Gastmahl; so besonders Mk 14,3 par. und Lk 7,36 f. 49. Daß die letzte Mahlzeit liegend eingenommen wurde, daraus schließt Jeremias auf ein Passamahl. Da war es eine rituelle Pflicht. Aber hier in Bethanien wird ebenfalls vorausgesetzt, daß man zu Tische liegt. Aber vielleicht ist „als er in Bethanien war" hier in die Geschichte eingefügt?

[5] Der Sinn von πιστικός (pistikos) steht nicht fest: Taylor 530 f.

[6] Nach Pauly-Wissowa, Neue Bearbeitung, Erster Band, 1894, 1272 f. war „alabastron" zunächst die Bezeichnung eines Gefäßes für Salben, das aus Glas, Ton und Alabaster bestehen konnte. Hier dürfte es sich um ein kleines Glasgefäß mit langem schmalem Hals gehandelt haben, daß nur wenige Tropfen der sehr teueren und kostbaren flüssigen Salbe enthielt. Die Frau bricht den dünnen Hals des Glasgefäßes durch und gießt den Inhalt auf das Haupt Jesu. Der Gedanke, sie hätte nicht den gesamten Inhalt für diese Salbung verwenden sollen oder können, mißversteht die Geschichte. Auch die Vermutung, die Frau habe das Gefäß zerbrochen, damit es nach diesem Dienst zu nichts anderem mehr verwendet werden könne, ist dem Erzähler nicht gekommen.

„Einige“ — Mk sagt nicht, daß es Jünger Jesu waren; aber wer war bei dieser Mahlzeit zugegen wenn nicht Anhänger Jesu? Oder sollen wir uns eine Schar Dorfbewohner als anwesend denken? — geben ihrem Unwillen Ausdruck: „Warum ist diese Verschwendung der Salbe geschehen?[7]“ Der Vorwurf richtet sich nicht dagegen, daß der ganze Inhalt der Salbenflasche verwendet worden ist, sondern gegen die Verwendung der kostbaren Salbe überhaupt: das ist Verschwendung! Und die Tadler machen sogleich einen Vorschlag, wie man die Salbe besser hätte verwenden können: man könnte sie für über 300 Denare verkaufen — so kostbar war sie also! — und das Geld den Armen geben[8].

Wenn ein Kommentator von den „gemeinen Nützlichkeitsrücksichten der Tadler“ spricht, so trifft das die Sache nicht: eine Gabe an die Armen ist auch im Sinn des Evangelisten nichts, was unter die Kategorie des Nützlichen fiele. Was die Tadler vorschlagen, ist etwas Frommes[9]. Erst damit bekommt ihre Meinung das Gewicht, welches das folgende Wort Jesu rechtfertigt. Das „sie fuhren sie an“ werden wir uns als heftige Vorwürfe gegen die Frau durch jene „einige“ denken müssen. Damit ist die zweite Szene dieser in sich geschlossenen Erzählung beendet.

Nun greift Jesus ein. Er nimmt die Frau in Schutz und verwahrt sich dagegen, daß man ihr mit Vorwürfen zusetzt. Zunächst kommt das allgemeine Urteil Jesu über die Tat: „sie hat ein gutes Werk an mir getan!“ Wenn nicht V. 8 folgte, würden wir dies Wort so verstehen

---

[7] Die Handschriften W Θ pc a c l sy[s] haben die Worte „der Salbe“ fortgelassen.

[8] Der so geschätzte Preis wird nur genannt, um dem Leser einen Eindruck von dem außerordentlich hohen Wert dieses Salbenfläschchens zu geben; 300 Denare, etwa 220 Goldmark, ist unheimlich viel für diese armen Leute. — Daß ein solcher Verkauf kapitalkräftige und luxusfreudige Käufer voraussetzt, die also eben dem ergeben sind, was die Tadler als Weltverfallenheit verachten, ist nicht zu Bewußtsein gekommen.

[9] Joachim Jeremias vermutet („Mk 14,9“. In: ZNW 44, 1952/53, 103—107), daß die — sprachlich als palästinisch zu erweisende — Salbungsgeschichte erst verständlich wird, „wenn man beachtet, daß sie auf der typisch palästinischen Unterscheidung von Almosen ... und Liebeswerk ... aufgebaut ist: dem Vorwurf der τινες (tines = einige)“, man hätte den Erlös ... zu Almosen verwenden sollen (V. 4 f.), setzt Jesus die Feststellung entgegen, daß die ungenannte Frau unbewußt ein Liebeswerk getan hat, nämlich das besonders hoch bewertete Liebeswerk der Totenbestattung ...“. — Das Schwierige an dieser Erklärung der Salbungsgeschichte liegt einmal darin, daß die Frau selbst gar nicht gewußt hat, daß sie vorwegnehmend die Totensalbung vollzogen hat. Aber auch die Art, wie hier die Antwort Jesu von der rabbinischen Unterscheidung zwischen einem Almosen (Geldgeschenk an Lebende) und einem Liebeswerk (das auch Toten erwiesen werden kann) aus verständlich werden soll, will uns nicht einleuchten. Der Gegensatz von Almosen und Liebeswerk steht gar nicht im Mittelpunkt, sondern der zwischen den Armen und Jesus, geschweige denn daß Jesus sagt: „Laßt sie, denn sie hat mehr getan als ein Almosen gegeben ...“. Vor allem aber: Jesu Denkweise wäre eine solche Entschuldigung der Frau ganz fremd. In der Mk-Geschichte stehen das Gutestun an den Armen, die man jederzeit hat, und das an Jesus, den man bald nicht mehr haben wird, einander gegenüber.

können: sie hat Jesus eine Freundlichkeit, eine Liebe erwiesen. Und damit wäre die Tat gerechtfertigt[10]. Das „nämlich" oder „denn" in V. 7 ist nicht ganz einfach. Man könnte meinen, es hätte schon in V. 6 stehen können: „denn sie hat ein gutes Werk an mir getan." Gemeint ist: „Jawohl, so verhält es sich, wie soeben (V. 6) gesagt" — denn der Einwand betreffs der Armen ist nicht angebracht. „Die Armen habt ihr immer bei euch" — hatte nicht schon Dt 15,11 gesagt: „denn nie wird es an Armen fehlen im Lande?" — „und könnt ihnen Gutes tun, wann ihr wollt[11]; mich aber habt ihr nicht immer". Ohne die Fortsetzung in V. 8 b ergäbe das den Sinn: Die Frau hat recht, wenn sie jetzt Jesus mit der Salbe etwas Gutes tut, anstatt sie so, wie vorgeschlagen, für die Armen zu verwenden. Denn die Gelegenheit, Jesus eine Liebe zu erweisen, ist bald vorbei. Das „bald" ist freilich nicht direkt ausgesprochen.

Aber Jesus sagt noch mehr: „Was sie vermochte" — was in ihren Kräften stand —, „hat sie getan". Wie kann man ihr Vorwürfe machen, wenn sie alles an Jesus hingab, was sie hatte? Aber nun kommt, überraschend für alle Anwesenden, eine ganz neue Deutung dessen, was die Frau getan hat: „Sie hat vorwegnehmend meinen Leib zum Begräbnis gesalbt." Natürlich hat der Evangelist selbst diese Deutung schon vor Augen gehabt, als er von dem „guten Werk" sprach und von dem „sie hat getan, was sie vermochte". Es war nicht bloß eine beliebige, Jesus erwiesene Liebestat, sondern ein Vorwegnehmen des letzten Liebesdienstes, den man jemanden erweisen kann[12]. Schlatter Mt 736 meint: „Vielleicht trug nicht erst Jesus diesen Gedanken an seinen Tod in den Gesichtskreis der ihn salbenden Frau hinein. Die Verkündigung seines Todes stand über allem, was Jesus und die Jünger in jenen Tagen taten ... Den, der starb, ehrte die Frau, eben weil er starb. Vor seinem Kreuz verzichtet sie auf Schmuck und Lust und preist die zum Tod bereite Liebe." Das ist eine erbauliche Phantasie, die im Text keinen Anhalt hat. Die Anwesenden haben — das geht aus dem Vorwurf

[10] Vgl. dazu die Besprechung der lukanischen Parallele; s. u. S. 469. Über sie urteilt besonders scharf Hirsch II 199 f.: „Wenn die Frau das Haus mit der gekauften Alabasterflasche betritt, um Jesu Füße zu waschen und zu salben, dann mußte sie von vornherein die Absicht gehabt haben, den dazu nötigen Tränenstrom als Ersatz für das Waschwasser zu produzieren". Natürlich hat Lukas an dergleichen nicht gedacht.

[11] Grundmann Mk 277 hört aus „wenn ihr dazu willig seid" eine Ironie Jesu heraus. Aber gegen wen soll sie sich richten? Soll sie den Tadlern zu verstehen geben, daß es ihnen mit dem Almosengeben ja gar nicht so ernst ist? — Freilich kann man fragen, ob hier die Jesus erwiesene Liebe von ihm nicht höher eingeschätzt wird als die an den Armen; die Ansicht des Erzählers wird das jedenfalls sein.

[12] Tatsächlich ist ja Jesu Leichnam nach dem synoptischen Bericht — im Unterschied zu Joh 19,39, wo es sich außerdem eher um eine Art von Einbalsamierung handelt — nicht gesalbt worden. Als die Frauen Mk 16,1 zum Grabe eilen, um den Leichnam zu salben, ist Jesus schon auferstanden. Aber daran wird in dem Zusammenhang unserer Erzählung nicht gedacht.

gegen die Frau deutlich genug hervor — bei der Salbung nicht an den Tod Jesu gedacht. Es ist Jesus, welcher der Handlung der Frau diesen Sinn gibt.

Mit einem feierlichen „Wahrlich aber, ich sage euch“ wird ein endgültiger Lobpreis der Frau hinzugefügt: Wo immer das Evangelium in der ganzen Welt verkündigt wird, da wird man auch sagen, was sie getan hat, zu ihrem Gedächtnis[13]!“

Dieser Schlußsatz zeigt: für den Evangelisten fällt aller Nachdruck auf die Tat der Frau, nicht auf diese selbst. Wir erwähnten schon, daß ihr Name, ihre Beziehung zu diesem Haus und ihr Motiv nicht erwähnt werden — sie selbst bleibt ganz im Schatten. Nur ihre Tat (in der Deutung, die Jesus ihr gab!) tritt ans Licht. Darum ist es dem Evangelisten gleichgültig, woher die Frau ein so teures Salböl in einem Alabasterfläschchen hatte — eine solche Kostbarkeit konnte sich eigentlich nur eine reiche Frau leisten (unwillkürlich richtet sich unser Blick auf Lk 8,2 f., wo die Jesus mit ihrem Vermögen dienenden Frauen erwähnt werden) oder eine Hetäre (und das weckt die Frage nach dem Verhältnis unserer Geschichte zu der in Lk 7 erzählten Salbung). Dieser Schlußsatz dürfte kein Bestandteil der ältesten Überlieferung sein: er setzt schon die Perspektive und die Erfahrungen der Weltmission treibenden Gemeinde voraus. Das Wort „Evangelium“ meint hier die christliche Verkündigung von Jesus dem Heiland. Wieweit die vorhergehende Geschichte „historisch“ ist, darüber ist später noch zu sprechen.

Matthäus hat nicht — wie das gelegentlich behauptet wurde — die Erzählung in einer ursprünglicheren Fassung erhalten. Er hat vielmehr den Mk-Text kürzend wiedergegeben, wie das seine Art ist. Dabei hat er das überflüssig erscheinende „von echter Nardensalbe“ fortgelassen, für „kostbar“ ein anderes, verständlicheres Wort eingesetzt. Auch „als er zu Tische lag“ bleibt fort; dafür tritt zu dem Wort „Haupt“ der Zusatz „des (zu Tisch) Liegenden“ und für „einige“ treten „die Jünger“ ein[14]. Ebenso ist „der Salbe“ (nach Verschwendung“) als unnötig fort-

---

[13] J. Jeremias hat (ZNW 44, s. o. Anm. 9) diese Worte so umschrieben: „Wenn Gottes Engel die Siegesbotschaft aller Welt verkündigen wird, wird man (wohl: die Engel) auch das, was sie getan hat, (vor Gott) sagen, damit er ihrer gnädig gedenke“. Aber daß Jesus gemeint hat, Gott bedürfe einer solchen Erinnerung, erscheint uns trotz Apg 10,4 (einer judenchristlich gefärbten Stelle) sehr fraglich. Wahrscheinlich denkt der Evangelist hier wirklich an die christliche Mission und deren Predigt, welche die Erinnerung an diese so getadelte Frau lobend lebendig erhält.

[14] Zahn Mt 678 erklärt den Umstand, daß die Frau unbenannt bleibt, daraus, daß sie noch lebte, als Mt schrieb, und der Evangelist durch eine besondere Rücksicht veranlaßt wurde, den Namen dennoch zu verschweigen; man bedenke dabei, daß für Zahn Mt das älteste Evangelium ist! Aus seiner Erzählung gehe nur hervor, daß das Weib keine Hausgenossin des — wahrscheinlich durch Jesus vom Aussatz geheilten — Simon war. Die Jünger seien nicht grundsätzlich abgeneigt gegen allen entbehrlichen Luxus gewesen und auch nicht von einem rücksichtslosen Drang zu nützlicher Wohltätigkeit getrieben; sie seien vielmehr eifersüchtig ge-

gefallen; in der Folge wird statt „diese Salbe“ nur gesagt „dies“. Für „über 300 Denare“ heißt es einfach „teuer“. Man sieht: alle als belanglos erscheinenden Worte verschwinden — so auch die Worte „sie machten ihr Vorwürfe“; denn Mt hatte zuvor das „(murrten) bei sich“ ebenfalls gestrichen, so daß sich die Anklage sofort an die Frau richtete. Mit solchen Kürzungen spart Mt nicht bloß den nötigen Raum für die vielen Texte, die er über Mk hinauf aufnimmt, sondern er beschränkt auch alles auf das ihm wesentlich Erscheinende und konzentriert es dadurch. Die Worte „und könnt ihnen Gutes tun, sooft ihr wollt“ ist ja schon indirekt enthalten in dem „die Armen habt ihr immer bei euch“; deshalb kann es ebenfalls fortbleiben. „Sie hat getan, was sie vermochte“ schien dem Evangelisten überflüssig neben „Sie hat ein gutes Werk an mir getan“. In V. 8 hat Mt stilistisch gebessert; in V. 9 fügt er zu „Evangelium“ hinzu; „dieses“ — vielleicht denkt er dabei besonders an die Leidensgeschichte. Mithin gibt der Mt-Text hier nichts aus, was neben dem des Mk von Belang wäre.

Ganz anders steht es mit *Joh* 12,1—8. Wohl findet auch hier die Salbung in Bethanien statt und vor dem Passa. Darum können wir die johanneische Erzählung mit der des Mk nicht durch die Behauptung ausgleichen, hier werde von einer ganz anderen Salbung gesprochen. Wir sind vielmehr gezwungen, den Unterschied beider Berichte auf die den Evangelisten vorliegenden Überlieferungen zurückzuführen, die sie benutzt haben. Es handelt sich nicht darum, daß Joh oder Mk Änderungen vorgenommen haben: was sollte einen von ihnen bewogen haben, die zwei Tage in sechs[15] umzuwandeln oder umgekehrt, und für das Haus Simons des Aussätzigen das der Maria und Martha und des Lazarus einzusetzen oder umgekehrt? Joh sagt freilich nicht ausdrücklich, daß das Mahl im Haus der Maria und Martha stattfand — aber wie kann sonst Martha bei Tisch bedienen? Wir sehen vielmehr hier, wie die uns aus Mk bekannte Tradition sich verbindet mit jener Sonderüberlieferung des vierten Evangeliums von Lazarus und seinen beiden Schwestern. Aber es ist nicht bloß die mit johanneischem Sondergut bereicherte Mk-Tradition, die uns hier entgegentritt: die bedienende

wesen auf das mit ihrer grenzenlosen Verehrung für den Meister sich vordrängende und prunkende (!) Weib. Daß Zahn damit die Geschichte gründlich umgeschrieben hat, ist ihm nicht bewußt geworden. — David Friedrich Strauß erwähnt in seinem Werk: „Das Leben Jesu, kritisch bearbeitet“, 2. A. Tübingen 1837, 891 Anm. 25 die Meinung des Aufklärers Schulz, die ersten Evangelisten hätten den Namen der —von Johannes 12,3 genannten — Frau verschwiegen, um eine Gefahr für die Familie des Lazarus zu vermeiden!

[15] Damit soll nicht bestritten werden, daß in Joh 12,1 eine andere Chronologie der „heiligen Woche“ durchblickt als bei Mk. Dagegen zeigt sich in der Lokalisierung der Szene im Haus von Maria, Martha und Lazarus, daß bekannte Personen im Lauf der Überlieferung miteinander verbunden werden und auf diese Weise neue Zusammenhänge entstehen. Lukas kennt schon Maria und Martha als ein Schwesternpaar (10,38—42); aber Lazarus ist für ihn eine Gestalt, von der Jesus nur in einem Gleichnis spricht (Lk 16,20.24).

Martha ist auch Lk 10,38 dargestellt. Es wäre falsch anzunehmen, der Verfasser des vierten Evangeliums habe die Werke der drei anderen Evangelisten vor sich gehabt und mit dichterischer Freiheit verwertet. Wahrscheinlich hat sich vielmehr die bei Lk erhaltene Tradition in der mündlichen Überlieferung mit der von Maria und Martha und Lazarus verbunden und stand in dieser Gestalt dem vierten Evangelisten zur Verfügung.

Wirklich neu ist, daß Maria — damit bekommt die bei den Synoptikern ungenannte Frau einen Namen; später hat man sie noch mit jener Maria Magdalena gleichgesetzt, aus der Jesus nach Lk 8,2 sieben Dämonen ausgetrieben hatte, und so einen christlichen Roman geschaffen — einen Liter (!) Salbe verwendet. Diese Änderung steht damit in Zusammenhang, daß hier nicht mehr Jesu Haupt gesalbt wird, sondern seine Füße, und diese Änderung stammt aus der in Lk 7 vorliegenden Tradition über die Salbung. Auch der Zug, daß Maria die Salbe von den Füßen mit ihrem Haar fortwischt, rührt vom Einfluß jener anderen Überlieferung her. Sie hat dazu geführt, daß das Jesuswort von seiner „Bestattung" (V. 7) nun stark abgewandelt wird: die abgewischte Salbe soll für den Tag seiner Totensalbung aufgehoben werden[16]!

Eine andere Änderung hat bei den Synoptikern kein Gegenstück: der Vorwurf wird hier von dem bösen Verräter Judas erhoben, und ihm geht es gar nicht um die Armen, sondern er ärgert sich darüber, daß ihm, dem betrügerischen Kassenverwalter des Jüngerkreises, das Geld entgangen ist! Damit wird der Vorwurf gegen die Frau von innen her entkräftet: er ist nur ein Vorwand! Der Schlußsatz der Mk-Erzählung ist ebenso verschwunden wie Simon der Aussätzige (oder: der Pharisäer; so bei Lk); nicht aus schriftstellerischer Absicht, sondern dank der dem Evangelisten verfügbaren Vorlage.

Die johanneische Variante ist durch den relativ großen Raum, welchen sie dem Judas gibt, gegenüber Mk stark verändert: der Schwerpunkt hat sich verschoben. Aus einem bei Mk nur angedeuteten Gegensatz zwischen der Frau und ihren ungenannten Tadlern ist hier der Schwarz-Weiß-Kontrast geworden zwischen der Frau, die das kostbare Gut dahingibt, weil sie nur an Jesus denkt, und Judas, der diese Hingabe nicht versteht, weil er nur an sich denkt.

---

[16] So wird man Joh 12,7 wohl verstehen müssen. Ganz anders legt Hirsch (Das vierte Evangelium, Tübingen 1936, 303 f.) die johanneische Fassung aus: Die Salbung sei hier ein Zeichen des überströmenden Dankes einer Schwester für das Unerhörte, was Jesus ihrem Bruder getan hat. Der Satz „Das Haus ward voll vom Duft des Öles" sei ein Gleichnis: „Der Dank schwebt, ein ungesprochenes schweigendes Gebet, im Raume um Jesus". „Die Geste der Maria hat in der grenzenlosen Phantastik des Herzens dennoch etwas Verhaltenes, weil Maria von Anfang an als in sich hineinschweigende Anbetung geschildert gewesen ist." Aus Mt 26,12; Mk 14,8 werde der Evangelist selbst ein Rätselwort gebildet haben mit dem Sinn: „Der Dank an den, der dem Lazarus das Leben wiedergab, konnte nur die Totensalbung sein".

Aber neben der Erkenntnis dieser Veränderung bleibt die andere wichtig, daß sich verschiedene Traditionsströme verbinden und eine neue Einheit bilden, weil ein jeder von ihnen etwas enthält, was der Gemeinde am Herzen liegt.

Bei Lk 7,36—50 fragt es sich, ob wir diesen Abschnitt überhaupt als Parallele zu Mk 14,3—9 bezeichnen dürfen. Zwar wird auch hier von einem Mahl erzählt, das im Hause eines gewissen Simon stattfindet, von einem Mahl, bei dem Jesus gesalbt wird und die ihn salbende Frau vor dem Tadel in Schutz nimmt, mit dem man sie überschüttet. Aber diesen Übereinstimmungen stehen größere Verschiedenheiten gegenüber, wie die Analyse der Geschichte sogleich zeigen wird.

Diese Erzählung stammt aus dem Sondergut des Lk (vermutlich aus jenem Evangelium, in dem auch die vorhergehende Geschichte vom Jüngling in Nain und die folgende Notiz über die dienenden Frauen enthalten waren) und spielt nicht in der Umgebung Jerusalems, sondern irgendwo in Galiläa. Das wird freilich nicht ausgesprochen, geht aber aus dem Zusammenhang hervor. Daher liegt sie zeitlich viel früher als die Salbungsgeschichte der drei anderen Evangelien und gehört nicht in die letzten Tage des Erdenlebens Jesu.

Jesus wird hier von einem Pharisäer zum Essen eingeladen. Angesichts der Art, wie der Evangelist sonst Jesu Verhältnis zu den Pharisäern darstellt, überrascht das zunächst. Aber später zeigt sich, daß sich auch dieser Pharisäer unfreundlich gegen Jesus benimmt. So bleibt der Autor doch auch hier seiner Linie treu. Jesus folgt der Einladung und legt sich zu Tische. Von seinen Jüngern wird hier nicht gesprochen; sie treten auch im weiteren Verlauf der Handlung nicht auf. Nun erscheint eine Frau aus „dieser Stadt" (im lukanischen Zusammenhang ist es Nain), die als Sünderin bezeichnet wird. Damit kann (wenn es auch manchen Kommentatoren als so peinlich erschien, daß sie es nicht zugeben wollten) nur eine Dirne gemeint sein. Sie hat erfahren: Jesus ist beim Pharisäer zur Mahlzeit eingeladen. Daraufhin beschafft sie sich das Alabastergefäß mit der kostbaren Salbe, tritt an Jesu Füße heran, benetzt sie weinend mit ihren Tränen und trocknet sie mit ihrem langen Haar, küßt sie und salbt sie mit der Salbe.

Auf diese Szene folgt nun, wie bei Mk, die Gegenszene mit dem Einwand gegen diese Tat. Und doch nicht wie bei Mk, sondern ganz anders: nicht „einige" (oder „die Jünger" [Mt] oder „Judas" [Joh]) treten als Gegenspieler auf, sondern der Gastgeber selbst: der Pharisäer. Und sein Vorwurf trifft nicht die Frau, sondern Jesus: „Der will ein Prophet sein und merkt nicht einmal, von wem er sich da huldigen läßt!", denkt er. Nicht die Verschwendung, die mit der Salbe getrieben wird, sondern der Charakter der salbenden Frau bietet den Anlaß zu dem — nicht laut werdenden — Anstoß.

Aber der Pharisäer, der Jesus angreift, erlebt eine beschämende Niederlage. Jesus bittet ihn höflich, ihm etwas sagen zu dürfen. Es ist eine kleine Geschichte, die mit einer Frage an den Pharisäer — er wird hier mit einemmal „Simon“ genannt — endet. Der Pharisäer gibt die selbstverständliche Antwort: Je mehr Vergebung, desto mehr Liebe. Damit hat er sich aber selbst sein Urteil gesprochen. Denn nun zeigt ihm Jesus in drei Gegenüberstellungen, wie sehr diese Frau den stolzen Pharisäer beschämt: (1) er gab Jesus kein Waschwasser für die Füße — sie hat Jesu Füße mit Tränen benetzt und mit ihrem Haar getrocknet, (2) er gab Jesus keinen Kuß — sie hat Jesus, seit er hereinkam, unaufhörlich die Füße geküßt, (3) er salbte das Haupt des Gastes nicht mit Öl — sie hat Jesu Füße mit feinster Salbe gesalbt. Daraus entnimmt Jesus den Grund für seinen nun folgenden Entscheid. Ihr sind ihre vielen Sünden vergeben, weil sie — wie soeben gezeigt — viel (= sehr) geliebt hat. Wem aber wenig vergeben wird, der liebt wenig — das trifft also auf den Pharisäer zu. Damit ist über ihn das Urteil gesprochen. Nun aber richtet Jesus seine Rede an die Frau: „Deine Sünden sind vergeben!“.

Diese Tat Jesu — denn sein Wort ist nicht bloß ein Wort, sondern will gültiges Urteil sein — nehmen die Tischgenossen mit Erstaunen auf: „Wer ist dieser, der Sünden vergibt?“ Und den Abschluß der ganzen Geschichte bildet ein die Frau segnend entlassendes Wort Jesu: „Dein Glaube hat dich gerettet; gehe hin in Frieden.“

Man sieht: diese Erzählung ist kunstvoll aufgebaut und durchgeführt. Aber die Forscher haben an zweierlei Anstoß genommen. So schreibt J. Weiß: „Die Salbung ... befremdet hier, da ja hier nicht das Haupt, sondern die Füße gesalbt werden. Darum hat man schon lange mit Recht vermutet, daß Lukas zu der Erzählung seiner Quelle ... eine Reminiszenz an die Bethanien-Salbungsgeschichte gefügt habe ...“ Und an einer anderen Stelle heißt es: „So gewiß diese Deutung“ („denn“ in V. 47 als Erkenntnisgrund, nicht als Realgrund) „der Erzählung ... die richtige ist, so bleibt doch ein leiser Zweifel bestehen, ob Lukas wohl die ihm überlieferte Erzählung in diesem richtigen Sinne gedeutet hat. Wenn man nämlich erwägt, daß V. 50 eine Reminiszenz an Mk 5,34“ („Dein Glaube hat dich errettet; gehe hin in Frieden“) „enthält, V. 49 an Lk 5,21“ („Wer kann Sünden vergeben außer allein Gott?“)“, beides also offenbar Zusätze des Lk sind, so wird auch wohl V. 48, der mit V. 49 untrennbar zusammengehört, von diesem Urteil betroffen werden, und dann hat man den Eindruck, daß Lk die Vergebung jetzt erst *infolge* des Liebeserweises der Frau zugesprochen werden läßt. Nach unserer Deutung von V. 47 ist ja V. 48 überhaupt ganz überflüssig.

Der Anstoß, den J. Weiß an diesen beiden Stellen empfunden hat, ist berechtigt. Aber seine Kritik sieht die Lage im ersten Fall nicht ganz richtig und geht im zweiten nicht weit genug. Was V. 38 erzählt, ist nämlich schlechterdings unmöglich. Wenn sich jemand weinend niederbeugt, so können wohl einige Tränen niederfallen, und es ist durchaus verständlich, wenn die Frau diese Tränen schnell mit ihrem Haar fortwischt und dann die Füße Jesu küßt — dazu hatte sie sich ja eigentlich niedergebeugt. Aber „sie begann seine Füße zu benetzen mit ihren Tränen und ...“ setzt einen Tränenstrom voraus, der nur in Romanen vorkommt — und nicht in guten[17]. Weiter: die Salbung der Füße soll nach V. 38 erfolgen, als sie geküßt hat. Nach V. 45 aber hat die Frau die ganze Zeit, wo Jesus (bei der ganz überwiegend bezeugten Lesart „ich trat ein“) oder die Frau (bei der wohl korrigierenden Leseart „sie trat ein“) da ist, die Füße geküßt. Mit anderen Worten: um den Gegensatz zwischen dem lieblosen Pharisäer und der liebenden Frau deutlicher zu machen, hat der Erzähler das Benetzen der Füße mit Tränen zu einer Art Fußwaschung vergröbert, und diese Vergröberung liegt in V. 46 vor, nach dem die Frau während der ganzen Zeit Jesus die Füße küßt. Nicht nur V. 47 (der tatsächlich die bevorstehende Sündenvergebung durch Jesus mit dem Liebeserweis der Frau begründet — Realgrund!), sondern die ganze mit V. 44 beginnende Rede Jesu an den Pharisäer ist sekundär. Lukas hat sich bemüht, durch das Sätzchen „Siehst du diese Frau?“[18] den Widerspruch zu verdecken, daß sich Jesus zu der Frau wendet, aber zu Simon spricht. Dieser Widerspruch entstand aber, weil die Rede an den Pharisäer eingeschoben wurde, und zwar mit jener bekannten Technik: der Einschub endet mit eben dem Wort, bei dem er begann — hier: „er sagte“. Wir dürfen also vermuten, daß der Schluß ursprünglich lautete: „zu der Frau gewandt sprach er„ Geh in Frieden.“ Wer hat nun die Geschichte in der Weise mißverstanden und vergröbert, wie das angesichts von Gleichnis und Anwendung hier deutlich wird? Bei Joh salbt Maria die Füße Jesu — daraus darf man schließen, daß dieser Zug der (Fuß-) Salbung in der mündlichen Überlieferung aus der Salbungsgeschichte von Bethanien eingedrungen ist und von Lukas in seiner Vorlage schon gelesen wurde. Dagegen die rhetorische Gegenüberstellung des Pharisäers mit der Sünderin samt der damit gegebenen Vergröberung verrät die Feder des Lukas, der ohne wirkliche Anschauung schreibt. Denn daß ausgerechnet ein auf Reinheit bedachter Pharisäer seinem Gast kein Wasser für die Fußwaschung gegeben haben soll, ist völlig unwahrscheinlich, und vom Salben gilt: Einem Gast Gelegenheit zu bieten, sich zu salben, oder ihm durch einen Sklaven die Füße salben zu lassen, galt als Anstandspflicht. Lukas wird es auch gewesen sein, der den Liebeserweis der Frau als Sachgrund für die Sündenvergebung durch Jesus verstand; dafür spricht die schriftstellerische Einschubstechnik von V. 44 ff. In dem vorangehenden Jesuswort (V. 41 ff.) war die Liebestat der Sünderin als Folge der Sündenvergebung (durch Gott) verstanden;

---

[17] Vielleicht gehört der lukanische Zug, daß die salbende Frau eine „Sünderin“ ist — eine Hetäre — zu der alten Form der Erzählung; nur von einer solchen ist zu erwarten, daß sie im Besitz dieses kostbaren Salböls ist. In der johanneischen Fassung mußte dieser Zug selbstverständlich verschwunden sein. Mit ihm könnte es aber zusammenhängen, daß der Name der Frau nicht überliefert wurde.

[18] Lk 7,44. Tatsächlich fallen viele Schwierigkeiten fort, wenn der Text von V. 44 („und zur Frau gewandt“) unmittelbar zu V. 48 („sprach er“) weiterging.

Lukas und die Gemeinde seiner Zeit aber sahen die Liebestat als Voraussetzung für die Sündenvergebung an und stellen Jesus als den dar, der Sünden vergibt. Davon hatte die ältere Überlieferung noch nichts gesagt.

Damit wollen wir der von Lukas benutzten Überlieferung nicht den Wert absprechen. Anscheinend läßt sich hier noch deutlich erkennen, was sich damals wirklich zugetragen hat: eine Dirne, die in Jesu Predigt die Vergebung Gottes erlebt hatte, kam in ein Haus, wo er zu Gast war, und neigte sich über seine Füße, um sie zu küssen. Dabei fielen einige Tränen auf Jesu Füße, und sie wischte sie hastig mit ihrem Haar fort. Dann küßte sie dankbar und demütig die Füße Jesu, der ihr Gottes Liebe eröffnet hatte. Erstaunt und verächtlich blickte der Pharisäer den Gast an: „Der will ein Prophet sein und merkt nicht einmal, wer ihm so huldigt?" Aber Jesus deutete nicht nur diesen Blick des Pharisäers richtig, sondern auch das Verhalten der Frau. Mit seiner kleinen Geschichte von den beiden Schuldnern machte er klar, eine wie große Vergebung die Frau erfahren haben muß, daß sie mit so leidenschaftlicher Liebe dankt. Damit ist sie — und er selbst — gerechtfertigt, und er kann sie in Frieden entlassen.

Wie verhält sich nun diese ganze Geschichte zu der in Mk 14? Nimmt man, wie billig, die Erwähnung der Salbe aus der lukanischen Erzählung fort und sieht man den Namen „Simon" ebenfalls als (in der mündlichen Tradition) eingedrungen an, so schrumpft die Änlichkeit auf ein Minimum zusammen. Es bleibt dann eigentlich nur der Verdacht, es könnte sich in beiden Fällen um eine Dirne gehandelt haben — wer anders als eine Hetäre besaß ein so kostbares Salböl? Aber das besagt nicht, daß beide Geschichten nur Varianten seien. Dieser Schein ist nur entstanden, weil sie sich in der mündlichen Überlieferung einander genähert haben. So fragmentarisch die Mk-Geschichte ist, soviel geht doch wohl aus ihr hervor: sie berichtet von einem Vorfall, der Jesu Vorahnung seines Endes wahrer zum Ausdruck brachte als die drei schematischen und präzisen Leidensankündigungen.

66 Der Verrat des Judas

Mk 14,10—11; Mt 26,14—16; Lk 22,3—6

(10) Und Judas Ischarioth, der einer von den Zwölf war, ging fort zu den Hohenpriestern, damit er ihn ihnen ausliefere. (11) Als sie aber das hörten, freuten sie sich und versprachen ihm Geld zu geben. Und er suchte, wie er ihn bei passender Gelegenheit ausliefere.

Wenige Geschichten im Evangelium zeigen so augenfällig, wie anders wir heut die Geschichte Jesu betrachten als die erste christliche Generation. Wir suchen heute psychologisch[1] zu verstehen, wie Judas zum Verrat an seinem Meister kam. Für die erste Gemeinde wäre ein solches Vorgehen gottlos gewesen. Denn wenn wir nach Motiven des Judas suchen, wenn wir uns seine Tat psychologisch verständlich machen möchten, so liegt darin schon etwas wie eine Entschuldigung des Judas. Und eine solche kam für die erste Gemeinde überhaupt nicht in Frage. Für sie lag die Schwierigkeit an einer anderen Stelle: Wie konnte Jesus — diese Frage drängte sich ihr auf — einen solchen Verrat nicht vorausgesehen haben, wie konnte er einen solchen Menschen in seinen engsten Jüngerkreis aufgenommen haben? Mk hat in unserer Perikope darauf noch keine Antwort gegeben, sondern einfach das Faktum erzählt. Für ihn lag wohl die Lösung darin, daß Gott es eben so gewollt hat und daß Jesus dementsprechend handelte und den Verrat des Judas zuließ. Wir denken „rational", die erste Gemeinde nicht. Sie lebte in einer „heiligen Geschichte", in der Gott der einzige Handelnde ist und sein Heilswerk durchführt. Darum wird die menschlich-psychologische Seite des Geschehens zurückgestellt. Bei Mt beginnt die Frage nach dieser menschlich-psychologischen Seite aufzutauchen: es ist die Geldgier — so lautet die Antwort —, die den Judas zu seinem schändlichen Tun treibt. Warum aber Jesus einen so geldgierigen Menschen in seiner Nähe geduldet hat und in den Zwölferkreis aufnahm, dieses weitere Problem, was sich nun erhebt, wird noch nicht beachtet. Lukas löst die Schwierigkeit supranatural: der Teufel fuhr in Judas. Ähnlich äußert sich das vierte Evangelium.

Daß die 30 Silberlinge, die man als Preis des Verrats auch Sach 11,12 erschloß, nicht eine Anzahlung sind (wie Schlatter in mißglückter Apologetik meinte)[2], ist wohl klar. Man hat einfach im AT eine

---

[1] Allerdings zeigt schon Joh 12,6 Ansätze zu einem psychologischen Verständnis des Judas bei der Salbungsgeschichte, das freilich im Dienst der Moral und der Apologetik steht. Die modernen psychologischen Bemühungen, den Verrat des Judas zu erklären, gehen weit auseinander. Während bei Mt 26,14 die primitive Erklärung den Lesern zu genügen schien, Judas habe aus Geldgier gehandelt, hat — wie schon D. Fr. Strauß a. a. O. 390 ff. in Erinnerung brachte — die gnostische Sekte der Kainiten (Iren. I 35) dem Judas ein Wissen um den göttlichen Erlösungsplan zugeschrieben und ihn aus diesem Motiv handeln lassen. Modernere Versuche rücken ebenfalls Judas nicht selten in ein anderes Licht: er habe durch seinen Verrat Jesus zwingen wollen, sich endlich in seiner wahren Würde als Gottessohn zu offenbaren und die Gottesherrschaft heraufzuführen. Damit schien die Mt 27,3 ff. beschriebene Verzweiflung des Judas sich gut zu vertragen. Nach Mk bestand der „Verrat" sachlich darin, daß Judas den geheimen Aufenthaltsort Jesu den Hohenpriestern mitteilte, nicht aber (wie Albert Schweitzer meinte) darin, daß er den Hohenpriestern den messianischen Anspruch Jesu mitteilte. — Übrigens heißt παραδιδόναι (paradidonai): überliefern, übergeben, ausliefern.

[2] Schlatter zu Mt 26,15: „Die jetzt gewährte Zahlung war nicht mehr als ein Angeld, das Judas verbürgte, er handle nach dem Willen der Priester und werde von ihnen in gebührendem Maß belohnt werden. So hat auch Markus den Text des

genaue Angabe über die Geschichte Jesu zu finden glaubt. Was den Judas wirklich getrieben hat, seinen Meister den Feinden in die Hände zu spielen, wissen wir nicht, und kein Detektiv kann es noch aus den Evangelien erschließen. Der Gedanke, Judas wollte Jesus auf diese Weise zwingen, das Reich heraufzuführen, traut den Jüngern den Glauben zu, es habe in Jesu Belieben gelegen, wann er die Gottesherrschaft heraufführen wolle, und führt sich damit selbst ad absurdum. Übrigens besteht der Verrat des Judas nach Mk nicht darin, daß er dem Hohenrat mitteilt, Jesus halte sich für den Messias, sondern daß er ihm hilft, Jesus ohne Aufsehen zu verhaften.

67 Zurüstung zum Passamahl

Mk 14,12—16; Mt 26,17—19; Lk 22,7—13

(12) Und am ersten Tag der ungesäuerten Brote, wo sie das Passa aßen, sagten seine Jünger zu ihm: „Wohin, willst du, sollen wir gehen und die Vorbereitungen treffen, damit du das Passa ißt?" (13) Und er schickte zwei seiner Jünger und sagte zu ihnen: „Geht in die Stadt, und es wird euch ein Mensch begegnen, der einen Wasserkrug trägt. Folgt ihm, und wo er hineingeht, da sagt dem Hausherrn: 'Der Rabbi sagt: Wo ist meine Herberge, in der ich mit meinen Jüngern das Passa essen kann?' (15) Und er wird euch ein großes mit Liegepolstern versehenes Obergemach zeigen, und dort macht für uns (alles) bereit!" (16) Und seine Jünger gingen fort und kamen in die Stadt und fanden es so, wie er es ihnen gesagt hatte, und bereiteten das Passa vor.

Diese Erzählung entspricht in Geist und Technik genau Mk 11,1—4. Es kann keine Rede davon sein, daß Mk hier schildern will, wie genau Jesus die Verhältnisse in der Stadt kennt und daß er vorher schon mit irgendeinem Jerusalemer eine Abmachung getroffen hatte. Es ist vielmehr ein übernatürliches Wissen Jesu, das sich hier aufs neue offenbart und zeigt, wie er alles voraussieht. Darin soll deutlich werden, daß er nicht etwa blind in sein Verderben gegangen ist, sondern sein Geschick in den eigenen Händen hielt und nach Gottes Willen sich vollziehen ließ.

Während Lk sich in dieser Geschichte eng an Mk anschließt — ob Petrus und Johannes[1] bereits in seiner anderen Hauptquelle genannt

---

Matthäus ausgelegt, 14,11." In Wirklichkeit nennt Mk gar keinen Preis, ebenso wie Lk 22,3—6. Er versteht richtig, daß er Jesus dem Hohenrat in die Hände spielen soll, ohne daß die Menge zugegen ist.

[1] Lk nennt die beiden Jünger 22,8; bei Mk und Mt bleiben sie namenlos. — Johann Philipp Gabler (1753—1826) schon hat in einem Aufsatz „Über die Anordnung des letzten Passamahls Jesu" die Anstöße dieser Geschichte zusammengestellt.

waren oder ob Lukas selbst vermutete, Jesus habe diese beiden Hauptjünger gesandt? —, hat Mt die Erzählung nach seiner gewöhnlichen Methode energisch verkürzt und damit, daß er die Einzelheit mit dem Wasserträger ausließ, notwendig auch diesen Teil des Wunders beseitigt. Jesus sagt nun einfach: Geht zu dem Betreffenden und sagt ihm usw.

Gabler[2] meinte: Jesus habe durch diese Maßregel den Ort geheimgehalten, wo er das Abendmahl einnehmen wollte, und es damit dem Judas unmöglich gemacht, die Verhaftung schon während des Passamahls durchzuführen. Das ist ein auf den Supranaturalismus des Evangelisten gepfropfter moderner und phantasievoller Rationalismus.

Wer will, mag sich den Kopf darüber zerbrechen, warum Jesus in der von Pilgern übervollen Stadt seine Anordnungen für das Passamahl erst auf die Frage der Jünger hin getroffen habe[3]. Aber für alle solchen Einzelheiten, die den modernen Historiker interessieren, gibt uns die Mk-Perikope keinen Anhalt, weil sie ihr völlig gleichgültig sind. Mk schreibt eben kein „Leben Jesu“ im modernen Sinn.

68 Die letzte Mahlzeit

Mk 14,17—21; Mt 26,20—25, Lk 22,14 (21—23)

(17) Und am Abend kam er mit den Zwölf. (18) Und als sie zu Tisch lagen und aßen, sprach Jesus: „Wahrlich, ich sage euch: einer von euch wird mich verraten, der mit mir ißt“. (19) Sie begannen traurig zu werden und zu ihm zu sagen, einer nach dem andern: „Bin ich es?“ (20) Er aber sprach zu ihnen: „Einer von den Zwölf, der mit mir in die Schüssel eintaucht. Denn der Menschensohn geht dahin, wie über ihn geschrieben ist; wehe aber jenem Menschen, durch den der Menschensohn verraten wird. Es wäre jenem Menschen besser, wenn er nicht geboren wäre.“

In diesem Teil der Abendmahlsgeschichte, V. 19, steckt eine psychologische Schwierigkeit, welche die meisten Leser — eben weil es

---

[2] Wie Gabler, so hat auch der bekannte Rationalist H. G. Paulus vermutet, Jesus habe den Eigentümer des Hauses nicht genannt, damit Judas nicht die Knechte der Hohenpriester dorthin führe und das Passamahl unmöglich mache.

[3] Lk scheint sich daran gestoßen zu haben, daß erst die Frage der Jünger das weitere Geschehen auslöst. Darum läßt er sie aus. So setzt Jesus durch die Absendung des Petrus und Johannes bei ihm die Handlung in Gang. Nur darin, daß dann die Jünger fragen: „Wo sollen wir denn das Passa vorbereiten?“ wird es Lukas möglich, die Wundergeschichte (Lk 22,10—13) anzuschließen, auf die er keineswegs verzichten will. Mk wird sich die Erzählung so zurechtgelegt haben, daß Jesus, wie bei der Beschaffung des Esels, jederzeit der Herr der Handlung ist und die Jüngerfrage das nur an den Tag bringt.

ein „heiliger" Text ist, den man nicht psychologisch zergliedert — gar nicht gewahr werden: von den zwölf Jüngern wissen doch elf, daß sie nichts gegen Jesus im Schilde führen, daß ihnen jeder Gedanke an Verrat völlig fern liegt. Wie können sie dann alle, einer nach dem andern, fragen: „Bin ich es?" Es ist allein die Art, wie der Evangelist die Dinge sieht, die seine Erzählung verständlich macht. Jesus hat angekündigt, daß einer von ihnen ihn verraten wird (ohne daß näher angegeben wird, wie). Für den Evangelisten ist das nicht eine „trübe Vorahnung" Jesu oder dergleichen, sondern ein Machtwort, das sich nun unweigerlich erfüllen wird, erfüllen muß. Nachdem Jesus diese Worte gesprochen hat, ist es unausbleiblich, daß einer der Zwölf ihn verrät — auch wenn er noch nicht die leiseste Absicht dazu haben sollte. Jesu Wort ist das vollmächtige Wort des Gottessohnes, das in Erfüllung gehen muß. Darum und nur darum kann der Evangelist auch die Elf, die sich wirklich nicht mit Verratsplänen trugen, fragen lassen: „Bin ich es?", „Bin ich es?" Für den Evangelisten ist — wie wir das schon früher gesehen haben — Jesus der Herr seines Schicksals und nicht das Opfer eines übermächtigen Geschicks. *Das* wird durch die Art, wie der Evangelist hier die Jünger fragen läßt, besonders deutlich.

Aber wenn der Evangelist die Lage so sah, ist es dann nicht wahrscheinlich, daß auch die Jünger selbst sie nicht anders beurteilten? Ist es nur die — uns überraschende — Psychologie des Evangelisten, die hier zutage tritt, und nicht auch die Psychologie der Jünger selbst? Die Frage ist berechtigt. Aber wir werden sie verneinen müssen. Wir können dabei sogar davon absehen, daß Mk 14,29 erzählt werden wird, Petrus habe sich verschworen, Jesum nicht zu verlassen — wie konnte er dann mit der Möglichkeit rechnen, er werde ihn verraten!

Die Jünger haben Jesus — sehr anders als der Evangelist, der nach Ostern, lange nach Ostern, schreibt — damals noch nicht als den Gottessohn angesehen, dessen Wort sich unweigerlich erfüllt. Er war für sie keineswegs ein himmlisches lebendiges Orakel, was immer für Hoffnungen sie auf diesen „Propheten" oder „Rabbi" gesetzt haben mögen. Es ist die Voraussetzung der nachösterlichen Gemeinde, von der aus diese Szene erzählt wird; ihre Psychologie diktiert hier. Das wird gerade an diesem kleinen Nebenzug der Jüngerfrage deutlich.

Zugleich kommt jedoch noch etwas anderes in dieser Szene zur Klarheit: Das, was hier geschieht, ist nicht nur von Jesus vorhergewußt, sondern Gottes eigener Wille. Damit ist aber der Mensch nicht entschuldigt, der diesen Gotteswillen jetzt erfüllt, indem er Jesus verrät. Logisch ist beides nicht ausgeglichen: die unausweichliche Notwendigkeit, mit der dieser Gotteswille sich verwirklicht, und die Verantwortung, die auf dem Verräter lastet. Der Evangelist entwikkelt keine deterministische oder sonstige Theorie: er stellt einfach beides, unreflektiert, nebeneinander und kommt damit der Wirklichkeit, dem Rätsel der Wirklichkeit, viel näher als irgend ein Supralapsarismus oder Infralapsarismus.

Auch dieses „Menschensohn"-Wort ist demnach — wenn wir es so im Zusammenhang betrachten — ein Wort der Gemeinde. Sie ist es, die Jesus in dieser feierlich-geheimnisvollen Weise von sich sprechen läßt, wenn es um die letzte Erkenntnis seiner Sendung geht[1].

---

[1] Die Art, wie Jesus den Verräter bezeichnet, wandelt sich von dem einen Evangelium zum anderen. Hier lagen zwei Tendenzen miteinander im Streit. Einerseits freute man sich, wenn man berichten konnte, daß Jesus den Verräter vorher genau gekennzeichnet habe; andererseits durfte man dabei eine gewisse Grenze nicht überschreiten, sonst wurde es unverständlich, daß die Jünger Judas noch unter sich geduldet haben. Mk bleibt bei der allgemeinen Ansage Jesu, einer von seinen Tischgenossen werde ihn ausliefern, und bei der nicht weiterführenden Auskunft: einer von den Zwölf, der mit ihm in die Schüssel eintaucht, werde diese Tat begehen. Angefügt wird ein Wehe über diesen Menschen: es wäre für ihn besser, gar nicht geboren zu sein, obwohl er mit seiner Tat ein Schriftwort und damit Gottes Willen erfüllt. Matthäus geht in 26,25 über diese Linie hinaus, indem er Judas fragen läßt: Bin ich es, Rabbi? Jesu Antwort klingt zwar bejahend, aber das „du sagst es" vermeidet, daß Jesus selbst seinen Verräter namhaft macht. Billerbeck I 990 versteht das Wort freilich in dem Sinn: Es ist so, wie du sagst; so auch Schlatter 740. Lohmeyer Mt 355: „Jesu Antwort ist weder ein Ja noch ein Nein". Lukas 22,14 beginnt in einer fast johanneischen Weise: „Und als die Stunde gekommen war, legte er sich zu Tische nieder, und die Apostel mit ihm". (So lesen wenigstens P 75 ℵ * B D it [sy^{c}]; L al haben statt „Apostel die „Zwölf"; „die zwölf Apostel": $\mathfrak{K}$ Θ pl Mcion.) Die darauf Lk 22,15—20 folgenden Worte Jesu soll der nächste Abschnitt behandeln. V. 21—23 bringen die Ankündigung des Verrats: „Siehe, die Hand dessen, der mich ausliefert, ist mit mir auf dem Tisch. Denn der Menschensohn geht dahin gemäß seiner Bestimmung; doch wehe dem Menschen, durch den er ausgeliefert wird!" „Und sie begannen sich zu fragen, wer von ihnen es sei, der dies tun werde." Hier liegt eine andere Form der Überlieferung als bei Mk und Mt zu tun. Lk hat aber das gegenseitige sich Befragen der Jünger aus Mk 14,19 entwickelt; aber sie fragen nicht mehr Jesus, sondern sich gegenseitig. Damit gewinnt Lukas den Anschluß an die sog. Gastmahlsreden über den Rang im Gottesreich (V. 24—30), auf die dann die Anrede an Simon und eine Art Schlußwort Jesu (V. 35—38) folgen. Sehr merkwürdig und wenig einheitlich ist der johanneische Parallelbericht: Joh 13,18—30. Hier wird zunächst Ps. 41,10 als atl. Voraussage des Verrats angeführt. Dann kommt die schlecht angefügte Ankündigung: Einer von euch wird mich verraten. Um dies zu erfragen, wird von Petrus der Lieblingsjünger ermuntert, der auf dem Liegepolster rechts von Jesus liegt, mit dem Kopf in der Höhe der Brust Jesu. Auf seine Frage: Herr, wer ist es? antwortet Jesus: Jener ist es, dem ich den Bissen eintauche und gebe. Und er taucht den Bissen ein und gibt ihn dem Judas Ischarioth. V. 27 a, der nun folgt, scheint eine spätere Zutat zu sein: Und nach dem Bissen fuhr der Satan in ihn. Der eigentliche Text geht weiter in V. 27 b: Jesus sagt nun zu ihm: Was du tust, tu bald! Aber das versteht keiner der Tischgenossen — außer Judas. Er nimmt den Bissen und geht sofort hinaus. „Es war aber Nacht." Hier ist das Widereinander der beiden oben erwähnten Tendenzen besonders auffällig. Der Leser versteht sofort, wer gemeint ist, und zwar ohne V. 27 a. Denn nicht der Teufel treibt Judas fort, sondern Jesus selbst ist es, der ihn zu seinem Werk fortschickt.

69 Die Stiftung des Abendmahls

Mk 14,22—25; Mt 26,26—29; Lk 22,15—20

(22) Und als sie aßen, nahm er das Brot, sprach den Segen, zerbrach es, gab es ihnen und sprach: „Nehmt! Das ist mein Leib!". (23) Und er nahm den Becher, sprach das Dankgebet, gab ihn ihnen, und sie tranken alle daraus. (24) Und er sprach zu ihnen: „Das ist mein Blut des Bundes, vergossen für viele. (25) Wahrlich, ich sage euch: Ich werde nicht mehr vom Gewächs des Weinstocks trinken bis zu dem Tage, da ich es neu trinke im Gottesreich".

Die Fragen, vor die uns diese Perikope samt ihren Parallelen bei Mt, Lk und Paulus stellt, sind zahlreich, verwickelt und zähe. Trotz der langen Mühe, die man daran gewendet hat, lassen sie sich nicht alle mit gleicher Sicherheit beantworten. Die wichtigste Frage — die nach dem Mahl Jesu, das alle diese Berichte entstehen ließ — muß in der Reihenfolge der Forschung die letzte sein. Die erste dagegen ist die: Wie verhalten sich die verschiedenen Texte zueinander? Und die nächste: Wie haben jene Gemeinden das Abendmahl aufgefaßt, aus denen diese Texte kommen?

Bevor wir aber darauf eingehen, sind einige Vorbemerkungen am Platze. Einmal: So selbstverständlich es an sich auch ist, so muß doch ausdrücklich gesagt werden: Wir dürfen nicht mit den Voraussetzungen der späteren christlichen Abendmahlslehre an diese Texte herangehen. Sie liegen noch sehr weit vor Nizäa und Chalzedon, geschweige denn vor der Reformation. Die späteren Gesichtspunkte können allenfalls keimhaft darin enthalten sein.

Zweitens: Wir dürfen nicht vergessen, daß sich die Denkformen und Anschauungsweisen des ersten Jahrhunderts weit von denen der Gegenwart unterscheiden. Das wird vielleicht am schnellsten deutlich, wenn wir uns an das Wort des Paulus in 1. Kor 10,4 erinnern, nach dem Christus jener Fels war, der den Israeliten beim Zug durch die Wüste nachfolgte, ein Wort, das eine dem Abendmahl analoge Geschichte betrifft. Wer mit modernen Fragestellungen und Begriffen an diese Worte herantritt, wird notwendig enttäuscht werden, falls er sich nicht mit einem billigen Kurzschluß zufriedengibt.

Endlich ein Drittes! Auch der Abendmahlsbericht, den wir bei Mk lesen, ist nicht notwendig eine ursprüngliche Einheit[1], wie wir das ja

---

[1] Das wird schon daran deutlich, daß V. 22 neu mit „und als sie aßen" einsetzt, obwohl es schon in V. 18 hieß: „und als sie zu Tische lagen und aßen". Man lag bei der Passa-Mahlzeit auf Speisesofas, von denen jeweils drei zusammenstanden. Jedes war gegenüber dem linken etwas zurückgesetzt, so daß der Kopf des zweiten Gastes an der Brust des ersten und der Kopf des zweiten vor der Brust des dritten sich befand. Die mittelalterlichen Maler, die das nicht wußten, hatten große Mühe, das an Jesu Brust Liegen des Johannes darzustellen. Der eigentliche

auch von andern Reden Jesu in den Evangelien wissen. Wir müssen mit der Möglichkeit rechnen, daß auch hier sich nicht bloß die Erzählung im Lauf der — zunächst mündlichen — Überlieferung änderte, sondern auch verschiedene Bestandteile zu einer literarischen Einheit verbanden.

Was dem Leser zuerst an diesen Texten auffällt oder doch auffallen sollte, ist die Tatsache, daß das „Brotwort"[2] Jesu in der kurzen Mk-Form überall unverändert wiederkehrt, wenn auch bei Mt, Lk und Paulus in verschiedener Weise vermehrt durch Zusätze. Dagegen hat das „Weinwort" keinen solchen sich überall gleichbleibenden Grundbestandteil. Das läßt vermuten, daß diese beiden Worte keine gleichartige Grundlage in der Tradition besitzen.

Zweitens fällt die Tatsache auf, daß das Wort vom Gewächs des Weinstocks von Paulus[3] überhaupt nicht erwähnt wird und im lukanischen Text an anderer Stelle steht als bei Mk. Das führt — entsprechend dem, was wir bei ähnlichen Fällen beobachten — zu der Vermutung: Dieses Wort bildete ursprünglich eine Einheit für sich. Die Evangelisten (oder schon die mündliche Überlieferung?) haben sie in verschiedener Weise mit den eigentlichen Abendmahlsworten verbunden.

Eine dritte Tatsache liegt nicht ganz so offen am Tage. Jede Tradition läßt bestimmte „Tendenzen" oder ein Gefälle in einer bestimmten Richtung erkennen, das ihren Verlauf beeinflußte. Mit „Tendenz" meinen wir hier nicht eine bewußte Absicht, sondern eine unbewußte Neigung, die Überlieferung in der einen oder anderen Richtung weiterzuführen. Unsere Tradition hier läßt drei solche Neigungen erkennen, die nicht notwendig alle gleichzeitig am Werk waren.

Wenn wir die Form des Brotwortes vergleichen, so sehen wir: Bei Mk stehen die Worte „Das ist mein Leib!" für sich allein, ohne nähere Bestimmung oder Erklärung. Sie werden nicht weiter erläutert oder kommentiert. Der paulinische Bericht fügt erklärend hinzu: „der für euch". Diese paulinische Erläuterung erweitert der (längere) Lk-Text noch durch das Wort „gegebene" oder „zerbrochene". Wir haben keinen Grund zu der Annahme, daß Mk eine solche *Erläuterung* bereits vorfand, aber fortließ. Denn dann wäre er beim Weinwort entsprechend verfahren, und das ist nicht der Fall. Darum dürfen wir sagen: In der nachmarcinischen Tradition des Brotwortes (wie auch an anderen Stellen des Abendmahlsberichts) wird eine Neigung erkennbar, den Sinn des kurzen und geheimnisvollen Jesuswortes zu

Ehrenplatz war der auf dem linken Speisesofa. Man lag auf der linken Seite und griff mit der rechten Hand zu.

[2] Der Hausvater ergreift das Brot, eine tellergroße fingerdicke Scheibe, zerbricht sie und teilt die Stücke aus. Vgl. zum Ganzen Billerbeck VI 1, 4. Exkurs: Das Passamahl, S. 41—6; und J. Jeremias, Die Abendmahlsworte Jesu, 3. A. 1960, bes. S. 35—77.

[3] 1. Kor 11,23—25. Vgl. Justins Apologie I 66,3.

verdeutlichen. Ein Ansatz dazu findet sich schon bei Paulus. Deshalb dürfen wir damit rechnen, daß diese Neigung frühzeitig eingesetzt hat: die Gemeinde suchte sich klarzumachen, was jenes kurze Jesuswort eigentlich besagte.

Aber diese Neigung wirkt nicht allein. Wenn wir das „Becherwort" bei Paulus und im längeren Lk-Text („Dieser Becher ist ...") mit dem entsprechenden Wort bei Mk und Mt vergleichen, wird deutlich: Bei diesen beiden Evangelisten hat sich das „Becherwort" in der Form dem „Brotwort" angeglichen: „Das ist mein Blut ...". Es ist unwahrscheinlich, daß man eine ursprüngliche Übereinstimmung beider Worte später zerstört hat. Vielmehr liegt das Umgekehrte nahe: Die beiden Worte wurden im Lauf der Überlieferung einander angeglichen, wobei die prägnante Form des Brotwortes (dessen entscheidender Teil in allen Texten übereinstimmt: „Das ist mein Leib!"), das Muster hergab, nach dem das Becherwort abgewandelt wurde. Damit sind wir auf eine zweite Neigung gestoßen: die zur *Angleichung* beider Abendmahlsworte. Sie wirkte aber nicht nur an dieser einen Stelle: Das zweimalige „Das tut zu meiner Erinnerung!" bei Paulus zeugt ebenso davon wie der Wortlaut bei Justin: „Das ist mein Leib. Das ist mein Blut", auf den wir in anderem Zusammenhang sogleich zurückkommen werden. Aber noch eine weitere Stelle zeigt diese Neigung zur Angleichung: Im Beginn des lukanischen Textes weisen V. 15 f. und 17 f. eine auffallende Parallelität auf. Von diesen Worten werden wir noch genauer sprechen, wenn wir das Problem des lukanischen Textes behandeln.

Die dritte Neigung endlich, die wir wahrzunehmen meinen, wird am deutlichsten bei Justin in der soeben angeführten Formulierung: „Das ist mein Leib!" „Das ist mein Blut!" Diese klassisch wirkende Form der Abendmahlsworte offenbart die Neigung zur *Vereinfachung*. Sie konnte sich erst in dem Augenblick auswirken, wo man eine Erklärung nicht mehr so dringend brauchte, weil die christliche Gemeinde über den Sinn des Abendmahles nun durch die Evangelien Bescheid wußte — Justin schrieb in der Mitte des 2. Jh. Diese dritte Neigung, die sich in gewissem Grade mit der zweiten berührt, läuft äußerlich der ersten und zeitlich wohl ältesten entgegen. Sie schafft die monumentale Form, die klassische. So stark sie auch in der späteren Auffassung des Abendmahls nachwirkt, durchgesetzt hat sie sich dennoch nicht — sie stand nun einmal nicht in den kanonischen Schriften.

Diese Betrachtungsweise, die wir hier geübt haben, unterscheidet sich von einer früher gern geübten. Früher fragte man etwa: Welcher Text ist älter und ursprünglicher — der des Mk oder der des Paulus? Das heißt, man nahm diese Texte jeweils als ganze und fragte, wie diese Ganzheiten zu werten seien, was Alter und historische Zuverlässigkeit betrifft. Wir meinen Anzeichen dafür aufgewiesen zu haben, daß der eine Text an dieser, der andere an jener Stelle literarisch ursprünglicher sein kann. Wenn jemand fragt: „Ist der Mk-Text älter und getreuer als der paulinische?", dann scheint uns das eine unerlaubte Vereinfachung zu sein, bei der zu Unrecht vorausgesetzt wird, alle Bestandteile des einen oder des anderen Textes seien gleich alt und literarisch gleich ursprünglich.

Gehen wir nun zur Sonderfrage des lukanischen Textes. Wir erwähnten schon: es gibt einen längeren Lk-Text des Abendmahlsberichts (ihn bietet die Masse der Unzialen) und einen kürzeren (er liegt bei der Handschrift D und Altlateinern vor). In Wirklichkeit ist aber die lukanische Textüberlieferung noch bunter: Tatian, Altsyrer und Altlateiner haben je einen besonderen Text. Dieses viel diskutierte Problem löst am wahrscheinlichsten folgende Annahme:

Der ursprüngliche Lk-Text ist der „kürzere", den D usw. überliefern. Ihm fehlen die Verse 19b und 20. Dieser Text ist keine Erfindung oder Komposition des Lk, sondern geht auf eine von ihm benutzte Überlieferung zurück. In ihr hat das Wort vom „Gewächs des Weinstocks" (V. 18) das „Weinwort" verdrängt und dazu geführt, daß ein auf das Passa bezügliches Wort (das nur am Anfang der Rede stehen konnte) entsprechend der Neigung zum Angleichen mit einer dem V. 18 parallelen Neubildung — V. 16 — versehen wurde. So kam es zu der Parallelität von V. 15 f. und V. 17 f. Es hätte nahegelegen, daß das Passawort nun seinerseits an die Stelle des Brotwortes trat. Aber dieses war schon zu fest in der Überlieferung verwurzelt, als daß es noch beseitigt werden konnte.

Dieser Lk-Text hatte nun den Fehler, daß vom Becher vor dem Brot die Rede war, und vor allem, daß das allgemein bekannte Becherwort hier nicht vorkam („Dieser Becher ist ..."). So darf es uns nicht verwundern, daß dieses Becherwort in der Mehrzahl der Lk-Handschriften (wahrscheinlich sehr früh) nach einer der paulinischen ähnlichen Form hinzukam. So entstand der „längere Lk-Text".

Aber er führte zu einer großen Schwierigkeit. Die christliche Gemeinde kannte — vgl. Mk und besonders Paulus — nur einen einzigen Becher beim Abendmahl. Damit stellte sich die Aufgabe, die beiden Becher des längeren Lk-Textes auf einen zu reduzieren. Die von den Handschriften b e sy^{c} bezeugte Überlieferungsform löste diese Schwierigkeit damit, daß sie V. 17 f. an die Stelle von V. 20 setzte. Dagegen hat sy^{s} nichts fortgelassen, sondern alles erhalten, aber umgestellt: auf V. 19 und 20 a folgt V. 17 und dann erscheinen 20 b und 18. Das ist vielleicht die harmonischste Verbindung, die zwischen all diesen Textelementen überhaupt möglich ist.

Hat sich die Abendmahlsüberlieferung so entwickelt, wie wir vermutet haben, dann ist keiner der verschiedenen Berichte „der ursprüngliche". Alle zeigen bereits Veränderungen. Sehr deutlich ist z. B. die Verwandlung der Aussage „sie tranken alle daraus" (Mk) in den Befehl „trinket alle daraus" (Mt), oder der Zusatz des Mt zum Mk-Wortlaut: „zur Vergebung der Sünden" und der weitere Zusatz des Mt „esset" beim Brotwort. Andererseits ist — wie oben schon angedeutet — der Wortlaut „Dies ist mein Blut ..." bei Mk und Mt jünger als die Formulierung bei Paulus „Dieser Becher ist...".

Aus alledem scheint uns nun zu folgen: die älteste Abendmahlsüberlieferung kannte nur ein einziges Jesuswort: „Dies ist mein Leib". Dieses Wort gab ursprünglich — darin folgen wir R. Otto und E. Käsemann — mit dem griechischen Wort für „Leib" ein aramäisches Wort wieder[4], das soviel wie „Gestalt" oder „Person" bedeutete. Dann meinte „mein Leib" nichts anderes als „ich".

Sehr bald aber ist es nicht mehr in diesem Sinne verstanden worden, sondern man faßte „Leib" nun wirklich im Sinne von Leib. An das so gedeutete Brotwort hat sich nun die theologische Erklärung durch die Gemeinde angeschlossen. Wir finden sie noch nicht bei Mk, wohl aber bei Paulus und im (längeren) Lk-Text: mein Leib, „der für euch" — so Paulus — „der für euch gegebene" oder „zerbrochene" — so Lk. Hat man aber einmal die Bedeutung des Brotes im Abendmahl in dieser Weise bestimmt, dann lag es auch nahe, ebenso die Gabe des Bechers oder Weines aufzufassen. Dies ihr Verständnis hat die Gemeinde unbefangen Jesus selbst schon aussprechen lassen: „Dieser Becher ist der neue Bund in meinem Blut". Dazu tritt im längeren Lk-Text noch die weitere Erläuterung: „das für euch vergossen ist".

Dieses erklärende Becherwort ist dann so umgeändert worden, wie wir es bei Mk und Mt finden: dem Brotwort angeglichen. Dabei verdeckt der griechische Wortlaut eine Schwierigkeit, die erst sichtbar wird, wenn man den Text ins Aramäische zurückübersetzt. Im Aramäischen gilt nämlich die Regel: Wenn ein Hauptwort — wie hier: „Leib" — durch ein Personalpronomen — hier: „mein" — näher bestimmt ist, kann davon nicht ein anderes Hauptwort im Genitiv — hier: „des Bundes" — abhängen. Im Aramäischen wäre höchstens die Wendung „Blut meines Bundes" möglich. Aber das würde die offensichtlich angestrebte Entsprechung von „mein Leib" und „mein Blut" zerstören. Auch dieser Umstand macht deutlich, daß der Mk-Wortlaut hier gegenüber dem bei Paulus sekundär ist.

Der sogenannte „Wiederholungsbefehl", der sich schon bei Paulus findet, ist eigentlich gar kein solcher — die Wiederholung wird ja im Vordersatz bereits vorausgesetzt („sooft ihr trinkt"). Dieser „Befehl" gibt vielmehr an, was eigentlich in dieser Wiederholung getan wird: „zu meinem Gedächtnis". Das so übersetzte griechische Wort ist hier nicht reflexiv gemeint, d. h. es will nicht sagen, daß sich die Jünger daran erinnern sollen, was einst geschah — in diesem Sinne ist das christliche Abendmahl nach der alten Überlieferung *kein* Gedächtnismahl! — , sondern „Erinnerung" ist aktiv gemeint: es bezeichnet eine Bekanntmachung, eine Verkündigung. Das zeigt die Fortsetzung bei Paulus deutlich.

---

[4] Vermutlich ist es das Wort עוּף (uph).

Hat das Wort vom „Gewächs des Weinstocks" zur ältesten Abendmahlsüberlieferung gehört? Das ist keineswegs völlig sicher. Es könnte eine jener Leidensverkündigungen sein, die wir im Evangelium in so reicher Fülle finden, verbunden mit der eschatologischen Naherwartung der Gemeinde. Auf Grund dieses Wortes anzunehmen, das Abendmahl Jesu sei ein eschatologisches Freudenmahl gewesen, ist also ziemlich gewagt.

Damit haben wir in großer Kürze die Fragen der Textform und -entwicklung zu beantworten versucht. Das führt uns zum zweiten Teil unserer Aufgabe: wir wollen versuchen, jene Anschauungen der frühen Gemeinde vom Abendmahl festzustellen, die sich in diesen Abendmahlstexten widerspiegelt.

In den Abendmahlsstreitigkeiten der Reformation haben Zwingli und seine Freunde schon darauf hingewiesen, daß das „ist" (in dem Satz: „Das ist mein Leib!") kein mathematisches Gleichheitszeichen sein muß. Zum Beweis dafür läßt sich nicht nur anführen, daß im Aramäischen wahrscheinlich hier gar kein solches „ist" gestanden hat, sondern vor allem der von Paulus 1 Kor 11,20 gebotene Wortlaut: „Dieser Becher ist der neue Bund in meinem Blut". Der Becher ist nicht identisch mit dem Bund; das „ist" drückt nur eine — nicht näher erläuterte — enge Beziehung zwischen den beiden Größen aus, die es verbindet.

Es sind zwei Gedanken, mit denen sich (soweit wir das erkennen können) die frühe Gemeinde die Bedeutung des Abendmahls verständlich gemacht hat, das sie feierte. Einmal griff sie zu dem — Juden und Griechen gleich vertrauten — Gedanken des Opfers. Er wird angedeutet im „(Leib), der für euch" bei Paulus, im „(Leib), der für euch gegebene" (oder: „zerbrochene") im längeren Lukastext. Dieser Gedanke ist auch beim Weinwort noch mit vorausgesetzt. Aber hier steht ein zweiter Gedanke im Vordergrund: der des „neuen Bundes". Jer 31,31 war verheißen. Gott werde mit den Menschen einen neuen Bund schließen. Diese Verheißung sahen die Christen in Jesu Tod erfüllt. Bei jedem Bundesschluß muß nach antikem Denken (vgl. Ex 24,8 und Sach 9,11) Blut vergossen werden. Ohne sühnendes Opferblut gibt es keine Gemeinschaft der sündigen Menschen mit Gott (vgl. Hebr 9,22 b). Dieses Verständnis des Weinwortes wurde freilich erst in dem Augenblick möglich, da man das „mein Leib" (bzw. sein aramäisches Äquivalent) nicht mehr im Sinne von „ich" verstand, sondern es auf den Körper, den Leib bezog.

Die christlichen Gemeinden der apostolischen Zeit haben nie von einem Essen des Leibes und Trinken des Blutes gesprochen; für einen Juden oder Judenchristen war Blutgenuß etwas Grauenhaftes und von Gott Verfluchtes! Darum finden wir hier keine Spur von einer Transsubstantions- oder Konsubstantionstheorie, wie sie die spätere Kirche entwickelt hat. Wenn man dagegen fragt: Wie anders konnte sich die christliche Gemeinde das Opfer des Leibes Christi mit dem

Brotgenuß verbunden gedacht haben?, so lautet die Antwort: die urchristliche Gemeinde war (wie übrigens auch schon vor ihr die jüdische) mit der Feststellung einer engen Beziehung zwischen zwei Größen zufrieden, wenn sie einen Satz von der Form „a = b" bildete, und verlangte dabei *nicht* eine Identität. Der Morgenländer denkt hier nicht nach mathematischer Logik: „die sieben schönen Kühe sind sieben Jahre, und die sieben schönen Ähren sind sieben Jahre", heißt es z. B. Gen 41,26. Wir dürfen nicht die auf Grund des spätgriechischen Substanzbegriffes und einer subtilen Reflexion entwickelte mittelalterliche Abendmahlslehre bei der Urgemeinde voraussetzen. Jesus hatte mit seinem Worte den Genuß von Brot und Wein mit dem Opfer seines Leibes und der Herstellung des neuen Bundes in Verbindung gebracht — das genügte der Gemeinde vollständig. Der Begriff, der noch am ehesten der urchristlichen Abendmahlsanschauung entsprochen haben dürfte, ist der Begriff der „repraesentatio" — ein Gesandter repräsentiert seinen König, ohne doch mit ihm identisch zu sein[6].

Noch eins müssen wir über die urchristliche Abendmahlsfeier, das „Brotbrechen", sagen: diese Feier kann nicht aus der jüdischen Passamahlzeit hervorgegangen sein, ganz gleich, ob Jesus als letzte Mahlzeit mit seinen Jüngern ein Passamahl gefeiert hat oder nicht. Denn das Passa wurde nur einmal im Jahre gefeiert; die Christen aber haben das Herrenmahl täglich begangen. Der sog. Wiederholungsbefehl trägt für die Frage der Herkunft des Herrenmahls nicht das Geringste aus. Denn er sagt nichts darüber, wie oft dieses Mahl begangen werden soll. Unter diesen Umständen liegt es am nächsten anzunehmen: die tägliche Mahlgemeinschaft Jesu und seiner Jünger hat zur täglichen Abendmahlsfeier geführt.

Bei Paulus ist — wir müssen uns hier auf Andeutungen beschränken — die allgemeinchristliche Abendmahlsanschauung mit seinen eigenen Sonderanschauungen verbunden. Wenn er vom „Blut des Herrn" spricht, so meint er damit nicht ein „verklärtes Blut" — der Auferstandene hat für ihn ebensowenig „Fleisch und Blut" wie die auferweckten Christen dergleichen haben werden —, sondern er meint das am Kreuz vergossene Blut des Opfers, durch das der Neue Bund hergestellt wird. Ganz anders steht es (trotz der Parallelität im Wortlaut!) mit dem „Leib Christi". Denn hier kann Paulus das Wort „mein Leib" im Abendmahlsbericht mit seinem eigenen, besonderen Begriff von „Leib" verbinden: Die christliche Gemeinde ist der „Leib Christi" (und d. h. nicht der Rumpf, zu dem Christus als das Haupt tritt, wie das der nachpaulinische Epheserbrief voraussetzt), jeder einzelne Christ aber ist ein Glied an diesem gewaltigen Christusleibe,

---

[6] Diese Auffassung Jesu als des vom Vater Gesandten findet sich immer wieder bei Joh; vgl. E. Haenchen: Der Vater, der mich gesandt hat (NTSt 9, 1963, 208 bis 216).

an diesem Ganzen, das als solches mit dem Herrn eins ist[6]. Für Paulus ist Christus eben nicht bloß ein dem einzelnen Christen gegenüberstehendes Einzelwesen, das im Gebet angeredet wird, sondern Christus ist — als der Geist! — das Gesamt-Ich, das über alle einzelnen Christen übergreift, indem er das eigentliche Wesen des neuen Menschen ist („Ich lebe nicht mehr, Christus lebt in mir“: Gal 2,20).

Auf das Abendmahlsproblem des vierten Evangeliums können wir hier nicht eingehen: es würde zu weit führen[7].

So kommen wir nun zu der letzten Frage, die zu beantworten wir hier versuchen wollen: auf die Frage nach dem letzten Mahl Jesu und nach dem, was er dabei gesprochen hat.

Daß dieses letzte Mahl eine Passamahlzeit war, scheint uns auch durch Jeremias noch nicht erwiesen zu sein; er weist nur auf Züge hin, die zeigen, daß die Synoptiker es als Passamahl auffaßten. Aber die Unsicherheit über den Charakter des Mahls ist nicht so schlimm, wie es zunächst erscheien könnte. Denn das Wichtige ist, was Jesus bei diesem Mahl gesagt hat. Wie oben ausgeführt, dürfte nur das Wort „Dies ist mein Leib“ bzw. dessen aramäisches Äquivalent historisch gesichert sein, und dieses Wort dürfte den Sinn gehabt haben: „Das bin ich!“

Wir würden diesem Worte nicht gerecht werden, wenn wir darin nur so etwas wie „eine trübe Vorahnung des kommenden Todes“ ausgesprochen finden wollten. Wir wissen nicht, ob Jesus seine Kreuzigung erwartet hat oder eine Steinigung[8]. Aber auch das ist für das Verständnis des Wortes „Das bin ich“ nicht von entscheidendem Belang. Bedenken wir vielmehr die Situation, in der dieses Wort wahrscheinlich fiel. Jesus hat als der Hausvater der Tischgemeinschaft das Brot (das damals eine etwa tellergroße flache Scheibe war) in einzelne Stücke gebrochen und an die Jünger verteilt. Wenn er dabei diese Worte sprach, dann hat mehr darin gelegen als ein „So geht es mir auch!“, nämlich: Jesus gibt sich selbst hin für und an die Jünger.

---

[6] Vgl. 1. Kor 12,12.

[7] Als kurze Anmerkung sei wenigstens darauf hingewiesen, daß nach Joh Jesus zu eben der Stunde stirbt, in der man im Tempel die Passalämmer schlachtete. Also ist jene Mahlzeit, die Jesus am Abend zuvor mit seinen Jüngern einnahm, bei Joh kein Passamahl gewesen. Alle Versuche, Jesus hier ein besonderes, vorweggenommenes oder auf einem anderen Kalender beruhendes Passa zuzuschreiben, sind unseres Erachtens verfehlte Versuche, die synoptische Tradition vom Abendmahls als Passa mit Joh zu versöhnen. Ob die Fußwaschung, die Joh 13,4 ff. beschreibt, auf einen in einer bestimmten christlichen Gemeinde bestehenden Sonderritus hindeutet, ist eine Frage für sich.

[8] Bei einer Steinigung wurde der Verurteilte von einem Hang hinuntergestoßen. Überlebte er den Sturz, ergriff der erste Zeuge einen schweren Steinbrocken und ließ ihn auf den unten Liegenden herabfallen. Wenn dabei Rippen zerbrachen und in Lungen oder Herz drangen, konnte schon der erste Stein zum Tod führen. Im anderen Fall trat nun der zweite Zeuge in Aktion mit einem weiteren schweren Stein.

Nicht um einen zornigen Gott gnädig zu stimmen — hat Jesus doch gerade den vergebenden Gott, der sich des Sünders erbarmt, verkündet und dadurch den Haß des streng gesetzlichen Judentums auf sich herabbeschworen —, sondern indem er diesem vergebenden Gott bis in den Tod die Treue hält, erweist sich Gott als der dem Sünder in Gnaden zugewandte. So liegt in dem den Tod vorausnehmenden Abendmahlswort Jesu die Zusammenfassung seines Werkes und damit der ganzen Liebestat Gottes: das Abendmahl ist wirklich eine „summa Evangelii".

Lukas hat in dem auf die Abendmahlsworte folgenden Textstück noch weitere Jesusworte gebracht, die — wenn man sie mit R. Otto als echte Jesusworte nehmen könnte — für unsere Erkenntnis des Abendmahls von großer Bedeutung sein könnten. Darum wollen wir diesen Abschnitt Lk 22,21—38 noch kurz betrachten.

Quellenmäßig ist er ein buntes Mosaik, wie die meisten längeren Reden Jesu in den synoptischen Evangelien. V. 21—23 ist eine — selbständige — Parallele zu Mk 14,18—21 (Vorhersage des Verrats); V. 24—26 entspricht Mk 10,42—44 (Rangstreit). V. 27 ist ein durch das Stichwort „dienen" verbundener Einzelspruch, der sich wie die Grundlage der johanneischen Erzählung von der Fußwaschung ausnimmt (Joh 13,4 ff.) V. 28—31 (auf die R. Otto besonderen Wert legte) entsprechen trotz aller Unterschiede Mt 19,28, sind also ein lukanisches „Q". Der Rest besteht zum größten Teil aus lukanischem Sondergut: V. 31 f. (Fürbitte für „Simon") ist — das zeigt der Name Simon im Unterschied von „Petrus" V. 34 — erst sekundär mit V. 33 f. verbunden worden (Vorhersage der Verleugnung durch Petrus). Dieser V. 33 f. ist parallel zu Mk 14,29—31. V. 35—38 ist wieder Sondergut des Lukas (Die beiden Schwerter).

Es fragt sich, ob Lk selbst diese Rede aus den einzelnen Überlieferungsstücken gebildet hat oder sie schon in der Vorlage fand, die er in der Leidensgeschichte besonders neben Mk benutzte. Erwägt man den Text genau, wird man das Zweite für wahrscheinlicher halten; denn es ist kein Grund zu sehen, aus dem Lk die vielen Einzeländerungen im Text vorgenommen haben sollte, durch die sich sein Wortlaut so stark von dem des Mk und Mt unterscheidet. Lukas wird vielmehr hier einer besonderen Quelle folgen, in der alle diese einzelnen Traditionsstücke bereits verbunden waren; darum hat er sie an den entsprechenden Mk-Stellen nicht geboten.

Wichtig sind hier für uns vor allem die V. 28—30. Worin besteht eigentlich der Sinn dieser Verfügung über das Reich zugunsten der Jünger? Sie werden im Reiche Jesu (das ist an sich schon eine jüngere Formulierung gegenüber der älteren vom „Reiche Gottes") an seinem Tisch essen und trinken und auf 12 Thronen sitzend die 12 Stämme Israels regieren. Neu gegenüber Mt 19,28 ist dabei die (mit der Zusage der Herrschaft über die 12 Stämme Israels sich leise stoßende) Verheißung, daß sie an Jesu Tisch essen und trinken werden. Sie berührt sich inhaltlich mit der Bitte der Zebedaiden Mk 10,35—45, zu Jesu Rechten und Linken zu sitzen „in seiner Herrlichkeit" (Mt: „seinem Reich"). Lk hat deshalb folgerichtig die Zebedaidenbitte nicht erwähnt. Es handelt sich bei V. 29 f. also nicht darum, daß die Zwölf die Nachfolger Jesu auf Erden werden, wenn er von ihnen gegangen ist, sondern daß er — so wie sein Vater ihm die Herrschaftsstellung zugesichert hat — sie ihnen zuteilt, natürlich mit entsprechender Abstufung: sie sitzen am Tisch des Himmelsfürsten. Mit dem „neuen Bund" von V. 20 hat diese Verfügung nichts zu tun. Vielleicht zieht man aus V. 30 den Schluß, Lukas habe hier eine judenchristliche Quelle benutzt. Aber völlig sicher ist das nicht: das hohe Ansehen der Zwölf war weit über das Judenchristentum hinaus verbreitet. Von einem echten Jesuswort, das uns über den Sinn des Abendmahls weitere Auskunft gäbe und dessen Bedeutung weiter klärte, ist hier also nichts zu finden.

70 Die Vorhersagung der Verleugnung

Mk 14,26—31; Mt 26,30—35; Lk 22,39

(26) Und als sie den Lobgesang gesprochen hatten, gingen sie hinaus zum Ölberg. (27) Und Jesus sagte zu ihnen: „Ihr werdet alle Anstoß nehmen, denn es steht geschrieben: ‚Ich werde den Hirten schlagen, und die Schafe werden sich zerstreuen.' (28) Aber nach meiner Auferweckung werde ich euch vorangehen nach Galiläa." (29) Petrus aber sprach zu ihm: „Wenn auch alle Anstoß nehmen, so doch nicht ich!" (30) Und Jesus sagte zu ihm: „Wahrlich, ich sage dir: du wirst mich heute in dieser Nacht, bevor der Hahn zweimal kräht, dreimal verleugnen." (31) Der aber beharrte erst recht darauf: „Wenn ich mit dir sterben müßte, ich werde dich nicht verleugnen!" Ebenso aber sprachen auch alle.

Nachdem sie am Schluß der Mahlzeit die Lobpreisung Gottes[1] gesprochen haben, gehen Jesus und seine Jünger zum Ölberg[2]. Während dieses Ganges — so erzählt der Evangelist — sagt nun Jesus seinen Jüngern mit Berufung auf Sach 13,7[3] voraus, daß alle an ihm „Ärger-

[1] Gewöhnlich versteht man diese Stelle von dem zweiten Teil des Hallel (Psalm 115,1—118,29), „der beim vierten Becher Weines gesungen wurde": Bill. I 992. Vgl. auch den Exkurs „Das Passamahl" in Bill. IV 1,41—76, bes. 75 f., und Lohmeyer 311. — Das Passamahl wurde gewöhnlich vor Mitternacht beendet.

[2] Zu Ὄρος τῶν Ἐλαιῶν (oros tōn elaiōn) s. o. zu Mk 11,1; S. 372 f.

[3] Sach 13,7 lautet: „Erhebe dich, Schwert, gegen meinen Hirten, gegen den Mann, der mir am nächsten steht, spricht der Herr der Heerscharen. Ich schlage den Hirten, daß die Schafe sich zerstreuen, und kehre meine Hand gegen die Kleinen." Nur ein Drittel des Volkes, sagt der Prophet weiter voraus, werde am Leben

nis nehmen" werden. Das griechische Wort meint: sich an etwas stoßen, mit etwas innerlich nicht einverstanden sein und es darum auch äußerlich heftig ablehnen. Die Christen haben diese Sacharjastelle aus deren Zusammenhang herausgenommen und als prophetische Ankündigung dessen verstanden, was sich mit Jesus und seinen Jüngern ereignet hat. Hatte Gott dieses Geschehen im AT vorausgesagt, dann hatte er es auch vorherbestimmt. Damit verlor das Versagen der Jünger seinen schärfsten Stachel: Auch im Abfall der Jünger erfüllte sich Gottes Wille; dieser Abfall war keine Niederlage Jesu. Er hatte vielmehr dieses Geschehen vorhergewußt. Man hat diese christliche Auslegung der Sacharjastelle schließlich sogar — wie unser Abschnitt zeigt — Jesus selbst in den Mund gelegt.

Auf dieses Wort folgt nun der äußerst wichtige Vers 28: „Aber nach meiner Auferstehung werde ich euch vorangehen nach Galiläa."[4] Dieses Wort kann verschieden gedeutet werden. Entweder so: Jesus wird nach seiner Auferstehung an der Spitze seiner Jünger (die dann natürlich zunächst in Jerusalem bleiben) nach Galiläa ziehen. Oder aber: Jesus wird (zeitlich) vor den Jüngern nach Galiläa gehen. Damit würde übereinstimmen Mk 16,7 (dort läßt ein Engel durch die Frauen „den Jüngern und Petrus" melden, er werde vor ihnen nach Galiläa gehen: „Dort werdet ihr ihn sehen, wie er euch gesagt hat.") Dieses Wort sieht nun an unserer Stelle jedenfalls zunächst sehr seltsam aus: V. 29 scheint unmittelbar V. 27 fortzuführen. Aber der Evangelist hat V. 28 mit Bedacht dazwischengestellt: dieser Vers soll dem Leser sagen, daß die Tötung des Hirten und die Zerstreuung der Schafe nicht endgültig sind: Jesus wird vor den Seinen her nach Galiläa gehen wie ein Hirt vor der Herde. Das muß kein sichtbares Geschehen sein; so konnte es die Gemeinde ja auch nicht verstehen, weil ein solches sichtbares Ereignis nie eingetreten ist. Dagegen setzt dieses Wort deutlich voraus, daß der Auferstandene den Jüngern zuerst in Galiläa erschienen ist. Demnach hängen V. 27 und 28 eng zusammen.

Vers 29 bringt mit neuem Einsatz die Beteuerung des Petrus, er werde sich nicht an Jesus „ärgern", und die Voraussage der dreifachen Verleugnung, bevor der Hahn zum zweiten Mal krähe. Die Stellen bei Billerbeck[5] zeigen u. E.: In Jerusalem war die Hühnerzucht verboten.

---

bleiben, und auch diese solle noch weiter ins Feuer gebracht, geschmolzen und geläutert werden. Dann werden sie Gottes Namen anrufen und erhört werden.

[4] Grundmann 288 erinnert an Mk 10,32, wonach Jesus beim Zug nach Jerusalem voranging; ebenso werde er jetzt nach seiner Auferstehung sie nach Galiläa führen. Das käme dann der Parusie gleich. Diese Deutung führt Grundmann zu der Frage, ob Jesus selber sein Leiden und die Parusie unmittelbar verbunden gedacht habe, oder ob hier an die 1. Kor 15,6 genannten Erscheinungen des Auferstandenen zu denken sei (was u. E. näher liegt). Marxsen 47—59 findet hier die Erwartung der Parusie Jesu in Galiläa durch die Urgemeinde ausgesprochen; s. dazu oben Anm. 23 zu Abschnitt 63 = Mk 13,3—37.

[5] Bill. I 992 f.; hier wird auch der Hahnenschrei als Bezeichnung der frühen Morgenzeit im Judentum belegt.

Die Tosephta läßt sich nicht dagegen anführen. Wahrscheinlich ist in Jesu Wort nur vom „Hahnenschrei" als der üblichen Bezeichnung der frühen Morgenzeit die Rede gewesen, so daß es den Sinn hatte: „Du wirst mich sehr bald im Stich lassen!" Daraus ist dann die dramatische Szene von Verleugnung und Hahnenschrei entstanden; sie zeigt wiederum das wunderbare Voraussehen und Vorauswissen Jesu. Dann könnten Mk 26,33 und Lk 22,34 hier eine noch ältere Form der Überlieferung wiedergeben.

71 Jesus in Gethsemane

Mk 14,32—42; Mt 26,36—46; Lk 22,40—46

(32) Und sie gingen zu einem Landgut namens Gethsemane, und er sagte zu seinen Jüngern: „Setzt euch hier nieder, bis ich gebetet habe!" (33) Und er nahm Petrus und Jakobus und Johannes mit sich, und er begann zu zittern und zu zagen, (34) und er sagte zu ihnen: „Meine Seele ist sehr betrübt, bis zum Tod. Bleibt hier und wachet!"

(35) Und ein wenig weiter gehend warf er sich auf die Erde und betete, daß wenn möglich die Stunde an ihm vorübergehen möge, (36) und er sprach: „Abba, Vater, dir ist alles möglich! Laß diesen Kelch an mir vorübergehen! Aber nicht was ich will, sondern was du (willst, geschehe)!" (37) Und er kam und fand sie schlafend, und sagte zu Petrus: „Simon, du schläfst? (38) Wachet und betet, damit ihr nicht in die Versuchung kommt. Der Geist ist zwar willig, aber das Fleisch ist schwach!" (39) Und er ging wieder fort und betete dasselbe Wort. (40) Und als er zurückkam, fand er sie wieder schlafend. Denn ihre Augen waren schwer, und sie wußten nicht, was sie ihm antworten sollten. (41) Und er kam zum dritten Mal und sagte zu ihnen: „Nun schlaft und ruht! Es ist genug. Gekommen ist die Stunde; siehe, ausgeliefert wird der Menschensohn in die Hände der Sünder. (42) Erhebt euch, wir wollen gehen! Siehe, er, der mich ausliefert, ist nahe!"

Jesus geht mit den Jüngern zu einer einsamen Stelle, die „Ölkelter" hieß[1]. Dort läßt er die anderen Jünger warten und nimmt nur die drei

[1] Das hier mit „Landgut" übersetzte griechische Wort χωρίον (chōrion) bedeutet (s. Bauer Wb 1760) neben „Umgebung einer Stadt" vor allem „Grundstück", „ein „Stück Land", „Landgut" (vgl. dazu Apg 1,18). Cranfield 430 berücksichtigt nur die Bedeutung „ein Stück Land", „ein Feld"; während Taylor 551 meint, es handle sich um einen (ehemaligen) Bauernhof, der mit Ölbäumen bepflanzt war. Joh 18,1 f. sprechen von einem Garten am Ostufer des Baches Kidron, am Fuß des Ölbergs gelegen. Grundmann 291 erwägt, ob es nicht vielleicht ein mit einer Mauer umgebenes Gut war, das dem Besitzer des Hauses gehörte, in dem Jesus das letzte Mahl eingenommen hatte. Als Schutzort für Jesus war ein verlassener Ort wahrscheinlicher, der noch den Namen der einstigen Ölkelter trug, also ein

Vertrauten weiter mit: Petrus und die Zebedaiden[2]. Was er zu ihnen[3] spricht, erinnert an Psalm 42,6.12 und Psalm 43,5 sowie an Jona 4,3.8 f. Die Jonastelle enthält die Worte: „Ich bin sehr betrübt bis zum Tod."

---

verfallenes Gehöft, um das Ölbäume herumstanden. Daher haben wir frei „eine einsame Stelle" übersetzt. „Gethsemani" kommt vom hebräischen „gath schemani" = Ölkelter: Dalman, Orte und Wege Jesu, 3. A. 340 ff.

[2] Mk erklärt nicht, warum Jesus die acht (?) Jünger sich — bei der Ruine des Gehöfts (?) — hinsetzen läßt. Sie fordert er nicht zum Wachen und Beten auf. So sind sie da und doch in gewissem Sinne nicht da. Sie spielen erst eine Rolle, als Judas mit der Schar kommt. Nach Mk nimmt Jesus nur die drei Vertrautesten weiter mit. Ihnen sagt er, wie es um ihn steht: Angst und Entsetzen haben ihn gepackt. Man kann freilich vermuten: Jesus wollte bei dieser Entscheidung (die ihm kein Mensch abnehmen konnte) allein sein, und doch sehnte er sich in dieser schwersten Stunde nach menschlicher Nähe (vgl. Cranfield 431). Aber der Erzähler hat solche psychologischen Erwägungen kaum angestellt, die zudem die Historizität auch der Einzelheiten bei dieser Szene voraussetzen. Die Tatsache jedoch, daß Jesus hier sein Todesschicksal nicht als unbedingt festgelegt ansieht, könnte auf eine alte Überlieferung hindeuten, die freilich in kunstvoller Überarbeitung auf uns gekommen ist. Der Gedanke Cranfields 431, daß Jesus die Jünger zu Zeugen seiner Versuchung und seines Gehorsams machen wollte, setzt voraus, daß Jesus von vornherein um Versuchung und Sieg Bescheid weiß, und gibt gerade damit den Ernst der Entscheidungsstunde dahin.

[3] Carrington 319 versteht das dahin, daß Jesus die drei vertrautesten Jünger als eine Wache postiert: „Er wäre sicher gewesen, aber seine Leute schliefen ein". Aber dieser nüchterne Realismus wird nicht mit der zweimaligen Unterbrechung des Gebets fertig; Jesus hat doch sein Gebet nicht zweimal unterbrochen, um die Wache zu kontrollieren! Vielmehr teilt der Evangelist ein Geheimnis mit, um das nur die allervertrautesten Jünger wußten. Andererseits sollen sie die Lage Jesu doch so wenig erfassen, daß sie trotz Jesu Mahnung sofort der Müdigkeit nachgeben (realistisch betrachtet ist dieses Einschlafen sogar unbegreiflich). Cranfield 432 hebt hervor, daß sich Jesus nur wenig von ihnen entfernt hat (nach Lk 22,41 nur „einen Steinwurf weit"). Zahn Mt 690, Anm. 62 erschließt aus Hebr 5,7 (!), daß die Jünger Jesu Stimme gehört haben müssen. Diese Bemühungen, das erzählte Geschehen als historisch zu sichern, stoßen auf die Leidensweissagungen, die man eigentlich daraufhin als jüngeres Gut erklären müßte. Hirsch versucht I 156 f. zu zeigen, daß hier zwei Berichte durcheinandergehen, ein älterer, A, und ein jüngerer, B. „In A haben wir den angefochtenen ... Jesus, der menschliches Verstehen und menschliche Teilnahme sucht", in B „einen völlig unangefochtenen Jesus, der in Verhalten und Gebet ein wahres Musterstück vollkommen ruhiger Ergebung in Gottes Willen darstellt". „In A haben wir Jünger, die ... stumpfsinnig und ahnungslos versagen; in B haben wir Jünger, die wohl eine natürliche, menschliche Müdigkeit verraten, aber einem Bedürfnis Jesu nicht mit einem Wort entgegen handeln." Ergo: „In A haben wir den alten, wahrhaftigen Erzähler" (= Mk I = Petrusbericht), „in B den Mann, der das Bild Jesu und der Apostel nach dem Bedürfnis einer gläubigen Gemeinde stilisiert" (= Mk II). Hirsch preist dann den „wackeren Redaktor, der in seiner Beschränktheit ehrlich genug war, auch diesmal Mk I nicht zu streichen, sondern ihn erhalten hat durch eine Verflechtung in Mk II." — Selten wird die Notwendigkeit einer Beurteilung der Perikope als eine schriftstellerische Komposition so deutlich wie angesichts dieser Quellenkritik.

Aber hier ist der Sinn anders: Jesus will gerade nicht, wie Jona, sterben, wie aus dem Folgenden deutlich wird. Nur den drei Vertrautesten gesteht er ein, wie es um ihn steht; die anderen Jünger, die irgendwo bei dem Hof sich hinsetzen sollen, erfahren nur, daß er beten will.

Aus dem, was Jesus zu den drei Vertrauten sagt, wird deutlich, warum er sie mitnimmt in seine tödliche Einsamkeit, in die er sie doch nicht hineinnimmt. Sein Gebet wird zunächst in indirekter Rede geschildert: Die Stunde möge, wenn möglich, an ihm vorübergehen. Diese Worte stehen in striktem Gegensatz zu all den genauen Voraussagen seines Leidens mit ihrer kühlen Präzision. Nach dem, was Jesus nun spricht, hält er es für möglich, daß ihn Gott aus der drohenden Gefahr rettet. Dasselbe besagt das in direkter Rede überlieferte Gebet, in dem „der Kelch" (nämlich des Leidens)[4] an die Stelle der „Stunde" tritt. Wenn Jesus bei seiner Rückkehr die Jünger schlafend findet, so müßte er freilich mehr als diese Worte gesprochen haben. Schon hier wird deutlich: die Szene ist kein Erlebnisprotokoll des Petrus (wie es Hirsch I 156—158 rekonstruieren möchte), sondern sie schildert die ganze Schwere des Gotteswillens, der sich auf Jesus legt und ihm den Tod zumutet. Gerade das Gebet darum, verschont zu bleiben, zeigt dem Leser, wie tief die Nacht des Leidens und Sterbens ist, in die Jesus hineingehen soll. Aber zugleich wird deutlich, daß sich Jesus in Gottes Willen ergibt.

Zum Vorwurf an Petrus (der soeben noch sich gerühmt hatte, er werde unbedingt zu Jesus stehen) tritt die allgemeine Mahnung: „Wachet und betet, damit ihr nicht in die Versuchung kommt!" Albert Schweitzer hat das auf jene große Versuchung gedeutet, die vor dem Weltende kommt[5] und von der in Kap. 13 die Rede war. Aber wenn

---

[4] Das drohende Todesleiden wird mit dem besonders aus Joh bekannten Begriff der „Stunde" und dem Bild des „Kelches" (s. dazu oben zu Mk 10,39; S. 364) beschrieben. Mit „Stunde" ist, wie aus V. 41 (vgl. auch Joh 17,1) hervorgeht, nicht nur die Todesstunde selbst gemeint, sondern die Passion als ganze.

[5] Albert Schweitzer, Das Abendmahl im Zusammenhang mit dem Leben Jesu und der Geschichte des Urchristentums. 2. Heft: Das Messianitäts- und Leidensgeheimnis Jesu. Leipzig/Tübingen 1901, 92: „Nur über den drei Intimen schwebt die Möglichkeit, daß sie mit ihm durch das Leiden und die Versuchung hindurch müssen . . . Diese drei hat Jesus mit sich genommen bis zum Ort hin, wo er betet. Während er zu Gott fleht, daß der Leidenskelch an ihm vorübergehe, erfaßt ihn eine bange Angst um die Intimen. Wenn Gott sie nun wirklich mit ihm durch das Leiden sendet, werden sie bestehen, wie sie es sich zutrauen? Darum sorgt er sich um sie in der schweren Stunde. Zweimal ruft er sie auf, weckt sie aus dem Schlaf, daß sie wach bleiben und zu Gott beten, daß er *sie* nicht in die Versuchung führt, wenn er auch ihm den Kelch nicht erspart." „Das ist vielleicht der ergreifendste Zug in Jesu Leben." Schweitzer behandelt hier Mk wie einen Dokumentarbericht, den er überdies nach seinen eigenen eschatologischen Voraussetzungen deutet. Für

diese Versuchung kommt, läßt sie sich durch kein Gebet fernhalten — auch nicht von einzelnen. Der Evangelist dürfte jene Versuchung meinen, die vor jedem Christen steht und vor der nur Gebet und Wachen bewahren können. Die Jünger haben in ihrer Flucht und Petrus gar mit seiner Verleugnung des Herrn diese Versuchung nicht bestanden, weil sie nicht gewacht und gebetet haben. Ihr Schlaf — obwohl er ein wirklicher Schlaf war und nicht ein bloßes Bild — zeigt zugleich ihren geistlichen Zustand an: den Mangel an Bereitschaft, der sich bitter rächt. Der allgemeine Satz „Der Geist ist willig, aber das Fleisch ist schwach" bezeugt keine paulinische Theologie — denn er spricht vom Geist des Menschen, und nicht vom Geist Gottes[6]. Daß sich die Jünger gegen den Anblick des Leidens Christi gesträubt hätten — so Schlatter[7] —, hat im Text keinen Anhalt.

Die Schilderung in V. 39, nach der Jesus „dasselbe Wort" betet, leidet an demselben Mangel wie die bisherige. Der Erzähler versteht nicht mehr, daß V. 36 das gesamte Gebet zusammenfaßt. Anders Matthäus: er malt — er malt die fortschreitende Ergebung Jesu in den göttlichen Willen: „Vater[7a], wenn er (der Becher) nicht vorübergehen

---

Mk ist — wie für jeden Christen — die Versuchung die, deren Opfer sie tatsächlich werden; daß sie in der Stunde des Bekennens versagen und fliehen (vgl. 14,50).

[6] Für Paulus ist der Geist die eschatologische Gabe des neuen Äons; hier jedoch handelt es sich um die atl. Unterscheidung von Fleisch und Geist innerhalb des Menschen in dieser Welt.

[7] Schlatter Mt 751 f.: Die „Jünger entziehen sich dem, was geschieht, und finden nicht den Mut, es mit zu tragen". Davon steht bei Mk kein Wort: Mutlosigkeit wirft der Evangelist den Jüngern nicht vor; das wäre eine falsche Kategorie. In ihrem Fliehen zeigen sie, daß ihr Glaube an Jesus zusammengebrochen ist, und das ist etwas anderes als Mutlosigkeit.

[7a] G. Kittel (ThWb I 5 f.) meinte, „Jesus habe das Wort ‚abba' nicht nur Mk 14,36 gebraucht, sondern wahrscheinlich ‚überall, besonders in der Anrede an Gott, wo die Evangelien ihn" ‚der Vater', ‚Vater!' ‚mein Vater', „vielleicht auch" ‚unser Vater' sagen lassen. Er überträgt damit die, weil dem Alltagssprachgebrauch der Familie angehörig, seinen Zeitgenossen unfeierlich und respektlos klingende Vokabel auf Gott: die schlichte ‚Rede des Kindes zum Vater'." Kittel verwies (nach Zahn) darauf, daß nach den Kirchenvätern Chrysostomos (4. Jh.), Theodor und Theodoret (5. Jh.), „die Syrer waren", die kleinen Kinder ihren Vater mit „abba" anzureden pflegten. Das würde auf eine deutsche Wiedergabe mit „Papa" führen. Aber es wäre absurd, wollte man Jesus in den aufgezählten Fällen eine solche Redeweise zumuten; das hohepriesterliche Gebet (Joh 17,1—26) kann nicht beginnen: „Papa, die Stunde ist gekommen!"

Die Grundlage für den Gedanken, Jesus habe das Babywort übernommen, um damit sein Gottesverhältnis auszudrücken, hat Joachim Jeremias zerstört in seiner Schrift: „The Central Message of the New Testament", 1965, 21. Zwar war abba ursprünglich ein „Lallwort" („babbling sound"), aber als sog. status emphaticus des aramäischen Wortes für Vater hat abba schon in vorchristlicher Zeit seinen Bedeutungsbereich im palästinischen Aramäisch weit ausgedehnt und wurde ebenso von Kindern wie von Erwachsenen gebraucht. Zudem ersetzte es die bis ins 2. Jh. v. Chr. benutzte Form abi und konnte „mein Vater", „der Vater", gelegentlich auch „sein Vater" und „unser Vater" bedeuten. Wenn also Jesus von Gott als Vater sprechen wollte, blieb ihm gar kein anderes Wort als abba, und das galt damals nicht mehr als ein Kinderwort. Darum läßt sich nicht, wie Kittel wollte, aus dem in Mk 14,36 auftauchenden abba ein das Kindliche betonender Sinn herausholen.

Jeremias hat aber versucht, trotzdem eine Variante des Kittelschen Gedankens zu Ehren zu bringen: da abba als Gottesanrede im Judentum nicht belegt ist, müsse es sich um einen Wortgebrauch handeln, mit dem Jesus sein besonderes Verhältnis zu Gott ausdrückte. Die gemäß Rö 8,15 und Gal 4,6 diese Gottesanrede aufnehmende Gemeinde habe sich damit ermächtigt gefühlt, Jesus das „Abba, lieber Vater" nachzusprechen.

Aber so einfach liegen die Dinge nicht. Denn daß Jesus beim Beten immer (außer beim Kreuzesruf Mk 15,34) Gott mit Abba angeredet habe, ist in den synoptischen Evangelien nicht belegt. Diese Anrede wird ihm vielmehr nur in Mk 14,36 zugeschrieben. Dort aber, wie in den beiden paulinischen Stellen, folgt auf die aramäische Form Abba die griechische Übersetzung (nicht mit dem klassischen, noch von Joh benutzten Vocativ, sondern in der entsprechenden Form der gesprochenen nichtliterarischen Koine: Nomen mit Artikel). Daß der betende Jesus nicht auf die aramäische Anrede die griechische Übersetzung folgen ließ, versteht sich von selbst. Vielmehr ist Abba mit nachfolgender griechischer Übersetzung eine Formel, die bei der hellenistischen Gemeinde in Gebrauch war. Diese griechische sprechende Gemeinde behielt das aramäische Wort bei, fügte aber die griechische Übersetzung hinzu. Mk hat also in 14,36 Jesus diese in der hellenistischen Gemeinde übliche Form der Gottesanrede Jesus in den Mund gelegt, und zwar in der Darstellung einer Szene, bei der keine Ohrenzeugen vorhanden waren.

Damit ist freilich nicht gesagt, daß Jesus Gott nicht mit dem aramäischen Wort Abba angeredet hat. Aber welchen genauen Sinn es dabei jeweils hatte, ob es z. B. „mein Vater" oder „Vater" oder „unser Vater" besagte, das läßt sich nicht feststellen. Wenn z. B. der Rabbi Cadok (Billerbeck I 394) um 70 nach Christus — nach einer freilich späten Überlieferung — im zerstörten Jerusalemer Tempel gebetet hat: „Mein Vater, der du bist im Himmer!", oder wenn es im 18-Bitten-Gebet hieß: „Verzeihe uns, unser Vater", so läßt sich kein grundsätzlicher Unterschied vom Sprachgebrauch Jesu erkennen. Daß sich in der Mischna (um 200 n. Chr.), die in reinem Hebräisch geschrieben ist, die nur im Aramäischen vorhandene Form Abba nicht findet, versteht sich von selbst. Vgl. zu diesen Fragen noch Billerbeck I 392—396.

Eine andere Frage stellen uns jene Fälle, in denen in Reden Jesu — wie oft im Joh — „der Vater" und „der Sohn" einander gegenübergestellt und zugeordnet werden. In den Synoptikern kommt in erster Linie Mt 11,27—30 // Lk 10,21 f. in Betracht. Jeremias schreibt dazu (a. a. O. 25): „Wir müssen übersetzen; ‚Wie nur ein Vater seinen Sohn kennt, so kennt nur ein Sohn seinen Vater'. Er hofft, damit diese Worte von dem gnostischen Klang befreien zu können. Aber seine Auslegung ist unseres Erachtens nicht haltbar. Der Text folgt auf den Fluch gegen jene Städte, welche sich gegenüber der Christusbotschaft verschlossen haben. In diesem Zusammenhang ist das, was der Vater den Weisen und Verständigen verborgen und den Unmündigungen offenbart hat, die Erkenntnis Christi. Das ist Gottes gnädiger Wille. Auf diese Verse folgt: „Alles ist mir übergeben worden von meinem Vater, und niemand kennt den Sohn, außer dem Vater, und nie-

kann, ohne daß ich ihn trinke, so geschehe dein Wille!"

Markus 14,41 ist schwer zu verstehen, wie ein Blick in die Kommentare zeigt. Denn „schlaft weiter" und „Auf!" vertragen sich nicht miteinander. Man kann den ersten Teil als traurig-ironische Frage fassen[8]. Aber dann bleibt das mehrdeutige Wort ἀπέχει (apechei)[9].

---

mand kennt den Vater, außer dem Sohn, und wem es der Sohn offenbaren will." (Mt 11,28—30 hat bei Lk keine Entsprechung.) Hier ist von einem Vergleich, wie ihn Jeremias in Mt 11,27 zu erkennen meint, unseres Erachtens keine Rede. Zwei göttliche Wesen, „der Vater" und „der Sohn", stehen hier einander gegenüber, die jeder nur dem anderen bekannt sind. Nur von dem — in Jesus Mensch gewordenen — „Sohn" kann darum die Erkenntnis des „Vaters" mitgeteilt werden. Wenn sich Jeremias auf den Satz im 3. Henoch (48 [C] 7) beruft: „Jedes Geheimnis offenbarte ich ihm wie ein Vater", so ist zu bedenken, daß diese späte Schrift (Gershom Scholem, Die jüdische Mystik in ihren Hauptströmungen, Frankfurt/M. 1957, 48 f., hält das von Odeberg ins 3. Jh. versetzte „Dritte Henoch-Buch" für später als die „Großen Hechaloth", die nicht vor dem 4. oder 5. Jh. redigiert sein dürften) mit ihrer Lehre von Metatron als dem „kleinen Jahwe" gerade zeigt, wie ein von der Gnosis beeinflußtes Judentum eine Analogie — um mehr handelt es sich bei dem von Jeremias erwähnten Wort nicht — zu diesem späten Wort aus Q auftaucht. Auch Mk 13,32 „Über jenen Tag aber oder jene Stunde weiß niemand Bescheid, auch nicht die Engel im Himmel oder der Sohn, sondern nur der Vater" stammt aus einer frühen christlichen Apokalyptik, aber nicht aus dem Munde Jesu. Auch der johanneische Sprachgebrauch ist nicht der des „historischen Jesus".

8 Wohlenberg Mk 357: „Der düstere Ernst verträgt sich mit solcher vermeintlichen Ironie schwer. Vielmehr fragt der Herr, und zwar im tadelnden Sinn, ebenso wie oben V. 37 . . ., ob sie denn für die noch übrige kurze Frist schlafen und sich ausruhen wollen." — Lohmeyer 318: „Die Entscheidung hängt an τὸ λοιπόν (to loipon); es kann bedeuten: a) für die Zukunft; weiter; dann ist eine schmerzliche Frage: „Schlaft ihr weiter?" oder ein ebensolcher Ausruf möglich; b) (oun) . . . wie im Neugriechischen; es schließt dann eine Rüge ein: „Schlaft ihr denn und ruhet?", und zu ergänzen ist: Jetzt ist nicht die Zeit zu schlafen; denn" gekommen ist die Stunde. — Taylor 550 kommt schließlich zu der Übersetzung: „Still asleep? Still resting?" — Carrington 320: „Eure Wache ist nutzlos gewesen. Schlaft nun weiter und ruht euch aus", sagt er, und dann bricht der Text in jäh gesteigerte Worte aus, welche an die tragische Kraft Shakespeares erinnern: „Genug. Die Stunde ist gekommen."

9 Zu ἀπέχει (apechei) bemerkt Taylor 556: „Gewöhnlich wird es übersetzt: ‚Es ist genug', entweder mit der Beziehung auf das Schlafen (Klostermann 169, Rawlinson 213) oder auf den ironischen Tadel (Sweete 348). Diese Interpretation ist möglich, aber das Beweismaterial für diesen unpersönlichen Gebrauch von ἀπέχει ist spärlich . . . In jedem Fall ist die Wendung unsicher." De Zwaan denkt an die Verwendung des Wortes im kommerziellen Gebrauch: Er hat erhalten, nämlich Judas das verheißene Geld. Aber damit wird, wie Taylor richtig bemerkt, viel zu viel in den Text hineingelesen. — Torrey meinte wieder eine Fehlübersetzung aus dem Aramäischen entdeckt zu haben; Black schlägt eine andere Fehlübersetzung vor, welche die Verwechslung eines aramäischen Daleth und Resch voraussetzt, die sich sehr ähnlich sind. — D hat hinter „apechei" eingeschoben: τὸ τέλος (to telos): „Das Ende und die Stunde sind drängend nah". Mit D lesen so W Θ Φ fam. 13 565 1071 al a c d f ff q r[1] sy[s], und Taylor meint, diese Lesart

D zeigt mit seiner Änderung, daß man die Schwierigkeit schon früh empfand und zu bessern suchte. Typisch für die frühere Erklärung des Ganzen ist B. Weiß: Jesus habe nach den Worten „Schlaft weiter usw." das Geräusch der nahenden Kolonne gehört und darum mit „Auf!" seinen Entschluß geändert. Aber der Text gibt nicht den Dokumentarbericht eines wachen und aufmerksamen Augenzeugen! Das Menschensohnwort macht (in der Sprache der Gemeindetheologie) dem Leser die Lage deutlich: Jetzt ist der entscheidende Augenblick gekommen, wo der Menschensohn (und das bedeutet für den Evangelisten dasselbe wie „Messias" oder „Gottessohn") in die Hände der Juden gegeben wird. V. 42 setzt wieder Jesu Wissen um den Verrat des Judas voraus. Wahrscheinlich ist Jesus aber in Wirklichkeit ganz überraschend ergriffen worden.

Markus zeichnet in einer Weise wie kein anderes Evangelium die Einsamkeit Jesu in seinem Leiden. Diese Einsamkeit in der Stunde der großen inneren Not wird auch noch in dieser Schilderung ergreifend sichtbar, die schon das Ganze mit der Weihe eines übernatürlichen Geschehens erzählt.

Mt und Lk weichen in verschiedener Weise von Mk ab. Über die andere Fassung des Gebets Jesu bei Mt sprachen wir schon. Mt hat das „er betete mit denselben Worten" bei der Darstellung des dritten Gebets Jesu verwendet, über das Mk nichts berichtet.

Lukas hat aus einer legendarisch erweiterten Quelle (vermutlich jenem Evangelium, das er in der Leidensgeschichte weithin Mk vorzog) die Züge eingeschoben, daß ein Engel vom Himmel erschien und Jesus stärkte, und daß beim weiteren Beten Jesu (das schon fast einem Todeskampf glich) sein Schweiß wie Blutstropfen zur Erde fiel. Dagegen hat Lk nicht erzählt, daß Jesus nur die drei Hauptjünger mit sich nimmt, als er sich zum Beten entfernt; bei ihm bleiben die Jünger alle beisammen. Der allgemeine Satz „Der Geist ist willig usw." fehlte wohl schon in der von Lk benutzten Überlieferung ebenso wie das dreimalige Fortgehen Jesu zum Gebet. Diese Tradition könnte die einfache und ältere Überlieferung gegenüber dem schon steigernden Mk-Text sein. Endlich fehlt bei Lk auch das Wort: „Die Stunde ist da usw." Dafür bringt Lk 22,53 ein anderes Wort von der Stunde aus einer anderen Überlieferung. Auch Mk 14,41 b wird kaum der frühesten Tradition angehören — man beachte die Gemeindetheologie! So dürfte deutlich werden, daß die Perikope von der Gefangennahme — ein so wichtiger Abschnitt der Leidensgeschichte — durchaus nicht als

---

könne ursprünglich sein. — Couchoud JTS 34, S. 129—131 hält ἀπέχει τὸ τέλος (apechei to telos) für eine Glosse. Taylor übersetzt schließlich: „Noch immer schlafen? Noch immer ausruhn? Das Ende ist weit weg? Siehe, der Menschensohn wird in die Hände der Sünder überliefert. Auf, laßt uns gehen!" — Wohin will Jesus gehen? Dem Verräter entgegen?

Ganzes, wie man gemeint hat, „Urgestein der Überlieferung" ist[10]. Statt dessen müssen wir damit rechnen, daß auch die Leidensgeschichte keinen uralten Bericht unverändert weitergibt, sondern daß sich auch in ihr manches gewandelt hat, gemäß dem, was die christliche Gemeinde jeweils als „erbaulich" empfand.

Das wird besonders anschaulich angesichts der johanneischen Version. Aus dem „Ihr werdet alle an mir Ärgernis nehmen usw." ist geworden: „Siehe, es kommt die Stunde und ist gekommen, daß ihr zerstreut werdet, ein jeder zu dem Seinen, und mich allein laßt. Und ich bin nicht allein, denn der Vater ist mit mir" (Joh 16,32)[11]. Das Wort vom Hahnenschrei — vgl. Mt/Lk — hat Joh in 13,38 gebracht, die Voraussage des Martyriums (das in den Himmel führt!) und des Verrats unmittelbar verbindend. Von der Qual Jesu in Gethsemane ist nur der Satz in 12,27 übriggeblieben: „Jetzt ist meine Seele erschüttert, und was soll ich sagen — Vater, rette mich aus dieser Stunde? Aber deswegen bin ich ja in diese Stunde gekommen. Vater, verherr-

[10] Für die Geschichtlichkeit der Gethsemane-Szene pflegt man anzuführen: keine Gemeinde hätte es gewagt, Jesus eine solche Schwäche zuzuschreiben; es sei die lebendigste Erzählung der ganzen Leidensgeschichte und dürfe als petrinischer Bericht angesehen werden. Nur wenn sie vom Zeugnis des Petrus abhängt, ist eine so den Ruf des Petrus und aller Jünger schädigende Erzählung verständlich: Taylor 210. Johannes Weiß 209 macht gegen die Szene geltend, daß sie von der Voraussetzung beherrscht ist, daß Jesus die Stunde seiner Verhaftung und alle Einzelheiten vorherweiß. Lohmeyer 314 ist auf den kunstvollen Aufbau der Geschichte aufmerksam geworden, deren Sprache mehrfach von der des Mk abweicht; aber er zieht keine kritischen Schlüsse daraus. Erst Bultmann (GdsT 288 f.) urteilt: „Eine ursprüngliche Einzelgeschichte ganz legendarischen Charakters, die bei Mk nicht intakt geblieben ist." Bultmann löst V. 42 als Zusatz des Mk ab, ebenso 41 b. V. 38 sei ein eingeschobenes Wort der christlichen Erbauungssprache. Die Gesamtheit der Jünger V. 32 konkurriere mit den drei Vertrauten 33; damit auch V. 32 b und 34. V. 32 werde der ursprüngliche Beginn der Perikope sein. V. 32—41 sind eine „ursprünglich nicht für den Mk-Zusammenhang bestimmte Einzelgeschichte". In V. 35 f. seien zwei Varianten verbunden: der Text des Gebets in direkter Rede ist nach Analogien sekundär. Joh zeige, daß die Gebetsszene 14,32—41 ohne Schaden für den Aufriß fehlen kann (a. a. O. 299). Mk 14,32—42 sei eine spätere Schicht der Passionsgeschichte (a. a. O. 307); die Szene müsse im weiteren Sinn als Glaubens- oder Kultlegende gelten.

[11] Es sieht fast so aus, als wollte Joh gegen die Einsamkeit Jesu, die Mk in der Gethsemaneszene darstellt, Einspruch erheben: ganz abgesehen von der Mutter und dem Lieblingsjünger ist Jesus nicht allein, sondern der Vater ist bei ihm, und Jesus weiß das. Bultmann schreibt (Joh 456) zu 16,32: Die historische Situation der Jünger beim Tode Jesu repräsentiert die sich stest wiederholende Situation des Glaubenden. Immer wieder scheint die Welt zu siegen, und immer wieder wird der Glaubende wankend und sucht seine Zuflucht im Heimischen, in der Welt, und läßt Jesus allein ... In Wahrheit gibt er ... nicht den Offenbarer der Welt preis, sondern, indem er ihn als der Welt preisgegeben wähnt und an ihm verzweifelt, gibt er sich selber preis."

liche deinen Namen!" Hier bittet also Jesu nicht um Bewahrung vor dem Leiden, sondern um das Kommen des Leidens, in dem Gott verherrlicht wird[12]! Die Angst Jesu, welche Mk schildert, ist bei Joh nur wie eine kleine Wolke, die einen Augenblick lang die Sonne zu verdunkeln scheint. Mehr erlaubt das Christusbild des vierten Evangeliums nicht. Dem entspricht die Veränderung des Wortes vom Leidensbecher in 18,11: „Soll ich den Becher nicht trinken, den mir mein Vater gegeben hat?"

Wir sehen also: die Tradition hat einerseits das Ringen Jesu mit der Todesangst mit noch stärkeren Farben dargestellt — der Schweiß, der wie Blutstropfen fällt, der Engel, der kommt, um ihn zu stärken (Luk 22,43 f.) —, andererseits hat sie es abgeschwächt, um die Majestät Jesu nicht zu beeinträchtigen. Die Überlieferung ist also verschiedene Wege gegangen. Als man später Joh und die Synoptiker zu harmonisieren unternahm und die synoptischen Perikopen irgendwie im johanneischen Aufriß unterbrachte oder auch umgekehrt, hat man das nicht bemerkt, sondern den unmöglichen Versuch unternommen, zwei Wege, die in verschiedene Richtungen führen, als einen und denselben zu behandeln. Bisweilen hat man sich dabei der naiven Auskunft bedient, Joh habe die göttliche Natur Jesu dargestellt, die Synoptiker die menschliche, und damit praktisch die Einheit der Person Jesu gesprengt[13]. Freilich schildert Joh unvergleichlich stärker das Gottwesen Jesus, aber auch die Synoptiker sind weit davon entfernt, den „Menschen Jesus" des theologischen Liberalismus darzustellen. Er hat für diese Gemeinde nicht existiert.

72 Jesu Gefangennahme

Mk 14,43—52; Mt 26,47—56; Lk 22,47—53; Joh 18,3—11

(43) Und während er noch redete, erschien Judas, einer der Zwölf, und mit ihm eine Schar mit Schwertern und Knüppeln (gesandt) von den Hohenpriestern und Schriftgelehrten und Ältesten. (44) Es hatte aber der Verräter ihnen ein Zeichen angegeben und gesagt: „Wen ich küsse, der ist's! Ergreift ihn und führt ihn sicher ab!" (45) Und wie er kam, trat er sogleich auf ihn zu, sagte „Rabbi!" und küßte ihn. (46) Die aber legten die Hände an ihn und nahmen ihn fest. (47) Einer von den Dabeistehenden aber zog das Schwert und traf den Knecht des

[12] Gott wird dadurch verherrlicht, daß Jesus, den Joh als Gott ganz gehorsame Verkörperung des Gotteswillens malt, sich ganz in das Leiden hineinbegibt: der göttliche Wille triumphiert in dieser Stunde, in der Gott, ganz ins Leiden eingehend, seine Liebe zu den Seinen endgültig zeigt.

[13] Das hat man sich z. T. dadurch verdeckt, daß man die Unterschiede der synoptischen und der johanneischen Jesusreden damit erklärte, Joh gebe das Meditieren wieder, an dem Jesus den vertrauten Kreis teilnehmen ließ.

Hohenpriesters und hieb ihm das Ohr ab. (48) Und Jesus antwortete und sprach zu ihnen: „Wie gegen einen Räuber seid ihr ausgezogen mit Schwertern und Knüppeln, um mich zu ergreifen. (49) Täglich war ich bei euch im Heiligtum lehrend, und ihr habt mich nicht ergriffen. Aber die Schrift muß erfüllt werden." (50) Und sie verließen ihn und flohen alle. (51) Und einer, ein Jüngling, war ihm gefolgt, der trug ein Leinengewand auf dem bloßen Leib. Und sie ergriffen ihn. Er aber ließ das Gewand fahren und entfloh nackt.

Während Jesus noch mit den Jüngern spricht, erscheint Judas. Er wird ausdrücklich als „einer von den Zwölf" bezeichnet[1]; diese Angabe stammt vermutlich noch aus der Zeit, wo diese Geschichte als Einzelerzählung umlief und noch nicht im ganzen eines Evangeliums stand. Mit Judas kommt eine bewaffnete Schar, von den Jesu feindlichen Gruppen geschickt; so stellt es sich der Evangelist vor. Dann würde es sich um ein rein privates Aufgebot handeln. Aber das ist unwahrscheinlich. Es werden Mitglieder der Tempelpolizei gewesen sein, der einzigen jüdischen Polizeitruppe[2]. Es ist möglich, daß sie durch „Freiwillige" aus der Dienerschaft der Hohenpriester verstärkt worden war. Für eine so wichtige Verhaftung nimmt man nicht — wie Taylor 558 exegesiert — „a mob armed with the weapons of their trade", sondern Leute vom Fach, reguläre Polizei.

Der Text enthält eine Fülle von Schwierigkeiten. Wie steht es z. B. mit dem Judaskuß? Taylor 559 will das griechische Kompositum

---

[1] Vgl. zu Mk 3,19; oben S. 67. — Grundmann, Mk 295: bis dahin war in der Leidensgeschichte selbst (s. 14,20) noch nicht gesagt, wer der Verräter sein werde.

[2] Lukas erwähnt στρατηγοί (stratēgoi, Hauptleute) in der Mehrzahl in Lk 22,4 neben den Hohenpriestern; in 22,52 spricht er von „den Strategen des Heiligtums". In Apg 4,19 wird „der Stratege des Heiligtums" genannt; in Apg 5,24 neben und sogar vor „den Hohenpriestern" (die neben dem amtierenden Hohenpriester die ehemaligen Hohenpriester und die Mitglieder jener Familien, aus denen Hohepriester gewählt wurden, umfassen). In Apg 5,26 wird „der Stratege" als Führer der „Diener = der Tempelpolizei erkennbar. — Nach Billerbeck II 628—631 sind zu unterscheiden: 1. Der S^{e}gan hakkohanim = der Vorsteher der Priesterschaft, der unmittelbar nach dem amtierenden Hohenpriester rangierte, diesem assistierte und ihn sogar vielleicht gegebenenfalls vertrat. Er hatte als „Tempeloberst" (stratēgos tou hierou) für die Ordnung im ganzen Tempelgebiet zu sorgen. Unter ihm stand als Hauptmann der Tempelpolizei der „isch har habbajit", der die Polizeigewalt im äußeren Vorhof, dem Tempelberg hatte. Auch er scheint von Josephus als „stratēgos" bezeichnet worden zu sein. Endlich hat es wohl neben diesen noch einen „isch habbirah" gegeben, einen Tempelhauptmann, der den inneren Vorhof und das eigentliche Tempelgebäude beaufsichtigte. — Es ist fraglich, ob Lukas oder seine Quelle(n) sich in diesen Ämtern noch auskannten. Die Erwähnung der „stratēgoi" in Lk 22,52 zeigt, daß sich Lukas die Verhaftung durch die Tempelpolizei vorgestellt hat. Andererseits ist es eine deutliche Erweiterung der älteren Tradition, daß „die Hohenpriester und Strategen" mitgekommen sein sollen.

καταφιλέω (kataphileo) im Sinne von „to kiss fervently" auffassen[3], aber es bedeutet einfach: küssen. Wenn Judas an der Spitze einer solchen Schar erscheint, wird dann nicht sofort deutlich, daß er Feinde Jesus hierhergeführt hat? Eine zweite Frage: war Jesus derart unbekannt, daß er durch eine solche Maßnahme bezeichnet werden mußte? Darauf kann man freilich antworten: es war ja Nacht, und da kann man auch einen Mann nicht sicher erkennen, den man ein paarmal gesehen hat[4]. Drittens: Es ist doch kaum anzunehmen, daß Jesus mit seinen Jüngern die ganze Nacht im Freien in Gethsemane zubringen wollte. Es liegt vielmehr näher, daß er sich nach Bethanien begeben wollte[5]. Wie konnte Judas dann wissen, daß sich Jesus jetzt hier befand? Die Antwort bleibt deshalb unsicher, weil dem Evangelisten alle diese Fragen gleichgültig sind und er darum nichts davon sagt. Joh 18,2 wird die Schwierigkeit scheinbar durch die Auskunft beseitigt, daß Judas den Ort kannte, weil sich Jesus und seine Jünger dort oft versammelten. Auch wenn das nicht bloß eine Vermutung des vierten Evangelisten oder seiner Vorlage sein sollte, so bleibt unerklärt, woher Judas wußte, daß sich Jesus *jetzt* dort befand. Wir haben diese Fragen nur angedeutet, um zu zeigen, daß viel von den Vorgängen im Dunkel bleibt, weil dem Evangelisten anderes am Herzen liegt: er will den großen Verrat beschreiben und nicht eine erfolgreiche Verhaftung durch die Polizei! Aber nach dieser Perikope hat es doch den Anschein, als wäre Jesus völlig überrascht worden. Er kommt hier — zunächst wenigstens — überhaupt nicht zu Wort. Das ist bei Mt und Lk anders. Mt 26,50 läßt Jesus fragen: „Genosse, wozu bist du gekommen?", ohne daß ganz deutlich wird, ob damit eben das ausgedrückt werden soll, was Lk 22,48 außerordentlich eindrucksvoll so formuliert hat: „Judas, mit einem Kuß verrätst du den Menschensohn?" (Auch diese Menschensohnstelle kommt also, wie die vorigen, auf das Konto der Gemeinde.)

Das Folgende ist ebenfalls nicht ohne Schwierigkeiten und zeigt: die Erzählung von der Gefangennahme Jesu ist während der Periode

[3] Aber was soll „leidenschaftlich küssen" (Grundmann 236) in dieser Szene für einen Sinn haben? Die Begrüßung durch einen Kuß war als Zeichen der Ehrerbietung des Schülers gegenüber einem Rabbi bekannt. — Daß für Joh diese Szene fortfallen mußte (wenn er sie überhaupt gekannt hat), versteht sich von selbst: der Verräter darf Jesus nicht berühren, der sich vielmehr hoheitsvoll selbst zu erkennen gibt (Joh 18,3—11).

[4] Allerdings war die Passanacht eine Vollmondnacht. Immerhin ist das Erkennen unter schattigen Ölbäumen nicht selbstverständlich. Freilich soll ja Jesus nach Mk 14,49 täglich im Tempel gelehrt haben. Wie soll da der Rabbi Jesus von Nazareth nicht eine bekannte Gestalt gewesen sein? Grundmann 296 antwortet: er war der Tempelpolizei nicht hinreichend bekannt.

[5] Grundmann 291: Die Stunde in Gethsemane war die letzte Möglichkeit für Jesus, den Häschern zu entrinnen. Er habe aber dort die Gewißheit bekommen, daß er nicht entfliehen dürfe. Aber daß Jesus hier den Verräter erwartet hat, gehört mit zum Bild, das die Gemeinde vom Verrat entworfen hat.

der Überlieferung, die uns die kanonischen Evangelien überblicken lassen, erheblichen Wandlungen unterworfen gewesen. Das legt die Vermutung nahe, daß auch schon die Mk-Form (die älteste uns erhaltene) solche Änderungen aufweist, die wir nur aus Mangel an Vergleichsmaterial nicht aufweisen können.

Nach Mk kommt es bei Jesu Verhaftung zu einem kurzen und teilweisen Widerstand: einer der „Dabeistehenden" — es wird nicht gesagt, daß es einer der Zwölf oder einer der Jünger ist — zieht das Schwert und schlägt dem „Knecht des Hohenpriesters" ein Ohr ab.

In der lukanischen Darstellung greift jetzt Jesus ein, verbietet weiteren Widerstand und heilt das Ohr wieder an — es ist das rechte, wird hier gesagt! Bei Mt (26,52 ff.) ist die Legende in anderer Weise wirksam gewesen: Jesus gebietet dem Betreffenden, der dreingeschlagen hat, das Schwert wieder in die Scheide zu stecken, denn „alle, die zum Schwert greifen, werden durch das Schwert umkommen". Damit wird der christlichen Gemeinde gesagt, daß sich kein Christ mit Gewalt einer Verhaftung widersetzen darf. Dann heißt es weiter: sein Vater hätte Jesus mehr als zwölf Legionen Engel geschickt, wenn Jesus es nur wollte — es ist nicht Machtlosigkeit, die Jesus auf die Anwendung von Gewalt verzichten läßt! Im Gegenteil, er besitzt eine stärkere Macht, als sie nötig wäre (ein einziger Engel sollte doch eigentlich genügen). Aber: wie würde dann die Schrift erfüllt werden, daß es so geschehen muß? Damit macht sich die christliche Gemeinde deutlich, daß es die Ergebung in den längst gefaßten und im AT aufgezeichneten Gotteswillen ist, der Jesu Handeln bestimmte.

Rostovtzeff[6] und Lohmeyer[7] sind auf den absurden, aber trotzdem auch von anderen Exegeten aufgegriffenen Gedanken verfallen, das Abschlagen des Ohres sei nicht zufällig gewesen, sondern ein symbolischer Akt, der den Gegner als eine verachtete Persönlichkeit kennzeichnete. Da man das Schwert mit der Rechten führt, ist es äußerst schwierig, ausgerechnet das rechte Ohr des Gegners zu treffen. Der

[6] Hirsch I 159 zu Mk 14,47: „Die innere Unwahrscheinlichkeit der Episode liegt darin, daß sie keinerlei Folgen hat. Das Abhauen des Ohrs sieht wie ein symbolischer Schändungsakt aus: im Sinne des, der den Vers einfügte, wird in dem Knechte der Hohepriester selbst getroffen." Diese Vermutung ist aus Lohmeyer 322 übernommen, der sie wiederum Rostoftzeff (ZNW 1934, 196—199) verdankt. Dieser führt dafür P. Tebt. III 793, col. XI an. Lohmeyer beruft sich außerdem auf die assyrische und babylonische Strafe des Ohrabschneidens. Aber ob der Erzähler davon gewußt hat — er schildert schließlich ein nächtliches kleines Gefecht —, ist eine andere Frage.

[7] Lohmeyer 323, Anm. 1, meint: „daß ‚der Vorwurf gegenüber den Häschern' nicht paßt (Klostermann), ist wohl mehr modernes Empfinden. Auffälliger ist dann schon, daß Jesus nicht dem Judas antwortet". Aber daß der Erzähler ausgerechnet nach dem Schwertstreich des „Dabeistehenden" Jesus sich beschweren läßt, man sei gegen ihn wie gegen einen Aufrührer ausgezogen, ohne den Widerspruch zu merken, liegt nicht am antiken Empfinden, sondern an den verschiedenen Traditionen, die der Erzähler nicht zur Einheit zu verschmelzen vermag.

Täter hätte ein Kunstfechter sein müssen, wenn sein Hieb beim nächtlichen Gefecht gezielt das rechte Ohr des Gegners getroffen hätte. In Wirklichkeit ist die nähere Angabe, daß es das rechte Ohr war, eine der mancherlei Einzelzüge, mit denen sich die spätere Wiedergabe einer Tradition bereichert. Taylor 560 meint, Mk habe gewußt, daß Petrus den Schlag führte, es aber nicht gesagt, um diesen nicht zu gefährden. Damit benutzt T. in aller Harmlosigkeit die ganz andere Wendung der Geschichte, die sie im Joh genommen hat (18,2—11).

Hier kommt Judas nicht bloß mit Dienern der Hohenpriester usw., sondern auch mit der römischen Kohorte. Historisch beurteilt ist das ohne Sinn: Hätte Pilatus schon etwas von Jesus gewußt und ihn verhaften lassen wollen, dann hätte er die römische Truppe nicht einem jüdischen Zivilisten gegeben. Aber auch wenn man sich damit hilft, daß der Chiliarch die Truppe befehligte und Judas nur als Führer dient, der das Opfer zeigt, kommt man nicht durch: Pilatus weiß ja nach Joh nichts von der Anklage, welche die Juden gegen Jesus vorbringen werden[8]. Die Teilnahme der römischen Kohorte zeigt bei Joh, daß alle irdische Macht (die sie besonders repräsentiert) nichts gegen Jesus vermag. Er geht — im Wissen um das Kommende — den Nahenden entgegen und fragt sie, wen sie suchen. Als sie antworten: „Jesus von Nazareth" (die Geschichte vom Judaskuß muß hier natürlich fortfallen; Judas steht nur dabei), antwortet Jesus: „Ich bin es!" und gebraucht damit die zugleich dem jüdischen und hellenistischen Denken vertraute Offenbarungsformel, mit der sich ein göttliches Wesen auf Erden kundgibt[9]. Der Erfolg dieses Machtwortes ist, daß die Häscher zurückweichen und zu Boden stürzen. Das zeigt dem Leser des Joh, daß Jesus der absolute Herr ist, der durch sein bloßes Wort alle beherrscht. Wie hätte ihn jemand gegen seinen Willen verhaften können? Nun wird es allerdings für den Erzähler schwer, es überhaupt noch zu einer Verhaftung kommen zu lassen: die Häscher liegen ja alle auf dem Boden! Der Erzähler hat sich dadurch geholfen, daß er Jesus noch einmal fragen läßt, wen sie suchen, und auf die wiederholte Antwort hin fordert, daß man die Jünger unversehrt gehen läßt — sie fliehen nicht! Damit ist Jesu Verheißung erfüllt: „Ich habe keinen von denen verloren, die du mir gegeben hast" (17,12). Nun erst kommt die Geschichte vom Schwertstreich, die freilich jetzt eigentlich sinnlos

[8] Der Erzähler denkt sich die Lage nicht so, daß Pilatus schon mit der Verhaftung zu tun hatte (s. dazu unten Anm. 3 zu Abschn. 73). Daraus folgt freilich noch nicht, daß Pilatus wirklich von dem Unternehmen noch nichts wußte. Die Beurteilung wird durch den Umstand erschwert, daß schon der marcinische Bericht die Schuld den Juden aufbürdet und den Pilatus entlastet. Das steigert sich dann besonders bei Lk und Joh immer mehr.

[9] Daß ἐγώ εἰμι (ego eimi = ich bin es) eine solche Bedeutung im (LXX) Judentum und im Heidentum haben konnte, dürfte das Wahrheitsmoment in Ethelbert Stauffers Auslegung des „ego eimi" sein („Jesus. Gestalt und Geschichte". Dalp Taschenbücher 332, 130—146).

geworden ist. Der bei Mk dreinschlagende „Dabeistehende“ bekommt in dieser späten Legendenform einen Namen: Es ist Petrus selbst, der dem Knecht das rechte Ohr (vgl. Lk) abschlägt! Und auch der Knecht bleibt nicht länger namenlos: er hieß Malchus[10]!

Dann sagt Jesus — und nun (18,11) klingt jene Überlieferung an, die wir bei Mt finden —: „Steck dein Schwert in die Scheide — soll ich den Kelch nicht trinken, den mir mein Vater gegeben hat?“ Die Tat des Petrus bleibt ungerächt; er kann sogar hinter Jesus und der abziehenden Kohorte dreingehen! Alle diese Erweiterungen fehlen bei Mk. Dafür paßt (nach der Geschichte vom Schwertstreich!) freilich der Vorwurf Jesu in Mk 14,48 schlecht, daß man mit Schwertern und Knütteln gegen ihn ausgezogen sei wie gegen einen „Räuber“ — daß man die Schwerter mit gutem Grund mitgenommen hat, hat ja der Schwertstreich des bei Mk Ungenannten bewiesen. Mk 14,48 fügt sich also nicht an die in V. 47 aus älterer Tradition mitgeteilte Episode an. Es ist die christliche Gemeinde, die sich in V. 48 klarmacht: Man hätte Jesus ja bei seinem täglichen Lehren im Tempel ergreifen können. Wenn man das nicht getan hat, sondern ihn erst jetzt gefangennahm, so lag das an dem in der heiligen Schrift ausgesprochenen Willen Gottes. Welche Schriftstelle damit gemeint ist, wird nicht angegeben.

Nun erst — so berichtet Mk 14,50 — verließen ihn alle und flohen. Dazu paßt nicht ganz die sicher alte Überlieferung von dem Jüngling, der nur ein Hemd auf dem bloßen Leibe trug und, ergriffen, das Gewand den Häschern ließ und nackt entfloh (ein Umstand, den die Exegeten zu beseitigen versucht haben: er habe Unterwäsche getragen!)[11]. Dieser V. 51 zeigt ein Doppeltes: a) man hat versucht, auch Jesu Begleiter festzunehmen, und b) —vgl. auch „einer der dabei Stehenden“ — es waren anscheinend bei Jesu Gefangennahme nicht bloß die Elf dabei, wie der spätere, stilisierte Bericht es will. Dann ist es aber auch nicht mehr sicher, ob Jesus das Abendmahl allein mit den Zwölf eingenommen hat, oder gerade mit „den Zwölf“. Daß dieser Jüngling, der beinahe gefangengenommen worden wäre, der Evangelist Markus war[12], ist freilich eine irrige Vermutung: das zweite

---

[10] Die späteste Legende kennt die meisten Einzelheiten. — Zu lesen lohnt sich Thornton Wilders „Und der Knecht hieß Malchos“ in den „Drei-Minuten-Spielen“.

[11] Billerbeck II 51: „Nackt kann auch einer genannt werden, der bloß mit dem Unterkleid, der Tunika, bedeckt ist“. Ob das durch die von B. angeführten Stellen 1. Sam 19,24 und Jes 20,2 gedeckt wird, ist fraglich. Denn Jes 20,4 spricht ausdrücklich dagegen.

[12] Wohlenberg Mk 360 f. mit der bei ihm nicht mehr überraschenden Phantasie: „Ungezwungen erklärt sich die Erwähnung der Jünglingsgestalt nur, wenn der Vf sich selbst darunter hat zugleich verbergen und enthüllen wollen. Wenn Jesus das Passamahl in seinem, Markus', Hause gegessen hat, so mag dieser, eben zur Ruhe gegangen, durch die von Judas geführte Rotte, von der anzunehmen ist, daß sie sich zuerst beim Hause des Markus zu vergewissern suchte, ob Jesus noch dort sei, aus dem Schlaf aufgeschreckt und, Böses ahnend, derselben nachgegan-

Evangelium bietet keinen Augenzeugenbericht, auch nicht von dieser Nacht. Die erste Gemeinde hat noch gewußt, wer dieser Jüngling war; für die spätere Überlieferung, wie sie bei Mk vorliegt, war der Name schon gleichgültig geworden und fortgefallen. Mt und Lk erzählen überhaupt nichts mehr von dieser Einzelheit.

In diesem Abschnitt taucht nun zum erstenmal der später, bei Joh, so wichtige Begriff der „Stunde" auf (14,41): „Gekommen ist die Stunde, da der Menschensohn in die Hände der Sünder übergeben wird." Bei Lk (22,53) schließt damit der Bericht von der Gefangennahme selbst ab: „Aber dies ist eure Stunde und die Macht der Finsternis." Lk meint: die Häscher, die Jesus nachts gefangennehmen, und deren Auftraggeber scheuen das Licht; darum haben sie ihn nicht ergriffen, als er tagsüber im Tempel lehrte. Sie stehen im Dienst der Finsternis.

73 Jesus vor dem Hohenrat und die Verleugnung durch Petrus

Mk 14,53—72; Mt 26,57—75; Lk 22,54—62; Joh 18,19—27

(53) Und sie führten Jesus fort zum Hohenpriester, und es versammelten sich alle Hohenpriester und die Ältesten und die Schriftgelehrten. (54) Und Petrus folgte ihm von fern bis in den Hof des Hohenpriesters, und setzte sich zu den Dienern und wärmte sich am Feuer.

(55) Die Hohenpriester aber und das ganze Synhedrium suchten gegen Jesus eine Zeugenaussage, um ihn zu töten, und fanden sie nicht. (56) Denn viele legten gegen ihn falsches Zeugnis ab, und ihre Zeugenaussagen stimmten nicht miteinander überein. (57) Und einige standen auf und legten gegen ihn falsches Zeugnis ab, indem sie sagten: (58) Wir haben ihn sagen hören: „Ich werde diesen Tempel zerstören, den mit Händen gemachten, und ich werde binnen drei Tagen einen anderen, nicht mit Händen gemachten, aufbauen." (59) Und auch so stimmte ihre Zeugenaussage nicht überein. (60) Und der Hohepriester stand auf in (ihrer) Mitte und fragte Jesus: „Gibst du gar keine Antwort auf das, was diese gegen dich vorbringen? (61) Er aber schwieg und gab keine Antwort. Wiederum fragte ihn der Hohepriester und sagte zu ihm: „Bist du der Christus, der Sohn des Hochgelobten?" (62) Jesus aber sprach: „Ich bin es, und ihr werdet den Menschensohn sehen sitzend zur Rechten der Macht und kommen mit den Wolken des Himmels." (63) Der Hohepriester aber zerriß sein Gewand und sagte:

gen sein." — J. M. C. Crum, Readmending on the Sacred Way 42 f. hat das getreulich übernommen. Besser schon Eduard Meyer, Ursprung und Anfänge des Christentums I 151, Anm. 2: „Es ist der vortreffliche Bericht des Augenzeugen, der hier vorliegt, aber keineswegs der des Schriftstellers selbst." — Aber vielleicht war Amos 2,16 die Quelle: „der Nackte wird fliehen an jenem Tage, spricht der Herr?"

„Was brauchen wir noch Zeugen? (64) Ihr habt die Lästerung gehört. Was scheint euch gut?" Sie aber verurteilten ihn alle als des Todes schuldig.

(65) Und einige begannen ihn anzuspucken und ihm Ohrfeigen zu geben und zu ihm zu sprechen: „Prophezeie!" Und die Diener geißelten ihn.

(66) Und während Petrus unten im Hof war, kam eine von den Mägden des Hohenpriesters, (67) und als sie den Petrus sich wärmen sah, beschaute sie ihn sich genau und sagte zu ihm: „Auch du warst mit dem Nazarener, dem Jesus!" (68) Er aber leugnete und sprach: „Ich weiß und verstehe nicht, was du sagst!" Und er ging hinaus in den Vorhof, und der Hahn krähte. (69) Und die Magd sah ihn und begann wiederum zu den Dabeistehenden zu sprechen: „Dieser gehört zu ihnen!" (70) Er aber leugnete es wiederum. Und nach kurzer Zeit sagten die Umstehenden wiederum zu Petrus: „Wahrhaftig, auch du gehörst zu ihnen. Denn du bist auch ein Galiläer!" (71) Er begann sich zu verfluchen und zu schwören: „Ich kenne den Menschen nicht, von dem ihr redet!" (72) Und sogleich krähte der Hahn, zum zweiten Male. Und Petrus gedachte des Wortes, das Jesus zu ihm gesagt hatte: ‚Bevor der Hahn zweimal kräht, wirst du mich dreimal verleugnen!' Und er verhüllte sich und weinte.

Wir wollen uns zunächst einen Überblick über die verschiedenen Fassungen dieser Erzählung in den kanonischen Evangelien verschaffen. Alle vier Berichte haben das eine miteinander gemeinsam, daß sie die Geschichte von Jesu Verhör mit der von der Verleugnung des Petrus verbinden. Dieser gemeinsame Grundzug schließt aber nicht zahlreiche und z. T. sehr beträchtliche Abweichungen aus.

Die Besonderheit des Mk-Berichtes (dem Mt weithin folgt) besteht in folgendem: (a) Versammlung des Synhedriums bei dem (nicht mit Namen genannten) Hohenpriester. (b) Bericht über Petrus im Hof. (c) Verhör. Und zwar: (1) viele falsche Zeugen mit nicht genannten Anklagen ohne Übereinstimmung. (2) einige falsche Zeugen mit Tempelwort, ohne Übereinstimmung. (3) Jesus schweigt trotz Aufforderung des Hohenpriesters. (4) Dessen Frage: Bist du der Messias, der Gottessohn? (5) Bekenntnis Jesu nach Dan 7,13. (6) Der Hohepriester zerreißt sein Gewand: Lästerung! Todesurteil. (7) Anspucken, Ohrfeigen, Rutenschläge. (d) Petrusszene: (1) Magd spricht zu Petrus; er leugnet, geht in den Vorhof. (Hahnenschrei: nicht ältester Text!) (2) Magd spricht zu Umstehenden. Petrus leugnet wieder. (3) Die Umstehenden sprechen zu Petrus, der schwört, Jesus nicht zu kennen: zweiter Hahnenschrei. (4) Petrus erinnert sich an Jesu Wort, verhüllt sich, weint. (e) Am Morgen neue Versammlung. Jesus gebunden zu Pilatus.

Matthäus weicht von dieser Darstellung in folgenden Punkten ab: (1) er nennt den Hohenpriester Kaiphas. (2) *Zwei* Zeugen für das Tempelwort. (3) Der Hohepriester beschwört Jesus, die Messiasfrage zu beantworten. (4) Das erste Krähen des Hahns fällt dann fort. (5) Petrus wird beim zweiten Mal von einer anderen Magd angesprochen. (6) Daß Petrus ein Galiläer ist, wird aus seiner Sprache erkannt. (7) Petrus geht fort, weint bitterlich.

Die 4. dieser Abweichungen rührt daher, daß Mt schon 26,34 Jesu Vorhersage der Verleugnung in einer einfacheren Fassung gebracht hat, die der bei Lk verwandt ist. Die Abweichungen 5 und 6 setzen keine andere Vorlage voraus, sondern zeigen, wie Mt den Mk-Text verstanden hat. Die 1. Abweichung könnte daher kommen, daß die Christen wußten, wer beim Prozeß Jesu Hoherpriester war. Dagegen könnte Abweichung 2 auf andere Tradition weisen; sie wird sich aber daraus erklären, daß Mt (18,16!) wußte, daß die Übereinstimmung wenigstens zweier Zeugen erforderlich war. Abweichung 3 bringt nach dem, was wir über das Beschwören von Angeklagten durch den Richter wissen, etwas durchaus Ungewöhnliches. Denn es handelt sich weder um einen Zeugniseid noch um einen Depositeneid noch um einen sog. richterlichen Eid[1]. Es ist gut möglich, daß hier eine ungenaue Erinnerung an jüdische Rechtsbräuche vorliegt. Die Abweichung 6 kann der Weiterentwicklung der Tradition, aber auch dem Erzähler Mt selbst zu verdanken sein. In summa: daß hier eine andere Vorlage neben Mk benutzt ist, läßt sich nicht beweisen.

Anders steht es mit dem Lk-Text. Er führt die Erzählung von der Verleugnung sofort bis zum Ende durch, bevor vom Verhör die Rede ist. Diese Änderung kommt daher, daß nach Lk die über Jesu Schicksal entscheidende Sitzung nicht in der Nacht stattfand, sondern am frühen Morgen: da konnte die Nachtszene, die Mk berichtet hat, nicht spielen. Lk hat hier offensichtlich eine andere Darstellung der

---

[1] Billerbeck I 322 ff. und 1005 f.: Ursprünglich wurde beim Eid der Jahwename ausgesprochen. Später traten dafür und für „Gott" Nebenbenennungen ein, z. B. „beim Namen". — Die ältere Halacha kennt eine Beschwörung vor Gericht 1. bei der Aufforderung an Zeugen, 2. beim sog. Reinigungseid des Beklagten, wenn kein Zeuge da war, 3. beim sog. richterlichen Eid eines Schuldners bei Forderungen von Dingen, die gemessen, gewogen oder gezählt werden; voran ging eine feierliche Ermahnung. Der von Jesus abverlangte Eid (im Bericht des Mt) paßt in keine dieser Kategorien (was Billerbeck 1006 allerdings nur zögernd zugibt). Das heißt aber: der Erzähler wußte mit dem jüdischen Gerichtswesen nicht mehr genau Bescheid. Das gilt ausgerechnet für Mt (26,63 b). Bei Mk fehlt die Beschwörung durch den Hohenpriester. Dagegen ist die Bezeichnung des Messias als „Sohn des Hochgelobten" (Mk) oder (noch unjüdischer) als „Sohn Gottes" (Mt) christliche Formulierung. Da Rabbi Aqiba den messianischen Anspruch des Bar Kochba anerkannt hat, kann ein solcher Anspruch keine „Lästerung" gewesen sein; auch hier finden wir also nur das christliche Bild des Prozesses. Daß Judas das Messiasgeheimnis Jesu verraten hat (so z. B. Grundmann 302 im Anschluß an Albert Schweitzer), deutet Mk mit keiner Silbe an. Die Antwort Jesu „Ich bin es" bejaht nur die Frage, ob Jesus der Gottessohn sei, und ist hier nicht als Offenbarungsformel zu verstehen (gegen Grundmann 143 zu Mk 6,50; 263 zu Mk 13,6; 302 zu unserer Stelle).

des Mk vorgezogen. Diese setzte zwar eine dreifache Verleugnung, aber nur einen Hahnenschrei voraus; dem entsprach schon Lk 22,34. Ein „novellistischer“ Zug dieser Überlieferung ist es, daß sich Jesus bei diesem Hahnenschrei umdreht (ist er als im Hof anwesend oder im Gebäude an einem Fenster stehend vorstellt?) und Petrus ansieht: kraft seines übernatürlichen Wissens ist dem Gottessohn bekannt, daß sich jetzt seine Voraussage erfüllt hat. V. 62 fehlt in 0171 und *a b e ff² i l* r* und dürfte früh aus Mt nachgetragen sein; auch bei Joh endet die Geschichte mit dem Hahnenschrei.

Aber nicht nur die Verleugnung des Petrus berichtet Lk nach einer anderen Quelle, sondern auch das Verhör Jesu. Nicht der Hohepriester befragt Jesus, sondern eine nicht näher bezeichnete Vielheit von Angehörigen des Synhedriums. Der Hohepriester wird nicht erwähnt; damit fällt auch der Zug fort, daß er aus Entsetzen über die Lästerung sein Gewand zerreißt. Die anderen Anklagen gegen Jesus werden nicht erwähnt (die Besprechung des Tempelwortes hat Lk für Apg 6,14 sich vorbehalten): die Befragung richtet sich sofort auf den für die Christen wesentlichen Punkt, ob er der Christus ist (22,66) oder der Gottessohn (22,70). Jesu Antwort in V. 67 scheint sich zunächst auf die Vollmachtsfrage (20,1—8) zurückzubeziehen, wo die „Hohenpriester, Schriftgelehrten und Ältesten“. Jesus die Antwort schuldig geblieben sind. Bei der Anführung von Dan 7,13 wird dem Rechnung getragen, daß die Mitglieder des Synhedriums die Wiederkehr Jesu nicht erlebt haben. Darum heißt es nur: Von nun ab wird der Menschensohn sitzen zur Rechten der Macht — Gottes“, wie Lk erläuternd für seine Leser hinzufügt (in Wirklichkeit umschreibt „Macht“ selbst schon den Gottesnamen). Da aber bei dieser Neufassung die Antwort Jesu noch undeutlich bleibt, daß er selbst der Menschensohn ist, so muß die zweite Frage folgen: „So bist du also der Gottessohn?“. Mit Jesu bejahender Antwort ist der Fall erledigt, ohne daß der Begriff „Lästerung“ erwähnt wird. Der Todesbeschluß wird vorausgesetzt, aber nicht erzählt.

Bevor wir die Quelle des Lk mit Mk vergleichen, wollen wir kurz auf die johanneische Parallele eingehen. Der Bericht beginnt hier damit, daß die Kohorte (!), der Chiliarch (!) und die „Diener der Juden“ (!) — die Juden erscheinen bei Joh öfter als eine Behörde — den verhafteten Jesus zu Hannas führen. Darauf folgt eine erste Petrusszene: Petrus und „ein anderer Jünger“ — der mit dem Hohenpriester bekannt war (!) — folgen Jesus und den Häschern. Der andere Jünger[2] verschafft dem Petrus Eingang in den Hof des Hannas, mit

[2] Ob der „andere Jünger“ derselbe ist, der sonst bei Joh „der Jünger, den Jesus lieb hatte“ heißt, ist umstritten. Alv Kragerud, „Der Lieblingsjünger im Johannesevangelium“ (Oslo 1959, 12) hat sich in dieser Monographie für die Identifizierung ausgesprochen. Zwar fehlt in Joh 18,15 der Artikel bei P66 B ℵ* pc, während C 𝔎 Θ pl ihn lesen. Das zeigt, daß man schon früh den Text nicht von einem beliebigen anderen Jünger verstanden hat, sondern von „dem anderen

dem er bekannt ist (nicht mit Kaiphas!). Die Türhüterin veranlaßt den Petrus zu seiner ersten Verleugnung. Er bleibt beim Feuer, zusammen mit den Dienern. Vom „anderen Jünger" ist nicht mehr die Rede; als er dem Petrus Eingang verschafft hat, wird er nicht mehr benötigt.

Nun folgt eine Szene beim Hohenpriester, d. h. Hannas. Er befragt allein, ohne Synhedrium, Jesus nach seinen Lehren. Jesus weist darauf hin, daß er vor aller Welt öffentlich gelehrt hat; man möge seine Hörer fragen. Auf diese, nur die Frage nach der Lehre (und auch diese nur indirekt) beantwortende Replik gibt ein Diener Jesus einen Backenstreich: „Spricht man so zum Hohenpriester?" Jesus antwortet uneingeschüchtert, und damit ist das Verhör zu Ende. Er wird zu Kaiphas gebracht.

Jetzt kommt der zweite Teil der Petrusgeschichte: eine unbestimmte Mehrzahl und ein Verwandter des Malchus (hier wird das Weiterwuchern der Legende besonders deutlich) veranlassen Petrus zur zweiten und dritten Verleugnung. Der Hahn kräht. Davon, daß sich Petrus an Jesu Wort Joh 13,38 erinnert, ist keine Rede.

Bei dieser Szene ist nicht beachtet, daß Jesus ja schon vorher — womöglich über den Hof, wo Petrus sich aufhält — zu Kaiphas gebracht worden ist. Oder vielmehr: dieser Teil der Petrusgeschichte wird hier eingeschoben, um zu verdecken, daß vom Verhör bei Kaiphas nichts mitgeteilt wird. Die ganze Verhandlung vor dem Synhedrium fällt bei Joh aus; der Schwerpunkt liegt ganz auf den Verhandlungen mit Pilatus, bei denen Jesu Unschuld immer wieder ans Licht tritt.

An dieser Fassung der Perikope wird doch noch erkennbar, daß die Überlieferung ein Verhör Jesu bei Hannas gekannt hat. Das gehört

---

Jünger", der immer wieder zusammen mit Petrus bei Joh auftritt. In der Tat spricht viel dafür, daß mit dem geheimnisvollen „anderen Jünger" der sog. Lieblingsjünger gemeint ist. Er wird in 18,15 „jener" genannt wie in die 13,25 und in 21,7.23, und heißt der „andere" wie in 20,2 f.8 (wo es allerdings „der andere Jünger" heißt). Daß der Lieblingsjünger in 19,25—27 nicht in Konkurrenz mit Petrus auftritt, ist nur ein Schein. Gerade daß Petrus nicht unter dem Kreuz steht, beweist hier — von allem anderen abgesehen — die unbedingte Überlegenheit des Lieblingsjüngers. Daß dieser zwar als historische Gestalt (und nicht bloß als Symbol!) gemeint ist, aber keine solche ist, beweist schlagend diese Szene, die nur kerygmatische, aber nicht historische Bedeutung hat: Christus regens in cruce. In Apg 1,14 ist Jesu Mutter Maria zusammen mit ihren Söhnen dargestellt. — Joh 18,15 geht der „andere Jünger" nicht nur selbst unbehelligt hinein als „Bekannter des Hohenpriesters", sondern führt auch den Petrus ein, der zunächst draußen vor dem Tor gestanden hatte: V. 18. Daß die Torhüterin, mit welcher der „andere Jünger" soeben noch wegen Petrus gesprochen hatte, den so legitimierten dann alsbald als Jesusjünger verdächtigt, zeigt deutlich, daß hier ein Einschub in eine ältere Tradition vorliegt, die von einem „anderen Jünger" im Zusammenhang der Verleugnungsgeschichte noch nichts wußte. Daß dann der „andere Jünger" — was tut er eigentlich beim Hohenpriester? — darauf wieder einmal verschwindet, paßt gut dazu.

wohl mit zu den legendären Erweiterungen, die wir in der Erzählung von Jesu Verhör bei Herodes Antipas (Lk 23,6—16) am Werk sehen werden. Von historischem Wert ist der johanneische Verhörsbericht in keinem Stück. Aber er zeigt deutlich, wie stark sich allmählich das Bild von Jesu Prozeß in der Vorstellung der christlichen Gemeinde gewandelt hat. Die Versuche, die synoptischen Berichte mit der johanneischen Erzählung in Einklang zu bringen, sind nicht bloß vergeblich, sondern übersehen auch die tiefe Veränderung, welche die Tradition im Laufe der Zeit durchmacht.

Kehren wir nun zurück zu Mk und seinem Gegensatz zu Lk! Die erste Frage, vor die wir gestellt werden, ist die: haben zwei Sitzungen stattgefunden (Mk) oder nur eine (Lk)[8]? Mk läßt den Todesbeschluß in der ersten, der Nachtsitzung, bereits gefaßt werden. Vollstrecken konnte diesen Beschluß nur der Prokurator. Also war mit diesem Todesbeschluß schon gegeben, daß Jesus zu Pilatus gebracht wurde. Mithin bleibt für die Morgensitzung (die man zu leugnen versucht hat) gar kein Inhalt mehr übrig.

An sich wäre für eine Nachtsitzung des Synhedriums im Tempelbereich die Möglichkeit vorhanden gewesen, da — für diese Mitteilung bin ich Joachim Jeremias zu Dank verpflichtet — am Passa die Tore zum Tempelbezirk schon um Mitternacht geöffnet wurden (gegen Bill. I 1000 f.). Hätte man die Sanhedristen und die Zeugen also schon in der Nacht zusammengeholt, (denn daß sie vorher bereits versammelt waren, ist angesichts der Unsicherheit der Verhaftungsaktion unwahrscheinlich), so ließe sich also die Mk-Darstellung in diesem Punkte

[8] Zu dem vielbehandelten Thema des Prozesses Jesu s. E. Klostermann, Das Markusevangelium, 4. A. 1950, Handb. z. N.T. 3; 154 f.; J. Blinzler, Der Prozeß Jesu, 1955, 2. A.; neuerdings Paul Winter, The Trial of Jesus (Studia Judaica, Forschungen z. Wiss. d. Judentums, Band I, Basel 1961). Winter stellt im Schlußabschnitt des mit reichen Belegen ausgestatteten Buches drei Fragen, die sich nicht sicher beantworten ließen: 1. Was war der unmittelbare Anlaß für die Behörden, offiziell gegen Jesus vorzugehen? 2. Wer ergriff die Initiative und befahl, Jesus festzunehmen? 3. Wodurch provozierte Jesus die gegen ihn gerichtete Aktion? (138). W. meint, daß schon zur Lebenszeit Jesu in der von ihm entfachten Bewegung sich politisch-revolutionäre Tendenzen regten, ohne daß Jesus selbst solche Forderungen erhob oder Herrscher Israels sein wollte. Aus Joh 11,48 entnimmt W., der Hoherat habe einen Hinweis darauf bekommen, Pilatus wolle die völkische Autonomie einschränken, wenn die öffentliche Ordnung nicht besser eingehalten werde. Die Anordnung der Verhaftung Jesu sei von Pilatus ausgegangen, vielleicht aber auf Anregung des Hohenrats (146). W. möchte zeigen, daß der Prozeß Jesu in Wirklichkeit noch nicht abgeschlossen ist: „Begraben durch die Kirchen, die seinen Namen bekennen, erhebt er (Jesus) sich wieder, heute und morgen, in den Herzen von Menschen, die ihn lieben und fühlen: Er ist nahe.“ So setzt W. die Tradition fort, die einst Rabbi Elieser den Großen sagen ließ von Jesus: „Er besitzt seinen Anteil am kommenden Äon“. — W. hat erkannt, wie stark die altchristliche Apologetik an der Tradition über den Prozeß Jesu beteiligt ist und wie schwer es ist, hinter das Kerygmatische der Leidensgeschichte zurückzugehen. Unseres Erachtens übertreibt er nun aber den Anteil des Pilatus.

halten. Dann wäre der lukanische Bericht eine Vereinfachung, wie das bei seiner Fortsetzung ohnehin wahrscheinlich ist. Die andere Möglichkeit: man hat Jesus während der Nacht im Haus des Hohenpriesters in Haft gehalten und erst im Morgengrauen zu der über ihn entscheidenden Sitzung geführt. Dann würde sich die Mk-Fassung so erklären: den Christen schien es selbstverständlich, daß man sofort gegen Jesus verhandelt hat. Darum ließen sie die Verhörszene noch in der Nacht vor sich gehen. Die Notiz über die Morgensitzung (Mk 15,1 f.) wäre der Rest einer Erinnerung an den tatsächlichen Vorgang. Aber die ganze Frage ist nicht so wichtig, wie es nach dem Streit der Exegeten darüber erscheinen könnte.

Bedeutsamer ist eine zweite Frage: der Bericht des Lk sagt nichts von den beiden Gruppen „falscher" Zeugen; „man" fragt Jesus sofort, ob er der Christus ist. Wie erwähnt, hat Lk dieses revolutionär klingende Tempelwort dadurch entschärft, daß er erst Apg 6,14 davon handelt: falsche Zeugen gegen Stephanus behaupten, Stephanus habe gesagt, Jesus der Nazoräer werde den Tempel zerstören und das mosaische Gesetz ändern. Zur Zeit, da das dritte Evangelium geschrieben wurde, lag der Tempel schon in Trümmern. Das Wort war also nicht mehr aktuell. Bei Mk 14,56 f. treten zwei Gruppen falscher Zeugen auf. Was die ersten sagen, wird nicht überliefert; wir hören nur, daß beider Zeugnis jeweils nicht einheitlich und darum nach jüdischem Recht wertlos ist. Mk wird hier zwei Fassungen derselben Überlieferung — eine war schon abgeblaßt — gebracht haben, um die Szene mehr zu füllen. Daß die jüdische Behörde mit dem Zeugnis nichts anfangen kann, weil die Zeugen differieren, könnte heute den Eindruck erwecken, man habe sich streng an die Prozeßvorschriften gehalten. Das will der Evangelist natürlich nicht sagen, sondern betonen, daß sich alles gegen Jesus Vorgebrachte als nichtig erwies.

Sehr sonderbar ist, daß der Hohepriester nach Mk 14,60 den Angeklagten zu einer Äußerung über die doch wertlosen Anklagen bringen will, aber nicht den Vorgang der „Tempelreinigung" — wenn diese wirklich erfolgt ist — erwähnt, der schon genügte, Jesus als Aufrührer und falschen Propheten zu verurteilen. Aber die Gemeinde war sich dessen sicher, daß man Jesus wegen seines Anspruches, der Christus zu sein, verurteilt hat. So kam sie gar nicht auf die Möglichkeit, die Tempelreinigung als einen Anklagepunkt — und sogar einen sehr schwerwiegenden — in Betracht zu ziehen.

Wie steht es aber mit diesem Tempelwort selbst? Soviel ist deutlich: die Fassungen bei Mt und Joh schwächen ab, wenn auch in verschiedener Weise. Mt bringt die Form (26,60): „Ich *kann* den Tempel Gottes zerstören und in drei Tagen wiederaufbauen". Joh 2,19: „Zerstört diesen Tempel, und ich werde ihn in drei Tagen erstehen lassen", wobei Jesus aber seinen Leib gemeint habe. Mk und Apg stimmen darin überein, daß die „falschen" Zeugen berichten, Jesus habe gesagt: (Mk) „Ich werde diesen mit Händen gemachten Tempel zerstören und nach Verlauf von drei Tagen einen nicht mit Händen gemachten bauen"; (Lk in Apg 6,14e): „Ich werde diesen Ort zerstören". Wäre Jesus davon überzeugt gewesen, drei Tage nach seinem Tod als der Menschensohn zurückzukehren, dann könnte man dahinter folgende Anschauung vermuten: Jesus erwartete, daß mit seinem Tod der Tempel zusammenbricht und bei seiner Parusie neu und herrlicher ersteht. Doch bleiben auch hier noch einige Schwierigkeiten. Die Zeugnisse dafür, daß der Messias den Tempel mit neuer Herrlichkeit aufrichtet, sind spät und setzen voraus, daß der Tempel in Trümmern liegt. Ferner könnte das Mk 13,2 überlieferte Tempelwort Jesu von den Gegnern entstellt worden sein, das nicht Jesus mit der Tempelzerstörung in Verbindung brachte. Allerdings fehlen hier die „drei Tage", die sonst in allen Fassungen auftreten. Joachim Jeremias, der das Tempelwort auf Jesus selbst zurückführen möchte, weist darauf hin, daß die „drei Tage" nicht wörtlich genommen werden müssen, sondern eine kurze Frist bezeichnen können. Aber man muß sich dabei klar sein, daß man damit — ob 3 Tage oder eine kurze Frist — Jesus zu einem apokalyptischen Schwärmer macht, den die Geschichte längst widerlegt hat. Das ist der Preis dafür, den man zahlen muß, wenn man Jesu eschatologische Worte für „ipsissima verba" ausgeben will.

Das Tempelwort hat später — Mt, Lk und Joh zeigen das jeweils auf ihre Weise — der Gemeinde Schwierigkeiten bereitet: man schiebt es auf falsche Zeugen ab oder deutet es um auf den „Tempel seines Leibes". Zu einer einheitlichen Tradition ist es also nicht gekommen. Jeremias läßt gerade das Anstößige wegfallen, daß Jesus selbst den Tempel zerstören will. So bleibt dieser Zug der Erzählung vorerst ungeklärt; wir kommen über Vermutungen nicht hinaus. Unseres Erachtens liegt es immer noch am nächsten, daß zunächst ein Tempelwort Jesu überliefert wurde, das noch nicht von den 3 Tagen sprach. Dieser Termin kam erst hinein, als auf Grund einer anderen Tradition — Jesu Auferstehung nach drei Tagen — dieser Termin mit dem Tempelwort verbunden wurde. Freilich paßt dazu am besten die Joh-Fassung des Wortes. Auf alle Fälle lag der Gemeinde daran, daß Jesus die Zerstörung des Tempels vorhergesagt hat. Da sie diese Voraussage aber falschen Zeugen in den Mund gelegt hat (so bei Mk, Mt und Apg), konnte sie getrost eine verzerrte Form (nach 3 Tagen wieder aufbauen) den Gegnern zuschreiben, die ja durch die Ereignisse schon widerlegt war, jedenfalls für Mt und Lk.

Eine dritte Frage — von größter Wichtigkeit — bietet die Auseinandersetzung Jesu mit dem Hohenpriester. Die Fassung des Lk ist offensichtlich sekundär: „sie fragen" und Jesus antwortet seltsam ausweichend und schwerverständlich; das Wort erinnert von ferne an Joh 10,24 f.: „Wenn ich es euch sage, glaubt ihr nicht; wenn ich frage, antwortet ihr nicht" (Lk 22,67). Aber auch Mt ist kaum im Recht, wenn er den Hohenpriester Jesum beschwören läßt, die Messiasfrage zu beantworten. Hier ist ein Zug jüdischer Rechtspflege in einen fremden Zusammenhang eingetragen worden. Dann bleibt der Mk-Text als der relativ beste übrig. Aber auch er enthält eine große Schwierigkeit: Wie soll der Hohepriester dazu kommen, den Messias als den „Sohn des Hochgelobten" zu bezeichnen? Das ist keine jüdische, sondern die christliche Auffassung: die Gemeinde nahm an, der Hohepriester habe Jesu Stellungnahme zu eben dem Messiasanspruch verlangt, den sie selbst für Jesus erhob.

Aber auch Jesu Antwort in Mk 14,62 ist problematisch. Er bejaht nicht bloß die Frage (sein Wort „ich bin es" hat nichts zu tun mit der berühmten Stelle Ex 3,14: „Ich bin, der ich bin", so daß die Lästerung darin läge, daß Jesus den Jahwenamen für sich beanspruchte; so Ethelbert Stauffer in „Jesus, Gestalt und Geschichte")[4], sondern er fügt nach Dan 7,13 hinzu: „Ihr werdet sehen den Menschensohn

[4] Dalp Taschenbücher 332, Bern 1957, 94: „Nun aber spielt Kaiphas seinen letzten Trumpf aus „Bist du der Messias, der Sohn des Hochgelobten?". Das ist für Jesus der status confessionis, nicht genug, es ist die hora revelationis (vgl. J. 2,4.24). Jesus spricht „ANI HU, ICH BIN ES. Und ihr werdet den Menschensohn sitzen sehen zur Rechten der Kraft und kommen mit den Wolken des Himmels". Der Hochpriester aber zerreißt seine Untergewänder und spricht: „Was brauchen wir noch Zeugen? Ihr habt mit eigenen Ohren gehört die Lästerung. Was ist eure Meinung?" „Sie aber sprachen ihn alle des Todes schuldig (M 14,61 ff)." Stauffer erklärt im folgenden sein Verständnis dieser Szene so: „Ani Hu ist die allerheiligste Theophanieformel, die aus Jes 43 stammt ... Jesus hat sie auf dem Laubhüttenfest als Ichprädikation gebraucht und sollte dafür gesteinigt werden (J 8,58 f.). Er hat sie nach J 13,19 noch vor wenigen Stunden am Passatisch wiederholt. Nun nimmt er jene tabuhafte Offenbarungsformel noch einmal als eigenstes Selbstzeugnis in den Mund, diesmal ... vor dem höchsten religionsgesetzlichen Tribunal seines Volkes. Kaiphas erfaßt den ungeheuerlichen Anspruch dieser Ichformel sofort, und der routinierte Prozeßpraktiker legt Jesus, ohne ihn zu unterbrechen, unverzüglich fest, bringt auch sein Urteil über die Aniformel, ohne der Abstimmung mit einem Wort vorzugreifen, schon jetzt zum Ausdruck, indem er spontan seine Untergewänder zerreißt. Denn das Zerreißen der Kleider bedeutet: Ich habe in diesem Augenblick mit eigenen Ohren eine Gotteslästerung gehört ... Unterdessen sprach Jesus seine Confessio und Revelatio zu Ende, die Selbstproklamation des apokalyptischen Menschensohnes."

Wie wenig Stauffers Deutung des „Ich bin es" diesem wie anderen Texten, auf die er sich beruft, entspricht, wird schon daran deutlich, daß nach Stauffer 59 Jesus auf die Erwähnung des Messias durch die Samariterin mit seiner Antwort: „Ich bin es, der mit dir redet" das vielsagende Selbstzeugnis des johanneischen Christus, gebraucht und von sich selbst den heiligen Gottesnamen ausgesagt hat, während es doch deutlich ist: die Worte „Ich bin es, der mit dir redet" besagen nur: Ich bin jener Messias, von dem du gesprochen hast. Genauso verhält es sich in Mk 14,62: Jesus bekennt sich als jener Messias und Sohn des Hochgelobten, von dem der Hohepriester gesprochen hat. Daß das Messiasbekenntnis und nur dieses gemeint ist, verbirgt sich Stauffer selbst durch die Konstruktion der Szene: der Hohepriester habe sofort nach dem „Ich bin es" seine Gewänder zerrissen, während Jesus ruhig weitersprach und sich als der danielische Messias bezeichnete. Der Gedanke, die „allerheiligste Theophanieformel" als „Ichprädikation" zu gebrauchen, ist dem marcinischen Jesus völlig fremd.

sitzend zur Rechten der Macht" (d. h.: Gottes)" und kommen mit den Wolken des Himmels". Diese Antwort verbindet die christliche Deutung von Ps. 110,1 mit Dan 7,13 und spricht zugleich die Vermutung aus: die Richter, die jetzt Jesus verurteilen, werden ihn als den gottgesandten Richter vom Himmel kommen sehen. Das ist ohne Zweifel die Erwartung der ersten christlichen Gemeinde gewesen. Für die späteren Generationen aber wurde das Wort schwierig: Jesus war vor dem Tod der Sanhedristen nicht wiedergekommen. Daher die Abwandlung in Mt 26,64 — die noch recht ungeschickt ausfällt — und Lk 22,69, die einen ohne weiteres verständlichen Text ohne Anstoß gibt.

Nach 1. Kor 2,8 haben die „Machthaber dieses Äons" — Paulus denkt an Geistermächte — nicht gewußt, wer Jesus in Wirklichkeit war, sonst hätten sie den Herrn der Herrlichkeit nicht gekreuzigt. Dann kann aber Paulus kein Jesuswort gekannt haben, in dem sich dieser selbst als Messias oder Menschensohn zu erkennen gegeben hat. Mithin würde dieses Wort als Gemeindebildung erklärt werden müssen: (a) Nach den Ostererscheinungen waren die Christen von der Messianität Jesu überzeugt; war ihnen doch der Auferstandene als ein himmlisches Wesen erschienen[5]. (b) Die Paulusbriefe zeigen, daß die Christen annehmen: dieses himmlische Messiaswesen war präexistent; es ist also aus einer himmlischen Existenz in die Menschheit eingegangen[6]. (c) Demnach war Jesus auch in der Zeit, wo er in Schwachheit auf Erden war, der Gottessohn (wenn auch noch nicht „in Macht")[7]. (d) Während aber nach Paulus Phil 2,7 seine Machtfülle während seines irdischen Lebens abgelegt hat, also bis zur Auferstehung in einem strengen Inkognito weilte, haben die späteren christlichen Generationen, von Mk an, die Überzeugung gewonnen, daß Jesus gelegentlich seine Machtfülle während seines Erdenlebens gezeigt hatte. Dabei gingen sie von Heilungsgeschichten und Dämonenbeschwörungen Jesu aus. (e) So fanden sie keine Schwierigkeit in der Anschauung, daß Jesus nicht nur sich selbst für den Messias hielt, sondern sich auch gelegentlich einzelnen Jüngern als solcher zu erkennen gab. (f) Da die Christen die eigentliche Schuld der Juden darin sahen, daß sie Jesus nicht als den Messias anerkannt hatten, mußten sie annehmen, daß die Messiasfrage der entscheidende Punkt im Prozeß gegen ihn war, Jesus sich also hier als den Menschensohn-Messias zu erkennen gegeben hat.

Wenn dieser Gedankengang das Rechte treffen sollte, dann würde V. 62 nicht einen wirklichen Vorgang im Prozeß Jesu beschreiben, sondern die Vorstellung wiedergeben, die sich die spätere Gemeinde von diesem Prozeß machte.

---

[5] Mt 28; Lk 24; Joh 20 f.

[6] 1. Kor 15,3—5; Phil 4,3.

[7] Röm 1,4; Mk 1,11; 8,29; 9,7.

Damit würde sich aber eine weitere Frage erheben: wenn Jesus nicht wegen eines Messiasanspruches verurteilt wäre, was hat dann zu seiner Hinrichtung geführt? Als Antwort kann man auf zweierlei hinweisen, einmal nämlich auf das so andere Bild von Gott, das Jesus in seiner Verkündigung und Lebensführung dargestellt hat (vgl. nicht bloß die Gleichnisse, sondern auch die Stellung zum Sabbat und zu den Reinheitsvorschriften und manche Sprüche der Bergpredigt). Wegen dieser Verkündigung und der ihr entsprechenden Lebensführung mußte Jesus pharisäisch gesinnten Juden als ein Lästerer erscheinen, vielleicht sogar als ein „falscher Prophet".

Oder man könnte — wenn die Nachricht über die Tempelreinigung aller Kritik standhalten sollte — auch auf dieses Ereignis verweisen, das Jesus als einen gewalttätigen Störer der Ordnung und Aufrührer erscheinen ließe. Auch in diesem Fall wäre es möglich, von ihm als einem „falschen Propheten" zu sprechen, wenn auch aus sehr anderen Gründen. Die Römer haben freilich Jesus nicht als einen „falschen Propheten" hingerichtet, sondern vermutlich als einen Aufrührer.

Was gegen die soeben angedeuteten beiden verschiedenen Gedankenreihen zu sprechen scheint, ist die Voraussetzung, die uns als selbstverständlich vorkommt: wir nehmen an, die Gemeinde hat sich, sobald sie nur in Jerusalem installiert war, sofort und aufs äußerste bemüht, alles über Jesu Prozeß zu erfahren. Man könnte dabei an jenen „anderen Jünger" denken, der Joh 8,15 erwähnt wird. R. A. Edwards (S. 13) meint, es handle sich dabei um den Zebedaiden Johannes, der Partner in einem recht ansehnlichen galiläischen Fischereigeschäft war und mit dem Haus des Hannas über einen Kontrakt betreffs Fischlieferung verhandelt hatte und darum dem Gesinde des Hohenpriesters bekannt war. Was diese lebhafte Phantasie stören sollte, ist die Tatsache, daß der andere Jünger nicht als ein Bekannter des Gesindes, sondern des Hohenpriesters bezeichnet wird. Nach den synoptischen Berichten hat sich nur *ein* Mann bemüht zu erfahren, wie es um Jesus stand, und zwar nicht nach Jesu Tod und Auferstehung, sondern unmittelbar nach der Gefangennahme, und das war Petrus. Bei der Erzählung vom dreifachen Verleugnen des Petrus (das obendrein von Jesus vorausgesehen und vorausgesagt war) vergessen wir nur allzuleicht, daß allerhand Mut und eine treue Ergebenheit Jesus gegenüber erforderlich war, wenn einer von den Jüngern der Schar der Häscher folgte und bis in den Hof des Hohenpriesters vordrang. Aber sich hier umzuhorchen, wie es bei der Vernehmung zuging, war offensichtlich unmöglich, wenn man sich nicht selbst einer Verhaftung und Vernehmung aussetzen wollte. Man kann also nicht erwarten, daß Petrus als Informationsquelle für Jesu Prozeß in Frage kommt.

Aber hat die erste Gemeinde wirklich nichts lebhafter begehrt, als zu wissen, wie es bei Jesu Prozeß eigentlich zugegangen war? Das ist recht unwahrscheinlich. Denn diese Gemeinde entstand dadurch, daß sich der Auferstandene erst dem Petrus, dann den Zwölf zeigte, dann über 500 Christen, dann dem Herrenbruder Jakobus und endlich „allen Aposteln“ (was immer dieser Ausdruck bedeuten mag). Als das geschah, dürfte man wenig Interesse dafür gehabt haben, die Vorgeschichte des Karfreitags aufzuklären. Dieses „Wissenwollen, wie es eigentlich gewesen ist“, ist eine ganz andere, moderne Geisteshaltung. Man muß dazu erkannt haben, daß sich das Geschehene nicht von selbst so darbietet, wie es geschehen ist, sondern daß wir es erst durch sorgfältiges Studium ermitteln können. Für uns gleicht die Kenntnis des wirklich Geschehenen jenen Goldkörnern, die zunächst mühsam aus einer Fülle nicht edlen Gesteins herausgewaschen werden müssen. Diese moderne Kritik war jener Zeit fremd, und darum auch das, was sich auf dieser Kritik erst aufbaut. Wir werden darüber ausführlich bei den Auferstehungsgeschichten zu sprechen haben.

Der Gedanke, daß ein messianischer Anspruch eine Lästerung war, hat zur Zeit der frühen Gemeinde nicht geherrscht. Der Herrenbruder Jakobus hat das Messiastum Jesu viele Jahre hindurch verkündet, ohne daß es ihm das Leben kostete. Erst in der unruhigen Zeit vor dem großen Krieg konnte ein Hoherpriester, das zeitweise Fehlen eines Prokurators benützend, es wagen, Jakobus hinrichten zu lassen, und auch da nicht, ohne auf scharfe jüdische Kritik zu stoßen[8]. Was die Hellenisten und Paulus in Konflikt mit dem Judentum stürzte, war nicht ihr Bekenntnis zum Messias Jesus, sondern ihre Stellung zum Gesetz. Erst als sich Christen nicht mehr durch das Gesetz gebunden fühlen, beginnt das Judentum, das Christentum als eine fremde Religion zu empfinden. Erst jetzt wird das Bekenntnis zum Messias Jesus, der als ein Gottessohn verstanden wird, eine fremde Religion, die nun mit Verfolgung zu rechnen hat. Im Mk haben wir (s. o. zu Mk 8,27 — 9,1) die ersten Spuren solcher Feindschaft und Verfolgung gefunden. Nun erst wird dies Bekenntnis: Jesus ist der Messias! eine Lästerung.

Freilich hat sich die Gemeinde bemüht, das Bild der „heiligen Geschichte“ zu Gesicht zu bekommen. Aber nicht durch eine historische Untersuchung oder durch eine genaue Befragung der Zeugen, sondern aus einer — wie sie meinte — viel sichereren Quelle: nämlich aus dem prophetischen Wort des A. T. selber.

Dabei ist es durchaus nicht gesagt, daß man die Züge, die man dem messianisch-christologisch verstandenen A. T. entnahm, immer durch den ausdrücklichen Hinweis auf die betreffenden atl. Stellen kenntlich gemacht hat. In unserem Abschnitt sind es zwei solcher Züge, die möglicherweise auf die atl. Exegese schriftgelehrter Christen zurückgehen. Einmal die Angabe, daß Jesus auf die Fragen oder Anklagen seiner Gegner geschwiegen hat: Mk 14,61 = Mt 26,63; Mk 15,5 = Mt 27,14; Lk 23,9. In allen diesen Fällen hätte dieser Zug aus Jes 53,7 herausgelesen sein können. Dem würde es nicht widerstreiten,

[8] Josephus Ant. XX § 200.

wenn die Gemeinde keine Worte Jesu aus dem Verhör kannte; vielmehr war es dann um so leichter für sie, die Jesajastelle auf ihn zu beziehen. Aber selbst wenn Jesus wirklich geschwiegen haben sollte, würde das der Beziehung von Jes 53,7 nicht entgegengestanden haben.

Die zweite Stelle, wo ein atl. Zitat den Stoff für einen Zug in der Verhörszene geliefert haben könnte, ist Mk 14,65. Schlatter selbst verweist (Mt 762) auf Jes 50,6 LXX: „meinen Rücken habe ich dargeboten für die Geißeln, meine Wangen für Backenstreiche, mein Gesicht habe ich nicht abgewendet vor schmählichem Anspucken“ und sagt dazu: „Hier sind die Geißelung, der Backenstreich und die Bespuckung beisammen“. Es ist freilich möglich, daß eine fanatische Menge — kaum die Synhedristen selbst, eher deren Diener — den Verurteilten so mißhandelt hat. Aber die Geißelung hat sichtlich nicht hier ihre Stelle, sondern erst nach der Verurteilung durch Pilatus. Die Aufforderung: „Prophezeie!“ setzt nicht voraus, daß messianische Ansprüche erhoben sind — der Messias ist kein Prophet.

Wir haben bisher von einer Frage geschwiegen, über die erbittert gestritten worden ist: hatte das große Synhedrium überhaupt das Recht, Todesurteile zu fällen und durchzuführen? Ein Fall steht jetzt außer Diskussion: Wer den verbotenen Bereich im Tempel betrat, hatte sein Leben verwirkt, gleichgültig ob er Jude oder Römer war. Apg 21,28 gibt nur Sinn, wenn die ephesinischen Juden Paulus anklagen, er habe einen unbeschnittenen Griechen in diesen Bezirk hineingeführt. Ebenso klar ist, daß Paulus hätte von Sinnen sein müssen, wenn er dergleichen getan hätte. Paul Winter führt in seinem kenntnisreichen und interessanten Buch über den Prozeß Jesu auch den Fall des Stephanus als Beweis dafür ins Feld, daß das Synhedrium Todesurteile vollstrecken durfte. Aber er schweigt über die Gegenargumente. Lk hat das Synhedrium nur eingeführt, um ein Auditorium für die von ihm komponierte Stephanusrede zu haben. Stephanus ist von einer fanatischen Menge gelyncht worden. Doch ist die ganze Debatte — bei der Joh 18,31 „Wir dürfen niemand hinrichten“ eine große Rolle gespielt hat — letztlich ohne Bedeutung. Denn Jesus ist auf die römische Weise, durch Kreuzigung, hingerichtet worden, also durch die Römer. Für sie aber war „Lästerung“ (Mk 14,64) kein Grund für ein Todesurteil. Die ganze Verhandlung vor dem Synhedrium und die Verurteilung durch diese Behörde hat nur Sinn für den christlichen Leser, dem so die Schuld der Juden am Tod Jesu demonstriert wird. Was auf dem „titulus“ geschrieben stand, wissen wir nicht. „König der Juden“ wäre nur möglich, wenn Pilatus den Juden einen Schabernack spielen wollte. Aber zu dieser Vermutung haben wir keinen Anlaß. Also wird auch diese Formulierung ein Teil jener christlichen Stilisierung sein, in der allein die Verhörsszene uns erhalten ist. Sie will nicht historisch informieren, sondern theologisch das Geschehen erhellen. Zuletzt ist es für Mk doch das göttliche Soll, das sich darin durchgesetzt hat. Je länger je mehr verlegt sich aber die

Schuld von den Römern auf die Juden: bei Lk erklärt Pilatus dreimal, Jesus sei unschuldig, und im Joh tut Pilatus das Äußerste, um Jesus zu retten, bevor er ihrem Druck nachgibt. Wir kommen bei Kap. 15 auf diese Entwicklung zurück.

74 Übergabe an Pilatus

Mk 15,1; Mt 27,1—2; Lk 23,1; Joh 18,28—32

(1) Und sofort am Morgen machten die Hohenpriester mit den Ältesten und den Schriftgelehrten und dem ganzen Synhedrium den Beschluß fertig (oder: sie hielten einen Rat ab), fesselten Jesus und führten ihn fort und übergaben ihn dem Pilatus.

Über diesen Vers haben wir oben schon gesprochen; das dort Gesagte wiederholen wir nicht. Nach Joachim Jeremias' mündlicher Mitteilung war eine Verurteilung in der Passanacht unstatthaft; so müßte V. 64 („sie alle verurteilten ihn als des Todes schuldig") als eine bloß vorläufige Meinungsäußerung gefaßt werden und nicht als formeller Beschluß. Aber die Lage ist ja viel komplizierter: der Evangelist hat von solchen gesetzlichen Bestimmungen kaum etwas gewußt; er wird mit V. 64 den Beschluß selbst gemeint haben. Daß er neben den Hohenpriestern, Ältesten und Schriftgelehrten „das ganze Synhedrium" erwähnt, zeigt, wie wenig wir bei ihm Spezialkenntnisse auf diesem Gebiet zu suchen haben. Aber wir wissen nicht einmal, ob tatsächlich das ganze Synhedrium beraten hat mit all seinen 73 Mitgliedern oder ob nicht nur ein kleiner Kreis von leitenden jüdischen Politikern über das Schicksal Jesu entschieden hat. Paul Winter möchte — in Umkehrung zur Neigung der Evangelien, die Juden zu belasten — die ganze Schuld dem Pilatus zuschieben: er habe, ähnlich wie später einmal der Prokurator Gessias Florus, einen scharfen Druck auf die jüdische Führung ausgeübt und Jesus schon durch die römische Truppe (der die Tempelpolizei nur assistierte) festnehmen lassen. Zu diesem Bild der Lage führt nur eine verwegene Auslegung des Joh. Sachlich ist daran, daß die jüdische Behörde Jesus an den Prokurator ausgeliefert hat, kaum ein Zweifel möglich. Als Grund der Anklage dürfte Erregung von Aufruhr genannt worden sein, worauf die Römer rasch zu reagieren pflegten.

Matthäus läßt noch eine Perikope über das Ende des Judas in 27,3 — 10 folgen. Sie wird im wesentlichen aus Jer 32,6—15 und Sach 11,12 f. von christlicher schriftgelehrter Exegese gewonnen sein[1]. Aber

[1] Sacharja 11,12 f.: „Als sie mir nun meinen Lohn, 30 Silberlinge, als meinen Lohn ausgezahlt hatten, gebot mir der Herr: Wirf ihn in den Tempelschatz ... Da nahm ich die 30 Silberlinge und warf sie im Hause des Herrn in den Tempelschatz."

außerdem spielt noch eine Überlieferung über einen Ackerkauf mit. Das wird sichtbar in dem Bericht des Lk über das Ende des Lk, den er Apg 1,18—20 dargeboten hat. Danach hat Judas nicht bereut, sondern von dem Geld einen Acker — besser ein kleines Landgut — gekauft. Dort ist er bei einem Unfall (Sturz vom Dach) ums Leben gekommen und mittendurch gerissen, und das Anwesen wurde „Blutacker" genannt. Hier ist Ps. 69,26 exegesiert worden. Eine dritte Fassung des Berichts über das Ende des Judas hat Papias überliefert: Judas schwoll so ungeheuerlich an, daß er da nicht mehr durchkam, wo ein Wagen leicht hindurchfährt! Eduard Schweizer hat (Theol. Zeitschrift 14, 1958,46) nachgewiesen, daß hier Num 5,21 f. 27 (Wirkung des Fluchwassers) und Ps. 69 (68), 24 eingewirkt haben. Eine alte Tradition über das Ende des Judas hat anscheinend nicht existiert.

75 Verhandlung vor Pilatus

Mk 15,2—15; Mt 27,11—14; Lk 23,2—5; Joh 18,28—40

(2) Und Pilatus fragte ihn: „Du bist der König der Juden?" Er aber antwortete ihm und sprach: „Du sagst es". (3) Und die Hohenpriester brachten viele Anklagen gegen ihn vor. (4) Pilatus aber fragte ihn wieder: „Antwortest du nichts? Siehe, wie viele Anklagen sie gegen dich vorbringen!" (5) Jesus aber gab gar keine Antwort mehr, so daß sich Pilatus wunderte.

(6) Am Fest aber pflegte er ihnen einen Gefangenen freizugeben, um den sie baten. (7) Es wurde aber einer namens Barabbas mit den Aufrührern gefangen gehalten, die beim Aufruhr einen Mord begangen hatten. (8) Und das Volk zog hinauf und begann zu bitten, (er möge tun) wie er ihnen gewöhnlich tat. (9) Pilatus aber antwortete und sprach zu ihnen: „Wollt ihr, daß ich euch den Judenkönig freigebe?" (10) Denn er hatte erkannt, daß ihn die Hohenpriester aus Neid ausgeliefert hatten. (11) Die Hohenpriester aber bewegten das Volk, daß er ihnen lieber den Barabbas freigebe. (12) Pilatus aber antwortete wiederum und sprach zu ihnen: „Was soll ich nun mit dem tun, den ihr den Judenkönig nennt?" (13) Sie aber riefen wiederum: „Kreuzige ihn!" (14) Pilatus aber sagte zu ihnen: „Was hat er denn Böses getan?" Sie aber schrien noch mehr: „Kreuzige ihn!" (15) Pilatus aber wollte dem Volk einen Gefallen tun, gab ihnen den Barabbas frei und übergab Jesus, nachdem er ihn hatte geißeln lassen, zur Kreuzigung.

Die Verhandlung vor Pilatus entspricht zunächst genau der vor dem Hohenrat: Jesus bekennt seine Messianität, allerdings mit einer eigentümlich zurückhaltenden Formel: „Du sagst das", „das ist deine Behauptung". Zu allen anderen Anklagen schweigt er, obwohl Pilatus ihn auffordert, sich dazu zu äußern. Von den Gründen für diese Darstellung haben wir oben bereits gesprochen. Was die vielen Anklagen der Hohenpriester enthalten haben, sagt Mk nicht; nicht sie sind ihm wesentlich, sondern daß Jesus darauf schwieg (Jes 53,7!). Eine Anzahl von Handschriften hat — entsprechend Mt 27,12 — schon hinter V. 3 eingefügt: „er aber antwortete nichts" — ein Zeichen dafür, wie großen Wert man auf diesen Zug legte.

Lehrreich, wenn auch ohne historischen Wert, sind die Abweichungen bei Mt und Lk. Nach Lk hat man Jesus vorgeworfen, er verführe das Volk, verbiete, dem Kaiser Steuern zu zahlen, und behaupte, er selbst sei der Gesalbte, der König. Daß die Christen eigentlich nicht zur Zahlung der Tempelsteuer verpflichtet sind, sie aber dennoch geben sollen, steht in der Perikope vom Stater im Fischmaul, die aber nur Mt (17,24—27) hat. Die von Lk (20,20—26) und Mt (22,15—22) nach Mk (12,13—17) erzählte Geschichte vom Zinsgroschen fordert gerade dazu auf, dem Kaiser zu geben, was des Kaisers ist, und das sind im Zusammenhang dieses Textes die Steuern. Immerhin erkennt man auch in dieser Geschichte noch den Versuch, Jesus durch die Steuerfrage in Schwierigkeit und Gegensatz zu Rom zu bringen, und andererseits die Notwendigkeit für die Gemeinde, die Geschichte vom Zinsgroschen zu überliefern. Lk wird diese Anklage als eine der falschen angesehen haben. Aber er erweitert nicht selbst den Mk-Text, sondern benutzt eine andere Darstellung, in der Pilatus ausdrücklich erklärt, er finde an Jesus keine Schuld — und das, nachdem Jesus zugegeben hat, daß er der König der Juden sei! Für Lk versteht also Pilatus sogleich, daß Jesus der christliche Messias ist, und als solchen kann er ihn ruhig gelten lassen.

Hier zeigt sich bei Lk deutlich die Neigung, die sich in der Leidensgeschichte immer wieder bemerkbar macht: die Römer — die doch Jesus gekreuzigt haben — werden in immer höherem Maße von der Schuld am Tode Jesu entlastet; sie erkennen immer mehr die Unschuld Jesu an. Der Endpunkt dieser Entwicklung liegt in der abessinischen Kirche, wo nicht bloß die Frau des Pilatus, sondern auch er selbst zum Heiligen geworden ist. Dahinter steckt nicht bloß der Wunsch, Jesu Unschuld dokumentiert zu bekommen (von ihr waren die Christen ja ohnehin überzeugt), sondern vor allem das Verlangen, das Christentum als etwas von Anfang an durch Rom als ungefährlich Anerkanntes darzustellen.

In den Dienst dieser Tendenz — die wir uns nicht als ein bewußtes Konstruieren auf einen klar erkannten Zweck hin denken müssen — steht auch die Perikope aus dem Sondergut des Lk, die Jesu Verhör vor Pilatus schildert: Lk 23,6—16. Der Schriftsteller hat sie geschickt mit dem Stichwort „Galiläa" eingeflochten. Als Pilatus den Hohenpriestern in Lk 23,4 versichert hat, er finde keine Schuld an diesem Manne, erheben die Hohenpriester aufs neue die Anklage. Jesus putsche das Volk auf, und lehre von Galiläa an bis hierher in Jerusalem[1]. Als Pilatus daraufhin fragt, ob Jesus Galiläer sei, und man das bestätigt, sendet er den Gefangenen zu Herodes, der in diesen Tagen auch in Jerusalem war. Herodes freut sich darüber, denn er wollte Jesus schon lange gern sehen und hoffte, er werde ein Zeichen tun[2]. Aber Jesus gibt auf alle Fragen keine Antwort, obwohl die Hohenpriester ihn leidenschaftlich verklagen. Daraufhin behandelt ihn Herodes mit seinen Soldaten mit Hohn und Spott und sendet ihn, mit einem prächtigen Gewand bekleidet, zu Pilatus zurück, mit dem er von nun an Freund wurde. Einen geschichtlichen Hintergrund hat diese Legende nicht, wohl aber dient sie dem Schriftsteller Lk. Denn nun kann Pilatus, als er wieder die Hohenpriester und das Volk zusammengerufen hat, darauf hinweisen, nicht nur er finde keine Schuld an Jesus (keine der Anklagen habe sich bestätigt), sondern auch Herodes — er habe ja Jesus ihm zurückgesandt und nicht als schuldig bei sich behalten zur Aburteilung! Er selbst wolle nun Jesus geißeln lassen und dann freigeben.

Im Zusammenhang mit der Tendenz, die Juden zu belasten, steht auch die Barabbasgeschichte. Daß sie keine Legende ist, wird u. a. mit dem Hinweis darauf verteidigt, daß eine Reihe von Handschriften in Mt 27,16 f. „Jesus den Sohn des Barabbas"[3] und „Jesus den sogenannten Christus" einander gegenüberstellt. Wie hätten Christen darauf kommen sollen, einem Verbrecher wie Barabbas den Jesusnamen zuzuschreiben? Aber es ist nicht wahrscheinlich, daß die von Θ fam. 1, sy^s bezeugte und auch dem Origines bekannte Lesart die ursprüngliche ist. Der Gegensatz von Jesus Barabbas und Jesus Christus ist vielmehr der stärkste Ausdruck für die Schuld der Juden, die sich für den ersteren entscheiden.

Freilich läßt auch der Mk-Text gewisse Zweifel an der Geschichtlichkeit der Szene aufkommen: Pilatus läßt nach Mk den Juden die Wahl frei zwischen Barabbas und Jesus, obwohl die Hohenpriester

---

1 William C., Robinson jun. (Der Weg des Herrn, 1964, 32 f.: „Die geographischen Bestimmungen des Anfangs erwähnen Galiläa (Lk 23,5; Act 10,37)"; „Galiläa wird als die Landschaft des Ursprungs auch Lk 23,55 und Act 13,31 hervorgehoben."

2 Conzelmann (Mitte d. Zeit 29) findet in Lk 9,9 „und er (nämlich Herodes) begehrte ihn zu sehen" mit Recht eine Vorbereitung für 23,8: „Als aber Herodes Jesus sah, freute er sich sehr, denn er wollte ihn schon lange sehen, weil er viel über ihn gehört hatte, und hoffte, er werde ihn ein Zeichen tun sehen". Aber daraus zu schließen, daß nach Lk 8,19 Jesu Verwandte ihn sehen wollten, weil sie ein Wunder vorgeführt haben wollten (so Conzelmann 29), scheint uns diesen Text zu verfehlen.

3 Nämlich: *Θ λ* $sy^{s.pal}$ Or. Daß dieses die ursprüngliche Lesart ist, scheint uns nicht wahrscheinlich (gegen Lohmeyer Mt 383, der wie Origenes annimmt, dieser Name sei in allen andern Mt-Handschriften getilgt worden, „damit nicht der Name Jesu einem seiner Feinde zukomme".) Wir meinen, hier sei der — an sich nicht seltene — Jesusname eingefügt worden, um den Gegensatz von „Jesus Barabbas" und „Jesus, den sogenannten Christus" möglichst hervorzuheben.

Jesus schwer belastet haben und Jesus selbst es nicht abgelehnt hat, daß er der König der Juden sei. Wir bezweifeln nicht, daß es damals einen Barabbas gegeben hat, der in ein Partisanenunternehmen verwickelt war, aber freigelassen wurde. Aber das macht unsere Szene noch nicht zur historischen Realität. Sie soll vielmehr die ungeheuerliche Schuld der Juden — vor allem der Hohenpriester — deutlich machen, die dem Erlöser einen Mörder vorziehen und Jesu Kreuzigung fordern.

Joh 18,28—40 bringt einen vom Evangelisten mit seiner eigenen Theologie gedeuteten Bericht[4]. Die Juden bringen in der Frühe Jesus von Kaiphas zum Prätorium, gehen aber nicht hinein, um nicht kultisch unrein zu werden vor dem Passa. So muß Pilatus herauskommen und sich erkundigen, wessen man den ihm zugeführten Gefangenen anklagt. Die Juden erwidern darauf nicht wie bei Lk, indem sie alle möglichen Vorwürfe aufzählen, sondern antworten trotzig, wenn Jesus sich nicht schwer vergangen hätte, hätten sie ihn nicht hergebracht. Die Logik dieser Antwort wird in V. 32 deutlich. Aber Pilatus — oder der Evangelist — läßt sie mit dieser für sie peinlichen Wahrheit herausrücken, indem er sie auffordert, Jesus nach ihrem Gesetz zu bestrafen. Da müssen sie gestehen: „Es ist uns nicht erlaubt, jemanden zu töten!" Demnach ist den Juden das ius gladii entzogen. Aber für den Erzähler geschieht das, damit Jesu Prophezeiung in 3,14 sich erfüllt: „Wie Moses die Schlange in der Wüste erhöhte, so muß der Menschensohn erhöht werden, damit jeder, der an ihn glaubt, ewiges Leben hat". Nun — V. 33 — geht Pilatus in den Palast hinein, läßt Jesus rufen und fragt ihn: „Bist du der König der Juden?" Jesus antwortet mit einer Gegenfrage: „Sagst du das von dir selbst, oder haben es dir andere über mich gesagt?" Würde Pilatus aus sich heraus Jesus fragen, ob er der König der Juden sei, so wäre er in eigentümlicher Weise der Wahrheit nahe. Aber das ist Pilatus nicht: „Bin ich denn ein Jude?" entgegnet er. „Dein Volk und die Hohenpriester haben dich mir übergeben" — von ihnen also hat Pilatus sein Wissen bezogen, das doch gerade nichts weiß. Darum muß er weiter fragen: „Was hast du getan?" Jesus antwortet: „Mein Königtum ist nicht von dieser Welt" — das Christentum ist keine politische Bewegung, die ja zur Welt gehören würde — „Wenn mein Königtum aus dieser Welt wäre, dann würden meine Diener für mich streiten, damit ich nicht den Juden ausgeliefert werde." Die einfache Tatsache, daß Jesus als Gefangener vor Pilatus steht, macht also klar, daß dieser König kein Rivale des Kaisers ist. Pilatus hat genau zugehört: „Ein König bist du also doch?" Jesus antwortet: „Du sagst es, daß ich ein König bin". Diesen der Vorlage des Joh zugehörigen Satz interpretiert nun der Evangelist in V. 37 b: „Ich bin dazu geboren und in diese Welt gekom-

[4] Vgl. dazu meinen Aufsatz: „Jesus vor Pilatus (Joh 18,28—19,15)", ThLZ 1960, Sp. 93—102; jetzt auch in: „Gott und Mensch. Gesammelte Aufsätze". Tübingen 1965, 144—156.

men, damit ich für die Wahrheit" — die göttliche Wirklichkeit — „Zeugnis ablege. Wer aus der Wahrheit ist, der hört meine Stimme." Pilatus ist nicht aus der Wahrheit. Darum fragt er: „Was ist Wahrheit?" Aber soviel hat er doch verstanden, daß er nun zu den Juden hinausgeht und ihnen mitteilt, er finde keine Schuld an Jesus. Solle er ihnen — gemäß dem bestehenden Brauch — zum Passa den Judenkönig freigeben? Sie aber schreien: „Nicht diesen, sondern Barabbas!" Damit ist der Versuch des Pilatus, Jesus vor dem Tod zu bewahren, zunächst gescheitert. Aber Pilatus gibt diesen Versuch noch nicht auf, wie wir sogleich hören werden. In dieser Darstellung schweigt Jesus nicht. Aber allein mit Pilatus spricht er — vor den Juden rechtfertigt er sich nicht. Die Erzählung, die der Evangelist aufgenommen hat, war nicht so weit von der synoptischen unterschieden. Aber unter seinen Händen ist etwas ganz anderes daraus geworden: das unvergeßliche Bild des Staatsmanns und römischen Beamten, der guten Willens ist, der so unmittelbar vor der Wahrheit steht wie kein anderer, und doch von ihr geschieden bleibt, so rätselhaft er auch ihre Wirklichkeit spürt.

76 Die Verspottung des Judenkönigs

Mk 15,16—20; Mt 27,27—31; Joh 19,1—16

(16) Die Soldaten aber führten Jesus in den Palast hinein und riefen die ganze Kohorte zusammen. (17) Und sie zogen ihm ein Purpurgewand an, flochten eine Dornenkrone und setzten sie ihm auf. (18) Und sie begannen ihn zu begrüßen: „Heil, König der Juden!" (19) Und sie schlugen ihm mit einem Rohrstock über den Kopf, und spuckten ihn an und knieten nieder und huldigten ihm. (20) Und als sie ihn verspottet hatten, zogen sie ihm das Purpurgewand aus und zogen ihm seine eigenen Kleider an und führten ihn hinaus zur Kreuzigung.

Wieweit bei dieser Schilderung eine historische Erinnerung den Griffel führt, ist nicht ganz sicher. Hier wird Jesus sichtlich als Messias = König hingerichtet, und das ist die christliche Sicht der Dinge. Andererseits ist es möglich, daß die Wachtruppe mit dem zu Tode Verurteilten ihren Mutwillen trieb. Für die Christenheit liegt das Erschütternde dieser Szene darin, daß Jesus wirklich der ist, als den ihn der Spott bezeichnet: der König. So blind sind diese Menschen, daß sie nur in dem, was sie für einen Unsinn halten, die göttliche Wahrheit berühren.

Lk hat diese ganze Szene fortgelassen. Eine Verspottung Jesu durch römische Soldaten widerspricht dem, was er gerade zeigen will, daß nämlich Rom nicht christusfeindlich ist.

Mt hat die Szene — der eine Geißelung Jesu (27,26) vorausgegangen war — ähnlich wie Mk erzählt. Nur wird bei ihm deutlicher, daß jener Rohrstock, mit dem sie ihn schlagen, ihm zunächst als Szepter in die Hand gegeben wurde.

Ihre eigentliche Höhe erreicht diese Überlieferung aber — trotzdem der Erzähler mit der ihm vorliegenden Tradition ringt — bei Joh. Der Evangelist hat die schauerliche Schilderung der Geißelung und Verspottung Jesu beibehalten. Aber all das erscheint sozusagen als von Pilatus eingeplant, um Jesus zu retten. Den Gegeißelten, der dann die Dornenkrone und das Purpurgewand bekommen hat, führt der Prokurator hinaus zu den Juden, „damit ihr erkennt, daß ich keine Schuld in ihm finde". Und als der Leidensmann auf der Schwelle erscheint, sagt Pilatus die berühmten Worte: „Ecce homo!" Ein auf Realistik bedachter englischer Forscher[1] hat das mit den Worten wiedergegeben: „See, here the fellow is". Schlimmer kann man Joh nicht mißverstehen. Gewiß sind die Worte des Prokurators mehrdeutig. Man kann sie übersetzen mit: „Seht, da ist der Mensch!" Aber wehe, wenn man dabei nicht das „Ecce homo!" mithört — Pilatus mag ein schwacher Mensch sein, dessen Widerstand gegen die Juden schließlich zusammenbricht, aber der Evangelist stellt ihn zugleich als jemanden dar, der von dem Zeugen der Wahrheit doch berührt worden ist, auch wenn er nicht zum Glauben durchstößt, und der in dieser Schwebe zwischen Unwissenheit und Ahnung zum letzten Zeugen für Jesus vor Israel wird.

Als er mit dem blutüberströmten Träger des Purpurs und der Dornenkrone vor den Juden erscheint und sie zur Besinnung ruft, antwortet ihm ein wilder Chor: „Kreuzige, kreuzige!" Aber Pilatus gibt auch jetzt noch nicht auf. Er schlägt den Juden vor, sie mögen den Gefangenen selbst kreuzigen — er finde keine Schuld an ihm. Natürlich ist das unmöglich: die Juden dürfen ja nicht töten. Aber es macht anschaulich, wie verzweifelt sich Pilatus dagegen wehrt, diesen Unschuldigen ans Kreuz zu bringen. Die Juden bleiben unerbittlich: „Wir haben ein Gesetz, und nach dem Gesetz muß er sterben, denn er hat sich zu Gottes Sohn gemacht!" Das aber steigert die Angst des Prokurators, — wie, wenn Jesus nicht bloß unschuldig, sondern wirklich ein Gottessohn wäre. So geht er — natürlich zusammen mit Jesus — wieder ins Prätorium hinein zur letzten Aussprache mit Jesus. Nun fragt er offen: „Woher bist du?" Aber Jesus schweigt. Die Last der eigenen Entscheidung kann auch er Pilatus nicht abnehmen. In einer Mischung von Angst und Stolz auf seine Macht — selten klingen in einem Gespräch im NT so viele Untertöne mit — gibt er Jesus zu bedenken, was er mit seinem Schweigen anrichten kann: hat nicht er, Pilatus, Macht, ihn freizulassen oder zu kreuzigen? Und nun öffnet

---

1 R. A. Edwards, The Gospel according to St. John 144: „Then he emphasized the costum" (Purpur und Dornenkrone) „with the contemptuous phrase, See, here the fellow is!"

Jesus noch einmal den Mund: „Du hättest keine Macht, wäre sie dir nicht von oben gegeben. Darum hat, wer mich dir überantwortet hat, größere Sünde!" Ja, Pilatus besitzt die Macht, deren er sich gerühmt hat. Aber sie ist ihm von oben gegeben. Jesus denkt dabei nicht an den Cäsar. Der hat hier nichts zu sagen. Pilatus ist von Gott in dieses Geschehen eingeschaltet worden als der Prokurator, der über Jesus entscheiden muß. Er wird schuldig werden, aber die größere Schuld trägt das Judentum, das ihm Jesus überantwortet hat. Angesichts dieser Perspektiven, die Pilatus, ob auch nur undeutlich, sieht, will er erst recht Jesus retten. Daraufhin spielen die Juden ihren letzten Trumpf aus, ohne zu merken, was sie damit hingeben: „Gibst du den frei, bist du kein Freund des Kaisers. Denn jeder, der sich zum König macht" — im Orient nannte man den Cäsar weithin „König" —, „der steht im Widerspruch zum Kaiser!" Pilatus hat mit nachtwandlerischer Sicherheit den schwachen Punkt der jüdischen Stellung erkannt. Er „führt Jesus heraus und setzt ihn auf den Richterstuhl, an der Stelle, die „Marmorpflaster", hebräisch Gabbatha, heißt". Der Evangelist gibt den Ort genau an. Es ist, wie wenn in einem modernen Film eine Großaufnahme den entscheidenden Ort und die entscheidende Szene ganz für sich zeigt. Auch die Zeitangabe dieser Entscheidungsstunde fehlt nicht: Rüsttag vor dem Passa, sechste Stunde, also Mittag. Und nun sagt Pilatus zu den Juden: „Seht, da ist euer König!" Und als sie brüllen: „Weg, weg, kreuzige ihn!", fragt er zurück: „Soll ich euren König kreuzigen?" Da antworteten die Hohenpriester: „Wir haben keinen König außer dem Cäsar." Damit ist die Entscheidung gefallen: Pilatus gibt Jesus ihnen zur Kreuzigung preis.

Die eigentliche Dramatik dieser Szene enthüllt sich nicht auf den ersten Blick. So wichtig auch Pilatus ist — der Evangelist will kein Seelengemälde des Prokurators geben. Pilatus, wenn er auch als Advokat Jesu sich bemüht, so gut er kann, ist doch nur ein Werkzeug in höherer Hand. Indem er Jesus mit der Dornenkrone und dem Spottpurpur vorführt und auf dem Richterstuhl Platz nehmen läßt[2], gibt er Ihm den Platz, der Ihm eigentlich zukommt. Diese Spottgestalt von König ist wirklich der König. Aber die Welt, welche die Juden vertreten, begreift das nicht, sondern brüllt ihr: „Weg, weg! Kreuzige ihn!" Jedoch die Juden sind hier nicht nur die Repräsentanten der Welt. Wer immer diese Zeilen schrieb, der sah in ihnen zugleich das auserwählte Volk, das hier seine messianische Verheißung preisgab und sich in die hundert Völker des Imperium Romanum eingliederte,

[2] Obwohl diese Deutung keine Zustimmung gefunden hat (weil sich eben sonst der Richter auf den Richterstuhl setzt), erreicht damit die theologische Geschichtsschreibung des Joh den Gipfel der Vollkommenheit. Paul Corssen hat diesen Zusammenhang schon 1914 erkannt (ZNW 15,338—340) und auf das Petrusevangelium (3,7) und auf Justin Apol. I 35,6 hingewiesen, die beide die Szene so verstehen, daß Jesus auf den Richterstuhl gesetzt wird. Auch Loisy deutet wie wir.

die alle im Cäsar ihren König hatten. Das hat Pilatus als Instrument Gottes mit seinen Fragen und dem Hinweis auf den dorngekrönten König ans Licht gebracht. Israel hat sein Vorrecht fortgeworfen, als es Jesus verwarf. Das will der Evangelist hier zeigen.

Freilich soll nicht verschwiegen werden, so gut wie alle Exegeten haben Joh 19,13 anders übersetzt und damit den Höhepunkt der Szene empfindlich gestört: „Als Pilatus nun diese Worte hörte, führte er Jesus heraus, und setzte sich auf den Richterstuhl usw." Es ist freilich richtig: normalerweise heißt καθίζειν ἐπὶ βήματος („kathizein epi bēmatos"): „sich auf den Richterstuhl setzen". Man hat freilich gemerkt, daß man damit hier in eine Schwierigkeit kommt: der Richter setzt sich zum Beginn der Verhandlung, nicht erst am Schluß auf den Richterstuhl[8], und darüber hinaus ist zu bedenken: Pilatus gibt gar nicht, auf dem Richterstuhl sitzend, das Urteil. Bultmann (Joh 514 A 2) macht gegen unsere Auslegung geltend: „Aber dann wäre ein αὐτόν" (ihn) „unentbehrlich". Das ist aber nur so lange der Fall, wie man den Worten „er führte Jesus heraus" ein Komma setzt, wie es auch der Nestletext tut. Nur Loisy und Corssen haben die u. E. allein mögliche Auslegung erkannt; sie konnten darauf hinweisen, daß wir in außerkanonischen Stellen tatsächlich die Angabe finden, daß Jesus auf den Richterstuhl gesetzt wurde. Freilich sind es hier die Juden selbst, die Jesus auf den Richterstuhl setzen und zu ihm sagen: „Sei uns Richter" (Justin, apol I 35,6): hier wird die Verblendung der Juden aufs äußerste getrieben: sie selbst setzen Jesus auf den Richterstuhl und erkennen ihn als Richter an — zum Spott. Ebenso heißt es im Petrusevangelium III 7 von den Juden, daß sie Jesus auf den Richterstuhl setzen und sagen: „Richte gerecht, König Israels!" In beiden Fällen ist deutlich, daß Jesus auf den Richterstuhl gesetzt wird. Eine derartige Tradition scheint auch dem Evangelisten vorgelegen zu haben; freilich nicht im Zusammenhang der Verspottungsszene wie bei Justin und im Petrusevangelium. Natürlich hat Bultmann recht, wenn er schreibt: „Nach dem historisch Möglichen darf man nicht fragen." Worauf es ankommt, ist die innere Logik der johanneischen Darstellung und das Verstehen der unerhörten Steigerung, die dem Evangelisten gerade mit Hilfe dieses Zuges gelungen ist. Bei der Kreuzigungsszene kommen wir noch einmal auf diesen Zusammenhang zurück. Daß der Verfasser hier das Selbstverständnis der christlichen Gemeinde seiner Zeit in seinem Bilde der Vergangenheit ausgesprochen hat, wird mit alldem nicht bestritten.

---

[8] Bultmann, Joh 514: „Das ἐκάθισεν (ekathisen) ist ohne Zweifel wie 12,14 intransitiv gemeint". Er wendet ein, daß bei Justin und dem Petrusevangelium es die Juden sind, die spottend Jesus auf den Richterstuhl setzen. Das ist richtig, und wir möchten vermuten, daß auch die Vorlage des Evangelisten die Szene in diesem Sinn und Zusammenhang (der Verspottungsszene) berichtet hat. Aber der Evangelist hat ihr die — wie er meinte — wahre Bedeutung gegeben.

77 Der Todesgang

Mk 15,21; Mt 27,32; Lk 23,26—32; Joh 19,17

(21) Und sie zwangen einen Vorübergehenden, Simon von Kyrene, der vom Felde kam, den Vater des Alexander und Rufus, daß er sein Kreuz trug.

Die gewöhnlichen Darstellungen der Szene, wie Jesus sein Kreuz trägt, sind falsch: sie lassen Jesus ein vollständiges Kreuz, den Tragepfahl und das daran befestigte Querholz schleppen. Aber der Pfahl des Kreuzes war an der Hinrichtungsstätte festgemacht; was der Verurteilte hinauszutragen hatte, war der Querbalken, an dem er draußen — mit Stricken oder Nägeln[1] — befestigt wurde. Jesus muß nach den vorangegangenen Leiden, vor allem der fürchterlichen Strafe der Geißelung, so schwach gewesen sein, daß er auch diesen Querbalken nicht mehr tragen konnte. Da sich die Legionäre[2] nicht selbst mit der Last abplagen wollten, requirierten sie kurzerhand einen vorbeigehenden Mann und zwangen ihn, diesen Querbalken zu tragen. Aus der Angabe des Mk über die Namen seiner Söhne, Alexander und Rufus (die Mt und Lk fortgelassen haben), ist mit Recht geschlossen worden, daß diese beiden später Mitglieder der christlichen Gemeinde geworden sind. Von Simon kann man das nicht behaupten: sein Name ist wohl nur durch das Christwerden seiner Söhne erhalten worden, die zur Zeit der Kreuzigung vielleicht erst kleine Buben waren.

Johannes ist einer anderen Tradition gefolgt, die von einer solchen Schwäche Jesu nichts wissen wollte und darum Jesus unerschüttert „sein Kreuz tragen" ließ. Da der Zug der Leidensgeschichte eine große Bedeutung für die christliche Paränese bekam (jeder Christ soll sein Kreuz tragen wie Jesus), ist es verständlich, daß die von Joh verwertete Tradition aufkommen konnte.

Lukas schiebt hier einen Abschnitt aus seinem Sondergut ein: Eine große Volksmenge und klagende Weiber geben Jesus das Geleit. Es sind nicht die später genannten Jüngerinnen, sondern Frauen aus Jerusalem, denen Jesus antwortet. Diese Antwort, die zuletzt den messianisch gedeuteten Psalm 69 benutzt, macht dem Leser die wahre Lage deutlich: Nicht Jesus ist bejammernswert, sondern die Bewohner Jerusalems, das seiner Strafe nicht entgehen wird. V. 29 bildet ein negatives Gegenstück zu dem allein von Lk 11,27 f. mitgeteilten Wort. Hieß es dort: „Glücklich der Schoß, der dich getragen, und die Brüste, an denen du gesogen hast!", so gilt hier von den Frauen Jerusalems

[1] Ans Kreuz mit Stricken anbinden verlängerte die Todesqual (bis zu mehreren Tagen!); die Nägel werden Joh 20,25 erwähnt. Vgl. dazu S. 559.

[2] Nicht die Juden vollziehen die Kreuzigung, sondern Soldaten der römischen Besatzung, vermutlich gebürtige Syrer.

das Umgekehrte. Von ihnen wird es heißen: „Glücklich die Unfruchtbaren und der Schoß, der nicht getragen hat, und die Brüste, die nicht genährt haben[3]!" V. 31 meint: Wenn der unschuldige Jesus so leiden muß, was wird dann an Leiden über das schuldige Volk seiner Mörder kommen!

Lk 23,32 — die Angabe über die beiden Verbrecher, die mit Jesus gekreuzigt wurden, dürfte schon der Sonderquelle angehört haben, der Lk sich im folgenden anschließt[4].

78 Die Kreuzigung

Mk 15,22—39; Mt 27,33—44; Lk 23,33—43; Joh 19,16—30

(22) Und sie brachten ihn zu dem Ort Golgatha, was übersetzt heißt „Schädelstätte". (23) Und sie gaben ihm gewürzten Wein. Er aber nahm ihn nicht. (42) Und sie kreuzigten ihn und verteilten seine Kleider, indem sie darüber das Los warfen, wer sie bekommen solle. (25) Es war aber die dritte Stunde, und sie kreuzigten ihn. (26) Und es war die Aufschrift seiner Schuld angeschrieben: „Der König der Juden." (27) Und mit ihm kreuzigten sie zwei Räuber, einen zu seiner Rechten und einen zu seiner Linken. (28) (29) Und die Vorübergehenden lästerten ihn, indem sie ihre Köpfe schüttelten und sagten: „Ha, der den Tempel zerstört und in drei Tagen wieder aufbaut, (30) rette dich! Steig vom Kreuz herab!" (31) Ebenso auch die Hohenpriester, spottend sprachen sie zueinander mit den Schriftgelehrten: „Andere hat er gerettet, sich selber kann er nicht retten. (32) Der Gesalbte, der König Israels, er steige jetzt herab vom Kreuz, damit wir sehen und glauben!" Auch die mit ihm Gekreuzigten schmähten ihn.

---

[3] Vgl. dazu ThEv Spruch 79 (95,3—11), der eine bei Lk erhaltene Tradition ins Gnostische umwandelt: „Eine Frau sprach zu ihm aus der Menge: Heil dem Mutterschoß, der dich getragen hat, und den Brüsten, welche dich ernährten!" Er sprach zu ihr: „Heil denen, die gehört haben das Wort des Vaters (und) es bewahrt haben in Wahrheit! Denn Tage werden kommen, da ihr sagen werdet: Heil dem Mutterschoß, der nicht empfangen hat, und den Brüsten, die nicht Milch geben." Hier wird Lk 23,29 gegen Lk 11,2 f. ausgespielt. Dabei wird ein „Heil" und ein „Wehe" einander gegenübergestellt. Vgl. Schrage a. a. O. 164—170.

[4] Mk 15,27 wird erwähnt, daß Jesus zusammen mit zwei λησταί (lēstai = „Mörder" oder „Partisanen") gekreuzigt wurde. In Mk 15,32 wird hinzugefügt, daß auch diese Jesus lästerten. Mt nimmt das 27,38.46 auf. Anders Lk 23,39—43: Der eine „Übeltäter" (Lk hat damit das Wort „lēstai" ersetzt, das einen unwillkommenen politischen Nebensinn hatte) lästert: Jesus solle als angeblicher Gottessohn sich und sie retten. Der andere aber weist ihn zurück und bittet Jesus, seiner zu gedenken, wenn er in sein Reich komme. Darauf Jesus: Wahrlich, ich sage dir: Heute wirst du mit mir im Paradiese sein! Vgl. slav. Henoch 8, wonach Henoch im dritten Himmel das Paradies — und, im Norden gelegen, die Orte der Qual; vgl. Lk 16,19—31; s. u. S. 529 — sieht.

(33) Und zur sechsten Stunde kam eine Finsternis über das ganze Land bis zur neunten Stunde. (34) Und um die neunte Stunde rief Jesus mit lauter Stimme: „Eloi, Eloi, lema sabachthani?", d. h. „mein Gott, mein Gott, warum hast du mich verlassen?" (35) Und einige der dabei Stehenden sagten, als sie es hörten: „Sieh, er ruft den Elias!" (36) Es lief aber einer und füllte einen Schwamm mit Essig und steckte ihn auf ein Rohr und gab ihm zu trinken mit dem Wort: „Laßt, wir wollen sehen, ob Elias kommt, ihn herabzuholen!" (37) Jesus aber stieß einen lauten Schrei aus und verschied.

(38) Und der Tempelvorhang zerriß in zwei Teile von oben bis unten. (39) Als aber der Centurio, der gegenüber dabeistand, sah, daß er so verschied, sagte er: „Wahrhaftig, dieser Mensch war Gottes Sohn!"

Es lohnt sich, bei der Erklärung dieser Perikope mit der johanneischen Parallele einzusetzen, von dort zu Lk und Mt weiterzugehen und dann erst Mk zu besprechen. Auf diese Weise wird es möglich, den Mk-Bericht in seiner Eigenart zu sehen, weil er sich so vom Hintergrund der anderen Evangelien abhebt. Außerdem können wir auf diese Art die Veränderungen feststellen, die sich zwischen dem jüngsten Evangelium (Joh) und dem ältesten (Mk) vollzogen haben, und ist uns einmal die Richtung deutlich geworden, in der sich die Tradition wandelte, dann können wir — unter der Voraussetzung, daß dieselben Kräfte schon vorher wirkten — noch über Mk zurück die Überlieferung zu verfolgen versuchen. Beginnen wir also mit

(1) Joh 19,16—30.

Wie jemand, der eine Melodie in vierstimmigem Satz genau kennt, die drei anderen Stimmen in der Erinnerung mithören wird, so geht es uns mit der Passionsgeschichte der vier kanonischen Evangelien. Auch wenn wir nur jeweils eine von ihnen für sich betrachten, haben wir unwillkürlich die drei anderen mit in Erinnerung. So läßt es sich auch leicht verstehen, daß uns eine erstaunliche Tatsache nicht stärker auffällt: in diesem johanneischen Abschnitt, der doch von der Passion im eigentlichen Sinne handelt, ist vom Leiden so gut wie gar nicht die Rede!

Jesus trägt — anders als bei Mk, Mt und Lk — selbst sein Kreuz[1]. Wie sollte er das nicht können, der doch die ganze Sünde der Welt forttragen kann?

[1] Joh 19,7 spricht das so betont aus, daß es bewußter Widerspruch gegen eine abweichende Überlieferung sein kann, nämlich gegen die über Simon von Cyrene, die Joh als Jesus entwürdigend ansieht. Es ist durchaus möglich, daß man den Christen vorhielt, Jesus sei nicht einmal fähig gewesen, sein Kreuz zu tragen. Die Apologetik Edwards (s. o. A. 1 zu Abschnitt 76), der Jünger Johannes sei, als Jesus sein Kreuz aufnehmen mußte, wie erstarrt dagestanden und habe so nicht gesehen, was sich später mit Simon ereignete, ist charakteristisch für den Wagemut psychologischer Exegese.

Daß Jesus gekreuzigt wird, verschweigt der vierte Evangelist freilich nicht, obwohl er hier die Nägel noch nicht erwähnt, mit denen er an das Querholz geheftet wird. Auch den anderen Zug der Überlieferung hat er beibehalten, daß Jesus inmitten von zwei andern gekreuzigt wurde. Daß es gerade „Räuber" oder — wie wir heute sagen würden — „Partisanen" waren, erzählt Joh nicht. Auf diese überflüssige Nebenpersonen verschwendet er kein Wort.

Bedeutsam ist die Art und Weise, wie hier die Überlieferung über den „titulus" erscheint, die Angabe der Schuld des Hinzurichtenden: in allen drei Weltsprachen, aramäisch, griechisch und lateinisch habe er allen verkündet, daß „Jesus der Nazoräer, der König der Juden" hier am Kreuze hängt. Zu spät protestieren die Hohenpriester bei Pilatus — wo spielt sich diese Szene ab? — gegen diese Formulierung, die Jesu Anspruch bestätigt. „Quod scripsi, scripsi" bekommen sie zur Antwort. Hat ihnen hier wenigstens Pilatus das Spiel verdorben? Jedenfalls spricht diese Inschrift nicht von einer Niederlage Jesu, sondern eher von einem Sieg[2].

Die Soldaten teilen Jesu Kleider und verlosen seinen ungenähten Rock. (Das Mißverstehen des parallelismus membrorum in Ps. 22,19, der auf Christi Leiden gedeutet wurde, ist die Ursache dieser Überlieferungsform[3].) Das geschieht aber, um den in der Schrift ausgesprochenen göttlichen Willen zu erfüllen.

Es paßt gut zu unseren bisherigen Beobachtungen, daß Johannes den Hohn der Vorübergehenden, der Hohenpriester und der beiden Schächer nicht erwähnt. Unter Jesu Kreuz stehen nach Joh keine Feinde, sondern die drei Marien: seine Mutter, deren Schwester und Maria Magdalena, und dazu „der Jünger, den Jesus lieb hatte". In Vollmacht gibt Jesus seiner Mutter als Ersatz für den scheidenden Sohn den Lieblingsjünger zum Sohn und trägt dem Jünger die Sorge um Maria auf[4]. Ungebrochen, unerschüttert bleibt Jesus der gebietende Herr auch am Kreuze. Darum ist es auch kein Zufall, daß kein Klageruf der Gottverlassenheit erklingt. Er wäre ein unerträglicher Mißklang in den majestätischen Akkorden dieser Abschiedsszene. Nur um auch das letzte zu erfüllen, was die heilige Schrift gesagt hat (und nicht, weil Jesus vor Durst verschmachtete), spricht Jesus: „Mich dürstet" und empfängt den Weinessig-Trank[5]. Jetzt aber, da alles

---

[2] Daß die drei damaligen Weltsprachen die Würde Jesu urbi et orbi kundtun sollen, ist deutlich. Und zwar wird sie gerade in dem Augenblick aller Welt kundgetan, da Jesus hilflos und sterbend am Kreuz hängt.

[3] Daß eine — freilich viel spätere — Zeit diesen ungenähten Rock besitzen wollte, ist angesichts des seit Konstantin sich ausbreitenden Reliquienkults nicht verwunderlich.

[4] Die Szene mit dem Lieblingsjünger unter dem Kreuz ist also nach heutigen Begriffen keineswegs historisch, aber für die Beurteilung dieser Tradition besonders wichtig.

[5] Im Gegensatz zu Mk 15,23.

geschehen ist, was die Schrift vorausgesagt hat, kann Jesus das gewaltige und triumphierende Wort aussprechen, mit dem er aus dem Erdenleben scheidet: „Es ist vollbracht!" Dieses Wort ist der Höhepunkt der ganzen Schilderung. Unüberhörbar zeigt es: hier hat der Gottgesandte seinen großen Sieg errungen[6].

Nicht die Geschichte eines qualvollen Todesleidens ist es, die Joh in diesen 15 Versen dargestellt hat, sondern die glorreiche Vollendung von Jesu Werk.

(2) Lk 23,26—43.

Ganz anders der lukanische Bericht. Er erzählt zunächst von Simon von Kyrene, dann von den klagenden Frauen. Zwischen zwei Übeltätern wird Jesus gekreuzigt. V. 34 a — Jesu Bitte für seine Peiniger: „Vater, vergib ihnen, denn sie wissen nicht, was sie tun!" — fehlt in P. 75 B D* W Θ a sy^{s} sa und ist eine spätere Zutat. Aber sie zeigt: Der blinden menschlichen Freveltat steht das göttliche Verzeihen gegenüber, und es ist möglich, weil die Frevler gar nicht wissen, was sie tun. Kein verstockter, unwiderruflich böser Wille bringt Jesus ans Kreuz, sondern Unwissenheit, und Jesus offenbart sich ihr gegenüber als der fürbittende Heiland.

Die nun folgende Verspottungsszene ist nicht dieselbe wie bei Mk und Mt. Die spottenden Worte erscheinen Mk und Mt gegenüber wie gekürzt, der bittere Betäubungswein und der Weinessig werden in eins zusammengezogen. Aber wichtiger ist: der eine der beiden Schächer tritt für Jesus ein, erklärt Jesu Unschuld und bittet um Jesu Gedenken, wenn Er dereinst in sein Reich kommen werde (V. 41 f.). Und Jesus erhört nicht nur diese Bitte, nein, er gibt mehr: Heute noch wird der Schächer mit Jesus im Paradiese sein, und dieses Paradies ist nicht mehr im Totenreich gedacht, sondern — wie bei Paulus 2. Kor 12,2 ff. — im Himmel; nur so wird Jesu Antwort verständlich. Eigentlich ist hier die Himmelfahrt Jesu vom Kreuz vorausgesetzt[7]. Aber Lk hat diese Schwierigkeit nicht beachtet; in Lk 24 rechnet er

[6] Freilich ist sein Sieg zugleich der Sieg Gottes, der seinen Liebeswillen durch alle Tiefen des Leidens durchführt. Joh hat diese Bedeutung des „es ist vollbracht" schon in 13,1 angedeutet (Die Übersetzung „It is accomplished" ist weit besser als „It is finished"): „Nachdem er die Seinen in der Welt geliebt hatte, liebte er sie bis ans Ende". Diese sich in der Selbsthingabe bekundende Liebe wird bei Joh durch den Sklavendienst der Fußwaschung dem Leser veranschaulicht.

[7] Vgl. Georg Bertram: Die Himmelfahrt Jesu vom Kreuz (in: Festgabe Adolf Deißmann 1927). — Lk 23,43 ist eines der durch die Einleitungsformel „wahrlich ich sage euch" gekennzeichneten maßgebenden Jesusworte. Es beweist, daß diese Formel die historische Echtheit eines so eingeführten Jesuslogions nicht verbürgt. Ursprünglich wird mit „Amen" das Wort eines anderen bekräftigt, z. B. von der Gemeinde die Verheißung Gottes. — Joachim Jeremias, „Kennzeichen der ipsissima vox Jesu" (Synopt. Studien, A. Wikenhauser z. 70. Geb., 1953, 86—93), 89—93 erklärt: „Wir haben ... einen völlig neuen, streng auf die Evangelien und hier auf die Worte Jesu beschränkten Sprachgebrauch vor uns". Aber er findet sich nur vor bestimmten Jesusworten. Vgl. Billerbeck I 242—244.

mit der Himmelfahrt des Auferstandenen am Ostertag. Auf Grund der von Paulus zitierten Überlieferung 1. Kor 15,3—7 können wir nur sagen, daß dieses Wort (23,43) ein Seitentrieb der Überlieferung ist und nicht zur ältesten Tradition gehört.

Eine dreistündige Sonnenfinsternis und das Zerreißen des Tempelvorhangs kündigen als himmlische Gerichtszeichen das nahende Ende an. Es ist kraftvoll und friedlich zugleich: Mit lauter Stimme ruft Jesus — nicht jene Klage über die Gottverlassenheit aus Ps. 22, sondern — „Vater, in deine Hände gebe ich meinen Geist!". Statt der qualvollen Gottverlassenheit kommt es zum Einschlafen in den Frieden Gottes[8]. Und der Centurio, der dieses Sterben mit angesehen hat, preist Gott und sagt: „Das ist wirklich ein frommer Mensch gewesen!"

Wenn auch bei Lk die Züge des Leidens (Verspottung, Tränkung mit Weinessig, niemand von den Seinen in der Nähe) viel stärker hervortreten als bei Joh, so bleibt doch der Gesamteindruck der lukanischen Schilderung ganz anders als bei Mt und Mk: Im Wort an den Schächer zeigt sich Jesus als der „Christus in cruce regnans", und sein Scheiden steht im Zeichen des großen Friedens. Was Lk darstellt, war nicht jener Triumph des Siegers wie bei Joh, aber auch keine bloß düstere Leidensgeschichte: unter die dunklen Töne der Passion mischen sich immer wieder die tröstlichen Klänge der vergebenden Gnade und des versöhnten Friedens.

(3) Mt 27,32—54

Zwischen Mt und Mk besteht kein tiefer Unterschied, da sich Mt fast durchweg eng an Mk anschließt. Wenig ist geändert: Aus dem „gewürzten Wein wird in V. 34 ein „Wein mit Galle gemischt", so daß dieser Zug nun genau Ps. 69,22 entspricht: „Essig haben sie mich trinken lassen für meinen Durst."

Statt des aramäischen „Eloi" (= „mein Gott") hat Mt die hebräische Form Eli eingesetzt, weil von ihr aus das folgende Wort „er ruft den Elias!" besser verständlich wird. (Allerdings setzt das Wort Petrusevangelium V. 19 mit „meine Kraft, meine Kraft" wohl auch die Form „Eli" voraus.)

Endlich hat Mt nach dem Wort über das Zerreißen des Tempelvorhangs die Geschichte eingefügt, daß die Erde erbebt, die Felsen sich spalten, die Gräber sich öffnen und viele Leiber der — alttestamentlichen — Heiligen auferweckt werden. Sie gehen nach Jesu Auferweckung in die Heilige Stadt und erscheinen vielen. Mt wollte offensichtlich nicht vor Jesu Auferstehung andere auferstehen lassen. Aber wenn sich die Gräber bei Jesu Tod öffnen, sollen dann die Toten drei Tage im geöffneten Grab bleiben? Auch diese Geschichte widerspricht der in der Gemeinde herrschenden Darstellung der Auferstehung Jesu am 3. Tag und wird nur mühsam damit in Übereinstimmung

[8] Es ist ein Abendgebet — Ps 31,6 —, dem diese Worte entnommen sind.

gebracht. Auch hier stoßen wir nicht auf eine alte Tradition, sondern auf eine junge Legende[9].

(4) Mk 15,21—39

Mk gibt von Jesu Ende ein Bild, das grau in grau gezeichnet ist: eine wahrhafte Leidensgeschichte. Aber nicht Verzweiflung und hoffnungslose Trauer haben dieses Bild entworfen. Auch hinter dem Mk-Bericht steht der urchristliche Glaube, daß Golgatha Gottes Sieg war und keine Niederlage.

Mk zeigt Jesus in einer grenzenlosen Verlassenheit. Nach den Leiden, die Er bei dem Verhör und durch die Soldaten durchgemacht hat, besitzt Jesus nicht mehr die Kraft, selbst das „patibulum", das Querholz seines Kreuzes, zu tragen; so muß ein fremder Mann, den die Soldaten zu diesem Dienst pressen, sich damit belasten. So langen sie

[9] Diese ganze von Mt angefügte Geschichte ist sehr sonderbar. Lohmeyer Mt 395 legt das Zerreißen des Tempelvorhangs vor dem Allerheiligsten dahin aus, daß nun gefallen ist, was dem Gewesenen Halt und Beistand gab, das Auferwecktwerden der Leiber vieler entschlafener Heiliger aber als Kern und Anfang des Kommenden. Die Worte „nach seiner Auferstehung" streicht L. 396 f. als späteres Interpretament. Die Auferweckten sollen „die Erstlinge des eschatologisch heiligen Volkes sein, die in die Heilige Stadt einziehen". „Es ist wie der Anfang einer heiligen Gemeinde, die an Stelle des irdischen Heiligtums in der heiligen Stadt weilen ..." Damit ist viel Phantasie aufgeboten, und doch bleibt die Schwierigkeit, daß nicht Jesu Auferstehung, sondern sein Tod die Auferweckung aller beginnen läßt. Man wird darum besser die Worte „nach seiner Auferweckung" im Text belassen und eine ungeschickte Einfügung des Ganzen vermuten, wie es im Grunde Josef Schmid Mt 373 vorschlägt: Erdbeben, Bersten der Felsen und Öffnung der Gräber ereignen sich beim Tod Jesu: die Grabplatten oder Türsteine verschieben sich. Daß die Toten dann erst nach Jesu Auferweckung aus den Gräbern herauskommen und in der Stadt gesehen werden, soll anzeigen: mit Jesu Auferstehung beginnt die allgemeine Totenauferstehung. Auch Schmid rechnet freilich mit der Möglichkeit, daß erst Mt die Worte „nach seiner Auferweckung" eingeschoben hat, um Jesus (der erst am Ostertag auferstanden ist) seine Stellung als „Erstling der Entschlafenen" (1. Kor 15,20), als „Erstgeborener von den Toten" (Kol 1,18) zu wahren. Eine ganz befriedigende Lösung dieser Schwierigkeit sieht Schmid nicht. Aber für noch schwieriger hält er die Frage, wer eigentlich diese aus den Gräbern erweckten „Heiligen" seien. Sind es die Gottesmänner und Propheten des A. T.? Sind sie als Erstlinge durch das Werk Jesu Christi als restlos vollendet und im Besitz ihres „geistlichen Leibes" zu denken? Dann würde mit ihnen die Umwandlung der Welt anheben. Aber Mt ist die Vorstellung einer „Höllenfahrt Christi" im Augenblick des Todes völlig fremd. Daß nur bei Jerusalem Begrabene in Frage kommen, macht das Ganze noch schwieriger. Schlatter Mt 785 will sich damit helfen, daß schon die Jünger selbst die Ostertage als Beginn der großen Auferstehung erlebt haben. Das behebt aber die Schwierigkeit nicht, daß entweder die bei Jesu Tod auferweckten Leiber doch erst nach der Auferstehung Jesu ihre Gräber verlassen oder daß sie schon vor Jesus auferweckt werden. Das eine wie das andere sieht wie eine mißglückte Einführung einer verwilderten Tradition aus, die zunächst nur von Wunderzeichen bei Jesu Tod (Vorhang zerreißt; Erdbeben) sprach.

an dem Hügel an, der wegen seiner Schädelform den Namen Golgatha[10] führt. Man bietet Jesus den Betäubungstrank an, der die Qualen der Kreuzigung weniger spürbar machen sollte — ein gewürzter Wein, den die Frauen Jerusalems für solche Fälle spendeten[11]. Aber Jesus lehnt ihn ab und erlebt darum alles, was folgt, mit ungeminderter, quälender Bewußtheit. Er wird ans Kreuz geheftet — wahrscheinlich mit großen Nägeln, die durch die Handgelenke gehen; Nägel, durch den Handteller getrieben, würden durch die Last des Körpers zum Zerreißen der Hände führen. Die Soldaten verteilen seine Kleider durchs Los. Er hat nichts mehr, was er auf Erden besitzt. Um 9 Uhr vormittags wird er gekreuzigt. Über dem Kreuz ist seine Schuld angeschrieben: „Der König der Juden". Mit ihm werden zwei „Räuber" gekreuzigt, wohl zweifelhafte Gestalten einer jüdischen Untergrundbewegung.

Und nun ergießt sich über dem Sterbenden, der nackt und wehrlos am Kreuz hängt, der Hohn der ungläubigen Welt. Zuerst werden „Vorübergehende" als Lästerer genannt. Mit einer typisch jüdischen Gebärde des Spottes schütteln sie den Kopf und rufen ihm zu: „He, der du den Tempel zerstörst und in drei Tagen aufbaust, rette dich und steige vom Kreuz herab!" Ihren Hohn nehmen die Hohenpriester und Schriftgelehrten auf: „Andere hat er gerettet, sich selbst kann er nicht helfen! Der Gesalbte, der König Israels, möge vom Kreuz herabsteigen, damit wir sehen und glauben!" Aber sogar die, welche seine Todesqual teilen, die „Räuber", beteiligen sich an seiner Verhöhnung.

So sind drei Stunden vergangen. Es ist Mittag. Da wird es mit einem Mal finster. Drei Stunden lang, von 12 bis 3 Uhr nachmittags, legt eine Sonnenfinsternis das ganze Land in Dunkelheit.

Am Ende dieser Zeit öffnet der Sterbende zum erstenmal seinen Mund und ruft mit lauter Stimme in aramäischer Sprache die Anfangsworte des 22. Psalms: „Mein Gott, mein Gott, warum hast du mich verlassen?"

Aber selbst dieser Schrei der Gottverlassenheit muß dazu dienen,

---

[10] Während Billerbeck I 1037 feststellt, daß „Golgatha" aus dem aramäischen „Golgoltha" entstanden ist, das „Schädel", „Kopf" bedeutet, und als ansprechende Vermutung diejenige bezeichnet, daß er nach seiner Gestalt benannt worden sei, betont Schlatter Mt 779, daß der Name „Schädel" sich nicht dazu verwenden läßt, um aus dem Ort einen „Hügel" zu machen. Eher zeigt er, daß der Ort unrein sei. Wenn ein vollständiger Schädel am Boden liegt, ist der Ort unrein: Tos. Ahil. 4,2. W. Bauer Wb 326 f. hat sich durch diese Argumentation nicht davon abbringen lassen, Golgatha als den Namen einer Anhöhe bei Jerusalem zu bezeichnen. Vgl. Joachim Jeremias, Golgatha, 1926. Nach Schmid Mk 297 steht außer Zweifel, „daß es sich nur um eine geringfügige, die Umgebung um wenige Meter überragende Bodenerhebung handelt". Der Pilger von Bordeaux, der im Jahre 333 Jerusalem besuchte, spricht von einem „Hügelchen" Golgatha, das im Atrium des von Kaiser Konstantin um die Grabeshöhe errichteten Prunkbaues lag.

[11] Es handelte sich um einen mit Myrrhe oder Weihrauch gewürzten Wein.

dem Spott neue Nahrung zu geben: „Da, er ruft den Elias!“, sagen einige von den Soldaten, die am Kreuz stehen. Und alsbald läuft einer hin, füllt einen Schwamm mit Essig, steckt ihn auf ein Rohr und reicht ihn dem Leidenden hin mit den Worten: „Wartet mal, wir wollen doch sehen, ob Elias kommt und ihn rettet!“ Jesus aber stößt einen lauten Schrei aus und stirbt.

Und der Tempelvorhang vor dem Allerheiligsten zerreißt von oben bis unten in zwei Stücke.

Der Centurio aber, der — Jesus gegenüber — vor dem Kreuz steht und sah, daß er so starb, sagt: „Wahrhaftig, dieser Mann war Gottes Sohn!“

Nur von fern haben einige der Seinen das Sterben mit angesehen: Frauen, die ihm in Galiläa gefolgt waren und ihn mit Speise versehen hatten: Maria Magdalena, Maria, die Mutter Jakobus des Kleinen und des Joses, und Salome, und viele andere, die mit ihm nach Jerusalem hinaufgezogen waren ...

Diese Schilderung läßt den Leser verstehen, daß Jesus in völliger Einsamkeit, von Menschen und Gott verlassen, gestorben ist. Ohne jede Anteilnahme und Hilfe hat er ganz allein seinen Todeskampf durchleiden müssen. Warum hat Mk diese Verlassenheit so stark betont? Er wollte dem christlichen Leser zweierlei deutlich machen: einmal, wie groß die Last des Leidens war, die Jesus für uns auf sich genommen hat, und zum andern, daß er sie ohne Hilfe, ganz allein, getragen hat. So verrät seine Verlassenheit nicht Schwäche, sondern bezeugt seine Hingabe und Stärke.

Ist nun diese Schilderung „historisch echt“ in dem Sinne, daß sie eben das wiedergibt, was sich damals wirklich zugetragen hat? Wir können darauf nicht von vornherein mit „Ja“ oder „Nein“ antworten, sondern müssen die einzelnen Züge des Bildes prüfen.

In einem Falle ist uns ein sicheres Urteil möglich: die dreistündige Finsternis über dem ganzen Land hat nicht stattgefunden[12]. Sie ist, wie uns die Astronomen zeigen, unmöglich, und es berichtet auch keine andere Nachricht aus dem Altertum über ein doch sehr auffallendes Ereignis, das sie gewesen wäre. Dagegen kennen wir antike und auch jüdische Geschichten über die Zeichen, die sich beim Hinscheiden großer Männer ereignet haben sollen. Vergil berichtet nicht sehr lange nach Cäsars Tod von einer Sonnenfinsternis bei diesem Ereignis[13]. Aber vielleicht meinte man auch, in Amos 8,9 ein Wort zu besit-

---

[12] Schmid Mk 302 denkt an eine Verfinsterung der Sonne durch Schirocko-Dunst (und deutet auch die von Hieronymus [Gegen Johannes von Jerusalem 42] erzählte totale Sonnenfinsternis auf diese Weise, die Hieronymus Pfingsten 398 oder 399 erlebt haben will). Eine Sonnenfinsternis ist es nicht gewesen, weil bei Vollmond der Mond ja nicht zwischen Sonne und Erde stehen kann.

[13] Vergil, Georgica I 463 ff. Vgl. auch Diog. Laert. IV 64; Plutarch Pelop. 295 A; Billerbeck I 1040—1042. Taylor 593 hält den Vers für ein Zitat aus einer älteren Leidensgeschichte.

zen, das christologisch zu deuten war: „Und geschehen wird es an jenem Tage, spricht Gott der Herr, da wird die Sonne untergehen am Mittag und es wird finster werden auf Erden am Tage das Licht ... Ich werde Trauer schaffen wie um den geliebten (Sohn)." Wenn man damals beim Sterben großer Männer ein solches Zeichen erwartete und wenn das AT es voraussagte, dann konnte Mk gewiß sein, daß es so gekommen war. Zugleich half dieses Ereignis dem an Stoff armen Erzähler. Bei einer solchen Sonnenfinsternis kann in den Stunden des Dunkels sich nichts mehr vor dem Kreuz ereignen; diese Zeit ist gleichsam leer an Ereignissen. So hatte Mk nur noch die letzten Worte Jesu zu berichten samt dem, was damit zusammenhing.

Auch V. 38 hat keine historische, wohl aber eine symbolische Bedeutung. Die jüdische Überlieferung weiß von diesem Zerreißen des Tempelvorhangs nichts, soviel sie auch sonst von drohenden Vorzeichen zu berichten hat, die den Fall des Tempels ankündigen[14]. Es wird sich vielleicht um eine Lokallegende der römischen Gemeinde handeln, die in das römische Evangelium des Mk eingegangen ist.

Etwas schwieriger liegt der Fall bei V. 24 b „und sie verteilen seine Kleider, das Los über sie werfend, wer was nehmen soll" entspricht Ps. 22,19: „sie haben sich meine Kleider geteilt und über mein Gewand das Los geworfen". Man[15] kann geltend machen, daß es eine alte Sitte war: Die Kleider eines zu Tode verurteilten fielen den Soldaten zu, und man bediente sich dabei des Loses, um die Verteilung zu regeln. Schon der Psalm setzte so etwas voraus: der Leidende, der ihn spricht, wird schon wie ein Toter behandelt, dessen Kleider die Erben sich teilen. Aber einmal ist die Übereinstimmung im Wortlaut doch so groß, daß man beide Stellen enger verbunden denken muß. Vor allem aber wird nur von den Kleidern Jesu berichtet. Gewiß, dem Erzähler ist es gleichgültig, was mit den Kleidern der beiden andern geschieht. Aber Ps. 22 wird auch sonst von der christlichen Überlieferung als eine Weissagung auf das Christusgeschehen gedeutet. Eine solche war ungleich wertvoller als alles, was an menschlicher Erinnerung oder Tradition vorhanden sein mochte. Simon von Kyrene hatte freilich das Querholz bis nach Golgatha getragen. Aber er wird dort nicht weiter verweilt haben, sondern schleunigst in die Stadt gegangen sein, als die Soldaten ihn losließen. So wird die Gemeinde von ihm nicht mehr gewußt haben, als was V. 21 enthält. Daß er selbst Christ geworden ist, dafür spricht nichts. Joh hat ihn, wie wir sahen, nicht erwähnt, weil ein Jesus, der zusammenbricht,

---

[14] Jeremias vermutet, daß die Nachricht Git 56 b (Billerbeck I 1044: „Titus nahm ein Schwert und zerschnitt den Vorhang") auch einen historischen Kern hat und daß der in Rom aufbewahrte zerschnittene Tempelvorhang die Entstehung dieser Legende veranlaßt hat. (Natürlich kann niemand mit einem Schwert den Riesenvorhang des jerusalemischen Tempels zerschnitten haben.)

[15] So Taylor 589.

der späteren Gemeinde unerträglich war, deren Überlieferung der vierte Evangelist verwertet hat.

Mk erzählt in V. 40 f. weiter, daß Frauen aus Jesu Gefolgschaft von fern zusahen. Das schließt den historischen Wert der johanneischen Darstellung aus, wonach die drei Marien und der Jünger, den Jesus lieb hatte, unter dem Kreuz gestanden hätten. Sie zeigt, wie weit sich schon die von Joh benutzte Überlieferung von der Wirklichkeit entfernt hat. Ihr lag sowieso nicht daran, ein möglichst realistisches Bild zu geben, sondern den Sinngehalt des Geschehens herauszustellen. Daß die Geschichte vom ungenähten Rock Jesu aus einem Mißverständnis des Parallelismus in Ps. 22,19 hervorgegangen ist, haben wir bereits erwähnt.

Ps. 22,8: „Alle, die mich sehen, spotten meiner, verziehen die Lippen und schütteln den Kopf" entspricht den Worten „die Köpfe schüttelnd" von V. 29. Auch hier wird man zunächst sagen dürfen: in beiden Fällen wird eine bekannte jüdische Gebärde des Spottes und der Verachtung beschrieben. Aber Mk charakterisiert damit die erste Gruppe, die er erwähnt, und daß gerade für sie eine bestimmte Überlieferung vorlag, ist nicht anzunehmen. Gerade weil für das Geschehen nach der Kreuzigung keine konkreten Zeugnisse vorlagen, hat man auf atl. Gut und andere passende Worte zurückgegriffen. So taucht hier wieder das aus dem Prozeßbericht bekannte angebliche Tempelwort auf und hilft die erste Spottrede füllen. Nach unserer Stelle müßte es gelautet haben: „Ich werde den Tempel zerstören und in drei Tagen wieder aufbauen"; man kann sich schwer vorstellen, in welchem Zusammenhang Jesus dergleichen gesagt haben könnte. Die in V. 26 genannte Angabe über die Schuld Jesu hat der Evangelist für die zweite Verspottung — durch die Hohenpriester und Schriftgelehrten (deren Anwesenheit nach Taylor 591 f. schwierig zu erklären ist) — benutzt. Daß die Mitgekreuzigten ebenfalls Jesus gelästert haben, wird aus Ps. 22,8 erhoben worden sein: „alle, die mich sehen, spotten meiner". Die spätere Legende (Lk 23,40) hat einen der beiden Schächer glaubend für Jesus eintreten lassen (s. o. S. 528). Noch später wußte man auch die Namen der beiden: nach der altlateinischen Handschrift c hieß der rechte Schächer Zoathan, der linke dagegen Chammatha[16].

Wichtig ist, daß zweimal vom „kreuzigen" gesprochen wird: V. 24 „und sie kreuzigen ihn und verteilen usw." und V. 25 „es war aber die dritte Stunde" (= 9 Uhr morgens) „und sie kreuzigen ihn". Hier sind offensichtlich zwei verschiedene Überlieferungen nicht sehr glücklich miteinander verbunden. Da V. 24 aus Ps. 22 erhoben ist, dürfte er in eine ältere und kürzere Erzählung eingeschoben sein, in welcher der Zug der Kleiderverteilung noch nicht vorkam.

Man wird sich aber auch fragen müssen, ob nicht V. 26 ein solcher

[16] Taylor 591; nach den Pilatusakten dagegen hießen sie Dysmas und Gestas.

Einschub ist. Gewiß war es Sitte, den Grund für die Hinrichtung, also die Schuld des Betreffenden auf einem „titulus" anzugeben[17]. Aber die Formulierung „Der König der Juden" ist christlich, und in der johanneischen Darstellung wird deutlich, daß sie nicht die Anklage, sondern den Anspruch des Hingerichteten wiedergibt. Andererseits haben die Judenchristen Jahrzehnte hindurch in Jerusalem die Messianität Jesu verkünden können, und das beweist, daß die Juden darin keine Gotteslästerung gesehen haben. Daß ausgerechnet eine römische Behörde durch eine solche Formulierung die Juden herausgefordert hätte, ist nur im Zusammenhang des johanneischen Bildes der Passionsgeschichte ganz verständlich[18].

Sehr merkwürdig ist V. 34 ff. Selbst wenn man annimmt, daß die römischen Soldaten hier meist aus Syrien stammten und darum aramäisch verstanden, ist es schwer einzusehen, wie sie aus dem von Mk aramäisch überlieferten Kreuzeswort „Elohi usw." eine Anrufung des Elias herausgehört haben — Mt hat nicht ohne Grund diese aramäische Form in die hebräische „Eli" umgeändert und damit einen hebräisch-aramäischen Mischtext geschaffen, dessen Künstlichkeit in die Augen springt. Wir finden hier, wie Joachim Jeremias mit Recht hervorgehoben hat, die erste Erwähnung des „Nothelfers" Elias; mit dem Glauben an das Kommen des Elias vor dem Ende dieses Äons hat unser Text nichts zu tun[19].

Damit verbunden ist wieder ein auf Ps. 69,22 zurückgehender Zug verbunden: „sie haben mich Essig trinken lassen für meinen Durst". Mk scheint die Szene sich so vorgestellt zu haben: Der Sprecher, der hier geschildert wird, glaubt nicht daran, daß Elias kommen wird. Sein Wort „Halt mal, wir wollen doch sehen, ob Elias kommt und ihm hilft", zeigt, daß er Jesus den Trank nur reicht, um sein Leben noch etwas zu verlängern und dem Elias noch Zeit zum rettenden Eingreifen zu geben. Das ist blanker Hohn.

V. 39 stellt uns vor eine besonders schwierige Frage. Wenn unsere Stelle einen Sinn haben soll, dann muß der Centurio Jesu Wort in V. 34 in eben der Weise verstanden haben, wie es die christliche Gemeinde aufgefaßt hat: nicht als einen Schrei der Verzweiflung, son-

---

[17] Vgl. Taylor 590, der auf Sueton, Caligula 32 hinweist, wonach dem Verurteilten eine Tafel vorangetragen wurde, auf der seine Schuld zu lesen war.

[18] Man erklärt diese Form des „titulus" (die eigentlich nicht die Anklage enthält, wie es sich gehört, sondern den Anspruch der frühen christlichen Gemeinde) damit, daß Pilatus damit seinem Grimm gegen die jüdische Behörde Ausdruck gegeben habe, die ihn zu dieser Hinrichtung zwang. Dabei übersieht man aber, daß dieses Bild des Pilatus und des ganzen Prozesses vom Standpunkt der christlichen Gemeinde aus gezeichnet ist.

[19] Billerbeck hat in IV 2, Exkurs 28: Der Prophet Elias nach seiner Entrückung aus dem Diesseits, S. 764—798, eine Fülle von Beispielen für den spätjüdischen Glauben an den „Nothelfer" Elias gesammelt, der so etwas wie der getreue Eckhardt der deutschen Sage war.

dern als die Klage des Frommen, der zu seinem Gott schreit und darum nicht enttäuscht und verzweifelt spricht, sondern in Glauben und Zuversicht. Daraus aber folgt dann fast mit Notwendigkeit: es ist die christliche Gemeinde, die den Centurio so sprechen läßt, die ihm ihr eigenes Bekenntnis in den Mund legt. Jesu Erdenleben sollte nicht im Hohn und Spott der Feinde untergehen. Da niemand von den Seinen zugegen war, um in Jesu Todesstunde sich glaubend zu ihm zu bekennen, hat die Gemeinde dies Bekenntnis durch den römischen Hauptmann aussprechen lassen: Rom selbst hat in diesem — so berichtet das römische Evangelium des Mk — die Gottessohnschaft des Hingerichteten anerkannt.

Die galiläischen Frauen, die nach V. 40 f. „in der Ferne standen", konnten diesen Glaubensdienst nicht übernehmen. Man wird durch diesen Zug an Ps. 38,12 erinnert: „Meine Freunde und Genossen stehen abseits von mir; und meine Nächsten halten sich ferne". Lk spielt in 23,49 auf Ps. 88,9 an: ἐμάκρυνας τοὺς γνωστούς μου ἀπ᾽ ἐμοῦ (emakrynas tous gnostous mou ap'emou = „du hast von mir entfernt alle meine Bekannten").

Eine letzte Frage hat man aufgeworfen: Ist nicht am Ende auch das Zitat aus Ps. 22 in V. 34 nur der christologischen Auslegung dieses Psalms zu verdanken[20]? Unmöglich ist das nicht. Es kann durchaus sein, daß die ältere Überlieferung nur berichtete, Jesus habe einen lauten Schrei ausgestoßen und sei dann gestorben. „Am 14. Nisan nachmittags, da man abends das Passalamm aß, schrie er laut auf und verschied" — so endet die Skizze des Lebens Jesu von Albert Schweitzer aus dem Jahre 1901.

Vincent Taylor (Mk 587) leitet die Besprechung des Abschnitts mit folgenden Worten ein: „Die Erzählung besteht aus kurzen Einzelszenen, die in rascher Folge aneinandergereiht werden. Von ihr gewinnt man den Eindruck einer verhältnismäßig kurzen Grundgeschichte, die verschiedene andere Traditionsstücke an sich zog, manche historisch, andere legendarisch, woraus eine Art Kreuzigungsdrama zusammengestellt wurde, um die religiösen Bedürfnisse einer heidenchristlichen Gemeinde zu erfüllen. Die Anordnung des Ganzen in Abschnitte von drei Stunden, mit Betonung der dritten, sechsten und neunten Stunde, legt diese Ansicht nahe." Für ursprünglich hält Taylor die Verse 21—24, 26, 29 f., 34—37.

Hier kreuzen sich zwei Fragen. Die eine betrifft den Aufbau der Erzählung, die andere den historischen Wert des einen oder anderen Zuges. Der Aufbau ist von Taylor richtig geschildert: Kurze Einzelszenen folgen rasch einander. Die erste berichtet von Simon von Kyrene, der das Kreuz — das Querholz — tragen muß. Dadurch daß die Gemeinde, für die Mk schrieb, die Söhne Simons kannte, war sie hier mit der Passionsgeschichte eigentümlich eng verbunden. Der

---

[20] Vgl. Taylor 594.

Marsch der kleinen Kolonne — denn auch die beiden von Mk erst später erwähnten „Räuber“ wurden mit hinausgeführt und machten eine Sicherung gegen Befreiungsversuche nötig — ging zu dem „Ort des Schädels“, wo die Kreuze schon warteten. Mk aber hat nur Jesus im Auge; die andern werden gelegentlich erwähnt, wo es tunlich ist. Man versucht Jesus einen mit Myrrhen gewürzten Wein zu geben — er lehnt ihn ab. Damit ist alles erwähnt, was der Kreuzigung vorausgeht. Die zweite Szene schildert die Kreuzigung selbst und deren nähere Umstände (V. 24—27). Überraschend kurz wird der Akt der Kreuzigung abgetan;[21] viel mehr Raum gibt der Erzähler der Verteilung von Jesu Kleidern unter die Soldaten — hier hat, wie öfter bei Mk, das nicht genannte atl. Zitat selbst den Stoff der Erzählung geliefert. V. 35 setzt neu ein mit der Zeitangabe (9 Uhr morgens) und der (zweiten) Erwähnung der Kreuzigung. Dann wird die Aufschrift genannt, und wie ein Anhang folgt die Mitteilung, daß Jesus zwischen zwei Partisanen gekreuzigt wurde (erst Lk hat aus ihnen gemeine Verbrecher gemacht)[22]. Die dritte Szene hat die Verspottung zum Inhalt, die wiederum dreifach gegliedert ist: die Vorübergehenden spotten (hier wird Klag. 2,15 und Ps. 22,8 benutzt); die Hohenpriester und die Schriftgelehrten bilden die zweite Gruppe der Spötter, die dritte die beiden Mitgekreuzigten, von deren Spott nichts Genaues gesagt wird. Die vierte Szene umfaßt die drei Stunden der Finsternis (V. 33), die keinen weiteren Inhalt braucht und zuläßt. Die fünfte Szene, V. 34—37, berichtet von Jesu letztem Wort und Tod. Daran schließt sich die letzte Szene an, V. 38 f.; sie beschreibt die Auswirkung des Sterbens Jesu auf das Judentum — der Vorhang des Tempels zerreißt von oben bis unten: der Weg ins Allerheiligste ist frei und der Tempelglaube dem Untergang geweiht — und das Heidentum, dem der Centurio angehört, kommt zum Glauben an den Gottessohn. Manches ist nur angedeutet; anderes — z. B. der Spott — breit ausgeführt. Ob Mk dafür eine Grundschrift benutzt hat, ist keineswegs sicher, und sollte es der Fall gewesen sein, so wäre sie noch nicht eine Sammlung aller „historischen“ Züge.

Das für uns Erstaunliche an der marcinischen Darstellung ist die harte, gar nicht sentimentale Schilderung der Verlassenheit, die sich immer mehr steigert bis hin zu dem nicht mehr Worte findenden Todesschrei Jesu. Diese wie mitleidlos erscheinende Härte haben die späteren Evangelien nicht mehr ertragen, sondern ins Friedliche

---

21 Die Qual dieser grausamsten Todesstrafe wird nicht beschrieben. Der Tod ist bei der Kreuzigung nicht durch Verblutung eingetreten, sondern durch Versagen des Kreislaufs: Josef Schmid Mk 296.

22 Schmid Lk 348: Bei der Kreuzigung Jesu inmitten zweier Verbrecher denkt der Evangelist wohl an Jes 53,12: „dafür, daß er sein Leben in den Tod dahin gab und unter die Übeltäter gerechnet wurde“. Allerdings verwendet Lk ein anderes griechisches Wort: „kakourgos“ = Übeltäter statt „anomos“ = Gesetzesübertreter in Jes 53,12 LXX. Vgl. Anm. 4 zu Abschnitt 77.

abgemildert — ganz zu schweigen von dem triumphalen Sterben Jesu bei Joh. Erst hier wird sichtbar, was es für Mk heißt, daß in Jesu Sterben der neue Bund geschlossen wird. Mk ist alles andere als ein bloßer Sammler und Tradent; er ist ein Schriftsteller und Theologe von eigener Größe.

79 Jesu Begräbnis

Mk 15,40—47; Mt 27,55—61; Lk 23,48—56; Joh 19,31—42

(42) Und als es schon spät war — denn es war der Rüsttag, d. h. der Vorsabbat[1] *— (43) kam Joseph von Arimathia, ein angesehener Ratsherr, der auf das Gottesreich wartete, und wagte es, ging zu Pilatus hinein und bat um den Leichnam Jesu. (44) Pilatus aber fragte verwundert, ob er schon gestorben sei, und ließ den Centurio herbeirufen und fragte ihn, ob er schon lange tot sei. (45) Und als er es von dem Centurio erfahren hatte, schenkte er dem Joseph die Leiche. (46) Und der kaufte Leinwand, nahm ihn herab, wickelte ihn in die Leinwand und legte ihn in ein Grab, das aus dem Felsen herausgehauen war, und wälzte einen Stein vor die Tür des Grabes. (47) Maria Magdalena aber und Maria die Mutter des Joses sahen, wohin er gelegt wurde.*

Eigentlich beginnt die Geschichte von Jesu Begräbnis schon in Mk 15,40 f. Hier werden — als ferne Zeuginnen des Sterbens Jesu — die aus Galiläa mitgekommenen Frauen genannt, und zwar in größerer Anzahl als in V. 47 und 16,1. V. 41 zählt auf: Maria Magdalena, Maria, die Mutter des kleinen Jakobus (d. h. wohl: nicht des Zebedaiden) und Joses, und endlich Salome. In V. 47 treten nur zwei auf: Maria Magdalena und Maria, die Mutter des Joses. In 16,1 aber kommen mit Maria Magdalena — die immer an erster und bei Joh an einziger Stelle genannt wird — Salome und Maria die Mutter des Jakobus.

---

[1] παρασκευή (paraskeuē) heißt eigentlich „Vorbereitung", nämlich für den Sabbat oder das Passa. Josephus Ant. XVI gibt einen kaiserlichen Erlaß wieder, in dem der Anfang auf die 9. Stunde = 6 Uhr nachmittags festgelegt wird. Die Bezeichnung προσάββατον (prosabbaton) = Vorsabbat soll dem Leser den fremden Begriff erklären; sie kommt schon in der LXX vor. Der Vers will zeigen, daß keine Zeit zu verlieren war (vgl. Joh 19,31). Die Worte ὃς καὶ αὐτὸς ἦν προσδεχόμενος (hos kai autos en prosdechomenos) übersetzt man meist: „der auch einer war, der die Gottesherrschaft erwartete". „Hos kai" kann aber auch nur ein verstärktes Relativpronomen sein; dann heißt der Satz: „der in der Erwartung d. G. lebte". Jedenfalls wird Joseph damit nicht als Jünger Jesu bezeichnet, sondern nur als ein Jude, der die messianische Hoffnung hegte. Mt 27,57 macht ihn schon zu einem Jünger Jesu; nach Joh 19,38 ist er im geheimen ein Jünger —, aus Furcht vor den Juden! Nach Mk 15,43 ist er ein wohlhabender Ratsherr; als solcher kann er es sich leisten, vom Statthalter den Leichnam des Hingerichteten zu erbitten. Dt 21,23 verbietet, den Leichnam eines Hingerichteten die ganze Nacht am Stamm hängen zu lassen; er soll noch am selben Abend begraben werden.

Hirsch[2] wird recht haben: hier hat Mk zwei Listen, so gut es gehen wollte, zusammengelegt, deren eine Maria Magdalena und Maria die Mutter des Joses enthielt, die andere aber Maria Magdalena, Maria die Mutter des kleinen Jakobus und Salome. Schon damit deutet sich an, daß wir keine einhellige Tradition über das Begräbnis und das leere Grab finden werden.

Bevor wir auf Mk 15,42 ff. eingehen, eine kleine Vorbemerkung. Jesu Hinrichtung am Kreuz ist nach römischem Recht und in römischer Weise erfolgt. Bei den Juden wurden (wegen Gotteslästerung oder Götzendienst) Gesteinigte nach ihrem Tod für eine ganz kurze Zeit an den (nicht ausgebreiteten!) Händen aufgehängt und dann sofort wieder abgenommen[3].

Ganz anders war die Kreuzigung bei den Römern. Hier diente sie dazu, den Verurteilten zu töten. Es konnte lange dauern, bis der Tod eintrat, bisweilen zwei, drei Tage. Die Römer sahen keinen Anlaß, das Sterben zu beschleunigen. In unserer Geschichte wird darum auch nicht erzählt, daß die Römer Jesu Leichnam noch am Hinrichtungstag herabnehmen wollten. Vielmehr kam es dadurch zur Kreuzabnahme, daß ein angesehener jüdischer Ratsherr (er muß nicht dem Großen Synhedrium in Jerusalem angehört haben, sondern kann — wie schon Joachim Jeremias vermutet hat — im Synhedrium von Arimathia gewesen sein) namens Joseph es wagte, zu Pilatus zu gehen und sich den Leichnam Jesu zu erbitten. Als Zeitbestimmung wird angegeben: „als es schon ‚opsia' wurde. Dieses griechische Wort heißt bei Mk an den Stellen, wo der Zusammenhang eine genaue Bestimmung erlaubt: „Dämmerung". Aber in Palästina dauert die Dämmerung nicht so lange wie bei uns: sie ist ganz kurz. Nach Sonnenuntergang kommt sehr schnell die Dunkelheit, und sobald der zweite Stern sichtbar wird, ist der neue Tag — in unserem Fall: ein Sabbat — angebrochen. Nun kann man aber einen Toten nicht am Sabbat bestatten, ohne den Sabbat zu verletzen. Wie streng man es damals mit dem Sabbat nahm, zeigt folgende Geschichte: „Ein Mann, der am Freitag im Sterben lag, sagte zu seinen Angehörigen; ‚Ich weiß schon, warum ihr mir die Augen zudrückt und die Nase zuhaltet: ihr wollt den Sabbat nicht verletzen. Ich will es aber auch nicht, und darum fahrt nur fort!'"

Man hat also in diesem Fall das Sterben gewaltsam beschleunigt, nur um nicht mit dem Sabbat in Konflikt zu kommen[4]. Ging nun Joseph erst in der Dämmerung zu Pilatus, dann konnte er den Leichnam nicht mehr vor der Nacht und d. h. vor dem Sabbat — bestattet haben.

Soll unsere Geschichte, und vor allem V. 42 b, einen Sinn haben, dann müßte man die Worte „als es schon dämmerte" etwas anders deuten: Joseph von Arimathia kommt, als es — angesichts des nahen-

[2] Hirsch I 173.

[3] Vgl. Billerbeck I 1034.

[4] Ähnlich ist Joh 19,31—37 zu verstehen, das aber eine spätere Erweiterung der Tradition über Jesu Tod ist.

den Sabbats — schon höchste Zeit ist, zu Pilatus und erbittet den Leichnam. Pilatus erfährt vom wachhabenden Offizier, daß Jesus bereits tot ist, und zwar seit längerer Zeit. Daraufhin gibt er freundlich, ohne Geld zu fordern („er schenkte"), Jesu Leichnam dem Joseph frei. Der kauft nun schnell ein Stück Leinwand[5], geht mit seinen Leuten zur Hinrichtungsstätte, nimmt den Leichnam ab, wickelt ihn in das Leintuch und läßt ihn zu dem Grab tragen, vor das der Verschlußstein — der „golel"[6] — gelegt wird.

Damit macht unsere Geschichte deutlich, wie es eigentlich dazu kam, daß man Jesus überhaupt noch am Freitagnachmittag ins Grab legte. Ohne das Eingreifen des Joseph hätten die Römer den Gekreuzigten nicht herabgenommen, sondern weiter am Kreuz hängen lassen[7]. Und unsere Geschichte sucht zweitens zu zeigen, wie es dazu kam, daß die beiden in V. 47 genannten Frauen das Grab kannten und am Sonntagmorgen dorthin gehen konnten. Und sie zeigt drittens, warum die Frauen zum Grab gingen: Joseph hatte aus Zeitmangel die Leiche nur rasch beigesetzt, ohne sie zu waschen und zu salben, wie es Brauch war (vom Einbalsamieren als einem jüdischen Brauch sollte man nicht reden; die „aromata", die wohlriechenden Stoffe, dienten dazu, den Verwesungsgeruch zu beseitigen.)

Matthäus ist dem Mk mit Kürzungen — wie er es gern tut — gefolgt. Aber einige wichtige Änderungen finden wir doch bei ihm. Von dem „Vorsabbat" spricht er nicht, und daß Joseph von Arimathia unter Zeitdruck stand („als es schon dämmerte") erwähnt er nicht. Mk hatte nicht behauptet, daß Joseph ein Christ war, sondern ihn nur als

---

[5] Wie das alles jetzt noch zeitlich vor Anbruch des Sabbats möglich sein soll, läßt sich schwer erklären.

[6] Billerbeck I 1051. — D liest in Lk 23,53: „Und als er ihn beigesetzt hatte, legte er vor das Grab einen Stein, den kaum zwanzig wälzen konnten"; ebenso d: lapidem, quem vix viginti movebant. Hier hat eine Homerstelle Pate gestanden: Odyssee Buch 9, Vers 240, wo es vom Zyklopen heißt: „Und er setzte alsbald einen großen Türstein davor ... einen gewaltigen. Den hätten nicht 22 Wagen, tüchtige, vierrädrige, wegwuchten können von dem Boden; einen so großen ... Stein setzte er vor die Tür" (Übersetzung von W. Schadewaldt). Offensichtlich hat ein homerkundiger Abschreiber, etwas die Angaben mäßigend, den zyklopischen Stein ins Evangelium eingebracht, unbekümmert darum, daß Joseph von Arimathia kein Riese war wie Polyphem. So ist denn die sinnlose Behauptung entstanden, daß Joseph einen Stein vor das Grab setzt, den kaum zwanzig bewegen konnten.

[7] Johannes hat allerdings die Juden den Pilatus bitten lassen, die Leichen vom Kreuz zu nehmen, damit die Heiligkeit jenes Sabbats nicht befleckt werde. Nur so ließen sich jene beiden Züge in der Geschichte unterbringen, daß zwar den beiden Mitgekreuzigten die Schenkel zerbrochen wurden, nicht aber Jesus, und daß auf einen Lanzenstich in seine Seite Blut und Wasser herauskamen. Für beides ist bei Mk kein Raum.

einen Mann charakterisiert, der auf das Gottesreich wartete und insoweit der christlichen Gemeinde nahestand. Mt dagegen macht den Joseph kurzerhand zu einem Jünger Jesu (V. 57). Das Gespräch des Pilatus mit dem Centurio läßt Mt — wie auch Lk — als überflüssig fort. Vielleicht nahm er auch daran Anstoß, daß danach Jesus sehr rasch gestorben war. Die Leinwand wird nicht erst jetzt gekauft (was Schwierigkeiten mit sich bringt, wie wir gesehen haben)[8], sondern als schon vorhanden vorausgesetzt (V. 59). Dagegen betont Mt hier, daß diese Leinwand „rein", also noch unbenutzt war, und daß das Grab „neu", also ebenfalls unbenutzt war und deshalb nicht kultisch unrein machte. Die zwei Marien — Maria Magdalena und „die andere Maria", wie sie einfach heißt — läßt Mt dem Grab gegenübersitzen.

Völlig neu dagegen — und sehr jung — ist die Geschichte von den Grabeswächtern, die Mt in 27,62—66 folgen läßt. „Am kommenden Tage, der auf den Rüsttag folgt" ist eine sehr sonderbare Zeitbestimmung. Zahn 707 meint: „Es ist, als ob Mt sich scheute, den Tag, an welchem diese Wächter des Gesetzes ihre Verstockung gegen die Wahrheit besiegelten, einen Sabbat zu nennen." Offensichtlich hat Mt wirklich Hemmungen, hier den Sabbat zu nennen, weil das die Geschichte allzu unwahrscheinlich macht. Trotzdem kommt Mt nicht um diesen Sabbat herum, wenn er die Grabeswächter noch rechtzeitig an Ort und Stelle bringen will. Deshalb läßt er die Hohenpriester und Pharisäer am Sabbat zu Pilatus gehen mit der Bitte, das Grab bis zum dritten Tag bewachen zu lassen. Denn „jener Verführer" habe von einer Auferstehung nach drei Tagen gesprochen. Nun muß man verhindern, daß die Jünger den Leichnam stehlen und dann behaupten, Jesus sei auferstanden. Pilatus konzediert ihnen die Wache, und so ziehen sie samt den Legionären zu dem ihnen seltsamerweise bekannten Grab hin und versiegeln es.

Diese Geschichte setzt deutlich voraus, daß die Juden auf die christliche Auferstehungspredigt geantwortet haben: Die Jünger haben eben den Leichnam gestohlen; kein Wunder, daß dann das Grab leer war! Um nun diese jüdische Polemik gegen die christliche Verkündigung von der Auferstehung Jesu unmöglich zu machen, hat man christlicherseits wieder die Geschichte von den Grabeswächtern erfunden, welche die Zeichen ihrer Unechtheit in aller Deutlichkeit zur Schau trägt. Das wird bei der Fortsetzung dieser Geschichte in Mt 28,11—15 sich bestätigen.

Lukas (23,50—56) hält Joseph, den er „einen guten und gerechten Mann" nennt, für ein Mitglied des Hohenrats in Jerusalem (vielleicht hat er nicht gewußt, daß es auch in den anderen jüdischen Städten Synhedrien gab, sondern das große Jerusalemer Synhedrium für das einzige gehalten). Darum muß er hervorheben, daß Joseph mit Plan

---

[8] S. o. Anm. 5.

und Handeln dieser Behörde nicht einverstanden gewesen war. Mk berührt dieses ganze Problem nicht: Joseph taucht plötzlich sozusagen aus dem Nichts auf und verschwindet nach der Bestattung Jesu wieder völlig. Lk läßt den ehrenwerten Mann ohne weiteres zu dem — Jesus gegenüber ja wohlwollend gewesenen — Pilatus gehen, um die Leiche bitten, sie herabnehmen, in eine Leinwand wickeln und in ein aus dem Felsen gehauenes Grab bringen, in dem noch nie jemand beigesetzt gewesen war. Erst nach diesem einen Satz (V. 52 f.), der bis an den Rand mit Handlung gefüllt ist, kommt die Zeitangabe: es war Rüsttag, und der Sabbat „leuchtete auf", nämlich mit dem ersten Stern.

Jene Frauen, die Jesus aus Galiläa gefolgt waren (Lk nennt ihre Namen hier in V. 55 nicht), haben auch nach Lk die Grablegung angesehen. Dann kehren sie heim und bereiten Gewürzkräuter und Salböl vor (der Leichnam ist ja noch nicht gesalbt). Den Sabbat über enthalten sie sich, treu dem Gesetz, jeder Arbeit.

Johannes (19,31—42) bringt eine weit abweichende Tradition; sie wird erheblich jünger sein als die marcinische. Bestimmt ist sie dadurch, daß die christliche Schriftgelehrsamkeit inzwischen zwei weitere atl. Stellen auf Jesu Passion gedeutet hat: „ es wird ihm kein Knochen zerbrochen werden" = Ps. 34, 21 b und „sie werden hinschauen auf den, den sie durchbohrt haben" = Sach. 12,10. Der Psalm handelt — wie so manche — von dem leidenden Gerechten und ließ sich darum leicht auf Jesus beziehen: „Der Gerechte muß viel leiden, aber aus alledem rettet ihn der Herr. Er behütet all seine Gebeine, daß ihrer keines zerbrochen wird." Dabei ist ursprünglich daran gedacht, daß der Gerechte vor jedem Unfall bewahrt bleibt. Aus dieser Stelle folgerten nun aber christliche Schriftgelehrte, daß nicht Jesus, wohl aber den mit ihm Mitgekreuzigten die Knochen zerbrochen wurden[9]. Sach. 12,10 spricht von dem Geist der Gnade und des Flehens, den Gott über das Davidshaus und die Bewohner Jerusalems ausgießen wird, und fährt dann fort: „und sie werden hinschauen auf den, den sie durchbohrt haben, und um ihn klagen, wie man klagt über das einzige Kind, und bitterlich über ihn weinen, wie man weint über den Erstgeborenen". Aus diesem Zusammenhang wird nur das eine kleine Sätzchen herausgenommen und auf Jesus bezogen: „er ist durchbohrt worden". Beide Aussagen haben nun zu folgender Veränderung der marcinischen Passionsgeschichte geführt: da es Rüsttag war und der folgende Sabbat ein großer Feiertag, baten die Juden den Pilatus, man möge den Verurteilten die Schenkel zerbrechen, um damit ihren Tod herbeizuführen, und sie herabnehmen. Die Soldaten voll-

[9] Walter Bauer, Joh 225: „Das Crurifragium, die Zerschmetterung der Beinknochen, hier zur Beschleunigung des Todes dienend . . ., war sonst eine selbständige Strafe".

zogen an den beiden Mitgekreuzigten das „crurifragium". Als sie aber sahen, daß Jesus schon tot war, unterließen sie es bei ihm. Ein Soldat aber stieß im die Lanze in die Brust, „und sofort kam Blut und Wasser heraus". Dieses bei einem Toten erstaunliche Geschehen hat für den Erzähler einen tieferen Sinn: aus dem Todesleib Jesu entspringen die Sakramente der Taufe und des Abendmahls (Bultmann Joh 535). Darum wird die Tatsächlichkeit des Ereignisses besonders hervorgehoben: „der es gesehen hat" — der Lieblingsjünger —, „hat es bezeugt, und sein Zeugnis ist wahr, und jener weiß, daß er die Wahrheit sagt, damit auch ihr glaubt." Mit V. 36 geht die eigentliche Erzählung weiter, die noch nicht von dem Herauskommen von Blut und Wasser weiß: „denn das geschah, damit die Schrift(stelle) erfüllt würde: ‚Es wird ihm kein Knochen zerbrochen werden'. Und wiederum sagt eine Schrift(stelle): ‚Sie werden auf den blicken, den sie durchbohrt haben'."

Nun erst wird erzählt, wie Joseph von Arimathia, ein Jünger Jesu — aber nur im verborgenen aus Angst vor den Juden! —, Pilatus um den Leichnam Jesu bittet und ihn erhält und abnimmt. Wenn aber — nach V. 31 — die Tötung der Gekreuzigten nur erfolgte, damit sie von den Juden herabgenommen werden konnten, dann kommt Joseph zu spät. Man sieht an dieser Stelle, daß der Einschub nicht sauber in den Kontext eingesetzt ist[10].

Aber es bleibt nicht bei diesem einen Einschub: zu ihm tritt ein zweiter, der sich ebenfalls mit dem Kontext schlecht verträgt: Nikodemus, der einst bei Nacht zu Jesus kam, erscheint plötzlich mit einer Mischung von Myrrhe und Aloe in der Riesenmenge von hundert römischen Pfund, also immerhin 32 kg! Jesu Leib wird nun in Binden gewickelt, nicht in eine Leinwand gehüllt, und dazwischen jene Mischung gestreut, mit der Behauptung: das sei die jüdische Bestattungsweise. Tatsächlich wurden zwar die Leichen mit Öl gesalbt, dem man Myrrhe und Aloe hinzufügte, um den Leichengeruch zu überdecken. Ein Einbalsamieren, an das hier doch gedacht ist, war bei den Juden nicht üblich, wie Billerbeck II 53 festgestellt hat. Endlich heißt es auch bei Joh (V. 41 f.), daß der Leichnam an einer Stelle nahe der Hinrichtungsstätte in einem neuen Grab beigesetzt wird, wegen des „Rüsttages" (der eigentlich hier nur als Freitag verstanden werden kann: Bultmann Joh 527). Daß dieses Grab in einem Garten lag, ist eine neue Angabe; bisher hatte die Tradition nur von einem in den Fels eingehauenen Grab gesprochen.

Vermutlich hat der Verfasser die synoptischen Evangelien nicht gekannt, sondern nur eine dem Mk gegenüber durch schriftgelehrte Exegese um neue Züge bereicherte Passionserzählung.

---

[10] Daß hier zwei verschiedene Gedanken nicht zur völligen Einheit kommen, beweist die Wiederholung von αἴρειν (airein = herabnehmen vom Kreuz) in V. 31 u. 38.

80 Das leere Grab

Mk 16,1—8; Mt 28,1—10; Lk 24,1—12

(1) Und als der Sabbat vorüber war, kauften Maria Magdalena und Maria, die Mutter des Jakobus, und Salome Gewürze, damit sie kämen und ihn salbten. (2) Und sehr früh am Sonntag gingen sie zum Grab bei Sonnenaufgang. (3) Und sie sagten zueinander: „Wer wird uns den Stein von der Tür des Grabes wegwälzen?“ (4) Und aufblickend sahen sie, daß der Stein fortgewälzt war; denn er war sehr groß. (5) Und sie gingen in das Grab hinein und sahen einen Jüngling zur Rechten sitzen, mit einem weißen Gewande angetan, und sie entsetzten sich. (6) Der aber sagte zu ihnen: „Entsetzt euch nicht! Ihr sucht Jesus, den Nazarener, den Gekreuzigten. Er wurde auferweckt; er ist nicht hier. Seht, da ist die Stelle, wo sie ihn hingelegt hatten. (7) Wohlan, geht, sagt seinen Jüngern und dem Petrus: ‚Er geht euch voran nach Galiläa. Dort werdet ihr ihn sehen, wie er euch gesagt hat!‘“ (8) Und sie gingen hinaus und flohen fort vom Grab; denn Furcht und Entsetzen hielten sie im Bann, und sie sagten niemanden etwas. Denn sie fürchteten sich.

Warum hat Mk diese Perikope erzählt? Wir sind zunächst geneigt zu antworten: der Leser soll erfahren, daß die Frauen das Grab leer gefunden haben. Aber das wäre zu wenig gewesen. Angenommen, die Frauen hätten das Grab leer gefunden, dann wäre immer noch der jüdische Einwand möglich gewesen: „Die Jünger haben eben seinen Leichnam gestohlen!“ (vgl. Mt 28,11—15, s. u. S. 542). Die Tatsache des leeren Grabes für sich allein hätte die Auferstehung noch nicht erwiesen; sie bringt diesen Erweis erst in Verbindung mit der Botschaft des Engels. Wenn E. Hirsch diese streicht und einen Urbericht rekonstruiert[1], nach dem die Frauen den Stein fortgewälzt sehen und angstvoll fliehen, so ergibt das einen Zusammenhang, den die Gemeinde niemals überliefert hätte. Gerade die Engelsbotschaft „Er wurde auferweckt!“ ist für die frühchristliche Erzählung von den Frauen unentbehrlich.

Aber mehr: der zweite Teil dieser Engelsbotschaft (16,7) verbindet nun unsere Geschichte mit der alten Überlieferung, wie sie uns im von Paulus 1. Kor. 15,3 ff. zitierten Kerygma vorliegt. Unsere Geschichte will die Erzählungen von jenen Erscheinungen des Auferstandenen vor Petrus und den Zwölf nicht überbieten oder verdrängen,

---

[1] Nach Hirsch I 268 f. lautete der Urbericht: „Und sie kauften Balsam, um hinzugehen und ihn zu salben. Und sehr früh am ersten Wochentag kommen sie zur Grabkammer. Und wie sie den Blick erheben, da sehen sie, daß der Stein abgewälzt ist, und sie flohen und sagten niemand etwas, denn sie fürchteten sich.“ Hirsch versucht dann I 182—186 den angeblich verlorenen Rest des Mk über die Erscheinung am galiläischen See zu rekonstruieren; s. den Text I 269.

sondern sichern. Das geschieht in der Weise, daß die Frauen beauftragt werden, die Jünger nach Galiläa zu bestellen, wohin ihnen der Herr vorausgehen und wo er ihnen erscheinen werde[2]. Aus den Worten „Er wird euch vorausgehen nach Galiläa“ wird deutlich, daß das „dort werdet ihr ihn sehen“ nicht ein Sehen bei der Parusie meint: wenn der Herr vom Himmel her wiederkehrt, zieht er nicht den Jüngern voraus nach Galiläa und wird er nicht nur ihnen sichtbar! Sondern dieses „ihr werdet sehen“ verweist auf eben jene Erscheinungen, von denen das alte Kerygma sprach[3]. Es werden, wie es scheint, an unserer Stelle sogar jene Auferstehungszeugen genannt, die auch dieses Kerygma namhaft machte, freilich nicht in derselben Reihenfolge: die Jünger und Petrus (vgl. 1. Kor. 15,5: „er erschien dem Kephas, dann den Zwölfen“). Die Parusie Jesu hat sich die alte Christenheit — wie aus Mt 24,27 = Lk 17,24 hervorgeht — nicht als ein Privaterlebnis einzelner Jünger vorgestellt, sondern als ein kosmisches Ereignis.

Aber was bedeutet nun der merkwürdige Schluß unserer Geschichte: „und sie sagten niemand etwas, denn sie fürchteten sich?“ Er könnte erklären, warum die hier mitgeteilte (in Wirklichkeit junge) Tradition früher nicht bekannt gewesen ist. Daß die Frauen den Befehl des Engels nicht ausführen und daß darum auch die Verbindung unserer Erzählung mit der von den galiläischen Erscheinungen nicht hergestellt ist, ist freilich richtig. Vermutlich hat das Mk ebensowenig beschwert wie viele seiner Leser. Allein damit hätten wir die besondere Bedeutung dieser Geschichte noch immer nicht zur Geltung gebracht. Das, was sie erzählt, spielt ja vor den Ereignissen, von denen das Kerygma redet, und bereitet sie vor, indem es sie zugleich bekräftigt und verständlich macht durch die Tatsache des leeren Grabes und die Tatsache der Engelsbotschaft (beide haben denselben Realitätsanspruch!). Weil das Grab leer ist und weil Jesus den Jüngern als der Auferstandene vorangeht nach Galiläa — wie der Engel mitteilt —, darum ist es dann dort zu jenen Erscheinungen vor Petrus und den Zwölf gekommen.

Setzt unsere Perikope schon den jüdischen Einwand voraus: „Die Jünger haben den Leichnam gestohlen!“? Sie erwähnt ihn nicht. Aber sie widerlegt ihn durch die Überraschung der Frauen — die ja (abgesehen von Joseph von Arimathia) allein um das Grab wußten nach der Darstellung des Mk — und in der Interpretation des leeren Grabes durch den Engel. So entsteht ein Bindeglied zwischen dem Ostermorgen (an dem Jesus schon auferstanden ist) in Jerusalem und den Erscheinungen in Galiläa, die irgendwann später erfolgten.

Gewisse Schwierigkeiten bleiben allerdings bestehen. Die eine haben wir schon erwähnt: die Frauen richten den ihnen zuteilgewor-

[2] Siehe dazu die abweichende Auslegung von W. Marxsen, oben S. 23 f. 459 f.

[3] Gegen Lohmeyer und die von ihm beeinflußten Exegeten. — Vermutlich war zur Zeit des Mk noch unbestritten, daß die Jünger nach Galiläa zurückgekehrt sind.

denen Befehl des Engels, seine Botschaft den Jüngern zu melden, nicht aus. So wird es undeutlich, wie die Jünger nun trotzdem nach Galiläa gegangen sind und dort Jesus gesehen haben.

Aber eine andere Schwierigkeit geht tiefer. Unsere Geschichte verrät ein anderes Verständnis der Auferstehungswirklichkeit, als die Aussagen des Paulus und das alte Kerygma es besitzen. Das wird jedoch erst deutlich, wenn wir die Abschlüsse der drei anderen kanonischen Evangelien ebenfalls betrachtet haben.

Matthäus hat zunächst, in 28,1—10, ebenfalls die Geschichte von den Frauen und vom leeren Grab berichtet. Aber doch in recht anderer Weise.

Schon in V. 1 beginnen die Abweichungen von Mk, wenn auch zunächst sehr unscheinbar. Mk berichtet (16,1), daß die Frauen am Ende

---

[3a] Daß der Mk-Schluß 16,7 nicht befriedigt hat, zeigen außer den neuen Abschlüssen des Evangeliums bei Mt, Lk und Joh auch zwei unechte Mk-Schlüsse, ein kürzerer und ein längerer. Den kürzeren enthalten die Handschriften L Ψ 099 0112 579 k sy^{hmg} aeg^{pt} $aeth^{pt}$ nach Mk 16,8, während er in 274^{mg} an Mk 16,20 angeschlossen ist. Er lautet: „Alles Aufgetragene aber berichteten sie kurz dem Petrus und den Seinen. Danach aber sandte auch Jesus selbst vom Aufgang bis zum Niedergang durch sie die heilige und unvergängliche Botschaft des ewigen Heils.“ Nicht nur die späte Bezeugung, sondern auch die nichtmarcinische Sprache und die Spannung mit Mk 16,8 zeigen, daß man hier mit unzureichenden Mitteln dem Mk einen erbaulichen Schluß zu geben versucht hat.

Früher bezeugt ist der längere Schluß. Nach einer im Jahre 898 im Kloster Edschmiadzin geschriebenen armenischen Handschrift stammt er von „dem Presbyter Ariston“, der vermutlich identisch ist mit dem von Euseb h. e. III 39,17 erwähnten „Presbyter Aristion“, der ein Herrenjünger gewesen sein soll (s. o. Einleitung, Kap. 1, § 2). Diesen als Mk 16,9—20 gezählten Schluß bezeugen: C D L W Θ 579 pl lat $sy^{c.p}$ aeg Tat Ir^{lat}, während er bei B ℵ* k sy^{s} arm^{pt} Cl Or Eus noch nicht sich findet. Als Fortsetzung von Mk 16,8 paßt er eigentlich nicht, sondern ist als eine fremde Perikope aus einer späten Schrift hierher versetzt worden. Er lautet: „(9) Auferstanden aber früh am ersten Tag der Woche erschien er zuerst der Maria Magdalena“ (vgl. Joh 20,1.11—18), „aus der er sieben Dämonen ausgetrieben hatte“ (vgl. Lk 8,2). „(10) Jene ging und verkündete (es) den mit ihm Gewesenen, die klagten und weinten. (11) Und als jene hörten, daß er lebt und von ihr gesehen wurde, glaubten sie nicht. (12) Danach aber offenbarte er sich Zweien von ihnen unterwegs in anderer Gestalt, als sie auf das Feld gingen“ (Die Emmausjünger!). „(13) Und jene gingen fort und meldeten es den übrigen; auch jenen glaubten sie es nicht. (14) Später aber, als die Elf beim Mahl waren, erschien er und schalt ihren Unglauben, und ihre Herzenshärtigkeit, weil sie denen, die ihn als Auferstandenen geschaut hatten, nicht geglaubt hatten. (15) Und er sprach zu ihnen: Geht in die ganze Welt und verkündigt das Evangelium aller Kreatur. (16) Wer glaubt und getauft wird, wird gerettet werden, wer aber nicht glaubt, wird verurteilt werden. (17) Diese Zeichen aber werden den Glaubenden folgen: In meinem Namen werden sie Dämonen austreiben, mit neuen Zungen werden sie reden, (18) Schlangen werden sie aufheben“ (Apg 28,3—6!), „und wenn sie etwas Tödliches trinken, wird es ihnen nicht schaden. Kranken werden sie die Hände auflegen, und es wird ihnen gut gehen.“ (19) Als der Herr nun dieses zu ihnen gesprochen hatte, wurde

des Sabbats, also am Samstagabend, Spezereien kaufen, um Jesu Leichnam zu salben. Bei Mt wollen die beiden Frauen, von denen er nur hier redet, aber nicht den Leichnam salben, sondern nur das Grab sehen. So entfällt das Kaufen der Spezereien. Aber wenn Mt hier vom Ende des Sabbats und dem Beginn des Sonntags spricht, dann meint er nicht den Samstagabend, sondern den Sonntagmorgen. Er setzt nicht mehr die jüdische Anschauung voraus, nach welcher der Tag am späten Nachmittag, beim Sichtbarwerden der ersten Sterne, beginnt, sondern läßt den Tag mit dem Morgen anheben.

Nun hatte Mt ja in 27,62—66 von den Grabeswächtern erzählt, die sich vor dem Grab befinden. Damit wird es ihm unmöglich, so wie Mk zu erzählen, daß die Frauen ins Grab hineingingen und dort den Engel sahen. Also muß er — eine andere Tradition mitbenutzend — zunächst die Wache ausschalten. Von daher begreifen wir die Notwendigkeit von V. 2: Ein großes Erdbeben ereignet sich, denn der Engel des Herrn kommt vom Himmel herab[4] und stößt den Stein fort, auf den er sich

---

er in den Himmel entrückt und setzte sich zur Rechten Gottes. (20) Jene aber zogen aus und predigten überall, indem der Herr mithalf und das Wort bestärkte durch die mitfolgenden Zeichen."

Es ist deutlich, daß hier schon die übrige Evangelientradition vorausgesetzt wird: Im Anfang die über Maria in einer Form, die Joh und Lk verbindet, sodann die Geschichte von den Emmausjüngern, die aber hier bereits zu den Elf gehören; daß diese Botschaften auf Zweifel und Unglauben stoßen, erinnert an Lk 24 und Joh 20. Daß Jesus den beiden „in anderer Gestalt" erschien, spielt wohl auf Lk 24,16 an. Die Erscheinung Jesu beim Mahl begegnet auch Lk 24,30.41—43; Joh 21,12 f.; Apg. 10,41. Daß die Gläubigen ohne Schaden Gift trinken werden, verallgemeinert die von Euseb KG III 39 erwähnte Papiasüberlieferung, daß ein Gifttrank dem Justus Barsabbas nicht schadete. Himmelfahrt und Thronbesteigung Jesu werden mit Wendungen aus 2. Kön 2,11 (LXX) und Ps 109,1 (LXX) beschrieben. Mit der Weltmission schließt das Ganze ab. Anscheinend wird sie von den Elf ausgeführt.

Anstelle von V.15 findet sich eine andere Fassung in der Handschrift W (das sog. Freer-Logion): „Und jene entschuldigten sich und sagten: Dieser Äon der Gesetzlosigkeit und des Unglaubens steht unter dem Satan, der nicht zuläßt, daß von unreinen Geistern die wahre Kraft Gottes erfaßt wird. Darum offenbare uns nunmehr deine Gerechtigkeit, sagten jene zu Christus. Und Christus sprach zu ihnen: „Voll ist die Grenze der Jahre für die Macht des Satans, aber anderes Furchtbares naht sich. Und für die, welche gesündigt haben, wurde ich in den Tod gegeben, damit sie sich zur Wahrheit bekehren und nicht mehr sündigen, damit sie die im Himmel (weilende) geistliche und unvergängliche Herrlichkeit der Gerechtigkeit ererben." Vgl. zu dem Ganzen: Lohmeyer Mk 358—364; Grundmann 324—330. — Während das Motiv des Zweifels an der Auferstehung in den kanonischen Evangelien gerade zeigen will, daß dieser Zweifel überwunden wurde, wird er hier als Mangel der Jünger aufgefaßt und nach Möglichkeit entschuldigt. Auch das verrät eine ganz andere Zeit, welche die Motive in den kanonischen Evangelien nicht mehr versteht.

[4] Es handelt sich also nicht um ein „natürliches" Erdbeben, sondern das Kommen des Engels verursacht es.

dann setzt. So läßt sich nun sein Aussehen beschreiben und damit dessen Wirkung auf die Wache begreiflich machen: Der Engel sieht aus wie ein Blitz; ein unerträgliches Leuchten geht von ihm aus. Und sein Gewand ist weißer als der Schnee. Dieser Anblick packt die Wächter, daß sie vor Furcht erbeben und wie tot werden.

Damit ist nun der Weg für die Frauen frei geworden, die der Engel jetzt anspricht: „Fürchtet euch nicht! Ich weiß, daß ihr Jesus den Gekreuzigten sucht. Er ist nicht hier. Denn er ist auferstanden, wie er gesagt hat. Kommt, seht die Stelle, wo er hingelegt worden war. Und geht schnell hin und sagt seinen Jüngern, daß er von den Toten auferweckt wurde, und siehe, er geht euch voraus nach Galiläa. Dort werdet ihr ihn sehen. Siehe, ich habe es euch gesagt." Die Frauen gehen denn auch rasch vom Grabe fort mit Furcht und großer Freude und laufen, es seinen Jüngern zu melden.

Hier, mitten in V. 8, hört die Berührung mit Mk auf. Die Frauen schweigen nicht, sondern sie eilen zu den Jüngern, um die Botschaft auszurichten. Aber bevor sie die Jünger — die also noch irgendwo bei Jerusalem sind — erreicht haben, begegnet ihnen Jesus und grüßt sie mit dem Segensgruß. Sie treten hinzu, berühren seine Füße und werfen sich vor ihm nieder. Jesus aber sagt zu ihnen: „Fürchtet euch nicht! Geht, meldet meinen Brüdern, sie sollen weggehen nach Galiläa. Und dort werden sie mich sehen!" Damit ist etwas eingetreten, was uns in den Auferstehungs-Geschichten des Lk und Joh wieder begegnen wird: es bleibt nicht dabei, daß die Frauen das Grab leer finden und die Weisung eines Engels empfangen. Sondern Jesus selbst treffen sie, und indem sie seine Füße berühren, werden sie seiner körperlichen Wirklichkeit inne[5]. Aber Jesus hat ihnen eigentlich nicht mehr zu sagen, als was sie schon vom Engel vernommen haben. Nur daß Jesus hier die Jünger „meine Brüder" nennt, ist etwas ganz Neues.

Trotzdem wird gerade an den letzten Worten Jesu in V. 10 deutlich: er hat Mk in derselben Form vorgefunden, wie wir das zweite Evangelium lesen: endend mit Mk 16,8. Was nun folgt, setzt die Geschichte von den Grabeswächtern fort. Während die Frauen hingehen, um Jesu Weisung auszuführen, kommen einige von der Grabeswache in die Stadt und melden den Hohenpriestern alles, was geschehen ist. Die versammeln sich, halten mit den Ältesten Rat und geben den Soldaten viel Geld mit den Worten: „Sagt, daß seine Jünger nachts kamen und ihn stahlen, als ihr schliefet. Und wenn das beim Prokurator bekannt wird, werden wir ihm gut zureden und euch entschuldigen!" Die Soldaten gehen auf diesen Handel ein, und so verbreitete sich das Gerücht bei den Juden bis auf den heutigen Tag.

Man sieht: es ist eine für unser psychologisches Verstehen unmögliche Geschichte. Nicht die Bestechung als solche. Aber wer einen

---

[5] Es bleibt also nicht bei einer bloßen Engelserscheinung, die man als eine „subjektive Vision" hätte forterklären können.

Engel wie einen Blitz vom Himmel hat kommen sehen, der wird nicht — auch für viel Geld — sagen, er habe geschlafen und nichts gesehen. Hier versucht die spätere Gemeinde („bis auf den heutigen Tag"), den jüdischen Vorwurf aus der Welt zu schaffen, daß die Jünger Jesu Leichnam gestohlen haben und ihn dann als auferstanden ausgaben.

Es versteht sich von selbst, daß Mt sein Evangelium damit nicht beenden konnte. Da die Frauen sich auf den Weg gemacht hatten, um den Jüngern Jesu Weisung mitzuteilen, war zu zeigen, wie die Jünger diesem Rufe gefolgt waren. Sie gingen nach Galiläa, auf den Berg, den Jesus ihnen geboten hatte — von einem solchen Gebot war weder im Wort des Engels noch in dem Jesu an die Frauen die Rede gewesen. Aber wenn man nicht pedantisch ist, sagt man sich: Also hatte Jesus auch eine solche Weisung gegeben, und damit ist es gut. Zudem ist der Berg für Mt — vgl. die Bergpredigt — so etwas wie ein Symbol der Offenbarung, und eine solche erfolgt denn auch hier, indem Jesus sich auf dem Berg sehen läßt. Sonderbarerweise sind es jedoch nicht alle Jünger, die sich in Ehrfurcht vor ihm neigen — manche zweifeln. Dies Phänomen des Zweifels gegenüber dem Auferstandenen wiederholt sich in der lukanischen wie in der johanneischen Darstellung der Begegnung mit dem Auferstandenen. Aber Mt läßt Jesus — anders als Lk oder Joh — keinen Versuch machen, diesen Zweifel zu überwinden. Vielmehr proklamiert Jesus, als gäbe es gar keine Zweifler vor ihm, seine Allmacht: „Mir ist gegeben alle Gewalt im Himmel und auf Erden" (vgl. Phil 2,9; Joh 10,30). Das ist die Voraussetzung für den folgenden Missionsbefehl: alle Völker zu Jüngern zu machen, indem man sie auf den Namen des Vaters und des Sohnes und des heiligen Geistes tauft und sie alle Gebote Jesu zu halten lehrt. Die trinitarische Taufformel zeigt, daß wir uns hier schon auf einer späteren Stufe der Gemeinde-Entwicklung befinden, wo das Christentum nun auch als eine Summe von Geboten Jesu verstanden wird, die es zu halten gilt. Der Schlußsatz, „und siehe, ich bin bei euch alle Tage bis zum Ende der Welt", zeigt deutlich, daß von einer Naherwartung des Endes keine Rede mehr ist: praktisch ist die Eschatologie ausgeschieden. Jesus ist stets gegenwärtig, und damit ist, wenn auch in anderer Form, das gegenwärtig geworden, was man zuvor als Ergebnis eines eschatologischen Dramas erhofft hatte[6].

Mit erstaunlicher Selbständigkeit hebt sich der Parallelbericht des *Lukas* von denen des Mk und Mt ab: Lk 24,1—53. In 1—12 gibt Lk seine Version vom Gang der Frauen zum Grab und dessen Ergebnis. Sehr früh am Sonntagmorgen gehen sie — die in 23,35 erwähnten Frauen, deren Namen und Anzahl nicht angegeben werden — zum Grab. Sie tragen die Spezereien, die sie bereitet hatten. In D fehlt das Wort: ἀρώματα (aromata), das wir soeben mit „Spezereien" übersetzt

[6] Man sieht hier, wie es der Gemeinde des Mt gelang, das Ausbleiben der Parusie innerlich zu überwinden: Jesus braucht nicht mehr zu kommen, weil er schon da ist!

haben. Das ist der erste jener Fälle von sog. „Western non-Interpolations“ (Westcott-Hort), d. h. von Fällen, in denen angeblich nur „westliche“ Handschriften frei von Interpolationen, von späteren Einfügungen geblieben sind. Man hat bisher meist in diesen Fällen dem „westlichen“ Text den Vorzug gegeben — zu Unrecht. Das Wort „aromata“ ist hier aus einem bestimmten Grund ausgelassen worden. In 23,56 war daneben noch „μύρα“ (myra) erwähnt worden, das in 24,1 nicht vorkommt. Wenn man aber in 24,1 „aromata“ ausläßt, so bleibt noch übrig: „bringend, was sie bereitet hatten“, und damit verschwindet der (scheinbare) Widerspruch zu 23,56. An sich ist das unwichtig, aber für V. 12 — und im Zusammenhang damit für die johanneische Tradition — wird es von sehr erheblicher Wichtigkeit.

Die Frauen finden den Stein schon vom Grab fortgewälzt und können darum ungehindert ins Grab hineingehen. Dort finden sie aber Jesu Leichnam nicht vor, und sind ratlos. Da (V. 4) treten zu ihnen zwei Männer in strahlendem Gewande — also Engel. Als sie es mit der Angst bekommen und sich zur Erde neigen, sagen die beiden zu ihnen: „Was sucht ihr den Lebenden bei den Toten? Er ist nicht hier, sondern er wurde auferweckt. Gedenkt daran, wie er — noch in Galiläa — zu euch sagte (V. 6), daß der Menschensohn in die Hände sündiger Menschen ausgeliefert und gekreuzigt werden und am dritten Tage auferstehen werde (V. 7). Und sie gedachten seiner Worte und meldeten, vom Grab zurückkehrend, alles dieses den Elf und allen übrigen.“ Nun erst werden die Namen der Frauen genannt, die Zeuginnen für das leere Grab und die Engelbotschaft sind: Maria Magdalene, Johanna, Maria, des Jakobus Mutter. „Und die übrigen, die mit ihnen waren, sagten dieses zu den Aposteln. Und diese Worte kamen jenen wie Geschwätz vor, und sie glaubten ihnen nicht (V. 11). Der nun folgende V. 12, obwohl er von so alten Handschriften wie B D W Θ it sa bo bezeugt wurde, wird allgemein als eine aus Joh 20,2—10 entlehnte Glosse betrachtet. Aber nachdem ihn nun auch P 75 bezeugt hat, ist es an der Zeit, den Fall neu zu erwägen. Wir halten — mit Grundmann[8] — diesen V. 12 für einen ursprünglichen Bestandteil des lukanischen Textes (der älter ist als die uns vorliegende johanneische Fassung): „Petrus aber stand auf und lief zum Grabe und sieht die Binden liegen und ging wieder heim, verwundert über das Geschehene“. Das einzige, was für eine Entlehnung aus Joh spricht, ist die Erwähnung der „Binden“, während vorher doch nur von einem Leintuch gesprochen worden war (23,53). Aber das läßt sich so erklären, daß diese Petrusgeschichte aus einer nichtmarcinischen Tradition kommt, die uns bei Joh in einer erheblich erweiterten und umgestalteten Form begegnet. Daß D it Marc den V. 12 ausgelassen haben, dürfte vor allem damit zusammenhängen, daß er V. 24 widerspricht,

---

[7] Der älteste lukanische Text, den wir jetzt besitzen, P. 75, liest: „aromata“.

[8] Grundmann Lk 441.

nach dem einige Jünger zum Grabe gegangen sind, um die Erzählung der Frauen nachzuprüfen. Außerdem war die Geschichte für Petrus nicht sonderlich ehrenvoll — war er doch durch das leere Grab nur zur Verwunderung angeregt worden. Möglicherweise hat auch die Erwähnung der „Binden" befremdet, die eine andere Art der Beisetzung voraussetzen.

Daß Lk mit Mk-fremdem Material arbeitet, wird in der Geschichte von den Emmausjüngern deutlich (24,13—35). Zwei Jünger gehen am Ostersonntag zu dem 60 Stadien von Jerusalem entfernten Dorf Emmaus[9] und unterhalten sich über das Geschehene. Unterwegs gesellt sich — unerkannt — Jesus zu ihnen und fragt sie, was sie da besprechen. Einer von ihnen, Kleopas, antwortet, ob denn der Fremde nicht wisse, was in Jerusalem geschehen ist, und erzählt von der enttäuschten Hoffnung auf den Propheten Jesus von Nazareth, der mächtig war in Tat und Wort vor Gott und dem ganzen Volk (V.19) und von den Hohenpriestern und Oberen der Juden ans Kreuz gebracht worden ist, während sie selbst von ihm die Erlösung Israels erhofft hatten. Zudem aber — damit beginnt deutlich ein neuer Einsatz — seien einige Frauen „von uns" (den Christen) früh zum Grabe gegangen, hätten den Leichnam nicht gefunden und eine Erscheinung von Engeln gehabt, die behaupteten, Jesus lebe. Es seien auch einige Jünger zum Grab gegangen und hätten es leer gefunden, Jesus aber nicht gesehen.

An dieser Stelle läßt der Evangelist den unerkannten Jesus die beiden Jünger scharf tadeln, weil sie dem Zeugnis der Propheten nicht glauben, nach dem Christus leiden und in seine Herrlichkeit eingehen mußte. Anschließend (V. 27) teilt nun Jesus den Jüngern alle diese Schriftzeugnisse mit — der gesamte Schriftbeweis wird also nach der lukanischen Darstellung auf einmal vollständig durch den Auferstandenen offenbart.

Als die drei Wanderer nach Emmaus kommen und Jesus weitergehen will, bitten sie ihn, da es schon Abend geworden ist, bei ihnen über Nacht zu bleiben. Aber als er beim Abendmahl das Brot segnet und bricht und ihnen gibt, erkennen sie ihn — und er verschwindet. Sogleich kehren sie nach Jerusalem zurück, finden die Elf und die bei ihnen, die sagen: Er ist wirklich auferstanden und dem Simon erschie-

[9] Nach Dalman, Orte und Wege Jesu, 3. A. 241—246, wäre Emmaus identisch mit dem südwestlich von Lydda gelegenen Ort, der später Lykopolis hieß, heute aber Amwas. Seine Entfernung von Jerusalem — 23 km — macht jedoch Schwierigkeiten, da die beiden Jünger ja nach dem Abendessen bei Dunkelheit sogleich wieder nach Emmaus zurückwandern. Die Handschriften ℵ Θ al. lesen „160" statt „60" Stadien; aber P. 75 bietet die Lesart: 60. Da ein Stadion = 185 m ist, wird bei dieser Lesart ein Ort in ca. 11 km Entfernung von Jerusalem vorausgesetzt. Nun gibt es auch nordwestlich von Jerusalem ein Emmaus, das Josephus Bell. VII § 217 erwähnt; es ist 30 Stadien, also rund 5 km, von Jerusalem entfernt. In beiden Fällen trifft die lukanische Angabe der Entfernung nicht zu. Aber die Tradition pflegt Zahlen oft ungenau wiederzugeben.

nen. Sie aber berichten, was sie unterwegs erlebt und wie sie ihn beim Brotbrechen erkannt hätten.

Für Lk war es nicht ganz leicht, diese Geschichte einzufügen. Denn sie drohte, in der Erscheinung Jesu vor Kleopas und dessen ungenannten Gefährten dem Leser eine Überlieferung anzubieten, die das Vorrecht des Petrus bedrohte, als erster den Herrn gesehen zu haben. Daß das plötzliche Verschwinden Jesu bei der Mahlzeit für uns etwas Geisterhaftes, aber nicht Geisthaftes an sich hat, wird modern empfunden sein; die von Johannes verwertete Tradition enthält entsprechende Züge. Dagegen ist es angesichts der weiten Entfernung von Emmaus — 23 km — schwer zu verstehen, wie die beiden Jünger noch in der auf den Ostersonntag folgenden Nacht wieder in Jerusalem bei den Jüngern sollen eingetroffen sein. Möglicherweise hat Lk selbst erst von diesem Rückmarsch erzählt, um so — wenn auch stilistisch nicht geglückt — die Erscheinung des Auferstandenen vor Petrus erwähnen zu können. Wenn Lk diese Geschichte derart in den Vordergrund gestellt hat, so dazu, um den auferstandenen Herrn Gelegenheit zu geben, selbst die Summe des atl. Schriftbeweises an die Jünger zu überliefern: nach V. 27 hat Jesus *alle* in Betracht kommenden atl. Stellen genannt. Der Schriftsteller hatte es nicht nötig — es hätte auch den Rahmen der Abschiedsszenen gesprengt — alle diese Stellen anzuführen, die faktisch nicht auf einmal in ihrem christologischen Sinn erkannt worden sind. Vielmehr hat der Eifer und die Erleuchtung christlicher Schriftgelehrter erst nach und nach den ganzen Schatz der kostbaren Gottesworte über den Messias und sein Geschick zusammengebracht.

Während die beiden Wanderer und die Elf samt deren Begleiter noch miteinander sprechen, tritt (V. 36) Jesus selbst plötzlich in ihre Mitte. Erschreckt und verängstigt meinen sie aber ein Gespenst zu sehen. Auch als er ihnen seine Hände und Füße zeigt (daß sie die Nägelmale tragen, wird nicht gesagt, aber vorausgesetzt; von der Seitenwunde spricht ausschließlich die von Joh verwertete Tradition), und als er sie auffordert, ihn zu betasten, scheinen die Jünger immer noch nicht dessen sicher zu sein, daß nicht ein Gespenst vor ihnen steht, obwohl ein solches ja nicht Fleisch und Bein hat. D it Marc haben V. 40 „und mit diesen Worten zeigte er ihnen die Hände und die Füße" ausgelassen, vermutlich als bloße Wiederholung von V. 39 a. Man hat auch diese „Western non Interpolation" in die modernen Texte nicht aufgenommen, weil sie Joh 20,20 entnommen sei. Aber Joh spricht nicht von den Füßen, sondern von den Händen und der Seite! Es besteht also kein Grund, den auch von P 75 bezeugten V. 40 zu streichen.

Die Jünger sind also immer noch nicht überzeugt: sie sind nach wie vor ungläubig — von der Freude, hat Lk mildernd eingefügt — und fragend. Da fragt Jesus sie, ob sie etwas zu essen haben, und er verzehrt vor ihren Augen ein Stück Dörrfisch! Damit ist für Lk der Beweis für die Realität des Auferstandenen geliefert.

Man versteht Lk 24 erst dann richtig, wenn man erkennt: die Auferstehungspredigt ist auf sehr starke Widerstände gestoßen. Und zwar handelt es sich nicht, wie bei Mt, um die jüdische Behauptung, die Jünger hätten den Leichnam Jesu gestohlen; vielmehr wird das Sehen des Auferstandenen als ein Trugbild abgetan, modern ausgedrückt: als eine subjektive Vision. Demgegenüber werden zwei sehr verschiedene Argumente ins Feld geführt: einmal die atl. Tradition, die nicht nur das Leiden Jesu als so von Gott gewollt sichert, sondern auch seine Auferstehung verbürgt; zum andern der Realitätsbeweis durch Betasten und dadurch, daß Jesus irdische Speise zu sich nimmt.

Angesichts dieser Lage wird klar, warum die Tradition, die Paulus nach 1. Kor 15,3 ff. als von ihm selbst bereits übernommen überliefert hat, die also sehr früh in der Christenheit verbreitet gewesen sein muß, ihre Wirkungskraft — vor allem nach dem Tode der hier genannten Auferstehungszeugen — verloren hatte: die Auferstehung wird nicht mehr als der Übergang in eine grundsätzlich neue Seinsweise verstanden, sondern analog zu der Ez. 37 beschriebenen Auferstehung (die dort nur ein Bild für die „völkische Auferstehung" ist, für das wieder Zu-Kraft-und-Macht-Kommen Israels). Es handelt sich hier nicht nur um eine gewisse Vergröberung der Vorstellung, sondern um einen ganz tiefen Wandel, bei dem schließlich das entscheidende Argument — das die Jünger überzeugende Argument — das ist, daß Jesus etwas Dörrfisch verzehrt. Trotzdem soll diese neue Existenz des Auferstandenen nicht einfach die Rückkehr Jesu in sein Erdenleben sein. Aber den Unterschied davon kann Lk nur dadurch sichtbar machen, daß er von Jesu plötzlichem Erscheinen und Verschwinden erzählt.

Lk beschließt sein Evangelium, indem er Jesus abermals auf die Erfüllung der atl. Weissagungen im Gesetz des Mose, bei den Propheten und in den Psalmen hinweisen läßt und den Jüngern den Sinn für das Verständnis dieser Stellen eröffnet, wo das Leiden und die Auferstehung am dritten Tag vorausgesagt sind. Daran schließt sich der Befehl zur Weltmission an — ausgehend von Jerusalem. Die Jünger sind als Zeugen Jesu ausersehen, und er wird ihnen die Verheißung des Vaters, d. h. den Geist senden. Bis dahin sollen sie in Jerusalem bleiben.

Darauf geht er mit ihnen zum Ölberg. Und während er die Hände segnend über sie erhebt, „schied er von ihnen und wurde in den Himmel emporgehoben". Die Jünger aber kehren mit großer Freude nach Jerusalem zurück und sind beständig im Tempel, Gott lobend.

Wieder haben D it — diesmal unterstützt von ℵ* it und sy^{s} — Änderungen vorgenommen: sie haben die Worte „und er wurde zum Himmel emporgehoben" ausgelassen, um den Widerspruch mit Apg 1,9 zu vermeiden. Man hat erst allmählich gelernt, daß Lk keineswegs solche Widersprüche vermieden hat; auch hier hat P 75 den Langtext, den Joachim Jeremias schon vor Jahren als den rechten verteidigt hat. Aber auch in V. 52 haben D it sy[s] zu Unrecht die Worte „und ihm die Verehrung erweisend" fortgelassen, freilich mit einem guten Grund: wenn Jesus nur fortgeht, um wiederzukommen, dann ist die Geste nicht angebracht, die zur Stunde des großen, endgültigen Abschieds wohl sich schickt. So gehen hier, bei D und Genossen, Verstehen und Mißverstehen miteinander Hand in Hand. Da wird in V. 52 von D das Wort εὐλογοῦντες (eulogountes) fortgegeben gegen αἰνοῦντες (ainountes), weil dieses nur „preisen" besagt, während das erstere ebensogut „segnen" wie „preisen" heißen kann. Daß Lk oft ein Wort mehrmals hintereinander gebraucht, auch wo und weil es so verschiedene Nuancen hat, davon wollte D nichts wissen, sondern alles sollte eindeutig sein. So ist jener Mann, dem wir die Korrekturen im Vor-vorläufer von D verdanken, wie ein strenger Schulmeister, der genau liest und nichts durchgehen lassen will, auch nicht in einem Evangelium, das ein so findiger Mann geschrieben hat wie Lukas.

Davon, daß dieses dritte unserer Evangelien nur die erste Hälfte eines größeren Doppelwerkes ist, dessen zweite aus der Apostelgeschichte besteht, soll hier nicht die Rede sein, obwohl das unerhört ist und kein Gegenstück hat in den anderen Evangelien. Wird doch so auch der Schluß des Evangeliums nun wieder zum Anfang eines ganz anderen Stückes. Statt dessen aber wollen wir noch einen Blick auf die Auferstehungsgeschichten des vierten Evangeliums werfen.

Johannes hat in 20,1—29 eine sich leicht mit Lk berührende, aber nicht einheitliche Tradition aufgenommen. Seine Darstellung fällt zunächst dadurch auf, daß nicht „die Frauen" zum Grabe gehen, sondern nur Maria Magdalena. Was sie eigentlich dort will, erfahren wir nicht. Wir hören nur, daß sie am Sonntagmorgen, als es noch dunkel ist, zum Grabe geht und den Stein weggenommen sieht, der zuvor noch nicht erwähnt war. Das läßt vermuten, mit V. 1 beginnt ein gegenüber der Erzählung von der Beisetzung selbständiger Bericht. Nach V. 2 läuft Maria, kaum daß sie den Stein weggetan sieht, alsbald zu Simon Petrus und dem Lieblingsjünger — die scheint es stets beisammen sind — und sagt zu ihnen: „Sie haben den Herrn aus dem Grab fortgenommen, und wir wissen nicht, wo sie ihn hingelegt haben." Da sie noch gar nicht in das Grab hineingeblickt hat — das geschieht erst in V. 11 f. —, kommt diese Aussage ebenso überraschend wie das „wir"; es klingt, als sei eine Geschichte von den drei Marien auf die von der einen Maria Magdalena verkürzt worden; warum, davon wird noch die Rede sein.

Nun verläßt — auch im Griechischen steht das Verb in der Einzahl, so als ob früher einmal nur von Petrus erzählt worden wäre — Petrus und der Lieblingsjünger das Haus, wo sie sich aufhalten, und gehen zum Grabe. Und wie immer, wenn die beiden erwähnt werden, kommt es zu einer Konkurrenz (wenn auch dies Wort nicht immer so buchstäblich genommen wird wie hier), bei der allemal Petrus schlecht abschneidet. Die beiden Jünger laufen um die Wette, und der „andere

Jünger" läuft schneller und kommt als erster beim Grabe an, bückt sich und sieht die Binden liegen. Aber er geht nicht hinein ins Grab. Das überläßt er dem später eintreffenden Petrus. Dieser sieht die Binden liegen und abseits davon das Schweißtuch (mit dem man das Gesicht des Toten bedeckt hatte), aber nicht bei den Binden liegend, sondern an einer anderen Stelle, sauber zusammengefaltet[10]. Das zeigt an: hier sind keine Diebe am Werk gewesen; die hätten sich nicht soviel Mühe mit dem Schweißtuch gemacht. Zu behaupten, daß auch die Binden wieder aufgewickelt sind, davor bewahrt den Erzähler sein guter Geist — darf man doch ohnehin nicht fragen, wer denn eigentlich das Schweißtuch so ordentlich zusammengelegt hat. Sowohl V. 2 wie diese Geschichte vom Schweißtuch spielen auf das Gerücht an, daß der Leichnam gestohlen wurde, ohne es aber zu nennen; daß Jünger die Diebe gewesen sein könnten, wird dadurch widerlegt, daß Petrus und der andere Jünger nichts von dem Verschwinden des Leichnams ahnen. Der Lieblingsjünger geht erst nach Petrus in das Grab hinein — das also als geräumig vorgestellt wird. — Das Vorrecht, als erster hier gewesen zu sein, wird dem Petrus belassen, aber gerade damit gerät er ins Hintertreffen: als der „andere Jünger" all das sieht, was Petrus gesehen hat, da wird er gläubig! Denn sie kannten noch nicht die Schrift(stelle), daß Er von den Toten auferstehen sollte, wird hinzugefügt. So war der Glaube damals etwas ganz Besonderes, noch nicht erleichtert durch die alttestamentlichen Fingerzeige. Aber der Lieblingsjünger läßt den Petrus nichts von seinem Glauben wissen und die anderen Jünger auch nicht, und erst recht nicht die (wenn man dem jetzigen Wortlaut traut) weinend am Grab stehende Maria, sondern er behält seinen Glauben für sich. Dieser Glaube hat also für die anderen Jünger keine Folgen, und darum ist von dem Lieblingsjünger vorerst weiterhin nicht die Rede. Die ganze Episode hat also zwar einen Anlaß, aber keine Wirkung, außer daß er die Hochachtung vor dem Lieblingsjünger steigert. Am Ende steht Maria wieder, wie zu Beginn, beim Grab, als wäre sie nie fortgeeilt, um die Jünger zu benachrichtigen, von denen sie obendrein nichts erfährt. Dafür aber geht nun ihre eigene Geschichte weiter: sie bückt sich ins Grab hinein und sieht da (was weder für Petrus noch den anderen Jünger zu sehen war) zwei Engel in weißen Gewändern sitzen, einen zu Häupten und

---

[10] E. Auer, „Die Urkunde der Auferstehung Jesu. Eine Entdeckung", meint, daß die einst um den Leichnam gewickelten Binden noch in den Windungen dalagen, die sie beim Einbalsamieren des Körpers bekamen. Offenbar denkt der Vf. nicht daran, daß pulverisierte Myrrhe und Aloe zwischen die Binden gestreut wurden, ganz abgesehen von allen andern Schwierigkeiten der Konstruktion A.s (z. B. sollte dann auch das Schweißtuch noch nahe bei den Binden liegen und nicht an einer anderen Stelle, wie es Joh 20,7 beschreibt). Daß A. überhaupt nicht dem ältesten Bericht von den Erscheinungen des Auferstandenen (1. Kor 15,3 ff.) Rechnung trägt, sondern einer sekundären vergröberten Vorstellung, ist ihm anscheinend nicht deutlich geworden.

einen zu den Füßen an der Stelle, wo der Leib Jesu gelegen hatte. Und jene sagen zu ihr: „Frau, warum weinst du?" Sie aber antwortet jene Worte, die sie schon Petrus und dem anderen Jünger gesagt hatte: „Sie haben meinen Herrn weggenommen, und ich weiß nicht, wo sie ihn hingelegt haben." Nun müßten die Engel eigentlich die Auskunft geben, die ihnen zukommt: Jesus ist auferstanden. Aber hier ist die Geschichte nun mit einer anderen zusammengelegt, die an sich von höchster Schönheit ist, aber in der Verbindung mit der Engelgeschichte nur mühsam zu ihrer Wirkung kommt — es ist „zersagte" Überlieferung, die wir hier treffen. Die Engel antworten nicht (Maria hat sie auch gar nicht als solche erkannt, scheint es); so dreht sich Maria wieder um und sieht Jesus stehen, ohne zu wissen, daß er es ist. Er spricht zu ihr dieselben Worte wie die Engel: „Frau, warum weinst du?" Sie meint, es sei der Gärtner, und antwortet: „Herr, wenn du ihn fortgetragen hast, sag mir, wo du ihn hingelegt hast, und ich will ihn holen." Da sagt Jesus zu ihr das *eine* Wort: „Maria!" Und sie antwortet ihm aramäisch: „Rabbuni" (d. h. Meister). Darauf Jesus: „Berühre mich nicht, denn ich bin noch nicht zum Vater hinaufgegangen" (einige Handschriften haben davor die Worte eingeschoben: „und sie lief hinzu, ihn zu berühren"; man hat schon früh die Schwierigkeit dieser Stelle empfunden). „Geh zu meinen Brüdern und sage ihnen: ‚Ich gehe hinauf zu meinem Vater und eurem Vater und meinem Gott und eurem Gott.'" Das macht deutlich, daß Gott nun für die Jünger ebenso Vater und Gott ist, wie für Jesus selbst. Damit ist der Sinn seiner Sendung erfüllt.

Maria richtet den Auftrag aus: Ich habe den Herrn gesehen, und das habe er zu ihr gesagt. Wie die Jünger diese Botschaft aufgenommen haben, hören wir nicht. Daß gemäß ihr Maria Magdalena zuerst den von den Toten Auferweckten gesehen hat, ist deutlich.

In der Abenddämmerung jenes Ostersonntags sind die Jünger versammelt und haben die Türen verschlossen aus Furcht vor den Juden (im vierten Evangelium sind weder Jesus noch die Jünger Juden, weil sie der Christus und die Christen sind; die Juden repräsentieren die ungläubige Welt und haben zugleich ihren Sitz in Jerusalem). Da kommt Jesus, tritt in ihre Mitte und grüßt sie: „Friede sei mit euch!" Und nach diesen Worten zeigt er ihnen seine Hände und die Seite. Die Jünger aber wurden froh, als sie den Herrn sahen. (Hier stört kein Zweifel die Freude des Wiedersehens.) Jesus sagte nun zu ihnen: „Friede sei mit euch! Wie mich der Vater gesandt hat, so sende ich euch!" Und nach diesen Worten hauchte er sie an und sprach: „Empfanget den heiligen Geist! Wem ihr die Sünden vergebt, denen sind sie vergeben, und wem ihr sie behaltet, denen sind sie behalten!" Damit wird deutlich: so wie bisher Jesus im vierten Evangelium der Gesandte des Vaters war, in dem der Glaube den Vater sehen kann, so werden nun die Jünger, und zwar nicht nur die Zwölf, sondern alle Christen, zu Gesandten des Vaters. Sie empfangen so, wie einst Adam den Lebensgeist durch Gottes Hauch empfing, den heiligen Geist, und damit die Vollmacht zu Sündenvergebung und deren Versagung. Es ist eine alte, uns aus Mt 16,19 und Mt 18,18 bekannte judenchristliche Formel, die hier das Evangelium ausdrücken soll.

Die folgende Geschichte entspricht eigentlich nicht dem Geist des Evangelisten. Er hat sie trotzdem aufgenommen, aber indem er sie am Ende zurecht rückt. Thomas, genannt Zwilling, einer von den Zwölfen, war nicht bei ihnen, als Jesus kam. Als ihm nun die andern Jünger sagten: „Wir haben den Herrn gesehen!" (die Formel des vorpaulinischen Kerygma!), erwiderte er: „Wenn ich nicht in seinen Händen die Nägelmale sehe und meinen Finger auf die Nägelmale und meine Hand auf seine Seite lege, glaube ich nicht!" Da ist, mit allem Trotz ausgesprochen, der Zweifel, der handgreifliche Beweise für die Wirklichkeit des Auferstandenen fordert. Wie leise angedeutet bei Mt und ausführlich dargestellt bei Lk, wird hier der Zweifel und dessen Überwindung am Modellfall des Thomas dargestellt.

Nach acht Tagen wiederholt sich die Szene, und diesmal ist Thomas dabei. Wieder beginnt Jesus mit dem Friedensgruß, dann aber wendet er sich an Thomas und fordert ihn auf, das zu tun, was er zur Überwindung seines Zweifels gefordert hatte, „und sei nicht ungläubig, sondern gläubig!". Daß Thomas noch die handgreiflichen Beweise durch Berührung braucht, davon steht nichts mehr da; vielmehr antwortet der Jünger: „Mein Herr und mein Gott!" Dann aber folgt — und damit endet das eigentliche vierte Evangelium — das Wort Jesu: „Weil du mich gesehen hast, hast du geglaubt; selig sind, die nicht gesehen haben und zum Glauben gekommen sind." Jene Schau, die Thomas verlangt hatte, wird all den anderen Gläubigen in den folgenden Generationen nicht zuteil. Selig sind sie, wenn sie auf das Wort des Evangeliums hin zum Glauben kommen. Gerade dieser Glaube, der nicht gesichert ist durch das Sehen, der sich hinauswagt ins Ungewisse, er ist der rechte christliche Glaube.

Mit der Erzählung, wie die Frauen Jesu Grab leer fanden und aus Engelsmund belehrt wurden und wie dann Jesus den Jüngern erschien, enden die Evangelien. Dabei fallen zunächst die großen Unterschiede auf: keins der vier kanonischen Evangelien stimmt mit einem anderen völlig überein. Bei Mt und Lk hört man noch Mk 16,1—8 durch. Dann aber fächert sich die Tradition auf. Erstaunlicherweise ist es also nicht die Kunde vom leeren Grabe als solche, bei der die Trennung eintritt. Dann könnte man noch behaupten — und hat es behauptet —: das Unerhörte des Geschehens sprengte die Berichte. Vielmehr erst später, als Mk 16,8 die Nacherzähler mit seinem Rätsel im Stich läßt, versinkt bei den Großevangelien alles in der Flut von Lokaltraditionen, die da oder dort aufkamen.

Aber das ist nicht das Entscheidende. Das liegt an einer anderen Stelle: In einer wechselnden Zeit wechselt auch die Form der Auferstehungsbotschaft. Übereinstimmend bleibt die Überzeugung der Christen: „Der Herr ist wirklich auferstanden!“ Aber man kann das nicht mehr wie früher sagen, wenn man Glauben finden will. Die galiläischen Erscheinungen vor Petrus und den Zwölf werden, wenn auch zögernd, ersetzt, weil sie der Fehldeutung ausgesetzt sind: Hier sei ein „Geist“ erschienen, etwas Gespensterhaftes, das sich in unserer Wirklichkeit nicht bewährt, das sich nicht als zuverlässig erweisen läßt. Die Galiläatradition wird schließlich ganz von der Jerusalemtradition verdrängt: die Jünger sind in der heiligen Stadt geblieben. Die neuen Versuche, die Überlegenheit des Auferstandenen über die Raum- und Zeitgrenzen darzustellen — Jesus erscheint bald hier, bald dort und verschwindet ebenso plötzlich wieder —, wecken eher den Eindruck des Gespenstischen. Dieser muß, mühsam genug, zurückgedrängt werden durch Geschichten, die das Aufzeigen der Nägelmale auf Händen und Füßen (bei Joh: Nägelmale auf den Händen und die Seitenwunde) und das Betasten erzählen. Den Höhepunkt (oder soll man sagen: den Tiefpunkt?) dieser Entwicklung erreicht Lk, als er die Auferstehungsgewißheit dadurch bewirkt werden läßt, daß Jesus ein Stück Dörrfisch verzehrt. Alledem gegenüber — was auch in der Thomasgeschichte noch nachklingt — wirkt es befreiend, als Joh diese ganze Fülle von Argumenten des Zweifels und der Apologetik abschüttelt und der Menge der nachgeborenen Christen den Zugang zu echtem Glauben eröffnet durch den Hinweis auf das Wort der Verkündigung. Freilich ist auch das nicht ohne Risiko: daß Joh die vergangene Geschichte Jesu in die Sicht der späteren Verkündigung umschreibt und im Grunde den erhöhten Herrn schon, wenn auch noch unverstanden, durch Galiläa und in Jerusalem umherwandern läßt, erleichtert den Zugang nur für den, der nicht als Historiker festzustellen versucht, was sich wirklich an einem bestimmten Datum an dem oder jenem Ort wirklich zugetragen hat, sondern was für den Glaubenden in den souverän als Beispielen erzählten Geschichten sich in der Geschichte Gottes mit den Menschen ereignet hat.

REGISTER

Bibelstellenregister

2. Apokryphen und Pseudepigraphen

3. Rabbinisches Schrifttum

4. Josephus

5. Griechische und lateinische Literatur

6. Neues Testament

Matthäus

Markus

8. Apokryphe Evangelien und Akten

Sachregister

Die Botschaft des Thomas-Evangeliums

Von Ernst Haenchen

Oktav. 76 Seiten. 1961. DM 7,80

(Theologische Bibliothek Töpelmann Heft 6)

Apophoreta

Festschrift für Ernst Haenchen zu seinem 70. Geburtstag am 10. Dezember 1964

Groß-Oktav. VIII, 299 Seiten. 1964. Ganzleinen DM 58,—

(Beiheft 30 zur Zeitschrift für die neutestamentliche Wissenschaft)

Neutestamentliche Studien für Rudolf Bultmann zu seinem siebzigsten Geburtstag am 20. August 1954

Herausgegeben von Walther Eltester

2., berichtigte Auflage. Groß-Oktav. VII, 304 Seiten. Mit einem Titelbild. 1957. DM 30,—; Ganzleinen DM 32,—

(Beiheft 21 zur Zeitschrift für die neutestamentliche Wissenschaft)

Judentum, Urchristentum, Kirche

Festschrift für Joachim Jeremias

Herausgegeben von Walther Eltester

2., vielfach berichtigte und ergänzte, um eine wissenschaftliche Würdigung und eine Bibliographie des Jubilars erweiterte Auflage.

Groß-Oktav. XXX, 259 Seiten mit 2 Tafeln. 1964. DM 34,—

(Beiheft 26 zur Zeitschrift für die neutestamentliche Wissenschaft)

VERLAG ALFRED TÖPELMANN · BERLIN 30